내가 뽑은 원픽! 최신 출제경향에 맞춘 최고의 수험서

2026
인간공학 기사 필기

한권완성

정현석 편저

머리말

인간공학은 '인간을 위한 설계' 즉, 인간이 만들어 사용하는 물건, 기구 혹은 환경을 설계하는 과정에서 인간의 특성이나 행동을 고려함으로써 합리성과 실용적 효능을 증가시키는 것이다. 이는 무한경쟁 시대에 기업의 생존과 밀접한 관련이 있으며, 경제가 발전하고 기술 선진국에 진입할수록 산업의 전 분야에서 그 필요성이 증대되고 있다.

산업인력공단에서는 이러한 인력수요를 충족하기 위하여 매년 많은 수의 인간공학기사를 배출하고 있으나 해마다 개정·보완되고 있는 문제 유형들은 자격시험을 준비하는 수험생들을 혼란스럽게 하는 것이 현실이다.

"어떻게 하면 인간공학기사 자격증을 쉽고 빠르게 취득할 수 있을 것인가?" 고민하며, 20여 년간의 자격증 강의 경험과 최고의 합격자를 배출한 비법을 토대로 기초지식이 부족한 비전공자와 학생들이 볼 수 있는 인간공학기사 자격 수험서를 집필하였고, 앞으로도 인간공학기사 국가자격증 취득을 위한 필수 지침서가 될 것이다.

이 책의 특징은 다음과 같다.

1. CBT 시험에 적합한 형태로 제작하였다.
2. 출제기준에 있는 순서를 그대로 적용하여 수험생들이 시험장에서 오는 혼란을 최소화하였다.
3. 교재에 수록된 문제는 전공 서적 및 법규 등에 규정된 내용을 기준으로 채점 기준에 적합하게 작성하였으며, 최대한 많이 분류·배치함으로써 시험에 완벽하게 대비할 수 있도록 하였다.
4. 복잡한 내용 및 방대한 이론들은 쉽게 이해하고, 암기할 수 있도록 가급적 간략화, 도식화, 단순화하여 비교분석이 쉽게 하였다.

전공자뿐만 아니라 비전공자까지도 쉽게 이해하고 한 번에 합격할 수 있도록 많은 준비 기간과 노력을 기울여 집필하였으나 미흡한 부분이 없지 않을 것이다. 이에 대해서는 항상 수험생의 입장에서 생각하고 연구하여 부족한 부분을 채워갈 것을 약속드리며, 근골격계질환 예방을 위해 애쓰고 노력하는 현장의 실무 담당자들과 여러 교수님들의 애정 어린 지도와 편달을 기대한다.

끝으로 출판의 기회를 주신 예문사와 산업공학과 교수님들께 진심으로 감사를 전한다.

시험 안내

📝 인간공학기사 개요

국내의 산업재해율 증가에 있어 근골격계질환, 뇌심혈관질환 등 작업관련성 질환에 의한 증가 현상이 특징적이며, 특히 단순반복작업, 중량물 취급작업, 부적절한 작업자세 등에 의하여 신체에 과도한 부담을 주었을 때 나타나는 요통, 경견완장해 등 근골격계질환은 매년 급증하고 있고, 향후에도 지속적인 증가가 예상됨에 따라 동 질환 예방을 위해 사업장·관련 예방전문기관 및 연구소 등에 인간공학전문가 배치의 필요성이 대두되어 제정한 자격제도이다.

📝 수행직무

인간공학적 기술이론 지식을 바탕으로 작업방법, 작업도구, 작업환경, 작업장 등이 작업자의 신체적 인지적 특성을 고려한 적합성 여부 분석, 개선요인 파악, 기존의 시스템 개선, 사업장 유해요인 조사분석, 근골격계질환 예방을 위한 작업장개선, 인적오류 예방 등에 관한 산업재해 예방 업무 및 제품/시스템/서비스의 유저인터페이스/사용성 설계 평가 관련 업무를 수행한다.

📝 응시자격

구분	내용
기술자격 소지자	• 동일(유사)분야 기사 취득자 • 산업기사 취득 후 1년 이상 실무종사자 • 기능사 취득 후 3년 이상 실무종사자 • 동일종목의 외국자격취득자
관련학과 졸업자	• 대졸(졸업예정자) • 3년제 전문대 졸업 후 1년 이상 실무종사자 • 2년제 전문대 졸업 후 2년 이상 실무종사자
순수 경력자	• 4년 이상 실무종사자 • 산업기사 수준 훈련과정 이수 후 2년 이상 실무종사자 • 기사 수준 훈련과정 이수자

※ 관련 내용은 「국가기술자격법 시행령」 별표 4의 2를 참고하시길 바랍니다.

시험 안내

시험일정

구분		접수기간	시험일	결과발표
정기 기사 1회	필기	25.01.13.~25.01.16.	25.02.07.~25.03.04.	25.03.12.
	실기	25.03.24.~25.03.27.	25.04.19.~25.05.09.	25.06.13.
정기 기사 2회	필기	25.04.14.~25.04.17.	25.05.10.~25.05.30.	25.06.11.
	실기	25.06.23.~25.06.26.	25.07.19.~25.08.06.	25.09.12.
정기 기사 3회	필기	25.07.21.~25.07.24.	25.08.09.~25.09.01.	25.09.10.
	실기	25.09.22.~25.09.25.	25.11.01.~25.11.21.	25.12.24.

※ 상기 일정은 2025년도 기준이며, 2026년 시험일정은 2025년 시험일정과 유사할 것으로 예상됩니다. 정확한 시험일정은 큐넷 홈페이지(www.q-net.or.kr)를 참고하시기 바랍니다.

시험과목

필기시험

필기 과목명	문제수	주요항목	
인간공학개론	20문항	• 인간공학적 접근 • 인간의 정보처리 • 인체측정 및 응용	• 인간의 감각기능 • 인간기계 시스템
작업생리학	20문항	• 인체구성 요소 • 생체역학 • 작업환경 평가 및 관리	• 작업생리 • 생체반응 측정
산업심리학 및 관계법규	20문항	• 인간의 심리특성 • 집단, 조직 및 리더십 • 관계 법규	• 휴먼에러 • 직무 스트레스 • 안전보건관리
근골격계질환 예방을 위한 작업관리	20문항	• 근골격계질환 개요 • 작업분석 • 유해요인 평가 • 예방관리 프로그램	• 작업관리 개요 • 작업측정 • 작업설계 및 개선

실기시험

실기 과목명	주요항목	
인간공학 실무	• 작업환경분석 • 시스템 설계 및 개선 • 작업관리 • 근골격계질환 예방관리	• 인간공학적 평가 • 시스템 관리 • 유해요인 조사

검정방법 및 합격기준

필기

검정방법	문제수	시험시간	합격기준
객관식 4지 택일형	80문항	2시간	과목당 100점을 만점으로 • 전 과목 40점 이상 • 전 과목 평균 60점 이상

실기

검정방법	시험시간	합격기준
필답형	2시간 30분	100점을 만점으로 60점 이상

검정현황

연도	필기			실기		
	응시	합격	합격률(%)	응시	합격	합격률(%)
2024	8,182	5,686	69.5%	6,166	3,674	59.6%
2023	5,494	4,129	75.2%	3,829	2,837	74.1%
2022	2,129	1,490	70.0%	1,511	1,159	76.7%
2021	1,573	1,288	81.9%	1,113	698	62.7%
2020	967	666	68.9%	904	607	67.1%
2019	1,109	741	66.8%	791	243	30.7%
2018	782	523	66.9%	531	256	48.2%
2017	534	407	76.2%	453	126	27.8%

구성과 특징

FEATURE

 **빈출개념만 담은 핵심이론으로 초단기합격**

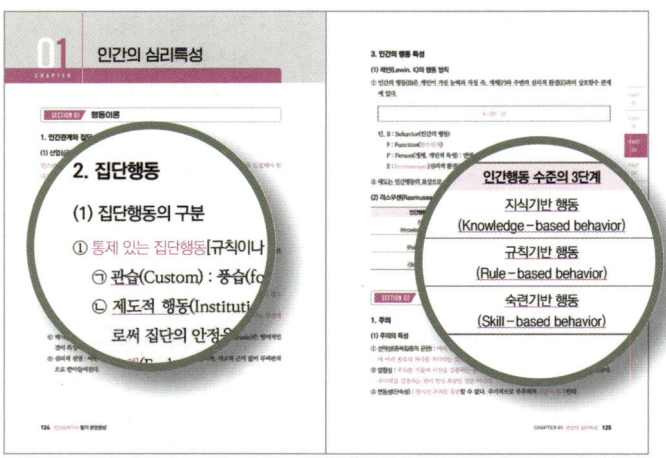

- 비전공자들도 첫 시행 때 바로 합격할 수 있도록 방대한 인간공학기사 필기 과목의 핵심이론만을 선별하여 수록하였습니다.
- 문제에서 정답으로 요구하는 부분은 별색으로, 지문으로 요구하는 부분은 밑줄로 표시하여 완벽한 빈출개념 학습이 이루어질 수 있도록 하였습니다.

 **핵심문제 활용으로 주요개념 완벽 복습**

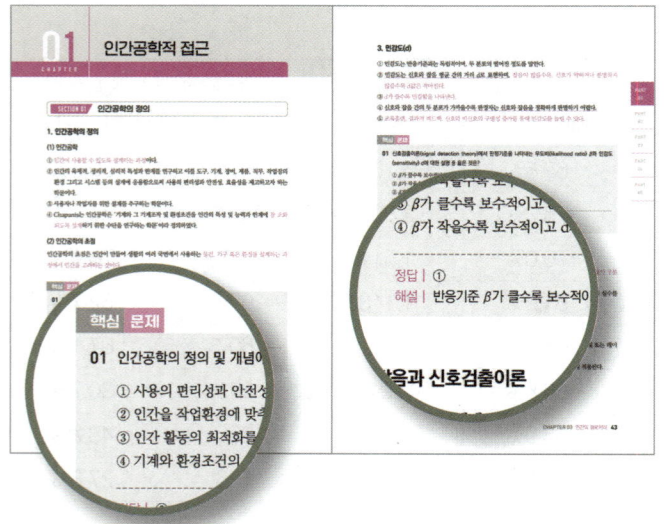

- 주요개념마다 핵심문제를 수록하여 이론이 실제 문제에서 어떻게 활용되는지 익힐 수 있도록 구성하였습니다.
- 문제 바로 아래에 정답과 해설을 배치하여 빠른 학습이 가능하도록 하였습니다.

최근 10개년 기출문제로 실전 완벽 대비

- 2025년 1~3회 기출복원문제 포함, 총 23회분을 수록하였습니다.
- 출제 빈도에 따른 중요도 표시로 한눈에 출제 경향을 파악할 수 있도록 하였습니다.

상세한 정답 및 해설로 학습효과 UP

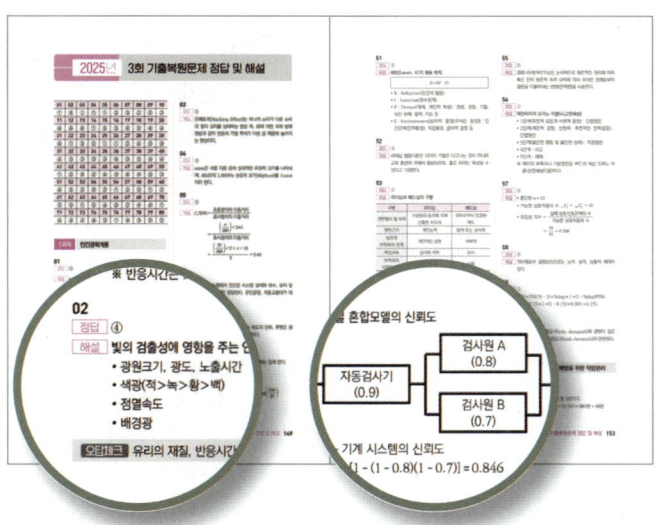

- 비전공자들도 쉽게 이해할 수 있도록 도표와 그림을 포함한 상세한 해설 및 오답해설까지 수록하여 명확한 개념 정리가 이루어지도록 하였습니다.
- 오답체크를 통해 실제 시험에서 헷갈릴 수 있는 개념까지 확실하게 학습할 수 있도록 하였습니다.

목차

PART 01　인간공학개론

CHAPTER 01	인간공학적 접근	12
CHAPTER 02	인간의 감각기능	19
CHAPTER 03	인간의 정보처리	33
CHAPTER 04	인간기계 시스템	44
CHAPTER 05	인체측정 및 응용	66

PART 02　작업생리학

CHAPTER 01	인체구성요소	74
CHAPTER 02	작업생리	83
CHAPTER 03	생체역학	93
CHAPTER 04	생체반응 측정	101
CHAPTER 05	작업환경 평가 및 관리	107

PART 03　산업심리학 및 관계법규

CHAPTER 01	인간의 심리특성	124
CHAPTER 02	휴먼에러(인간오류)	136
CHAPTER 03	집단, 조직 및 리더십	148
CHAPTER 04	직무 스트레스	161
CHAPTER 05	관계법규	168
CHAPTER 06	안전보건관리	173

PART 04　근골격계질환 예방을 위한 작업관리

CHAPTER 01	근골격계질환 개요	204
CHAPTER 02	작업관리 개요	211
CHAPTER 03	작업분석	216
CHAPTER 04	작업측정	235
CHAPTER 05	유해요인 평가	250
CHAPTER 06	작업설계 및 개선	271
CHAPTER 07	예방관리 프로그램	277

PART 05　10개년 기출문제

Ⅰ 2016년 기출문제	290
Ⅰ 2017년 기출문제	314
Ⅰ 2018년 기출문제	337
Ⅰ 2019년 기출문제	360
Ⅰ 2020년 기출문제	385
Ⅰ 2021년 기출문제	410
Ⅰ 2022년 기출문제	434
Ⅰ 2023년 기출복원문제	460
Ⅰ 2024년 기출복원문제	497
Ⅰ 2025년 기출복원문제	534

CBT 모의고사 이용 가이드

다음 단계에 따라 시리얼 번호를 등록하면 무료 CBT 모의고사를 이용할 수 있습니다.

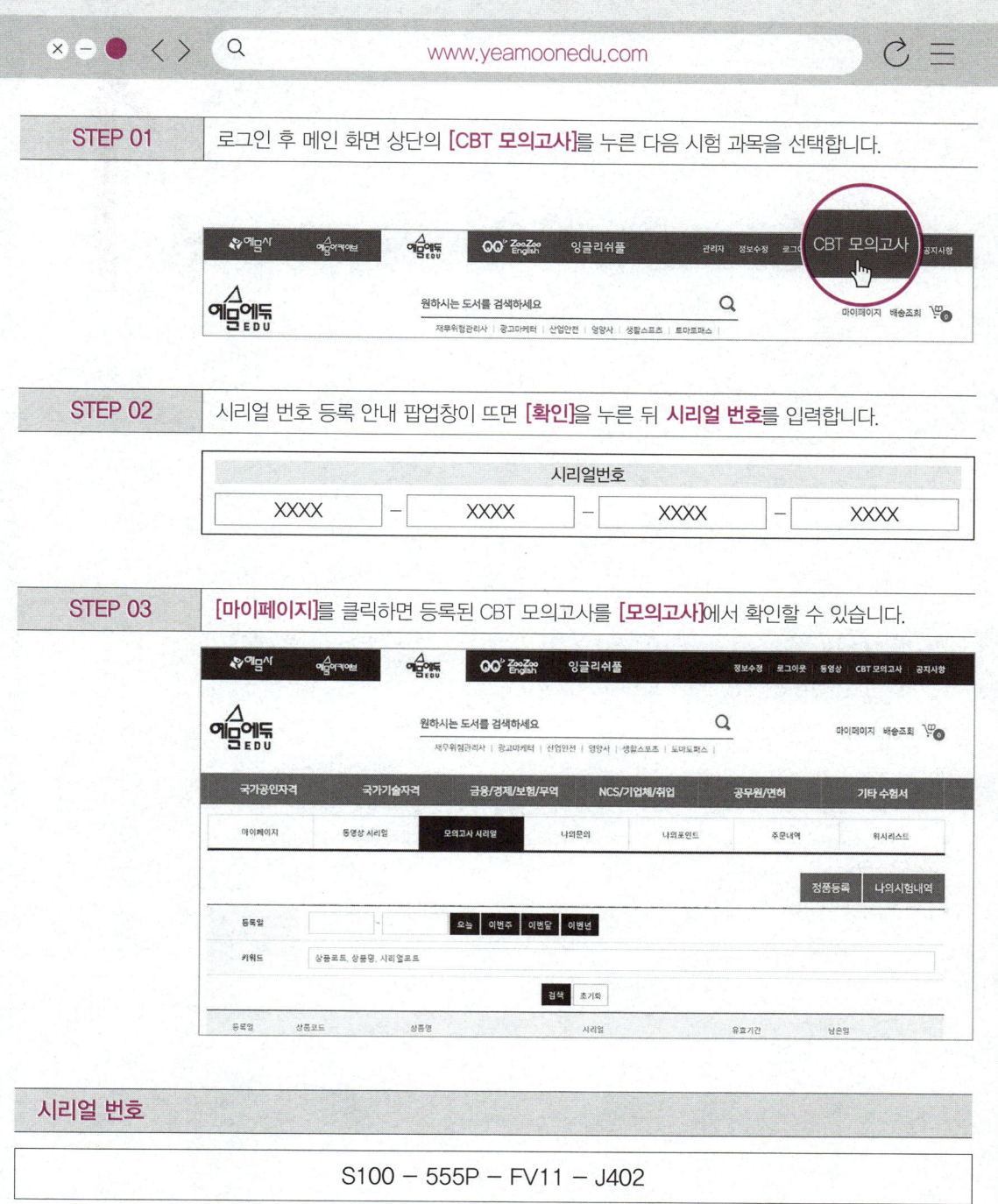

| STEP 01 | 로그인 후 메인 화면 상단의 **[CBT 모의고사]**를 누른 다음 시험 과목을 선택합니다. |

| STEP 02 | 시리얼 번호 등록 안내 팝업창이 뜨면 **[확인]**을 누른 뒤 **시리얼 번호**를 입력합니다. |

| STEP 03 | **[마이페이지]**를 클릭하면 등록된 CBT 모의고사를 **[모의고사]**에서 확인할 수 있습니다. |

시리얼 번호

S100 – 555P – FV11 – J402

PART 01

Human Factors

인간공학개론

CHAPTER 01 인간공학적 접근
CHAPTER 02 인간의 감각기능
CHAPTER 03 인간의 정보처리
CHAPTER 04 인간기계 시스템
CHAPTER 05 인체측정 및 응용

CHAPTER 01 인간공학적 접근

SECTION 01 인간공학의 정의

1. 인간공학의 정의

(1) 인간공학

① 인간이 사용할 수 있도록 설계하는 과정이다.
② 인간의 육체적, 생리적, 심리적 특성과 한계를 연구하고 이를 도구, 기계, 장비, 제품, 직무, 작업장의 환경 그리고 시스템 등의 설계에 응용함으로써 사용의 편리성과 안전성, 효율성을 제고하고자 하는 학문이다.
③ 사용자나 작업자를 위한 설계를 추구하는 학문이다.
④ Chapanis는 인간공학은 '기계와 그 기계조작 및 환경조건을 인간의 특성 및 능력과 한계에 잘 조화되도록 설계하기 위한 수단을 연구하는 학문'이라 정의하였다.

(2) 인간공학의 초점

인간공학의 초점은 인간이 만들어 생활의 여러 국면에서 사용하는 물건, 기구 혹은 환경을 설계하는 과정에서 인간을 고려하는 것이다.

핵심 문제

01 인간공학의 정의 및 개념에 대한 설명으로 옳지 않은 것은?

① 사용의 편리성과 안전성, 효율성을 제고하고자 하는 학문이다.
② 인간을 작업환경에 맞추는 학문이다.
③ 인간 활동의 최적화를 연구하는 학문이다.
④ 기계와 환경조건의 설계에서 인간의 특성 및 능력을 고려하는 학문이다.

정답 | ②
해설 | 기계와 작업환경을 인간에게 맞추는 학문이다.

> **02** 인간공학의 개념과 가장 거리가 먼 것은?
>
> ① 효율성 제고 ② 심미성 제고 ③ 안전성 제고 ④ 편리성 제고
>
> 정답 | ②
> 해설 | 인간공학은 사용의 편리성과 안전성, 효율성을 제고하고자 하는 학문이다.

2. 인간공학의 목적 및 필요성

(1) 인간공학의 목적
① 인간이 물건, 기구, 환경을 사용함에 있어 잘 사용할 수 있도록 실용적 효능을 향상시킨다.
② 건강, 안전, 만족 등과 같은 인간의 가치(human value)를 향상시키는 데 있다.
③ 인간복지의 향상이다.

(2) 인간공학의 접근방법
인간이 만들어 사용하는 물건, 기구, 혹은 환경을 설계하는 데 있어서 인간의 특성이나 행동에 관한 적절한 정보를 체계적으로 적용하는 것이다.

(3) 인간공학의 필요성
① 과거에는 도구나 장비의 개발이 주로 진화나 시행착오에 의존하여 이루어졌으므로 장시간이 소요되었으나 최근에는 빨라진 기술개발 속도와 전 세계의 많은 기업이 경쟁하는 상황에서 빈번한 소급개조가 많은 시간과 비용적인 손실을 초래하고 이는 곧 경쟁에서의 낙후를 유발하게 된다.
② 설계의 초기 단계에서 인간공학을 고려하여 적용함으로써 재설계 및 개조의 시간을 대폭 줄일 수 있고, 비용 절감, 생산시스템의 효율적 운용과 함께 제품의 경쟁력이 향상된다.

(4) 인간공학의 기대효과
① 건강하고 안전한 작업조건 마련
② 생산성의 향상
③ 직무만족도의 향상
④ 노·사 간의 신뢰성 증가
⑤ 이직률 감소
⑥ 산재 보상비용의 감소
⑦ 제품의 품질 향상
⑧ 제품 경쟁력의 향상, 기업 이미지 향상 및 국제 경쟁력 확보

3. 역사적 배경

① 인간공학은 Ergonomics 혹은 Human Factors로 표기한다. Ergonomics는 Ergo(노동)와 Nomos(관리법칙)의 합성어로서 유럽 중심의 노동과학에서 발달했다. Human Factors는 미국 중심의 심리학에서 발달하였으며 생체역학과 심리학 등 인간의 여러 가지 요소를 연구하는 것이다.
② 기계 위주의 설계철학 : 기계가 존재하고 여기에 맞는 사람을 선발하거나 훈련을 통하여 인간을 기계에 맞추려는 방식(fitting the man to the task)
③ 인간 위주 설계철학 : 기계를 인간에게 맞춤(fitting the task to the man)
　㉠ 외적 요소 : 육체적(정합성)
　㉡ 내적 요소 : 심리적, 정신적(양립성)
④ 체계의 관점 : 인간과 기계를 적절히 결합한 최적 통합체계의 설계를 강조하며, 체계의 목표를 가장 효율적으로 달성하는 것을 목표로 함
⑤ 체계, 설비, 환경의 창조과정에서 기본적인 인생의 가치 기준에 초점을 두어 개인을 중시한다(인간의 가치 기준 중심).

SECTION 02 연구절차 및 방법

1. 연구변수 유형 및 선정기준

(1) 연구에 사용되는 변수의 유형

① 독립변수
　㉠ 조사·연구되어야 할 인자
　㉡ 조명 수준, 작업자세, 정보 전달 방법 등
② 종속변수
　㉠ 기준(criterion)이라고도 한다.
　㉡ 실험연구에서 실험자가 연구하고 싶은 대상(관심의 대상)이 되는 변수이다.
　㉢ 독립변수가 끼치는 가능한 효과의 척도이다.

(2) 평가척도(기준)의 유형

① 체계(시스템)기준 : 시스템이 원래 의도한 바를 얼마나 달성하는가를 나타내는 척도
　㉎ 생산량, 수익률, 기계 신뢰도, 보전도 등
② 작업성능기준 : 작업의 결과에 관한 효율
　㉎ 출력의 양, 출력의 질, 작업시간 등

③ 인간기준
    ㉠ 인간 성능 척도(퍼포먼스 척도) : 빈도 척도, 강도 척도, 지속성 척도, 지연성 척도 등
    ㉡ 생리학적 지표 : 심장활동 지표(심박수, 혈압 등), 호흡 지표(호흡률, 산소소비량 등), 신경 지표(뇌전위, 근육활동 등), 감각 지표(시력, 눈 깜박이는 속도, 청력 등)
    ㉢ 주관적 반응 : 의자의 안락도 평점, 개인성능의 평점, 체계 설계면의 대안들의 평점, 체계에 사용되는 여러 가지 다른 유형의 정보가 판단된 중요도 평점 등
    ㉣ 사고 빈도 : 주행 거리당 사상자 수

(3) 기준의 요건
① 실제성 : 현실성을 가지며, 실질적으로 이용하기 쉽다.
② 타당성(적절성) : 측정하고자 하는 평가척도가 시스템의 목표를 반영하는 정도이다. 즉, 측정하고자 하는 바를 얼마나 정확하게 측정하였는가를 평가하는 척도이다.
③ 신뢰성 : 반복 실험 시 재현성(반복성)이 있어야 한다.
④ 무오염성(순수성) : 기준 척도는 측정하고자 하는 변수 이외에 다른 변수의 영향을 받아서는 안 된다.
⑤ 민감도 : 실험 변수 수준 변화에 따라 척도의 값의 차이가 존재하는 정도이다. 즉, 차이에 비례하는 단위로 측정이 가능해야 한다.

핵심 문제

01 인간공학 연구에 사용되는 기준(criterion, 종속변수) 중 인적 기준(human criterion)에 해당하지 않은 것은?

① 보전도 ② 사고 빈도
③ 주관적 반응 ④ 인간 성능

정답 | ①
해설 | 보전도는 체계(시스템) 기준이다.

02 일반적으로 연구 조사에 사용되는 기준(criterion)의 요건으로 볼 수 없는 것은?

① 적절성 ② 사용성
③ 신뢰성 ④ 무오염성

정답 | ②
해설 | 연구 조사에 사용되는 기준(criterion)은 실제성, 타당성(적절성), 무오염성(순수성), 신뢰성, 민감도이다.

2. 실험실 연구와 현장 연구

(1) 연구환경 선택 시 고려사항

구분	실험실 연구	현장 연구
변수제어	쉽다	어렵다
현실성(일반화 가능성)	낮다	높다
실험반복	가능	불가능
정확성	높다	낮다
안전성	높다	낮다
동기부여	높다	낮다

(2) 피험자 간 설계와 피험자 내 설계

구분	피험자 간 설계	피험자 내 설계
정의	• 독립변인의 다른 수준들이 서로 다른 피험자 집단을 사용하여 평가하는 것 • 고려하는 독립변수가 많은 경우 사용	• 독립변인의 다른 수준들이 동일한 피험자 집단을 사용하여 평가하는 것 • 고려하는 독립변수가 적은 경우 사용
장점	• 피험자 상호 간에 영향을 주지 않음 • 한 수준에서 많은 자료수집이 가능	• 집단 간의 차이가 발생하지 않음 • 참가자 수가 적음(실용적) • 실험조건들 사이의 통계적 유의미한 차이를 더 쉽고 민감하게 찾을 수 있음
단점	• 집단 간의 차이 발생 • 총 실험 시간이 길어짐	• 이월효과 발생 • 참가자에게 서로 영향을 줄 수 있음

(3) 표본추출
모집단으로부터 추출한 표본에서 나오는 자료는 모집단을 추정하는 기초가 된다.

(4) 자료의 통계적 분석

① <u>중심적 척도</u>

㉠ 산술평균(mean), 시료평균 $\bar{x}$

$$\bar{x} = \frac{x_1 + x_2 + \cdots + x_n}{n} = \frac{\sum x_i}{n}$$

㉡ <u>중앙값(median)</u>, 메디안 또는 중위수 $M_e(\tilde{x})$: 데이터를 크기순으로 나열할 때 가운데에 있는 값으로, 데이터의 수가 짝수일 경우 중앙에 있는 데이터 두 개의 평균값이며 이상치에 의해 영향을 받지 않는 통계량

㉢ <u>최빈값(mode)</u>, 최빈수 M_o : 도수분포표에서 도수가 최대인 계급의 대푯값

② 산포(퍼짐)의 척도

　㉠ 범위(range) R : 데이터 중에서 최댓값과 최솟값의 차이

$$R = x_{\max} - x_{\min}$$

　㉡ 시료분산 또는 표본분산(sample variance) V 또는 s^2

$$s^2 = V = \frac{\sum_{i=1}^{n}(x_i - \overline{x})^2}{n-1} = \frac{S}{n-1} = \frac{S}{\nu}$$

　㉢ 표본표준편차 또는 시료편차(sample standard deviation) s : 분산 V 의 제곱근

$$s = \sqrt{V} = \sqrt{\frac{\sum_{i=1}^{n}(x_i - \overline{x})^2}{n-1}}$$

③ 상관관계

　㉠ 상관계수란 두 변수 사이의 상관 정도를 나타내는 척도이다.

　㉡ 상관계수의 크기는 +1.0(완전한 정의 상관관계)에서 -1.0(완전한 부의 상관관계) 사이의 값을 가지며, 0의 값이면 무상관이다.

④ 제1종 오류(α)와 제2종 오류(β)

　㉠ 제1종 오류를 통계적 기각역이라고도 한다.

　㉡ 제1종 오류를 작게 설정할수록 제2종 오류가 증가할 수 있다.

　㉢ 1 - β를 검출력(power)이라고 한다.

⑤ 통계적 유의성

　㉠ 평균치의 차이가 있다.

　㉡ 독립변수는 그 종속변수에 대하여 유의적 영향이 있다.

　㉢ 관찰한 영향이나 방법의 차이가 우연적일 확률이 낮음을 의미한다.

　㉣ 종속변수에 대한 영향이 우연적인 것이 아니라면, 그 영향은 독립변수에 의한 것이다.

핵심 문제

01 연구 자료의 통계적 분석에 대한 설명으로 옳지 않은 것은?

① 최빈값은 자료의 중심 경향을 나타낸다.
② 분산은 자료의 퍼짐 정도를 나타내는 척도이다.
③ 상관계수 값 +1은 두 변수가 부의 상관관계임을 나타낸다.
④ 통계적 유의수준 5%는 100번 중 5번 정도는 판단을 잘못하는 확률을 뜻한다.

정답 | ③
해설 | 상관계수의 크기는 +1.0(완전한 정의 상관관계)에서 -1.0(완전한 부의 상관관계) 사이의 값을 가지며, 0의 값이면 무상관이다.

02 통계적 분석에서 사용되는 제1종 오류(α)를 설명한 것으로 옳지 않은 것은?

① 발견한 결과가 우연에 의한 것일 확률을 의미한다.
② 동일한 데이터의 분석에서 제1종 오류를 작게 설정할수록 제2종 오류가 증가할 수 있다.
③ 제1종 오류를 통계적 기각역이라고도 한다.
④ $1-\alpha$를 검출력(power)이라고 한다.

정답 | ④
해설 | $1-\beta$를 검출력(power)이라고 한다.

인간의 감각기능

SECTION 01 시각기능

1. 눈의 구조 및 기능

인간은 입력정보의 약 80%를 시각적 경로를 통해 입수한다.

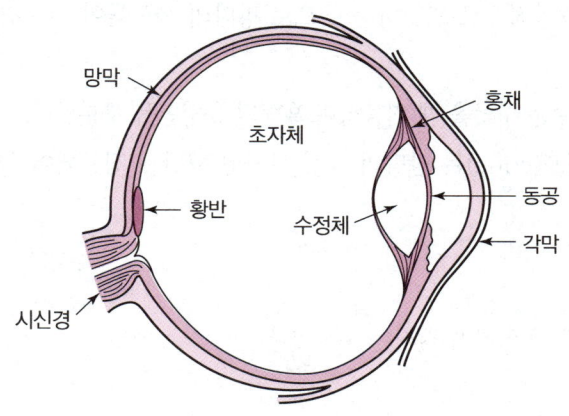

▲ 눈의 구조

(1) 각막(cornea)

눈의 가장 바깥쪽에 있는 투명한 무혈관 조직으로 안구를 보호하는 방어막의 역할과 광선을 굴절시켜 망막으로 도달시키는 창의 역할을 한다.

(2) 홍채(iris)

① 각막과 수정체 사이에 위치한다.
② 홍채의 색은 인종별, 개인별로 차이가 있으며 색소가 많으면 갈색, 적으면 청색을 띈다.
③ 빛의 양을 조절하는 조리개 역할을 한다.

(3) 동공(pupil)

홍채의 중앙에 구멍이 나 있는 부위로 빛의 양을 조절한다.

(4) 수정체(lens)

① 안구의 수정체는 망막에 정확한 이미지가 맺히도록 모양체근으로 두께를 조절한다. 카메라의 렌즈와 같은 역할을 한다.
② 양면이 볼록한 돋보기 모양의 무색투명한 구조를 하고 있으며 각막과 함께 눈의 주된 굴절기관이다.
③ 탄력성을 가지고 있으며, 가까운 곳을 볼 때는 모양체근의 수축으로 수정체가 두꺼워져 굴절력을 증가시킨다.
④ 안경은 눈의 수정체를 보조하기 위하여 사용된다.

(5) 망막(retina)

① 망막은 카메라의 필름처럼 상이 맺히는 곳으로, 눈의 제일 안쪽이며 안구 안쪽 2/3를 덮고 있는 투명한 신경조직이다.
② 눈으로 들어온 빛이 최종적으로 도달하는 곳으로 망막의 세포들이 시신경을 통해 뇌로 신호를 보내는 기능을 한다.
③ 간상세포(rod)는 조도수준이 낮을 때 기능하며 흑백의 음영만을 구분한다.
④ 원추세포 또는 추상세포(cone)는 망막의 중심 부근인 황반에 집중되어 있으며, 밝은 곳에서 기능하며 색을 식별한다.

(6) 황반(macula)

빛이 도달하여 초점이 가장 선명하게 맺히는 부위이다.

핵심 문제

01 다음 눈의 구조 중 빛이 도달하여 초점이 가장 선명하게 맺히는 부위는?

① 동공　　　　　　　　　② 홍채
③ 황반　　　　　　　　　④ 수정체

정답 | ③
해설 | 황반은 빛이 도달하여 초점이 가장 선명하게 맺히는 부위이다.

2. 시력

시력은 세부적인 내용을 시각적으로 식별할 수 있는 능력을 말한다. 여러 유형의 시력은 주로 망막 위에 초점이 맞추어지도록 수정체의 근육(모양체)에 의한 눈의 조절능력에 달려있다.

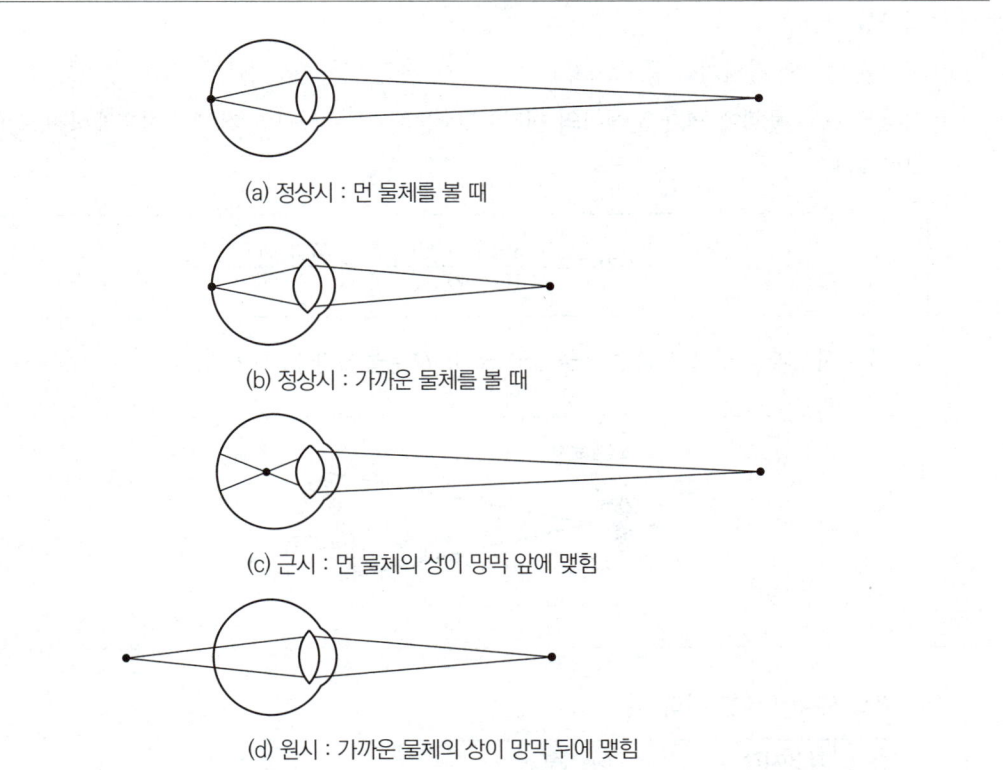

(a) 정상시 : 먼 물체를 볼 때

(b) 정상시 : 가까운 물체를 볼 때

(c) 근시 : 먼 물체의 상이 망막 앞에 맺힘

(d) 원시 : 가까운 물체의 상이 망막 뒤에 맺힘

(1) 근시와 원시

① 정상적인 조절 작용하에서는 멀리 있는 물체를 선명하게 보기 위해서는 수정체가 얇아지고 가까이 있는 물체를 볼 때에는 수정체가 두꺼워진다.
② 근시는 수정체가 두꺼워져 먼 물체의 상이 망막 앞에 맺히는 현상을 말한다.
③ 원시는 수정체가 얇아져 가까운 물체의 상이 망막 뒤에 맺히는 현상을 말한다.
④ 광학에서 렌즈의 굴절률을 따질 때는 초점 거리 대신에 이의 역수를 사용하는 것이 편리하다. 보통 사용하는 단위는 디옵터(diopter)이며, $\frac{1}{m단위의 \ 초점 \ 거리}$로 정의된다. 10cm(0.1m) 떨어진 물체에 초점을 맞추려면 10D의 렌즈가 필요하다.
⑤ 2개 이상의 렌즈가 함께 사용될 경우 조합렌즈의 굴절률은 합으로 구한다. 즉, 2D 렌즈와 3D 렌즈를 밀착시키면 조합 굴절률은 5D가 된다.
⑥ 눈이 초점을 맞출 수 없는 가장 먼 거리를 원점이라 하는데 정상 시각에서 원점은 거의 무한하다.

(2) 시력의 유형

① 최소 가분 시력(minimum separable acuity)
  ㉠ 눈이 식별할 수 있는 표적의 최소 모양이나 표적 사이의 최소 공간을 말한다.
  ㉡ 피검자의 시력은 그가 정확히 식별할 수 있는 최소의 세부 사항을 볼 때 생기는 시각의 역수로 측정한다.
  ㉢ 시각은 인간의 감각기관 중 작업자가 가장 많이 사용하는 감각이다.
  ㉣ 시각은 보는 물체에 의한 눈에서의 대각이고, 물체와 눈 사이의 거리에 반비례하며, 분(′) 단위로 나타낸다.

$$\text{시각}(') = \frac{(180/\pi) \times 60 \times L}{D} = \frac{57.3 \times 60 \times L}{D}$$

단, L = 시선과 직각으로 측정한 물체의 크기, D = 물체와 눈 사이의 거리

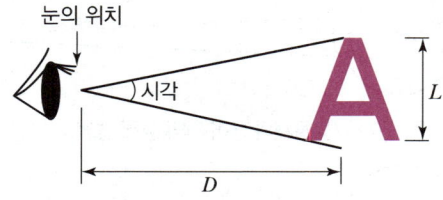

  ㉤ 최소 시각에 대한 시력

최소 시각	시력
2분(′)	0.5
1분	1
30초(″)	2
15초	4

② Vernier 시력 : 한 선과 다른 선의 측방향 변위(미세한 치우침)를 식별하는 능력이다.
③ 최소 인식 시력 : 배경으로부터 한 점을 식별하는 능력이다.
④ 입체 시력 : 깊이가 있는 하나의 물체를 두 눈의 망막에서 수용할 때 상이나 그림의 차이를 분간하는 능력이다.

(3) 순응(조응)

새로운 광도 수준에 대한 눈의 적응을 순응이라 한다.

① 암순응
  ㉠ 밝은 곳에서 어두운 곳으로 이동할 때를 말하며, 눈으로 더 많은 양의 빛을 들이기 위해 동공이 확대된다.
  ㉡ 완전 암조응은 보통 30~40분이 소요된다.
  ㉢ 적색 안경은 암조응을 촉진한다.
  ㉣ 어두운 곳에서는 주로 간상세포에 의하여 보게 된다.

② 명순응
  ㉠ 어두운 곳에서 밝은 곳으로 이동할 때를 말하며, 눈에 들어오는 빛의 양을 제한하기 위해 동공이 축소된다.
  ㉡ 보통 1~2분이 걸린다.

(4) 가시광선

눈으로 볼 수 있는 빛의 파장 범위(가시광선)는 380~780nm이다.

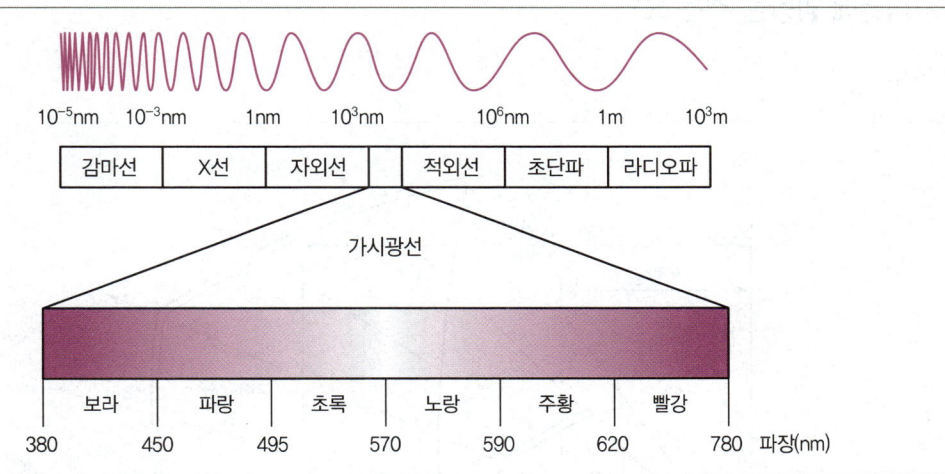

(5) 푸르키네효과(Purkinje effect)

조명 수준이 감소하면 장파장에 대한 시감도가 감소하는 현상이다. 즉, 밤에는 적색보다 청색을 더 잘 볼 수 있다.

> 핵심 문제

01 시(視)감각 체계에 관한 설명으로 옳지 않은 것은?

① 1디옵터는 1m 거리에 있는 물체를 보기 위해 요구되는 수정체의 초점 조절능력을 나타낸 값이다.
② 동공은 조도가 낮을 때는 많은 빛을 통과시키기 위해 확대된다.
③ 망막의 표면에는 빛을 감지하는 광수용기인 원추체와 간상체가 분포되어 있다.
④ 안구의 수정체는 모양체근으로 긴장을 하면 얇아져 가까운 물체만 볼 수 있다.

정답 | ④
해설 | 안구의 수정체는 모양체근으로 긴장을 하면 두꺼워져 가까운 물체만 볼 수 있다.

02 눈으로 볼 수 있는 빛의 가시광선 파장에 속하는 것은?

① 250nm ② 600nm ③ 1000nm ④ 1200nm

정답 | ②
해설 | 눈으로 볼 수 있는 빛의 파장 범위(가시광선)는 380~780nm이다.

3. 시식별에 영향을 주는 요인

(1) 조도

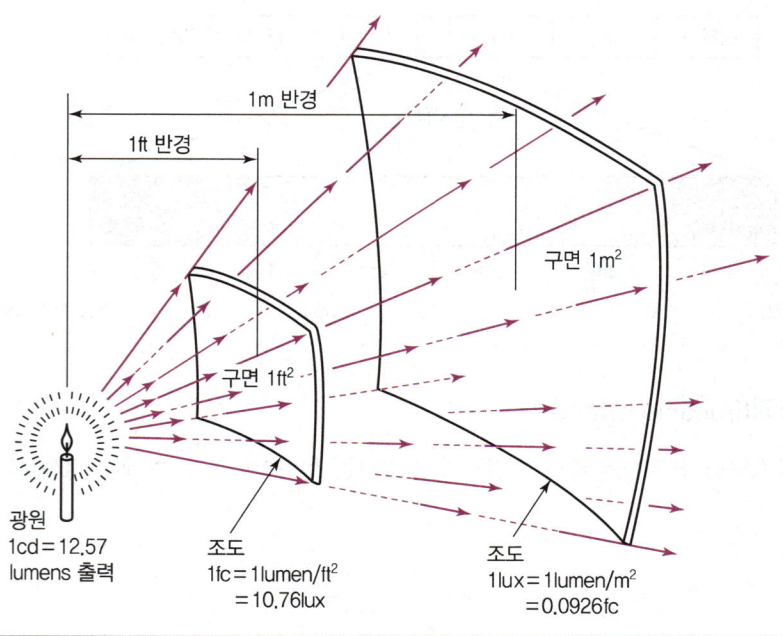

① 광량
  ㉠ 광량은 광원으로부터 나오는 빛 에너지의 양으로 단위는 lumen(lm)을 이용한다.
  ㉡ 광량을 비교하기 위한 목적으로 제정된 표준은 고래기름으로 만든 국제 표준 촛불(candle)이 있으나, 현재는 candela(cd)를 채택하고 있다.
  ㉢ 광속의 개념으로 표시하면 1cd의 광원이 발하는 광량은 4π(12.57lumen)이다[1candela(cd) = 12.57lumen].

② 조도
  ㉠ 점광원에서 어떤 물체나 표면에 도달하는 빛의 양을 의미한다. 즉, 어떤 물체나 표면에 도달하는 빛의 단위 면적당 밀도를 조도라 한다.
  ㉡ foot - candle(fc) : 1cd의 점광원으로부터 1foot떨어진 구면에 비추는 광의 밀도($1lumen/ft^2$)
  ㉢ lux(meter - candle) : 1cd의 점광원으로부터 1m떨어진 구면에 비추는 광의 밀도($1lumen/m^2$)
  ㉣ 조도는 광도에 비례하고, 광원으로부터의 거리의 제곱에 반비례한다.

$$조도 = \frac{광량}{(거리)^2}$$

③ 광도
  ㉠ 단위 면적당 표면에서 반사되는 광량을 광도라 한다.
  ㉡ 단위는 candela를 사용한다.

④ 휘도
  ㉠ 단위 면적당 표면에 반사 또는 방출되는 빛의 양을 의미한다.
  ㉡ 휘도(brightness)를 나타내는 단위는 Lambert(L), millilambert(mL), foot - Lambert(fL), nit(cd/m^2)를 사용한다.

⑤ 반사율
  ㉠ 표면으로부터 반사되는 비율을 반사율이라 한다.
  ㉡ 거의 완전히 발산하는 표면에서 얻을 수 있는 최대 반사율은 약 95% 정도이다.
  ㉢ 반사율(%) = $\dfrac{광도}{조명} = \dfrac{fL}{fc} = \dfrac{cd/m^2 \times \pi}{lux}$

> **핵심 문제**
>
> **01** 어떤 물체 또는 표면에 도달하는 빛의 밀도는?
>   ① 조도 ② 광도
>   ③ 반사율 ④ 점광원

정답 | ①
해설 | 점광원에서 어떤 물체나 표면에 도달하는 빛의 양을 의미한다. 즉, 어떤 물체나 표면에 도달하는 빛의 단위 면적당 밀도를 조도라 한다.

02 조도(Illuminance)의 단위는?

① nit　　　　　② lumen　　　　　③ lux　　　　　④ candela

정답 | ③
해설 | 조도의 단위는 lux이다. 니트는 휘도의 단위, 루멘은 광량의 단위, 칸델라는 광도의 단위이다.

(2) 대비

① 대비(%) = $\dfrac{\text{배경의 광도} - \text{표적의 광도}}{\text{배경의 광도}} \times 100$

② 표적이 배경보다 어두울 경우에는 대비가 0에서 100 사이에 오며, 표적이 배경보다 밝을 경우에는 0에서 $-\infty$ 사이이다.

③ 대비가 같으면 두 종이에 쓴 글자는 동일한 수준으로 보인다.

핵심 문제

01 종이의 반사율이 70%이고, 인쇄된 글자의 반사율이 15%일 경우 대비(Contrast)는?

① 15%　　　　　② 21%　　　　　③ 70%　　　　　④ 79%

정답 | ④
해설 | 대비(%) = $\dfrac{\text{배경의 광도} - \text{표적의 광도}}{\text{배경의 광도}} \times 100 = \dfrac{(70-15)}{70} = 79\%$

(3) 노출시간

노출시간이 클수록 식별력은 커진다.

(4) 이동

과녁이나 관측자(또는 양자)가 움직일 경우에는 시력이 감소한다.

(5) 휘광

눈부심은 눈이 적응된 휘도보다 훨씬 밝은 광원 혹은 반사광으로 인해 발생한다. 성가신 느낌과 불편감을 주고 가시도와 시성능을 저하시킨다.

(6) 광도비
주어진 장소와 주위의 광도의 비이며, 사무실 및 산업 상황에서의 추천 광도비는 보통 3:1이다.

(7) 개인차(시력의 차이)
연령이 높아지면 시각적인 능력이 저하되므로 조도를 높이거나 국소조명으로 보완할 필요가 있다.

핵심 문제

01 1cd의 점광원으로부터 3m 거리에 떨어진 구면의 조도는 몇 럭스(lux)가 되겠는가?

① 1/9　　　　② 1/6　　　　③ 1/3　　　　④ 1/2

정답 | ①
해설 | 조도 = $\dfrac{광량}{(거리)^2} = \dfrac{1}{3^2}$

02 시식별에 영향을 주는 인자로 적합하지 않은 것은?

① 조도　　　　② 휘도비　　　　③ 대비　　　　④ 온·습도

정답 | ④
해설 | 시식별에 영향을 주는 조건은 조도, 대비, 휘도비, 반사율, 노출시간, 물체의 크기, 과녁의 이동, 광도비, 개인차(시력) 등이다.

SECTION 02 청각기능

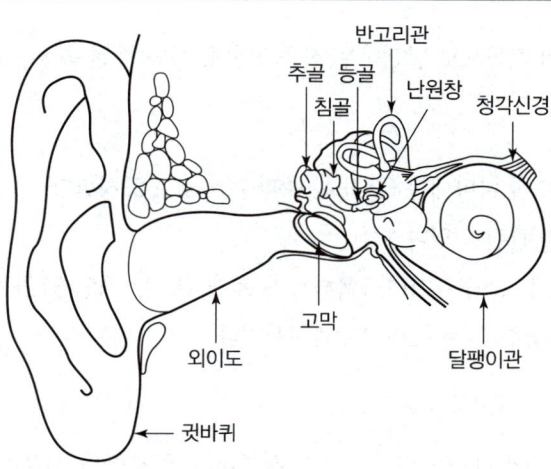

1. 귀의 구조

(1) 귀의 구조

① 외이 : 외이는 소리를 모아주는 귓바퀴와 외이도, 고막으로 구성된다.
② 중이 : 고막을 경계로 안쪽에 존재하는 중이는 중이소골이라는 3개의 작은 뼈들이 있어 고막의 진동을 내이의 난원창에 전달한다.
③ 내이 : 내이 혹은 달팽이관은 임파액으로 차 있다.

(2) 귀의 청각과정

공기전도 → 액체전도 → 신경전도

2. 음파의 과정

(1) 진동수 또는 전화기설

① 기저막이 전체적으로 진동한다.
② 60Hz까지의 저주파 영역에 해당한다.

(2) 위치 또는 공진설

① 60Hz 이상의 음역에서는 기저막 전체가 진동하지 않고, 음에 따라 막이 최대로 진동하는 위치가 달라진다.
② 4,000Hz를 넘어설 경우 음의 높이는 기저막상의 최대 진폭의 위치에 의해 결정된다.

3. 음의 특성과 측정

우리가 듣는 소리는 음원의 진동으로 발생하는 진동파이며, 음의 주된 속성은 진동수와 강도(진폭)이다.

(1) 음파의 진동수

① 진동수는 초당 사이클 수를 나타내는 Hz 또는 주파수(cps)로 표시한다.
② 주파수는 소리의 고저와 관련이 있다.
③ 피아노 건반의 기본 '도'는 256Hz이며, 1옥타브가 올라가면 두 배인 512Hz가 된다.
④ 인간이 들을 수 있는 가청주파수는 20~20,000Hz이다.

(2) 음의 강도(세기)

① 음의 강도는 $Watt/m^2$(단위 시간에 단위 면적을 통과하는 음의 에너지)로 나타낸다.
② 음의 강도의 척도는 bel의 1/10인 dB(decibel)을 가장 흔히 사용한다.

③ 음압 수준(SPL)

$$SPL(dB) = 20\log_{10}\left(\frac{P_1}{P_0}\right)$$

단, P_0 = 기준 음압, P_1 = 측정하고자 하는 음압

④ 두 음의 강도차

$$dB_2 = dB_1 - 20\log_{10}\left(\frac{d_2}{d_1}\right)$$

단, d_1, d_2 = 음원으로부터 떨어진 거리

핵심 문제

01 비행기에서 20m 떨어진 거리에서 측정한 엔진의 소음 수준이 130dB(A)이었다면, 100m 떨어진 위치에서의 소음 수준은 약 얼마인가?

① 113.5dB(A)   ② 116.0dB(A)
③ 121.8dB(A)   ④ 130.0dB(A)

정답 | ②
해설 | $dB_2 = dB_1 - 20\log\left(\frac{d_2}{d_1}\right) = 130 - 20\log\left(\frac{100}{20}\right) = 116\,dB$

4. 음량 및 관련 감각

소리의 크고 작은 느낌은 주로 강도의 함수이지만 진동수에 의해서도 일부 영향을 받는다. 따라서 **물리적 소리 강도는 지각되는 음의 강도와 비례하지 않는다.** 즉, 80dB의 세기를 갖는 소리는 40dB의 세기를 갖는 소리에 비해 두 배만큼 더 크게 들리지 않는다. 마찬가지로 40dB에서 50dB로의 소리의 크기를 증가시키는 것은 70dB에서 80dB로 증가시키는 것과 동일한 증가로 지각되지 않는다.

(1) Phon에 의한 음량 수준

① 두 소리를 번갈아 들으며 그중 한 소리의 수준을 조정해 나가면 두 소리가 같은 크기로 들리도록 조정할 수 있으며, 그 단위를 phon이라 한다.
② **어떤 음의 음량 수준을 나타내는 phon값은 이 음과 같은 크기로 들리는 1,000Hz 순음의 음압 수준(dB)을 의미한다.**

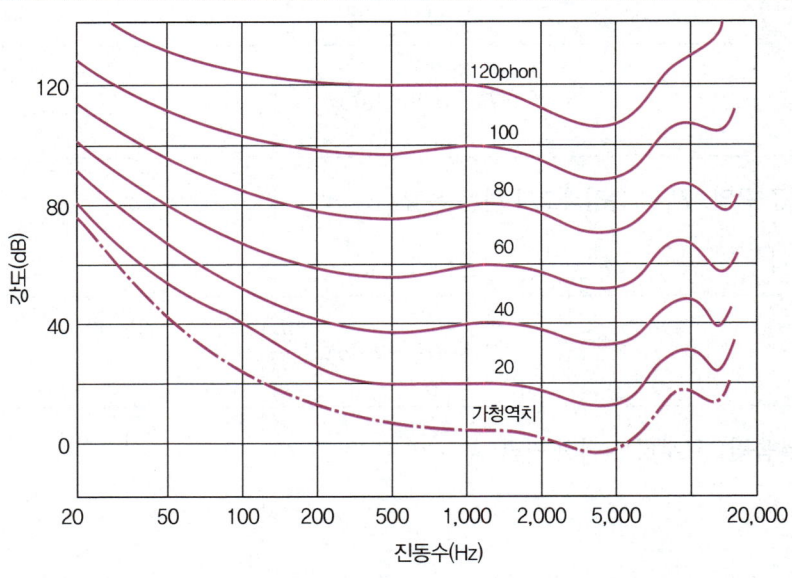

▲ 순음의 등음량 곡선

(2) Sone

① Phon은 여러 음의 주관적인 크기만을 말할 뿐 다른 음과의 상대적인 주관적 크기에 대해서는 말하는 바가 없다. sone은 서로 다른 음의 상대적인 주관적 크기를 나타낸다.
② 40dB의 1,000Hz 순음의 크기(40phon)를 1sone이라 한다.
③ $sone = 2^{(phon-40)/10}$
④ 음량 수준이 10phon 증가하면 음량(sone)은 2배가 된다.
⑤ 10sone은 기준음보다 10배 크게 들리는 음량이다.

핵심 문제

01 음압 수준이 120dB인 1000Hz 순음의 sone값은 얼마인가?

① 256　　　　　　　　② 128
③ 64　　　　　　　　 ④ 32

정답 | ①
해설 | 1,000Hz, 120dB은 120phon이다.
$sone = 2^{(phon-40)/10} = 2^{(120-40)/10} = 2^8 = 256$

02 소리 크기의 지표로서 사용하는 단위 중 8sone은 몇 phon인가?

① 60　　　　　　　　② 70
③ 80　　　　　　　　④ 90

정답 | ②
해설 | sone=$2^{(phon-40)/10}$ → 8=$2^{(phon-40)/10}$ → phon=70

SECTION 03　촉각 및 후각기능

1. 촉각기능

(1) 피부가 느끼는 3종류의 감각

① 압력 수용 감각(압각)

② 고통 감각(통각)

③ 온도 변화 감각(냉·온각)

※ 피부감수성이 높은 순서 : 통각>압각>촉각>냉각>온각

(2) 피부감각별 수용기관

① 통각 : 자유신경종말

② 압각 : 파시니소체, 마이스너소체

③ 냉각 : 크라우제소체

④ 온각 : 루피니소체

2. 후각기능

① 후각에 대한 순응은 빠른 편이다.

② 후각은 특정 자극에 대한 식별보다는 냄새 존재 여부를 식별하는 데 효과적이다.

③ 특정 냄새의 절대식별 능력은 떨어지나 상대적 비교 능력은 우수한 편이다.

④ 훈련을 통하면 식별 능력을 향상시킬 수 있으며 60종류까지도 식별할 수 있다.

⑤ 후각은 청각보다 반응속도가 느리다.

⑥ 후각은 특정 물질이나 개인에 따라 민감도의 차이가 있다.

핵심 문제

01 피부 감각의 종류에 해당되지 않는 것은?

① 압력 감각　　　　　　　　② 진동 감각
③ 온도 감각　　　　　　　　④ 고통 감각

정답 | ②
해설 | 피부가 느끼는 3종류의 감각은 압력 수용 감각(압각), 고통 감각(통각), 온도 변화 감각(냉·온각)이다.

02 인체의 감각기능 중 후각에 대한 설명으로 옳은 것은?

① 후각에 대한 순응은 느린 편이다.
② 후각은 훈련을 통해 식별 능력을 기르지 못한다.
③ 후각은 냄새 존재 여부보다 특정 자극을 식별하는 데 효과적이다.
④ 특정 냄새의 절대식별 능력은 떨어지나 상대적 비교 능력은 우수한 편이다.

정답 | ④
해설 | ① 후각에 대한 순응은 빠른 편이다.
　　　② 훈련을 통하면 식별 능력을 향상시킬 수 있으며 60종류까지도 식별이 가능하다.
　　　③ 후각은 특정 자극에 대한 식별보다는 냄새 존재 여부를 식별하는 데 효과적이다.

인간의 정보처리

SECTION 01 정보처리과정

1. 정보처리과정

(1) 인간의 정보처리과정

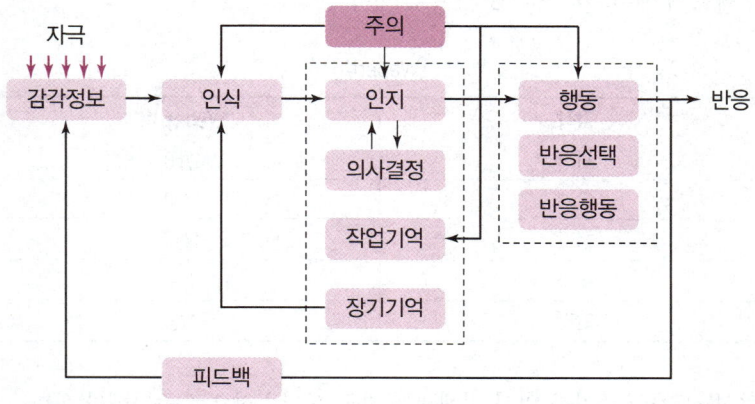

(2) 상대식별과 절대식별

① 상대식별은 두 가지 이상의 신호가 인접하여 제시되었을 때 이를 구별하는 것이다.
② 절대식별은 여러 그룹으로 규정된 신호 중에서 특정 부류에 속하는 신호가 단독으로 제시되었을 때 이를 구별하는 것이다.
③ 인간의 절대식별 능력은 상대식별 능력보다 떨어진다. 따라서 가급적이면 상대식별을 늘리는 방향으로 설계하도록 한다.
④ Miller는 절대식별 범위가 대개 7±2(5~9)라고 하였다.

[절대적으로 식별할 수 있는 자극의 수]

자극 차원	평균 식별 수	bit 수
단순음	5개	2.3
음량	4~5개	2~2.3
보는 물체의 크기	5~7개	2.3~2.8
휘도(광도)	3~5개	1.7~2.3

(3) 웨버(Weber)의 법칙

① 웨버의 법칙(Weber's law, 상대식별) : 특정 감각기관의 기준 자극과 변화를 감지하기 위해 필요한 자극의 차이는 원래 제시된 자극의 수준에 비례한다.

② 웨버의 비가 0.02라면 100g을 기준으로 무게의 변화를 느끼려면 2g 정도 되지만 10kg의 무게를 기준으로 한 경우에는 200g이 되어야 무게의 차이를 감지할 수 있다.

③ JND(변화감지역)가 작을수록 자극 차원의 변화를 쉽게 검출할 수 있다.

④ 웨버의 비가 작을수록 감각의 분별력이 뛰어나다.

$$\text{웨버의 비}(k) = \frac{\text{JND(변화감지역)}}{\text{기준자극의 크기}} = \frac{R_1 - R_2}{R_1}$$

단, R_1 = 처음 자극의 세기, R_2 = 나중 자극의 세기

[Weber비]

감각	Weber 비
시각	1/60
무게	1/50
청각	1/10
후각	1/4
미각	1/3

⑤ 동일한 양의 인식(감각)의 증가를 얻기 위해서는 자극을 지수적으로 증가해야 한다.

핵심 문제

01 기본(표준)자극 100에 대한 최소변화감지역(JND)이 5라면 Weber 비는 얼마인가?

① 0.02   ② 0.05
③ 20   ④ 50

정답 | ②
해설 | 웨버의 비$(k) = \frac{\text{JND(변화감지역)}}{\text{기준자극의 크기}} = \frac{5}{100} = 0.05$

2. 기억체계

인간의 기억체계는 감각보관, 단기기억, 장기기억으로 구분한다.

(1) 감각보관(감각저장, sensory storage)

① 촉각 및 후각의 감각보관에 대한 증거도 있으나 가장 잘 알려진 감각보관 기구는 시각과 청각이다.
② 자극이 사라진 후에도 수 초 동안 기억하는 것으로(잔상), 시각 계통의 상보관(iconic storage)과 청각 계통의 향보관(echoic storage)이다.
③ 상보관은 1초 이내로 지속되며, 향보관은 수 초간 지속된 후에 사라진다.
④ 감각보관은 빠르게 사라지고 새로운 자극으로 대체되며, 시각적 잔상을 이용한 것이 만화영화이다.
⑤ 인간의 주의집중(attention resources)이 관여하지 않는다.
⑥ 감각보관 내의 정보는 암호화(코드화)되지 않고 원래 감각 형태 그대로 유지된다.
⑦ 감각보관은 비교적 자동적으로 이루어지며, 정보가 짧은 시간 동안 보관된다. 좀 더 긴 기간 동안 정보를 보관하기 위해서는 암호화되어 작업기억으로 이전되어야 한다.

(2) 단기기억(작업기억, working memory)

① 작업기억은 감각저장소로부터 전이된 정보를 일시적으로 기억하기 위한 저장소의 역할을 한다.
② 감각보관으로부터 정보를 암호화하여 작업기억 혹은 단기기억으로 이전하기 위해서는 인간이 그 과정에 주의(attention)를 집중해야 한다.
③ 일반적으로 작업기억의 정보는 시각(visual), 음성(phonetic), 의미(semantic) 코드의 3가지로 코드화된다.
④ 단기기억에 있는 내용을 반복하여 학습(research)하면 장기기억으로 저장된다.
⑤ 사람의 단기기억 용량은 유한하다. 새로운 정보가 들어오면 저장될 수 있는 정보의 용량이 초과되어 기존정보는 단기기억 밖으로 밀려나게 된다.
⑥ 작업기억에 저장될 수 있는 정보량의 한계는 7 ± 2 chunk이며, 작업기억 내에 정보의 의미 있는 단위(chunk)로 저장이 가능하다(Miller의 Magic Number).
⑦ chunking(recoding)은 입력정보를 의미 있는 단위인 chunk로 조직해 나가는 것을 말한다.
⑧ 정보처리과정에서 정보 전달의 신뢰성을 높이기 위한 설계 방법으로 청킹(chunking)을 이용한다.
⑨ 시공간 스케치북은 주차한 차의 위치, 편의점에서 집까지 오는 길과 같이 시각적·공간적 정보를 잠시 동안 보관하는 것을 가능하게 해 준다.
⑩ 음운고리는 짧은 시간 동안 제한된 수의 소리를 저장한다.

(3) 장기기억(long – term memory)

① 장기기억 내에 정보를 저장하기 위해서는 정보의 의미적 코드화가 선행되어야 한다.
② 단위 시간당 영구 보관(기억)할 수 있는 정보량은 0.7bit/sec이다.
③ 암송(rehearsal), 의미론적(semantical) 암호 사용 및 정보의 이미지화(형상화)를 통해 기억함으로써 작업기억(Working memory) 혹은 장기기억(long – term memory) 내의 정보를 효율적으로 유지할 수 있다.
④ 장기기억에 많은 정보를 저장하기 위해서는 정보를 분석·비교하고, 과거 지식과 연계시켜 체계적으로 조직화하는 것이 필요하다.

핵심 문제

01 다음의 13개의 철자를 외워야 하는 과업이 주어질 때 일반적으로 몇 개의 청크(chunk)를 생성하게 되겠는가?

V.E.R.Y.W.E.L.L.C.O.L.O.R

① 1개　　② 2개　　③ 3개　　④ 5개

정답 | ③
해설 | 의미 있는 정보의 단위는 VERY WELL COLOR로 3개이다.

3. 시배분(times sharing)

① 음악을 들으며 책을 읽는 것처럼 사람이 주의를 번갈아 가며 2가지 이상을 돌보아야 하는 상황을 말한다.
② 사람이 일정한 시간에 두 가지 이상의 작업을 처리할 수 있도록 하는 것이다.
③ 의미 있고 적절한 가능성이 있는 정보가 여러 근원으로부터 동일한 감각 경로나 둘 이상의 감각 경로를 통해 들어오는 것이다.
④ 인간이 동시에 여러 가지 일을 담당한 경우 여러 국면에 동시에 주의를 기울일 수 없으며, 사실상 한 곳에서 다른 곳으로 매우 빨리 번갈아 가며 주의를 기울이는 것이다.
⑤ 시배분이 필요한 경우 인간의 작업능률은 떨어진다.
⑥ 시배분 작업은 처리해야 하는 정보의 가짓수와 속도에 영향을 받는다.
⑦ 시각과 청각이 시배분되는 경우에는 청각 경로가 시각 경로보다 우월하다.

> **핵심 문제**
>
> **01** 시배분(time-sharing)과 관련된 설명으로 적절하지 않은 것은?
>
> ① 시배분 작업으로 대다수 작업은 작업효율이 떨어지게 된다.
> ② 시각과 청각이 시배분되는 경우에 시각이 항상 우월하다.
> ③ 시배분 작업은 처리할 정보의 수와 속도에 영향을 받는다.
> ④ 시배분의 예로 음악을 들으며 책을 읽는 것이다.
>
> 정답 | ②
> 해설 | 시각과 청각 입력이 시배분될 경우에는 청각 경로가 시각 경로보다 우월하다.

4. 인체반응의 정보량

(1) Fitts의 법칙

① 작은 막대기를 구멍에 끼우는 작업에서 A는 표적중심선까지 이동거리, W는 목표물의 너비라고 하고, 작업의 난이도(ID)와 동작시간(MT)을 다음과 같이 정의한다.

- 난이도 지수 $ID \text{ (bits)} = \log_2 \dfrac{2A}{W}$

- 동작(이동)시간 $MT = a + b \log_2 \dfrac{2A}{W}$

② 표적이 작을수록, 이동거리가 멀수록 작업의 난이도와 소요 동작시간이 증가한다.

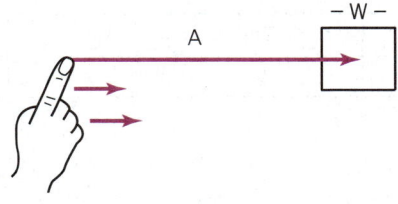

> **핵심 문제**
>
> **01** Fitts의 법칙에 관한 설명으로 옳은 것은?
>
> ① 표적이 작을수록, 이동거리가 짧을수록 작업의 난이도와 소요 이동시간이 증가한다.
> ② 표적이 작을수록, 이동거리가 길수록 작업의 난이도와 소요 이동시간이 증가한다.
> ③ 표적이 클수록, 이동거리가 길수록 작업의 난이도와 소요 이동시간이 증가한다.
> ④ 표적이 클수록, 이동거리가 짧을수록 작업의 난이도와 소요 이동시간이 증가한다.

정답 | ②
해설 | Fitts의 법칙
- 동작(이동)시간 $MT = a + b\log_2 \dfrac{2A}{W}$
- 표적의 폭이 작을수록, 표적 중심선까지의 이동거리가 멀수록 작업의 난이도와 소요 이동(동작)시간이 증가한다.

02 손의 위치에서 조종장치 중심까지의 거리가 30cm, 조종장치의 폭이 5cm일 때 Fitts의 난이도 지수(index of difficulty) 값은 약 얼마인가?

① 2.6　　　　② 3.2　　　　③ 3.6　　　　④ 4.1

정답 | ③
해설 | 난이도 지수
$$ID(\text{bits}) = \log_2 \dfrac{2A}{W} = \log_2 \dfrac{2 \times 30}{5} = 3.6$$

(2) 반응시간

① 많은 동작들이 바뀌는 신호등이나 청각적 경계신호와 같은 외부자극을 계기로 하여 시작된다. 자극이 있은 후 동작을 개시하기까지 걸리는 시간을 반응시간(RT ; Reaction Times)이라고 하며, 반응시간은 감각기관의 종류에 따라 달라진다.

② Hick - Hyman의 법칙에 따라 선택 반응시간 $RT = a + b\log_2 N$이다.

③ 감각기관별 반응시간

감각기관	청각	촉각	시각	미각	통각
반응시간(초)	0.17	0.18	0.2	0.29	0.70

핵심 문제

01 다음 중 반응시간이 가장 빠른 감각은?

① 청각　　　　② 미각　　　　③ 시각　　　　④ 후각

정답 | ①
해설 | 감각기관별 반응시간

감각기관	청각	촉각	시각	미각	통각
반응시간(초)	0.17	0.18	0.2	0.29	0.70

SECTION 02 정보이론

1. 정보처리경로

(1) 자극의 근원과 경로

① 인간에게 입력되는 것은 감각기관을 통해서 받는 정보이다.
② 자극은 크게 원자극(distal stimuli)과 근자극(proximal stimuli)으로 나눌 수 있다.
③ 어떤 경우에서든지 원자극은 빛, 소리, 기계적 힘과 같은 근자극을 통해서만 감지할 수 있다.
④ 간접적으로 감지하는 경우 새로운 원자극은 두 가지 유형이 있다.
  ㉠ 암호화된 자극 : 시각적, 청각적 표시장치
  ㉡ 재생된 자극 : 현미경, 보청기, TV, 라디오 등의 장치를 통한 것(재생은 확대, 축소, 증폭, 여과 등에 의해서와 같이 어떤 방식으로 의도적으로나 비의도적으로 수정될 수 있음)
⑤ 암호화(coded)된 혹은 재생된 자극의 경우 인간의 감각기관에 대해서는 새로 변환된 자극이 원자극이 된다.

(2) 정보의 측정단위

① 정보란 불확실성의 감소이다.
② 정보의 측정 단위는 bit(Binary Digit)를 사용하며, 정량적으로 측정할 수 있다.
③ 1bit란 실현가능성이 같은 2개의 대안 중 하나가 명시되었을 때 얻는 정보량이다.
④ 실현가능성이 같은 n개의 대안이 있을 때 총 정보량은 $H = \log_2 n$이며, 선택대안의 개수에 비례한다.
⑤ 각 대안의 실현확률이 p일 때 $H = \log_2 \dfrac{1}{p}$이다. 불확실한 사건의 출현에는 많은 정보가 담겨있다.
⑥ 여러 개의 실현가능한 대안이 있을 경우 평균정보량은 각 대안의 정보량에 실현 확률을 곱한 것을 모두 합하면 된다.

$$H = \sum P_i \log_2 \left(\dfrac{1}{P_i}\right)$$

⑦ 두 대안의 실현 확률이 동일할 때 총 정보량이 가장 크다. 따라서 실현확률의 차이가 커질수록 총 정보량 H는 줄어든다.

(3) 중복률

$$중복률 = \left(1 - \dfrac{평균정보량}{최대정보량}\right) \times 100$$

단, 평균정보량 $= \sum P_i \log_2 \left(\dfrac{1}{P_i}\right)$, 최대정보량 $= \log_2 n$

핵심 문제

01 계기판에 등이 4개가 있고, 그중 하나에만 불이 켜지는 경우, 얻을 수 있는 정보량은 얼마인가?

① 2bits ② 3bits ③ 4bits ④ 5bits

정답 | ①
해설 | 정보량$(H) = \log_2 n = \log_2 4 = 2\text{bit}$

02 찌그러진 동전 던지기에서 앞면이 나올 확률이 0.9이고 뒷면이 나올 확률이 0.1이라면 총 정보량은 얼마인가?

① 2.45 ② 3.32 ③ 0.47 ④ 0.15

정답 | ③
해설 | $H = \sum P_i \log_2 \left(\dfrac{1}{P_i}\right) = 0.9 \times \log_2\left(\dfrac{1}{0.9}\right) + 0.1 \times \log_2\left(\dfrac{1}{0.1}\right) = 0.9 \times \dfrac{\log\left(\dfrac{1}{0.9}\right)}{\log 2} + 0.1 \times \dfrac{\log\left(\dfrac{1}{0.1}\right)}{\log 2} = 0.47$

2. 정보량

X는 자극의 입력, Y는 반응의 출력을 나타낸 것이고, 중복된 부분은 제대로 전달된 정보량을 나타낸다.

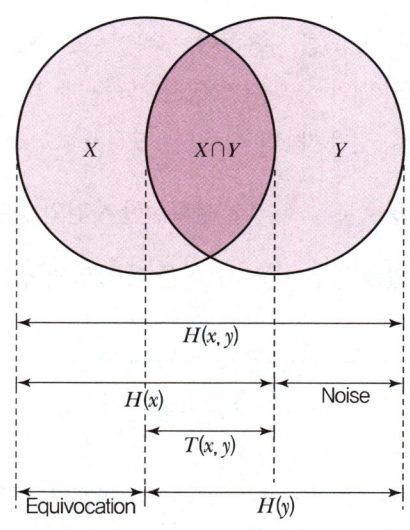

▲ 정보전달

① 정보의 전달량

$$T(X, Y) = H(X) + H(Y) - H(X, Y)$$

② 정보손실량(Equivocation) : 전달하고자 의도한 입력정보량 중 일부가 체계 밖으로 빠져나간 것을 말한다.

$$Equivocation = H(X) - T(X, Y) = H(X, Y) - H(Y)$$

③ 정보소음량(Noise) : 전달된 정보량 속에 포함되지 않았지만 전달체계 내에서 또는 외부에서 생성된 잡음으로 출력정보량에 포함된다.

$$Noise = H(Y) - T(X, Y) = H(X, Y) - H(X)$$

핵심 문제

01 정보의 전달량의 공식을 올바르게 표현한 것은?

① Noise= $H(X) + T(X, Y)$
② Equivocation= $H(X) + T(X, Y)$
③ Noise= $H(X) - T(X, Y)$
④ Equivocation= $H(X) - T(X, Y)$

정답 | ④
해설 | • 정보소음량 $Noise = H(Y) - T(X, Y) = H(X, Y) - H(X)$
　　　• 정보손실량 $Equivocation = H(X) - T(X, Y) = H(X, Y) - H(Y)$

SECTION 03　신호검출이론

어떤 상황에서는 의미 있는 자극이 이의 감수를 방해하는 잡음과 함께 발생한다. 여기서 자극이란 Morse 신호, 레이다상의 점, 배경 속의 신호등, 검사 중인 제품의 결함 등이다. 시각, 청각 기타 잡음이 자극검출에 끼치는 영향을 다루는 것이 신호검출이론이다.

1. 신호검출 모형

① 신호에 의한 반응이 선형인 경우 판별력은 좋아진다.
② 잡음은 공장에서 발생하는 소음처럼 인간의 외부에 있을 수도 있지만 신경활동처럼 내부에 있는 것도 있다.
③ 잡음은 시간에 따라 변하며 그 강도의 높고 낮음은 정규분포를 따른다고 가정한다. 신호의 강도는 배경 잡음에 추가되어 전체 강도가 증가된다.
④ 제시된 자극 수준이 판정기준 이상이면 신호가 있다고 말한다.
⑤ 신호의 유무를 판정함에 있어 4가지의 반응 대안이 있다.

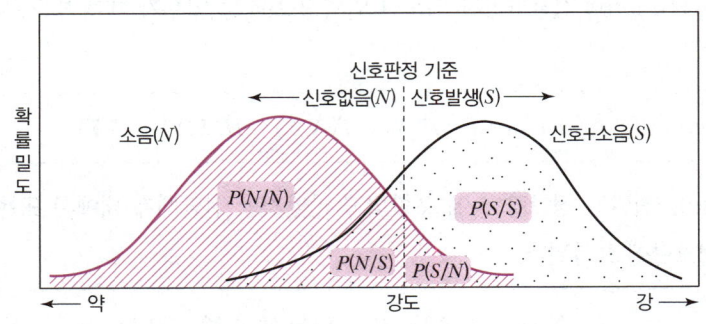

▲ 신호검출이론

판정 \ 자극	소음(N)	신호(S)
신호없음(N)	㉠ 잡음을 제대로 판정(Correct Rejection)	㉢ 신호검출실패(Miss)(제2종오류)
신호발생(S)	㉡ 허위경보(False Alarm)(제1종오류)	㉣ 긍정(Hit)

㉠ 잡음을 제대로 판정(부정, Correct Rejection) : 신호가 없을 때 신호가 없다고 판정 P(N/N)
㉡ 허위경보(허위, False Alarm) : 신호가 없을 때 신호가 있다고 판정 P(S/N)
㉢ 신호검출실패(누락, Miss) : 신호가 있을 때 신호가 없다고 판정 P(N/S)
㉣ 신호의 정확한 판정(긍정, Hit) : 신호가 있을 때 신호가 있다고 판정 P(S/S)

2. 판정기준(반응기준, β)

① 소리의 강도는 연속선상에 있으며, 신호가 나타났는지를 결정하는 판정기준은 연속선상의 어떤 점에서 정해지고, 이 기준에 따라 4가지 반응 대안의 확률이 결정된다.

② 판정자는 제시된 자극 수준이 판정기준 이상이면 신호가 나타난 것으로 판정하고, 판정기준보다 자극의 강도가 작을 경우 신호가 없는 것으로 판정한다.

③ 판정기준을 나타내는 값을 β라고 하며, 판정기준점에서의 두 분포의 높이의 비로 나타낸다.

$$반응기준\ \beta = b/a$$

단, a : 소음 분포의 높이, b : 신호 분포의 높이이다.

④ 판정기준점에서 두 곡선이 교차할 경우 $\beta = 1$이다.

⑤ 판정기준이 오른쪽으로 이동할 경우($\beta > 1$) : 판정자는 신호라고 판정하는 기회가 줄어들게 되므로 신호가 나타났을 때 신호의 정확한 판정은 적어지나 허위경보가 줄어들며, 보수적인 판단자라고 한다.

⑥ 판정기준이 왼쪽으로 이동할 경우($\beta < 1$) : 신호로 판정하는 기회가 많아지게 되므로 신호의 정확한 판정은 많아지나 허위경보도 증가하게 된다. 자유적, 진취적, 모험적이다.

⑦ 판정기준을 결정하는 데 영향을 미치는 요인으로는 신호와 잡음의 발생확률과 판정기준에 따라 결정되는 네 가지 대안의 비용 및 이익효과가 있다. 외부적인 요인으로 작업을 수행하는 과정에서 발생하는 심리적 피로, 궤환정보, 환경의 변화 등이 있다.

3. 민감도(d)

① 민감도는 반응기준과는 독립적이며, 두 분포의 떨어진 정도를 말한다.
② 민감도는 신호와 잡음 평균 간의 거리 d로 표현하며, 잡음이 많을수록, 신호가 약하거나 분명하지 않을수록 d값은 작아진다.
③ d가 클수록 민감함을 나타낸다.
④ 신호와 잡음 간의 두 분포가 가까울수록 판정자는 신호와 잡음을 정확하게 판별하기 어렵다.
⑤ 교육훈련, 결과의 피드백, 신호와 비신호의 구별성 증가를 통해 민감도를 늘릴 수 있다.

핵심 문제

01 신호검출이론(signal detection theory)에서 판정기준을 나타내는 우도비(likelihood ratio) β와 민감도(sensitivity) d에 대한 설명 중 옳은 것은?

① β가 클수록 보수적이고 d가 클수록 민감함을 나타낸다.
② β가 작을수록 보수적이고 d가 클수록 민감함을 나타낸다.
③ β가 클수록 보수적이고 d가 클수록 둔감함을 나타낸다.
④ β가 작을수록 보수적이고 d가 클수록 둔감함을 나타낸다.

정답 | ①
해설 | 반응기준 β가 클수록 보수적이고, 민감도 d가 클수록 민감함을 나타낸다.

4. 잡음과 신호검출이론

① 신호 및 경보체계의 설계 시 가능하다면 잡음에 실린 신호의 분포는 잡음만의 분포와는 뚜렷이 구분될 수 있도록 설계하여 민감도가 커지도록 하여야 한다.
② 신호와 잡음의 중첩이 불가피할 경우에는 허위경보와 신호를 검출하지 못하는 실수 중 어떤 실수를 좀 더 묵인할 수 있는가를 결정하여 판정자의 판정기준을 제공하여야 한다.

5. 신호검출이론의 응용

① 신호검출이론은 공장에서의 소음과 같은 청각신호에 대한 것뿐만 아니라 소리의 파형, 빛 또는 레이다 영상의 점 같은 시각신호 등 다른 유형의 신호나 잡음에도 적용될 수 있다.
② 음파탐지, 의료진단, 품질검사과업, 증인증언, 항공교통통제 등 광범위한 실제상황에 적용된다.

CHAPTER 04 인간기계 시스템

SECTION 01 인간기계 시스템의 개요

1. 시스템의 정의와 분류

(1) 인간 – 기계 시스템의 정의

인간 – 기계 시스템이란 주어진 입력으로부터 원하는 출력을 생성하기 위하여 상호작용을 하는 한 사람 이상의 인간과 하나 이상의 물리적 부품의 조합이다.

(2) 인간 – 기계 시스템의 설계원칙

① 인체의 특성에 적합하여야 한다.
② 인간의 심리와 기능을 우선적으로 고려하여야 한다.
③ 시스템의 동작은 인간의 예상과 일치되어야 한다.

2. 인간 – 기계시스템에서의 기본적인 기능

정보의 수용, 정보의 보관, 정보의 처리 및 의사결정, 행동의 4가지이다.

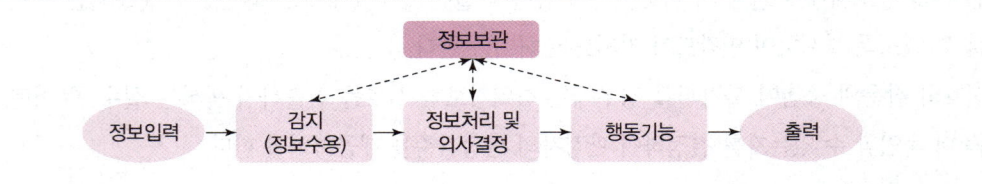

▲ 인간 – 기계 시스템에서의 기본기능

핵심 문제

01 인간 – 기계 시스템에서의 기본적인 기능이 아닌 것은?

① 행동   ② 정보의 수용   ③ 정보의 제어   ④ 정보처리 및 결정

정답 | ③
해설 | 인간 – 기계 시스템에서의 기본적인 기능은 정보의 수용, 정보의 보관, 정보의 처리 및 의사결정, 행동의 4가지이다.

3. 인간 – 기계 시스템의 분류

(1) 정보의 피드백 여부에 따른 분류

① 개회로(open loop) 시스템
  ㉠ 일단 작동된 후에는 더 이상의 제어가 필요 없거나 제어할 수 없고, 정해진 절차에 의하여 작업이 진행되는 것을 말한다.
  ㉡ 세탁기, 소총, 모니터, 전자레인지, 활을 쏘는 것 등이다.

② 폐회로(closed – loop) 시스템
  ㉠ 연속적인 제어가 필요하며, 성공적으로 작동되려면 시스템이 의도한 바와 출력 사이의 오차에 관한 정보가 연속적으로 피드백되어야 한다.
  ㉡ 자동차운전, 팩시밀리 등이다.

(2) 인간에 의한 제어정도에 따른 분류

① 수동 시스템(manual system)
  ㉠ 공구나 기타 보조물로 이루어지며, 자신의 신체적인 힘을 동력원으로 사용한다.
  ㉡ 작업을 제어하는 고도의 융통성을 가진다.
  ㉢ 장인과 공구, 대장장이와 화로 등이다.

② 기계화(반자동) 시스템(mechanical system)
  ㉠ 동력은 기계가 제공하며, 인간은 조종장치를 통해 제어한다.
  ㉡ 자동차, 공작기계 등이다.

③ 자동화 시스템
  ㉠ 인간은 시스템 설치와 보수, 유지 및 감시 등의 역할만 담당한다.
  ㉡ 무인공장, 자동교환대가 대표적 예이다.

핵심 문제

01 인간 – 기계 시스템의 분류에서 인간에 의한 제어 정도에 따른 분류가 아닌 것은?

① 수동 시스템 ② 기계화 시스템
③ 자동화 시스템 ④ 보조 시스템

정답 | ④
해설 | 인간 – 기계 시스템의 분류에서 인간에 의한 제어 정도에 따른 분류는 수동 시스템, 기계화 시스템, 자동화 시스템이다.

4. 인간 – 기계 시스템의 설계과정

(1) 제1단계 목표 및 성능명세 결정

시스템이 설계되기 전에 우선 그 목적이나 존재 이유가 있어야 한다.

(2) 제2단계 시스템의 정의

목적을 달성하기 위해서 특정한 기본적인 기능들이 수행되어야 한다.

(3) 제3단계 기본설계

① 기능할당(인간, 하드웨어, 소프트웨어)

인간	기계
• 완전히 새로운 해결책을 찾아낸다. • 이상하거나 예기치 못한 사건들을 감지한다. • 원리를 여러 문제해결에 응용한다. • 각각으로 변화하는 자극패턴을 인지한다. • 시각, 청각, 촉각, 후각, 미각 등의 작은 자극도 감지한다. • 귀납적인 추리가 가능하다.	• 장시간에 걸쳐 작업을 수행한다. • 암호화된 정보를 신속하게 대량으로 보관한다. • 입력에 대하여 빠르고 일관되게 반응한다. • 반복적인 작업을 신뢰성 있게 수행한다. • 주위가 소란하여도 효율적으로 작동한다. • 자극에 대하여 연역적으로 추리한다 • 드물게 일어나는 현상을 감지할 수 있다.

　㉠ 일반적인 인간 – 기계 비교가 항상 적용되지는 않는다.
　㉡ 상대적인 비교는 항상 변할 수 있다.
　㉢ 가용도, 가격, 신뢰도와 같은 가치기준도 고려되어야 한다.
　㉣ 기능의 할당에서 사회적인 가치도 고려해야 한다.
　㉤ 최선의 성능을 마련하는 것이 항상 중요한 것은 아니다.

② 인간성능요건명세
③ 직무분석
④ 작업설계

(4) 제4단계 계면설계(인터페이스설계)

인간 – 기계시스템에서 정보전달과 조정이 실질적으로 행하여지는 인간과 기계의 접합면으로 인간이 감지하고 기계를 제어하는 부분을 인간 – 기계 인터페이스라 한다.

(5) 제5단계 촉진물설계

인간성능을 증진시킬 보조물[지시수첩(instruction manual), 성능보조자료 및 훈련도구와 계획]에 대해서 계획하는 것이다.

(6) 제6단계 시험 및 평가

5. 신뢰도

(1) 인간신뢰도

① 단위 시간당 에러 확률 $\lambda = \dfrac{\text{에러건수}}{\text{총 가동시간}} = \dfrac{r}{T}$

② 인간신뢰도 $R(t) = e^{-\lambda t}$

> **핵심 문제**
>
> **01** 작업자의 휴먼에러 발생확률은 매 시간마다 0.05로 일정하고 다른 작업과 독립적으로 실수를 한다고 가정할 때, 8시간 동안 에러의 발생 없이 작업을 수행할 신뢰도는 얼마인가?
>
> ① 0.60 ② 0.67 ③ 0.86 ④ 0.95
>
> 정답 | ②
> 해설 | 단위 시간당 에러 확률 $\lambda = 0.05$
> 인간신뢰도 $R(t) = e^{-\lambda t} = e^{-0.05 \times 8} = 0.67$

(2) 직렬결합모델

① 부품이 모두 작동해야만 장치가 작동되는 경우로서 어느 부품 하나라도 고장나면 시스템이 고장나는 경우를 의미한다.
② <u>직렬시스템에서 요소의 개수가 증가하면 시스템의 신뢰도는 감소한다.</u>
③ 인간과 기계가 작업할 때의 신뢰도는 직렬체계이며, 시스템의 신뢰도는 모든 부품의 신뢰도의 곱이다.
④ 2개의 부품이 직렬결합된 경우 : $R_S = R_1 \cdot R_2$
⑤ n개의 부품이 직렬결합된 경우 : $R_S = R_1 \cdot R_2 \cdot R_3 \cdots R_n = \prod R_i$

(3) 병렬결합모델(병렬리던던시설계)

① <u>요소 중 어느 하나가 정상이면 시스템은 정상으로 작동된다.</u> 즉, 구성품 모두가 고장이 나야만 고장이 발생하는 시스템이다.

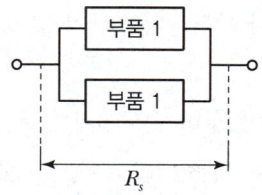

② 시스템의 수명은 요소 중 수명이 가장 긴 것에 의하여 결정된다.
③ 요소의 개수가 증가할수록 시스템의 신뢰도는 증가하고 수명은 길어진다.
④ 시스템의 높은 신뢰도를 안정적으로 유지하기 위해서는 병렬시스템으로 설계하여야 한다.
⑤ 일반적으로 병렬시스템으로 구성된 시스템은 직렬시스템으로 구성된 시스템보다 비용이 증가한다.
⑥ 2개 부품이 병렬결합모델 : $R_S = 1 - (1-R_1)(1-R_2)$
⑦ 부품이 3개인 경우 : $R_S = 1 - (1-R_1)(1-R_2)(1-R_3)$

핵심 문제

01 인간의 신뢰도가 70%, 기계의 신뢰도가 90%이면 인간과 기계가 직렬체계로 작업할 때의 신뢰도는 몇 %인가?

① 30% ② 54% ③ 63% ④ 98%

정답 | ③
해설 | 직렬결합모델의 신뢰도
$R_S = R_1 \cdot R_2 = 0.7 \times 0.9 = 0.63 (63\%)$

02 신뢰도가 0.85인 작업자가 혼자서 검사하는 공정에 동일한 신뢰도를 가진 요원을 중복으로 지원하여 2인 1조로 검사를 한다면 이 공정에서의 신뢰도는 얼마가 되겠는가? (단, 전체 작업기간 동안 요원은 지원된다.)

① 0.7225 ② 0.8500 ③ 0.9775 ④ 0.9801

정답 | ③
해설 | 병렬결합모델의 신뢰도
$R_S = 1 - (1-0.85)(1-0.85) = 0.9775$

6. 인간 – 기계 신뢰도 유지방안

(1) 페일 세이프(Fail – Safe)

고장이 발생한 경우라도 피해가 확대되지 않고 단순고장으로 마무리되도록 하는 설계이다(퓨즈 등).

(2) 풀 프루프(Fool – Proof)

① 인간 – 기계 시스템에서 인간의 과오나 동작상의 실패가 있어도 안전사고를 발생시키지 않도록 하는 설계 시스템이다.
② 위험성을 모르는 아이들이 세제나 약병의 마개를 열지 못하도록 안전마개를 부착하는 것처럼, 신체적 조건이나 정신적 능력이 낮은 사용자라 하더라도 사고를 낼 확률을 낮게 설계해 주는 것이다.

(3) 템퍼 프루프(Tamper-Proof)

작업자가 고의로 안전장치를 제거하는 데 대비하는 예방설계이다. 예를 들어, 화학설비의 안전장치를 제거하는 경우에 화학설비가 작동되지 않도록 설계하는 것이다.

(4) Lock System

interlock system, translock system, intralock system의 3가지로 분류한다.

SECTION 02 표시장치(display)

1. 표시장치의 유형

(1) 시각과 청각 표시장치의 비교

시각적 표시장치가 유리한 경우	청각적 표시장치가 유리한 경우
• 전언이 길고, 복잡한 경우 • 전하려는 정보를 다시 확인해야 하는 경우 • 전언이 공간적인 위치를 다루는 경우 • 전언이 즉각적인 행동을 요구하지 않는 경우 • 수신자의 청각계통이 과부하 상태일 경우 • 수신장소가 소음이 많은 경우 • 직무상 수신자가 한곳에 머무르는 경우	• 전언이 짧고, 간단한 경우 • 전언이 후에 재참조되지 않는 경우 • 전언이 시간적인 사상을 다루는 경우 • 전언이 즉각적인 행동을 요구하는 경우 • 수신자의 시각계통이 과부하 상태일 경우 • 수신장소가 너무 밝거나 암조응이 요구될 경우 • 직무상 수신자가 자주 움직이는 경우

> **핵심 문제**
>
> **01** 시각 표시장치보다 청각 표시장치를 사용하는 것이 유리한 경우는?
>
> ① 소음이 많은 경우
> ② 전하려는 정보가 복잡할 경우
> ③ 즉각적인 행동이 요구되는 경우
> ④ 전하려는 정보를 다시 확인해야 하는 경우
>
> 정답 | ③
> 해설 | ①, ②, ④는 시각적 표시장치가 유리한 경우이다.

2. 시각적 표시장치

(1) 정량적 표시장치

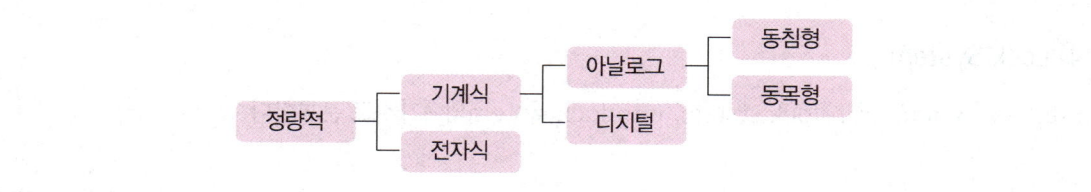

① 정량적 표시장치는 정확한 계량치를 제공하는 것이 목적이므로 읽기 쉽도록 설계해야 한다.
② 정량적 표시장치는 기계식과 전자식으로 구분되며, 기계식 표시장치에는 원형, 수평형, 수직형 등의 아날로그 표시장치와 계수형(디지털) 표시장치로 구분된다.
③ 아날로그 표시장치는 눈금이 고정되고 지침이 움직이는 동침형과 지침이 고정되고 눈금이 움직이는 동목형으로 구분된다.
④ 동침형의 경우 지침의 위치는 인식적인 암호신호(cue)를 더해주며 원하는 값으로부터의 대략적인 편차나 고도를 읽을 때 그 변화 방향과 변화율 등을 알아볼 수 있다.
⑤ 동목정침형 표시장치는 나타내고자 하는 값의 범위가 큰 경우에 유리하다.
⑥ 정량적 눈금을 식별하는 데에 영향을 미치는 요소는 눈금 단위의 길이, 눈금의 수열 등이 있다.
⑦ 택시요금 미터기, 전력계와 같이 정확한 수치가 필요할 때에는 아날로그 표시장치보다 계수형(디지털, digital) 표시장치가 우수하다.
⑧ 시력이 나쁜 사람이나 조명이 낮은 환경에서 계기를 사용할 때는 눈금 단위(Scale unit) 길이를 크게 하는 편이 좋다.

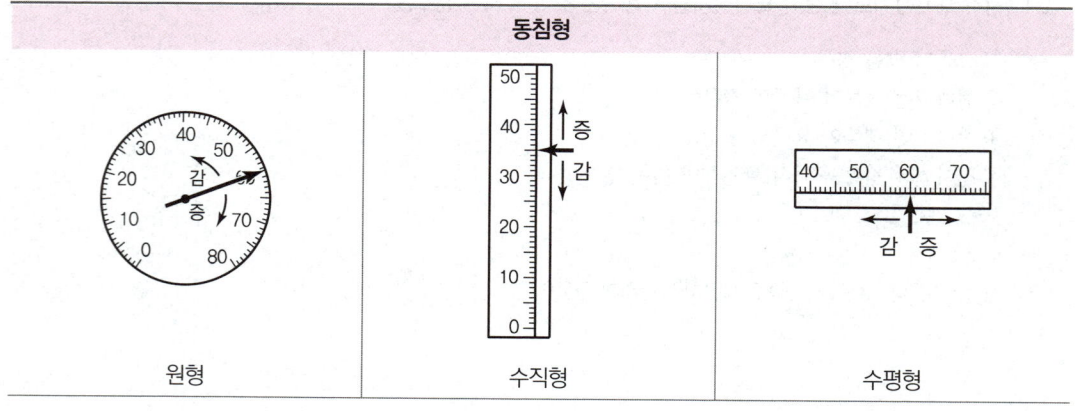

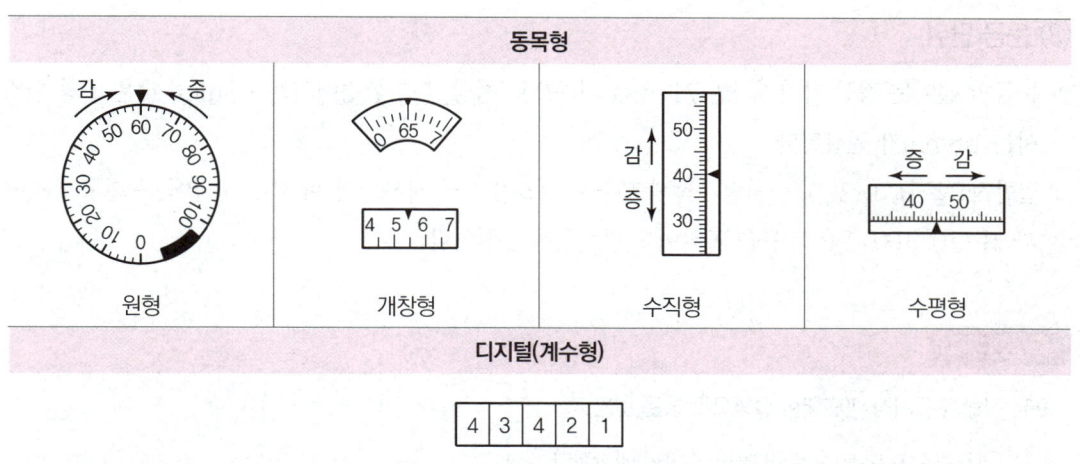

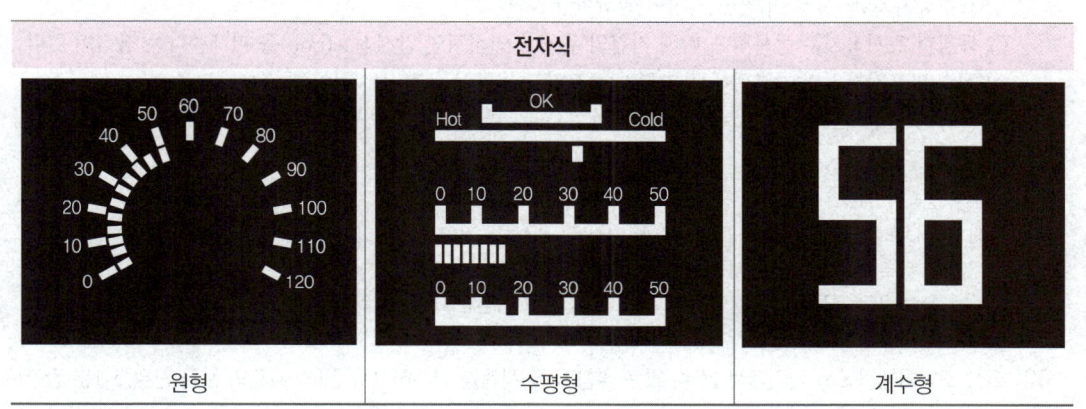

(2) 지침설계 시 고려사항

① 선각이 약 20° 되는 끝이 뾰족한 지침을 사용할 것

② 지침의 끝은 작은 눈금과 맞닿되 겹치지 않게 할 것

③ 원형 눈금의 경우 지침의 색은 선단에서 눈금의 중심까지 칠할 것

④ 시차를 없애기 위해 지침을 눈금 면과 밀착시킬 것

(3) 눈금 단위

① 눈금의 길이는 정상 가시거리인 71cm를 기준으로 <u>정상 조명 환경에서는 1.3mm</u>, 낮은 조명 환경에서는 1.8mm가 권장된다.
② 일반적으로 0, 1, 2, 3, …처럼 1씩 증가하는 수열이 가장 사용하기 쉬우며, 눈금에 큰 수치가 사용될 때에는 10, 100, 1,000 등을 곱하여도 판독성은 동일하다.

핵심 문제

01 정량적 표시장치에 대한 설명으로 옳은 것은?

① 표시장치 설계 시 끝이 둥근 지침이 권장된다.
② 동침형 표시장치는 동목형에 비해 지침의 위치가 인식적인 암시신호(cue)를 더해준다는 장점이 있다.
③ 계수형 표시장치의 기본형태는 지침이 고정되고 눈금이 움직이는 형이다.
④ 눈금이 고정되고 지침이 움직이는 표시장치를 동목형 표시장치라 한다.

정답 | ②
해설 | ① 선각이 약 20° 되는 끝이 뾰족한 지침을 사용하는 것이 권장된다.
③ 동목형 표시장치는 지침이 고정되고 눈금이 움직이는 형이다.
④ 눈금이 고정되고 지침이 움직이는 표시장치를 동침형 표시장치라 한다.

02 정상 조명하에서 5m 거리에서 볼 수 있는 원형 바늘 시계를 설계하고자 한다. 시계의 눈금 단위를 1분 간격으로 표시하고자 할 때, 권장되는 눈금 간의 간격은 최소 몇 mm인가?

① 9.15   ② 18.31   ③ 45.75   ④ 91.55

정답 | ①
해설 | 눈금의 길이는 정상 가시거리인 71cm를 기준으로 1.3mm이다.
$71 : 1.3 = 500 : x \rightarrow x = 9.15mm$

---

(4) 정성적 표시장치

① 온도, 압력, 속도와 같이 연속적으로 변하는 변수의 대략적인 값이나 변화 경향, 변화율 등을 알고자 할 때 주로 사용한다(전지 상태, 자동차 속도, 비행기 고도).
② 색채 암호가 부적합한 경우에는 구간을 형상 암호화할 수 있다.

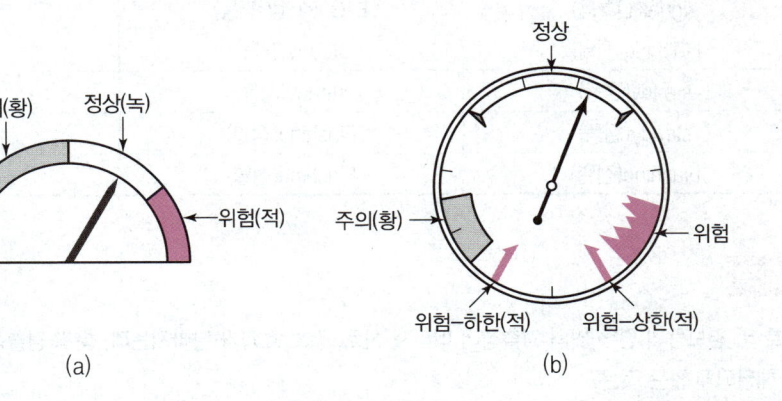

▲ 표시장치의 색채 및 형상 암호화

③ 정성적 계기의 상태 점검, 즉 나타내는 값이 정상 상태인지 아닌지를 판정하는 데에도 사용한다.

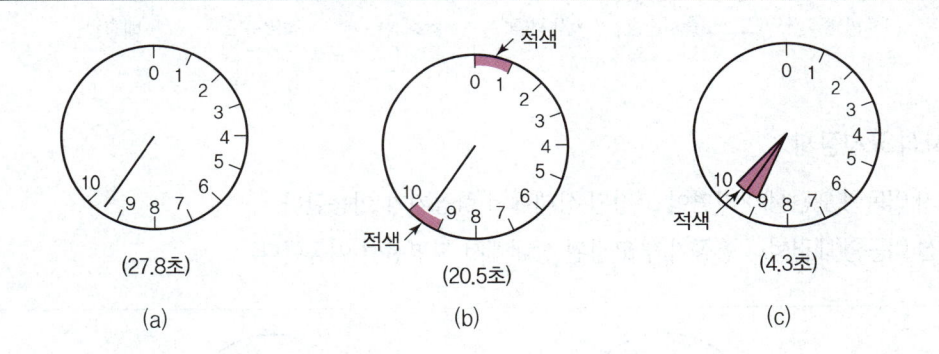

▲ 상태 점검에 사용되는 정성적 계기의 설계형과 평균반응시간

(5) 신호 및 경보등

① 빛의 검출성에 영향을 주는 인자
  ㉠ 크기, 광도 및 노출시간 : 섬광을 검출할 수 있는 절대역치는 광원의 크기, 광도 및 노출시간의 조합에 관계된다.
  ㉡ 색광 : 효과척도가 빠른 순서는 적색, 녹색, 황색, 백색이다.
  ㉢ 점멸속도 : 점멸등의 경우 점멸속도는 깜박이는 불빛이 계속 켜진 것처럼 보이게 되는 점멸융합주파수(30Hz)보다 훨씬 적어야 한다. 주의를 끌기 위해서는 초당 3~10회의 점멸속도(지속시간 0.05초 이상)가 적당하다.
  ㉣ 배경광 : 배경의 불빛이 신호등과 비슷할 때는 신호광의 식별이 힘들어진다.

signal(신호등)	B/G light(배경등)	효과
Flashing(점멸)	steady(첨등)	최선
steady(점등)	steady(점등)	보통
steady(점등)	Flashing(점멸)	보통
Flashing(점멸)	Flashing(점멸)	최악

핵심 문제

01 신호 및 경보등의 경우 빛의 검출성에 따라서 신호, 경보 효과가 달라지는데, 빛의 검출성에 영향을 주는 인자에 해당되지 않는 것은?

① 색광
② 배경광
③ 점멸속도
④ 신호등 유리의 재질

정답 | ④
해설 | 빛의 검출성에 영향을 주는 인자
• 광원크기, 광도, 노출시간 • 색광(적＞녹＞황＞백) • 점멸속도 • 배경광

(6) 묘사적 표시장치

① 항공기 이동형(외견형) : 지면이 고정된 상태에서 항공기가 이동한다.
② 지평선 이동형(내견형) : 항공기가 고정된 상태에서 지평선이 이동한다.

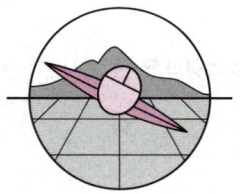 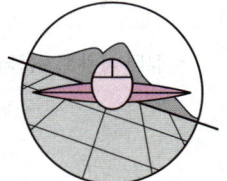

(a) 항공기 이동형(외견형)　　　(b) 지평선 이동형(내견형)

(7) 문자–숫자의 연관 표시장치

① 획폭

　㉠ 문자나 숫자의 높이에 대한 획 굵기의 비를 획폭비라 한다.
　　• 흰 바탕에 검은 글씨(양각) : 1:6~1:8
　　• 검은 바탕에 흰 글씨(음각) : 1:8~1:10
　㉡ 광삼현상(irradiation) : 검은 바탕에 흰 글씨가 있는 경우 흰색이 주위의 검은 배경으로 번져 보이는 현상이다. 따라서 검은 바탕에 흰 글자의 획폭은 흰 바탕의 검은 글자보다 가늘게 할 수 있다.

② 종횡비
- ㉠ 문자 - 숫자의 폭 대 높이의 관계는 통상 종횡비로 표시된다.
- ㉡ 영어 대문자의 경우 1:1의 비가 적당하며, 3:5까지 줄더라도 독해성에 큰 영향이 없다.
- ㉢ 영문자와 숫자의 경우 표준 종횡비로 약 3:5를 권장하고 있다.
- ㉣ 한글은 1:1이 일반적이다.

(8) 시각적 암호, 부호, 기호

① 시각적 부호의 3가지 유형
- ㉠ 묘사적 부호 : 사물이나 행동을 단순하고 정확하게 묘사(위험 - 해골과 뼈)
- ㉡ 추상적 부호 : 전언의 기본 요소를 도식적으로 압축한 부호(별자리)
- ㉢ 임의적 부호 : 부호가 이미 고안되어 있으므로 배워야 하는 부호(교통표지판의 삼각형 - 주의, 원형 - 규제, 사각형 - 안내표지)

② 표지도안의 원칙
- ㉠ 그림과 바탕의 구별이 뚜렷하고 안정되어야 한다.
- ㉡ 속이 찬 대비 경계(➡)가 선(線) 경계(⇨)보다 낫다.
- ㉢ 테두리 속의 그림은 지각과정을 높여준다.
- ㉣ 부호는 필요한 특징을 다 포함하면서도 가능한 한 단순해야 한다.
- ㉤ 부호는 가능한 한 통일되어야 한다.

3. 청각적 표시장치

(1) 신호검출

① 귀는 중음역에 민감하므로 500~3,000Hz의 진동수를 사용한다.
② 강도(순음)의 경우는 1,000~4,000Hz로 한정할 필요가 있다.
③ 청각적 코드로 전달할 정보량이 많을 때에는 다차원 코드 시스템을 사용한다.
④ 진동수가 적을수록 좋으며 충분한 간격을 두어야 한다.
⑤ 주변 소음이 있는 경우 음의 은폐효과가 나타날 수 있다.
⑥ 청각의 특성 중 2개음 사이의 진동수 차이가 33Hz 이상이 되면 울림(beat)이 들리지 않고 각각 다른 두 개의 음으로 들린다.
⑦ 1kHz 이하의 순음들에 대한 JND는 작으나, 그 이상의 주파수에서 JND는 급격히 커진다.
⑧ 음의 방향은 두 귀 간의 강도차를 확실하게 해야 한다.
⑨ 고주파 대역(3,000Hz 이상) 음원의 방향을 결정하는 암시(cue) 신호는 양이 간 강도차, 양이 간 시간차, 양이 간 위상차이다.

(2) 청각적 표시장치에 적용되는 지침

① 청각 신호의 차원은 세기, 빈도, 지속기간으로 구성된다.
② 신호음은 배경소음과 다른 주파수를 사용한다.
③ 신호음은 최소한 0.5~1초 동안 지속시키고, 확실한 차이를 두어야 한다.
④ 주의를 끌기 위해서 초당 1~8번 나는 소리나, 초당 1~3번 오르내리는 변조신호를 사용한다.
⑤ 신호가 장애물이나 칸막이를 통과해야 할 때는 500Hz 이하의 진동수를 사용한다.
⑥ 300m 이상 멀리 보내는(장거리용) 신호음은 1,000Hz 이하의 주파수가 좋다.
⑦ 주변 소음은 주로 저주파이므로 은폐효과를 막기 위해 500~1,000Hz의 신호음을 사용하는 것이 좋다. 적어도 30dB 이상 차이가 나야 한다.
⑧ 소음이 심한 경우 귀 위치에서 신호강도는 110dB과 은폐가청역치의 중간정도가 적당하다.
⑨ 다른 용도에 쓰이지 않는 확성기, 경적 등과 같은 별도의 통신계통을 사용한다.

(3) 통화이해도 측정을 위한 척도

① 명료도 지수
② 이해도 점수
③ 통화간섭수준

(4) 은폐(차폐, maskig)효과

① 하나의 소리가 다른 소리의 청각 감지를 방해하는 현상이다. 즉, 음에 의한 회화 방해현상과 같이 한 음의 가청 역치가 다른 음 때문에 높아지는 현상이다.
② 여성의 목소리가 남성의 목소리에 비해 더 잘 차폐된다.

4. 촉각적 표시장치

① 시각 및 청각 표시장치를 대체하는 장치로 사용할 수 있다.
② 2점 문턱값(Three - Point Threshold)을 촉감의 일반적 척도로 사용한다.
③ 세밀한 식별이 필요한 경우 손바닥보다 손가락 사용을 유도해야 한다.
④ 피부온도가 낮아지면 촉감이 나빠지므로, 저온 환경에서 촉감 표시장치를 사용할 때는 아주 주의하여야 한다.

> **핵심 문제**

01 청각의 특성 중 2개 음 사이의 진동수 차이가 얼마 이상이 되면 울림(beat)이 들리지 않고 각각 다른 두 개의 음으로 들리는가?

① 5Hz ② 11Hz ③ 22Hz ④ 33Hz

정답 | ④
해설 | 청각의 특성 중 2개 음 사이의 진동수 차이가 33Hz 이상이 되면 울림(beat)이 들리지 않고 각각 다른 두 개의 음으로 들린다.

02 음의 한 성분이 다른 성분의 청각 감지를 방해하는 현상은?

① 은폐효과 ② 소멸효과 ③ 도플러효과 ④ 밀폐효과

정답 | ①
해설 | 은폐효과(차폐, Masking Effect)는 하나의 소리가 다른 소리의 청각 감지를 방해하는 현상이다. 즉, 음에 의한 회화 방해현상과 같이 한 음의 가청 역치가 다른 음 때문에 높아지는 현상이다.

SECTION 03　조종장치

1. 조종 – 반응비율(C/R ratio)

(1) 정의

① C/R비는 제어장치의 움직임과 시스템의 반응 사이의 관계를 나타낸 것으로 조종장치의 이동거리를 표시장치의 반응거리로 나눈 값이다.

$$\text{C/R비} = \frac{\text{조종장치의 이동거리}}{\text{표시장치의 이동거리}} = \frac{(a/360) \times 2\pi L}{\text{표시장치의 이동거리}}$$

단, a = 조종장치가 움직인 각도, L = 반지름(지레의 길이)

② C/R비가 증가하면 이동시간도 증가한다.
③ C/R비가 작으면(낮으면) 민감한 장치이다.
④ C/R비가 감소함에 따라 이동시간은 감소하고, 조종(제어)시간은 증가한다.
⑤ 회전 꼭지(knob)의 경우 조정 – 반응 비율은 손잡이 1회전에 상당하는 표시장치 이동거리의 역수이다.

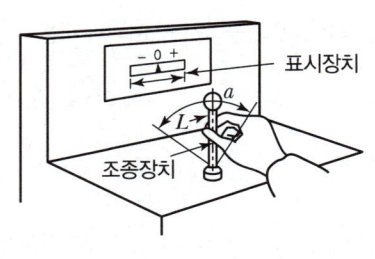

▲ 선형표시장치를 움직이는 조종구에서의 C/R비

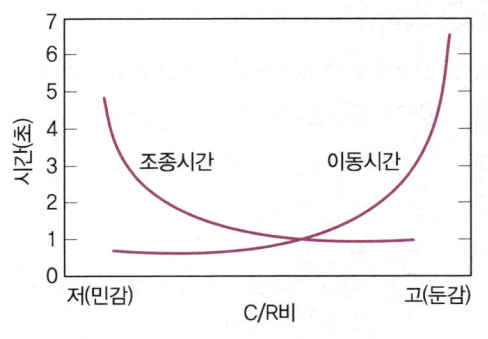

▲ C/R비에 따른 이동시간과 조정시간의 관계

핵심 문제

01 회전운동을 하는 조종장치의 레버를 20° 움직였을 때 표시장치의 커서는 2cm 이동하였다. 레버의 길이가 15cm일 때 이 조종장치의 C/R비는 약 얼마인가?

① 2.62
② 5.24
③ 8.33
④ 10.48

정답 | ①

해설 | C/R비 = $\dfrac{\text{조종장치의 이동거리}}{\text{표시장치의 이동거리}}$ = $\dfrac{(a/360) \times 2\pi L}{\text{표시장치의 이동거리}}$ = $\dfrac{(20/360) \times 2 \times \pi \times 15}{2}$ = 2.62

02 조종장치에 대한 설명으로 옳은 것은?

① C/R비가 크면 민감한 장치이다.
② C/R비가 작은 경우에는 조종장치의 조종시간이 적게 필요하다.
③ C/R비가 감소함에 따라 이동시간은 감소하고, 조종시간은 증가한다.
④ C/R비는 반응장치의 움직인 거리를 조종장치의 움직인 거리로 나눈 값이다.

정답 | ③

해설 | ① C/R비가 작으면 민감한 장치이다.
② C/R비가 작은 경우에는 조종장치의 조종시간이 많이 필요하다.
④ C/R비는 조종장치의 움직인 거리를 반응장치의 움직인 거리로 나눈 값이다.

(2) 최적 C/R비 결정 시 고려사항

① 계기의 크기 : 계기의 조절시간이 가장 짧게 소요되는 크기를 선택한다. 그러나 너무 작으면 오차가 커지므로 상대적으로 고려해야 한다.
② 조작시간 : 조종장치의 조작시간 지연은 직접적으로 C/R비와 관계있다.
③ 공차 : 짧은 주행시간 내에서 공차의 인정범위를 초과하지 않는 계기를 마련한다.

④ 목시거리(목측거리) : 작업자의 눈과 표시장치의 거리는 주행과 조절에 크게 관계된다. 목시거리가 길면 길수록 조절의 정확도는 낮고 시간이 걸리게 된다.
⑤ 방향성(양립성) : 조정장치의 조작 방향과 표시장치의 운동 방향을 일치시켜야 한다.
⑥ 작업자의 조절 동작과 계기의 반응 사이에 지연이 발생한다면 C/R비를 낮추어야 한다.
⑦ C/R비가 감소함에 따라 이동시간은 급격히 감소하다가 안정되며, 조종시간은 이와 반대의 형태를 갖는다.

(3) 제어장치가 가지는 저항력

① 탄성저항(elastic resistance)
② 점성저항(viscous resistance)
③ 관성저항(inertia resistance)
④ 정지 및 미끄럼마찰

(4) 이력현상과 사(死)공간

① 이력현상(반발) : 제어 동작이 멈추면 체계 반응이 거꾸로 돌아오는 것이다.
② 사(死)공간 : 조종장치를 움직여도 피제어 요소에 변화가 없는 공간으로, 제어장치에 의해 피제어 요소가 동작하지 않는 0점(null point) 주위에서의 제어동작 공간을 말한다.

(5) 막식 스위치(Membrane Switch)

얇은 회로막으로 이루어진 스위치로서 키 누름 과업에 있어 피드백 기법은 엠보싱(Embossing), 스냅 돔(Snap Dome), 청각음(Auditory Tone)을 제공한다.

2. 코딩(암호화)

(1) 암호체계 사용의 일반적 지침

① 암호의 검출성 : 주어진 상황하의 감지장치나 사람이 감지(검출)할 수 있어야 한다.
② 다차원 암호의 사용 : 2가지 이상의 암호 차원을 조합하여 사용하면 정보전달이 촉진된다(음성+시각+촉각).
③ 암호의 양립성 : 자극과 반응 간의 관계가 인간의 기대와 모순되지 않아야 한다.
④ 암호의 변별성 : 모든 암호 표시는 감지장치에 의하여 다른 암호 표시와 구별될 수 있어야 한다.
⑤ 암호의 표준화 : 사람들이 어떤 상황에서 다른 상황으로 옮기더라도 쉽게 이용할 수 있어야 한다.
⑥ 부호의 의미 : 사용자가 그 뜻을 분명히 알 수 있어야 한다.

(2) 시각적 암호화(Coding) 설계 시 고려사항

① 코딩 방법의 표준화
② 사용될 정보의 종류
③ 수행될 과제의 성격과 수행조건
④ 코딩의 중복 또는 결합에 대한 필요성
⑤ 이미 사용된 코딩의 종류
⑥ 사용 가능한 코딩 단계나 범주

(3) 손잡이 설계에 있어 촉각적 암호화

① 크기에 의한 코딩
② 형상에 의한 코딩
③ 표면 거칠기에 의한 코딩(매끄러운 면, 세로홈, 깔쭉면)

핵심 문제

01 표시장치를 사용할 때 자극 전체를 직접 나타내거나 재생시키는 대신, 정보나 자극을 암호화하는 경우가 흔하다. 이와 같이 정보를 암호화하는 데 있어서 지켜야 할 일반적 지침으로 볼 수 없는 것은?

① 암호의 양립성 ② 암호의 민감성
③ 암호의 변별성 ④ 암호의 검출성

정답 | ②
해설 | 암호화(코딩)의 원칙
- 암호의 검출성 : 주어진 상황하의 감지장치가 있어야 하고 사람이 감지(검출)할 수 있어야 한다.
- 다차원 암호 사용 : 두 가지 이상의 암호 차원을 조합하여 사용하면 정보전달이 촉진된다(음성+시각+촉각).
- 암호의 양립성 : 자극과 반응 간의 관계가 인간의 기대와 모순되지 않아야 한다.
- 암호의 변별성 : 모든 암호 표시는 감지장치에 의하여 다른 암호 표시와 구별될 수 있어야 한다.
- 암호의 표준화 : 암호는 일관성이 있어야 한다.
- 부호의 의미 : 사용자가 그 뜻을 알 수 있어야 한다.

02 손잡이의 설계에 있어 촉각정보를 통하여 분별, 확인할 수 있는 코딩(coding) 방법이 아닌 것은?

① 형상에 의한 코딩 ② 색에 의한 코딩
③ 표면의 거칠기에 의한 코딩 ④ 크기에 의한 코딩

정답 | ②
해설 | 손잡이 설계에 있어 촉각적 암호화
- 크기에 의한 코딩
- 형상에 의한 코딩
- 표면 거칠기에 의한 코딩(매끄러운 면, 세로홈, 깔쭉면)

3. 추적작업(Tracking Task)

① 0계(위치 제어), 1계(율 또는 속도 제어), 2계(가속도 제어)를 말한다.
② 자동차의 속도를 증가시키는 추적작업은 1차 제어에 속한다.
③ 2계(가속도 제어)는 지체가 크고 불안정적이기 때문에 가장 긴 인간의 처리시간을 요한다.
④ 보정표시장치(Compensatory Display)에서는 2표지 중의 하나[과녁(Target) 또는 제어요소(Controlled Element)]가 고정되고 나머지 하나가 움직인다.
⑤ 일반적으로 추종표시장치(Pursuit Display)가 보정표시장치(Compensatory Display)보다 우월하다.
⑥ 1초에 2회를 초과하여 수정해야 하는 경우 추적작업에 어려움을 느낀다.

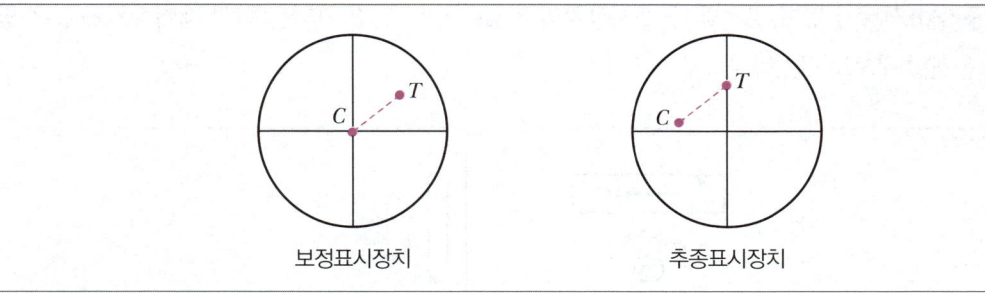

▲ 추적표시장치의 유형

4. 양립성(compatibility)

(1) 양립성의 정의

양립성은 자극들 간, 반응들 간, 혹은 자극 - 반응 조합의 관계가 인간의 기대와 모순되지 않는 성질을 말한다.

(2) 양립성의 종류

① 운동(movement) 양립성 : 표시장치와 제어장치의 움직임에 관련된 것
　예 스위치를 올리면 켜지고, 내리면 꺼진다.
② 공간적(spatial) 양립성 : 특정 사물들, 특히 표시장치(display)나 조종장치(control)에서 물리적 형태나 공간적인 배치의 양립성을 나타낸 것
　예 가스레인지의 오른쪽 조리대는 오른쪽 조절장치, 왼쪽 조래대는 왼쪽 조절장치로 조절
③ 개념적(conceptual) 양립성 : 인간이 사용한 코드와 기호가 얼마나 의미를 가진 것인가 즉, 코드와 기호를 인간들의 사고에 일치시키는 것
　예 빨강 - 온수, 파랑 - 냉수
④ 양식(modality) 양립성 : 직무에 알맞은 자극과 응답 양식의 존재에 대한 것
　예 음성 과업에서는 청각적 자극 제시와 이에 대한 음성 응답 과업

(3) 양립성의 효과

① 인간실수 감소
② 반응시간 감소
③ 학습시간 단축
④ 사용자 만족도 증가
⑤ 위급상황에 대한 대처능력 우수

(4) 워릭의 원리(Warrick's principle)

① 표시장치 지침의 설계에 있어서 양립성을 높이기 위한 원리이다.
② 제어기구가 표시장치 옆에 설치될 때 표시장치의 지침은 이와 가장 가까운 쪽의 제어장치와 같은 방향으로 움직일 것으로 예상한다.

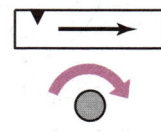 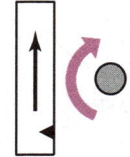

5. 사용자 인터페이스

(1) 사용자 인터페이스의 개요

① 사용성이란 사용자가 의도한 대로 제품을 사용할 수 있는 정도이다.
② 사용자의 관점에서 제품을 설계하는 것을 사용자 중심 설계라고 한다.
③ 사용성은 학습 용이성, 효율성, 기억 용이성, 주관적 만족도와 관련이 크다.
④ 사용자가 어떤 장비를 사용하여 작업할 경우 정보의 상호전달이 이루어지는 부분을 사용자 인터페이스라고 한다.

(2) 인간 – 기계 인터페이스(man – machine interface)의 종류

① 인간 - 기계 시스템에서 정보전달과 조정이 실질적으로 행하여지는 인간과 기계의 접합면으로 인간이 감지하고 기계를 제어하는 부분을 인간 - 기계 인터페이스라 한다.
② 인간 - 기계 인터페이스의 설계는 사용자의 특성을 고려하여 신체적인 인터페이스, 지적 인터페이스, 감성적 인터페이스로 분류할 수 있다.
③ 사용자가 쉽고 효율적으로 사용할 수 있도록 사용자 특성을 가장 우선적으로 고려하여야 한다.

(3) 닐슨(Nielsen)의 사용성 정의
① 학습 용이성(learnability)
② 효율성(efficiency)
③ 기억 용이성(memorability)
④ 에러의 빈도 및 정도(error frequency and severity)
⑤ 사용자의 주관적 만족도(subjective satisfaction)

(4) 노먼(Norman)의 설계원칙
① 가시성(visibility)의 원칙
제품의 작동상태나 작동방법 등을 쉽게 파악할 수 있도록 중요기능을 노출하는 것이다.
② 대응(mapping)의 원칙, 양립성(compatibility)의 원칙
어떤 기능을 통제하는 조절장치와 그 기능을 담당하는 부분이 잘 연결되어 표현되는 것을 의미한다.
③ 행동유도성(affordance)
사물에 물리적 또는 의미적인 특성을 부여하여 사용자의 행동에 관한 단서를 제공하는 것이다. 사물에 행동 제약을 가하도록 설계함으로써 특정한 행동만이 가능하도록 유도한다.
④ 피드백(feedback)의 원칙
제품의 작동결과에 관한 정보를 사용자에게 알려주는 것을 의미한다.

(5) 존슨(Johnson)의 설계원칙
① 사용자와 작업 중심의 설계
② 기능성 중심의 설계
③ 사용자 관점에서의 설계
④ 사용자가 작업수행을 간단명료하게 진행하도록 설계
⑤ 배우기 쉬운 인터페이스의 설계
⑥ 데이터가 아닌 정보를 전달하는 인터페이스 설계
⑦ 적절한 피드백을 제공하는 인터페이스 설계
⑧ 사용자 테스트를 통한 설계 보완

(6) GOMS 모델
① GOMS 모델은 하나의 문제 해결을 위해서 전체 문제를 하위 문제로 분해하고 다시 하위 문제의 가장 작은 하위 단위들로 분해한다.
② 분해된 가장 작은 하위 문제들을 모두 해결함으로써 전체 문제를 해결한다.
③ 인간의 행위를 목표(goals), 조작(operators), 방법(methods), 선택 규칙(selection rules)으로 표현한다.

6. 사용성 평가

(1) 정의
① 사용자의 입장에서 사용환경을 고려하여 사용성을 향상시키는 공학적 활동이다.
② 사용성 평가에 흔히 사용되는 평가척도는 배우는 데 걸리는 시간, 과제의 수행시간, 에러의 빈도, 사용자의 주관적인 만족도 등이다.
③ 사용성 평가는 전문가에 의한 분석적 평가와 사용자 기반 평가 방법으로 분류하였으나 최근에는 이를 혼용해서 사용한다.

(2) 사용성 평가 방법
① 관찰 에쓰노그라피(observation ethnography)
   실제 사용자들의 행동 분석을 위해 사용자가 생활하는 자연스러운 생활환경에서 비디오, 오디오에 녹화하여 시험하는 사용성 평가 방법이다.
② 휴리스틱 평가(Heuristic Evaluation)
   소수의 전문가들이 독립적으로 평가하는 방법이다.
③ 실험실 사용성 평가법(Usability Lab Testing)
   장비를 갖춘 실험실에서 제시된 시나리오 과제들을 사용자들이 직접 수행하도록 한 후 수행결과를 분석하는 방법이다.
④ 포커스 그룹 인터뷰(Focus Group Interview)
   집단심층 면접조사 또는 표적집단 면접조사라고 한다.
⑤ 설문조사(Questionnaire Survey)
   표준화된 설문지를 사용하여 사용자들의 주관적인 선호도나 의견을 얻는 방법이다.
⑥ 인지적 시찰법(cognitive walkthrough)
   시스템 개발 초기의 모형을 작업 시나리오를 바탕으로 이리저리 탐색하면서 인지적 측면에서의 문제점을 발견하는 방법이다.

(3) 고령자를 위한 정보설계원칙
① 가능한 간단한 묘사와 간단한 정보를 제공한다.
② 불필요한 이중 과업을 줄인다.
③ 학습 및 적응 시간을 늘려 준다.
④ 신호의 강도와 크기를 보다 강하게 한다.

> **핵심 문제**
>
> **01** 사용성 평가에 주로 사용되는 평가척도로 적합하지 않은 것은?
>
> ① 과제물 내용   ② 에러의 빈도
> ③ 과제의 수행시간   ④ 사용자의 주관적 만족도
>
> 정답 | ①
> 해설 | 사용성 평가에 흔히 사용되는 평가척도는 배우는 데 걸리는 시간, 과제의 수행시간, 에러의 빈도, 사용자의 주관적인 만족도 등이다.

7. 감성공학의 개요

감성공학이란 인간-기계 체계 인터페이스 설계에 감성적 차원의 조화성을 도입하는 공학이라고 정의할 수 있다.

(1) 감성공학적 접근방법

① 감성공학 Ⅰ류
    ㉠ 의미미분법은 형용사를 소재로 하여 인간의 심상 공간을 측정하는 방법이다.
    ㉡ 의미미분법으로 심상을 조사하고 분석하여 심상을 구성하는 설계요소를 찾아내는 방법이다.

② 감성공학 Ⅱ류
    ㉠ 감성어휘로 표현했을지라도 성별이나 연령차에 따라 품고 있는 이미지에는 다소의 차이가 있게 된다.
    ㉡ 연령, 성별, 연간수입 등의 인구통계적 특성 이외에 생활양식 등을 포함하여 그 사람의 이미지를 구체적으로 결정하는 방법이다.

③ 감성공학 Ⅲ류
    감성어휘 대신에 평가원(panel)이 특정한 시제품을 사용하여 자기의 감각척도로 감성을 표출하고, 이에 대하여 번역체계를 완성하거나 혹은 제품 개발을 수행하는 방법이다.

05 CHAPTER 인체측정 및 응용

SECTION 01 인체측정 개요

1. 인체치수 분류 및 측정 원리

(1) 정적측정(구조적 인체치수)

① 형태학적 측정이라고도 하며, 정적 자세에서의 신체치수를 측정한 것이다.
② 나체측정을 원칙으로 한다.
③ 정적 치수에는 골격 치수와 외곽 치수가 있다.
④ KS 규격에 따라 마틴(Martin) 인체측정기를 이용한 직접 측정법을 사용한다.
⑤ 신체 측정치는 나이, 성, 인종에 따라 다르게 나타난다.
⑥ 신장, 선 눈높이, 수직 파악 한계, 대퇴 여유, 오금 높이, 무릎 뒤 길이 등

(2) 동적측정(기능적 인체치수)

① 상지나 하지의 운동, 체위의 움직임에 따른 상태에서 측정한다.
② 신체 부위의 동작 범위를 측정하여야 한다.
③ 동적 인체측정은 실제의 작업 혹은 실제 조건에 밀접한 관계를 갖는 현실성 있는 인체치수를 구하는 것이다.
④ 동적측정은 마틴식 계측기로는 측정이 불가능하며, 사진이나 3차원 촬영 등의 간접 측정법을 사용한다.
⑤ 동적측정을 사용하는 것이 중요한 이유는 신체적 기능을 수행할 때, 각 신체 부위는 독립적으로 움직이는 것이 아니라 조화를 이루면서 움직이기 때문이다.

(3) 크로머(Kroemer)의 경험법칙

① 정적 인체측정 자료를 동적 자료로 변환할 때 활용될 수 있는 경험법칙이다.
② 키, 눈, 어깨, 엉덩이 등의 높이는 3% 정도 줄어든다.
③ 팔꿈치 높이는 대개 변화가 없지만, 작업 중 5%까지 증가하는 경우가 있다.
④ 앉은 무릎 높이 또는 오금 높이는 굽 높은 구두를 신지 않는 한 변화가 없다.
⑤ 전방 및 측방 팔 길이는 상체의 움직임을 편안하게 하면 30% 줄고, 어깨와 몸통을 심하게 돌리면 20% 늘어난다.

> **핵심 문제**

01 인체측정을 구조적 치수와 기능적 치수로 구분할 때 기능적 치수 측정에 대한 설명으로 옳은 것은?

① 형태학적 측정을 의미한다.　　　② 나체측정을 원칙으로 한다.
③ 마틴식 인체측정 장치를 사용한다.　④ 상지나 하지의 운동범위를 측정한다.

정답 | ④
해설 | 기능적 인체치수는 상지나 하지의 운동, 체위의 움직임에 따른 상태에서 측정한다.

02 정적 인체측정 자료를 동적 자료로 변환할 때 활용될 수 있는 크로머(Kroemer)의 경험 법칙을 설명한 것으로 옳지 않은 것은?

① 키, 눈, 어깨, 엉덩이 등의 높이는 3% 정도 줄어든다.
② 팔꿈치 높이는 대개 변화가 없지만, 작업 중 5%까지 증가하는 경우가 있다.
③ 앉은 무릎 높이 또는 오금 높이는 굽 높은 구두를 신지 않는 한 변화가 없다.
④ 전방 및 측방 팔길이는 편안한 자세에서 30% 정도 늘어나고, 어깨와 몸통을 심하게 돌리면 20% 정도 감소한다.

정답 | ④
해설 | 전방 및 측방 팔 길이는 상체의 움직임을 편안하게 하면 30% 줄고, 어깨와 몸통을 심하게 돌리면 20% 늘어난다.

SECTION 02　인체측정 자료의 응용원칙

1. 인체측정 자료의 응용

(1) 인체측정치의 응용원리

제품설계에 필요한 측정 자료는 대부분 정규분포를 따른다.

(2) 극단치를 이용한 설계

① 최대치 설계
　㉠ 통상 대상집단에 대한 관련 인체측정변수의 상위 백분위수를 기준으로 하여 90, 95 혹은 99% 값이 사용된다.
　㉡ 95% 값에 속하는 큰 사람을 수용할 수 있다면, 이보다 작은 사람은 모두 사용 가능하게 된다.
　㉢ 출입문, 탈출구, 통로의 공간, 침대 길이, 버스의 승객 의자 앞뒤 간격, 줄사다리의 강도, 그네의 최소지지 중량 등을 정할 때 사용한다.

② 최소치 설계
  ㉠ 통상 1%, 5%, 10% 등과 같은 하위 백분위수를 기준으로 정한다.
  ㉡ 팔이 짧은 사람이 잡을 수 있다면, 이보다 긴 사람은 모두 잡을 수 있다.
  ㉢ 선반의 높이, 제어버튼(비상버튼)까지의 거리, 전철이나 버스의 손잡이 높이, 의자의 좌판 깊이, 기구조작에 필요한 힘 등을 정할 때 사용된다.

(3) 조절식 범위를 이용한 설계
① 체격이 다른 여러 사람에게 맞도록 조절식으로 만드는 것을 말한다.
② 최대치나 최소치를 사용하는 것이 기술적으로 어려운 경우에 활용한다.
③ 일반적으로 집단 특성치의 5~95%까지의 범위가 사용된다.
  ㉠ 5%tile = 평균 − 표준편차 × 1.645
  ㉡ 95%tile = 평균 + 표준편차 × 1.645
④ 자동차 좌석의 전후 조절, 사무실 의자의 상하 조절 등에 사용한다.

(4) 평균치를 이용한 설계
① 모든 치수가 평균 범위에 드는 평균치 인간은 존재하지 않는다.
② 최대치, 최소치 및 조절식이 불가능한 경우 즉, 측정자료의 5%tile(최소)이나 95%tile(최대) 값을 적용하기 어려운 경우에 사용된다.
③ 은행이나 관공서의 접수창구의 높이 등에 사용된다.

핵심 문제

01 인체측정치의 응용원칙과 관계가 먼 것은?
① 극단치를 이용한 설계 ② 평균치를 이용한 설계
③ 조절식 범위를 이용한 설계 ④ 기능적 치수를 이용한 설계

정답 | ④
해설 | 인체측정의 응용원칙은 극단치 설계, 조절식 설계, 평균치 설계이다.

02 출입문, 탈출구, 통로의 공간, 줄사다리의 강도 등은 어떤 설계기준을 적용하는 것이 바람직한가?
① 조절식 원칙 ② 최소치수의 원칙
③ 평균치수의 원칙 ④ 최대치수의 원칙

정답 | ④
해설 | 최대치 설계는 출입문, 탈출구, 통로의 공간, 침대 길이, 버스의 승객 의자 앞뒤 간격, 줄사다리의 강도 등을 정할 때 사용한다.

03 남녀 공용으로 사용하는 의자의 높이를 조절식으로 설계하고자 한다. 표를 참고하여 좌판 높이의 조절범위에 대한 기준값으로 가장 적당한 것은? (단, 5퍼센타일 계수는 1.645이다.)

척도	남성오금높이	여성오금높이
평균	41.3	38.0
표준편차	1.9	1.7

① $(38.0 - 1.7 \times 1.645) \sim (41.3 + 1.9 \times 1.645)$
② $(38.0 + 1.7 \times 1.645) \sim (41.3 + 1.9 \times 1.645)$
③ $(38.0 - 1.7 \times 1.645) \sim (41.3 - 1.9 \times 1.645)$
④ $(38.0 + 1.7 \times 1.645) \sim (41.3 - 1.9 \times 1.645)$

정답 | ①
해설 | 의자 높이를 조절식으로 설계할 경우 여자 5%~남자 95% 사이로 설계한다.
- 여자 5% : 평균-표준편차×1.645=38-1.7×1.645
- 남자 95% : 평균+표준편차×1.645=41.3+1.9×1.645

2. 인체측정치의 적용

(1) 인체측정치의 적용 절차

① 설계에 필요한 인체치수의 결정 → ② 설비를 사용할 집단 정의 → ③ 인체자료 적용원리 결정 → ④ 인체측정자료의 선택 → ⑤ 적절한 여유치 고려 → ⑥ 설계치수 결정 → ⑦ 모형에 의한 모의실험

(2) 책상과 의자의 설계

① 책상 높이 : 앉은 자세의 팔꿈치 높이를 기준으로 한다.
② 의자 높이 : 오금 높이를 기준으로 한다.
③ 의자 깊이 : 엉덩이에서 무릎 뒤까지의 길이를 기준으로 한다.
④ 의자 너비 : 엉덩이 너비를 기준으로 한다.

3. 작업공간 설계

(1) 작업공간

① 작업공간 포락면 : 한 장소에서 앉아서 수행하는 작업 활동에서 사람이 작업하는 데 사용하는 공간
② 파악 한계 : 앉은 작업자가 특정한 수작업기능을 편히 수행할 수 있는 공간의 외곽 한계
③ 정상 작업영역 : 상완(위팔)을 수직으로 늘어뜨린 채, 전완(아래팔)만으로 파악할 수 있는 구역
④ 최대 작업영역 : 상완과 전완을 곧게 펴서 파악할 수 있는 구역

⑤ 접근가능거리는 체구가 가장 작은 사용자들의 팔이나 손 뻗침 능력에 기초하여 결정되어야 하므로 5%tile 치수를 이용한다.

⑥ 여유공간은 체구가 큰 작업자에게도 적합해야 하므로 95%tile 값을 이용한다.

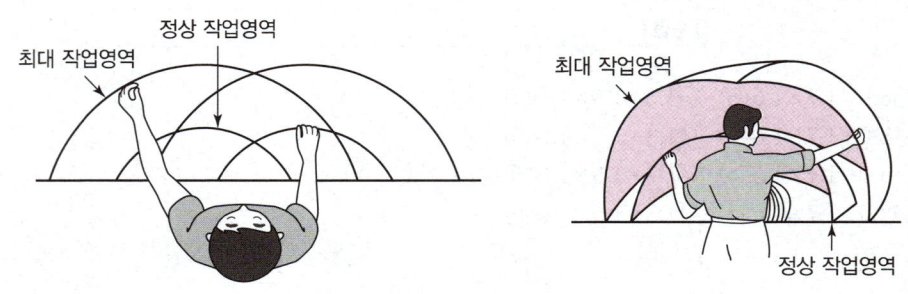

(2) 부품(작업대 공간)배치의 원칙

① 1순위 : 중요성의 원칙 – 시스템 목표 달성에 중요한 구성요소를 편리한 위치에 두어야 한다.

② 2순위 : 사용 빈도의 원칙 – 자주 사용되는 구성요소를 편리한 위치에 두어야 한다.

③ 3순위 : 기능별 배치의 원칙 – 기능적으로 관련된(표시장치, 조종장치 등) 부품들을 모아서 배치한다.

④ 4순위 : 사용 순서의 원칙 – 구성요소 간의 관련 순서나 사용 패턴에 따라 배치해야 한다.

※ 일반적으로 중요성과 사용 빈도에 따라서 부품의 일반적인 위치를 정하고, 기능 및 사용순서에 따라서 부품의 배치를 결정할 수 있다.

(3) 작업장을 설계할 때 고려해야 할 사항

① 1순위 : 주된 시각적 임무

② 2순위 : 주 시각 임무와 상호작용하는 주 제어장치

③ 3순위 : 제어장치와 표시장치와의 관계

④ 4순위 : 순서에 따라 사용되는 부품의 배치

⑤ 5순위 : 체계 내 혹은 다른 체계의 여타 배치와 일관성 있게 배치

⑥ 6순위 : 자주 사용되는 부품을 편리한 위치에 배치

핵심 문제

01 다음 중 상완을 자연스럽게 수직으로 늘어뜨린 상태에서 전완을 뻗어 파악할 수 있는 영역을 무엇이라 하는가?

① 파악 한계영역　　　　　　　　② 정상 작업영역
③ 작업 한계영역　　　　　　　　④ 공간 한계영역

정답 | ②
해설 | • 정상 작업영역 : 상완(위팔)을 수직으로 늘어뜨린 채, 전완(아래팔)만으로 파악할 수 있는 구역을 말한다.
　　　• 최대 작업영역 : 상완과 전완을 곧게 펴서 파악할 수 있는 구역을 말한다.

PART 02

Human Factors

작업생리학

CHAPTER 01 인체구성요소
CHAPTER 02 작업생리
CHAPTER 03 생체역학
CHAPTER 04 생체반응 측정
CHAPTER 05 작업환경 평가 및 관리

01 CHAPTER 인체구성요소

SECTION 01 인체의 구성

1. 인체구성요소의 특징

(1) 인체의 구성요소

① 세포 : 인체의 구성과 기능을 수행하는 구조적, 기능적 기본단위이다.
② 조직 : 서로 유사한 형태 및 기능을 가진 세포들의 모임이다.
③ 기관 : 몇 가지의 조직이 모여 일정한 기능을 수행한다.
④ 계통 : 몇 개의 기관이 모여서 기능적 단위를 이루는 골격계, 근육계, 신경계, 순환계, 소화기계, 호흡계 등이다.

※ 세포 → 조직 → 기관 → 계통

(2) 인체의 부위

① 체간부는 두부, 경부, 흉부, 복부, 골반부 등으로 구분된다.
② 사지부는 상지와 하지로 구분된다.

핵심 문제

01 우리 몸의 구조에서 서로 유사한 형태 및 기능을 가진 세포들의 모임(상태)을 무엇이라 하는가?

① 기관계　　　　　　　　　　② 조직
③ 핵　　　　　　　　　　　　④ 기관

정답 | ②
해설 | 조직은 서로 유사한 형태 및 기능을 가진 세포들의 모임이다.

SECTION 02 근골격계 구조와 기능

1. 골격

(1) 골격의 구성

① 인체의 골격계는 전신의 뼈, 연골, 관절 및 인대로 구성되어 있다.
② 내부 기관을 보호하고, 사지 및 몸통을 움직이는 피동적 운동기관으로 작용한다.
③ 신체골격구조는 206개의 뼈로 구성되어 있다.
④ 뼈는 다시 골질(bone substance), 연골막(cartilage substance), 골막과 골수의 4부분으로 구성되어 있다.
⑤ 무중력상태에 있거나 오랜 기간 침상 생활을 하던 환자가 뼈량의 감소로 쉽게 골절이 일어나는 이유는 뼈의 재형성 기능과 관계된다.

(2) 골격의 기능

① 인체의 지주 역할을 한다.
② 신체에 중요한 부분을 보호하는 역할을 한다.
③ 혈구세포를 만드는 조혈기능을 한다.
④ 칼슘과 인 등의 무기질을 저장하여 몸이 필요할 때 공급해 주는 역할을 한다.
⑤ 가동성 연결, 즉 관절을 만들고, 골격근의 수축에 의해 운동기로써 작용한다.

(3) 인대와 건

① 인대 : 뼈와 뼈를 연결하여 관절의 운동을 제한한다.
② 건 : 뼈와 근육을 연결하며 근육에서 발휘된 힘을 뼈에 전달하는 것으로 보통 힘줄이라고 한다.

(4) 전신의 뼈

① 신체골격구조는 206개의 뼈로 구성되어 있다.
② 몸통의 지주를 이루는 척추는 26개의 뼈로 구성되며, 경추(7개), 흉추(12개), 요추(5개), 천골, 미골로 되어 있다.
③ 척주는 몸통의 정중선상에 있으며, 좌우방향으로는 거의 똑바르지만, 전후방향으로는 일정한 부위가 만곡되어 있다. 가슴 부위 만곡과 천골미골 부위 만곡은 뒤쪽으로 볼록하게 굽어 있고, 목 부위 만곡과 허리 부위 만곡은 앞쪽으로 볼록하게 굽어 있다.
④ 가슴 부위 만곡과 천골미골 부위 만곡은 선천적인 것으로 1차 만곡이라 한다. 2차 만곡에는 생후 3개월경 목을 지탱하기 시작하면서부터 만곡이 형성되는 목 부위 만곡과 생후 1년경 걸음마를 시작하는 시기에 만곡이 형성되는 허리 부위 만곡이 있다.

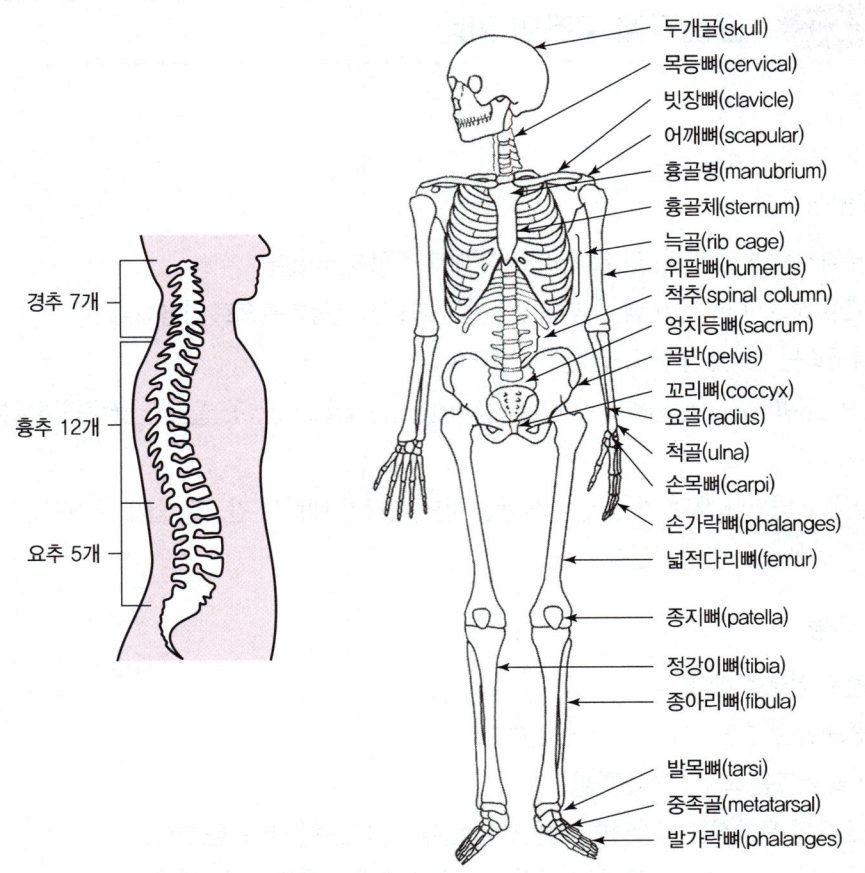

핵심 문제

01 척추를 구성하고 있는 뼈 가운데 요추는 몇 개의 뼈로 구성되어 있는가?

① 5개   ② 6개   ③ 7개   ④ 8개

정답 | ①
해설 | 몸통의 지주를 이루는 척추는 26개의 뼈로 구성되며, 경추(7개), 흉추(12개), 요추(5개), 천골, 미골로 되어 있다.

02 인체의 척추를 구성하고 있는 뼈 가운데 경추, 흉추, 요추의 합은 몇 개인가?

① 19개   ② 21개   ③ 24개   ④ 26개

정답 | ③
해설 | 척추는 경추(7개), 흉추(12개), 요추(5개), 천골, 미골로 되어 있다.

2. 근육

(1) 근육의 종류

근조직은 형태와 기능에 따라 골격근, 평활근, 심근으로 분류된다.

① 수의근
- ㉠ 골격근(가로무늬근)으로 불린다.
- ㉡ 중추신경계의 지배를 받아 내 의지대로 움직일 수 있는, 의식적으로 통제가 가능한 근육이다.
- ㉢ 골격근은 체중의 약 40%를 차지하고 있다.
- ㉣ 골격근은 건(tendon)에 의해 뼈에 붙어 있다.
- ㉤ 골격근은 400개 이상이 신체 양쪽에 쌍으로 있다.
- ㉥ 골격근의 기본구조는 근섬유(muscle fiber)이다.
- ㉦ 골격근은 외관상 색으로 구별이 가능하며, 적근, 백근, 중간근으로 분류된다.

② 불수의근
- ㉠ 줄무늬가 없는 민무늬근으로 내장근이나 평활근으로 불린다.
- ㉡ 자율신경(교감+부교감)계의 지배를 받으며 스스로 움직이는 근육이다.
- ㉢ 내장근은 피로 없이 지속적으로 운동을 함으로써 소화, 분비 등 신체 내부 환경의 조절에 중요한 역할을 한다.

③ 심장근 : 심장근은 불수의근이면서도 가로줄무늬의 원통형 근섬유 구조를 가지고 있다.

(2) 근육 작용의 표현

① 주동근(agonists) : 운동 시 주역을 하는 근육이다.
② 협력근(synergist) : 운동 시 주역을 하는 근을 돕는 근육이다.
③ 길항근(antagonist) : 주동근과 반대되는 작용을 하는 근육이다.

3. 관절

관절이란 둘 이상의 뼈들 사이의 연결을 말하는 것으로 섬유관절, 연골관절, 활액관절로 구분된다.

(1) 윤활관절(활액관절)

① 대부분의 관절이 이에 해당하며, 자유로이 움직일 수 있다.
② 절구관절(구상관절, ball-and-socket joint) : 운동이 가장 자유롭고 다축성(3개의 운동축)으로 이루어진 관절이다. 견관절(어깨관절), 대퇴관절이 있다.
③ 경첩관절(hinge joint) : 손가락과 같이 한쪽 방향으로만 굴곡 운동을 한다. 팔굽관절(주관절), 슬관절(무릎관절), 손가락 뼈 사이 관절, 발목관절이 있다.

④ 안장관절(saddle joint) : 두 관절면이 말안장처럼 생긴 것으로 서로 직각방향으로 움직이는 2축성 관절이다. 수근중수 관절(엄지손가락 손목손허리관절)이 있다.
⑤ 타원관절(condyloid joint) : 손목뼈관절이 있다.
⑥ 차축관절(중쇠관절 ; pivot joint) : 요골척골관절이 있다.
⑦ 평면관절(gliding joint) : 손목뼈관절, 척추 사이 관절이 있다.

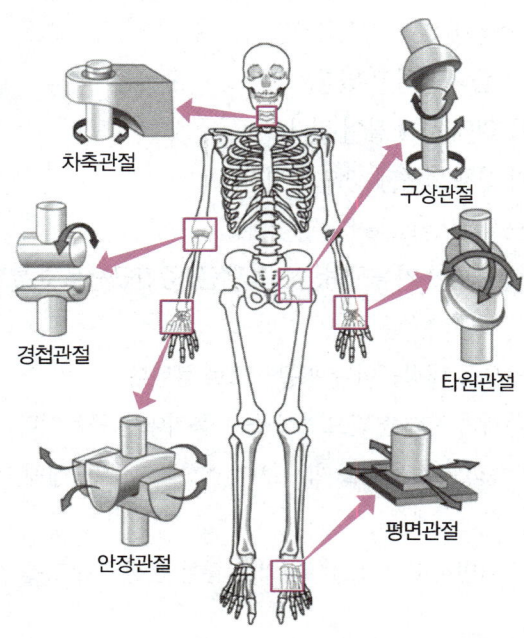

(2) 연골관절
연골을 사이에 두고 두 뼈가 연결되는 관절로서 약간의 운동이 가능하다.

(3) 섬유관절
두개골의 봉합선과 같으며 움직임이 없다.

핵심 문제

01 윤활관절(synovial joint)인 팔꿉관절(elbow joint)은 연결 형태를 기준으로 어느 관절에 해당되는가?

① 관절구(condyloid)
② 경첩관절(hinge joint)
③ 안장관절(saddle joint)
④ 구상관절(ball and socket joint)

정답 | ②
해설 | 경첩관절은 팔꿉관절(주관절), 슬관절(무릎관절), 손가락 뼈 사이 관절 등이다.

02 다음 중 관절의 연결형태가 안장관절(saddle joint)에 해당하는 것은?

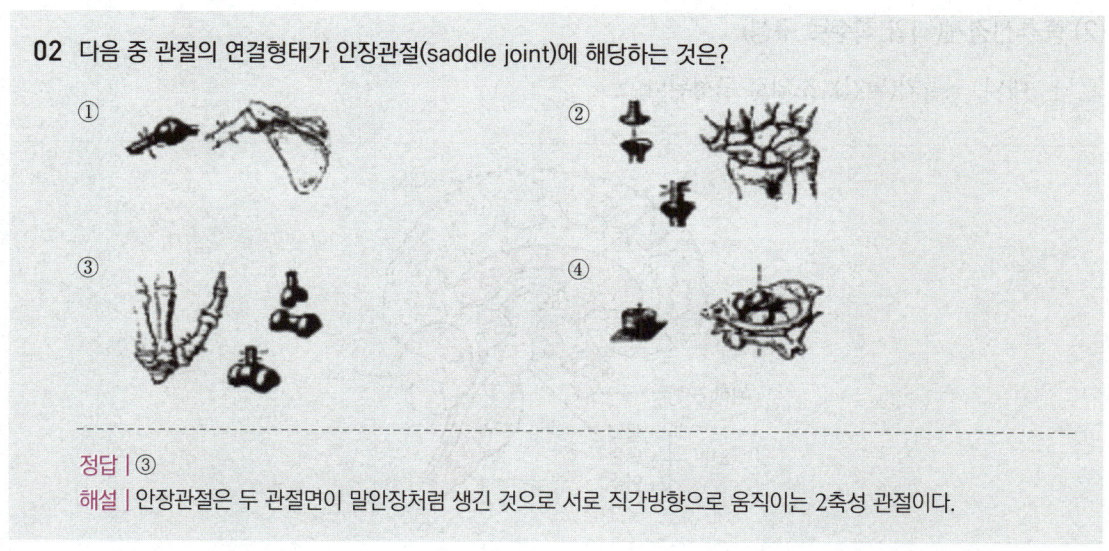

정답 | ③
해설 | 안장관절은 두 관절면이 말안장처럼 생긴 것으로 서로 직각방향으로 움직이는 2축성 관절이다.

4. 신경

(1) 신경계의 세분

① 구조적 측면 : 신경계는 구조적인 측면으로 중추신경계와 말초신경계로 나눌 수 있다.
  ㉠ 중추신경계 : 뇌와 척수로 구성된다. 반사(reflex)와 통합(integration)의 기능적 특징을 통해서 신체 활동을 조절한다.
  ㉡ 말초신경계
② 기능적 측면
  ㉠ 체신경계 : 피부, 골격근, 뼈 등에 분포한다.
  ㉡ 자율신경계 : 평활근, 심장근에 분포한다.

(2) 중추신경계(뇌와 척수로 구성)

① 뇌 : 대뇌, 뇌줄기(뇌간), 소뇌로 구성된다.

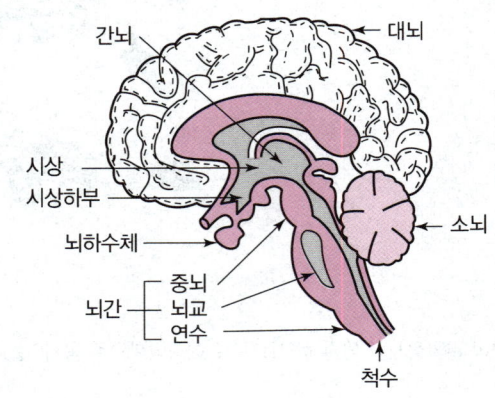

- ㉠ 대뇌
  - 대뇌반구 : 좌우 두 개의 반구로 나뉘지며, 표면에 주름이 많아 표면적이 매우 넓다.
  - 간뇌 : 자극에 대한 자율적인 반응 및 체온을 조절한다.
- ㉡ 뇌간(뇌줄기) : 중뇌, 뇌교, 연수의 세 부분으로 나누어진다.
  - 중뇌 : 시각반사와 안구운동에 관한 반사중추이다.
  - 뇌교
  - 연수(숨뇌) : 호흡, 심장박동, 타액분비, 소화운동, 재채기, 하품 등을 조절한다.
- ㉢ 소뇌 : 몸의 자세와 균형을 유지한다.

② 척수(spinal cord)
  - ㉠ 뇌와 말초신경 사이의 신경 전달 통로, 무릎 반사, 땀의 분비, 배뇨 등의 반사 중추 역할을 한다.
  - ㉡ 척수 반사 경로 : 자극 → 척수의 후근(감각신경) → 척수의 전근(운동신경) → 반응

(3) 말초신경계(체신경계와 자율신경계로 구성)

① 체신경계

② 자율신경계 : 교감신경계와 부교감신경계로 구분한다.

구분	심박수	심수축력	동공	방광	소화운동	침분비
교감신경	증가	증가	확장	이완	억제	억제
부교감신경	감소	감소	축소	수축	촉진	촉진

(4) 체내 항상성 조절

① 자율신경계에 의한 신경성 조절은 조절속도가 빠르고 효과가 짧다.

② 내분비계 조절은 조절속도가 느리고 효과가 길다.

SECTION 03 순환계 및 호흡계의 구조와 기능

1. 순환계

(1) 혈액

① 적혈구, 백혈구, 혈소판 중 단위 면적당 개수는 적혈구가 가장 많다.
② 적혈구는 산화혈색소 형태로 조직에 산소를 전달하며 이산화탄소의 제거를 돕는다.
③ 백혈구는 침입해오는 병균들과 싸워 신체가 감염되는 것을 방지한다.
④ 혈소판은 출혈을 막는다.

(2) 혈액의 기능

① 운반작용
② 조절작용
③ 출혈방지
④ 면역기능

(3) 순환계의 기능 및 특성

① 혈압은 좌심실에서 멀어질수록 낮아진다.
② 동맥, 정맥, 모세혈관 중 혈관의 단면적은 모세혈관이 가장 크다.

(4) 혈관 계통

① 심장 : 혈액순환의 중추적 펌프 장치이다.
② 동맥 : 심장으로부터 말초로 혈액을 운반하는 혈관이며, 맥관계에서 가장 높은 압력을 유지한다.
③ 정맥 : 대사과정에서 생긴 노폐물을 신장, 폐 및 피부 등을 통하여 몸 밖으로 배설하는 역할을 한다.
④ 모세혈관 : 소동맥과 소정맥을 연결하는 혈관이다. 모세혈관 내외의 물질(산소, 이산화탄소 등) 이동은 혈압과 혈장 삼투압의 차이에 의해 이루어진다.

(5) 혈액순환

① 체순환(대순환) : 혈액이 심장으로부터 온몸을 순환한 후 다시 심장으로 되돌아오는 순환로이다. '좌심실 → 대동맥 → 모세혈관 → 대정맥 → 우심방' 순으로 혈액이 흐른다.
② 폐순환(소순환) : '우심실 → 폐동맥 → 폐 → 폐정맥 → 좌심방' 순의 경로로 혈액이 흐르는 것을 말한다.

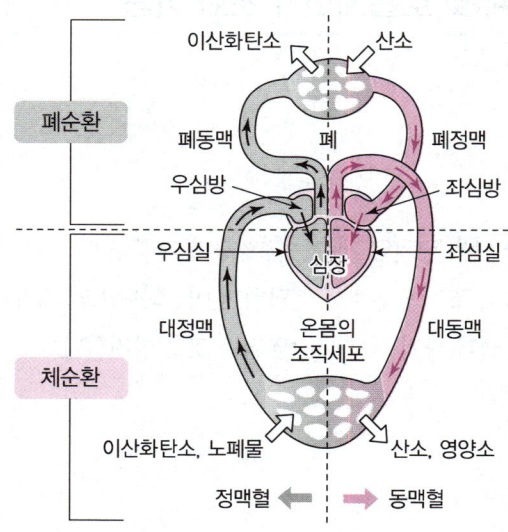

2. 호흡계

(1) 호흡계의 기능

① 가스 교환(산소 공급, CO_2 제거)
② 영양물질 운반 기능
③ 흡입된 이물질 제거 기능

CHAPTER 02 작업생리

SECTION 01 작업생리학 개요

1. 작업생리학의 정의 및 요소

(1) 작업생리학(Work Physiology)의 정의

작업생리학은 인간이 작업할 때에 나타나는 인간신체의 생리적 변화를 조사하여 작업능력을 향상시키는 방법을 연구하는 학문이다.

(2) 작업생리학의 목적

인간이 작업활동의 목표를 달성하기 위하여 행하는 신체 활동에서 노동력의 불필요한 소모나 피로를 방지하고, 노동력을 증진하여 주어진 목표를 달성할 수 있도록 인간의 생리적 특성을 고려한 작업조건과 작업환경을 설계하는 것이다.

SECTION 02 대사작용

1. 근육의 구조 및 활동

(1) 근섬유

① 근섬유는 백근섬유(fast twitch fiber)와 적근섬유(slow twitch fiber)로 나눌 수 있다.
② 적근섬유(slow twitch fiber)는 유산소 운동에 동원되며, 장시간 지속되는 운동에 사용된다. 주로 작은 근육 그룹에서 볼 수 있다.
③ 백근섬유(fast twitch fiber)는 무산소 운동에 동원되며, 단거리 달리기 등에 사용된다. 체표면 가까이 존재하며 주로 급속한 동작을 하기 때문에 쉽게 피로해진다.

(2) 근육의 미세구조

① 근섬유속(fasciculuse) : 근섬유의 집합체로 근속이라고도 한다.
② 근내막 : 근속을 싸고 있는 결합조직이다.

③ 근초(sarcolemma) : 근섬유를 둘러싸고 있는 막이며, 개개의 근육섬유(muscle fiber)는 근섬유막에 의해서 하나의 독립된 세포로 외부와 경계를 짓는다.
④ 가로세관(transverse tubules) : 근세포막에 전달된 흥분을 근세포 내부로 전달하는 통로역할을 한다.
⑤ 근형질세망(sarcoplasmic reticulum) : 칼슘의 저장소이며, 근수축을 위한 칼슘이온을 방출한다.

(3) 근육의 구성

① 근육은 근섬유(muscle fiber), 근원섬유(myofibril), 근섬유분절(sarcomere)로 구성되어 있다.
② 근섬유분절(sarcomere)은 장력이 생기는 근육의 실질적인 수축성 단위(contractility unit)이다.
③ 근섬유분절은 가는 액틴(actin)과 두꺼운 미오신(myosin)이라는 단백질 필라멘트로 구성되어 있다.

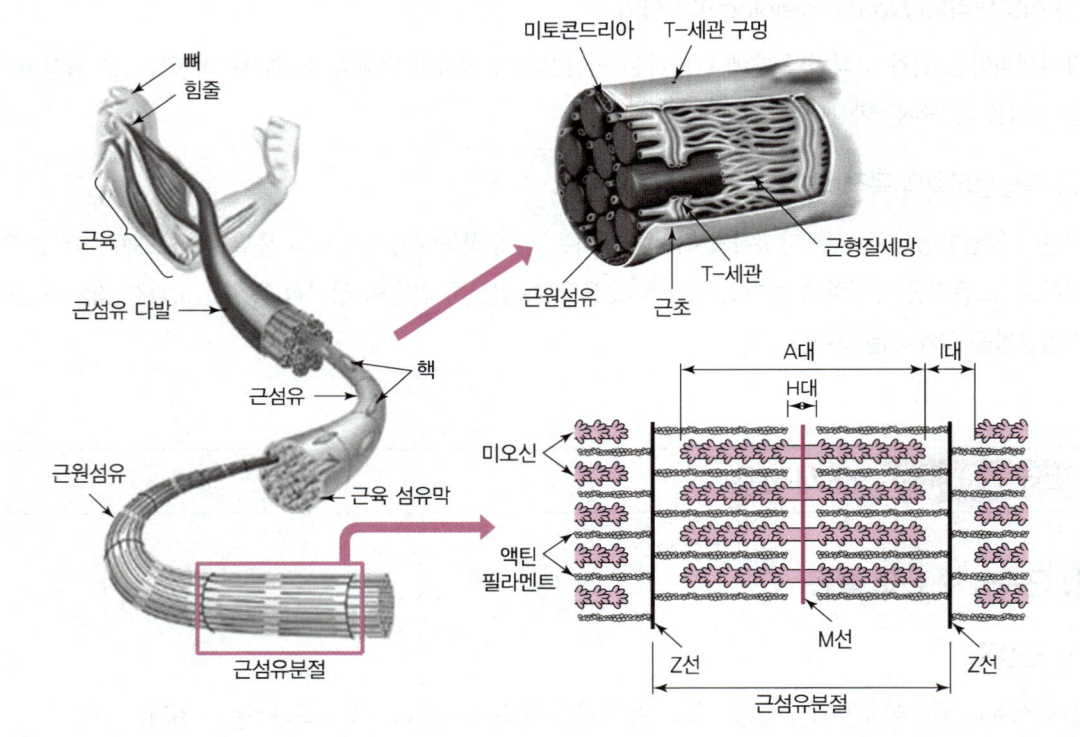

㉠ A대 : 액틴과 미오신의 중첩된 부분으로 어둡게 보인다.
㉡ I대 : 액틴이 존재하는 부분으로 밝게 보인다.
㉢ H대 : A대의 중앙부로 미오신만 존재한다.
㉣ Z선 : I대의 중앙부에 위치한 가느다란 선이다.

(4) 근육수축 이론

① 근육이 수축하면 액틴 필라멘트(가는 근세사)가 미오신 필라멘트(굵은 근세사) 사이로 미끄러져 들어간다.

② 수축이나 이완 시 actin이나 myosin의 길이는 변하지 않는다. 즉, A대(band)의 길이는 변하지 않는다.
③ 근섬유가 수축하면 I대, H대, Z선과 Z선 사이의 거리가 짧아진다.
④ 최대로 수축했을 때는 Z선이 A대에 맞닿고 I대는 사라진다.
⑤ 근육 전체가 내는 힘은 활성화된 근섬유 수에 의해 결정된다.

(5) 근육의 능동장력과 수동장력

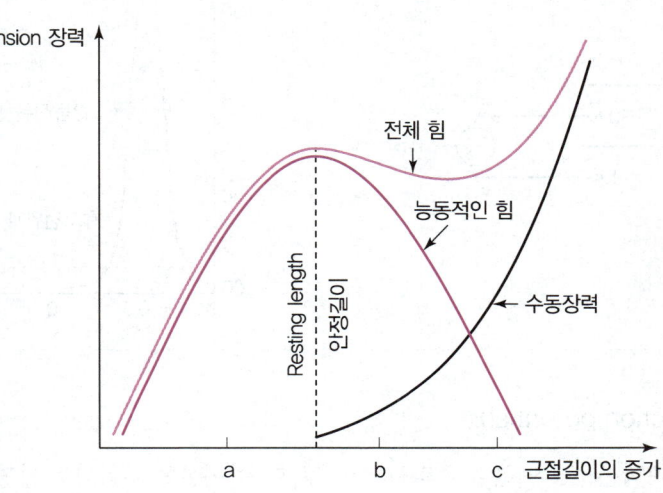

① 능동적 힘은 근수축에 의하여 생성된다.
② 수동적 힘은 관절 주변의 결합조직에 의하여 생성된다.
③ 능동적인 힘은 안정길이보다 짧은 상태에서 발생하며, 수동적 힘은 안정길이 이상에서 발생한다.
④ 능동적 힘과 수동적 힘의 합은 근절의 안정길이 이상에서 발생한다.

(6) 근육수축의 유형

① 등장성 수축(isotonic contraction) : 수축할 때 근육이 짧아지며 동등한 내적 근력을 발휘한다.
② 등척성 수축(isometric contraction) : 근육의 길이가 일정한 상태에서 힘을 발휘한다.

(7) 운동단위

1개의 운동신경이 지배하는 근육섬유(muscle fiber)군을 총칭한다.

(8) 연축(twitch)

① 단일자극에 의해 발생하는 1회의 수축과 이완 과정이다.
② 연축과정 : 근섬유의 자극 → 활동전압 → 흥분수축연결 → 근원섬유의 수축

(9) 막전위차(membrane potential)
① 신경세포와 신경선유(axon) 내의 세포질에는 다량의 K^+이온과 단백질$^-$ 이온이 존재한다.
② 평형상태에서 전위차는 $-90mV$이다.
③ 막 내부의 전위차가 음이기 때문에 신경세포 내의 K^+이온의 농도는 외부 농도의 약 30배가 된다.
④ K^+이온은 단백질 이온과는 달리 세포막을 투과할 수 있다.

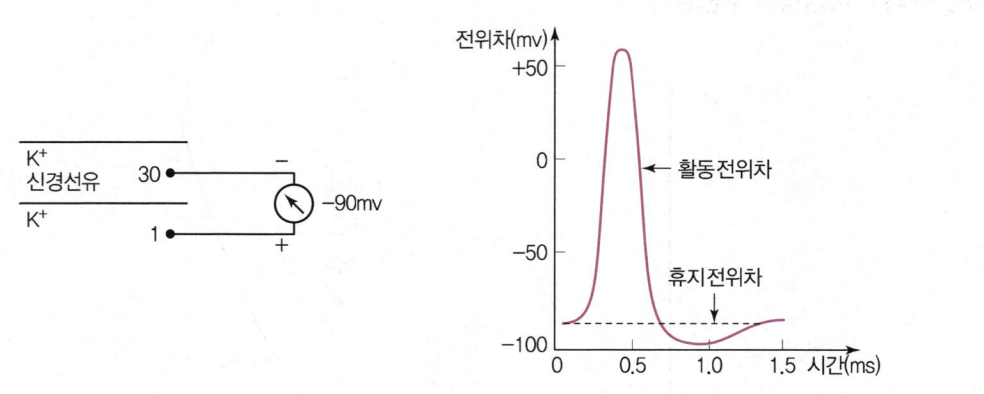

(10) 활동전위차(action potential)
① 자극 발생 시 세포막은 Na^+이온을 투과시키고, 그 후 K^+이온을 투과시켜 평형전위차가 이루어지도록 한다.
② 축색(axon)의 지름이 커지면 저항이 작아져 활동전위의 전도속도가 빨라진다.

2. 근육의 대사

(1) 신진대사
① 신진대사는 음식물을 섭취하여 기계적인 일과 열로 전환하는 화학적인 과정이다.
② 활동 수준이 평상시에 공급되는 산소 이상을 필요로 하는 경우, 순환계통은 이에 맞추어 호흡수와 맥박수를 증가시킨다.
③ 산소를 이용하는 유기성과 산소를 이용하지 않는 무기성 대사로 나눌 수 있다.

(2) 근육수축에 필요한 에너지 공급
① 활동이 시작되고 몇 초 동안 근육에 필요한 에너지는 이미 저장되어 있던 ATP를 사용한다.
② ATP 고갈 후 CP(크레아틴 인산)를 통해 5~6초 정도 더 운동을 유지할 수 있는 에너지가 공급된다.
③ 그 후 당원(glycogen)이나 포도당이 무기성 해당과정을 거쳐 젖산으로 분해되면서 에너지를 발생한다.
④ 무기성(혐기성) 환원과정
  ㉠ 계속적인 활동 시 혈액으로부터 양분과 산소를 공급받아야 한다.

ⓒ 무기성 환원과정은 산소의 공급이 부족할 때 일어난다.
ⓒ 신체 활동이 아주 큰 작업의 경우 충분한 산소 공급이 되지 않아 젖산이 축적되며, 젖산은 글루코오스가 분해되어 생성된다.
⑤ 유기성(호기성) 산화과정
 ⓐ 산소가 충분히 공급되고 근육활동이 과도한 것이 아니라면 산화성 인산화작용을 통해 APT를 공급한다.
 ⓑ 산소(O_2)가 충분히 공급되면 피루브산은 물(H_2O)과 이산화탄소(CO_2)로 분해되면서 많은 양의 에너지를 방출한다.

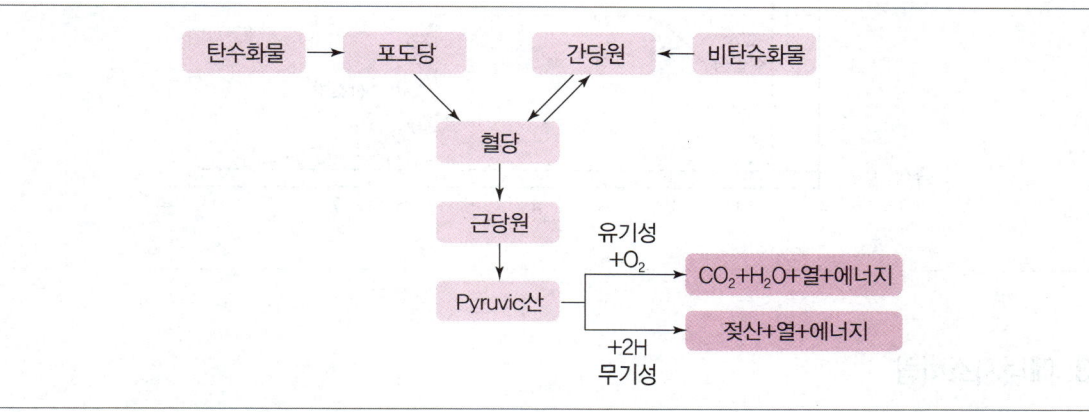

▲ 근육의 대사과정

(3) 젖산의 축적 및 근육의 피로

① 인체 활동을 시작할 때에는 이미 근육 내에 있는 당원을 사용하지만, 활동을 계속할 때에는 혈액으로부터 영양분과 산소를 공급받아야 한다.
② 산소 공급이 충분할 때에는 젖산이 축적되지 않는다.
③ 운동이 격렬하여 근육에 산소 공급이 원활하지 않은 경우에는 젖산이 생성되어 피곤함을 느낀다.
④ 만일 신체 활동의 수준이나 지속시간이 젖산을 누적시키게 되면, 종국에는 근육이 반응하지 않게 된다.

핵심 문제

01 유산소(aerobic) 대사과정으로 인한 부산물이 아닌 것은?

① 젖산　　② CO_2　　③ H_2O　　④ 에너지

정답 | ①
해설 | 무산소 대사(anaerobic)에서 충분한 산소 공급이 되지 않아 젖산이 축적된다.

(4) 산소 부채(산소 빚, oxygen debt)

① 산소 빚은 인체 활동이나 작업 종료 후에도 체내에 쌓인 젖산을 제거하기 위해 추가적으로 산소가 더 필요하게 되는 것을 말한다.
② 산소 빚을 갚기 위해 작업 종료 후에도 맥박과 호흡수가 작업 개시 이전 수준으로 즉시 돌아오지 않고 서서히 감소한다.

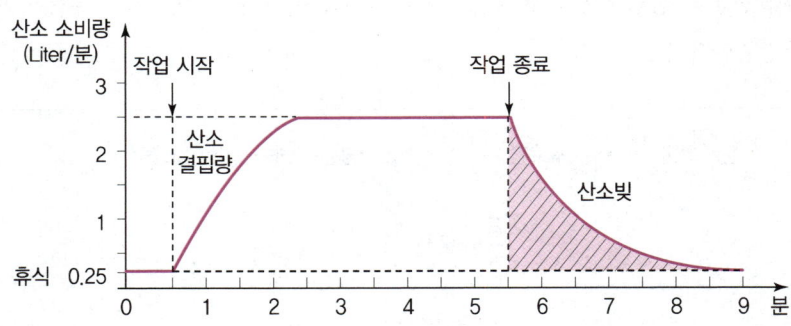

3. 에너지소비량

(1) 육체 활동에 따른 에너지소비량(kcal/분)

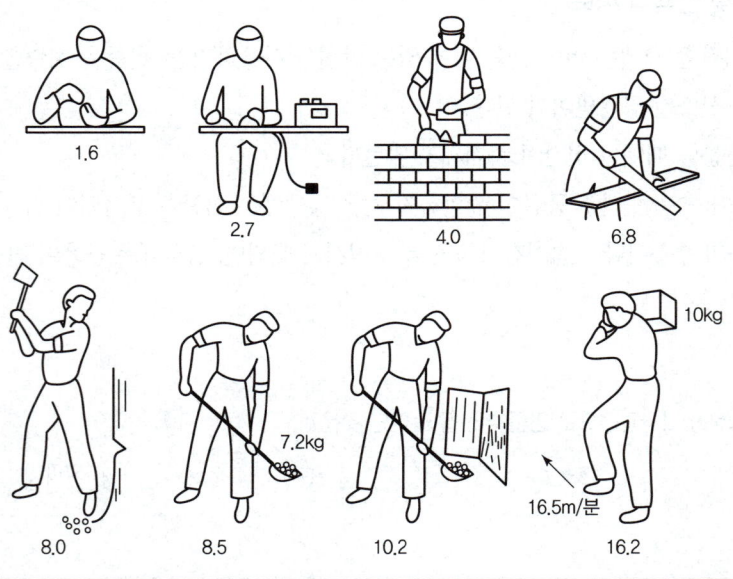

(2) 기초대사량(BMR ; Basal Metabolic Rate)

① 생명을 유지하는 데 필요로 하는 단위 시간당 에너지양이다.
② 일반적으로 신체가 크고 젊은 남성의 기초대사량이 크다.
③ 기초대사량은 개인차가 심하며 체중, 나이, 성별에 따라 달라진다.
④ 성인의 기초대사율은 대략 1.0~1.2kcal/min 정도이다.
⑤ 공복 상태로 쾌적한 온도에서 신체적 휴식을 취하는 엄격한 조건에서 측정한다(누운 자세).

(3) 에너지대사율(RMR ; Relative Metabolic Rate)

① 육체적 작업을 위하여 휴식시간을 산정할 때 사용한다.
② 작업강도 단위로서 산소소비량으로 측정한다.
③ 작업 시와 안정 시 소비에너지의 차를 기초대사량으로 나눈 값이다.

$$RMR = \frac{작업대사량}{기초대사량} = \frac{작업 \text{ 시 소비에너지} - 안정 \text{ 시 소비에너지}}{기초대사량}$$

④ 작업강도

경(輕)작업	중(中)작업	중(重)작업	초중작업
가볍다	보통이다	무겁다	아주 무겁다
0~2 RMR	2~4 RMR	4~7 RMR	7 RMR 이상

핵심 문제

01 남성근로자의 육체작업에 대한 에너지대사량을 측정한 결과 분당 작업 시 산소소비량이 1.2L/min, 안정 시 산소소비량이 0.5L/min, 기초대사량이 1.5kcal/min이었다면 이 작업에 대한 에너지대사율(RMR)은 약 얼마인가? (단, 권장 평균 에너지소비량은 5kcal/min이다.)

① 0.47　　② 0.80
③ 1.25　　④ 2.33

정답 | ④
해설 | 1L의 산소(O_2)는 5kcal의 에너지를 생성한다.
$$RMR = \frac{작업대사량}{기초대사량} = \frac{작업 \text{ 시 소비에너지} - 안정 \text{ 시 소비에너지}}{기초대사량} = \frac{(1.2 \times 5) - (0.5 \times 5)}{1.5} = 2.33$$

(4) 에너지소비량에 영향을 미치는 인자

① 작업방법
② 작업자세
③ 작업속도
④ 작업도구

(5) 육체적 작업에서 생기는 생리적 반응

① 호흡기 : 산소소비량의 증가
② 순환기 : 심박출량의 증가, 심박수의 증가, 혈압 상승, 혈류의 재분배

(6) 혈류 재분배

① 휴식 시 비활동 부위의 혈류량이 증가한다(소화기관>신장>근육>뇌>심장근육>피부>뼈).
② 힘든 작업 시 혈액은 근육으로 많이 분포된다(근육>심장근육>소화기관>뇌>신장>뼈>피부).
③ 작업 시 뇌 혈류량은 증가한다.
④ 심장은 휴식을 취할 때나 힘든 작업을 수행할 때 혈류량의 변화가 없다.

SECTION 03 작업부하 및 휴식시간

1. 작업부하의 측정

(1) 인체 활동부하 측정

① 산소소비량(Oxygen consumption)
  ㉠ 산소소비량은 에너지소비와 직접적인 관련이 있다(선형관계).
  ㉡ 산소 1리터가 몸 안에서 소비되면 약 5kcal의 에너지가 소모된다.
  ㉢ 육체 활동의 힘든 정도는 산소소비량을 측정한 뒤에 에너지가를 구하여 알 수 있다.
② 심박수(heart rate)
  ㉠ 분당 심장이 뛰는 횟수로 작업부하나 에너지요구량이 증가함에 따라 증가한다.
  ㉡ 산소소비량과 심박수 사이에는 밀접한 관련이 있다(선형관계).
  ㉢ 심박수와 산소소비량 사이의 관계는 개인에 따라 차이가 있다.
  ㉣ 최대 심박수에 영향을 미치는 요인은 연령, 성별, 건강 상태 등이다.
③ 심박출량
  ㉠ 심박출량은 1분 동안에 박출하는 혈액의 양으로 표시한다.
  ㉡ 흥분된 상태, 근육활동 증가, 덥거나 습한 환경은 심박출량을 증가시킨다.
  ㉢ 심박출량 = 분당 심박수 × 1회 박출량

> **핵심 문제**
>
> **01** 일반적인 성인 남성 작업자의 산소소비량이 2.5L/min일 때, 에너지소비량은 약 얼마인가?
>
> ① 7.5kcal/min   ② 10.0kcal/min
> ③ 12.5kcal/min   ④ 15.0kcal/min
>
> 정답 | ③
> 해설 | 산소 1L당 5kcal를 소비한다. 따라서 에너지소비량 = 2.5L/min × 5kcal/L = 12.5kcal/min이다.
>
> **02** 어떤 작업자의 평균 심박수는 90회/분이며 일박출량(stroke volume)이 70mL로 측정되었다면 이 작업자의 심박출량(cardiacoutput)은 얼마인가?
>
> ① 0.8L/min   ② 1.3L/min
> ③ 6.3L/min   ④ 378.0L/min
>
> 정답 | ③
> 해설 | 심박출량 = 분당 심박수 × 1회 박출량 = 90 × 70 = 6,300mL/min = 6.3L/min

(2) 신체의 작업능력(PWC ; Physical Work Capacity)

① 신체적 작업능력은 작업을 할 수 있는 개인의 능력이다.

② 최대산소소비량을 측정함으로써 평가할 수 있다.

③ NIOSH에서는 작업자들이 단기 최대 육체적 작업능력의 33%보다 높은 조건에서 8시간 이상 계속 작업하지 않아야 한다고 권장하고 있다.

2. 휴식시간의 산정

(1) 휴식시간 계산

① 산소 1리터가 몸 안에서 소비되면 약 5kcal의 에너지가 소모된다.

② Murrell은 에너지소비량을 근거로 하여 임의의 작업 활동에서 필요한 휴식시간을 구하였다.

③ T는 총 작업시간(분), R은 필요한 휴식시간, E는 해당 작업 중 평균 에너지소비량(kcal/min), S는 권장 평균 에너지소비량(남성 : 5kcal/min, 여성 : 3.5kcal/min)이고, 앉아서 휴식을 하고 있을 동안의 에너지 소비율은 1.5kcal/min이다.

$$\text{휴식시간(분)} \ R = \frac{T(E-S)}{E-1.5}$$

핵심 문제

01 남성 작업자의 육체작업에 대한 대사량을 측정한 결과, 분당 산소소모량이 1.5L/min으로 나왔다. 작업자의 4시간에 대한 휴식시간은 약 몇 분 정도인가? (단, Murrell의 공식을 이용한다.)

① 75분 ② 100분
③ 125분 ④ 150분

정답 | ②
해설 |
- 총 작업시간(분) $T = 4 \times 60 = 240$분
- 작업 중 에너지소비량 = 1.5L/min × 5kcal/L = 7.5kcal/min
- 권장 평균 에너지소비량 S = 남성 : 5kcal/min, 여성 : 3.5kcal/min
- 휴식시간 중의 에너지소비량 = 1.5kcal/min
- 휴식시간(분) $R = \dfrac{T(E-S)}{E-1.5} = \dfrac{(4 \times 60) \times (7.5-5)}{7.5-1.5} = 100$분

(2) 위치(positioning)동작

① 반응시간은 이동거리와 관계없이 일정하다.
② 위치동작의 시간과 정확도는 그 방향에 따라 달라진다.
③ 오른손의 위치동작은 우상 – 좌하(↙)방향의 시간이 짧고 정확도가 높다.
④ 주로 팔꿈치의 선회로만 팔 동작을 할 때가 어깨를 많이 움직일 때보다 정확하고 빠르다.

(3) 맹목(blind) 위치동작

① 눈으로 다른 것을 보면서 위치동작을 하는 경우를 말한다.
② 시각적 피드백에 의해 제어되지 않는다.
③ 표적의 높이에 있어서는 하단에 있는 경우가 상단에 있는 경우보다 더 정확하다.
④ 일반적으로 측면보다 정면의 방향이 정확하다.
⑤ 눈으로 보지 않고 손을 수평면상에서 움직이는 경우에 짧은 거리는 지나치고 긴 거리는 못 미치는 경향이 있다. 이를 사정효과(range effect)라 한다.

(4) 진전(잔잔한 떨림, tremor)을 감소시키는 방법

① 시각적인 기준(reference)을 정한다.
② 몸과 작업에 관계되는 부위를 잘 받친다.
③ 손이 심장 높이에 있을 때가 손 떨림이 적다.
④ 작업 대상물에 기계적인 마찰이 있을 때 감소한다.

생체역학

SECTION 01 인체동작의 유형과 범위

1. 인체의 구조와 관련된 용어

(1) 해부학적 자세

전방을 향해 똑바로 서서 양쪽 손바닥을 펴고 발가락과 함께 전방을 향한 자세이다.

(2) 인체의 면을 나타내는 용어

① 시상면(sagittal plane) : 해부학적 자세를 기준으로 신체를 좌우로 나누는 면(Plane)이다. 팔꿈치 관절의 굴곡과 신전 동작이 일어나는 면이다. 정중면(median plane)은 인체를 좌우대칭으로 나누는 면이다.
② 관상면(frontal 또는 coronal plane) : 몸을 전·후로 나누는 면(plane)이다.
③ 횡단면, 수평면(transverse 또는 horizontal plane) : 인체를 상하로 나누는 면이다.

2. 인체동작의 유형

(1) 굴곡(굽힘, flexion)

① 관절의 각도가 감소하는 동작(부위 간 각도가 감소)이다.
② 팔꿈치를 굽히는 동작, 허리를 굽혀 몸의 앞쪽으로 숙이는 동작이다.

(2) 신전(폄, extension)

① 굴곡(Flexion)에 반대되는 인체 동작이다.
② 관절에서의 각도가 증가하는 동작(부위 간 각도가 증가)이다.

(3) 외전(벌림, abduction)

① 신체 부위가 몸의 중심선으로부터 바깥쪽으로 움직이는 동작(몸의 중심선에서 멀어지는 이동 동작)이다.
② 관상 면을 따라 팔이나 다리를 옆으로 들어 올리는 동작이다.

(4) 내전(모음, adduction)

① 정중면 가까이로 끌어 들이는 동작(몸의 중심선으로 향하는 이동 동작)이다.
② 팔을 수평으로 편 위치에서 수직 위치로 내리는 동작이다.

(5) 내번(inversion)

발바닥이 안쪽으로 들리게 되는 것이다.

(6) 외번(eversion)

발바닥이 바깥쪽으로 들리게 되는 것이다.

(7) 내선(medial rotation)

몸의 중심선을 향하여 안쪽으로 회전하는 동작이다.

(8) 외선(lateral rotation)

몸의 중심선으로부터의 회전이다.

(9) 회내(하향, pronation)

① 손과 전완의 회전 시 손바닥이 아래로 향하도록 하는 회전이다.
② 오른손과 전완(forearm)을 이용하여 드라이버를 반시계 방향으로 회전시켜 나사를 풀 때의 동작 유형이다.

(10) 회외(상향, supination)

손바닥을 위로 향하도록 하는 회전이다.

(11) 회선(circumduction)

① 인체 분절(segment)의 운동 궤적이 원뿔을 형성하는 관절동작이다.
② 팔을 어깨에서 원형으로 돌리는 동작이다.

SECTION 02 힘과 모멘트

1. 힘

(1) 용어 정리

① 힘의 3요소는 크기, 방향, 작용점이다.
② 벡터(vector)는 크기와 방향을 갖는 양이다.

③ 스칼라(scalar)는 질량, 일, 에너지 등과 같이 크기만 있고 방향은 없다.
④ 1N이란 1kg의 질량에 1m/s²의 가속도가 생기게 하는 힘이다.

(2) 뉴턴의 운동법칙

① 제1법칙(관성의 법칙) : 힘이 가해져 물체의 상태가 변하지 않는 한, 모든 물체는 정지해 있거나 등속 직선운동을 하는 상태를 유지한다. 즉, 운동하는 물체에 힘이 가해지지 않으면 그 물체는 운동상태를 바꾸지 않고 등속 직선운동을 계속하려는 것이다.
② 제2법칙[가속도의 법칙($F=ma$)] : 힘(F)은 질량(m)과 가속도(a)에 비례한다.
③ 제3법칙(작용 – 반작용의 법칙) : 모든 작용에 대해 크기는 같고 방향은 반대인 반작용이 존재한다.

2. 모멘트

(1) 모멘트

① <u>모멘트(moment)란 변형시킬 수 있거나 회전시킬 수 있는 물체에 가해지는 힘이다.</u>
② 모멘트는 거리에 비례하여 발생한다.
③ 하중으로부터 가까운 곳보다 멀리 떨어진 곳에서의 모멘트가 더 크다.
④ <u>모멘트의 단위는 N · m이다.</u>
⑤ 모멘트의 방향은 시계 방향이나 반시계 방향으로 표시된다.
⑥ 팔꿈치에 작용하는 모멘트는 $M = F \cdot d = F \cdot r \cdot \cos\theta$ 이다.

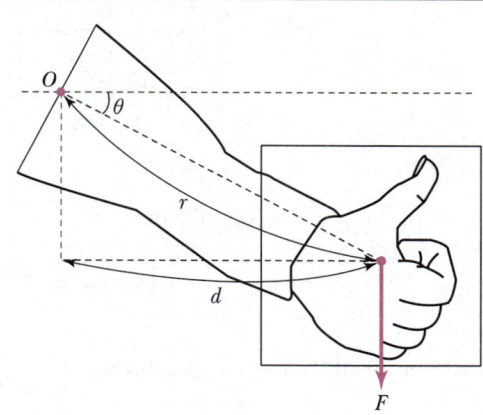

(2) 자유물체도(FBD ; Free Body Diagram)

① <u>모든 해석 대상물체에 대하여 작용하는 힘과 물체의 일부를 분리된 선도로 나타낸 그림이다.</u>
② <u>해당 대상물체를 이상화시켜 물체에 작용하고 있는 기지의 힘과 미지의 힘 모두를 상세히 기술하는 최상의 방법이다.</u>

③ 구조물이 외적 하중을 받을 때 그 지점의 내적 하중을 결정하는 기법이다.
④ 시스템의 개별 구성요소에 작용하는 힘과 모멘트를 파악하기 위하여 그리는 것이다.

3. 힘과 모멘트의 평형

(1) 정적 평형상태

① 물체나 신체가 움직이지 않는 상태이다.
② 작용하는 모든 힘의 총합이 0인 상태이다($\sum Fx = 0$, $\sum Fy = 0$, $\sum Fz = 0$).
③ 작용하는 모든 모멘트의 총합이 0인 상태이다($\sum Mx = 0$, $\sum My = 0$, $\sum Mz = 0$).

핵심 문제

01 그림과 같이 작업자가 한 손을 사용하여 무게(WL)가 98N인 작업물을 수평선을 기준으로 30° 팔꿈치 각도로 들고 있다. 물체를 쥔 손에서 팔꿈치까지의 거리는 0.35m이고, 손과 아래팔의 무게(WA)는 16N이며, 손과 아래팔의 무게중심은 팔꿈치로부터 0.17m에 위치해 있다. 팔꿈치에 작용하는 모멘트는 얼마인가?

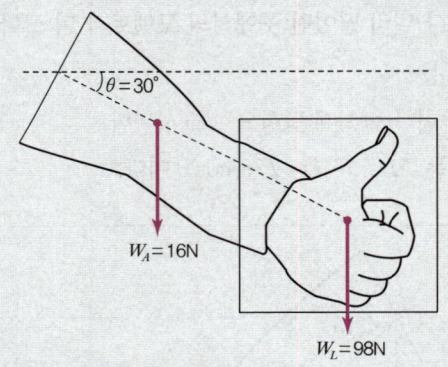

① 32Nm
② 37Nm
③ 42Nm
④ 47Nm

정답 | ①
해설 | • $M = F \times r \times \cos\theta$ 이므로
 • $M_E = (98 \times 0.35 \times \cos 30°) + (16 \times 0.17 \times \cos 30°) = 32.06 \text{Nm}$

(2) 신체 무게중심

① 힘의 평형 : $W_1 + W_2 = W$

② O에서의 모멘트 평형 : $a \times W_1 = W \times d$

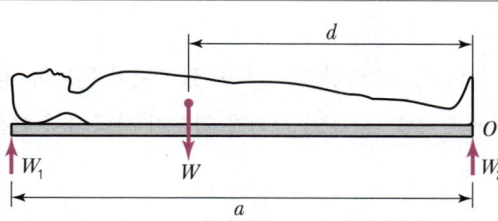

> **핵심 문제**

01 그림과 같이 신장이 180cm인 사람이 두 개의 저울을 머리끝과 다리 끝에 받치고 누워 있다. 머리쪽의 눈금이 50kg, 다리 쪽의 눈금이 40kg일 때 이 사람의 머리와 무게중심 간의 거리(A)는 얼마인가?

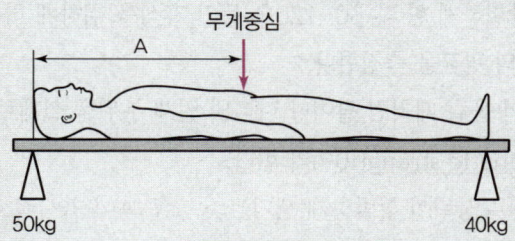

① 70cm
③ 80cm
② 75cm
④ 85cm

정답 | ③
해설 | • 힘의 평형조건에 의하여 무게중심에서 아래로 작용하는 힘은 $F = 50 + 40 = 90 \text{kg}$이다.
• 모멘트의 평형조건에 의하여 다리 끝 쪽의 힘에 의하여 작용하는 모멘트와 무게중심에서 작용하는 모멘트는 같아야 한다. 따라서 $180 \times 40 = A \times 90 \rightarrow A = 80 \text{cm}$

SECTION 03 근력과 지구력

1. 근력

(1) 근육수축의 유형

① 등장성 수축(isotonic contraction) : 수축할 때 근육이 짧아지며 동등한 내적 근력을 발휘한다.
② 등척성 수축(isometric contraction) : 근육의 길이가 일정한 상태에서 힘을 발휘한다.

(2) 근력의 정의

근력이란 한 번의 수의적인 노력에 의하여 근육이 등척적으로 낼 수 있는 힘의 최댓값이다.

(3) 근력의 구분

① 정적근력(static strength)을 등척력(isometric strength)이라 한다.
　㉠ 물체를 들고 있을 때처럼 신체를 움직이지 않으면서 자발적으로 가할 수 있는 힘의 최댓값이다.
　㉡ 4~6초 동안 힘을 발휘하게 한 후 30~120초 동안 휴식을 취하게 하는 과정을 반복하여 처음 3초 동안 발휘된 근력들의 평균을 측정한다.
② 동적근력은 물건을 들어 올릴 때처럼 팔이나 다리의 인체 부위를 실제로 움직이는 상태에서 낼 수 있는 힘으로 등속력(isokinetic strength)이라 한다.
　㉠ 동심성(구심성) 수축은 장력이 활발하게 생기는 동안 근육이 가시적으로 단축되는 수축이다.
　㉡ 편심성(원심성) 수축은 근육이 길어지면서 장력을 발휘하는 수축으로서, 동심성 및 편심성 수축을 등장성 수축(isotonic contraction)이라고 한다.
　㉢ 등속성 수축은 관절의 운동범위를 통해 일정한 속도로 최대 수축을 할 수 있는 것으로서, 저항은 매 순간의 근육의 힘에 맞추어 변동한다.
③ 동적(dynamic)근력은 가속과 관절 각도의 변화가 힘의 발휘와 측정에 영향을 주기 때문에 측정이 어렵다.
④ 근력의 측정은 자세, 관절 각도, 동기 등의 인자가 영향을 미치므로 반복 측정이 필요하다.
⑤ 정적근력 측정치로부터 동적근력을 측정할 수는 없다.

(4) 근력에 영향을 미치는 개인적 인자

① 근력에 영향을 미치는 대표적 개인적 인자로는 성(姓)과 연령이며, 작업 조건뿐만 아니라 검사자의 지시내용, 측정방법 등에 의해서도 달라진다.
② 여성의 평균 근력은 남성의 평균 근력의 약 65% 정도이다.
③ 성별에 관계없이 25~35세에서 근력이 최고에 도달한다.
④ 40세가 지나면 서서히 근력이 감소하기 시작한다.

⑤ 운동을 통해서 약 30~40%의 근력 증가 효과를 얻을 수 있다.
⑥ 미는 힘은 180°, 당기는 힘은 150°에서 최대가 된다.

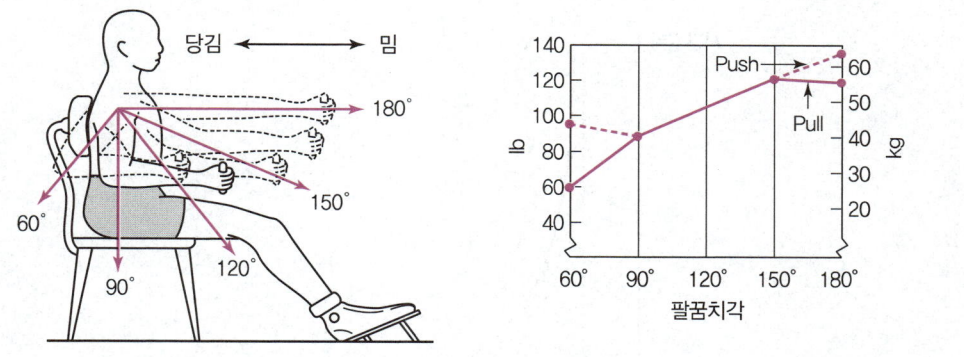

(5) 최대 염력(捻力)

① 각 관절에 작용하는 굴절 혹은 신전이 수의적으로 낼 수 있는 근력에는 한계가 있다.
② 위팔과 아래팔 간의 관절 각도가 100°일 때 최대 염력(torque)을 발휘하여 작업자 부하를 최소화할 수 있다.

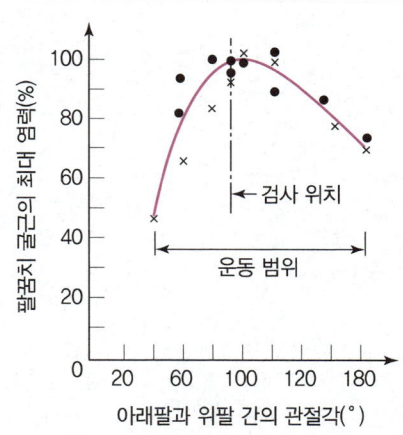

2. 지구력(endurance)

① 사람이 근육을 사용하여 특정한 힘을 유지할 수 있는 시간으로 나타낸다.
② 근육이 정적인 상태로 수축을 지속할 수 있는 최대시간은 근육이 발휘하는 힘에 따라 달라진다.
③ 근육이 발휘하는 힘은 근육의 최대 자율 수축(MVC ; Maximum Voluntary Contraction)에 대한 백분율로 나타낸다.
④ 일반적으로 최대 근력이 50% 정도의 힘으로 유지할 수 있는 시간은 1분 정도이다.

⑤ 근육이 발휘할 수 있는 최대 근력의 15% 정도의 힘으로는 상당히 오래 유지할 수 있다.
⑥ 최대 자율 수축(MVC)의 10% 미만에서는 정적근육 수축이 무한하게 유지될 수 있다.

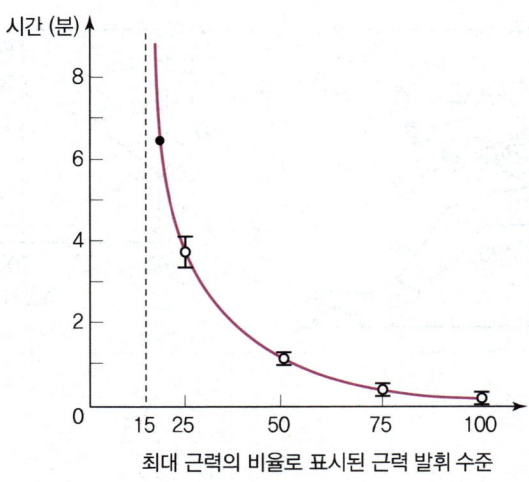

생체반응 측정

SECTION 01 측정의 원리

1. 인체 활동의 측정원리

(1) 압박(stress)과 긴장(strain)

① 압박(stress) : 스트레스란 개인에게 부과되는 바람직하지 않은 상태, 상황, 과업 등을 말한다.
② 긴장(strain) : 스트레스로 인해 우리 몸에 나타나는 현상을 말한다.
③ 같은 수준의 스트레스라도 스트레인의 양상과 수준은 개인차가 있다.

(2) 긴장 또는 스트레인(strain) 주요 척도

생리적 긴장			심리적 긴장	
화학적	전기적	신체적	활동	태도
혈액 성분	뇌전도(EEG)	혈압	작업속도	권태
뇨 성분	심전도(ECG)	심박수	실수	기타 태도요소
산소소비량	근전도(EMG)	부정맥	눈 깜박수	
산소 결손	안전도(EOG)	박동량		
산소 회복 곡선	전기피부반응(GSR)	박동 결손		
열량		인체 온도		
		호흡수		

SECTION 02 생리적 부담척도

1. 심장활동의 측정

(1) 심장활동

① 수축기(systole) : 심실이 수축하는 기간으로 약 0.3초 지속된다.
② 확장기(diastole) : 심실이 이완하는 기간으로 약 0.5초 지속된다.
③ 심장주기(cardiac cycle) : 심박수(HR)는 심실이 수축 및 이완하는 일련의 사건으로 1분에는 약 70주기가 반복된다.

(2) 심장활동의 측정

① 심장근 수축에 따르는 전기적 변화를 피부에 부착한 전극들로 검출, 증폭, 기록한 것을 심전도(ECG 또는 EKG)라 하며 파형 내의 여러 파들은 P, Q, R, S, T파 등으로 불린다.
  - ㉠ P파 : 심방 탈분극이며, 심방수축 직전에 발생함
  - ㉡ QRS파 : 심실 탈분극
  - ㉢ T파 : 심실 재분극

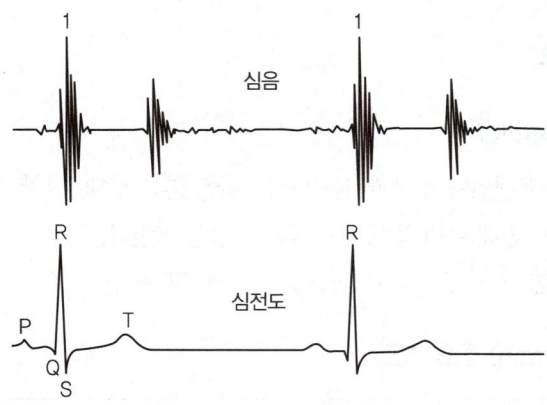

② 맥박수는 열 및 감정적 압박의 영향을 잘 나타내나 체질, 건강상태, 성별 등 개인적인 요소에도 좌우되므로 여러 종류의 작업부하를 나타내는 절대지표로는 산소소비량보다 덜 적합하다.

2. 산소소비량의 측정

(1) 산소소비량 측정

① 산소소비량을 측정하기 위해서는 더글라스 백(douglas bag)을 이용하여 우선 배기를 수집한다.
② 흡기 시 공기 중의 산소(O_2)는 21%, 질소(N_2)는 79%이다.
③ 호흡을 거쳐 나온 배기량에는 산소가 소비되고 이산화탄소(CO_2)가 포함된다.
④ 공기 중의 질소는 호흡에 의해 체내에서 대사하지 않고, 또 배기는 흡기보다 적으므로 배기 중의 질소 비율은 커진다. 따라서 흡기량×79%=배기량×(100 - O_2% - CO_2%)이다.

- 흡기량 = $\dfrac{(100 - O_2\% - CO_2\%)}{79}$ ×배기량
- O_2소비량 = (흡기량×21%) − (배기량× O_2%)

⑤ 작업의 에너지가는 흔히 분당 혹은 시간당 산소소비량으로 측정한다.

$$1L\ O_2 \text{소비} = 5\text{kcal}$$

핵심 문제

01 작업자 A의 작업 중 평균 흡기량은 50L/min, 배기량은 40L/min이며 배기량 중 산소의 함량이 17%일 때 산소소비량은 얼마인가? (단, 공기 중 산소 함량은 21%이다.)

① 2.7L/min ② 3.7L/min ③ 4.7L/min ④ 5.7L/min

정답 | ②
해설 | O_2소비량 = (흡기량 × 21%) - (배기량 × O_2%) = (50 × 0.21) - (40 × 0.17) = 3.7L/min

02 어떤 작업에 대해서 10분간 산소소비량을 측정한 결과 100L 배기량에 산소가 15%, 이산화탄소가 6%로 분석되었다. 에너지소비량은 몇 kcal/min 인가? (단, 산소 1L가 몸에서 소비되면 5kcal의 에너지가 소비되며, 공기 중에서 산소는 21%, 질소는 79%를 차지하는 것으로 가정한다.)

① 2 ② 3 ③ 4 ④ 6

정답 | ②
해설 |
- 분당배기량 = 100L/10분 = 10L/min
- 흡기량 × 79% = 배기량 × (100 - O_2% - CO_2%) → 흡기량 × 79 = 10 × (100-15-6) → 흡기량 = 10L/min
- 산소소비량 = 흡기량 × 21% - 배기량 × O_2% = (10 × 0.21) - (10 × 0.15) = 0.6L/min
- 에너지소비량 = 0.6L/min × 5kcal/L = 3kcal/min

(2) 최대산소소비능력(MAP ; Maximum Aerobic Power)

① 신체 활동이 증가하면 산소소비량도 증가하지만 일정한 수준에 이르면 신체 활동 수준이 증가해도 산소소비량은 더 이상 증가하지 않는다. 이렇게 산소섭취량이 일정하게 되는 수준을 말한다.
② MAP 수준에서는 주로 무기성(혐기성) 에너지대사가 일어나며, 젖산이 축적된다.
③ MAP는 개인의 운동역량을 평가하는 데 활용된다.
④ MAP를 측정하기 위해서 주로 트레드밀(treadmill)이나 자전거 에르고미터(ergometer)를 활용한다.
⑤ 젊은 여성의 MAP는 젊은 남성의 MAP의 65~75% 정도이다.
⑥ 최대산소소비량의 직접측정
  ㉠ 낮은 단계의 부하에서 시작하여 최대 한계 부하까지(피실험자가 완전히 지칠 때까지) 부하를 증가시킨다.
  ㉡ 피실험자에게 극도의 피로를 유발하며 상해의 위험이 있다.
⑦ 최대산소소비량의 간접측정
  ㉠ 직접측정에 비해 위험은 적으나 정확성이 떨어진다.
  ㉡ 심박수와 산소소비량은 선형관계에 있다고 가정한다.

3. 근육활동의 측정

(1) 근전도(EMG ; electromyogram)

① 근전도(EMG ; electromyogram)는 근육이 움직일 때 나오는 미세한 전기신호를 측정하여 근육의 활동 정도를 나타낸다.
② 근전도는 육체적인 작업을 할 경우 신체의 국부적인(특정 부위) 근육활동의 전위차를 측정하며, 육체적 활동의 정적 부하에 대한 스트레인(strain)을 측정하는 데 가장 적합하다.
③ 근육이 피로해질수록 저주파 영역이 증가하고 진폭도 커진다.
④ 전신의 생리적 부담을 측정하는 척도로는 산소소비량과 심장박동수가 더 좋은 방법이다.

핵심 문제

01 다음 중 근육의 생리적 스트레인 측정 시 대상 근육에 표면 전극을 부착하여 근수축 시 발생하는 전기적 활성도를 기록하는 방법은?

① EEG(electroencephalogram) ② ECG(electrocardiogram)
③ EOG(electrooculogram) ④ EMG(electromyogram)

정답 | ④
해설 | 근전도(EMG ; electromyogram)는 근육이 움직일 때 나오는 미세한 전기신호를 측정하여 근육의 활동 정도를 나타낸다.

SECTION 03 심리적 부담척도

1. 정신활동 측정

(1) 정신적 작업부하 척도의 기준

① 감도(sensitivity) : 측정하고자 하는 작업부하의 수준이 쉽게 구별될 수 있어야 한다.
② 신뢰성(reliability) : 시간의 경과에 상관없이 재현성이 있어야 한다.
③ 수용성(acceptability) : 측정 대상자가 수용할 수 있을 만한 것이어야 한다.
④ 간섭성(interference) : 정신부하를 측정할 때 이로 인해 작업이 방해를 받아서는 안 된다.
⑤ 선택성(selectivity) : 정신부하가 아닌 것에 영향을 받지 않아야 한다.

(2) 부정맥

① 부정맥(sinus arrhythmia)이란 심장 활동의 불규칙성의 척도로 일반적으로 정신부하가 증가하면 부정맥점수가 감소한다.
② 맥박 간격의 표준편차나 변동계수(표준편차/평균치) 등으로 표현된다.

(3) 점멸융합주파수(플리커 시험, CFF, VFF)

① 정신활동의 척도로 점멸융합주파수(CFF ; Critical Flicker Fusion Frequency, VFF ; Visual Fusion Frequency)를 이용한다.
② 점멸융합수파수는 중추신경계의 피로, 즉 정신피로의 척도로 사용된다.
③ 시각연구에 오랫동안 사용되어 왔으며 망막의 함수로 정신피로의 척도에 사용된다.
④ 빛을 일정한 속도로 점멸시키면 깜박거려 보이나 점멸의 속도를 빨리하면 깜박임이 없고 융합되어 하나의 연속된 광으로 보일 때의 주파수이다.
⑤ 마음이 긴장되었을 때나 머리가 맑을 때의 점멸융합주파수는 높아지며, 피곤함에 따라 빈도가 내려간다.
⑥ 쉬고 있을 때 점멸융합주파수는 대략 80Hz이다.
⑦ VFF에 영향을 주는 변수
  ㉠ 암조응시는 VFF가 감소한다.
  ㉡ 조명 강도의 대수치에 선형적으로 비례한다.
  ㉢ 휘도만 같으면 색은 VFF에 영향을 주지 않는다.
  ㉣ 사람들 간에는 큰 차이가 있으나, 개인의 경우 일관성이 있다.
  ㉤ 연습의 효과는 아주 적다.
  ㉥ 시표와 주변의 휘도가 같을 때 VFF는 최대가 된다.

(4) 운동자각도(Borg's RPE Scale)

① 육체적 작업부하의 주관적 평가방법이다.
② 척도의 양끝은 최소 심장박동률과 최대 심장박동률을 나타낸다.
③ 심박수와 높은 상관관계를 맺는 척도이다.
④ 작업자들이 주관적으로 지각한 신체적 노력의 정도를 6~20 사이의 척도로 평정한다.
⑤ 생리적 측정을 주관적 평점 등급으로 대체하기 위하여 개발된 평가척도이다.
⑥ 정신적 부담 작업과 육체적 부담 작업 양쪽 모두에 사용할 수 있는 생리적 부하 측정 방법이다.

(5) NASA-TLX

① 미항공우주국(NASA)이 개발한 작업부하를 측정하기 위한 주관적 척도이다.
② 6가지 척도(정신적 요구, 육체적 요구, 시간적 요구, 수행도, 노력, 좌절수준)에 대해 0에서 100점 사이의 점수를 임의로 할당한다.

(6) 전기피부반응(GSR ; Galvanic Skin Response)

피부의 전기저항값이 자극에 의해서 감소하는 현상이다.

(7) 뇌전도(EEG ; electroencephalogram)

대뇌피질의 활성 정도를 측정하는 방법이다.

(8) 눈꺼풀의 깜박임율(blink rate), 동공지름

[육체적 및 정신적 작업부하측정]

육체적 작업부하측정	근전도, 심전도, 혈압, 산소소비량, 에너지소비량
정신적 작업부하측정	반응시간, 뇌전도, 안구운동, 연속색명 호칭법, 부정맥지수, 점멸융합주파수(플리커), 눈꺼풀 깜빡임
양쪽 모두에 사용	RPE(rating of perceived exertion)

핵심 문제

01 다음 중 중추신경계의 피로, 즉 정신피로의 측정척도로 사용할 때 가장 적합한 것은?

① 혈압(blood pressure)
② 근전도(electromyogram)
③ 산소소비량(oxygen consumption)
④ 점멸융합주파수(flicker fusion frequency)

정답 | ④
해설 | 점멸융합주파수는 중추신경계의 피로, 즉 정신피로의 척도로 사용된다.

02 정신피로의 척도로 사용되는 시각적 점멸융합주파수(VFF)에 영향을 주는 변수에 관한 내용으로 옳지 않은 것은?

① 암조응시는 VFF가 증가한다.
② 휘도만 같으면 색은 VFF에 영향을 주지 않는다.
③ 조명 강도의 대수치(불꽃돌)에 선형적으로 비례한다.
④ 사람들 간에는 큰 차이가 있으나, 개인의 경우 일관성이 있다.

정답 | ①
해설 | 암조응시는 VFF가 감소한다.

작업환경 평가 및 관리

SECTION 01 조명

1. 빛과 조명

(1) 적정 조명 수준

① 수술실과 같이 대비가 아주 낮고, 크기가 작은 아주 특수한 시각적 작업의 실행은 10,000lux 이상이어야 한다.

② 산업안전보건법상의 조명 수준

작업의 종류	초정밀작업	정밀작업	보통작업	기타작업
작업면 조명도	750lux 이상	300lux 이상	150lux 이상	75lux 이상

③ 노화로 인한 시각능력의 감소 시 조명수준을 결정할 때 고려해야 할 사항
   ㉠ 직무의 대비(對比)뿐만 아니라 휘광(glare)의 통제도 아주 중요하다.
   ㉡ 느려진 동공 반응은 과도(過渡, transient) 적응 효과의 크기와 기간을 증가시킨다.
   ㉢ 색 감지를 위해서는 색을 잘 표현하는 전대역(full - spectrum) 광원(光源)이 추천된다.
   ㉣ 과도 적응 문제와 눈의 불편을 줄이기 위해서는 보다 낮은 광도비(光度比)가 필요하다.

(2) 휘광(glare)의 처리

① 광원으로부터의 직사휘광 처리 방법
   ㉠ 광원의 휘도를 줄이고 수를 늘린다.
   ㉡ 광원을 시선에서 멀리 위치시킨다.
   ㉢ 휘광원 주위를 밝게 하여 광도비를 줄인다.
   ㉣ 가리개(shield) 혹은 차양(visor)을 사용한다.

② 창문으로부터의 직사휘광 처리 방법
   ㉠ 창문을 높이 설치한다.
   ㉡ 창의 바깥쪽에 드리우개(overhang)를 설치한다.
   ㉢ 창문 안쪽에 수직날개(fin)를 달아 직사광선을 제한한다.
   ㉣ 차양(shade) 혹은 발(blind)을 사용한다.

③ 반사휘광(눈부심)의 처리 방법
  ㉠ 발광체의 휘도 수준을 낮게 유지한다.
  ㉡ 간접조명 수준을 높인다.
  ㉢ 조절판, 차양 등을 사용한다.
  ㉣ 반사광이 눈에 비치지 않게 광원을 위치시킨다.
  ㉤ 무광택 도료 등을 사용한다.

(3) 반사율

① 추천반사율(IES 기준)

천장	벽, blind	가구, 사무용기기, 책상	바닥
80~90%	40~60%	25~45%	20~40%

② '천장 > 벽 > 가구 > 바닥'의 순으로 추천반사율이 높다.

(4) 조명방법

① 직접조명 : 조명기구가 간단하고, 효율이 좋으며, 설치비용이 저렴하지만 균일한 조도를 얻기 힘들고 강한 음영 때문에 근로자의 눈 피로도가 크다.
② 간접조명 : 조도가 균일하고, 눈부심이 적지만 기구 효율이 나쁘며 설치비용이 많이 든다.
③ 전반조명 : 작업면에 균등한 조도를 얻기 위한 조명방식으로 공장 등에서 많이 사용된다.
④ 국소조명 : 작업면상의 필요한 장소에만 높은 조도를 취하는 방법이다.

핵심 문제

01 다음 중 작업장 실내에서 일반적으로 추천반사율이 가장 높은 곳은? (단, IES기준이다.)

① 천장　　　　　　　　　② 바닥
③ 벽　　　　　　　　　　④ 책상면

정답 | ①
해설 | '천장 > 벽 > 가구 > 바닥' 순으로 추천반사율이 높다.

02 다음 중 조도가 균일하고, 눈부심이 적지만 기구 효율이 나쁘며 설치비용이 많이 드는 조명방식은?

① 직접조명　　　　　　　② 국소조명
③ 반직접조명　　　　　　④ 간접조명

정답 | ④
해설 | 간접조명은 조도가 균일하고, 눈부심이 적지만 기구 효율이 나쁘며 설치비용이 많이 든다.

SECTION 02 소음

1. 소음 수준

(1) 소음작업
소음작업이란 1일 8시간 작업을 기준으로 85dB 이상의 소음이 발생하는 작업이다.

(2) 소음계
① 일반적으로 소음계는 주파수에 따른 사람의 느낌을 감안하여 A, B, C 세 가지 특성에서 음압을 측정할 수 있도록 보정되어 있다.
② A 특성치란 40phon의 등음량 곡선과 비슷하게 보정하여 측정한 음압 수준을 말하며, B 특성치는 70phon, C 특성치는 100phon이다.
③ 작업환경 측정법이나 소음 규제법에서 사용되는 음의 강도의 척도는 dB(A)이다.

핵심 문제

01 산업안전보건법령상 소음작업이란 1일 8시간 작업을 기준으로 얼마 이상의 소음(dB)이 발생하는 작업을 말하는가?

① 80 ② 85
③ 90 ④ 100

정답 | ②
해설 | 소음작업이란 1일 8시간 작업을 기준으로 85dB 이상의 소음이 발생하는 작업이다.

---

2. 소음 노출기준

(1) 노출기준

① 강렬한 소음작업

90dB 이상	8시간 이상/일
95dB 이상	4시간 이상/일
100dB 이상	2시간 이상/일
105dB 이상	1시간 이상/일
110dB 이상	30분/일
115dB 이상	15분/일

② 충격 소음작업

120dB 초과	1만회 이상/일
130dB 초과	1천회 이상/일
140dB 초과	1백회 이상/일

③ 소음노출지수
  ㉠ 음압 수준이 다른 여러 종류의 소음에 여러 시간 동안 복합적으로 노출된 경우에는 누적 소음노출지수(Exposurd Index)를 이용한다.

$$\text{소음노출지수 } D(\%) = \left(\frac{C_1}{T_1} + \frac{C_2}{T_2} + \cdots + \frac{C_n}{T_n}\right) \times 100$$

  여기서, C_i : 특정 소음 내에 노출된 총 시간
  T_i : 특정 소음 내에서의 허용노출기준

  ㉡ 소음노출지수가 100%를 넘으면 허용노출시간을 초과하는 작업장으로 평가된다.

④ 시간가중 평균지수(TWA ; Time-Weighted Average) : 누적 소음노출지수를 8시간 동안의 평균 소음 수준 dB(A) 값으로 변환한 것이다.

$$TWA[\text{dB}(A)] = 16.61 \log\left(\frac{D}{100}\right) + 90$$

⑤ 초저주파 소음은 가청영역 밑의 주파수를 갖는 소음으로, 전형적으로 20Hz 이하이다.
⑥ 사업장에서 발생하는 소음의 노출기준을 정할 때는 소음의 크기(dB), 소음의 높낮이(Hz), 소음의 지속시간, 소음작업의 근무년수, 개인의 감수성 등을 고려하여야 한다.

핵심 문제

01 작업장의 소음 노출정도를 측정한 결과가 다음과 같다면 이 작업장 근로자의 소음노출지수는 얼마인가?

소음 수준[dB(A)]	노출시간[h]	허용시간[h]
80	3	64
90	4	8
100	1	2

① 1.00 ② 1.05 ③ 1.10 ④ 1.15

정답 | ②
해설 | 소음노출지수 $D = \left(\frac{3}{64} + \frac{4}{8} + \frac{1}{2}\right) = 1.05$

02 어떤 작업자에 대해서 미국 직업안전위생관리국(OSHA)에서 정한 허용소음노출의 소음 수준이 130%로 계산되었다면 이때 8시간 시간가중평균(TWA)값은 약 얼마인가?

① 89.3dB(A) ② 90.7dB(A)
③ 91.9dB(A) ④ 92.5dB(A)

정답 | ③
해설 | • $D = 130\%$
• $TWA[dB(A)] = 16.61 \log\left(\dfrac{D}{100}\right) + 90 = 16.61 \times \log\left(\dfrac{130}{100}\right) + 90 = 91.9 dB(A)$

(2) 소음의 영향

① 정상청력장애
  ㉠ 진동수가 높아짐에 따라 청력손실은 심해진다.
  ㉡ 나이를 먹거나 현대 문명의 정상적인 압박이나 비직업적 소음으로부터의 영향은 4,000Hz에서 가장 크다.
② 연속 소음 노출로 인한 청력손실
  ㉠ 진동수별 청력손실은 개인차가 있으나, 4,000Hz에서 가장 심하다.
  ㉡ 영구 청력손실은 회복할 수 없는 청력손실로서 영구성 난청 또는 소음성 난청이라고 한다. 초기에는 3,000~6,000Hz 사이에서 발생하며, 4,000Hz 부근의 음에 대한 청력저하가 가장 심하게 생기게 되는데 이를 C5-dip 현상이라고 한다.
  ㉢ 강한 소음에 대해서는 노출 기간에 따라 청력손실이 증가하지만, 약한 소음의 경우에는 관계가 없다.
③ 회화방해, 작업방해, 수면방해, 위액 분비 및 위 운동의 억제, 소화기능 불량, 혈압 상승, 맥박수 증가, 발한, 말초 혈관의 수축 등이 발생한다.

핵심 문제

01 소음에 의한 청력손실이 가장 심하게 발생할 수 있는 주파수는?

① 1000Hz ② 4000Hz
③ 10000Hz ④ 20000Hz

정답 | ②
해설 | 진동수별 청력손실은 개인차가 있으나 4,000Hz에서 가장 심하다.

3. 소음관리 대책

(1) 소음방지 대책

① 소음원의 제거 : 가장 효과적이고 적극적인 방법
② 소음원의 통제 : 기계의 적절한 설계, 적절한 정비 및 주유, 기계에 고무 받침대 부착, 차량에 소음기 사용
③ 소음원의 격리 : 덮개, 장벽 사용
④ 차폐장치(baffle) 및 흡음재료 사용
⑤ 능동소음제어 : 감쇠대상의 음파와 역위상인 신호를 보내어 음파 간에 간섭현상을 일으키면서 소음이 저감되도록 함
⑥ 적절한 배치(layout)
⑦ 보호구 사용 : 귀마개와 귀덮개
⑧ BGM(Back Ground Music)

(2) 소음관리 대책의 단계

소음원의 제거 → 소음 수준의 차단 → 소음의 저감 → 개인보호구 착용

4. 청력보존 프로그램

(1) 정의

소음노출 평가, 소음노출에 대한 공학적 대책, 청력보호구의 지급과 착용, 소음의 유해성 및 예방 관련 교육, 정기적 청력검사, 청력보존 프로그램 수립 및 시행 관련 기록·관리체계, 그 밖에 소음성 난청 예방·관리에 필요한 사항이 포함된 소음성 난청을 예방·관리하기 위한 종합적인 계획을 말한다.

(2) 청력보존 프로그램 시행(산업안전보건기준에 관한 규칙 517조)

① 근로자가 소음작업, 강렬한 소음작업 또는 충격소음작업에 종사하는 사업장
② 소음으로 인하여 근로자에게 건강장해가 발생한 사업장

(3) 소음측정시간

① 단위작업 장소에서 소음 수준은 규정된 측정 위치 및 지점에서 1일 작업시간 동안 6시간 이상 연속 측정하거나 작업시간을 1시간 간격으로 나누어 6회 이상 측정하여야 한다. 다만, 소음의 발생 특성이 연속음으로서 측정치가 변동이 없다고 자격자 또는 지정측정기관이 판단한 경우에는 1시간 동안을 등간격으로 나누어 3회 이상 측정할 수 있다.
② 단위작업 장소에서의 소음발생시간이 6시간 이내인 경우나 소음발생원에서의 발생시간이 간헐적인 경우에는 발생시간 동안 연속 측정하거나 등간격으로 나누어 4회 이상 측정하여야 한다.

SECTION 03 진동

1. 진동의 정의와 종류

(1) 진동의 구분

① 전신진동 : 크레인, 지게차, 대형 운송차량, 선박, 항공기, 기중기, 분쇄기 등
② 국소진동 : 휴대용 연삭기(그라인더), 자동식 톱, 병타기, 착암기 등

(2) 진동의 측정방법

① 진동과 관련된 단위 : nm, cm/s, gal 등
② 진동을 측정하는 방법 : 주파수 분석계, 가속도계 등

2. 진동의 영향

(1) 진동의 생리적 영향

① 약간의 과도(過度) 호흡이 일어난다.
② 심박수가 증가, 산소소비량 증가, 근장력 증가, 말초혈관의 수축
③ 진동에 단시간 노출 시 혈액이나 내분비의 화학적 성질이 변하지 않는다.
④ 진동으로 인해 내분비계 반응 장애가 나타날 수 있다.

(2) 진동이 성능에 끼치는 영향

① 진동은 시력, 추적 능력 등의 손상을 초래한다.
② 정확한 근육조절을 요구하는 작업의 경우 그 효율이 저하된다.
③ 장시간 노출 시 근육 긴장을 증가시킨다.
④ 반응시간, 감시, 형태식별 등 중앙신경계의 처리 과정과 관련되는 과업의 성능은 진동의 영향을 비교적 덜 받는다.
⑤ 낮은 진동수에서의 진동에 가장 영향을 많이 받는 것은 추적 능력이다.
⑥ 진동은 진폭에 비례하여 추적 능력을 손상시키며 5Hz 이하의 낮은 진동수에서 가장 심하다.
⑦ 전신진동의 진동수가 4~10Hz일 때 흉부와 복부의 고통을 호소한다.
⑧ 시성능은 10~25Hz 대역의 경우 가장 심하게 영향을 받는다.
⑨ 머리와 어깨 부위의 공명주파수는 20~30Hz이다.
⑩ 전신진동에 있어 안구에 공명이 발생하는 진동수의 범위는 60~90Hz이다.

⑪ 레이노 증후군(Raynaud's phenomenon)은 진동으로 인한 말초혈관운동의 장해로 혈액순환이 장해를 입어 손가락이 창백해지고 통증을 발생한다.
⑫ 신체의 공진현상은 서 있을 때보다 앉아 있을 때 더 심하게 나타난다.

3. 진동 관리방법 및 대책

(1) 손-팔 진동 증후군의 피해를 줄이기 위한 방법

① 신체에 전달되는 진동의 크기를 줄이도록 연장을 잡거나 조절하는 악력을 줄인다.
② 진동 연장의 하루 사용시간을 줄이고, 진동에 접촉되는 신체 부위의 면적을 감소시킨다.
③ 진동 연장을 사용할 때는 중간 휴식시간을 길게 한다.
④ 진동 공구를 정기적으로 보수하고, 진동을 흡수할 수 있는 재질의 손잡이를 사용한다.
⑤ 작업자는 방진 장갑을 착용하도록 한다.

(2) 진동방지 대책

① 진동의 강도를 줄인다.
② 공장의 진동 발생원을 기계적으로 격리한다.
③ 진동 발생원을 작동시키기 위하여 원격제어를 사용한다.
④ 진동 수준이 최저인 연장을 선택한다.

핵심 문제

01 신체에 전달되는 진동은 전신진동과 국소진동으로 구분되는데 진동원의 성격이 다른 것은?
① 크레인　　　　　　　　　② 지게차
③ 대형 운송차량　　　　　　④ 휴대용 연삭기

정답 | ④
해설 | 휴대용 연삭기(그라인더), 자동식 톱은 국소진동을 일으킨다.

02 진동이 인체에 미치는 영향으로 옳지 않은 것은?
① 심박수 감소　　　　　　　② 산소소비량 증가
③ 근장력 증가　　　　　　　④ 말초혈관의 수축

정답 | ①
해설 | 심박수는 증가한다.

SECTION 04 고온, 저온 및 기후환경

1. 온도 변화에 따른 인체의 반응

(1) 상온에서 추운 환경으로 바뀔 때 신체의 조절 작용

① 피부 온도가 내려간다.
② 몸이 떨리고 소름이 돋는다.
③ 직장(直腸) 온도가 약간 올라간다.
④ 피부를 순환하는 혈액량은 감소하고, 많은 양의 혈액이 몸의 중심부로 순환한다.

(2) 상온에서 고온 환경으로 바뀔 때 신체의 조절 작용

① 피부 온도가 올라간다.
② 발한(發汗)이 시작된다.
③ 피부를 경유하는 혈액 순환량이 증가한다.
④ 직장(直腸) 온도가 약간 내려간다.

(3) 고온 스트레스

① 체지방이 많은 사람일수록 고온에 견디기 어렵다.
② 여자가 남자보다 고온에 적응하는 것이 어렵다.
③ 나이가 들수록 고온 스트레스에 적응하기 힘들다.
④ 체력이 좋은 사람일수록 고온 환경에서 작업할 때 잘 견딘다.

(4) 고열장해

① 열 중독증의 강도는 '열사병>열소모>열경련>열발진'이다.
② 열사병 : 고온 작업장에서의 작업 시 신체 내부의 체온조절 계통의 기능이 상실되어 발생하며, 체온이 과도하게 오를 경우 사망에 이를 수 있는 고열장해이다.
③ 열소모 : 고온 환경에서 장시간 힘든 노동을 할 경우 땀을 많이 흘려 수분과 염분 손실이 많을 때 생긴다.
④ 열경련 : 고온 환경에서 지속적으로 심한 육체적인 노동을 함으로써 과다한 땀의 배출로 전해질이 고갈되어 발생하는 근육의 경련현상이다.
⑤ 열발진 : 땀띠라고도 하며, 열로 인해 발생하는 피부장해이다.
⑥ 열쇠약 : 고열에 의한 만성 체력소모를 의미한다.

(5) 고열발생원에 대한 대책

① 전체 환기
② 복사열 차단
③ 방열제 사용
④ 열원과 격리

2. 열교환

(1) 열교환 과정

① 열교환에 영향을 미치는 요소는 기온, 습도, 공기의 유동, 복사온도(복사열)이다.
② 신체와 환경 사이의 열교환 방법은 증발, 복사, 대류, 전도의 4가지이다.
③ 열균형방정식

$$S(열축적) = M(신진대사) - E(증발) \pm R(복사) \pm C(대류) - W(한 일)$$

단, 전도는 대부분 무시한다[K(전도) = 0].

④ 전도는 산업 현장에서 열 스트레스(heat stress)를 결정하는 주요 요소가 아니다.
⑤ 신체가 열평형 상태에 있으면 열함량의 변화는 없으며 열축적은 0(S = 0)이다.
⑥ 신체가 불균형 상태에 있으면 체온이 상승하거나($\triangle S > 0$) 하강한다($\triangle S < 0$).
⑦ 방열복의 착용은 신체와 환경 사이의 열교환 경로 중 복사를 차단하기 위한 것이다.

(2) 열손실

37℃ 물 1g 증발 시 필요에너지 2,410J/g이다.

$$R = \frac{Q}{t}$$

단, R = 열손실율, Q = 증발에너지, t = 증발시간(sec)

3. 환경요소의 복합지수

(1) 실효온도(체감온도, 감각온도, effective temperature)

① 실제로 감각되는 온도로서 유효온도라고도 하며, 온도계로 측정한 온도와는 다르다.
② 실효온도의 결정요소는 온도, 습도 및 공기 이동(대류)이다.
③ 온도, 습도 및 공기 이동(대류)이 인체에 미치는 효과를 하나의 수치로 통합한 경험적 감각지수이다.
④ 실효온도는 상대습도 100%일 때 건구온도에서 느끼는 것과 동일한 온감이다.
⑤ 실효온도가 증가할수록 육체작업의 기능은 저하된다.
⑥ 실효온도는 저온조건에서는 습도의 영향을 과대평가하고, 고온조건에서는 과소평가한다.

(2) 습구흑구온도지수(WBGT)

① 작업환경 측정에 사용되는 단위로서 고열환경을 종합적으로 평가할 수 있는 지수이다.
② 옥외(태양광선이 내리 쬐는 장소)

$$WBGT(℃) = 0.7 \times 자연습구온도 + 0.2 \times 흑구온도 + 0.1 \times 건구온도$$

③ 옥내 또는 옥외(태양광선이 내리 쬐지 않는 장소)

$$WBGT(℃) = 0.7 \times 자연습구온도 + 0.3 \times 흑구온도$$

(3) 습건지수(Oxford 지수)

습구온도(W)와 건구온도(D)의 가중 평균치로서 정의된다.

$$WD = 0.85W + 0.15D$$

핵심 문제

01 산업안전보건법령상 작업환경 측정에 사용되는 단위로서 고열환경을 종합적으로 평가할 수 있는 지수는?

① 실효온도(ET) ② 열스트레스지수(HSI)
③ 습구흑구온도지수(WBGT) ④ 옥스퍼드지수(Oxford Index)

정답 | ③
해설 | 습구흑구온도지수(WBGT)는 작업환경 측정에 사용되는 단위로서 고열환경을 종합적으로 평가할 수 있는 지수이다.

02 습구온도가 43℃, 건구온도가 32℃일 때, Oxford 지수는 얼마인가?

① 38.50℃ ② 38.15℃
③ 41.35℃ ④ 41.53℃

정답 | ③
해설 | $WD = 0.85 \times 43 + 0.15 \times 32 = 41.35℃$

4. 한랭작업

(1) 저온에서의 신체반응

① 체표면적이 감소한다.
② 피부의 혈관이 수축된다.
③ 화학적 대사작용이 증가한다.
④ 근육긴장의 증가와 떨림이 발생한다.
⑤ 저온 스트레스를 받으면 피부가 파랗게 보인다.

(2) 저온 환경이 작업수행에 미치는 영향

① 근육강도와 내성이 감소하여 육체적 기능도가 줄어든다.
② 손 피부온도(HST)의 감소로 조립이나 수리 작업에 나쁜 영향을 미친다.
③ 추적과업의 수행은 저온에 의해 악영향을 받는다.
④ 저온은 말초운동신경의 신경전도 속도를 감소시킨다.
⑤ 저온 환경에서는 체내 온도를 유지하기 위해 근육의 대사율이 감소된다.

(3) 한냉 대책

① 과음을 피할 것
② 따뜻한 물과 음식을 섭취할 것
③ 얼음 위에서 오랫동안 작업하지 말 것

(4) 풍냉지수(wind chill index)

① 저온 환경에 통용되는 지수로서 기온과 풍속이 주관적 불쾌감에 미치는 영향을 나타낸다.
② 기온이 -12℃, 풍속이 32km/h일 때에는 무풍 시 -33℃와 같은 냉각효과를 나타낸다.

5. 사무실 공기관리

(1) 사무실의 환기기준

공기정화시설을 갖춘 사무실에서 근로자 1인당 필요한 최소 외기량은 분당 0.57세제곱미터 이상이며, 환기횟수는 시간당 4회 이상으로 한다.

(2) 사무실 오염물질 관리기준

오염물질	관리기준
일산화탄소(CO)	10ppm 이하
이산화탄소(CO_2)	1,000ppm 이하
이산화질소(NO_2)	0.1ppm 이하
포름알데히드(HCHO)	0.1ppm 이하
석면	0.01개/cc(0.01%) 이하

핵심문제

01 사무실 공기관리 지침상 공기정화시설을 갖춘 사무실의 시간당 환기횟수 기준은?

① 1회 이상 ② 2회 이상 ③ 3회 이상 ④ 4회 이상

정답 | ④
해설 | 공기정화시설을 갖춘 사무실에서 근로자 1인당 필요한 최소 외기량은 분당 $0.57m^3$ 이상이며, 환기횟수는 시간당 4회 이상으로 한다.

02 다음 중 사무실공기관리지침에 따라 사무실의 공기를 관리하고자 할 때 오염물질의 관리기준이 잘못된 것은?

① 석면은 0.01개/cc 이하이어야 한다.
② 일산화탄소(CO)는 10ppm 이하이어야 한다.
③ 이산화탄소(CO_2)의 농도는 100ppm 이하이어야 한다.
④ 포름알데히드(HCHO)의 농도는 0.1ppm 이하이어야 한다.

정답 | ③
해설 | 이산화탄소(CO_2)의 농도는 1,000ppm 이하이어야 한다.

SECTION 05 교대작업

1. 교대작업

(1) 교대작업

① 교대작업은 생산설비의 가동률을 높이고자 하는 제도 중의 하나이다.
② 교대작업은 인간의 생체리듬에 역행하므로 여러 가지 문제점을 가지고 있다.
③ 교대작업을 하는 작업자는 수면 부족, 식욕 부진 등을 일으킬 수 있다.
④ 문헌에 따르면 교대 작업자의 건강은 주간고정 작업자에 비해 좋지 않다.
⑤ 가능한 한 고령의 작업자는 교대작업에서 제외한다.

(2) 교대작업 근로자를 위한 교대제 지침

① 교대작업은 '주간 → 저녁 → 야간' 순으로 정방향 순환이 되게 한다.
② 교대일정은 정기적이고, 근로자가 예측할 수 있는 단순한 교대작업 계획을 수립한다.
③ 야간 교대시간은 자정 이전에 하고, 아침 교대시간은 7시 이후에 하는 것이 좋다.
④ 2조 2교대보다 4조 3교대가 바람직하며, 8시간 교대제가 적당하다.
⑤ 2교대 근무는 최소화하고, 1일 2교대 근무가 불가피한 경우에는 연속 야간근무일이 2~3일을 넘지

않도록 한다.
⑥ 야간근무 종료 후에는 48시간 이상의 휴식을 갖도록 한다.
⑦ 교대작업 주기를 자주 바꾸는 것은 근무자의 건강에 좋지 않다.
⑧ 고정적이거나 연속적인 야간근무 작업은 줄인다.
⑨ 일반적으로 야간근무자의 사고 발생률이 높다.
⑩ 상대적으로 가벼운 작업을 야간근무조에 배치하고 업무 내용을 탄력적으로 조정한다.

(3) 생체리듬

① 하루 중 체온이 가장 낮은 시간대는 오전 5시 전후이다.
② 항상성 유지기능
  ㉠ 생체의 각 기관이 그 기능을 발휘하면서 동시에 상호 연락하여 서로 조화를 이루는 평형상태를 유지하기 위한 기능이다.
  ㉡ 교대근무와 생체리듬과의 관계에서 야간근무를 하는 동안 근무시간이 길어질 때 졸음이 증가하고 작업능력이 저하되는 현상은 자동적으로 조절되는 항상성 유지기능이다.

핵심 문제

01 교대작업 운영의 효율적인 방법으로 볼 수 없는 것은?

① 고정적이거나 연속적인 야간근무 작업은 줄인다.
② 교대일정은 정기적이고 작업자가 예측 가능하도록 해야 한다.
③ 교대작업은 '주간근무 → 야간근무 → 저녁근무 → 주간근무' 식으로 진행해야 피로를 빨리 회복할 수 있다.
④ 2교대 근무는 최소화하며, 1일 2교대 근무가 불가피한 경우에는 연속 근무일이 2~3일을 넘지 않도록 한다.

정답 | ③
해설 | 교대작업은 '주간 → 저녁 → 야간' 순으로 정방향 순환이 되게 한다.

02 교대작업의 주의사항에 관한 설명으로 틀린 것은?

① 12시간 교대제가 적정하다.
② 야간근무는 2~3일 이상 연속하지 않는다.
③ 야간근무의 교대는 심야에 하지 않도록 한다.
④ 야간근무 종료 후에는 48시간 이상의 휴식을 갖도록 한다.

정답 | ①
해설 | 2조 2교대보다 4조 3교대가 바람직하며, 8시간 교대제가 적당하다.

PART 03

Human Factors

산업심리학 및 관계법규

CHAPTER 01 인간의 심리특성
CHAPTER 02 휴먼에러(인간오류)
CHAPTER 03 집단, 조직 및 리더십
CHAPTER 04 직무 스트레스
CHAPTER 05 관계법규
CHAPTER 06 안전보건관리

01 CHAPTER 인간의 심리특성

SECTION 01 행동이론

1. 인간관계와 집단

(1) 산업심리학의 역사

뮌스터베르그는 산업현장에서 생산능률을 높이고, 작업자의 적응을 돕기 위해서 심리학을 도입해야 한다고 주장한 산업심리학의 창시자이다.

2. 집단행동

(1) 집단행동의 구분

① 통제 있는 집단행동[규칙이나 규율과 같은 룰(rule)이 존재]
  ㉠ 관습(Custom) : 풍습(folkways), 도덕규범, 예의, 금기(taboo) 등을 말한다.
  ㉡ 제도적 행동(Institutional Behavior) : 합리적으로 집단 구성원의 행동을 통제하고 표준화함으로써 집단의 안정을 지키려는 것이다.
  ㉢ 유행(Fashion) : 집단 내의 공통적인 행동 양식이나 태도 등을 의미한다.

② 비통제의 집단행동(구성원 간의 정서, 감정에 좌우되고 연속성이 희박)
  ㉠ 군중(Crowd) : 구성원 사이의 지위나 역할의 분화가 없고, 구성원 각자는 책임감을 가지지 않으며, 비판력도 가지지 않는다.
  ㉡ 모브(mob) : 폭동과 같은 것을 말하며 군중보다 한층 합의성이 없고, 이성적 판단보다는 감정에 의해 좌우되며 공격적이다.
  ㉢ 패닉(panic) : 이상적인 상황하에서 모브(mob)가 공격적인 데 비하여, 패닉(panic)은 방어적인 것이 특징이다.
  ㉣ 심리적 전염 : 어떤 사상이 상당한 기간에 걸쳐서 광범위하게 논리적, 사고적 근거 없이 무비판적으로 받아들여진다.

3. 인간의 행동 특성

(1) 레빈(Lewin. K)의 행동 법칙

① 인간의 행동(B)은 개인이 가진 능력과 자질 즉, 개체(P)와 주변의 심리적 환경(E)과의 상호함수 관계에 있다.

$$B = f(P \cdot E)$$

단, B : Behavior(인간의 행동)
　　F : Function(함수관계)
　　P : Person(개체, 개인적 특성) : 연령, 경험, 기질, 심신 상태, 성격, 지능 등
　　E : Environment[심리적 환경(주어진 환경)] : 인간관계(인적환경), 작업환경, 설비적 결함 등

② 태도는 인간행동의 표상으로 어떤 자극이나 상황에 대하여 좋고 나쁨을 평가하는 개인의 선호경향이다.

(2) 라스무센(Rasmussen)의 인간행동

인간행동 수준의 3단계	인간행동 분류에 기초한 인간오류
지식기반 행동 (Knowledge-based behavior)	지식기반 에러 (knowledge-based error)
규칙기반 행동 (Rule-based behavior)	규칙기반 에러 (rule-based error)
숙련기반 행동 (Skill-based behavior)	숙련(기능)기반 에러 (skill-based error)

SECTION 02 주의와 부주의

1. 주의

(1) 주의의 특성

① 선택성(중복집중의 곤란) : 여러 종류의 자극을 지각할 때 소수의 특정한 것에 한하여 선택한다. 한 번에 여러 종류의 자극을 지각하는 것은 어렵다.
② 방향성 : 주의를 기울여 시선을 집중하는 곳의 정보는 잘 받아들여지지만 다른 곳의 주의는 약해진다. 주의력을 집중하는 것이 항상 최상인 것은 아니다.
③ 변동성(단속성) : 장시간 주의를 집중할 수 없다. 주기적으로 부주의 리듬이 존재한다.

(2) 주의의 넓이와 깊이

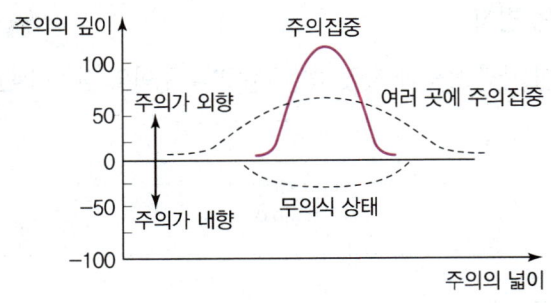

(3) 주의(attention)의 종류

① 초점 주의(focused attention)
② 선택적 주의(selective attention)
③ 분할(분산) 주의(divided attention)

> **핵심 문제**
>
> **01** 다음 중 주의의 특성이 아닌 것은?
>
> ① 선택성 ② 정숙성
> ③ 방향성 ④ 변동성
>
> 정답 | ②
> 해설 | 주의의 특성
> - 선택성(중복집중의 곤란) : 여러 종류의 자극을 지각할 때 소수의 특정한 것에 한하여 선택한다. 한 번에 여러 종류의 자극을 지각하는 것은 어렵다.
> - 방향성 : 주의를 기울여 시선을 집중하는 곳의 정보는 잘 받아들여지지만 다른 곳의 주의는 약해진다. 주의력을 집중하는 것이 항상 최상인 것은 아니다.
> - 변동성(단속성) : 장시간 주의를 집중할 수 없다. 주기적으로 부주의의 리듬이 존재한다.

2. 부주의

(1) 부주의 현상

① 의식의 단절(중단) : 의식의 흐름에 단절이 생기고 공백상태가 나타나는 경우이며, 외부의 정보를 받아들일 수도 없고 의사결정도 할 수 없는 상태이다.

② 의식의 우회 : 습관적으로 작업을 하지만 머릿속엔 고민이나 공상(가정불화나 개인적 고민)으로 가득 차 있는 상태이다.

③ 의식수준의 저하 : 뚜렷하지 않은 의식의 상태로 심신이 피로하거나 단조로운 작업 시 발생한다.
④ 의식의 혼란 : 외부의 자극이 애매모호하거나, 자극이 너무 강하거나 약할 때 등과 같이 외적 조건의 문제로 의식이 혼란되고 분산되어 위험요인에 대응할 수 없을 때 발생한다.
⑤ 의식의 과잉 : 돌발사태 및 긴급이상사태에 직면하면 순간적으로 의식이 긴장되고 한 방향으로만 집중되는 주의의 일점집중 현상이 발생한다.

(2) 부주의 발생원인과 대책
① 외적 원인 및 대책
  ㉠ 작업환경 조건불량 : 환경 정비
  ㉡ 작업순서의 부적당 : 작업순서 정비
② 내적 원인 및 대책
  ㉠ 소질적 문제 : 적성배치
  ㉡ 의식의 우회 : 상담(카운슬링)
  ㉢ 경험 또는 무경험, 미숙련 : 교육 또는 훈련
③ 정신적 측면에 대한 대책
  ㉠ 주의력 집중 훈련
  ㉡ 안전 의식의 제고
  ㉢ 작업 의욕의 고취
  ㉣ 스트레스 해소 방안 마련
④ 기능 및 작업 측면의 대책
  ㉠ 적성배치
  ㉡ 안전작업 방법 습득
  ㉢ 표준작업의 습관화
  ㉣ 작업조건의 개선
⑤ 설비 및 환경 측면의 대책
  ㉠ 표준작업 제도의 도입
  ㉡ 설비 및 작업의 안전화
  ㉢ 긴급 시 안전대책 수립

(3) 억측판단
① 자기 멋대로의 주관적인 판단이나 희망적인 관찰에 의한 행위이다.
② 보행 신호등이 막 바뀌어도 자동차가 움직이기까지는 아직 시간이 있다고 스스로 판단하여 건널목을 건너는 것과 같은 부주의 행위이다.

③ 억측판단의 배경
  ㉠ 희망적 관측이 강할 때
  ㉡ 과거의 경험적 선입관이 있을 때
  ㉢ 정보가 불확실할 때
  ㉣ 강한 바람이나 급한 마음이 있을 때

SECTION 03 의식 단계

1. 의식의 특성

(1) 의식수준

단계	의식상태	의식의 적용	행동상태	신뢰성	뇌파형태
Phase 0 (제0단계)	무의식, 실신	0(zero)	숙면상태, 뇌발작	0(zero)	δ파 4Hz 미만
Phase Ⅰ (제Ⅰ단계)	정상 이하, 의식흐림	활발치 못함	피로, 단조로움, 의식이 멍하고 졸음	0.9 이하	θ파 4~8Hz
Phase Ⅱ (제Ⅱ단계)	정상, 이완상태, 느긋한 기분	수동적, 마음이 안쪽으로 향함	안정파, 휴식, 정상작업	0.99~0.99999	α파 8~14Hz
Phase Ⅲ (제Ⅲ단계)	정상, 상쾌한 상태, 분명한 의식	능동적, 앞으로 향하는 주의, 주의력 범위 넓음	판단을 동반한 행동, 적극적 활동	0.99999 이상	β파 14~30Hz
Phase Ⅳ (제Ⅳ단계)	과긴장, 흥분상태	판단정지, 주의의 치우침	과도로 긴장, 긴급방위반응, 감정 흥분 시 당황한 상태	0.9 이하	γ파 30Hz 이상

※ 알파(α)파가 안정되게 나타나는 것은 눈을 감고 안정상태로 있을 때이며, 눈을 뜨고 물체를 주시하거나 정신적으로 흥분하면 알파(α)파의 출현율은 작아진다. 즉, 알파(α)파의 출현율이 작을수록 각성상태가 증가되는 경향이 있다.

(2) 의식수준에 따른 신뢰도

① Phase 0 : 무의식상태로 작업수행이 불가능
② Phase Ⅰ : θ파의 의식수준으로 졸음이 심하게 와서 오류를 일으키기 쉬운 상태
③ Phase Ⅱ : α파의 의식수준으로 휴식 시의 편안한 상태
④ Phase Ⅲ : 주의의 범위가 높고 신뢰성이 매우 높은 상태
⑤ Phase Ⅳ : 과도로 긴장하거나 감정 흥분 시의 의식수준 단계로 대뇌의 활동력은 높지만 냉정함이 결여되어 판단이 둔화됨
⑥ 신뢰성이 높은 순서 : Phase Ⅲ > Phase Ⅱ > Phase Ⅰ > Phase Ⅳ > Phase 0

핵심 문제

01 일반적으로 눈을 감고 편안한 자세로 조용히 앉아 있는 사람에게 나타나며 안정파라고 불리는 뇌파형태에 해당하는 것은?

① α파 ② β파
③ θ파 ④ δ파

정답 | ①
해설 | 알파(α)파는 눈을 감고 편안한 자세로 조용히 앉아 있는 사람에게 나타나며 안정파라고 불리는 뇌파형태이다.

02 뇌파의 유형에 따라 인간의 의식수준을 단계별로 분류할 때, 의식이 명료하여 가장 적극적인 활동이 이루어지고 실수의 확률이 가장 낮은 단계는?

① Ⅰ단계 ② Ⅱ단계
③ Ⅲ단계 ④ Ⅳ단계

정답 | ③
해설 | Phase Ⅲ(제Ⅲ단계)은 의식이 명료하여 가장 적극적인 활동이 이루어지고 실수의 확률이 가장 낮은 단계이다.

03 과도로 긴장하거나 감정 흥분 시의 의식수준 단계로 대뇌의 활동력은 높지만 냉정함이 결여되어 판단이 둔화하는 의식수준 단계는?

① Phase Ⅰ ② Phase Ⅱ
③ Phase Ⅲ ④ Phase Ⅳ

정답 | ④
해설 | Phase Ⅳ는 과도로 긴장하거나 감정 흥분 시의 의식수준 단계로 대뇌의 활동력은 높지만 냉정함이 결여되어 판단이 둔화하는 의식수준이다.

2. 피로

(1) 피로의 원인

기계적 요인	인간적 요인
• 기계의 종류 • 조작부분의 배치 • 조작부분의 감촉 • 기계이해의 난이도 • 기계의 색체	• 생리적 리듬 • 정신적인 상태, 신체적인 상태 • <u>작업시간과 속도</u>, 강도 • <u>작업숙련도</u>, 작업내용, 작업태도 • 작업환경, 사회적 환경

(2) 피로의 측정방법

생리학적 측정	생화학적 측정	심리학적 측정
• 근전도(EMG) • 심전도(ECG) • 뇌전도(EEG) • 안전도(EOG) • 전기피부반응(GSR) • 점멸융합주파수(플리커법) • 산소소비량 • 에너지소비량	• 혈액 • 혈색소 농도 • 요 중의 스테로이드양 • 아드레날린 배설량	• 주의력 테스트 • 집중력 테스트 • 플리커법 • 연속색명 호칭법 • 변별역치 측정

(3) 피로의 예방 대책

① 동적인 작업을 늘리고, 정적 근작업을 배제한다.
② 동일한 작업을 될 수 있는 한 적은 에너지로 수행할 수 있도록 한다.
③ 작업속도나 작업의 정확도가 작업자에게 지나치게 과중되지 않도록 한다.
④ 작업방법을 개선하여 무리한 자세로 작업이 진행되지 않도록 한다.
⑤ 힘든 노동은 가능한 한 기계화한다.
⑥ 장시간 한 번의 휴식보다 단시간 여러 번 나누어 휴식한다.

SECTION 04 반응시간

1. 반응시간

(1) Fitts의 법칙

① 작은 막대기를 구멍에 끼우는 작업에서 A는 표적중심선까지 이동거리, W는 목표물의 너비라고 하고, 작업의 난이도(ID)와 동작시간(MT)을 다음과 같이 정의한다.

- 난이도 지수 $ID(\text{bits}) = \log_2 \dfrac{2A}{W}$
- 동작(이동)시간 $MT = a + b \log_2 \dfrac{2A}{W}$

② 표적이 작을수록, 이동거리가 멀수록 작업의 난이도와 소요 동작시간이 증가한다.

(2) 반응시간

많은 동작들이 바뀌는 신호등이나 청각적 경계신호와 같은 외부자극을 계기로 하여 시작된다. 자극이 있었던 후부터 동작을 개시하기까지 걸리는 시간을 반응시간(RT ; Reaction Times)이라고 하며, 반응시간은 감각기관의 종류에 따라 달라진다.

(3) 단순반응시간(A 반응시간)
① 하나의 특정 자극에 대하여 반응하는 데 소요되는 시간을 의미한다.
② 단순반응시간에 영향을 미치는 변수로는 자극 양식, 자극의 특성(강도, 지속시간 등), 자극 위치, 연령, 개인차 등이 있다.

(4) 선택반응시간(B 반응시간)
① 여러 개의 자극을 제시하고 각각의 자극에 대하여 반응을 하는 과제를 준 후, 자극이 제시되어 반응할 때까지의 시간이다.
② 일반적으로 선택반응시간이 단순반응시간보다 길다.
③ 일반적으로 자극과 반응의 수가 증가할수록 로그에 비례하여 증가한다.
④ Hick - Hyman의 법칙에 따라 선택반응시간 $RT = a + b\log_2 N$이다.
⑤ 감각기관별 반응시간

감각기관	청각	촉각	시각	미각	통각
반응시간	0.17초	0.18초	0.2초	0.29초	0.70초

(5) 인지반응시간(C 반응시간)
여러 개의 자극이 주어지고 이 중에서 특정한 신호에 대해서만 반응할 때 소요되는 시간이다.

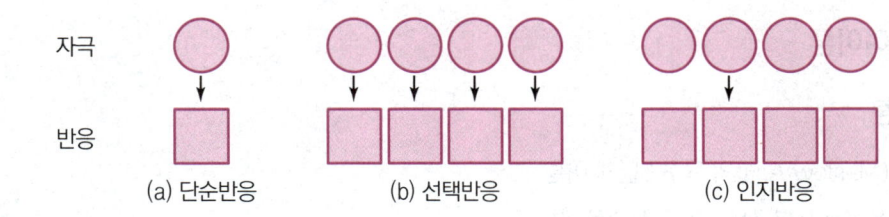

(a) 단순반응　　(b) 선택반응　　(c) 인지반응

핵심 문제

01 힉 - 하이만(Hick - Hyman)의 법칙에 의하면 인간의 반응시간(RT)은 자극 정보의 양에 비례한다고 한다. 인간의 반응시간이 다음 식과 같이 예견된다고 하면, 자극 정보의 개수가 2개에서 8개로 증가한다면 반응시간은 몇 배 증가하겠는가? (단, a는 상수, N은 자극 정보의 수를 의미한다.)

$$RT = a + b\log_2 N$$

① 3배　　　　　　　　② 4배
③ 16배　　　　　　　 ④ 32배

정답 | ①

해설 | $RT = a + b\log_2 N$에서 a가 상수이므로 자극 정보의 수만으로 계산한다. 따라서 자극 정보의 개수가 2개일 경우 $\log_2 2 = 1$, 8개일 경우 $\log_2 8 = 3$이므로 3배 증가한다.

02 선택반응시간(Hick의 법칙)과 동작시간(Fitts의 법칙)의 공식에 대한 설명으로 옳은 것은?

- 선택반응시간 $= a + b\log_2 N$
- 동작시간 $= a + b\log_2\left(\dfrac{2A}{W}\right)$

① N은 자극과 반응의 수, A는 목표물의 너비, W는 움직인 거리를 나타낸다.
② N은 감각기관의 수, A는 목표물의 너비, W는 움직인 거리를 나타낸다.
③ N은 자극과 반응의 수, A는 움직인 거리, W는 목표물의 너비를 나타낸다.
④ N은 감각기관의 수, A는 움직인 거리, W는 목표물의 너비를 나타낸다.

정답 | ③

해설 | N은 자극과 반응의 수, A는 움직인 거리, W는 목표물의 너비를 나타낸다.

SECTION 05 작업동기

1. 동기부여이론

(1) 내용이론

① 매슬로우(Maslow A.H)의 욕구 5단계 이론
  ㉠ 하위 욕구로부터 상위 욕구로 진행된다.
  ㉡ '생리적 욕구 → 안전 욕구 → 사회적 욕구 → 존경의 욕구 → 자아실현의 욕구'로 진행된다.

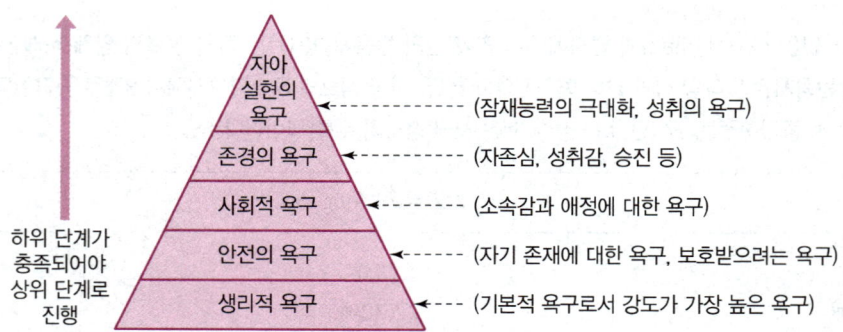

② 알더퍼(C. P. Alderfer)의 ERG이론
  ㉠ 존재(생존)욕구(E)는 매슬로우의 생리적 욕구와 일부의 안전의 욕구에 해당된다.
  ㉡ 관계욕구(R)는 매슬로우의 일부의 안전의 욕구, 사회적 욕구와 일부의 존경의 욕구에 해당된다.
  ㉢ 성장욕구(G)는 매슬로우의 자아실현의 욕구와 일부의 존경의 욕구에 해당된다.
③ 맥클랜드(D. C. McClelland)의 성취동기 이론
  ㉠ 성취욕구(achievement needs) : 무엇을 이루어 내고 싶은 욕구이다.
  ㉡ 친화욕구(affiliate needs) : 타인들과 사이좋게 잘 지내고 싶은 욕구이다.
  ㉢ 권력욕구(power needs) : 다른 사람에게 영향을 미치고 영향력을 행사하여 상대를 통제하고 싶은 욕구이다.
④ 허즈버그(f. Herzberg)의 동기 · 위생 이론(2요인이론)
  ㉠ 직무만족과 직무불만족은 서로 다른 독립된 차원이며, 직무만족을 높이기 위해서는 동기요인을 강화해야 한다.
  ㉡ 동기요인은 충족되지 않아도 불만은 없지만 잘 갖추어지게 되면 구성원들에게 열심히 일하도록 동기를 자극하게 된다.
  ㉢ 근로자들이 좀 더 높은 수준의 기술과 지식을 요구하는 복잡한 업무를 하도록 하여 책임감, 성취감, 성장 발전 기회를 제공함으로써 직무만족도를 높일 수 있다.

동기요인(만족요인)	• 만족요인은 직무내용과 관련된다. • 성장과 발전, 성취감, 책임감, 일 그 자체
위생요인(불만족요인)	• 불만족요인은 직무환경과 관련된다. • 임금, 작업조건, 관리감독, 지위, 회사정책

⑤ 맥그리거(McGregor)의 X, Y이론 : 인간의 본질에 대한 기본 가정을 부정적인 시각과 긍정적인 시각으로 구분하였다.

X이론	Y이론
인간 불신감	상호 신뢰감
성악설	성선설
인간은 본래 게으르고 태만, 수동적, 남의 지배받기를 즐김	인간은 본래 부지런하고 근면, 적극적, 스스로 일을 자기 책임 하에 자주적
저차원적 욕구(물질 욕구)	고차원적 욕구(정신 욕구)
금전적 보상(경제적 보상)	정신적 보상
명령, 통제에 의한 관리	목표통합과 자기 통제에 의한 자율 관리
저개발국형	선진국형
권위주의적 리더십, 수직적 리더십	민주적 리더십, 수평적 리더십

> **핵심 문제**

01 매슬로우(A. H. Maslow)의 인간욕구 5단계를 하위단계부터 상위단계로 올바르게 나열한 것은?

① 생리적 욕구 → 사회적 욕구 → 안전 욕구 → 자아실현의 욕구 → 존경의 욕구
② 생리적 욕구 → 안전 욕구 → 사회적 욕구 → 자아실현의 욕구 → 존경의 욕구
③ 생리적 욕구 → 사회적 욕구 → 안전 욕구 → 존경의 욕구 → 자아실현의 욕구
④ 생리적 욕구 → 안전 욕구 → 사회적 욕구 → 존경의 욕구 → 자아실현의 욕구

정답 | ④
해설 | '생리적 욕구 → 안전 욕구 → 사회적 욕구 → 존경의 욕구 → 자아실현의 욕구'로 진행된다.

02 인간의 성향을 설명하는 맥그리거의 X, Y이론에 따른 관리처방으로 옳은 것은?

① Y이론에 의한 관리처방으로 경제적 보상체제를 강화한다.
② X이론에 의한 관리처방으로 자기 실적을 스스로 평가하도록 한다.
③ X이론에 의한 관리처방으로 여러 가지 업무를 담당하도록 하고, 권한을 위임하여 준다.
④ Y이론에 의한 관리처방으로 목표에 의한 관리방식을 채택한다.

정답 | ④
해설 | ① X이론에 의한 관리처방으로 경제적 보상체제를 강화한다.
② Y이론에 의한 관리처방으로 자기 실적을 스스로 평가하도록 한다.
③ Y이론에 의한 관리처방으로 여러 가지 업무를 담당하도록 하고, 권한을 위임하여 준다.

(2) 과정이론

① 브룸(Vroom)의 기대이론 : 개인의 동기부여의 정도는 행위가 가져다주는 결과의 정도(유의성)와 행위를 통해 결과를 얻어낼 가능성(기대감)에 의해 결정된다.
  ㉠ 기대감 : 일정한 노력을 기울이면 일정한 수준의 업적을 올릴 수 있으리라는 믿음
  ㉡ 수단성 : 어떤 업적을 올리면 그것이 바람직한 보상으로 연결된다는 믿음
  ㉢ 유의성 : 보상이 개인이 원하는 보상(목표)과 일치하는가에 대한 지각
② 아담스(Adams)의 공정성이론(형평성이론) : 자신의 산출/투입의 비율이 타인과 비교하여 형평성을 유지하는 방향으로 동기가 부여된다.
③ 로크(Locke)의 목표설정이론 : 달성 가능성이 있는 범위 내에서 어려운 목표는 더 높은 직무수행을 가져온다.

(3) 기타

① 작업설계이론
  ㉠ 직무 환경 요인을 중시한다.
  ㉡ 직무가 적절하게 설계되어 있다면 동기와 열정을 증진시킬 수 있다.

② 데이비스(K. Davis)의 동기부여이론
  ㉠ 인간의 성과×물질의 성과=경영의 성과
  ㉡ 능력×동기=인간의 성과(human performance)
  ㉢ 지식(knowledge)×기능(skill)=능력(ability)
  ㉣ 상황(situation)×태도(attitude)=동기(motivation)

(4) 작업동기 이론들의 상호 관련성

매슬로우의 욕구 5단계	알더퍼 ERG이론	허즈버그 2요인이론	맥그리거 X, Y이론	맥클랜드의 성취동기이론
1단계 : 생리적 욕구	존재욕구	위생요인	X이론	–
2단계 : 안전의 욕구				
3단계 : 사회적 욕구	관계욕구	동기요인	Y이론	친화욕구
4단계 : 존경의 욕구	성장욕구			권력욕구
5단계 : 자아실현의 욕구				성취욕구

CHAPTER 02 휴먼에러(인간오류)

SECTION 01 휴먼에러의 유형

1. 인간의 착오와 실수

(1) 착오(mistake)

① 상황 해석을 잘못하거나 목표를 잘못 이해하고 착각하여 행하는 경우이다.
② 주어진 정보가 불안전하거나 오해하는 경우에 주로 발생한다.
③ 부적합한 의도를 가지고 행동으로 옮긴 경우이다.
④ '①-②-③-④-⑧-⑤-⑥-⑦'의 직렬로 연결된 모니터에서 8번을 수리할 때 숫자를 확인하지 않고 맨 끝의 모니터를 수리하는 경우이다.

(2) 실수(slip)

① 상황이나 목표의 해석은 제대로 하였으나 의도와는 다른 행동을 하는 경우이다.
② 의도는 올바르지만 반응의 실행이 올바르지 않은 경우이다.
③ 레버를 당기려 했지만 너무 힘이 들어 제대로 당기지 못하거나, 전화번호를 잘못 누르는 경우이다.

(3) 건망증(forgetfulness)

① 여러 과정이 연계적으로 일어나는 행동 중에서 일부를 잊어버리고 안하거나 또는 기억의 실패에 의하여 발생하는 오류이다.
② 서류를 복사한 후 복사기에 원본을 두고 오는 경우이다.

(4) 위반(violation)

정해진 규칙을 알고 있음에도 불구하고 고의로 따르지 않거나 무시하는 행위이다.

2. 오류 모형

(1) 심리적 측면에서의 분류(Swain)

생략(누락, 부작위) 오류 (omission error)	필요한 행위 또는 절차를 실행하지 않아 발생한 에러이다. 예 자동차에서 하차 시 전조등을 끄는 것을 잊고 내려 방전이 되는 경우
작위(실행) 오류 (commission error)	필요한 작업이나 절차를 수행하였으나 잘못 수행한 에러이다. 예 작동 버튼을 살짝 눌러서 벨트가 조금만 움직이다가 멈추게 하려 했으나 버튼을 과도하게 눌러서 벨트가 전속력으로 움직여 재해가 발생한 경우
순서 오류 (sequential error)	필요한 작업 또는 절차의 순서 착오로 인한 에러이다. 예 자동차의 사이드 브레이크를 해제하지 않은 상태에서 가속 페달을 밟는 경우
시간(지연) 오류 (time error)	필요한 작업 또는 절차의 수행 지연으로 인한 에러이다. 예 자동차로 학교에 도착은 하였으나 수업시간을 넘겨 도착해 지각으로 처리되는 경우
과잉 행동(불필요한 행동) 오류 (extraneous error)	불필요한 작업 또는 절차를 수행함으로써 기인한 에러이다. 예 자동차 운전 중 손을 창문 밖으로 내어 놓다가 다치는 경우

(2) 원인의 수준(level)적 분류

primary error(1차 에러)	작업자 자신으로부터 직접 발생한 에러이다.
secondary error(2차 에러)	작업형태나 작업조건 중에서 다른 문제가 생겨 그 때문에 필요한 직무나 절차를 수행할 수 없는 에러이다.
command error(지시 에러)	작업자가 기능을 움직이려 해도 필요한 물건, 정보, 에너지 등의 공급이 없는 것처럼 작업자가 움직이려 하여도 움직일 수 없으므로 발생하는 에러이다.

(3) 원인적 분류(Rasmussen)

① 지식에 기초한 행동(knowledge-based behavior) 오류
   예 외국에서 도로표지판을 이해하지 못해서 교통위반을 하는 경우
② 규칙에 기초한 행동(rule-based behavior) 오류
   예 일본에서 자동차를 우측 운행하다가 사고를 유발하는 경우
③ 기능(숙련)에 기초한 행동(skill-based behavior) 오류
   예 가스를 사용한 후 깜빡하고 밸브를 잠그는 것을 잊어버린 경우

(4) 행동 과정을 통한 분류

① 입력 에러
② 정보처리 에러
③ 출력 에러
④ 의사결정 에러
⑤ 피드백 에러

(5) 대뇌의 정보처리 과정에서 분류한 휴먼에러

① 입력(인지) 에러
② 의사결정(판단) 에러
③ 출력(행동, 조작) 에러

(6) 착시

① 착시현상

착시	그림	설명
Müler-Lyer의 착시	a, b	a가 b보다 길게 보인다.
Helmholz의 착시	a, b	a는 가로로 길어 보이고 b는 세로로 길어 보인다.
Hering의 착시	a, b	a는 양단이 벌어져 보이고 b는 중앙이 벌어져 보인다.
Poggendorf의 착시	a, b, c	a와 c가 일직선으로 보이지만 실제로는 a와 b가 일직선이다.
Köhler의 착시		우선 평행의 호를 보고, 이어 직선을 본 경우에는 직선은 호와 반대 방향으로 휘어져 보인다.
Zöller의 착시		수직 평행인 세로의 선들이 평행하지 않은 것으로 보인다.

② 운동착시

㉠ 가현운동(β운동) : 정지하고 있는 대상물이 빠르게 나타났다가 사라지는 것으로 인하여 그 물체가 마치 운동하는 것처럼 인식되는 현상
㉡ 자동운동 : 암실 내에서 정지된 소광점을 응시하면 그 광점이 움직이는 것처럼 보이는 현상
㉢ 유도운동 : 실제로는 움직이지 않는 것이 어느 기준의 이동에 유도되어 움직이는 것처럼 느껴지는 현상

③ 게스탈트 지각원리

근접성의 원리		시공간적으로 가까운 요소들을 하나로 묶어 그룹으로 인식한다.
유사성의 원리		형태, 크기, 색 등 시각적으로 유사한 요소끼리 그룹지어 하나의 패턴으로 인식한다.
연속성의 원리		연속적으로 나열된 요소를 선이나 곡선의 형태로 인식한다.
폐쇄성의 원리		불완전한 형태에 부족한 부분을 채워서 완전한 형태로 인식한다.
단순성의 원리		모호하거나 복잡한 이미지를 단순한 형태로 인식하려고 한다.
공통성의 원리		서로 같은 방향으로 움직이는 요소들은 서로 연관되어 보인다.
대칭성의 원리		사물의 가운데를 중심으로 대칭인 형태로 보려는 것이다.

핵심 문제

01 다음 중 심리적 측면에서 분류한 휴먼에러의 분류에 속하는 것은?

① 입력 오류
② 생략 오류
③ 정보처리 오류
④ 의사결정 오류

정답 | ②
해설 | 심리적 측면에서의 휴먼에러 분류(Swain)는 생략(누락, 부작위) 오류(omission error), 작위(실행) 오류(commission error), 순서 오류(sequential error), 시간(지연) 오류(time error), 과잉 행동(불필요한 행동) 오류(extraneous error)이다.

02 스웨인(Swain)의 휴먼에러 분류 중 다음 사례에서 재해의 원인이 된 동료 작업자 B의 휴먼에러로 적합한 것은?

> 컨베이어 벨트 위에 앉아 있는 작업자 A가 동료 작업자 B에게 작동 버튼을 살짝 눌러서 벨트가 조금만 움직이다가 멈추게 하라고 요청했다. 동료 작업자는 버튼을 누르던 중 균형을 잃고 버튼을 과도하게 눌러서 벨트가 전속력으로 움직여 작업자 A가 전도되는 재해가 발생하였다.

① time error
② sequential error
③ omission error
④ commission error

정답 | ④
해설 | 작위(실행) 오류(commission error)는 필요한 작업이나 절차를 수행하였으나 잘못 수행한 에러이다.

03 Rasmussen의 인간행동 분류에 기초한 인간오류에 해당하지 않는 것은?

① 규칙에 기초한 행동(rule-based behavior) 오류
② 실행에 기초한 행동(commission-based behavior) 오류
③ 기능에 기초한 행동(skill-based behavior) 오류
④ 지식에 기초한 행동(knowledge-based behavior) 오류

정답 | ②
해설 | 인간행동 분류에 기초한 인간오류는 지식기반 에러(knowledge-based error), 규칙기반 에러(rule-based error), 숙련(기능)기반 에러(skill-based error)이다.

3. 휴먼에러의 배후요인

(1) 휴먼에러의 배후 4요인(4M)

Man (인간)	• 동료나 상사 • 본인 이외의 사람 등의 인간관계
Machine (기계나 설비)	• 기계설비 등의 물적 요인 • 기계설비의 고장, 결함
Media (매체, 인간-기계 관계)	• 작업의 자세, 작업의 방법, 작업의 순서 • 인간과 기계를 연결하는 매개체
Management (관리)	• 교육훈련부족 • 작업지휘 및 감독 • 적성배치 불충족

(2) 내적 요인과 외적 요인

내적 요인 (심리적 요인)	• 지식부족, 의식결여, 체험적 학습 • 선입견, 부주의, 피로
외적 요인 (물리적 요인)	• 단조로운 작업, 지나친 생산성의 강조 • 동일한 형상, 유사 형상의 배열 • 양립성에 맞지 않는 상황, 공간적 배치 원칙의 위배

(3) 안전수단을 생략하는 원인

① 의식과잉
② 조명, 소음 등 주변의 영향
③ 피로 및 과오
④ 작업규율이 느슨할 때
⑤ 부적합한 업무에 배치될 때

핵심 | 문제

01 휴먼에러로 이어지는 배후의 4요인(4M)에 해당하지 않는 것은?

① Management ② Material
③ Machine ④ Media

정답 | ②
해설 | 휴먼에러의 배후요인 4M은 인간(Man), 기계(Machine), 매체(Media), 관리(Management)이다.

SECTION 02 휴먼에러 분석 기법

1. 인간의 신뢰도

(1) 신뢰도

① 인간신뢰도는 인간의 성능이 특정한 기간 동안 실수를 범하지 않을 확률로 정의된다.
② 직렬시스템의 신뢰도
  ㉠ 부품이 모두 작동해야만 장치가 작동되는 경우이다.

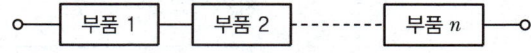

  ㉡ 시스템의 신뢰도 $R_S = R_1 \cdot R_2 \cdot R_3 \cdots R_n = \prod R_i$

③ 병렬시스템의 신뢰도

　㉠ 부품이 모두가 고장이 나야만 고장이 발생되는 시스템이다.

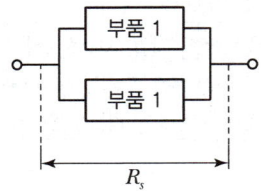

　㉡ 시스템의 신뢰도 $R_S = 1 - (1-R_1)(1-R_2)$

(2) 이산적 직무에서 인간신뢰도

① 이산적인 직무(discrete job) : 사건당 실패 수

② 인간실수확률(HEP ; human error probability) : 특정한 직무에서 하나의 착오가 발생할 확률

$$\text{인간실수확률(HEP)} = p = \frac{\text{인간의 실수 수}}{\text{전체 실수 발생 기회의 수}}$$

③ 직무의 성공적 수행 확률

$$\text{인간신뢰도 } R = 1 - HEP$$

④ 매 시행마다 인간실수확률(HEP)이 p로 동일하게 주어져 있는 작업을 독립적으로 n번 반복하는 경우 실수 없이 성공적으로 직무를 수행할 확률

$$\text{인간신뢰도 } R(n) = (1-p)^n$$

(3) 연속적 직무에서 인간신뢰도

① 연속적인 직무(continuous job)에서 인간실수율은 단위 시간당 실패수로 표현된다(레이더 화면 감시작업, 자동차 운전작업 등).

② 연속적 직무에서 인간의 실수율이 불변(stationary)이고, 실수과정이 과거와 무관(independent)하다면 실수과정은 푸아송(Poisson)분포를 따르는 모형으로 설명할 수 있다.

③ 인간실수율 : 범한 실수 수를 총 직무기간으로 나누어 추정한다.

$$\text{인간실수율 } \lambda = \frac{\text{휴먼에러 횟수}}{\text{전체 직무시간}} = \frac{r}{T}$$

④ 인간실수율이 불변이고 이전의 작업들과 독립적으로 발생한다고 가정하면, 주어진 기간 t_1에서 t_2 사이의 기간 동안 작업을 성공적으로 수행할 인간신뢰도는 다음과 같다.

$$인간신뢰도\ R(t) = e^{-\lambda(t_2-t_1)}$$

(4) 요원중복

① 직무 중 일부에 요원 후원(backup)이 예상되는 경우이다.
② 운전자 한 사람의 인간 성능 신뢰도가 R_1이라면 2인조의 인간신뢰도는 R_2이다.

$$R_2 = 1-(1-R_1)^2$$

③ 부분적 요원중복을 고려하는 경우는 R_1과 R_2의 가중평균을 사용한다.

핵심 문제

01 어떤 사업장의 생산라인에서 완제품을 검사하고 있는데, 어느 날 5000개의 제품을 검사하여 200개를 불량품으로 처리하였으나 이 로트에는 실제로 1000개의 불량품이 있었을 때 로트당 휴먼에러를 범하지 않을 확률은?

① 0.16   ② 0.2   ③ 0.8   ④ 0.84

정답 | ④
해설 | 이산적 직무
- 인간의 실수 수 = 1,000 - 200 = 800
- 전체 실수 발생 기회의 수 = 5,000
- HEP = 인간의 실수 수/전체 실수 발생 기회의 수 = 800/5,000 = 0.16
- 휴먼에러를 범하지 않을 확률(신뢰도) = 1 - 0.16 = 0.84

02 작업자의 휴먼에러 발생확률이 0.05로 일정하고, 다른 작업과 독립적으로 실수를 한다고 가정할 때, 8시간 동안 에러의 발생 없이 작업을 수행할 확률은 약 얼마인가?

① 0.60   ② 0.67   ③ 0.86   ④ 0.95

정답 | ②
해설 | 연속적 직무
- 인간실수율 $\lambda = 0.05$
- $t = 8$
- 인간신뢰도 $R(t) = e^{-\lambda t} = e^{-0.05 \times 8} = 0.67$

2. 인간실수확률에 대한 추정기법

① 위급 사건 기법(CIT ; Critical Incident Technique)
  사고나 위험, 오류 등의 정보를 근로자의 직접면접, 조사 등을 사용하여 인간-기계 시스템 요소들의 관계를 규명 및 중대작업 필요조건 확인을 통한 시스템 개선을 수행한다.
② 인간실수 자료 은행(human error rate bank)
③ 직무 위급도 분석(task criticality rating analysis method : Pickrel)

3. 휴먼에러를 예방하기 위한 시스템 분석 기법

(1) 인간실수율 예측 기법(THERP ; Technique for Human Error Rate Prediction)

① 1963년 Swain 등에 의해 개발된 것으로 인간-기계시스템에 있어서 휴먼에러와 그로 인해 발생할 수 있는 오류확률을 예측하는 정량적 인간신뢰도 분석기법이다.
② 휴먼에러확률에 대한 추정기법 중 Tree 구조와 비슷한 그림을 이용하며, 사건들을 일련의 2지(binary) 의사결정 분지(分枝)들로 모형화하여 직무의 올바른 수행 여부를 확률적으로 부여함으로써 에러율을 추정하는 기법이다.
③ 인간오류확률 추정 기법 중 초기 사건을 이원적(binary) 의사결정(성공 또는 실패) 가지들로 모형화하고, 이 이후의 사건들의 확률은 모두 선행 사건에 대한 조건부 확률을 부여하여 이원적 의사결정 가지들로 분지해 나가는 방법이다.

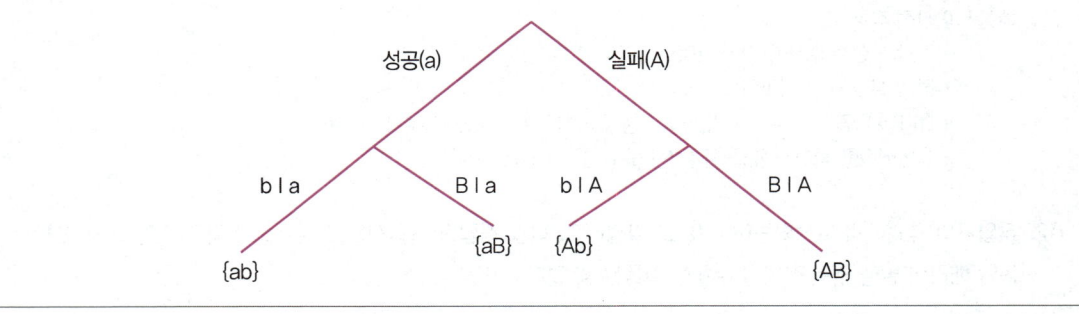

④ THERP는 완전 독립에서 완전 정(正)종속까지의 연속을 종속 정도에 따라 5수준으로 분류하여 직무의 종속성을 고려한다[완전 독립(0%), 저(5%), 중(15%), 고(50%), 완전 종속(100%)].

(2) 조작자 행동 나무(OAT ; Operator Action Tree)

① 인간오류확률의 추정기법이다.
② 위급직무의 순서에 초점을 맞추어 조작자 행동 나무를 구성하고, 이를 사용하여 사건의 위급경로에서 조작자의 역할을 분석하는 기법이다.

(3) 결함 나무 분석(FTA ; Fault Tree Analysis)

① 기계 설비 또는 인간 - 기계시스템의 고장이나 재해 발생요인을 Fault Tree 도표에 의하여 분석하는 방법이다.
② 논리적으로 필연적인 원리에 따라 혹은 진리 보존적 추리 규칙에 따라 주어진 전제로부터 결론을 이끌어 내는 방법(연역법)을 사용한다.
③ 하향식(top - down) 방식의 접근방법에 해당하는 시스템 안전 분석기법이다.
④ 해석하고자 하는 정상사상(top event)과 기본사상(basic event)의 인과관계를 도식화하여 나타낸다.
⑤ 정성적 결함 나무를 작성한 후에 정상사상(Top Event)이 발생할 확률을 계산한다.
⑥ 고장이나 재해요인의 정성적 분석뿐만 아니라 정량적 분석이 가능하다(컴퓨터 처리 가능).
⑦ FTA에 사용되는 논리기호

명칭	설명	기호
결함사항	고장 또는 결함으로 나타나는 비정상적인 사상이다.	
기본사항	더 이상 전개되지 않는 기본적인 사상이다.	
생략사상	정보 부족, 해석기술의 불충분으로 더 이상 전개할 수 없는 말단 사상이다.	
AND gate	모든 입력이 동시에 발생해야만 출력사상이 발생한다.	
OR gate	입력사상 중 어느 하나라도 발생하면 출력사상이 발생한다.	또는
억제게이트	조건부 사건이 일어나는 상황하에서 입력이 발생할 때 출력이 발생한다.	
조건 gate	제약 gate라고도 하며 어떤 조건을 나타내는 사상이 발생할 때만 출력이 발생한다.	

⑧ 고장확률[P(T)]의 계산

AND gate	OR gate
$F = F_A \times F_B$	$F = 1 - [(1 - F_A)(1 - F_B)]$

(4) 사건 트리 분석(ETA ; Event Tree Analysis)

① 의사 결정 나무를 작성하여 재해 사고를 분석하는 방법으로 확률적 분석이 가능하며 문제가 되는 초기사항을 기준으로 파생되는 결과를 귀납적으로 분석하는 방법이다.
② 사고의 발단이 되는 초기사상의 시스템이 입력될 경우 그 영향이 계속해서 어떤 부적합한 사상으로 발전해 가는 과정을 나뭇가지로 갈라지는 식으로 추구해 분석하는 방법이다.

(5) 고장형태와 영향 분석(FMEA ; Failure Modes and Effects Analysis)

① 시스템에 영향을 미치는 모든 요소의 고장을 형태별로 분석하여 그 영향을 검토하는 것이다.
② 정성적 분석방법, 귀납적 분석방법이다.
③ 잠재적 고장의 발생을 감소시키거나 제거할 수 있다.
④ FMEA의 실시과정에는 고장 메커니즘에 대한 많은 정보와 지식이 필요하다.
⑤ 상향식(bottom up) 분석방법을 취하고 있다.

(6) 예비 위험 분석(PHA ; preliminary hazard analysis)

모든 시스템 안전프로그램의 최초 단계의 분석으로서 시스템 내의 위험요소가 얼마나 위험상태에 있는가를 정성적으로 평가하는 것이다.

핵심 문제

01 FTA(Fault Tree Analysis)에 대한 설명으로 옳지 않은 것은?

① 정성적 결함 나무(FT ; Fault Tree)를 작성하기 전에 정상사상이 발생할 확률을 계산한다.
② 고장이나 재해요인의 정성적 분석뿐만 아니라 정량적 분석이 가능하다.
③ "사건이 발생하려면 어떤 조건이 만족하여야 하는가?"에 근거한 연역적 접근방법을 이용한다.
④ 해석하고자 하는 정상사상(top event)과 기본사상(basic event)의 인과관계를 도식화하여 나타낸다.

정답 | ①
해설 | 정성적 결함 나무(FT ; Fault Tree)를 작성한 후에 정상사상이 발생할 확률을 계산한다.

SECTION 03 휴먼에러의 예방 대책

1. 휴먼에러의 원인 및 예방 대책

(1) 일반적 고려사항 및 대책

① 작업자 특성 조사에 의한 부적격자의 배제
② 가능한 한 많은 인간 실수에 대한 정보의 획득

③ 시각 및 청각에 좋은 조건으로의 정비
④ 오인하기 쉬운 조건의 삭제
⑤ 오판하기 쉬운 방향성의 고려
⑥ 오판율을 줄이기 위한 표시장치의 고려
⑦ 시간 요소 고려

(2) 인적 요인에 대한 대책

① 작업에 관한 교육훈련과 작업 전 회의
② 작업의 모의훈련으로 시나리오에 따른 리허설
③ 소집단 활동
④ 적재적소에 숙달된 전문인력의 배치 등

(3) 설비 및 작업 환경적 요인에 대한 대책

① 사전 위험요인의 제거
② fail safe : 기계가 고장이 나더라도 안전사고를 발생시키지 않도록 2중 또는 3중으로 통제하는 것
③ fool proof : 사용자가 조작의 실수를 하더라도 사용자에게 피해를 주지 않도록 하는 설계 개념으로, 회전하는 모터의 덮개를 벗기면 모터가 정지하는 방식
④ 예지정보, 인공지능 활용 등 정보의 피드백
⑤ 경보 시스템(예고 경보, 의식 레벨 분류 등)
⑥ 대중의 선호도 활용(습관, 관습 등)
⑦ 시인성(색, 크기, 형태, 위치, 변화성, 나열 등)
⑧ 인체측정치의 적합화

(4) 관리 요인에 의한 대책

① 안전에 대한 분위기 조성
② 설비, 환경의 사전 개선

(5) 휴먼에러 방지의 3가지 설계기법

① 배타설계(exclusion design) : 인간실수의 요소를 근원적으로 제거하여 오류를 범할 수 없도록 사물을 설계하는 것
② 보호(예방)설계(prevention design) : 보호설계 혹은 fool proof 설계라고도 하며, 사람의 부주의로 인한 실수를 미연에 방지하도록 설계하는 것
③ 안전설계(fail-safe design) : 기계나 그 부품에 고장이나 기능불량이 생겨도 항상 안전하게 작동하도록 설계하는 것

03 CHAPTER 집단, 조직 및 리더십

SECTION 01 조직 이론

1. 집단 및 조직의 특성

(1) 집단 및 조직의 특성

① 집단은 사회적으로 상호작용하는 둘 혹은 그 이상의 사람으로 구성된다.
② 집단은 구성원들 사이에 일정한 수준의 안정적인 관계가 있어야 한다.
③ 구성원들이 스스로 집단의 일원으로 인식해야 집단이라고 칭할 수 있다.
④ 집단은 공동의 목표를 가지고 있다.

(2) 베버(Max Weber)의 관료주의

① 관료주의적 사고와 관리는 엄격한 규칙과 절차, 계층구조의 조직체계, 노동의 분업에 토대를 두고 있다.
② 산업화 초기의 비규범적 조직운영을 체계화시키는 역할을 했다.
③ 노동의 분업화를 전제로 조직을 구성한다.
④ 부서장들의 권한 일부를 수직적으로 위임하도록 했다.
⑤ 관료주의 4가지 기본원칙
  ㉠ 노동의 분업 : 작업의 단순화 및 전문화
  ㉡ 권한의 위임 : 관리자를 소단위로 분산
  ㉢ 통제의 범위 : 각 관리자가 책임질 수 있는 작업자의 수
  ㉣ 구조 : 조직의 높이와 폭
⑥ 관료조직의 중요한 문제점
  ㉠ 인간의 가치와 욕구를 무시하고 인간을 조직도 내의 한 구성요소로만 취급한다.
  ㉡ 개인의 성장이나 자아실현의 기회가 주어지지 않는다.
  ㉢ 개인은 상실되고 독자성이 없어질 뿐 아니라 창의력이 소멸한다.
  ㉣ 사회적 여건이나 기술의 변화에 신속히 대응하기가 어렵다.

(3) 과학적 관리법

① 1900년대 테일러는 당시의 방임관리를 지양하고 작업자의 과업(task)을 과학적으로 관리함으로써 고임금 저노무비를 실현하고자 과학적 관리법을 제시했다.

② 과업관리
　㉠ 1일 공정한 작업량(과업)의 과학적 결정(스톱워치 이용)
　㉡ 작업방법 및 작업조건의 표준화
③ 차별적 성과급제
　㉠ 과업을 성공적으로 달성한 근로자에 대한 우대(고임금 지급)
　㉡ 주어진 과업량을 달성하는 데 실패한 근로자의 손실
④ 과학적 관리법의 운영제도
　㉠ 기획부 제도(Planning Department) : 작업자의 시간이 작업계획이나 준비작업에 투입하는 것을 지양하고 기획부를 설치하여 기획 및 준비를 하게 하여 실제의 생산작업에만 종사하도록 하였다.
　㉡ 기능(직능)식 직장(조장)제도(Functional Foremanship) : 작업자 조건에 관한 준비나 작업방법을 작업자에게 지도하는 감독자인 직장(ForMan)에게 분담시키기 위하여 기능별 책임자가 작업에 대한 분업적 지도를 하게 하였다.
　㉢ 작업지도 카드제도 : 작업을 분담하여 감독하는 기능직 직장들은 작업을 지시할 때 주요사항을 지도카드에 기록·지시하여 과업관리를 통제하였다.

(4) 호손(Hawthorne)의 실험

① 호손공장에서 메이요 교수가 주축이 되어 3만 명의 종업원을 대상으로 실험하였다.
② 실험내용
　㉠ 1차 실험 : 조명실험
　㉡ 2차 실험 : 근로시간 단축, 휴식, 간식 제공 등
　㉢ 3차 실험 : 면접실험(인간적인 면 파악)
③ 결론
　㉠ 작업자의 작업능률은 물리적인 작업조건보다는 작업자의 인간관계에 영향을 더 많이 받는다.
　㉡ 비공식 집단이 생산성에 미치는 영향이 크다.

핵심 문제

01 호손(Hawthorne)의 실험 결과로서 생산성에 영향을 주는 요인으로 분석된 것은?

① 조명의 밝기　　　　② 규약의 강도
③ 인간관계　　　　　④ 설비 수준

정답 | ③
해설 | 작업자의 작업능률은 물리적인 작업조건보다는 작업자의 인간관계에 영향을 더 많이 받는다.

2. 조직의 형태

(1) 라인 조직(line organization)

① 라인 조직은 직계식 조직 또는 군대식 조직이라도 한다.
② 최고 상위에서부터 최하위의 단계에 이르는 모든 직위가 단일 명령권한의 라인으로 연결된 조직형태이다.
③ 명령계통이 일원화되는 반면 전문적 기술의 확보가 어렵고, 소규모 조직에 적용하기 용이한 조직형태이다.

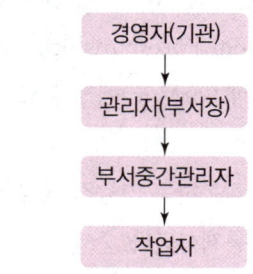

(2) 직능식 조직(기능식 조직, functional organization)

① 테일러(F.W. Taylor)에 의해 주장된 조직형태로서 관리자가 일정한 관리기능을 담당하도록 기능별 전문화가 이루어진 조직이다.
② 관리자가 일정한 관리기능을 담당하도록 기능별 전문화가 이루어지고, 각 관리자는 자기의 관리직능에 관한 것인 한 다른 부문의 부하에 대하여도 명령·지휘하는 권한을 수여한 조직을 말한다.

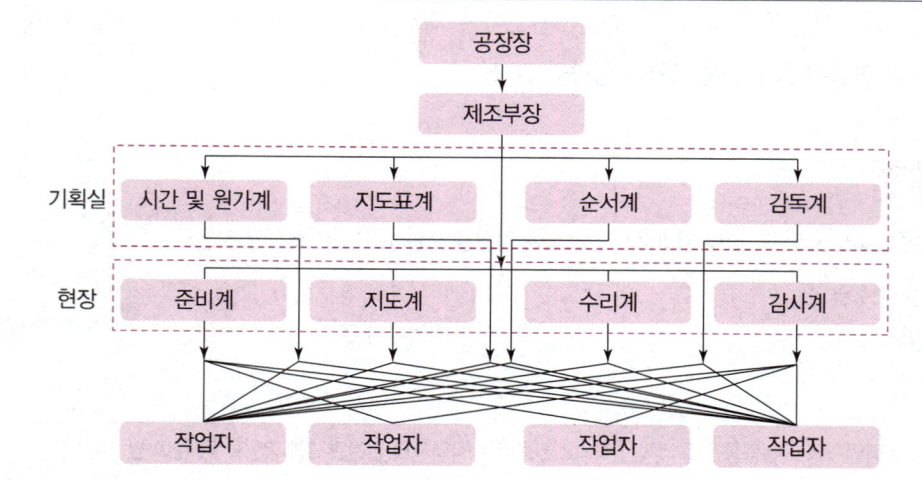

(3) 직계참모 조직(line and staff organization)

① 라인 - 스텝 조직이라고도 한다.

② 조직에서 직능별 전문화의 원리와 명령 일원화의 원리를 조화시킬 목적으로 형성한 조직이다.

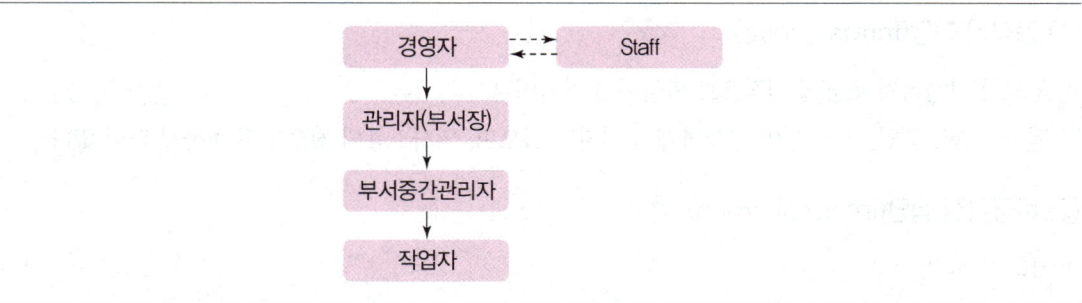

(4) 위원회 조직

특정 목적을 위해 공동의사를 결정하는 회의체로서 현대에 많은 기업체에서 경영의 실천과정으로 도입하고 있는 조직형태이다.

핵심 문제

01 테일러(F.W. Taylor)에 의해 주장된 조직형태로서 관리자가 일정한 관리기능을 담당하도록 기능별 전문화가 이루어진 조직은?

① 위원회 조직 ② 직능식 조직
③ 프로젝트 조직 ④ 사업부제 조직

정답 | ②
해설 | 직능식 조직(기능식 조직, functional organization)은 테일러에 의해 주장된 조직형태로서 관리자가 일정한 관리기능을 담당하도록 기능별 전문화가 이루어진 조직이다.

SECTION 02 　집단역학 및 갈등

1. 집단의 종류

(1) 공식적 집단(formal group)
① 목표를 달성하기 위해 공식적으로 만들어진 집단이다.
② 권력, 권한, 책임, 업무 등이 명확하게 주어지고 있으며, 의사소통의 경로도 뚜렷하게 되어 있다.

(2) 비공식적 집단(informal group)
① 규모가 작다.
② 동료애의 욕구가 강하다.
③ 개인적 접촉의 기회가 많다.
④ 감정의 논리에 따라 운영된다.

2. 집단 응집성(group cohesiveness)

(1) 집단 응집성
① 집단을 이루는 구성원들이 서로에게 매력적으로 끌리어 그 집단 목표를 달성하는 정도를 나타낸다.
② 소시오메트리 연구에서는 실제 상호선호관계의 수를 가능한 상호선호관계의 총 수로 나누어 지수(index)로 표현한다.

$$응집성\ 지수 = \frac{실제\ 상호작용의\ 수}{가능한\ 상호작용의\ 수}$$

③ 집단 응집성은 상대적인 것이며, 절대적인 것은 아니다.
④ 응집성이 높은 집단일수록 결근율과 이직률이 낮다.

(2) 집단 응집성의 영향요인
① 목표달성 시 성공체험을 공유함으로써 집단의 응집력이 높아진다.
② 집단의 구성원이 적을수록(규모가 작은 집단) 응집력이 높다.
③ 집단 구성원 간에 공유된 태도와 가치관은 응집력을 높인다.
④ 가입의 난이도가 높을수록 응집력은 커진다.
⑤ 외부의 위협이 있을 때 응집력이 높다.
⑥ 함께 보내는 시간이 많을수록 응집력이 높다.
⑦ 과거에 성공한 경험이 있을 때 응집력이 높아진다.

(3) 소시오메트리

집단역학에 있어 구성원 상호 간의 선호도를 기초로 집단 내부에서 발생하는 상호관계를 분석하는 기법을 말한다.

(4) 선호 신분지수

$$선호\ 신분지수 = \frac{선호\ 총계(선호 - 거부)}{구성원 - 1}$$

핵심 문제

01 10명으로 구성된 집단에서 소시오메트리(sociometry) 연구를 사용하여 조사한 결과 실제 긍정적인 상호작용을 맺고 있는 관계의 수가 16일 때 이 집단의 응집성 지수는 약 얼마인가?

① 0.222 ② 0.356
③ 0.401 ④ 0.504

정답 | ②

해설 | • 총인원 n = 10
• 가능한 상호작용의 수 $_nC_2 = {_{10}}C_2 = 45$
• 응집성 지수 = $\frac{실제\ 상호선호관계의\ 수}{가능한\ 상호작용의\ 수} = \frac{16}{45} = 0.356$

02 다음 소시오그램에서 B의 선호 신분지수로 옳은 것은?

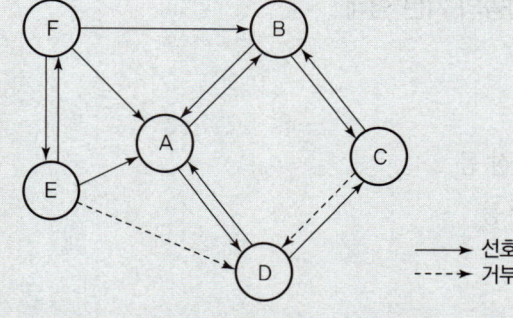

① 1/5 ② 2/5
③ 3/5 ④ 4/5

정답 | ②

해설 | B의 선호 신분지수 = $\frac{선호\ 총계(선호 - 거부)}{구성원 - 1} = \frac{3-0}{6-1} = \frac{3}{5}$

3. 집단규범

(1) 집단규범

① 집단에 의해 기대되는 행동의 기준을 비공식적으로 규정하는 규칙이다.
② 어느 집단이 자기의 규범을 인정할 때 그 규범은 최소한의 외적 통제력을 갖고 구성원의 개인행위에 영향을 미치게 된다.
③ 일단 규범이 정립되면 구성원들이 그 규범에 동조할 것을 요구한다.
④ 구성원이 집단의 규범에 동조할 때 그는 집단의 보호를 받고 심리적 안정을 얻을 수 있으나 자신의 개성 발전과 성숙에는 도움이 되지 못한다.
⑤ 반면에 동조하지 않으면 고립되거나 국외 인물(isolate or deviant)로 취급받을 수 있다.

(2) 인간관계의 메커니즘(mechanism)

투사 (Projection)	자기 속에 억압된 것을 다른 사람의 것으로 생각하는 것이다.
암시 (Suggestion)	다른 사람으로부터의 판단이나 행동을 무비판적으로 논리적, 사실적 근거 없이 받아들이는 것이다.
동일화 (Identification)	다른 사람의 행동양식이나 태도를 투입시키거나 다른 사람 가운데서 자기와 비슷한 것을 발견하는 것이다.
모방 (Imitation)	남의 행동이나 판단을 표본으로 하여 그것과 같거나 그것에 가까운 행동 또는 판단을 취하려는 것이다.
커뮤니케이션 (Communication)	여러 가지 행동양식이나 기호를 매개로 하여 어떤 사람으로부터 다른 사람에게 전달되는 과정(언어, 몸짓, 신호, 기호 등)이다.

(3) 집단에 있어서 사회행동의 기본 형태

① 협력 : 조력, 분업 등
② 대립 : 공격, 경쟁 등
③ 도피 : 고립, 정신병, 자살 등
④ 융합 : 강제, 타협, 통합 등

4. 집단 갈등

(1) 집단 간 갈등의 원인

① 집단 간의 목표 차이
② 제한된 자원
③ 견해와 행동 경향 차이
④ 역할 모호성

⑤ 집단 간의 인식 차이
⑥ 작업유동의 상호의존성

(2) 갈등 해결 방법

① <u>문제의 공동 해결</u> 방법 : 갈등을 일으키는 집단끼리 직접 대면하여 문제를 분석하고 해결하는 방법
② 상위 목표의 도입 : 집단 갈등을 초월할 수 있는 상위 목표를 제시함으로써 갈등이 완화되고 공동노력이 조성되는 방법
③ 자원의 확충 : 자원의 공급을 늘려 갈등을 해소하는 방법
④ 전제적 명령 : 공식적인 상위 계층이 하위 집단에게 명령하여 갈등을 제거하는 방법
⑤ 조직구조의 변경 : 조직의 공식적 구조를 집단 간 갈등이 발생하지 않도록 변경하는 방법
⑥ 공동 적의 설정 : 갈등 관계에 있는 두 집단에 공통되는 적을 설정하는 방법
⑦ <u>타협</u> : 서로가 양보와 희생을 통해 공동의 목표달성에 도달하는 방법
⑧ 회피 : 자신의 이익이나 상대방의 이익에 모두 무관심함으로써 갈등상황을 회피하는 방법

(3) 갈등 촉진 기법

① 의사소통의 증대
② 구성원의 이질화
③ 경쟁에 의한 자극
④ 조직구조의 변경(집단 간의 갈등을 해결함과 동시에 갈등을 촉진시킬 수 있는 방법)

SECTION 03 리더십 관련 이론

1. 리더십과 헤드십

(1) 리더십과 헤드십의 구분

구분	리더십	헤드십
권한 행사 및 부여	구성원의 동의에 의해 선출된 지도자	외부로부터 임명된 헤드
권한 근거	개인능력	법적 또는 공식적
상관과 부하와의 관계	개인적인 경향	지배적
책임 귀속	상사와 부하	상사
부하와의 사회적 간격	좁음	넓음
지위 형태	민주주의적	권위주의적
권한 귀속	집단목표에 기여한 공로 인정	공식화된 규정에 의함

(2) 리더십 유형

유형	개념
권위적(독재적) 리더십 (X이론)	• 리더에 의한 모든 정책의 결정(리더 중심) • 리더의 과업 및 과업 수행 구성원을 지정해 줌 • 각 구성원의 업적을 평가할 때 주관적이기 쉬움 • 부하직원의 정책 결정에 참여 거부 • 일 중심형으로 업적에 대한 관심은 높지만 인간관계에 무관심
민주적 리더십 (Y이론)	• 리더의 지원에 의한 집단 토론식 정책결정(집단 중심) • 추종자(부하직원)에게 참여와 자유 인정 • 추종자(부하직원)의 적극적 자기실현 기회의 확보 • 자발적 행동이 나타남
자유방임형(개방적) 리더십	• 리더의 최소 개입 또는 개인적인 결정의 완전한 자유 • 구성원에게 최대한의 자유를 허용하고, 리더의 권한 행사는 없음 • 집단 구성원 간의 합의가 안 될 경우 혼란 야기(종업원 중심)

(3) 리더십 권한

조직이 리더에게 부여한 권한	보상적 권한	부하직원들을 승진시킬 수 있고 봉급을 인상해 주는 등의 능력
	강압적 권한	구성원을 징계 또는 처벌할 수 있는 권한
	합법적 권한	조직 내의 공식적인 지위에서 비롯된 권한
리더 자신이 자신에게 부여한 권한	전문성의 권한	리더가 전문적이고 깊이 있는 지식과 재능을 가질 때 발생하는 권한
	위임된 권한	부하직원들이 상사를 존경하여 스스로 따른다고 할 때 상사에게 부여되는 권한

(4) 리더가 구성원에 영향력을 행사하기 위한 9가지 전략

① 합리적 설득 : 논리적 설명이나 사실에 근거하여 설득한다.
② 자문 : 구성원의 참여를 유도하여 적극적으로 의견을 물어본다.
③ 제휴 : 다른 리더와 좋은 관계를 맺고 지지를 얻어 우회적으로 구성원에게 영향력을 행사한다.
④ 합법적 권위 : 리더의 요구가 조직의 정책, 규칙에 일치함을 강조한다.
⑤ 압력 : 지속적으로 직접적인 요구를 한다.
⑥ 교환 : 대가를 제공한다.
⑦ 칭찬 : 구성원의 기분을 좋게 하거나 호의적으로 생각한다.
⑧ 고무적 호소 : 구성원의 가치나 포부에 호소하고, 할 수 있다는 믿음을 전달한다.
⑨ 개인적 호소 : 충성심이나 감정에 호소한다.

(5) 평정오류

① 할로효과(후광효과, halo effect)
㉠ 어떤 사람에 관한 평가자의 개인적 인상이 피평가자 개개인의 특징에 관한 평가에 영향을 미치는 것이다.

ⓒ 평가대상자의 수행에 대하여 제한된 지식을 가지고 있음에도 불구하고 다양한 수행차원 모두에서 획일적으로 줄거나 또는 나쁜 수행을 나타낸다고 평가하는 것이다.
② 중앙집중 오류 : 극단적으로 높거나 낮은 평정을 하지 않으려는 경향이다.
③ 관대화 경향 : 되도록 긍정적으로 관대하게 평정하려는 경향이다.

핵심 문제

01 헤드십(headship)과 리더십(leadership)을 상대적으로 비교·설명한 것으로 헤드십의 특징에 해당되는 것은?

① 민주주의적 지휘형태이다.
② 구성원과의 사회적 간격이 넓다.
③ 권한의 근거는 개인의 능력에 따른다.
④ 집단의 구성원들에 의해 선출된 지도자이다.

정답 | ②
해설 | 헤드십은 구성원과의 사회적 간격이 넓다.

02 다음 중 민주적 리더십과 관련된 이론이나 조직형태는?

① X이론 ② Y이론 ③ 라인형 조직 ④ 관료주의 조직

정답 | ②
해설 | 민주적 리더십과 관련된 이론은 Y이론이다.

03 조직의 리더(leader)에게 부여하는 권한 중 구성원을 징계 또는 처벌할 수 있는 권한은?

① 보상적 권한 ② 강압적 권한 ③ 합법적 권한 ④ 전문성의 권한

정답 | ②
해설 | 강압적 권한은 구성원을 징계 또는 처벌할 수 있는 권한이다.

2. 리더십 이론

(1) 특성이론

① 리더의 개인적인 자질에 의해 리더십의 성공이 좌우된다고 보는 이론이다.
② 리더는 신체적 특성(신장, 외모, 힘), 성격(자신감, 현실지향적, 강한 출세욕구), 능력(지능, 통찰력, 독창성) 등의 특성을 갖고 태어난다.

(2) 리더십 행동이론

① 리더의 기질은 타고나는 것이 아니라 교육훈련에 의해서 향상되므로, 좋은 리더는 육성될 수 있다고 가정한다.

② 오하이오 주립대학교의 연구
   ㉠ 리더의 행동을 크게 종업원에 대한 배려의 많고 적음과 구조주도의 많고 적음으로 분류하여 네 가지 형태의 리더십 유형을 제시하였다.
   ㉡ 배려적 리더는 관계지향적, 인간중심적으로 인간에 관심을 가지고 있다.
   ㉢ 구조적 리더는 구성원의 과업을 설정, 배정하고 구성원과의 의사소통 네트워크를 명백히 한다.
   ㉣ 구조적 리더십은 성과를 구체적으로 정확하게 평가하는 행동 유형이다.
   ㉤ 구조주도적 리더십은 구성원들의 성과환경을 구조화하는 리더십 행동이다.

③ 관리격자(관리그리드, management grid mode)이론
   ㉠ 블레이크와 모우톤이 구조주도적-배려적 리더십 개념을 연장시켜 정립한 이론이다.
   ㉡ (1, 1)형은 과업과 인간관계 유지 모두에 관심을 갖지 않는 무관심형이다.
   ㉢ (9, 1)형은 과업에 대한 관심은 높으나 인간에 대한 관심은 낮은 과업형이다.
   ㉣ (1, 9)형은 인간에 대한 관심은 높으나 과업에 대한 관심은 낮은 인기형이다.
   ㉤ (5, 5)형은 과업과 인간관계 유지 모두에 적당한 정도의 관심을 갖는 중도형(타협형)이다.
   ㉥ (9, 9)형은 과업과 인간관계 유지 모두에 관심이 높은 이상형으로서 팀형이다.

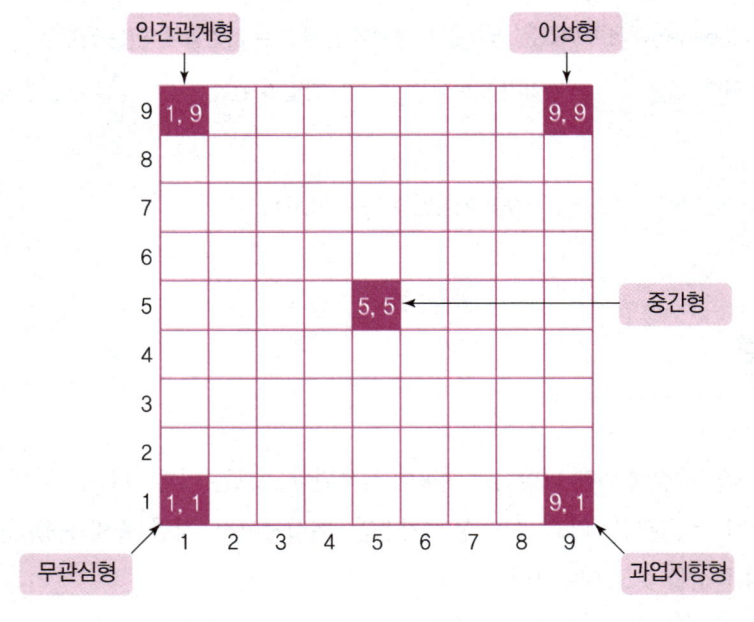

(3) 상황이론

① 리더와 부하들 간의 역동적인 상호작용이 리더십 형태에 매우 중요하다고 본다.
② 피들러의 상황이론
  ㉠ 리더의 성격 특성과 상황의 호의성 간의 상호작용에 의해 리더십의 효과성이 결정된다.
  ㉡ 리더십 상황적 특성
   • 리더–구성원 관계 : 리더에 대해 부하가 가지고 있는 신뢰나 존경의 정도
   • 과업구조 : 과업의 목표가 명시되어 있고 그것을 수단의 명확성 정도
   • 리더의 직위권한 : 부하에 대한 보상과 처벌을 결정할 수 있는 권한

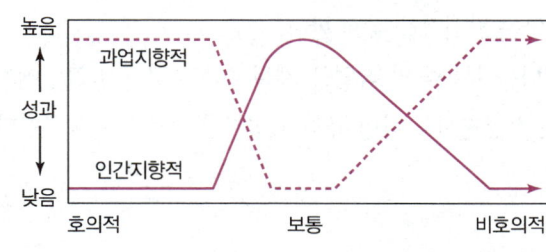

상황요인	1	2	3	4	5	6	7	8
리더–구성원 관계	좋음	좋음	좋음	좋음	나쁨	나쁨	나쁨	나쁨
과업구조	높음	높음	낮음	낮음	높음	높음	낮음	낮음
직위권력	강함	약함	강함	약함	강함	약함	강함	약함

  ㉢ 과업지향적인 리더는 고도로 호의적이거나 고도로 비호의적인 상황에서 효과적이며, 상황의 호의성이 중간 정도인 상황에서는 관계지향적 리더가 효과적이다.
③ 허쉬와 블랜차드의 이론
  ㉠ 협력적 행동(관계지향)과 지시적 행동(과업지향)으로 이루어지며, 관리격자이론과 달리 하나의 최적의 리더십 유형이 있다고 보지 않는다.
  ㉡ 리더는 부하들의 성숙 수준에 따라 다른 리더십 행동을 보여야 한다.

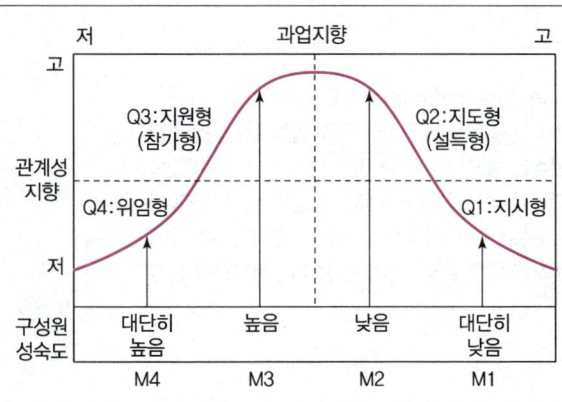

④ 하우스의 경로 – 목표이론(path – goal theory)
  ㉠ 기대이론에 근거하여 리더의 행동이 부하의 기대감을 충족시켜 동기유발과 직무만족을 이끌어내는 과정을 설명한다.
  ㉡ 리더 행동에 따른 4가지 범주
    - **후원적 리더는 부하들의 욕구, 복지문제 및 안정, 온정에 관심을 기울이고, 친밀한 집단 분위기를 조성한다.**
    - 참여적 리더는 부하들과 정보자료를 많이 활용하여 부하들의 의견을 존중하여 의사결정에 반영한다.
    - 성취지향적 리더는 도전적 목표를 설정하고, 높은 수준의 수행을 강조하여 부하들이 그러한 목표를 달성할 수 있다는 자신감을 갖게 한다.
    - 주도적(지시적) 리더는 부하들의 작업을 계획하고 조정하며 그들에게 기대하는 바가 무엇인지 알려주고 구체적인 작업지시를 하며 규칙과 절차를 따르도록 요구한다.

핵심 문제

01 리더십은 교육훈련에 의해서 향상되므로, 좋은 리더는 육성될 수 있다는 가정을 하는 리더십 이론은?

① 특성접근법 ② 상황접근법
③ 행동접근법 ④ 제한적 특질접근법

정답 | ③
해설 | 리더십 행동이론은 리더의 기질은 타고나는 것이 아니라 교육훈련에 의해서 향상되므로, 좋은 리더는 육성될 수 있다고 가정한다.

02 관리그리드 모형(management grid model)에서 제시한 리더십의 유형에 대한 설명으로 옳지 않은 것은?

① (9, 1)형은 인간에 대한 관심은 높으나 과업에 대한 관심은 낮은 인기형이다.
② (1, 1)형은 과업과 인간관계 유지 모두에 관심을 갖지 않는 무관심형이다.
③ (9, 9)형은 과업과 인간관계 유지 모두에 관심이 높은 이상형으로서 팀형이다.
④ (5, 5)형은 과업과 인간관계 유지 모두에 적당한 정도의 관심을 갖는 중도형이다.

정답 | ①
해설 | 관리격자(관리그리드, management grid mode)이론
  ㉡ (1, 1)형은 과업과 인간관계 유지 모두에 관심을 갖지 않는 무관심형이다.
  ㉢ (9, 1)형은 과업에 대한 관심은 높으나 인간에 대한 관심은 낮은 과업형이다.
  ㉣ (1, 9)형은 인간에 대한 관심은 높으나 과업에 대한 관심은 낮은 인기형이다.
  ㉤ (5, 5)형은 과업과 인간관계 유지 모두에 적당한 정도의 관심을 갖는 중도형이다.
  ㉥ (9, 9)형은 과업과 인간관계 유지 모두에 관심이 높은 이상형으로서 팀형이다.

CHAPTER 04 직무 스트레스

SECTION 01 스트레스의 개요

1. 스트레스 이론

(1) 스트레스의 개념

① 위협적인 환경 특성에 대한 개인의 반응이라 볼 수 있다.
② 스트레스는 있는지 혹은 없는지의 2차원적인 성질의 것이 아니라 어느 정도 있는가 하는 정도의 차이를 설명하기 위해 자신이 어느 정도의 스트레스를 지니고 있는지를 측정하여야 한다.
③ 스트레스는 지각 또는 경험과 관계가 있다. 즉, 스트레스를 지각하거나 경험하지 않으면 스트레스가 일어나지 않는다는 것이다.
④ 스트레스는 적합성 결여나 부족에서 일어나는 불균형의 상태이므로 균형을 위한 적응적 반응이 요구된다. 개인의 적응적 반응이 잘 이루어져 자극과 반응 간 균형상태가 된다면 스트레스를 적게 받을 수 있다.

(2) 스트레스의 기능

① 스트레스 수준과 수행(성능) 사이의 일반적 관계는 뒤집힌 U형이다. 즉, 스트레스 수준은 작업성과와 정비례하지 않으며, 스트레스가 너무 높거나 낮아질수록 업무성과는 낮아진다.
② 셀리에(Selye)는 스트레스가 아주 없거나 너무 많을 경우에는 부정적 스트레스(역기능)로, 적정수준의 스트레스는 작업성과에 긍정적 스트레스(순기능)로 작용한다.
③ 스트레스는 양면성을 가지고 있다.
④ 적정수준의 스트레스는 작업성과에 긍정적으로 작용한다.

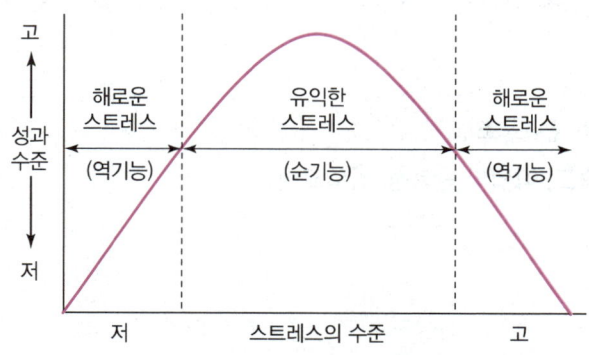

> **핵심 문제**
>
> 01 스트레스에 관한 설명으로 옳지 않은 것은?
>
> ① 스트레스 수준은 작업성과와 정비례의 관계에 있다.
> ② 위협적인 환경특성에 대한 개인의 반응이라고 볼 수 있다.
> ③ 적정수준의 스트레스는 작업성과에 긍정적으로 작용한다.
> ④ 지나친 스트레스를 지속적으로 받으면 인체는 자기조절능력을 상실할 수 있다.
>
> 정답 | ①
> 해설 | 스트레스 수준과 수행(성능) 사이의 일반적 관계는 뒤집힌 U형이다. 즉, 스트레스 수준은 작업성과와 정비례하지 않으며, 스트레스가 너무 높거나 낮아질수록 업무성과는 낮아진다.

2. 스트레스의 유발 요인

(1) 개인관련 스트레스 요인

① A형 성격유형, 분노적 성격

  ㉠ 항상 분주하고, 시간에 강박관념을 가진다.

  ㉡ 동시에 많은 일을 하려고 시간에 강박관념을 가진다.

  ㉢ 공격적이고 경쟁적이다.

  ㉣ 양적인 면으로 성공을 측정한다.

  ㉤ A형 성격은 B형 성격보다 스트레스를 많이 받는다.

② 내외통제

  ㉠ 내적 통제자
  - 외부환경에서 발생하는 사건에 대하여 자신이 통제할 수 있다는 신념이 높다.
  - 스트레스에 대한 대처능력이 뛰어나다.

  ㉡ 외적 통제자
  - 외부환경에서 발생하는 사건에 대하여 자신이 통제할 수 있다는 신념이 낮다.
  - 일반적으로 외적 통제자들은 내적 통제자들보다 스트레스를 많이 받는다.

(2) 직무 관련 요인

① 물리적 환경 요인 : 소음, 온도, 조명
② 직무 특성 요인 : 작업속도, 작업의 반복성, 작업교대

(3) 역할 관련 요인

① 역할 과부하 : 직무요구가 능력을 초과하는 경우의 스트레스 요인으로 직무 기술서가 분명치 않은 관리직이나 전문직에서 더욱 많이 나타난다.
② 역할 과소 : 권태, 단조로움, 신체적 피로, 정신적 피로 등을 유발할 수 있다.
③ 역할 모호성 : 역할 요구(role demands)에 대한 스트레스 요인으로 자신의 직무에 대한 책임 영역과 직무 목표를 명확하게 인식하지 못할 때, 직무 기술서의 내용이 분명하지 않거나 직무내용이 명확히 전달되지 않아 발생할 수 있는 역할 갈등의 원인이다.
④ 역할 갈등 : 개인이 조직 내에서 두 가지 이상의 요구로 인하여 발생한다.
　㉠ 개인 내 역할 갈등 : 개인이 수행하는 직무의 요구와 개인의 가치관이 다를 때 발생한다.
　㉡ 개인 간 역할 갈등 : 직업에서의 요구와 직업 이외의 요구 간의 갈등에서 발생한다.
　㉢ 송신자 내 갈등 : 업무 지시자가 서로 배타적이고, 양립할 수 없는 요구를 할 때 발생한다.
　㉣ 송신자 간 갈등 : 개인에게 요구하는 두 사람 이상의 요구가 갈등을 일으킬 때 발생한다.

3. 스트레스의 반응결과

(1) 스트레스 반응결과

① 코티졸은 스트레스를 받을 때 몸에서 생성되는 호르몬으로 스트레스 정도를 파악하는 데 사용된다.
② 스트레스를 지속적으로 받게 되면 자기조절능력을 상실하게 되고 체내 항상성이 깨진다.
③ 혈당, 호흡이 증가하고 감각기관과 신경이 예민해진다.
④ 스트레스하에서 의사결정의 질은 저하된다.
⑤ 스트레스는 효율적인 학습을 어렵게 할 수 있다.
⑥ 스트레스는 정확한 수행보다는 빠른 수행으로 편파시키는 경향이 있다.
⑦ 스트레스에 의해 인지적 터널링이 발생하여 다양한 가설을 고려하지 못한다.
⑧ 개인과 조직수준에서의 스트레스 결과

구분	단기적 증상	장기적 결과
개인수준	• 심장 박동수 증가, 혈압 상승 • 실패감 • 미래에 대한 공포	• 심장혈관계 질환 • 암 • 우울 • 불안
조직수준	• 결근 • 주의집중 저하 • 직무만족 저하	• 이직 • 사고 • 직무수행 저하

SECTION 02 직무 스트레스 요인 및 관리

1. 직무 스트레스 정의 및 작업능률

(1) 직무 스트레스 정의

① 직무 스트레스는 개인의 능력에 맞는 직무환경을 제공하지 못하거나, 개인의 능력이 직무환경을 감당하기 어려울 때 발생한다.
② 스켈멜혼(Schermerhorn) 직무 스트레스의 원인
    ㉠ 작업상의 요인 : 과업의 요구, 역할의 동태성, 대인관계
    ㉡ 개인적인 요인 : 욕구, 능력, 성격
    ㉢ 비직업상의 요인 : 가족, 경제력, 개인적인 문제
③ 과업 요구는 급속한 기술의 변화에 대한 적응이 요구되는 직무나 직무의 난이도나 속도를 요구하는 특성을 가진 업무와 관련하여 역할이 과부하 되어 받게 되는 스트레스이다.
④ 직무행동 결정요인에는 능력, 성격, 상황적 제약 등이 있다.

2. 직무 스트레스의 평가

(1) NIOSH Model(미국 산업안전보건연구원)

① 직무 스트레스 요인에는 크게 작업 요인, 조직 요인 및 물리적 환경 요인으로 구분된다.
    ㉠ 작업 요인 : 작업과부하, 작업속도 및 작업과정에 대한 작업자의 통제(업무 재량도) 정도, 교대근무 등
    ㉡ 조직 요인 : 역할 모호성, 역할 갈등, 의사결정의 참여도, 승진 및 직무의 불안정성, 관리유형 등
    ㉢ 작업환경 요인 : 조명, 소음, 진동, 열 혹은 냉기, 환기 불량 및 인체공학적 설계의 결여 등
② 똑같은 작업스트레스에 노출되더라도 개인들은 스트레스에 대한 지각과 반응하는 방식에 차이가 있는데 이를 중재 요인[개인적 요인, 조직 외 요인(비직업적 요소) 및 완충작용 요인]이라고 한다.
③ 직무 스트레스 반응은 직무상 고충, 정신적 반응, 신체적 반응, 행동적 반응 등이 있다.

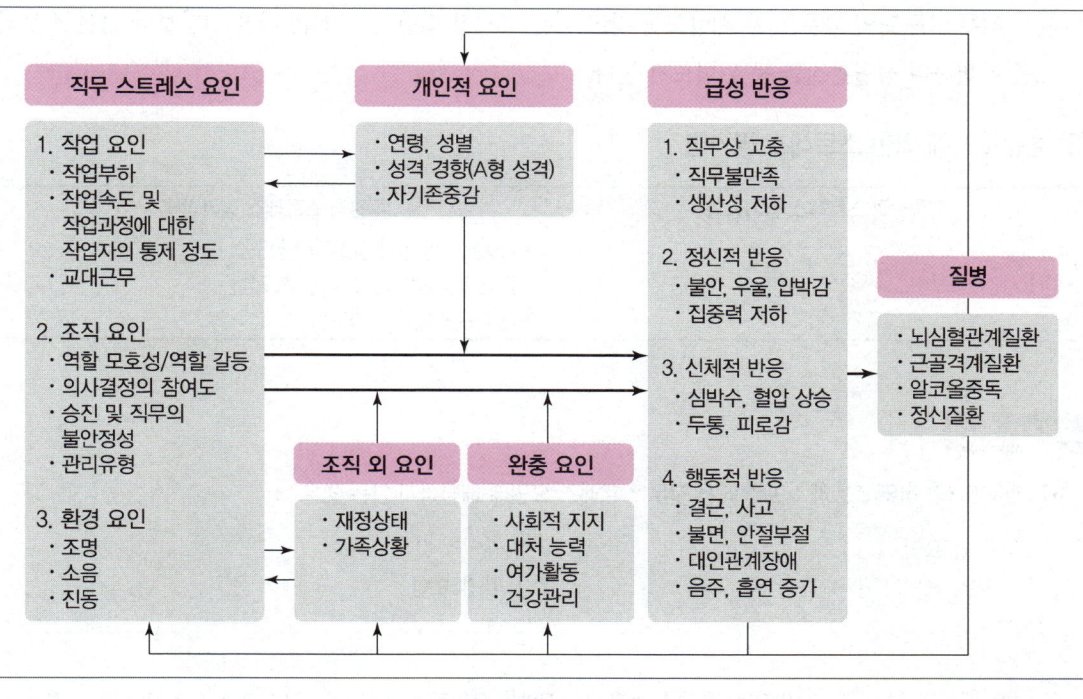

▲ NIOSH 직무 스트레스 모형

(2) Karaseks Job Strain Model에 의한 평가

① 카라섹(Karasek) 등의 직무 스트레스에 관한 이론에 의하면 직무 스트레스의 발생은 직무 요구도와 <u>직무 재량도</u>의 불일치에 의해 나타난다고 보았다.

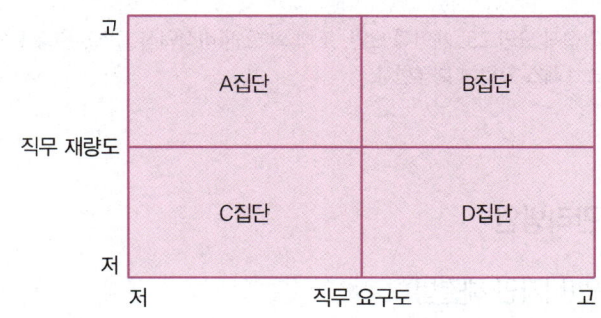

② 집단별 특성

집단	특성	직업
저긴장 집단(A집단)	직무 요구도가 낮고 직무 재량도가 높은 집단	사서, 치과의사, 수선공 등
능동적 집단(B집단)	직무 요구도와 직무 재량도가 모두 높은 집단	지배인, 관리인 등
수동적 집단(C집단)	직무 요구도와 직무 재량도가 모두 낮은 집단	청소원, 경비원 등
고긴장 집단(D집단)	직무 요구도가 높고 직무 재량도가 낮은 집단	조립공, 호텔, 음식점 종업원, 컴퓨터 단말기 조작자 등

③ 높은 직무 요구도와 낮은 직무 재량도를 갖고 있는 고긴장 집단(D집단)은 다른 집단보다 많은 스트레스를 경험하며 심혈관질환 등 위험도가 높다.

(3) 설문조사에 의한 스트레스 평가법

객관적 스트레스 평가방법	주관적 스트레스 평가방법
• 생활사건 척도법	• Lazarus의 일상 골칫거리 척도법 • DASS(우울분노스트레스 척도법) • 지각된 스트레스 척도법

핵심 문제

01 NIOSH의 직무 스트레스 모형에서 직무 스트레스 요인에 해당하지 않는 것은?

① 작업 요인 ② 개인적 요인
③ 조직 요인 ④ 환경 요인

정답 | ②
해설 | NIOSH(미국 산업안전보건연구원)의 직무 스트레스 요인에는 크게 작업 요인, 조직 요인 및 물리적 환경 요인으로 구분된다.

02 NIOSH의 직무 스트레스 관리모형 중 중재 요인(Moderating Factors)에 해당하지 않는 것은?

① 개인적 요인 ② 조직 외 요인
③ 완충작용 요인 ④ 물리적 환경 요인

정답 | ④
해설 | 중재 요인은 간접적 요인으로 개인적 요인, 조직 외 요인(비직업적 요소), 완충 요인 등이 있고, 물리적 환경 요인은 직무 스트레스 요인에 해당한다.

3. 직무 스트레스의 관리방안

(1) 조직수준의 관리방안(디자인 해결법)

① 직무재설계 : 조직 구성원에게 이미 할당된 과업을 변경시키는 것으로, 개인의 기술과 능력에 맞게 직무를 할당하고 작업환경 개선을 통하여 안심하고 작업할 수 있도록 하는 것
② 참여관리 : 권한을 분권화시키고 의사결정 참여기회를 확대
③ 융통성 있는 작업계획을 통하여 개인의 재량권과 통제권을 확대시킴
④ 우호적인 직장 분위기 조성
⑤ 경력계획과 개발 과정의 수립 및 상담 제공
⑥ 역할분석, 목표설정, 팀형성

(2) 개인수준의 관리방안

① 긴장완화훈련 등을 통해 근육이나 정신을 이완시킴으로써 스트레스를 통제한다.
② 동료들과 대화를 하거나 노래방에서 가까운 친지들과 함께 자신의 감정을 표출하여 긴장을 방출한다.
③ 규칙적인 운동을 통하여 근육긴장과 고조된 정신 에너지를 경감시킨다.
④ 가치관을 전환시켜야 한다.
⑤ 목표지향적 초고속심리에서 과정중심적 사고방식으로 전환한다.
⑥ 스트레스에 정면으로 도전하는 마음가짐이 있어야 한다.
⑦ 가슴속에 있는 한을 털어내야 한다.

(3) 사회적 수준의 관리방안

① 정서적 지원 : 동정, 애정, 신뢰 등을 제공한다.
② 도구적 지원 : 직무의 수행지원, 보살핌, 금전적 지원의 필요성이 있는 사람에게 도움을 준다.
③ 평가적 지원 : 스스로 평가·판단할 수 있도록 구체적 평가정보를 제공한다.

05 CHAPTER 관계법규

> **SECTION 01** 제조물 책임법의 이해

1. 제조물 책임(PL ; Product Liability)

(1) 제조물 책임의 정의
제품의 결함으로 인해 최종 소비자나 이용자 또는 제3자가 생명·신체·재산상에 손해를 입거나 기타 권리에 대한 침해를 받았을 때 제품의 생산·유통·판매 등 일련의 과정에 관여한 자가 배상할 의무를 부담하는 손해배상책임제도이다.

(2) 제조물 결함의 종류
① 제조물 결함이란 소비자가 제품에 통상적으로 기대하는 안전성이 부족한 상태를 말한다.
② 과실책임 : 주의의무 위반과 같이 소비자에 대한 보호의무를 불이행한 경우에 피해자에게 손해배상을 해야 할 의무를 말한다.
  ㉠ 제조상의 결함 : 제조업자가 제조물에 대하여 제조상·가공상의 주의의무를 이행하였는지에 관계없이 제조물이 원래 의도한 설계와 다르게 제조·가공됨으로 인하여 안전하지 못하게 된 경우
    - 고유기술 부족 및 미숙에 의한 잠재적 부적합
    - 제조의 품질관리 불충분
    - 안전시스템의 고장
    - 재질 부적합, 가공 부적합, 조립 부적합
    - 신뢰성 공증, 시험검사의 부족 및 부적합
  ㉡ 설계상의 결함 : 제조업자가 합리적인 대체설계를 채용하였더라면 피해나 위험을 줄이거나 피할 수 있었음에도 대체설계를 채용하지 아니하여 해당 제조물이 안전하지 못하게 된 경우
    - 제조물 안전설계 및 설계 품질관리의 불충분
    - 안전시스템의 미비·부족
    - 중요 원재료 및 부품의 부적합
  ㉢ 표시상의 결함 : 제조업자가 합리적인 설명·지시·경고 또는 그 밖의 표시를 하였더라면 해당 제조물에 의하여 발생할 수 있는 피해나 위험을 줄이거나 피할 수 있었음에도 이를 하지 않은 경우

- 취급설명서의 설명 부족이나 불충분
- 경고라벨의 미비나 부적절
- 선전 광고문의 과대나 부실 표시
- 판매원의 구두설명의 미비

③ 보증책임 : 제조자가 제품의 품질에 대하여 명시적, 묵시적 보증을 한 후에 제품의 내용이 사실과 다른 경우 소비자에게 지게 되는 책임을 말한다.
  ㉠ 명시보증위반 : 보증서, 계약서, 선전·광고, 사용설명서, 판매원의 설명 등 글 혹은 말에 의한 보증을 위반한 경우
  ㉡ 묵시보증위반 : 명시를 하지 않았지만 기대되는 품질의 성능 및 안전성에 대한 보증을 위반하는 경우

④ 엄격책임(무과실책임) : 과실책임의 원칙이 갖는 문제점, 즉 가해자측의 과실입증이 곤란해져서 피해자의 책임으로 전가되는 경우에 피해자 구재의 관점에 입각하여 법적인 결함회복을 위한 개념으로 탄생한 것이 엄격책임이다. 엄격책임의 사고하에서는 피해자 측이 가해자 측의 과실을 입증하지 않더라도 어느 정도의 손해배상을 받을 수 있다. 피해자는 아래 2가지 사항을 입증하여야 한다.
  ㉠ 제품에 신뢰할 수 없는 결함이 있었고, 그것이 시장에 유통된 시점부터 존재해 있었다는 것
  ㉡ 그 결함이 원인이 되어 피해가 발생했다는 것으로, 제품과 사고와의 인과관계가 존재한다는 것

(3) 제조물 책임 대책

① 제품 책임 예방(PLP ; product liability prevention) : 제품의 사고가 발생하기 전 사전에 사고를 방지하는 대책을 의미하며, 제품개발에서 판매 및 서비스에 이르기까지 모든 제품의 안전성을 확보하고 적정 사용방법을 보급하는 것이다.
  ㉠ 고도의 QA체제 확립, 사용방법의 보급, 안전 기준치보다 더 엄격한 설계, 신뢰성 검증을 위한 안전시험, 기술지도 및 관리점검의 강화, 재료·부품 등의 안전 확보, 사용환경 대응 등

② 제품 책임 방어(PLD ; product liability defence) : 제품의 결함으로 인하여 손해가 발생한 후의 방어 대책을 의미한다.
  ㉠ 사전대책 : 책임의 한정(계약서·보증서·취급설명서에 책임을 명확하게 명시), 손실의 분산(PL보험 가입), 응급체계 구축(정보 전달, 책임창구 마련, 초기에 대처할 수 있게 전 종업원들을 훈련)
  ㉡ 사후대책 : 초동 대책(사실의 파악, 피해자 및 매스컴 대응 등), 소송대리인의 선임, 손실확대 방지(수리, 리콜 등)

(4) 제조물 책임법의 시행에 따른 영향

장점	단점
• 제조물의 안전성 강화 및 제품책임의 강화 • 소비자 보호 충실 • 기업 경쟁력 강화	• 제조 원가의 부담 • 인력 자원의 낭비 • 신제품 개발 지연

(5) 제조물 책임법

① 제1조(목적)

이 법은 제조물의 결함으로 발생한 손해에 대한 제조업자 등의 손해배상책임을 규정함으로써 피해자 보호를 도모하고 국민생활의 안전 향상과 국민경제의 건전한 발전에 이바지함을 목적으로 한다.

② 제2조(정의)

㉠ 제조물이란 제조되거나 가공된 동산(다른 동산이나 부동산의 일부를 구성하는 경우를 포함한다)을 말한다. 가공되지 않은 농수산물, 정보서비스, 부동산, 가축, 자연 채취된 광물은 제외한다.

㉡ 결함이란 제조상·설계상 또는 표시상의 결함이 있거나 그 밖에 통상적으로 기대할 수 있는 안전성이 결여되어 있는 것을 말한다.

㉢ 제조업자란 다음 각 목의 자를 말한다.

ⓐ 제조물의 제조·가공 또는 수입을 업(業)으로 하는 자

ⓑ 제조물에 성명·상호·상표 또는 그 밖에 식별(識別) 가능한 기호 등을 사용하여 자신을 ⓐ의 자로 표시한 자 또는 ⓐ의 자로 오인(誤認)하게 할 수 있는 표시를 한 자

③ 제3조(제조물책임)

㉠ 제조업자는 제조물의 결함으로 생명·신체 또는 재산에 손해(해당 제조물 결함에 의해 발생한 손해가 그 제조물 자체만에 그치는 경우에는 제조물 책임 대상에서 제외한다)를 입은 자에게 그 손해를 배상하여야 한다.

㉡ ㉠에도 불구하고 제조업자가 제조물의 결함을 알면서도 그 결함에 대하여 필요한 조치를 취하지 아니한 결과로 생명 또는 신체에 중대한 손해를 입은 자가 있는 경우에는 그 자에게 발생한 손해의 3배를 넘지 아니하는 범위에서 배상책임을 진다.

㉢ 피해자가 제조물의 제조업자를 알 수 없는 경우에 그 제조물을 영리 목적으로 판매·대여 등의 방법으로 공급한 자는 ㉠에 따른 손해를 배상하여야 한다. 다만, 피해자 또는 법정대리인의 요청을 받고 상당한 기간 내에 그 제조업자 또는 공급한 자를 그 피해자 또는 법정대리인에게 고지(告知)한 때에는 그러하지 아니하다.

④ 제3조의 2(결함 등의 추정)

㉠ 피해자가 다음 각 호의 사실을 증명한 경우에는 제조물을 공급할 당시 해당 제조물에 결함이 있었고 그 제조물의 결함으로 인하여 손해가 발생한 것으로 추정한다. 다만, 제조업자가 제조물의 결함이 아닌 다른 원인으로 인하여 그 손해가 발생한 사실을 증명한 경우에는 그러하지 아니하다.

ⓐ 해당 제조물이 정상적으로 사용되는 상태에서 피해자의 손해가 발생하였다는 사실

ⓑ ⓐ의 손해가 제조업자의 실질적인 지배영역에 속한 원인으로부터 초래되었다는 사실

ⓒ ⓐ의 손해가 해당 제조물의 결함 없이는 통상적으로 발생하지 아니한다는 사실

⑤ 제4조(면책사유)
　㉠ 손해배상책임을 지는 자가 다음 각 호의 어느 하나에 해당하는 사실을 입증한 경우에는 이 법에 따른 손해배상책임을 면(免)한다.
　　ⓐ 제조업자가 해당 제조물을 공급하지 아니하였다는 사실
　　ⓑ 제조업자가 해당 제조물을 공급한 당시의 과학·기술 수준으로는 결함의 존재를 발견할 수 없었다는 사실
　　ⓒ 제조물의 결함이 제조업자가 해당 제조물을 공급한 당시의 법령에서 정하는 기준을 준수함으로써 발생하였다는 사실
　　ⓓ 원재료나 부품의 경우에는 그 원재료나 부품을 사용한 제조물 제조업자의 설계 또는 제작에 관한 지시로 인하여 결함이 발생하였다는 사실
　㉡ ③에 따라 손해배상책임을 지는 자가 제조물을 공급한 후에 그 제조물에 결함이 존재한다는 사실을 알거나 알 수 있었음에도 그 결함으로 인한 손해의 발생을 방지하기 위한 적절한 조치를 하지 아니한 경우에는 면책을 주장할 수 없다.

⑥ 제5조(연대책임)
　동일한 손해에 대하여 배상할 책임이 있는 자가 2인 이상인 경우에는 연대하여 그 손해를 배상할 책임이 있다.

⑦ 제6조(면책특약의 제한)
　이 법에 따른 손해배상책임을 배제하거나 제한하는 특약(特約)은 무효로 한다. 다만, 자신의 영업에 이용하기 위하여 제조물을 공급받은 자가 자신의 영업용 재산에 발생한 손해에 관하여 그와 같은 특약을 체결한 경우에는 그러하지 아니하다.

⑧ 제7조(소멸시효 등)
　㉠ 이 법에 따른 손해배상의 청구권은 피해자 또는 그 법정대리인이 다음 각 호의 사항을 모두 알게 된 날부터 3년간 행사하지 아니하면 시효의 완성으로 소멸한다.
　　• 손해
　　• ③에 따라 손해배상책임을 지는 자
　㉡ 이 법에 따른 손해배상의 청구권은 제조업자가 손해를 발생시킨 제조물을 공급한 날부터 10년 이내에 행사하여야 한다. 다만, 신체에 누적되어 사람의 건강을 해치는 물질에 의하여 발생한 손해 또는 일정한 잠복기간(潛伏期間)이 지난 후에 증상이 나타나는 손해에 대하여는 그 손해가 발생한 날부터 기산(起算)한다.

> **참고** **리콜제도(제품회수, recall)**
> 소비자의 생명이나 신체, 재산상의 피해를 끼치거나 끼칠 우려가 있는 제품에 대하여 제조업자 또는 유통업자가 자발적 또는 의무적으로 대상 제품의 위험성을 소비자에게 알리고 제품을 회수하여 수리, 교환, 환불 등의 적절한 시정조치를 취함으로써 사전에 결함제품으로 인한 위해 확산을 방지하는 데 목적을 두고 있다.

핵심 문제

01 제조물 책임법에서 정의한 결함의 종류에 해당하지 않는 것은?

① 제조상의 결함 ② 기능상의 결함
③ 설계상의 결함 ④ 표시상의 결함

정답 | ②
해설 | 제조물 책임법에서 정의한 결함의 종류는 설계상의 결함, 제조상의 결함, 표시상의 결함이다.

02 제조물 책임법령상 제조업자가 제조물에 대해 충분한 설명, 지시, 경고 등 정보를 제공하지 않아 피해가 발생하였다면 이것은 어떤 결함 때문인가?

① 표시상의 결함 ② 제조상의 결함
③ 설계상의 결함 ④ 고지의무의 결함

정답 | ①
해설 | 표시상의 결함은 제조업자가 합리적인 설명·지시·경고 또는 그 밖의 표시를 하였더라면 해당 제조물에 의하여 발생할 수 있는 피해나 위험을 줄이거나 피할 수 있었음에도 이를 하지 않은 경우이다.

CHAPTER 06 안전보건관리

SECTION 01 안전보건관리의 원리

1. 안전보건관리 개요

(1) 안전관리 개요

① 안전의 기본원리는 사고방지차원에서의 산업재해 예방활동을 통해 무재해를 추구하는 것이다.
② 사고방지를 위해서 현장에 존재하는 위험을 찾아내고, 이를 제거하거나 위험성(risk)을 최소화한다는 위험통제의 개념이 적용되고 있다.
③ 안전관리란 생산성을 향상시키고 재해로 인한 손실을 최소화하기 위하여 행하는 것으로 재해의 원인 및 경과의 규명과 재해방지에 필요한 과학 기술에 관한 계통적 지식체계의 관리를 의미한다.

(2) 안전관리 조직

① 라인형(line형, 직계식 조직)
  ㉠ 안전을 전문으로 분담하는 조직이 없고, 안전관리에 관한 계획에서부터 실시·평가에 이르기까지 생산라인(생산지시)을 통해서 이루어지는 형태이다.
  ㉡ 명령계통이 일원화되는 반면 전문적 기술의 확보가 어렵고, 100명 미만의 소규모 조직에 적용하기 용이한 조직형태이다.
  ㉢ 명령과 보고가 상하 관계뿐이므로 간단명료하다.

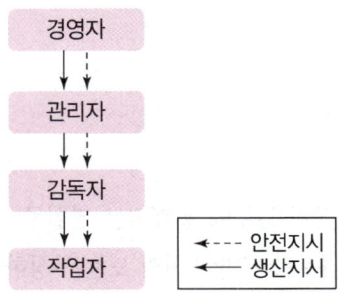

② 스태프형(staff형, 참모형 조직)
  ㉠ 회사 내에 별도로 안전활동 전담부서를 두는 방식이다.
  ㉡ 100명 이상 1,000명 미만의 중규모 사업장에 적합한 조직형태이다.
  ㉢ 생산부분은 안전에 대한 책임과 권한이 없다.

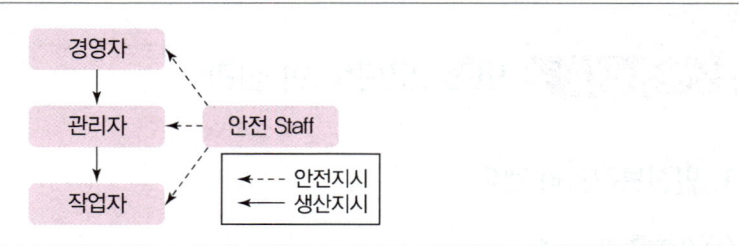

③ 라인 – 스탭형(line – staff형, 직계 참모형 조직)
  ㉠ 안전보건 업무를 전담하는 스태프를 별도로 두고 또 생산라인에는 그 부서의 장으로 하여금 계획된 생산라인의 안전관리조직을 통하여 실시하도록 한 조직형태이다.
  ㉡ 안전에 대한 책임과 권한이 라인 관리감독자에게도 부여되며, 1,000명 이상의 대규모 사업장에 적합한 조직형태이다.
  ㉢ 명령계통과 조언 · 권고적 참여가 혼동되기 쉽다.

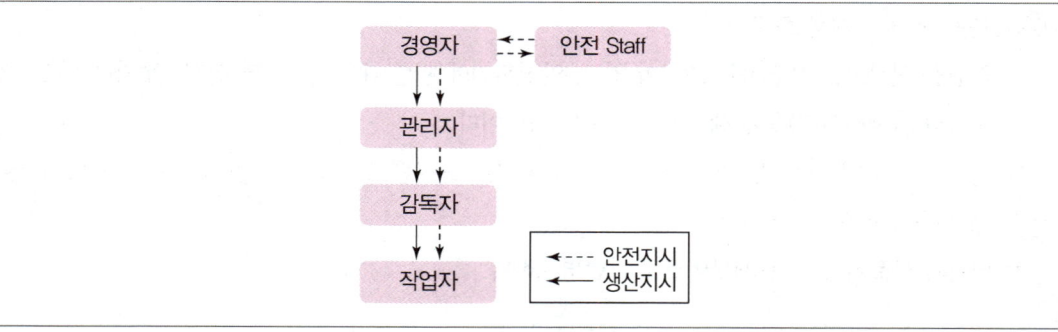

2. 재해 발생 및 예방원리

(1) 산업재해의 개념

① 산업재해란 노무를 제공하는 사람이 업무에 관계되는 건설물 · 설비 · 원재료 · 가스 · 증기 · 분진 등에 의하거나 작업 또는 그 밖의 업무로 인하여 사망 또는 부상하거나 질병에 걸리는 것을 말한다.
② "중대재해"란 산업재해 중 사망 등 재해 정도가 심하거나 다수의 재해자가 발생한 경우로서 고용노동부령으로 정하는 재해를 말한다.
  ㉠ 사망자가 1명 이상 발생한 재해

ⓒ 3개월 이상의 요양이 필요한 부상자가 동시에 2명 이상 발생한 재해
　ⓒ 부상자 또는 직업성 질병자가 동시에 10명 이상 발생한 재해

(2) 재해 발생의 원인

직접 원인	물적 원인 (불안전한 상태)	• 안전장치 결함 • 보호구의 결함 • 결함이 있는 기계설비 및 장치 • 작업환경, 생산공정의 결함 • 경계표시 및 설비의 결함	
	인적 원인 (불안전한 행동)	• 위험장소 접근, 규칙의 무시 • 안전장치 기능의 제거 • 보호구의 미착용 • 불안전한 속도조작 • 불안전한 자세 및 위치	
간접 원인	• 기술적 원인 • 교육적 원인	• 관리적 원인 • 신체적 원인	• 정신적 원인

핵심 문제

01 산업안전보건법령에서 정의한 중대재해의 범위 기준에 해당하지 않는 것은?

① 사망자가 1인 이상 발생한 재해
② 부상자가 동시에 10인 이상 발생한 재해
③ 직업성 질병자가 동시에 5인 이상 발생한 재해
④ 3개월 이상 요양이 필요한 부상자가 동시에 2인 이상 발생한 재해

정답 | ③
해설 | 중대재해란 산업재해 중 사망 등 재해 정도가 심하거나 다수의 재해자가 발생한 경우로서 고용노동부령으로 정하는 재해를 말한다.
　• 사망자가 1명 이상 발생한 재해
　• 3개월 이상의 요양이 필요한 부상자가 동시에 2명 이상 발생한 재해
　• 부상자 또는 직업성 질병자가 동시에 10명 이상 발생한 재해

02 재해 원인 중 간접 원인이 아닌 것은?

① 교육적 원인
② 인적, 물적 원인
③ 기술적 원인
④ 관리적 원인

정답 | ②
해설 | 간접 원인은 기술적 원인, 교육적 원인, 신체적 원인, 관리적 원인, 정신적 원인이다.

3. 재해 발생에 관한 이론

(1) 하인리히의 재해이론

① 하인리히의 도미노 이론(사고연쇄성)
　㉠ 1단계(유전적 요인과 사회적 환경) : 간접 원인
　㉡ 2단계(개인적 결함, 선천적·후천적인 인적결함) : 간접 원인
　㉢ 3단계(불안전 행동 및 불안전 상태) : 직접 원인
　㉣ 4단계 : 사고
　㉤ 5단계 : 재해

② 일련의 재해요인들 중 어느 하나라도 제거하면 재해 예방이 가능하다.
③ 불안전한 행동 및 상태는 사고 및 재해의 직접 원인으로 작용한다.
④ 직접 원인으로 작용하는 불안전 행동 및 불안전 상태는 사고를 예방하기 위한 가장 효과적 단계이다.

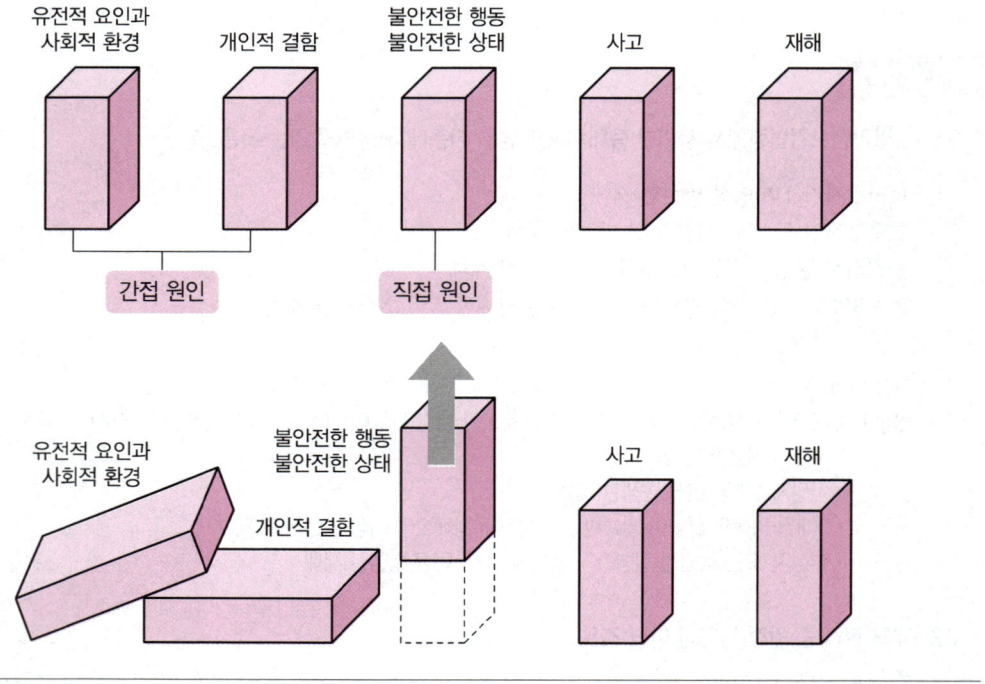

⑤ 하인리히의 법칙(1:29:300의 법칙) : 330번의 사고가 발생한다면 그 중에 중상이 1건, 경상이 29건, 무상해 사고가 300건이 발생한다.

(2) 버드의 최신 도미노 이론(신연쇄성이론)

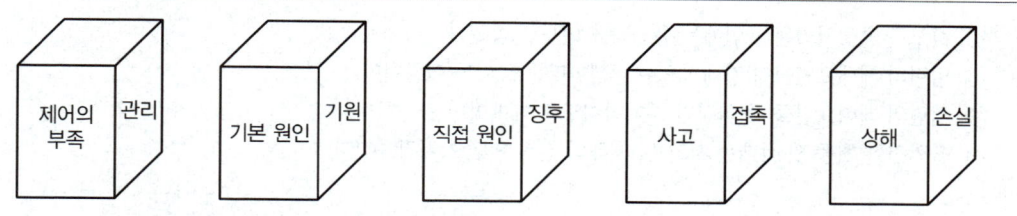

① 관리(Management)는 불안전한 상태와 불안전한 행동의 근원적 원인이다.
② 직접 원인을 제거하는 것만으로는 재해는 일어날 수 있으므로, 기본 원인을 제거하여야 한다.
③ 버드의 법칙(1:10:30:600)

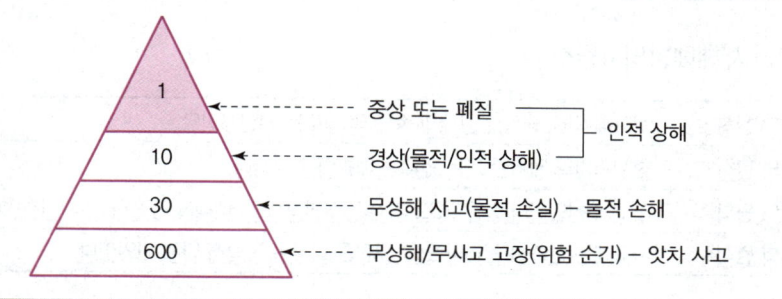

(3) 아담스(Adams)의 연쇄이론

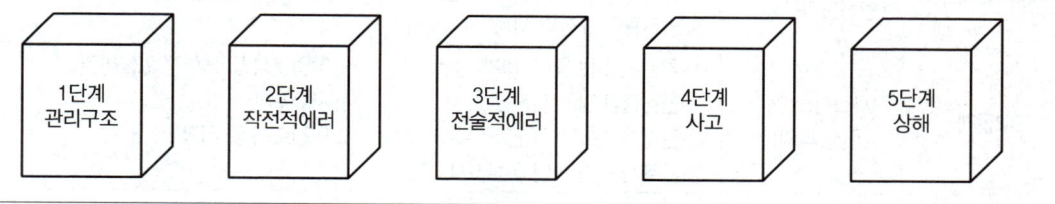

핵심 문제

01 재해 발생에 관한 하인리히(H.W. Heinrich)의 도미노 이론에서 제시된 5가지 요인에 해당하지 않는 것은?

① 제어의 부족　　　　　　　　　　② 개인적 결함
③ 불안전한 행동 및 상태　　　　　④ 유전 및 사회 환경적 요인

정답 | ①
해설 | 제어의 부족이나 기본 원인은 버드의 최신 도미노 이론(신연쇄성이론)이다.

02 하인리히(Heinrich)의 재해 발생이론에 관한 설명으로 틀린 것은?

① 사고를 발생시키는 요인에는 유전적 요인도 포함된다.
② 일련의 재해요인들이 연쇄적으로 발생한다는 도미노 이론이다.
③ 일련의 재해요인들 중 하나만 제거하여도 재해예방이 가능하다.
④ 불안전한 행동 및 상태는 사고 및 재해의 간접 원인으로 작용한다.

정답 | ④
해설 | 불안전한 행동 및 상태는 사고 및 재해의 직접 원인으로 작용한다.

4. 재해예방에 관한 이론

(1) 하인리히의 재해예방의 4원칙

손실 우연의 원칙	사고에 의해 생기는 상해의 종류 및 정도는 우연적이다.
예방 가능의 원칙	천재지변을 제외한 모든 인재는 예방이 가능하다.
대책 선정의 원칙	사고의 원인이나 불안전요소가 발견되면 반드시 대책을 선정하고, 실시하여야 한다.
원인 연계의 원칙	사고에는 반드시 원인이 있고 원인은 대부분 복합적 연계 원인이다.

(2) 하인리히의 재해예방 5단계(사고예방 대책의 기본원리)

제1단계	안전조직 (안전관리조직)	① 경영자의 안전목표 설정 ② 안전관리조직의 구성 ③ 안전활동 방침 및 계획 수립 ④ 조직을 통한 안전활동 ⑤ 안전관리 규정의 제정
제2단계	사실의 발견 (현상 파악)	① 안전사고 및 활동기록의 검토 ② 작업분석 및 불안전요소 발견 ③ 안전점검 및 안전진단 ④ 사고조사 ⑤ 관찰 및 보고서의 연구 ⑥ 안전토의 및 회의 ⑦ 근로자의 건의 및 여론조사
제3단계	분석평가	① 불안전요소의 분석 ② 현장조사 결과의 분석 ③ 사고보고서 분석 ④ 인적·물적 환경조건의 분석 ⑤ 작업공정의 분석 ⑥ 교육과 훈련의 분석 ⑦ 안전수칙 및 안전기준의 분석
제4단계	시정책의 선정 (대책의 선정)	① 인사 및 배치조정 ② 기술적 개선 ③ 기술교육 및 훈련의 개선 ④ 안전관리 행정업무의 개선 ⑤ 규정 및 수칙의 개선 ⑥ 확인 및 통제체제 개선
제5단계	시정책의 적용 (목표달성)	① 3E의 적용단계(기술적 대책 실시, 교육적 대책 실시, 관리적 대책 실시) ② 목표설정 실시 ③ 결과의 재평가 및 개선

(3) Harvey 안전대책의 3E

① Engineering(기술, 공학적 대책)
② Education(교육, 교육적 대책)
③ Enforcement(규제, 관리적 대책)

(4) 재해 발생의 기본원인 4M

① Man(사람) : 인간적 인자, 인간관계
② Machine(기계) : 방호설비, 인간공학적 설계
③ Media(매체) : 작업방법, 작업환경
④ Management(관리) : 안전기준 정비, 교육훈련, 안전법규 철저

핵심 문제

01 재해예방의 4원칙에 해당되지 않는 것은?

① 예방 가능의 원칙
② 보상 분배의 원칙
③ 손실 우연의 원칙
④ 대책 선정의 원칙

정답 | ②
해설 | 재해예방의 4원칙
- 손실 우연의 원칙 : 사고에 의해 생기는 상해의 종류 및 정도는 우연적이다.
- 예방 가능의 원칙 : 천재지변을 제외한 모든 인재는 예방이 가능하다.
- 대책 선정의 원칙 : 사고의 원인이나 불안전요소가 발견되면 반드시 대책을 선정하여 실시하여야 한다.
- 원인 연계의 원칙 : 사고에는 반드시 원인이 있고 원인은 대부분 복합적 연계 원인이다.

02 하인리히의 사고예방 대책의 5가지 기본원리를 순서대로 올바르게 나열한 것은?

① 사실의 발견 → 안전조직 → 분석평가 → 시정책 선정 → 시정책 적용
② 안전조직 → 사실의 발견 → 분석평가 → 시정책 선정 → 시정책 적용
③ 안전조직 → 분석평가 → 사실의 발견 → 시정책 선정 → 시정책 적용
④ 사실의 발견 → 분석평가 → 안전조직 → 시정책 선정 → 시정책 적용

정답 | ②
해설 | 하인리히의 재해예방의 원리 5단계
안전(관리)조직 → 사실의 발견 → 분석평가 → 시정책의 선정 → 시정책의 적용

03 재해 발생원인의 4M에 해당하지 않는 것은?

① Man
② Movement
③ Machine
④ Management

정답 | ②
해설 | 재해 발생의 기본원인 4M
- Man(사람) : 인간적 인자, 인간관계
- Machine(기계) : 방호설비, 인간공학적 설계
- Media(매체) : 작업방법, 작업환경
- Management(관리) : 안전기준 정비, 교육훈련, 안전법규 철저

04 인간의 불안전 행동을 예방하기 위해 Harvey에 의해 제안된 안전대책의 3E에 해당하지 않는 것은?

① Environment
② Enforcement
③ Engineering
④ Education

정답 | ①
해설 | Harvey 안전대책의 3E
- Engineering(기술, 공학적 대책)
- Education(교육, 교육적 대책)
- Enforcement(규제, 관리적 대책)

5. 사업장 안전보건교육

(1) 교육의 3요소

① 교육의 주체 : 교사
② 교육의 개체 : 학생(교육대상)
③ 교육의 매개체 : 교재(교육내용)

(2) 안전교육의 지도 원칙(8원칙)

① 피교육자 중심 교육(상대방의 입장에서 교육을 실시)
② 동기부여 중시
③ 쉬운 것으로부터 어려운 것으로 교육
④ 반복에 의한 습관화 진행
⑤ 인상의 강화(사실적 구체적인 진행)

⑥ 오감 활용

오관의 효과치	이해도
시각효과 : 60%	귀 : 20%
청각효과 : 20%	눈 : 40%
촉각효과 : 15%	귀+눈 : 60%
미각효과 : 3%	입 : 80%
후각효과 : 2%	머리+손, 발 : 90%

⑦ 기능적인 이해
⑧ 한 번에 한 가지씩 교육(교육의 성과는 양보다 질을 중시)

(3) 학습지도의 원리

자발성의 원리	학습자의 내적 동기가 유발된 학습을 해야 한다.
개별화의 원리	학습자가 지닌 각자의 요구와 능력 등에 알맞은 학습활동의 기회를 마련해야 한다.
사회화의 원리	학교에서 경험한 것과 사회에서 경험한 것을 교류시키고 함께 하는 학습을 통하여 협력적이고 우호적인 학습을 진행한다.
통합의 원리	학습을 통합적인 전체로서 학습자의 모든 능력을 조화적으로 발달시킨다.
직관의 원리	구체적인 사물을 직접 제시하거나 경험시킴으로써 큰 효과를 볼 수 있다.

(4) 안전보건교육 교육과정별 교육시간

① 근로자 안전보건교육

교육과정	교육대상		교육시간
가. 정기교육	사무직 종사 근로자		매반기 6시간 이상
	사무직 종사 근로자 외의 근로자	판매업무에 직접 종사하는 근로자	매반기 6시간 이상
		판매업무에 직접 종사하는 근로자 외의 근로자	매반기 12시간 이상
나. 채용 시 교육	일용근로자 및 근로계약기간이 1주일 이하인 기간제근로자		1시간 이상
	근로계약기간이 1주일 초과 1개월 이하인 기간제근로자		4시간 이상
	그 밖의 근로자		8시간 이상
다. 작업내용 변경 시 교육	일용근로자 및 근로계약기간이 1주일 이하인 기간제근로자		1시간 이상
	그 밖의 근로자		2시간 이상
라. 특별교육	일용근로자 및 근로계약기간이 1주일 이하인 기간제근로자 : 특별교육대상 작업에 해당하는 작업에 종사하는 근로자에 한정 (타워크레인을 사용하는 작업 시 신호업무를 하는 작업은 제외)		2시간 이상
	일용근로자 및 근로계약기간이 1주일 이하인 기간제근로자 : 타워크레인을 사용하는 작업 시 신호업무를 하는 작업에 종사하는 근로자에 한정		8시간 이상

교육과정	교육대상	교육시간
라. 특별교육	일용근로자 및 근로계약기간이 1주일 이하인 기간제근로자를 제외한 근로자 : 특별교육 대상 작업에 종사하는 근로자에 한정	– 16시간 이상(최초 작업에 종사하기 전 4시간 이상 실시하고 12시간은 3개월 이내에서 분할하여 실시 가능) – 단기간 작업 또는 간헐적 작업인 경우에는 2시간 이상
마. 건설업 기초 안전·보건교육	건설 일용근로자	4시간 이상

② 관리감독자 안전보건교육

교육과정	교육시간
가. 정기교육	연간 16시간 이상
나. 채용 시 교육	8시간 이상
다. 작업내용 변경 시 교육	2시간 이상
라. 특별교육	16시간 이상(최초 작업에 종사하기 전 4시간 이상 실시하고, 12시간은 3개월 이내에서 분할하여 실시 가능)
	단기간 작업 또는 간헐적 작업인 경우에는 2시간 이상

③ 안전보건관리책임자 등에 대한 교육

교육대상	교육시간	
	신규교육	보수교육
가. 안전보건관리책임자	6시간 이상	6시간 이상
나. 안전관리자, 안전관리전문기관의 종사자	34시간 이상	24시간 이상
다. 보건관리자, 보건관리전문기관의 종사자	34시간 이상	24시간 이상
라. 건설재해예방전문지도기관의 종사자	34시간 이상	24시간 이상
마. 석면조사기관의 종사자	34시간 이상	24시간 이상
바. 안전보건관리담당자	–	8시간 이상
사. 안전검사기관, 자율안전검사기관의 종사자	34시간 이상	24시간 이상

④ 특수형태근로종사자에 대한 안전보건교육

교육과정	교육시간
가. 최초 노무제공 시 교육	2시간 이상(단기간 작업 또는 간헐적 작업에 노무를 제공하는 경우에는 1시간 이상 실시하고, 특별교육을 실시한 경우는 면제)
나. 특별교육	16시간 이상(최초 작업에 종사하기 전 4시간 이상 실시하고 12시간은 3개월 이내에서 분할하여 실시 가능)
	단기간 작업 또는 간헐적 작업인 경우에는 2시간 이상

⑤ 검사원 성능검사 교육

교육과정	교육대상	교육시간
성능검사 교육	–	28시간 이상

(5) 안전보건교육 대상자별 교육내용

① 근로자 정기교육

㉠ 정기교육

교육내용
• 산업안전 및 사고 예방에 관한 사항 • 산업보건 및 직업병 예방에 관한 사항 • 위험성 평가에 관한 사항 • 건강증진 및 질병 예방에 관한 사항 • 유해 · 위험 작업환경 관리에 관한 사항 • 산업안전보건법령 및 산업재해보상보험 제도에 관한 사항 • 직무스트레스 예방 및 관리에 관한 사항 • 직장 내 괴롭힘, 고객의 폭언 등으로 인한 건강장해 예방 및 관리에 관한 사항

㉡ 채용 시 교육 및 작업내용 변경 시 교육

교육내용
• 산업안전 및 사고 예방에 관한 사항 • 산업보건 및 직업병 예방에 관한 사항 • 위험성 평가에 관한 사항 • 산업안전보건법령 및 산업재해보상보험 제도에 관한 사항 • 직무스트레스 예방 및 관리에 관한 사항 • 직장 내 괴롭힘, 고객의 폭언 등으로 인한 건강장해 예방 및 관리에 관한 사항 • 기계 · 기구의 위험성과 작업의 순서 및 동선에 관한 사항 • 작업 개시 전 점검에 관한 사항 • 정리정돈 및 청소에 관한 사항 • 사고 발생 시 긴급조치에 관한 사항 • 물질안전보건자료에 관한 사항

② 관리감독자 안전보건교육

㉠ 정기교육

교육내용
• 산업안전 및 사고 예방에 관한 사항 • 산업보건 및 직업병 예방에 관한 사항 • 위험성평가에 관한 사항 • 유해 · 위험 작업환경 관리에 관한 사항 • 산업안전보건법령 및 산업재해보상보험 제도에 관한 사항 • 직무스트레스 예방 및 관리에 관한 사항 • 직장 내 괴롭힘, 고객의 폭언 등으로 인한 건강장해 예방 및 관리에 관한 사항 • 작업공정의 유해 · 위험과 재해 예방대책에 관한 사항 • 사업장 내 안전보건관리체제 및 안전 · 보건조치 현황에 관한 사항 • 표준안전 작업방법 결정 및 지도 · 감독 요령에 관한 사항 • 현장근로자와의 의사소통능력 및 강의능력 등 안전보건교육 능력 배양에 관한 사항 • 비상시 또는 재해 발생 시 긴급조치에 관한 사항 • 그 밖의 관리감독자의 직무에 관한 사항

ⓒ 채용 시 교육 및 작업내용 변경 시 교육

교육내용
• 산업안전 및 사고 예방에 관한 사항 • 산업보건 및 직업병 예방에 관한 사항 • 위험성평가에 관한 사항 • 산업안전보건법령 및 산업재해보상보험 제도에 관한 사항 • 직무스트레스 예방 및 관리에 관한 사항 • 직장 내 괴롭힘, 고객의 폭언 등으로 인한 건강장해 예방 및 관리에 관한 사항 • 기계·기구의 위험성과 작업의 순서 및 동선에 관한 사항 • 작업 개시 전 점검에 관한 사항 • 물질안전보건자료에 관한 사항 • 사업장 내 안전보건관리체제 및 안전·보건조치 현황에 관한 사항 • 표준안전 작업방법 결정 및 지도·감독 요령에 관한 사항 • 비상시 또는 재해 발생 시 긴급조치에 관한 사항 • 그 밖의 관리감독자의 직무에 관한 사항

(6) 교육프로그램에 대한 평가 준거

① 반응준거 : 프로그램에 대해 받은 인상, 만족, 프로그램은 유용했는지와 같은 반응을 알아보는 것
② 학습준거 : 훈련받은 내용이나 지식을 얼마나 습득하고 이해하고 있는지를 알아보는 것
③ 행동준거 : 훈련을 받고 난 후 실제 직무행동에서 변화가 있었는지를 알아보는 것
④ 결과준거 : 교육 프로그램이 회사에 주는 경제적 가치(생산량, 불량, 이직률)를 알아보는 것

SECTION 02 재해조사 및 원인분석

1. 재해조사

(1) 재해조사의 목적

① 재해 원인과 결함을 규명하고 예방 자료를 수집하여 동종 재해 및 유사재해의 재발 방지 대책을 강구하는 데 목적이 있다.
  ㉠ 재해 발생원인 및 결함 규명
  ㉡ 재해 예방 자료 수집
  ㉢ 동종 및 유사 재해 재발 방지

(2) 재해조사 시 유의사항

① 책임추궁보다 재발 방지를 우선하는 기본태도를 갖는다.
② 피해자에 대한 구급조치를 우선으로 한다.
③ 가급적 빨리 재해 현장이 변형되지 않은 상태에서 실시한다.

④ 사실을 수집하고 재해 이유는 뒤로 미룬다.
⑤ 목격자가 발언하는 사실 외에 추측의 말은 참고로 한다.
⑥ 조사는 신속하게 행하고 2차 재해의 방지를 도모한다.
⑦ 사람, 설비, 환경의 측면에서 재해요인을 도출한다.
⑧ 제3자의 입장에서 공정하게 조사하며, 그러기 위해 조사는 2인 이상으로 한다.

(3) 재해조사의 순서

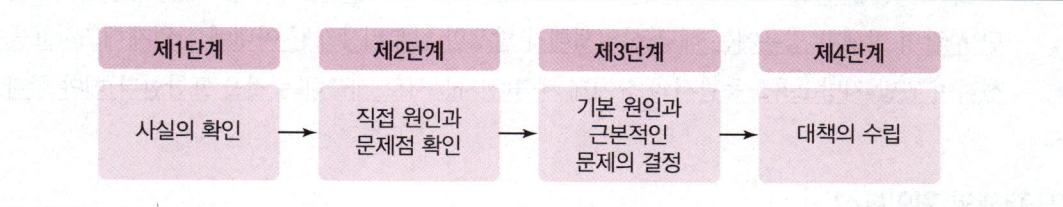

(4) 재해 발생 시 조치순서

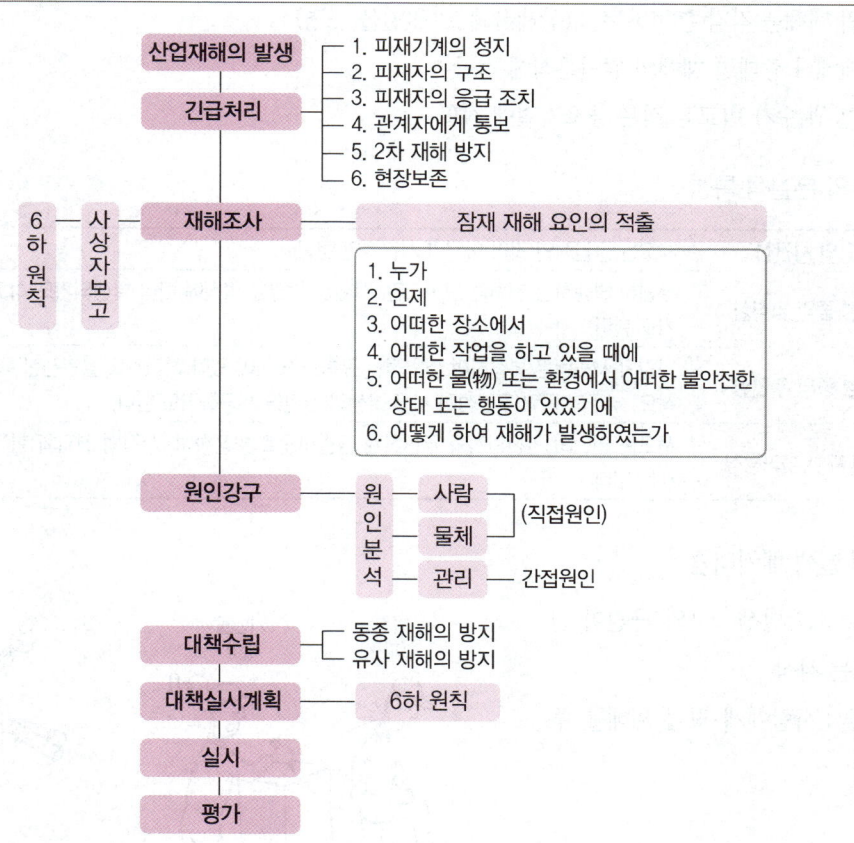

(5) 산업재해 발생보고 방법 및 내용

① 중대재해 발생 시 보고
  ㉠ 사업주는 중대재해가 발생한 사실을 알게 된 경우에는 지체 없이 사업장 소재지를 관할하는 지방 고용노동관서의 장에게 전화·팩스 또는 그 밖의 적절한 방법으로 보고해야 한다.
  ㉡ 발생 개요 및 피해 상황, 조치 및 전망, 그 밖의 중요한 사항
② 산업재해 발생보고
  ㉠ <u>사업주는 산업재해로 사망자가 발생하거나 3일 이상의 휴업이 필요한 부상을 입거나 질병에 걸린 사람이 발생한 경우에는 해당 산업재해가 발생한 날부터 1개월 이내에 산업재해조사표를 작성하여 관할 지방고용노동관서의 장에게 제출(전자문서로 제출하는 것을 포함한다)해야 한다.</u>

2. 재해의 원인분석

(1) 개별적 원인분석

① 개개의 재해를 각각 분석하는 것(상세하게 그 원인을 규명)
② 특별재해나 중대한 재해의 원인분석에 적합
③ 재해 발생 수가 비교적 적은 중소기업에 적합

(2) 사고의 본질적 특성

사고의 시간성	사고는 공간적인 것이 아니라 시간적인 것이다.
우연성 중의 법칙성	우연히 발생하는 것처럼 보이지만, 사실은 분명한 법칙에 따라 발생되기도 하고 미연에 방지되기도 한다.
필연성 중의 우연성	인간의 시스템은 복잡하여 필연적인 규칙과 법칙이 있다 하더라도 불안전한 행동 및 상태 또는 착오, 부주의 등의 우연성이 사고 발생의 원인을 제공하기도 한다.
사고의 재현 불가능성	사고는 인간의 안전의지와 무관하게 돌발적으로 발생하며, 시간의 경과와 함께 상황을 재현할 수는 없다.

(3) 재해 발생 메커니즘

① 기인물 : 그 발생사고의 근원이 된 물 또는 사상
② 가해물 : 사람에게 직접 위해를 주는 것

▲ 기인물과 가해물

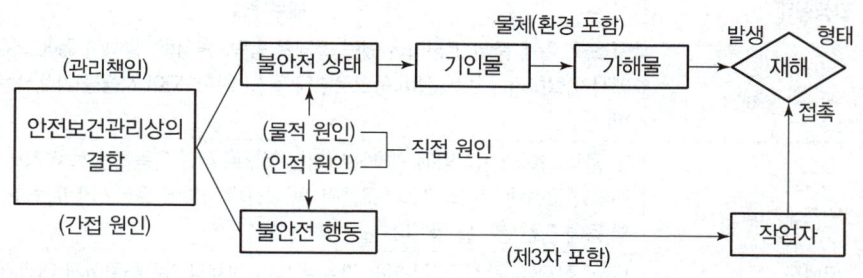

▲ 사고발생의 기본적 모델

(4) 산업재해의 발생 형태

① 단순 자극형(집중형) : 상호 자극에 의하여 순간적(일시적)으로 재해가 발생하는 유형
② 연쇄형 : 어느 하나의 사고 요인이 또 다른 사고 요인을 발생시키면서 재해를 발생시키는 유형(단순 연쇄형과 복합 연쇄형)
③ 복합형 : 단순 자극형과 연쇄형의 복합적인 형태로, 대부분의 재해 발생 형태

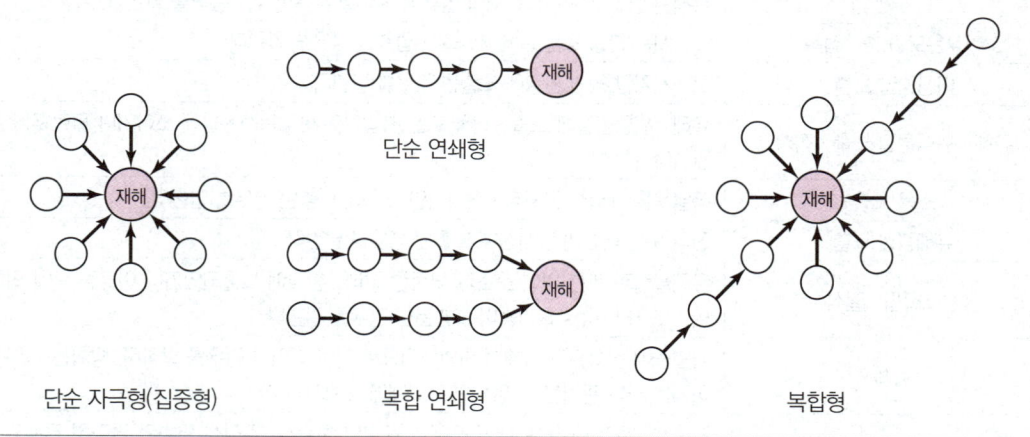

(5) 재해 발생형태에 따른 분류

발생형태	세부내용
떨어짐 (높이가 있는 곳에서 사람이 떨어짐)	사람이 인력(중력)에 의하여 건축물, 구조물, 가설물, 수목, 사다리 등의 높은 장소에서 떨어지는 것을 말한다.
넘어짐 (사람이 미끄러지거나 넘어짐)	사람이 거의 평면 또는 경사면, 층계 등에서 구르거나 넘어지는 경우를 말한다.
깔림·뒤집힘 (물체의 쓰러짐이나 뒤집힘)	기대어져 있거나 세워져 있는 물체 등이 쓰러져 깔린 경우 및 지게차 등의 건설기계 등이 운행 또는 작업 중 뒤집어진 경우를 말한다.
부딪힘(물체에 부딪힘)·접촉	재해자 자신의 움직임·동작으로 인하여 기인물에 접촉 또는 부딪히거나, 물체가 고정부에서 이탈하지 않은 상태로 움직임(규칙, 불규칙) 등에 의하여 부딪히거나, 접촉한 경우를 말한다.

발생형태	세부내용
맞음 (날아오거나 떨어진 물체에 맞음)	구조물, 기계 등에 고정되어 있던 물체가 중력, 원심력, 관성력 등에 의하여 고정부에서 이탈하거나 또는 설비 등으로부터 물질이 분출되어 사람을 가해하는 경우를 말한다.
끼임 (기계설비에 끼이거나 감김)	두 물체 사이의 움직임에 의하여 일어난 것으로 직선 운동하는 물체 사이의 끼임, 회전부와 고정체 사이의 끼임, 로울러 등 회전체 사이에 물리거나 또는 회전체·돌기부 등에 감긴 경우를 말한다.
무너짐 (건축물이나 쌓여진 물체가 무너짐)	토사, 적재물, 구조물, 건축물, 가설물 등이 전체적으로 허물어져 내리거나 또는 주요 부분이 꺾어져 무너지는 경우를 말한다.
압박·진동	재해자가 물체의 취급과정에서 신체특정부위에 과도한 힘이 편중·집중·눌려진 경우나 마찰접촉 또는 진동 등으로 신체에 부담을 주는 경우를 말한다.
신체반작용	물체의 취급과 관련 없이 일시적이고 급격한 행위·동작, 균형상실에 따른 반사적 행위 또는 놀람, 정신적 충격, 스트레스 등을 말한다.
부자연스런 자세	물체의 취급과 관련 없이 작업환경 또는 설비의 부적절한 설계 또는 배치로 작업자가 특정한 자세·동작을 장시간 취하여 신체의 일부에 부담을 주는 경우를 말한다.
과도한 힘·동작	물체의 취급과 관련하여 근육의 힘을 많이 사용하는 경우로서 밀기, 당기기, 지탱하기, 들어올리기, 돌리기, 잡기, 운반하기 등과 같은 행위·동작을 말한다.
반복적 동작	물체의 취급과 관련하여 근육의 힘을 많이 사용하지 않는 경우로서 지속적 또는 반복적인 업무수행으로 신체의 일부에 부담을 주는 행위·동작을 말한다.
이상온도 노출·접촉	고·저온 환경 또는 물체에 노출·접촉된 경우를 말한다.
이상기압 노출	고·저기압 등의 환경에 노출된 경우를 말한다.
유해·위험물질 노출·접촉	유해·위험물질에 노출·접촉 또는 흡입하였거나 독성동물에 쏘이거나 물린 경우를 말한다.
소음 노출	폭발음을 제외한 일시적·장기적인 소음에 노출된 경우를 말한다.
유해광선 노출	전리 또는 비전리 방사선에 노출된 경우를 말한다.
산소결핍·질식	유해물질과 관련 없이 산소가 부족한 상태·환경에 노출되었거나 이물질 등에 의하여 기도가 막혀 호흡기능이 불충분한 경우를 말한다.
화재	가연물에 점화원이 가해져 비의도적으로 불이 일어난 경우를 말하며, 방화는 의도적이기는 하나 관리할 수 없으므로 화재에 포함시킨다.
폭발	건축물, 용기 내 또는 대기 중에서 물질의 화학적, 물리적 변화가 급격히 진행되어 열, 폭음, 폭발압이 동반하여 발생하는 경우를 말한다.
감전	전기설비의 충전부 등에 신체의 일부가 직접 접촉하거나 유도 전류의 통전으로 근육의 수축, 호흡곤란, 심실세동 등이 발생한 경우 또는 특별고압 등에 접근함에 따라 발생한 섬락 접촉, 합선·혼촉 등으로 인하여 발생한 아아크에 접촉된 경우를 말한다.
폭력행위	의도적인 또는 의도가 불분명한 위험행위(마약, 정신질환 등)로 자신 또는 타인에게 상해를 입힌 폭력·폭행을 말하며, 협박·언어·성폭력 및 동물에 의한 상해 등도 포함한다.

(6) 상해 종류별 분류

분류항목	세부내용
골절	뼈가 부러진 상태
동상	저온물 접촉으로 생긴 동상 상해
부종	국부의 혈액순환의 이상으로 몸이 퉁퉁 부어오르는 상해
자상	칼날 등 날카로운 물건에 찔린 상해
타박상(좌상)	타박, 충돌, 추락 등으로 피부표면보다는 피하조직 또는 근육부를 다친 상해(삐임)
절상	신체 부위가 절단된 상해
중독, 질식	음식, 약물, 가스 등에 의한 중독이나 질식된 상해
찰과상	스치거나 문질러서 벗겨진 상해
베임(창상)	창, 칼 등에 베인 상해
화상	화재 또는 고온을 접촉으로 인한 상해
뇌진탕	머리를 세게 맞았을 때 장해로 일어난 상해
익사	물 등에 익사된 상태
피부병	직업과 관련되어 발생 또는 악화되는 피부질환
청력상해	청력이 감퇴 또는 난청이 된 상해
시력장해	시력이 감퇴 또는 실명된 상해
기타	위의 항목으로 분류 불능 시 상해 명칭 기재할 것

3. 산업재해 분석도구

(1) 파레토도
① 사고의 유형, 기인물 등 분류항목을 큰 순서대로 분류하여 도표화한 것이다.
② 20%의 항목이 전체의 80%를 차지한다.

(2) 특성 요인도
① 재해(특성)와 원인(요인) 관계를 도표화하여 재해 발생원인을 분석한다.
② 재해 발생의 유형을 어골상(魚骨像)으로 분류하여 분석한다.

(3) 클로즈(Close) 분석도
① 2개 이상의 문제 관계를 분석하는 데 사용한다.
② 데이터를 집계하고 표로 표시하여 요인별 결과 내역을 교차시켜 분석한다.

(4) 관리도
① 재해 발생건수 등의 추이를 파악하고 목표관리를 행하는 데 필요한 발생건수를 그래프화하여 관리한 계를 설정한다.
② 관리선은 상·하방 관리한계 및 중심선(CL)으로 표시한다.

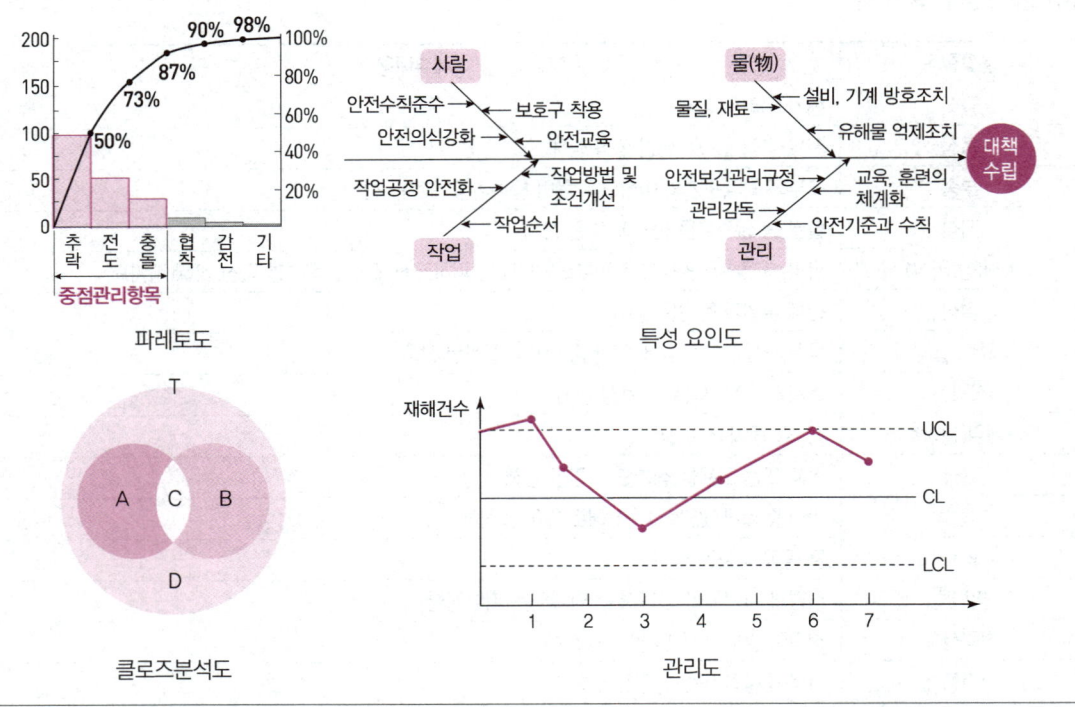

파레토도	특성 요인도
클로즈분석도	관리도

4. 산업재해 통계

(1) 연천인율

① 연천인율은 근로자 1,000명당 1년 동안에 발생하는 재해자 수(사상자 수)를 나타낸다.

$$연천인율 = \frac{연간\ 재해자\ 수}{연평균\ 근로자\ 수} \times 1,000$$

② 연천인율 4란 그 작업장의 수준으로 연간 1,000명의 근로자가 근로할 경우 4명의 재해자가 발생한다는 뜻이다.

핵심 문제

01 연평균 작업자 수가 2000명인 회사에서 1년에 중상해 1명과 경상해 1명이 발생하였다. 연천인율은 얼마인가?

① 0.5   ② 1   ③ 2   ④ 4

정답 | ②

해설 | 연천인율 = $\dfrac{연간\ 재해자\ 수}{연평균\ 근로자\ 수} \times 1,000 = \dfrac{2}{2,000} \times 1,000 = 1$

(2) 도수율(빈도율, Frequency Rate of Injury)

① 산업재해의 발생 빈도를 나타내는 것으로 연근로시간 합계 100만 시간당 재해 발생건수이다.

$$도수율 = \frac{재해발생건수}{연근로시간수} \times 1,000,000$$

② 연근로시간수의 정확한 산출이 곤란할 때는 연 2,400시간(1일 8시간, 1개월 25일, 1년 300일)으로 한다.

③ 도수율이 2란 의미는 연근로시간 1,000,000시간당 발생한 재해건수가 2건이라는 의미이다.

핵심 문제

01 A 사업장의 도수율이 2로 산출되었을 때, 그 결과에 대한 해석으로 옳은 것은?

① 근로자 1000명당 1년 동안 발생한 재해자 수가 2명이다.
② 연근로시간 1,000시간당 발생한 근로손실일수가 2일이다.
③ 근로자 10000명당 1년간 발생한 사망자 수가 2명이다.
④ 연근로시간 1,000,000시간당 발생한 재해건수가 2건이다.

정답 | ④
해설 | 도수율이 2란 의미는 연근로시간 1,000,000시간당 발생한 재해 건수가 2건이라는 의미이다.

02 A 사업장의 상시 근로자가 200명이고, 연간 3건의 재해가 발생했다면 이 사업장의 도수율은 약 얼마인가? (단, 근로자는 1일 9시간씩 연간 300일을 근무하였다.)

① 3.25   ② 5.56   ③ 6.25   ④ 8.30

정답 | ②
해설 | $도수율 = \frac{재해발생건수}{연근로시간수} \times 1,000,000 = \frac{3}{200 \times 9 \times 300} \times 1,000,000 = 5.56$

(3) 연천인율과 도수율과의 관계

① 연천인율 = 도수율 × 2.4
② 도수율 = 연천인율/2.4

(4) 강도율(Severity Rate of Injury)

① 재해의 경중, 즉 강도의 정도를 손실일수로 나타내는 재해통계이다.
② 연간근로시간 1,000시간당 재해에 의해 잃어버린 근로손실일수를 말한다.

$$강도율 = \frac{근로손실일수}{연근로시간수} \times 1,000$$

③ 근로손실일수의 산정
  ㉠ 사망 및 영구 전 노동불능(신체등급 1~3급) : 7,500일
  ㉡ 영구 일부 노동불능

신체장해 등급	4	5	6	7	8	9	10	11	12	13	14
근로손실일수	5,500	4,000	3,000	2,200	1,500	1,000	600	400	200	100	50

  ㉢ 근로손실일수 = 입원일수 × $\frac{300}{365}$

  ㉣ 근로손실일수 = 휴업일수(요양일수) × $\frac{300}{365}$

④ 강도율이 2.0이란 뜻은 1,000시간당 재해로 인하여 2.0일간의 근로손실이 발생하였다는 뜻이다.

핵심 문제

01 상시작업자가 1000명이 근무하는 사업장의 강도율이 0.6이었다. 이 사업장에서 재해 발생으로 인한 연간 총 근로손실일수는 며칠인가? (단, 작업자 1인당 연간 2400시간을 근무하였다.)

① 1220일   ② 1320일   ③ 1440일   ④ 1630일

정답 | ③
해설 | • 강도율 = $\frac{근로손실일수}{연근로시간수} \times 1,000$
  • $\frac{근로손실일수}{1,000 \times 2,400} \times 1,000 = 0.6$
  • 근로손실일수 = 1440일

02 근로자 1000명이 근무하는 사업장에서 재해가 30건 발생하여 총 근로손실일수가 1500일이 되었다. 또한 사망사고가 발생하여 동시에 2명이 목숨을 잃었다고 한다. 주 40시간 근무를 기준으로 50주를 근무한다고 할 때 이 사업장의 강도율(SR)은 얼마인가?

① 8.25   ② 0.75   ③ 82.5   ④ 4.5

정답 | ①
해설 | 사망 1인당 근로손실일수는 7500일이다.
강도율 = $\frac{근로손실일수}{연근로시간수} \times 1,000 = \frac{1,500 + 7,500 \times 2}{1,000 \times 40 \times 50} \times 1,000 = 8.25$

(5) 환산강도율 및 환산도수율

① 환산도수율(F)

$$F = \frac{도수율}{10}$$

② 환산강도율(S)

$$S = 강도율 \times 100$$

(6) 평균강도율

① 평균강도율은 재해 1건당 근로손실일수를 말한다.

② 평균강도율 $= \dfrac{환산강도율(S)}{환산도수율(F)} = \dfrac{강도율}{도수율} \times 1{,}000$

핵심 문제

01 어느 사업장의 도수율은 40이고 강도율은 4일 때 이 사업장의 재해 1건당 근로손실일수는?

① 1
② 10
③ 50
④ 100

정답 | ④
해설 | • 평균강도율은 재해 1건당 근로손실일수를 말한다.
  • 평균강도율 $= \dfrac{환산강도율(S)}{환산도수율(F)} = \dfrac{강도율}{도수율} \times 1{,}000 = \dfrac{4}{40} \times 1{,}000 = 100$

(7) 종합재해지수(FSI ; Frequency Severity Indicator)

$$종합재해지수 = \sqrt{도수율 \times 강도율}$$

5. 재해손실비의 종류 및 계산

(1) 하인리히의 방식

① 총 재해비용 = 직접비 + 간접비 = 직접비 × 5
② 직접비 : 간접비 = 1 : 4(간접비용의 정확한 산출이 어려운 경우에는 직접비용의 4배를 간접비용으로 추산함)

③ 직접비 : 요양급여, 휴업급여, 장해급여, 간병급여, 유족급여, 장의비, 상병보상 연금
④ 간접비 : 인적손실, 물적손실, 생산손실, 기타손실

(2) 시몬즈의 방식

① 총 재해코스트 = 보험코스트 + 비보험코스트
② 사망과 영구 전노동불능 상해는 재해범주에서 제외된다.
③ 보험코스트 = 산재보험료
④ 비보험비용 = (A × 휴업상해건수) + (B × 통원상해건수) + (C × 응급처치건수) + (D × 무상해사고건수)
  여기서, A, B, C, D는 장애정도별 비보험비용의 평균치이다.

SECTION 03 위험성평가 및 관리

1. 위험성평가의 정의 및 개요

(1) 위험성평가의 정의

사업장의 유해·위험요인을 파악하고 해당 유해·위험요인에 의한 부상 또는 질병의 발생 가능성(빈도)과 중대성(강도)을 추정·결정하고 감소 대책을 수립하여 실행하는 일련의 과정을 말한다.

(2) 위험성평가 실시주체

① 사업주는 스스로 사업장의 유해·위험요인을 파악하기 위해 근로자를 참여시켜 실태를 파악하고 이를 평가하여 관리·개선하는 등 위험성평가를 실시하여야 한다.
② 작업의 일부 또는 전부를 도급에 의하여 행하는 사업의 경우는 도급을 준 도급인과 도급을 받은 수급인은 각각 위험성평가를 실시하여야 한다.
③ 도급사업주는 수급사업주가 실시한 위험성평가 결과를 검토하여 도급사업주가 개선할 사항이 있는 경우 이를 개선하여야 한다.

(3) 위험성평가의 방법

① 안전보건관리책임자 등 해당 사업장에서 사업의 실시를 총괄 관리하는 사람에게 위험성평가의 실시를 총괄 관리하게 할 것
② 사업장의 안전관리자, 보건관리자 등이 위험성평가의 실시에 관하여 안전보건관리책임자를 보좌하고 지도·조언하게 할 것
③ 관리감독자가 유해·위험요인을 파악하고 그 결과에 따라 개선조치를 시행하게 할 것
④ 기계·기구, 설비 등과 관련된 위험성평가에는 해당 기계·기구, 설비 등에 전문 지식을 갖춘 사람을 참여하게 할 것

⑤ 안전·보건관리자의 선임의무가 없는 경우에는 ②에 따른 업무를 수행할 사람을 지정하는 등 그 밖에 위험성평가를 위한 체제를 구축할 것

(4) 위험성평가의 절차

① 평가대상의 선정 등 사전준비
② 근로자의 작업과 관계되는 유해·위험요인의 파악
③ 파악된 유해·위험요인별 위험성의 추정
④ 추정한 위험성이 허용 가능한 위험성인지 여부의 결정
⑤ 위험성 감소대책의 수립 및 실행
⑥ 위험성평가 실시내용 및 결과에 관한 기록(3년간 보존)

SECTION 04 안전보건실무

1. 안전보건관리체제

(1) 산업안전보건법의 안전보건관리 체계

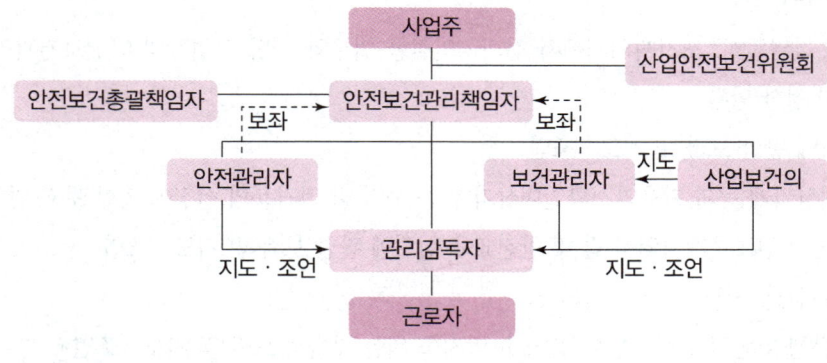

(2) 안전보건관리 조직의 목적

① 모든 위험의 제거
② 위험 제거 기술의 수준 향상
③ 재해 예방률의 향상
④ 단위당 예방비용의 저감

(3) 안전보건관리 조직의 구비조건

① 회사의 특성과 규모에 부합되게 조직할 것
② 조직의 기능이 충분히 발휘될 수 있는 제도적 체계를 갖출 것
③ 조직을 구성하는 관리자의 책임과 권한을 분명히 할 것
④ 생산라인과 밀착된 조직이 될 것

(4) 안전보건관리 책임자의 업무

① 사업장의 산업재해 예방계획의 수립에 관한 사항
② 안전보건관리규정의 작성 및 변경에 관한 사항
③ 안전보건 교육에 관한 사항
④ 작업환경측정 등 작업환경의 점검 및 개선에 관한 사항
⑤ 근로자의 건강진단 등 건강관리에 관한 사항
⑥ 산업재해의 원인 조사 및 재발 방지대책 수립에 관한 사항
⑦ 산업재해에 관한 통계의 기록 및 유지에 관한 사항
⑧ 안전장치 및 보호구 구입 시 적격품 여부 확인에 관한 사항
⑨ 그 밖에 근로자의 유해·위험 방지조치에 관한 사항으로서 고용노동부령으로 정하는 사항

(5) 안전관리자의 업무

① 산업안전보건위원회, 노사협의체에서 심의·의결한 업무와 해당 사업장의 안전보건관리규정 및 취업규칙에서 정한 업무
② 위험성평가에 관한 보좌 및 지도·조언
③ 안전인증대상기계 등과 자율안전확인대상기계 등 구입 시 적격품의 선정에 관한 보좌 및 지도·조언
④ 해당 사업장 안전교육계획의 수립 및 안전교육 실시에 관한 보좌 및 지도·조언
⑤ 사업장 순회점검, 지도 및 조치 건의
⑥ 산업재해 발생의 원인 조사·분석 및 재발 방지를 위한 기술적 보좌 및 지도·조언
⑦ 산업재해에 관한 통계의 유지·관리·분석을 위한 보좌 및 지도·조언
⑧ 법 또는 법에 따른 명령으로 정한 안전에 관한 사항의 이행에 관한 보좌 및 지도·조언
⑨ 업무 수행 내용의 기록·유지

(6) 보건관리자의 업무

① 산업안전보건위원회 또는 노사협의체에서 심의·의결한 업무와 안전보건관리규정 및 취업규칙에서 정한 업무
② 안전인증대상기계 등과 자율안전확인대상기계 등 중 보건과 관련된 보호구(保護具) 구입 시 적격품 선정에 관한 보좌 및 지도·조언

③ 위험성평가에 관한 보좌 및 지도·조언
④ 물질안전보건자료의 게시 또는 비치에 관한 보좌 및 지도·조언
⑤ 산업보건의의 직무(보건관리자가 의사에 해당하는 사람인 경우로 한정한다.)
⑥ 해당 사업장 보건교육계획의 수립 및 보건교육 실시에 관한 보좌 및 지도·조언
⑦ 해당 사업장의 근로자를 보호하기 의료행위(보건관리자가 의사 또는 간호사에 해당하는 경우로 한정한다.)
　㉠ 자주 발생하는 가벼운 부상에 대한 치료
　㉡ 응급처치가 필요한 사람에 대한 처치
　㉢ 부상·질병의 악화를 방지하기 위한 처치
　㉣ 건강진단 결과 발견된 질병자의 요양 지도 및 관리
　㉤ 의료행위에 따르는 의약품의 투여
⑧ 작업장 내에서 사용되는 전체 환기장치 및 국소 배기장치 등에 관한 설비의 점검과 작업방법의 공학적 개선에 관한 보좌 및 지도·조언
⑨ 사업장 순회점검, 지도 및 조치 건의
⑩ 산업재해 발생의 원인 조사·분석 및 재발 방지를 위한 기술적 보좌 및 지도·조언
⑪ 산업재해에 관한 통계의 유지·관리·분석을 위한 보좌 및 지도·조언
⑫ 법 또는 법에 따른 명령으로 정한 보건에 관한 사항의 이행에 관한 보좌 및 지도·조언
⑬ 업무 수행 내용의 기록·유지
⑭ 그 밖에 보건과 관련된 작업관리 및 작업환경관리에 관한 사항으로서 고용노동부장관이 정하는 사항

2. 보건관리계획 수립 및 평가

(1) 안전보건개선계획의 수립·시행

① 산업재해율이 같은 업종의 규모별 평균 산업재해율보다 높은 사업장
② 사업주가 필요한 안전조치 또는 보건조치를 이행하지 아니하여 중대재해가 발생한 사업장
③ 직업성 질병자가 연간 2명 이상 발생한 사업장
④ 유해인자의 노출기준을 초과한 사업장

(2) 안전보건관리계획의 주요 내용

① 시설
② 안전보건관리체제
③ 안전보건교육
④ 산업재해 예방 및 작업환경의 개선을 위하여 필요한 사항

3. 건강관리

(1) 일반건강진단

① 사업주는 상시 사용하는 근로자 중 사무직에 종사하는 근로자(공장 또는 공사현장과 같은 구역에 있지 않은 사무실에서 서무·인사·경리·판매·설계 등의 사무업무에 종사하는 근로자를 말하며, 판매업무 등에 직접 종사하는 근로자는 제외한다)에 대해서는 2년에 1회 이상, 그 밖의 근로자에 대해서는 1년에 1회 이상 일반건강진단을 실시해야 한다.

(2) 특수건강진단 등

① 사업주는 근로자의 건강관리를 위하여 특수건강진단을 실시하여야 한다.
　㉠ 유해인자에 노출되는 업무에 종사하는 근로자
　㉡ 건강진단 실시 결과 직업병 소견이 있는 근로자로 판정받아 작업 전환을 하거나 작업 장소를 변경하여 해당 판정의 원인이 된 특수건강진단 대상 업무에 종사하지 아니하는 사람으로서 해당 유해인자에 대한 건강진단이 필요하다는 의사의 소견이 있는 근로자
② 사업주는 특수건강진단 대상 업무에 종사할 근로자의 배치 예정 업무에 대한 적합성 평가를 위하여 배치 전 건강진단을 실시하여야 한다.
③ 사업주는 특수건강진단 대상 업무에 따른 유해인자로 인한 것이라고 의심되는 건강장해 증상을 보이거나 의학적 소견이 있는 근로자 중 보건관리자 등이 사업주에게 건강진단 실시를 건의하는 등 고용노동부령으로 정하는 근로자에 대하여 수시 건강진단을 실시하여야 한다.

(3) 임시건강진단

고용노동부장관은 같은 유해인자에 노출되는 근로자들에게 유사한 질병의 증상이 발생한 경우 등 고용노동부령으로 정하는 경우에는 근로자의 건강을 보호하기 위하여 사업주에게 특정 근로자에 대한 임시건강진단의 실시나 작업전환, 그 밖에 필요한 조치를 명할 수 있다.

4. 개인보호구

(1) 보호구의 구비조건

① 착용 시 작업이 용이할 것
② 작업에 방해요소가 되지 않도록 할 것
③ 유해·위험물에 대한 방호 성능이 완전할 것
④ 재료의 품질이 우수할 것
⑤ 구조 및 표면가공이 우수할 것
⑥ 외관 및 전체적인 디자인이 양호할 것

(2) 보호구 선정 시 유의사항

① 사용목적 또는 작업에 적합한 것
② 검정기관의 검정에 합격한 것으로 방호 성능이 보장되는 것
③ 작업에 방해되지 않는 것
④ 착용이 쉽고 크기 등이 사용자에게 편리한 것

(3) 대상 보호구별 작업장

안전모	물체가 떨어지거나 날아올 위험 또는 근로자가 추락할 위험이 있는 작업
안전대	높이 또는 깊이 2미터 이상의 추락할 위험이 있는 장소에서 하는 작업
안전화	물체의 낙하·충격, 물체에의 끼임, 감전 또는 정전기의 대전에 의한 위험이 있는 작업
보안경	물체가 흩날릴 위험이 있는 작업
보안면	용접 시 불꽃이나 물체가 흩날릴 위험이 있는 작업
절연용 보호구	감전의 위험이 있는 작업
방열복	고열에 의한 화상 등의 위험이 있는 작업
방진마스크	선창 등에서 분진(粉塵)이 심하게 발생하는 하역작업
방한모·방한복·방한화·방한장갑	섭씨 영하 18도 이하인 급냉동어창에서 하는 하역작업
승차용 안전모	물건을 운반하거나 수거·배달하기 위하여 이륜자동차를 운행하는 직업

5. 물질안전보건자료(MSDS)

(1) 물질안전보건자료의 작성 및 제출(「산업안전보건법」 제110조)

① 화학물질 또는 이를 포함한 혼합물로서 물질안전보건자료 대상 물질을 제조하거나 수입하려는 자는 물질안전보건자료를 고용노동부령으로 정하는 바에 따라 작성하여 고용노동부장관에게 제출하여야 한다.
  ㉠ 제품명
  ㉡ 물질안전보건자료 대상 물질을 구성하는 화학물질의 명칭 및 함유량
  ㉢ 안전 및 보건상의 취급 주의 사항
  ㉣ 건강 및 환경에 대한 유해성, 물리적 위험성
  ㉤ 물리·화학적 특성 등 고용노동부령으로 정하는 사항(물리·화학적 특성, 독성에 관한 정보, 폭발·화재 시의 대처방법, 응급조치 요령, 그 밖에 고용노동부장관이 정하는 사항)

(2) 물질안전보건자료의 제공

① 물질안전보건자료 대상 물질을 양도하거나 제공하는 자는 이를 양도받거나 제공받는 자에게 물질안전보건자료를 제공하여야 한다.
② 물질안전보건자료 대상 물질을 제조하거나 수입한 자는 이를 양도받거나 제공받은 자에게 물질안전보건자료를 제공하여야 한다.

③ 물질안전보건자료 대상 물질을 양도하거나 제공한 자(물질안전보건자료 대상 물질을 제조하거나 수입한 자는 제외한다)는 물질안전보건자료를 제공받은 경우 이를 물질안전보건자료 대상 물질을 양도받거나 제공받은 자에게 제공하여야 한다.

④ 물질안전보건자료 또는 변경된 물질안전보건자료의 제공방법 및 내용, 그 밖에 필요한 사항은 고용노동부령으로 정한다.

6. 안전보건표지

(1) 안전보건표지의 종류와 형태

(2) 안전보건표지의 색도기준 및 용도

색채	색도기준	용도	사용례
빨간색	7.5R 4/14	금지	정지신호, 소화설비 및 그 장소, 유해행위의 금지
		경고	화학물질 취급장소에서의 유해·위험 경고
노란색	5Y 8.5/12	경고	화학물질 취급장소에서의 유해·위험 경고 이외의 위험 경고, 주의표지 또는 기계방호물
파란색	2.5PB 4/10	지시	특정 행위의 지시 및 사실의 고지
녹색	2.5G 4/10	안내	비상구 및 피난소, 사람 또는 차량의 통행표지
흰색	N9.5	–	파란색 또는 녹색에 대한 보조색
검은색	N0.5	–	문자 및 빨간색 또는 노란색에 대한 보조색

(3) 중량의 표시(산업안전보건기준에 관한 규칙)

① 사업주는 근로자가 5킬로그램 이상의 중량물을 인력으로 들어 올리는 작업을 하는 경우에 다음 각 호의 조치를 해야 한다.

㉠ 주로 취급하는 물품에 대하여 근로자가 쉽게 알 수 있도록 물품의 중량과 무게중심에 대하여 작업장 주변에 안내표시를 할 것

㉡ 취급하기 곤란한 물품은 손잡이를 붙이거나 갈고리, 진공빨판 등 적절한 보조도구를 활용할 것

PART 04

Human Factors

근골격계질환 예방을 위한 작업관리

CHAPTER 01 근골격계질환 개요
CHAPTER 02 작업관리 개요
CHAPTER 03 작업분석
CHAPTER 04 작업측정
CHAPTER 05 유해요인 평가
CHAPTER 06 작업설계 및 개선
CHAPTER 07 예방관리 프로그램

01 근골격계질환 개요

SECTION 01 근골격계질환의 종류

1. 근골격계질환 정의 및 유형

(1) 근골격계질환의 정의

① 부적절한 작업환경과 과도한 작업부하가 원인이 된 작업관련성 질환이다.
② 특정 신체 부위 및 근육의 과도한 사용으로 인해 신경, 근육, 인대, 건, 관절, 혈관 등에 미세한 손상이 발생하여 손, 손목, 팔목, 어깨, 목, 견갑골, 허리 등에 나타나는 만성적인 건강장해이다.
③ 누적외상성질환(CTDs), 반복긴장성손상, VDT증후군, 견경완증후군, 수근관증후군 등과 관련된다.

(2) 근골격계질환의 특성

① 다양한 요인이 질환을 유발한다.
② 미세한 근육이나 조직의 손상으로 시작된다.
③ 신체의 기능적 장해를 유발할 수 있다.
④ 초기에 치료하지 않으면 심각해질 수 있으며, 완치가 어렵다.
⑤ 완전 예방이 불가능하고 발생을 최소화하는 것이 중요하다.

> **핵심 문제**
>
> **01** 다음 중 근골격계질환에 관한 설명으로 틀린 것은?
>
> ① 미세한 근육이나 조직의 손상으로 시작된다.
> ② 초기에 치료하지 않으면 심각해질 수 있다.
> ③ 사전조사에 의하여 완전 예방이 가능하다.
> ④ 신체의 기능적 장해를 유발할 수 있다.
>
> 정답 | ③
> 해설 | 완전 예방이 불가능하고 발생을 최소화하는 것이 중요하다.

SECTION 02 근골격계질환의 원인

1. 근골격계질환의 발생원인

(1) 작업 특성 요인(직접적인 원인)

① 반복적인 동작
  ㉠ 유해도의 크기는 반복 횟수, 반복동작의 빠르기, 관련되는 근육군의 수, 사용되는 힘에 연관된다.
  ㉡ 같은 근육을 반복하여 사용하지 않도록 작업을 변경(작업순환)하거나 공정을 자동화한다.
  ㉢ 반복성의 기준은 작업주기가 30초 미만이거나, 작업주기가 30초 이상이라도 한 작업 단위가 전체 작업의 50% 이상을 차지할 때 위험성이 있는 것으로 판단한다.
  ㉣ 반복성에 대한 고위험기준은 손가락(분당 200회 이상), 손목/전완(분당 10회 이상), 상완/팔꿈치(분당 10회 이상), 어깨(분당 2.5회 이상)인 경우이다.

② 부적절한 작업자세
  ㉠ 각 신체 부위가 취할 수 있는 중립자세를 벗어나는 자세로 정적인 작업을 오래하는 경우이다.
  ㉡ 작업장의 설계에 의한 경우가 많다.

③ 과도한 힘의 사용

작업 시 요구되는 힘의 크기가 증가하는 경우	대책
• 제품의 부피가 증가하는 경우 • 부적합한 자세로 작업할 경우 • 움직임의 속도가 증가할 경우 • 다루는 제품이 미끄러울 경우 • 진동 시 • 제품을 쥘 경우 집게손가락과 엄지손가락을 사용할 경우	• 작업공구 개선 • 동력을 사용한 공구로 교체 • 손에 맞는 공구를 선택하여 사용 • 미끄럼 방지를 위한 마찰계수를 증가 • 적절한 작업공간을 제공 • 핀치그립보다 파워그립을 사용

④ 날카로운 면과의 접촉
  ㉠ 작업대 모서리, 키보드, 작업공구, 가위 사용 등으로 인해 손목, 손바닥, 팔 등이 지속적으로 눌리거나 손바닥 또는 무릎 등을 사용해 반복적으로 물체에 압력을 가함으로써 해당 신체 부위가 충격을 받게 되는 것이다.
  ㉡ 날카로운 모서리를 둥글게, 손잡이의 길이를 증가시키거나 손잡이에 완충물질을 사용한다.

⑤ 전신 또는 국소진동
  ㉠ 임팩트나 그라인더와 같이 국소진동이 발생하는 공구를 지속적으로 사용하는 경우, 전신진동이 문제되는 차량, 기계, 설비 등에 지속적으로 앉아있거나 서있는 작업에서 발생한다.
  ㉡ 진동을 감소시키는 손잡이 코팅을 사용하고, 힘의 요구량을 감소시키는 마찰계수를 증가시킨다.

⑥ 휴식시간 부족

⑦ 온도, 조명 등 기타 요인

(2) 개인 특성 요인(작업자 특성 요인)

① 과거 병력
② 나이
③ 성별
④ 생활습관 및 취미
⑤ 작업습관
⑥ 작업경력
⑦ 작업방법 및 기술수준
⑧ 흡연
⑨ 음주

(3) 사회심리적 요인

① 교대근무
② 의사소통
③ 성과급 제도
④ 조직문화
⑤ 업무 재량도
⑥ 직무 스트레스
⑦ 작업통제
⑧ 대인관계
⑨ 작업만족도

핵심 문제

01 근골격계질환의 발생에 기여하는 작업적 유해요인과 가장 거리가 먼 것은?

① 과도한 힘의 사용
② 불편한 작업자세의 반복
③ 부적절한 작업/휴식 비율
④ 개인보호장구의 미착용

정답 | ④
해설 | 근골격계질환의 발생에 기여하는 작업적 유해요인은 반복적인 동작, 부적절한 작업자세, 과도한 힘의 사용, 날카로운 면과의 접촉, 전신 또는 국소진동, 휴식시간의 부족, 온도·조명 등 기타요인이다.

02 다음 중 근골격계질환의 요인에 있어 작업관련 요인에 해당하는 것은?

① 직장 경력
② 휴식시간 부족
③ 작업만족도
④ 작업의 자율적 조절

정답 | ②
해설 | 직장경력은 개인적 요인이며, 작업만족도와 작업의 자율적 조절은 사회심리적 요인이다.

2. 근골격계 부담작업

(1) 근골격계 부담작업의 범위

① 근골격계 부담작업 제1호 : 하루에 4시간 이상 집중적으로 자료입력 등을 위해 키보드 또는 마우스를 조작하는 작업이다.
② 근골격계 부담작업 제2호 : 하루에 총 2시간 이상 목, 어깨, 팔꿈치, 손목 또는 손을 사용하여 같은 동작을 반복하는 작업이다.

③ 근골격계 부담작업 제3호 : 하루에 총 2시간 이상 머리 위에 손이 있거나, 팔꿈치가 어깨 위에 있거나 팔꿈치를 몸통으로부터 들거나, 팔꿈치를 몸통 뒤쪽에 위치하도록 하는 상태에서 이루어지는 작업이다.
④ 근골격계 부담작업 제4호 : 지지되지 않은 상태이거나 임의로 자세를 바꿀 수 없는 조건에서 하루에 총 2시간 이상 목이나 허리를 구부리거나 트는 상태에서 이루어지는 작업이다.
⑤ 근골격계 부담작업 제5호 : 하루에 총 2시간 이상 쪼그리고 앉거나 무릎을 굽힌 자세에서 이루어지는 작업이다.
⑥ 근골격계 부담작업 제6호 : 하루에 총 2시간 이상 지지되지 않은 상태에서 1kg 이상의 물건을 한 손의 손가락으로 집어 옮기거나, 2kg 이상에 상응하는 힘을 가하여 한 손의 손가락으로 물건을 쥐는 작업이다.
⑦ 근골격계 부담작업 제7호 : 하루에 총 2시간 이상 지지되지 않은 상태에서 4.5kg 이상의 물건을 한 손으로 들거나 동일한 힘으로 쥐는 작업이다.
⑧ 근골격계 부담작업 제8호 : 하루에 10회 이상 25kg 이상의 물체를 드는 작업이다.
⑨ 근골격계 부담작업 제9호 : 하루에 25회 이상 10kg 이상의 물체를 무릎 아래에서 들거나, 어깨 위에서 들거나, 팔을 뻗은 상태에서 드는 작업이다.
⑩ 근골격계 부담작업 제10호 : 하루에 총 2시간 이상, 분당 2회 이상 4.5kg 이상의 물체를 드는 작업이다.
⑪ 근골격계 부담작업 제11호 : 하루에 총 2시간 이상 시간당 10회 이상 손 또는 무릎을 사용하여 반복적으로 충격을 가하는 작업이다.

(2) 근골격계질환의 증상단계

1단계	2단계	3단계
• 작업 중 통증을 호소, 피로감 • 하룻밤 지나면 통증 없음 • 작업능력 감소 없음 • 며칠 동안 지속	• 작업시간 초기부터 통증 발생 • 하룻밤 지나도 통증 지속 • 화끈거려 잠을 설침 • 작업수행 능력이 저하됨 • 몇 주, 몇 달 지속	• 휴식시간에도 통증 • 하루 종일 통증 • 통증으로 불면 • 작업수행 불가능 • 다른 일도 어려움과 통증 동반

(3) 근골격계질환 신체 부위별 분류

질환	종류
허리 부위	근막통 증후근, 요부염좌, 추간판 탈출증, 척추 분리증
목 부위(경부)	근막통 증후군, 경추 자세 증후군
어깨(견관절) 부위	근막통 증후군, 회전근개 건염, 견봉하 점액낭염, 상완이두 건막염, 극상근 건염
팔꿈치 부위	외상과염(테니스엘보), 내상과염(골프엘보), 팔굽 터널 증후군, 지연성 척골 신경 마비, 회내근 증후군
손과 손목 부위	수근관 증후근(손목 터널 증후군), 드퀘르뱅 건초염(Dequervain's), 방아쇠 손가락, 결절종, 척골관 증후군(가이언 증후군), 바르텐베르그 증후군, 수완 진동 증후군

① 외상과염은 팔꿈치 부위의 인대에 염증이 생김으로써 발생하는 증상이다.
② 수근관 증후군은 손목이 꺾인 상태나 과도한 힘을 준 상태에서 반복적 손 운동을 할 때 발생한다. 조립작업 등과 같이 엄지와 검지로 집는 작업자세가 많은 경우 손목의 정중신경 압박으로 증상이 유발하는 질환이다.
③ 회내근 증후군은 과도한 망치질, 노젓기 동작 등으로 손가락이 저리고 손가락 굴곡이 약화되는 증상이다.
④ 건염은 반복, 구부림, 진동 등에 의하여 건의 섬유질이 손상되거나 찢어지는 등의 근육과 뼈를 연결하는 건에 염증이 생기는 질환이다.
⑤ 백색 수지증은 손가락에 혈액의 원활한 공급이 이루어지지 않을 경우에 발생하는 증상이다.
⑥ 방아쇠 수지는 손가락을 구부릴 때 힘줄의 굴곡운동에 장애를 주는 근골격계질환이다.

핵심문제

01 산업안전보건법령상 근골격계 부담작업 범위 기준에 해당하지 않는 것은? (단, 단기간작업 또는 간헐적인 작업은 제외한다.)

① 하루에 5회 이상 25kg 이상의 물체를 드는 작업
② 하루에 4시간 이상 집중적으로 자료입력 등을 위해 키보드를 조작하는 작업
③ 하루에 총 2시간 이상 쪼그리고 앉거나 무릎을 굽힌 자세에서 이루어지는 작업
④ 하루에 총 2시간 이상, 분당 2회 이상 4.5kg 이상의 물체를 드는 작업

정답 | ①
해설 | 하루에 10회 이상 25kg 이상의 물체를 드는 작업이다.

02 손과 손목 부위에 발생하는 작업관련성 근골격계질환이 아닌 것은?

① 방아쇠 손가락(Trigger finger)
② 외상과염(Lateral epicondylitis)
③ 가이언 증후군(Canal of guyon)
④ 수근관 증후군(Carpal tunnel syndrome)

정답 | ②
해설 | 외상과염(테니스엘보)은 팔꿈치 부위와 관련된 질환이다.

03 근골격계질환의 유형에 대한 설명으로 옳지 않은 것은?

① 외상과염은 팔꿈치 부위의 인대에 염증이 생김으로써 발생하는 증상이다.
② 수근관 증후군은 손목이 꺾인 상태나 과도한 힘을 준 상태에서 반복적 손 운동을 할 때 발생한다.
③ 회내근 증후군은 과도한 망치질, 노젓기 동작 등으로 손가락이 저리고 손가락 굴곡이 약화되는 증상이다.
④ 결절종은 반복, 구부림, 진동 등에 의하여 건의 섬유질이 손상되거나 찢어지는 등의 건에 염증이 생기는 질환이다.

정답 | ④
해설 | 건염은 반복, 구부림, 진동 등에 의하여 건의 섬유질이 손상되거나 찢어지는 등의 근육과 뼈를 연결하는 건에 염증이 생기는 질환이다.

SECTION 03 근골격계질환의 관리방안

1. 근골격계질환의 예방관리

(1) 관리방안

단기적 관리방안	중장기적 관리방안
• 작업장 개선 • 휴식시간의 배려 • 교대근무에 대한 고려 • 안전예방 체조의 도입 • 안전한 작업방법 교육 • 관리자, 작업자, 보건관리자 등에 인간공학 교육 • 휴게실, 운동시설 등 기타 관리시설 확충	• 근골격계질환 예방관리 프로그램 도입 • 직무 스트레스 관리 및 노동 강도 고려 • 작업자 순환 • 인체공학 개념을 도입한 작업장 설계 • 보건관리체제 도입 • 의학적 관리

(2) 작업환경개선

공학적 개선	관리적 개선
• 공구 · 장비, 작업장, 포장, 부품, 제품 등에 대한 재배열, 재설계, 교체 등 • 작업도구나 설비의 개선 • 작업공구의 개선 • 작업대 높이의 조절 • 자재 운반 시 동력기계장치의 사용 • 인양 시 보조기구 사용	• 작업의 다양성 제공(업무교대, 업무확대) • 작업일정 및 작업속도 조절 • 회복시간 제공, 직장체조 활성화 • 작업습관 변화 • 작업자 적정배치, 작업자 훈련 • 작업공간, 공구나 장비의 정기적인 청소 및 유지관리

핵심 문제

01 근골격계질환 예방대책으로 옳지 않은 것은?

① 단순반복작업은 기계를 사용한다.
② 작업순환(Job Rotation)을 실시한다.
③ 작업방법과 작업공간을 인간공학적으로 설계한다.
④ 작업속도와 작업강도를 점진적으로 강화한다.

정답 | ④
해설 | 작업속도와 작업강도를 적절하게 조절한다.

02 근골격계질환의 예방에서 단기적 관리방안으로 볼 수 없는 것은?

① 안전한 작업방법의 교육
② 작업자에 대한 휴식시간의 배려
③ 근골격계질환 예방·관리 프로그램의 도입
④ 휴게실, 운동시설 등 기타 관리시설의 확충

정답 | ③
해설 | 근골격계질환 예방관리 프로그램의 도입은 장기적 관리방안이다.

03 근골격계질환 예방을 위한 바람직한 관리적 개선 방안으로 볼 수 없는 것은?

① 규칙적이고 적절한 휴식을 통하여 피로의 누적을 예방한다.
② 작업 확대를 통하여 한 작업자가 할 수 있는 일의 다양성을 넓힌다.
③ 전문적인 스트레칭과 체조 등을 교육하고 작업 중 수시로 실시하도록 유도한다.
④ 중량물 운반 등 특정 작업에 적합한 작업자를 선별하여 상대적 위험도를 경감시킨다.

정답 | ④
해설 | 관리적 개선은 작업의 다양성 제공(업무교대, 업무확대), 작업일정 및 작업속도 조절, 회복시간 제공, 직장체조 활성화, 작업일정 및 작업속도 조절, 작업습관 변화, 작업자 적정배치, 작업자 훈련, 공구 및 장비의 정기적인 청소 및 유지관리 등이다. 중량물 운반작업에 적합한 작업자는 존재하지 않는다.

작업관리 개요

SECTION 01 작업관리(work study)의 정의

1. 방법연구 및 작업측정

(1) 정의

① 작업관리(작업연구)는 생산과정에서 인간이 관여하는 작업을 주 연구대상으로 한다.
② 작업관리는 생산 활동의 여러 과정 중 작업 요소를 조사, 연구하여 합리적인 작업방법을 설정하는 것이다.

(2) 작업관리의 범위

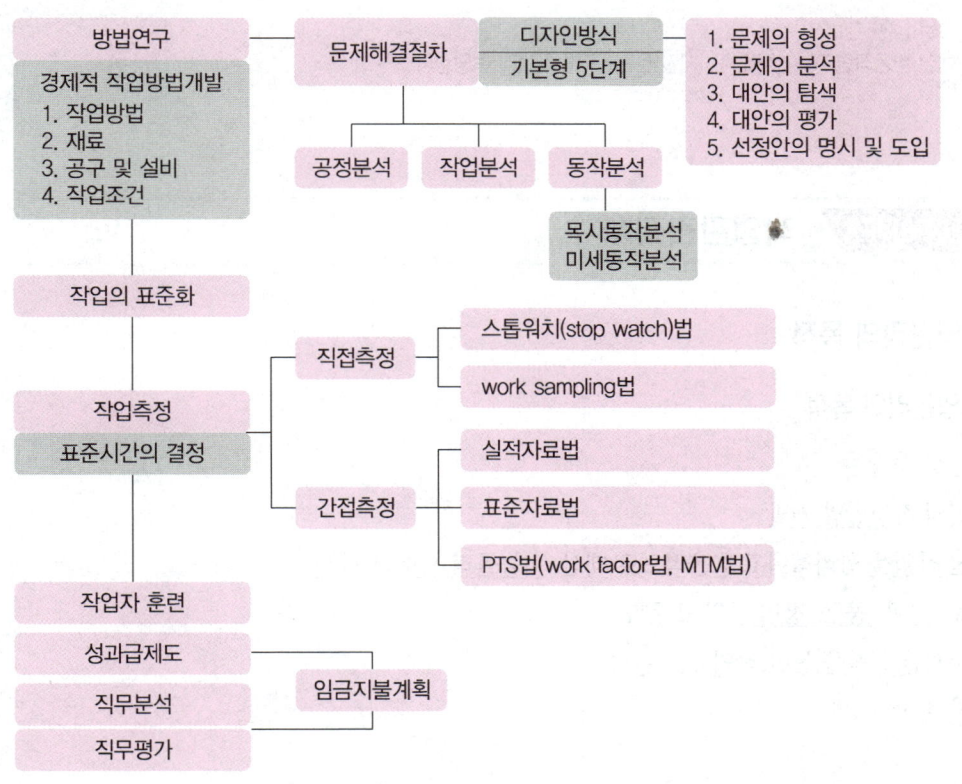

▲ 작업관리의 범위

① 작업관리는 방법연구(동작연구)와 작업측정(시간연구)을 주 대상으로 하는 총체적인 명칭이다.
② 방법연구는 기존의 혹은 제안된 작업방법을 체계적으로 분석하여 그 타당성을 조사함으로써 좀 더 쉽고 경제적인 작업방법을 개발한다.
③ 방법연구는 길브레스(Gilbreth)에 의해 만들어진 동작연구가 바탕이 되어 발전되었으며, 그의 벽돌쌓기 작업의 연구는 최선의 방법을 탐구하는 출발이 되었다.
④ 작업측정은 숙련된 작업자가 명시된 작업내용을 정상속도로 수행할 때 소요되는 시간을 측정하여 표준시간을 결정한다.

핵심 문제

01 작업연구에 대한 설명으로 옳지 않은 것은?

① 작업연구는 보통 동작연구와 시간연구로 구성된다.
② 시간연구는 표준화된 작업방법에 의하여 작업을 수행할 경우에 소요되는 표준시간을 측정하는 분야이다.
③ 동작연구는 경제적인 작업방법을 검토하여 표준화된 작업방법을 개발하는 분야이다.
④ 동작연구는 작업측정으로, 시간연구는 방법연구라고도 한다.

정답 | ④
해설 | 동작연구는 방법연구, 시간연구는 작업측정에 해당한다.

SECTION 02 작업관리절차

1. 작업관리의 목적

(1) 작업관리의 목적

① 생산성 향상
② 최선의 작업방법 개발
③ 생산 작업을 합리적이고 효율적으로 개선, 비능률적 요소의 제거
④ 재료, 설비, 공구, 방법 등의 표준화
⑤ 표준시간 설정을 통한 작업효율 관리
⑥ 안전 향상

2. 문제해결 절차

(1) 기본형 5단계의 절차

연구대상의 선정 → 현 작업방법의 분석 → 분석 자료의 검토 → 개선안의 수립 → 개선안의 도입

① 연구대상 선정
  ㉠ 경제적 측면의 고려 : 애로공정, 물자이동이 많고 이동거리가 긴 작업, 노동집약적인 반복작업
  ㉡ 기술적 측면의 고려 : 기술적으로 허용할 수 있어야 함
  ㉢ 인간적 측면의 고려 : 작업자의 작업방법 연구에 대한 이해와 작업자와의 유대관계를 고려해야 함

② 현 작업방법의 분석
  ㉠ 공정순서를 표시하는 차트 : 작업공정도, 유통공정도, 작업자공정도
  ㉡ 시간눈금을 사용하는 차트 : 다중활동분석표, 사이모 차트
  ㉢ 흐름을 표시하는 도표 : 유통선도, 사이클그래프, 크로노사이클그래프, 이동빈도도

③ 분석자료의 검토(대안의 도출방법)
  ㉠ 작업개선의 4원칙(ECRS 원칙)
    • Eliminate(제거) : 이 작업은 꼭 필요한가? 제거할 수는 없는가? 가장 우선적 고려대상이다.
    • Combine(결합) : 이 작업을 다른 작업과 결합시키면 더 나은 결과가 생길 것인가?
    • Rearrange(재배열) : 작업순서를 바꾸면 효율적인가?
    • Simplify(단순화) : 단순화할 수 있는가?
  ㉡ 개선의 SEARCH원칙
    • Simplify operations : 작업의 단순화
    • Eliminate unnecessary work and material : 불필요한 작업이나 자재의 제거
    • Alter sequence : 순서의 변경
    • Requirements : 요구조건
    • Combine operations : 작업의 결합
    • How often : 얼마나 자주? 몇 번?
  ㉢ 브레인스토밍(Brainstorming)
    • 보다 많은 아이디어를 창출하기 위하여 가능한 모든 의견을 비판 없이 받아들이고 수정 발언을 허용하며 대량 발언을 유도하는 방법이다.
    • 브레인스토밍의 4가지 원칙
      - 발언의 질보다 양을 추구한다(다량발언).
      - 자유분방한 분위기 조성 및 의견을 환영한다(자유분방한 사고).
      - 남의 발언을 비판하지 않는다(비판엄금).
      - 타인의 아이디어의 개선, 편승, 비약을 추구한다(연상의 활발한 전개).

- ㉣ 마인드 멜딩(Mind Melding)
  - 구성원들의 창조적인 생각을 살려 많은 대안을 도출하기 위한 방법이다.
  - 절차
    - 구성원 각자가 검토할 문제에 대하여 메모지를 작성한다.
    - 각자가 작성한 메모지를 우측 사람에게 전달한다.
    - 메모지를 받은 사람은 내용을 확인한 후 해법을 생각하여 서술하고 다시 우측으로 전달한다.
    - 가능한 해가 나열된 종이가 본인에게 돌아올 때까지 반복한다.
- ㉤ 델파이법(Delphi Technique)
  전문가를 한자리에 모으지 않고 질의-응답의 피드백 과정을 개별적으로 수차례 반복을 통하여 전문가 집단의 의견과 판단을 추출하고 종합하여 집단적으로 판단하는 방법이다.
- ㉥ 5W1H
  - 5W1H는 왜(Why), 작업의 목적(What), 작업장소(Where), 작업순서(When), 작업자(Who), 작업방법(How)의 6하 원칙에 의해 현재의 상태를 파악하고 개선안을 도출하는 방법이다.
  - 개선 분석 시 5W1H의 What은 작업 자체의 제거, Where, When, Who는 작업 순서의 변경, How는 작업의 단순화를 의미한다.
- ④ 개선안의 수립
- ⑤ 개선안의 도입

(2) 디자인 개념의 문제해결방식

① 문제 자체가 가지는 5가지 특성
  - ㉠ 두 가지 상태(상태 A와 B)
  - ㉡ 제약조건(restrictions)
  - ㉢ 대안(alternatives)
  - ㉣ 판단기준(criterion)
  - ㉤ 연구시한(time limit)

② 문제해결 절차
  - ㉠ 문제의 형성
  - ㉡ 문제의 분석
  - ㉢ 대안의 탐색(도출)
  - ㉣ 대안의 평가
  - ㉤ 선정안의 제시

핵심 문제

01 작업관리에서 사용되는 기본형 5단계 문제해결 절차로 가장 적절한 것은?

① 자료의 검토 → 연구대상 선정 → 개선안의 수립 → 분석과 기록 → 개선안의 도입
② 자료의 검토 → 연구대상 선정 → 분석과 기록 → 개선안의 수립 → 개선안의 도입
③ 연구대상 선정 → 자료의 검토 → 분석과 기록 → 개선안의 수립 → 개선안의 도입
④ 연구대상 선정 → 분석과 기록 → 자료의 검토 → 개선안의 수립 → 개선안의 도입

정답 | ④
해설 | 기본형 5단계의 절차
연구대상의 선정 → 현 작업방법의 분석 → 분석 자료의 검토 → 개선안의 수립 → 개선안의 도입

02 작업개선을 위한 개선의 ECRS에 해당하지 않는 것은?

① Eliminate
② Combine
③ Redesign
④ Simplify

정답 | ③
해설 | 작업개선의 4원칙(ECRS 원칙)
㉠ Eliminate(제거) : 이 작업은 꼭 필요한가? 제거할 수는 없는가? 가장 우선적 고려대상이다.
㉡ Combine(결합) : 이 작업을 다른 작업과 결합시키면 더 나은 결과가 생길 것인가?
㉢ Rearrange(재배열) : 작업순서를 바꾸면 효율적인가?
㉣ Simplify(단순화) : 단순화할 수 있는가?

03 작업관리의 문제해결 방법으로 전문가 집단의 의견과 판단을 추출하고 종합하여 집단적으로 판단하는 방법은?

① SEARCH의 원칙
② 브레인스토밍(Brainstorming)
③ 마인드 맵핑(Mind Mapping)
④ 델파이 기법(Delphi Technique)

정답 | ④
해설 | 델파이법(Delphi Technique)은 전문가를 한자리에 모으지 않고 질의-응답의 피드백 과정을 개별적으로 수차례 반복을 통하여 전문가 집단의 의견과 판단을 추출하고 종합하여 집단적으로 판단하는 방법이다.

03 CHAPTER 작업분석

SECTION 01 문제분석도구

1. 문제의 분석도구

(1) 파레토 차트(Pareto Chart)

① 가로축에 항목, 세로축에 항목별 점유비율과 누적비율로 막대 - 꺾은선 혼합 그래프를 사용한다.
② 빈도수가 큰 항목부터 차례대로 나열하는 방법이며, 불량이나 사고의 원인이 되는 중요 항목을 찾아가는 기법이다.
③ 20%의 항목이 전체의 80%를 차지한다.
④ 재고관리에서는 ABC 곡선으로 부르기도 한다.

(2) 특성 요인도(cause-and-effect diagram)

① 원인결과도라고도 한다.
② 결과에 영향을 미치는 크고 작은 요인(원인)들을 계통적으로 파악하기 위한 작업분석 도구이다.
③ 바람직하지 못한 사건이나 문제의 결과를 물고기의 머리로 표현하고 그 결과를 초래하는 원인을 인간, 기계, 방법, 자재, 환경 등의 종류로 구분하여 표시한다.

(3) 간트 차트(Gantt Chart)

① 시간 축 위에 수행할 활동에 대한 필요한 시간과 일정을 표시한 문제의 분석 도구이다.
② 기계의 사용에 대한 필요시간과 일정을 표시할 때 이용되기도 한다.
③ 계획 활동의 예측완료시간은 막대모양으로 표시된다.
④ 예정사항과 실제 성과를 기록 비교하여 작업을 관리하는 계획도표이다.
⑤ 작업의 전후관계 및 각 과제 간의 상호 연관사항을 파악하기가 어렵다.

(4) 마인드 맵핑(Mind Mapping)

원과 직선을 이용하여 아이디어, 문제, 개념 등을 개괄적으로 빠르게 설정할 수 있도록 도와주는 연역적 추론 기법이다.

(5) PERT 차트

비반복적이고 프로젝트의 규모가 큰 경우, 일정계획 수립에 가장 적합하게 이용될 수 있는 네트워크 기법이다.

2. 작업구분

(1) 작업구분단위

구분단위	공정	단위작업	요소작업	동작요소
내용	절단 성형 용접 조립	자재반입 자재검사 전기용접 제품검사	……… 부품A 준비 부품B 준비 용접수행	부품B 잡음 ……… 치구까지 이동 치구에 장치
분석기법	공정분석	작업분석		동작분석

핵심 문제

01 작업분석에서의 문제분석 도구 중에서 80-20의 원칙에 기초하여 빈도수별로 나열한 항목별 점유와 누적비율에 따라 불량이나 사고의 원인이 되는 중요 항목을 찾아가는 기법은?

① 특성 요인도
② 파레토 차트
③ PERT 차트
④ 산포도 기법

정답 | ②
해설 | 파레토 차트(Pareto Chart)는 빈도수가 큰 항목부터 차례대로 나열하는 방법이며, 소수 중점 원인을 찾기 위한 도구로써 사용된다.

02 작업관리의 문제분석 도구로서 시간 축 위에 수행할 활동에 대한 필요한 시간과 일정을 표시한 것은?

① 특성 요인도
② 파레토 차트
③ PERT 차트
④ 간트 차트

정답 | ④
해설 | 간트 차트(Gantt Chart)는 시간 축 위에 수행할 활동에 대한 필요한 시간과 일정을 표시한 문제의 분석 도구이다.

03 문제의 분석기법 중 원과 직선을 이용하여 아이디어, 문제, 개념을 개괄적으로 빠르게 설정할 수 있도록 도와주는 연역적 추론 방법은?

① Brainstorming ② Mind Mapping
③ Mind Melding ④ Delphi - Technique

정답 | ②
해설 | 마인드 맵핑(Mind Mapping)은 원과 직선을 이용하여 아이디어, 문제, 개념 등을 개괄적으로 빠르게 설정할 수 있도록 도와주는 연역적 추론 기법이다.

SECTION 02 공정분석

1. 공정분석의 개요

(1) 공정분석의 정의

① 재료가 출고되어서부터 제품으로 출하되기까지의 공정 계열을 체계적으로 도표를 작성하여 분석하는 방법이다.
② 생산 대상물의 흐름을 공정순서에 따라 각 공정의 조건(발생순서, 가공조건, 경과시간, 이동거리 등)을 분석·조사·검토하여 공정계열의 합리화(생산기간의 단축, 재공품의 절감, 생산 공정의 표준화)를 위하여 사용되는 기법이다.

(2) 공정분석의 목적

① 생산 공정 자체의 개선·설계 및 공정계열에 대한 포괄적 정보파악
② 설비 레이아웃의 개선·설계
③ 공정관리 시스템의 문제점 파악과 기초자료를 제공
④ 공정편성 및 운반방법의 개선·설계
⑤ 생산기간의 단축
⑥ 재공품의 절감

(3) 공정도기호

KS 원용기호				설명
ASME식		길브레스식		
기호	명칭	기호	명칭	
○	작업	○	가공	• 작업대상물의 물리적 혹은 화학적 특성을 의도적으로 변화시킬 때 • 운반, 검사, 저장 또는 작업을 위해 사전 준비작업을 할 때 • 작업 대상물이 분해되거나 조립될 때 • 정보를 주고받을 때, 계산을 하거나 계획을 수립할 때
⇨	운반	○	운반	원재료 · 부품 또는 제품이 어떤 위치에서 다른 위치로 이동해 가는 상태(운반 ○의 크기는 작업의 ○의 1/2~1/3 정도)
▽	저장	△	원재료의 저장	• 원재료 · 부품 또는 제품이 가공 · 검사되는 일이 없이 저장되고 있는 상태 • △은 원재료 창고 내의 저장, ▽은 제품창고 내의 저장 • 일반적으로는 △에서 시작해서 ▽로 끝남
		▽	제품의 저장	
D	정체	✡	(일시적) 정체	• 원재료 · 부품 또는 제품이 가공 또는 검사되지 않고 지체, 대기되어 있는 상태(우선 개선 대상에 해당) • ✡는 로트 중 일부가 가공되고, 나머지는 정지되고 있는 상태 • 는 로트 전부가 정체하고 있는 상태
			(로트) 대기	
□	검사	◇	품질검사	원재료 · 부품 또는 제품의 품질 확인이나 수량의 조사, 검사 등에 사용
		□	수량검사	
			양 중심의 질검사	
보조 도시 기호		관리구분		관리구분 · 책임구분 또는 공정구분을 나타냄
	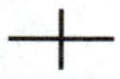	담당구분		담당자 또는 작업자의 책임구분을 나타냄
		생략		공정계열의 일부를 생략함을 나타냄
		폐기		원재료 · 부품 또는 제품의 일부를 폐기할 경우를 나타냄

핵심 문제

01 공정도(process chart)에 사용되는 기호와 명칭이 잘못 연결된 것은?

① D : 저장
② ⇨ : 운반
③ □ : 검사
④ ○ : 작업

정답 | ①

해설 | 공정도 기호

○ : 작업(가공), ⇨ : 운반, D : 정체, ▽ : 저장, □ : 검사

02 다음 중 공정도에 사용되는 공정 도시기호인 "○"으로 표시하기에 가장 적합한 것은?

① 작업 대상물을 다른 장소로 옮길 때
② 작업 대상물이 분해되거나 조합될 때
③ 작업 대상물을 지정된 장소에 보관할 때
④ 작업 대상물이 올바르게 시행되었는지를 확인할 때

정답 | ②
해설 | ① 작업 대상물을 다른 장소로 옮길 때 : 운반(⇨)
③ 작업 대상물을 지정된 장소에 보관할 때 : 저장(▽)
④ 작업 대상물이 올바르게 시행되었는지를 확인할 때 : 검사(□)

2. 공정도의 종류

(1) 제품공정분석

① 작업공정도(Operation Process Chart) : 자재가 공정으로 들어오는 지점과 공정에서 행하여지는 모든 과정을 작업(가공)기호와 검사기호만을 사용하여 공정 전체를 파악하기 위한 공정분석도표이다. 수직선은 제조과정의 순서를, 수평선은 작업에 투입되는 자재를 표시한다. 소요시간 및 개략적인 설명이 필요한 경우에는 기호의 좌측 및 우측에 각각 기입된다. 주된 공정을 도표의 제일 오른쪽에 위치시킨다.

② 조립공정도(Assembly Process Chart) : Gozinto Chart라고도 하며, 많은 부품 혹은 원재료의 조립, 분해 또는 화학적인 변화를 일으키는 사항을 나타내는 공정도이다.

③ 유통공정도(흐름공정도, Flow Process Chart) : 공정 중에 발생하는 모든 작업 · 검사 · 운반 · 저장 · 정체 등이 도식화된 것이다. 모든 사건을 기록함으로써 생산이나 작업과정의 순서를 설명하고, 소요시간과 운반거리도 함께 표현한다. 생산공정에서 발생하는 잠복비용(hidden cost)을 감소시키고, 사고의 원인을 파악하는 데 사용된다.

④ 유통선도(흐름공정도표, Flow Diagram) : 유통공정도는 제조과정에서 발생되는 작업, 운반, 검사, 정체, 보관 등의 내용을 표시해 주기는 하지만 이러한 사항이 생산현장의 어느 위치에서 발생하는지를 한 눈에 알 수가 없다. 이러한 결점을 유통선도는 정체, 저장, 대기, Material Handling 등의 사항이 생산현장의 어느 위치에서 발생하는지 한 눈에 알아볼 수 있도록 표시된 도표이다. 시설물의 위치나 배치관계 파악(설비배치), 자재흐름의 혼잡지역 파악, 공정과정의 역류현상 발생 유무 점검에 사용된다.

(2) 사무공정분석

사무작업의 흐름을 전체적으로 분석하기 위해서는 시스템 차트(system chart 혹은 procedure flow chart)가 사용된다.

(3) 작업자공정분석(Operator process chart)

기계와 작업자 공정의 관계를 분석하는 데 편리하다. 작업자가 한 장소에서 다른 장소로 이동하면서 작업하는 작업자의 작업위치, 작업순서, 작업동작 개선을 위한 분석이다. 창고, 보전계의 업무와 경로 개선에 적용된다.

핵심 문제

01 적절한 공정도 기호를 사용하여 모든 사건을 기록함으로써 생산이나 작업과정의 순서를 설명하고, 소요시간과 운반거리도 함께 표현하며, 생산공정에서 발생하는 잠복비용을 감소시키고, 사고의 원인을 파악하는 공정도는?

① 작업공정도(Operation Process Chart)
② 작업자공정도(Operator Process Chart)
③ 흐름(유통)공정도(Flow Process Chart)
④ 작업자흐름공정도(Man Flow Process Chart)

정답 | ③
해설 | 유통공정도(흐름공정도, Flow Process Chart)는 공정 중에 발생하는 모든 작업·검사·운반·저장·정체 등이 도식화된 것이다. 모든 사건을 기록함으로써 생산이나 작업과정의 순서를 설명하고, 소요시간과 운반거리도 함께 표현한다. 생산공정에서 발생하는 잠복비용(hidden cost)을 감소시키고, 사고의 원인을 파악하는 데 사용된다.

02 유통선도(flow diagram)의 기능으로 옳지 않은 것은?

① 자재흐름의 혼잡지역 파악
② 시설물의 위치나 배치관계 파악
③ 공정과정의 역류현상 발생 유무 점검
④ 운반과정에서 물품의 보관 내용 파악

정답 | ④
해설 | 유통선도(흐름공정도표, Flow Diagram)는 시설물의 위치나 배치관계 파악(설비배치), 자재흐름의 혼잡지역 파악, 공정과정의 역류현상 발생 유무 점검에 사용된다.

SECTION 03 설비배치

1. 설비배치의 정의 및 목적

(1) 설비배치의 정의
설비배치(Facility or Plant Layout)란 공장 내의 설비, 기계 등을 가장 효율적으로 배치, 배열하는 것이다.

(2) 설비배치의 목적
① 설비 및 인력의 감소(이용률 증대)
② 재공품 감소
③ 운반 및 물자취급의 최소화(운반량, 운반거리, 운반비용 및 운반시간의 최소화)
④ 안전확보와 작업자의 직무만족
⑤ 공정의 균형화와 생산흐름의 원활화
⑥ 생산지연 감소(경제적 생산)
⑦ 품목, 수량 등의 변화와 장래의 확장 등에 대처할 수 있는 유연성 확보
⑧ 시설면적의 절감(시설공간의 최대활용 및 효율적 활용)

2. 설비배치의 유형

(1) 제품별 배치(라인별 배치)
① 대량생산 또는 연속생산시스템에서 특정 제품이나 서비스를 생산하는 데 필요한 설비와 작업자를 생산과정 순으로 배치하는 방식이다.
② TV나 자동차 조립 공장, 음료수 및 식품가공 공장, 카페테리아 식당이나 항공기 탑승수속 등과 같은 소품종대량생산이다.
③ 장점 및 단점

장점	단점
㉠ 대량생산으로 단위당 생산원가가 낮다.	㉠ 수요변화, 제품변경 등에 신축성이 떨어진다.
㉡ 운반거리가 짧고 가공물의 흐름이 빠르다.	㉡ 전용설비의 도입으로 초기 설비투자비가 높다.
㉢ 기계와 작업자의 이용률이 높다.	㉢ 제품설계 변경 시 비용이 많이 든다.
㉣ 재고와 재공품이 적어 저장면적이 작다.	㉣ 기계고장, 재료부족, 결근 등이 전체공정에 영향을 준다.
㉤ 작업진도의 파악이 용이하다.	㉤ 적은 수량 제조 시 고정비 부담이 크다.
㉥ 작업기능이 단순화되며 작업자의 작업지도가 용이하다.	㉥ 작업의 단조로움으로 직무만족이 떨어진다.

(2) 공정별 배치(기능별 배치, job shop layout)

① 기능별 배치(functional layout)로서 기계설비를 기능별로 배치하는 방식이다.
  예 금속절단부서, 기어절삭부서, 톱니가공부서 등
② 다품종소량생산에 알맞도록 범용설비를 사용한다.
③ 작업 할당에 융통성이 있다.
④ 작업자가 다루는 품목의 종류가 다양하다.
⑤ 장점 및 단점

장점	단점
㉠ 수요변화와 제품변경 등에 대응하는 제조부문의 유연성이 크다.	㉠ 단위당 생산시간이 길다.
㉡ 범용설비를 이용하므로 설비투자가 적고 진부화의 위험도 적다.	㉡ 대량생산 시 단위당 생산비가 높다.
㉢ 전문적인 작업지도가 용이하다.	㉢ 운반거리가 길고 운반능률이 떨어진다.
㉣ 설비의 보전이 용이하고 가동률이 높기 때문에 자본투자가 적다.	㉣ 물자흐름이 더디고 재고나 재공품이 많아 투자액과 저장면적이 많이 소요된다.
	㉤ 주문별 일정계획이 달라 관리가 복잡하다.

(3) 위치 고정형 배치(프로젝트 배치)

① 스키장, 발전소, 댐, 조선, 대형비행기, 로켓, 우주선과 같이 제품이 크고 복잡한 경우 작업 진행 중인 제품이 한 작업장에서 다른 작업장으로 이동하지 않고 작업자, 자재 및 설비가 이동하는 배치법이다.
② 장점 및 단점

장점	단점
㉠ 생산물(제품) 이동을 최소한으로 줄임	㉠ 자재와 기계설비 옮기는 데 시간과 비용이 듦
㉡ 다양한 제품을 제조할 수 있음	㉡ 기계설비의 이용률이 낮음
㉢ 크고 복잡한 제품(구조물) 생산에 적합함	㉢ 고도의 숙련을 요하는 작업이 많음

(4) 셀(Cell) 생산방식

① Compaq사에서 컴퓨터 생산에 도입하여 PC 시장을 장악하였다.
② 다품종소량생산에 적합한 방식이다.

핵심 문제

01 설비의 배치방법 중 제품별 배치의 특성에 대한 설명 중 틀린 것은?

① 재고와 재공품이 적어 저장면적이 작다.
② 운반거리가 짧고 가공물의 흐름이 빠르다.
③ 작업기능이 단순화되며 작업자의 작업지도가 용이하다.
④ 설비의 보전이 용이하고 가동률이 높기 때문에 자본투자가 적다.

정답 | ④
해설 | 설비의 보전이 용이하고 가동률이 높기 때문에 자본투자가 적은 것은 공정별 배치의 장점이다.

02 시설배치방법 중 공정별 배치방법의 장점에 해당하는 것은?

① 운반 길이가 짧아진다.
② 작업진도의 파악이 용이하다.
③ 전문적인 작업지도가 용이하다.
④ 제공품이 적고, 생산길이가 짧아진다.

정답 | ③
해설 | 공정별 배치는 전문적인 작업지도가 용이하다.

3. 제품별 배치의 분석(라인밸런싱)

(1) 개론

① 생산라인 또는 조립라인이라고도 불리는 제품별 배치는 제품의 흐름이 일정하기 때문에 전체 생산라인의 흐름을 균형화하는 라인밸런싱(Line Balancing)이 중요하다. 라인밸런스 효율은 흐름작업의 생산성을 표시하는 지수로 가장 효과적이다.
② 여러 공정이 하나의 생산라인으로 연결됐을 때 생산속도는 전체 공정 중 능력이 가장 뒤지는 공정의 생산속도와 같아진다. 따라서 라인밸런싱은 여러 개의 구성품을 포함하고 있는 제작, 조립 공정의 일정통제를 위한 기법이다.
③ 생산 및 조립작업에 있어서 공정별 작업량이 각각 다를 때, 가장 큰 작업량을 가진 공정으로 상대적으로 작업시간이 가장 길게 소요되는 공정을 애로공정(병목공정, Bottle neck)이라 한다.

(2) 공정효율

① 라인밸런싱 효율(line balancing efficiency) E_b

$$E_b = \frac{\text{총작업시간}}{\text{공정수} \times \text{주기시간}} = \frac{\sum t_i}{m \times t_{max}} \times 100\%$$

단, m = 작업자(공정) 수, $\sum t_i$ = 각 작업의 공정시간 합계, t_{max} = 애로공정(cycle times)

② 공정손실(불균형률)

$$1 - E_b = 1 - \frac{\sum t_i}{m \times t_{max}}$$

핵심 문제

01 4개의 작업으로 구성된 조립공정의 주기시간(Cycle Time)이 40초일 때 공정효율은 얼마인가?

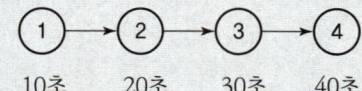

10초 20초 30초 40초

① 40.0% ② 57.5%
③ 62.5% ④ 72.5%

정답 | ③

해설 |
- 총작업시간 $\sum t_i = 10+20+30+40 = 100$
- 공정수 $m = 4$
- 주기시간(공정 중 가장 긴 작업시간) $t_{max} = 40$
- 공정효율 $= \dfrac{\text{총작업시간}}{\text{공정수} \times \text{주기시간}} = \dfrac{100}{4 \times 40} = 0.625(62.5\%)$

02 공정별 소요시간은 다음과 같고, 각 공정에는 1명씩 배정되어 있다. 몇 번째 분할에서 효율이 가장 높은가?

공정명	A	B	C	D	E
시간(단위 : 분)	12	16	14	16	12

① 현재 분할 ② 1회 분할
③ 2회 분할 ④ 3회 분할

정답 | ①

해설 | 라인효율 $= \dfrac{\text{총작업시간}}{\text{공정수} \times \text{주기시간}}$

① 현재 분할 : $\dfrac{70}{5 \times 16} = 0.88(88\%)$

② 1회 분할 : $\dfrac{70}{6 \times 16} = 0.73(73\%)$

③ 2회 분할 : $\dfrac{70}{7 \times 14} = 0.71(71\%)$

④ 3회 분할 : $\dfrac{70}{8 \times 12} = 0.73(73\%)$

SECTION 04 작업분석

1. 작업분석의 개념

(1) 작업분석의 정의

① 작업자에 의하여 수행되는 개개의 작업 내용에 대해 효율적인 요소와 비효율적인 요소 모두에 대하여 분석, 개선하려는 것이다.
② 작업분석의 대상은 단위작업과 요소작업이다.

2. 다중활동분석표(Multi activity Chart)

(1) 다중활동분석표의 정의

① 인간과 기계에 따라 수행하는 작업활동의 설계, 조작업을 재편성 또는 개선함으로써 인적·물적 자원의 효율화를 도모하기 위한 작업분석기법이다.
② 작업자와 작업자 상호관계 또는 작업자와 기계 사이의 상호관계에 대하여 분석함으로써 경제적인 작업조 편성이나 기계소요대수를 결정하기 위한 것이다.
③ 다중활동분석표는 일명 작업자 - 기계작업분석표(Man - Machine Chart)라고도 한다.

(2) 다중활동분석표의 사용목적

① 한 명의 작업자가 담당할 수 있는 기계대수의 산정
② 기계 혹은 작업자의 유휴시간 단축
③ 조작업의 작업현황을 분석하여 효율화
④ 조작업을 재편성 또는 개선하여 조작업 효율 향상

(3) 다중활동분석표의 종류

① 작업자 - 기계작업분석표(Man - Machine Chart) : 한 대의 기계를 한 사람의 작업자가 조작하는 경우에 사용
② 작업자 - 복수기계작업분석표(Man - Multi Machine Chart) : 1인의 작업자가 2대 이상의 기계를 운전하는 경우에 작업자의 담당 기계대수를 결정하기 위한 분석표
③ 복수작업자 분석표(Multi Man Chart, Gang Process Chart) : Aldridge 개발, 2인 이상의 작업자가 조를 이루어 협동적으로 작업하는 경우의 분석
④ 복수작업자 - 기계작업분석표(Multi Man - Machine Chart)
⑤ 복수작업자 - 복수기계작업분석표(Multi Man - Multi Machine Chart)

(4) 작업자 – 복수기계작업분석표

① 이론적 기계대수(n)와 사이클 타임(T_c)

이론적 기계대수	$n = \dfrac{a+t}{a+b}$	
사이클 타임	$T_c = \begin{cases} a+t \\ m(a+b) \end{cases}$	$m \leq n$ $m > n$

단, a = 작업자와 기계의 동시작업시간, b = 작업자의 활동시간, t = 기계가동시간, m = 배정기계대수

핵심 문제

01 다중활동분석표의 사용 목적과 가장 거리가 먼 것은?

① 작업자의 작업시간 단축
② 기계 혹은 작업자의 유휴시간 단축
③ 조작업을 재편성 또는 개선하여 조작업 효율 향상
④ 한 명의 작업자가 담당할 수 있는 기계대수의 산정

정답 | ①
해설 | 다중활동분석표의 사용 목적
- 한 명의 작업자가 담당할 수 있는 기계대수의 산정
- 기계 혹은 작업자의 유휴시간 단축
- 조작업의 작업현황을 분석하여 효율화
- 조작업을 재편성 또는 개선하여 조작업 효율 향상

02 기계 가동시간이 25분, 적재(load 및 unloading) 시간이 5분, 기계와 독립적인 작업자 활동시간이 10분일 때 기계 양쪽 모두의 유휴시간을 최소화하기 위하여 한 명의 작업자가 담당해야 하는 이론적인 기계대수는?

① 1대
② 2대
③ 3대
④ 4대

정답 | ②
해설 |
- 작업자와 기계의 동시작업시간 $a = 5$분
- 작업자의 활동시간 $b = 10$분
- 기계가동시간 $t = 25$분
- 이론적 기계대수 $n = \dfrac{(a+t)}{(a+b)} = \dfrac{(5+25)}{(5+10)} = 2$대

SECTION 05 동작분석

1. 동작분석과 Therblig

(1) 동작분석의 정의
작업의 동작을 분해 가능한 최소한의 단위로 분석하여 비능률적인 동작을 줄이거나 배제시켜 최선의 작업방법을 추구하는 연구방법이다.

(2) 목적
① 작업동작의 각 요소에 대한 분석을 위함이다.
② 작업동작과 인간공학의 관계분석에 의한 동작 개선을 위함이다.
③ 최적 동작의 구성을 위함이다.
④ 작업동작의 표준화를 위함이다.

(3) 종류
① 목시동작연구 : 서어블릭, 동작경제의 원칙, 작업자공정도
② 필름/테이프분석 : 미세동작연구, 메모모션스터디, Cycle Graph 분석, Chrono Cycle Graph, Strobo 분석, Eye Camera 분석

2. 서블릭(Therblig)

(1) 정의
① 서블릭은 수작업을 구성하는 기본동작요소이다.
② 길브레스가 연구한 것으로 그의 이름 Gilbreth를 거꾸로 하여 Therblig이라고 했다.
③ 기호를 사용하여 작업자의 작업을 18개의 기본동작으로 나누어 분석표를 작성하고 이들을 다시 총괄표에 정리하여 작업개선의 착안점을 찾아내는 데 이용되는 분석 방법으로 현재는 찾아냄(F)이 생략되어 17종류를 사용하고 있다.
④ 분석과정에서 시간은 스톱워치로 측정한다.

(2) 효율적 및 비효율적 서블릭
① 효율적 서블릭
  ㉠ 기본동작 부문 : 빈손이동(TE), 운반(TL), 쥐기(G), 내려놓기(RL), 미리놓기(PP)
  ㉡ 동작목적을 가지는 부문 : 사용(U), 조립(A), 분해(DA)

② 비효율적 서블릭
　㉠ 정신적 혹은 반정신적인 부문 : 찾기(Sh), 고르기(St), 바로놓기(P), 검사(I), 계획(Pn)
　㉡ 정체적인 부문 : 불가피한 지연(UD), 피할 수 있는 지연(AD), 휴식(R), 잡고있기(H)
③ Therblig 분석의 개선 point
　㉠ 제1류(9가지) : 작업을 할 때 필요한 동작
　㉡ 제2류(4가지) : 제1류 동작을 늦출 경향이 있는 동작으로 작업의 보조동작
　㉢ 제3류(4가지) : 작업이 진행되지 않는 동작으로 제거하도록 노력해야 할 동작

[Therblig 기호]

종류	기호	명칭	기호설명
제1류	TE	빈손이동(Transport Empty)	빈손이 대상물로 접근
	G	쥐기(Grasp)	대상물을 손 혹은 손가락으로 잡는 동작
	TL	운반(Transport Loaded)	손으로 물건을 움직이는 동작
	RL	내려놓기(Release Load)	대상물을 손에서 놓는 동작
	P	바로놓기(Position)	방향에 맞도록 목표물을 돌려놓거나 위치를 바로잡아 놓기
	A	조립(Assemble)	두 개의 대상물을 한 개로 만드는 동작
	DA	분해(DisAssemble)	서로 결합되어 있는 대상물을 분리시키는 동작
	U	사용(Use)	도구, 연장 혹은 장치의 원래 사용목적에 따라 다루는 동작
	I	검사(Inspect)	품질규격에 일치되는지의 여부를 판정
제2류	Sh	찾기(Search)	눈 또는 손으로 목표물의 위치를 알고자 할 때
	St	고르기(Select)	여러 개의 물건 중에서 하나를 선택하여 고르기
	Pn	계획(Plan)	손가락을 이마에 대고 생각 중인 모양
	PP	미리놓기(Pre Position)	다음을 위하여 대상물을 정해진 장소에 미리 놓음
제3류	H	잡고있기(Hold)	손으로 대상물을 잡아 그 위치를 고정시키는 동작
	R	휴식(Rest)	쉬기 위하여 앉아 있는 모양
	UD	불가피한 지연(Unavoidable Delay)	뜻하지 않게 앞으로 넘어진 모양
	AD	피할 수 있는 지연(Avoidable Delay)	마음만 먹으면 피할 수 있는 지연

> **핵심 문제**

01 다음 중 비효율적 서블릭(therblig)에 해당하는 것은?

① 계획(Pn) ② 빈손이동(TE)
③ 사용(U) ④ 쥐기(G)

정답 | ①
해설 | 비효율적 서블릭은 찾기(Sh), 고르기(St), 바로놓기(P), 검사(I), 계획(Pn), 불가피한 지연(UD), 피할 수 있는 지연(AD), 휴식(R), 잡고있기(H)이다.

02 서블릭(Therblig) 기호의 심볼과 영문이 잘못된 것은?

① ⟶ : TL   ② ⊥⊥ : DA
③ ⬭ : Sh   ④ ∩ : H

정답 | ①
해설 | ⟶ 고르기(St)이다.

3. 필름 분석법

(1) 미세동작연구(Micro Motion Study)

① 의의
  ㉠ 작업을 보통 매초 16 내지 24프레임의 속도로 촬영하므로 육안으로 놓치기 쉬운 짧은 주기의 작업을 분석하는 데 효과적인 필름분석법이다.
  ㉡ 필름을 이용한 미세동작연구는 길브레스(Gillbreth) 부부가 처음 창안하였다.
  ㉢ 화면에 작업자의 동작과 작업대에 설치한 마이크로크로노미터의 시계바늘 움직임을 동시에 찍은 후, 한 프레임씩 서어블릭에 의한 분석을 하는 방법이다. 시간과 비용이 많이 소요되기 때문에 작업의 사이클 시간이 짧고 반복성이 커서 분석에 의한 경제적 측면의 효과가 클 것으로 기대되는 경우에 주로 행한다.
  ㉣ 미세동작연구를 할 때는 최고로 숙달된 작업자를 가능하면 두 명을 선발하도록 한다.
  ㉤ 미세동작연구에서는 작업수행도가 월등히 뛰어난 작업사이클을 대상으로 한다.

② 장점
  ㉠ 복잡하고 세밀한 작업 분석이 가능하다.
  ㉡ 재현성이 좋다.
  ㉢ 직접 관측자가 옆에 없어도 측정이 가능하다.

② 작업내용과 작업시간을 동시에 측정할 수 있다.
⑩ 서블릭(therblig) 기호를 사용함으로써 작업시간 간의 비교와 추정에 유용하다.
⑪ SIMO 차트를 이용하여 이상적 작업동작을 단시간에 습득할 수 있다.
⑫ 과거의 작업개선의 경험을 다른 작업에도 그대로 응용하기 용이하다.
⑬ 어느 정도 숙달되면 작업진행을 눈으로 관찰하더라도 서블릭으로 해석이 가능하며, 그에 따른 작업 개선능력이 향상된다.

③ 시모차트(SIMO Chart)
㉠ 17가지 서어블릭을 이용하여 좀 더 상세하게 작업내용을 분석하고 시간까지 함께 표시한 도표를 시모차트(SIMO chart)차트라고 부른다.
㉡ SIMO Chart는 미세동작연구인 동시에 동시동작 사이클차트이다.

(2) 메모 모션 분석(Memo Motion Study)

① 필름분석 중 1초에 1프레임, 혹은 1분에 100프레임의 속도로 저속촬영하여 분석하는 기법이다.
② 장점
㉠ 불규칙적인 사이클(비반복)을 가지고 있는 작업을 기록하는 데 알맞다.
㉡ 장시간의 작업을 연속적으로 기록하기가 용이하다.
㉢ 사이클(cycle)이 길고 비반복적인 작업분석에 알맞다.
㉣ 장기적 연구대상 작업에 적합하다.
㉤ 여러 가지 설비를 사용하는 작업에 대해 워크샘플링을 실시할 수 있다.
㉥ 조작업 또는 사람과 기계와의 연합 작업을 기록하는 데 알맞다.
㉦ 설비배치나 운반개선의 작업분석에 적합하다.

(3) 기타 분석방법

① VTR(Video Tape Recorder) 분석법 : 즉시성과 확실성이 가장 강한 분석기법이다.
② 사이클 그래프(Cycle Graph) 분석 : 손가락, 손과 신체의 각기 다른 부분에 소전구를 고정시켜 빛의 궤적을 분석하는 기법이다.
③ 크로노 사이클 그래프(Chrono Cycle Graph) 분석 : 연구대상이 된 신체부분에 광원을 부착하여 일정한 시간 간격으로 비대칭적인 밝기로 점멸시키면서 사진 촬영을 하여 동작에 소요된 시간, 속도, 가속도를 알 수 있다.
④ 스트로보 사진 분석
⑤ 아이 카메라 분석

> **핵심 문제**
>
> 01 동작분석의 종류 중 미세동작분석에 관한 설명으로 옳지 않은 것은?
>
> ① 복잡하고 세밀한 작업 분석이 가능하다.
> ② 직접 관측자가 옆에 없어도 측정이 가능하다.
> ③ 작업 내용과 작업 시간을 동시에 측정할 수 있다.
> ④ 타 분석법에 비하여 적은 시간과 비용으로 연구가 가능하다.
>
> ---
>
> 정답 | ④
> 해설 | 미세동작분석은 시간과 비용이 많이 소요된다.

4. 동작경제의 원칙

(1) 신체의 사용에 관한 원칙

① 두 손의 동작은 같이 시작하고 같이 끝나도록 하여야 한다.
② 휴식시간을 제외하고는 양손이 동시에 쉬지 않도록 한다.
③ 두 팔의 동작은 동시에 서로 반대방향으로 대칭적으로 움직이도록 한다.
④ 손과 신체의 동작은 작업을 원만하게 처리할 수 있는 범위 내에서 가장 낮은 동작등급을 사용하도록 한다(기본동작의 수를 줄인다).

동작등급	축	동작신체 부위
1	손가락 관절	손가락
2	손목	손가락, 손
3	팔꿈치	손가락, 손, 팔뚝
4	어깨	손가락, 손 팔뚝, 상완
5	허리통	손가락, 손 팔뚝, 상완, 몸통

⑤ 가능한 한 관성을 이용하여 작업하되, 작업자가 관성을 억제하여야 할 때는 발생하는 관성을 최소한도로 줄인다.
⑥ 손의 동작은 완만하게 연속적인 동작이 되도록 하며, 방향이 갑작스럽게 크게 바뀌는 모양의 직선 동작은 피하도록 한다.
⑦ 구속되거나 제한된 동작보다는 탄도동작(ballistic movements)이 더 신속하고, 용이하며 정확하다.
⑧ 가능하면 쉽고 자연스러운 리듬이 작업동작에 생기도록 작업을 배치한다.
⑨ 눈의 초점을 모아야 작업할 수 있는 경우는 가능하면 없애고, 이것이 불가피한 경우에는 눈의 초점이 모이는 서로 다른 두 작업지점 간의 거리를 짧게 한다.

(2) 작업장의 배치에 관한 원칙

① 모든 공구나 재료는 지정된 위치에 있도록 한다.
② 공구, 재료 및 제어장치는 사용 위치에 가깝게 두도록 한다.
③ 중력 이송원리를 이용한 부품상자나 용기를 이용하여 부품을 사용 장소에 가까이 보낼 수 있도록 한다.
④ 가능하다면 낙하식 운반방법을 사용하여야 한다.
⑤ 공구나 재료는 작업동작이 원활하게 수행되도록 그 위치를 정해준다(동작이 일어나는 순서에 따라 배치한다).
⑥ 작업자가 잘 보면서 작업할 수 있도록 적절한 조명을 비추어 준다.
⑦ 작업자가 작업 중 자세의 변경, 즉 앉거나 서는 것을 임의로 할 수 있도록 작업대와 의자높이가 조정되도록 한다.
⑧ 작업자가 좋은 자세를 취할 수 있도록 높이가 조절되는 좋은 디자인의 의자를 제공한다.

(3) 공구 및 설비의 디자인에 관한 원칙

① 발로 조작하는 장치를 효과적으로 사용할 수 있는 작업에서는 이러한 장치를 활용하여 양손이 다른 일을 할 수 있도록 한다.
② 2가지 이상의 공구는 가능한 기능을 결합하여 사용한다.
③ 공구류 및 재료는 다음에 사용하기 쉽도록 미리 위치를 잡아준다.
④ (타자칠 때와 같이) 각 손가락이 서로 다른 작업을 할 때는 각 손가락의 능력에 맞게 작업량을 분배한다.
⑤ 레버, 핸들 및 제어장치는 작업자가 몸의 자세를 크게 바꾸지 않아도 조작이 쉽도록 배열한다.

핵심 문제

01 동작경제의 원칙에 해당되지 않는 것은?

① 신체 사용에 관한 원칙
② 작업장의 배치에 관한 원칙
③ 제품과 공정별 배치에 관한 원칙
④ 공구 및 설비 디자인에 관한 원칙

정답 | ③
해설 | 동작경제의 원칙은 신체 사용에 관한 원칙, 작업장의 배치에 관한 원칙, 공구 및 설비 디자인에 관한 원칙이다.

02 동작경계의 원칙에서 작업장 배치에 관한 원칙에 해당하는 것은?

① 각 손가락이 서로 다른 작업을 할 때 작업량을 각 손가락의 능력에 맞게 분배한다.
② 중력이송원리를 이용한 부품상자나 용기를 이용하여 부품을 사용 장소에 가까이 보낼 수 있도록 한다.
③ 손과 신체의 동작은 작업을 원만하게 처리할 수 있는 범위 내에서 가장 낮은 동작등급을 사용한다.
④ 눈의 초점을 모아야 할 수 있는 작업은 가능한 적게 하고, 이것이 불가피한 경우 두 작업 간의 거리를 짧게 한다.

정답 | ②
해설 | ① 공구 및 설비의 디자인에 관한 원칙
　　　③ 신체의 사용에 관한 원칙
　　　④ 신체의 사용에 관한 원칙

CHAPTER 04 작업측정

SECTION 01 작업측정의 개요

1. 작업측정의 개요

작업측정(Work Measurement) 혹은 시간연구(Time Study)는 소정의 작업을 수행하는 데 소요되는 허용시간, 즉 표준시간을 설정하는 데 그 목적이 있다.

2. 표준시간(Standard Time)

(1) 표준시간의 정의

부과된 작업을 올바르게 수행하는 데 필요한 숙련도를 지닌 작업자가 주어진 작업조건하에서 보통의 작업페이스로 작업을 하고, 정상적인 피로와 지연을 수반하면서 규정된 질과 양의 작업을 규정된 작업방법에 따라 행하는 데 필요한 시간이다.

(2) 정미시간(Normal Time)

① 훈련이 잘 된 다수의 작업자가 표준화된 작업방법으로 작업할 때의 시간이다.
② PTS(Predetermined Time Standard)법에 의하여 산출된 시간이다.
③ 정상적인 작업수행에 필요한 시간이며, 여유시간은 포함하지 않는다.
④ 관측 시간치의 평균값을 레이팅계수로 보정하여 보통속도로 변환시켜준 개념을 정미시간이라 한다.

$$\text{정미시간 } NT = \text{관측평균시간} \times \frac{\text{레이팅계수}}{100}$$

3. 레이팅(Rating)

(1) 레이팅의 개념

① 수행도 평가(Performance Rating), 평준화(Leveling), 정상화작업(Normalizing)이라고도 한다.
② 관측 시간을 정미시간으로 변환하기 위해서 정상작업 페이스와 관측 대상으로 선정된 작업페이스를 비교하여 관측 시간치를 보정해 주는 과정이다.

$$\text{레이팅계수} = \frac{\text{표준페이스}}{\text{실제 작업페이스}}$$

③ 정상기준 작업속도를 100%로 보고 100%보다 큰 경우 표준보다 빠르고, 100%보다 작은 경우 느린 것을 의미한다.

④ 레이팅은 작업관측 중에 해야 하며, 시간치를 정리하기 이전에 해야 한다.

(2) 작업수행도평가 절차

① 정상적인 작업속도의 개념을 정립한다.
② 작업을 관측하고 평균 관측 시간을 구한다.
③ 작업자의 수행도를 평가한다.

(3) 수행도 평가방법

① 속도 평가법(Speed Rating) : 주관적 평가법이라고도 한다. 기준속도를 실제속도로 나누어 계산하고 레이팅 시 작업속도만을 고려하므로 적용하기가 쉬워 보편적으로 사용한다.

$$NT = \text{평균 관측 시간} \times \frac{\text{Rating 계수}}{100}$$

② 객관적 평가법 : 동작의 속도를 평가하여 1차 평가를 한 후, 작업의 난이도를 반영하여 2차 평가를 하는 수행도 평가기법이다.

$$\text{정미시간} = \text{관측평균치} \times \text{속도평가계수(1차 평가계수)} \times (1 + \text{2차 조정계수})$$

③ 평준화법(leveling) : Westing house system이라고도 한다. 작업속도에 미치는 변동요인으로 숙련도, 노력도, 작업환경, 작업의 일관성 등 4가지 측면에서 관측 중에 작업을 평가하고 각각의 평가에 해당하는 평준화계수를 합산하여 레이팅계수를 구한다.

- 평준화계수 합 = 숙련도계수 + 노력도계수 + 작업환경계수 + 작업의 일관성계수
- 정미시간 = 관측평균시간 × (1 + 평균화계수 합)

④ 합성 평가법(Synthetic Rating) : 관측된 작업 중에서 요소작업에 대한 대표치를 PTS법으로 분석하고, PTS에 의한 시간치와 관측 시간치의 비율을 구하여 레이팅계수를 산정하고 다른 요소작업에 적용시키는 Rating 기법이다.

$$\text{평준화 계수}(P) = \frac{F_i(\text{PTS를 적용하여 산정된 시간치})}{O(\text{실제 관측 시간치})}$$

> **핵심문제**
>
> **01** 관측평균시간이 30DM이고, 제1평가에 의한 속도평가계수는 130%이며, 제2평가에 의한 2차 조정계수가 20%일 때 객관적 평가법에 의한 정미시간은 몇 초인가? (단, 1DM = 0.6초이다.)
>
> ① 23.40초 ② 28.08초
> ③ 32.76초 ④ 46.80초
>
> 정답 | ②
> 해설 | 정미시간 = 관측평균치 × 속도평가계수(1차 평가계수) × (1 + 2차 조정계수)
>   = (30 × 0.6) × 1.3 × (1 + 0.2) = 28.08

4. 여유시간

(1) 여유시간의 개념

① 작업자의 생리나 피로 혹은 기계고장, 가공재료의 부족 등에 의한 작업지연에 대하여 그들의 발생률, 평균시간 등을 조사·측정하여 이것을 정미시간에 가산하는 형식으로 보상하는 시간치를 의미하며, 여유율(A)로 나타낸다.

② 여유시간의 분류

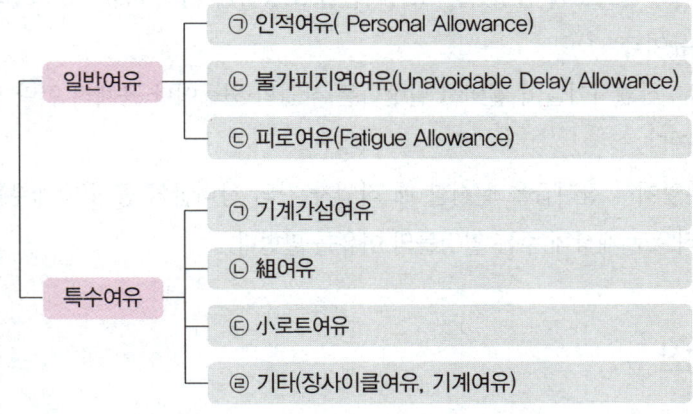

③ 일반여유

㉠ 인적여유 : 작업자의 물 마시기, 화장실 출입, 땀 닦기, 재채기 등 생리적 욕구에 의해 작업이 지연되는 시간을 보상해 주기 위한 것이다.

㉡ 피로여유 : 작업수행에 따라 작업자가 느끼는 정신적, 육체적 피로를 회복하기 위하여 부여하는 여유이다.

• $F = (F_a + F_b) \times L + F_c$

단, F_a = 정신적 노력에 대한 여유율　　　F_b = 육체적 노력에 대한 여유율
　　L = 휴식시간에 대한 회복계수　　　F_c = 단조감에 대한 여유율

- 에너지대사율(RMR) = $\dfrac{\text{작업 시 대사량}(c) - \text{안정 시 대사량}(c_1)}{\text{기초대사량}(c_0)}$

ⓒ 작업여유 : 작업수행과정에서 불규칙적으로 발생하여 정미시간에 포함시키기 곤란하거나, 바람직하지 못한 작업상 지연을 보상하여 주기 위한 여유로서, 재료 취급, 기계 취급, 치공구 취급, 몸 준비, 작업 중의 청소, 작업중단 등으로 분류된다.

ⓔ 관리여유 : 직장관리상 필요하거나 관리상의 결함에 의하여 발생하는 작업상의 지연을 보상하기 위한 여유로서, 재료 대기, 치공구 대기, 설비 대기, 지시 대기, 관리상 지연, 사고에 의한 지연 등으로 분류된다.

④ 특수여유

㉠ 기계간섭여유 : 작업자 한 명이 동일 기계 여러 대를 담당할 경우 기계간섭이 발생함으로써 생산량이 감소하는 것을 보상하기 위한 여유이다.

㉡ 조(組)여유 : 컨베이어 작업처럼 작업자 상호 간에 보조를 맞추기 위해 발생하는 지연을 보상하기 위한 여유이다.

㉢ 소(小)로트여유 : 워밍업이 필요한 작업에서 정상작업 페이스(pace)에 도달하는 데 필요한 것보다 적은 수량을 생산함으로써 발생하는 초과시간을 보상하기 위한 여유 즉, 작업자의 습숙과 관련이 가장 깊은 여유이다.

㉣ 장사이클여유 : 작업사이클이 길어서 발생하는 작업의 변동이나 육체적 곤란 및 복잡성을 보상하기 위한 여유이다.

㉤ 장려여유 : 기업에서 장려급을 실시할 때 작업자 간의 장려급의 공정한 배분을 위하여 기계요소 작업에 인위적으로 계상해 주는 일정률의 여유를 말한다.

5. 표준시간의 계산

표준시간(ST)은 정미시간(NT)에 여유시간(AT)을 부가하여 산정한다.

$$ST = NT + AT$$

(1) 외경법

① 여유율을 정미시간에 대한 비율로 산정한다.

② 여유율 $A = \dfrac{\text{여유시간}}{\text{정미시간}} = \dfrac{\text{여유시간}}{\text{표준시간} - \text{여유시간}}$

③ 정미시간 NT = 평균 관측 시간 × 레이팅계수
④ 표준시간 ST = 정미시간 × (1 + 여유율)

(2) 내경법

① 여유율을 실동시간에 대한 비율로 산정한다.

② 여유율 $A = \dfrac{\text{여유시간}}{\text{표준시간}}$

③ 정미시간 NT = 평균 관측 시간 × 레이팅계수

④ 표준시간 ST = 정미시간 × $\dfrac{1}{(1 - \text{여유율})}$

핵심 문제

01 어느 작업시간의 관측평균시간이 1.2분, 레이팅계수가 110%, 여유율이 25%일 때 외경법에 의한 개당 표준시간은 얼마인가?

① 1.32분 ② 1.50분
③ 1.53분 ④ 1.65분

정답 | ④
해설 | 표준시간(외경법)
ST = 정미시간(1 + 여유율) = (1.2 × 1.1)(1 + 0.25) = 1.65분

02 관측 시간치의 평균이 0.6분이고 레이팅계수는 120%, 여유시간은 8시간 근무 중에서 24분일 때 표준시간은 약 얼마인가?

① 0.62분 ② 0.68분
③ 0.76분 ④ 0.84분

정답 | ③
해설 | 표준시간(내경법)
• 여유율 $A = \dfrac{\text{여유시간}}{\text{표준시간}} = \dfrac{24}{8 \times 60} = 0.05$

• ST = 정미시간 × $\dfrac{1}{(1 - \text{여유율})}$ = (0.6 × 1.2) × $\dfrac{1}{(1 - 0.05)}$ = 0.76분

6. 작업측정의 종류

(1) 작업측정 기법의 종류

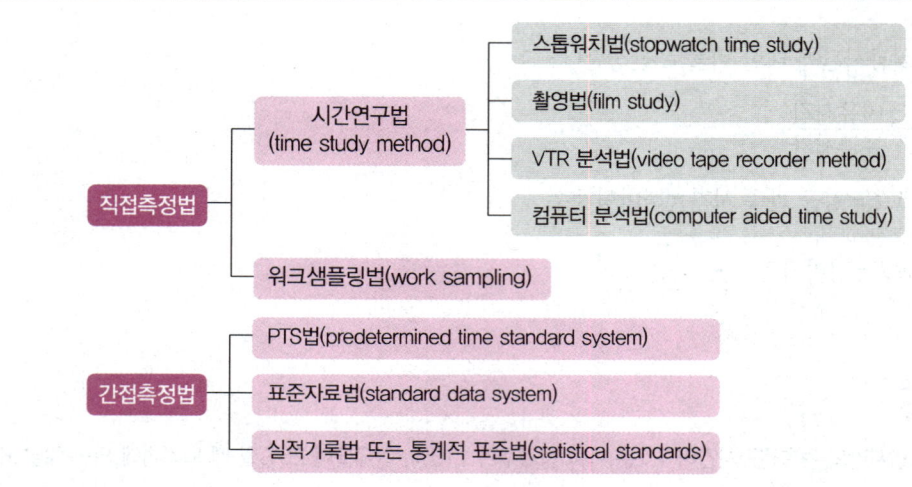

(2) 각 측정기법의 적합한 작업유형

측정기법	적합한 작업유형
촬영법, VTR 분석법, 컴퓨터 분석법	작업주기가 극히 짧은 고도의 반복작업
스톱워치법	작업주기가 짧은 상세 반복작업(전기전자업종)
표준자료법	고정적인 처리시간을 요하는 반복작업
워크샘플링법	작업주기가 길거나 비 반복적인 작업, 연속작업
PTS법	작업주기가 짧은 반복 수작업

핵심 문제

01 다음 표준시간 산정 방법 중 간접측정 방법에 해당하는 것은?

① 스톱워치법　　② PTS법
③ VTR 분석법　　④ 워크샘플링법

정답 | ②
해설 | 작업측정기법의 종류
- 시간연구법(스톱워치법, 촬영법, VTR 분석법, 컴퓨터 분석법)과 워크샘플링은 직접측정법이다.
- 간접측정 방법에는 PTS법, 표준자료법, 실적기록표 등이 있다.

7. STOP WATCH에 의한 시간연구

(1) 정의

① 잘 훈련된 자격을 갖춘 작업자가 정상적인 속도로 완료하는 특정한 작업결과의 표본을 추출하여 이로부터 표준시간을 설정하는 방법이다.
② 반복적이고 짧은 주기의 작업에 적합하나 종업원에 대한 심리적 영향을 가장 많이 주는 측정방법이다.
③ 시간치 측정단위는 1/100분(1DM = 0.6초 ; Decimal Minute)을 사용한다.

(2) 스톱워치에 의한 표준시간 설정 절차

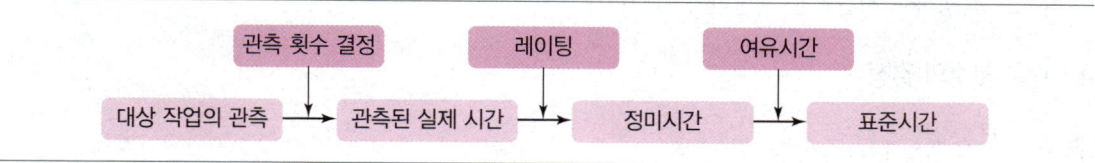

(3) 요소작업으로 분할하는 원칙

① 측정 범위 내에서 가능하면 요소작업을 잘게 분할한다.
② 규칙적인 요소작업과 불규칙적인 요소작업으로 구분한다.
③ 작업자 요소작업과 기계 요소작업으로 분할한다. 또한 작업자 요소작업은 외적 요소작업과 내적 요소작업으로 다시 구분한다.
④ 상수(불변) 요소작업과 변수(가변) 요소작업으로 구분한다.
⑤ 요소작업의 시점과 종점이 명확하게 밝혀질 수 있도록 한다.
⑥ 작업순서와 작업내용을 습득하여 작업진행 순서에 따라 분할한다.
⑦ 요소작업을 잘게 분할함으로써 작업내용을 보다 정확하게 파악할 수 있고, 여유율을 각각 달리 산정해 줌으로써 여유시간을 보다 정확하게 구할 수 있다.

(4) 측정방법

① 시간연구자는 원만한 인간관계와 작업에 대한 전문적인 지식과 풍부한 현장 경험이 필요하다.
② 직장의 이해와 협조를 구하며, 대상작업자를 선정하여 시간연구의 내용을 설명한다.
③ 시간연구자는 작업자의 동작을 잘 볼 수 있는 작업자의 뒤편 1.5m~2m에 비켜서서 관측을 하도록 한다.
④ 작업자의 동작부분과 Stop Watch와 눈이 일직선상에 있도록 한다.

(5) 관측방법의 분류

① 반복법 : 각 요소작업의 분기점에서 용두(스위치)를 누르고, 스톱워치의 바늘을 0의 위치로 되돌리는 방법이다. 비교적 긴 요소작업으로 구성된 작업측정에 가장 적합하다.

② 계속법 : 사이클이 짧으며 반복성이 있는 작업에 적합하다. 첫 번째 요소작업이 시작되는 순간에 시계를 작동시켜 관측이 끝날 때까지 시계를 멈추지 않고 요소작업의 종점마다 시계바늘을 읽어 관측용지에 기입하는 방법으로 측정한다. 이는 작업연구 중에 발생되는 모든 사항을 기록할 수 있어 표준시간 설정 과정을 설명하기 쉬운 점이 있으나, 단점으로는 요소작업의 시간을 구하기 위하여 뺄셈을 많이 해야만 한다.

③ 누적법 : 두 개의 스톱워치를 사용하여 요소작업이 끝날 때마다 한쪽의 시계를 정지시키고 다른 시계는 움직이도록 하여 시간을 측정한다.

④ 순환법 : 측정하기 힘들 정도로 요소작업이 너무 짧을 때 사용한다. 몇 개의 요소작업을 번갈아 한 그룹으로 측정하여 시간치를 계산하는 방법이다.

(6) 관측 횟수의 결정

① $N = \dfrac{t^2 \times s^2}{I^2} = \left(\dfrac{t \times s}{I}\right)^2$

단, t : 분포값, s : 표준편차, I : 절대허용오차($\overline{x} \times$ 상대허용오차)

② 예비관측치의 분산이 2배가 되면 관측 횟수는 2배로 늘어난다.

③ E. L. Grant법

- 신뢰도 95%, 소요정도 ±5%일 경우 $N = \left(\dfrac{40\sqrt{n\sum x^2 - (\sum x)^2}}{\sum x}\right)^2$

- 신뢰도 95%, 소요정도 ±10%일 경우 $N = \left(\dfrac{20\sqrt{n\sum x^2 - (\sum x)^2}}{\sum x}\right)^2$

핵심 문제

01 요소작업을 20번 측정한 결과 관측평균시간은 0.20분, 표준편차는 0.08분이었다. 신뢰도 95%, 허용오차 ±5%를 만족시키는 관측 횟수는 얼마인가? (단, $t_{(0.025,19)}$는 2.09이다.)

① 260회　　　　　　　　　　② 270회
③ 280회　　　　　　　　　　④ 290회

정답 | ③
해설 |
- $t = t_{n-1,\,\alpha/2} = t_{19,\,0.025} = 2.09$
- $I = $ 평균 $\times$ 상대허용오차 $= 0.2 \times 0.05$
- $N = \dfrac{t^2 \times s^2}{I^2} = \left(\dfrac{2.09 \times 0.08}{0.2 \times 0.05}\right)^2 = 279.558(280$회$)$

SECTION 02 워크샘플링(WS)법

1. 워크샘플링의 원리

(1) 워크샘플링법의 의의
① 작업주기가 길거나 활동내용이 일정하지 않은 비반복적인 작업을 간헐적으로 랜덤한 시점에 연구대상을 순간적으로 관측하여 관측기간 동안 나타난 항목별로 차지하는 비율을 추정하는 통계적 작업측정 기법이다.
② 표본의 크기가 충분히 크다면 모집단의 분포와 일치한다는 통계적 이론에 근거하여 인간 활동이나 기계의 가동상황 등을 무작위로 관측하여 측정한다.
③ 작업주기가 길고 비반복적인 작업에 이용된다.
④ 워크샘플링 시에 독립적이고, 랜덤하게 그리고 순간적으로 관측을 해야 가치있는 연구결과를 기대할 수 있다. 따라서 관측 시점뿐만 아니라 순회경로, 순회의 각 출발지점, 관측 대상까지도 랜덤하도록 계획해야 한다.
⑤ 기계의 가동, 비가동률을 워크샘플링법으로 추정하는 경우, 확률변수는 이항분포를 따른다.

(2) WS법의 특징
① 실시절차가 간단하여 시간연구법에서와 같이 고도의 훈련이 필요 없다.
② 시간연구법보다 관측 횟수가 많이 필요하지만 비용과 시간적인 측면에서 부담은 적다.
③ 특별한 시간 측정 설비가 필요하지 않다.
④ 관측이 순간적으로 이루어져 작업에 방해가 적다.
⑤ 작업자가 의식적으로 행동하는 일이 적어 결과의 신뢰수준이 높다.
⑥ 한 사람의 평가자가 여러 명의 작업자나 기계를 동시에 관측할 수 있다.
⑦ 자료수집이나 분석에 필요한 순수시간이 다른 시간연구방법에 비하여 짧다.
⑧ 작업을 요소별로 분할할 수 없기 때문에 작업현황을 세밀히 측정할 수 없다.
⑨ 순간적으로 관측하므로 시간연구법보다 정확성이 떨어진다.
⑩ 작업방법이 변화되는 경우에는 전체적인 연구를 새로 해야 한다.
⑪ 관측 시간이 주기와 같거나 정수배이면 적용할 수 없다.
⑫ 관측 대상자가 작업장을 떠났을 때 그 행동을 알 수 없다.

(3) 관측수의 결정
① 절대오차 : $Sp = e = u_{1-\alpha/2} \sqrt{\dfrac{p(1-p)}{n}}$
② 상대오차 : $S = \dfrac{절대오차}{p}$

③ 관측 횟수 : $n = \dfrac{u_{1-\alpha/2}^2 \, p(1-p)}{e^2}$

핵심 문제

01 워크샘플링(work sampling)의 특징으로 옳지 않은 것은?

① 짧은 주기나 반복작업에 효과적이다.
② 관측이 순간적으로 이루어져 작업에 방해가 적다.
③ 작업방법이 변화되는 경우에는 전체적인 연구를 새로 해야 한다.
④ 관측자가 여러 명의 작업자나 기계를 동시에 관측할 수 있다.

정답 | ①
해설 | 워크샘플링은 작업주기가 길고 비반복적인 작업에 이용된다.

02 워크샘플링(work sampling)에 대한 설명으로 옳은 것은?

① 시간연구법보다 더 정확하다.
② 자료수집 및 분석시간이 길다.
③ 관측이 순간적으로 이루어져 작업에 방해가 적다.
④ 컨베이어 작업처럼 짧은 주기의 작업에 알맞다.

정답 | ③
해설 | ① 시간연구법보다 정확성이 떨어진다.
② 자료수집이나 분석에 필요한 순수시간이 다른 시간연구방법에 비하여 짧다.
④ 작업주기가 길고 비반복적인 작업에 이용된다.

03 워크샘플링 조사에서 주요작업의 추정비율(p)이 0.06이라면, 99% 신뢰도를 위한 워크샘플링 횟수는 몇 회인가? (단, $u_{0.005}$는 2.58, 허용오차는 0.01이다.)

① 3744
② 3745
③ 3755
④ 3764

정답 | ③
해설 | $n = \dfrac{u_{1-\alpha/2}^2 \times p(1-p)}{e^2} = \dfrac{2.58^2 \times 0.06(1-0.06)}{0.01^2} = 3,754.2\,(3,755회)$

04 3시간 동안 작업 수행과정을 촬영하여 워크샘플링 방법으로 200회를 샘플링한 결과 30번의 손목꺾임이 확인되었다. 이 작업의 시간당 손목꺾임 시간은?

① 6분 ② 9분
③ 18분 ④ 30분

정답 | ②
해설 | • 손목꺾임율 = 30/200 = 0.15
 • 작업시간당 꺾임시간 = 0.15 × 60분 = 9분

(4) 워크샘플링의 종류

① 체계적 워크샘플링(Systematic Work Sampling) : 관측을 등간격 시점마다 행한다. 따라서 관측간격이 주기와 같거나 정수배이면 적용할 수 없다.
② 퍼포먼스 워크샘플링(Performance Work Sampling) : WS에 의한 관측과 동시에 rating하는 방법이다.
③ 계층별 워크샘플링(Stratified Work Sampling)
 ㉠ 시간대별, 기계설비별, 직무종류별로 나누어서 가중평균값을 구한다.
 ㉡ 일정계획을 수정하기가 용이하다.
 ㉢ 완전한 랜덤샘플링보다 관측일정을 계획하기 쉽다.
 ㉣ 적합하게 계층을 분류하면 층별로 하지 않은 경우보다 분산이 적어진다.

SECTION 03 표준자료법

1. 표준자료법의 개념

(1) 정의

① 작업요소별로 관측된 표준자료(Standard Data)가 존재하는 경우, 이들 작업요소별 표준자료들을 합성하여, 정미시간을 구하고 여유시간을 가산하여 표준시간을 결정하는 간접측정법이다.
② 작업시간을 새로이 측정하기보다는 과거에 측정한 기록들을 기준으로 동작에 영향을 미치는 요인들을 검토하여 만든 함수식, 표, 그래프 등으로 동작시간을 예측하는 방법이다.
③ 선반작업 같은 특정 작업에 영향을 주는 요인을 결정한 후 정미시간을 종속변수, 작업에 영향을 주는 요인을 독립변수를 취급하여 두 변수 사이의 함수관계를 바탕으로 표준시간을 구한다.
④ 정미시간을 산출하기 위하여 다중회귀분석(multiple regression analysis)법을 이용한다.

(2) 장점

① 현장에서 직접 측정하지 않더라도 표준시간을 산정할 수 있다.
② 레이팅이 필요 없다.
③ 표준시간이 신속하게 설정되며, 제조원가의 사전견적이 가능하다.
④ 표준자료의 사용방법만 정확하면 표준시간을 누가 설정하든 그 결과가 같기 때문에 표준시간 설정이 일관성 있다.

(3) 단점

① 변동요인을 모두 고려하기 곤란하므로 표준시간의 정도가 떨어진다.
② 표준자료 작성의 초기비용이 크므로, 생산량이 적거나 제품의 변동이 클 때는 부적당하다.
③ 작업방법의 변경 시 표준시간을 설정할 수 없다.
④ 작업조건이 불안정하거나 작업의 표준화가 곤란한 경우는 표준자료를 설정하지 못한다.
⑤ 거의 자동적으로 표준시간이 설정되기 때문에 작업개선의 기회나 의욕이 떨어진다.

SECTION 04 PTS(Predetermined Time Standards)법

1. PTS법의 개요

(1) PTS법의 의의

사람이 행하는 작업을 기본동작으로 분류하고, 각 기본동작들은 동작의 성질과 조건에 따라 이미 정해진 기준 시간을 적용하여 전체 작업의 정미시간을 구하는 방법이다.

(2) PTS법의 기본가정

① 작업동작은 한정된 종류의 기본요소동작으로 구성된다.
② 각 기본동작의 소요시간은 몇 가지 시간변동요인에 의해 결정된다.
③ 작업의 소요시간은 동작을 구성하고 있는 각 기본동작의 기준시간치의 합계와 동일하다.
④ 누가, 언제, 어디서 동작을 행하든 변동요인만 같으면 그 소요시간은 이미 정해진 기준시간치와 동일하다.

(3) PTS법의 장점

① 표준시간의 설정에 논란이 되는 레이팅(rating)이 필요가 없어 표준시간의 일관성과 정확성이 증대된다.
② 작업자를 대상으로 직접 시간을 측정하지 않기 때문에(스톱워치 필요 없음) 작업자가 느끼는 불편함이 없어져서 노사관계의 문제를 일으키지 않는다.

③ 실제 작업이 행하여지는 생산현장을 보지 않고도 작업대의 배치와 작업방법을 알면 표준시간의 산출이 가능하다.
④ 시간연구법에 비해 작업방법을 개선할 기회가 많다.
⑤ 작업방법에 대한 상세 기록이 남는다.
⑥ 동작과 시간의 관계에 대한 자세한 자료에 따라 표준자료를 쉽게 작성할 수 있다.
⑦ 흐름작업에 있어서 라인밸런싱을 보다 높은 수준으로 끌어올릴 수 있다.
⑧ 작업자에게 최적의 작업방법을 훈련할 수 있다.
⑨ PTS법 중 MTM, WF, MTA 등이 주로 사용된다.

(4) PTS의 단점

① 시스템을 도입하는 초기에는 PTS 전문가의 자문이 필요하다.
② 전문적인 교육을 받은 전문가가 아니면 활용이 어렵다.
③ 시스템 활용을 위한 교육 및 훈련비용이 상당하다.
④ 거의 수작업에 적용되며, 수작업시간이 수분 이상 소요된다면 분석에 필요한 시간이 다른 방법에 비해 상당히 길어지므로 비경제적일 수도 있다.
⑤ 비반복작업에 적용할 수 없고, 자유로운 손의 동작이 제약된 작업이나 인간의 사고판단을 요하는 작업의 측정에는 곤란하다.
⑥ PTS법의 여러 기법 중 회사실정에 알맞은 것을 선정한다는 것 자체가 쉬운 일이 아니다.
⑦ 시스템이 내재하고 있는 표준페이스가 어디에 기준을 두고 개발된 것인지 파악한 후 회사 사정에 알맞게 조정하는 단계가 필요하다.

(5) 종류

① WF ② MTM ③ MODAPTS ④ BMT ⑤ DMT

2. MTM(Method Time Measurement)법

(1) 정의

① 1948년 H.B.Maynard 등에 의해 발표되었으며 유일하게 모든 연구자료와 연구방법이 공표된 PTS 시스템이다.
② 인간이 행하는 작업을 기본동작으로 분석하고, 각 기본동작의 성질(Reach, Grasp, Release, Move, Turn, Pressure, Position, Disengage, Cranking Motion, Eye Travel Time, Eye Focus Time, Body Motion, Body Assists)과 조건(거리, 중량, 난이도, 목적물의 상태 등)에 따라 미리 정해진 시간치를 적용하여 작업의 정미시간을 구하는 방법이다.
③ 작업대상이 되는 목적물이나 목적지의 상태에 따라 표준시간이 달라진다.

④ MTM 시간치는 정상적인 작업자가 평균적인 기술과 노력으로 작업할 때의 값이다(작업수행도 기준은 100%이다).

(2) MTM법의 시간치
1TMU = 0.00001시간 = 0.0006분 = 0.036초, 7TMU = 0.252초, 1초 = 27.8TMU

3. 워크팩터(WF)법

(1) 개념
사람이 행하는 작업을 8가지의 표준요소 동작으로 분해하고 표준요소별로 기초동작, 워크팩터(WF)를 고려하여 WF동작시간표로부터 시간치를 읽고, 이들을 합성하여 정미시간을 구하는 방법이다.

시스템	적용범위	사용시간단위
Detailed WF(DWF)	최초로 개발된 것으로 작업주기가 0.15분 이하인 대량생산작업	1WFU(Work Factor Unit) = 0.0001분(1/10,000분)
Ready WF(RWF)	작업주기가 0.1분 이상인 작업	1RU(Ready WF Unit) = 0.001분

(2) 특징
① 스톱워치를 사용하지 않는다.
② 정확성과 일관성이 높다.
③ 생산에 들어가기 전에 표준시간 산출이 가능하다.
④ 작업속도는 장려 페이스(속도)의 125%를 기준으로 한다.
⑤ 작업방법 변경 시 표준시간을 수정하기 위해 전체작업에 대해 측정할 필요가 없다.

(3) 시간변동요인 4가지
① 사용 신체 부위(7가지) : 손가락 또는 손, 팔, 팔뚝 회전, 몸통, 발, 다리, 머리 돌림
② 동작 거리
③ 중량이나 저항
④ 인위적 조절(동작의 난이도) : 방향 조절(S), 주의(P), 방향의 변경(U), 일정한 정지(D)

(4) WF표준요소
① 이동(Transport, T)
② 쥐기(Grasp, Gr)
③ 미리 놓기(Pre - position, PP)
④ 조립(Assemble, Asy)
⑤ 사용(Use, U)
⑥ 분해(Disassemble, Dsy)
⑦ 내려놓기(Release, Rl)
⑧ 정신과정(Mental Process, MP)

핵심 문제

01 사람이 행하는 작업을 기본동작으로 분류하고, 각 기본동작들은 동작의 성질과 조건에 따라 이미 정해진 기준 시간을 적용하여 전체 작업의 정미시간을 구하는 방법은?

① PTS법
② Rating법
③ Therblig법
④ Work Sampling법

정답 | ①
해설 | PTS(Predetermined Time Standards)법
사람이 행하는 작업을 기본동작으로 분류하고, 각 기본동작들은 동작의 성질과 조건에 따라 이미 정해진 기준 시간을 적용하여 전체 작업의 정미시간을 구하는 방법이다.

02 PTS법의 특징이 아닌 것은?

① 직접 작업자를 대상으로 작업시간을 측정하지 않아도 된다.
② 표준시간의 설정에 논란이 되는 rating의 필요가 없어 표준시간의 일관성이 증대된다.
③ 실제 생산현장을 보지 않고도 작업대의 배치와 작업방법을 알면 표준시간의 산출이 가능하다.
④ 표준자료 작성의 초기비용이 적기 때문에 생산량이 적거나 제품이 큰 경우에 적합하다.

정답 | ④
해설 | PTS의 단점은 시스템 활용을 위한 교육 및 훈련비용이 상당하다.

03 1TMU(Time Measurement Unit)를 초단위로 환산한 것은?

① 0.0036초
② 0.036초
③ 0.36초
④ 1.667초

정답 | ②
해설 | 1TMU = 0.00001시간 = 0.0006분 = 0.036초

CHAPTER 05 유해요인 평가

SECTION 01 유해요인 평가 원리

1. 유해요인 평가

(1) 유해요인조사

① 사업주는 근로자가 근골격계 부담작업을 하는 경우에 3년마다 다음 각 호의 사항에 대한 유해요인조사를 하여야 한다. 다만, 신설되는 사업장의 경우에는 신설일부터 1년 이내에 최초의 유해요인조사를 하여야 한다.
  ㉠ 설비·작업공정·작업량·작업속도 등 작업장 상황
  ㉡ 작업시간·작업자세·작업방법 등 작업조건
  ㉢ 작업과 관련된 근골격계질환 징후와 증상 유무 등

② 사업주는 다음 각 호의 어느 하나에 해당하는 사유가 발생하였을 경우에 1개월 이내에 조사대상 및 조사방법 등을 검토하여 유해요인 조사를 해야 한다. 다만, 제1호에 해당하는 경우로서 해당 근골격계질환에 대하여 최근 1년 이내에 유해요인 조사를 하고 그 결과를 반영하여 작업환경 개선에 필요한 조치를 한 경우는 제외한다.
  ㉠ 법에 따른 임시건강진단 등에서 근골격계질환자가 발생하였거나 근로자가 근골격계질환으로 업무상 질병으로 인정받은 경우(근골격계 부담작업이 아닌 작업에서 근골격계질환자가 발생하였거나 근골격계 부담작업이 아닌 작업에서 발생한 근골격계질환에 대해 업무상 질병으로 인정 받은 경우를 포함한다)
  ㉡ 근골격계 부담작업에 해당하는 새로운 작업·설비를 도입한 경우
  ㉢ 근골격계 부담작업에 해당하는 업무의 양과 작업공정 등 작업환경을 변경한 경우

③ 사업주는 유해요인 조사에 근로자 대표 또는 해당 작업 근로자를 참여시켜야 한다.

(2) 조사자

① 사업주는 보건관리자에게 사업장 전체 유해요인조사 계획의 수립 및 실시 업무를 하도록 한다. 다만, 규모가 큰 사업장에서는 보건관리자 외에 부서별 유해요인조사자를 지정하여 조사를 실시하게 할 수 있다.

② 사업주는 보건관리자가 선임되어 있지 않은 경우에는 유해요인조사자를 지정하고, 사업장의 유해요인조사 계획을 수립하여 실시하도록 한다. 다만, 근골격계질환 예방관리 프로그램을 운영하는 사업장에서는 근골격계질환 예방관리 추진팀이 수행할 수 있다.

③ 사업주는 유해요인조사자에게 유해요인조사에 관련한 제반 사항에 대하여 교육을 실시하여야 한다. 다만, 근골격계질환 예방관리 프로그램을 운영하는 사업장은 근골격계질환 예방관리 추진팀이 유해요인조사를 포함한 교육을 이미 받았을 경우 이를 생략할 수 있다.
④ 사업주는 사업장 내부에서 유해요인조사자를 선정하기 곤란한 경우 유해요인조사의 일부 또는 전부를 관련 전문기관이나 전문가에게 의뢰할 수 있다.

(3) 유해요인조사 방법 및 절차
① 유해요인조사는 근골격계질환자가 발생·인정된 작업 또는 근골격계 부담작업에 해당하는 각각의 작업에 대해 실시하되, 근로자와의 면담, 증상 설문조사, 인간공학적 측면을 고려한 조사 등 적절한 방법으로 한다.
　㉠ 유해요인조사는 유해요인조사표를 활용하여 근로자와의 면담을 통해 조사개요, 작업장 상황 조사, 작업조건 조사를 실시한다. 작업조건 조사를 실시할 때 인간공학적 측면을 고려한 작업분석·평가도구를 활용하여 조사대상 근골격계 부담작업 또는 근골격계질환 발생 유해요인에 대해 분석·평가할 수 있다.
　㉡ 유해요인조사는 근골격계질환 증상조사표를 활용하여 근로자의 직업력, 근무형태, 근골격계질환의 징후 또는 증상 특징 등의 정보를 파악한다.
② 유해요인조사는 사업장 내 근골격계 부담작업 각각에 대하여 실시한다. 다만, 동일한 작업형태와 동일한 작업조건의 근골격계 부담작업이 존재하는 경우에는 근골격계 부담작업의 종류와 수에 대한 대표성, 조사 실시 주기 또는 연도 등을 고려하여 단계적으로 일부 작업에 대해서 조사할 수 있다.
　㉠ 한 단위작업에 10개 이하의 근골격계 부담작업이 동일작업으로 이루어지는 경우에는 작업강도가 가장 높은 2개 이상의 작업을 표본으로 선정한다.
　㉡ 만일, 한 단위작업에 동일 근골격계 부담작업의 수가 10개를 초과하는 경우에는 초과하는 5개의 작업 당 1개의 작업을 표본으로 추가한다.

(4) 유해요인조사 내용
① 작업장 상황조사 : 작업공정, 작업설비, 작업량, 작업속도 및 최근 업무의 변화량 등
② 작업조건조사 : 반복동작, 부적절한 자세, 과도한 힘, 접촉 스트레스, 진동, 기타요인(극저온, 직무 스트레스)
③ 증상 설문조사 : 증상과 징후, 직업력(근무력), 근무형태(교대제 여부 등), 취미활동, 과거 질병력 등

(5) 작업환경 개선 등 필요한 조치
① 사업주는 유해요인조사 결과를 바탕으로 근골격계질환 발생 위험이 높은 작업에 대해 작업환경 개선을 실시한다.
　㉠ 근로자의 통지에 의해 운동범위의 축소, 쥐는 힘의 저하, 기능의 손실 등의 징후가 나타난 작업
　㉡ 다수의 근로자가 유해요인에 노출되고 있거나 증상 및 불편을 호소하는 작업

ⓒ 비용 편익 효과가 큰 작업
② 사업주는 유해요인조사 결과(유해요인 노출 수준 및 증상 설문조사 등), 경제적 여건, 개선효과 등을 종합적으로 고려하여 작업환경 개선계획을 수립·이행하되, 인간공학적으로 설계된 인력작업 보조설비 및 편의설비를 설치하는 등 작업환경 개선에 필요한 적정한 조치를 실시한다.
③ 사업주는 개선계획의 수립 및 그 타당성을 검토하기 위하여 외부의 전문기관이나 전문가로부터 지도·조언을 들을 수 있다.

(6) 문서의 기록과 보존

① 사업주는 안전보건규칙에 따라 최소 새로운 유해요인조사가 완료될 때까지 'ⓐ 근골격계 부담작업 해당 여부 결정, ⓑ 유해요인조사 결과(근골격계질환 증상조사 결과 포함), ⓒ 의학적 조치 및 그 결과, ⓓ 작업환경 개선계획 및 그 결과보고서'를 기록 또는 보존하여야 한다.
② ⓑ 및 ⓒ 문서에 근로자의 신상정보를 포함하는 경우 5년 동안 보존하며, ⓓ 문서의 경우 해당 시설·설비가 작업장 내에 존재하는 동안 보존한다.

(7) 유해성 등의 주지

① 사업주는 근로자가 근골격계 부담작업을 하는 경우에 다음 각 호의 사항을 근로자에게 알려야 한다.
  ⓐ 근골격계 부담작업의 유해요인
  ⓑ 근골격계질환의 징후와 증상
  ⓒ 근골격계질환 발생 시의 대처요령
  ⓓ 올바른 작업자세와 작업도구, 작업시설의 올바른 사용방법
  ⓔ 그 밖에 근골격계질환 예방에 필요한 사항
② 사업주는 유해요인조사 및 그 결과, 조사방법 등을 해당 근로자에게 알려야 한다.
③ 사업주는 근로자대표의 요구가 있으면 설명회를 개최하여 유해요인조사 결과를 해당 근로자와 같은 방법으로 작업하는 근로자에게 알려야 한다.

핵심 문제

01 산업안전보건법령상 근로자가 근골격계 부담작업을 하는 경우 유해요인조사의 실시주기는? (단, 신설되는 사업장은 제외한다.)
① 6개월 ② 1년
③ 2년 ④ 3년

정답 | ④
해설 | 사업주는 근로자가 근골격계 부담작업을 하는 경우에 3년마다 유해요인조사를 하여야 한다. 다만, 신설되는 사업장의 경우에는 신설일부터 1년 이내에 최초의 유해요인조사를 하여야 한다.

02 산업안전보건법령상 사업주가 근골격계 부담작업 종사자에게 반드시 주지시켜야 하는 내용에 해당되지 않는 것은?

① 근골격계 부담작업의 유해요인
② 근골격계질환의 요양 및 보상
③ 근골격계질환의 징후 및 증상
④ 근골격계질환 발생 시의 대처 요령

정답 | ②
해설 | 사업주는 근로자가 근골격계 부담작업을 하는 경우에 다음의 사항을 근로자에게 알려야 한다.
- 근골격계 부담작업의 유해요인
- 근골격계질환의 징후와 증상
- 근골격계질환 발생 시의 대처요령
- 올바른 작업자세와 작업도구, 작업시설의 올바른 사용방법
- 그 밖에 근골격계질환 예방에 필요한 사항

SECTION 02 중량물 취급작업

1. 중량물 취급 방법

(1) 들기작업의 안전작업 범위

① 최적 안전작업 범위 : 팔을 몸체에 붙이고 손목만 위, 아래로 움직일 수 있는 범위이다.
② 안전작업 범위 : 몸으로부터 약간 떨어진 구역으로 그 범위는 팔꿈치를 몸의 측면에 붙이고 손을 어깨 높이에서 허벅지 부위까지 오르내릴 수 있는 범위이다.
③ 주의작업 범위 : 몸으로부터 조금 떨어진 구역으로 그 범위는 팔을 완전히 뻗어서 손을 어깨까지 들어올리고 허벅지까지 내리는 범위이다.
④ 위험작업 범위 : 몸의 안전작업 범위에서 완전히 벗어난 구역으로 중량물을 놓치기 쉬울뿐만 아니라 허리가 안전하게 그 무게를 지탱할 수 없는 범위이다.

(2) 중량물 들기작업방법

① 허리를 곧게 유지하고 무릎을 구부려서 들도록 한다.
② 목과 등이 거의 일직선이 되도록 한다.
③ 중량물 밑을 잡고 앞으로 운반하도록 한다.
④ 손가락만으로 잡지 말고 손 전체로 잡아서 들도록 한다.
⑤ 가능하면 중량물을 양손으로 잡는다.
⑥ 발을 어깨너비 정도 벌리고 몸의 균형을 유지해야 한다.
⑦ 선 자세에서 중량물을 취급할 경우 주먹 높이부터 팔꿈치 높이 사이에서 가장 편하게 할 수 있다.
⑧ 중량물은 최대한 몸에 가깝게 끌어당겨서 들도록 한다.

> **핵심 문제**

01 중량물 취급 시 작업자세에 관한 내용으로 옳지 않은 것은?

① 무릎을 곧게 펼 것
② 중량물은 몸에 가깝게 할 것
③ 발을 어깨너비 정도로 벌릴 것
④ 목과 등이 거의 일직선이 되도록 할 것

정답 | ①
해설 | 허리를 곧게 유지하고 무릎을 구부려서 들도록 한다.

2. NIOSH Lifting Equation(NLE)

(1) NIOSH 들기작업지침

① 미국 국립산업안전보건원(NIOSH)에서 들기작업에서 안전하게 작업할 수 있는 지침을 제시하였다.
② 들기작업지침은 들기작업에 대한 권장무게한계(RWL)를 쉽게 산출하도록 하여 작업의 위험성을 예측하고 개선을 통해 작업자의 직업성 요통을 사전에 예방함을 목적으로 한다.
③ 개정된 NIOSH의 들기기준은 40대 여성의 들기능력의 50퍼센타일을 기준으로 산정되었다.
④ 들기작업에만 적용할 수 있기 때문에 반복적인 작업자세, 밀기, 당기기 등과 같은 작업들에 대한 평가에는 어려움이 있다.

(2) 권장무게한계(RWL)

① 권장무게한계(RWL)란 대부분의 건강한 작업자들이 요통의 위험 없이 작업시간 동안 들기작업을 할 수 있는 작업물의 무게를 의미한다.
② $RWL(kg) = LC \times HM \times VM \times DM \times AM \times FM \times CM$

㉠ LC(부하상수) : LC = 23kg이다. 따라서 RWL은 23kg을 넘지 않는다.
㉡ HM(수평계수)

25/H	1	0
(25~63cm)	(H≤25cm)	(H>63cm)

㉢ VM(수직계수)

$1-(0.003 \times |V-75|)$	0
(0~175cm)	(H>175cm)

㉣ DM(거리계수)

$0.82+(4.5/D)$	1	0
(25~175cm)	(D≤25cm)	(D>175cm)

⑩ AM(비대칭계수, 상체의 비틀림 각도)

1−(0.0032×A)	0
(0~135°)	(A>135°)

ⓑ FM(빈도계수)

들기빈도 F (회/분)	작업시간 LD(Lifting Duration)					
	LD≤1시간		1시간<LD≤2시간		2시간<LD	
	V<75cm	V≥75cm	V<75cm	V≥75cm	V<75cm	V≥75cm
<0.2	1.00	1.00	0.95	0.95	0.85	0.85
0.5	0.97	0.97	0.92	0.92	0.81	0.81
1	0.94	0.94	0.88	0.88	0.75	0.75
2	0.91	0.91	0.84	0.84	0.65	0.65
3	0.88	0.88	0.79	0.79	0.55	0.55
4	0.84	0.84	0.75	0.72	0.45	0.45
5	0.80	0.80	0.60	0.60	0.35	0.35
6	0.75	0.75	0.50	0.50	0.27	0.27
7	0.70	0.70	0.42	0.42	0.22	0.22
8	0.60	0.60	0.35	0.35	0.18	0.18
9	0.52	0.52	0.30	0.30	0.00	0.15
10	0.45	0.45	0.26	0.26	0.00	0.13
11	0.41	0.41	0.00	0.23	0.00	0.00
12	0.37	0.37	0.00	0.21	0.00	0.00
13	0.00	0.34	0.00	0.00	0.00	0.00
14	0.00	0.31	0.00	0.00	0.00	0.00
15	0.00	0.28	0.00	0.00	0.00	0.00
>15	0.00	0.00	0.00	0.00	0.00	0.00

ⓢ CM(결합계수)

결합타입	수직위치	
	V<75cm	V≥75cm
good(양호)	1.00	1.00
fair(보통)	0.95	1.00
poor(불량)	0.90	0.90

(3) LI(Lifting Index, 들기 지수)

① $LI = \dfrac{중량물\ 무게}{RWL}$

② LI가 1보다 크면 요통의 발생위험이 크다.

③ LI가 1 이하가 되도록 작업을 재설계한다.

핵심 문제

01 NIOSH 들기 공식에서 고려되는 평가요소가 아닌 것은?

① 수평거리   ② 목 자세
③ 수직거리   ④ 비대칭 각도

정답 | ②

해설 | $LI = \dfrac{중량물\ 무게}{RWL} = \dfrac{중량물\ 무게}{23 \times HM \times VM \times DM \times AM \times FM \times CM}$

여기서, HM(수평계수), VM(수직계수), DM(거리계수), AM(비대칭계수, 상체의 비틀림 각도), FM(빈도계수), CM(결합계수)이다.

02 다음 표를 참고하여 각 시점과 종점의 권장무게한계(RWL)를 옳게 구한 것은? (단, 개정된 NIOSH의 들기 작업지침을 적용한다.)

	HM	VM	DM	AM	FM	CM
시점	1	0.955	0.87	1	0.88	0.95
종점	0.5	0.775	0.87	1	0.88	1

① 시점 : 15.98kg, 종점 : 6.82kg
② 시점 : 15.98kg, 종점 : 1.76kg
③ 시점 : 28.65kg, 종점 : 6.82kg
④ 시점 : 28.65kg, 종점 : 1.76kg

정답 | ①

해설 | $RWL(kg) = LC \times HM \times VM \times DM \times AM \times FM \times CM$
- 시점 $RWL = 23 \times 1 \times 0.955 \times 0.87 \times 1 \times 0.88 \times 0.95 = 15.98kg$
- 종점 $RWL = 23 \times 0.5 \times 0.775 \times 0.87 \times 1 \times 0.88 \times 1 = 6.82kg$

03 NIOSH Lifting Equation 평가에서 권장무게한계가 20kg이고, 현재 작업물의 무게가 23kg일 때, 들기 지수(Lifting Index)의 값과 이에 대한 평가가 옳은 것은?

① 0.87, 요통의 발생위험이 높다.
② 0.87, 작업을 재설계할 필요가 있다.
③ 1.15, 요통의 발생위험이 높다.
④ 1.15, 작업을 재설계할 필요가 없다.

정답 | ③

해설 |
- $LI = \dfrac{중량물\ 무게}{RWL} = \dfrac{23}{20} = 1.15$
- LI가 1보다 크므로 요통의 발생위험이 높다.

SECTION 03 유해요인 평가방법

1. OWAS(Ovako Working Posture Analysis System)

(1) OWAS의 개요

① 핀란드에서 개발되었다.
② 작업자세로 인한 부하를 평가하는 데 초점이 맞추어져 있다.
③ 작업자의 자세를 일정 간격으로 관찰하여 분석하는 워크샘플링에 기본을 두고 있다.
④ 작업시간이 짧은 경우에는 측정간격을 짧게, 작업시간이 긴 경우에는 긴 측정간격을 설정하여 데이터의 규모를 적절하게 유지하는 것이 좋다.
⑤ 작업자세를 허리, 팔, 다리로 구분하여 각 부위의 자세를 코드로 표현한다.
⑥ 신체 부위의 자세뿐만 아니라 중량물의 사용도 고려하여 평가한다.

(2) 장점

① 특별한 기구 없이도 관찰에 의해서 작업자세를 평가할 수 있다.
② 현장에서 기록 및 해석의 용이함 때문에 많이 이용된다.

(3) 단점

① 인간의 동작 및 작업자세를 매우 단순화하여 세밀한 분석에 어려움이 있다.
② 몸의 움직임이 적으면서 반복하여 사용하는 작업의 평가에는 적합하지 않다.
③ 자세의 지속시간, 팔목과 팔꿈치에 관한 정보가 반영되지 못한다.

(4) 작업자세 및 코드체계

신체 부위	작업자세(괄호 안은 자세 코드)			
허리	(1) 바로 섬	(2) 굽힘	(3) 비틂	(4) 굽히고 비틂
팔	(1) 양팔 어깨 아래	(2) 한팔 어깨 아래	(3) 양팔 어깨 위	
다리	(1) 앉음	(2) 두 다리로 섬	(3) 한 다리로 섬	(4) 두 다리 구부림
	(5) 한 다리 구부림	(6) 무릎 꿇음	(7) 걷기	
하중	(1) 10kg 이하	(2) 10~20kg	(3) 20kg 이상	

(5) OWAS 조치단계 분류

작업자세 수준	평가내용
수준 1	조치가 필요 없는 정상 작업자세
수준 2	가까운 시기에 자세의 교정이 필요
수준 3	가능한 빨리 자세의 변경이 필요
수준 4	즉각적인 자세의 교정이 필요

핵심 문제

01 유해요인조사 방법 중 OWAS(Ovako Working Posture Analysis System)에 관한 설명으로 옳지 않은 것은?

① OWAS의 작업자세 수준은 4단계로 분류된다.
② OWAS는 작업자세로 인한 부하를 평가하는 데 초점이 맞추어져 있다.
③ OWAS는 신체 부위의 자세뿐만 아니라 중량물의 사용도 고려하여 평가한다.
④ OWAS는 작업자세를 허리, 팔, 손목으로 구분하여 각 부위의 자세를 코드로 표현한다.

정답 | ④
해설 | 작업자세를 허리, 팔, 다리로 구분하여 각 부위의 자세를 코드로 표현한다.

02 다음 중 OWAS 자세평가에 의한 조치 수준에서 각 수준에 대한 평가내용이 올바르게 연결된 것은?

① 수준 1 : 즉각적인 자세의 교정이 필요
② 수준 2 : 가까운 시기에 자세의 교정이 필요
③ 수준 3 : 조치가 필요 없는 정상 작업자세
④ 수준 4 : 가능한 빨리 자세의 변경이 필요

정답 | ②
해설 |

작업자세 수준	평가내용
수준 1	조치가 필요 없는 정상 작업자세
수준 2	가까운 시기에 자세의 교정이 필요
수준 3	가능한 빨리 자세의 변경이 필요
수준 4	즉각적인 자세의 교정이 필요

2. RULA(Rapid Upper Assessment)

(1) RULA 개요

① RULA는 어깨, 팔목, 손목, 목 등 상지(upper limb)에 초점을 맞추어서 작업자세로 인한 작업부하를 빠르고 상세하게 분석할 수 있는 근골격계질환의 위험평가기법이다.
② 자동차 공장의 컨베이어식 조립라인에서 선 자세에서 자동차 하부의 볼트를 조립하는 작업자에 대한 근골격계질환 유해요인 평가에 적절하다.

(2) 평가방법

① 위팔(상완), 아래팔(전완), 손목을 그룹 A로 목, 몸통(상체), 다리를 그룹 B로 나누어 미리 주어진 코드 체계를 이용하여 자세점수를 부여한다.
② 그룹별 자세점수는 근육과 힘을 고려하여 그룹별 점수가 되고 이를 종합하여 최종점수를 구한다.

③ 작업에 대한 평가는 1점에서 7점 사이의 총점으로 나타나며, 점수에 따라 4개의 조치단계로 분류된다.

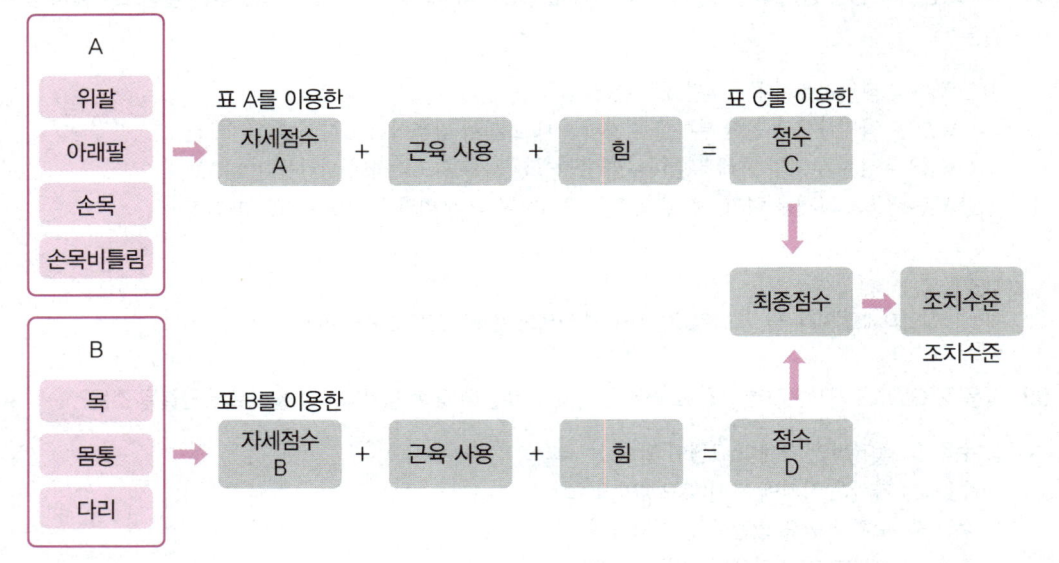

(3) 최종점수에 따른 조치단계

조치단계	최종점수	평가
1	1~2점	수용 가능한 안전한 작업이다.
2	3~4점	계속적 추적 관찰을 요구한다.
3	5~6점	계속적 관찰과 빠른 작업개선이 요구된다.
4	7점 이상	작업위험요인의 정밀조사와 즉각적인 개선이 요구된다.

핵심 문제

01 상완, 전완, 손목을 그룹 A로 목, 상체, 다리를 그룹 B로 나누어 측정 · 평가하는 유해요인의 평가기법은?

① RULA(Rapid Upper Limb Assessment)
② REBA(Rapid Entire Body Assessment)
③ OWAS(Ovako Working Posture Analysis System)
④ NIOSH 들기작업지침(Revised NIOSH Lifting Equation)

정답 | ①
해설 | RULA는 위팔(상완), 아래팔(전완), 손목을 그룹 A로 목, 몸통(상체), 다리를 그룹 B로 나누어 미리 주어진 코드 체계를 이용하여 자세점수를 부여한다.

02 근골격계질환의 위험을 평가하기 위하여 유해요인 평가도구 중 하나인 RULA(Rapid Upper Limb Assessment)를 적용하여 작업을 평가한 결과, 최종 점수가 4점으로 평가되었다면 결과에 대한 해석으로 옳은 것은?

① 수용 가능한 안전한 작업으로 평가됨
② 계속적 추적관찰을 요하는 작업으로 평가됨
③ 빠른 작업개선과 작업위험요인의 분석이 요구됨
④ 즉각적인 개선과 작업위험요인의 정밀조사가 요구됨

정답 | ②
해설 | RULA 최종점수에 따른 조치

조치단계	최종점수	평가
1	1~2점	수용 가능한 안전한 작업이다.
2	3~4점	계속적 추적관찰을 요구한다.
3	5~6점	계속적 관찰과 빠른 작업개선이 요구된다.
4	7점 이상	작업위험요인의 정밀조사와 즉각적인 개선이 요구된다.

3. REBA

(1) REBA 개요

① 근골격계질환과 관련한 위해 인자에 대한 개인 작업자의 노출정도 평가를 목적으로 개발되었다.
② 상지작업을 중심으로 한 RULA와 비교하여 병원의 간호사 또는 간호조무사, 수의사 등과 같이 예측이 힘든 다양한 작업자세의 신체전반에 대한 부담정도를 분석하는 데 적합하다.
③ RULA는 상지, REBA는 하지자세를 평가하기 위한 방법이다.

(2) 평가방법

① 평가대상이 되는 주요 작업요소로는 반복성, 정적작업, 힘, 작업자세, 연속작업 시간 등이 고려되어진다.
② 평가방법은 크게 신체 부위별로 A와 B 그룹으로 나누어지고 A, B의 그룹별로 작업자세 그리고 근육과 힘에 대한 평가로 이루어진다.
③ 평가 결과는 1에서 15점 사이의 총점으로 나타내어지며 점수에 따라 5개의 조치단계(Action level)로 분류된다.

(3) 최종점수에 따른 조치단계

조치단계	점수	위험단계	조치
0	1	무시해도 좋음	필요 없음
1	2~3	낮음	필요할지도 모름
2	4~7	보통	필요함
3	8~10	높음	곧 필요함
4	11~15	매우 높음	지금 즉시 필요함

핵심 문제

01 다음 중 유해요인조사 방법에 관한 설명으로 틀린 것은?

① NIOSH Guideline은 중량물 작업의 분석에 이용된다.
② RULA, OWAS는 자세평가를 주목적으로 한다.
③ REBA는 상지, RULA는 하지자세를 평가하기 위한 방법이다.
④ JSI(Job Strain Index)는 작업의 재설계 등을 검토할 때에 이용한다.

정답 | ③
해설 | RULA는 상지, REBA는 하지자세를 평가하는 방법이다.

4. JSI(Job Strain Index)

(1) JSI 개요

① 생리학, 생체역학, 상지질환에 대한 병리학을 기초로 한 정량적 평가 기법이다.
② 상지 근골격계질환의 원인이 되는 위험요인들이 작업자에게 노출되어 있거나 그렇지 않은 상태를 구별하는 데 사용된다.
③ 상지질환에 대한 정량적 평가기법으로 힘을 발휘하는 강도, 힘을 발휘하는 지속시간, 분당 힘의 빈도, 손/손목의 자세, 작업속도, 1일 작업시간 등 6개의 위험요소로 구성되어 있으며 이를 곱한 값으로 상지질환의 위험성을 평가한다.

(2) 점수계산

JSI 점수=힘의 강도 계수×힘의 지속 정도 계수×분당 힘의 빈도 계수×손/손목 자세 계수
×작업속도 계수×하루 작업시간 계수

(3) 결과해석

① JSI 점수 < 3 : 안전

② 3 ≤ JSI 점수 < 5 : 불확실

③ 5 ≤ JSI 점수 < 7 : 약간 위험

④ 7 ≤ JSI 점수 : 매우 위험

핵심 문제

01 유해요인조사도구 중 JSI(Job Strain Index)의 평가 항목에 해당하지 않는 것은?

① 손/손목의 자세
② 1일 작업의 생산량
③ 힘을 발휘하는 강도
④ 힘을 발휘하는 지속시간

정답 | ②
해설 | 상지질환에 대한 정량적 평가기법으로 힘을 발휘하는 강도, 힘을 발휘하는 지속시간, 분당 힘의 빈도, 손/손목의 자세, 작업속도, 1일 작업시간 등 6개의 위험요소로 구성되어 있으며 이를 곱한 값으로 상지질환의 위험성을 평가한다.

SECTION 04 사무/VDT 작업

1. 영상표시단말기(VDT ; Video Display Termina) 증후군의 발생원인

① 나이, 시력, 경력, 작업수행도 등

② 책상, 의자, 키보드 등에 의한 작업자세

③ 반복적인 작업, 휴식시간 문제

④ 정적이거나 부자연스러운 작업자세

⑤ 조명, 온도, 습도 등의 부적절한 환경

2. VDT 작업기기의 조건

(1) 영상표시단말기 화면

① 영상표시단말기 화면은 회전 및 경사 조절이 가능할 것

② 화면의 깜박거림은 영상표시단말기 취급근로자가 느낄 수 없을 정도이어야 하고 화질은 항상 선명할 것

③ 화면에 나타나는 문자·도형과 배경의 휘도비(Contrast)는 작업자가 용이하게 조절할 수 있을 것

④ 화면상의 문자나 도형 등은 영상표시단말기 취급근로자가 읽기 쉽도록 크기·간격 및 형상 등을 고려할 것
⑤ 단색화면일 경우 색상은 일반적으로 어두운 배경에 밝은 황·녹색 또는 백색문자를 사용하고 적색 또는 청색의 문자는 가급적 사용하지 않을 것

(2) 키보드와 마우스
① 키보드는 특수목적으로 고정된 경우를 제외하고는 영상표시단말기 취급근로자가 조작 위치를 조정할 수 있도록 이동이 가능할 것
② 키의 성능은 입력 시 영상표시단말기 취급근로자가 키의 작동을 자연스럽게 느낄 수 있도록 촉각·청각 및 작동압력 등을 고려할 것
③ 키의 윗부분에 새겨진 문자나 기호는 명확하고, 작업자가 쉽게 판별할 수 있을 것
④ 키보드의 경사는 5도 이상 15도 이하, 두께는 3센티미터 이하로 할 것
⑤ 키보드와 키 윗부분의 표면은 무광택으로 할 것
⑥ 키의 배열은 입력 작업 시 작업자의 팔 자세가 자연스럽게 유지되고 조작이 원활하도록 배치할 것
⑦ 작업자의 손목을 지지해 줄 수 있도록 작업대 끝 면과 키보드의 사이는 15cm 이상을 확보하고 손목의 부담을 경감할 수 있도록 적절한 받침대(패드)를 이용할 수 있을 것
⑧ 마우스는 쥐었을 때 작업자의 손이 자연스러운 상태를 유지할 수 있을 것

(3) 작업대
① 작업대는 모니터·키보드 및 마우스·서류 받침대 및 그 밖에 작업에 필요한 기구를 적절하게 배치할 수 있도록 충분한 넓이를 갖출 것
② 작업대는 가운데 서랍이 없는 것을 사용하도록 하며, 근로자가 영상표시단말기 작업 중에 다리를 편안하게 놓을 수 있도록 다리 주변에 충분한 공간을 확보할 것
③ 작업대의 높이(키보드 지지대가 별도 설치된 경우에는 키보드 지지대 높이)는 조정되지 않는 작업대를 사용하는 경우에는 바닥 면에서 작업대 높이가 60cm 이상 70cm 이하 범위의 것을 선택하고, 높이 조정이 가능한 작업대를 사용하는 경우에는 바닥 면에서 작업대 표면까지의 높이가 65cm 전후에서 작업자의 체형에 알맞도록 조정하여 고정할 수 있을 것
④ 작업대의 앞쪽 가장자리는 둥글게 처리하여 작업자의 신체를 보호할 수 있을 것

(4) 의자
① 의자는 안정감이 있어야 하고, 이동 회전이 자유로운 것으로 하되 미끄러지지 않는 구조일 것
② 바닥 면에서 앉는 면까지의 높이는 눈과 손가락의 위치를 적절하게 조절할 수 있도록 적어도 35cm 이상 45cm 이하의 범위에서 조정이 가능할 것
③ 의자는 충분한 넓이의 등받이가 있어야 하고 영상표시단말기 취급근로자의 체형에 따라 요추(Lumbar)

부위부터 어깨 부위까지 편안하게 지지할 수 있어야 하며 높이 및 각도의 조절이 가능할 것
④ 영상표시단말기 취급근로자가 필요에 따라 팔걸이(Elbow Rest)를 사용할 수 있을 것
⑤ 작업 시 영상표시단말기 취급근로자의 등이 등받이에 닿을 수 있도록 의자 끝부분에서 등받이까지의 깊이가 38cm 이상 42cm 이하일 것
⑥ 의자의 앉는 면은 영상표시단말기 취급근로자의 엉덩이가 앞으로 미끄러지지 않는 재질과 구조로 되어야 하며 그 폭은 40cm 이상 45cm 이하일 것

3. 작업자세

(1) 영상표시단말기 취급근로자의 시선

① 화면 상단과 눈높이가 일치할 것
② 화면상의 시야 범위는 수평 선상에서 10~15° 아래에 오도록 할 것
③ 눈으로부터 화면까지의 시거리는 40cm 이상을 유지할 것

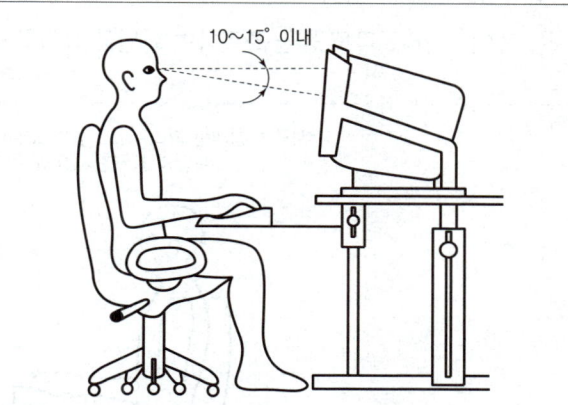

(2) 팔꿈치 내각 및 키보드 높이

① 위팔(Upper Arm)은 자연스럽게 늘어뜨리고, 작업자의 어깨가 들리지 않아야 하며, 팔꿈치의 내각은 90° 이상이 되어야 할 것

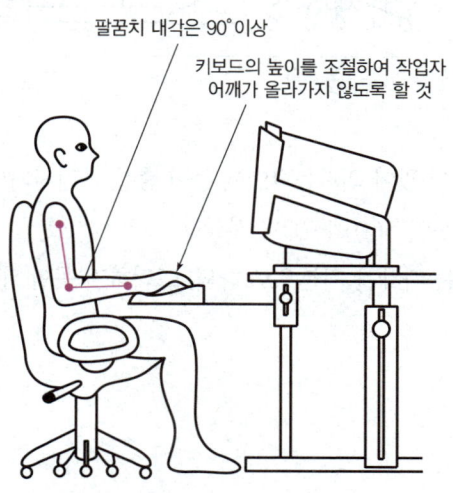

② 손목은 일직선이 되도록 하며, 꺾이지 않도록 할 것

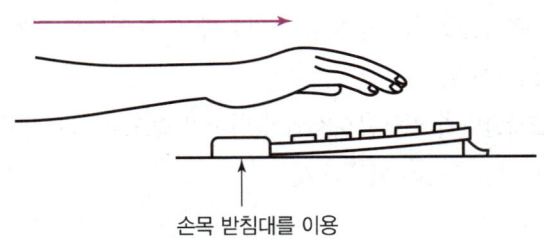

손목 받침대를 이용

(3) 서류받침대

① 연속적인 자료의 입력 작업 시에는 서류받침대(Document Holder)를 사용하도록 하고, 서류받침대는 높이 · 거리 · 각도 등을 조절하여 화면과 동일한 높이 및 거리에 두어 작업할 것

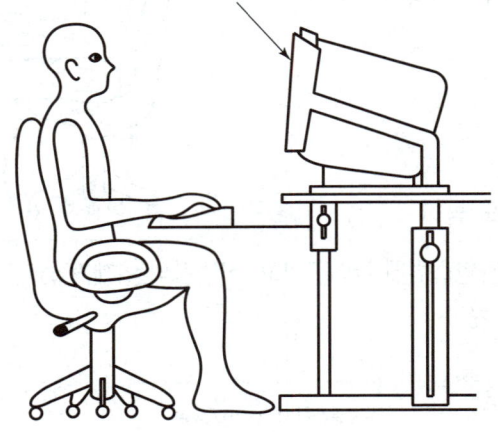

서류 받침대는 거리, 각도, 높이 조절이 용이한 것을 사용하여 화면과 동일한 높이에 두고 사용할 것

(4) 발 받침대

① 의자에 앉을 때는 의자 깊숙이 앉아 의자등받이에 등이 충분히 지지되도록 할 것
② 의자에 앉았을 때 몸통의 각도는 100~110°가 적당함
③ 발바닥 전면이 바닥면에 닿는 자세를 기본으로 하되, 그러하지 못할 때에는 발 받침대를 조건에 맞는 높이와 각도로 설치할 것

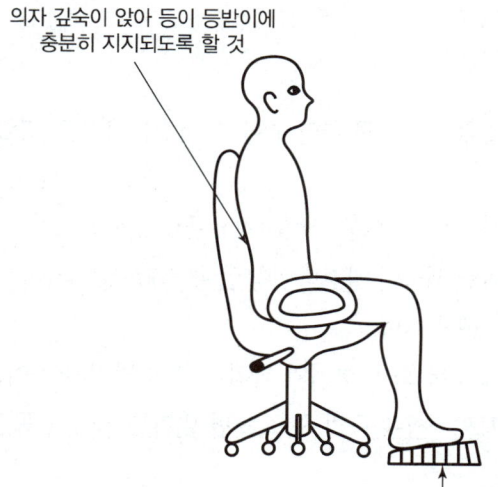

(5) 무릎내각

① 무릎의 내각(Knee Angle)은 90도 전후가 되도록 하되, 의자의 앉는 면의 앞부분과 영상표시단말기 취급근로자의 종아리 사이에는 손가락을 밀어 넣을 정도의 틈새가 있도록 하여 종아리와 대퇴부에 무리한 압력이 가해지지 않도록 할 것

② 키보드를 조작하여 자료를 입력할 때 양 손목을 바깥으로 꺾은 자세가 오래 지속하지 않도록 주의할 것

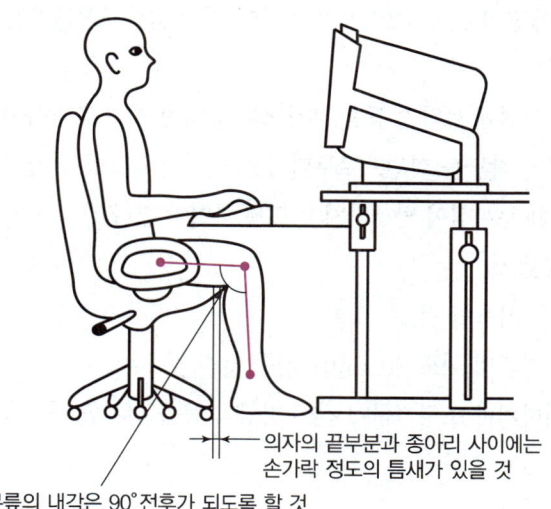

4. 작업환경관리

(1) 조명과 채광

① 작업 실내의 창·벽면 등을 반사되지 않는 재질로 하여야 하며, 조명은 화면과 명암의 대조가 심하지 않도록 하여야 한다.
② 컴퓨터단말기(VDT) 작업의 사무환경을 위한 추천 조명은 300~500Lux이다.
③ 작업장 주변 환경의 조도를 화면의 바탕 색상이 검정색 계통일 때 300~500Lux, 화면의 바탕 색상이 흰색 계통일 때 500~700Lux를 유지해야 한다.
④ 화면을 바라보는 시간이 많은 작업일수록 화면 밝기와 작업대 주변 밝기의 차이를 줄이도록 하고, 작업 중 시야에 들어오는 화면·키보드·서류 등의 주요 표면 밝기를 가능한 동일하게 유지하여야 한다.
⑤ 창문에는 차광망 또는 커텐 등을 설치하여 직사광선이 화면·서류 등에 비치는 것을 방지하고 필요에 따라 언제든지 그 밝기를 조절할 수 있도록 하여야 한다.
⑥ 작업대 주변에 영상표시단말기 작업 전용의 조명등을 설치할 때는 영상표시단말기 취급근로자의 한쪽 또는 양쪽 면에서 화면·서류면·키보드 등에 균등한 밝기가 되도록 설치하여야 한다.
⑦ 일반적으로 화면과 그 인접 주변 간에는 1:3의 광도비가, 화면과 화면에서 먼 주위 간에는 1:10의 광도비가 적합하다.

(2) 눈부심 방지

① 지나치게 밝은 조명·채광 또는 깜박이는 광원 등이 직접 영상표시단말기 취급근로자의 시야에 들어오지 않도록 하여야 한다.
② 눈부심 방지를 위하여 화면에 보안경 등을 부착하여 빛의 반사가 증가하지 않도록 하여야 한다.
③ 작업면에 도달하는 빛의 각도를 화면으로부터 45° 이내가 되도록 조명 및 채광을 제한하여 화면과 작업대 표면반사에 의한 눈부심이 발생하지 않도록 하여야 한다.
　㉠ 화면의 경사를 조정할 것
　㉡ 저휘도형 조명기구를 사용할 것
　㉢ 화면상의 문자와 배경과의 휘도비(Contrast)를 낮출 것
　㉣ 화면에 후드를 설치하거나 조명기구에 간이 차양막 등을 설치할 것

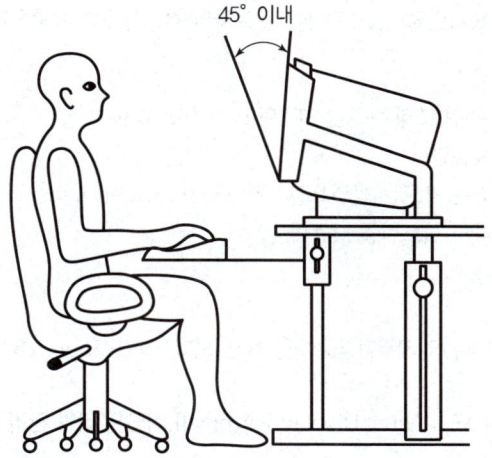

(3) 소음 및 정전기 방비
① 프린터에서 소음이 심할 때에는 후드·칸막이·덮개의 설치 및 프린터의 배치 변경 등의 조치를 취할 것
② 정전기의 방지는 접지를 이용하거나 알코올 등으로 화면을 깨끗이 닦아 방지할 것

(4) 온도 및 습도
영상표시단말기 작업을 주목적으로 하는 작업실 안의 온도를 18~24℃, 습도는 40~70%를 유지하여야 한다.

핵심 문제

01 영상표시단말기(VDT) 취급근로자 작업관리지침상 작업기기의 조건으로 옳지 않은 것은?

① 키보드와 키 윗부분의 표면은 무광택으로 할 것
② 영상표시단말기 화면은 회전 및 경사조절이 가능할 것
③ 키보드의 경사는 3° 이상 20° 이하, 두께는 4cm 이하로 할 것
④ 단색화면일 경우 색상은 일반적으로 어두운 배경에 밝은 황·녹색 또는 백색문자를 사용하고 적색 또는 청색의 문자는 가급적 사용하지 않을 것

정답 | ③
해설 | 키보드의 경사는 5도 이상 15도 이하, 두께는 3센티미터 이하로 할 것

02 산업안전보건법령상 영상표시단말기(VDT) 취급근로자의 건강장해를 예방하기 위한 방법으로 옳지 않은 것은?

① 작업물을 보기 쉽도록 주위 조명 수준을 1000lux 이상으로 높인다.
② 저휘도형 조명기구를 사용한다.
③ 빛이 작업화면에 도달하는 각도는 화면으로부터 45° 이내로 한다.
④ 화면상의 문자와 배경과의 휘도비를 낮춘다.

정답 | ①
해설 | 컴퓨터단말기(VDT) 작업의 사무환경을 위한 추천 조명은 300~500Lux이다.

03 다음 중 영상표시단말기(VDT ; Visual Display Terminal) 취급의 작업 관리 지침으로 틀린 것은?

① 작업장 주변 환경의 조도를 화면의 바탕 색상이 검정색 계통일 때 300~500lux를 유지해야 한다.
② 영상표시단말기 작업을 주목적으로 하는 작업실내의 온도를 18~24℃, 습도는 40~70%를 유지해야 한다.
③ 작업대는 가운데 서랍이 없는 것을 사용하도록 하며, 공간을 확보해야 한다.
④ 작업면에 도달하는 빛의 각도를 화면으로부터 45° 이상이 되도록 조명 및 채광을 제한하여 눈부심이 발생하지 않도록 하여야 한다.

정답 | ④
해설 | 빛이 작업화면에 도달하는 각도는 화면으로부터 45° 이내로 한다.

작업설계 및 개선

SECTION 01 작업방법

1. 작업방법 및 효율성

(1) 작업방법

① 서 있을 때는 등뼈가 S곡선을 유지하는 것이 좋다.
② 섬세한 작업 시 power grip보다 pinch grip을 이용한다.
③ 적절한 자세는 신체 부위들이 중립적인 위치를 취하는 자세이다.
④ 부적절한 자세는 강하고 큰 근육들을 이용하여 작업하는 것을 방해한다.

(2) 작업장 설계 시 고려사항

① 여유 공간
② 접근 가능성
③ 유지/보수 편의성
④ 조절 가능성
⑤ 시야

핵심 문제

01 다음 중 작업방법에 관한 설명으로 틀린 것은?

① 서 있을 때는 등뼈가 S곡선을 유지하는 것이 좋다.
② 섬세한 작업 시 power grip보다 pinch grip을 이용한다.
③ 부적절한 자세는 신체 부위들이 중립적인 위치를 취하는 자세이다.
④ 부적절한 자세는 강하고 큰 근육들을 이용하여 작업하는 것을 방해한다.

정답 | ③
해설 | 적절한 자세는 신체 부위들이 중립적인 위치를 취하는 자세이다.

SECTION 02 │ 작업대 및 작업공간

1. 작업대 높이

(1) 좌식작업대 높이

① 앉은 사람의 작업대 높이는 의자 높이, 작업대 두께, 대퇴 여유 등과 밀접한 관계가 있다.
② 일반적으로 앉아서 하는 작업의 작업대 높이는 팔꿈치 높이가 적당하다.
③ 일반적으로 섬세한 작업일수록 높아야 하며, 동작이 큰 작업에는 팔꿈치의 높이보다 약간 낮게 설계한다.
④ 체격의 개인차, 선호차, 수행되는 작업의 차이 때문에 가능하다면 의자 높이, 작업대 높이, 발걸이 등을 조절할 수 있도록 하는 것이 좋다.
⑤ 정밀작업을 해야 하는 경우는 입식작업보다는 좌식작업이 더 적절하다.

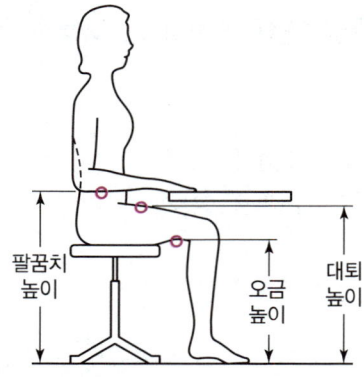

(2) 입식작업대 높이

① 일반적으로 팔꿈치 높이를 기준으로 한다.
② 작업자의 체격에 따라 작업대의 높이가 조정 가능하도록 하는 것이 좋다.
③ 시계 조립과 같이 정밀한 작업은 팔꿈치 높이보다 5~15cm 높게 한다.
④ 일반적인 조립라인이나 기계 작업과 같은 경작업은 팔꿈치 높이보다 5~10cm 낮아야 한다.
⑤ 무거운 물건을 다루는 작업(중작업)을 할 때 팔꿈치 높이보다 10~20cm 정도 낮게 한다.

정밀작업	팔꿈치 높이보다 5~15cm 높게
경작업	팔꿈치 높이보다 5~10cm 낮게
중작업	팔꿈치 높이보다 10~20cm 낮게

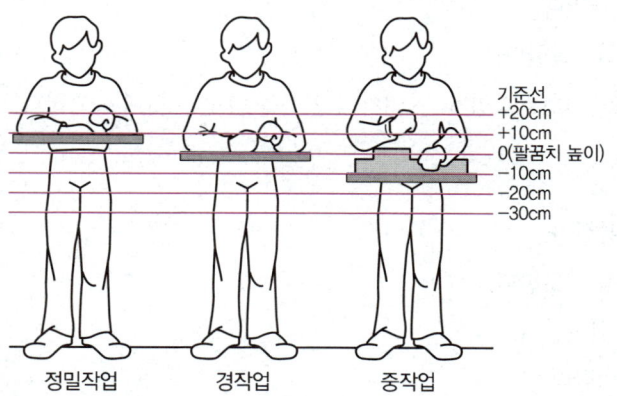

| 정밀작업 | 경작업 | 중작업 |

핵심 문제

01 다음 중 입식작업보다는 좌식작업이 더 적절한 경우는?

① 큰 힘을 요하는 경우
② 작업방경이 큰 경우
③ 정밀작업을 해야 하는 경우
④ 작업 시 이동이 많은 경우

정답 | ③
해설 | 정밀작업을 해야 하는 경우는 입식작업보다는 좌식작업이 더 적절하다.

02 시계 조립과 같이 정밀한 작업을 위한 작업대의 높이로 가장 적절한 것은?

① 팔꿈치 높이로 한다.
② 팔꿈치 높이보다 5~15cm 낮게 한다.
③ 팔꿈치 높이보다 5~15cm 높게 한다.
④ 작업면과 눈의 거리가 30cm 정도 되도록 한다.

정답 | ③
해설 | 입식작업대에서 정밀작업을 수행하려고 할 때 작업대의 높이는 팔꿈치 높이보다 5~15cm 높게 한다.

2. 작업대 및 작업공간의 개선원리

(1) 작업개선의 일반적 원리

① 충분한 여유 공간을 확보한다.
② 단순반복동작을 줄이거나 제거한다.
③ 자연스러운 작업자세를 취한다.

④ 과도한 힘의 사용을 줄인다.
⑤ 피로와 정적부하를 최소화한다.
⑥ 지속적인 교육훈련을 통하여 경영자, 작업자의 인식을 바꾸는 것이 중요하다.

(2) 개선을 위한 정보

① 사내 인력자원을 이용한다.
② 설계 명세서의 원본을 검토한다.
③ 설비 카탈로그 등을 살펴본다.
④ 설비 공급자에게 문의한다.
⑤ 동종 업종의 다른 회사와 접촉한다.
⑥ 인간공학자와 접촉한다.
⑦ 노동조합과 접촉하여 공동으로 해결하고자 노력한다.

(3) 공학적 개선과 관리적 개선

① 공학적 개선은 설비나 작업방법, 작업도구 등을 개선하는 방법이다.
　㉠ 작업자의 신체에 맞게 작업장 개선
　㉡ 중량물 작업개선을 위하여 호이스트를 도입
　㉢ 로봇을 도입하여 수작업을 자동화
　㉣ 작업피로 감소를 위하여 바닥을 부드러운 재질로 교체
② 관리적 개선은 회사 조직차원의 관리적 측면에서 개선하는 방법이다.
　㉠ 적절한 작업자의 선발
　㉡ 작업자의 교육 및 훈련
　㉢ 작업자의 작업속도 조절(컨베이어의 속도를 재설정)
　㉣ 위험표지 부착
　㉤ 작업의 다양성 제공(작업순환, 작업확대), 작업자 교대

핵심 문제

01 작업개선의 일반적 원리에 대한 내용으로 옳지 않은 것은?
① 충분한 여유 공간　　② 단순 동작의 반복화
③ 자연스러운 작업자세　　④ 과도한 힘의 사용 감소

정답 | ②
해설 | 단순반복동작을 줄이거나 제거한다.

02 작업개선방법을 관리적 개선방법과 공학적 개선방법으로 구분할 때 공학적 개선방법에 속하는 것은?

① 적절한 작업자의 선발
② 작업자의 교육 및 훈련
③ 작업자의 작업속도 조절
④ 작업자의 신체에 맞는 작업장 개선

정답 | ④
해설 | 적절한 작업자의 선발, 작업자의 교육 및 훈련, 작업자의 작업속도 조절(컨베이어의 속도를 재설정), 위험표지 부착, 작업의 다양성 제공(작업순환, 작업확대), 작업자 교대는 관리적 개선이다.

SECTION 03 / 작업설비/도구

1. 수공구 및 설비의 개선원리

(1) 수공구 설계의 원칙

① 손목 대신 손잡이를 굽히도록 하여, 손목을 곧게 펴서 사용하도록 한다.
② 반복적인 손가락 동작을 방지하도록 한다.
③ 지속적인 정적근육 부하를 방지하도록 한다.
④ 가능하면 손가락으로 잡는 pinch grip보다는 손바닥으로 잡는 power grip을 이용하도록 한다.
⑤ 정확성이 요구되는 작업은 핀치그립(pinch grip)을 사용하도록 한다.
⑥ 힘이 요구되는 작업에 대해서는 감싸쥐기(power grip)를 이용한다.
⑦ 적합한 모양의 손잡이를 사용하되, 가능하면 손바닥과 접촉면을 넓게 한다.
⑧ 손잡이 표면에 손가락 모양의 홈이 없는 공구를 사용한다.
⑨ 수공구보다 동력공구를 사용한다.
⑩ 동력 공구는 그 무게를 지탱할 수 있도록 매달거나 지지한다.
⑪ 진동 패드, 진동 장갑 등으로 손에 전달되는 진동 효과를 줄인다.
⑫ 양손 중 어느 손으로도 사용이 가능하고, 대부분의 사람들이 사용할 수 있도록 설계한다.

핵심 문제

01 자세에 관한 수공구의 개선 사항으로 옳지 않은 것은?

① 손목을 곧게 펴서 사용하도록 한다.
② 반복적인 손가락 동작을 방지하도록 한다.
③ 지속적인 정적근육 부하를 방지하도록 한다.
④ 정확성이 요구되는 작업은 파워그립을 사용하도록 한다.

정답 | ④
해설 | 정확성이 요구되는 작업은 핀치그립(pinch grip)을 사용하도록 한다.

02 수공구를 이용한 작업개선원리에 대한 내용으로 옳지 않은 것은?

① 진동 패드, 진동 장갑 등으로 손에 전달되는 진동 효과를 줄인다.
② 동력 공구는 그 무게를 지탱할 수 있도록 매달거나 지지한다.
③ 힘이 요구되는 작업에 대해서는 감싸쥐기(power grip)를 이용한다.
④ 적합한 모양의 손잡이를 사용하되, 가능하면 손바닥과 접촉면을 좁게 한다.

정답 | ④
해설 | 적합한 모양의 손잡이를 사용하되, 가능하면 손바닥과 접촉면을 넓게 한다.

CHAPTER 07 예방관리 프로그램

SECTION 01 예방관리 프로그램 구성요소

1. 예방관리 프로그램 개요

(1) 정의

예방관리 프로그램은 경영층이 참여하는 것을 전제로 작업장 및 작업조건 등에 대한 인간공학적 분석, 유해요인에 대한 작업환경 개선, 의학적 관리, 교육 및 훈련, 평가 등에 관한 사항이 포함된 전사적이고 종합적인 계획이다.

(2) 적용대상

① 근골격계질환으로 관련 법령에 따라 업무상 질병으로 인정받은 근로자가 연간 10명 이상 발생한 사업장
② 근골격계질환으로 관련 법령에 따라 업무상 질병으로 인정받은 근로자가 5명 이상 발생한 사업장으로서 발생 비율이 사업장 근로자 수의 10% 이상인 경우
③ 근골격계질환 예방과 관련하여 노사 간 이견(異見)이 지속되는 사업장으로서 고용노동부장관이 필요하다고 인정하여 근골격계질환 예방관리 프로그램을 수립하여 시행할 것을 명령한 경우

(3) 예방관리 프로그램의 추진절차

① 사업주와 근로자는 근골격계질환이 단편적인 작업환경개선만으로는 예방하기 어렵고 전 직원의 지속적인 참여와 예방활동을 통하여 그 위험을 최소화 할 수 있다는 것을 인식하고 이를 위한 추진체계를 구축한다.
② 사업주와 근로자는 근골격계질환 발병의 직접 원인(부자연스런 작업자세, 반복성, 과도한 힘의 사용 등), 기초 요인(체력, 숙련도 등) 및 촉진 요인(업무량, 업무시간, 업무 스트레스 등)을 제거하거나 관리하여 건강장해를 예방하거나 최소화한다.
③ 사업주와 근로자는 근골격계질환의 위험에 대한 초기관리가 늦어지게 되면 영구적인 장애를 초래할 가능성이 있을 뿐만 아니라 이에 대한 치료 등 관리비용이 더 커짐을 인식한다.
④ 사업주와 근로자는 근골격계질환의 조기발견과 조기치료 및 조속한 직장 복귀를 위하여 가능한 한 사업장 내에서 재활프로그램 등의 의학적 관리를 받을 수 있도록 한다.

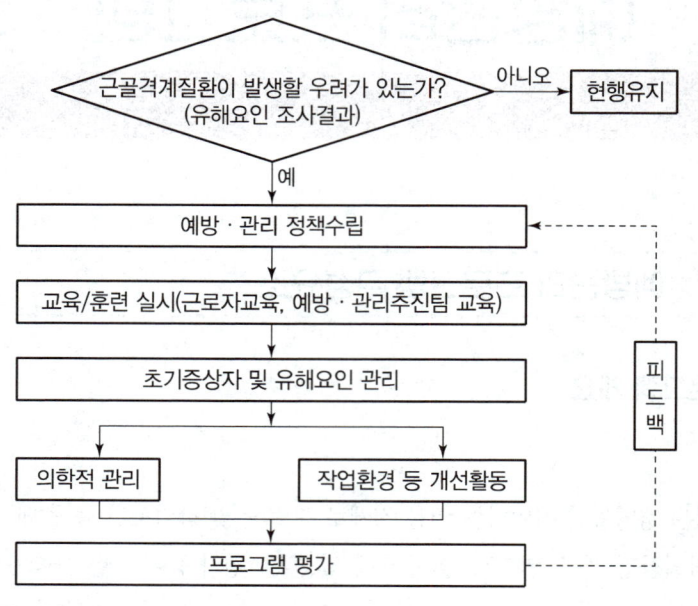

(4) 근골격계질환 예방관리 프로그램의 기본원칙

① 인식의 원칙
② 노·사 공동참여의 원칙
③ 전사적 지원의 원칙
④ 사업장 내 자율적 해결의 원칙
⑤ 시스템 접근의 원칙
⑥ 지속성 및 사후 평가의 원칙
⑦ 문서화의 원칙

2. 추진조직

(1) 예방관리 추진팀 구성

① 사업주는 효율적이고 성공적인 근골격계질환의 예방·관리를 추진하기 위하여 사업장 특성에 맞게 근골격계질환 예방·관리 추진팀을 구성하되 예방·관리 추진팀에는 예산 등에 대한 결정권한이 있는 자가 반드시 참여하도록 한다.
② 예방·관리 추진팀은 사업장의 업종, 규모 등 사업장의 특성에 따라 적정 인력이 참여하도록 구성한다.
③ 대규모 사업장은 부서별로 예방·관리 추진팀을 구성할 수 있으며, 이 경우 관리자는 해당 부서의 예산 결정권자 또는 부서장으로 할 수 있다. 그리고 산업안전보건위원회가 구성된 사업장은 예방·관리 추진팀의 업무를 산업안전보건위원회에 위임할 수 있다.

중·소규모 사업장	대규모 사업장
• 근로자대표 또는 명예산업안전감독관을 포함하여 그가 위임하는 자 • 관리자(예산결정권자) • 정비·보수담당자 • 보건·안전담당자 • 구매담당자	• 중·소규모 사업장 추진팀원 이외 다음의 인력을 추가함 – 기술자(생산, 설계, 보수기술자) – 노무담당자 등

3. 예방관리 프로그램 실행을 위한 노사의 역할

(1) 사업주의 역할

① 기본정책을 수립하여 근로자에게 알려야 한다.

② 근골격계질환의 증상·유해요인 보고 및 대응체계를 구축한다.

③ 예방·관리 프로그램의 지속적인 관리·운영을 지원한다.

④ 예방·관리 추진팀에게 예방·관리 프로그램의 운영 의무를 명시한다.

⑤ 예방·관리 추진팀에게 예방·관리 프로그램을 운영할 수 있도록 사내자원을 제공한다.

⑥ 근로자에게 예방·관리 프로그램의 개발·수행·평가에 참여 기회를 부여한다.

(2) 근로자의 역할

① 작업과 관련된 근골격계질환의 증상 및 질병 발생, 유해요인을 관리감독자에게 보고한다.

② 예방·관리 프로그램의 개발·평가·시행에 적극적으로 참여·준수한다.

(3) 예방관리 추진팀의 역할

① 예방·관리 프로그램의 수립 및 수정에 관한 사항을 결정한다.

② 예방·관리 프로그램의 실행 및 운영에 관한 사항을 결정한다.

③ 교육 및 훈련에 관한 사항을 결정하고 실행한다.

④ 유해요인 평가 및 개선계획의 수립과 시행에 관한 사항을 결정하고 실행한다.

⑤ 근골격계질환자에 대한 사후조치 및 근로자 건강보호에 관한 사항 등을 결정하고 실행한다.

(4) 보건관리자의 역할

① 주기적으로 작업장을 순회하여 근골격계질환을 유발하는 작업공정 및 작업 유해요인을 파악한다.

② 주기적인 근로자 면담 등을 통하여 근골격계질환 증상 호소자를 조기에 발견하는 일을 한다.

③ 7일 이상 지속되는 증상을 가진 근로자가 있을 경우 지속적인 관찰, 전문의 진단의뢰 등의 필요한 조치를 한다.

④ 근골격계질환자를 주기적으로 면담하여 가능한 한 조기에 작업장에 복귀할 수 있도록 도움을 준다.

⑤ 예방·관리 프로그램의 운영을 위한 정책 결정에 참여한다.

4. 교육훈련

(1) 기본교육

① 대상 : 모든 근로자 및 관리감독자

② 내용
  ㉠ 근골격계 부담작업에서의 유해요인
  ㉡ 작업도구와 장비 등 작업시설의 올바른 사용방법
  ㉢ 근골격계질환의 증상과 징후 식별 및 보고방법
  ㉣ 근골격계질환 발생 시 대처요령
  ㉤ 기타 근골격계질환 예방에 필요한 사항

③ 교육방법 및 시기
  ㉠ 최초 교육은 예방·관리 프로그램이 도입된 후 6개월 이내에 실시하고 이후 매 3년마다 주기적으로 실시한다.
  ㉡ 근골격계질환의 증상과 징후 식별방법 및 보고방법은 매년 1회 이상 실시한다.
  ㉢ 근로자를 채용한 때와 이 프로그램의 적용대상 작업장에 처음으로 배치된 자 중 교육을 받지 아니한 자에 대하여는 작업배치 전에 교육을 실시한다.
  ㉣ 교육시간은 2시간 이상 실시하되 새로운 설비의 도입 및 작업방법에 변화가 있을 때에는 유해요인의 특성 및 건강장해를 중심으로 1시간 이상의 추가교육을 실시한다.
  ㉤ 교육은 근골격계질환 전문교육을 이수한 예방·관리 추진팀의 팀원이 실시하며 필요시 관계 전문가에게 의뢰할 수 있다.

(2) 예방·관리 추진팀

① 사업주는 예방·관리 추진팀에 참여하는 자를 대상으로 다음 내용에 대한 전문교육을 실시한다.
  ㉠ 근골격계 부담작업에서의 유해요인
  ㉡ 근골격계질환의 증상과 징후의 식별 방법
  ㉢ 근골격계질환의 증상과 징후의 조기 보고의 중요성과 보고 방법
  ㉣ 예방·관리 프로그램의 수립 및 운영 방법
  ㉤ 근골격계질환의 유해요인 평가 방법
  ㉥ 유해요인 제거의 원칙과 감소에 관한 조치
  ㉦ 예방·관리 프로그램 및 개선 대책의 효과에 대한 평가 방법
  ㉧ 해당 부서의 유해요인 개선 대책
  ㉨ 예방·관리 프로그램에서의 역할
  ㉩ 기타 근골격계질환 예방·관리를 위하여 필요한 사항 등

② 교육방법
　㉠ 교육시간은 교육내용을 습득하여 근로자 교육을 실시할 수 있을 만큼 충분한 시간 동안 실시한다.
　㉡ 전문교육은 전문기관에서 실시하는 근골격계질환 예방관련 전문과정 교육으로 대체할 수 있다.

5. 유해요인의 개선

(1) 유해요인의 개선 방법

① 사업주는 작업관찰을 통해 유해요인을 확인하고, 그 원인을 분석하여 그 결과에 따라 공학적 개선 또는 관리적 개선을 한다.
② 공학적 개선은 다음의 재배열, 수정, 재설계, 교체 등을 말한다.
　㉠ 공구·장비
　㉡ 작업장
　㉢ 포장
　㉣ 부품
　㉤ 제품
③ 관리적 개선은 다음을 말한다.
　㉠ <u>작업의 다양성 제공</u>
　㉡ 작업일정 및 <u>작업속도 조절</u>
　㉢ 휴식시간 또는 회복시간 제공
　㉣ 레이아웃 조정
　㉤ 작업습관 변화
　㉥ 작업공간, 공구 및 장비의 정기적인 청소 및 유지보수
　㉦ 작업자 적정배치
　㉧ 직장체조, 근력 강화&스트레칭 강화

(2) 개선계획서의 작성과 시행

① 사업주는 개선 우선순위 등을 고려하여 개선계획서를 작성하고 시행한다.
② 사업주가 개선계획서를 작성할 때에는 노동조합 또는 해당 근로자의 의견을 수렴하고, 필요한 경우에는 관계 전문가의 자문을 받는다.
③ 사업주가 개선계획서를 작성하는 경우에는 공정명, 작업명, 문제점, 개선방안, 추진일정, 개선비용, 해당 근로자의 의견 또는 확인 등을 포함한다.
④ 사업주는 수립된 개선계획서가 일정대로 진행되지 않은 경우에 그 사유, 향후 추진방안, 추진일정 등을 해당 근로자에게 알린다.

⑤ 사업주는 개선이 완료되었을 경우에 노동조합 또는 근로자가 참여하는 다음 사항의 평가를 실시하고, 문제점이 있을 경우에는 보완한다.
  ㉠ 유해요인 노출 특성의 변화
  ㉡ 근로자의 증상 및 질환 발생 특성의 변화(특정기간의 빈도, 질환의 발생률, 강도율, 증상 호소율, 건강관리실 이용 횟수, 의료기관 이용 특성 등)
  ㉢ 근로자의 만족도
⑥ 사업주는 문제되는 작업 중 개선이 불가능하거나 개선 효과가 없어 유해요인이 계속 존재하는 경우에는 유해요인 노출시간 단축, 작업 시간 내 교대근무 실시, 작업순환 등 작업조건을 개선할 수 있다.
⑦ 사업주는 개선계획서의 수립과 평가를 문서화하여 보관한다.

(3) 휴식시간
2시간 이상 연속작업이 이루어지지 아니하도록 적정한 휴식시간을 부여하되 1회에 장시간 휴식을 취하기보다는 가능한 한 조금씩 자주 휴식을 제공할 수 있도록 한다.

(4) 새로운 시설 등의 도입 시 유의사항
사업주는 새로운 설비, 장비, 공구 등을 도입하는 경우에는 근로자의 인체특성과 유해요인 특성 등 인간공학적인 측면을 고려한다.

6. 의학적 관리

(1) 의학적 관리 진행순서

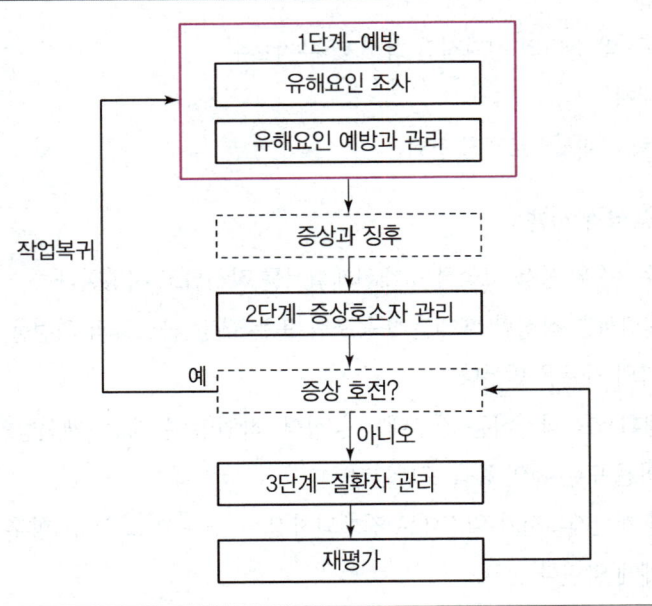

(2) 증상 호소자 관리

① 근골격계질환 증상과 징후 호소자의 조기 발견 체계 구축
  ㉠ 사업주는 근골격계질환 증상의 조기 발견과 조치를 위하여 관련 증상과 징후가 있는 근로자가 이를 즉시 관리감독자에게 보고할 수 있도록 한다. 이를 위하여 사업주는 이러한 보고를 꺼리게 하거나 불이익을 당할 우려가 있는 기존의 관행이나 조치들을 제거한다.
  ㉡ 사업주는 근로자로부터 근골격계질환 증상과 징후의 보고를 받은 경우에는 작업 관련 여부를 판단하여 보고일로부터 7일 이내에 적절한 조치를 한다.
  ㉢ 사업주는 이를 위하여 보고를 접수하고 적절한 조치를 할 수 있는 체계를 갖추고 필요한 경우에는 관계 전문가를 위촉할 수 있다.
  ㉣ 사업주는 필요한 경우에는 근로자와의 면담과 조사를 통하여 근골격계질환이 있는 근로자를 조기에 찾아낸다.

② 증상과 징후 보고에 따른 후속조치
  ㉠ 사업주는 근골격계질환 증상과 징후를 보고한 근로자에 대하여는 신속한 조치를 취하고 필요한 경우에는 의학적 진단과 치료를 받도록 한다.
  ㉡ 사업주는 다음과 같은 신속한 해결방법을 확보하여 해당 업무를 개선한다.
    • 신속하게 근골격계질환의 증상 호소자 관리 방법 확보
    • 해당 업무의 근로자와 애로 사항에 대하여 상담하고 유해요인이 있는지 확인
    • 유해요인을 제거하기 위하여 근로자의 조언 청취

③ 증상 호소자 관리의 위임
  ㉠ 사업주는 근골격계질환의 증상 호소자 관리를 위하여 필요한 경우에는 보건의료전문가에게 이를 위임할 수 있다.
  ㉡ 사업주는 위임한 보건의료전문가에게 다음의 정보와 기회를 제공한다.
    • 근로자의 업무설명 및 그 업무에 존재하는 유해요인
    • 근로자의 능력에 적합한 업무와 업무 제한
    • 사내 근골격계질환의 증상 호소자 관리 방법
    • 작업장 순회 점검
    • 기타 근골격계질환 관리에 필요한 사업장 내의 정보
  ㉢ 사업주는 보건의료전문가에게 근골격계질환자 관리에 대하여 다음과 같은 내용의 소견서를 제출하도록 한다.
    • 근로자의 업무에 존재하는 근골격계질환 유해요인과 관련된 근로자의 의학적 상태에 관한 견해
    • 임시 업무 제한 및 사후 관리에 대한 권고 사항
    • 치료를 요하는 근골격계질환자에 대한 검사 결과 및 의학적 상태를 근로자에게 통보한 내용
    • 근골격계질환을 악화시킬 수 있는 비업무적 활동에 대하여 근로자에게 통보한 내용

④ 업무 제한과 보호 조치
  ㉠ 사업주는 근골격계질환 증상 호소자에 대한 조치가 완료될 때까지 그 작업을 제한하거나 근골격계에 부담이 적은 작업으로의 전환 등을 실시할 수 있다.
  ㉡ 증상 호소자는 사업주가 시행하는 근골격계 부담작업 완화를 위한 작업 제한, 작업 전환을 정당한 사유 없이 거부하면 안 된다.

(3) 질환자 관리
① 질환자의 조치
  사업주는 건강진단에서 근골격계질환자로 판정된 자는 즉시 소견서에 따른 의학적 조치를 한다.
② 질환자의 업무 복귀
  ㉠ 사업주는 질환자나 보건의료전문가를 통하여 주기적으로 질환자의 치료와 회복 상태를 파악하여 근로자가 빠른 시일 내에 업무에 복귀하도록 한다.
  ㉡ 사업주는 업무 복귀 전에 근로자와 면담을 실시하여 업무 적응을 지원한다.
  ㉢ 사업주는 질환의 재발을 방지하기 위하여 필요한 경우 업무 복귀 후 일정 기간 동안 업무를 제한할 수 있다.
  ㉣ 사업주는 치료 후 업무 복귀 근로자에 대하여 주기적으로 보건상담을 실시하여 그 예후를 관찰하고 질환의 재발방지조치를 한다.
③ 건강증진 활동프로그램
  ㉠ 사업주는 직장체조, 스트레칭 등 건강증진 활동을 제공하여 근골격계질환에 대한 근로자의 적응능력을 강화시킨다.
  ㉡ 사업주는 근로자 면담, 스트레칭 및 근력강화 등의 프로그램을 운영함으로써 근로자의 적응능력 증대 및 복귀를 지원한다.
  ㉢ 근로자는 사업주가 추진하는 건강증진 활동에 적극 참여한다.

7. 예방 · 관리 프로그램의 평가

① 사업주는 예방 · 관리 프로그램 평가를 매년 해당 부서 또는 사업장 전체를 대상으로 다음과 같은 평가지표를 활용하여 실시할 수 있다.
  ㉠ 특정 기간 동안에 보고된 사례 수를 기준으로 한 근골격계질환 증상자의 발생 빈도
  ㉡ 새로운 발생사례 수를 기준으로 한 발생률의 비교
  ㉢ 근로자가 근골격계질환으로 일하지 못한 날을 기준으로 한 근로손실일수의 비교
  ㉣ 작업개선 전후의 유해요인 노출 특성의 변화
  ㉤ 근로자의 만족도 변화
  ㉥ 제품 불량률 변화 등

② 사업주는 예방·관리 프로그램 평가 결과 문제점이 발견된 경우에는 다음연도 예방·관리 프로그램에 이를 보완하여 개선한다.

8. 문서의 기록과 보존

① 사업주는 다음과 같은 내용을 기록·보존한다.
  ㉠ 증상 보고서
  ㉡ 보건의료전문가의 소견서 또는 상담일지
  ㉢ 근골격계질환자 관리카드
  ㉣ 사업장 예방·관리 프로그램 내용
② 사업주는 근로자의 신상에 관한 문서는 5년 동안 보존하며, 시설·설비와 관련된 자료는 시설·설비가 작업장 내에 존재하는 동안 보존한다.

핵심 문제

01 다음 중 근골격계질환 예방관리 프로그램의 주요구성요소로 볼 수 없는 것은?
① 보상절차 심의 ② 예방·관리 정책 수립
③ 교육/훈련 실시 ④ 유해요인조사 및 관리

정답 | ①
해설 | 근골격계질환 예방·관리 프로그램의 기본 진행 순서는 '예방관리 정책 수립 → 교육/훈련 실시 → 초기증상자 및 유해요인 관리 → 의학적 관리 또는 환경 개선 → 프로그램 평가'이다.

02 근골격계질환 예방관리 프로그램상 예방·관리 추진팀의 구성원이 아닌 것은?
① 관리자 ② 근로자대표
③ 사용자대표 ④ 보건담당자

정답 | ③
해설 |

중·소규모 사업장	대규모 사업장

• 근로자대표 또는 명예산업안전감독관을 포함하여 그가 위임하는 자
• 관리자(예산결정권자)
• 정비·보수담당자
• 보건·안전담당자
• 구매담당자
	• 중·소규모 사업장 추진팀원 이외 다음의 인력을 추가함
	  − 기술자(생산, 설계, 보수기술자)
	  − 노무담당자 등

03 다음 중 사업장 근골격계질환 예방관리 프로그램에 있어 예방·관리 추진팀의 역할이 아닌 것은?

① 교육 및 훈련에 관한 사항을 결정하고 실행한다.
② 유해요인 평가 및 개선계획의 수립과 시행에 관한 사항을 결정하고 실행한다.
③ 예방·관리 프로그램의 수립 및 수정에 관한 사항을 결정한다.
④ 근골격계질환의 증상·유해요인 보고 및 대응체계를 구축한다.

정답 | ④
해설 | 예방·관리 추진팀의 역할
- 예방·관리 프로그램의 수립 및 수정에 관한 사항을 결정한다.
- 예방·관리 프로그램의 실행 및 운영에 관한 사항을 결정한다.
- 교육 및 훈련에 관한 사항을 결정하고 실행한다.
- 유해요인 평가 및 개선계획의 수립과 시행에 관한 사항을 결정하고 실행한다.
- 근골격계질환자에 대한 사후조치 및 근로자 건강보호에 관한 사항 등을 결정하고 실행한다.
※ 근골격계질환의 증상·유해요인 보고 및 대응체계를 구축은 사업주의 역할이다.

PART 05

Human Factors

10개년 기출문제

2016년 기출문제
2017년 기출문제
2018년 기출문제
2019년 기출문제
2020년 기출문제

2021년 기출문제
2022년 기출문제
2023년 기출복원문제
2024년 기출복원문제
2025년 기출복원문제

1과목 인간공학개론

01 사용성에 대한 설명으로 틀린 것은?
① 실험 평가로 사용성을 검증할 수 있다.
② 편리하게 제품을 사용하도록 하는 원칙이다.
③ 사용성은 반드시 전문가가 평가하여야 한다.
④ 학습성, 에러 방지, 효율성, 만족도 등의 원칙이 있다.

02 정보이론의 응용과 거리가 먼 것은?
① 다중과업
② Hick-Hyman법칙
③ Magic number = 7±2
④ 자극의 수에 따른 반응시간 설정

03 인간의 기억체계에 대한 설명으로 옳지 않은 것은?
① 단위 시간당 영구 보관할 수 있는 정보량은 7bit/sec이다.
② 감각저장(sensory storage)에서는 정보의 코드화가 이루어지지 않는다.
③ 장기기억(long-term memory) 내의 정보는 의미적으로 코드화된 정보이다.
④ 작업기억(working memory)은 현재 또는 최근의 정보를 잠시 동안 기억하기 위한 저장소의 역할을 한다.

04 정보의 전달량에 관한 공식으로 옳은 것은?
① Noise = H(X) - T(X, Y)
② Noise = H(X) + T(X, Y)
③ Equivocation = H(X) + T(X, Y)
④ Equivocation = H(X) - T(X, Y)

05 신호검출의 민감도를 늘리는 방법이 아닌 것은?
① 교육훈련
② 결과의 피드백
③ 신호검출 실패 비용의 증가
④ 신호와 비신호의 구별성 증가

06 병렬시스템의 특성에 관한 설명으로 틀린 것은?
① 요소의 중복도가 늘수록 시스템의 수명은 짧아진다.
② 요소의 개수가 증가될수록 시스템 고장의 기회는 감소된다.
③ 요소 중 어느 하나가 정상이면 시스템은 정상으로 작동된다.
④ 시스템의 수명은 요소 중 수명이 가장 긴 것에 의하여 결정된다.

07 인간의 눈이 완전 암조응(암순응)되기까지 소요되는 시간은 어느 정도인가?

① 1~3분 ② 10~20분
③ 30~40분 ④ 60~90분

08 회전운동을 하는 조종장치의 레버를 20° 움직였을 때 표시장치의 커서가 2cm 이동하였다. 레버의 길이가 15cm일 때 이 조종장치의 C/R비는 약 얼마인가?

① 2.62 ② 5.24
③ 8.33 ④ 10.48

09 피험자 간 설계(between subject design)에 대한 설명 중 틀린 것은?

① 피험자 간 설계는 독립변인의 다른 수준들이 서로 다른 피험자 집단을 사용하여 평가하는 것을 뜻한다.
② 피험자 간 설계는 피험자 내 설계보다 실험 조건들 사이의 통계적 유의미한 차이를 더 쉽고 더 민감하게 찾을 수 있다.
③ 자동차 운전 훈련에서 시뮬레이터를 사용하는 경우와 실제 자동차를 사용하는 경우의 효과를 비교하려고 한다면, 피험자 간 설계가 필요하다.
④ 교통이 혼잡한 지역에서 휴대폰을 사용한 피험자 집단과 교통 소통이 원활한 지역에서 휴대폰을 사용하는 또 다른 피험자 집단으로 구분하여 실험하는 것을 피험자 간 설계라 한다.

10 1000Hz, 80dB인 음을 phon과 sone으로 환산한 것은?

① 40phon, 4sone
② 60phon, 3sone
③ 80phon, 2sone
④ 80phon, 16sone

11 작업공간 설계에 관한 설명으로 옳은 것은?

① 서서 하는 작업에서 작업대의 높이는 최소치 설계를 기본으로 한다.
② 작업 표준 영역은 어깨를 중심으로 팔을 뻗어 닿을 수 있는 영역이다.
③ 서서 하는 힘든 작업을 위한 작업대는 세밀한 작업보다 높게 설계한다.
④ 일반적으로 앉아서 하는 작업의 작업대 높이는 팔꿈치 높이가 적당하다.

12 통화 이해도 측정을 위한 척도로 사용되지 않는 것은?

① 명료도 지수
② 통화 간섭 수준
③ 이해도 점수
④ 인식 소음 수준

13 인체측정 방법에 대한 설명으로 틀린 것은?

① 둥근 수평자(spreading caliper)는 가슴둘레를 측정할 때 사용한다.
② 수직자(anthropometer)는 키와 앉은 키를 측정할 때 사용한다.
③ 직접적인 인체측정 방법은 주로 마틴(Matin)식 인체측정기를 사용하여 치수를 측정한다.
④ 실루에트(silhouette)법은 자동 촬영 장치를 사용하여 피측정자의 정면사진 및 측면사진을 촬영하고, 이 사진을 이용하여 인체치수를 실치수로 환산한다.

14 인간공학에 대한 설명으로 적절하지 않은 것은?

① 자신을 모형으로 사물을 설계에 반영한다.
② 사용 편의성 증대, 오류 감소, 생산성 향상에 목적이 있다.
③ 인간과 사물의 설계가 인간에게 미치는 영향에 중점을 둔다.
④ 인간의 행동, 능력, 한계, 특성에 관한 정보를 발견하고자 하는 것이다.

중요도 ★★☆

15 피부의 감각기 중 감수성이 제일 높은 감각기는?

① 온각　② 통각
③ 압각　④ 냉각

중요도 ★☆☆

16 인간 – 기계 통합체계의 유형으로 볼 수 없는 것은?

① 수동 시스템　② 자동화 시스템
③ 정보 시스템　④ 기계화 시스템

중요도 ★★☆

17 종이의 반사율이 70%이고, 인쇄된 글자의 반사율이 15%일 경우 대비(contrast)는?

① 15%　② 21%
③ 70%　④ 79%

18 주의(Attention) 중 디스플레이상 다중정보의 병렬 처리를 가능하게 하는 것은?

① 분산 주의(Divided Attention)
② 초점 주의(Focused Attention)
③ 선택 주의(Selective Attention)
④ 개별 주의(Individual Attention)

중요도 ★☆☆

19 전력계와 같이 수치를 정확히 읽고자 할 때 가장 적합한 표시장치는?

① 동침형 표시장치
② 계수형 표시장치
③ 동목형 표시장치
④ 수직형 표시장치

중요도 ★★☆

20 전철이나 버스의 손잡이 설치 높이를 결정하는 데 적용하는 인체치수 적용원리는?

① 평균치 원리
② 최소치 원리
③ 최대치 원리
④ 조절식 원리

2과목 작업생리학

21 근육원섬유마디(sercomere)에서 근섬유가 수축하면 짧아지는 부분은?

① A 밴드
② 액틴(Actin)
③ 미오신(Myosin)
④ Z선과 Z선 사이의 거리

중요도 ★☆☆

22 어떤 작업자가 팔꿈치 관절에서부터 32cm 거리에 있는 8kg 중량의 물체를 한 손으로 잡고 있다. 팔꿈치 관절의 회전 중심에서 손까지의 중력중심 거리는 16cm이며 이 부분의 중량은 12N이다. 이때 팔꿈치에 걸리는 반작용의 힘(N)은 약 얼마인가?

① 38.2   ② 90.4
③ 98.9   ④ 114.3

중요도 ★★☆

23 습구온도가 43℃, 건구온도가 32℃일 때, Oxford 지수는 얼마인가?

① 38.50℃   ② 38.15℃
③ 41.35℃   ④ 41.53℃

중요도 ★★★

24 산업안전보건법령에서 정한 소음작업이란 1일 8시간 작업을 기준으로 얼마 이상의 소음이 발생하는 작업을 의미하는가?

① 80dB(A)   ② 85dB(A)
③ 90dB(A)   ④ 100dB(A)

중요도 ★☆☆

25 진동과 관련된 단위가 아닌 것은?

① nm   ② gal
③ cm/s   ④ sone

중요도 ★★☆

26 조도(Illuminance)의 단위는?

① nit   ② lumen
③ lux   ④ candela

27 힘든 작업을 수행할 때가 휴식을 취하고 있을 때보다 혈류량이 더 감소하는 기관이 아닌 것은?

① 간   ② 신장
③ 뇌   ④ 소화기계

중요도 ★☆☆

28 뇌파의 종류 중 알파(α)파에 관한 설명으로 옳은 것은?

① 빠르고 진폭이 크다.
② 수면 초기에 발생한다.
③ 물질대사가 저하할 때 발생한다.
④ 출현율이 작을수록 각성상태가 증가되는 경향이 있다.

29 근육의 대사에 관한 설명으로 틀린 것은?

① 산소소비량을 측정하면 에너지소비량을 측정할 수 있다.
② 신체 활동 수준이 아주 작은 작업의 경우에 젖산이 축적된다.
③ 근육의 대사는 음식물을 기계적인 에너지와 열로 전환하는 과정이다.
④ 탄수화물은 근육의 기본 에너지원으로서 주로 간에서 포도당으로 전환된다.

중요도 ★★☆

30 작업생리학 분야에서 신체 활동의 부하를 측정하는 생리적 반응치가 아닌 것은?

① 심박수(heart rate)
② 혈류량(blood flow)
③ 폐활량(lung capacity)
④ 산소소비량(oxygen consumption)

중요도 ★☆☆

31 심방수축 직전에 발생하는 파장(wave)은?

① P파
② Q파
③ R파
④ S파

중요도 ★★★

32 실내의 면에서 추천반사율이 가장 높은 곳은?

① 벽
② 바닥
③ 가구
④ 천장

33 신체 부위의 동작 중 전완의 회전운동에 쓰이며, 손바닥을 위로 향하도록 하는 회전을 무엇이라 하는가?

① 굴곡(flexion)
② 회내(pronation)
③ 외전(abduction)
④ 회외(supination)

중요도 ★★★

34 소음에 대한 청력손실이 가장 크게 나타나는 진동수는?

① 1000Hz
② 2000Hz
③ 4000Hz
④ 20000Hz

중요도 ★☆☆

35 일반적으로 최대 근력이 50% 정도의 힘으로 유지할 수 있는 시간은?

① 1분 정도
② 5분 정도
③ 10분 정도
④ 15분 정도

중요도 ★★☆

36 동일한 관절운동을 일으키는 주동근(agonist)과 반대되는 작용을 하는 근육은?

① 고정근(stabilizer)
② 중화근(neutralizer)
③ 길항근(antagonists)
④ 보조 주동근(assistant mover)

중요도 ★★☆

37 교대작업에 관한 설명으로 옳은 것은?

① 교대작업은 '야간 → 저녁 → 주간' 순으로 하는 것이 좋다.
② 교대일정은 정기적이고, 근로자가 예측 가능하도록 해야 한다.
③ 신체의 적응을 위하여 야간근무는 7일 정도로 지속되어야 한다.
④ 야간 교대시간은 가급적 자정 이후로 하고, 아침 교대시간은 오전 5~6시 이전에 하는 것이 좋다.

중요도 ★☆☆

38 에너지대사율(RMR)에 관한 계산식으로 옳은 것은?

① RMR = 작업대사량/기초대사량
② RMR = 기초대사량/작업대사량
③ RMR = (한 일/에너지소비)×100(%)
④ RMR = 안정 시 에너지대사량/기초대사량

39 최대산소소비능력(MAP)에 관한 설명으로 틀린 것은?

① 산소섭취량이 지속적으로 증가하는 수준을 말한다.
② 사춘기 이후 여성의 MAP는 남성의 65~75% 정도이다.
③ 최대산소소비능력은 개인의 운동역량을 평가하는 데 활용된다.
④ MAP를 측정하기 위해서 주로 트레드밀(treadmill)이나 자전거 에르고미터(ergometer)를 활용한다.

40 운동이 가장 자유롭고 다축성으로 이루어진 관절은?

① 견관절   ② 추간관절
③ 슬관절   ④ 요골수근관절

3과목 산업심리학 및 관계법규

41 하인리히(H.W. Heinrich)의 재해예방의 원리 5단계를 올바르게 나열한 것은?

① 조직 → 분석평가 → 사실의 발견 → 시정책의 선정 → 시정책의 적용
② 조직 → 사실의 발견 → 분석평가 → 시정책의 선정 → 시정책의 적용
③ 분석평가 → 사실의 발견 → 조직 → 시정책의 선정 → 시정책의 적용
④ 분석평가 → 조직 → 사실의 발견 → 시정책의 선정 → 시정책의 적용

42 집단의 특성에 관한 설명과 가장 거리가 먼 것은?

① 집단은 사회적으로 상호 작용하는 둘 혹은 그 이상의 사람으로 구성된다.
② 집단은 구성원들 사이에 일정한 수준의 안정적인 관계가 있어야 한다.
③ 구성원들이 스스로를 집단의 일원으로 인식해야 집단이라고 칭할 수 있다.
④ 집단은 개인의 목표를 달성하고, 각자의 이해와 목표를 추구하기 위해 형성된다.

43 데이비스(K.Davis)의 동기부여 이론에 대한 설명으로 틀린 것은?

① 능력 = 지식 × 노력
② 동기유발 = 상황 × 태도
③ 인간의 성과 = 능력 × 동기유발
④ 경영의 성과 = 인간의 성과 × 물질의 성과

44 재해율에 관한 설명으로 옳은 것은?

① 도수율은 연간 총 근로시간 합계에 10만 시간당 재해 발생건수이다.
② 강도율은 근로자 1000명당 1년 동안에 발생하는 재해자 수(사상자 수)를 나타낸다.
③ 우리나라 산업재해율은 1년 동안에 4일 이상 요양을 당한 근로자 수를 백분율로 나타낸 것이다.
④ 연천인율은 연간 총 근로시간에 1000시간당 재해 발생에 의해 잃어버린 근로손실일 수를 의미한다.

45 제조물 책임법에서 손해배상 책임에 대한 설명 중 틀린 것은?

① 물질적 손해뿐 아니라 정신적 손해도 손해배상 대상에 포함된다.
② 피해자의 손해배상 청구를 위해서는 제조자의 고의 또는 과실을 입증해야 한다.
③ 제조자가 결함 제조물로 인하여 생명, 신체 또는 재산상의 손해를 입은 자에게 손해를 배상할 책임을 말한다.
④ 당해 제조물 결함에 의해 발생한 손해가 그 제조물 자체에만 그치는 경우에는 제조물 책임대상에서 제외한다.

46 어느 검사자가 한 로트에 1000개의 부품을 검사하면서 100개의 불량품을 발견하였다. 하지만 이 로트에는 실제 200개의 불량품이 있었다면, 동일한 로트 2개에서 휴먼에러를 범하지 않을 확률은 얼마인가?

① 0.01   ② 0.1
③ 0.5   ④ 0.81

47 작업에 수반되는 피로를 줄이기 위한 대책으로 적절하지 않은 것은?

① 작업부하의 경감
② 작업속도의 조절
③ 동적 동작의 제거
④ 작업 및 휴식시간의 조절

48 다음의 각 단계를 하인리의 재해 발생이론(도미노 이론)에 적합하도록 나열한 것은?

> ㉠ 개인적 결함
> ㉡ 불안전한 행동 및 불안전한 상태
> ㉢ 재해
> ㉣ 사회적 환경 및 유전적 요소
> ㉤ 사고

① ㉠ → ㉣ → ㉡ → ㉢ → ㉤
② ㉣ → ㉠ → ㉡ → ㉤ → ㉢
③ ㉣ → ㉡ → ㉠ → ㉢ → ㉤
④ ㉤ → ㉠ → ㉣ → ㉡ → ㉢

49 관리그리드 모형(management grid model)에서 제시한 리더십의 유형에 대한 설명으로 틀린 것은?

① (9, 1)형은 인간에 대한 관심은 높으나 과업에 대한 관심은 낮은 인기형이다.
② (1, 1)형은 과업과 인간관계 유지 모두에 관심을 갖지 않는 무관심형이다.
③ (9, 9)형은 과업과 인간관계 유지 모두에 관심이 높은 이상형으로서 팀형이다.
④ (5, 5)형은 과업과 인간관계 유지 모두에 적당한 정도의 관심을 갖는 중도형이다.

50 산업재해조사에 관한 설명으로 옳은 것은?

① 재해 조사의 목적은 인적, 물적 피해 상황을 알아내고 사고의 책임자를 밝히는 데 있다.
② 재해 발생 시 제일 먼저 조치해야 할 사항은 직접 원인, 간접 원인 등 재해 원인을 조사하는 것이다.
③ 3개월 이상의 요양이 필요한 부상자가 2인 이상 발생했을 때 중대재해로 분류한 후 피해자의 상병의 정도를 중상해로 기록한다.
④ 사업주는 사망자가 발생했을 때에는 재해가 발생한 날로부터 10일 이내에 산업재해 조사표를 작성하여 관할 지방노동관서의 장에게 제출해야 한다.

51 인간오류(human error)의 분류에서 필요한 행위를 실행하지 않은 오류는 무엇인가?

① 시간 오류(timing error)
② 순서 오류(sequence error)
③ 작위 오류(commission error)
④ 부작위 오류(omission error)

52 레윈(Lewin)의 인간행동 법칙 "B = f(P·E)"의 각 인자와 리더십의 관계를 설명한 것으로 적절하지 않은 것은?

① f는 리더십의 형태이다.
② P는 집단을 구성하는 구성원의 특징이다.
③ B는 리더십 발휘에 따른 집단의 활동을 의미한다.
④ E는 집단의 과제, 구조, 사회적 요인 등 환경적 요인이다.

53 10명으로 구성된 집단에서 소시오메트리(sociometry) 연구를 사용하여 조사한 결과 긍정적인 상호작용을 맺고 있는 것이 16쌍일 때 이 집단의 응집성 지수는 약 얼마인가?

① 0.222
② 0.356
③ 0.401
④ 0.504

54 스트레스를 받을 때 몸에서 생성되는 호르몬으로 스트레스 정도를 파악하는 데 사용되는 것은?

① 코티졸
② 환경호르몬
③ 인슐린
④ 스테로이드

55 조직의 지도자들이 부하직원들을 승진시킬 수 있고 봉급을 인상해 주는 등의 능력이 있으므로 통제가 가능한 권한은?

① 합법적 권한
② 위임적 권한
③ 강압적 권한
④ 보상적 권한

56 휴먼에러 예방대책 중 인적 요인에 대한 대책이 아닌 것은?

① 소집단 활동
② 작업의 모의훈련
③ 안전 분위기 조성
④ 작업에 관한 교육훈련

57 모든 입력이 동시에 발생해야만 출력이 발생되는 논리조작을 나타내는 FT도의 논리기호 명칭은?

① 기본사상
② OR 게이트
③ 부정게이트
④ AND 게이트

58 주의의 특성을 설명한 것으로 가장 거리가 먼 것은?

① 고도의 주의는 장시간 지속할 수 없다.
② 한 지점에 주의를 하면 다른 곳의 주의는 약해진다.
③ 동시에 시각적 자극과 청각적 자극에 주의를 집중할 수 없다.
④ 사람은 한 번에 여러 종류의 자극을 지각하거나 수용하는 데 한계가 있다.

59 반응시간(reaction time)에 관한 설명으로 옳은 것은?

① 자극이 요구하는 반응을 행하는 데 걸리는 시간을 의미한다.
② 반응해야 할 신호가 발생한 때부터 반응이 종료될 때까지의 시간을 의미한다.
③ 단순반응시간에 영향을 미치는 변수로는 자극 양식, 자극의 특성, 자극 위치, 연령 등이 있다.
④ 여러 개의 자극을 제시하고, 각각에 대한 서로 다른 반응을 할 과제를 준 후에 자극이 제시되어 반응할 때까지의 시간을 단순반응시간이라 한다.

60 NIOSH의 직무 스트레스 평가모델에서 직무 스트레스 요인과 급성 반응 사이의 중재요인에 해당되지 않는 것은?

① 완충 요소
② 조직적 요소
③ 비직업적 요소
④ 개인적 요소

4과목 근골격계질환 예방을 위한 작업관리

61 OWAS(Ovako Working Posture Analysis System)에 관한 설명으로 틀린 것은?

① OWAS 활동점수표는 4단계의 조치단계로 분류된다.
② OWAS는 작업자세로 인한 작업부하를 평가하는 데 초점이 맞추어져 있다.
③ OWAS는 신체 부위의 자세뿐만 아니라 중량물의 사용도 고려하여 평가한다.
④ OWAS는 작업자세를 허리, 팔, 손목으로 구분하여 각 부위의 자세를 코드로 표현한다.

62 워크샘플링 조사에서 초기 idle rate가 0.06이라면, 99% 신뢰도를 위한 워크샘플링 회수는 몇 회인가? (단, $Z_{0.005}$는 2.58이다.)

① 151
② 936
③ 3162
④ 3755

63 근골격계질환의 유형에 대한 설명으로 틀린 것은?

① 외상과염은 팔꿈치 부위의 인대에 염증이 생김으로써 발생하는 증상이다.
② 백색 수지증은 손가락에 혈액의 원활한 공급이 이루어지지 않을 경우에 발생하는 증상이다.
③ 수근관 증후군은 손목이 꺾인 상태나 과도한 힘을 준 상태에서 반복적 손 운동을 할 때 발생한다.
④ 결절종은 반복, 구부림, 진동 등에 의하여 건의 섬유질이 손상되거나 찢어지는 등의 건에 염증이 생기는 질환이다.

64 중량물 들기작업방법에 대한 설명 중 틀린 것은?

① 허리를 구부려서 작업을 수행한다.
② 가능하면 중량물을 양손으로 잡는다.
③ 중량물 밑을 잡고 앞으로 운반하도록 한다.
④ 손가락만으로 잡지 말고 손 전체로 잡아서 작업한다.

65 작업대의 개선으로 옳은 것은?

① 좌식작업대의 높이는 동작이 큰 작업에는 팔꿈치의 높이보다 약간 높게 설계한다.
② 입식작업대의 높이는 경작업의 경우 팔꿈치의 높이보다 5~10cm 정도 높게 설계한다.
③ 입식작업대의 높이는 중작업의 경우 팔꿈치의 높이보다 10~20cm 정도 낮게 설계한다.
④ 입식작업대의 높이는 정밀작업의 경우 팔꿈치의 높이보다 5~10cm 정도 낮게 설계한다.

66 작업구분을 큰 것에서부터 작은 순으로 나열한 것은?

① 공정 → 단위작업 → 요소작업 → 단위동작 → 서어블릭
② 공정 → 요소작업 → 단위작업 → 서어블릭 → 단위동작
③ 공정 → 단위작업 → 단위동작 → 요소작업 → 서어블릭
④ 공정 → 단위작업 → 요소작업 → 서어블릭 → 단위동작

67 여러 개의 스패너 중 1개를 선택하여 고르는 것을 의미하는 서블릭 기호는?

① H ② P
③ ST ④ PP

68 준비시간을 단축하는 방법에 대한 설명 중 옳은 것은?

① 외준비 작업은 표준화하기 어렵다.
② 내준비 작업보다는 외준비 작업을 먼저 개선한다.
③ 기계를 멈추어야만 할 수 있는 작업이 외준비 작업이다.
④ 작업이 개선되어도 표준작업조합표는 그대로 유지한다.

69 WF(Work Factor)법의 표준 요소가 아닌 것은?

① 쥐기(Gr ; Grasp)
② 결정(Dc ; Decide)
③ 조립(Asy ; Assemble)
④ 정신과정(MP ; Mental Process)

70 산업안전보건법령에 따라 사업주가 근골격계 부담작업 종사자에게 반드시 주지시켜야 하는 내용과 거리가 먼 것은?

① 근골격계 부담작업의 유해요인
② 근골격계질환의 요양 및 부상
③ 근골격계질환의 징후 및 증상
④ 근골격계질환의 발생 시 대처 요령

71 근골격계질환 예방관리 프로그램의 기본원칙에 속하지 않는 것은?

① 인식의 원칙
② 시스템 접근의 원칙
③ 사업장 내 자율적 해결 원칙
④ 일시적인 문제 해결의 원칙

72 근골격계질환의 주요 사회심리적 요인인 것은?

① 작업습관
② 접촉 스트레스
③ 직무 스트레스
④ 부적절한 자세

73 다중활동분석표의 사용 목적으로 적절하지 않은 것은?

① 조작업의 작업현황 파악
② 수작업을 기본적인 동작요소로 분류
③ 기계 혹은 작업자의 유휴시간 단축
④ 한 명의 작업자가 담당할 수 있는 기계대수의 산정

74 다음 중 중립자세가 아닌 것은?

① 어깨가 이완된 상태
② 고개가 직립인 상태
③ 팔꿈치가 45°를 이루고 있는 상태
④ 손목이 일직선(180°)으로 펴진 상태

75 문제분석도구에 관한 설명으로 틀린 것은?

① 파레토 차트(Pareto chart)는 문제의 인자를 파악하고 그것들이 차지하는 비율을 누적분포의 형태로 표현한다.
② 간트 차트(Gant chart)는 여러 가지 활동계획의 시작시간과 예측 완료시간을 병행하여 시간축에 표시하는 도표이다.
③ PERT(Program Revolution and Review Technique)는 어떤 결과의 원인을 역으로 추적해 나가는 방식의 분석 도구이다.
④ 특성 요인도는 바람직하지 못한 사건이나 문제의 결과를 물고기의 머리로 표현하고 그 결과를 초래하는 원인을 인간, 기계, 방법, 자재, 환경 등의 종류로 구분하여 표시한다.

76 A 제품을 생산한 과거자료가 표와 같을 때 실적자료법에 의한 1개당 표준시간은 얼마인가?

일자	완제품 개수 (개)	소요시간 (단위 : 시간)
3월 3일	60	6
7월 7일	100	10
9월 9일	40	4

① 0.10시간/개
② 0.15시간/개
③ 0.20시간/개
④ 0.25시간/개

77 동작경제의 원칙에 속하지 않는 것은?

① 공정 개선의 원칙
② 신체의 사용에 관한 원칙
③ 작업장의 배치에 관한 원칙
④ 공구 및 설비의 디자인에 관한 원칙

78 유통선도(flow diageam)에 관한 설명으로 적절하지 않은 것은?

① 자재흐름의 혼잡지역 파악
② 시설물의 위치나 배치관계 파악
③ 공정과정의 역류현상 발생 유무 점검
④ 운반과정에서 물품의 보관 내용 파악

79 대안의 도출방법으로 가장 적당한 것은?

① 공정도   ② 특성 요인도
③ 파레토 차트   ④ 브레인스토밍

80 3시간 동안 작업 수행과정을 촬영하여 워크샘플링 방법으로 200회를 샘플링한 결과 이 중에서 30번의 손목꺾임이 확인되었다. 이 작업의 시간당 손목꺾임시간은 얼마인가?

① 6분   ② 9분
③ 18분   ④ 30분

2016 3회 기출문제

1과목 인간공학개론

01 Fitts의 법칙에 관한 설명으로 옳은 것은?

① 표적과 이동거리는 작업의 난이도와 소요 이동시간과 무관하다.
② 표적이 클수록, 이동거리가 짧을수록 작업의 난이도와 소요이동시간이 감소한다.
③ 표적이 클수록, 이동거리가 길수록 작업의 난이도와 소요시간이 증가한다.
④ 표적이 작을수록, 이동거리가 짧을수록 작업의 난이도와 소요시간이 증가한다.

02 인체측정의 구조적 치수 측정에 관한 설명으로 틀린 것은?

① 형태학적 측정을 의미한다.
② 나체 측정을 원칙으로 한다.
③ 마틴식 인체측정 장치를 사용한다.
④ 상지나 하지의 운동범위를 측정한다.

03 청각적 표시장치에 관한 설명으로 옳은 것은?

① 청각 신호의 지속시간은 최대 0.3초 이내로 한다.
② 청각 신호의 차원은 세기, 빈도, 지속기간으로 구성된다.
③ 즉각적인 행동이 요구될 때에는 청각적 표시장치보다 시각적 표시장치를 사용하는 것이 좋다.
④ 신호의 검출도를 높이기 위해서는 소음의 세기가 높은 영역의 주파수로 신호의 주파수를 바꾼다.

04 인간-기계 시스템 설계 시 고려사항으로 적절하지 않은 것은?

① 시스템 설계 시 동작경제의 원칙에 만족되도록 고려하여야 한다.
② 대상 시스템이 배치될 환경조건이 인간의 한계치를 만족하는가의 여부를 조사한다.
③ 단독의 기계에 대하여 수행해야 할 배치는 기계적 성능이 최대치가 되도록 해야 한다.
④ 시스템 설계의 성공적인 완료를 위해 조작의 능률성, 보존의 용이성, 제작의 경제성 측면이 검토되어야 한다.

05 남녀 공용으로 사용하는 의자의 높이를 조절식으로 설계하고자 한다. 표를 참고할 때 좌판 높이의 조절범위에 대한 기준값으로 가장 적당한 것은? (단, 5퍼센타일 계수는 1.645이다.)

척도	남성 오금 높이	여성 오금 높이
평균	41.3	38.0
표준편차	1.9	1.7

① (38.0 - 1.7 × 1.645)~(41.3 + 1.9 × 1.645)
② (38.0 + 1.7 × 1.645)~(41.3 + 1.9 × 1.645)
③ (38.0 - 1.7 × 1.645)~(41.3 - 1.9 × 1.645)
④ (38.0 + 1.7 × 1.645)~(41.3 - 1.9 × 1.645)

06 일반적인 시스템의 설계과정을 맞게 나열한 것은?

① 목표 및 성능명세 결정 → 체계의 정의 → 기본설계 → 계면설계 → 촉진물 설계 → 시험 및 평가
② 체계의 정의 → 목표 및 성능명세 결정 → 기본설계 → 계면설계 → 촉진물 설계 → 시험 및 평가
③ 목표 및 성능명세 결정 → 체계의 정의 → 계면설계 → 촉진물 설계 → 기본설계 → 시험 및 평가
④ 체계의 정의 → 목표 및 성능명세 결정 → 계면설계 → 촉진물 설계 → 기본설계 → 시험 및 평가

07 제어 시스템에서 제어장치에 의해 피제어 요소가 동작하지 않는 0점(null point) 주위에서의 제어동작 공간을 지칭하는 용어는?

① 백래쉬(back lash)
② 사공간(dead space)
③ 0점공간(null space)
④ 조정공간(adjustment space)

08 인간의 신뢰도가 70%, 기계의 신뢰도가 90%일 경우 인간과 기계가 직렬체계로 작업할 때의 신뢰도는 몇 %인가?

① 30% ② 54%
③ 63% ④ 98%

09 인간이 3차원 공간에서 깊이(depth)를 지각하기 위해 사용하는 단서로서 적절하지 않은 것은?

① 상대적 크기(relative size)
② 시각적 탐색(visual search)
③ 직선 조망(linear perspective)
④ 빛과 그림자(light and shadowing)

10 작업대 공간 배치의 원리와 거리가 먼 것은?

① 기능성의 원리
② 사용순서의 원리
③ 중요도의 원리
④ 오류방지의 원리

11 음의 한 성분이 다른 성분에 대한 귀의 감수성을 감소시키는 상황을 무슨 효과라 하는가?
① 기피(avoid)
② 방해(interrupt)
③ 밀폐(sealing)
④ 은폐(masking)

12 폰(phon)에 관한 설명으로 틀린 것은?
① 1000Hz대의 20dB 크기의 소리는 20phon이다.
② 상이한 음의 상대적 크기에 대한 정보는 나타내지 못한다.
③ 40dB의 1000Hz 순음을 기준으로 하여 다른 음의 상대적인 크기를 설정하는 척도의 단위이다.
④ 1000Hz의 주파수를 기준으로 각 주파수별 동일한 음량을 주는 음압을 평가하는 척도의 단위이다.

13 인간의 기억체계에 관한 설명으로 옳은 것은?
① 단기기억은 자극이 사라진 후에도 오랫동안 감각이 지속되도록 하는 역할을 한다.
② 작업기억 내에 정보를 저장하기 위해서는 정보의 의미적 코드화가 선행되어야 한다.
③ 작업기억은 감각저장소로부터 전이된 정보를 일시적으로 기억하기 위한 저장소의 역할을 한다.
④ 인간의 기억체계는 4개의 하부체계 혹은 과정(단기기억, 감각저장, 작업기억, 장기기억)으로 개념화되어 왔다.

14 시(視)감각 체계에 관한 설명으로 틀린 것은?
① 동공은 조도가 낮을 때는 많은 빛을 통과시키기 위해 확대된다.
② 1디옵터는 1미터 거리에 있는 물체를 보기 위해 요구되는 조절능(調節能)이다.
③ 망막의 표면에는 빛을 감지하는 광수용기인 원추체와 간상체가 분포되어 있다.
④ 안구의 수정체는 공막에 정확한 이미지가 맺히도록 형태를 스스로 조절하는 일을 담당한다.

15 누름단추식 전화기를 사용하여 7자리를 암기하여 누를 경우 어떻게 나누어 누르는 것이 가장 효과적인가?
① 194 - 3421
② 19 - 43421
③ 194342 - 1
④ 1 - 943421

16 광삼현상(irradiation)에 관한 설명으로 옳은 것은?
① 조도가 낮은 표시장치에서 더욱 많이 나타난다.
② 암조응이 필요한 경우에는 흰 바탕에 검은 글자가 바람직하다.
③ 검은 모양이 주위의 흰 배경으로 번져 보이는 현상을 말한다.
④ 검은 바탕에 흰 글자의 획폭은 흰 바탕의 검은 글자보다 가늘게 할 수 있다.

17 기준(표준)자극 100에 대한 최소변화감지역(JND)이 5라면 Weber 비는 얼마인가?

① 0.02 ② 0.05
③ 20   ④ 50

18 인간공학의 정의에 대한 설명으로 틀린 것은?

① 인간을 작업에 맞추는 학문이다.
② 인간 활동의 최적화를 연구하는 학문이다.
③ 인간능력, 인간한계, 그리고 인간특성을 설계에 응용하는 학문이다.
④ 기계와 그 조작 및 환경조건을 인간의 특성 및 능력과 한계에 잘 조화되도록 하는 수단을 연구하는 학문이다.

19 사용성 평가에 주로 사용되는 평가척도로 적합하지 않은 것은?

① 과제물 내용
② 에러의 빈도
③ 과제의 수행시간
④ 사용자의 주관적 만족도

20 정보이론에 있어 정보량에 관한 설명으로 틀린 것은?

① 단위는 bit이다.
② 2bit는 두 가지 동일 확률하의 독립사건에 대한 정보량이다.
③ N을 대안의 수라 할 때, 정보량은 $\log_2 N$으로 구할 수 있다.
④ 출현 가능성이 동일하지 않은 사건의 확률을 p라 할 때, 정보량은 $\log_2 1/p$로 나타낸다.

2과목 작업생리학

21 인체의 척추를 구성하고 있는 뼈 가운데 경추, 흉추, 요추의 합은 몇 개인가?

① 19개 ② 21개
③ 24개 ④ 26개

22 노화로 인한 시각능력의 감소 시 조명수준을 결정할 때 고려해야 될 사항과 가장 거리가 먼 것은?

① 직무의 대비(對比)뿐만 아니라 휘광(glare)의 통제도 아주 중요하다.
② 느려진 동공 반응은 과도(過渡, transient) 적응 효과의 크기와 기간을 증가시킨다.
③ 색 감지를 위해서는 색을 잘 표현하는 전대역(full-spectrum) 광원(光源)이 추천된다.
④ 과도 적응 문제와 눈의 불편을 줄이기 위해서는 보다 높은 광도비(光度比)가 필요하다.

23 순환기계 혈액의 기능에 해당하지 않는 것은?

① 운반 작용 ② 연하 작용
③ 조절 작용 ④ 출혈 방지

24 조도가 균일하고, 눈부심이 적지만 설치비용이 많이 드는 조명방식은?

① 직접조명 ② 간접조명
③ 반사조명 ④ 국소조명

25 생체역학적 모형의 효용성으로 가장 적합한 것은?

① 작업 시 사용되는 근육 파악
② 작업에 대한 생리적 부하 평가
③ 작업의 병리학적 영향 요소 파악
④ 작업조건에 따른 역학적 부하 추정

중요도 ★★☆

26 전체 환기가 필요한 경우로 적절하지 않은 것은?

① 유해물질의 독성이 적을 때
② 실내에 오염물 발생이 많지 않을 때
③ 실내 오염 배출원이 분산되어 있을 때
④ 실내에 확산된 오염물의 농도가 전체로 보아 일정하지 않을 때

중요도 ★☆☆

27 일반적으로 소음계는 3가지 특성에서 음압을 특정할 수 있도록 보정되어 있는데 A특성치란 40phon의 등음량 곡선과 비슷하게 보정하여 측정한 음압 수준을 말한다. B특성치와 C특성치는 각각 몇 phon의 등음량 곡선과 비슷하게 보정하여 측정한 값을 말하는가?

① B특성치 : 50phon, C특성치 : 80phon
② B특성치 : 60phon, C특성치 : 100phon
③ B특성치 : 70phon, C특성치 : 100phon
④ B특성치 : 80phon, C특성치 : 150phon

중요도 ★☆☆

28 가동성 관절의 종류와 그 예(例)가 잘못 연결된 것은?

① 중쇠 관절(pivit joint) : 수근중수 관절
② 타원 관절(elipsoid joint) : 손목뼈 관절
③ 절구 관절(ball-and-socket joint) : 대퇴 관절
④ 경첩 관절(hinge joint) : 손가락 뼈 사이

중요도 ★★☆

29 열교환에 영향을 미치는 요소가 아닌 것은?

① 기압   ② 기온
③ 습도   ④ 공기의 유동

중요도 ★☆☆

30 장력이 생기는 근육의 실질적인 수축성 단위(contractility unit)는?

① 근섬유(muscle fiber)
② 운동단위(motor unit)
③ 근원세사(myofilament)
④ 근섬유분절(sarcomere)

중요도 ★★☆

31 어떤 작업에 대해서 10분간 산소소비량을 측정한 결과 100리터 배기량에 산소가 15%, 이산화탄소가 6%로 분석되었다. 분당 산소소비량은?

① 0.4L/min
② 0.6L/min
③ 0.8L/min
④ 1.0L/min

32 어떤 작업자의 평균 심박수는 90회/분이며 일박출량(stroke volume)이 70mL로 측정되었다면 이 작업자의 심박출량(cardiac output)은 얼마인가?

① 0.8L/min ② 1.3L/min
③ 6.3L/min ④ 378.0L/min

33 막 전위차 발생 시 나타나는 현상이 아닌 것은?

① 평형상태에서 전위차는 -90mV이다.
② K^+이온은 단백질 이온과는 달리 세포막을 투과할 수 있다.
③ 자극 발생 시 세포막은 K^+이온은 투과시키고 Na^+이온을 투과시키지 않는다.
④ 막 내부의 전위차가 음이기 때문에 신경세포 내의 K^+이온의 농도는 외부 농도의 약 30배가 된다.

34 점멸융합주파수(critical flicker fusion)에 대한 설명으로 틀린 것은?

① 중추신경계의 정신피로의 척도로 사용된다.
② 작업시간이 경과할수록 CFF치는 낮아진다.
③ 쉬고 있을 때 CFF치는 대략 15~30Hz이다.
④ 마음이 긴장되었을 때나 머리가 맑을 때의 CFF치는 높아진다.

35 근육유형 중에서 의식적으로 통제가 가능한 근육은?

① 평활근
② 골격근
③ 심장근
④ 모든 근육은 의식적으로 통제 가능

36 심박출량을 증가시키는 요인으로 볼 수 없는 것은?

① 휴식시간
② 근육활동의 증가
③ 덥거나 습한 작업환경
④ 흥분된 상태나 스트레스

37 육체적 활동의 정적 부하에 대한 스트레인(strain)을 측정하는 데 가장 적합한 것은?

① 산소소비량
② 뇌전도(EEG)
③ 심박수(HR)
④ 근전도(EMG)

38 소음에 관한 정의에 있어 "강렬한 소음작업"이라 함은 얼마 이상의 소음이 1일 8시간 이상 발생하는 작업을 의미하는가?

① 85데시벨 이상
② 90데시벨 이상
③ 95데시벨 이상
④ 100데시벨 이상

39 진동이 인체에 미치는 영향이 아닌 것은?

① 심박수 감소
② 산소소비량 증가
③ 근장력 증가
④ 말초혈관의 수축

40 근력(strength) 형태 중 근육이 등척성 수축을 하는 것에 해당하는 근력은?

① 정적근력(static strength)
② 등장성 근력(isotonic strength)
③ 등속성 근력(isokinetic strength)
④ 등관성 근력(isoinertial strength)

3과목 산업심리학 및 관계법규

41 산업재해 예방을 위한 안전대책 중 3E에 해당하지 않는 것은?

① 교육적 대책(Education)
② 공학적 대책(Engineering)
③ 환경적 대책(Environment)
④ 관리적 대책(Enforcement)

42 관리그리드 이론(managerial grid theory)에 관한 설명으로 틀린 것은?

① 블레이크와 모우톤이 구조주도적-배려적 리더십 개념을 연장시켜 정립한 이론이다.
② 인기형은 (9, 1)형으로 인간에 대한 관심은 매우 높으나 과업에 대한 관심은 낮은 리더십 유형이다.
③ 중도형은 (5, 5)형으로 과업과 인간관계 유지 모두에 적당한 정도의 관심을 갖는 리더십 유형이다.
④ 리더십을 인간중심과 과업중심으로 나누고 이를 9등급씩 그리드로 계량화하여 리더의 행동경향을 표현하였다.

43 입력사상 중 어느 하나라도 존재할 때 출력사상이 발생되는 논리조작을 나타내는 FTA 논리기호는?

① OR gate
② AND gate
③ 조건 gate
④ 우선적 AND gate

44 맥그리거(McGregor)의 X-Y이론 중 Y이론에 대한 관리처방으로 볼 수 없는 것은?

① 분권화와 권한의 위임
② 비공식적 조직의 활용
③ 경제적 보상체계의 강화
④ 자체 평가제도의 활성화

45 피로의 생리학적(physiological) 측정방법과 거리가 먼 것은?

① 뇌파 측정(EEG)
② 심전도 측정(ECG)
③ 근전도 측정(EMG)
④ 변별역치 측정(촉각계)

46 휴먼에러(human error)로 이어지는 배후요인으로 4M 중 매체(Media)에 적합하지 않은 것은?

① 작업의 자세
② 작업의 방법
③ 작업의 순서
④ 작업지휘 및 감독

47 NIOSH의 직무 스트레스 관리모형 중 중재요인(moderating factors)에 해당하지 않는 것은?

① 개인적 요인
② 조직 외 요인
③ 완충작용 요인
④ 물리적 환경 요인

48 시각을 통해 2가지 서로 다른 자극을 제시하고 선택반응시간을 측정한 결과가 1초였다면, 4가지 서로 다른 자극에 대한 선택반응시간은 몇 초인가? (단, 각 자극의 출현확률은 동일하고, 시각 자극에 반응을 하는 데 소요되는 시간은 0.2초 가정하며, Hick – Hyman의 법칙에 따른다.)

① 1초   ② 1.4초
③ 1.8초   ④ 2초

49 재해의 발생원인을 분석하는 방법에 관한 설명으로 틀린 것은?

① 특성 요인도 : 재해와 원인의 관계를 도표화하여 재해 발생원인을 분석한다.
② 파레토도 : flow-chart에 의한 분석방법으로, 원인분석 중 원점으로 돌아가 재검토하면서 원인을 찾는다.
③ 관리도 : 재해 발생건수 등의 추이를 파악하고 목표관리를 행하는 데 필요한 발생건수를 그래프화하여 관리한계를 설정한다.
④ 크로스도 : 2개 이상의 문제관계를 분석하는 데 사용하는 것으로, 데이터를 집계하고 표로 표시하여 요인별 결과 내역을 교차시켜 분석한다.

50 재해에 의한 상해의 종류에 해당하는 것은?

① 진폐   ② 추락
③ 비래   ④ 전복

51 휴먼에러와 기계의 고장과의 차이점을 설명한 것으로 틀린 것은?

① 기계와 설비의 고장조건은 저절로 복구되지 않는다.
② 인간의 실수는 우발적으로 재발하는 유형이다.
③ 인간은 기계와는 달리 학습에 의해 계속적으로 성능을 향상시킨다.
④ 인간 성능과 압박(stress)은 선형관계를 가져 압박이 중간 정도일 때 성능수준이 가장 높다.

52 스트레스 상황하에서 일어나는 현상으로 틀린 것은?

① 동공이 수축된다.
② 스트레스는 정보처리의 효율성에 영향을 미친다.
③ 스트레스로 인한 신체 내부의 생리적 변화가 나타난다.
④ 스트레스 상황에서 심장박동수는 증가하나, 혈압은 내려간다.

53 리더십의 유형은 리더가 처해 있는 상황에 의해서 결정된다고 할 수 있다. 각 상황적 요소와 리더십 유형간의 연결이 잘못된 것은 무엇인가?

① 군 조직, 교도소 등은 권위형 리더십이 적절하다.
② 집단 구성원의 교육수준이 높을수록 민주형 리더십이 적절하다.
③ 조직을 둘러싸고 있는 환경상태가 불확실 할 때는 권위형 리더십이 촉구된다.
④ 기술의 발달은 개인의 전문화를 야기하므로 민주형의 리더십을 촉구하게 된다.

중요도 ★☆☆

54 A사업장의 상시 근로자가 200명이고, 연간 3건의 재해가 발생했다면 이 사업장의 도수율은 약 얼마인가? (단, 근로자는 1일 9시간씩 연간 300일을 근무하였다.)

① 3.25 ② 5.56
③ 6.25 ④ 8.30

55 사고의 요인 중 주의환기물에 익숙해져서 더 이상 그것이 주의환기요인이 되지 않는 것을 무엇이라고 하는가?

① 습관화 ② 자극화
③ 적응화 ④ 반복화

56 집단 응집성에 관한 설명으로 틀린 것은?

① 집단 응집성은 절대적인 것이다.
② 응집성이 높은 집단일수록 결근율과 이직율이 낮다.
③ 일반적으로 집단의 구성원이 많을수록 응집력은 낮아진다.
④ 집단 응집성이란 구성원들이 서로에게 끌리어 그 집단목표를 공유하는 정도이다.

중요도 ★★★

57 제조물 책임법상 결함의 종류에 해당하지 않는 것은?

① 사용상의 결함
② 제조상의 결함
③ 설계상의 결함
④ 표시상의 결함

중요도 ★★☆

58 작업자 한 사람의 성능 신뢰도가 0.95일 때, 요원을 중복하여 2인 1조로 작업을 할 경우 이 조의 인간신뢰도는 얼마인가? (단, 작업 중에는 항상 요원지원이 되며, 두 작업자의 신뢰도는 동일하다고 가정한다.)

① 0.9025 ② 0.9500
③ 0.9975 ④ 1.0000

중요도 ★★☆

59 호손(Hawthorne)의 연구에 관한 설명으로 옳은 것은?

① 동기부여와 직무만족도 사이의 관계를 밝힌 연구이다.
② 집단 내에서의 인간관계의 중요성을 증명한 연구이다.
③ 조명 조건 등 물리적 작업환경은 생산성에 큰 영향을 끼친다.
④ 미국 Western Electric 사를 대상으로 호손이 진행한 연구이다.

60 집단 내에서 역할갈등이 나타나는 원인과 가장 거리가 먼 것은?

① 역할 모호성
② 상호의존성
③ 역할 무능력
④ 역할 부적합

4과목 근골격계질환 예방을 위한 작업관리

61. 관측 시간치의 평균이 0.6분이고 레이팅계수는 120%, 여유시간은 8시간 근무 중에서 24분일 때 표준시간은 약 얼마인가?

① 0.62분 ② 0.68분
③ 0.76분 ④ 0.84분

62. 작업개선을 위한 ECRS 원칙에 해당하지 않는 것은?

① Eliminate ② Combine
③ Redesign ④ Simplify

63. 17가지 서어블릭을 이용하여 좀 더 상세하게 작업내용을 분석하고 시간까지 도시한 것은?

① 스트로보(strobo)
② 시모차트(SIMO chart)
③ 사이클 그래프(cycle graph)
④ 크로노 사이클 그래프(chrono cycle graph)

64. NIOSH의 RWL(recommended weight limit)을 계산하는 데 필요한 계수에 대한 상수의 범위를 잘못 나타낸 것은?

① 비대칭계수 : 135~0°
② 수평계수 : 63~25cm
③ 거리계수 : 175~25cm
④ 수직계수 : 175~50cm

65. 영상표시단말기(VDT) 취급에 관한 설명으로 틀린 것은?

① 키보드와 키 윗부분의 표면은 무광택으로 할 것
② 빛이 작업 화면에 도달하는 각도는 화면으로부터 45° 이내일 것
③ 작업자의 손목을 지지해 줄 수 있도록 작업대 끝 면과 키보드의 사이는 5cm 이상을 확보할 것
④ 화면을 바라보는 시간이 많은 작업일수록 밝기와 작업대 주변 밝기의 차를 줄이도록 할 것

66. 사무작업의 공정분석을 위해 사용되는 도표로 가장 적합한 것은?

① 시스템 차트
② 유통공정도
③ 작업공정도
④ 다중활동분석표

67. 작업에 대한 유해요인의 관리적 개선방법으로 잘못된 것은?

① 작업의 다양성을 제공한다.
② 작업일정 및 작업속도를 조절한다.
③ 작업강도를 조절하여 작업시간을 단축시킨다.
④ 작업공간, 공구 및 장비의 정기적인 청소 및 유지보수를 한다.

68 기계 가동시간이 25분, 적재(load 및 unloading) 시간이 5분, 기계와 독립적인 작업자 활동시간이 10분일 때 기계 양쪽 모두의 유휴시간을 최소화하기 위하여 한 명의 작업자가 담당해야 하는 이론적인 기계대수는?

① 1대　② 2대
③ 3대　④ 4대

69 워크샘플링법의 장점으로 볼 수 없는 것은?

① 특별한 시간 측정 설비가 필요하지 않다.
② 관측이 순간적으로 이루어져 작업에 방해가 적다.
③ 짧은 주기나 반복적인 작업의 경우에 적합하다.
④ 조사기간을 길게 하여 평상시의 작업현황을 그대로 반영시킬 수 있다.

70 근골격계 부담작업 유해요인조사에 관한 설명으로 틀린 것은?

① 사업장 내 근골격계 부담작업에 대하여 전수조사를 원칙으로 한다.
② 사업주는 유해요인조사에 근로자대표 또는 해당 작업 근로자를 참여시켜야 한다.
③ 신규 입사자가 근골격계 부담작업에 배치되는 경우 즉시 유해요인조사를 실시해야 한다.
④ 신설되는 사업장의 경우 신설일로부터 1년 이내에 최초의 유해요인조사를 실시해야 한다.

71 수공구의 설계 원리로 적절하지 않은 것은?

① 손목을 곧게 펼 수 있도록 한다.
② 지속적인 정적근육부하를 피하도록 한다.
③ 특정 손가락의 반복적인 동작을 피하도록 한다.
④ 가능하면 손바닥으로 잡는 power grip보다는 손가락으로 잡는 pinch grip을 이용하도록 한다.

72 동작경제의 법칙에 대한 설명으로 틀린 것은?

① 두 손의 동작은 같이 시작하고 같이 끝나도록 한다.
② 휴식시간을 제외하고는 양손이 동시에 쉬지 않도록 한다.
③ 눈의 초점을 모아야 작업할 수 있는 경우는 가능하면 없앤다.
④ 탄도동작(Ballistics Movements)은 제한되거나 통제된 동작보다 더 느리고 부정확하다.

73 산업안전보건법령상 근골격계 부담작업에 해당하는 작업은?

① 하루에 25kg의 물건을 5회 들어 올리는 작업
② 하루에 2시간씩 시간당 15회 손으로 쳐서 기계를 조립하는 작업
③ 하루에 2시간씩 집중적으로 키보드를 이용하여 자료를 입력하는 작업
④ 하루에 4시간씩 기계의 상태를 모니터링하는 작업

74 근골격계질환의 유형에 관한 설명으로 틀린 것은?

① 외상과염은 팔꿈치 부위의 인대에 염증이 생김으로써 발생하는 증상이다.
② 수근관 증후군은 손의 손목뼈 부분의 압박이나 과도한 힘을 준 상태에서 발생한다.
③ 백색 수지증은 손가락에 혈액의 원활한 공급이 이루어지지 않을 경우에 발생하는 증상이다.
④ 결절종은 반복, 구부림, 진동 등에 의하여 건의 섬유질이 손상되거나 찢어지는 등의 건에 염증이 생기는 질환이다.

75 요소작업의 분할원칙에 관한 설명으로 적합하지 않은 것은?

① 불변 요소작업과 가변 요소작업으로 구분한다.
② 외적 요소작업과 내적 요소작업으로 구분한다.
③ 규칙적 요소작업과 불규칙적 요소작업으로 구분한다.
④ 숙련공 요소작업과 비숙련공 요소작업으로 구분한다.

76 근골격계질환을 예방하기 위한 대책으로 적절하지 않은 것은?

① 단순반복작업은 기계를 사용한다.
② 작업방법과 작업공간을 재설계한다.
③ 작업순환(Job Rotation)을 실시한다.
④ 작업속도와 작업강도를 점진적으로 강화한다.

77 7TMU(Time Measurement Unit)를 초 단위로 환산하면 몇 초인가?

① 0.025초 ② 0.252초
③ 1.26초 ④ 2.52초

78 인간공학에 있어 작업관리의 주요 목적으로 거리가 먼 것은?

① 공정관리를 통한 품질 향상
② 정확한 작업측정을 통한 작업개선
③ 공정개선을 통한 작업 편리성 향상
④ 표준시간 설정을 통한 작업효율 관리

79 대규모 사업장에서 근골격계질환 예방·관리 추진팀을 구성함에 있어서 중·소규모 사업장 추진팀원 외에 추가로 참여되어야 할 인력은?

① 노무담당자 ② 보건담당자
③ 구매담당자 ④ 예산결정권자

80 파레토 원칙(Pareto principle)에 대한 설명으로 옳은 것은?

① 20%의 항목이 전체의 80%를 차지한다.
② 40%의 항목이 전체의 60%를 차지한다.
③ 60%의 항목이 전체의 40%를 차지한다.
④ 80%의 항목이 전체의 20%를 차지한다.

2017 1회 기출문제

1과목 인간공학개론

01 고령자를 위한 정보 설계 원칙으로 볼 수 없는 것은?

① 불필요한 이중 과업을 줄인다.
② 학습 및 적응 시간을 늘려 준다.
③ 신호의 강도와 크기를 보다 강하게 한다.
④ 가능한 세밀한 묘사와 상세 정보를 제공한다.

02 제어 – 반응 비율(C/R ratio)에 관한 설명으로 틀린 것은?

① C/R비가 증가하면 제어시간도 증가한다.
② C/R비가 작으면(낮으면) 민감한 장치이다.
③ C/R비가 감소함에 따라 이동시간은 감소한다.
④ C/R비는 제어장치의 이동거리를 표시장치의 이동거리로 나눈 값이다.

03 양립성의 종류가 아닌 것은?

① 주의 양립성
② 공간 양립성
③ 운동 양립성
④ 개념 양립성

04 시각 표시장치보다 청각 표시장치를 사용하는 것이 유리한 경우는?

① 소음이 많은 경우
② 전하려는 정보가 복잡할 경우
③ 즉각적인 행동이 요구되는 경우
④ 전하려는 정보를 다시 확인해야 하는 경우

05 동전던지기에서 앞면이 나올 확률은 0.4이고, 뒷면이 나올 확률은 0.6이다. 이때 앞면이 나올 정보량은 1.32bit이고, 뒷면이 나올 정보량은 0.67bit이다. 총평균정보량은 약 얼마인가?

① 0.65bit
② 0.88bit
③ 0.93bit
④ 1.99bit

06 부품 배치의 원칙에 해당되지 않는 것은?

① 사용 빈도의 원칙
② 사용 순서의 원칙
③ 기능별 배치의 원칙
④ 크기별 배치의 원칙

07 인간 – 기계 시스템 중 폐회로(closed loop) 시스템에 속하는 것은?

① 소총
② 모니터
③ 전자레인지
④ 자동차

08 반응시간이 가장 빠른 감각은?
① 청각 ② 미각
③ 시각 ④ 후각

09 음원의 위치 추정을 위한 암시신호(cue)에 해당되는 것은?
① 위상차 ② 음색차
③ 주기차 ④ 주파수차

10 비행기에서 20m 떨어진 거리에서 측정한 엔진의 소음이 130dB(A)이었다면, 100m 떨어진 위치에서의 소음 수준은 약 얼마인가?
① 113.5dB(A) ② 116.0dB(A)
③ 121.8dB(A) ④ 130.0dB(A)

11 시스템의 사용성 검증 시 고려되어야 할 변인이 아닌 것은?
① 경제성 ② 에러 빈도
③ 효율성 ④ 기억 용이성

12 Fitts의 법칙에 관한 설명으로 옳은 것은?
① 표적과 이동거리는 작업의 난이도와 소요 이동시간과 무관하다.
② 표적이 작을수록, 이동거리가 길수록 작업의 난이도와 소요 이동시간이 증가한다.
③ 표적이 클수록, 이동거리가 길수록 작업의 난이도와 소요 이동시간이 증가한다.
④ 표적이 작을수록, 이동거리가 짧을수록 작업의 난이도와 소요 이동시간이 증가한다.

13 코드화(coding) 시스템 사용상의 일반적 지침으로 적합하지 않은 것은?
① 양립성이 준수되어야 한다.
② 차원의 수를 최소화해야 한다.
③ 자극은 검출이 가능하여야 한다.
④ 다른 코드표시와 구별되어야 한다.

14 움직이는 몸의 동작을 측정한 인체치수를 무엇이라고 하는가?
① 조절 치수
② 구조적 인체치수
③ 파악한계 치수
④ 기능적 인체치수

15 인간기계 통합체계에서 인간 또는 기계에 의해 수행되는 기본 기능이 아닌 것은?
① 정보처리 ② 정보생성
③ 의사결정 ④ 정보보관

16 인간의 눈에 관한 설명으로 옳은 것은?
① 간상세포는 황반(fovea) 중심에 밀집되어 있다.
② 망막의 간상세포(rod)는 색의 식별에 사용된다.
③ 시각(視角)은 물체와 눈 사이의 거리에 반비례한다.
④ 원시는 수정체가 두꺼워져 먼 물체의 상이 망막 앞에 맺히는 현상을 말한다.

중요도 ★★☆

17 시(視)감각 체계에 관한 설명으로 틀린 것은?

① 동공은 조도가 낮을 때는 많은 빛을 통과시키기 위해 확대된다.
② 1디옵터는 1미터 거리에 있는 물체를 보기 위해 요구되는 조절능력이다.
③ 안구의 수정체는 모양체근으로 긴장을 하면 얇아져 가까운 물체만 볼 수 있다.
④ 망막의 표면에는 빛을 감지하는 광수용기인 원추체와 간상체가 분포되어 있다.

중요도 ★☆☆

18 인간의 정보처리과정, 기억의 능력과 한계 등에 관한 정보를 고려한 설계와 가장 관계가 깊은 것은?

① 제품 중심의 설계
② 기능 중심의 설계
③ 신체 특성을 고려한 설계
④ 인지 특성을 고려한 설계

중요도 ★★☆

19 인체측정 자료를 설계에 응용할 때, 고려할 사항이 아닌 것은?

① 고정치 설계 ② 조절식 설계
③ 평균치 설계 ④ 극단치 설계

중요도 ★★★

20 인간공학에 관한 설명으로 틀린 것은?

① 인간의 특성 및 한계를 고려한다.
② 인간을 기계와 작업에 맞추는 학문이다.
③ 인간 활동의 최적화를 연구하는 학문이다.
④ 편리성, 안전성, 효율성을 제고하는 학문이다.

2과목 작업생리학

중요도 ★★☆

21 작업강도의 증가에 따른 순환기 반응의 변화에 대한 설명으로 틀린 것은?

① 혈압의 상승 ② 적혈구의 감소
③ 심박출량의 증가 ④ 혈액의 수송량 증가

22 관절에 대한 설명으로 틀린 것은?

① 연골관절은 견관절과 같이 운동하는 것이 가장 자유롭다.
② 섬유질관절은 두개골의 봉합선과 같으며 움직임이 없다.
③ 경첩관절은 손가락과 같이 한쪽 방향으로만 굴곡 운동을 한다.
④ 활액관절은 대부분의 관절이 이에 해당하며, 자유로이 움직일 수 있다.

23 유산소(aerobic) 대사과정으로 인한 부산물이 아닌 것은?

① 젖산 ② CO_2
③ H_2O ④ 에너지

중요도 ★☆☆

24 광도비(luminance ratio)란 주된 장소와 주변 광도의 비이다. 사무실 및 산업 상황에서의 추천 광도비는 얼마인가?

① 1:1 ② 2:1
③ 3:1 ④ 4:1

25 반사 휘광의 처리 방법으로 적절하지 않은 것은?

① 간접 조명 수준을 높인다.
② 무광택 도료 등을 사용한다.
③ 창문에 차양 등을 사용한다.
④ 휘광원 주위를 밝게 하여 광도비를 줄인다.

26 심장의 1회 박출량이 70mL이고, 1분간의 심박수가 70이면 분당 심박출량은?

① 70mL/min
② 140mL/min
③ 4200mL/min
④ 4900mL/min

27 총 작업시간이 5시간, 작업 중 평균 에너지 소비량이 7kcal/min이었다. 휴식 중 에너지소비량이 1.5kcal/min일 때 총 작업시간에 포함되어야 할 필요한 휴식시간은 얼마인가? (단, Murrell의 산정방법을 적용한다.)

① 약 84분   ② 약 96분
③ 약 109분 ④ 약 192분

28 신경계 가운데 반사와 통합의 기능적 특징을 갖는 것은?

① 중추신경계   ② 운동신경계
③ 교감신경계   ④ 감각신경계

29 RMR(Relative Metabolic Rate)의 값이 1.8로 계산되었다면 작업강도의 수준은?

① 아주 가볍다(very light).
② 가볍다(light).
③ 보통이다(moderate).
④ 아주 무겁다(very heavy).

30 힘에 대한 설명으로 틀린 것은?

① 힘은 백터량이다.
② 힘의 단위는 N이다.
③ 힘은 질량에 비례한다.
④ 힘은 속도에 비례한다.

31 작업환경 측정 결과 청력보존프로그램을 수립하여 시행하여야 하는 기준이 되는 소음 수준은?

① 80dB 이상   ② 85dB 이상
③ 90dB 이상   ④ 95dB 이상

32 국소진동을 일으키는 진동원은 무엇인가?

① 크레인   ② 버스
③ 지게차   ④ 자동식 톱

33 소음에 대한 대책으로 가장 효과적이고, 적극적인 방법은?

① 칸막이 설치
② 소음원의 제거
③ 보호구 착용
④ 소음원의 격리

34 중량물을 운반하는 작업에서 발생하는 생리적 반응으로 옳은 것은?

① 혈압이 감소한다.
② 심박수가 감소한다.
③ 혈류량이 재분배된다.
④ 산소소비량이 감소한다.

35 근육에 관한 설명으로 틀린 것은?

① 근섬유의 수축단위는 근원섬유이다.
② 근섬유가 수축하면 A대가 짧아진다.
③ 하나의 근육은 수많은 근섬유로 이루어져 있다.
④ 근육의 수축은 근육의 길이가 단축되는 것이다.

36 점멸융합주파수(flicker fusion frequency)에 관한 설명으로 옳은 것은?

① 중추신경계의 정신피로의 척도로 사용된다.
② 작업시간이 경과할수록 점멸융합주파수는 높아진다.
③ 쉬고 있을 때 점멸융합주파수는 대략 10~20Hz이다.
④ 마음이 긴장되었을 때나 머리가 맑을 때의 점멸융합주파수는 낮아진다.

37 산소소비량에 관한 설명으로 틀린 것은?

① 산소소비량과 심박수 사이에는 밀접한 관련이 있다.
② 산소소비량은 에너지소비와 직접적인 관련이 있다.
③ 산소소비량은 단위 시간당 흡기량만 측정한 것이다.
④ 심박수와 산소소비량 사이의 관계는 개인에 따라 차이가 있다.

38 열교환의 네 가지 방법이 아닌 것은?

① 복사(radiation)
② 대류(convection)
③ 증발(evaporation)
④ 대사(metabolism)

39 컴퓨터단말기(VDT) 작업의 사무환경을 위한 추천 조명은 얼마인가?

① 100~300lux
② 300~500lux
③ 500~700lux
④ 700~900lux

40 근육운동 중 근육의 길이가 일정한 상태에서 힘을 발휘하는 운동을 나타내는 것은?

① 등척성 운동　② 등장성 운동
③ 등속성 운동　④ 단축성 운동

3과목 산업심리학 및 관계법규

41 인간의 의식수준을 단계별로 분류할 때, 에러 발생 가능성이 낮은 것으로부터 높아지는 순서대로 연결된 것은?

① Ⅰ단계 - Ⅱ단계 - Ⅲ단계 - Ⅳ단계
② Ⅰ단계 - Ⅳ단계 - Ⅲ단계 - Ⅱ단계
③ Ⅱ단계 - Ⅰ단계 - Ⅳ단계 - Ⅲ단계
④ Ⅲ단계 - Ⅱ단계 - Ⅰ단계 - Ⅳ단계

42 제조물 책임법에서 손해배상 책임에 대한 설명 중 틀린 것은?

① 물질적 손해뿐 아니라 정신적 손해도 손해배상 대상에 포함된다.
② 피해자가 손해배상 청구를 하기 위해서는 제조자의 고의 또는 과실을 입증해야 한다.
③ 해당 제조물 결함에 의해 발생한 손해가 그 제조물 자체만에 그치는 경우에는 제조물 책임 대상에서 제외한다.
④ 제조자가 결함 제조물로 인하여 생명, 신체 또는 재산상의 손해를 입은 자에게 손해를 배상할 책임을 의미한다.

43 리더십 이론 중 특성이론에 기초하여 성공적인 리더의 특성에 대한 기술로 틀린 것은?

① 강한 출세욕구를 지닌다.
② 미래보다는 현실지향적이다.
③ 부모로부터 정서적 독립을 원한다.
④ 상사에 대한 강한 동일 의식과 부하직원에 대한 관심이 많다.

44 스트레스에 대한 설명으로 틀린 것은?

① 직무속도는 신체적, 정신적 스트레스에 영향을 미치지 않는다.
② 역할 과소는 권태, 단조로움, 신체적 피로, 정신적 피로 등을 유발할 수 있다.
③ 일반적으로 내적 통제자들은 외적 통제자들보다 스트레스를 적게 받는다.
④ A형 성격을 가진 사람이 B형 성격을 가진 사람보다 높은 스트레스를 받을 가능성이 있다.

45 휴먼에러의 배후요인 4가지(4M)에 속하지 않는 것은?

① Man
② Machine
③ Motive
④ Management

46 다음 표는 동기부여와 관련된 이론의 상호 관련성을 서로 비교해 놓은 것이다. A~E에 해당하는 용어가 옳은 것은?

위생요인과 동기요인 (Herzberg)	ERG이론 (Alderfer)	X이론과 Y이론 (McGregor)
위생요인	(A)	(D)
	(B)	
동기요인	(C)	(E)

① A : 존재욕구, B : 관계욕구, D : X이론
② A : 관계욕구, C : 성장욕구, D : Y이론
③ A : 존재욕구, C : 관계욕구, E : Y이론
④ B : 성장욕구, C : 존재욕구, E : X이론

47 안전에 대한 책임과 권한이 라인 관리감독자에게도 부여되며, 대규모 사업장에 적합한 조직 형태는?

① 라인형(Line) 조직
② 스탭형(Staff) 조직
③ 라인-스탭형(Line-Staff) 조직
④ 프로젝트(Project Team Work) 조직

48 군중보다 한층 합의성이 없고, 감정에 의해 행동하는 집단행동은?

① 모브(mob)
② 유행(fashion)
③ 패닉(panic)
④ 풍습(folkway)

중요도 ★★☆

49 다음과 같은 재해 발생 시 재해조사분석 및 사후처리에 대한 내용으로 틀린 것은?

> 크레인으로 강재를 운반하던 도중 약해져 있던 와이어로프가 끊어지며 강재가 떨어졌다. 이때 작업구역 밑을 통행하던 작업자의 머리 위로 강재가 떨어졌으며, 안전모를 착용하지 않은 상태에서 발생한 사고라서 작업자는 큰 부상을 입었고, 이로 인하여 부상 치료를 위해 4일간의 요양을 실시하였다.

① 재해 발생 형태는 추락이다.
② 재해의 기인물은 크레인이고, 가해물은 강재이다.
③ 산업재해조사표를 작성하여 관할 지방고용노동청장에게 제출하여야 한다.
④ 불안전한 상태는 약해진 와이어로프이고, 불안전한 행동은 안전모 미착용과 위험구역 접근이다.

중요도 ★☆☆

50 반응시간 또는 동작시간에 관한 설명으로 틀린 것은?

① 단순반응시간은 하나의 특정 자극에 대하여 반응하는 데 소요되는 시간을 의미한다.
② 선택반응시간은 일반적으로 자극과 반응의 수가 증가할수록 로그함수로 증가한다.
③ 동작시간은 신호에 따라 손을 움직여 동작을 실제로 실행하는 데 걸리는 시간을 의미한다.
④ 선택반응시간은 여러 가지의 자극이 주어지고, 모든 자극에 대하여 모두 반응하는 데까지의 총소요시간을 의미한다.

중요도 ★★★

51 하인리히(Heinrich)가 제시한 재해 발생 과정의 도미노 이론 5단계에 해당하지 않는 것은?

① 사고
② 기본 원인
③ 개인적 결함
④ 불안전한 행동 및 불안전한 상태

중요도 ★★☆

52 어느 사업장의 도수율은 40이고 강도율은 4이다. 이 사업장의 재해 1건당 근로손실일수는 얼마인가?

① 1
② 10
③ 50
④ 100

53 스트레스에 관한 일반적 설명 중 거리가 가장 먼 것은?

① 스트레스는 근골격계질환에 영향을 줄 수 있다.
② 스트레스를 받게 되면 자율 신경계가 활성화된다.
③ 스트레스가 낮아질수록 업무의 성과는 높아진다.
④ A형 성격의 소유자는 스트레스에 더 노출되기 쉽다.

54 시스템 안전 분석기법 중 정량적 분석 방법이 아닌 것은?

① 결함나무 분석(FTA)
② 사상 나무 분석(ETA)
③ 고장모드 및 영향분석(FMEA)
④ 휴먼에러율 예측기법(THERP)

55 조직이 리더에게 부여하는 권한의 유형으로 볼 수 없는 것은?

① 보상적 권한　② 강압적 권한
③ 합법적 권한　④ 작위적 권한

56 호손 실험결과 생산성 향상에 영향을 주는 주요인은 무엇이라고 나타났는가?

① 자본　② 물류관리
③ 인간관계　④ 생산기술

57 Rasmussen의 인간행동 분류에 기초한 인간오류가 아닌 것은?

① 규칙에 기초한 행동(rule-based behavior) 오류
② 실행에 기초한 행동(commission-based behavior) 오류
③ 기능에 기초한 행동(skill-based behavior) 오류
④ 지식에 기초한 행동(knowledge-based behavior) 오류

58 보행 신호등이 바뀌었지만 자동차가 움직이기까지는 아직 시간이 있다고 판단하여 신호 등을 건너는 경우는 어떤 상태인가?

① 근도 반응　② 억측 판단
③ 초조 반응　④ 의식의 과잉

59 2차 재해 방지와 현장 보존은 사고발생의 처리과정 중 어디에 해당하는가?

① 긴급 조치　② 대책 수립
③ 원인 강구　④ 재해 조사

60 조작자 한 사람의 성능 신뢰도가 0.8일 때 요원을 중복하여 2인 1조가 작업을 진행하는 공정이 있다. 전체 작업기간의 60% 정도만 요원을 지원한다면, 이 조의 인간신뢰도는 얼마인가?

① 0.816　② 0.896
③ 0.962　④ 0.985

4과목 근골격계질환 예방을 위한 작업관리

61 유해요인조사의 법적요구 사항이 아닌 것은?

① 사업주는 유해요인조사를 실시하는 경우, 해당 작업 근로자를 배제하여야 한다.
② 사업주는 근골격계 부담작업에 근로자를 종사하도록 하는 경우 3년마다 유해요인조사를 실시해야 한다.
③ 사업주는 근골격계 부담작업에 해당하는 새로운 작업이나 설비를 도입한 경우 유해요인조사를 실시해야 한다.
④ 사업주는 법에 의한 임시건강진단 등에서 근골격계 부담작업 외의 작업에서 근골격계질환자가 발생하였더라도 유해요인조사를 실시해야 한다.

62 유해요인조사 방법 중 RULA에 관한 설명으로 틀린 것은?

① 각 작업자세는 신체 부위별로 A와 B그룹으로 나누어진다.
② 주로 하지 자세를 평가할 목적으로 개발된 유해요인조사방법이다.
③ RULA가 평가하는 작업부하인자는 동작의 횟수, 정적인 근육작업, 힘, 작업자세 등이다.
④ 작업에 대한 평가는 1점에서 7점 사이의 총점으로 나타나며, 점수에 따라 4개의 조치단계로 분류된다.

63 어느 요소작업을 25번 측정한 결과, 평균이 0.5, 샘플 표준편차가 0.09라고 한다. 신뢰도 95%, 허용오차 ±5%를 만족시키는 관측 횟수는 얼마인가? (단, t = 2.06이다.)

① 15 ② 55
③ 105 ④ 185

64 서블릭(Therblig)에 관한 설명으로 틀린 것은?

① 조립(A)은 효율적 서블릭이다.
② 검사(I)는 비효율적 서블릭이다.
③ 빈손이동(TE)은 효율적 서블릭이다.
④ 미리놓기(PP)는 비효율적 서블릭이다.

65 유해도가 높은 근골격계 부담작업의 공학적 개선에 속하는 것은?

① 적절한 작업자의 선발
② 작업자의 교육 및 훈련
③ 작업자의 작업속도 조절
④ 작업자의 신체에 맞는 작업장 개선

66 작업대의 개선방법으로 옳은 것은?

① 좌식작업대의 높이는 동작이 큰 작업에는 팔꿈치의 높이보다 약간 높게 설계한다.
② 입식작업대의 높이는 경작업의 경우 팔꿈치의 높이보다 5~10cm 정도 높게 설계한다.
③ 입식작업대의 높이는 중작업의 경우 팔꿈치의 높이보다 10~30cm 정도 낮게 설계한다.
④ 입식작업대의 높이는 정밀작업의 경우 팔꿈치의 높이보다 5~10cm 정도 낮게 설계한다.

67 근골격계질환의 예방원리에 관한 설명으로 옳은 것은?

① 예방보다는 신속한 사후조치가 효과적이다.
② 작업자의 신체적 특징 등을 고려하여 작업장을 설계한다.
③ 공학적 개선을 통해 해결하기 어려운 경우에는 그 공정을 중단한다.
④ 사업장 근골격계 예방정책에 노사가 협의하면 작업자의 참여는 중요하지 않다.

68 작업분석에서의 문제분석 도구 중에서 80-20의 원칙에 기초하여 빈도수별로 나열한 항목별 점유와 누적비율에 따라 불량이나 사고의 원인이 되는 중요 항목을 찾아가는 기법은?

① 특성 요인도
② 파레토 차트
③ PERT 차트
④ 산포도 기법

69 워크샘플링(work sampling)에 대한 설명으로 옳은 것은?

① 시간연구법보다 더 정확하다.
② 자료수집 및 분석시간이 길다.
③ 관측이 순간적으로 이루어져 작업에 방해가 적다.
④ 컨베이어 작업처럼 짧은 주기의 작업에 알맞다.

70 손과 손목 부위에 발생하는 근골격계질환이 아닌 것은?

① 결절종
② 수근관 증후군
③ 외상과염
④ 드퀘르뱅 건초염

71 정미시간이 개당 3분이고, 준비시간이 60분이며 로트 크기가 100개일 때 개당 표준시간은 얼마인가?

① 2.5분
② 2.6분
③ 3.5분
④ 3.6분

72 근골격계질환의 주요 발생요인이 아닌 것은?

① 넘어짐
② 잘못된 작업자세
③ 반복동작
④ 과도한 힘의 사용

73 디자인 프로세스 단계 중 대안의 도출을 위한 방법이 아닌 것은?

① 개선의 ECRS
② 5W1H 분석
③ SEARCH 원칙
④ Network Diagram

74 동작경제의 원칙이 아닌 것은?

① 공정 개선의 원칙
② 신체의 사용에 관한 원칙
③ 작업장의 배치에 관한 원칙
④ 공구 및 설비의 설계에 관한 원칙

중요도 ★☆☆

75 MTM(Method Time Measurement)법에서 사용되는 기호와 동작이 옳은 것은?

① P : 누름　　② M : 회전
③ R : 손뻗침　　④ AP : 잡음

중요도 ★★☆

76 4개의 작업으로 구성된 조립공정의 조립시간은 다음과 같고, 주기시간(Cycle Time)은 40초일 때, 공정효율은 얼마인가?

공정	A	B	C	D
시간(초)	10	20	30	40

① 52.5%　　② 62.5%
③ 72.5%　　④ 82.5%

중요도 ★☆☆

77 중량물 취급 시 작업자세에 관한 내용으로 틀린 것은?

① 무릎을 곧게 펼 것
② 중량물은 몸에 가깝게 할 것
③ 발을 어깨너비 정도로 벌릴 것
④ 목과 등이 거의 일직선이 되도록 할 것

78 사업장 근골격계질환 예방관리 프로그램에 관한 설명으로 적절하지 않은 것은?

① 의학적 관리를 포함한다.
② 팀으로 구성되어 진행된다.
③ 작업자가 직접 참여하는 프로그램이다.
④ 질환자가 3인 이상 발생될 경우 근골격계질환 예방관리 프로그램을 수립하여야 한다.

중요도 ★☆☆

79 작업분석을 통한 작업개선안 도출을 위해 문제가 되는 작업에 대하여 가장 우선적이고, 근본적으로 고려해야 하는 것은?

① 작업의 제거
② 작업의 결합
③ 작업의 변경
④ 작업의 단순화

중요도 ★★☆

80 공정도 중 소요시간과 운반거리도 함께 표현하고, 생산 공정에서 발생하는 잠복비용을 감소시키며, 사고의 원인을 파악하는 데 사용되는 기법은?

① 작업공정도(Operation Process Chart)
② 작업자공정도(Operator Process Chart)
③ 흐름(유통)공정도(Flow Process Chart)
④ 작업자흐름공정도(Man Flow Process Chart)

2017 3회 기출문제

1과목 인간공학개론

01 음의 한 성분이 다른 성분의 청각 감지를 방해하는 현상을 무엇이라 하는가?
① 밀폐효과
② 은폐효과
③ 소멸효과
④ 방해효과

02 인간의 시식별 능력에 영향을 주는 외적 인자와 가장 거리가 먼 것은?
① 휘도
② 과녁의 이동
③ 노출시간
④ 최소분간시력

03 코드화 시스템 사용상의 일반적인 지침과 가장 거리가 먼 것은?
① 정보를 코드화한 자극은 검출이 가능해야 한다.
② 2가지 이상의 코드 차원을 조합해서 사용하면 정보전달이 촉진된다.
③ 자극과 반응 간의 관계가 인간의 기대와 모순되지 않아야 한다.
④ 모든 코드 표시는 감지장치에 의하여 다른 코드 표시와 구별되어서는 안 된다.

04 시배분(time-sharing)에 대한 설명으로 적절하지 않은 것은?
① 시배분이 요구되는 경우 인간의 작업능률은 떨어진다.
② 청각과 시각이 시배분되는 경우에는 일반적으로 시각이 우월하다.
③ 시배분 작업은 처리해야 하는 정보의 가짓수와 속도에 의하여 영향을 받는다.
④ 음악을 들으며 책을 읽는 것처럼 동시에 2가지 이상을 수행해야 하는 상황을 의미한다.

05 제품, 공구, 장비 등의 설계 시에 적용하는 인체측정 자료의 응용원칙에 해당하지 않는 것은?
① 조절식 설계
② 기계식 설계
③ 극단값을 기준으로 한 설계
④ 평균값을 기준으로 한 설계

06 실현 가능성이 같은 N개의 대안이 있을 때 총 정보량(H)을 구하는 식으로 옳은 것은?
① $H = \log N^2$
② $H = \log_2 N$
③ $H = 2\log_2 N^2$
④ $H = \log 2N$

07 효율적인 공간의 배치를 위하여 적용되는 원리와 가장 거리가 먼 것은?

① 중요도의 원리
② 사용 빈도의 원리
③ 사용 순서의 원리
④ 작업방법의 원리

08 인간 – 기계 시스템의 설계원칙으로 가장 거리가 먼 것은?

① 인간의 신체적 특성에 적합하여야 한다.
② 시스템은 인간의 예상과 양립하여야 한다.
③ 기계의 효율과 같은 경제적 원칙을 우선시한다.
④ 계기반이나 제어장치의 중요성, 사용 빈도, 사용 순서, 기능에 따라 배치가 이루어져야 한다.

09 인체치수 데이터가 개인에 따라 차이가 발생하는 요인과 가장 거리가 먼 것은?

① 나이   ② 성별
③ 인종   ④ 작업 환경

10 인간의 오류모형에 있어 상황이나 목표 해석은 제대로 하였으나 의도와는 다른 행동을 하는 경우에 발생하는 오류는?

① 실수(slip)
② 착오(mistake)
③ 위반(violation)
④ 건망증(forgetfulness)

11 인간의 후각 특성에 대한 설명으로 틀린 것은?

① 후각은 청각에 비해 반응속도가 더 빠르다.
② 훈련을 통하면 식별 능력을 향상시킬 수 있다.
③ 특정한 냄새에 대한 절대적 식별 능력은 떨어진다.
④ 후각은 특정 물질이나 개인에 따라 민감도에 차이가 있다.

12 통계적 분석에서 사용되는 제1종 오류(α)를 설명한 것으로 옳지 않은 것은?

① $1 - \alpha$를 검출력(power)이라고 한다.
② 제1종 오류를 통계적 기각역이라고도 한다.
③ 발견한 결과가 우연에 의한 것일 확률을 의미한다.
④ 동일한 데이터의 분석에서 제1종 오류를 작게 설정할수록 제2종 오류가 증가할 수 있다.

13 어떤 물체나 표면에 도달하는 빛의 밀도를 무엇이라 하는가?

① 시력   ② 순응
③ 조도   ④ 간상체

14 인간공학의 연구 목적과 가장 거리가 먼 것은?

① 인간오류의 특성을 연구하여 사고를 예방
② 인간의 특성에 적합한 기계나 도구의 설계
③ 병리학을 연구하여 인간의 질병 퇴치에 기여
④ 인간의 특성에 맞는 작업환경 및 작업방법의 설계

15 정상 조명하의 5m 거리에서 볼 수 있는 원형 바늘 시계를 설계하고자 한다. 시계의 눈금 단위를 1분 간격으로 표시하고자 할 때, 권장되는 눈금 간의 간격은 최소 몇 mm정도인가?

① 9.15   ② 18.31
③ 45.75 ④ 91.55

16 표시장치와 제어장치를 포함하는 작업장을 설계할 때 우선 고려사항에 해당되지 않는 것은?

① 작업시간
② 제어장치와 표시장치와의 관계
③ 주 시각 임무와 상호작용하는 주 제어장치
④ 자주 사용되는 부품을 편리한 위치에 배치

17 sone과 phon에 대한 설명으로 틀린 것은?

① 20phon은 0.5sone이다.
② 10phon 증가 시마다 sone은 2배가 된다.
③ phon은 1000Hz 순음과의 상대적인 음량 비교이다.
④ phon은 음량과 주파수를 동시에 고려하여 도출된 수치이다.

18 신호검출이론(SDT)에서 신호의 유무를 판별함에 있어 4가지 반응 대안에 해당하지 않는 것은?

① 긍정(Hit)
② 채택(Acceptation)
③ 누락(Miss)
④ 허위(False Alarm)

19 선형 제어장치를 20cm 이동시켰을 때 선형 표시장치에서 지침이 5cm 이동되었다면, 제어반응(C/R)비는 얼마인가?

① 0.2   ② 0.25
③ 4.0   ④ 5.0

20 Norman이 제시한 사용자 인터페이스 설계 원칙에 해당하지 않는 것은?

① 가시성(visibility)의 원칙
② 피드백(feedback)의 원칙
③ 양립성(compatibility)의 원칙
④ 유지보수 경제성(maintenance economy)의 원칙

2과목 작업생리학

21 다음 그림과 같이 작업할 때 팔꿈치의 반작용력과 모멘트의 값은 얼마인가? (단, CG_1은 물체의 무게중심, CG_2는 하박의 무게중심, W_1은 물체의 하중, W_2는 하박의 하중이다.)

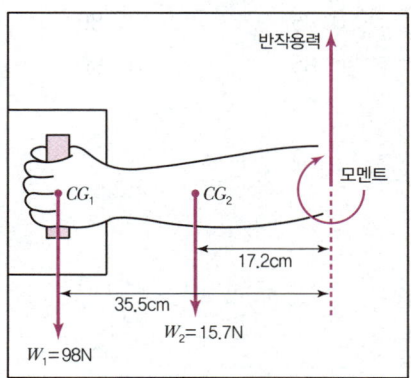

① 반작용력 : 79.3N, 모멘트 : 22.42N·m
② 반작용력 : 79.3N, 모멘트 : 37.5N·m
③ 반작용력 : 113.7N, 모멘트 : 22.42N·m
④ 반작용력 : 113.7N, 모멘트 : 37.5N·m

22 광원으로부터의 직사 휘광 처리가 틀린 것은?

① 가리개, 갓, 차양을 사용한다.
② 광원을 시선에서 멀리 위치시킨다.
③ 광원의 휘도를 높이고 수를 줄인다.
④ 휘광원 주위를 밝게 하여 광도비를 줄인다.

중요도 ★★☆

23 교대작업의 주의사항에 관한 설명으로 틀린 것은?

① 12시간 교대제가 적정하다.
② 야간근무는 2~3일 이상 연속하지 않는다.
③ 야간근무의 교대는 심야에 하지 않도록 한다.
④ 야간근무 종료 후에는 48시간 이상의 휴식을 갖도록 한다.

중요도 ★★★

24 산업안전보건법령상 소음작업이란 1일 8시간 작업을 기준으로 몇 데시벨 이상의 소음이 발생하는 작업을 말하는가?

① 75   ② 80
③ 85   ④ 90

25 골격근(skeletel muscle)에 대한 설명으로 틀린 것은?

① 골격근은 체중의 약 40%를 차지하고 있다.
② 골격근은 건(tendon)에 의해 뼈에 붙어 있다.
③ 골격근의 기본구조는 근원섬유(myofibril)이다.
④ 골격근은 400개 이상이 신체 양쪽에 쌍으로 있다.

중요도 ★★★

26 소음에 의한 청력손실이 가장 심하게 발생할 수 있는 주파수는?

① 1000Hz   ② 4000Hz
③ 10000Hz ④ 20000Hz

중요도 ★★☆

27 생리적 활동의 척도 중 Borg의 RPE(Ratings of Perceived Exertion) 척도에 대한 설명으로 틀린 것은?

① 육체적 작업부하의 주관적 평가방법이다.
② NASA-TLX와 동일한 평가척도를 사용한다.
③ 척도의 양끝은 최소 심장 박동수와 최대 심장 박동수를 나타낸다.
④ 작업자들이 주관적으로 지각한 신체적 노력의 정도를 6~20 사이의 척도로 평가한다.

중요도 ★★☆

28 근육 운동에 있어 장력이 활발하게 생기는 동안 근육이 가시적으로 단축되는 것을 무엇이라 하는가?

① 연축(twitch)
② 강축(tenanus)
③ 원심성 수축(eccentric contraction)
④ 구심성 수축(concentric contraction)

29 저온 스트레스의 생리적 영향에 대한 설명 중 틀린 것은?

① 저온 환경에 노출되면 혈관 수축이 발생한다.
② 저온 환경에 노출되면 발한(發汗)이 시작된다.
③ 저온 스트레스를 받으면 피부가 파랗게 보인다.
④ 저온 환경에 노출되면 떨기반사(shivering reflex)가 나타난다.

중요도 ★☆☆

30 인체 활동이나 작업종료 후에도 체내에 쌓인 젖산을 제거하기 위해 산소가 더 필요하게 되는데 이를 무엇이라 하는가?

① 산소 빚(oxygen debt)
② 산소 값(oxygen value)
③ 산소 피로(oxygen fatigue)
④ 산소 대사(oxygen metabolism)

중요도 ★★☆

31 윤활관절(synovial joint)인 팔굽관절(elbow joint)은 연결 형태를 기준으로 어느 관절에 해당되는가?

① 관절구(condyloid)
② 경첩관절(hinge joint)
③ 안장관절(saddle joint)
④ 구상관절(ball and socket joint)

32 근력에 관련된 설명 중 틀린 것은?

① 여성의 평균 근력은 남성의 약 65% 정도이다.
② 50세가 지나면 서서히 근력이 감소하기 시작한다.
③ 성별에 관계없이 25~35세에서 근력이 최고에 도달한다.
④ 운동을 통해서 약 30~40%의 근력 증가 효과를 얻을 수 있다.

중요도 ★☆☆

33 중량물 취급 시 쪼그려 앉아(squat) 들기와 등을 굽혀(stoop) 들기를 비교할 경우 에너지소비량에 영향을 미치는 인자 중 가장 관련이 깊은 것은?

① 작업자세 ② 작업방법
③ 작업속도 ④ 도구설계

34 생체 반응 측정에 관한 설명으로 틀린 것은?

① 혈압은 대동맥에서의 압력을 의미한다.
② 심전도는 P, Q, R, S, T파로 구성된다.
③ 1리터의 산소소비는 4kcal의 에너지소비와 같다.
④ 중간 정도의 작업에서 나타나는 심장박동률은 산소소비량과 선형적인 관계가 있다.

중요도 ★★★

35 신체에 전달되는 진동은 전신진동과 국소진동으로 구분되는데 진동원의 성격이 다른 것은?

① 크레인 ② 대형 운송차량
③ 지게차 ④ 휴대용 연삭기

중요도 ★☆☆

36 위치(positioning) 동작에 관한 설명으로 틀린 것은?

① 반응시간은 이동거리와 관계없이 일정하다.
② 위치동작의 정확도는 그 방향에 따라 달라진다.
③ 오른손의 위치동작은 우하-좌상 방향의 정확도가 높다.
④ 주로 팔꿈치의 선회로만 팔 동작을 할 때가 어깨를 많이 움직일 때보다 정확하다.

37 200cd인 점광원으로부터의 거리가 2m 떨어진 곳에서의 조도는 몇 럭스인가?

① 50
② 100
③ 200
④ 400

38 뇌파와 관련된 내용이 맞게 연결된 것은?

① α파 : 2~5Hz로 얕은 수면상태에서 증가한다.
② β파 : 5~10Hz로 불규칙적인 파동이다.
③ θ파 : 14~30Hz로 고(高)진폭파를 의미한다.
④ δ파 : 4Hz 미만으로 깊은 수면상태에서 나타난다.

39 호흡계의 기본적인 기능과 가장 거리가 먼 것은?

① 가스교환 기능
② 산-염기 조절 기능
③ 영양물질 운반 기능
④ 흡입된 이물질 제거 기능

40 육체 활동에 따른 에너지소비량이 가장 큰 것은?

①
②
③
④

3과목 산업심리학 및 관계법규

41 사고의 특성에 해당되지 않는 사항은?

① 사고의 시간성
② 사고의 재현성
③ 우연성 중의 법칙성
④ 필연성 중의 우연성

42 스트레스 요인에 관한 설명으로 틀린 것은?

① 성격유형에서 A형 성격은 B형 성격보다 스트레스를 많이 받는다.
② 일반적으로 내적 통제자들은 외적 통제자들보다 스트레스를 많이 받는다.
③ 역할 과부하는 직무기술서가 분명치 않은 관리직이나 전문직에서 더욱 많이 나타난다.
④ 집단의 압력이나 행동적 규범은 조직구성원에게 스트레스와 긴장의 원인으로 작용할 수 있다.

43 웨버(Max Weber)가 제창한 관료주의에 관한 설명으로 틀린 것은?

① 노동의 분업화를 전제로 조직을 구성한다.
② 부서장들의 권한 일부를 수직적으로 위임하도록 했다.
③ 단순한 계층구조로 상위리더의 의사결정이 독단화되기 쉽다.
④ 산업화 초기의 비규범적 조직운영을 체계화시키는 역할을 했다.

44 인간실수와 관련된 설명으로 틀린 것은?

① 생활변화 단위 이론은 사고를 촉진시킬 수 있는 상황인자를 측정하기 위하여 개발되었다.
② 반복사고자 이론이란 인간은 개인별로 불변의 특성이 있으므로 사고는 일으키는 사람이 계속 일으킨다는 이론이다.
③ 인간성능은 각성수준(arousal level)이 낮을수록 향상되므로 실수를 줄이기 위해서는 각성수준을 가능한 낮추도록 한다.
④ 피터슨의 동기부여 - 보상 - 만족모델에 따르면, 작업자의 동기부여에는 작업자의 능력과 작업분위기, 그리고 작업 수행에 따른 보상에 대한 만족이 큰 영향을 미친다.

45 FTA에서 입력사상 중 어느 하나라도 발생하면 출력사상이 발생되는 논리게이트는?

① OR gate
② AND gate
③ NOT gate
④ NOR gate

46 리더십 이론 중 관리그리드 이론에서 인간관계의 유지에는 낮은 관심을 보이지만 과업에 대해서는 높은 관심을 보이는 유형은?

① 인기형   ② 과업형
③ 타협형   ④ 무관심형

47 매슬로우(Maslow)가 제시한 욕구 단계에 포함되지 않는 것은?

① 안전 욕구   ② 존경의 욕구
③ 자아실현의 욕구   ④ 감성적 욕구

48 갈등 해결방안 중 자신의 이익이나 상대방의 이익에 모두 무관심한 것은?

① 경쟁   ② 순응
③ 타협   ④ 회피

49 지능과 작업 간의 관계를 설명한 것으로 가장 적절한 것은?

① 작업수행자의 지능이 높을수록 바람직하다.
② 작업수행자의 지능과 사고율 사이에는 관계가 없다.
③ 각 작업에는 그에 적정한 지능수준이 존재한다.
④ 작업특성과 작업자의 지능 간에는 특별한 관계가 없다.

50 하인리히(Heinrich)의 재해 발생이론에 관한 설명으로 틀린 것은?

① 사고를 발생시키는 요인에는 유전적 요인도 포함된다.
② 일련의 재해요인들이 연쇄적으로 발생한다는 도미노 이론이다.
③ 일련의 재해요인들 중 하나만 제거하여도 재해예방이 가능하다.
④ 불안전한 행동 및 상태는 사고 및 재해의 간접 원인으로 작용한다.

51 집단 내에서 권한의 행사가 외부에 의하여 선출, 임명된 지도자에 의해 이루어지는 것은?

① 멤버십 ② 헤드십
③ 리더십 ④ 매니저십

52 상시근로자 1000명이 근무하는 사업장의 강도율이 0.6이었다. 이 사업장의 재해 발생으로 인한 연간 총 근로 손실일수는 며칠인가? (단, 근로자 1인당 연간 2400시간을 근무하였다.)

① 1220일 ② 1320일
③ 1440일 ④ 1630일

53 대뇌피질의 활성 정도를 측정하는 방법은?

① EMG ② EOG
③ ECG ④ EEG

54 직무수행 준거 중 한 개인의 근무연수에 따른 변화가 비교적 적은 것은?

① 사고 ② 결근
③ 이직 ④ 생산성

55 NIOSH의 직무 스트레스 관리 모형에 관한 설명으로 틀린 것은?

① 직무 스트레스 요인에는 크게 작업 요인, 조직 요인 및 환경 요인으로 구분된다.
② 똑같은 작업 스트레스에 노출된 개인들은 스트레스에 대한 지각과 반응에서 차이를 보이지 않는다.
③ 조직 요인에 의한 직무 스트레스에는 역할 모호성, 역할 갈등, 의사 결정에의 참여도, 승진 및 직무의 불안정성 등이 있다.
④ 작업 요인에 의한 직무 스트레스에는 작업 부하, 작업속도 및 작업과정에 대한 작업자의 통제정도, 교대근무 등이 포함된다.

56 어떤 사업장의 생산라인에서 완제품을 검사하는데, 어느 날 5000개의 제품을 검사하여 200개를 부적합품으로 처리하였으나 이 로트에 실제로 1000개의 부적합품이 있었을 때, 로트당 휴먼에러를 범하지 않을 확률은 약 얼마인가?

① 0.16 ② 0.20
③ 0.80 ④ 0.84

57 휴먼에러(Human Error) 예방 대책이 아닌 것은?

① 무결점에 대한 대책
② 관리 요인에 대한 대책
③ 인적 요인에 대한 대책
④ 설비 및 작업환경적 요인에 대한 대책

58 새로운 작업을 수행할 때 근로자의 실수를 예방하고 정확한 동작을 위해 다양한 조건에서 연습한 결과로 나타나는 것은?

① 상기 스키마(Recall Schema)
② 동작 스키마(Motion Schema)
③ 도구 스키마(Instrument Schema)
④ 정보 스키마(Information Schema)

중요도 ★★★

59 호손(Hawthorne)의 연구 결과에 기초할 때 작업자의 작업능률에 영향을 미치는 주요한 요인은?

① 작업조건　② 생산방식
③ 인간관계　④ 작업자 특성

60 물품의 중량과 무게중심에 대하여 작업장 주변에 안내표지를 해야 하는 중량물의 기준은?

① 5kg 이상
② 10kg 이상
③ 15kg 이상
④ 20kg 이상

4과목　근골격계질환 예방을 위한 작업관리

61 다양한 작업자세의 신체 전반에 대한 부담 정도를 분석하는 데 적합한 기법은?

① JSI　　② QEC
③ NLE　　④ REBA

중요도 ★☆☆

62 표준자료법에 대한 설명 중 틀린 것은?

① 표준 자료 작성은 초기비용이 적기 때문에 생산량이 적은 경우에 유리하다.
② 일단 한번 작성되면 유사한 작업에 대한 신속한 표준시간 설정이 가능하다.
③ 작업조건이 불안정하거나 표준화가 곤란한 경우에는 표준자료 설정이 곤란하다.
④ 정미시간을 종속변수, 작업에 영향을 주는 요인을 독립변수로 취급하여 두 변수 사이의 함수관계를 바탕으로 표준시간을 구한다.

중요도 ★☆☆

63 작업자가 동종의 기계를 복수로 담당하는 경우, 작업자 한 사람이 담당해야 할 이론적인 기계대수(n)를 구하는 식으로 옳은 것은? (단, a는 작업자와 기계의 동시 작업시간의 총 합, b는 작업자만의 총 작업시간, t는 기계만의 총 가동시간이다.)

① $n = \dfrac{(a+t)}{(a+b)}$　② $n = \dfrac{(a+b)}{(a+t)}$

③ $n = \dfrac{(a+b)}{(b+t)}$　④ $n = \dfrac{(b+t)}{(a+b)}$

64 워크샘플링 조사에서 주요작업의 추정비율(p)이 0.06이라면 99% 신뢰도를 위한 워크샘플링 횟수는 몇 회인가? (단, $\mu_{0.005}$는 2.58, 허용오차는 0.01이다.)

① 3744　　② 3755
③ 3764　　④ 3745

65 공정도(process chart)에 사용되는 기호와 명칭이 잘못 연결된 것은?

① D : 저장　　② ⇨ : 운반
③ □ : 검사　　④ ○ : 작업

66 개선의 ECRS에 대한 내용으로 옳은 것은?

① Economic : 경제성
② Combine : 결합
③ Reduce : 절감
④ Specification : 규격

67 NIOSH의 들기 지수에 관한 설명으로 틀린 것은?

① 들기 지수는 요추의 디스크 압력에 대한 기준치이다.
② 들기 횟수는 분당 들기 횟수를 기준으로 설정되어 있다.
③ 들기 지수가 1 이상인 경우 추천 무게를 넘는 것으로 간주한다.
④ 들기 자세는 수평거리, 수직거리, 이동거리의 3개 요인으로 계산한다.

68 어떤 결과에 영향을 미치는 크고 작은 요인들을 계통적으로 파악하기 위한 작업분석 도구로 적합한 것은?

① PERT/CPM
② 간트 차트
③ 파레토 차트
④ 특성 요인도

69 팔꿈치 부위에 발생하는 근골격계질환의 유형에 해당하는 것은?

① 외상과염
② 수근관 증후군
③ 추간판 탈출증
④ 바르텐베르그 증후군

70 관측평균은 1분, Rating 계수는 120%, 여유시간은 0.05분이다. 내경법에 의한 여유율과 표준시간은?

① 여유율 : 4.0%, 표준시간 : 1.05분
② 여유율 : 4.0%, 표준시간 : 1.25분
③ 여유율 : 4.2%, 표준시간 : 1.05분
④ 여유율 : 4.2%, 표준시간 : 1.25분

71 시설배치방법 중 공정별 배치방법의 장점에 해당하는 것은?

① 운반 길이가 짧아진다.
② 작업진도의 파악이 용이하다.
③ 전문적인 작업지도가 용이하다.
④ 제공품이 적고, 생산길이가 짧아진다.

72 근골격계 부담작업 유해요인조사와 관련하여 틀린 것은?

① 사업주는 유해요인조사에 근로자대표 또는 해당 작업 근로자를 참여시켜야 한다.
② 유해요인조사의 내용은 작업장 상황, 작업조건, 근골격계질환 증상 및 징후를 포함한다.
③ 신설되는 사업장의 경우에는 신설일로부터 2년 이내에 최초 유해요인조사를 실시하여야 한다.
④ 유해요인조사는 매 3년마다 실시되는 정기적 조사와 특정한 사유 발생 시 실시하는 수시조사가 있다.

73 레이팅 방법 중 Westinghouse 시스템은 4가지 측면에서 작업자의 수행도를 평가하여 합산하는데 이러한 4가지에 해당하지 않는 것은?

① 노력   ② 숙련도
③ 성별   ④ 작업환경

74 근골격계질환의 원인으로 가장 거리가 먼 것은?

① 작업 특성 요인
② 개인적 특성 요인
③ 사회 심리적인 요인
④ 법률적인 기준에 따른 요인

75 근골격계질환의 예방 대책으로 적절한 내용이 아닌 것은?

① 질환자에 대한 재활프로그램 및 산업재해보험의 가입
② 충분한 휴식시간의 제공과 스트레칭 프로그램의 도입
③ 적절한 공구의 사용 및 올바른 작업방법에 대한 작업자 교육
④ 작업자의 신체적 특성과 작업내용을 고려한 작업장 구조의 인간공학적 개선

76 사업장 근골격계질환 예방관리 프로그램에 있어 예방·관리 추진팀의 역할이 아닌 것은?

① 교육 및 훈련에 관한 사항을 결정하고 실행한다.
② 예방·관리 프로그램의 수립 및 수정에 관한 사항을 결정한다.
③ 근골격계질환의 증상·유해요인 보고 및 대응체계를 구축한다.
④ 유해요인 평가 및 개선계획의 수립과 시행에 관한 사항을 결정하고 실행한다.

77 작업관리에서 사용되는 기본형 5단계 문제해결 절차로 가장 적절한 것은?

① 자료의 검토 → 연구대상 선정 → 개선안의 수립 → 분석과 기록 → 개선안의 도입
② 자료의 검토 → 연구대상 선정 → 분석과 기록 → 개선안의 수립 → 개선안의 도입
③ 연구대상 선정 → 자료의 검토 → 분석과 기록 → 개선안의 수립 → 개선안의 도입
④ 연구대상 선정 → 분석과 기록 → 자료의 검토 → 개선안의 수립 → 개선안의 도입

중요도 ★☆☆

78 동작 분석 시 스패너에 손을 뻗치는 동작의 적절한 서블릭(Therblig) 기호는?

① H ② P
③ TE ④ SH

중요도 ★★☆

79 작업개선의 일반적 원리에 대한 내용으로 틀린 것은?

① 충분한 여유 공간
② 단순 동작의 반복화
③ 자연스러운 작업자세
④ 과도한 힘의 사용 감소

중요도 ★★☆

80 동작경제의 원칙에서 작업장 배치에 관한 원칙에 해당하는 것은?

① 각 손가락이 서로 다른 작업을 할 때 작업량을 각 손가락의 능력에 맞게 분배한다.
② 사용하는 장소에 부품이 가까이 도달할 수 있도록 중력을 이용한 부품 상자나 용기를 사용한다.
③ 손과 신체의 동작은 작업을 원만하게 처리할 수 있는 범위 내에서 가장 낮은 동작등급을 사용한다.
④ 눈의 초점을 모아야 할 수 있는 작업은 가능한 적게 하고, 이것이 불가피할 경우 두 작업 간의 거리를 짧게 한다.

2018년 1회 기출문제

1과목 인간공학개론

중요도 ★★☆

01 청각의 특성 중 2개음 사이의 진동수 차이가 얼마 이상이 되면 울림(beat)이 들리지 않고 각각 다른 두 개의 음으로 들리는가?

① 5Hz ② 11Hz
③ 22Hz ④ 33Hz

중요도 ★★★

02 작업대 공간의 배치 원리와 가장 거리가 먼 것은?

① 기능성의 원리
② 사용 순서의 원리
③ 중요도의 원리
④ 오류 방지의 원리

중요도 ★☆☆

03 사용자의 기억단계에 대한 설명으로 옳은 것은?

① 잔상은 단기기억(short-term memory)의 일종이다.
② 인간의 단기기억(short-term memory) 용량은 유한하다.
③ 장기기억을 작업기억(working memory)이라고도 한다.
④ 정보를 수 초 동안 기억하는 것을 장기기억(long-term memory)이라 한다.

중요도 ★☆☆

04 시스템의 성능 평가척도의 설명으로 옳은 것은?

① 적절성 : 평가척도가 시스템의 목표를 잘 반영해야 한다.
② 실제성 : 기대되는 차이에 적합한 단위로 측정할 수 있어야 한다.
③ 무오염성 : 비슷한 환경에서 평가를 반복할 경우에 일정한 결과를 나타낸다.
④ 신뢰성 : 측정하려는 변수 이외의 다른 변수들의 영향을 받지 않아야 한다.

05 최소치를 이용한 인체측정치 원리를 적용해야 할 것은?

① 문의 높이
② 안전대의 하중강도
③ 비상탈출구의 크기
④ 기구조작에 필요한 힘

중요도 ★★☆

06 그림은 인간-기계 통합 체계의 인간 또는 기계에 의해서 수행되는 기본 기능의 유형이다. 그림의 A부분에 가장 적합한 내용은?

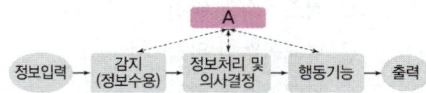

① 통신 ② 정보수용
③ 정보보관 ④ 신체제어

07 동적 표시장치에 해당하는 것은?
① 도표　　② 지도
③ 속도계　④ 도로 표지판

08 조종장치에 대한 설명으로 옳은 것은?
① C/R비가 크면 민감한 장치이다.
② C/R비가 작은 경우에는 조종장치의 조종시간이 적게 필요하다.
③ C/R비가 감소함에 따라 이동시간은 감소하고, 조종시간은 증가한다.
④ C/R비가 반응장치의 움직인 거리를 조종장치의 움직인 거리로 나눈 값이다.

09 빛이 어떤 물체에 반사되어 나온 양을 지칭하는 용어는?
① 휘도(Brightness)
② 조도(Illumination)
③ 반사율(Reflectance)
④ 광량(Luminous intensity)

10 출입문, 탈출구, 통로의 공간, 줄사다리의 강도 등은 어떤 설계기준을 적용하는 것이 바람직한가?
① 조절식 원칙
② 최소치수의 원칙
③ 평균치수의 원칙
④ 최대치수의 원칙

11 음압 수준이 100dB인 1000Hz 순음의 sone 값은 얼마인가?
① 32　　② 64
③ 128　④ 256

12 인간공학과 관련된 용어로 사용되는 것이 아닌 것은?
① Ergonomics
② Just In Time
③ Human Factors
④ User Interface Design

13 양립성에 관한 설명으로 틀린 것은?
① 직무에 알맞은 자극과 응답방식에 대한 것을 직무 양립성이라고 한다.
② 표시장치와 제어장치의 움직임에 관련된 것을 운동 양립성이라고 한다.
③ 코드와 기호를 인간들의 사고에 일치시키는 것을 개념적 양립성이라고 한다.
④ 제어장치와 표지장치의 물리적 배열이 사용자 기대와 일치하도록 하는 것을 공간적 양립성이라고 한다.

14 반응시간이 가장 빠른 감각은?
① 미각　② 후각
③ 시각　④ 청각

15 시스템의 평가척도 유형으로 볼 수 없는 것은?

① 인간 기준(Human criteria)
② 관리 기준(management criteria)
③ 시스템 기준(system-descriptive criteria)
④ 작업 성능 기준(task performance criteria)

16 시각장치를 사용하는 경우보다 청각장치가 더 유리한 경우는?

① 전언이 복잡할 때
② 전언이 후에 재참조될 때
③ 전언이 즉각적인 행동을 요구할 때
④ 직무상 수신자가 한 곳에 머무를 때

17 표시장치를 사용할 때 자극 전체를 직접 나타내거나 재생시키는 대신, 정보나 자극을 암호화하는 경우가 흔하다. 이와 같이 정보를 암호화하는 데 있어서 지켜야 할 일반적 지침으로 볼 수 없는 것은?

① 암호의 민감성   ② 암호의 양립성
③ 암호의 변별성   ④ 암호의 검출성

18 암순응에 대한 설명으로 옳은 것은?

① 암순응 때에 원추세포는 감수성을 갖게 된다.
② 어두운 곳에서는 주로 간상세포에 의해 보게 된다.
③ 어두운 곳에서 밝은 곳으로 들어갈 때 발생한다.
④ 완전 암순응에는 일반적으로 5~10분 정도 소요된다.

19 신호 검출이론에 의하면 시그널(Signal)에 대한 인간의 판정 결과는 4가지로 구분되는데 이 중 시그널을 노이즈(Noise)로 판단한 결과를 지칭하는 용어는 무엇인가?

① 긍정(hit)
② 누락(miss)
③ 허위(false alarm)
④ 부정(correct rejection)

20 발생확률이 0.1과 0.9로 다른 2개의 이벤트의 정보량은 발생 확률이 0.5로 같은 2개의 이벤트의 정보량에 비해 어느 정도 감소되는가?

① 51%   ② 52%
③ 53%   ④ 54%

2과목 작업생리학

21 주파수가 가청영역 이하인 소음을 무엇이라고 하는가?

① 충격 소음   ② 초음파 소음
③ 간헐 소음   ④ 초저주파 소음

22 한랭대책으로서 개인위생에 해당되지 않는 사항은?

① 과음을 피할 것
② 식염을 많이 섭취할 것
③ 더운 물과 더운 음식을 섭취할 것
④ 얼음 위에서 오랫동안 작업하지 말 것

23 최대산소소비능력(MAP ; Maximum Aerobic Power)에 대한 설명으로 틀린 것은?

① 근육과 혈액 중에 축적되는 젖산의 양이 감소한다.
② 이 수준에서는 주로 혐기성 에너지대사가 발생한다.
③ 20세 전후로 최고가 되었다가 나이가 들수록 점차로 줄어들다.
④ 산소섭취량이 일정 수준에 도달하면 더 이상 증가하지 않는다.

24 정적작업과 국소 근육피로에 대한 설명으로 적절하지 않은 것은?

① 근육이 발휘할 수 있는 힘의 최대치를 MVC라 한다.
② 국소 근육피로를 측정하기 위하여 산소소비량이 측정된다.
③ 국소 근육피로는 정적인 근육수축을 요구하는 직무들에서 자주 관찰된다.
④ MVC의 10퍼센트 미만인 경우에만 정적 수축이 거의 무한하게 유지될 수 있다.

25 장기간 침상 생활을 하던 환자의 뼈가 정상인의 뼈보다 쉽게 골절이 일어나는 이유는 뼈의 어떤 기능에 의해 설명되는가?

① 재형성 기능
② 조혈 기능
③ 지렛대 기능
④ 지지 기능

26 연축(twitch)이 일어나는 일련의 과정이 옳은 것은?

① 근섬유의 자극 → 활동전압 → 흥분수축 연결 → 근원섬유의 수축
② 활동전압 → 근섬유의 자극 → 흥분수축 연결 → 근원섬유의 수축
③ 흥분수축 연결 → 활동전압 → 근섬유의 자극 → 근원섬유의 수축
④ 근원섬유의 수축 → 근섬유의 자극 → 활동전압 → 흥분수축 연결

중요도 ★★★

27 허리 부위의 요추는 몇 개의 뼈로 구성되어 있는가?

① 4개   ② 5개
③ 6개   ④ 7개

28 근력에 관한 설명으로 틀린 것은?

① 근력이란 수의적인 노력으로 근육이 등장성으로 낼 수 있는 힘의 최대치이다.
② 정적근력의 측정은 피검자가 고정적 물체에 대하여 최대 힘을 내도록 하여 측정한다.
③ 동적근력은 가속과 관절 각도 변화가 힘의 발휘에 영향을 미치므로 측정에 어려움이 있다.
④ 근력의 측정은 자세, 관절 각도, 동기 등의 인자가 영향을 미치므로 반복 측정이 필요하다.

29 힘에 대한 설명으로 틀린 것은?

① 능동적 힘은 근수축에 의하여 생성된다.
② 힘은 근골격계를 움직이거나 안정시키는 데 작용한다.
③ 수동적 힘은 관절 주변의 결합조직에 의하여 생성된다.
④ 능동적 힘과 수동적 힘은 근절의 안정길이에서 발생한다.

중요도 ★☆☆

30 전신진동의 영향에 대한 설명으로 틀린 것은?

① 10~25Hz에서 시성능이 가장 저하된다.
② 5Hz 이하의 낮은 진동수에서 운동성능이 가장 저하된다.
③ 머리와 어깨 부위의 공명주파수는 20~30Hz 이다.
④ 등이나 허리뼈에 가장 위험한 주파수는 60~90Hz이다.

31 자율신경계의 교감, 부교감신경에 대한 설명 중 틀린 것은?

① 교감신경은 동공을 축소시키고, 부교감신경은 동공을 확장시킨다.
② 교감신경은 동공을 확장시키고, 부교감신경은 동공을 축소시킨다.
③ 교감신경은 심장 박동을 촉진시키고, 부교감신경은 심장 박동을 억제시킨다.
④ 교감신경은 소화 운동을 억제시키고, 부교감신경은 소화 운동을 촉진시킨다.

중요도 ★★★

32 남성 작업자의 육체작업에 대한 에너지가를 평가한 결과 산소소모량이 1.5L/min이 나왔다. 작업자의 4시간에 대한 휴식시간은 약 몇 분 정도인가? (단, Murrell의 공식을 이용한다.)

① 75분   ② 100분
③ 125분   ④ 150분

중요도 ★☆☆

33 근육이 수축할 때 생성 및 소모되는 물질(에너지원)이 아닌 것은?

① 글리코겐(glycogen)
② CP(creatine phosphate)
③ 글리콜리시스(glycolysis)
④ ATP(adenosine triphosphate)

중요도 ★☆☆

34 인간이 휴식을 취하고 있을 때 혈액이 가장 많이 분포하는 신체 부위는?

① 뇌   ② 심장근육
③ 근육   ④ 소화기관

중요도 ★★☆

35 일반적으로 소음계는 주파수에 따른 사람의 느낌을 감안하여 A, B, C 세 가지 특성에서 음압을 측정할 수 있도록 보정되어 있는데, A특성치란 몇 phon의 등음량곡선과 비슷하게 주파수에 따른 반응을 보정하여 측정한 음압 수준을 말하는가?

① 20   ② 40
③ 70   ④ 100

36 공기정화시설을 갖춘 사무실에서의 환기기준으로 옳은 것은?

① 환기횟수는 시간당 2회 이상으로 한다.
② 환기횟수는 시간당 3회 이상으로 한다.
③ 환기횟수는 시간당 4회 이상으로 한다.
④ 환기횟수는 시간당 6회 이상으로 한다.

37 실내표면에서 추천반사율이 낮은 것부터 높은 순서대로 나열한 것은?

① 벽<가구<천장<바닥
② 천장<벽<가구<바닥
③ 가구<바닥<벽<천장
④ 바닥<가구<벽<천장

38 일반적인 성인 남성 작업자의 산소소비량이 2.5L/min일 때, 에너지소비량은 약 얼마인가?

① 7.5kcal/min
② 10.0kcal/min
③ 12.5kcal/min
④ 15.0kcal/min

39 빛의 측정치를 나타내는 단위의 관계가 틀린 것은?

① 1fc = 10lux
② 반사율 = 휘도/조도
③ 1candela = 10lumen
④ 조도 = 광도/단위 면적(m^2)

40 신체의 작업부하에 대하여 작업자들이 주관적으로 지각한 신체적 노력의 정도를 6~20의 값으로 평가한 척도는 무엇인가?

① 부정맥지수
② 점멸융합주파수(VFF)
③ 운동자각도(Borg's RPE)
④ 최대산소소비능력(Maximum Aerobic Power)

3과목 산업심리학 및 관계법규

41 제조물 책임법상 제조업자가 제조물에 대하여 제조·가공상의 주의의무를 이행하였는지에 관계없이 제조물이 원래 의도한 설계와 다르게 제조·가공됨으로써 안전하지 못하게 된 경우에 해당되는 결함은?

① 제조상의 결함
② 설계상의 결함
③ 표시상의 결함
④ 기타 유형의 결함

42 사고의 유형, 기인물 등 분류항목을 큰 순서대로 분류하여 사고방지를 위해 사용하는 통계적 원인분석 도구는?

① 관리도(Control Chart)
② 크로스도(Cross Diagram)
③ 파레토도(Pareto Diagram)
④ 특성 요인도(Cause and Effect Diagram)

43 리더십 이론 중 관리격자 이론에서 인간에 대한 관심이 낮은 유형은?

① 타협형 ② 인기형
③ 이상형 ④ 무관심형

44 알더퍼(P. Alderfer)의 EGR 이론에서 3단계로 나눈 욕구 유형에 속하지 않은 것은?

① 성취욕구 ② 성장욕구
③ 존재욕구 ④ 관계욕구

45 레빈(Lewin)의 인간행동에 관한 공식은?

① B = f(P · E)   ② B = f(P · B)
③ B = E(P · f)   ④ B = f(B · E)

46 Max Weber가 제시한 관료주의 조직을 움직이는 4가지 기본원칙으로 틀린 것은?

① 구조 ② 노동의 분업
③ 권한의 통제 ④ 통제의 범위

47 집단역학에 있어 구성원 상호 간의 선호도를 기초로 집단 내부에서 발생하는 상호관계를 분석하는 기법을 무엇이라 하는가?

① 갈등 관리
② 소시오메트리
③ 시너지 효과
④ 집단의 응집력

48 인간의 불안전 행동을 예방하기 위해 Harvey에 의해 제안된 안전대책의 3E에 해당하지 않는 것은?

① Education   ② Enforcement
③ Engineering ④ Environment

49 재해 발생에 관한 하인리히(H.W. Heinrich)의 도미노 이론에서 제시된 5가지 요인에 해당하지 않는 것은?

① 제어의 부족
② 개인적 결함
③ 불안전한 행동 및 상태
④ 유전 및 사회 환경적 요인

50 휴먼에러로 이어지는 배경 원인이 아닌 것은?

① 인간(Man)
② 매체(Media)
③ 관리(Management)
④ 재료(Material)

51 선택반응시간(Hick의 법칙)과 동작시간(Fitts의 법칙)의 공식에 대한 설명으로 옳은 것은?

- 선택반응시간 $= a + b\log_2 N$
- 동작시간 $= a + b\log_2\left(\dfrac{2A}{W}\right)$

① N은 자극과 반응의 수, A는 목표물의 너비, W는 움직인 거리를 나타낸다.
② N은 감각기관의 수, A는 목표물의 너비, W는 움직인 거리를 나타낸다.
③ N은 자극과 반응의 수, A는 움직인 거리, W는 목표물의 너비를 나타낸다.
④ N은 감각기관의 수, A는 움직인 거리, W는 목표물의 너비를 나타낸다.

52 평균 근로자 수가 2000명인 회사에서 1년에 중상해 1명과 경상해 1명이 발생하였다. 연천인률은 얼마인가?

① 0.5 ② 1
③ 2   ④ 4

53 작업수행에 의해 발생하는 피로를 방지, 경감시키고 효율적으로 회복시키는 방법으로 틀린 것은?

① 동일한 작업을 될 수 있는 한 적은 에너지로 수행할 수 있도록 한다.
② 정적 근작업을 하도록 하여 작업자의 에너지소비를 될 수 있는 한 줄인다.
③ 작업속도나 작업의 정확도가 작업자에게 너무 과중하게 되지 않도록 한다.
④ 작업방법을 개선하여 무리한 자세로 작업이 진행되지 않도록 하고 특히 정적 근작업을 배제한다.

54 리더십의 유형에 따라 나타나는 특징에 대한 설명으로 틀린 것은?

① 권위주의적 리더십 : 리더에 의해 모든 정책이 결정된다.
② 권위주의적 리더십 : 각 구성원의 업적을 평가할 때 주관적이기 쉽다.
③ 민주적 리더십 : 모든 정책은 리더에 의해 지원을 받는 집단 토론식으로 결정된다.
④ 민주적 리더십 : 리더는 보통 과업과 그 과업을 함께 수행할 구성원을 지정해 준다.

55 인간오류확률 추정 기법 중 초기 사건을 이원적(binary) 의사결정(성공 또는 실패) 가지들로 모형화하고, 이 이후의 사건들의 확률은 모두 선행 사건에 대한 조건부 확률을 부여하여 이원적 의사결정 가지들로 분지해 나가는 방법은?

① 결함 나무 분석(Fault Tree Analysis)
② 조작자 행동 나무(Operator Action Tree)
③ 인간오류 시뮬레이터(Human Acyion Tree)
④ 인간실수율 예측기법(Technique for Human Error Rate Prediction)

56 오류를 범할 수 없도록 사물을 설계하는 기법은?

① Fail-Safe 설계
② Interlock 설계
③ Exclusion 설계
④ Prevention 설계

57 인간신뢰도에 대한 설명으로 옳은 것은?

① 반복되는 이산적 직무에서 인간실수확률은 단위 시간당 실패수로 표현한다.
② 인간신뢰도는 인간의 성능이 특정한 기간 동안 실수를 범하지 않을 확률로 정의된다.
③ THERP는 완전 독립에서 완전 정(正)종속까지의 비연속을 종속 정도에 따라 3수준으로 분류하여 직무의 종속성을 고려한다.
④ 연속적 직무에서 인간의 실수율이 불변(stationary)이고, 실수과정이 과거와 무관(independent)하다면 실수과정은 베르누이 과정으로 묘사된다.

58 인간이 장시간 주의를 집중하지 못하는 것은 주의의 어떤 특성 때문인가?

① 선택성　② 방향성
③ 변동성　④ 대칭성

59 미국의 산업안전보건연구원(NIOSH)에서 직무 스트레스 요인에 해당하지 않는 것은?

① 성능 요인　② 환경 요인
③ 작업 요인　④ 조직 요인

60 스트레스에 관한 설명으로 틀린 것은?

① 위협적인 환경특성에 대한 개인의 반응이라고 볼 수 있다.
② 스트레스 수준은 작업 성과와 정비례의 관계에 있다.
③ 적정수준의 스트레스는 작업성과에 긍정적으로 작용할 수 있다.
④ 지나친 스트레스를 지속적으로 받으며 인체는 자기조절능력을 상실할 수 있다.

4과목 근골격계질환 예방을 위한 작업관리

61 파레토 차트에 관한 설명으로 틀린 것은?

① 재고관리에서는 ABC곡선으로 부르기도 한다.
② 20% 정도에 해당하는 중요한 항목을 찾아내는 것이 목적이다.
③ 불량이나 사고의 원인이 되는 중요한 항목을 찾아 관리하기 위하여다.
④ 작성 방법은 빈도수가 낮은 항목부터 큰 항목 순으로 차례대로 나열하고, 항목별 점유비율과 누적비율을 구한다.

62 유해요인조사도구 중 JSI(Job Strain Index)의 평가 항목에 해당하지 않는 것은?

① 손/손목의 자세
② 1일 작업의 생산량
③ 힘을 발휘하는 강도
④ 힘을 발휘하는 지속시간

63 근골격계질환 예방을 위한 바람직한 관리적 개선 방안으로 볼 수 없는 것은?

① 규칙적이고 적절한 휴식을 통하여 피로의 누적을 예방한다.
② 작업 확대를 통하여 한 작업자가 할 수 있는 일의 다양성을 넓힌다.
③ 전문적인 스트레칭과 체조 등을 교육하고 작업 중 수시로 실시하도록 유도한다.
④ 중량물 운반 등 특정 작업에 적합한 작업자를 선별하여 상대적 위험도를 경감시킨다.

64 적절한 입식작업대 높이에 대한 설명으로 옳은 것은?

① 일반적으로 어깨 높이를 기준으로 한다.
② 작업자의 체격에 따라 작업대의 높이가 조정 가능하도록 하는 것이 좋다.
③ 미세부품 조립과 같은 섬세한 작업일수록 작업대의 높이는 낮아야 한다.
④ 일반적인 조립라인이나 기계 작업 시에는 팔꿈치 높이보다 5~10cm 높아야 한다.

65 손동작(manual operation)을 목적에 따라 효율적인 기본동작과 비효율적인 기본동작으로 구분한 것은?

① Task   ② Motion
③ Process   ④ Therbling

66 SEARCH 원칙에 대한 내용으로 틀린 것은?

① Composition : 구성
② How often : 얼마나 자주
③ Alter sequence : 순서의 변경
④ Simplify operation : 작업의 단순화

67 동작경제의 원칙 3가지 범주에 들어가지 않은 것은?

① 작업개선의 원칙
② 신체의 사용에 관한 원칙
③ 작업장의 배치에 관한 원칙
④ 공구 및 설비의 디자인에 관한 원칙

68 작업관리에 관한 설명으로 틀린 것은?

① Gilbreth 부부는 적은 노력으로 최대의 성과를 짧은 시간에 이룰 수 있는 작업방법을 연구한 동작연구(Motion Study)의 창시자로 알려져 있다.
② Taylor(Frederick W. Taylor)는 벽돌 쌓기 작업을 대상으로 작업방법과 작업도구를 개선하였으며 이를 발전시켜 과학적 관리법을 주장하였다.
③ 작업관리는 생산성 향상을 목적으로 경제적인 작업방법을 연구하는 작업연구와 표준작업시간을 결정하기 위한 작업측정으로 구분할 수 있다.
④ Hawthorn의 실험결과는 작업장의 물리적 조건보다는 인간관계와 같은 사회적 조건이 생산성에 더 큰 영향을 준다는 사실에 관심을 갖도록 한 시발점이 되었다.

69 워크샘플링 조사에서 초기 idle rate가 0.05라면, 99% 신뢰도를 위한 워크샘플링 회수는 약 몇 회인가? (단, u_1는 2.58이다.)

① 1232   ② 2557
③ 3060   ④ 3162

70 A공장의 한 컨베이어 라인에는 5개의 작업공정으로 이루어져 있다. 각 작업공정의 작업시간이 다음과 같을 때 이 공정의 균형효율은 약 얼마인가? (단, 작업은 작업자 1명이 맡고 있다.)

㉠	→	㉡	→	㉢	→	㉣	→	㉤
5분		7분		6분		6분		3분

① 21.86%   ② 22.86%
③ 78.14%   ④ 77.14%

71 관측 평균시간이 5분, 레이팅계수가 120%, 여유시간이 0.4분인 작업에서 제품의 개당 표준시간과 여유율(%)을 내경법에 의하여 구하면 각각 얼마인가?

① 4.5분, 2.20% ② 6.4분, 6.25%
③ 8.5분, 7.25% ④ 9.7분, 10.25%

72 공정도에 사용되는 공정도 기호인 "○"으로 표시하기에 가장 적합한 것은?

① 작업 대상물을 다른 장소로 옮길 때
② 작업 대상물이 분해되거나 조립할 때
③ 작업 대상물을 지정된 장소에 보관할 때
④ 작업 대상물이 올바르게 시행되었는지를 확인할 때

73 사람이 행하는 작업을 기본동작으로 분류하고, 각 기본동작들을 동작의 성질과 조건에 따라 이미 정해진 기준 시간을 적용하여 전체 작업의 정미시간을 구하는 방법은?

① PTS법
② Rating법
③ Therblig분석
④ Work Sampling법

74 근골격계질환 예방관리 프로그램의 기본 원칙에 속하지 않는 것은?

① 인식의 원칙
② 시스템 접근의 원칙
③ 일시적인 문제 해결의 원칙
④ 사업장 내 자율적 해결 원칙

75 상완, 전완, 손목을 그룹 A로 목, 상체, 다리를 그룹 B로 나누어 측정, 평가하는 유해요인의 평가방법은?

① RULA(Rapid Upper Limb Assessment)
② REBA(Rapid Entire Body Assessment)
③ OWAS(Ovako Working-posture Analysis System)
④ NIOSH 들기작업지침(Revised NIOSH Lifting Equation)

76 NOISH Lifting Equation(NLE) 평가에서 권장무게한계(Recommended Weight Limit)가 20kg이고 현재 작업물의 무게가 23kg일 때, 들기 지수(Lifting Index)의 값과 이에 대한 평가로 옳은 것은?

① 0.87. 요통의 발생위험이 낮다.
② 0.87, 작업을 재설계할 필요가 있다.
③ 1.15, 요통의 발생위험이 높다.
④ 1.15, 작업을 재설계할 필요가 없다.

77 근골격계질환 중 어깨 부위 질환이 아닌 것은?

① 외상과염(lateral epicondlitis)
② 극상근 건염(supraspinatus tendinitis)
③ 건봉하 점액낭염(subacromial bursitis)
④ 상완이두 건막염(biciptal tenosynovitis)

중요도 ★★★

78 근골격계질환의 예방에서 단기적 관리방안으로 볼 수 없는 것은?

① 안전한 작업방법의 교육
② 작업자에 대한 휴식시간의 배려
③ 근골격계질환 예방·관리 프로그램의 도입
④ 휴게실, 운동시설 등 기타 관리시설의 확충

중요도 ★★☆

79 다음 설명은 수행도 평가의 어느 방법을 설명한 것인가?

- 작업을 요소작업으로 구분한 후, 시간 연구를 통해 개별시간을 구한다.
- 요소작업 중 임의로 작업자 조절이 가능한 요소를 정한다.
- 선정된 작업에서 PTS 시스템 중 한 개를 적용하여 대응되는 시간치를 구한다.
- PTS법에 의한 시간치와 관측 시간 간의 비율을 구하여 레이팅계수를 구한다.

① 속도평가법
② 객관적평가법
③ 합성평가법
④ 웨스팅하우스법

80 근골격계질환을 유발시킬 수 있는 주요 부담작업에 대한 설명으로 옳은 것은?

① 충격 작업의 경우 분당 2회를 기준으로 한다.
② 단순반복작업은 대개 4시간을 기준으로 한다.
③ 들기작업의 경우 10kg, 25kg이 기준무게로 사용된다.
④ 쥐기(grip)작업의 경우 쥐는 힘과 1kg과 4.5kg을 기준으로 사용한다.

2018 3회 기출문제

1과목 인간공학개론

01 시스템 평가척도의 요건에 대한 설명으로 적절하지 않은 것은?

① 신뢰성 : 평가를 반복할 경우 일정한 결과를 얻을 수 있다.
② 실제성 : 현실성을 가지며, 실질적으로 이용하기 쉽다.
③ 타당성 : 측정하고자 하는 평가척도가 시스템의 목표를 반영한다.
④ 무오염성 : 측정하고자 하는 변수 이외의 외적 변수에 영향을 받는다.

02 광도(luminous intensity)를 측정하는 단위는?

① lux
② candela
③ lumen
④ lambert

03 정신 작업부하를 측정하는 척도로 적합하지 않은 것은?

① 심박수
② Cooper-Harper 축척(scale)
③ 주임무(primary task) 수행에 소요된 시간
④ 부임무(secondary task) 수행에 소요된 시간

04 기계가 인간보다 더 우수한 기능이 아닌 것은? (단, 인공지능은 제외한다.)

① 자극에 대하여 연역적으로 추리한다.
② 이상하거나 예기치 못한 사건들을 감지한다.
③ 장시간에 걸쳐 신뢰성 있는 작업을 수행한다.
④ 암호화된 정보를 신속하고, 정확하게 회수한다.

05 버스의 의자 앞뒤 사이의 간격을 설계할 때 적용하는 인체치수 적용 원리로 가장 적절한 것은?

① 평균치 원리
② 최대치 원리
③ 최소치 원리
④ 조절식 원리

06 제어장치와 표시장치의 일반적인 설계원칙이 아닌 것은?

① 눈금이 움직이는 동침형 표시장치를 우선 적용한다.
② 눈금을 조절 노브와 같은 방향으로 회전시킨다.
③ 눈금 수치는 왼쪽에서 오른쪽으로 돌릴 때 증가하도록 한다.
④ 증가량을 설정할 때 제어장치를 시계방향으로 돌리도록 한다.

중요도 ★★☆

07 촉각적 표시장치에 대한 설명으로 옳은 것은?

① 시각 및 청각 표시장치를 대체하는 장치로 사용할 수 없다.
② 3점 문턱값(Three - Point Threshold)을 척도로 사용한다.
③ 세밀한 식별이 필요한 경우 손가락보다 손바닥 사용을 유도해야 한다.
④ 촉감은 피부온도가 낮아지면 나빠지므로, 저온 환경에서 촉감 표시장치를 사용할 때는 아주 주의하여야 한다.

중요도 ★★☆

08 소리의 차폐효과(masking)에 관한 설명으로 옳은 것은?

① 주파수별로 같은 소리의 크기를 표시한 개념이다.
② 하나의 소리가 다른 소리의 판별에 방해를 주는 현상이다.
③ 내이(inner ear)의 달팽이관(Cochlea) 안에 있는 섬모(fiber)가 소리의 주파수에 따라 민감하게 반응하는 현상이다.
④ 하나의 소리의 크기가 다른 소리에 비해 몇 배나 크게(또는 작게) 느껴지는지를 기준으로 소리의 크기를 표시하는 개념이다.

중요도 ★☆☆

09 정상 조명하에서 100m 거리에서 볼 수 있는 원형 시계탑을 설계하고자 한다. 시계의 눈금 단위를 1분 간격으로 표시하고자 할 때 원형문자판의 직경은 약 몇 cm인가?

① 250   ② 300
③ 350   ④ 400

10 시각의 기능에 대한 설명으로 틀린 것은?

① 밤에는 빨강색보다는 초록색이나 파란색이 잘 보인다.
② 눈이 초점을 맞출 수 있는 가장 가까운 거리를 근점이라 한다.
③ 근시인 사람은 수정체가 얇아져 가까운 물체를 제대로 볼 수 없다.
④ 간상체나 원추체가 빛을 흡수하면 화학반응이 일어나 뇌로 전달된다.

11 작업환경 측정법이나 소음 규제법에서 사용되는 음의 강도의 척도는?

① dB(A)   ② dB(B)
③ Sone   ④ Phon

12 구성요소 배치의 원칙에 관한 기술 중 틀린 것은?

① 사용빈도를 고려하여 배치한다.
② 작업공간의 활용을 고려하여 배치한다.
③ 기능적으로 관련된 구성요소들을 한데 모아서 배치한다.
④ 시스템의 목적을 달성하는 데 중요한 정도를 고려하여 배치한다.

13 정보이론의 응용과 가장 거리가 먼 것은?

① 정보이론에 따르면 자극의 수와 반응시간은 무관하다.
② 주의를 번갈아 가며 두 가지 이상의 일을 돌보아야 하는 것을 시배분이라 한다.
③ 단일 차원의 자극에서 확인할 수 있는 범위는 Magic number 7 ± 2로 제시되었다.
④ 선택반응시간은 자극 정보량의 선형함수임을 나타내는 것이 Hick-Hyman법칙이다.

14 회전운동을 하는 조종장치의 레버를 25° 움직였을 때 표시장치의 커서는 1.5cm 이동하였다. 레버의 길이가 15cm일 때 이 조종장치의 C/R비는 약 얼마인가?

① 2.09
② 3.49
③ 4.36
④ 5.23

15 인체측정에 관한 설명으로 틀린 것은?

① 활동 중인 신체의 자세를 측정한 것을 기능적 치수라 한다.
② 일반적으로 구조적 치수는 나이, 성별, 인종에 따라 다르게 나타난다.
③ 인간 - 기계 시스템의 설계에서는 구조적 치수만을 활용하여야 한다.
④ 표준자세에서 움직이지 않는 상태를 인체측정기로 측정한 측정치를 구조적 치수라 한다.

16 Wickens의 인간의 정보처리체계(human information processing) 모형에 따라 외부자극으로 인한 정보가 처리될 때 인간의 주의집중(attention resources)이 관여하지 않는 것은?

① 인식(perception)
② 감각저장(sensory storage)
③ 작업기억(working memory)
④ 장기기억(long-term memory)

17 인간공학의 정보이론에 있어 1bit에 관한 설명으로 가장 적절한 것은?

① 초당 최대 정보 기억 용량이다.
② 정보 저장 및 회송(recall)에 필요한 시간이다.
③ 2개의 대안 중 하나가 명시되었을 때 얻어지는 정보량이다.
④ 일시에 보낼 수 있는 정보전달 용량의 크기로서 통신 채널의 Capacity를 의미한다.

18 인간 - 기계 시스템의 설계원칙으로 적절하지 않은 것은?

① 인체의 특성에 적합하여야 한다.
② 인간의 기계적 성능에 적합하여야 한다.
③ 시스템의 동작은 인간의 예상과 일치되어야 한다.
④ 단독의 기계를 배치하는 경우 기계의 성능을 우선적으로 고려하여야 한다.

19 신호 및 경보등의 경우 빛의 검출성에 따라서 신호, 경보 효과가 달라지는데, 빛의 검출성에 영향을 주는 인자에 해당되지 않는 것은?

① 색광
② 배경광
③ 점멸속도
④ 신호등 유리의 재질

20 인간공학의 목적과 가장 거리가 먼 것은?

① 생산성 향상
② 안전성 향상
③ 사용성 향상
④ 인간기능 향상

2과목 작업생리학

21. 신체 부위를 움직이지 않으면서 고정된 물체에 힘을 가하는 상태의 근력을 의미하는 용어는?

① 등장성 근력(isotonie strength)
② 등척성 근력(isometric strength)
③ 등속성 근력(isokinetic strength)
④ 등관성 근력(isoinertial strength)

22. 어떤 들기작업을 한 후 작업자의 배기를 3분간 수집한 후 60리터(liter)의 가스를 가스 분석기로 성분을 조사하였더니, 산소는 16%, 이산화탄소는 4%이었다. 분당 산소소비량과 에너지가(價)를 구한 것으로 옳은 것은? (단, 공기 중 산소는 21%, 질소는 79%를 차지하고 있다.)

① 1.053L/min, 5.265kcal/min
② 1.053L/min, 10.525kcal/min
③ 2.105L/min, 5.265kcal/min
④ 2.105L/min, 10.525kcal/min

23. 휴식을 취할 때나 힘든 작업을 수행할 때 혈류량의 변화가 없는 기관은?

① 뼈   ② 근육
③ 소화기계   ④ 심장

24. 근육이 피로해질수록 근전도(EMG) 신호의 변화로 옳은 것은?

① 저주파 영역이 증가하고 진폭도 커진다.
② 저주파 영역이 감소하나 진폭은 커진다.
③ 저주파 영역이 증가하나 진폭은 작아진다.
④ 저주파 영역이 감소하고 진폭도 작아진다.

25. 척추를 구성하고 있는 뼈 가운데 요추의 수는 몇 개인가?

① 5개   ② 6개
③ 7개   ④ 8개

26. 진동방지 대책으로 적합하지 않은 것은?

① 진동의 강도를 일정하게 유지한다.
② 작업자는 방진 장갑을 착용하도록 한다.
③ 공장의 진동 발생원을 기계적으로 격리한다.
④ 진동 발생원을 작동시키기 위하여 원격제어를 사용한다.

27. 정신적 부하 측정치로 가장 거리가 먼 것은?

① 뇌전도   ② 부정맥지수
③ 근전도   ④ 점멸융합주파수

28. 환경요소와 관련한 복합지수 중 열과 관련된 것이 아닌 것은?

① 긴장지수(strain index)
② 습건지수(oxford index)
③ 열압박지수(heat stress index)
④ 유효온도(effective temperature)

29 육체적인 작업을 수행할 때 생리적 변화에 대한 설명으로 틀린 것은?

① 작업부하가 지속적으로 커지면 산소흡입량이 증가할 수 있다.
② 정적인 작업의 부하가 커지면 심박출량과 심박수가 감소한다.
③ 교대작업을 하는 작업자는 수면 부족, 식욕부진 등을 일으킬 수 있다.
④ 서서 하는 작업이 앉아서 하는 작업보다 심혈관계의 순환이 활발해질 수 있다.

30 기초대사량(BMR)에 관한 설명으로 틀린 것은?

① 기초대사량은 개인차가 심하며 나이에 따라 달라진다.
② 일상생활을 하는 데 필요한 단위 시간당 에너지양이다.
③ 일반적으로 체격이 크고 젊은 남성의 기초대사량이 크다.
④ 공복상태로 쾌적한 온도에서 신체적 휴식을 취하는 엄격한 조건에서 측정한다.

31 신체의 지지와 보호 및 조혈 기능을 담당하는 것은?

① 근육계   ② 순환계
③ 신경계   ④ 골격계

32 진동에 의한 영향으로 틀린 것은?

① 심박수가 감소한다.
② 약간의 과도(過度) 호흡이 일어난다.
③ 장시간 노출 시 근육 긴장을 증가시킨다.
④ 혈액이나 내분비의 화학적 성질이 변하지 않는다.

33 실내표면의 추천반사율이 높은 곳에서 낮은 순으로 맞게 나열된 것은?

① 창문 발(blind) - 사무실 천장 - 사무용 기기 - 사무실 바닥
② 사무실 바닥 - 사무실 천장 - 창문 발(blind) - 사무실 바닥
③ 사무실 천장 - 창문 발(blind) - 사무용 기기 - 사무실 바닥
④ 사무용 기기 - 사무실 바닥 - 사무실 천장 - 창문 발(blind)

34 육체적 작업을 위하여 휴식시간을 산정할 때 가장 관련이 깊은 척도는?

① 눈 깜빡임 수(blink rate)
② 점멸 융합 주파수(flicker test)
③ 부정맥 지수(cardiac arrhythmia)
④ 에너지대사율(relative metabolic rate)

35 음식물을 섭취하여 기계적인 일과 열로 전환하는 화학적인 과정을 무엇이라 하는가?

① 에너지가   ② 산소 부채
③ 신진대사   ④ 에너지소비량

36 작업장에서 8시간 동안 85dB(A)로 2시간, 90dB(A)로 3시간, 95dB(A)로 3시간 소음에 노출되었을 경우 소음노출지수는? (단, 국내의 관련 규정을 따른다.)

① 0.975   ② 1.125
③ 1.25   ④ 1.5

37 근육의 수축에 대한 설명으로 틀린 것은?

① 근육이 최대로 수축할 때 Z선이 A대에 맞닿는다.
② 근섬유(muscle fiber)가 수축하면 I대 및 H대가 짧아진다.
③ 근육이 수축할 때 근세사(myofilament)의 원래 길이는 변하지 않는다.
④ 근육이 수축하면 굵은 근세사(myofilament)가 가는 근세사 사이로 미끄러져 들어간다.

38 교대작업에 대한 설명으로 틀린 것은?

① 일반적으로 야간근무자의 사고 발생률이 높다.
② 교대작업은 생산설비의 가동률을 높이고자 하는 제도 중의 하나이다.
③ 교대작업 주기를 자주 바꿔주는 것이 근무자의 건강에 도움이 된다.
④ 상대적으로 가벼운 작업을 야간근무조에 배치하고 업무 내용을 탄력적으로 조정한다.

39 생체역학 용어에 대한 설명으로 틀린 것은?

① 힘의 3소요는 크기, 방향, 작용점이다.
② 벡터(vector)는 크기와 방향을 갖는 양이다.
③ 스칼라(scalar)는 벡터양과 유사하나 방향이 다르다.
④ 모멘트(moment)란 변형시킬 수 있거나 회전시킬 수 있는 관절에 가해지는 힘이다.

중요도 ★★☆

40 눈으로 볼 수 있는 빛의 가시광선 파장에 속하는 것은?

① 250nm   ② 600nm
③ 1000nm ④ 1200nm

3과목 산업심리학 및 관계법규

중요도 ★★★

41 재해예방의 4원칙에 해당되지 않는 것은?

① 예방 가능의 원칙
② 손실 우연의 원칙
③ 보상 분배의 원칙
④ 대책 선정의 원칙

중요도 ★★★

42 원자력발전소 주제어실의 직부는 4명의 운전원으로 구성된 근무조에 수행되고, 이들의 직무 간에는 서로 영향을 끼치게 된다. 근무조원 중 1차 계통의 운전원 A와 2차 계통의 운전원 B 간의 직무는 중간 정도의 의존성(15%)이 있다. 그리고 운전원 A의 기초 HEP Prob{A} = 0.001일 때, 운전원 B의 직무실패를 조건으로 한 운전원 A의 직무실패확률은? (단, THERP 분석법을 사용한다.)

① 0.151   ② 0.161
③ 0.171   ④ 0.181

43 작업자의 인지과정을 고려한 휴먼에러의 정성적 분석방법이 아닌 것은?

① 연쇄적 오류모형
② GEMS(Generic Error Modeling System)
③ PHECA(Potential Human Error Cause Analysis)
④ CREAM(Cognitive Reliability Error Analysis Method)

44 손과 발 등의 동작시간과 이동시간이 표적의 크기와 표적까지의 거리에 따라 결정된다는 법칙은?

① Fitts의 법칙
② Alderfer의 법칙
③ Rasmussen의 법칙
④ Hicks-Hymann의 법칙

45 안전 수단을 생략하는 원인으로 적합하지 않은 것은?

① 감정
② 의식 과잉
③ 피로
④ 주변의 영향

46 많은 동작들이 바뀌는 신호등이나 청각적 경계신호와 같은 외부자극을 계기로 하여 시작된다. 자극이 있은 후 동작을 개시할 때까지 걸리는 시간은 무엇이라 하는가?

① 동작시간
② 반응시간
③ 감지시간
④ 정보처리시간

47 피로의 생리학적(physiological) 측정방법과 거리가 먼 것은?

① 뇌파 측정(EEG)
② 심전도 측정(ECG)
③ 근전도 측정(EMG)
④ 변별역치 측정(촉각계)

48 통제적 집단행동 요소가 아닌 것은?

① 관습
② 유행
③ 군중
④ 제도적 행동

49 A사업장의 도수율이 2로 계산되었다면, 이에 대한 해석으로 가장 적절한 것은?

① 근로자 1000명당 1년 동안 발생한 재해자 수가 2명이다.
② 근로자 1000명당 1년간 발생한 사망자 수가 2명이다.
③ 연 근로시간 1000시간당 발생한 근로손실 일수가 2일이다.
④ 연 근로시간 합계 100만 인시(man-hour)당 2건의 재해가 발생하였다.

50 제조물 책임법에서 동일한 손해에 대하여 배상할 책임이 있는 사람이 최소한 몇 명 이상이어야 연대하여 그 손해를 배상할 책임이 있는가?

① 2인 이상
② 4인 이상
③ 6인 이상
④ 8인 이상

51 동기를 부여하는 방법이 아닌 것은?

① 상과 벌을 준다.
② 경쟁을 자제하게 한다.
③ 근본이념을 인식시킨다.
④ 동기부여의 최적 수준을 유지한다.

52 정서노동(emotional labor)의 정의를 가장 적절하게 설명한 것은?

① 스트레스가 심한 사람을 상대하는 노동
② 정서적으로 우울 성향이 높은 사람을 상대하는 노동
③ 조직에 부정적 정서를 갖고 있는 종업원들의 노동
④ 자신이 느끼는 원래 정서와는 다른 정서를 고객에게 의무적으로 표현해야 하는 노동

중요도 ★★☆

53 다음은 인적 오류가 발생한 사례이다. Swain Guttman이 사용한 개별적 독립행동에 의한 오류 중 어느 것에 해당하는가?

> 컨베이어 벨트 수리공이 작업을 시작하면서 동료에게 컨베이어 벨트의 작동버튼을 살짝 눌러서 벨트를 조금만 움직이라고 이른 뒤 수리작업을 시작하였다. 그러나 작동버튼 옆에서 서성이던 동료가 순간적으로 중심을 잃으면서 작동버튼을 힘껏 눌러 컨베이어벨트가 전속력으로 움직이며 수리공의 신체 일부가 끼이는 사고가 발생하였다.

① 시간 오류(timing error)
② 순서 오류(sequence error)
③ 부작위 오류(omission error)
④ 작위 오류(commission error)

54 재해 발생원인 중 불안전한 상태에 해당하는 것은?

① 보호구의 결함
② 불안전한 조작
③ 안전장치 기능의 제거
④ 불안전한 자세 및 위치

중요도 ★★☆

55 호손(Hawthorne) 연구의 내용으로 옳은 것은?

① 종업원의 이직률을 결정하는 중요한 요인은 임금수준이다.
② 호손 연구의 결과는 맥그리거(McGreger)의 XY이론 중 X이론을 지지한다.
③ 작업자의 작업능률은 물리적인 작업조건보다는 인간관계의 영향을 더 많이 받는다.
④ 종업원의 높은 임금 수준이나 좋은 작업조건 등은 개인의 직무에 대한 불만족을 방지하고 직무 동기 수준을 높인다.

중요도 ★☆☆

56 전술적(tactical) 에러, 전략적(operational) 에러, 그리고 관리구조(organizational) 결함 등의 용어를 사용하여 사고연쇄반응에 대한 이론을 제안한 사람은?

① 버드(Bird)
② 아담스(Adams)
③ 웨버(Weaver)
④ 하인리히(Heinrich)

57 스트레스 수준과 수행(성능) 사이의 일반적 관계는?

① W형 ② 뒤집힌 U형
③ U자형 ④ 증가하는 직선형

58 리더십 이론 중 관리그리드 이론에서 인간에 대한 관심이 높은 유형으로만 나열된 것은?

① 인기형, 타협형
② 인기형, 이상형
③ 이상형, 타협형
④ 이상형, 과업형

59. 미사일을 탐지하는 경보 시스템이 있다. 조작자는 한 시간마다 일련의 스위치를 작동해야 하는데 휴먼에러확률(HEP)은 0.01이다. 2시간에서 5시간까지의 인간신뢰도는 약 얼마인가?

① 0.9412 ② 0.9510
③ 0.9606 ④ 0.9704

60. 게스탈트 지각원리에 해당하지 않은 것은?

① 근접성의 원리
② 유사성의 원리
③ 부분 우세의 원리
④ 대칭성 원리

4과목 근골격계질환 예방을 위한 작업관리

61. 어느 회사의 컨베이어 라인에서 작업순서가 다음 표의 번호와 같이 구성되어 있을 때, 설명 중 옳은 것은?

작업	1. 조립	2. 납땜	3. 검사	4. 포장
시간(초)	10초	9초	8초	7초

① 공정 손실은 15%이다.
② 애로 작업은 검사작업이다.
③ 라인의 주기 시간은 7초이다.
④ 라인의 시간당 생산량은 6개이다.

62. 1시간을 TMU(Time Measurement Unit)로 환산한 것은?

① 0.036TMU   ② 27.8TMU
③ 1667TMU   ④ 100000TMU

63. 들기작업의 안전 작업 범위 중 주의 작업 범위에 해당하는 것은?

① 팔을 몸체에 붙이고 손목만 위, 아래로 움직일 수 있는 범위
② 팔은 완전히 뻗어서 손을 어깨까지 들어올리고 허벅지까지 내리는 범위
③ 물체를 놓치기 쉽거나 허리가 안전하게 그 무게를 지탱할 수 없는 범위
④ 팔꿈치를 몸의 측면에 붙이고 손이 어깨 높이에서 허벅지 부위까지 닿을 수 있는 범위

64. 근골격계질환의 예방원리에 관한 설명으로 가장 적절한 것은?

① 예방이 최선의 정책이다.
② 작업자의 정신적 특징 등을 고려하여 작업장을 설계한다.
③ 공학적 개선을 통해 해결하기 어려운 경우에는 그 공정을 중단한다.
④ 사업장 근골격계질환의 예방정책에 노사가 협의하면 작업자의 참여는 중요하지 않다.

65. 작업관리의 궁극적인 목적인 생산성 향상을 위한 대상 항목이 아닌 것은?

① 노동   ② 기계
③ 재료   ④ 세금

66 NIOSH의 들기작업지침에서 들기 지수 값이 1이 되는 경우 대상 중량물의 무게는 얼마인가?

① 18kg   ② 21kg
③ 23kg   ④ 25kg

67 작업연구의 내용과 가장 관계가 먼 것은?

① 재고량 관리
② 표준시간의 산정
③ 최선의 작업방법 개발과 표준화
④ 최적 작업방법에 의한 작업자 훈련

68 설비배치를 분석하는 데 있어 가장 필요한 것은?

① 서블릭   ② 유통선도
③ 관리도   ④ 간트 차트

69 다음 중 작업 대상물의 품질 확인이나 수량의 조사, 검사 등에 사용되는 공정도 기호에 해당하는 것은?

① ○   ② □
③ △   ④ ⇨

70 작업개선에 따른 대안을 도출하기 위한 사항과 가장 거리가 먼 것은?

① 다른 사람에게 열심히 탐문한다.
② 유사한 문제로부터 아이디어를 얻도록 한다.
③ 현재의 작업방법을 완전히 잊어버리도록 한다.
④ 대안 탐색 시에는 양보다 질에 우선순위를 둔다.

71 근골격계질환 중 손과 손목에 관련된 질환으로 분류되지 않는 것은?

① 결절종(Ganglion)
② 수근관 증후군(Carpal Tunnel Syndrome)
③ 회전근개 증후군(Rotator Cuff Syndrome)
④ 드퀘르뱅 건초염(Dequervain's Syndrome)

72 근골격계질환 발생의 주요한 작업 위험요인으로 분류하기에 적절하지 않은 것은?

① 부적절한 휴식
② 과도한 반복작업
③ 작업 중 과도한 힘의 사용
④ 작업 중 적절한 스트레칭의 부족

73 근골격계질환 예방·관리 프로그램의 실행을 위한 보건관리자의 역할과 가장 밀접한 관계가 있는 것은?

① 기본 정책을 수립하여 근로자에게 알려야 한다.
② 예방·관리 프로그램의 수립 및 수정에 관한 사항을 결정한다.
③ 예방·관리 프로그램의 개발·평가에 적극적으로 참여하고 준수한다.
④ 주기적인 근로자 면담 등을 통하여 근골격계질환 증상 호소자를 조기에 발견하는 일을 한다.

74 유해요인의 공학적 개선사례로 볼 수 없는 것은?

① 로봇을 도입하여 수작업을 자동화하였다.
② 중량물 작업개선을 위하여 호이스트를 도입하였다.
③ 작업량 조정을 위하여 컨베이어의 속도를 재설정하였다.
④ 작업피로 감소를 위하여 바닥을 부드러운 재질로 교체하였다.

75 신체 사용에 관한 동작경제 원칙으로 틀린 것은?

① 두 손은 순차적으로 동작하도록 한다.
② 두 팔의 동작은 서로 반대방향에서 대칭적으로 움직이도록 한다.
③ 손과 신체의 동작은 작업을 원만하게 처리할 수 있는 범위 내에서 가장 낮은 동작등급을 사용한다.
④ 가능한 관성을 이용하여 작업을 하되, 작업자가 관성을 억제해야 하는 경우에는 발생하는 관성을 최소한으로 줄인다.

76 정미시간이 0.177분인 작업을 여유율 10%에서 외경법으로 계산하면 표준시간이 0.195분이 된다. 이를 8시간 기준으로 계산하면 여유시간은 총 44분이 된다. 같은 작업을 내경법으로 계산할 경우 8시간 기준으로 총 여유시간은 약 몇 분이 되겠는가? (단, 여유율은 외경법과 동일하다.)

① 12분 ② 24분
③ 48분 ④ 60분

77 작업측정에 관한 설명으로 틀린 내용은?

① 정미시간은 반복생산에 요구되는 여유시간을 포함한다.
② 인적 여유는 생리적 욕구에 의해 작업이 지연되는 시간을 포함한다.
③ 레이팅은 측정 작업 시간을 정상작업 시간으로 보정하는 과정이다.
④ TV 조립공정과 같이 짧은 주기의 작업은 비디오 촬영에 의한 시간연구법이 좋다.

78 워크샘플링 방법 중 관측을 등간격 시점마다 행하는 것은?

① 랜덤 샘플링
② 층별 비례 샘플링
③ 체계적 워크샘플링
④ 퍼포먼스 워크샘플링

79 OWAS에 대한 설명이 아닌 것은?

① 핀란드에서 개발되었다.
② 중량물의 취급은 포함하지 않는다.
③ 정밀한 작업자세 분석은 포함하지 않는다.
④ 작업자세를 평가 또는 분석하는 checklist이다.

80 문제분석을 위한 기법 중 원과 직선을 이용하여 아이디어, 문제, 개념 등을 개괄적으로 빠르게 설정할 수 있도록 도와주는 연역적 추론 기법에 해당하는 것은?

① 공정도(process chart)
② 마인드 맵핑(mind Mapping)
③ 파레토 차트(pareto chart)
④ 특성 요인도(cause and effect diagram)

2019 1회 기출문제

1과목 인간공학개론

01 인간의 피부가 느끼는 3종류의 감각에 속하지 않는 것은?

① 압각 ② 통각
③ 온각 ④ 미각

02 각각의 변수가 다음과 같을 때, 정보량을 구하는 식으로 틀린 것은?

- n : 대안의 수
- p : 대안의 실현확률
- p_k : 각 대안의 실패확률
- p_i : 각 대안의 실현확률

① $H = \log_2 n$
② $H = \log_2 \left(\dfrac{1}{p}\right)$
③ $H = \sum_{i=1}^{n} p_i \log_2 \left(\dfrac{1}{p_i}\right)$
④ $H = \sum_{k=0}^{n} p_k + \log_2 \left(\dfrac{1}{p_k}\right)$

03 물리적 공간의 구성요소를 배열하는 데 적용될 수 있는 원리에 대한 설명으로 틀린 것은?

① 사용빈도 원리 : 자주 사용되는 구성요소를 편리한 위치에 두어야 한다.
② 기능성 원리 : 대표 기능을 수행하는 구성요소를 편리한 위치에 배치해야 한다.
③ 중요도 원리 : 시스템 목표 달성에 중요한 구성요소를 편리한 위치에 두어야 한다.
④ 사용 순서 원리 : 구성요소들 간의 관련 순서나 사용 패턴에 따라 배치해야 한다.

04 어떤 시스템의 사용성을 평가하기 위해 사용하는 기준으로 적절하지 않은 것은?

① 효율성
② 학습 용이성
③ 가격 대비 성능
④ 기억 용이성

05 Fitts의 법칙에 관한 설명으로 옳은 것은?

① 표적이 작을수록, 이동거리가 짧을수록 작업의 난이도와 소요 이동시간이 증가한다.
② 표적이 작을수록, 이동거리가 길수록 작업의 난이도와 소요 이동시간이 증가한다.
③ 표적이 클수록, 이동거리가 길수록 작업의 난이도와 소요 이동시간이 증가한다.
④ 표적이 클수록, 이동거리가 짧을수록 작업의 난이도와 소요 이동시간이 증가한다.

06 귀의 청각 과정이 순서대로 올바르게 나열된 것은?

① 신경전도 → 액체전도 → 공기전도
② 공기전도 → 액체전도 → 신경전도
③ 액체전도 → 공기전도 → 신경전도
④ 신경전도 → 공기전도 → 액체전도

07 신호검출이론을 적용하기에 가장 적합하지 않은 것은?

① 의료 진단　② 정보량 측정
③ 음파 탐지　④ 품질 검사 과업

08 회전운동을 하는 조종장치의 레버를 30° 움직였을 때 표시장치의 커서는 4cm 이동하였다. 레버의 길이가 20cm일 때, 이 조종장치의 C/R비는 약 얼마인가?

① 2.62　② 5.24
③ 8.33　④ 10.48

09 밀러(Miller)의 신비의 수(Magic Number) 7±2와 관련이 있는 인간의 정보처리 계통은?

① 장기기억　② 단기기억
③ 감각기관　④ 제어기관

10 인간공학 연구에 사용되는 기준(criterion, 종속변수) 중 인적 기준(human criterion)에 해당하지 않은 것은?

① 보전도　② 사고 빈도
③ 주관적 반응　④ 인간 성능

11 시력에 관한 설명으로 틀린 것은?

① 근시는 수정체가 두꺼워져 먼 물체를 볼 수 없다.
② 시력은 시각(visual angle)의 역수로 측정한다.
③ 시각(visual angle)은 표적까지의 거리를 표적두께로 나누어 계산한다.
④ 눈이 파악할 수 있는 표적사이의 최소공간을 최소분간시력(minimum separable acuity)이라고 한다.

12 인간의 나이가 많아짐에 따라 시각 능력이 쇠퇴하여 근시력이 나빠지는 이유로 가장 적절한 것은?

① 시신경의 둔화로 동공의 반응이 느려지기 때문
② 세포의 팽창으로 망막에 이상이 발생하기 때문
③ 수정체의 투명도가 떨어지고 유연성이 감소하기 때문
④ 안구 내의 공막이 얇아져 영양 공급이 잘 되지 않기 때문

13 음 세기(sound intensity)에 관한 설명으로 옳은 것은?

① 음 세기의 단위는 Hz이다.
② 음 세기는 소리의 고저와 관련이 있다.
③ 음 세기는 단위 시간에 단위 면적을 통과하는 음의 에너지를 말한다.
④ 음압 수준(sound pressure level) 측정 시 주로 2000Hz 순음을 기준 음압으로 사용한다.

14 청각적 코드화 방법에 관한 설명으로 틀린 것은?

① 진동수는 많을수록 좋으며, 간격은 좁을수록 좋다.
② 음의 방향은 두 귀 간의 강도차를 확실하게 해야 한다.
③ 강도(순음)의 경우는 1000~4000Hz로 한정할 필요가 있다.
④ 지속시간은 0.5초 이상 지속시키고, 확실한 차이를 두어야 한다.

15 인체측정 자료의 유형에 대한 설명으로 틀린 것은?

① 기능적 치수는 정적 자세에서의 신체치수를 측정한 것이다.
② 정적 치수에 의해 나타나는 값과 동적 치수에 의해 나타나는 값은 다르다.
③ 정적 치수에는 골격 치수(skeletal dimension)와 외곽 치수(contour dimension)가 있다.
④ 우리나라에서는 국가기술표준원 주관하에 'SIZE KOREA'라는 이름으로 인체치수조사 사업을 실시하여 인체측정에 관한 결과를 제공하고 있다.

16 정량적 시각 표시장치의 기본 눈금선 수열로 가장 적당한 것은?

① 2, 4, 6…   ② 3, 6, 9…
③ 8, 16, 24… ④ 0, 10, 20…

17 인간공학을 지칭하는 용어로 적절하지 않은 것은?

① Biology
② Ergonomics
③ Human factors
④ Human factors engineering

18 웹 내비게이션 설계 시 검토해야 할 인터페이스 요소로서 가장 적절하지 않은 것은?

① 일관성이 있어야 한다.
② 쉽게 학습할 수 있어야 한다.
③ 전체적인 문맥을 이해하기 쉬워야 한다.
④ 시각적 이미지가 최대한 많이 제공되어야 한다.

19 인간이 기계를 조종하여 임무를 수행해야 하는 직렬구조의 인간-기계 체계가 있다. 인간의 신뢰도가 0.9, 기계의 신뢰도 0.9라면 이 인간-기계 통합 체계의 신뢰도는 얼마인가?

① 0.64   ② 0.72
③ 0.81   ④ 0.98

20 인체측정치의 응용원칙과 관계가 먼 것은?

① 극단치를 이용한 설계
② 평균치를 이용한 설계
③ 조절식 범위를 이용한 설계
④ 기능적 치수를 이용한 설계

2과목 작업생리학

21. 점광원으로부터 어떤 물체나 표면에 도달하는 빛의 밀도를 나타내는 단위로 옳은 것은?

① nit ② Lambert
③ candela ④ lumen/m²

22. 최대산소소비능력(MAP)에 관한 설명으로 틀린 것은?

① 산소섭취량이 일정하게 되는 수준을 말한다.
② 최대산소소비능력은 개인의 운동역량을 평가하는 데 활용된다.
③ 젊은 여성의 평균 MAP는 젊은 남성의 평균 MAP의 20~30% 정도이다.
④ MAP를 측정하기 위해서 주로 트레드밀(treadmill)이나 자전거 에르고미터(ergometer)를 활용한다.

23. 정적 자세를 유지할 때의 떨림(tremor)을 감소시킬 수 있는 방법으로 적당한 것은?

① 손을 심장 높이보다 높게 한다.
② 몸과 작업에 관계되는 부위를 잘 받친다.
③ 작업 대상물에 기계적인 마찰을 제거한다.
④ 시각적인 기준(reference)을 정하지 않는다.

24. 신경계에 관한 설명으로 틀린 것은?

① 체신경계는 피부, 골격근, 뼈 등에 분포한다.
② 자율신경계는 교감신경계와 부교감신경계로 세분된다.
③ 중추신경계는 척수신경과 말초신경으로 이루어진다.
④ 기능적으로는 체신경계와 자율신경계로 나눌 수 있다.

25. 어떤 작업자의 5분 작업에 대한 전체 심박수는 400회, 일박출량은 65mL/회로 측정되었다면 이 작업자의 분당 심박출량(L/min)은?

① 4.5L/min ② 4.8L/min
③ 5.0L/min ④ 5.2L/min

26. 육체적인 작업을 할 경우 순환기계의 반응이 아닌 것은?

① 혈압의 상승
② 혈류의 재분배
③ 심박출량의 증가
④ 산소소비량의 증가

27. 인체의 해부학적 자세에서 팔꿈치 관절의 굴곡과 신전 동작이 일어나는 면은?

① 시상면(sagittal plane)
② 정중면(median plane)
③ 관상면(coronal plane)
④ 횡단면(transverse plane)

28 소음방지 대책 중 다음과 같은 기법을 무엇이라 하는가?

> 감쇠 대상의 음파와 동위상인 신호를 보내어 음파 간에 간섭현상을 일으키면서 소음이 저감되도록 하는 기법

① 음원 대책　　② 능동제어 대책
③ 수음자 대책　　④ 전파경로 대책

29 기초대사량의 측정과 가장 관계가 깊은 자세는 무엇인가?

① 누워서 휴식을 취하고 있는 상태
② 앉아서 휴식을 취하고 있는 상태
③ 선 자세로 휴식을 취하고 있는 상태
④ 벽에 기대어 휴식을 취하고 있는 상태

30 소음에 의한 청력손실이 가장 크게 발생하는 주파수 대역은?

① 1000Hz　　② 2000Hz
③ 4000Hz　　④ 10000Hz

31 어떤 작업의 총 작업시간이 35분이고 작업 중 평균에너지소비량이 분당 7kcal라면, 이때 필요한 휴식시간은 약 몇 분인가? (단, Murrell의 공식을 이용하며, 기초대사량은 분당 1.5kcal, 남성의 권장 평균 에너지소비량은 분당 5kcal이다.)

① 8분　　② 13분
③ 18분　　④ 23분

32 정적 평형상태에 대한 설명으로 틀린 것은?

① 모멘트는 거리에 반비례하여 발생한다.
② 물체나 신체가 움직이지 않는 상태이다.
③ 작용하는 모든 힘의 총합이 0인 상태이다.
④ 작용하는 모든 모멘트의 총합이 0인 상태이다.

33 정신활동의 부담척도로 사용되는 시각적 점멸융합주파수(VFF)에 대한 설명으로 틀린 것은?

① 연습의 효과는 적다.
② 암조응시는 VFF가 증가한다.
③ 휘도만 같으면 색은 VFF에 영향을 주지 않는다.
④ VFF는 조명 강도의 대수치에 선형적으로 비례한다.

34 근세포막에 전달된 흥분을 근세포 내부로 전달하는 통로역할을 하는 것은?

① 근초(sarcolemma)
② 근섬유속(fasciculuse)
③ 가로세관(transverse tubules)
④ 근형질세망(sarcoplasmic reticulum)

35 근육 대사작용에서 혐기성 과정으로 글루코오스가 분해되어 생성되는 물질은?

① 물　　② 피루브산
③ 젖산　　④ 이산화탄소

36 근(筋)섬유에 관한 설명으로 틀린 것은?

① 적근섬유(slow twitch fiber)는 주로 작은 근육 그룹에서 볼 수 있다.
② 백근섬유(fast twitch fiber)는 무산소 운동에 좋아 단거리 달리기 등에 사용된다.
③ 근섬유는 백근섬유(fast twitch fiber)와 적근섬유(slow twitch fiber)로 나눌 수 있다.
④ 운동이 격렬하여 근육에 산소 공급이 원활하지 않은 경우에는 엽산이 생성되어 피곤함을 느낀다.

37 교대근무와 생체리듬과의 관계에서 야간근무를 하는 동안 근무시간이 길어질 때 졸음이 증가하고 작업능력이 저하되는 현상을 무엇이라 하는가?

① 항상성 유지기능
② 작업적응 유지기능
③ 생리적응 유지기능
④ 야간적응 유지기능

38 수술실과 같이 대비가 아주 낮고, 크기가 작은 아주 특수한 시각적 작업의 실행에 가장 적절한 조도는?

① 500~1000럭스
② 1000~2000럭스
③ 3000~5000럭스
④ 10000~20000럭스

중요도 ★★☆

39 근력 및 지구력에 대한 설명으로 틀린 것은?

① 정적인 근력 측정치로부터 동적작업에서 발휘할 수 있는 최대 힘을 정확히 추정할 수 있다.
② 근력 측정치는 작업 조건뿐만 아니라 검사자의 지시내용, 측정방법 등에 의해서도 달라진다.
③ 근육이 발휘할 수 있는 힘은 근육의 최대자율수축(MVC)에 대한 백분율로 나타난다.
④ 등척력(isometric strength)은 신체를 움직이지 않으면서 자발적으로 가할 수 있는 힘의 최댓값이다.

40 고온 스트레스의 개인차에 대한 설명 중 틀린 것은?

① 나이가 들수록 고온 스트레스에 적응하기 힘들다.
② 남자가 여자보다 고온에 적응하는 것이 어렵다.
③ 체지방이 많은 사람일수록 고온에 견디기 어렵다.
④ 체력이 좋은 사람일수록 고온 환경에서 작업할 때 잘 견딘다.

3과목 산업심리학 및 관계법규

중요도 ★★☆

41 검사 작업자가 한 로트에 100개인 부품을 조사하여 6개의 부적합품을 발견했으나 로트에는 실제로 10개의 부적합품이 있었다면 이 검사 작업자의 휴먼에러확률은 얼마인가?

① 0.04 ② 0.06
③ 0.1   ④ 0.6

42 안전관리의 개요에 관한 설명으로 틀린 것은?

① 안전의 3요소는 Engineering, Education, Economy이다.
② 안전의 기본원리는 사고방지차원에서의 산업재해 예방활동을 통해 무재해를 추구하는 것이다.
③ 사고방지를 위해서 현장에 존재하는 위험을 찾아내고, 이를 제거하거나 위험성(risk)을 최소화한다는 위험통제의 개념이 적용되고 있다.
④ 안전관리란 생산성을 향상시키고 재해로 인한 손실을 최소화하기 위하여 행하는 것으로 재해의 원인 및 경과의 규명과 재해방지에 필요한 과학 기술에 관한 계통적 지식체계의 관리를 의미한다.

43 주의의 범위가 높고 신뢰성이 매우 높은 상태의 의식수준으로 옳은 것은?

① Phase 0　② Phase Ⅰ
③ Phase Ⅱ　④ Phase Ⅲ

44 근로자가 400명이 작업하는 사업장에서 1일 8시간씩 연간 300일 근무하는 동안 10건의 재해가 발생하였다. 도수율(빈도율)은 얼마인가? (단, 결근율은 10%이다.)

① 2.50　② 10.42
③ 11.57　④ 12.54

45 재해 발생원인의 4M에 해당하지 않는 것은?

① Man　② Movement
③ Machine　④ Management

46 인간과오를 방지하기 위하여 기계설비를 설계하는 원칙에 해당되지 않는 것은?

① 안전설계(fail - safe design)
② 배타설계(exclusion design)
③ 조절설계(adjustable design)
④ 보호설계(prevention design)

47 부주의를 일으키는 의식수준에 대한 설명으로 틀린 것은?

① 의식의 저하 : 귀찮은 생각에 해야 할 과정을 빠뜨리고 행동하는 상태
② 의식의 과잉 : 순간적으로 의식이 긴장되고 한 방향으로만 집중되는 상태
③ 의식의 단절 : 외부의 정보를 받아들일 수도 없고 의사결정도 할 수 없는 상태
④ 의식의 우회 : 습관적으로 작업을 하지만 머릿속엔 고민이나 공상으로 가득 차 있는 상태

48 조직을 유지하고 성장시키기 위한 평가를 실행함에 있어서 평가자가 저지르기 쉬운 과오 중, 어떤 사람에 관한 평가자의 개인적 인상이 피평가자 개개인의 특징에 관한 평가에 영향을 미치는 영향을 설명하는 이론은?

① 할로효과(halo effect)
② 대비오차(contrast effect)
③ 근접오차(proximity effect)
④ 관대화 경향(centralization tendency)

49 집단 간 갈등원인과 이에 대한 대책으로 틀린 것은?

① 영역 모호성 : 역할과 책임을 분명하게 한다.
② 자원부족 : 계열사나 자회사로의 전직기회를 확대한다.
③ 불균형 상태 : 승진에 대한 동기를 부여하기 위하여 직급 간 처우에 차이를 크게 둔다.
④ 작업유동의 상호의존성 : 부서 간의 협조, 정보교환, 동조, 협력체계를 견고하게 구축한다.

50 제조업자가 합리적인 대체설계를 채용하였더라면 피해나 위험을 줄이거나 피할 수 있었음에도 대체설계를 채용하지 아니하여 해당 제조물이 안전하지 못하게 된 경우를 지칭하는 결함의 유형은?

① 제조상의 결함
② 지시상의 결함
③ 경고상의 결함
④ 설계상의 결함

51 테일러(F.W. Taylor)에 의해 주장된 조직형태로서 관리자가 일정한 관리기능을 담당하도록 기능별 전문화가 이루어진 조직은?

① 위원회 조직
② 직능식 조직
③ 프로젝트 조직
④ 사업부제 조직

52 어떤 사람의 행동이 "빨리빨리, 경쟁적으로, 여러 가지를 한꺼번에"한다고 하면 어떤 성격 특성을 설명하는가?

① typt - A 성격
② typt - B 성격
③ typt - C 성격
④ typt - D 성격

53 NIOSH 직무 스트레스 모형에서 직무 스트레스 요인과 성격이 다른 한 가지는?

① 작업 요인
② 조직 요인
③ 환경 요인
④ 상황 요인

54 심리적 측면에서 분류한 휴먼에러의 분류에 속하는 것은?

① 입력 오류
② 정보처리 오류
③ 생략 오류
④ 의사결정 오류

55 스트레스가 정보처리 수행에 미치는 영향에 대한 설명으로 거리가 가장 먼 것은?

① 스트레스하에서 의사결정의 질은 저하된다.
② 스트레스는 효율적인 학습을 어렵게 할 수 있다.
③ 스트레스는 빠른 수행보다는 정확한 수행으로 편파시키는 경향이 있다.
④ 스트레스에 의해 인지적 터널링이 발생하여 다양한 가설을 고려하지 못한다.

56 여러 개의 자극을 제시하고 각각의 자극에 대하여 반응을 하는 과제를 준 후, 자극이 제시되어 반응할 때까지의 시간을 무엇이라 하는가?

① 기초반응시간
② 단순반응시간
③ 집중반응시간
④ 선택반응시간

57 재해 예방 원칙에 대한 설명 중 틀린 것은?

① 예방 가능의 원칙 : 천재지변을 제외한 모든 인재는 예방이 가능하다.
② 손실 우연의 원칙 : 재해손실은 우연한 사고원인에 따라 발생한다.
③ 원인 연계의 원칙 : 사고에는 반드시 원인이 있고 원인은 대부분 복합적 연계 원인이 있다.
④ 대책 선정의 원칙 : 사고의 원인이나 불안전요소가 발견되면 반드시 대책을 선정하여 실시하여야 한다.

중요도 ★☆☆

58 휴먼에러확률에 대한 추정기법 중 Tree 구조와 비슷한 그림을 이용하며, 사건들을 일련의 2지(binary) 의사결정 분지(分枝)들로 모형화하여 직무의 올바른 수행 여부를 확률적으로 부여함으로써 에러율을 추정하는 기법은?

① FMEA
② THERP
③ fool proof method
④ Monte Carlo method

59 동기이론 중 직무 환경 요인을 중시하는 것은?

① 기대이론
② 자기조절이론
③ 목표설정이론
④ 작업설계이론

중요도 ★★☆

60 리더가 구성원에 영향력을 행사하기 위한 9가지 영향 방략과 가장 거리가 먼 것은?

① 자문 ② 무시
③ 제휴 ④ 합리적 설득

4과목 근골격계질환 예방을 위한 작업관리

중요도 ★★☆

61 근골격계질환 예방·관리 프로그램에서 추진팀의 구성원이 아닌 것은?

① 관리자 ② 근로자대표
③ 사용자대표 ④ 보건담당자

중요도 ★☆☆

62 작업관리의 문제분석 도구로서, 가로축에 항목, 세로축에 항목별 점유비율과 누적비율로 막대 – 꺾은선 혼합 그래프를 사용하는 것은?

① 파레토 차트 ② 간트 차트
③ 특성 요인도 ④ PERT 차트

63 작업분석에 사용되는 공정도나 차트가 아닌 것은?

① 유통선도(Flow Diagram)
② 활동분석표(Activity Chart)
③ 간접노동분석표(Indirect Labor Chart)
④ 복수작업자분석표(Gang Process Chart)

중요도 ★★★

64 근골격계질환을 예방하기 위한 대책으로 적절하지 않은 것은?

① 단순반복작업은 기계를 사용한다.
② 작업방법과 작업공간을 재설계한다.
③ 작업순환(Job Rotation)을 실시한다.
④ 작업속도와 작업강도를 점진적으로 강화한다.

중요도 ★★☆

65 요소작업이 여러 개인 경우의 관측 횟수를 결정하고자 한다. 표본의 표준편차는 0.6이고, 신뢰도 계수는 2인 추정의 오차범위 ±5%를 만족시키는 관측 횟수(N)는 몇 번인가?

① 24번　② 66번
③ 144번　④ 576번

중요도 ★☆☆

66 개정된 NIOSH 들기작업지침에 따라 권장무게한계(RWL)를 산출하고자 할 때, RWL이 최적이 되는 조건과 거리가 먼 것은?

① 정면에서 중량물 중심까지의 비틀림이 없을 때
② 작업자와 물체의 수평거리가 25cm보다 작을 때
③ 물체를 이동시킨 수직거리가 75cm보다 작을 때
④ 수직높이가 팔을 편안히 늘어뜨린 상태의 손 높이일 때

67 셀(Cell) 생산방식에 가장 적합한 제품은?

① 의류　② 가구
③ 신발　④ 컴퓨터

중요도 ★☆☆

68 근골격계질환 관련 위험작업에 대한 관리적 개선으로 볼 수 없는 것은?

① 작업의 다양성 제공
② 스트레칭 체조의 활성화
③ 작업도구나 설비의 개선
④ 작업일정 및 작업속도 조절

중요도 ★★★

69 근골격계질환의 요인에 있어 작업 관련 요인에 해당하는 것은?

① 직장 경력
② 작업만족도
③ 휴식시간 부족
④ 작업의 자율적 조절

중요도 ★★☆

70 간헐적으로 랜덤한 시점에서 연구대상을 순간적으로 관측하여 대상이 처한 상황을 파악하고 이를 토대로 관측 시간 동안에 나타난 항목별로 차지하는 비율을 추정하는 방법은?

① PTS법
② 워크샘플링
③ 웨스팅하우스법
④ 스톱워치를 이용한 시간연구

71 1TMU(Time Measurement Unit)를 초 단위로 환산한 것은?

① 0.0036초　② 0.036초
③ 0.36초　④ 1.667초

72 동작경제원칙 중 신체의 사용에 관한 원칙이 아닌 것은?

① 두 손은 동시에 시작하고, 동시에 끝나도록 한다.
② 두 팔은 서로 반대 방향으로 대칭적으로 움직이도록 한다.
③ 가능하다면 쉽고 자연스러운 리듬이 생기도록 동작을 배치한다.
④ 타자 칠 때와 같이 각 손가락이 서로 다른 작업을 하는 경우에는 작업량을 각 손가락의 능력에 맞게 배분해야 한다.

73 설비의 배치방법 중 제품별 배치의 특성에 대한 설명 중 틀린 것은?

① 재고와 재공품이 적어 저장면적이 작다.
② 운반거리가 짧고 가공물의 흐름이 빠르다.
③ 작업기능이 단순화되며 작업자의 작업지도가 용이하다.
④ 설비의 보전이 용이하고 가동율이 높기 때문에 자본투자가 적다.

74 작업분석의 활용 및 적용에 관한 사항 중 틀린 것은?

① 조업정지의 손실이 큰 작업부터 대상으로 한다.
② 주기기간이 짧은 작업의 동작분석은 서블릭 분석법을 이용한다.
③ 사람의 동작이 많은 작업을 개선하려는 경우에 적용하는 것이 바람직하다.
④ 반복작업이 많은 작업의 동작개선은 미세한 동작개선을 중심으로 한다.

75 A작업의 관측평균시간이 25DM이고, 제1평가에 의한 속도평가계수는 120%이며, 제2평가에 의한 2차 조정계수가 10%일 때 객관적 평가법에 의한 정미시간은 몇 초인가? (단, 1DM = 0.6초이다.)

① 19.8　② 23.8
③ 26.1　④ 28.8

76 보다 많은 아이디어를 창출하기 위하여 가능한 모든 의견을 비판 없이 받아들이고 수정 발언을 허용하며 대량 발언을 유도하는 방법은?

① Brainstorming
② SEARCH
③ Mind Mapping
④ ECRS 원칙

77 작업관리의 목적에 부합하지 않는 것은?

① 안전하게 작업을 실시하도록 한다.
② 작업의 효율성을 높여 재고량을 확보한다.
③ 생산 작업을 합리적이고 효율적으로 개선한다.
④ 표준화된 작업의 실시과정에서 그 표준이 유지 되도록 한다.

78 어느 병원의 간호사에 대한 근골격계질환의 위험을 평가하기 위하여 인간공학분야에서 많이 사용되는 유해요인 평가도구 중 하나인 RULA(Rapid Upper Limb Assessment)를 적용하여 작업을 평가한 결과, 최종 점수가 4점으로 평가되었다. 평가 결과에 대한 해석으로 옳은 것은?

① 수용 가능한 안전한 작업으로 평가됨
② 계속적 추가관찰을 요하는 작업으로 평가됨
③ 빠른 작업개선과 작업위험요인의 분석이 요구됨
④ 즉각적인 개선과 작업위험요인의 정밀조사가 요구됨

79 근골격계질환에 관한 설명으로 틀린 것은?

① 신체의 기능적 장해를 유발할 수 있다.
② 사전조사에 의하여 완전 예방이 가능하다.
③ 초기에 치료하지 않으면 심각해질 수 있다.
④ 미세한 근육이나 조직의 손상으로 시작된다.

80 단위작업 장소 내에 4개, 8개의 동일 작업으로 이루어진 부담 작업이 있다. 이러한 작업장에 대한 유해요인조사 시 표본 작업 수는 각각 얼마 이상인가?

① 2, 2　② 2, 3
③ 2, 4　④ 4, 8

2019 3회 기출문제

1과목 인간공학개론

01 음량의 측정과 관련된 사항으로 적절하지 않은 것은?

① 물리적 소리 강도는 지각되는 음의 강도와 비례한다.
② 소리의 세기에 대한 물리적 측정 단위는 데시벨(dB)이다.
③ 손(sone)과 폰(phon)은 지각된 음의 강약을 측정하는 단위이다.
④ 손(sone)의 값 1은 주파수가 1000Hz이고, 강도가 40dB인 음이 지각되는 소리의 크기이다.

02 부품배치의 원칙이 아닌 것은?

① 중요성의 원칙
② 사용 빈도의 원칙
③ 사용 순서의 원칙
④ 크기별 배치의 원칙

03 산업현장에서 필요한 인체치수와 같이 움직이는 자세에서 측정한 인체치수는?

① 기능적 인체치수
② 정적 인체치수
③ 구조적 인체치수
④ 고정 인체치수

04 청각적 표시장치에 적용되는 지침으로 적절하지 않은 것은?

① 신호음은 배경소음과 다른 주파수를 사용한다.
② 신호음은 최소한 0.5~1초 동안 지속시킨다.
③ 300m 이상 멀리 보내는 신호음은 1000Hz 이하의 주파수가 좋다.
④ 주변 소음은 주로 고주파이므로 은폐효과를 막기 위해 200Hz 이하의 신호음을 사용하는 것이 좋다.

05 인간과 기계의 역할 분담에 있어 인간은 시스템 설치와 보수, 유지 및 감시 등의 역할만 담당하게 되는 시스템은?

① 수동 시스템
② 기계 시스템
③ 자동 시스템
④ 반자동 시스템

06 연구조사에서 사용되는 평가척도의 요건에 대한 설명으로 옳은 것은?

① 타당성 : 반복 실험 시 재현성이 있어야 한다.
② 민감도 : 동일 단위로 환산 가능한 척도여야 한다.
③ 신뢰성 : 기준이 의도한 목적에 부합하여야 한다.
④ 무오염성 : 기준 척도는 측정하고자 하는 변수 이외에 다른 변수의 영향을 받아서는 안 된다.

07 인간의 감각기관 중 작업자가 가장 많이 사용하는 감각은?

① 시각 ② 청각
③ 촉각 ④ 미각

08 시각적 암호화(Coding) 설계 시 고려사항이 아닌 것은?

① 코딩 방법의 분산화
② 사용될 정보의 종류
③ 수행될 과제의 성격과 수행조건
④ 코딩의 중복 또는 결합에 대한 필요성

09 시식별에 영향을 주는 인자에 대한 설명으로 옳은 것은?

① 휘도의 척도로는 foot-candle과 lx가 흔히 쓰인다.
② 어떤 물체나 표면에 도달하는 광의 밀도를 휘도라고 한다.
③ 과녁이나 관측자(또는 양자)가 움직일 경우에는 시력이 감소한다.
④ 일반적으로 조도가 큰 조건에서는 노출시간이 작을수록 식별력이 커진다.

10 인체측정치의 응용원칙으로 적합한 것은?

① 침대의 길이는 5퍼센타일 치수를 적용한다.
② 비상버튼까지의 거리는 5퍼센타일 치수를 적용한다.
③ 의자의 좌판 깊이는 95퍼센타일 치수를 적용한다.
④ 지하철의 손잡이 높이는 95퍼센타일 치수를 적용한다.

11 인간공학의 목적에 관한 내용으로 틀린 것은?

① 사용편의성의 증대, 오류감소, 생산성 향상 등을 목적으로 둔다.
② 인간공학은 일과 활동을 수행하는 효능과 효율을 향상시키는 것이다.
③ 안전성 개선, 피로와 스트레스 감소, 사용자 수용성 향상, 작업만족도 증대를 목적으로 한다.
④ Chapanis는 목적 달성을 위해 구체적 응용에서 가장 중요한 목표는 몇 가지뿐이며, 그들의 서로 상호연관성은 없다고 했다.

12 신호검출이론(SDT)에 관한 설명으로 틀린 것은? [단, β는 응답편견척도(response bias)이고, d는 감도척도(sensitivity)이다.]

① β값이 클수록 '보수적인 판단자'라고 한다.
② d값은 정규분포를 이용하여 구할 수 있다.
③ 민감도는 신호와 잡음 평균 간의 거리로 표현한다.
④ 잡음이 많을수록, 신호가 약하거나 분명하지 않을수록 d값은 커진다.

13 제품의 행동 유도성에 대한 설명으로 적절하지 않은 것은?

① 사용자의 행동에 단서를 제공한다.
② 행동에 제약을 주지 않는 설계를 해야 한다.
③ 제품에 물리적 또는 의미적 특성을 부여함으로써 달성이 가능하다.
④ 사용 설명서를 별도로 읽지 않아도 사용자가 무엇을 해야 할지 알게 설계해야 한다.

14 시식별 요소에 대한 설명으로 옳지 않은 것은?

① 표면으로부터 반사되는 비율을 반사율이라 한다.
② 단위 면적당 표면에서 반사되는 광량을 광도라 한다.
③ 광원으로부터 나오는 빛 에너지의 양을 휘도라 한다.
④ 어떤 물체나 표면에 도달하는 빛의 단위 면적당 밀도를 조도라 한다.

15 Fitts의 법칙과 관련이 없는 것은?

① 표적의 폭
② 표적의 개수
③ 이동소요 시간
④ 표적 중심선까지의 이동거리

16 배경 소음하에서 신호의 발생 유무를 판정하는 경우 4가지 반응 결과에 대한 설명으로 틀린 것은?

① 허위경보(False Alarm) : 신호가 없을 때 신호가 있다고 판단한다.
② 신호의 정확한 판정(Hit) : 신호가 있을 때 신호가 있다고 판단한다.
③ 신호검출실패(Miss) : 정보의 부족으로 신호의 유무를 판단할 수 없다.
④ 잡음을 제대로 판정(Correct Rejection) : 신호가 없을 때 신호가 없다고 판단한다.

17 하나의 소리가 다른 소리의 청각 감지를 방해하는 현상을 무엇이라 하는가?

① 기피(avoid)효과
② 은폐(masking)효과
③ 제거(exclusion)효과
④ 차단(interception)효과

18 회전운동을 하는 조종장치의 레버를 30° 움직였을 때 표시장치의 커서가 2cm 이동하였다. 레버의 길이가 15cm일 때 이 조종장치의 C/R비는 약 얼마인가?

① 2.62
② 3.93
③ 5.24
④ 8.33

19 기계화 시스템에 대한 설명으로 적절하지 않은 것은?

① 동력은 기계가 제공한다.
② 반자동화 시스템이라고도 부른다.
③ 인간은 조종장치를 통해 체계를 제어한다.
④ 무인공장은 기계화 시스템의 대표적 예이다.

20 계기판에 등이 4개가 있고, 그중 하나에만 불이 켜지는 경우, 얻을 수 있는 정보량은 얼마인가?

① 2bits
② 3bits
③ 4bits
④ 5bits

2과목 작업생리학

21 산업안전보건법령상 작업환경 측정에 사용되는 단위로서 고열환경을 종합적으로 평가할 수 있는 지수는?

① 실효온도(ET)
② 열스트레스지수(HSI)
③ 습구흑구온도지수(WBGT)
④ 옥스퍼드지수(Oxford Index)

22 신체동작 유형 중 관절의 각도가 감소하는 동작에 해당하는 것은?

① 굽힘(flexion)
② 내선(medial rotation)
③ 폄(extension)
④ 벌림(abduction)

23 교대작업 근로자를 위한 교대제 지침으로 옳지 않은 것은?

① 4조 3교대보다 2조 2교대가 바람직하다.
② 잔업을 최소화한다.
③ 연속적인 야간교대작업은 줄인다.
④ 근무시간 종료 후 11시간 이상의 휴식시간을 둔다.

24 지면으로부터 가벼운 금속조각을 줍는 일에 대하여 취하는 다음의 자세 중 에너지소비량(kcal/min)이 가장 낮은 것은?

① 한 팔을 대퇴부에 지지하는 등 구부린 자세
② 두 팔의 지지가 없는 등 구부린 자세
③ 손을 지면에 지지하면서 무릎을 구부린 자세
④ 두 손을 지면에 지지하지 않은 무릎을 구부린 자세

25 다음 중 객관적으로 육체적 활동을 측정할 수 있는 생리학적 측정방법으로 옳지 않은 것은?

① EMG
② 에너지대사량
③ RPE 척도
④ 심박수

26 산업안전보건법령상 영상표시단말기(VDT) 취급근로자의 건강장해를 예방하기 위한 방법으로 옳지 않은 것은?

① 작업물을 보기 쉽도록 주위 조명 수준을 1000lux 이상으로 높인다.
② 저휘도형 조명기구를 사용한다.
③ 빛이 작업화면에 도달하는 각도는 화면으로부터 45° 이내로 한다.
④ 화면상의 문자와 배경과의 휘도비를 낮춘다.

27 순환계의 기능 및 특성에 관한 설명으로 옳지 않은 것은?

① 심장으로부터 말초로 혈액을 운반하는 혈관을 정맥이라고 한다.
② 모세혈관은 소동맥과 소정맥을 연결하는 혈관이다.
③ 동맥은 혈액을 심장으로부터 직접 받아들이고 맥관계에서 가장 높은 압력을 유지한다.
④ 폐순환은 '우심실, 폐동맥, 폐, 폐정맥, 좌심방' 순의 경로로 혈액이 흐르는 것을 말한다.

28 다음 중 근육의 대사(metabolism)에 관한 설명으로 적절하지 않은 것은?

① 대사과정에 있어 산소의 공급이 충분하면 젖산이 축적된다.
② 산소를 이용하는 유기성과 산소를 이용하지 않는 무기성 대사로 나눌 수 있다.
③ 음식물을 섭취하여 기계적인 일과 열로 전환하는 화학적 과정이다.
④ 활동수준이 평상시에 공급되는 산소 이상을 필요로 하는 경우, 순환계통은 이에 맞추어 호흡수와 맥박수를 증가시킨다.

29 다음 중 모멘트(moment)에 관한 설명으로 옳지 않은 것은?

① 모멘트는 특정한 축에 관하여 회전을 일으키는 힘의 경향이다.
② 모멘트의 크기는 힘의 크기와 회전축으로부터 힘의 작용선까지의 거리에 의해 결정된다.
③ 모멘트의 단위는 N · m이다.
④ 힘의 방향과 관계없이 모멘트의 방향은 항상 일정하다.

30 다음 중 인간의 근육에 관한 설명으로 옳지 않은 것은?

① 근조직은 형태와 기능에 따라 골격근, 평활근, 심근으로 분류된다.
② 골격근의 수축은 운동신경의 지배를 받으며 수의적 조절에 따라 일어난다.
③ 평활근의 수축은 자율신경계, 호르몬, 화학신호의 지배를 받으며, 불수의적 조절에 따라 일어난다.
④ 적근은 체표면 가까이에 존재하며 주로 급속한 동작을 하기 때문에 쉽게 피로해진다.

31 다음 중 진동이 인체에 미치는 영향에 대한 설명으로 적절하지 않은 것은?

① 진동은 시력, 추적 능력 등의 손상을 초래한다.
② 시간이 경과함에 따라 영구 청력손실을 가져온다.
③ 레이노 증후군(Raynaud's phenomenon)은 진동으로 인한 말초혈관운동의 장해로 발생한다.
④ 정확한 근육조절을 요구하는 작업의 경우 그 효율이 저하된다.

32 작업장의 소음 노출정도를 측정한 결과가 다음과 같다면 이 작업장 근로자의 소음노출지수는 얼마인가?

소음 수준[dB(A)]	노출시간[h]	허용시간[h]
80	3	64
90	4	8
100	1	2

① 1.00
② 1.05
③ 1.10
④ 1.15

33 다음 인체해부학의 용어 중 몸을 전후로 나누는 가상의 면(plane)을 뜻하는 것은?

① 정중면(Medial plane)
② 시상면(Sagittal plane)
③ 관상면(Coronal plane)
④ 횡단면(Transverse plane)

34 근 수축 활동에 관한 설명으로 옳지 않은 것은?

① 근 수축은 액틴과 미오신 필라멘트의 미끄러짐 작용에 의해 이루어진다.
② 액틴과 미오신 필라멘트는 미끄러짐 작용을 통해 길이 자체가 짧아진다.
③ ATP의 분해 시 유리된 에너지가 근육에 이용된다.
④ 운동 시 부족했던 산소를 운동이 끝나고 휴식시간에 보충하는 것을 산소 부채라 한다.

중요도 ★★☆

35 일반적으로 눈을 감고 편안한 자세로 조용히 앉아 있는 사람에게 나타나며 안정파라고 불리는 뇌파 형태에 해당하는 것은?

① α파 ② β파
③ θ파 ④ δ파

중요도 ★★☆

36 작업자 A의 작업 중 평균 흡기량은 50L/min, 배기량은 40L/min이며 배기량 중 산소의 함량이 17%일 때 산소소비량은 얼마인가? (단, 공기 중 산소 함량은 21%이다.)

① 2.7L/min ② 3.7L/min
③ 4.7L/min ④ 5.7L/min

중요도 ★☆☆

37 다음 중 작업부하 및 휴식시간 결정에 관한 설명으로 옳은 것은?

① 작업부하는 작업자 개인의 능력과 관계없이 산출된다.
② 정신적인 권태감은 주관적인 요소이므로 휴식시간 산정 시 고려할 필요가 없다.
③ 작업방법이나 설비를 재설계하는 공학적 대책으로는 작업부하를 감소시킬 수 없다.
④ 장기적인 전신피로는 직무 만족감을 낮추고, 건강상의 위험을 증가시킬 수 있다.

중요도 ★☆☆

38 다음의 산업안전보건법령상 "강렬한 소음작업" 정의에서 ( )에 적합한 수치는?

( ) 데시벨 이상의 소음이 1일 30분 이상 발생하는 작업

① 80 ② 90
③ 100 ④ 110

중요도 ★★☆

39 조도(Illuminance)의 단위로 옳은 것은?

① m ② lumen
③ lux ④ candela

중요도 ★☆☆

40 근육의 정적상태의 근력을 나타내는 용어는?

① 등속성 근력(Isokinetic strength)
② 등장성 근력(Isotonic strength)
③ 등관성 근력(Isoinertial strength)
④ 등척성 근력(Isometric strength)

3과목 산업심리학 및 관계법규

41 산업안전보건법령상 유해요인조사 및 개선 등에 관한 내용으로 옳지 않은 것은?

① 법에 의한 임시건강진단 등에서 근골격계 질환자가 발생한 경우에는 1개월 이내에 유해요인 조사를 하여야 한다.
② 근골격계 부담작업에 근로자를 종사하도록 하는 신설 사업장의 경우에는 1개월 이내에 유해요인 조사를 하여야 한다.
③ 근골격계 부담작업에 해당하는 새로운 작업, 설비를 도입한 경우에는 1개월 이내에 유해요인 조사를 하여야 한다.
④ 근골격계 부담작업에 해당하는 업무의 양과 작업공정 등 작업환경을 변경한 경우에는 1개월 이내에 유해요인 조사를 하여야 한다.

42 조직 차원에서의 스트레스 관리방안과 가장 거리가 먼 것은?

① 직무 재설계
② 긴장 완화 훈련
③ 우호적인 직장 분위기 조성
④ 경력계획과 개발 과정의 수립 및 상담 제공

43 개인의 성격을 건강과 관련하여 연구하는 성격 유형 중 아래와 같은 행동 양식을 가지는 유형으로 옳은 것은?

- 항상 분주하고, 시간에 강박관념을 가진다.
- 동시에 많은 일을 하려고 한다.
- 공격적이고 경쟁적이다.
- 양적인 면으로 성공을 측정한다.

① A형 행동양식 ② B형 행동양식
③ C형 행동양식 ④ D형 행동양식

44 산업안전보건법령상 산업재해 조사에 관한 설명으로 옳은 것은?

① 재해 조사의 목적은 인적, 물적 피해 상황을 알아내고 사고의 책임자를 밝히는 데 있다.
② 재해 발생 시, 가장 먼저 조치할 사항은 직접 원인, 간접 원인 등의 재해 원인을 조사하는 것이다.
③ 3개월 이상의 요양이 필요한 부상자가 동시에 2인 이상 발생했을 때 중대재해로 분류한다.
④ 사업주는 사망자가 발생했을 때에는 재해가 발생한 날로부터 10일 이내에 산업재해 조사표를 작성하여 관할 지방노동관서의 장에게 제출해야 한다.

45 인적 요인 개선을 통한 휴먼에러 방지 대책으로 적합한 것은?

① 작업자의 특성과 작업설비의 적합성 점검·개선
② 인간공학적 설계 및 적합화
③ 모의훈련으로 시나리오에 따른 리허설
④ 안전 설계(fail-safe design)

46 작업자의 휴먼에러 발생확률은 매 시간마다 0.05로 일정하고 다른 작업과 독립적으로 실수를 한다고 가정할 때, 8시간 동안 에러의 발생 없이 작업을 수행할 신뢰도는 얼마인가?

① 0.60
② 0.67
③ 0.86
④ 0.95

47 반응시간(reaction time)에 관한 설명으로 옳은 것은?

① 자극이 요구하는 반응을 행하는 데 걸리는 시간을 의미한다.
② 반응해야 할 신호가 발생한 때부터 반응이 종료될 때까지의 시간을 의미한다.
③ 단순반응시간에 영향을 미치는 변수로는 자극 양식, 자극의 특성, 자극 위치, 연령 등이 있다.
④ 여러 개의 자극을 제시하고, 각각에 대한 서로 다른 반응을 할 과제를 준 후에 자극이 제시되어 반응할 때까지의 시간을 단순반응시간이라 한다.

48 민주적 리더십에 관한 내용으로 옳은 것은?

① 리더에 의한 모든 정책의 결정
② 리더의 지원에 의한 집단 토론식 결정
③ 리더의 과업 및 과업 수행 구성원 지정
④ 리더의 최소 개입 또는 개인적인 결정의 완전한 자유

49 어느 사업장의 도수율은 40이고, 강도율은 4이다. 이 사업장의 재해 1건당 근로손실일수는 얼마인가?

① 1
② 10
③ 50
④ 100

50 교육 프로그램에 대한 평가 준거 중 교육 프로그램이 회사에 주는 경제적 가치와 가장 밀접한 관련이 있는 것은?

① 반응 준거
② 학습 준거
③ 행동 준거
④ 결과 준거

51 부주의에 의한 사고방지를 위한 정신적 측면의 대책으로 옳지 않은 것은?

① 작업의욕의 고취
② 작업환경의 개선
③ 안전의식의 제고
④ 스트레스 해소 방안 마련

52 다음 중 산업재해 방지를 위한 대책으로 적절하지 않은 것은?

① 산업재해 감소를 위하여 안전관리 체계를 자율화하고 안전관리자의 직무권한을 최소화하여야 한다.
② 재해와 원인 사이에는 인과관계가 있으므로 재해의 원인분석을 통한 방지대책이 필요하다.
③ 재해방지를 위해서는 손실의 유무와 관계없는 아차사고(near accident)를 예방하는 것이 중요하다.
④ 불안전한 행동의 방지를 위해서는 심리적 대책과 공학적 대책이 동시에 필요하다.

53 호손(Hawthorn)실험의 결과에 따라 작업자의 작업능률에 영향을 미치는 주요 요인은?

① 작업장의 온도
② 물리적 작업조건
③ 작업장의 습도
④ 작업자의 인간관계

54 스웨인(Swain)의 휴먼에러 분류 중 다음 사례에서 재해의 원인이 된 동료작업자 B의 휴먼에러로 적합한 것은?

> 컨베이어 벨트 위에 앉아 있는 작업자 A가 동료 작업자 B에게 작동 버튼을 살짝 눌러서 벨트가 조금만 움직이다가 멈추게 하라고 요청했다. 동료 작업자는 버튼을 누르던 중 균형을 잃고 버튼을 과도하게 눌러서 벨트가 전속력으로 움직여 작업자 A가 전도되는 재해가 발생하였다.

① time error
② sequential error
③ omission error
④ commission error

55 뇌파의 유형에 따라 인간의 의식수준을 단계별로 분류할 때, 의식이 명료하여 가장 적극적인 활동이 이루어지고 실수의 확률이 가장 낮은 단계는?

① I단계   ② II단계
③ III단계   ④ IV단계

56 FTA(Fault Tree Analysis)에 관한 설명으로 옳은 것은?

① 연역적이며 톱다운(top-down) 접근방식이다.
② 귀납적이고, 위험 그 자체와 영향을 강조하고 있다.
③ 시스템 구상에 있어 가장 먼저 하는 분석으로 위험요소가 어떤 상태에 있는지를 정성적으로 평가하는 데 적합하다.
④ 한 사건에 대하여 실패와 성공으로 분개하고, 동일한 방법으로 분개된 각각의 가지에 대하여 실패 또는 성공의 확률을 구하는 것이다.

57 직무 스트레스 요인 중 역할 관련 스트레스 요인의 설명으로 옳지 않은 것은?

① 역할 모호성이 클수록 스트레스가 크다.
② 역할 부하가 적을수록 스트레스가 적다.
③ 조직의 중간에 위치하는 중간관리자 등은 역할 갈등에 노출되기 쉽다.
④ 역할 과부하는 직무요구가 능력을 초과하는 경우의 스트레스 요인이다.

58 안전대책의 중심적인 내용이라 할 수 있는 3E에 포함되지 않는 것은?

① Education
② Engineering
③ Environment
④ Enforcement

59 매슬로우(Maslow)의 욕구위계설에서 제시한 인간 욕구들을 낮은 단계부터 높은 단계의 순서로 바르게 나열한 것은?

① 생리적 욕구 → 안전 욕구 → 사회적 욕구 → 존경 욕구 → 자아실현의 욕구
② 안전 욕구 → 생리적 욕구 → 사회적 욕구 → 존경 욕구 → 자아실현의 욕구
③ 생리적 욕구 → 사회적 욕구 → 존경 욕구 → 자아실현의 욕구 → 안전 욕구
④ 생리적 욕구 → 사회적 욕구 → 안전 욕구 → 존경 욕구 → 자아실현의 욕구

60 리더십의 이론 중, 경로 – 목표이론(path – goal theory)에서 리더 행동에 따른 4가지 범주의 설명으로 옳은 것은?

① 후원적 리더는 부하들의 욕구, 복지문제 및 안정, 온정에 관심을 기울이고, 친밀한 집단 분위기를 조성한다.
② 성취지향적 리더는 부하들과 정보자료를 많이 활용하고, 부하들의 의견을 존중하여 의사결정에 반영한다.
③ 주도적 리더는 도전적 목표를 설정하고, 높은 수준의 수행을 강조하여 부하들이 그러한 목표를 달성할 수 있다는 자신감을 갖게 한다.
④ 참여적 리더는 부하들의 작업을 계획하고 조정하며 그들에게 기대하는 바가 무엇인지 알려주고 구체적인 작업지시를 하여 규칙과 절차를 따르도록 요구한다.

4과목 근골격계질환 예방을 위한 작업관리

61 위험작업의 관리적 개선에 속하지 않는 것은?

① 위험표지 부착
② 작업자의 교육 및 훈련
③ 작업자의 작업속도 조절
④ 작업자의 신체에 맞게 작업장 개선

62 작업관리에서 결과에 대한 원인을 파악할 목적의 문제분석 도구는?

① 브레인스토밍
② 공정도(process chart)
③ 마인드 맵핑(Mind mapping)
④ 특성 요인도

63 NIOSH의 들기작업지침에 따른 중량물 취급작업에서 권장무게한계를 산정하는 데 고려해야 할 변수로 옳지 않은 것은?

① 상체의 비틀림 각도
② 작업자의 평균보폭거리
③ 물체를 이동시킨 수직이동거리
④ 작업자의 손과 물체 사이의 수직거리

64 근골격계질환 발생 단계 가운데 2단계에 해당하는 것은?

① 작업 수행이 불가능하다.
② 휴식시간에도 통증을 호소한다.
③ 통증이 하룻밤 지나면 없어진다.
④ 작업을 수행하는 능력이 저하된다.

65 손가락을 구부릴 때 힘줄의 굴곡운동에 장애를 주는 근골격계질환의 명칭으로 옳은 것은?

① 회전근개 건염
② 외상과염
③ 방아쇠 수지
④ 내상과염

66 워크샘플링에 대한 장·단점으로 적합하지 않은 것은?

① 시간연구법보다 더 자세하다.
② 특별한 측정 장치가 필요 없다.
③ 관측이 순간적으로 이루어져 작업에 방해가 적다.
④ 자료수집이나 분석에 필요한 순수시간이 다른 시간연구방법에 비하여 짧다.

중요도 ★★★

67 3시간 동안 작업 수행과정을 촬영하여 워크샘플링 방법으로 200회를 샘플링한 결과 30번의 손목꺾임이 확인되었다. 이 작업의 시간당 손목꺾임 시간은?

① 6분
② 9분
③ 18분
④ 30분

중요도 ★★★

68 동작경제의 원칙에 해당되지 않는 것은?

① 신체 사용에 관한 원칙
② 작업장의 배치에 관한 원칙
③ 제품과 공정별 배치에 관한 원칙
④ 공구 및 설비 디자인에 관한 원칙

중요도 ★★★

69 근골격계질환을 예방하기 위한 대책으로 적절하지 않은 것은?

① 작업방법과 작업공간을 재설계한다.
② 작업순환(Job Rotation)을 실시한다.
③ 단순반복적인 작업은 기계를 사용한다.
④ 작업속도와 작업강도를 점진적으로 강화한다.

70 다음의 동작 중 주머니로 운반, 다시 잡기, 볼펜 회전은 동시에 수행되는 결합동작이다. 주머니로 운반의 시간은 15.2TMU, 다시 잡기는 5.6TMU, 볼펜 회전은 4.1TMU일 때 다음의 왼손작업 정미시간(Normal time)은 얼마인가?

왼손작업	동작	TMU	동작	오른손작업
볼펜 잡기	G3	5.6	RL1	볼펜 놓기
주머니로 운반	M12C	15.2		
다시 잡기	G2	5.6		
볼펜 회전	T60S	4.1		
주머니에 넣기	P1SE	5.6		

① 11.2TMU
② 26.4TMU
③ 32.0TMU
④ 36.1TMU

중요도 ★★☆

71 어느 작업시간의 관측평균시간이 1.2분, 레이팅계수가 110%, 여유율이 25%일 때 외경법에 의한 개당 표준시간은 얼마인가?

① 1.32분
② 1.50분
③ 1.53분
④ 1.65분

72 설비의 배치방법 중 공정별 배치의 특성에 대한 설명으로 틀린 것은?

① 작업 할당에 융통성이 있다.
② 운반거리가 직선적이며 짧아진다.
③ 작업자가 다루는 품목의 종류가 다양하다.
④ 설비의 보전이 용이하고 가동률이 높이 때문에 자본투자가 적다.

73 작업구분을 큰 것에서부터 작은 것 순으로 나열한 것은?

① 공정 → 단위작업 → 요소작업 → 동작요소 → 서어블릭
② 공정 → 요소작업 → 단위작업 → 사어블릭 → 동작요소
③ 공정 → 단위작업 → 동작요소 → 요소작업 → 서어블릭
④ 공정 → 단위작업 → 요소작업 → 서어블릭 → 동작요소

74 시계 조립과 같이 정밀한 작업을 위한 작업대의 높이로 가장 적절한 것은?

① 팔꿈치 높이로 한다.
② 팔꿈치 높이보다 5~15cm 낮게 한다.
③ 팔꿈치 높이보다 5~15cm 높게 한다.
④ 작업면과 눈의 거리가 30cm 정도 되도록 한다.

75 유해요인조사 방법 중 OWAS(Ovako Working Posture Analysis System)에 관한 설명으로 옳지 않은 것은?

① OWAS의 작업자세 수준은 4단계로 분류된다.
② OWAS는 작업자세로 인한 부하를 평가하는 데 초점이 맞추어져 있다.
③ OWAS는 신체 부위의 자세뿐만 아니라 중량물의 사용도 고려하여 평가한다.
④ OWAS는 작업자세를 허리, 팔, 손목으로 구분하여 각 부위의 자세를 코드로 표현한다.

76 산업안전보건법령상 근로자가 근골격계 부담작업을 하는 경우 유해요인조사의 실시주기는? (단, 신설되는 사업장은 제외한다.)

① 6개월   ② 1년
③ 2년   ④ 3년

77 다음의 설명에 적합한 서어블릭 용어는?

> 다음에 진행할 동작을 위하여 대상물을 정해진 장소에 놓는 동작

① 바로 놓기   ② 놓기
③ 미리 놓기   ④ 운반

78 표준시간의 산정 방법과 구체적인 측정기법의 연결이 옳지 않은 것은?

① 시간연구법 : 스톱워치법
② PTS법 : MTM법, Work factor법
③ 워크샘플링법 : 직접 관찰법
④ 실적자료법 : 전자식 자료 집적기

79 상세한 작업 분석의 도구로 적합하지 않은 것은?

① 서어블릭(therblig)
② 파레토 차트
③ 다중활동분석표
④ 작업자 공정도

중요도 ★☆☆

80 공정도에 관한 설명으로 옳지 않은 것은?

① 작업을 기본적인 동작요소로 나눈다.
② 부품의 이동을 확인할 수 있다.
③ 역류 현상을 점검할 수 있다.
④ 작업과 검사 과정을 표시할 수 있다.

2020년 1회 기출문제

1과목 인간공학개론

01 회전운동을 하는 조종장치의 레버를 20° 움직였을 때 표시장치의 커서는 2cm 이동하였다. 레버의 길이가 15cm일 때 이 조종장치의 C/R비는 약 얼마인가?

① 2.62
② 5.24
③ 8.33
④ 10.48

02 정보에 관한 설명으로 옳은 것은?

① 대안의 수가 늘어나면 정보량은 감소한다.
② 선택반응시간은 선택대안의 개수에 선형으로 반비례한다.
③ 정보이론에서 정보란 불확실성의 감소라 정의한다.
④ 실현 가능성이 동일한 대안이 2가지일 경우 정보량은 2bit이다.

03 인간-기계 시스템에서의 기본적인 기능으로 볼 수 없는 것은?

① 정보의 수용
② 정보의 생성
③ 정보의 저장
④ 정보처리 및 결정

04 신호검출이론(signal detection theory)에서 판정기준을 나타내는 우도비(likelihood ratio) β와 민감도(sensitivity) d에 대한 설명 중 옳은 것은?

① β가 클수록 보수적이고 d가 클수록 민감함을 나타낸다.
② β가 작을수록 보수적이고 d가 클수록 민감함을 나타낸다.
③ β가 클수록 보수적이고 d가 클수록 둔감함을 나타낸다.
④ β가 작을수록 보수적이고 d가 클수록 둔감함을 나타낸다.

05 다음 피부의 감각기 중 감수성이 제일 높은 것은?

① 온각
② 통각
③ 압각
④ 냉각

06 인간공학의 개념과 가장 거리가 먼 것은?

① 효율성 제고
② 심미성 제고
③ 안전성 제고
④ 편리성 제고

07 인체측정자료의 응용 시 평균치 설계에 관한 내용으로 옳지 않은 것은?

① 최소, 최대 집단값이 사용 불가능한 경우에 사용된다.
② 인체측정학적인 면에서 보면 모든 부분에서 평균인 인간은 없다.
③ 은행 창구의 접수대는 평균값을 기준으로 한 설계의 좋은 예이다.
④ 일반적으로 평균치를 이용한 설계에는 보통 집단 특성치의 5%에서 95%까지의 범위가 사용된다.

중요도 ★★☆

08 정량적인 표시장치에 대한 설명으로 옳은 것은?

① 표시장치 설계 시 끝이 둥근 지침이 권장된다.
② 계수형 표시장치의 기본형태는 지침이 고정되고 눈금이 움직이는 형이다.
③ 동침형 표시장치는 인식적 암시신호를 나타내는 데 적합하다.
④ 눈금이 고정되고 지침이 움직이는 표시장치를 동목형 표시장치라 한다.

중요도 ★★☆

09 음량수준(phon)이 80인 순음의 sone치는 얼마인가?

① 4　　② 8
③ 16　　④ 32

중요도 ★★☆

10 다음 눈의 구조 중 빛이 도달하여 초점이 가장 선명하게 맺히는 부위는?

① 동공　　② 홍채
③ 황반　　④ 수정체

중요도 ★★☆

11 시감각 체계에 관한 설명으로 옳지 않은 것은?

① 동공은 조도가 낮을 때는 많은 빛을 통과시키기 위해 확대된다.
② 1디옵터는 1m 거리에 있는 물체를 보기 위해 요구되는 조절능이다.
③ 망막의 표면에는 빛을 감지하는 광수용기인 원추체와 간상체가 분포되어 있다.
④ 안구의 수정체는 공막에 정확한 이미지가 맺히도록 형태를 스스로 조절하는 일을 담당한다.

중요도 ★★☆

12 정적 인체측정 자료를 동적 자료로 변환할 때 활용될 수 있는 크로머(Kroemer)의 경험 법칙을 설명한 것으로 옳지 않은 것은?

① 키, 눈, 어깨, 엉덩이 등의 높이는 3% 정도 줄어든다.
② 팔꿈치 높이는 대개 변화가 없지만, 작업 중 5%까지 증가하는 경우가 있다.
③ 앉은 무릎 높이 또는 오금 높이는 굽 높은 구두를 신지 않는 한 변화가 없다.
④ 전방 및 측방 팔길이는 편안한 자세에서 30% 정도 늘어나고, 어깨와 몸통을 심하게 돌리면 20% 정도 감소한다.

13 청각을 이용한 경계 및 경보신호의 설계에 관한 내용으로 옳지 않은 것은?

① 500~3000Hz의 진동수를 사용한다.
② 장거리용으로는 1000Hz 이하의 진동수를 사용한다.
③ 신호가 칸막이를 통과해야 할 때는 500Hz 이상의 진동수를 사용한다.
④ 주의를 끌기 위해서 초당 1~3번 오르내리는 변조된 신호를 사용한다.

중요도 ★☆☆

14 사람이 일정한 시간에 두 가지 이상의 작업을 처리할 수 있도록 하는 것을 무엇이라 하는가?

① 시배분(time sharing)
② 변화감지(variety sense)
③ 절대식별(absolute judgment)
④ 비교식별(comparative judgment)

중요도 ★★☆

15 사용성 평가에 주로 사용되는 평가척도로 적합하지 않은 것은?

① 과제물 내용
② 에러의 빈도
③ 과제의 수행시간
④ 사용자의 주관적 만족도

16 키를 측정할 때 체중계가 아닌 줄자를 이용하는 것처럼 연구조사 시 측정하고자 하는 바를 얼마나 정확하게 측정하였는가를 평가하는 척도는?

① 타당성(validity)
② 신뢰성(raliability)
③ 상관성(correlation)
④ 민감성(sensitivity)

중요도 ★★☆

17 청각적 신호를 설계할 때 고려되어야 하는 원리 중 검출성(detectability)에 대한 설명으로 옳은 것은?

① 사용자에게 필요한 정보만을 제공한다.
② 동일한 신호는 항상 동일한 정보를 지정하도록 한다.
③ 사용자가 알고 있는 친숙한 신호의 차원과 코드를 선택한다.
④ 신호는 주어진 상황하의 감지장치나 사람이 감지할 수 있어야 한다.

중요도 ★★☆

18 동전 던지기에서 앞면이 나올 확률은 0.4이고, 뒷면이 나올 확률은 0.6일 경우 이로부터 기대할 수 있는 평균정보량은 약 얼마인가?

① 0.65bit
② 0.88bit
③ 0.97bit
④ 1.99bit

중요도 ★★☆

19 손잡이의 설계에 있어 촉각정보를 통하여 분별, 확인할 수 있는 코딩(coding) 방법이 아닌 것은?

① 색에 의한 코딩
② 크기에 의한 코딩
③ 표면의 거칠기에 의한 코딩
④ 형상에 의한 코딩

20 다음 양립성의 종류 중 특정 사물들, 특히 표시장치(display)나 조종장치(control)에서 물리적 형태나 공간적인 배치의 양립성을 나타내는 것은?

① 양식(modality) 양립성
② 공간적(spatial) 양립성
③ 운동(movement) 양립성
④ 개념적(conceptual) 양립성

2과목 작업생리학

21 영상표시단말기(VDT)를 취급하는 작업장 주변환경의 조도(lux)는 얼마인가? (단, 화면의 바탕 색상은 검정색 계통이며 고용노동부 고시를 따른다.)

① 100~300
② 300~500
③ 500~700
④ 700~900

중요도 ★☆☆

22 인체 활동이나 작업종료 후에도 체내에 쌓인 젖산을 제거하기 위해 산소가 더 필요하게 되는 것을 무엇이라 하는가?

① 산소 빚(oxygen debt)
② 산소 값(oxygen value)
③ 산소 피로(oxygen fatigue)
④ 산소 대사(oxygen metabolism)

중요도 ★☆☆

23 다음 중 불수의근(involuntary mescle)과 관계가 없는 것은?

① 내장근
② 평활근
③ 골격근
④ 민무늬근

중요도 ★★☆

24 시소 위에 올려놓은 물체 A와 B는 평형을 이루고 있다. 물체 A는 시소 중심에서 1.2m 떨어져 있고 무게는 35kg이며, 물체 B는 물체 A와 반대방향으로 중심에서 1.5m 떨어져 있다고 가정하였을 때 물체 B의 무게는 몇 kg인가?

① 19
② 28
③ 35
④ 42

중요도 ★★☆

25 작업강도의 증가에 따른 순환기 반응의 변화로 옳지 않은 것은?

① 혈압의 상승
② 적혈구의 감소
③ 심박출량의 증가
④ 혈액의 수송량 증가

26. 어떤 물체 또는 표면에 도달하는 빛의 밀도는?
① 조도 ② 광도
③ 반사율 ④ 점광원

27. 시각적 점멸융합주파수(VFF)에 영향을 주는 변수에 대한 내용으로 옳지 않은 것은?
① 암조응시는 VFF가 증가한다.
② 연습의 효과는 아주 적다.
③ 휘도만 같으면 색은 VFF에 영향을 주지 않는다.
④ VFF는 조명 강도의 대수치에 선형적으로 비례한다.

28. 인체의 척추 구조에서 경추는 몇 개로 구성되어 있는가?
① 5개 ② 7개
③ 9개 ④ 12개

29. 근육 운동에 있어 장력이 활발하게 생기는 동안 근육이 가시적으로 단축되는 것을 무엇이라 하는가?
① 연축(twitch)
② 강축(tetanus)
③ 원심성 수축(eccentric contraction)
④ 구심성 수축(concentric contraction)

30. 나이에 따라 발생하는 청력손실은 다음 중 어떤 주파수의 음에서 가장 먼저 나타나는가?
① 500Hz ② 1000Hz
③ 2000Hz ④ 4000Hz

31. 어떤 작업자의 8시간 작업 시 평균 흡기량은 40L/min, 배기량은 30L/min로 측정되었다. 만일 배기량에 대한 산소함량이 15%로 측정되었다고 가정하면 이때의 분당 산소소비량(L/min)은 얼마인가?
① 3.3 ② 3.5
③ 3.7 ④ 3.9

32. 생리적 활동의 척도 중 Borg의 RPE(Ratings of Perceived Exertion) 척도에 대한 설명으로 옳지 않은 것은?
① 육체적 작업부하의 주관적 평가방법이다.
② NASA-TLX와 동일한 평가척도를 사용한다.
③ 척도의 양끝은 최소 심장 박동률과 최대 심장 박동률을 나타낸다.
④ 작업자들이 주관적으로 지각한 신체적 노력의 정도를 6~20 사이의 척도로 평정한다.

33. 신경계 중 반사(reflex)와 통합(integration)의 기능적 특징을 갖는 것은?
① 중추신경계
② 운동신경계
③ 교감신경계
④ 감각신경계

34 근력의 상태 중 물체를 들고 있을 때처럼 신체 부위를 움직이지 않으면서 고정된 물체에 힘을 가하는 상태는?

① 정적 상태(static condition)
② 동적 상태(dynamic condition)
③ 등속 상태(isokinetic condition)
④ 가속 상태(acceleration condition)

중요도 ★★★

35 다음 중 추천반사율(IES)이 가장 높은 것은?

① 벽　　　　② 천장
③ 바닥　　　④ 책상

중요도 ★☆☆

36 사업장에서 발생하는 소음의 노출기준을 정할 때 고려해야 할 결정요인과 가장 거리가 먼 것은?

① 소음의 크기
② 소음의 높낮이
③ 소음의 지속시간
④ 소음 발생체의 물리적 특성

중요도 ★★☆

37 특정과업에서 에너지소비량에 영향을 미치는 인자로 가장 거리가 먼 것은?

① 작업속도　　② 작업자세
③ 작업순서　　④ 작업방법

중요도 ★★☆

38 진동이 인체에 미치는 영향으로 옳지 않은 것은?

① 심박수가 증가한다.
② 시성능은 10~25Hz 대역의 경우 가장 심하게 영향을 받는다.
③ 진동수와 추적작업과의 상호연관성이 적어 운동성능에 영향을 미치지 않는다.
④ 중앙 신경계의 처리 과정과 관련되는 과업의 성능은 진동의 영향을 비교적 덜 받는다.

중요도 ★☆☆

39 다음 중 고온 작업장에서의 작업 시 신체 내부의 체온조절 계통의 기능이 상실되어 발생하며, 체온이 과도하게 오를 경우 사망에 이를 수 있는 고열장해는?

① 열소모　　② 열사병
③ 열발진　　④ 참호족

중요도 ★★☆

40 작업생리학 분야에서 신체 활동의 부하를 측정하는 생리적 반응치가 아닌 것은?

① 심박수(heart rate)
② 혈류량(blood flow)
③ 폐활량(lung capacity)
④ 산소소비량(Oxygen consumption)

3과목 산업심리학 및 관계법규

41 산업재해의 발생 형태 중 상호 자극에 의하여 순간적(일시적)으로 재해가 발생하는 유형은?

① 복합형 ② 단순 자극형
③ 단순 연쇄형 ④ 복합 연쇄형

42 단순반응시간을 a, 선택반응시간을 b, 움직인 거리를 A, 목표물의 너비를 W라 할 때, 동작시간 예측에 관한 피츠법칙(Fitt's Law)으로 옳은 것은?

① 동작시간 $= a + b \log_2 \left(\dfrac{2A}{W} \right)$

② 동작시간 $= b + a \log_2 \left(\dfrac{2A}{W} \right)$

③ 동작시간 $= a + b \log_2 \left(\dfrac{2W}{A} \right)$

④ 동작시간 $= b + a \log_2 \left(\dfrac{2W}{A} \right)$

43 보행 신호등이 바뀌었지만 자동차가 움직이기까지는 아직 시간이 있다고 주관적으로 판단하여 신호등을 건너는 경우는 어떤 상태인가?

① 억측판단 ② 근도반응
③ 초조반응 ④ 의식의 과잉

44 갈등 해결방안 중 자신의 이익이나 상대방의 이익에 모두 무관심한 것은?

① 경쟁 ② 순응
③ 타협 ④ 회피

45 스트레스에 관한 설명으로 옳지 않은 것은?

① 스트레스 수준은 작업성과와 정비례의 관계에 있다.
② 위협적인 환경특성에 대한 개인의 반응이라고 볼 수 있다.
③ 적정 수준의 스트레스는 작업성과에 긍정적으로 작용한다.
④ 지나친 스트레스를 지속적으로 받으면 인체는 자기조절능력을 상실할 수 있다.

46 재해예방의 4원칙에 해당하지 않는 것은?

① 손실 우연의 원칙
② 조직 구성의 원칙
③ 원인 연계의 원칙
④ 대책 선정의 원칙

47 제조물 책임법에서 손해배상 책임에 대한 설명으로 옳지 않은 것은?

① 해당 제조물 결함에 의해 발생한 손해가 그 제조물 자체에만 그치는 경우에는 제조물 책임 대상에서 제외한다.
② 피해자가 제조물의 제조업자를 알 수 없는 경우 그 제조물을 영리 목적으로 판매한 공급자가 손해를 배상하여야 한다.
③ 제조자가 결함 제조물로 인하여 생명, 신체 또는 재산상의 손해를 입은 자에게 손해를 배상할 책임을 의미한다.
④ 제조업자가 제조물의 결함을 알면서도 필요한 조치를 취하지 아니하면 손해를 입은 자에게 발생한 손해의 2배 범위 내에서 배상책임을 진다.

48 리더십(leadership)과 비교한 헤드십(headship)의 특징으로 옳은 것은?

① 민주주의적 지휘형태
② 개인능력에 따른 권한 근거
③ 구성원과의 사회적 간격이 넓음
④ 집단의 구성원들에 의해 선출된 지도자

49 하인리히는 재해연쇄론에서 재해가 발생하는 과정을 5단계 요인으로 나누어 설명하였다. 그중 사고를 예방하기 위한 관리 활동들이 가장 효과적으로 적용될 수 있는 단계는 무엇이라고 주장하였는가?

① 개인적 결함
② 사고 그 자체
③ 사회적 환경(분위기)
④ 불안전 행동 및 불안전 상태

50 다음 소시오그램에서 B의 선호 신분지수로 옳은 것은?

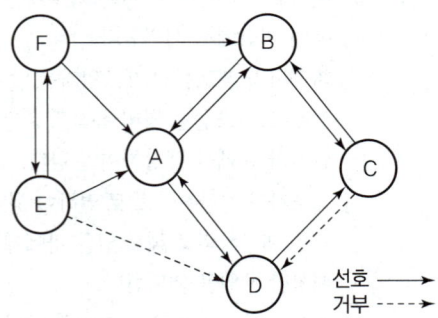

① 1/5
② 2/5
③ 3/5
④ 4/5

51 FTA(Fault Tree Analysis)에 대한 설명으로 옳지 않은 것은?

① 해석하고자 하는 정상사상(Top Event)과 기본사상(Basic Event)과의 인과관계를 도식화하여 나타낸다.
② 고장이나 재해요인의 정성적 분석뿐만 아니라 정량적 분석이 가능하다.
③ "사건이 발생하려면 어떤 조건이 만족되어야 하는가?"에 근거한 연역적 접근방법을 이용한다.
④ 정성적 결함 나무(FT ; Fault Tree)를 작성하기 전에 정상사상이 발생할 확률을 계산한다.

52 다음 중 민주적 리더십과 관련된 이론이나 조직형태는?

① X이론
② Y이론
③ 라인형 조직
④ 관료주의 조직

53 피로의 생리학적(physiological) 측정방법과 거리가 먼 것은?

① 뇌파 측정(EEG)
② 심전도 측정(ECG)
③ 근전도 측정(EMG)
④ 변별역치 측정(촉각계)

54 어느 작업자가 평균적으로 100개의 부품을 검사하여 불량품 5개를 검출해 내었으나 실제로는 15개의 불량품이 있었다. 이 작업자가 100개가 1로트로 구성된 로트 2개를 검사하면서 2개의 로트 모두에서 휴먼에러를 범하지 않을 확률은?

① 0.01　　② 0.1
③ 0.81　　④ 0.9

중요도 ★★☆

55 상시작업자가 1000명이 근무하는 사업장의 강도율이 0.6이었다. 이 사업장에서 재해 발생으로 인한 연간 총 근로손실일수는 며칠인가? (단, 작업자 1인당 연간 2400시간을 근무하였다.)

① 1220일　　② 1320일
③ 1440일　　④ 1630일

중요도 ★★★

56 라스무센(Rasmussen)은 인간 행동의 종류 또는 수준에 따라 휴먼에러를 3가지로 분류하였는데 이에 속하지 않는 것은?

① 숙련기반 에러(skill-based error)
② 기억기반 에러(memory-based error)
③ 규칙기반 에러(rule-based error)
④ 지식기반 에러(knowledge-based error)

중요도 ★☆☆

57 휴먼에러 방지대책을 설비 요인, 인적 요인, 관리 요인 대책으로 구분할 때 인적 요인에 관한 대책으로 볼 수 없는 것은?

① 소집단 활동
② 작업의 모의훈련
③ 인체측정치의 적합화
④ 작업에 관한 교육훈련과 작업 전 회의

중요도 ★★★

58 관리그리드 모형(management grid model)에서 제시한 리더십의 유형에 대한 설명으로 옳지 않은 것은?

① (9, 1)형은 인간에 대한 관심은 높으나 과업에 대한 관심은 낮은 인기형이다.
② (1, 1)형은 과업과 인간관계 유지 모두에 관심을 갖지 않는 무관심형이다.
③ (9, 9)형은 과업과 인간관계 유지 모두에 관심이 높은 이상형으로서 팀형이다.
④ (5, 5)형은 과업과 인간관계 유지 모두에 적당한 정도의 관심을 갖는 중도형이다.

중요도 ★★☆

59 NIOSH의 직무 스트레스 모형에서 직무 스트레스 요인에 해당하지 않는 것은?

① 작업 요인　　② 개인적 요인
③ 조직 요인　　④ 환경 요인

60 Herzberg의 동기위생 이론에서 위생요인에 대한 설명으로 옳지 않은 것은?

① 위생 요인이 갖추어지지 않으면 구성원들은 불만족해 진다.
② 위생 요인이 갖추어지지 않으면 조직을 떠날 수 있다.
③ 위생 요인이 갖추어지지 않으면 성과에 좋지 않은 영향을 준다.
④ 위생 요인이 잘 갖추어지면 구성원들이 열심히 일하도록 동기를 자극한다.

4과목 근골격계질환 예방을 위한 작업관리

61. 어떤 한 작업의 25회 시험관측치가 평균은 0.35, 표준편차가 0.08일 때, 오차확률 5%에서 필요한 최소 관측 횟수는 얼마인가? (단, $t_{25,\,0.05} = 2.069$, $t_{24,\,0.05} = 2.064$, $t_{26,\,0.05} = 2.056$이다.)

① 89 ② 90
③ 91 ④ 92

62. 동작경제의 3원칙 중 신체 사용에 원칙에 해당하지 않는 것은?

① 가능하다면 중력을 이용한 운반 방법을 사용한다.
② 두 손의 동작은 같이 시작하고 같이 끝나도록 한다.
③ 휴식시간을 제외하고는 양손이 동시에 쉬지 않도록 한다.
④ 두 팔의 동작은 동시에 서로 반대방향으로 대칭적으로 움직이도록 한다.

63. 작업장 시설의 재배치, 기자재 소통상 혼잡지역 파악, 공정과정 중 역류현상 점검 등에 가장 유용하게 사용할 수 있는 공정도는?

① Gantt Chart
② Flow Diagram
③ Man-Machine Chart
④ Operation Process Chart

64. 산업안전보건법령상 근골격계 부담작업 유해요인조사에 관한 설명으로 옳지 않은 것은?

① 사업주는 유해요인조사에 근로자대표 또는 해당 작업 근로자를 참여시켜야 한다.
② 사업주는 근로자가 근골격계 부담작업을 하는 경우 3년마다 유해요인조사를 하여야 한다.
③ 신규 입사자가 근골격계 부담작업에 배치되는 경우 즉시 유해요인조사를 실시해야 한다.
④ 신설되는 사업장의 경우 신설일로부터 1년 이내에 최초의 유해요인조사를 실시해야 한다.

65. 표본의 크기가 충분히 크다면 모집단의 분포와 일치한다는 통계적 이론에 근거하여 인간활동이나 기계의 가동상황 등을 무작위로 관측하여 측정하는 표준시간 측정방법은?

① Work Sampling법
② Work Factor법
③ PTS(Predetermined Time Standards)법
④ MTM(Methods Time Measurement)법

66. 문제분석 도구 중 빈도수가 큰 항목부터 차례대로 나열하는 방법으로 불량이나 사고의 원인이 되는 항목을 찾아내는 기법은?

① 간트 차트
② 특성 요인도
③ PERT 차트
④ 파레토 차트

67 근골격계질환 예방·관리 교육에서 사업주가 모든 작업자 및 관리감독자를 대상으로 실시하는 기본교육 내용에 해당되지 않는 것은?

① 근골격계질환 발생 시 대처요령
② 근골격계 부담작업에서의 유해요인
③ 예방·관리 프로그램의 수립 및 운영 방법
④ 작업도구와 장비 등 작업시설의 올바른 사용 방법

68 근골격계질환의 발생원인을 개인적 특성요인과 작업 특성요인으로 구분할 때, 개인적 특성요인에 해당하는 것은?

① 반복적인 동작
② 무리한 힘의 사용
③ 작업방법 및 기술수준
④ 동력을 이용한 공구 사용 시 진동

중요도 ★★☆

69 근골격계질환의 예방원리에 관한 설명으로 옳은 것은?

① 예방보다는 신속한 사후조치가 더 효과적이다.
② 작업자의 신체적 특성 등을 고려하여 작업장을 설계한다.
③ 공학적 개선을 통해 해결하기 어려운 경우에는 그 공정을 중단해야 한다.
④ 사업장 근골격계 예방정책에 노사가 협의하면 작업자의 참여는 중요치 않다.

70 작업관리에 관한 내용으로 옳지 않은 것은?

① 작업연구에는 시간연구, 동작연구, 방법연구가 있다.
② 방법연구는 테일러에 의해 시작, 길브레스에 의해 더욱 발전되었다.
③ 작업관리는 생산과정에서 인간이 관여하는 작업을 주 연구대상으로 한다.
④ 작업관리는 생산 활동의 여러 과정 중 작업요소를 조사, 연구하여 합리적인 작업방법을 설정하는 것이다.

중요도 ★☆☆

71 입식작업대에서 무거운 물건을 다루는 작업(중작업)을 할 때 다음 중 작업대의 높이로 가장 적절한 것은?

① 작업자의 팔꿈치 높이로 한다.
② 작업자의 팔꿈치 높이보다 10~20cm 정도 높게 한다.
③ 작업자의 팔꿈치 높이보다 5~10cm 정도 낮게 한다.
④ 작업자의 팔꿈치 높이보다 10~30cm 정도 낮게 한다.

중요도 ★★☆

72 작업관리의 문제해결 방법으로 전문가 집단의 의견과 판단을 추출하고 종합하여 집단적으로 판단하는 방법은?

① 브레인스토밍(Brainstorming)
② 마인드 맵핑(Mind Mapping)
③ 마인드 멜딩(Mind Melding)
④ 델파이 기법(Delphi Technique)

73 Work Factor에서 고려하는 4가지 시간 변동요인이 아닌 것은?

① 동작 타임   ② 신체 부위
③ 인위적 조절 ④ 중량이나 저항

74 영상표시단말기(VDT) 취급작업자 작업관리 지침상 취급작업자의 작업자세로 적절하지 않은 것은?

① 손목은 일직선이 되도록 한다.
② 화면과의 거리는 최소 40cm 이상이 확보되어야 한다.
③ 화면상의 시야 범위는 수평선상에서 10~15° 위에 오도록 한다.
④ 윗팔(upper arm)은 자연스럽게 늘어뜨리고, 팔꿈치의 내각은 90° 이상이 되어야 한다.

75 각 한 명의 작업자가 배치되어 있는 3개의 라인으로 구성된 공정의 공정시간이 각각 3분, 5분, 4분일 때 공정효율은?

① 65%   ② 70%
③ 75%   ④ 80%

76 어느 회사가 외경법을 기준으로 10%의 여유율을 제공한다. 8시간 동안 한 작업자를 워크샘플링한 결과가 다음 표와 같다. 이 작업자의 수행도 평가 결과 110%였다. 청소 작업의 표준 시간은 약 얼마인가?

요소작업	관측 횟수
적재	15
이동	15
청소	5
유휴	15
합계	50

① 7분   ② 58분
③ 74분   ④ 81분

77 NIOSH Lifting Equation의 변수와 결과에 대한 설명으로 옳지 않은 것은?

① 수평거리 요인이 변수로 작용한다.
② 권장무게한계(RWL)의 최대치는 23kg이다.
③ LI(들기 지수) 값이 1 이상이 나오면 안전하다.
④ 빈도 계수의 들기 빈도는 평균적으로 분당 들어 올리는 횟수(회/분)를 나타낸다.

78 비효율적인 서블릭(Therblig)에 해당하는 것은?

① 계획(Pn)   ② 조립(A)
③ 사용(U)   ④ 쥐기(G)

79 작업방법 설계 시 고려해야 할 사항으로 옳지 않은 것은?

① 눈동자의 움직임을 최소화 한다.
② 동작을 천천히 하여 최대 근력을 얻도록 한다.
③ 최대한 발휘할 수 있는 힘의 30% 이하로 유지한다.
④ 가능하다면 중력 방향으로 작업을 수행하도록 한다.

80 근골격계 부담작업에 해당하지 않는 작업은?

① 하루에 10회 이상 25kg 이상의 물체를 드는 작업
② 하루에 총 2시간 이상, 분당 2회 이상 4.5kg 이상의 물체를 드는 작업
③ 하루에 2시간 이상 집중적으로 자료입력 등을 위해 키보드 또는 마우스를 조작하는 작업
④ 하루에 총 2시간 이상 목, 어깨, 팔꿈치, 손목 또는 손을 사용하여 같은 동작을 반복하는 작업

2020 3회 기출문제

1과목 인간공학개론

01 회전운동을 하는 조종장치의 레버를 40° 움직였을 때 표시장치의 커서는 3cm 이동하였다. 레버의 길이가 15cm일 때 이 조종장치의 C/R비는 약 얼마인가?

① 2.62 ② 3.49
③ 8.33 ④ 10.48

02 사용자의 기억 단계에 대한 설명으로 옳은 것은?

① 잔상은 단기기억(Short-team memory)의 일종이다.
② 인간의 단기기억(Short-team memory) 용량은 유한하다.
③ 장기기억을 작업기억(Working memory)이라고도 한다.
④ 정보를 수초 동안 기억하는 것을 장기기억(Long-team memory)이라 한다.

03 정량적 표시장치(Quantitative display)에 대한 설명으로 옳지 않은 것은?

① 시력이 나쁜 사람이나 조명이 낮은 환경에서 계기를 사용할 때는 눈금 단위(Scale unit) 길이를 크게 하는 편이 좋다.
② 기계식 표시장치에는 원형, 수평형, 수직형 등의 아날로그 표시장치와 디지털 표시장치로 구분된다.
③ 아날로그 표시장치의 눈금 단위(Scale unit) 길이는 정상 가시거리를 기준으로 정상 조명 환경에서는 1.3mm 이상이 권장된다.
④ 아날로그 표시장치는 눈금이 고정되고 지침이 움직이는 동목(Moving scale)형과 지침이 고정되고 눈금이 움직이는 동침(Moving pointer)형으로 구분된다.

04 작업장에서 인간공학을 적용함으로써 얻게 되는 효과를 볼 수 없는 것은?

① 회사의 생산성 증가
② 작업손실 시간의 감소
③ 노·사 간의 신뢰성 저하
④ 건강하고 안전한 작업조건 마련

05 다음 중 기능적 인체치수(Functional Body Dimension) 측정에 대한 설명으로 가장 적합한 것은?

① 앉은 상태에서만 측정하여야 한다.
② 5~95%tile에 대해서만 정의된다.
③ 신체 부위의 동작범위를 측정하여야 한다.
④ 움직이지 않는 표준자세에서 측정하여야 한다.

06 음의 한 성분이 다른 성분의 청각 감지를 방해하는 현상은?

① 은폐효과 ② 밀폐효과
③ 소멸효과 ④ 도플러효과

07 조종장치에 대한 설명으로 옳은 것은?

① C/R비가 크면 민감한 장치이다.
② C/R비가 작은 경우에는 조종장치의 조종시간이 적게 필요하다.
③ C/R비가 감소함에 따라 이동시간은 감소하고, 조종시간은 증가한다.
④ C/R비는 반응장치의 움직인 거리를 조종장치의 움직인 거리로 나눈 값이다.

08 연구 자료의 통계적 분석에 대한 설명으로 옳지 않은 것은?

① 최빈값은 자료의 중심 경향을 나타낸다.
② 분산은 자료의 퍼짐 정도를 나타내 주는 척도이다.
③ 상관계수 값 +1은 두 변수가 부의 상관관계임을 나타낸다.
④ 통계적 유의수준 5%는 100번 중 5번 정도는 판단을 잘못하는 확률을 뜻한다.

09 시각적 표시장치와 청각적 표시장치 중 청각적 표시장치를 사용하는 것이 더 유리한 경우는?

① 수신장소가 너무 시끄러운 경우
② 직무상 수신자가 한 곳에 머무르는 경우
③ 수신자의 청각계통이 과부하 상태일 경우
④ 수신장소가 너무 밝거나 암조응이 요구될 경우

10 신호검출이론(SDT)에서 신호의 유무를 판별함에 있어 4가지 반응 대안에 해당하지 않는 것은?

① 긍정(Hit)
② 누락(Miss)
③ 채택(Acceptation)
④ 허위(False Alarm)

11 암조응(Dark Adaptation)에 대한 설명으로 옳은 것은?

① 적색 안경은 암조응을 촉진한다.
② 어두운 곳에서는 주로 원추세포에 의하여 보게 된다.
③ 완전한 암조응을 위해 보통 1~2분 정도의 시간이 요구된다.
④ 어두운 곳에 들어가면 눈으로 들어오는 빛을 조절하기 위하여 동공이 축소된다.

12 다음에서 설명하고 있는 것은?

> 모든 암호 표시는 다른 암호 표시와 구별될 수 있어야 한다. 인접한 자극들 간에 적당한 차이가 있어 전부 구별 가능하더라도, 인접 자극의 상이도는 암호 체계의 효율성에 영향을 끼친다.

① 암호의 검출성(Detectability)
② 암호의 양립성(Compatibility)
③ 암호의 표준화(Standardization)
④ 암호의 변별성(Discriminability)

중요도 ★★☆

13 다음 그림은 Sanders와 McCormick이 제시한 인간-기계 통합 체계의 인간 또는 기계에 의해서 수행되는 기본 기능의 유형이다. 그림의 A부분에 가장 적합한 것은?

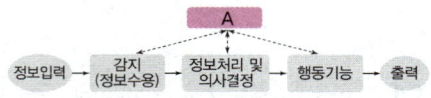

① 통신 ② 정보수용
③ 정보보관 ④ 신체제어

14 인간공학적 설계에서 사용하는 양립성(Compatibility)의 개념 중 인간이 사용한 코드와 기호가 얼마나 의미를 가진 것인가를 다루는 것은?

① 개념적 양립성
② 공간적 양립성
③ 운동 양립성
④ 양식 양립성

중요도 ★★☆

15 지하철이나 버스의 손잡이 설치 높이를 결정하는 데 적용하는 인체치수 적용원리는?

① 평균치 원리
② 최소치 원리
③ 최대치 원리
④ 조절식 원리

중요도 ★★☆

16 시스템의 평가척도 유형으로 볼 수 없는 것은?

① 인간 기준(Human criteria)
② 관리 기준(Management criteria)
③ 시스템 기준(System-descriptive criteria)
④ 작업성능 기준(Task performance criteria)

중요도 ★★☆

17 실현 가능성이 같은 N개의 대안이 있을 때 총 정보량(H)을 구하는 식으로 옳은 것은?

① $H = \log N^2$
② $H = \log_2 N$
③ $H = 2\log_2 N^2$
④ $H = \log 2N$

중요도 ★★☆

18 인간의 후각 특성에 대한 설명으로 옳지 않은 것은?

① 훈련을 통하면 식별 능력을 향상시킬 수 있다.
② 특정한 냄새에 대한 절대적 식별 능력은 떨어진다.
③ 후각은 특정 물질이나 개인에 따라 민감도의 차이가 있다.
④ 후각은 훈련을 통하여 구별할 수 있는 일상적인 냄새의 수는 최대 7가지 종류이다.

19 작업 중인 프레스기로부터 50m 떨어진 곳에서 음압을 측정한 결과 음압 수준이 100dB이었다면, 100m 떨어진 곳에서의 음압 수준은 약 몇 dB 인가?

① 90 ② 92
③ 94 ④ 96

중요도 ★★☆

20 종이의 반사율이 70%이고, 인쇄된 글자의 반사율이 15%일 경우 대비(Contrast)는?

① 15% ② 21%
③ 70% ④ 79%

2과목 작업생리학

중요도 ★☆☆

21 물체가 정적 평형상태(Static Equilibrium)를 유지하기 위한 조건으로 작용하는 모든 힘의 총합과 외부 모멘트의 총합이 옳은 것은?

① 힘의 총합 : 0, 모멘트의 총합 : 0
② 힘의 총합 : 1, 모멘트의 총합 : 0
③ 힘의 총합 : 0, 모멘트의 총합 : 1
④ 힘의 총합 : 1, 모멘트의 총합 : 1

22 전신의 생리적 부담을 측정하는 척도로 가장 적절한 것은?

① 뇌전도(EEG) ② 산소소비량
③ 근전도(EMG) ④ Flicker 테스트

23 최대산소소비능력(MAP ; Maximum Aerobic Power)에 대한 설명으로 옳은 것은?

① MAP는 실제 작업현장에서 작업 시 측정한다.
② 젊은 여성의 MAP는 남성의 40~50% 정도이다.
③ MAP란 산소소비량이 최대가 되는 수준을 의미한다.
④ MAP는 개인의 운동역량을 평가하는 데 널리 활용된다.

중요도 ★★☆

24 교대작업 운영의 효율적인 방법으로 볼 수 없는 것은?

① 고정적이거나 연속적인 야간근무 작업은 줄인다.
② 교대일정은 정기적이고 작업자가 예측 가능하도록 해 주어야 한다.
③ 교대작업은 '주간근무 → 야간근무 → 저녁근무 → 주간근무' 식으로 진행해야 피로를 빨리 회복할 수 있다.
④ 2교대 근무는 최소화하며, 1일 2교대 근무가 불가피한 경우에는 연속 근무일이 2~3일이 넘지 않도록 한다.

중요도 ★☆☆

25 생리적 측정을 주관적 평점등급으로 대체하기 위하여 개발된 평가척도는?

① Fitts Scale   ② Likert Scale
③ Garg Scale   ④ Borg-RPE Scale

26 시각연구에 오랫동안 사용되어 왔으며 망막의 함수로 정신피로의 척도에 사용되는 것은?

① 부정맥
② 뇌파(EEG)
③ 전기피부반응(GSR)
④ 점멸융합주파수(VFF)

중요도 ★★☆

27 광도와 거리를 이용하여 조도를 산출하는 공식으로 옳은 것은?

① 조도 = $\frac{광도}{거리}$ ② 조도 = $\frac{광도}{(거리)^2}$

③ 조도 = $\frac{거리}{광도}$ ④ 조도 = $\frac{거리}{(광도)^2}$

중요도 ★★☆

28 육체적으로 격렬한 작업 시 충분한 양의 산소가 근육활동에 공급되지 못해 근육에 축적되는 것은?

① 젖산   ② 피루브산
③ 글리코겐   ④ 초성포도산

29 K작업장에서 근무하는 작업자가 90dB(A)에 6시간, 95dB(A)에 2시간 동안 노출되었다. 음압 수준별 허용시간이 다음 표와 같을 때 소음노출지수(%)는 얼마인가?

음압 수준 dB(A)	노출 허용시간/일
90	8
95	4
100	2
105	1
110	0.5
115	0.25
	0.125

① 55%   ② 85%
③ 105%   ④ 125%

중요도 ★☆☆

30 조명에 관한 용어의 설명으로 옳지 않은 것은?

① 조도는 광도에 비례하고, 광원으로부터의 거리의 제곱에 반비례한다.
② 휘도는 단위 면적당 표면에 반사 또는 방출되는 빛의 양을 의미한다.
③ 조도는 점광원에서 어떤 물체나 표면에 도달하는 빛의 양을 의미한다.
④ 광도(Luminous intensity)는 단위 입체각 당 물체나 표면에 도달하는 광속으로 측정하며, 단위는 램버트(Lambert)이다.

31 어떤 작업자에 대해서 미국 직업안전위생관리국(OSHA)에서 정한 허용소음노출의 소음 수준이 130%로 계산되었다면 이때 8시간 시간가중평균(TWA)값은 약 얼마인가?

① 89.3 dB(A)   ② 90.7 dB(A)
③ 91.9 dB(A)   ④ 92.5 dB(A)

32 척추동물의 골격근에서 1개의 운동신경이 지배하는 근섬유군을 무엇이라 하는가?

① 신경섬유   ② 운동단위
③ 연결조직   ④ 근원섬유

중요도 ★☆☆

33 관절의 움직임 중 모음(내전, Adduction)을 설명한 것으로 옳은 것은?

① 정중면 가까이로 끌어 들이는 운동이다.
② 신체를 원형 또는 원추형으로 돌리는 운동이다.
③ 굽혀진 상태를 해부학적 자세로 되돌리는 운동이다.
④ 뼈의 긴축을 중심으로 제자리에서 돌아가는 운동이다.

34 격심한 작업활동 중에 혈류분포가 가장 높은 신체 부위는?

① 뇌
② 골격근
③ 피부
④ 소화기관

중요도 ★☆☆

35 전신진동에 있어 안구에 공명이 발생하는 진동수의 범위로 가장 적합한 것은?

① 8~12Hz
② 10~20Hz
③ 20~30Hz
④ 60~90Hz

중요도 ★★☆

36 근육의 수축원리에 관한 설명으로 옳지 않은 것은?

① 근섬유가 수축하면 I대와 H대가 짧아진다.
② 액틴과 미오신 필라멘트의 길이는 변하지 않는다.
③ 최대로 수축했을 때는 Z선이 A대에 맞닿는다.
④ 근육 전체가 내는 힘은 비활성화된 근섬유 수에 의해 결정된다.

중요도 ★★☆

37 해부학적 자세를 기준으로 신체를 좌우로 나누는 면(Plane)은?

① 횡단면
② 시상면
③ 관상면
④ 전두면

중요도 ★☆☆

38 정적근육수축이 무한하게 유지될 수 있는 최대자율수축(MVC)의 범위는?

① 10% 미만
② 25% 미만
③ 40% 미만
④ 50% 미만

중요도 ★★☆

39 인간과 주위와의 열교환 과정을 올바르게 나타낸 열균형 방정식은? (단, S는 열축적, M은 대사, E는 증발, R은 복사, C는 대류, W는 한 일이다.)

① $S = M - E \pm R - C + W$
② $S = M - E - R \pm C + W$
③ $S = M - E \pm R \pm C - W$
④ $S = M \pm E - R \pm C - W$

중요도 ★☆☆

40 생명을 유지하기 위하여 필요로 하는 단위시간당 에너지양을 무엇이라 하는가?

① 산소소비량
② 에너지소비율
③ 기초대사율
④ 활동에너지가

3과목 산업심리학 및 관계법규

41 Herzberg의 2요인론(동기-위생이론)을 Maslow의 욕구단계설과 비교하였을 때, 동기요인과 거리가 먼 것은?

① 존경 욕구
② 안전 욕구
③ 사회적 욕구
④ 자아실현 욕구

42 직무 행동의 결정요인이 아닌 것은?

① 능력
② 수행
③ 성격
④ 상황적 제약

43 결함 나무 분석(FTA ; Fault Tree Analysis)에 대한 설명으로 옳지 않은 것은?

① 고장이나 재해요인의 정성적 분석뿐만 아니라 정량적 분석이 가능하다.
② 정성적 결함나무를 작성하기 전에 정상사상(Top Event)이 발생할 확률을 계산한다.
③ "사건이 발생하려면 어떤 조건이 만족되어야 하는가?"에 근거한 연역적 접근방법을 이용한다.
④ 해석하고자 하는 정상사상(Top Event)과 기본사상(Basic Event)의 인과관계를 도식화하여 나타낸다.

44 버드의 신연쇄성이론에서 불안전한 상태와 불안전한 행동의 근원적 원인은?

① 작업(Media)
② 작업자(Man)
③ 기계(Machine)
④ 관리(Management)

45 부주의의 발생원인과 이를 없애기 위한 대책의 연결이 옳지 않은 것은?

① 내적원인 - 적성배치
② 정신적 원인 - 주의력 집중 훈련
③ 기능 및 작업적 원인 - 안전의식 제고
④ 설비 및 환경적 원인 - 표준작업 제도의 도입

46 중복형태를 갖는 2인 1조 작업조의 신뢰도가 0.99 이상이어야 한다면 기계를 조종하는 임무를 수행하기 위해 한 사람이 갖는 신뢰도의 최댓값은 얼마인가?

① 0.99
② 0.95
③ 0.90
④ 0.85

47 직무 스트레스의 요인 중 자신의 직무에 대한 책임 영역과 직무 목표를 명확하게 인식하지 못할 때 발생하는 요인은?

① 역할 과소
② 역할 갈등
③ 역할 모호성
④ 역할 과부하

48 최고 상위에서부터 최하위의 단계에 이르는 모든 직위가 단일 명령권한의 라인으로 연결된 조직형태는?

① 직능식 조직
② 프로젝트 조직
③ 직계식 조직
④ 직계 참모 조직

49 재해의 발생 형태에 해당하지 않는 것은?

① 화상
② 협착
③ 추락
④ 폭발

50 주의를 기울여 시선을 집중하는 곳의 정보는 잘 받아들여지지만 주변의 정보는 놓치기 쉽다. 이것은 주의의 어떠한 특성 때문인가?

① 주의의 선택성
② 주의의 변동성
③ 주의의 연속성
④ 주의의 방향성

51 인간행동에 대한 Rasmussen의 분류에 해당되지 않는 것은?

① 숙련기반 행동(Skill-based behavior)
② 규칙기반 행동(Rule-based behavior)
③ 능력기반 행동(Ability-based behavior)
④ 지식기반 행동(Knowledge-based behavior)

52 연평균 작업자 수가 2000명인 회사에서 1년에 중상해 1명과 경상해 1명이 발생하였다. 연천인률은 얼마인가?

① 0.5
② 1
③ 2
④ 4

53 NIOSH의 직무 스트레스 관리모형 중 중재 요인(Moderating Factors)에 해당하지 않는 것은?

① 개인적 요인
② 조직 외 요인
③ 완충작용 요인
④ 물리적 환경 요인

54 리더십 이론 중 경로 – 목표이론에서 리더들이 보여주어야 하는 4가지 행동유형에 속하지 않는 것은?

① 권위적
② 지시적
③ 참여적
④ 성취지향적

55 하인리히의 사고예방 대책의 5가지 기본원리를 순서대로 올바르게 나열한 것은?

① 사실의 발견 → 안전조직 → 분석평가 → 시정책 선정 → 시정책 적용
② 안전조직 → 사실의 발견 → 분석평가 → 시정책 선정 → 시정책 적용
③ 안전조직 → 분석평가 → 사실의 발견 → 시정책 선정 → 시정책 적용
④ 사실의 발견 → 분석평가 → 안전조직 → 시정책 선정 → 시정책 적용

56 헤드십(Headship)과 리더십에 대한 설명으로 옳지 않은 것은?

① 헤드십은 부하와의 사회적 간격이 넓다.
② 리더십에서 책임은 리더와 구성원 모두에게 있다.
③ 리더십에서 구성원과의 관계는 개인적인 영향에 따른다.
④ 헤드십은 권한부여가 구성원으로부터 동의에 의한 것이다.

57 제조물 책임법령상 제조업자가 제조물에 대해 충분한 설명, 지시, 경고 등 정보를 제공하지 않아 피해가 발생하였다면 이것은 어떤 결함 때문인가?

① 표시상의 결함
② 제조상의 결함
③ 설계상의 결함
④ 고지의무의 결함

58 인간의 정보처리 과정 측면에서 분류한 휴먼에러(Human Error)에 해당하는 것은?

① 생략 오류(Omission Error)
② 순서 오류(Sequential Error)
③ 작위 오류(Commission Error)
④ 의사결정 오류(Decision Making Error)

59 다음 인간의 감각기관 중 신체 반응시간이 빠른 것부터 느린 순서대로 나열된 것은?

① 청각 → 시각 → 미각 → 통각
② 청각 → 미각 → 시각 → 통각
③ 시각 → 청각 → 미각 → 통각
④ 시각 → 미각 → 청각 → 통각

60 집단 간 갈등의 원인과 가장 거리가 먼 것은?

① 제한된 자원
② 조직구조의 개편
③ 집단 간 목표 차이
④ 견해와 행동 경향 차이

4과목 근골격계질환 예방을 위한 작업관리

61 적절한 입식작업대 높이에 대한 설명으로 옳은 것은?

① 일반적으로 어깨 높이를 기준으로 한다.
② 작업자의 체격에 따라 작업대의 높이가 조정 가능하도록 하는 것이 좋다.
③ 미세부품 조립과 같은 섬세한 작업일수록 작업대의 높이는 낮아야 한다.
④ 일반적인 조립라인이나 기계 작업 시에는 팔꿈치 높이보다 5~10cm 높아야 한다.

62 NIOSH의 들기작업지침에서 들기 지수(LI)를 산정하는 식에서 반영되는 변수가 아닌 것은?

① 표면계수   ② 수평계수
③ 빈도계수   ④ 비대칭계수

63 사람이 행하는 작업을 기본동작으로 분류하고, 각 기본동작들은 동작의 성질과 조건에 따라 이미 정해진 기준 시간을 적용하여 전체 작업의 정미시간을 구하는 방법은?

① PTS법   ② Rating법
③ Therblig법   ④ Work Sampling법

64 공정도(Process Chart)에 사용되는 기호와 명칭이 잘못 연결된 것은?

① ⇨ : 운반   ② □ : 검사
③ ○ : 가공   ④ D : 저장

65 다음 근골격계질환의 발생원인 중 작업요인이 아닌 것은?

① 작업강도   ② 작업자세
③ 직무만족도   ④ 작업의 반복도

66 산업안전보건법령상 근골격계 부담작업의 유해요인조사를 해야 하는 상황이 아닌 것은?

① 법에 따른 건강진단 등에서 근골격계질환자가 발생한 경우
② 근골격계 부담작업에 해당하는 기존의 동일한 설비가 도입된 경우
③ 근골격계 부담작업에 해당하는 업무의 양과 작업공정 등 작업환경이 바뀐 경우
④ 작업자가 근골격계질환으로 관련 법령에 따라 업무상 질환으로 인정받는 경우

67 근골격계질환 예방·관리 프로그램 실행을 위한 보건관리자의 역할로 볼 수 없는 것은?

① 사업장 특성에 맞게 근골격계질환의 예방·관리 추진팀을 구성한다.
② 주기적으로 작업장을 순회하여 근골격계질환 유발공정 및 작업유해요인을 파악한다.
③ 주기적인 작업자 면담을 통하여 근골격계질환 증상 호소자를 조기에 발견할 수 있도록 노력한다.
④ 7일 이상 지속되는 증상을 가진 작업자가 있을 경우 지속적인 관찰, 전문의 진단의뢰 등의 필요한 조치를 한다.

68 작업자 – 기계 작업 분석 시 작업자와 기계의 동시작업 시간이 1.8분, 기계와 독립적인 작업자의 활동시간이 2.5분, 기계만의 가동시간이 4.0분일 때, 동시성을 달성하기 위한 이론적 기계대수는 약 얼마인가?

① 0.28 ② 0.74
③ 1.35 ④ 3.61

69 문제해결 절차에 관한 설명으로 옳지 않은 것은?

① 작업방법의 분석 시에는 공정도나 시간차트, 흐름도 등을 사용한다.
② 선정된 개선안은 작업자나 관련 부서의 이해와 협조 과정을 거쳐 시행하도록 한다.
③ 개선절차는 '연구대상선정 → 현 작업방법 분석 → 분석 자료의 검토 → 개선안 선정 → 개선안 도입' 순으로 이루어진다.
④ 개선 분석 시 5W1H의 What은 작업 순서의 변경, Where, When, Who는 작업 자체의 제거, How는 작업의 결합 분석을 의미한다.

70 동작경제(Motion Economy)의 원칙에 해당하지 않는 것은?

① 가능한 기본동작의 수를 많이 늘린다.
② 공구의 기능을 결합하여 사용하도록 한다.
③ 두 손의 동작은 같이 시작하고 같이 끝나도록 한다.
④ 공구, 재료 및 제어 장치는 사용 위치에 가까이 두도록 한다.

71 산업안전보건법령상 사업주가 근골격계 부담작업 종사자에게 반드시 주지시켜야 하는 내용에 해당되지 않는 것은?

① 근골격계 부담작업의 유해요인
② 근골격계질환의 요양 및 보상
③ 근골격계질환의 징후 및 증상
④ 근골격계질환 발생 시의 대처 요령

72 평균 관측 시간이 0.9분, 레이팅계수가 120%, 여유시간이 하루 8시간 근무시간 중에 28분으로 설정되었다면 표준 시간은 약 몇 분인가?

① 0.926
② 1.080
③ 1.147
④ 1.151

73 손과 손목 부위에 발생하는 작업관련성 근골격계질환이 아닌 것은?

① 방아쇠 손가락(Trigger finger)
② 외상과염(Lateral epicondylitis)
③ 가이언 증후군(Canal of guyon)
④ 수근관 증후군(Carpal tunnel syndrome)

74 근골격계질환 예방을 위한 바람직한 관리적 개선 방안으로 볼 수 없는 것은?

① 규칙적이고 적절한 휴식을 통하여 피로의 누적을 예방한다.
② 작업 확대를 통하여 한 작업자가 할 수 있는 일의 다양성을 넓힌다.
③ 전문적인 스트레칭과 체조 등을 교육하고 작업 중 수시로 실시하도록 유도한다.
④ 중량물 운반 등 특정 작업에 적합한 작업자를 선별하여 상대적 위험도를 경감시킨다.

75 상완, 전완, 손목을 그룹 A로 목, 상체, 다리를 그룹 B로 나누어 측정, 평가하는 유해요인의 평가기법은?

① RULA(Rapid Upper Limb Assessment)
② REBA(Rapid Entire Body Assessment)
③ OWAS(Ovako Working Posture Analysis System)
④ NIOSH 들기작업지침(Revised NIOSH Lifting Equation)

76 서블릭(Therblig) 기호의 심볼과 영문이 잘못된 것은?

① ⟶ : TL
② ⊥⊥ : DA
③ ⬭ : Sh
④ ⌒ : H

77 다음 중 수행도 평가기법이 아닌 것은?

① 속도 평가법
② 합성 평가법
③ 평준화 평가법
④ 사이클 그래프 평가법

78 파레토 원칙(Pareto Principle : 80-20원칙)에 대한 설명으로 옳은 것은?

① 20%의 항목이 전체의 80%를 차지한다.
② 40%의 항목이 전체의 60%를 차지한다.
③ 60%의 항목이 전체의 40%를 차지한다.
④ 80%의 항목이 전체의 20%를 차지한다.

79 다음 중 간헐적으로 랜덤한 시점에 연구대상을 순간적으로 관측하여 관측기간 동안 나타난 항목별로 차지하는 비율을 추정하는 방법은?

① Work Factor법
② Work Sampling법
③ PTS(Predetermined Time Standards)법
④ MTM(Methods Time Measurement)법

80 ECRS의 4원칙에 해당되지 않는 것은?

① Eliminate : 꼭 필요한가?
② Simplify : 단순화할 수 있는가?
③ Control : 작업을 통제할 수 있는가?
④ Rearrange : 작업순서를 바꾸면 효율적인가?

2021년 1회 기출문제

1과목 인간공학개론

01 표시장치와 제어장치를 포함하는 작업장을 설계할 때 고려해야 할 사항과 가장 거리가 먼 것은?

① 작업시간
② 제어장치와 표시장치와의 관계
③ 주 시각 임무와 상호작용하는 주 제어장치
④ 자주 사용되는 부품을 편리한 위치에 배치

02 주의(attention)의 종류에 포함되지 않는 것은?

① 병렬 주의(parallel attention)
② 분할 주의(divided attention)
③ 초점 주의(focused attention)
④ 선택적 주의(selective attention)

03 시스템의 사용성 검증 시 고려되어야 할 변인이 아닌 것은?

① 경제성
② 낮은 에러율
③ 효율성
④ 기억용이성

04 움직이는 몸의 동작을 측정한 인체치수를 무엇이라고 하는가?

① 조절 치수
② 파악한계 치수
③ 구조적 인체치수
④ 기능적 인체치수

05 인체측정 자료의 최대 집단 값에 의한 설계 원칙에 관한 내용으로 옳은 것은?

① 통상 1, 5, 10%의 하위 백분위수를 기준으로 정한다.
② 통상 70, 75, 80%의 상위 백분위수를 기준으로 정한다.
③ 문, 탈출구, 통로 등과 같은 공간의 여유를 정할 때 사용한다.
④ 선반의 높이, 조종장치까지의 거리 등을 정할 때 사용한다.

06 제어장치가 가지는 저항의 종류에 포함되지 않는 것은?

① 탄성 저항(elastic resistance)
② 관성 저항(inertia resistance)
③ 점성 저항(viscous resistance)
④ 시스템 저항(system resistance)

07 선형 표시장치를 움직이는 조종구(레버)에서의 C/R 비를 나타내는 다음 식에서 변수 a의 의미로 옳은 것은? (단, L은 컨트롤러의 길이를 의미한다.)

$$C/R 비 = \frac{(a/360) \times 2\pi L}{표시장치의 이동거리}$$

① 조종장치의 여유율
② 조종장치의 최대 각도
③ 조종장치가 움직인 각도
④ 조종장치가 움직인 거리

중요도 ★★☆

08 신호검출이론(signal detection theory)에서 판정기준을 나타내는 우도비(likelihood ratio) β와 민감도(sensitivity) d에 대한 설명으로 옳은 것은?

① β가 클수록 보수적이고, d가 클수록 민감함을 나타낸다.
② β가 클수록 보수적이고, d가 클수록 둔감함을 나타낸다.
③ β가 작을수록 보수적이고, d가 클수록 민감함을 나타낸다.
④ β가 작을수록 보수적이고, d가 클수록 둔감함을 나타낸다.

중요도 ★★★

09 인체의 감각기능 중 후각에 대한 설명으로 옳은 것은?

① 후각에 대한 순응은 느린 편이다.
② 후각은 훈련을 통해 식별 능력을 기르지 못한다.
③ 후각은 냄새 존재 여부보다 특정 자극을 식별하는 데 효과적이다.
④ 특정 냄새의 절대식별 능력은 떨어지나 상대적 비교 능력은 우수한 편이다.

중요도 ★☆☆

10 인간-기계 체계(Man-Machine System)의 신뢰도(R_S)가 0.85 이상이어야 한다. 이때 인간의 신뢰도(R_H)가 0.9라면 기계의 신뢰도(R_E)는 얼마 이상이어야 하는가? (단, 인간-기계 체계는 직렬체계이다.)

① $R_E \geq 0.831$
② $R_E \geq 0.877$
③ $R_E \geq 0.915$
④ $R_E \geq 0.944$

중요도 ★★★

11 인간공학에 관한 내용으로 옳지 않은 것은?

① 인간의 특성 및 한계를 고려한다.
② 인간을 기계와 작업에 맞추는 학문이다.
③ 인간 활동의 최적화를 연구하는 학문이다.
④ 편리성, 안정성, 효율성을 제고하는 학문이다.

중요도 ★☆☆

12 인간의 기억체계에 대한 설명으로 옳지 않은 것은?

① 단위 시간당 영구 보관할 수 있는 정보량은 7bit/sec이다.
② 감각저장(sensory storage)에서는 정보의 코드화가 이루어지지 않는다.
③ 장기기억(long-term memory) 내의 정보는 의미적으로 코드화된 정보이다.
④ 작업기억(working memory)은 현재 또는 최근의 정보를 잠시 동안 기억하기 위한 저장소의 역할을 한다.

중요도 ★★☆

13 음 세기(sound intensity)에 관한 설명으로 옳은 것은?

① 음 세기의 단위는 Hz이다.
② 음 세기는 소리의 고저와 관련이 있다.
③ 음 세기는 단위 시간에 단위 면적을 통과하는 음의 에너지를 말한다.
④ 음압 수준(sound pressure level) 측정 시 주로 2000Hz 순음을 기준 음압으로 사용한다.

14 시각 및 시각과정에 대한 설명으로 옳지 않은 것은?

① 원추체(cone)는 황반(fovea)에 집중되어 있다.
② 멀리 있는 물체를 볼 때는 수정체가 두꺼워진다.
③ 동공(pupil)의 크기는 어두우면 커진다.
④ 근시는 수정체가 두꺼워져 원점이 너무 가까워진다.

중요도 ★★☆

15 시식별에 영향을 주는 인자로 적합하지 않은 것은?

① 조도   ② 휘도비
③ 대비   ④ 온·습도

중요도 ★★☆

16 실제 사용자들의 행동 분석을 위해 사용자가 생활하는 자연스러운 생활환경에서 조사하는 사용성 평가기법으로 옳은 것은?

① Heuristic Evaluation
② Usability Lab Testing
③ Focus Group Interview
④ Observation Ethnography

중요도 ★☆☆

17 다음과 같은 확률로 발생하는 4가지 대안에 대한 중복률(%)은 얼마인가?

결과	확률(p)	$-\log_2 p$
A	0.1	3.32
B	0.3	1.74
C	0.4	1.32
D	0.2	2.32

① 1.8   ② 2.0
③ 7.7   ④ 8.7

중요도 ★★☆

18 정량적 표시장치의 지침(pointer) 설계에 있어 일반적인 요령으로 적합하지 않은 것은?

① 뾰족한 지침을 사용한다.
② 지침을 눈금면과 최대한 밀착시킨다.
③ 지침의 끝은 최소 눈금선과 맞닿고 겹치게 한다.
④ 원형 눈금의 경우 지침의 색은 지침 끝에서 중앙까지 칠한다.

중요도 ★★☆

19 암호체계의 사용에 관한 일반적 지침에서 암호의 변별성에 대한 설명으로 옳은 것은?

① 정보를 암호화한 자극은 검출이 가능하여야 한다.
② 자극과 반응 간의 관계가 인간의 기대와 모순되지 않아야 한다.
③ 두 가지 이상의 암호 차원을 조합하여 사용하면 정보전달이 촉진된다.
④ 모든 암호 표시는 감지장치에 의하여 다른 암호 표시와 구별될 수 있어야 한다.

20 통화 이해도 측정을 위한 척도로 적합하지 않은 것은?

① 명료도 지수
② 인식 소음 수준
③ 이해도 점수
④ 통화 간섭 수준

2과목 작업생리학

21 어떤 작업에 대해서 10분간 산소소비량을 측정한 결과 100L 배기량에 산소가 15%, 이산화탄소가 6%로 분석되었다. 에너지소비량은 몇 kcal/min인가? (단, 산소 1L가 몸에서 소비되면 5kcal의 에너지가 소비되며, 공기 중에서 산소는 21%, 질소는 79%를 차지하는 것으로 가정한다.)

① 2 ② 3
③ 4 ④ 6

22 휴식 중의 에너지소비량이 1.5kcal/min인 작업자가 분당 평균 8kcal의 에너지를 소비한 작업을 60분 동안 했을 경우 총 작업시간 60분에 포함되어야 하는 휴식시간은 약 몇 분인가? (단, Murrell의 식을 적용하며, 작업 시 권장 평균 에너지소비량은 5kcal/min으로 가정한다.)

① 22분 ② 28분
③ 34분 ④ 40분

23 산업안전보건법령상 "소음작업"이란 1일 8시간 작업을 기준으로 얼마 이상의 소음이 발생하는 작업을 뜻하는가?

① 80데시벨 ② 85데시벨
③ 90데시벨 ④ 95데시벨

24 신체에 전달되는 진동은 전신진동과 국소진동으로 구분되는데 진동원의 성격이 다른 것은?

① 크레인 ② 지게차
③ 대형 운송차량 ④ 휴대용 연삭기

25 수의근(voluntary muscle)에 대한 설명으로 옳은 것은?

① 민무늬근과 줄무늬근을 통칭한다.
② 내장근 또는 평활근으로 구분한다.
③ 대표적으로 심장근이 있으며 원통형 근섬유 구조를 이룬다.
④ 중추신경계의 지배를 받아 내 의지대로 움직일 수 있는 근육이다.

26 다음 중 안정 시 신체 부위에 공급하는 혈액 분배 비율이 가장 높은 곳은?

① 뇌 ② 근육
③ 소화기계 ④ 심장

27 신체 부위의 동작 유형 중 관절에서의 각도가 증가하는 동작을 무엇이라고 하는가?

① 굴곡(flexion) ② 신전(extension)
③ 내전(adduction) ④ 외전(abduction)

28 힘에 대한 설명으로 옳지 않은 것은?

① 능동적 힘은 근수축에 의하여 생성된다.
② 힘은 근골격계를 움직이거나 안정시키는 데 작용한다.
③ 수동적 힘은 관절 주변의 결합조직에 의하여 생성된다.
④ 능동적 힘과 수동적 힘의 합은 근절의 안정 길이의 50%에서 발생한다.

중요도 ★★☆

29 다음 중 일정(constant) 부하를 가진 작업 수행 시 인체의 산소소비량 변화를 나타낸 그래프로 옳은 것은?

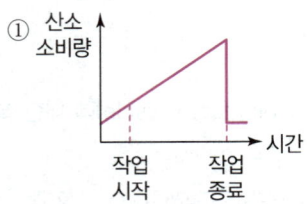
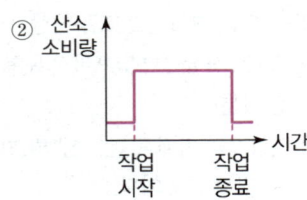
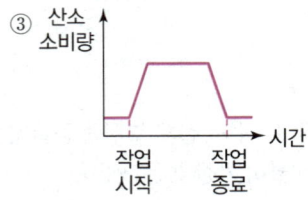
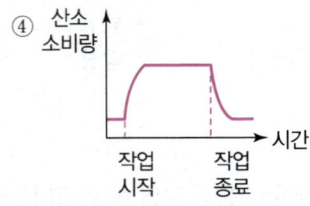

30 다음 생체신호를 측정할 때 이용되는 측정방법이 잘못 연결된 것은?

① 뇌의 활동 측정 - EOG
② 심장근의 활동 측정 - EKG
③ 피부의 전기 전도 측정 - GSR
④ 국부 골격근의 활동 측정 - EMG

중요도 ★★☆

31 열교환에 영향을 미치는 요소와 가장 거리가 먼 것은?

① 기압　　② 기온
③ 습도　　④ 공기의 유동

32 소음에 의한 회화 방해현상과 같이 한 음의 가청 역치가 다른 음 때문에 높아지는 현상을 무엇이라 하는가?

① 사정효과　　② 차폐효과
③ 은폐효과　　④ 흡음효과

중요도 ★☆☆

33 근력과 지구력에 관한 설명으로 옳지 않은 것은?

① 근력에 영향을 미치는 대표적 개인적 인자로는 성(姓)과 연령이 있다.
② 정적(static) 조건에서의 근력이란 자의적 노력에 의해 등척적으로(isometrically) 낼 수 있는 최대 힘이다.
③ 근육이 발휘할 수 있는 최대 근력의 50% 정도의 힘으로는 상당히 오래 유지할 수 있다.
④ 동적(dynamic) 근력은 측정이 어려우며, 이는 가속과 관절 각도의 변화가 힘의 발휘와 측정에 영향을 주기 때문이다.

34 중추신경계(central nervous system)에 해당하는 것은?

① 신경절(ganglia)
② 척수(spinal cord)
③ 뇌신경(cranial nerve)
④ 척수신경(spinal nerve)

중요도 ★★☆

35 다음 중 중추신경계의 피로, 즉 정신피로의 측정척도로 사용할 때 가장 적합한 것은?

① 혈압(blood pressure)
② 근전도(electromyogram)
③ 산소소비량(oxygen consumption)
④ 점멸융합주파수(flicker fusion frequency)

중요도 ★☆☆

36 광도비(luminance ratio)란 주된 장소와 주변 광도의 비이다. 사무실 및 산업 상황에서의 일반적인 추천 광도비는 얼마인가?

① 1:1　　② 2:1
③ 3:1　　④ 4:1

중요도 ★★★

37 강도 높은 작업을 마친 후 휴식 중에도 근육에 추가적으로 소비되는 산소량을 무엇이라 하는가?

① 산소 부채　　② 산소 결핍
③ 산소 결손　　④ 산소요구량

중요도 ★☆☆

38 중량물을 운반하는 작업에서 발생하는 생리적 반응으로 옳은 것은?

① 혈압이 감소한다.
② 심박수가 감소한다.
③ 혈류량이 재분배된다.
④ 산소소비량이 감소한다.

중요도 ★★☆

39 전체 환기가 필요한 경우로 볼 수 없는 것은?

① 유해물질의 독성이 적을 때
② 실내에 오염물 발생이 많지 않을 때
③ 실내 오염 배출원이 분산되어 있을 때
④ 실내에 확산된 오염물의 농도가 전체적으로 일정하지 않을 때

중요도 ★★★

40 다음 중 작업장 실내에서 일반적으로 추천 반사율이 가장 높은 곳은? (단, IES기준이다.)

① 천장　　② 바닥
③ 벽　　　④ 책상면

3과목 산업심리학 및 관계법규

41 Rasmussen의 인간행동 분류에 기초한 인간 오류에 해당하지 않는 것은?

① 규칙에 기초한 행동(rule-based behavior) 오류
② 실행에 기초한 행동(commission-based behavior) 오류
③ 기능에 기초한 행동(skill-based behavior) 오류
④ 지식에 기초한 행동(knowledge-based behavior) 오류

42 리더십 이론 중 관리격자 이론에서 인간관계에 대한 관심이 낮은 유형은?

① 타협형   ② 인기형
③ 이상형   ④ 무관심형

43 다음 중 에러 발생 가능성이 가장 낮은 의식수준은?

① 의식수준 0   ② 의식수준 Ⅰ
③ 의식수준 Ⅱ   ④ 의식수준 Ⅲ

44 작업자 한 사람의 성능 신뢰도가 0.95일 때, 요원을 중복하여 2인 1조로 작업을 할 경우 이 조의 인간신뢰도는 얼마인가? (단, 작업 중에는 항상 요원지원이 되며, 두 작업자의 신뢰도는 동일하다고 가정한다.)

① 0.9025   ② 0.9500
③ 0.9975   ④ 1.0000

45 시스템 안전 분석기법 중 정량적 분석 방법이 아닌 것은?

① 결함 나무 분석(FTA)
② 사상 나무 분석(ETA)
③ 고장모드 및 영향분석(FMEA)
④ 휴먼에러율 예측기법(THERP)

46 조직의 리더(leader)에게 부여하는 권한 중 구성원을 징계 또는 처벌할 수 있는 권한은?

① 보상적 권한   ② 강압적 권한
③ 합법적 권한   ④ 전문성의 권한

47 인간의 불안전 행동을 예방하기 위해 Harvey에 의해 제안된 안전대책의 3E에 해당하지 않는 것은?

① Education   ② Enforcement
③ Engineering   ④ Environment

48 재해 원인을 불안전한 행동과 불안전한 상태로 구분할 때 불안전한 상태에 해당하는 것은?

① 규칙의 무시   ② 안전장치 결함
③ 보호구 미착용   ④ 불안전한 조작

49 재해 발생에 관한 하인리히(H.W. Heinrich)의 도미노 이론에서 제시된 5가지 요인에 해당하지 않는 것은?

① 제어의 부족
② 개인적 결함
③ 불안전한 행동 및 상태
④ 유전 및 사회 환경적 요인

50 개인의 기술과 능력에 맞게 직무를 할당하고 작업환경 개선을 통하여 안심하고 작업할 수 있도록 하는 스트레스 관리 대책은?

① 직무 재설계
② 긴장 이완법
③ 협력관계 유지
④ 경력계획과 개발

51 집단 응집력(group cohesiveness)을 결정하는 요소에 대한 내용으로 옳지 않은 것은?

① 집단의 구성원이 적을수록 응집력이 낮다.
② 외부의 위협이 있을 때 응집력이 높다.
③ 가입의 난이도가 쉬울수록 응집력이 낮다.
④ 함께 보내는 시간이 많을수록 응집력이 높다.

52 선택반응시간(Hick의 법칙)과 동작시간(Fitts의 법칙)의 공식에 대한 설명으로 옳은 것은?

- 선택반응시간 $= a + b \log_2 N$
- 동작시간 $= a + b \log_2 \left(\dfrac{2A}{W} \right)$

① N은 자극과 반응의 수, A는 목표물의 너비, W는 움직인 거리를 나타낸다.
② N은 감각기관의 수, A는 목표물의 너비, W는 움직인 거리를 나타낸다.
③ N은 자극과 반응의 수, A는 움직인 거리, W는 목표물의 너비를 나타낸다.
④ N은 감각기관의 수, A는 움직인 거리, W는 목표물의 너비를 나타낸다.

53 제조물 책임법상 결함의 종류에 해당되지 않는 것은?

① 재료상의 결함
② 제조상의 결함
③ 설계상의 결함
④ 표시상의 결함

54 재해율과 관련된 설명으로 옳은 것은?

① 재해율은 근로자 100명당 1년간에 발생하는 재해자 수를 나타낸다.
② 도수율은 연간 총 근로시간 합계에 10만 시간당 재해 발생건수이다.
③ 강도율은 근로자 1000명당 1년 동안에 발생하는 재해자 수(사상자 수)를 나타낸다.
④ 연천인율은 연간 총 근로시간에 1000시간당 재해 발생에 의해 잃어버린 근로손실일수를 말한다.

55 휴먼에러의 배후요인 4가지(4M)에 속하지 않는 것은?

① Man
② Machine
③ Motive
④ Management

56 NIOSH의 직무 스트레스 모형에서 같은 직무 스트레스 요인에서도 개인들이 지각하고 상황에 반응하는 방식에 차이가 있는데 이를 무엇이라 하는가?

① 환경 요인
② 작업 요인
③ 조직 요인
④ 중재 요인

57 허즈버그(Herzberg)의 동기요인에 해당되지 않는 것은?
① 성장　　② 성취감
③ 책임감　　④ 작업조건

58 사고발생에 있어 부주의 현상의 원인에 해당되지 않는 것은?
① 의식의 우회
② 의식의 혼란
③ 의식의 중단
④ 의식수준의 향상

중요도 ★☆☆

59 레빈(Lewin. K)이 주장한 인간의 행동에 대한 함수식[B = f(P·E)]에서 개체(Person)에 포함되지 않는 변수는?
① 연령　　② 성격
③ 심신 상태　　④ 인간관계

중요도 ★★☆

60 막스 웨버(Max Weber)가 주장한 관료주의에 관한 설명으로 옳지 않은 것은?
① 노동의 분업화를 전제로 조직을 구성한다.
② 부서장들의 권한 일부를 수직적으로 위임하도록 했다.
③ 단순한 계층구조로 상위리더의 의사결정이 독단화되기 쉽다.
④ 산업화 초기의 비규범적 조직운영을 체계화시키는 역할을 했다.

4과목 근골격계질환 예방을 위한 작업관리

중요도 ★★☆

61 팔꿈치 부위에 발생하는 근골격계질환 유형은?
① 결절종(ganglion)
② 방아쇠 손가락(trigger finger)
③ 외상과염(lateral epicondylitis)
④ 수근관 증후군(carpal tunnel syndrome)

62 산업안전보건법령상 근골격계 부담작업에 해당하는 기준은?
① 하루에 5회 이상 20kg 이상의 물체를 드는 작업
② 하루에 총 1시간 키보드 또는 마우스를 조작하는 작업
③ 하루에 총 2시간 이상 목, 허리, 팔꿈치, 손목 또는 손을 사용하여 다양한 동작을 반복하는 작업
④ 하루에 총 2시간 이상 지지되지 않은 상태에서 4.5kg 이상의 물건을 한 손으로 들거나 동일한 힘으로 쥐는 작업

중요도 ★★★

63 NIOSH 들기 공식에서 고려되는 평가요소가 아닌 것은?
① 수평거리　　② 목 자세
③ 수직거리　　④ 비대칭 각도

중요도 ★☆☆

64 다음 서블릭(therblig) 기호 중 효율적 서블릭에 해당하는 것은?
① Sh　　② G
③ P　　④ H

65 워크샘플링(work sampling)의 특징으로 옳지 않은 것은?

① 짧은 주기나 반복작업에 효과적이다.
② 관측이 순간적으로 이루어져 작업에 방해가 적다.
③ 작업방법이 변화되는 경우에는 전체적인 연구를 새로 해야 한다.
④ 관측자가 여러 명의 작업자나 기계를 동시에 관측할 수 있다.

66 사업장 근골격계질환 예방관리 프로그램에 있어 예방·관리 추진팀의 역할이 아닌 것은?

① 교육 및 훈련에 관한 사항을 결정하고 실행한다.
② 예방·관리 프로그램의 수립 및 수정에 관한 사항을 결정한다.
③ 근골격계질환의 증상·유해요인 보고 및 대응체계를 구축한다.
④ 유해요인 평가 및 개선계획의 수립과 시행에 관한 사항을 결정하고 실행한다.

67 관측평균시간이 0.8분, 레이팅계수 120%, 정미시간에 대한 작업 여유율이 15%일 때 표준시간은 약 얼마인가?

① 0.78분 ② 0.88분
③ 1.104분 ④ 1.264분

68 작업측정에 관한 설명으로 옳지 않은 것은?

① 정미시간은 반복생산에 요구되는 여유시간을 포함한다.
② 인적여유는 생리적 욕구에 의해 작업이 지연되는 시간을 포함한다.
③ 레이팅은 측정작업 시간을 정상작업 시간으로 보정하는 과정이다.
④ TV조립공정과 같이 짧은 주기의 작업은 비디오 촬영에 의한 시간연구법이 좋다.

69 다음 중 작업개선에 있어서 개선의 ECRS에 해당하지 않는 것은?

① 보수(Repair)
② 제거(Eliminate)
③ 단순화(Simplify)
④ 재배치(Rearrange)

70 근골격계질환 예방을 위한 방안과 거리가 먼 것은?

① 손목을 곧게 유지한다.
② 춥고 습기 많은 작업환경을 피한다.
③ 손목이나 손의 반복동작을 활용한다.
④ 손잡이는 손에 접촉하는 면적을 넓게 한다.

71 작업관리의 주목적과 가장 거리가 먼 것은?

① 생산성 향상
② 무결점 달성
③ 최선의 작업방법 개발
④ 재료, 설비, 공구 등의 표준화

72 수공구를 이용한 작업개선원리에 대한 내용으로 옳지 않은 것은?

① 진동 패드, 진동 장갑 등으로 손에 전달되는 진동 효과를 줄인다.
② 동력 공구는 그 무게를 지탱할 수 있도록 매달거나 지지한다.
③ 힘이 요구되는 작업에 대해서는 감싸쥐기(power grip)를 이용한다.
④ 적합한 모양의 손잡이를 사용하되, 가능하면 손바닥과 접촉면을 좁게 한다.

73 동작분석(motion study)에 관한 설명으로 옳지 않은 것은?

① 동작분석 기법에는 서블릭법과 작업측정기법을 이용하는 PTS법이 있다.
② 작업과정에서 무리·낭비·불합리한 동작을 제거, 최선의 작업방법으로 개선하는 것이 목표이다.
③ 미세동작분석은 작업주기가 짧은 작업, 규칙적인 작업주기시간, 단기적 연구대상 작업 분석에는 사용할 수 없다.
④ 작업을 분해 가능한 세밀한 단위로 분석하고 각 단위의 변이를 측정하여 표준작업방법을 알아내기 위한 연구이다.

74 Work Factor에서 동작시간 결정 시 고려하는 4가지 요인에 해당하지 않는 것은?

① 수행도
② 동작 거리
③ 중량이나 저항
④ 인위적 조절 정도

75 작업개선방법을 관리적 개선방법과 공학적 개선방법으로 구분할 때 공학적 개선방법에 속하는 것은?

① 적절한 작업자의 선발
② 작업자의 교육 및 훈련
③ 작업자의 작업속도 조절
④ 작업자의 신체에 맞는 작업장 개선

76 어느 회사의 컨베이어 라인에서 작업순서가 다음 표의 번호와 같이 구성되어 있을 때, 다음 설명 중 옳은 것은?

작업	조립	2 납땜	3 검사	4 포장
시간(초)	10초	9초	8초	7초

① 공정 손실은 15%이다.
② 애로작업은 검사작업이다.
③ 라인의 주기시간은 7초이다.
④ 라인의 시간당 생산량은 6개이다.

77 유통선도(flow diagram)의 기능으로 옳지 않은 것은?

① 자재흐름의 혼잡지역 파악
② 시설물의 위치나 배치관계 파악
③ 공정과정의 역류현상 발생 유무 점검
④ 운반과정에서 물품의 보관 내용 파악

78 영상표시단말기(VDT) 취급근로자 작업관리지침상 작업기기의 조건으로 옳지 않은 것은?

① 키보드와 키 윗부분의 표면은 무광택으로 할 것
② 영상표시단말기 화면은 회전 및 경사조절이 가능할 것
③ 키보드의 경사는 3° 이상 20° 이하, 두께는 4cm 이하로 할 것
④ 단색화면일 경우 색상은 일반적으로 어두운 배경에 밝은 황·녹색 또는 백색문자를 사용하고 적색 또는 청색의 문자는 가급적 사용하지 않을 것

79 동작경제의 원칙에서 작업장 배치에 관한 원칙에 해당하는 것은?

① 각 손가락이 서로 다른 작업을 할 때 작업량을 각 손가락의 능력에 맞게 분배한다.
② 중력이송원리를 이용한 부품상자나 용기를 이용하여 부품을 사용 장소에 가까이 보낼 수 있도록 한다.
③ 손과 신체의 동작은 작업을 원만하게 처리할 수 있는 범위 내에서 가장 낮은 동작등급을 사용한다.
④ 눈의 초점을 모아야 할 수 있는 작업은 가능한 적게 하고, 이것이 불가피한 경우 두 작업 간의 거리를 짧게 한다.

80 산업안전보건법령상 근골격계 부담작업의 유해요인조사에 대한 내용으로 옳지 않은 것은? (단, 해당 사업장은 근로자가 근골격계 부담작업을 하는 경우이다.)

① 정기 유해요인조사는 2년마다 유해요인조사를 하여야 한다.
② 신설되는 사업장의 경우에는 신설일로부터 1년 이내 최초의 유해요인조사를 하여야 한다.
③ 조사항목으로는 작업량, 작업속도 등의 작업장의 상황과 작업자세, 작업방법 등의 작업조건이 있다.
④ 근골격계 부담작업에 해당하는 새로운 작업·설비를 도입한 경우 1개월 이내 유해요인조사를 해야 한다.

2021 3회 기출문제

1과목 인간공학개론

01 신호검출이론에서 판정기준(criterion)이 오른쪽으로 이동할 때 나타나는 현상으로 옳은 것은?

① 허위경보(false alarm)가 줄어든다.
② 신호(signal)의 수가 증가한다.
③ 소음(noise)의 분포가 커진다.
④ 적중 확률(실제 신호를 신호로 판단)이 높아진다.

02 인간공학의 연구 목적과 가장 거리가 먼 것은?

① 인간오류의 특성을 연구하여 사고를 예방
② 인간의 특성에 적합한 기계나 도구의 설계
③ 병리학을 연구하여 인간의 질병퇴치에 기여
④ 인간의 특성에 맞는 작업환경 및 작업방법의 설계

03 조종 – 반응 비율(C/R ratio)에 관한 설명으로 옳지 않은 것은?

① C/R비가 증가하면 이동시간도 증가한다.
② C/R비가 작으면(낮으면) 민감한 장치이다.
③ C/R비는 조종장치의 이동거리를 표시장치의 반응거리로 나눈 값이다.
④ C/R비가 감소함에 따라 조종시간은 상대적으로 작아진다.

04 인간 기억의 여러 가지 형태에 대한 설명으로 옳지 않은 것은?

① 단기기억의 용량은 보통 7청크(chunk)이며 학습에 의해 무한히 커질 수 있다.
② 단기기억에 있는 내용을 반복하여 학습(research)하면 장기기억으로 저장된다.
③ 일반적으로 작업기억의 정보는 시각(visual), 음성(phonetic), 의미(semantic) 코드의 3가지로 코드화된다.
④ 자극을 받은 후 단기기억에 저장되기 전에 시각적인 정보는 아이코닉 기억(iconic memory)에 잠시 저장된다.

05 시각적 표시장치에 관한 설명으로 옳은 것은?

① 정확한 수치를 필요로 하는 경우에는 디지털 표시장치보다 아날로그 표시장치가 우수하다.
② 온도, 압력과 같이 연속적으로 변하는 변수의 변화경향, 변화율 등을 알고자 할 때는 정량적 표시장치를 사용하는 것이 좋다.
③ 정성적 표시장치는 동침형(moving pointer), 동목형(moving scale) 등의 형태로 구분할 수 있다.
④ 정량적 눈금을 식별하는 데에 영향을 미치는 요소는 눈금 단위의 길이, 눈금의 수열 등이 있다.

06 소리의 차폐효과(masking)란?

① 주파수별로 같은 소리의 크기를 표시한 개념
② 하나의 소리가 다른 소리의 판별에 방해를 주는 현상
③ 내이(inner ear)의 달팽이관(cochlea) 안에 있는 섬모(fiber)가 소리의 주파수에 따라 민감하게 반응하는 현상
④ 하나의 소리의 크기가 다른 소리에 비해 몇 배나 크게(또는 작게) 느껴지는 지를 기준으로 소리의 크기를 표시하는 개념

07 멀리 있는 물체를 선명하게 보기 위해 눈에서 일어나는 현상으로 옳은 것은?

① 홍채가 이완한다.
② 수정체가 얇아진다.
③ 동공이 커진다.
④ 모양체근이 수축한다.

08 인체측정을 구조적 치수와 기능적 치수로 구분할 때 기능적 치수 측정에 대한 설명으로 옳은 것은?

① 형태학적 측정을 의미한다.
② 나체 측정을 원칙으로 한다.
③ 마틴식 인체측정 장치를 사용한다.
④ 상지나 하지의 운동범위를 측정한다.

09 손의 위치에서 조종장치 중심까지의 거리가 30cm, 조종장치의 폭이 5cm일 때 Fitts의 난이도 지수(index of difficulty) 값은 약 얼마인가?

① 2.6   ② 3.2
③ 3.6   ④ 4.1

10 인간의 신뢰도가 70%, 기계의 신뢰도가 90%이면 인간과 기계가 직렬체계로 작업할 때의 신뢰도는 몇 %인가?

① 30%   ② 54%
③ 63%   ④ 98%

11 1000Hz, 40dB을 기준으로 음의 상대적인 주관적 크기를 나타내는 단위는?

① sone   ② siemens
③ bell   ④ phon

12 직렬시스템과 병렬시스템의 특성에 대한 설명으로 옳은 것은?

① 직렬시스템에서 요소의 개수가 증가하면 시스템의 신뢰도도 증가한다.
② 병렬시스템에서 요소의 개수가 증가하면 시스템의 신뢰도는 감소한다.
③ 시스템의 높은 신뢰도를 안정적으로 유지하기 위해서는 병렬시스템으로 설계하여야 한다.
④ 일반적으로 병렬시스템으로 구성된 시스템은 직렬시스템으로 구성된 시스템보다 비용이 감소한다.

13 시(視) 감각 체계에 관한 설명으로 옳지 않은 것은?

① 동공은 조도가 낮을 때는 많은 빛을 통과시키기 위해 확대된다.
② 안구의 수정체는 모양체근으로 긴장을 하면 얇아져 가까운 물체만 볼 수 있다.
③ 망막의 표면에는 빛을 감지하는 광수용기인 원추체와 간상체가 분포되어 있다.
④ 1디옵터는 1m 거리에 있는 물체를 보기 위해 요구되는 수정체의 초점 조절능력을 나타낸 값이다.

14 은행이나 관공서의 접수창구의 높이를 설계하는 기준으로 옳은 것은?

① 조절식 설계
② 최소집단치 설계
③ 최대집단치 설계
④ 평균치 설계

15 정보 이론(information theory)에 대한 내용으로 옳은 것은?

① 정보를 정량적으로 측정할 수 있다.
② 정보의 기본 단위는 바이트(byte)이다.
③ 확실한 사건의 출현에는 많은 정보가 담겨 있다.
④ 정보란 불확실성의 증가(addition of uncertainty)로 정의한다.

16 시각 표시장치보다 청각 표시장치를 사용하는 것이 유리한 경우는?

① 소음이 많은 경우
② 전하려는 정보가 복잡할 경우
③ 즉각적인 행동이 요구되는 경우
④ 전하려는 정보를 다시 확인해야 하는 경우

17 다음 중 반응시간이 가장 빠른 감각은?

① 청각   ② 미각
③ 시각   ④ 후각

18 인간-기계 시스템에서 인간의 과오나 동작상의 실패가 있어도 안전사고를 발생시키지 않도록 하는 설계 시스템을 무엇이라고 하는가?

① lock system
② fail-safe system
③ fool-proof system
④ accident-check system

19 발생 확률이 0.1과 0.9로 다른 2개의 이벤트의 정보량은 발생 확률이 0.5로 같은 2개의 이벤트의 정보량에 비해 어느 정도 감소되는가?

① 42%   ② 45%
③ 50%   ④ 53%

20 일반적으로 연구 조사에 사용되는 기준(criterion)의 요건으로 볼 수 없는 것은?

① 적절성　② 사용성
③ 신뢰성　④ 무오염성

2과목　작업생리학

21 다음 중 유산소 대사의 하나인 크렙스 사이클(Kreb's cycle)에서 일어나는 반응이 아닌 것은?

① 산화가 발생한다.
② 젖산이 생성된다.
③ 이산화탄소가 생성된다.
④ 구아노신 3인산(GTP)의 전환을 통하여 ATP가 생성된다.

22 다음 그림과 같이 작업할 때 팔꿈치의 반작용력과 모멘트 값은 얼마인가? (단, CG_1은 물체의 무게중심, CG_2는 하박의 무게중심, W_1은 물체의 하중, W_2는 하박의 하중이다.)

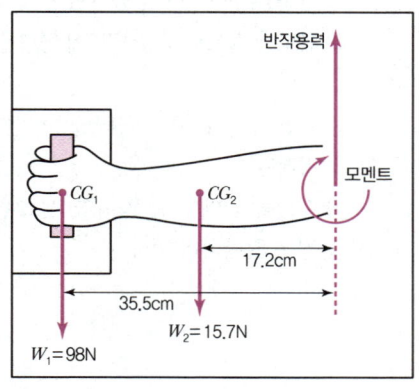

① 반작용력 : 79.3N, 모멘트 : 22.42N · m
② 반작용력 : 79.3N, 모멘트 : 37.5N · m
③ 반작용력 : 113.7N, 모멘트 : 22.42N · m
④ 반작용력 : 113.7N, 모멘트 : 37.5N · m

23 다음 중 실내의 면에서 추천반사율(IES)이 가장 낮은 곳은?

① 벽　② 천장
③ 가구　④ 바닥

24 교대작업의 주의사항에 관한 설명으로 옳지 않은 것은?

① 12시간 교대제가 적정하다.
② 야간근무는 2~3일 이상 연속하지 않는다.
③ 야간근무의 교대는 심야에 하지 않도록 한다.
④ 야간근무 종료 후에는 48시간 이상의 휴식을 갖도록 한다.

25 한랭대책으로서 개인위생에 해당되지 않는 사항은?

① 과음을 피할 것
② 식염을 많이 섭취할 것
③ 따뜻한 물과 음식을 섭취할 것
④ 얼음 위에서 오랫동안 작업하지 말 것

26 동일한 관절운동을 일으키는 주동근(agonists)과 반대되는 작용을 하는 근육은?

① 박근(gracilis)
② 장요근(iliopsoas)
③ 길항근(antagonists)
④ 대퇴직근(rectus femoris)

27 윤활관절(synovial joint)인 팔굽관절(elbow joint)을 연결 형태로 구분한다면 어느 관절에 해당되는가?

① 관절구(condyloid)
② 경첩관절(hinge joint)
③ 안장관절(saddle joint)
④ 구상관절(ball and socket joint)

28 사람의 근골격계와 신경계에 대한 설명으로 옳지 않은 것은?

① 신체골격구조는 206개의 뼈로 구성되어 있다.
② 관절은 섬유질관절, 연골관절, 활액관절로 구분된다.
③ 심장근은 수의근으로 민무늬의 원통형 근섬유 구조를 가지고 있다.
④ 신경계는 구조적인 측면으로 중추신경계와 말초신경계로 나누어진다.

29 다음 중 근육이 움직일 때 나오는 미세한 전기신호를 측정하여 근육의 활동 정도를 나타낼 수 있는 것을 무엇이라고 하는가?

① ECG(electrocardiogram)
② EMG(electromyograph)
③ GSR(galvanic skin response)
④ EEG(electroencephalogram)

30 남성 작업자의 육체작업에 대한 대사량을 측정한 결과, 분당 산소 소모량이 1.5L/min으로 나왔다. 작업자의 4시간에 대한 휴식시간은 약 몇 분 정도인가? (단, Murrell의 공식을 이용한다.)

① 75분　② 100분
③ 125분　④ 150분

31 근력(strength)과 지구력(endurance)에 대한 설명으로 옳지 않은 것은?

① 동적근력(dynamic strength)을 등속력(isokinetic strength)이라 한다.
② 지구력(endurance)이란 등척적으로 근육이 낼 수 있는 최대 힘을 말한다.
③ 정적근력(static strength)을 등척력(isometric strength)이라 한다.
④ 근육이 발휘하는 힘은 근육의 최대자율수축(MVC ; Maximum Voluntary Contraction)에 대한 백분율로 나타낸다.

32 정신피로의 척도로 사용되는 시각적 점멸융합주파수(VFF)에 영향을 주는 변수에 관한 내용으로 옳지 않은 것은?

① 암조응시는 VFF가 증가한다.
② 휘도만 같으면 색은 VFF에 영향을 주지 않는다.
③ 조명 강도의 대수치(불꽃돌)에 선형적으로 비례한다.
④ 사람들 간에는 큰 차이가 있으나, 개인의 경우 일관성이 있다.

33 에너지소비량에 영향을 미치는 인자 중 중량물 취급 시 쪼그려 앉아(squat) 들기와 등을 굽혀(stoop) 들기와 가장 관련이 깊은 것은?

① 작업자세
② 작업방법
③ 작업속도
④ 도구설계

34 산업안전보건법령상 소음작업이란 1일 8시간 작업을 기준으로 얼마 이상의 소음(dB)이 발생하는 작업을 말하는가?

① 80
② 85
③ 90
④ 100

35 다음 중 조도가 균일하고, 눈부심이 적지만 기구 효율이 나쁘며 설치비용이 많이 드는 조명방식은?

① 직접조명
② 국소조명
③ 반직접조명
④ 간접조명

36 산소소비량에 관한 설명으로 옳지 않은 것은?

① 산소소비량과 심박수 사이에는 밀접한 관련이 있다.
② 산소소비량은 에너지소비와 직접적인 관련이 있다.
③ 산소소비량은 단위 시간당 흡기량만 측정한 것이다.
④ 심박수와 산소소비량 사이의 관계는 개인에 따라 차이가 있다.

37 다음 중 엉덩이 관절(hip joint)에서 일어날 수 있는 움직임이 아닌 것은?

① 굴곡(flexion)과 신전(extension)
② 외전(abduction)과 내전(adduction)
③ 내선(internal rotation)과 외선(external rotation)
④ 내번(inversion)과 외번(eversion)

38 육체적 작업강도가 증가함에 따른 순환계(circulatory system)의 반응이 옳지 않은 것은?

① 혈압 상승
② 백혈구 감소
③ 근혈류의 증가
④ 심박출량 증가

39 진동에 의한 인체의 영향으로 옳지 않은 것은?

① 심박수가 감소한다.
② 약간의 과도(過度) 호흡이 일어난다.
③ 장시간 노출 시 근육 긴장을 증가시킨다.
④ 혈액이나 내분비의 화학적 성질이 변하지 않는다.

40 손-팔 진동 중후군의 피해를 줄이기 위한 방법으로 적절하지 않은 것은?

① 진동수준이 최저인 연장을 선택한다.
② 진동 연장의 하루 사용시간을 줄인다.
③ 연장을 잡거나 조절하는 악력을 늘린다.
④ 진동 연장을 사용할 때는 중간 휴식시간을 길게 한다.

3과목 산업심리학 및 관계법규

41 사고의 유형, 기인물 등 분류항목을 큰 순서대로 분류하여 사고방지를 위해 사용하는 통계적 원인분석 도구는?

① 관리도(Control Chart)
② 크로스도(Cross Diagram)
③ 파레토도(Pareto Diagram)
④ 특성 요인도(Cause and Effect Diagram)

42 다음 ( )안에 들어갈 알맞은 것은?

> 산업안전보건법령상 사업주는 근로자가 근골격계 부담작업을 하는 경우에 ( )마다 유해요인조사를 하여야 한다. 다만, 신설되는 사업장의 경우에는 1년 이내에 최초의 유해요인조사를 하여야 한다.

① 1년　　② 2년
③ 3년　　④ 4년

43 심리적 측면에서 분류한 휴먼에러의 분류에 속하는 것은?

① 입력 오류
② 정보처리 오류
③ 의사결정 오류
④ 생략 오류

44 스트레스 상황에서 일어나는 현상으로 옳지 않은 것은?

① 동공이 수축된다.
② 혈당, 호흡이 증가하고 감각기관과 신경이 예민해진다.
③ 스트레스 상황에서 심장 박동수는 증가하나, 혈압은 내려간다.
④ 스트레스를 지속적으로 받게 되면 자기조절능력을 상실하게 되고 체내항상성이 깨진다.

45 Hick-Hyman의 법칙에 의하면 인간의 반응시간(RT)은 자극 정보의 양에 비례한다고 한다. 자극정보의 개수가 2개에서 8개로 증가한다면 반응시간은 몇 배 증가하겠는가?

① 3배　　② 4배
③ 16배　　④ 32배

46 어느 사업장의 도수율은 40이고 강도율은 4일 때 이 사업장의 재해 1건당 근로손실일 수는?

① 1　　② 10
③ 50　　④ 100

47. 인간오류확률 추정 기법 중 초기 사건을 이원적(binary) 의사결정(성공 또는 실패) 가지들로 모형화하고, 이 이후의 사건들의 확률은 모두 선행 사건에 대한 조건부 확률을 부여하여 이원적 의사결정 가지들로 분지해 나가는 방법은?

① 결함 나무 분석(Fault Tree Analysis)
② 조작자 행동 나무(Operator Action Tree)
③ 인간오류 시뮬레이터(Human Error Simulator)
④ 인간실수율 예측기법(Technique for Human Error Rate Prediction)

48. NIOSH 직무 스트레스 모형에서 직무 스트레스 요인과 성격이 다른 한 가지는?

① 작업 요인   ② 조직 요인
③ 환경 요인   ④ 상황 요인

49. 보행 신호등이 막 바뀌어도 자동차가 움직이기까지는 아직 시간이 있다고 스스로 판단하여 건널목을 건너는 것과 같은 부주의 행위와 가장 관계가 깊은 것은?

① 억측판단   ② 근도반응
③ 생략행위   ④ 초조반응

50. 다음 중 통제적 집단행동이 아닌 것은?

① 모브(mob)
② 관습(custom)
③ 유행(fashion)
④ 제도적 행동(institutional behavior)

51. 막스 웨버(Max Weber)의 관료주의에서 주장하는 4가지 원칙이 아닌 것은?

① 노동의 분업   ② 창의력 중시
③ 통제의 범위   ④ 권한의 위임

52. 조직을 유지하고 성장시키기 위한 평가를 실행함에 있어서 평가자가 저지르기 쉬운 과오 중 어떤 사람에 관한 평가자의 개인적 인상이 피평가자 개개인의 특징에 관한 평가에 영향을 미치는 것을 설명하는 이론은?

① 할로효과(halo effect)
② 대비오차(contrast error)
③ 근접오차(proximity error)
④ 관대화 경향(centralization tendency)

53. 인간신뢰도에 대한 설명으로 옳은 것은?

① 반복되는 이산적 직무에서 인간실수확률은 단위 시간당 실패수로 표현된다.
② 인간신뢰도는 인간의 성능이 특정한 기간 동안 실수를 범하지 않을 확률로 정의된다.
③ THERP는 완전 독립에서 완전 정(正)종속까지의 비연속을 종속 정도에 따라 3수준으로 분류하여 직무의 종속성을 고려한다.
④ 연속적 직무에서 인간의 실수율이 불변(stationary)이고, 실수과정이 과거와 무관(independent)하다면 실수과정은 베르누이과정으로 묘사된다.

54 작업에 수반되는 피로를 줄이기 위한 대책으로 적절하지 않은 것은?

① 작업부하의 경감
② 작업속도의 조절
③ 동적 동작의 제거
④ 작업 및 휴식시간의 조절

55 10명으로 구성된 집단에서 소시오메트리(sociometry) 연구를 사용하여 조사한 결과 실제 긍정적인 상호작용을 맺고 있는 관계의 수가 16일 때 이 집단의 응집성 지수는 약 얼마인가?

① 0.222 ② 0.356
③ 0.401 ④ 0.504

56 다음 중 휴먼에러(human error)를 예방하기 위한 시스템 분석 기법의 설명으로 옳지 않은 것은?

① 예비 위험 분석(PHA) : 모든 시스템 안전프로그램의 최초 단계의 분석으로서 시스템 내의 위험요소가 얼마나 위험상태에 있는가를 정성적으로 평가하는 것이다.
② 고장형태와 영향분석(FMEA) : 시스템에 영향을 미치는 모든 요소의 고장을 형태별로 분석하여 그 영향을 검토하는 것이다.
③ 작업자공정도 : 위급직무의 순서에 초점을 맞추어 조작자 행동 나무를 구성하고, 이를 사용하여 사건의 위급경로에서의 조작자의 역할을 분석하는 기법이다.
④ 결함 나무 분석(FTA) : 기계 설비 또는 인간-기계시스템의 고장이나 재해 발생요인을 Fault Tree 도표에 의하여 분석하는 방법이다.

57 헤드십(headship)과 리더십(leadership)을 상대적으로 비교, 설명한 것으로 헤드십의 특징에 해당되는 것은?

① 민주주의적 지휘형태이다.
② 구성원과의 사회적 간격이 넓다.
③ 권한의 근거는 개인의 능력에 따른다.
④ 집단의 구성원들에 의해 선출된 지도자이다.

58 산업안전보건법령에서 정의한 중대재해의 범위 기준에 해당하지 않는 것은?

① 사망자가 1인 이상 발생한 재해
② 부상자가 동시에 10인 이상 발생한 재해
③ 직업성질병자가 동시에 5인 이상 발생한 재해
④ 3개월 이상 요양이 필요한 부상자가 동시에 2인 이상 발생한 재해

59 인간의 본질에 대한 기본 가정을 부정적인 시각과 긍정적인 시각으로 구분하여 주장한 동기이론은?

① XY이론 ② 역할이론
③ 기대이론 ④ ERG이론

60 재해예방의 4원칙에 해당되지 않는 것은?

① 예방 가능의 원칙
② 보상 분배의 원칙
③ 손실 우연의 원칙
④ 대책 선정의 원칙

4과목 근골격계질환 예방을 위한 작업관리

61 작업개선의 일반적 원리에 대한 내용으로 옳지 않은 것은?

① 충분한 여유 공간
② 단순 동작의 반복화
③ 자연스러운 작업자세
④ 과도한 힘의 사용 감소

62 유해요인조사도구 중 JSI(Job Strain Index)의 평가 항목에 해당하지 않는 것은?

① 손/손목의 자세
② 1일 작업의 생산량
③ 힘을 발휘하는 강도
④ 힘을 발휘하는 지속시간

63 산업안전보건법령상 근골격계 부담작업 범위 기준에 해당하지 않는 것은? (단, 단기간 작업 또는 간헐적인 작업은 제외한다.)

① 하루에 5회 이상 25kg 이상의 물체를 드는 작업
② 하루에 4시간 이상 집중적으로 자료입력 등을 위해 키보드를 조작하는 작업
③ 하루에 총 2시간 이상 쪼그리고 앉거나 무릎을 굽힌 자세에서 이루어지는 작업
④ 하루에 총 2시간 이상, 분당 2회 이상 4.5kg 이상의 물체를 드는 작업

64 어깨(견관절) 부위에서 발생할 수 있는 근골격계질환은?

① 외상과염
② 회내근 증후군
③ 극상근 건염
④ 수완진동 증후군

65 근골격계질환 예방관리 프로그램상 예방·관리 추진팀의 구성원이 아닌 것은?

① 관리자
② 근로자대표
③ 사용자대표
④ 보건담당자

66 동작경제원칙 중 신체 사용에 관한 원칙으로 옳지 않은 것은?

① 두 손의 동작은 같이 시작하고 같이 끝나도록 한다.
② 휴식시간을 제외하고는 양손이 같이 쉬지 않도록 한다.
③ 손의 동작은 완만하게 연속적인 동작이 되도록 한다.
④ 두 팔의 동작은 같은 방향으로 비대칭적으로 움직이도록 한다.

67 4개의 작업으로 구성된 조립공정의 주기시간(Cycle Time)이 40초일 때 공정효율은 얼마인가?

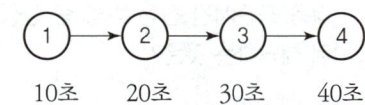

① 40.0%
② 57.5%
③ 62.5%
④ 72.5%

68 근골격계질환의 사전예방을 위한 적합한 관리대책이 아닌 것은?

① 적합한 노동강도에 대한 평가
② 작업장 구조의 인간공학적 개선
③ 산업재해보상 보험의 가입
④ 올바른 작업방법에 대한 작업자 교육

69 간트 차트(Gantt chart)에 관한 설명으로 옳지 않은 것은?

① 각 과제 간의 상호 연관사항을 파악하기에 용이하다.
② 계획 활동의 예측완료시간은 막대모양으로 표시된다.
③ 기계의 사용에 대한 필요시간과 일정을 표시할 때 이용되기도 한다.
④ 예정사항과 실제 성과를 기록 비교하여 작업을 관리하는 계획도표이다.

70 작업개선을 위한 개선의 ECRS에 해당하지 않는 것은?

① Eliminate   ② Combine
③ Redesign   ④ Simplify

71 다음 표준시간 산정 방법 중 간접측정 방법에 해당하는 것은?

① PTS법
② 스톱워치법
③ VTR 분석법
④ 워크샘플링법

72 NIOSH 들기작업지침상 권장무게한계(RWL)를 구할 때 사용되는 계수의 기호와 정의가 올바르게 짝지어지지 않은 것은?

① HM - 수평계수
② DM - 비대칭계수
③ FM - 빈도계수
④ VM - 수직계수

73 공정 중 발생하는 모든 작업, 검사, 운반, 저장, 정체 등을 자재나 작업자의 관점에서 흘러가는 순서에 따라 표현한 분석방법은?

① Man-Machine Chart
② Operation Process Chart
③ Assembly Chart
④ Flow Process Chart

74 어느 조립작업의 부품 1개 조립당 관측평균시간이 1.5분, rating 계수가 110%, 외경법에 의한 일반 여유율이 20%라고 할 때, 외경법에 의한 개당 표준시간(A)과 8시간 작업에 따른 총 일반여유시간(B)은 얼마인가?

① A : 1.98분, B : 80분
② A : 1.65분, B : 400분
③ A : 1.65분, B : 80분
④ A : 1.98분, B : 400분

75 근골격계질환의 위험을 평가하기 위하여 유해요인 평가도구 중 하나인 RULA(Rapid Upper Limb Assessment)를 적용하여 작업을 평가한 결과, 최종 점수가 4점으로 평가되었다면 결과에 대한 해석으로 옳은 것은?

① 수용 가능한 안전한 작업으로 평가됨
② 계속적 추적관찰을 요하는 작업으로 평가됨
③ 빠른 작업개선과 작업위험요인의 분석이 요구됨
④ 즉각적인 개선과 작업위험요인의 정밀조사가 요구됨

76 일반적인 시간연구방법과 비교한 워크샘플링 방법의 장점이 아닌 것은?

① 분석자에 의해 소비되는 총 작업시간이 훨씬 적은 편이다.
② 특별한 시간 측정 장비가 별도로 필요하지 않는 간단한 방법이다.
③ 관측항목의 분류가 자유로워 작업현황을 세밀히 관찰할 수 있다.
④ 한 사람의 평가자가 동시에 여러 작업을 측정할 수 있다.

77 작업연구에 대한 설명으로 옳지 않은 것은?

① 작업연구는 보통 동작연구와 시간연구로 구성된다.
② 시간연구는 표준화된 작업방법에 의하여 작업을 수행할 경우에 소요되는 표준시간을 측정하는 분야이다.
③ 동작연구는 경제적인 작업방법을 검토하여 표준화된 작업방법을 개발하는 분야이다.
④ 동작연구는 작업측정으로, 시간연구는 방법연구라고도 한다.

78 동작분석의 종류 중 미세동작분석에 관한 설명으로 옳지 않은 것은?

① 복잡하고 세밀한 작업 분석이 가능하다.
② 직접 관측자가 옆에 없어도 측정이 가능하다.
③ 작업내용과 작업시간을 동시에 측정할 수 있다.
④ 타 분석법에 비하여 적은 시간과 비용으로 연구가 가능하다.

79 PTS법의 특징이 아닌 것은?

① 직접 작업자를 대상으로 작업시간을 측정하지 않아도 된다.
② 표준시간의 설정에 논란이 되는 rating의 필요가 없어 표준시간의 일관성이 증대된다.
③ 실제 생산현장을 보지 않고도 작업대의 배치와 작업방법을 알면 표준시간의 산출이 가능하다.
④ 표준자료 작성의 초기비용이 적기 때문에 생산량이 적거나 제품이 큰 경우에 적합하다.

80 자세에 관한 수공구의 개선 사항으로 옳지 않은 것은?

① 손목을 곧게 펴서 사용하도록 한다.
② 반복적인 손가락 동작을 방지하도록 한다.
③ 지속적인 정적근육 부하를 방지하도록 한다.
④ 정확성이 요구되는 작업은 파워그립을 사용하도록 한다.

2022 1회 기출문제

1과목 인간공학개론

01 새로운 자동차의 결함원인이 엔진일 확률이 0.8, 프레임일 확률이 0.2라고 할 때 이로부터 기대할 수 있는 평균 정보량은 얼마인가?

① 0.26bit
② 0.32bit
③ 0.72bit
④ 2.64bit

02 다음 중 시식별에 영향을 주는 정도가 가장 작은 것은?

① 시력
② 물체 크기
③ 밝기
④ 표적의 형태

03 정보이론과 관련된 내용 중 옳지 않은 것은?

① 정보의 측정 단위는 bit를 사용한다.
② 두 대안의 실현 확률이 동일할 때 총 정보량이 가장 작다.
③ 실현 가능성이 같은 N개의 대안이 있을 때, 총 정보량 H는 $\log_2 N$ 이다.
④ 1bit란 실현 가능성이 같은 2개의 대안 중 결정에 필요한 정보량이다.

04 시력에 관한 내용으로 옳지 않은 것은?

① 눈의 조절능력이 불충분한 경우, 근시 또는 원시가 된다.
② 시력은 세부적인 내용을 시각적으로 식별할 수 있는 능력을 말한다.
③ 눈이 초점을 맞출 수 없는 가장 먼 거리를 원점이라 하는데 정상 시각에서 원점은 거의 무한하다.
④ 여러 유형의 시력은 주로 망막 위에 초점이 맞추어지도록 홍체의 근육에 의한 눈의 조절능력에 달려있다.

05 인체 각 부위에 대한 정적인 치수를 측정하기 위한 계측장비는?

① 근전도(EMG)
② 마틴(Martin)식 측정기
③ 심전도(ECG)
④ 플리커(Flicker) 측정기

06 인간 – 기계 시스템의 분류에서 인간에 의한 제어정도에 따른 분류가 아닌 것은?

① 수동 시스템
② 기계화 시스템
③ 자동화 시스템
④ 감시제어 시스템

07 인간의 기억체계에 대한 설명으로 옳지 않은 것은?

① 감각저장은 빠르게 사라지고 새로운 자극으로 대체된다.
② 단기기억을 장기기억으로 이전시키려면 리허설이 필요하다.
③ 인간의 기억은 감각저장, 단기기억, 장기기억으로 구분된다.
④ 단기기억의 정보는 일반적으로 시각, 음성, 촉각, 감각코드의 4가지로 코드화된다.

중요도 ★★★

08 피부 감각의 종류에 해당되지 않는 것은?

① 압력 감각 ② 진동 감각
③ 온도 감각 ④ 고통 감각

09 조작자와 제어버튼 사이의 거리 또는 조작에 필요한 힘 등을 정할 때 사용되는 인체측정 자료의 응용원칙은?

① 최소치 설계
② 평균치 설계
③ 조절식 설계
④ 최대치 설계

중요도 ★☆☆

10 최적의 C/R비 설계 시 고려해야할 사항으로 옳지 않은 것은?

① 조종장치의 조작시간 지연은 직접적으로 C/R비와 관계없다.
② 계기의 조절시간이 가장 짧게 소요되는 크기를 선택한다.
③ 작업자의 눈과 표시장치의 거리는 주행과 조절에 크게 관계된다.
④ 짧은 주행시간 내에서 공차의 인정범위를 초과하지 않는 계기를 마련한다.

중요도 ★★☆

11 동작 거리가 멀고 과녁이 작을수록 동작에 걸리는 시간이 길어짐을 나타내는 법칙은?

① Fitts법칙
② Hick-Hyman법칙
③ Murphy법칙
④ Schmidt법칙

중요도 ★★☆

12 비행기에서 20m 떨어진 거리에서 측정한 엔진의 소음 수준이 130dB(A)이었다면, 100m 떨어진 위치에서의 소음 수준은 약 얼마인가?

① 113.5dB(A)
② 116.0dB(A)
③ 121.8dB(A)
④ 130.0dB(A)

중요도 ★☆☆

13 외이와 중이의 경계가 되는 것은?

① 기저막 ② 고막
③ 정원창 ④ 난원창

중요도 ★☆☆

14 양립성에 적합하게 조종장치와 표시장치를 설계할 때 얻을 수 있는 결과로 옳지 않은 것은?

① 인간실수 증가
② 반응시간의 감소
③ 학습시간의 단축
④ 사용자 만족도 향상

15 시각적 부호의 3가지 유형과 거리가 먼 것은?

① 임의적 부호
② 묘사적 부호
③ 사실적 부호
④ 추상적 부호

중요도 ★★☆

16 인간-기계 시스템에서의 기본적인 기능이 아닌 것은?

① 행동
② 정보의 수용
③ 정보의 제어
④ 정보처리 및 결정

중요도 ★★☆

17 인간공학(ergonomics)의 정의와 가장 거리가 먼 것은?

① 인간이 포함된 환경에서 그 주변의 환경조건을 인간에게 맞도록 설계·재설계하는 것이다.
② 인간의 작업과 작업환경을 인간의 정신적, 신체적 능력에 적용시키는 것을 목적으로 하는 과학이다.
③ 건강, 안전, 복지, 작업성과 등의 개선을 요구하는 작업, 시스템, 제품, 환경을 인간의 신체·정신적 능력과 한계에 부합시키기 위해 인간 과학으로부터 지식을 생성·통합한다.
④ 인간에게 질병, 건강장해, 심각한 불쾌감 및 능률저하 등을 초래하는 작업환경 요인과 스트레스를 예측, 인식(측정), 평가, 관리(대책)하는 과학인 동시에 기술이다.

중요도 ★★☆

18 정량적 표시장치의 지침을 설계할 경우 고려하여야 할 사항으로 옳지 않은 것은?

① 끝이 뾰족한 지침을 사용할 것
② 지침의 끝이 작은 눈금과 겹치게 할 것
③ 지침의 색은 선단에서 눈금의 중심까지 칠할 것
④ 지침을 눈금 면과 밀착시킬 것

19 신호검출이론에 대한 설명으로 옳은 것은?

① 잡음에 실린 신호의 분포는 잡음만의 분포와 구분되지 않아야 한다.
② 신호의 유무를 판정함에 있어 반응대안은 2가지뿐이다.
③ 신호에 의한 반응이 선형인 경우 판별력은 좋아진다.
④ 신호검출의 민감도에서 신호와 잡음 간의 두 분포가 가까울수록 판정자는 신호와 잡음을 정확하게 판별하기 쉽다.

중요도 ★☆☆

20 통계적 분석에서 사용되는 제1종 오류(α)를 설명한 것으로 옳지 않은 것은?

① $1-\alpha$를 검출력(power)이라고 한다.
② 제1종 오류를 통계적 기각역이라고도 한다.
③ 발견한 결과가 우연에 의한 것일 확률을 의미한다.
④ 동일한 데이터의 분석에서 제1종 오류를 작게 설정할수록 제2종 오류가 증가할 수 있다.

2과목 작업생리학

21 소리 크기의 지표로서 사용하는 단위 중 8sone은 몇 phon인가?

① 60 ② 70
③ 80 ④ 90

22 육체적 작업에서 생기는 우리 몸의 순환기 반응에 해당하지 않는 것은?

① 혈압상승
② 심박출량의 증가
③ 산소소비량의 증가
④ 신체에 흐르는 혈류의 재분배

23 어떤 작업의 평균 에너지값이 6kcal/min이라고 할 때 60분간 총 작업시간 내에 포함되어야 하는 휴식시간은 약 몇 분인가? (단, Murrell의 방법을 적용하여, 기초대사를 포함한 작업에 대한 권장 평균 에너지값의 상한은 4kcal/min이다.)

① 6.7 ② 13.3
③ 26.7 ④ 53.3

24 신체 부위를 움직이지 않으면서 고정된 물체에 힘을 가하는 상태의 근력을 의미하는 것은?

① 등장성 근력(isotonic strength)
② 등척성 근력(isometric strength)
③ 등속성 근력(isokinetic strength)
④ 등관성 근력(isoinerial strength)

25 남성 근로자의 육체작업에 대한 에너지대사량을 측정한 결과 분당 작업 시 산소소비량이 1.2L/min, 안정 시 산소소비량이 0.5L/min, 기초대사량이 1.5kcal/min이었다면 이 작업에 대한 에너지대사율(RMR)은 약 얼마인가? (단, 권장 평균 에너지소비량은 5kcal/min이다.)

① 0.47 ② 0.80
③ 1.25 ④ 2.33

26 사무실 공기관리 지침상 공기정화시설을 갖춘 사무실의 시간당 환기횟수 기준은?

① 1회 이상 ② 2회 이상
③ 3회 이상 ④ 4회 이상

27 어떤 작업자가 팔꿈치 관절에서부터 30cm 거리에 있는 10kg 중량의 물체를 한 손으로 잡고 있으며 팔꿈치 관절의 회전중심에서의 손까지의 중력중심 거리는 14cm이며 이 부분의 중량은 1.3kg이다. 이때 팔꿈치에 걸리는 반작용(Re)의 힘은?

① 98.2N ② 105.5N
③ 110.7N ④ 114.9N

28 작업면에 균등한 조도를 얻기 위한 조명방식으로 공장 등에서 많이 사용되는 조명방식은?

① 국소조명 ② 전반조명
③ 직접조명 ④ 간접조명

29 일반적으로 소음계는 주파수에 따른 사람의 느낌을 감안하여 A, B, C 세 가지 특성에서 음압을 측정할 수 있도록 보정되어 있는데, A 특성치란 몇 phon의 등음량 곡선과 비슷하게 주파수에 따른 반응을 보정하여 측정한 음압 수준을 말하는가?

① 20
② 40
③ 70
④ 100

30 뇌간(brain stem)에 해당되지 않는 것은?

① 간뇌
② 중뇌
③ 뇌교
④ 연수

31 음식물을 섭취하여 기계적인 일과 열로 전환하는 화학적인 과정을 무엇이라 하는가?

① 신진대사
② 에너지가
③ 산소 부채
④ 에너지소비량

32 정신적 작업부하를 측정하는 생리적 측정치에 해당하지 않는 것은?

① 부정맥 지수
② 산소소비량
③ 점멸융합 주파수
④ 뇌파도 측정치

33 최대산소소비능력(MAP)에 관한 설명으로 옳지 않은 것은?

① 산소섭취량이 일정하게 되는 수준을 말한다.
② 최대산소소비능력은 개인의 운동역량을 평가하는 데 활용된다.
③ 젊은 여성의 평균 MAP는 젊은 남성의 평균 MAP의 20~30% 정도이다.
④ MAP를 측정하기 위해서 주로 트레드밀(treadmill)이나 자전거 에르고미터(ergometer)를 활용한다.

34 골격의 구조와 기능에 대한 설명으로 옳지 않은 것은?

① 신체에 중요한 부분을 보호하는 역할을 한다.
② 소화, 순환, 분비, 배설 등 신체 내부 환경의 조절에 중요한 역할을 한다.
③ 골격은 뼈, 연골, 관절로 이루어지며 사지 및 몸통을 움직이는 피동적 운동기관으로 작용한다.
④ 혈구세포를 만드는 조혈기능과 칼슘과 인 등의 무기질을 저장하여 몸이 필요할 때 공급해 주는 역할을 한다.

35 척추와 근육에 대한 설명으로 옳은 것은?

① 허리 부위의 미골은 체중의 60% 정도를 지탱하는 역할을 담당한다.
② 인대는 근육과 뼈에 연결되어 있는 것으로 보통 힘줄이라고 한다.
③ 건은 뼈와 뼈를 연결하여 관절의 운동을 제한한다.
④ 척추는 26개의 뼈로 구성되어 있고, 경추, 흉추, 요추, 천골, 미골이 있다.

36 저온 환경이 작업수행에 미치는 영향으로 옳지 않은 것은?

① 근육강도와 내성이 감소하여 육체적 기능도가 줄어든다.
② 손 피부온도(HST)의 감소로 수작업 과업 수행능력이 저하된다.
③ 저온 환경에서는 체내 온도를 유지하기 위해 근육의 대사율이 증가한다.
④ 저온은 말초운동신경의 신경전도 속도를 감소시킨다.

중요도 ★★☆
37 다음 중 근육피로의 1차적 원인으로 옳은 것은?

① 젖산 축적 ② 글리코겐 축적
③ 미오신 축적 ④ 피루브산 축적

38 산소소비량과 에너지대사를 설명한 것으로 옳지 않은 것은?

① 산소소비량은 에너지소비량과 선형적인 관계를 가진다.
② 산소소비량이 증가한다는 것은 육체적 부하가 증가한다는 것이다.
③ 에너지가의 계산에는 2kcal의 에너지 생성에 1리터의 산소가 소모되는 관계를 이용한다.
④ 산소소비량은 육체활동에 요구되는 에너지대사량을 활동 시 소비된 산소량으로 간접적으로 측정하는 것이다.

중요도 ★★☆
39 점광원으로부터 어떤 물체나 표면에 도달하는 빛의 밀도를 나타내는 단위로 옳은 것은?

① nit ② Lambert
③ candela ④ Lumen/m^2

중요도 ★★★
40 진동이 인체에 미치는 영향으로 옳지 않은 것은?

① 심박수 감소
② 산소소비량 증가
③ 근장력 증가
④ 말초혈관의 수축

3과목 산업심리학 및 관계법규

중요도 ★★☆
41 리더십은 교육훈련에 의해서 향상되므로, 좋은 리더는 육성될 수 있다는 가정을 하는 리더십 이론은?

① 특성접근법
② 상황접근법
③ 행동접근법
④ 제한적 특질접근법

중요도 ★★☆
42 R. House의 경로-목표이론(path-goal theory) 중 리더 행동에 따른 4가지 범주에 해당하지 않는 것은?

① 방임적 리더 ② 지시적 리더
③ 후원적 리더 ④ 참여적 리더

중요도 ★☆☆
43 부주의에 대한 사고방지대책 중 정신적 측면의 대책으로 볼 수 없는 것은?

① 안전의식의 제고
② 작업의욕의 고취
③ 작업조건의 개선
④ 주의력 집중 훈련

44 집단행동에 있어 이성적 판단보다는 감정에 의해 좌우되며 공격적이라는 특징을 갖는 행동은?

① crowd　　② mob
③ panic　　④ fashion

45 제조물 책임법에서 정의한 결함의 종류에 해당하지 않는 것은?

① 제조상의 결함
② 기능상의 결함
③ 설계상의 결함
④ 표시상의 결함

46 인간오류에 관한 일반 설계기법 중 오류를 범할 수 없도록 사물을 설계하는 기법은?

① Fail-Safe 설계
② Interlock 설계
③ Exclusion 설계
④ Prevention 설계

47 집단을 공식집단과 비공식집단으로 구분할 때 비공식집단의 특성이 아닌 것은?

① 규모가 크다.
② 동료애의 욕구가 강하다.
③ 개인적 접촉의 기회가 많다.
④ 감정의 논리에 따라 운영된다.

48 작업자가 제어반의 압력계를 계속적으로 모니터링 하는 작업에서 압력계를 잘못 읽어 에러를 범할 확률이 100시간에 1회로 일정한 것으로 조사되었다. 작업을 시작한 후 200시간 시점에서의 인간신뢰도는 약 얼마로 추정되는가?

① 0.02　　② 0.98
③ 0.135　　④ 0.865

49 미국 국립산업안전보건연구원(NIOSH)에서 제안한 직무 스트레스 요인에 해당하지 않는 것은?

① 성능 요인　　② 환경 요인
③ 작업 요인　　④ 조직 요인

50 다음 조직에 의한 스트레스 요인은?

> 급속한 기술의 변화에 대한 적응이 요구되는 직무나 직무의 난이도나 속도를 요구하는 특성을 가진 업무와 관련하여 역할이 과부하되어 받게 되는 스트레스

① 역할 갈등　　② 과업 요구
③ 집단 압력　　④ 역할 모호성

51 반응시간(reaction time)에 관한 설명으로 옳은 것은?

① 자극이 요구하는 반응을 행하는 데 걸리는 시간을 의미한다.
② 반응해야 할 신호가 발생한 때부터 반응이 종료될 때까지의 시간을 의미한다.
③ 단순반응시간에 영향을 미치는 변수로는 자극 양식, 자극의 특성, 자극 위치, 연령 등이 있다.
④ 여러 개의 자극을 제시하고, 각각에 대한 서로 다른 반응을 할 과제를 준 후에 자극이 제시되어 반응할 때까지의 시간을 단순반응시간이라 한다.

52 재해의 발생원인 중 직접 원인(1차 원인)에 해당하는 것은?

① 기술적 원인 ② 교육적 원인
③ 관리적 원인 ④ 물적 원인

53 다음에서 설명하는 것은?

> 집단을 이루는 구성원들이 서로에게 매력적으로 끌리어 그 집단 목표를 달성하는 정도를 나타내며, 소시오메트리 연구에서는 실제 상호선호관계의 수를 가능한 상호선호관계의 총 수로 나누어 지수(index)로 표현한다.

① 집단 협력성 ② 집단 단결성
③ 집단 응집성 ④ 집단 목표성

54 A사업장의 도수율이 2로 산출되었을 때, 그 결과에 대한 해석으로 옳은 것은?

① 근로자 1000명당 1년 동안 발생한 재해자 수가 2명이다.
② 연근로시간 1000시간당 발생한 근로손실일수가 2일이다.
③ 근로자 10000명당 1년간 발생한 사망자 수가 2명이다.
④ 연근로시간 1000000시간당 발생한 재해 건수가 2건이다.

55 원자력발전소 주제어실의 직무는 4명의 운전원으로 구성된 근무조에 의해 수행되고, 이들의 직무 간에는 서로 영향을 끼치게 된다. 근무조원 중 1차 계통의 운전원 A와 2차 계통의 운전원 B 간의 직무는 중간 정도의 의존성(15%)이 있다. 그리고 운전원 A의 기초 인간실수확률 HEP Prob{A} = 0.001일 때, 운전원 B의 직무실패를 조건으로 한 운전원 A의 직무실패확률은 약 얼마인가? (단, THERP 분석법을 사용한다.)

① 0.151 ② 0.161
③ 0.171 ④ 0.181

56 다음 중 상해의 종류에 해당하지 않는 것은?

① 협착 ② 골절
③ 부종 ④ 중독·질식

57 인간의 의식수준과 주의력에 대한 다음의 관계가 옳지 않은 것은?

구분	의식수준	의식모드	행동수준	신뢰성
A	IV	흥분	감정흥분	낮다.
B	III	정상(분명한 의식)	적극적 행동	매우 높다.
C	II	정상(느긋한 기분)	안정된 행동	다소 높다.
D	I	무의식	수면	높다.

① A
② B
③ C
④ D

58 하인리히의 도미노 이론을 순서대로 나열한 것은?

> A. 유전적 요인과 사회적 환경
> B. 개인의 결함
> C. 불안전한 행동과 불안전한 상태
> D. 사고
> E. 재해

① A → B → D → C → E
② A → B → C → D → E
③ B → A → C → D → E
④ B → A → D → C → E

59 다음은 인적 오류가 발생한 사례이다. Swain과 Guttman이 사용한 개별적 독립행동에 의한 오류 중 어느 것에 해당하는가?

> 컨베이어 벨트 수리공이 작업을 시작하면서 동료에게 컨베이어 벨트의 작동버튼을 살짝 눌러서 벨트를 조금만 움직이라고 이른 뒤 수리작업을 시작하였다. 그러나 작동버튼 옆에서 서성이던 동료가 순간적으로 중심을 잃으면서 작동버튼을 힘껏 눌러 컨베이어벨트가 전속력으로 움직이며 수리공의 신체 일부가 끼이는 사고가 발생하였다.

① 시간 오류(timing error)
② 순서 오류(sequence error)
③ 부작위 오류(omission error)
④ 작위 오류(commission error)

60 Maslow의 욕구단계 이론을 하위단계부터 상위단계로 올바르게 나열한 것은?

> A : 사회적 욕구
> B : 안전에 대한 욕구
> C : 생리적 욕구
> D : 존경에 대한 욕구
> E : 자아실현의 욕구

① C → A → B → E → D
② C → A → B → D → E
③ C → B → A → E → D
④ C → B → A → D → E

4과목 근골격계질환 예방을 위한 작업관리

61 작업관리의 문제해결 방법으로 전문가 집단의 의견과 판단을 추출하고 종합하여 집단적으로 판단하는 방법은?

① SEARCH의 원칙
② 브레인스토밍(Brainstorming)
③ 마인드 맵핑(Mind Mapping)
④ 델파이 기법(Delphi Technique)

62 시설배치방법 중 공정별 배치방법의 장점에 해당하는 것은?

① 운반 길이가 짧아진다.
② 작업진도의 파악이 용이하다.
③ 전문적인 작업지도가 용이하다.
④ 재공품이 적고, 생산길이가 짧아진다.

63 동작경제의 원칙 중 작업장 배치에 관한 원칙으로 볼 수 없는 것은?

① 모든 공구나 재료는 지정된 위치에 있도록 한다.
② 공구의 기능을 결합하여 사용하도록 한다.
③ 가능하다면 낙하식 운반 방법을 이용한다.
④ 작업이 용이하도록 적절한 조명을 비추어 준다.

64 다음 중 허리 부위나 중량물 취급작업에 대한 유해요인의 주요 평가기법은?

① REBA ② JSI
③ RULA ④ NLE

65 NIOSH Lifting Equation 평가에서 권장무게한계가 20kg이고, 현재 작업물의 무게가 23kg일 때, 들기 지수(Lifting Index)의 값과 이에 대한 평가가 옳은 것은?

① 0.87, 요통의 발생위험이 높다.
② 0.87, 작업을 재설계할 필요가 있다.
③ 1.15, 요통의 발생위험이 높다.
④ 1.15, 작업을 재설계할 필요가 없다.

66 다중활동분석표의 사용목적과 가장 거리가 먼 것은?

① 작업자의 작업시간 단축
② 기계 혹은 작업자의 유휴시간 단축
③ 조작업을 재편성 또는 개선하여 조작업 효율 향상
④ 한 명의 작업자가 담당할 수 있는 기계대수의 산정

67 작업관리에서 사용되는 한국산업표준 공정도시 기호와 명칭이 잘못 연결된 것은?

① ▽ – 이동
② ○ – 운반
③ □ – 수량 검사
④ ◇ – 품질 검사

중요도 ★★★

68 작업관리에서 사용되는 기본 문제해결 절차로 가장 적합한 것은?

① 연구대상의 선정 → 분석과 기록 → 분석 자료의 검토 → 개선안의 수립 → 개선안의 도입
② 연구대상의 선정 → 분석 자료의 검토 → 분석과 기록 → 개선안의 수립 → 개선안의 도입
③ 분석 자료의 검토 → 분석과 기록 → 개선안의 수립 → 연구대상의 선정 → 개선안의 도입
④ 분석 자료의 검토 → 개선안의 수립 → 분석과 기록 → 연구대상의 선정 → 개선안의 도입

69 다음의 특징을 가지는 표준시간 측정법은?

> 연속적인 측정방법으로 스톱워치, 전자식 타이머, 비디오카메라 등이 사용되며 작업을 실제로 관측하여 표준시간을 산정한다.

① PTS법 ② 시간연구법
③ 표준자료법 ④ 워크샘플링

중요도 ★★☆

70 문제분석을 위한 기법 중 원과 직선을 이용하여 아이디어, 문제, 개념 등을 개괄적으로 빠르게 설정할 수 있도록 도와주는 연역적 추론 기법에 해당하는 것은?

① 공정도(process chart)
② 마인드 맵핑(mind mapping)
③ 파레토 차트(pareto chart)
④ 특성 요인도(cause and effect diagram)

중요도 ★☆☆

71 작업연구의 내용과 가장 관계가 먼 것은?

① 표준 시간을 산정, 결정한다.
② 최선의 작업방법을 개발하고 표준화한다.
③ 최적 작업방법에 의한 작업자 훈련을 한다.
④ 작업에 필요한 경제적 로트(lot) 크기를 결정한다.

중요도 ★★☆

72 워크샘플링 조사에서 주요작업의 추정비율(p)이 0.06이라면, 99% 신뢰도를 위한 워크샘플링 횟수는 몇 회인가? (단, $u_{0.005}$는 2.58, 허용오차는 0.01이다.)

① 3744 ② 3745
③ 3755 ④ 3764

중요도 ★★★

73 근골격계질환의 유형에 대한 설명으로 옳지 않은 것은?

① 외상과염은 팔꿈치 부위의 인대에 염증이 생김으로써 발생하는 증상이다.
② 수근관 증후군은 손목이 꺾인 상태나 과도한 힘을 준 상태에서 반복적 손 운동을 할 때 발생한다.
③ 회내근 증후군은 과도한 망치질, 노젓기 동작 등으로 손가락이 저리고 손가락 굴곡이 약화되는 증상이다.
④ 결절종은 반복, 구부림, 진동 등에 의하여 건의 섬유질이 손상되거나 찢어지는 등의 건에 염증이 생기는 질환이다.

74 3시간 동안 작업 수행과정을 촬영하여 워크샘플링 방법으로 200회를 샘플링한 결과 30번의 손목꺾임이 확인되었다. 이 작업의 시간당 손목꺾임 시간은?

① 6분　② 9분
③ 18분　④ 30분

75 동작분석을 할 때 스패너에 손을 뻗치는 동작의 적합한 서블릭(Therblig) 문자기호는?

① H　② P
③ TE　④ SH

76 작업수행도 평가 시 사용되는 레이팅계수(rating scale)에 대한 설명으로 옳지 않은 것은?

① 관측 시간치의 평균값을 레이팅계수로 보정하여 보통속도로 변환시켜준 개념을 표준시간이라 한다.
② 정상기준 작업속도를 100%로 보고 100%보다 큰 경우 표준보다 빠르고, 100%보다 작은 경우 느린 것을 의미한다.
③ 레이팅계수(%)가 125일 경우 동작이 매우 숙달된 속도, 장시간 계속 작업 시 피로할 것 같은 작업속도로 판정할 수 있다.
④ 속도평가법에서의 레이팅계수는 기준속도를 실제속도로 나누어 계산하고 레이팅 시 작업속도만을 고려하므로 적용하기가 쉬워 보편적으로 사용한다.

77 근골격계질환 예방·관리 추진팀 내 보건관리자의 역할로 옳지 않은 것은?

① 근골격계질환 예방·관리 프로그램의 기본정책을 수립하여 근로자에게 알린다.
② 주기적으로 작업장을 순회하여 근골격계질환을 유발하는 작업공정 및 작업 유해요인을 파악한다.
③ 7일 이상 지속되는 증상을 가진 근로자가 있을 경우 지속적인 관찰, 전문의 진단의뢰 등의 필요한 조치를 한다.
④ 주기적인 근로자 면담 등을 통하여 근골격계질환 증상 호소자를 조기에 발견하는 일을 한다.

78 표준자료법의 특징으로 옳은 것은?

① 레이팅이 필요하다.
② 표준시간의 정도가 뛰어나다.
③ 직접적인 표준자료 구축 비용이 크다.
④ 작업방법의 변경 시 표준시간을 설정할 수 있다.

79 산업안전보건법령상 근골격계 부담작업에 해당하지 않는 것은? (단, 단기간작업 또는 간헐적인 작업은 제외한다.)

① 하루에 10회 이상 25kg 이상의 물체를 드는 작업
② 하루에 총 2시간 이상, 분당 2회 이상 4.5kg 이상의 물체를 드는 작업
③ 하루에 총 1시간 이상 쪼그리고 앉거나 무릎을 굽힌 자세에서 이루어지는 작업
④ 하루에 4시간 이상 집중적으로 자료입력 등을 위해 키보드 또는 마우스를 조작하는 작업

중요도 ★★★

80 근골격계질환 예방대책으로 옳지 않은 것은?

① 단순반복작업은 기계를 사용한다.
② 작업순환(Job Rotation)을 실시한다.
③ 작업방법과 작업공간을 인간공학적으로 설계한다.
④ 작업속도와 작업강도를 점진적으로 강화한다.

2022 3회 기출문제

1과목 인간공학개론

01 촉각적 표시장치에 대한 설명으로 옳은 것은?

① 시각 및 청각 표시장치를 대체하는 장치로 사용할 수 없다.
② 세밀한 식별이 필요한 경우 손가락보다 손바닥 사용을 유도해야 한다.
③ 3점 문턱값(Three - Point Threshold)을 척도로 사용한다.
④ 촉감은 피부온도가 낮아지면 나빠지므로, 저온 환경에서 촉감 표시장치를 사용할 때는 아주 주의하여야 한다.

02 1000Hz, 60dB인 음은 몇 sone인가?

① 4 ② 8
③ 1 ④ 12

03 정보처리과정에서 정보 전달의 신뢰성을 높이기 위한 설계 방법으로 가장 적합한 것은?

① 청킹(chunking)을 이용한다.
② 자극의 차원을 줄인다.
③ 시배분을 이용한다.
④ 상대식별보다 절대식별을 이용한다.

04 정량적 표시장치에 대한 설명으로 옳은 것은?

① 표시장치 설계 시 끝이 둥근 지침이 권장된다.
② 동침형 표시장치는 동목형에 비해 지침의 위치가 인식적인 암시신호(cue)를 더해 준다는 장점이 있다.
③ 계수형 표시장치의 기본형태는 지침이 고정되고 눈금이 움직이는 형이다.
④ 눈금이 고정되고 지침이 움직이는 표시장치를 동목형 표시장치라 한다.

05 인체계측자료를 활용하는 원칙 중 최소 집단치를 적용하여야 하는 경우는?

① 조종장치까지의 거리
② 출입문의 높이
③ 의자의 폭
④ 그네의 최소 지지중량

06 음의 한 성분이 다른 성분의 청각 감지를 방해하는 현상은?

① 은폐효과 ② 소멸효과
③ 도플러효과 ④ 밀폐효과

07 인간 – 기계 시스템 개발 단계에 있어 기본 설계 과정에서 수행되는 인간공학적 활동과 가장 거리가 먼 것은?

① 하드웨어 구현
② 기능 할당
③ 인간성능요건 명세
④ 직무분석

08 경계 및 경보신호에 사용되는 청각적 표시 장치가 가져야 할 특징으로 옳은 것은?

① 경계신호는 가급적 통일해서 사용자에게 혼란을 야기하지 말아야 한다.
② 장애물이나 칸막이를 넘어가야 하는 신호는 1000Hz 이상의 주파수를 사용한다.
③ 300m 이상의 장거리용 신호에서는 4kHz 이상의 주파수를 사용한다.
④ 주의를 끄는 목적으로 신호를 사용할 때에는 변조신호를 사용한다.

09 시배분(time – sharing)과 관련된 설명으로 적절하지 않은 것은?

① 시배분 작업으로 대다수 작업은 작업효율이 떨어진다.
② 시각과 청각이 시배분되는 경우에 시각이 항상 우월하다.
③ 시배분 작업은 처리할 정보의 수와 속도에 의하여 영향을 받는다.
④ 시배분의 예로 음악을 들으며 책을 읽는 것이다.

10 인간의 눈에 관한 설명으로 옳은 것은?

① 망막의 간상세포(rod)는 색의 식별에 사용된다.
② 시각(視角)은 물체와 눈 사이의 거리에 반비례한다.
③ 간상세포는 황반(fovea) 중심에 밀집되어 있다.
④ 원시는 수정체가 두꺼워져 먼 물체의 상이 망막 앞에 맺히는 현상을 말한다.

11 인간 – 기계 시스템의 설계원칙으로 가장 거리가 먼 것은?

① 계기반이나 제어장치의 중요성, 사용빈도, 사용순서, 기능에 따라 배치가 이루어져야 한다.
② 시스템은 인간의 예상과 양립하여야 한다.
③ 인간의 신체적 특성에 적합하여야 한다.
④ 기계의 효율과 같은 경제적 원칙을 우선시한다.

12 찌그러진 동전 던지기에서 앞면이 나올 확률이 0.9이고 뒷면이 나올 확률이 0.1이라면 총 정보량은 얼마인가?

① 2.45　　② 3.32
③ 0.47　　④ 0.15

13 인체측정치의 적용 절차가 다음과 같을 때 순서를 가장 올바르게 나열한 것은?

> ㄱ. 인체측정자료의 선택
> ㄴ. 설계치수 결정
> ㄷ. 설계에 필요한 인체치수의 결정
> ㄹ. 적절한 여유치 고려
> ㅁ. 모형에 의한 모의실험
> ㅂ. 인체자료 적용원리 결정
> ㅅ. 설비를 사용할 집단 정의

① ㄱ → ㅂ → ㅅ → ㄹ → ㄷ → ㅁ → ㄴ
② ㄱ → ㅅ → ㄷ → ㅂ → ㄹ → ㄴ → ㅁ
③ ㄷ → ㅅ → ㅂ → ㄱ → ㄹ → ㄴ → ㅁ
④ ㄷ → ㅂ → ㅅ → ㄱ → ㄹ → ㅁ → ㄴ

14 제어장치의 움직임과 시스템의 반응 사이의 관계를 나타내는 것은 무엇인가?

① Adjustment movement
② Gain
③ Gross adjustment movement
④ C/R ratio

15 손잡이의 설계에 있어 촉각정보를 통하여 분별, 확인할 수 있는 코딩(coding) 방법이 아닌 것은?

① 형상에 의한 코딩
② 색에 의한 코딩
③ 표면의 거칠기에 의한 코딩
④ 크기에 의한 코딩

16 인간공학의 정의 및 개념에 대한 설명으로 옳지 않은 것은?

① 사용의 편리성과 안전성, 효율성을 제고하고자 하는 학문이다.
② 인간을 작업환경에 맞추는 학문이다.
③ 인간 활동의 최적화를 연구하는 학문이다.
④ 기계와 환경조건의 설계에서 인간의 특성 및 능력을 고려하는 학문이다.

17 정보이론과 관련된 내용 중 옳지 않은 것은?

① 두 대안의 실현 확률이 동일할 때 총 정보량이 가장 작다.
② 실현 가능성이 같은 N개의 대안이 있을 때, 총 정보량 H는 $\log_2 N$이다.
③ 정보의 측정 단위는 bit를 사용한다.
④ 1bit란 실현 가능성이 같은 2개의 대안 중 결정에 필요한 정보량이다.

18 사용성 평가에 주로 사용되는 평가척도로 적합하지 않은 것은?

① 과제물 내용
② 과제의 수행시간
③ 에러의 빈도
④ 사용자의 주관적 만족도

19 시(視)감각 체계에 관한 설명으로 옳지 않은 것은?

① 1디옵터는 1m 거리에 있는 물체를 보기 위해 요구되는 수정체의 초점 조절능력을 나타낸 값이다.
② 동공은 조도가 낮을 때 많은 빛을 통과시키기 위해 확대된다.
③ 망막의 표면에는 빛을 감지하는 광수용기인 원추체와 간상체가 분포되어 있다.
④ 안구의 수정체는 모양체근으로 긴장을 하면 얇아져 가까운 물체만 볼 수 있다.

20 신호검출이론(SDT)에 관한 설명으로 틀린 것은? [단, β는 응답편견척도(response bias)이고, d는 감도척도(sensitivity)이다.]

① 잡음이 많을수록, 신호가 약하거나 분명하지 않을수록 d값은 커진다.
② 민감도는 신호와 잡음 평균 간의 거리로 표현한다.
③ d값은 정규분포를 이용하여 구할 수 있다.
④ β값이 클수록 긍정도 적어지고 허위도 적어지므로 보수적인 성향을 보인다.

2과목 작업생리학

21 신체 활동 반응에 관한 생리적 척도가 잘못 연결된 것은?

① EEG : 뇌 활동의 전위차
② EMG : 근육 세포 내의 활동 전위차
③ ECG : 심장근의 수축
④ EOG : 신경 활동 전위차

22 다음 중 조도가 균일하고, 눈부심이 적지만 기구 효율이 나쁘며 설치비용이 많이 드는 조명방식은?

① 직접조명　　② 국소조명
③ 반직접조명　④ 간접조명

23 한랭대책으로서 개인위생에 해당되지 않는 사항은?

① 과음을 피할 것
② 식염을 많이 섭취할 것
③ 따뜻한 물과 음식을 섭취할 것
④ 얼음 위에서 오랫동안 작업하지 말 것

24 물체를 들고 있을 때처럼 신체를 움직이지 않으면서 자발적으로 가할 수 있는 힘의 최댓값을 뜻하는 용어는?

① 지구력(endurance)
② 등속력(isokinetic strength)
③ 등척력(isometric strength)
④ 반발력(repulsive force)

25 나이에 따라 발생하는 청력손실은 다음 중 어떤 주파수의 음에서 가장 먼저 나타나는가?

① 500Hz　　② 1000Hz
③ 2000Hz　　④ 4000Hz

26 다음의 산업안전보건법령상 "강렬한 소음작업" 정의에서 괄호에 적합한 수치는?

> ( ) 데시벨 이상의 소음이 1일 30분 이상 발생하는 작업

① 80
② 90
③ 100
④ 110

27 최대산소소비능력(MAP ; Maximum Aerobic Power)에 대한 설명으로 옳은 것은?

① MAP는 개인의 운동역량을 평가하는 데 널리 활용된다.
② 젊은 여성의 MAP는 남성의 40~50% 정도이다.
③ MAP는 실제 작업현장에서 작업 시 측정한다.
④ MAP 수준에서 에너지대사는 호기성으로 일어난다.

28 작업생리학 분야에서 신체 활동의 부하를 측정하는 생리적 반응치가 아닌 것은?

① 심박수(heart rate)
② 혈류량(blood flow)
③ 폐활량(lung capacity)
④ 산소소비량(Oxygen consumption)

29 신경계에 관한 설명으로 옳지 않은 것은?

① 체신경계는 피부, 골격근, 뼈 등에 분포한다.
② 자율신경계는 교감신경계와 부교감신경계로 세분된다.
③ 중추신경계는 척수신경과 말초신경으로 이루어진다.
④ 기능적으로는 체신경계와 자율신경계로 나눌 수 있다.

30 생체의 각 기관이 그 기능을 발휘하면서 동시에 상호 연락하여 서로 조화를 이루는 평형상태를 유지하기 위한 기능을 무엇이라고 하는가?

① 항상성 유지기능
② 작업적응 유지기능
③ 생리적응 유지기능
④ 야간적응 유지기능

31 실내 추천반사율이 낮은 것에서 높은 순으로 올바르게 나열한 것은? (단, IES 추천반사율 기준이다.)

① 천장 → 벽 → 바닥 → 가구
② 바닥 → 벽 → 천장 → 가구
③ 바닥 → 가구 → 벽 → 천장
④ 천장 → 벽 → 가구 → 바닥

32 다음 중 단일자극에 대한 근육수축의 가장 간단한 형태는?

① 강축(tetanus)
② 연축(twitch)
③ 위축(atrophy)
④ 비대(hypertrophy)

33 신체의 작업부하에 대하여 작업자들이 주관적으로 지각한 신체적 노력의 정도를 6~20의 값으로 평가한 척도는 무엇인가?

① 부정맥지수
② 점멸융합주파수(VFF)
③ 운동자각도(Borg's RPE)
④ 최대산소소비능력(Maximum Aerobic Power)

34 RMR(relative metabolic rate)의 값이 1.8로 계산되었다면 작업강도의 수준은?

① 중(重)작업(heavy work)
② 중(中)작업(moderate work)
③ 초중작업(very heavy work)
④ 경(輕)작업(light work)

35 신체 부위의 동작과 그에 대한 설명의 연결이 옳지 않은 것은?

① 내전 : 몸의 중심선으로의 회전
② 신전 : 부위 간 각도의 증가
③ 외전 : 몸의 중심선에서 멀어지는 이동
④ 굴곡 : 부위 간 각도의 감소

36 우리 몸의 구조에서 서로 유사한 형태 및 기능을 가진 세포들의 모임(상태)을 무엇이라 하는가?

① 기관계
② 조직
③ 핵
④ 기관

37 진동이 인체에 미치는 영향으로 옳지 않은 것은?

① 심박수가 증가한다.
② 시성능은 10~25Hz 대역의 경우 가장 심하게 영향을 받는다.
③ 진동수와 추적작업과의 상호연관성이 적어 운동성능에 영향을 미치지 않는다.
④ 중앙 신경계의 처리 과정과 관련되는 과업의 성능은 진동의 영향을 비교적 덜 받는다.

38 다음 그림과 같이 한 손에 70N의 무게(weight)를 떨어뜨리지 않도록 유지하려면 노뼈(척골 또는 radius) 위에 붙어 있는 위팔두갈래근(biceps brachii)에 의해 생성되는 힘 Fm은 얼마이어야 하는가? [단, 위팔두갈래근은 팔꿈관절(elbow joint)의 회전중심으로부터 3cm 떨어진 곳에 붙어 있고 각 90°를 이루며, 손위 물체의 무게중심과 팔꿈관절의 회전중심과의 거리는 30cm이다. 또한 전완(forearm)과 손의 무게 거리는 30cm이며, 전완(forearm)과 손의 무게 그리고 위팔두갈래근 외의 근육활동은 모두 무시한다.]

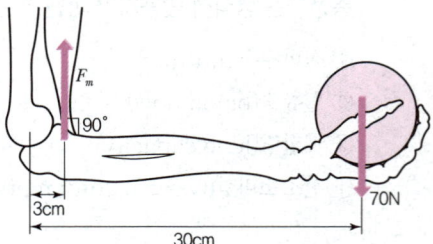

① 400N
② 500N
③ 600N
④ 700N

39 사람의 근골격계와 신경계에 대한 설명으로 옳지 않은 것은?

① 신체골격구조는 206개의 뼈로 구성되어 있다.
② 관절은 섬유질관절, 연골관절, 활액관절로 구분된다.
③ 심장근은 수의근으로 민무늬의 원통형 근섬유구조를 가지고 있다.
④ 신경계는 구조적인 측면으로 중추신경계와 말초신경계로 나누어진다.

40 다음 중 젖산의 축적 및 근육의 피로에 관한 설명으로 옳지 않은 것은?

① 젖산이 누적되면 결국 근육은 반응을 하지 않게 된다.
② 무기성 환원과정은 산소가 충분히 공급될 때 일어난다.
③ 축적된 젖산은 산소와 결합하여 피루브산으로 전환된다.
④ 계속적인 활동 시 혈액으로부터 양분과 산소를 공급받아야 하며 이때 충분한 산소 공급이 되지 않을 경우 젖산은 축적된다.

3과목 산업심리학 및 관계법규

41 인간의 의식수준을 단계별로 분류할 때, 에러 발생 가능성이 낮은 것으로부터 높아지는 순서대로 연결된 것은?

① Ⅰ단계 - Ⅱ단계 - Ⅲ단계 - Ⅳ단계
② Ⅰ단계 - Ⅳ단계 - Ⅲ단계 - Ⅱ단계
③ Ⅱ단계 - Ⅰ단계 - Ⅳ단계 - Ⅲ단계
④ Ⅲ단계 - Ⅱ단계 - Ⅰ단계 - Ⅳ단계

42 휴먼에러로 이어지는 배후의 4요인(4M)에 해당하지 않는 것은?

① Management
② Material
③ Machine
④ Media

43 근로자 1000명이 근무하는 사업장에서 재해가 30건 발생하여 총 근로손실일수가 1500일이 되었다. 또한 사망사고가 발생하여 동시에 2명이 목숨을 잃었다고 한다. 주 40시간 근무를 기준으로 50주를 근무한다고 할 때 이 사업장의 강도율(SR)은 얼마인가?

① 8.25   ② 0.75
③ 82.5   ④ 4.5

44 버드의 신연쇄성이론에서 불안전한 상태와 불안전한 행동의 근원적 원인은?

① 작업(Media)
② 작업자(Man)
③ 기계(Machine)
④ 관리(Management)

45 인간의 동기부여에 관한 McGregor의 X이론이 아닌 것은?

① 인간은 명령받는 것을 좋아하며 책임 회피를 좋아한다.
② 동기는 저차원적 욕구(물질욕구)에서 나타난다.
③ 인간은 스스로 자기목표에 대하여 자기 통제를 한다.
④ 인간은 본래 일을 싫어하며 피하려고 한다.

46 다음 괄호 안에 들어갈 알맞은 것은?

> 산업안전보건법령상 사업주는 근로자가 근골격계 부담작업을 하는 경우에 ( )마다 유해요인조사를 하여야 한다. 다만, 신설되는 사업장의 경우에는 1년 이내에 최초의 유해요인조사를 하여야 한다.

① 1년　② 2년
③ 3년　④ 4년

47 손과 발 등의 동작시간과 이동시간이 표적의 크기와 표적까지의 거리에 따라 결정된다는 법칙은?

① Fitts의 법칙
② Alderfer의 법칙
③ Rasmussen의 법칙
④ Hicks-Hymann의 법칙

48 상해의 종류를 재해 발생 형태와 상해 종류에 의한 분류로 구분할 때 상해 종류에 의한 분류에 해당하는 것은?

① 중독　② 추락
③ 비래　④ 충돌

49 Swain에 의한 휴먼에러 분류와 그 예가 적절하지 않은 것은?

① time error : 자동차로 학교에 도착은 하였으나 수업시간을 넘겨 도착해 지각으로 처리되는 경우
② omission error : 자동차에서 하차 시 전조등을 끄는 것을 잊고 내려 방전이 되는 경우
③ extraneous error : 자동차 운전 중 손을 창문 밖으로 내어 놓다가 다치는 경우
④ commission error : 자동차의 사이드 브레이크를 해제하지 않은 상태에서 가속 페달을 밟는 경우

50 다음 중 논리적으로 필연적인 원리에 따라 혹은 진리 보존적 추리 규칙에 따라 주어진 전제로부터 결론을 이끌어 내는 방법을 사용하는 시스템 분석기법은?

① 의사 결정 나무(Decision Trees)
② 결함 나무 분석(FTA)
③ 사상 나무 분석(ETA)
④ 고장모드 및 영향분석(FMEA)

51 자기의 주관대로 추측하는 억측판단이 일어나는 배경이 아닌 것은?

① 희망적 관측이 강할 때
② 과거의 경험적 선입관이 있을 때
③ 강한 바람이나 급한 마음이 있을 때
④ 개인적인 고민으로 인하여 정서적으로 갈등을 갖고 있을 때

52 리더가 구성원에 영향력을 행사하기 위한 9가지 영향 방략과 가장 거리가 먼 것은?

① 자문　　② 무시
③ 제휴　　④ 합리적 설득

53 호손(Hawthorne)의 실험 결과로서 생산성에 영향을 주는 요인으로 분석된 것은?

① 조명의 밝기　　② 규약의 강도
③ 인간관계　　④ 설비 수준

54 단순반응시간을 a, 선택반응시간을 b, 움직인 거리를 A, 목표물의 너비를 W라 할 때 동작시간 예측에 관한 피츠법칙(Fitt's law)으로 옳은 것은?

① 동작시간 $= a + b \log_2 \left(\dfrac{2A}{W} \right)$

② 동작시간 $= b + a \log_2 \left(\dfrac{2A}{W} \right)$

③ 동작시간 $= a + b \log_2 \left(\dfrac{2W}{A} \right)$

④ 동작시간 $= b + a \log_2 \left(\dfrac{2W}{A} \right)$

55 다음 조직에 의한 스트레스 요인은?

> 급속한 기술의 변화에 대한 적응이 요구되는 직무나 직무의 난이도나 속도를 요구하는 특성을 가진 업무와 관련하여 역할이 과부하 되어 받게 되는 스트레스

① 역할 갈등　　② 과업 요구
③ 집단 압력　　④ 역할 모호성

56 작업자가 제어반의 압력계를 계속적으로 모니터링하는 작업에서 압력계를 잘못 읽어 에러를 범할 확률이 100시간에 1회로 일정한 것으로 조사되었다. 작업을 시작한 후 200시간 시점에서의 인간신뢰도는 약 얼마로 추정되는가?

① 0.02　　② 0.98
③ 0.135　　④ 0.865

57 NIOSH에서 설정한 직무 스트레스 모형에서 스트레스의 요인으로 포함되어 있지 않은 것은?

① 작업환경 요인 : 소음, 조명 등
② 조직 요인 : 관리유형, 의사결정참여 등
③ 조직 외 요인 : 가족상황, 재정상태 등
④ 심리 행동적 요인 : 직무불만족, 수면장애 등

58 2차 재해방지와 현장 보존은 사고발생의 처리과정 중 어디에 해당하는가?

① 긴급 조치　　② 대책 수립
③ 원인 강구　　④ 재해 조사

59 레빈(Levin)이 제안한 인간의 행동특성에 관한 설명으로 옳지 않은 것은?

① 인간의 행동은 개인적 특성(P ; Person) 및 주어진 환경(E ; Environment)과 함수관계가 있다.
② 태도는 인간행동의 표상으로 어떤 자극이나 상황에 대하여 좋고 나쁨을 평가하는 개인의 선호경향이다.
③ 개인적 특성(P ; Person)은 연령, 심신상태, 성격, 지능 등에 의해 결정된다.
④ 주어진 환경(E ; Environment)의 주요 대상 중 인적환경은 제외된다.

60 리더십 이론 중 관리그리드 이론에서 인간관계의 유지에는 낮은 관심을 보이지만 과업에 대해서는 높은 관심을 보이는 유형은?

① 인기형   ② 과업형
③ 타협형   ④ 무관심형

4과목 근골격계질환 예방을 위한 작업관리

61 사업장 근골격계질환 예방관리 프로그램에 있어 예방·관리 추진팀의 역할이 아닌 것은?

① 교육 및 훈련에 관한 사항을 결정하고 실행한다.
② 예방·관리 프로그램의 수립 및 수정에 관한 사항을 결정한다.
③ 근골격계질환의 증상·유해요인 보고 및 대응체계를 구축한다.
④ 유해요인 평가 및 개선계획의 수립과 시행에 관한 사항을 결정하고 실행한다.

62 동작 경제의 원칙 중 작업장의 배치에 관한 원칙에 해당하는 것은?

① 두 손의 동작은 같이 시작하고 같이 끝나도록 한다.
② 손의 동작은 완만하게 연속적인 동작이 되도록 한다.
③ 두 팔의 동작을 서로 반대 방향으로 대칭적으로 움직인다.
④ 공구, 재료 및 제어장치는 사용위치에 가까이 두도록 한다.

63 PTS법의 특징이 아닌 것은?

① 직접 작업자를 대상으로 작업시간을 측정하지 않아도 된다.
② 표준시간의 설정에 논란이 되는 rating의 필요가 없어 표준시간의 일관성이 증대된다.
③ 실제 생산현장을 보지 않고도 작업대의 배치와 작업방법을 알면 표준시간의 산출이 가능하다.
④ 표준자료 작성의 초기비용이 적기 때문에 생산량이 적거나 제품이 큰 경우에 적합하다.

64 작업관리의 문제분석 도구로서 시간 축 위에 수행할 활동에 대한 필요한 시간과 일정을 표시한 것은?

① 특성 요인도   ② 파레토 차트
③ PERT 차트   ④ 간트 차트

65 A 공장의 한 컨베이어 라인에는 5개의 작업 공정으로 이루어져 있다. 각 작업공정의 작업시간이 다음과 같을 때 이 공정의 균형효율은 약 얼마인가? (단, 작업은 작업자 1명이 맡고 있다.)

㉠ → ㉡ → ㉢ → ㉣ → ㉤
5분 7분 6분 6분 3분

① 21.86% ② 22.86%
③ 78.14% ④ 77.14%

66 영상표시단말기 (VDT) 취급근로자 작업관리지침상 작업기기의 조건으로 옳지 않은 것은?

① 키보드와 키 윗부분의 표면은 무광택으로 할 것
② 영상표시단말기 화면은 회전 및 경사조절이 가능할 것
③ 키보드의 경사는 3° 이상 20° 이하, 두께는 4cm 이하로 할 것
④ 단색화면일 경우 색상은 일반적으로 어두운 배경에 밝은 황·녹색 또는 백색문자를 사용하고 적색 또는 청색의 문자는 가급적 사용하지 않을 것

67 작업개선의 일반적 원리에 대한 내용으로 옳지 않은 것은?

① 충분한 여유 공간
② 단순 동작의 반복화
③ 자연스러운 작업자세
④ 과도한 힘의 사용 감소

68 중량물 취급 시 작업자세에 관한 내용으로 옳지 않은 것은?

① 무릎을 곧게 펼 것
② 중량물은 몸에 가깝게 할 것
③ 발을 어깨너비 정도로 벌릴 것
④ 목과 등이 거의 일직선이 되도록 할 것

69 근골격계질환에 관한 설명으로 옳지 않은 것은?

① 신체의 기능적 장해를 유발할 수 있다.
② 사전조사에 의하여 완전 예방이 가능하다.
③ 초기에 치료하지 않으면 심각해질 수 있다.
④ 미세한 근육이나 조직의 손상으로 시작된다.

70 공정도(process chart)에 사용되는 기호와 명칭이 잘못 연결된 것은?

① ▽ : 저장   ② ⇨ : 운반
③ □ : 검사   ④ ○ : 작업

71 3시간 동안 작업 수행과정을 촬영하여 워크샘플링 방법으로 200회를 샘플링한 결과 30번의 손목꺾임이 확인되었다. 이 작업의 시간당 손목꺾임 시간은?

① 6분   ② 9분
③ 18분 ④ 30분

72 산업안전보건법령상 근골격계 부담 작업에 해당하는 작업은?

① 하루에 25kg의 물건을 5회 들어 올리는 작업
② 하루에 총 2시간 이상 쪼그리고 앉거나 무릎을 굽힌 자세에서 이루어지는 작업
③ 하루에 2시간씩 집중적으로 키보드를 이용하여 자료를 입력하는 작업
④ 하루에 4시간씩 기계의 상태를 모니터링하는 작업

73 제조과정에서 발생하는 작업, 운반, 정체, 검사, 보관 등의 사항이 생산 현장의 어느 위치에서 발생하는 가를 알 수 있도록 부품의 이동 경로를 배치도상에 선으로 표시하는 도표는?

① 흐름공정도표(flow diagram)
② 작업자-기계 작업분석표(man-machine chart)
③ 간트 차트(Gantt chart)
④ 작업공정도(operation process chart)

74 평균 관측 시간이 0.9분, 레이팅계수가 120%, 여유시간이 하루 8시간 근무시간 중에 28분으로 설정되었다면 표준시간은 약 몇 분인가?

① 0.926 ② 1.080
③ 1.147 ④ 1.151

75 다음 설명은 수행도 평가의 어느 방법을 설명한 것인가?

- 작업을 요소작업으로 구분한 후, 시간 연구를 통해 개별시간을 구한다.
- 요소작업 중 임의로 작업자 조절이 가능한 요소를 정한다.
- 선정된 작업에서 PTS 시스템 중 한 개를 적용하여 대응되는 시간치를 구한다.
- PTS 법에 의한 시간치와 관측 시간 간의 비율을 구하여 레이팅계수를 구한다.

① 속도평가법
② 객관적평가법
③ 합성평가법
④ 웨스팅하우스법

76 근골격계질환 예방을 위한 작업개선 방법으로 옳지 않은 것은?

① 자세의 변경을 최소화하여 고정적인 자세를 취한다.
② 신체 부위의 압박을 피한다.
③ 반복동작을 줄이거나 제거한다.
④ 표시장치와 조종장치를 사용자 중심으로 조정한다.

77 워크샘플링 조사에서 주요작업의 추정비율(p)이 0.06이라면, 99% 신뢰도를 위한 워크샘플링 횟수는 몇 회인가? (단, $u_{0.005}$는 2.58, 허용오차는 0.01이다.)

① 3744 ② 3745
③ 3755 ④ 3764

78 다음 중 작업개선을 위해 검토할 착안 사항과 가장 거리가 먼 항목은?

① "이 작업은 꼭 필요한가? 제거할 수는 없는가?"
② "이 작업을 기계화 또는 자동화 할 경우의 투자효과는 어느 정도인가?"
③ "이 작업을 다른 작업과 결합시키면 더 나은 결과가 생길 것인가?"
④ "이 작업의 순서를 바꾸면 좀 더 효율적이지 않을까?"

79 다음 중 작업분석 시 문제분석 도구로 적합하지 않는 것은?

① 작업공정도 ② 다중활동분석표
③ 서블릭분석 ④ 간트 차트

80 근골격계질환의 직접적인 원인과 거리가 먼 것은?

① 힘이 요구되는 반복동작
② 불규칙한 수면시간
③ 부적절한 작업자세
④ 부족한 휴식시간

2023 1회 기출복원문제

10개년 기출문제

1과목 인간공학개론

01 정량적 표시장치의 표시형태별 특징 중 지침(pointer)의 위치가 인식적인 암시신호(cue)를 더해주며 원하는 값으로부터의 대략적인 편차나 고도를 읽을 때 그 변화 방향과 변화율 등을 쉽게 알아볼 수 있는 형식은?

① 계수형 ② 동목형
③ 동침형 ④ 수직 · 수평형

02 다음 중 인간의 기억을 증진시키는 방법으로 적절하지 않은 것은?

① 가급적이면 절대식별을 늘리는 방향으로 설계하도록 한다.
② 기억에 의해 판별하도록 하는 가짓수는 5가지 미만으로 한다.
③ 여러 자극 차원을 조합하여 설계하도록 한다.
④ 개별적인 정보는 효과적인 청크(chunk)로 조직되게 한다.

03 인체의 감각기능 중 후각에 대한 설명으로 옳은 것은?

① 후각에 대한 순응은 느린 편이다.
② 후각은 훈련을 통해 식별 능력을 기르지 못한다.
③ 후각은 냄새 존재 여부보다 특정 자극을 식별하는 데 효과적이다.
④ 특정 냄새의 절대식별 능력은 떨어지나 상대적 비교 능력은 우수한 편이다.

04 반지름이 1.5cm인 다이얼 스위치를 1/2 회전시킬 때 계기판의 눈금이 비례하여 3cm 움직이는 표시장치가 있다. 이 표시장치의 C/R(control/ response)비는?

① 0.79 ② 1.57
③ 3.14 ④ 6.28

05 인간 – 기계 시스템의 분류에서 인간에 의한 제어정도에 따른 분류가 아닌 것은?

① 수동 시스템
② 기계화 시스템
③ 자동화 시스템
④ 보조 시스템

06 폰(phon)에 관한 설명으로 틀린 것은?

① 1000Hz대의 20dB크기의 소리는 20phon이다.
② 상이한 음의 상대적 크기에 대한 정보는 나타내지 못한다.
③ 40dB의 1000Hz순음을 기준으로 하여 다른 음의 상대적인 크기를 설정하는 척도의 단위이다.
④ 1000Hz의 주파수를 기준으로 각 주파수별 동일한 음량을 주는 음압을 평가하는 척도의 단위이다.

07 시식별에 영향을 주는 인자로 적합하지 않은 것은?

① 조도
② 휘도비
③ 대비
④ 온·습도

08 제품의 행동 유도성에 대한 설명으로 옳지 않은 것은?

① 사용자의 행동에 단서를 제공한다.
② 행동에 제약을 주지 않는 설계를 해야 한다.
③ 제품에 물리적 또는 의미적 특성을 부여함으로써 달성이 가능하다.
④ 사용 설명서를 별도로 읽지 않아도 사용자가 무엇을 해야 할지 알게 설계해야 한다.

09 다음 중 인체측정에 관한 설명으로 옳은 것은?

① 인체측정기는 별도로 지정된 사항이 없다.
② 제품설계에 필요한 측정 자료는 대부분 정규분포를 따른다.
③ 특정된 고정 자세에서 측정하는 것을 기능적 인체치수라 한다.
④ 특정 동작을 행하면서 측정하는 것을 구조적 인체치수라 한다.

10 사람이 일정한 시간에 두 가지 이상의 작업을 처리할 수 있도록 하는 것을 무엇이라 하는가?

① 시배분(time sharing)
② 변화감지(variety sense)
③ 절대식별(absolute judgment)
④ 비교식별(comparative judgment)

11 연구의 기준척도에서 인간기준을 측정하는 퍼포먼스 척도(performance measure)에 해당하지 않는 것은?

① 빈도척도
② 강도척도
③ 종말척도
④ 지속성척도

12 청각의 특성 중 2개음 사이의 진동수 차이가 얼마 이상이 되면 울림(beat)이 들리지 않고 각각 다른 두 개의 음으로 들리는가?

① 5Hz
② 11Hz
③ 22Hz
④ 33Hz

13 신호검출이론(SDT)에서 신호의 유무를 판별함에 있어 4가지 반응 대안에 해당하지 않는 것은?

① 긍정(Hit)
② 누락(Miss)
③ 채택(Acceptation)
④ 허위(False alarm)

14 정보 이론(information theory)에 대한 내용으로 옳은 것은?

① 정보를 정량적으로 측정할 수 있다.
② 정보의 기본 단위는 바이트(byte)이다.
③ 확실한 사건의 출현에는 많은 정보가 담겨있다.
④ 정보란 불확실성의 증가(addition of uncertainty)로 정의한다.

15 인간 – 기계 시스템에서 정보전달과 조종이 실질적으로 행하여지는 인간과 기계의 접합면으로 인간이 감지하고 기계를 제어하는 부분을 무엇이라고 하는가?

① 실제적 요건
② 사용성
③ 시스템 기준
④ 인간 – 기계 인터페이스

중요도 ★★☆

16 표시장치와 제어장치를 포함하는 작업장을 설계할 때 고려해야 할 사항과 가장 거리가 먼 것은?

① 작업시간
② 제어장치와 표시장치와의 관계
③ 주 시각 임무와 상호작용하는 주 제어장치
④ 자주 사용되는 부품을 편리한 위치에 배치

중요도 ★☆☆

17 다음 중 인간공학이 추구하는 목표로 가장 적절한 것은?

① 인간의 기능 향상
② 설비의 생산성 증가
③ 제품 이미지와 판매량 제고
④ 기능적 효율과 인간 가치(human value) 향상

중요도 ★★☆

18 4가지 대안이 일어날 확률이 다음과 같을 때 얻을 수 있는 정보량(Bit)은 약 얼마인가?

| 0.5 | 0.25 | 0.125 | 0.0625 |

① 1.450
② 1.625
③ 2.351
④ 3.251

중요도 ★★☆

19 다음 눈의 구조 중 빛이 도달하여 초점이 가장 선명하게 맺히는 부위는?

① 동공
② 홍채
③ 황반
④ 수정체

20 작업자와 조종장치 간의 거리를 결정하는데 가장 적합한 인체측정 자료의 응용원칙은?

① 조절식 설계원칙
② 평균치를 기준으로 한 설계원칙
③ 최소치를 기준으로 한 설계원칙
④ 최대치를 기준으로 한 설계원칙

2과목 작업생리학

중요도 ★☆☆

21 뼈의 기능에 해당하지 않는 것은?

① 장기를 보호
② 조혈기능
③ 영양소 운반
④ 인체의 지주 역할

중요도 ★★☆

22 교대작업에 관한 설명으로 옳은 것은?

① 교대작업은 '야간 → 저녁 → 주간' 순으로 하는 것이 좋다.
② 교대일정은 정기적이고, 근로자가 예측 가능하도록 해야 한다.
③ 신체의 적응을 위하여 야간근무는 7일 정도로 지속되어야 한다.
④ 야간 교대시간은 가급적 자정 이후로 하고, 아침 교대시간은 오전 5~6시 이전에 하는 것이 좋다.

23 은폐(masking) 현상에 관한 설명으로 옳은 것은?

① 일정한 강도 및 진동수 이상의 소음에 노출되었을 때 점차 청각 기능을 잃게 되는 현상이다.
② 음의 한 성분이 다른 성분에 대한 귀의 감수성을 감소시키는 상황이다.
③ 동일한 소음을 내는 설비 2대가 동시에 가동될 때 소음 수준이 3dB 정도 증가하는 현상이다.
④ 소음 수준(dB)이 같은 3가지 음이 합쳐졌을 때 음의 강도가 일정하게 증가되는 현상이다.

24 다음 중 육체적 강도가 높은 작업에 있어 혈액의 분포비율이 가장 높은 것은?

① 소화기관 ② 골격
③ 피부   ④ 근육

25 물체를 들고 있을 때처럼 신체를 움직이지 않으면서 자발적으로 가할 수 있는 힘의 최댓값을 뜻하는 용어는?

① 지구력(endurance)
② 등속력(isokinetic strength)
③ 등척력(isometric strength)
④ 반발력(repulsive force)

26 눈으로 볼 수 있는 빛의 가시광선 파장에 속하는 것은?

① 250nm   ② 600nm
③ 1000nm ④ 1200nm

27 작업장 설계 시 위팔과 아래팔 간의 관절 각도가 어느 정도일 때 최대 염력(torque)을 발휘하여 작업자 부하를 최소화할 수 있는가?

① 40°   ② 60°
③ 100° ④ 180°

28 진동이 인체에 미치는 영향으로 옳지 않은 것은?

① 심박수가 증가한다.
② 시성능은 10~25Hz 대역의 경우 가장 심하게 영향을 받는다.
③ 진동수와 추적 작업과의 상호연관성이 적어 운동성능에 영향을 미치지 않는다.
④ 중앙 신경계의 처리 과정과 관련되는 과업의 성능은 진동의 영향을 비교적 덜 받는다.

29 다음이 설명하는 것은?

> 저온 환경에 통용되는 지수로서 기온과 풍속이 주관적 불쾌감에 미치는 영향을 나타낸다.

① 풍냉지수(wind chill index)
② 열 스트레스지수(heat stress index)
③ 습구흑구온도지수(WBGT)
④ 옥스퍼드지수(Oxford index)

30 다음 중 근육의 생리적 스트레인 측정 시 대상 근육에 표면 전극을 부착하여 근수축 시 발생하는 전기적 활성도를 기록하는 방법은?

① EEG(electroencephalogram)
② ECG(electrocardiogram)
③ EOG(electrooculogram)
④ EMG(electromyogram)

31 EEG(뇌전도)상에서 감마파가 나타나는 뇌의 상태는?
① 각성과 흥분 ② 피곤함
③ 졸음 ④ 행복함

중요도 ★★☆

32 총작업시간이 5시간, 작업 중 평균 에너지소비량이 7kcal/min이었다. 휴식 중 에너지소비량이 1.5kcal/min일 때 총 작업시간에 포함되어야 할 필요한 휴식시간은 얼마인가? (단, Murrell의 산정방법을 적용한다.)
① 약 84분 ② 약 96분
③ 약 109분 ④ 약 192분

중요도 ★★★

33 다음 중 작업장 실내에서 일반적으로 추천반사율이 가장 높은 곳은? (단, IES기준이다.)
① 천장 ② 바닥
③ 벽 ④ 책상면

중요도 ★★★

34 척추를 구성하고 있는 뼈 가운데 요추는 몇 개의 뼈로 구성되어 있는가?
① 5개 ② 6개
③ 7개 ④ 8개

중요도 ★★☆

35 근육수축 시 근절 내 영역에서 일어나는 현상으로 옳지 않은 것은?
① A대(band)가 짧아진다.
② I대(band)가 짧아진다.
③ H영역(zone)이 짧아진다.
④ Z선(line)과 Z선(line) 사이가 가까워진다.

중요도 ★★☆

36 다음 중 소음에 의한 C5-dip현상이 발생하는 주파수는?
① 500Hz ② 1000Hz
③ 4000Hz ④ 10000Hz

중요도 ★★☆

37 RMR(relative metabolic rate)의 값이 1.8로 계산되었다면 작업강도의 수준은?
① 중(重)작업(heavy work)
② 중(中)작업(moderate work)
③ 초중작업(very heavy work)
④ 경작업(light work)

중요도 ★☆☆

38 신체 장기에 대한 교감신경의 기능으로 모두 옳은 것은?
① 방광이완, 동공확장, 심박수 증가
② 방광수축, 동공축소, 기관지 확장
③ 방광이완, 동공축소, 기관지 수축
④ 방광수축, 동공축소, 심박수 감소

중요도 ★★☆

39 작업자 A의 작업 중 평균 흡기량은 50L/min, 배기량은 40L/min이며 배기량 중 산소의 함량이 17%일 때 산소소비량은 얼마인가? (단, 공기 중 산소 함량은 21%이다.)
① 2.7L/min ② 3.7L/min
③ 4.7L/min ④ 5.7L/min

40 근육 대사작용에서 혐기성 과정으로 글루코오스가 분해되어 생성되는 물질은?

① 물
② 피루브산
③ 젖산
④ 이산화탄소

3과목 산업심리학 및 관계법규

41 재해 원인을 불안전한 행동과 불안전한 상태로 구분할 때 불안전한 상태에 해당하는 것은?

① 안전장치 결함
② 규칙의 무시
③ 보호구 미착용
④ 불안전한 조작

42 FTA(Fault Tree Analysis)에 대한 설명으로 옳지 않은 것은?

① 정성적 결함 나무(FT ; Fault Tree)를 작성하기 전에 정상사상이 발생할 확률을 계산한다.
② 고장이나 재해요인의 정성적 분석뿐만 아니라 정량적 분석이 가능하다.
③ "사건이 발생하려면 어떤 조건이 만족되어야 하는가?"에 근거한 연역적 접근방법을 이용한다.
④ 해석하고자 하는 정상사상(top event)과 기본사상(basic event)과의 인과관계를 도식화하여 나타낸다.

43 조직의 지도자들이 부하직원들을 승진시킬 수 있고 봉급을 인상해 주는 등의 능력이 있으므로 통제가 가능한 권한은?

① 합법적 권한
② 위임적 권한
③ 강압적 권한
④ 보상적 권한

44 헤드십(headship)과 리더십(leadership)을 상대적으로 비교, 설명한 것으로 헤드십의 특징에 해당되는 것은?

① 민주주의적 지휘형태이다.
② 구성원과의 사회적 간격이 넓다.
③ 권한의 근거는 개인의 능력에 따른다.
④ 집단의 구성원들에 의해 선출된 지도자이다.

45 재해예방의 4원칙에 해당되지 않는 것은?

① 예방 가능의 원칙
② 보상 분배의 원칙
③ 손실 우연의 원칙
④ 대책 선정의 원칙

46 제조물 책임법상 제조업자가 제조물에 대하여 제조상·가공상의 주의의무를 이행하였는지에 관계없이 제조물이 원래 의도한 설계와 다르게 제조·가공됨으로써 안전하지 못하게 된 경우에 해당되는 결함은?

① 기타 유형의 결함
② 설계상의 결함
③ 표시상의 결함
④ 제조상의 결함

47 인간이 장시간 주의를 집중하지 못하는 것은 주의의 어떤 특성 때문인가?

① 선택성 ② 방향성
③ 변동성 ④ 대칭성

48 레빈(Lewin)의 행동방정식 B = f(P · E)에서 E가 나타내는 것은?

① Energy ② Environment
③ Emotion ④ Education

49 인간의 불안전 행동을 예방하기 위해 Harvey에 의해 제안된 안전대책의 3E에 해당하지 않는 것은?

① Environment ② Enforcement
③ Engineering ④ Education

50 막스 웨버(Max Weber)가 주장한 관료주의에 관한 설명으로 옳지 않은 것은?

① 단순한 계층구조로 상위리더의 의사결정이 독단화되기 쉽다.
② 부서장들의 권한 일부를 수직적으로 위임하도록 했다.
③ 노동의 분업화를 전제로 조직을 구성한다.
④ 산업화 초기의 비규범적 조직운영을 체계화시키는 역할을 했다.

51 다음 중 하인리히(Heinrich) 재해코스트 평가방식에서 "1:4"의 원칙에 관한 설명으로 옳은 것은?

① 인전비용의 정확한 산출이 어려운 경우에는 물적비용의 4배를 인적비용으로 추산한다.
② 직접비용의 정확한 산출이 어려운 경우에는 간접비용의 4배를 직접비용으로 추산한다.
③ 간접비용의 정확한 산출이 어려운 경우에는 직접비용의 4배를 간접비용으로 추산한다.
④ 물적비용의 정확한 산출이 어려운 경우에는 인적비용의 4배를 물적비용으로 추산한다.

52 조직에 의한 스트레스 요인 중 역할 요구(role demands)에 대한 스트레스 요인은?

① 집단 압력 ② 역할 모호성
③ 역할 과부하 ④ 사회적 밀도

53 매슬로우(A.H. Maslow)의 인간욕구 5단계를 하위단계부터 상위단계로 올바르게 나열한 것은?

① 생리적 욕구 → 사회적 욕구 → 안전 욕구 → 자아실현의 욕구 → 존경의 욕구
② 생리적 욕구 → 안전 욕구 → 사회적 욕구 → 자아실현의 욕구 → 존경의 욕구
③ 생리적 욕구 → 사회적 욕구 → 안전 욕구 → 존경의 욕구 → 자아실현의 욕구
④ 생리적 욕구 → 안전 욕구 → 사회적 욕구 → 존경의 욕구 → 자아실현의 욕구

54 선택반응시간(Hick의 법칙)과 동작시간(Fitts의 법칙)의 공식에 대한 설명으로 옳은 것은?

- 선택반응시간 $= a + b \log_2 N$
- 동작시간 $= a + b \log_2 \left(\dfrac{2A}{W}\right)$

① N은 자극과 반응의 수, A는 목표물의 너비, W는 움직인 거리를 나타낸다.
② N은 감각기관의 수, A는 목표물의 너비, W는 움직인 거리를 나타낸다.
③ N은 자극과 반응의 수, A는 움직인 거리, W는 목표물의 너비를 나타낸다.
④ N은 감각기관의 수, A는 움직인 거리, W는 목표물의 너비를 나타낸다.

55 스트레스에 대한 설명으로 옳지 않은 것은?

① 위협적인 환경 특성에 대한 개인의 반응이라 볼 수 있다.
② 스트레스 수준이 낮을수록 성과수준이 높아지는데 이를 순기능 스트레스라 한다.
③ 스트레스는 양면성을 가지고 있다.
④ 지속적인 스트레스 상황에서는 인체자기조절능력을 상실하고 체내 항상성이 상실된다.

56 휴먼에러 예방대책 중 인적요인에 대한 대책이 아닌 것은?

① 소집단 활동
② 작업의 모의훈련
③ 안전 분위기 조성
④ 작업에 관한 교육훈련

57 어느 공장에서 사용 중인 자동검사기의 신뢰도는 0.9이다. 이 검사기 다음 단계로 2명의 검사원이 병렬로 육안 검사를 실시하고 있으며, 이들의 신뢰도는 각각 0.8, 0.7이다. 이 인간-기계 시스템의 신뢰도는 얼마인가?

① 0.396 ② 0.504
③ 0.846 ④ 0.916

58 뇌파의 유형에 따라 인간의 의식수준을 단계별로 분류할 때, 의식이 명료하여 가장 적극적인 활동이 이루어지고 실수의 확률이 가장 낮은 단계는?

① Ⅰ단계 ② Ⅱ단계
③ Ⅲ단계 ④ Ⅳ단계

59 다음 중 실수(slip)와 착오(mistake)에 관한 설명으로 옳은 것은?

① 실수와 착오는 의식적인 행동에서 발생하는 오류이다.
② 실수와 착오는 불안전 행동으로 인한 오류이다.
③ 실수는 의도는 올바른 것이지만 반응의 실행이 올바른 것이 아닌 경우이고, 착오는 부적합한 의도를 가지고 행동으로 옮긴 경우를 말한다.
④ 착오와 위반은 불안전 행동으로 인한 오류이다.

중요도 ★☆☆

60 다음 중 집단 응집력의 영향요인에 대한 설명으로 틀린 것은?

① 목표달성 시 성공체험을 공유함으로써 집단의 응집력이 높아진다.
② 다른 모든 조건이 동일하다면 규모가 작은 집단에 비해 큰 집단의 응집력이 강하다.
③ 집단 구성원 간에 공유된 태도와 가치관은 응집력을 높인다.
④ 집단에의 참가의 난이도가 높을수록 응집력은 커진다.

4과목 근골격계질환 예방을 위한 작업관리

중요도 ★☆☆

61 다음 중 방법 연구(method engineering)와 관련이 가장 적은 것은?

① 신체 활동 분석
② 작업 및 공정 연구
③ 작업시간의 측정 및 응용
④ 재료, 공구설비 및 작업조건 분석

중요도 ★☆☆

62 설비의 배치방법 중 제품별 배치의 특성에 대한 설명 중 틀린 것은?

① 재고와 재공품이 적어 저장면적이 작다.
② 운반거리가 짧고 가공물의 흐름이 빠르다.
③ 작업기능이 단순화되며 작업자의 작업지도가 용이하다.
④ 설비의 보전이 용이하고 가동율이 높기 때문에 자본투자가 적다.

중요도 ★☆☆

63 근골격계질환 중 손과 손목에 관련된 질환으로 분류되지 않는 것은?

① 결절종(Ganglion)
② 수근관 증후군(Carpal Tunnel Syndrome)
③ 근막통증후군(Myofascial Pain Syndrome)
④ 드퀘르뱅건초염(Dequervain's Syndrome)

중요도 ★★★

64 작업개선을 위한 개선의 ECRS에 해당하지 않는 것은?

① Eliminate   ② Combine
③ Redesign   ④ Simplify

중요도 ★☆☆

65 근골격계질환의 주요 사회심리적 요인인 것은?

① 작업습관
② 접촉 스트레스
③ 직무 스트레스
④ 부적절한 자세

중요도 ★★☆

66 자세에 관한 수공구의 개선 사항으로 옳지 않은 것은?

① 손목을 곧게 펴서 사용하도록 한다.
② 반복적인 손가락 동작을 방지하도록 한다.
③ 지속적인 정적근육 부하를 방지하도록 한다.
④ 정확성이 요구되는 작업은 파워그립을 사용하도록 한다.

67 PTS법의 특징이 아닌 것은?

① 직접 작업자를 대상으로 작업시간을 측정하지 않아도 된다.
② 표준시간의 설정에 논란이 되는 rating의 필요가 없어 표준시간의 일관성이 증대된다.
③ 실제 생산현장을 보지 않고도 작업대의 배치와 작업방법을 알면 표준시간의 산출이 가능하다.
④ 표준자료 작성의 초기비용이 적기 때문에 생산량이 적거나 제품이 큰 경우에 적합하다.

68 관측 시간치의 평균이 0.6분이고 레이팅계수는 120%, 여유시간은 8시간 근무 중에서 24분일 때 표준시간은 약 얼마인가?

① 0.62분   ② 0.68분
③ 0.76분   ④ 0.84분

69 동작경제의 원칙에 해당되지 않는 것은?

① 신체 사용에 관한 원칙
② 작업장의 배치에 관한 원칙
③ 제품과 공정별 배치에 관한 원칙
④ 공구 및 설비 디자인에 관한 원칙

70 근골격계질환 예방을 위한 방안과 거리가 먼 것은?

① 손목을 곧게 유지한다.
② 춥고 습기 많은 작업환경을 피한다.
③ 손목이나 손의 반복동작을 활용한다.
④ 손잡이는 손에 접촉하는 면적을 넓게 한다.

71 적절한 공정도 기호를 사용하여 모든 사건을 기록함으로써 생산이나 작업과정의 순서를 설명하고, 소요시간과 운반거리도 함께 표현하며, 생산공정에서 발생하는 잠복비용을 감소시키고, 사고의 원인을 파악하는 공정도는?

① 작업공정도(Operation Process Chart)
② 작업자공정도(Operator Process Chart)
③ 흐름(유통)공정도(Flow Process Chart)
④ 작업자흐름공정도(Man Flow Process Chart)

72 영상표시단말기(VDT) 취급근로자 작업관리지침상 작업기기의 조건으로 옳지 않은 것은?

① 키보드와 키 윗부분의 표면은 무광택으로 할 것
② 영상표시단말기 화면은 회전 및 경사조절이 가능할 것
③ 키보드의 경사는 3° 이상 20° 이하, 두께는 4cm 이하로 할 것
④ 단색화면일 경우 색상은 일반적으로 어두운 배경에 밝은 황·녹색 또는 백색문자를 사용하고 적색 또는 청색의 문자는 가급적 사용하지 않을 것

73 워크샘플링 조사에서 초기 idle rate가 0.05라면, 99% 신뢰도를 위한 워크샘플링 회수는 약 몇 회인가? (단, $u_{0.995}$는 2.58이다.)

① 1232   ② 2557
③ 3060   ④ 3162

중요도 ★★☆

74 다음에 사용하기 위하여 지우개를 정해진 위치에 놓는 것과 같이 다음을 위하여 대상물을 정해진 장소에 미리 놓는 동작을 나타내는 서블릭(Therblig)의 기호는?

① G ② PP
③ P ④ RL

중요도 ★★☆

75 산업안전보건 법령상 근골격계질환 예방관리 프로그램을 수립·시행하여야 하는 경우로 모두 옳은 것은?

> ㄱ. 근골격계질환으로 관련 법령에 따라 업무상 질병으로 인정받은 근로자가 연간 10명 이상 발생한 사업장
> ㄴ. 근골격계질환으로 관련 법령에 따라 업무상 질병으로 인정받은 근로자가 5명 이상 발생한 사업장으로서 발생 비율이 사업장 근로자 수의 10% 이상인 경우
> ㄷ. 근골격계질환 예방과 관련하여 노사 간 이견이 지속되는 사업장으로서 고용노동부장관이 필요하다고 인정하여 근골격계질환 예방관리 프로그램을 수립하여 시행할 것을 명령한 경우

① ㄷ ② ㄱ, ㄴ
③ ㄱ, ㄴ, ㄷ ④ ㄴ, ㄷ

중요도 ★★☆

76 NIOSH Lifting Equation 평가에서 권장 무게한계가 20kg이고, 현재 작업물의 무게가 23kg일 때, 들기 지수(Lifting Index)의 값과 이에 대한 평가가 옳은 것은?

① 0.87, 요통의 발생위험이 높다.
② 0.87, 작업을 재설계할 필요가 있다.
③ 1.15, 요통의 발생위험이 높다.
④ 1.15, 작업을 재설계할 필요가 없다.

중요도 ★☆☆

77 다음 표준시간 산정 방법 중 간접측정 방법에 해당하는 것은?

① 스톱워치법 ② PTS법
③ VTR 분석법 ④ 워크샘플링법

중요도 ★☆☆

78 문제해결 절차에 관한 설명으로 옳지 않은 것은?

① 작업방법의 분석 시에는 공정도나 시간차트, 흐름도 등을 사용한다.
② 선정된 개선안은 작업자나 관련 부서의 이해와 협조 과정을 거쳐 시행하도록 한다.
③ 개선절차는 "연구대상선정 → 현 작업방법 분석 → 분석 자료의 검토 → 개선안 선정 → 개선안 도입" 순으로 이루어진다.
④ 개선 분석 시 5W1H의 What은 작업 순서의 변경, Where, When, Who는 작업 자체의 제거, How는 작업의 결합 분석을 의미한다.

중요도 ★★★

79 3시간 동안 작업 수행과정을 촬영하여 워크샘플링 방법으로 200회를 샘플링한 결과 30번의 손목꺾임이 확인되었다. 이 작업의 시간당 손목꺾임 시간은?

① 6분 ② 9분
③ 18분 ④ 30분

중요도 ★☆☆

80 동작분석(motion study)에 관한 설명으로 옳지 않은 것은?

① 미세동작분석은 작업주기가 짧은 작업, 규칙적인 작업주기시간, 단기적 연구대상 작업 분석에는 사용할 수 없다.
② 작업과정에서 무리·낭비·불합리한 동작을 제거, 최선의 작업방법으로 개선하는 것이 목표이다.
③ 동작분석 기법에는 서블릭법과 작업측정 기법을 이용하는 PTS법이 있다.
④ 작업을 분해 가능한 세밀한 단위로 분석하고 각 단위의 변이를 측정하여 표준작업방법을 알아내기 위한 연구이다.

2023 2회 기출문제

1과목 인간공학개론

01 손잡이의 설계에 있어 촉각정보를 통하여 분별, 확인할 수 있는 코딩(coding) 방법이 아닌 것은?

① 형상에 의한 코딩
② 색에 의한 코딩
③ 표면의 거칠기에 의한 코딩
④ 크기에 의한 코딩

02 사용성 평가에 주로 사용되는 평가척도로 적합하지 않은 것은?

① 과제물 내용
② 과제의 수행시간
③ 에러의 빈도
④ 사용자의 주관적 만족도

03 동전 던지기에서 앞면이 나올 확률은 0.4이고, 뒷면이 나올 확률은 0.6일 경우 이로부터 기대할 수 있는 평균 정보량은 약 얼마인가?

① 0.65bit
② 0.88bit
③ 0.97bit
④ 1.99bit

04 인체계측자료를 활용하는 원칙 중 최소 집단치를 적용하여야 하는 경우는?

① 조종장치까지의 거리
② 출입문의 높이
③ 의자의 폭
④ 그네의 최소 지지 중량

05 인체측정치의 적용 절차가 다음과 같을 때 순서를 가장 올바르게 나열한 것은?

```
ㄱ. 인체측정자료의 선택
ㄴ. 설계치수 결정
ㄷ. 설계에 필요한 인체치수의 결정
ㄹ. 적절한 여유치 고려
ㅁ. 모형에 의한 모의실험
ㅂ. 인체자료 적용원리 결정
ㅅ. 설비를 사용할 집단 정의
```

① ㄱ → ㅂ → ㅅ → ㄹ → ㄷ → ㅁ → ㄴ
② ㄱ → ㅅ → ㄷ → ㅂ → ㄹ → ㄴ → ㅁ
③ ㄷ → ㅅ → ㅂ → ㄱ → ㄹ → ㄴ → ㅁ
④ ㄷ → ㅂ → ㅅ → ㄱ → ㄹ → ㅁ → ㄴ

06 인간공학(ergonomics)의 정의와 가장 거리가 먼 것은?

① 인간이 포함된 환경에서 그 주변의 환경조건이 인간에게 맞도록 설계·재설계되는 것이다.
② 인간의 작업과 작업환경을 인간의 정신적, 신체적 능력에 적용시키는 것을 목적으로 하는 과학이다.
③ 건강, 안전, 복지, 작업성과 등의 개선을 요구하는 작업, 시스템, 제품, 환경을 인간의 신체·정신적 능력과 한계에 부합시키기 위해 인간 과학으로부터 지식을 생성·통합한다.
④ 인간에게 질병, 건강장해, 심각한 불쾌감 및 능률저하 등을 초래하는 작업환경 요인과 스트레스를 예측, 인식(측정), 평가, 관리(대책)하는 과학인 동시에 기술이다.

07 직렬시스템과 병렬시스템의 특성에 대한 설명으로 옳은 것은?

① 직렬시스템에서 요소의 개수가 증가하면 시스템의 신뢰도도 증가한다.
② 병렬시스템에서 요소의 개수가 증가하면 시스템의 신뢰도는 감소한다.
③ 시스템의 높은 신뢰도를 안정적으로 유지하기 위해서는 병렬시스템으로 설계하여야 한다.
④ 일반적으로 병렬시스템으로 구성된 시스템은 직렬시스템으로 구성된 시스템보다 비용이 감소한다.

08 인간의 눈에 관한 설명으로 옳은 것은?

① 망막의 간상세포(rod)는 색의 식별에 사용된다.
② 시각(視角)은 물체와 눈 사이의 거리에 반비례한다.
③ 간상세포는 황반(fovea) 중심에 밀집되어 있다.
④ 원시는 수정체가 두꺼워져 먼 물체의 상이 망막 앞에 맺히는 현상을 말한다.

09 시력에 관한 설명으로 틀린 것은?

① 근시는 수정체가 두꺼워져 먼 물체를 볼 수 없다.
② 시력은 시각(visual angle)의 역수로 측정한다.
③ 시각(visual angle)은 표적까지의 거리를 표적두께로 나누어 계산한다.
④ 눈이 파악할 수 있는 표적사이의 최소공간을 최소분간시력(minimum separable acuity)이라고 한다.

10 눈으로 볼 수 있는 빛의 가시광선 파장에 속하는 것은?

① 250nm   ② 600nm
③ 1000nm   ④ 1200nm

11 음량수준(phon)이 80인 순음의 sone 치는 얼마인가?

① 4   ② 8
③ 16   ④ 32

12 정보처리과정에서 정보 전달의 신뢰성을 높이기 위한 설계 방법으로 가장 적합한 것은?

① 청킹(chunking)을 이용한다.
② 자극의 차원을 줄인다.
③ 시배분을 이용한다.
④ 상대식별보다 절대식별을 이용한다.

13 반응시간(reaction time)에 관한 설명으로 옳은 것은?

① 자극이 요구하는 반응을 행하는 데 걸리는 시간을 의미한다.
② 반응해야 할 신호가 발생한 때부터 반응이 종료될 때까지의 시간을 의미한다.
③ 단순반응시간에 영향을 미치는 변수로는 자극 양식, 자극의 특성, 자극 위치, 연령 등이 있다.
④ 여러 개의 자극을 제시하고, 각각에 대한 서로 다른 반응을 할 과제를 준 후에 자극이 제시되어 반응할 때까지의 시간을 단순반응시간이라 한다.

14 다음 중 일반적인 인간-기계 시스템 내에서의 기본 4가지 기능에 해당되지 않는 것은?

① 정보저장(Information storage)
② 정보감지(Information sensing)
③ 정보처리(Information processing)
④ 정보변환(Information transformation)

15 정보이론과 관련된 내용 중 옳지 않은 것은?

① 두 대안의 실현 확률이 동일할 때 총 정보량이 가장 작다.
② 실현 가능성이 같은 N개의 대안이 있을 때, 총 정보량 H는 $\log_2 N$이다.
③ 정보의 측정 단위는 bit를 사용한다.
④ 1bit란 실현 가능성이 같은 2개의 대안 중 결정에 필요한 정보량이다.

16 신호검출이론(SDT)에 관한 설명으로 틀린 것은? [단, β는 응답편견척도(response bias)이고, d는 감도척도(sensitivity)이다.]

① 잡음이 많을수록, 신호가 약하거나 분명하지 않을수록 d값은 커진다.
② 민감도는 신호와 잡음 평균 간의 거리로 표현한다.
③ d값은 정규분포를 이용하여 구할 수 있다.
④ β값이 클수록 긍정도 적어지고 허위도 적어지므로 보수적인 성향을 보인다.

17 정량적 표시장치에 대한 설명으로 옳은 것은?

① 표시장치 설계 시 끝이 둥근 지침이 권장된다.
② 동침형 표시장치는 동목형에 비해 지침의 위치가 인식적인 암시신호(cue)를 더해 준다는 장점이 있다.
③ 계수형 표시장치의 기본형태는 지침이 고정되고 눈금이 움직이는 형이다.
④ 눈금이 고정되고 지침이 움직이는 표시장치를 동목형 표시장치라 한다.

18 경계 및 경보신호에 사용되는 청각적 표시장치가 가져야 할 특징으로 옳은 것은?

① 경계신호는 가급적 통일해서 사용자에게 혼란을 야기하지 말아야 한다.
② 장애물이나 칸막이를 넘어가야 하는 신호는 1000Hz 이상의 주파수를 사용한다.
③ 300m 이상의 장거리용 신호에서는 4kHz 이상의 주파수를 사용한다.
④ 주의를 끄는 목적으로 신호를 사용할 때에는 변조신호를 사용한다.

19 은폐(masking) 현상에 관한 설명으로 옳은 것은?

① 일정한 강도 및 진동수 이상의 소음에 노출되었을 때 점차 청각 기능을 잃게 되는 현상이다.
② 음의 한 성분이 다른 성분에 대한 귀의 감수성을 감소시키는 상황이다.
③ 동일한 소음을 내는 설비 2대가 동시에 가동될 때 소음 수준이 3dB 정도 증가하는 현상이다.
④ 소음 수준(dB)이 같은 3가지 음이 합쳐졌을 때 음의 강도가 일정하게 증가되는 현상이다.

20 제어장치의 움직임과 시스템의 반응 사이의 관계를 나타내는 것은 무엇인가?

① Adjustment movement
② Gain
③ Gross adjustment movement
④ C/R ratio

2과목 작업생리학

21 뼈의 기능에 해당하지 않는 것은?
① 장기를 보호　② 조혈기능
③ 영양소 운반　④ 인체의 지주 역할

22 척추를 구성하고 있는 뼈 가운데 요추는 몇 개의 뼈로 구성되어 있는가?
① 5개　② 6개
③ 7개　④ 8개

23 신체 장기에 대한 교감신경의 기능이 모두 옳은 것은?

① 방광 이완, 동공 확장, 심박수 증가
② 방광 수축, 동공 축소, 기관지 확장
③ 방광 이완, 동공 축소, 기관지 수축
④ 방광 수축, 동공 축소, 심박수 감소

24 다음 중 순환계의 기능 및 특성에 관한 설명으로 옳은 것은?

① 혈압은 좌심실에서 멀어질수록 높아진다.
② 동맥, 정맥, 모세혈관 중 혈관의 단면적은 모세혈관이 가장 작다.
③ 모세혈관 내외의 물질(산소, 이산화탄소 등) 이동은 혈압과 혈장 삼투압의 차이에 의해 이루어진다.
④ 체순환(systemic circulation)은 우심실, 폐동맥, 폐포모세혈관, 우심방 순의 경로로 혈액이 흐르는 것을 말한다.

25 작업자 A의 작업 중 평균 흡기량은 50L/min, 배기량은 40L/min이며 배기량 중 산소의 함량이 17%일 때 산소소비량은 얼마인가? (단, 공기 중 산소 함량은 21%이다.)

① 2.7L/min ② 3.7L/min
③ 4.7L/min ④ 5.7L/min

26 최대산소소비능력(MAP ; Maximum Aerobic Power)에 대한 설명으로 옳은 것은?

① MAP는 개인의 운동역량을 평가하는 데 널리 활용된다.
② 젊은 여성의 MAP는 남성의 40~50% 정도이다.
③ MAP는 실제 작업현장에서 작업 시 측정한다.
④ MAP 수준에서 에너지대사는 호기성으로 일어난다.

27 정신적 작업부하를 측정하는 생리적 측정치에 해당하지 않는 것은?

① 부정맥 지수
② 산소소비량
③ 점멸융합 주파수
④ 뇌파도 측정치

28 물체를 들고 있을 때처럼 신체를 움직이지 않으면서 자발적으로 가할 수 있는 힘의 최댓값을 뜻하는 용어는?

① 지구력(endurance)
② 등속력(isokinetic strength)
③ 등척력(isometric strength)
④ 반발력(repulsive force)

29 작업장 설계 시 위팔과 아래팔 간의 관절 각도가 어느 정도일 때 최대 염력(torque)을 발휘하여 작업자 부하를 최소화할 수 있는가?

① 40° ② 60°
③ 100° ④ 180°

30 인체의 해부학적 자세에서 팔꿈치 관절의 굴곡과 신전 동작이 일어나는 면은?

① 시상면(sagittal plane)
② 정중면(median plane)
③ 관상면(coronal plane)
④ 횡단면(transverse plane)

31 근육수축 시 근절 내 영역에서 일어나는 현상으로 옳지 않은 것은?

① A대(band)가 짧아진다.
② I대(band)가 짧아진다.
③ H영역(zone)이 짧아진다.
④ Z선(line)과 Z선(line) 사이가 가까워진다.

32 근육 대사작용에서 혐기성 과정으로 글루코오스가 분해되어 생성되는 물질은?

① 물 ② 피루브산
③ 젖산 ④ 이산화탄소

33 RMR(relative metabolic rate)의 값이 1.8로 계산되었다면 작업강도의 수준은?

① 중(重)작업(heavy work)
② 중(中)작업(moderate work)
③ 초중작업(very heavy work)
④ 경작업(light work)

34 다음 중 육체적 강도가 높은 작업에 있어 혈액의 분포비율이 가장 높은 것은?

① 소화기관 ② 골격
③ 피부 ④ 근육

35 남성 작업자의 육체작업에 대한 대사량을 측정한 결과, 분당 산소소모량이 1.5L/min으로 나왔다. 작업자의 4시간에 대한 휴식시간은 약 몇 분 정도인가? (단, Murrell의 공식을 이용한다.)

① 75분 ② 100분
③ 125분 ④ 150분

36 다음 중 작업장 실내에서 일반적으로 추천반사율이 가장 높은 곳은? (단, IES기준이다.)

① 천장 ② 바닥
③ 벽 ④ 책상면

37 다음 중 소음에 의한 C5-dip현상이 발생하는 주파수는?

① 500Hz ② 1000Hz
③ 4000Hz ④ 10000Hz

38 전신진동의 영향에 대한 설명으로 틀린 것은?

① 10~25Hz에서 시성능이 가장 저하된다.
② 5Hz 이하의 낮은 진동수에서 운동성능이 가장 저하된다.
③ 머리와 어깨 부위의 공명주파수는 20~30Hz이다.
④ 등이나 허리뼈에 가장 위험한 주파수는 60~90Hz이다.

39 산업안전보건법령상 작업환경 측정에 사용되는 단위로서 고열환경을 종합적으로 평가할 수 있는 지수는?

① 실효온도(ET)
② 열스트레스지수(HSI)
③ 습구흑구온도지수(WBGT)
④ 옥스퍼드지수(Oxford Index)

중요도 ★★☆

40 교대작업 운영의 효율적인 방법으로 볼 수 없는 것은?

① 고정적이거나 연속적인 야간근무 작업은 줄인다.
② 교대일정은 정기적이고 작업자가 예측 가능하도록 해주어야 한다.
③ 교대작업은 '주간근무 → 야간근무 → 저녁근무 → 주간근무' 식으로 진행해야 피로를 빨리 회복할 수 있다.
④ 2교대 근무는 최소화하며, 1일 2교대 근무가 불가피한 경우에는 연속 근무일이 2~3일이 넘지 않도록 한다.

3과목 산업심리학 및 관계법규

중요도 ★☆☆

41 전술적(tactical) 에러, 전략적(operational) 에러, 그리고 관리구조(organizational) 결함 등의 용어를 사용하여 사고연쇄반응에 대한 이론을 제안한 사람은?

① 버드(Bird)
② 아담스(Adams)
③ 웨버(Weaver)
④ 하인리히(Heinrich)

중요도 ★★★

42 하인리히의 사고예방 대책의 5가지 기본원리를 순서대로 올바르게 나열한 것은?

① 사실의 발견 → 안전조직 → 분석평가 → 시정책 선정 → 시정책 적용
② 안전조직 → 사실의 발견 → 분석평가 → 시정책 선정 → 시정책 적용
③ 안전조직 → 분석평가 → 사실의 발견 → 시정책 선정 → 시정책 적용
④ 사실의 발견 → 분석평가 → 안전조직 → 시정책 선정 → 시정책 적용

중요도 ★★★

43 A사업장의 도수율이 2로 산출되었을 때, 그 결과에 대한 해석으로 옳은 것은?

① 근로자 1000명당 1년 동안 발생한 재해자 수가 2명이다.
② 연근로시간 1000시간당 발생한 근로손실 일수가 2일이다.
③ 근로자 10000명당 1년간 발생한 사망자 수가 2명이다.
④ 연근로자가 1000000시간당 발생한 재해 건수가 2건이다.

중요도 ★☆☆

44 인간행동에 대한 Rasmussen의 분류에 해당되지 않는 것은?

① 숙련기반 행동(Skill-based behavior)
② 규칙기반 행동(Rule-based behavior)
③ 능력기반 행동(Ability-based behavior)
④ 지식기반 행동(Knowledge-based behavior)

45 부주의를 일으키는 의식수준에 대한 설명으로 틀린 것은?

① 의식의 저하 : 귀찮은 생각에 해야 할 과정을 빠뜨리고 행동하는 상태
② 의식의 과잉 : 순간적으로 의식이 긴장되고 한 방향으로만 집중되는 상태
③ 의식의 단절 : 외부의 정보를 받아들일 수도 없고 의사결정도 할 수 없는 상태
④ 의식의 우회 : 습관적으로 작업을 하지만 머릿속엔 고민이나 공상으로 가득 차 있는 상태

46 뇌파의 종류 중 알파(α)파에 관한 설명으로 옳은 것은?

① 빠르고 진폭이 크다.
② 수면초기에 발생한다.
③ 물질대사가 저하할 때 발생한다.
④ 출현율이 작을수록 각성상태가 증가되는 경향이 있다.

47 매슬로우(Maslow)가 제시한 욕구 단계에 포함되지 않는 것은?

① 안전 욕구
② 존경의 욕구
③ 자아실현의 욕구
④ 감성적 욕구

48 검사작업자가 한 로트에 100개인 부품을 조사하여 6개의 부적합품을 발견했으나 로트에는 실제로 10개의 부적합품이 있었다면 이 검사 작업자의 휴먼에러확률은 얼마인가?

① 0.04
② 0.06
③ 0.1
④ 0.6

49 다음 중 맥그리거(McGregor)가 주장한 Y이론의 관리 처방에 해당되지 않는 것은?

① 목표에 의한 관리
② 민주적 리더십의 확립
③ 분권화와 권한의 위임
④ 경제적 보상체계의 강화

50 호손(Hawthorne) 연구의 내용으로 옳은 것은?

① 종업원의 이직률을 결정하는 중요한 요인은 임금수준이다.
② 호손 연구의 결과는 맥그리거(McGreger)의 XY이론 중 X이론을 지지한다.
③ 작업자의 작업능률은 물리적인 작업조건보다는 인간관계의 영향을 더 많이 받는다.
④ 종업원의 높은 임금 수준이나 좋은 작업조건 등은 개인의 직무에 대한 불만족을 방지하고 직무 동기 수준을 높인다.

51 다음에서 설명하는 것은?

> 집단을 이루는 구성원들이 서로에게 매력적으로 끌리어 그 집단 목표를 달성하는 정도를 나타내며, 소시오메트리 연구에서는 실제 상호선호관계의 수를 가능한 상호선호관계의 총 수로 나누어 지수(index)로 표현한다.

① 집단 협력성   ② 집단 단결성
③ 집단 응집성   ④ 집단 목표성

52 헤드십(headship)과 리더십(leadership)을 상대적으로 비교, 설명한 것으로 헤드십의 특징에 해당되는 것은?

① 민주주의적 지휘형태이다.
② 구성원과의 사회적 간격이 넓다.
③ 권한의 근거는 개인의 능력에 따른다.
④ 집단의 구성원들에 의해 선출된 지도자이다.

53 리더십은 교육훈련에 의해서 향상되므로, 좋은 리더는 육성될 수 있다는 가정을 하는 리더십 이론은?

① 특성접근법   ② 상황접근법
③ 행동접근법   ④ 제한적 특질접근법

54 심리적 측면에서 분류한 휴먼에러의 분류에 속하는 것은?

① 입력오류   ② 정보처리오류
③ 의사결정오류   ④ 생략오류

55 원자력발전소 주제어실의 직무는 4명의 운전원으로 구성된 근무조에 의해 수행되고, 이들의 직무 간에는 서로 영향을 끼치게 된다. 근무조원 중 1차 계통의 운전원 A와 2차 계통의 운전원 B 간의 직무는 중간 정도의 의존성(15%)이 있다. 그리고 운전원 A의 기초 인간실수확률 HEP Prob{A} = 0.001일 때, 운전원 B의 직무실패를 조건으로 한 운전원 A의 직무실패확률은 약 얼마인가? (단, THERP 분석법을 사용한다.)

① 0.151   ② 0.161
③ 0.171   ④ 0.181

56 다음 중 휴먼에러(human error)를 예방하기 위한 시스템 분석 기법의 설명으로 옳지 않은 것은?

① 예비 위험 분석(PHA) : 모든 시스템 안전 프로그램의 최초 단계의 분석으로서 시스템 내의 위험요소가 얼마나 위험상태에 있는가를 정성적으로 평가하는 것이다.
② 고장형태와 영향분석(FMEA) : 시스템에 영향을 미치는 모든 요소의 고장을 형태별로 분석하여 그 영향을 검토하는 것이다.
③ 작업자공정도 : 위급직무의 순서에 초점을 맞추어 조작자 행동 나무를 구성하고, 이를 사용하여 사건의 위급경로에서의 조작자의 역할을 분석하는 기법이다.
④ 결함나무 분석(FTA) : 기계 설비 또는 인간 – 기계시스템의 고장이나 재해 발생요인을 Fault Tree 도표에 의하여 분석하는 방법이다.

57 스트레스를 받을 때 몸에서 생성되는 호르몬으로 스트레스 정도를 파악하는 데 사용되는 것은?

① 코티졸 ② 환경호르몬
③ 인슐린 ④ 스테로이드

58 NIOSH의 직무 스트레스 모형에서 직무 스트레스 요인에 해당하지 않는 것은?

① 작업 요인 ② 개인적 요인
③ 조직 요인 ④ 환경 요인

59 제조물 책임법상 제조업자가 제조물에 대하여 제조·가공상의 주의의무를 이행하였는지에 관계없이 제조물이 원래 의도한 설계와 다르게 제조·가공됨으로써 안전하지 못하게 된 경우에 해당되는 결함은?

① 제조상의 결함
② 설계상의 결함
③ 표시상의 결함
④ 기타 유형의 결함

60 다음 중 강도율(Severity Rate of injury)에 관한 설명으로 옳은 것은?

① 연간근로시간 1,000,000시간당 발생한 재해 발생건수를 말한다.
② 개인이 평생 근무 시 발생할 수 있는 근로손실일수를 말한다.
③ 재해 사건당 발생한 평균근로손실일수를 말한다.
④ 연간근로시간 1,000시간당 발생한 근로손실일수를 말한다.

4과목 근골격계질환 예방을 위한 작업관리

61 제조업의 단순반복조립작업에 대하여 RULA (Rapid Upper Limb Assessment) 평가기법을 적용하여 작업을 평가한 결과 최종 점수가 5점으로 평가되었다. 다음 중 이 결과에 대한 가장 올바른 해석은?

① 빠른 작업개선과 작업위험요인의 분석이 요구된다.
② 수용가능한 안전한 작업으로 평가된다.
③ 계속적 추적관찰을 요하는 작업으로 평가된다.
④ 즉각적인 개선과 작업위험요인의 정밀조사가 요구된다.

62 산업안전보건법령상 근골격계 부담작업 범위 기준에 해당하지 않는 것은? (단, 단기간 작업 또는 간헐적인 작업은 제외한다.)

① 하루에 5회 이상 25kg 이상의 물체를 드는 작업
② 하루에 4시간 이상 집중적으로 자료입력 등을 위해 키보드를 조작하는 작업
③ 하루에 총 2시간 이상 쪼그리고 앉거나 무릎을 굽힌 자세에서 이루어지는 작업
④ 하루에 총 2시간 이상, 분당 2회 이상 4.5kg 이상의 물체를 드는 작업

63 근골격계질환 중 손과 손목에 관련된 질환으로 분류되지 않는 것은?

① 결절종(Ganglion)
② 수근관증후군(Carpal Tunnel Syndrome)
③ 근막통증후군(Myofascial Pain Syndrome)
④ 드퀘르뱅건초염(Dequervain's Syndrome)

64 유해도가 높은 근골격계 부담작업의 공학적 개선에 속하는 것은?

① 적절한 작업자의 선발
② 작업자의 교육 및 훈련
③ 작업자의 작업속도 조절
④ 작업자의 신체에 맞는 작업장 개선

65 다음 중 비효율적인 서어블릭(therblig)에 해당하는 것은?

① 계획(Pn)   ② 빈손이동(TE)
③ 사용(U)   ④ 쥐기(G)

66 다음 중 시간연구에서 다루는 내용과 관련성이 가장 적은 것은?

① 정미시간   ② 표준시간
③ 여유율   ④ 오차율

67 다음 표를 참고하여 각 시점과 종점의 권장무게한계(RWL)를 옳게 구한 것은? (단, 개정된 NIOSH의 들기작업지침을 적용한다.)

구분	HM	VM	DM	AM	FM	CM
시점	1	0.955	0.87	1	0.88	0.95
종점	0.5	0.775	0.87	1	0.88	1

① 시점 : 15.98kg, 종점 : 6.82kg
② 시점 : 15.98kg, 종점 : 1.76kg
③ 시점 : 28.65kg, 종점 : 6.82kg
④ 시점 : 28.65kg, 종점 : 1.76kg

68 작업관리에서 사용되는 기본 문제해결 절차로 가장 적합한 것은?

① 연구대상선정 → 분석과 기록 → 분석 자료의 검토 → 개선안의 수립 → 개선안의 도입
② 연구대상선정 → 분석 자료의 검토 → 분석과 기록 → 개선안의 수립 → 개선안의 도입
③ 분석 자료의 검토 → 분석과 기록 → 개선안의 수립 → 연구대상선정 → 개선안의 도입
④ 분석 자료의 검토 → 개선안의 수립 → 분석과 기록 → 연구대상선정 → 개선안의 도입

69 문제분석을 위한 기법 중 원과 직선을 이용하여 아이디어, 문제, 개념 등을 개괄적으로 빠르게 설정할 수 있도록 도와주는 연역적 추론 기법에 해당하는 것은?

① 공정도(process chart)
② 마인드 맵핑(mind mapping)
③ 파레토 차트(pareto chart)
④ 특성 요인도(cause and effect diagram)

70 작업분석에서의 문제분석 도구 중에서 80-20의 원칙에 기초하여 빈도수별로 나열한 항목별 점유와 누적비율에 따라 불량이나 사고의 원인이 되는 중요 항목을 찾아가는 기법은?

① 특성 요인도
② 파레토 차트
③ PERT차트
④ 산포도 기법

71 워크샘플링 조사에서 주요작업의 추정비율(p)이 0.06이라면, 99% 신뢰도를 위한 워크샘플링 횟수는 몇 회인가? (단, $u_{0.005}$는 2.58, 허용오차는 0.01이다.)

① 3744 ② 3745
③ 3755 ④ 3764

72 근골격계 부담작업 유해요인조사와 관련하여 틀린 것은?

① 사업주는 유해요인조사에 근로자대표 또는 해당 작업 근로자를 참여시켜야 한다.
② 유해요인조사의 내용은 작업장 상황, 작업조건, 근골격계질환 증상 및 징후를 포함한다.
③ 신설되는 사업장의 경우에는 신설일로부터 2년 이내에 최초 유해요인조사를 실시하여야 한다.
④ 유해요인조사는 3년마다 실시되는 정기적 조사와 특정한 사유가 발생 시 실시하는 수시조사가 있다.

73 시설배치방법 중 공정별 배치방법의 장점에 해당하는 것은?

① 운반 길이가 짧아진다.
② 작업진도의 파악이 용이하다.
③ 전문적인 작업지도가 용이하다.
④ 제공품이 적고, 생산길이가 짧아진다.

74 다음 중 작업 대상물의 품질 확인이나 수량의 조사, 검사 등에 사용되는 공정도 기호에 해당하는 것은?

① ○ ② □
③ △ ④ ⇨

75 입식작업대에서 무거운 물건을 다루는 작업(중작업)을 할 때 다음 중 작업대의 높이로 가장 적절한 것은?

① 작업자의 팔꿈치 높이로 한다.
② 작업자의 팔꿈치 높이보다 10~20cm 정도 높게 한다.
③ 작업자의 팔꿈치 높이보다 5~10cm 정도 낮게 한다.
④ 작업자의 팔꿈치 높이보다 10~30cm 정도 낮게 한다.

76 다음 중 영상표시단말기(VDT ; Visual Display Terminal) 취급의 작업 관리 지침으로 틀린 것은?

① 작업장 주변 환경의 조도를 화면의 바탕 색상이 검정색 계통일 때 300~500lux를 유지하도록 하여야 한다.
② 영상표시단말기 작업을 주목적으로 하는 작업실 내의 온도를 18~24℃, 습도는 40~70%를 유지하여야 한다.
③ 작업대는 가운데 서랍이 없는 것을 사용하도록 하며, 공간을 확보하도록 하여야 한다.
④ 작업 면에 도달하는 빛의 각도를 화면으로부터 45° 이상이 되도록 조명 및 채광을 제한하여 눈부심이 발생하지 않도록 하여야 한다.

77. 근골격계질환 예방을 위한 방안과 거리가 먼 것은?

① 손목을 곧게 유지한다.
② 춥고 습기 많은 작업환경을 피한다.
③ 손목이나 손의 반복동작을 활용한다.
④ 손잡이는 손에 접촉하는 면적을 넓게 한다.

78. 수공구를 이용한 작업개선원리에 대한 내용으로 옳지 않은 것은?

① 진동 패드, 진동 장갑 등으로 손에 전달되는 진동 효과를 줄인다.
② 동력 공구는 그 무게를 지탱할 수 있도록 매달거나 지지한다.
③ 힘이 요구되는 작업에 대해서는 감싸쥐기(power grip)를 이용한다.
④ 적합한 모양의 손잡이를 사용하되, 가능하면 손바닥과 접촉면을 좁게 한다.

79. 근골격계질환 예방관리 프로그램상 예방·관리 추진팀의 구성원이 아닌 것은?

① 관리자   ② 근로자대표
③ 사용자대표   ④ 보건담당자

80. 4개의 작업으로 구성된 조립공정의 주기시간(Cycle Time)이 40초일 때 공정효율은 얼마인가?

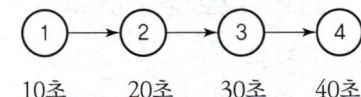

① 40.0%   ② 57.5%
③ 62.5%   ④ 72.5%

2023 3회 기출복원문제

1과목 인간공학개론

01 인간의 기억체계 중 감각보관에 대한 설명으로 틀린 것은?

① 가장 잘 알려진 감각보관 기구는 상보관(iconic storage)과 향보관(echoic storage)이 있다.
② 상보관은 시각적인 잔상이 유지되어 나타난다.
③ 향보관은 청각 자극이 수 초 동안 유지되는 것을 말한다.
④ 감각보관은 비교적 수동적으로 이루어진다.

02 레버의 길이가 5cm인 조종장치를 30° 움직였더니 표시장치의 눈금이 2cm 움직였다. 이때 조종장치의 C/R비는 약 얼마인가?

① 0.5   ② 0.8
③ 1.1   ④ 1.3

03 다음 중 부품배치의 원칙이 아닌 것은?

① 치수별 배치의 원칙
② 중요성의 원칙
③ 기능별 배치의 원칙
④ 사용 빈도의 원칙

04 시각적 부호 중 이미 고안되어 있으므로 이를 배워야 하는 부호를 무엇이라 하는가?

① 묘사적 부호   ② 추상적 부호
③ 사회적 부호   ④ 임의적 부호

05 인간-기계 시스템의 분류에서 인간에 의한 제어 정도에 따른 분류가 아닌 것은?

① 수동 시스템
② 기계화 시스템
③ 자동화 시스템
④ 감시제어 시스템

06 비행기에서 20m 떨어진 거리에서 측정한 엔진의 소음 수준이 130dB(A)이었다면, 100m 떨어진 위치에서의 소음 수준은 약 얼마인가?

① 113.5dB(A)   ② 116.0dB(A)
③ 121.8dB(A)   ④ 130.0dB(A)

07 다음 중 조종-반응비율(C/R비)에 대한 설명으로 틀린 것은?

① 표시장치의 이동거리에 반비례하고, 조종장치의 이동거리에 비례한다.
② 설계 시 이동시간과 조종시간을 고려하여야 한다.
③ C/R비가 높으면 미세조종이 가능하다.
④ C/R비가 낮으면 제어장치의 조종시간과 표시장치의 이동시간이 단축된다.

중요도 ★☆☆

08 두 가지 이상의 신호가 인접하여 제시되었을 때 이를 구별하는 것은 인간의 청각 신호 수신기능 중에서 어느 것과 관련 있는가?

① 위치 판별
② 절대식별
③ 상대식별
④ 청각 신호검출

중요도 ★★☆

09 다음 중 신호나 경보등의 검출성에 영향을 미치는 요인과 가장 거리가 먼 것은?

① 노출시간
② 점멸속도
③ 배경광
④ 반응시간

중요도 ★★☆

10 음 세기(sound intensity)에 관한 설명으로 옳은 것은?

① 음 세기의 단위는 Hz이다.
② 음 세기는 소리의 고저와 관련이 있다.
③ 음 세기는 단위 시간에 단위 면적을 통과하는 음의 에너지를 말한다.
④ 음압 수준 측정 시에는 2000Hz의 순음을 기준 음압으로 사용한다.

중요도 ★★☆

11 정적 인체측정 자료를 동적 자료로 변환할 때 활용될 수 있는 크로머(Kroemer)의 경험 법칙을 설명한 것으로 옳지 않은 것은?

① 키, 눈, 어깨, 엉덩이 등의 높이는 3% 정도 줄어든다.
② 팔꿈치 높이는 대개 변화가 없지만, 작업 중 5%까지 증가하는 경우가 있다.
③ 앉은 무릎 높이 또는 오금 높이는 굽 높은 구두를 신지 않는 한 변화가 없다.
④ 전방 및 측방 팔길이는 편안한 자세에서 30% 정도 늘어나고, 어깨와 몸통을 심하게 돌리면 20% 정도 감소한다.

중요도 ★★☆

12 다음 중 시식별에 영향을 주는 정도가 가장 작은 것은?

① 시력
② 물체 크기
③ 밝기
④ 표적의 형태

중요도 ★★☆

13 정량적 표시장치의 지침(pointer) 설계에 있어 일반적인 요령으로 적합하지 않은 것은?

① 뾰족한 지침을 사용한다.
② 지침을 눈금면과 최대한 밀착시킨다.
③ 지침의 끝은 최소 눈금선과 맞닿고 겹치게 한다.
④ 원형 눈금의 경우 지침의 색은 지침 끝에서 중앙까지 칠한다.

중요도 ★☆☆

14 다음 중 정보이론에 관한 설명으로 틀린 것은?

① 인간에게 입력되는 것은 감각기관을 통해서 받은 정보이다.
② 간접적인 원자극의 경우 암호화된 자극과 재생된 자극의 2가지 유형이 있다.
③ 자극은 크게 원자극(distal simuli)과 근자극(proximal stimuli)으로 나눌 수 있다.
④ 암호화(coded)된 자극이란 현미경, 보청기 같은 것에 의하여 감지되는 자극을 말한다.

15 다음 중 변화감지역(JND)과 웨버(Weber)의 법칙에 관한 설명으로 틀린 것은?

① 물리적 자극을 상대적으로 판단하는 데 있어 특정 감각의 변화감지역으로 사용되는 표준 자극에 비례한다.
② 동일한 양의 인식(감각)의 증가를 얻기 위해서는 자극을 지수적으로 증가해야 한다.
③ 웨버(Weber) 비는 분별의 질을 나타내며, 비가 작을수록 분별력이 떨어진다.
④ 변화감지역은 동기, 적응, 연습, 피로 등의 요소에 의해서도 좌우된다.

16 청각을 이용한 경계 및 경보신호의 설계에 관한 내용으로 옳지 않은 것은?

① 500~3000Hz의 진동수를 사용한다.
② 장거리용으로는 1000Hz 이하의 진동수를 사용한다.
③ 신호가 칸막이를 통과해야 할 때는 500Hz 이상의 진동수를 사용한다.
④ 주의를 끌기 위해서 초당 1~3번 오르내리는 변조된 신호를 사용한다.

17 다음 중 안경은 눈의 어떤 기관을 보조하기 위하여 사용되는가?

① 동공 ② 수정체
③ 망막 ④ 홍채

중요도 ★★☆

18 찌그러진 동전 던지기에서 앞면이 나올 확률이 0.9이고 뒷면이 나올 확률이 0.1이라면 총 정보량은 얼마인가?

① 2.45 ② 3.32
③ 0.47 ④ 0.15

19 조작자와 제어버튼 사이의 거리 또는 조작에 필요한 힘 등을 정할 때 사용되는 인체측정 자료의 응용원칙은?

① 최소치 설계 ② 평균치 설계
③ 조절식 설계 ④ 최대치 설계

중요도 ★★☆

20 신호검출이론(SDT)에서 신호의 유무를 판별함에 있어 4가지 반응 대안에 해당하지 않는 것은?

① 긍정(Hit)
② 누락(Miss)
③ 채택(Acceptation)
④ 허위(False alarm)

2과목 작업생리학

중요도 ★★☆

21 동일한 관절운동을 일으키는 주동근(agonists)과 반대되는 작용을 하는 근육은?

① 박근(gracilis)
② 장요근(iliopsoas)
③ 길항근(antagonists)
④ 대퇴직근(rectus femoris)

22 다음 중 연속적 소음으로 인한 청력 손실에 해당하는 것은?

① 방직 공정 작업자의 청력 손실
② 밴드부 지휘자의 청력 손실
③ 사격 교관의 청력 손실
④ 낙하 단조(drop-forge) 장치 조작자의 청력 손실

중요도 ★★☆

23 교대작업 운영의 효율적인 방법으로 볼 수 없는 것은?

① 고정적이거나 연속적인 야간근무 작업은 줄인다.
② 교대일정은 정기적이고 작업자가 예측 가능하도록 해주어야 한다.
③ 교대작업은 주간근무 → 야간근무 → 저녁근무 → 주간근무 식으로 진행해야 피로를 빨리 회복할 수 있다.
④ 2교대 근무는 최소화하며, 1일 2교대 근무가 불가피한 경우에는 연속 근무일이 2~3일이 넘지 않도록 한다.

중요도 ★★☆

24 다음 중 조도(Illuminance)의 단위는?

① lumen(lm) ② candela(cd)
③ lux(lx)   ④ foot-lambert(fL)

25 정신적 작업부하를 측정하기 위한 척도가 갖추어야 할 기준으로 볼 수 없는 것은?

① 감도   ② 양립성
③ 신뢰성 ④ 수용성

중요도 ★★★

26 건강한 근로자가 부품 조립작업을 8시간 동안 수행하고 대사량을 측정한 결과 산소소비량이 분당 1.5L이었다. 이 작업에 대하여 8시간의 총 작업 시간 내에 포함되어야 하는 휴식시간은 몇 분인가? (단, 이 작업의 권장 평균에너지소모량은 5kcal/min, 휴식 시의 에너지소비량은 1.5kcal/min이며, Murrell의 방법을 적용한다.)

① 60분   ② 72분
③ 144분   ④ 200분

27 어떤 산업현장에서는 작업을 통하여 95dB(A)에서 3시간, 100dB(A)에서 0.5시간, 85dB(A)에서 5시간이 소음 수준에 노출되었다면 총 소음투여량은 약 얼마인가? (단, OSHA의 소음 관련 기준을 따른다.)

① 65.62%   ② 163.5%
③ 81.25%   ④ 131.25%

중요도 ★★☆

28 다음 중 근육피로의 1차적 원인으로 옳은 것은?

① 젖산 축적   ② 글리코겐 축적
③ 미오신 축적   ④ 피루브산 축적

29 다음 중 반사휘광의 처리방법으로 적절하지 않은 것은?

① 간접 조명 수준을 높인다.
② 무광택 도료 등을 사용한다.
③ 창문에 차양 등을 사용한다.
④ 휘광원 주위를 밝게 하여 광도비를 줄인다.

중요도 ★☆☆

30 다음 중 불수의근(involuntary mescle)과 관계가 없는 것은?

① 내장근   ② 평활근
③ 골격근   ④ 민무늬근

31 자율신경계의 교감, 부교감신경에 대한 설명 중 틀린 것은?

① 교감신경은 동공을 축소시키고, 부교감신경은 동공을 확대시킨다.
② 교감신경은 동공을 확대시키고, 부교감신경은 동공을 축소시킨다.
③ 교감신경은 심장 박동을 촉진시키고, 부교감신경은 심장 박동을 억제시킨다.
④ 교감신경은 소화 운동을 억제시키고, 부교감신경은 소화 운동을 촉진시킨다.

32 다음 중 육체적 작업에 필요한 산소와 포도당이 근육에 원활히 공급되기 위해 나타나는 순환기 계통의 생리적 반응이 아닌 것은?

① 심박출량 증가   ② 심박수의 증가
③ 혈압 감소   ④ 혈류의 재분배

33 다음 중 팔을 수평으로 편 위치에서 수직 위치로 내릴 때처럼 신체 중심선을 향한 신체 부위의 동작은?

① flexion   ② adduction
③ extension   ④ abduction

중요도 ★☆☆

34 산업안전보건법령상 영상표시 단말기(VDT) 취급근로자의 건강장해를 예방하기 위한 방법으로 옳지 않은 것은?

① 작업물을 보기 쉽도록 주위 조명 수준을 1000lux 이상으로 높인다.
② 저휘도형 조명기구를 사용한다.
③ 빛이 작업화면에 도달하는 각도는 화면으로부터 45° 이내로 한다.
④ 화면상의 문자와 배경과의 휘도비를 낮춘다.

중요도 ★☆☆

35 에너지소비량에 영향을 미치는 인자 중 중량물 취급 시 쪼그려 앉아(squat) 들기와 등을 굽혀(stoop) 들기와 가장 관련이 깊은 것은?

① 작업자세   ② 작업방법
③ 작업속도   ④ 도구설계

36 신체 부위의 동작 중 전완의 회전운동에 쓰이며, 손바닥을 위로 향하도록 하는 회전을 무엇이라 하는가?

① 굴곡(flexion)
② 회내(pronation)
③ 외전(abduction)
④ 회외(supination)

중요도 ★☆☆

37 근육의 정적 상태의 근력을 나타내는 용어는?

① 등속성 근력(Isokinetic strength)
② 등장성 근력(Isotonic strength)
③ 등관성 근력(Isoinertial strength)
④ 등척성 근력(Isometric strength)

중요도 ★★★

38 다음 중 작업장 실내에서 일반적으로 추천반사율이 가장 높은 곳은? (단, IES 기준이다.)

① 천장   ② 바닥
③ 벽   ④ 책상면

중요도 ★★☆

39 사무실 공기관리 지침상 공기정화시설을 갖춘 사무실의 시간당 환기횟수 기준은?

① 1회 이상   ② 2회 이상
③ 3회 이상   ④ 4회 이상

40 정신활동의 부담척도로 사용되는 시각적 점멸융합주파수(VFF)에 대한 설명으로 틀린 것은?

① 연습의 효과는 적다.
② 암조응시는 VFF가 증가한다.
③ 휘도만 같으면 색은 VFF에 영향을 주지 않는다.
④ VFF는 조명 강도의 대수치에 선형적으로 비례한다.

3과목 산업심리학 및 관계법규

41 다음 중 과도로 긴장하거나 감정 흥분 시의 의식수준단계로 대외의 활동력은 높지만 냉정함이 결여되어 판단이 둔화되는 의식수준단계는?

① phase Ⅰ
② phase Ⅱ
③ phase Ⅲ
④ phase Ⅳ

42 제조물 책임법에서 정의한 결함의 종류에 해당하지 않는 것은?

① 제조상의 결함
② 기능상의 결함
③ 설계상의 결함
④ 표시상의 결함

43 다음 중 휴먼에러 방지의 3가지 설계기법으로 볼 수 없는 것은?

① 배타설계(exclusion design)
② 제품설계(products design)
③ 보호설계(prevention design)
④ 안전설계(fail-safe design)

44 매슬로우(Maslow)의 욕구위계설에서 제시한 인간 욕구들을 낮은 단계부터 높은 단계의 순서로 바르게 나열한 것은?

① 생리적 욕구 → 안전 욕구 → 사회적 욕구 → 존경 욕구 → 자아실현의 욕구
② 안전 욕구 → 생리적 욕구 → 사회적 욕구 → 존경 욕구 → 자아실현의 욕구
③ 생리적 욕구 → 사회적 욕구 → 존경 욕구 → 자아실현의 욕구 → 안전 욕구
④ 생리적 욕구 → 사회적 욕구 → 안전 욕구 → 존경 욕구 → 자아실현의 욕구

45 주의(attention)에는 주기적으로 부주의의 리듬이 존재한다는 것을 주의의 특징 중 무엇에 해당하는가?

① 선택성
② 방향성
③ 대칭성
④ 변동성

46 다음 표는 동기부여와 관련된 이론의 상호 관련성을 서로 비교해 놓은 것이다. A~E에 해당하는 용어가 옳은 것은?

위생요인과 동기요인 (Herzberg)	ERG이론 (Alderfer)	X이론과 Y이론 (McGregor)
위생요인	A	D
	B	
동기요인	C	E

① A : 존재욕구, B : 관계욕구, D : X이론
② A : 관계욕구, C : 성장욕구, D : Y이론
③ A : 존재욕구, C : 관계욕구, E : Y이론
④ B : 성장욕구, C : 존재욕구, E : X이론

47. R. House의 경로-목표이론(path-goal theory) 중 리더 행동에 따른 4가지 범주에 해당하지 않는 것은?

① 방임적 리더
② 지시적 리더
③ 후원적 리더
④ 참여적 리더

48. 어느 사업장의 도수율은 40이고 강도율은 4일 때 이 사업장의 재해 1건당 근로손실일 수는?

① 1
② 10
③ 50
④ 100

49. 인간오류확률 추정 기법 중 초기 사건을 이원적(binary) 의사결정(성공 또는 실패) 가지들로 모형화하고, 이 이후의 사건들의 확률은 모두 선행 사건에 대한 조건부 확률을 부여하여 이원적 의사결정 가지들로 분지해 나가는 방법은?

① 결함 나무 분석(Fault Tree Analysis)
② 조작자 행동 나무(Operator Action Tree)
③ 인간오류 시뮬레이터(Human Error Simulator)
④ 인간실수율 예측기법(Technique for Human Error Rate Prediction)

50. 헤드십(headship)과 리더십(leadership)을 상대적으로 비교, 설명한 것으로 헤드십의 특징에 해당되는 것은?

① 민주주의적 지위형태이다.
② 구성원과의 사회적 간격이 넓다.
③ 권한의 근거는 개인의 능력에 따른다.
④ 집단의 구성원들에 의해 선출된 지도자이다.

51. 어떤 사업장의 생산라인에서 완제품을 검사하는데, 어느 날 5000개의 제품을 검사하여 200개를 부적합품으로 처리하였으나 이 로트에 실제로 1000개의 부적합품이 있었을 때, 로트당 휴먼에러를 범하지 않을 확률은 약 얼마인가?

① 0.16
② 0.20
③ 0.80
④ 0.84

52. 새로운 작업을 수행할 때 근로자의 실수를 예방하고 정확한 동작을 위해 다양한 조건에서 연습한 결과로 나타나는 것은?

① 상기 스키마(Recall Schema)
② 동작 스키마(Motion Schema)
③ 도구 스키마(Instrument Schema)
④ 정보 스키마(Information Schema)

53. 조직이 리더에게 부여하는 권한의 유형으로 볼 수 없는 것은?

① 보상적 권한
② 강압적 권한
③ 합법적 권한
④ 작위적 권한

중요도 ★★★

54 하인리히의 사고예방 대책의 5가지 기본원리를 순서대로 올바르게 나열한 것은?

① 사실의 발견 → 안전조직 → 분석평가 → 시정책 선정 → 시정책 적용
② 안전조직 → 사실의 발견 → 분석평가 → 시정책 선정 → 시정책 적용
③ 안전조직 → 분석평가 → 사실의 발견 → 시정책 선정 → 시정책 적용
④ 사실의 발견 → 분석평가 → 안전조직 → 시정책 선정 → 시정책 적용

55 안전보건교육관련 내용으로 틀린 것은?

① 관리감독자의 지위에 있는 사람(정기교육) : 연간 10시간 이상
② 사무직 종사 근로자(정기교육) : 매 분기 3시간 이상
③ 일용근로자(채용 시 교육) : 1시간 이상
④ 일용근로자를 제외한 근로자(채용 시 교육) : 8시간 이상

중요도 ★★☆

56 작업자가 제어반의 압력계를 계속적으로 모니터링하는 작업에서 압력계를 잘못 읽어 에러를 범할 확률이 100시간에 1회로 일정한 것으로 조사되었다. 작업을 시작한 후 200시간 시점에서의 인간신뢰도는 약 얼마로 추정되는가?

① 0.02   ② 0.98
③ 0.135 ④ 0.865

중요도 ★☆☆

57 다음 조직에 의한 스트레스 요인은?

> 급속한 기술의 변화에 대한 적응이 요구되는 직무나 직무의 난이도나 속도를 요구하는 특성을 가진 업무와 관련하여 역할이 과부하 되어 받게 되는 스트레스

① 역할 갈등   ② 과업 요구
③ 집단 압력   ④ 역할 모호성

중요도 ★☆☆

58 다음 ( ) 안에 들어갈 알맞은 것은?

> 산업안전보건법령상 사업주는 근로자가 근골격계 부담작업을 하는 경우에 ( )마다 유해요인조사를 하여야 한다. 다만, 신설되는 사업장의 경우에는 1년 이내에 최초의 유해요인조사를 하여야 한다.

① 1년   ② 2년
③ 3년   ④ 4년

중요도 ★☆☆

59 단순반응시간을 a, 선택반응시간을 b, 움직인 거리를 A, 목표물의 너비를 W라 할 때 동작시간 예측에 관한 피츠법칙(Fitt's law)으로 옳은 것은?

① 동작시간 $= a + b \log_2 \left(\dfrac{2A}{W}\right)$

② 동작시간 $= b + a \log_2 \left(\dfrac{2A}{W}\right)$

③ 동작시간 $= a + b \log_2 \left(\dfrac{2W}{A}\right)$

④ 동작시간 $= b + a \log_2 \left(\dfrac{2W}{A}\right)$

60 호손(Hawthorne)의 실험 결과로서 생산성에 영향을 주는 요인으로 분석된 것은?

① 조명의 밝기 ② 규약의 강도
③ 인간관계 ④ 설비 수준

4과목 근골격계질환 예방을 위한 작업관리

61 NIOSH Lifting Equation 평가에서 권장 무게한계가 20kg이고, 현재 작업물의 무게가 23kg일 때, 들기 지수(Lifting Index)의 값과 이에 대한 평가가 옳은 것은?

① 0.87, 요통의 발생위험이 높다.
② 0.87, 작업을 재설계할 필요가 있다.
③ 1.15, 요통의 발생위험이 높다.
④ 1.15, 작업을 재설계할 필요가 없다.

62 다음 중 PTS법의 장점이 아닌 것은?

① 직접 작업자를 대상으로 작업시간을 측정하지 않아도 된다.
② 실제 생산현장을 보지 않고도 작업대의 배치와 작업방법을 알면 표준시간의 산출이 가능하다.
③ 전문가의 조언이 거의 필요하지 않을 정도로 PTS법의 적용은 쉽게 표준화되어 사용이 용이하다.
④ 표준시간의 설정에 논란이 되는 rating의 필요가 없어 표준시간의 일관성과 정확성이 높아진다.

63 다음 중 워크샘플링(Work Sampling)에 관한 설명으로 옳은 것은?

① 반복작업인 경우 적당하다.
② 표준시간 설정에 이용할 경우 레이팅이 필요 없다.
③ 작업자가 의식적으로 행동하는 일이 적어 결과의 신뢰수준이 높다.
④ 작업순서를 기록할 수 있어 개개의 작업에 대한 깊은 연구가 가능하다.

64 수작업에 관한 작업지침으로 옳은 것은?

① 내편향(우골편향) 손자세가 외편향(척골편향) 자세보다 일반적으로 더 위험하다.
② 가능하면 손목 각도를 5~10도로 굽히는 것이 편안한 자세이다.
③ 장갑을 사용하면 쥐는 힘이 일반적으로 더 좋아진다.
④ 힘이 요구되는 작업에는 Power Grip을 사용한다.

65 작업개선을 위한 개선의 ECRS에 해당하지 않는 것은?

① Eliminate ② Combine
③ Redesign ④ Simplify

66 작업대의 개선방법으로 옳은 것은?

① 좌식작업대의 높이는 동작이 큰 작업에는 팔꿈치의 높이보다 약간 높게 설계한다.
② 입식작업대의 높이는 경작업의 경우 팔꿈치의 높이보다 5~10cm 정도 높게 설계한다.
③ 입식작업대의 높이는 중작업의 경우 팔꿈치의 높이보다 10~30cm 정도 낮게 설계한다.
④ 입식작업대의 높이는 정밀작업의 경우 팔꿈치의 높이보다 5~10cm 정도 낮게 설계한다.

67 다음 중 영상표시단말기(VDT) 취급근로자의 작업자세로 적절하지 않은 것은?

① 화면 상단보다 눈높이가 낮아야 한다.
② 화면상의 시야 범위는 수평선상에서 10~15° 밑에 오도록 한다.
③ 화면과의 거리는 최소 40cm 이상이 확보되어야 한다.
④ 윗팔(UPPER ARM)은 자연스럽게 늘어뜨리고, 팔꿈치의 내각은 90° 이상이 되어야 한다.

68 요소작업이 여러 개인 경우의 관측 횟수를 결정하고자 한다. 표본의 표준편차는 0.6이고, 신뢰도 계수는 2인 추정의 오차범위 ±5%를 만족시키는 관측 횟수(N)는 몇 번인가?

① 24번 ② 66번
③ 144번 ④ 576번

69 3시간 동안 작업 수행과정을 촬영하여 워크샘플링 방법으로 200회를 샘플링한 결과 30번의 손목꺾임이 확인되었다. 이 작업의 시간당 손목꺾임 시간은?

① 6분 ② 9분
③ 18분 ④ 30분

70 다음 중 작업방법에 관한 설명으로 틀린 것은?

① 서 있을 때는 등뼈가 S 곡선을 유지하는 것이 좋다.
② 섬세한 작업 시 power grip보다 pinch grip을 이용한다.
③ 부적절한 자세는 신체 부위들이 중립적인 위치를 취하는 자세이다.
④ 부적절한 자세는 강하고 큰 근육들을 이용하여 작업하는 것을 방해한다.

71 문제해결 절차에 관한 설명으로 옳지 않은 것은?

① 작업방법의 분석 시에는 공정도나 시간차트, 흐름도 등을 사용한다.
② 선정된 개선안은 작업자나 관련 부서의 이해와 협조 과정을 거쳐 시행하도록 한다.
③ 개선절차는 '연구대상선정 → 현 작업방법 분석 → 분석 자료의 검토 → 개선안 선정 → 개선안 도입' 순으로 이루어진다.
④ 개선 분석 시 5W1H의 What은 작업순서의 변경, Where, When, Who는 작업 자체의 제거, How는 작업의 결합 분석을 의미한다.

72 다음의 설명에 적합한 서어블릭 용어는?

> 다음에 진행할 동작을 위하여 대상물을 정해진 장소에 놓는 동작

① 바로 놓기 ② 놓기
③ 미리 놓기 ④ 운반

73 동작경제의 원칙에 해당되지 않는 것은?

① 신체 사용에 관한 원칙
② 작업장의 배치에 관한 원칙
③ 제품과 공정별 배치에 관한 원칙
④ 공구 및 설비 디자인에 관한 원칙

74 자세에 관한 수공구의 개선 사항으로 옳지 않은 것은?

① 손목을 곧게 펴서 사용하도록 한다.
② 반복적인 손가락 동작을 방지하도록 한다.
③ 지속적인 정적근육 부하를 방지하도록 한다.
④ 정확성이 요구되는 작업은 파워그립을 사용하도록 한다.

75 평균 관측 시간이 0.9분, 레이팅계수가 120%, 여유시간이 하루 8시간 근무시간 중에 28분으로 설정되었다면 표준시간은 약 몇 분인가?

① 0.926 ② 1.080
③ 1.147 ④ 1.151

76 근골격계질환 중 손과 손목에 관련된 질환으로 분류되지 않는 것은?

① 결절종(Ganglion)
② 수근관증후군(Carpal Tunnel Syndrome)
③ 근막통 증후군(Myofascial Pain Syndrome)
④ 드퀘르뱅건초염(Dequervain's Syndrome)

77 워크샘플링 조사에서 초기 idle rate가 0.05라면, 99% 신뢰도를 위한 워크샘플링 횟수는 약 몇 회인가? (단, $u_{0.995}$는 2.58이다.)

① 1,232 ② 2,557
③ 3,060 ④ 3,162

78 적절한 공정도 기호를 사용하여 모든 사건을 기록함으로써 생산이나 작업과정의 순서를 설명하고, 소요시간과 운반거리도 함께 표현하며, 생산공정에서 발생하는 잠복비용을 감소시키고, 사고의 원인을 파악하는 공정도는?

① 작업공정도(Operation Process Chart)
② 작업자공정도(Operator Process Chart)
③ 흐름(유통)공정도(Flow Process Chart)
④ 작업자흐름공정도(Man Flow Process Chart)

79 작업관리의 문제해결 방법으로 전문가 집단의 의견과 판단을 추출하고 종합하여 집단적으로 판단하는 방법은?

① SEARCH의 원칙
② 브레인스토밍(Brainstorming)
③ 마인드 맵핑(Mind Mapping)
④ 델파이 기법(Delphi Technique)

중요도 ★★☆

80 다중활동분석표의 사용 목적과 가장 거리가 먼 것은?

① 작업자의 작업시간 단축
② 기계 혹은 작업자의 유휴시간 단축
③ 조작업을 재편성 또는 개선하여 조작업 효율 향상
④ 한 명의 작업자가 담당할 수 있는 기계대수의 산정

2024년 1회 기출복원문제

1과목 인간공학개론

01 다음 중 최적의 C/R비 설계 시 고려사항으로 틀린 것은?

① 계기의 조절시간이 가장 짧게 소요되는 크기를 선택한다.
② 짧은 주행시간 내에서 공차의 안전범위를 초과하지 않는 계기를 마련한다.
③ 작업자의 눈과 표시장치의 거리는 주행과 조절에 크게 관계된다.
④ 조종장치의 조작시간 지연은 직접적으로 C/R비와 관계없다.

02 인체의 감각기능 중 후각에 대한 설명으로 옳은 것은?

① 후각에 대한 순응은 느린 편이다.
② 후각은 훈련을 통해 식별 능력을 가르지 못한다.
③ 후각은 냄새 존재 여부보다 특정 자극을 식별하는 데 효과적이다.
④ 특정 냄새의 절대식별 능력은 떨어지나 상대적 비교 능력은 우수한 편이다.

03 음 세기(sound intensity)에 관한 설명으로 옳은 것은?

① 음 세기의 단위는 Hz이다.
② 음 세기는 소리의 고저와 관련이 있다.
③ 음 세기는 단위 시간에 단위 면적을 통과하는 음의 에너지를 말한다.
④ 음압 수준(sound pressure level) 측정 시 주로 2000Hz 순음을 기준 음압으로 사용한다.

04 다음 중 눈의 구조와 관련된 시각기능에 대한 설명으로 올바르지 않은 것은?

① 빛에 대한 감도 변화를 '조응'이라 한다.
② 디옵터(diopter)는 '1/초점거리(m)'로 정의된다.
③ 정상인에게 정상 시각에서의 원점은 거의 무한하다.
④ 암순응은 명순응보다 빨리 진행되어 1분 정도에 끝난다.

05 표시장치와 제어장치를 포함하는 작업장을 설계할 때 고려해야 할 사항과 가장 거리가 먼 것은?

① 작업시간
② 제어장치와 표시장치와의 관계
③ 주 시각 임무와 상호작용하는 주 제어장치
④ 자주 사용되는 부품을 편리한 위치에 배치

06 다음 중 인간의 작업기억(working memory)에 관한 설명으로 틀린 것은?

① 정보를 감지하여 작업기억으로 이전하기 위해서 주의(attention) 자원이 필요하다.
② 청각정보보다 시각정보를 작업기억 내에 더 오래 기억할 수 있다.
③ 작업기억의 정보는 감각, 신체, 작업코드의 세 가지로 코드화된다.
④ 작업기억 내에 정보의 의미 있는 단위(chunk)로 저장이 가능하다.

중요도 ★☆☆

07 다음 중 음량의 측정과 관련된 사항으로 적절하지 않은 것은?

① 소리의 세기에 대한 물리적 측정 단위는 데시벨(dB)이다.
② 물리적 소리 강도의 일정량 증가는 지각되는 음의 강도에 동일한 양의 증가를 유발한다.
③ 손(sone)의 값 1은 주파수가 1000Hz이고, 강도가 40dB인 음이 지각되는 소리의 크기이다.
④ 손(sone)과 폰(phon)은 지각된 음의 강약을 측정하는 단위이다.

중요도 ★☆☆

08 다음 중 시식별에 영향을 주는 인자와 가장 거리가 먼 것은?

① 조도　　② 반사율
③ 대비　　④ 온·습도

09 다음 중 인간이 기계를 능가하는 기능에 해당하는 것은?

① 암호화된 정보를 신속하게 대량으로 보관한다.
② 완전히 새로운 해결책을 찾아낸다.
③ 입력신호에 대해 신속하고 일관성 있게 반응한다.
④ 주위가 소란하여도 효율적으로 작동한다.

10 선형 제어장치를 20cm 이동시켰을 때 선형표시장치에서 지침이 5cm 이동되었다면, 제어반응(C/R)비는 얼마인가?

① 0.2　　② 0.25
③ 4.0　　④ 5.0

11 배경 소음하에서 신호의 발생 유무를 판정하는 경우 4가지 반응 결과에 대한 설명으로 틀린 것은?

① 허위경보(False Alarm) : 신호가 없을 때 신호가 있다고 판단한다.
② 신호의 정확한 판정(Hit) : 신호가 있을 때 신호가 있다고 판단한다.
③ 신호검출 실패(Miss) : 정보의 부족으로 신호의 유무를 판단할 수 없다.
④ 잡음을 제대로 판정(Correct Rejection) : 신호가 없을 때 신호가 없다고 판단한다.

중요도 ★★★

12 인체측정자료의 응용원칙 중 출입문, 통로 등의 설계 시 가장 적합한 원칙은?

① 조절식 범위를 이용한 설계
② 최소치를 이용한 설계
③ 평균치를 이용한 설계
④ 최대치를 이용한 설계

13 다음 중 경계 및 경보신호에 사용되는 청각적 표시장치가 가져야 할 특징으로 옳은 것은?

① 300m 이상의 장거리용 신호에서는 4kHz 이상의 주파수를 사용한다.
② 경계신호는 가급적 통일해서 사용자에게 혼란을 야기하지 말아야 한다.
③ 장애물이나 칸막이를 넘어가야 하는 신호는 1kHz 이상의 주파수를 사용한다.
④ 주의를 끄는 목적으로 신호를 사용할 때에는 변조신호를 사용한다.

14 다음 중 인간의 기억을 증진시키는 방법으로 적절하지 않은 것은?

① 가급적이면 절대식별을 늘리는 방향으로 설계하도록 한다.
② 기억에 의해 판별하도록 하는 가짓수는 5가지 미만으로 한다.
③ 여러 자극 차원을 조합하여 설계하도록 한다.
④ 개별적인 정보는 효과적인 청크(chunk)로 조직되게 한다.

15 통화 이해도 측정을 위한 척도로 사용되지 않는 것은?

① 명료도 지수 ② 통화 간섭 수준
③ 이해도 점수 ④ 인식 소음 수준

16 음의 한 성분이 다른 성분에 대한 귀의 감수성을 감소시키는 상황을 무슨 효과라 하는가?

① 기피(avoid) ② 방해(interrupt)
③ 밀폐(sealing) ④ 은폐(masking)

17 인간공학의 정의에 대한 설명으로 틀린 것은?

① 인간을 기계와 작업에 맞추는 학문이다.
② 인간활동의 최적화를 연구하는 학문이다.
③ 인간능력, 인간한계, 그리고 인간특성을 설계에 응용하는 학문이다.
④ 기계와 그 조작 및 환경조건을 인간의 특성 및 능력과 한계에 잘 조화되도록 하는 수단을 연구하는 학문이다.

18 정상 조명하에서 5m 거리에서 볼 수 있는 원형 바늘 시계를 설계하고자 한다. 시계의 눈금 단위를 1분 간격으로 표시하고자 할 때, 권장되는 눈금 간의 간격은 최소 몇 mm 정도인가?

① 9.15 ② 18.31
③ 45.75 ④ 91.55

19 표시장치를 사용할 때 자극 전체를 직접 나타내거나 재생시키는 대신, 정보나 자극을 암호화하는 경우가 흔하다. 이와 같이 정보를 암호화하는 데 있어서 지켜야 할 일반적 지침으로 볼 수 없는 것은?

① 암호의 민감성 ② 암호의 양립성
③ 암호의 변별성 ④ 암호의 검출성

20 정신 작업부하를 측정하는 척도로 적합하지 않은 것은?

① 심박수
② Cooper-Harper 축척(scale)
③ 주임무(primary task) 수행에 소요된 시간
④ 부임무(secondary task) 수행에 소요된 시간

2과목 작업생리학

21. 다음 중 작업장 실내에서 일반적으로 추천 반사율이 가장 높은 곳은?

① 천장   ② 바닥
③ 벽   ④ 책상면

22. 다음 중 육체 활동에 따른 에너지소비량이 가장 큰 것은?

①    ②
③    ④

23. 해부학적 자세를 기준으로 신체를 좌우로 나누는 면(Plane)은?

① 횡단면   ② 시상면
③ 관상면   ④ 전두면

24. 다음 중 시각적 점멸융합주파수(VFF)에 영향을 주는 변수에 대한 설명으로 틀린 것은?

① 암조응시는 VFF가 증가한다.
② 연습의 효과는 아주 작다.
③ 휘도만 같으면 색은 VFF에 영향을 주지 않는다.
④ VFF는 조명각도의 대수치에 선형적으로 비례한다.

25. 허리 부위의 요추는 몇 개의 뼈로 구성되어 있는가?

① 4개   ② 5개
③ 6개   ④ 7개

26. 다음 중 힘과 모멘트에 대한 설명으로 옳은 것은?

① 힘의 3요소는 크기, 방향, 작용선이다.
② 스칼라(scalar)양은 크기는 없으며 방향만 존재한다.
③ 벡터(vector)량은 방향은 없으며 크기만 존재한다.
④ 모멘트란 회전시킬 수 있는 물체에 가해지는 힘이다.

27. 인체 활동이나 작업종료 후에도 체내에 쌓인 젖산을 제거하기 위해 산소가 더 필요하게 되는데, 이를 무엇이라 하는가?

① 산소 빚(oxygen debt)
② 산소 값(oxygen value)
③ 산소 피로(oxygen fatigue)
④ 산소 대사(oxygen metabolism)

28 어떤 산업현장에서는 작업을 통하여 95dB(A)에서 3시간, 100dB(A)에서 0.5시간, 85dB(A)에서 5시간을 소음 수준에 노출되었다면 총 소음투여량은 약 얼마인가? (단, OSHA의 소음 관련 기준을 따른다.)

① 65.62% ② 163.5%
③ 81.25% ④ 131.25%

29 다음 중 근육피로의 1차적 원인으로 옳은 것은?

① 젖산 축적 ② 글리코겐 축적
③ 미오산 축적 ④ 피루브산 축적

30 트레드밀(treadmill) 위를 5분간 걷게 하여 배기를 더글라스 백(douglas bag)을 이용하여 수집하고 가스분석기로 조사한 결과 배기량이 75L, 산소가 16%, 이산화탄소(CO_2)가 4%이었다. 이 피험자의 분당 산소소비량(L/min)과 에너지가(價, kcal/min)는 각각 얼마인가? (단, 흡기 시 공기 중의 산소는 21%, 질소는 79%이다.)

① 산소소비량 : 0.7377, 에너지가 : 3.69
② 산소소비량 : 0.7899, 에너지가 : 3.95
③ 산소소비량 : 1.3088, 에너지가 : 6.54
④ 산소소비량 : 1.3988, 에너지가 : 6.99

31 다음 중 진동 공구(power hand tool)의 사용으로 인한 부하를 줄이기 위한 방법으로 적절하지 않은 것은?

① 진동 공구를 정기적으로 보수한다.
② 진동을 흡수할 수 있는 재질의 손잡이를 사용한다.
③ 진동에 접촉되는 신체 부위의 면적을 감소시킨다.
④ 신체에 전달되는 진동의 크기를 줄이도록 큰 힘을 사용한다.

32 열교환에 영향을 미치는 요소와 가장 거리가 먼 것은?

① 기압 ② 기온
③ 습도 ④ 공기의 유동

33 산업안전보건법령상 "소음작업"이란 1일 8시간 작업을 기준으로 얼마 이상의 소음이 발생하는 작업을 말하는가?

① 80데시벨 ② 85데시벨
③ 90데시벨 ④ 95데시벨

34 휴식 중의 에너지소비량이 1.5kcal/min인 작업자가 분당 평균 8kcal의 에너지를 소비한 작업을 60분 동안 했을 경우 총 작업시간 60분에 포함되어야 하는 휴식시간은 몇 분인가? (단, Murrell의 식을 적용하며, 작업 시 권장 평균 에너지소비량은 5kcal/min으로 가정한다.)

① 22분 ② 28분
③ 34분 ④ 40분

35 조도(Illuminance)의 단위는?

① nit   ② lumen
③ lux   ④ candela

36 어떤 작업자의 평균 심박수는 90회/분이며 일박출량(stroke volume)이 70mL로 측정되었다면 이 작업자의 심박출량(cardiac output)은 얼마인가?

① 0.8L/min   ② 1.3L/min
③ 6.3L/min   ④ 378.0L/min

37 작업강도의 증가에 따른 순환기 반응의 변화에 대한 설명으로 틀린 것은?

① 혈압의 상승
② 적혈구의 감소
③ 심박출량의 증가
④ 혈액의 수송량 증가

38 광도비(luminance ratio)란 주된 장소와 주변 광도의 비이다. 사무실 및 산업 상황에서의 추천 광도비는 얼마인가?

① 1 : 1   ② 2 : 1
③ 3 : 1   ④ 4 : 1

39 신체에 전달되는 진동은 전신진동과 국소진동으로 구분되는데 진동원의 성격이 다른 것은?

① 크레인   ② 지게차
③ 대형 운송 차량   ④ 휴대용 연삭기

40 다음 중 관절의 연결형태가 안장관절(saddle joint)에 해당하는 것은?

①

②

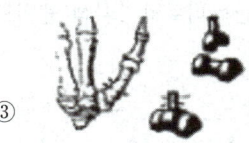
③

④

3과목 산업심리학 및 관계법규

41 리더십은 교육훈련에 의하여 향상되므로, 좋은 리더는 육성할 수 있다는 가정을 하는 리더십 이론은?

① 특성접근법   ② 상황접근법
③ 행동접근법   ④ 제한적 특질접근법

42 작업자의 휴먼에러 발생확률이 0.05로 일정하고, 다른 작업과 독립적으로 실수를 한다고 가정할 때, 8시간 동안 에러의 발생 없이 작업을 수행할 신뢰도는 약 얼마인가?

① 0.60   ② 0.67
③ 0.86   ④ 0.95

43 뇌파의 유형에 따라 인간의 의식수준을 단계별로 분류할 수 있다. 다음 중 의식이 명료하며 가장 적극적인 활동이 이루어지고 실수의 확률이 가장 낮은 단계는?

① Ⅰ단계 ② Ⅱ단계
③ Ⅲ단계 ④ Ⅳ단계

44 리더십 이론 중 관리그리드 이론에서 인간관계의 유지에는 낮은 관심을 보이지만 과업에 대해서는 높은 관심을 보이는 유형은?

① 인기형 ② 과업형
③ 타협형 ④ 무관심형

45 다음 중 NIOSH의 직무 스트레스 모형에서 직무 스트레스 요인과 성격이 다른 한 가지는?

① 작업 요인 ② 조직 요인
③ 환경 요인 ④ 행동적 반응 요인

46 직무 스트레스의 요인 중 자신의 직무에 대한 책임 영역과 직무 목표를 명확하게 인식하지 못할 때 발생하는 요인은?

① 역할 과소 ② 역할 갈등
③ 역할 모호성 ④ 역할 과부하

47 하인리히는 재해연쇄론에서 재해가 발생하는 과정을 5단계 요인으로 나누어 설명하였다. 그중 사고를 예방하기 위한 관리 활동들이 가장 효과적으로 적용될 수 있는 단계를 무엇이라고 주장하였는가?

① 개인적 결함
② 사고 그 자체
③ 사회적 환경(분위기)
④ 불안전 행동 및 불안전 상태

48 집단 응집력(group cohesiveness)을 결정하는 요소에 대한 내용으로 옳지 않은 것은?

① 집단의 구성원이 적을수록 응집력이 낮다.
② 외부의 위협이 있을 때 응집력이 높다.
③ 가입의 난이도가 쉬울수록 응집력이 낮다.
④ 함께 보내는 시간이 많을수록 응집력이 높다.

49 다음 중 주의의 특성이 아닌 것은?

① 선택성 ② 정숙성
③ 방향성 ④ 변동성

50 다음 중 제조물 책임법에서 정의한 결함의 종류에 해당하지 않는 것은?

① 제조상의 결함
② 기능상의 결함
③ 설계상의 결함
④ 표시상의 결함

51 다음은 재해의 발생사례이다. 재해의 원인 분석 및 대책으로 적절하지 않은 것은?

> ○○유리(주) 내의 옥외작업장에서 강화유리를 출하하기 위해 지게차로 강화유리를 운반전용 파렛트에 싣고 작업자 2명이 지게차 포크 양쪽에 타고 강화유리가 넘어지지 않도록 붙잡고 가던 중 포크진동에 의해 강화유리가 전도되면서 지게차 백레스트와 유리 사이에 끼여 1명이 사망, 1명이 부상을 당하였다.

① 불안전한 행동 : 지게차 승차석 외의 탑승
② 예방대책 : 중량물 등의 이동 시 안전조치 교육
③ 재해 유형 : 협착
④ 기인물 : 강화유리

52 다음 중 휴먼에러(human error)를 예방하기 위한 시스템 분석 기법의 설명으로 옳지 않은 것은?

① 예비 위험 분석(PHA) : 모든 시스템 안전 프로그램의 최초 단계의 분석으로서 시스템 내의 위험요소가 얼마나 위험상태에 있는가를 정성적으로 평가하는 것이다.
② 고장형태와 영향 분석(FMEA) : 시스템에 영향을 미치는 모든 요소의 고장을 형태별로 분석하여 그 영향을 검토하는 것이다.
③ 작업자공정도 : 위급직무의 순서에 초점을 맞추어 조작자 행동 나무를 구성하고, 이를 사용하여 사건의 위급경로에서의 조작자의 역할을 분석하는 기법이다.
④ 결함 나무 분석(FTA) : 기계 설비 또는 인간-기계시스템의 고장이나 재해 발생 요인을 Fault Tree 도표에 의하여 분석하는 방법이다.

53 위험성을 모르는 아이들이 세제나 약병의 마개를 열지 못하도록 안전마개를 부착하는 것처럼, 신체적 조건이나 정신적 능력이 낮은 사용자라 하더라도 사고를 낼 확률을 낮게 설계해 주는 것은?

① fail-safe 설계원칙
② fool-proof 설계원칙
③ error proof 설계원칙
④ error recovery 설계원칙

54 작업에 수반되는 피로를 줄이기 위한 대책으로 적절하지 않은 것은?

① 작업부하의 경감
② 작업속도의 조절
③ 동적 동작의 제거
④ 작업 및 휴식시간의 조절

55 조직의 지도자들이 부하직원들을 승진시킬 수 있고 봉급을 인상해 주는 등의 능력이 있으므로 통제가 가능한 권한은?

① 합법적 권한   ② 위임적 권한
③ 강압적 권한   ④ 보상적 권한

56 근로자가 400명이 작업하는 사업장에서 1일 8시간씩 연간 300일 근무하는 동안 10건의 재해가 발생하였다. 도수율(빈도율)은 얼마인가? (단, 결근율은 10%이다.)

① 2.50   ② 10.42
③ 11.57   ④ 12.54

57 호손 실험 결과 생산성 향상에 영향을 주는 주요인은 무엇이라고 나타났는가?

① 자본   ② 물류관리
③ 인간관계   ④ 생산기술

58 R. House의 경로-목표이론(path-goal theory) 중 리더 행동에 따른 4가지 범주에 해당하지 않는 것은?

① 방임적 리더   ② 지시적 리더
③ 후원적 리더   ④ 참여적 리더

59 다음 소시오그램에서 B의 선호신분지수로 옳은 것은?

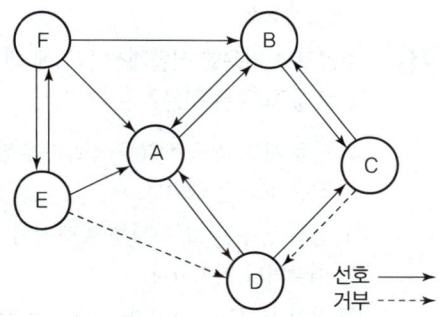

① 1/5   ② 2/5
③ 3/5   ④ 4/5

60 다음 중 직무만족과 직무불만족은 서로 다른 독립된 차원이며, 직무만족을 높이기 위해서는 동기요인을 강화해야 한다고 설명하는 이론은?

① Alderfer의 ERG이론
② McGregor의 X, Y이론
③ Herzberg의 2요인이론
④ Maslow의 욕구위계이론

4과목 근골격계질환 예방을 위한 작업관리

61 손과 손목 부위에 발생하는 작업관련성 근골격계질환이 아닌 것은?

① 방아쇠 손가락(Trigger finger)
② 외상과염(Lateral epicondylitis)
③ 가이언 증후군(Canal of guyon)
④ 수근관 증후군(Carpal tunnel syndrome)

62 다음 중 허리 부위와 중량물 취급작업에 대한 유해요인의 주요 평가기법은?

① REBA   ② JSI
③ RULA   ④ NLE

63 다음 중 근골격계질환의 발생에 기여하는 작업적 유해유인과 가장 거리가 먼 것은?

① 과도한 힘의 사용
② 개인보호구의 미착용
③ 불편한 작업자세의 반복
④ 부적절한 작업/휴식 비율

64 다음 중 워크샘플링(Work Sampling)에 관한 설명으로 옳은 것은?

① 반복작업인 경우 적당하다.
② 표준시간 설정에 이용할 경우 레이팅이 필요 없다.
③ 작업자가 의식적으로 행동하는 일이 적어 결과의 신뢰수준이 높다.
④ 작업순서를 기록할 수 있어 개개의 작업에 대한 깊은 연구가 가능하다.

65 다음 서블릭(therblig) 기호 중 효율적 서블릭에 해당하는 것은?

① Sh ② G
③ P   ④ H

66 산업안전보건법령상 근골격계 부담작업의 유해요인 조사에 대한 내용으로 옳지 않은 것은? (단, 해당 사업장은 근로자가 근골격계 부담작업을 하는 경우이다.)

① 정기 유해요인 조사는 2년마다 유해요인 조사를 하여야 한다.
② 신설되는 사업장의 경우에는 신설일로부터 1년 이내 최초의 유해요인 조사를 하여야 한다.
③ 조사항목으로는 작업량, 작업속도 등의 작업장의 상황과 작업자세, 작업방법 등의 작업조건이 있다.
④ 근골격계 부담작업에 해당하는 새로운 작업·설비를 도입한 경우 1개월 이내 유해요인 조사를 해야 한다.

67 다음 중 NIOSH의 들기작업지침에 따른 중량물 취급작업에서 권장무게한계를 산정하는데 고려해야 할 변수가 아닌 것은?

① 작업자와 물체 사이의 수직거리
② 작업자의 평균보폭거리
③ 물체를 이동시킨 수직이동거리
④ 상체의 비틀림 각도

68 개선의 ECRS에 대한 내용으로 맞는 것은?

① Economic : 경제성
② Combine : 결합
③ Reduce : 절감
④ Specification : 규격

69 다중활동분석표의 사용 목적으로 적절하지 않은 것은?

① 조작업의 작업현황 파악
② 수작업을 기본적인 동작요소로 분류
③ 기계 혹은 작업자의 유휴시간 단축
④ 한 명의 작업자가 담당할 수 있는 기계대수의 산정

70 수공구를 이용한 작업개선 원리에 대한 내용으로 옳지 않은 것은?

① 진동 패드, 진동 장갑 등으로 손에 전달되는 진동 효과를 줄인다.
② 동력 공구는 그 무게를 지탱할 수 있도록 매달거나 지지한다.
③ 힘이 요구되는 작업에 대해서는 감싸쥐기(power grip)를 이용한다.
④ 적합한 모양의 손잡이를 사용하되, 가능하면 손바닥과 접촉면을 좁게 한다.

71 평균 관측 시간이 1분, 레이팅계수가 110%, 여유시간이 하루 8시간 근무 중에서 24분일 때 외경법을 적용하면 표준시간은 약 얼마인가?

① 1.235분 ② 1.135분
③ 1.255분 ④ 1.155분

72 작업개선의 일반적 원리에 대한 내용으로 틀린 것은?

① 충분한 여유 공간
② 단순 동작의 반복화
③ 자연스러운 작업자세
④ 과도한 힘의 사용 감소

73 신체 사용에 관한 동작경제원칙으로 틀린 것은?

① 두 손은 순차적으로 동작하도록 한다.
② 두 팔의 동작은 서로 반대 방향에서 대칭적으로 움직이도록 한다.
③ 손과 신체의 동작은 작업을 원만하게 처리할 수 있는 범위 내에서 가장 낮은 동작등급을 사용한다.
④ 가능한 관성을 이용하여 작업을 하되, 작업자가 관성을 억제해야 하는 경우에는 발생하는 관성을 최소한으로 줄인다.

74 문제분석을 위한 기법 중 원과 직선을 이용하여 아이디어, 문제, 개념 등을 개괄적으로 빠르게 설정할 수 있도록 도와주는 연역적 추론 기법에 해당하는 것은?

① 공정도(process chart)
② 마인드 맵핑(mind maping)
③ 파레토 차트(pareto chart)
④ 특성 요인도(cause and effect diagram)

75 근골격계질환 예방·관리 프로그램에서 추진팀의 구성원이 아닌 것은?

① 관리자
② 근로자대표
③ 사용자대표
④ 보건담당자

76 작업관리의 목적에 부합하지 않는 것은?

① 안전하게 작업을 실시하도록 한다.
② 작업의 효율성을 높여 재고량을 확보한다.
③ 생산 작업을 합리적이고 효율적으로 개선한다.
④ 표준화된 작업의 실시과정에서 그 표준이 유지되도록 한다.

77 공정도에 관한 설명으로 옳지 않은 것은?

① 작업을 기본적인 동작요소로 나눈다.
② 부품의 이동을 확인할 수 있다.
③ 역류 현상을 점검할 수 있다.
④ 작업과 검사 과정을 표시할 수 있다.

78 근골격계질환의 예방원리에 관한 설명으로 옳은 것은?

① 예방보다는 신속한 사후조치가 더 효과적이다.
② 작업자의 신체적 특성 등을 고려하여 작업장을 설계한다.
③ 공학적 개선을 통해 해결하기 어려운 경우에는 그 공정을 중단해야 한다.
④ 사업장 근골격계 예방정책에 노사가 협의하면 작업자의 참여는 중요치 않다.

중요도 ★★☆

79 작업관리의 문제해결 방법으로 전문가 집단의 의견과 판단을 추출하고 종합하여 집단적으로 판단하는 방법은?

① 브레인스토밍(Brainstorming)
② 마인드 맵핑(Mind Mapping)
③ 마인드 멜딩(Mind Melding)
④ 델파이 기법(Delphi Technique)

중요도 ★★☆

80 시설배치방법 중 공정별 배치방법의 장점에 해당하는 것은?

① 운반 길이가 짧아진다.
② 작업진도의 파악이 용이하다.
③ 전문적인 작업지도가 용이하다.
④ 제공품이 적고, 생산길이가 짧아진다.

2024 2회 기출복원문제

10개년 기출문제

1과목 인간공학개론

중요도 ★★☆

01 1000Hz, 60dB인 음은 몇 sone인가?
① 4 ② 8
③ 1 ④ 12

중요도 ★★★

02 음의 한 성분이 다른 성분의 청각 감지를 방해하는 현상은?
① 은폐효과 ② 소멸효과
③ 도플러효과 ④ 밀폐효과

03 시각적 표시장치와 청각적 표시장치 중 청각적 표시장치를 사용하는 것이 더 유리한 경우는?
① 수신 장소가 너무 시끄러운 경우
② 직무상 수신자가 한 곳에 머무르는 경우
③ 수신자의 청각 계통이 과부하 상태일 경우
④ 수신 장소가 너무 밝거나 암조응이 요구될 경우

중요도 ★★☆

04 정보이론과 관련된 내용 중 옳지 않은 것은?
① 두 대안의 실현 확률이 동일할 때 총 정보량이 가장 작다.
② 실현 가능성이 같은 N개의 대안이 있을 때, 총 정보량 H는 $\log_2 N$이다.
③ 정보의 측정 단위는 bit를 사용한다.
④ 1bit란 실현 가능성이 같은 2개의 대안 중 결정에 필요한 정보량이다.

중요도 ★★☆

05 인간공학(ergonomics)의 정의와 가장 거리가 먼 것은?
① 인간이 포함된 환경에서 그 주변의 환경조건이 인간에게 맞도록 설계·재설계되는 것이다.
② 인간의 작업과 작업환경을 인간의 정신적, 신체적 능력에 적용시키는 것을 목적으로 하는 과학이다.
③ 건강, 안전, 복지, 작업성과 등의 개선을 요구하는 작업, 시스템, 제품, 환경을 인간의 신체·정신적 능력과 한계에 부합시키기 위해 인간 과학으로부터 지식을 생성·통합한다.
④ 인간에게 질병, 건강장해, 심각한 불쾌감 및 능률저하 등을 초래하는 작업환경 요인과 스트레스를 예측, 인식(측정), 평가, 관리(대책)하는 과학인 동시에 기술이다.

중요도 ★★★

06 회전운동을 하는 조종장치의 레버를 40° 움직였을 때 표시장치의 커서는 3cm 이동하였다. 레버의 길이가 15cm일 때 이 조종장치의 C/R비는 약 얼마인가?

① 2.62　　② 3.49
③ 8.33　　④ 10.48

07 청각을 이용한 경계 및 경보 신호의 설계에 관한 내용으로 옳지 않은 것은?

① 500~3000Hz의 진동수를 사용한다.
② 장거리용으로는 1000Hz 이하의 진동수를 사용한다.
③ 신호가 칸막이를 통과해야 할 때는 500Hz 이상의 진동수를 사용한다.
④ 주의를 끌기 위해서 초당 1~3번 오르내리는 변조된 신호를 사용한다.

중요도 ★★☆

08 동전 던지기에서 앞면이 나올 확률은 0.4이고, 뒷면이 나올 확률은 0.6일 경우 이로부터 기대할 수 있는 평균정보량은 약 얼마인가?

① 0.65bit　　② 0.88bit
③ 0.97bit　　④ 1.99bit

중요도 ★★☆

09 손잡이의 설계에 있어 촉각정보를 통하여 분별, 확인할 수 있는 코딩(coding) 방법이 아닌 것은?

① 형상에 의한 코딩
② 색에 의한 코딩
③ 표면의 거칠기에 의한 코딩
④ 크기에 의한 코딩

10 암조응(Dark Adaptation)에 대한 설명으로 옳은 것은?

① 적색 안경은 암조응을 촉진한다.
② 어두운 곳에서는 주로 원추세포에 의하여 보게 된다.
③ 완전한 암조응을 위해 보통 1~2분 정도의 시간이 요구된다.
④ 어두운 곳에 들어가면 눈으로 들어오는 빛을 조절하기 위하여 동공이 축소된다.

11 기계화 시스템에 대한 설명으로 적절하지 않은 것은?

① 동력은 기계가 제공한다.
② 반자동화 시스템이라고도 부른다.
③ 인간은 조종장치를 통해 체계를 제어한다.
④ 무인공장이 기계화 시스템의 대표적 예이다.

중요도 ★★☆

12 다음 중 정보처리과정에서 정보 전달의 신뢰성을 높이기 위한 설계 방법으로 가장 적당한 것은?

① 시배분을 이용한다.
② 자극의 차원을 줄인다.
③ 상대식별보다 절대식별을 이용한다.
④ 청킹(chunking)을 이용한다.

13 인체 측정치의 적용 절차가 다음과 같을 때 순서를 가장 올바르게 나열한 것은?

> ㄱ. 인체측정자료의 선택
> ㄴ. 설계치수 결정
> ㄷ. 설계에 필요한 인체 치수의 결정
> ㄹ. 적절한 여유치 고려
> ㅁ. 모형에 의한 모의실험
> ㅂ. 인체자료 적용원리 결정
> ㅅ. 설비를 사용할 집단 정의

① ㄱ → ㅂ → ㅅ → ㄹ → ㄷ → ㅁ → ㄴ
② ㄱ → ㅅ → ㄷ → ㅂ → ㄹ → ㄴ → ㅁ
③ ㄷ → ㅅ → ㅂ → ㄱ → ㄹ → ㄴ → ㅁ
④ ㄷ → ㅂ → ㅅ → ㄱ → ㄹ → ㅁ → ㄴ

14 다음 중 맹목(blind) 위치동작에 대한 설명으로 틀린 것은?

① 눈으로 다른 것을 보면서 위치동작을 하는 경우를 말한다.
② 표적의 높이에 있어서는 상단에 있는 경우가 하단에 있는 경우보다 더 정확하다.
③ 일반적으로 측면보다 정면의 방향이 정확하다.
④ 시각적 피드백에 의해 제어되지 않는다.

15 음원의 위치 추정을 위한 암시신호(cue)에 해당되는 것은?

① 위상차   ② 음색차
③ 주기차   ④ 주파수차

16 고령자를 위한 정보 설계 원칙으로 볼 수 없는 것은?

① 불필요한 이중 과업을 줄인다.
② 학습 및 적응 시간을 늘려 준다.
③ 신호의 강도와 크기를 보다 강하게 한다.
④ 가능한 세밀한 묘사와 상세 정보를 제공한다.

17 Fitts의 법칙에 관한 설명으로 맞는 것은?

① 표적과 이동거리는 작업의 난이도와 소요이동시간과 무관하다.
② 표적이 클수록, 이동거리가 짧을수록 작업의 난이도와 소요이동시간이 감소한다.
③ 표적이 클수록, 이동거리가 길수록 작업의 난이도와 소요시간이 증가한다.
④ 표적이 작을수록 이동거리가 짧을수록 작업의 난이도와 소요시간이 증가한다.

18 다음 중 변화감지역(JND)과 웨버(Weber)의 법칙에 관한 설명으로 틀린 것은?

① 물리적 자극을 상대적으로 판단하는 데 있어 특정감각의 변화감지역으로 사용되는 표준 자극에 비례한다.
② 동일한 양의 인식(감각)의 증가를 얻기 위해서는 자극을 지수적으로 증가해야 한다.
③ 웨버(Weber) 비는 분별의 질을 나타내며, 비가 작을수록 분별력이 떨어진다.
④ 변화감지역은 동기, 적응, 연습, 피로 등의 요소에 의해서도 좌우된다.

19 다음 중 인간의 작업기억(working memory)에 관한 설명으로 틀린 것은?

① 정보를 감지하여 작업기억으로 이전하기 위해서 주의(attention) 자원이 필요하다.
② 청각정보보다 시각정보를 작업기억 내에 더 오래 기억할 수 있다.
③ 작업기억의 정보는 감각, 신체, 작업코드의 세 가지로 코드화된다.
④ 작업기억 내에 정보의 의미 있는 단위(chunk)로 저장이 가능하다.

20 연구조사에서 사용되는 기준척도의 요건에 대한 설명으로 옳은 것은?

① 타당성 : 반복 실험 시 재현성이 있어야 한다.
② 민감도 : 동일 단위로 환산 가능한 척도여야 한다.
③ 신뢰성 : 기준이 의도한 목적에 부합하여야 한다.
④ 무오염성 : 기준 척도는 측정하고자 하는 변수 이외에 다른 변수의 영향을 받아서는 안 된다.

2과목 작업생리학

21 다음 중 교대작업의 관리방법으로 적절하지 않은 것은?

① 일정하지 않은 연속근무는 피한다.
② 근무 적응을 위하여 야간근무는 4일 이상 연속한다.
③ 근무반 교대방향은 '아침반 → 저녁반 → 야간반'으로 정방향 순환이 되게 한다.
④ 야간근무 후의 다음 근로시작 시간까지는 48시간 이상의 휴식을 갖는다.

22 고열 작업장에서 방열복의 착용은 신체와 환경 사이의 열교환 경로 중 어떠한 경로를 차단하기 위한 것인가?

① 전도(conduction)
② 대류(convection)
③ 복사(radiation)
④ 증발(evaporation)

중요도 ★☆☆

23 장력이 생기는 근육의 실질적인 수축성 단위(contractility unit)는?

① 근섬유(muscle fiber)
② 운동단위(motor unit)
③ 근원세사(myofilament)
④ 근섬유분절(sarcomere)

중요도 ★☆☆

24 나이에 따라 발생하는 청력손실은 다음 중 어떤 주파수의 음에서 가장 먼저 나타나는가?

① 500Hz   ② 1000Hz
③ 2000Hz   ④ 4000Hz

중요도 ★★☆

25 다음 중 중추신경계의 피로, 즉 정신피로의 측정척도로 사용할 때 가장 적합한 것은?

① 혈압(blood pressure)
② 근전도(electromyogram)
③ 산소소비량(oxygen consumption)
④ 점멸융합주파수(flicker fusion frequency)

26 근력과 지구력에 관한 설명으로 옳지 않은 것은?

① 근력에 영향을 미치는 대표적 개인적 인자로는 성(姓)과 연령이 있다.
② 정적(static) 조건에서의 근력이란 자의적 노력에 의해 등척적으로(isometrically) 낼 수 있는 최대 힘이다.
③ 근육이 발휘할 수 있는 최대 근력의 50% 정도의 힘으로는 상당히 오래 유지할 수 있다.
④ 동적(dynamic) 근력은 측정이 어려우며, 이는 가속과 관절 각도의 변화가 힘의 발휘와 측정에 영향을 주기 때문이다.

27 육체적 활동의 정적 부하에 대한 스트레인(strain)을 측정하는데 가장 적합한 것은?

① 산소소비량 ② 뇌전도(EEG)
③ 심박수(HR) ④ 근전도(EMG)

28 열교환에 영향을 미치는 요소와 가장 거리가 먼 것은?

① 기압 ② 기온
③ 습도 ④ 공기의 유동

29 다음 중 안정 시 신체 부위에 공급하는 혈액 분배 비율이 가장 높은 곳은?

① 뇌 ② 근육
③ 소화기계 ④ 심장

30 사무실 공기관리 지침상 공기정화시설을 갖춘 사무실의 시간당 환기 횟수 기준은?

① 1회 이상 ② 2회 이상
③ 3회 이상 ④ 4회 이상

31 다음 중 작업장 실내에서 일반적으로 추천 반사율이 가장 높은 곳은? (단, IES기준이다.)

① 천장 ② 바닥
③ 벽 ④ 책상면

32 다음 중 생리적 스트레인의 척도에 대한 측정 단위의 설명으로 옳은 것은?

① 1N이란 1kg의 질량에 $1m/s^2$의 가속도가 생기게 하는 힘이다.
② 1J이란 1kg을 작용하여 1m를 움직이는 데 필요한 에너지이다.
③ 1kcal이란 물 1kg을 0℃에서 100℃까지 올리는 데 필요한 열이다.
④ 동력이란 단위 시간당의 일로서 단위는 dyne이 사용된다.

33 운동이 가장 자유롭고 다축성으로 이루어진 관절은?

① 견관절 ② 추간관절
③ 슬관절 ④ 요골수근관절

34 작업자 A가 작업할 때 측정한 평균 흡기량과 배기량이 각각 50L/min과 40L/min이며 평균 배기량 중 산소의 함량이 17%였다면 이때 분당 산소소비량은 약 얼마인가? (단, 공기 중 산소의 함량 21%이다.)

① 2.5L/min ② 3.7L/min
③ 4.0L/min ④ 4.5L/min

35 휴식 중의 에너지소비량이 1.5kcal/min인 작업자가 분당 평균 8kcal의 에너지를 소비한 작업을 60분 동안 했을 경우 총 작업시간 60분에 포함되어야 하는 휴식시간은 약 몇 분인가? (단, Murrell의 식을 적용하며, 작업 시 권장 평균 에너지소비량은 5kcal/min으로 가정한다.)

① 22분 ② 28분
③ 34분 ④ 40분

36 육체적 작업강도가 증가함에 따른 순환계(circulatory system)의 반응이 옳지 않은 것은?

① 혈압 상승   ② 백혈구 감소
③ 근혈류의 증가 ④ 심박출량 증가

37 국소진동을 일으키는 진동원은 무엇인가?

① 크레인 ② 버스
③ 지게차 ④ 자동식 톱

38 근육이 수축할 때 생성 및 소모되는 물질(에너지원)이 아닌 것은?

① 글리코겐(glycogen)
② CP(creatine phosphate)
③ 글리콜리시스(glycolysis)
④ ATP(adenosine triphosphate)

39 물체가 정적 평형상태(Static Equilibrium)를 유지하기 위한 조건으로 작용하는 모든 힘의 총합과 외부 모멘트의 총합이 옳은 것은?

① 힘의 총합 : 0, 모멘트의 총합 : 0
② 힘의 총합 : 1, 모멘트의 총합 : 0
③ 힘의 총합 : 0, 모멘트의 총합 : 1
④ 힘의 총합 : 1, 모멘트의 총합 : 1

40 습구온도가 25℃며, 건구온도가 30℃일 때 Oxford 지수는 얼마인가?

① 25.75 ② 26.5
③ 28.5   ④ 29.25

3과목 산업심리학 및 관계법규

41 조직의 리더(leader)에게 부여하는 권한 중 구성원을 징계 또는 처벌할 수 있는 권한은?

① 보상적 권한
② 강압적 권한
③ 합법적 권한
④ 전문성의 권한

42 Rasmussen의 인간행동 분류에 기초한 인간 오류에 해당하지 않는 것은?

① 규칙에 기초한 행동(rule-based behavior) 오류
② 실행에 기초한 행동(commission-based behavior) 오류
③ 기능에 기초한 행동(skill-based behavior) 오류
④ 지식에 기초한 행동(knowledge-based behavior) 오류

43 손-팔 진동 증후군의 피해를 줄이기 위한 방법으로 적절하지 않은 것은?

① 진동수준이 최저인 연장을 선택한다.
② 진동 연장의 하루 사용시간을 줄인다.
③ 연장을 잡거나 조절하는 악력을 늘린다.
④ 진동 연장을 사용할 때는 중간 휴식시간을 길게 한다.

44 다음 소시오그램에서 B의 선호 신분지수로 옳은 것은?

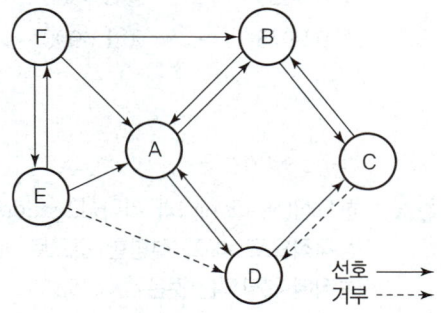

① 1/5
② 2/5
③ 3/5
④ 4/5

45 여러 개의 자극을 제시하고 각각의 자극에 대하여 반응을 하는 과제를 준 후, 자극이 제시되어 반응할 때까지의 시간을 무엇이라 하는가?

① 기초반응시간
② 단순반응시간
③ 집중반응시간
④ 선택반응시간

46 인간의 불안전 행동을 예방하기 위해 Harvey에 의해 제안된 안전대책의 3E에 해당하지 않는 것은?

① Education
② Enforcement
③ Engineering
④ Environment

47 군중보다 한층 합의성이 없고, 감정에 의해 행동하는 집단행동은?

① 모브(mob)
② 유행(fashion)
③ 패닉(panic)
④ 풍습(folkway)

48 NIOSH의 직무 스트레스 모형에서 직무 스트레스 요인을 크게 작업요인, 조직요인, 환경요인으로 나눌 때 다음 중 환경요인에 해당하는 것은?

① 조명, 소음, 진동
② 가족상황, 교육상태, 결혼상태
③ 작업 부하, 작업 속도, 교대 근무
④ 역할 갈등, 관리 유형, 고용불확실

49 의사결정나무를 작성하여 재해 사고를 분석하는 방법으로 확률적 분석이 가능하며 문제가 되는 초기사항을 기준으로 파생되는 결과를 귀납적으로 분석하는 방법은?

① THERP ② ETA
③ FTA   ④ FMEA

중요도 ★★☆

50 다음 중 강도율(Severity Rate of injury)에 관한 설명으로 옳은 것은?

① 연간근로시간 1000000시간당 발생한 재해발생건수를 말한다.
② 개인이 평생 근무 시 발생할 수 있는 근로손실일수를 말한다.
③ 재해 사건당 발생한 평균근로손실일수를 말한다.
④ 연간 근로시간 1000시간당 발생한 근로손실일수를 말한다.

중요도 ★★★

51 재해 발생에 관한 하인리히(H.W. Heinrich)의 도미노 이론에서 제시된 5가지 요인에 해당하지 않는 것은?

① 제어의 부족
② 개인적 결함
③ 불안전한 행동 및 상태
④ 유전 및 사회 환경적 요인

52 주의력 수준은 주의의 넓이와 깊이에 따라 달라지는데 다음 그림의 A, B, C에 들어갈 가장 알맞은 내용은?

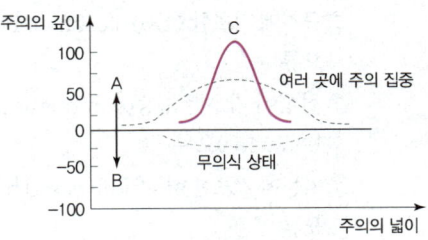

① A : 주의가 내향, B : 주의가 외향, C : 주의집중
② A : 주의가 외향, B : 주의가 내향, C : 주의집중
③ A : 주의집중, B : 주의가 내향, C : 주의가 외향
④ A : 주의가 내향, B : 주의집중, C : 주의가 외향

중요도 ★★☆

53 작업자 한 사람의 성능 신뢰도가 0.95일 때, 요원을 중복하여 2인 1조로 작업을 할 경우 이 조의 인간신뢰도는 얼마인가? (단, 작업 중에는 항상 요원지원이 되며, 두 작업자의 신뢰도는 동일하다고 가정한다.)

① 0.9025 ② 0.9500
③ 0.9975 ④ 1.0000

중요도 ★★★

54 헤드십(headship)과 리더십(leadership)을 상대적으로 비교, 설명한 것으로 헤드십의 특징에 해당되는 것은?

① 민주주의적 지휘형태이다.
② 구성원과의 사회적 간격이 넓다.
③ 권한의 근거는 개인의 능력에 따른다.
④ 집단의 구성원들에 의해 선출된 지도자이다.

55 다음은 인적 오류가 발생한 사례이다. Swain과 Guttman이 사용한 개별적 독립행동에 의한 오류 중 어느 것에 해당하는가?

> 컨베이어 벨트 수리공이 작업을 시작하면서 동료에게 컨베이어 벨트의 작동 버튼을 살짝 눌러서 벨트를 조금만 움직이라고 이른 뒤 수리작업을 시작하였다. 그러나 작동 버튼 옆에서 서성이던 동료가 순간적으로 중심을 잃으면서 작동버튼을 힘껏 눌러 컨베이어벨트가 전속력으로 움직이며 수리공의 신체 일부가 끼이는 사고가 발생하였다.

① 시간 오류(timing error)
② 순서 오류(sequence error)
③ 부작위 오류(omission error)
④ 작위 오류(commission error)

56 다음 중 스트레스에 대한 적극적 대처방안과 가장 거리가 먼 것은?

① 근육이나 정신을 이완시킴으로써 스트레스를 통제한다.
② 규칙적인 운동을 통하여 근육긴장과 고조된 정신 에너지를 경감시킨다.
③ 동료들과 대화를 하거나 노래방에서 가까운 친지들과 함께 자신의 감정을 표출하여 긴장을 방출한다.
④ 수치스런 생각, 죄의식, 고통스런 경험들을 의식에서 스스로 제거하거나 의식수준 이하로 끌어 내린다.

57 맥그리거(McGregor)의 X-Y이론 중 Y이론에 대한 관리처방으로 볼 수 없는 것은?

① 분권화와 권한의 위임
② 비공식적 조직의 활용
③ 경제적 보상체계의 강화
④ 자체 평가제도의 활성화

58 리더와 부하들 간의 역동적인 상호작용이 리더십 형태에 매우 중요하다고 보고 있는 리더십 연구의 접근방법은?

① 특질접근법 ② 상황접근법
③ 행동접근법 ④ 제한적 특질접근법

59 작업자의 휴먼에러 발생확률은 매 시간마다 0.05로 일정하고 다른 작업과 독립적으로 실수를 한다고 가정할 때, 8시간 동안 에러의 발생 없이 작업을 수행할 신뢰도는 얼마인가?

① 0.60 ② 0.67
③ 0.86 ④ 0.95

60 주의의 범위가 높고 신뢰성이 매우 높은 상태의 의식수준으로 맞는 것은?

① Phase 0   ② Phase Ⅰ
③ Phase Ⅱ ④ Phase Ⅲ

4과목 근골격계질환 예방을 위한 작업관리

61. 다음 중 어깨, 팔목, 손목, 목 등 상지에 초점을 맞추어 작업자세로 인한 작업 부하를 빠르고 상세하게 분석할 수 있는 근골격계질환의 위험평가기법으로 가장 적절한 것은?

① OWAS ② WAC
③ RULA ④ NLE

62. 각각 한 명의 작업자가 배치되어 있는 세 개의 라인으로 구성된 공정에서 각 공정시간이 2분, 3분, 4분일 때, 공정효율은 얼마인가?

① 85% ② 70%
③ 75% ④ 80%

63. 다음 중 근골격계 부담작업에 해당하지 않는 것은?

① 하루에 6시간 동안 집중적으로 자료입력 등을 위해 키보드와 마우스를 조작하는 작업
② 하루에 15회, 10kg의 물체를 무릎 아래에서 드는 작업
③ 하루에 총 4시간 동안 지지되지 않은 상태에서 5kg의 물건을 한 손으로 들거나 동일한 힘으로 쥐는 작업
④ 하루에 총 4시간 동안 팔꿈치가 어깨 위에 있는 상태에서 이루어지는 작업

64. 다음 중 NIOSH의 들기작업지침에 따른 중량물 취급작업에서 권장무게한계를 산정하는데 고려해야 할 변수가 아닌 것은?

① 작업자와 물체 사이의 수직거리
② 작업자의 평균보폭거리
③ 물체를 이동시킨 수직이동거리
④ 상체의 비틀림 각도

65. 손과 손목 부위에 발생하는 작업 관련성 근골격계질환이 아닌 것은?

① 방아쇠 손가락(Trigger finger)
② 외상과염(Lateral epicondylitis)
③ 가이언 증후군(Canal of guyon)
④ 수근관 증후군(Carpal tunnel syndrome)

66. 적절한 입식작업대 높이에 대한 설명으로 옳은 것은?

① 일반적으로 어깨 높이를 기준으로 한다.
② 작업자의 체격에 따라 작업대의 높이가 조정 가능하도록 하는 것이 좋다.
③ 미세부품 조립과 같은 섬세한 작업일수록 작업대의 높이는 낮아야 한다.
④ 일반적인 조립라인이나 기계 작업 시에는 팔꿈치 높이보다 5~10cm 높아야 한다.

67. 파레토 원칙(Pareto Principle : 80-20원칙)에 대한 설명으로 옳은 것은?

① 20%의 항목이 전체의 80%를 차지한다.
② 40%의 항목이 전체의 60%를 차지한다.
③ 60%의 항목이 전체의 40%를 차지한다.
④ 80%의 항목이 전체의 20%를 차지한다.

68 동작경제의 원칙에서 작업장 배치에 관한 원칙에 해당하는 것은?

① 각 손가락이 서로 다른 작업을 할 때 작업량을 각 손가락의 능력에 맞게 분배한다.
② 중력이송원리를 이용한 부품상자나 용기를 이용하여 부품을 사용 장소에 가까이 보낼 수 있도록 한다.
③ 손과 신체의 동작은 작업을 원만하게 처리할 수 있는 범위 내에서 가장 낮은 동작등급을 사용한다.
④ 눈의 초점을 모아야 할 수 있는 작업은 가능한 적게 하고, 이것이 불가피한 경우 두 작업 간의 거리를 짧게 한다.

69 작업관리에 관한 설명으로 틀린 것은?

① Gilbreth 부부는 적은 노력으로 최대의 성과를 짧은 시간에 이룰 수 있는 작업방법을 연구한 동작연구(Motion Study)의 창시자로 알려져 있다.
② Taylor(Frederick W. Taylor)는 벽돌 쌓기 작업을 대상으로 작업방법과 작업도구를 개선하였으며 이를 발전시켜 과학적 관리법을 주장하였다.
③ 작업관리는 생산성 향상을 목적으로 경제적인 작업방법을 연구하는 작업연구와 표준작업시간을 결정하기 위한 작업측정으로 구분할 수 있다.
④ Hawthorn의 실험결과는 작업장의 물리적 조건보다는 인간관계와 같은 사회적 조건이 생산성에 더 큰 영향을 준다는 사실에 관심을 갖도록 한 시발점이 되었다.

70 근골격계질환 예방대책으로 옳지 않은 것은?

① 단순 반복 작업은 기계를 사용한다.
② 작업순환(Job Rotation)을 실시한다.
③ 작업방법과 작업공간을 인간공학적으로 설계한다.
④ 작업속도와 작업강도를 점진적으로 강화한다.

71 산업안전보건법령상 사업주가 근골격계 부담작업 종사자에게 반드시 주지시켜야 하는 내용에 해당되지 않는 것은?

① 근골격계 부담작업의 유해요인
② 근골격계질환의 요양 및 보상
③ 근골격계질환의 징후 및 증상
④ 근골격계질환 발생 시의 대처 요령

72 어느 조립작업의 부품 1개 조립당 관측평균시간이 1.5분, rating 계수가 110%, 외경법에 의한 일반 여유율이 20%라고 할 때, 외경법에 의한 개당 표준시간(A)과 8시간 작업에 따른 총 일반여유시간(B)은 얼마인가?

① A : 1.98분, B : 80분
② A : 1.65분, B : 400분
③ A : 1.65분, B : 80분
④ A : 1.98분, B : 400분

73 3시간 동안 작업 수행과정을 촬영하여 워크 샘플링 방법으로 200회를 샘플링한 결과 30번의 손목꺾임이 확인되었다. 이 작업의 시간당 손목꺾임 시간은?

① 6분
② 9분
③ 18분
④ 30분

74 1TMU(Time Measurement Unit)를 초단위로 환산한 것은?
중요도 ★★☆

① 0.0036초　② 0.036초
③ 0.36초　④ 1.667초

75 문제분석을 위한 기법 중 원과 직선을 이용하여 아이디어, 문제, 개념 등을 개괄적으로 빠르게 설정할 수 있도록 도와주는 연역적 추론 기법에 해당하는 것은?
중요도 ★★☆

① 공정도(process chart)
② 마인드 맵핑(mind mapping)
③ 파레토 차트(Pareto chart)
④ 특성요인도(cause and effect diagram)

76 다음 서블릭(therblig)기호 중 효율적 서블릭에 해당하는 것은?
중요도 ★☆☆

① Sh　② G
③ P　④ H

77 다음 중 미세동작연구의 장점과 가장 거리가 먼 것은?

① 서블릭(therblig) 기호를 사용함으로써 작업시간 간의 비교와 추정에 유용하다.
② 과거의 작업개선의 경험을 다른 작업에도 그대로 응용하기 용이하다.
③ 어느 정도 숙달되면 눈으로도 서블릭으로 해석이 가능하며, 그에 따른 작업개선능력이 향상된다.
④ SIMO 차트를 이용하여 이상적 작업동작의 습득에는 다소 시간이 걸리지만 상대적으로 정확하다.

78 다음 중 표준시간에 대한 설명으로 적절하지 않은 것은?

① 숙련된 작업자가 특정의 작업 페이스(pace)로 수행하는 작업시간의 개념이다.
② 표준시간에는 여유율의 개념이 포함되어 있다.
③ 표준시간에는 수행도 평가(Performance Rating) 값이 포함되어 있다.
④ 이론상으로는 작업시간을 실제로 측정하지 않아도 표준시간을 결정할 수 있다.

79 일반적인 시간연구방법과 비교한 워크샘플링 방법의 장점이 아닌 것은?
중요도 ★☆☆

① 분석자에 의해 소비되는 총 작업시간이 훨씬 적은 편이다.
② 특별한 시간 측정 장비가 별도로 필요하지 않는 간단한 방법이다.
③ 관측항목의 분류가 자유로워 작업현황을 세밀히 관찰할 수 있다.
④ 한 사람의 평가자가 동시에 여러 작업을 측정할 수 있다.

80 근골격계질환 예방·관리 프로그램의 실행을 위한 보건관리자의 역할과 가장 밀접한 관계가 있는 것은?

① 기본 정책을 수립하여 근로자에게 알려야 한다.
② 예방·관리 프로그램의 수립 및 수정에 관한 사항을 결정한다.
③ 예방·관리 프로그램의 개발·평가에 적극적으로 참여하고 준수한다.
④ 주기적인 근로자 면담 등을 통하여 근골격계질환 증상 호소자를 조기에 발견하는 일을 한다.

2024년 3회 기출복원문제

1과목 인간공학개론

01 다음 중 인간과 기계의 성능 비교에 관한 설명으로 옳은 것은?

① 장시간에 걸쳐 작업을 수행하는 데에는 기계가 인간보다 우수하다.
② 완전히 새로운 해결책을 찾아내는 데에는 기계가 인간보다 우수하다.
③ 반복적인 작업을 신뢰성 있게 수행하는 데에는 인간이 기계보다 우수하다.
④ 입력에 대하여 빠르고 일관되게 반응하는 데에는 인간이 기계보다 우수하다.

중요도 ★★☆

02 정보 이론(information theory)에 대한 내용으로 옳은 것은?

① 정보를 정량적으로 측정할 수 있다.
② 정보의 기본 단위는 바이트(byte)이다.
③ 확실한 사건의 출현에는 많은 정보가 담겨 있다.
④ 정보란 불확실성의 증가(addition of uncertainty)로 정의한다.

중요도 ★★☆

03 인간의 감각기관 중 작업자가 가장 많이 사용하는 감각은?

① 시각 ② 청각
③ 촉각 ④ 미각

중요도 ★★★

04 직렬시스템과 병렬시스템의 특성에 대한 설명으로 옳은 것은?

① 직렬시스템에서 요소의 개수가 증가하면 시스템의 신뢰도가 증가한다.
② 병렬시스템에서 요소의 개수가 증가하면 시스템의 신뢰도는 감소한다.
③ 시스템의 높은 신뢰도를 안정적으로 유지하기 위해서는 병렬시스템으로 설계하여야 한다.
④ 일반적으로 병렬시스템으로 구성된 시스템은 직렬시스템으로 구성된 시스템보다 비용이 감소한다.

05 다음 중 책상과 의자의 설계에 필요한 인체 치수 기준으로 적절하지 않은 것은?

① 의자 높이 : 오금 높이를 기준으로 한다.
② 의자 깊이 : 엉덩이에서 무릎 뒤까지의 길이를 기준으로 한다.
③ 책상 높이 : 선 자세의 팔꿈치 높이를 기준으로 한다.
④ 의자 너비 : 엉덩이 너비를 기준으로 한다.

06 시각적 표시장치에 관한 설명으로 옳은 것은?

① 정확한 수치를 필요로 하는 경우에는 디지털 표시장치보다 아날로그 표시장치가 우수하다.
② 온도, 압력과 같이 연속적으로 변하는 변수의 변화경향, 변화율 등을 알고자 할 때는 정량적 표시장치를 사용하는 것이 좋다.
③ 정성적 표시장치는 동침형(moving pointer), 동목형(moving scale) 등의 형태로 구분할 수 있다.
④ 정량적 눈금을 식별하는 데에 영향을 미치는 요소는 눈금 단위의 길이, 눈금의 수열 등이 있다.

07 체계분석 시에 인간공학으로부터 얻는 보상 및 가치와 거리가 가장 먼 것은?

① 인력 이용률 향상
② 사고 및 오용으로 부터의 손실감소
③ 기계 및 설비 활용의 감소
④ 생산 및 보전의 경제성 증대

중요도 ★★☆

08 신호 및 경보등의 경우 빛의 검출성에 따라서 신호, 경보 효과가 달라지는데, 빛의 검출성에 영향을 주는 인자에 해당되지 않는 것은?

① 색광   ② 배경광
③ 점멸속도   ④ 신호등 유리의 재질

중요도 ★☆☆

09 정상조명하에서 100m 거리에서 볼 수 있는 원형 시계탑을 설계하고자 한다. 시계의 눈금 단위를 1분 간격으로 표시하고자 할 때 원형문자판의 직경은 약 몇 cm인가?

① 250   ② 300
③ 350   ④ 400

중요도 ★★☆

10 눈으로 볼 수 있는 빛의 가시광선 파장에 속하는 것은?

① 250nm   ② 600nm
③ 1000nm   ④ 1200nm

11 작업 중인 프레스기로부터 50m 떨어진 곳에서 음압을 측정한 결과 음압 수준이 100dB이었다면, 100m 떨어진 곳에서의 음압수준은 약 몇 dB인가?

① 90   ② 92
③ 94   ④ 96

12 다음 중 안경은 눈의 어떤 기관을 보조하기 위하여 사용되는가?

① 동공   ② 수정체
③ 망막   ④ 홍채

중요도 ★★★

13 회전운동을 하는 조종장치의 레버를 30° 움직였을 때 표시장치의 커서는 4cm 이동하였다. 레버의 길이가 20cm일 때, 이 조종장치의 C/R비는 약 얼마인가?

① 2.62   ② 5.24
③ 8.33   ④ 10.48

중요도 ★☆☆

14 인간공학 연구에 사용되는 기준(criterion, 종속변수) 중 인적 기준(human criterion)에 해당하지 않은 것은?

① 보전도   ② 사고 빈도
③ 주관적 반응   ④ 인간 성능

15 음압 수준이 100dB인 1000Hz 순음이 sone 값은 얼마인가?

① 32 ② 64
③ 128 ④ 256

16 인간기억 체계 중 감각보관에 대한 설명으로 틀린 것은?

① 가장 잘 알려진 감각보관 기구는 상보관(iconic storage)과 향보관(echoic storage)이 있다.
② 상보관은 시각적인 잔상이 유지되어 나타난다.
③ 향보관은 청각 자극이 수 초 동안 유지되는 것을 말한다.
④ 감각보관은 비교적 수동적으로 이루어진다.

17 찌그러진 동전 던지기에서 앞면이 나올 확률이 0.9이고 뒷면이 나올 확률이 0.1이라면 총 정보량은 얼마인가?

① 2.45 ② 3.32
③ 0.47 ④ 0.15

18 인간기계 통합체계에서 인간 또는 기계에 의해 수행되는 기본 기능이 아닌 것은?

① 정보처리 ② 정보생성
③ 의사결정 ④ 정보보관

19 다음 중 신호 및 경보등에 관한 설명으로 틀린 것은?

① 초당 점멸횟수는 3~10회가 적당하다.
② 최소 지속시간은 0.05초 이상 되어야 한다.
③ 점멸횟수는 점멸-융합 주파수보다 훨씬 커야 한다.
④ 배경의 불빛이 신호등과 비슷할 경우에는 신호광의 식별이 힘들어진다.

20 다음 중 인간의 정보처리 과정에서 중요한 역할을 하는 양립성(compatibility)에 관한 설명으로 옳은 것은?

① 인간이 사용할 코드와 기호가 얼마나 의미를 가진 것인가를 다루는 것을 공간적 양립성이다.
② 표시장치와 제어장치의 움직임, 사용 시스템의 반응 등과 관련된 것을 개념적 양립성이라 한다.
③ 제어장치와 표시장치의 공간적 배열에 관한 것을 운동 양립성이라 한다.
④ 직무에 알맞은 자극과 응답 양식의 존재에 대한 것을 양식 양립성이라 한다.

2과목 작업생리학

21 중추신경계(central nervous system)에 해당하는 것은?

① 신경절(ganglia)
② 척수(spinal cord)
③ 뇌신경(cranial nerve)
④ 척수신경(spinal nerve)

22 다음 중 관절의 연결형태가 안장관절(saddle joint)에 해당하는 것은?

①

②

③

④

중요도 ★★☆

23 열교환에 영향을 미치는 요소와 가장 거리가 먼 것은?

① 기압 ② 기온
③ 습도 ④ 공기의 유동

24 관절에 대한 설명으로 틀린 것은?

① 연골관절은 견관절과 같이 운동하는 것이 가장 자유롭다.
② 섬유질관절은 두개골의 봉합선과 같으며 움직임이 없다.
③ 경첩관절은 손가락과 같이 한쪽 방향으로만 굴곡 운동을 한다.
④ 활액관절은 대부분의 관절이 이에 해당하며, 자유로이 움직일 수 있다.

중요도 ★★☆

25 실내 추천반사율이 낮은 것에서 높은 순으로 올바르게 나열한 것은? (단, IES 추천 반사율 기준이다.)

① 천장 → 벽 → 바닥 → 가구
② 바닥 → 벽 → 천장 → 가구
③ 바닥 → 가구 → 벽 → 천장
④ 천장 → 벽 → 가구 → 바닥

중요도 ★★☆

26 어떤 물체 또는 표면에 도달하는 빛의 밀도는?

① 조도 ② 광도
③ 반사율 ④ 점광원

중요도 ★★☆

27 다음 중 근육수축 시 근절 내 영역에서 일어나는 현상으로 적합하지 않은 것은?

① A대(band)가 짧아진다.
② I대(band)가 짧아진다.
③ H영역(zone)이 짧아진다.
④ Z선(line)과 Z선(line) 사이가 가까워진다.

28 격심한 작업활동 중에 혈류분포가 가장 높은 신체 부위는?

① 뇌 ② 골격근
③ 피부 ④ 소화기관

29 남성 작업자의 육체작업에 대한 에너지를 평가한 결과 산소소모량이 1.5L/min이 나왔다. 작업자의 4시간에 대한 휴식시간은 약 몇 분 정도인가? (단, Murrell의 공식을 이용한다.)

① 75분 ② 100분
③ 125분 ④ 150분

30 해부학적 자세를 기준으로 신체를 좌우로 나누는 면(Plane)은?

① 횡단면 ② 시상면
③ 관상면 ④ 전두면

31 육체 활동에 따른 에너지소비량이 가장 큰 것은?

①  ②

③  ④

32 신체 부위의 동작과 그에 대한 설명의 연결이 옳지 않은 것은?

① 내전 - 몸의 중심선으로의 회전
② 신전 - 부위 간 각도의 증가
③ 외전 - 몸의 중심선에서 멀어지는 이동
④ 굴곡 - 부위 간 각도의 감소

33 그림과 같이 작업자가 한 손을 사용하여 무게(WL)가 98N인 작업물을 수평선을 기준으로 30도 팔꿈치 각도로 들고 있다. 물체를 쥔 손에서 팔꿈치까지의 거리는 0.35m이고, 손과 아래팔의 무게(WA)는 16N이며, 손과 아래팔의 무게중심은 팔꿈치로부터 0.17m에 위치해 있다. 팔꿈치에 작용하는 모멘트는 얼마인가?

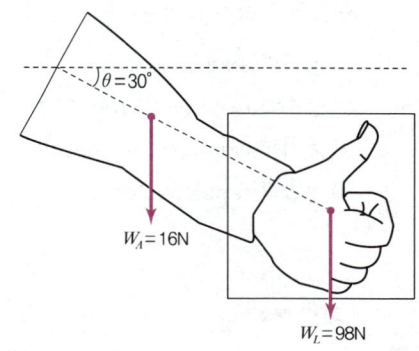

① 32Nm ② 37Nm
③ 42Nm ④ 47Nm

34 강도 높은 작업을 마친 후 휴식 중에도 근육에 추가적으로 소비되는 산소량을 무엇이라 하는가?

① 산소부채 ② 산소결핍
③ 산소결손 ④ 산소요구량

35 다음 중 최대산소소비능력(MAP ; maximum aerobic power)에 관한 설명으로 틀린 것은?

① 개인의 MAP가 클수록 순환기 계통의 효능이 크다.
② MAP 수준에서는 에너지대사가 주로 호기적(aerobic)으로 일어난다.
③ MAP을 직접 측정하는 방법은 트레드밀(treadmill)이나 자전거 에르고미터(ergometer)에서 가능하다.
④ MAP이란 일의 속도가 증가하더라도 산소섭취량이 더 이상 증가하지 않는 일정하게 되는 수준이다.

중요도 ★★★

36 물체를 들고 있을 때처럼 신체를 움직이지 않으면서 자발적으로 가할 수 있는 힘의 최댓값을 뜻하는 용어는?

① 지구력(endurance)
② 등속력(isokinetic strength)
③ 등척력(isometric strength)
④ 반발력(repulsive force)

중요도 ★★☆

37 진동이 인체에 미치는 영향으로 옳지 않은 것은?

① 심박수가 증가한다.
② 시성능은 10~25Hz 대역의 경우 가장 심하게 영향을 받는다.
③ 진동수와 추적 작업과의 상호연관성이 적어 운동성능에 영향을 미치지 않는다.
④ 중앙 신경계의 처리 과정과 관련되는 과업의 성능은 진동의 영향을 비교적 덜 받는다.

중요도 ★☆☆

38 소음방지대책 중 다음과 같은 기법을 무엇이라 하는가?

> 감쇠대상의 음파와 동위상인 신호를 보내어 음파 간에 간섭현상을 일으키면서 소음이 저감되도록 하는 기법

① 음원 대책   ② 능동제어 대책
③ 수음자 대책   ④ 전파경로 대책

중요도 ★★★

39 산업안전보건법령상 소음작업이란 1일 8시간작업을 기준으로 몇 데시벨 이상의 소음이 발생하는 작업을 말하는가?

① 75   ② 80
③ 85   ④ 90

중요도 ★★★

40 국소진동을 일으키는 진동원은 무엇인가?

① 크레인   ② 버스
③ 지게차   ④ 자동식 톱

3과목 산업심리학 및 관계법규

41 작업 후 가스밸브를 잠그는 것을 잊었다. 이로 인해 사고가 발생할 뻔했으나 안전밸브장치에 의해 가스가 자동으로 차단되었다. 이런 경우 작업자가 범한 휴먼에러의 종류와 안전밸브 장치에 작용은 안전설계의 원칙이 올바르게 나열된 것은?

① Omission error와 Inter lock 설계원칙
② Omission error와 Fail-Safe 설계원칙
③ Commission error와 Inter lock 설계원칙
④ Commission error와 Fail-Safe 설계원칙

42 레빈(Lewin. K)이 주장한 인간의 행동에 대한 함수식[B=f(P·E)]에서 개체(Person)에 포함되지 않는 변수는?

① 연령   ② 성격
③ 심신 상태   ④ 인간관계

43 부주의를 일으키는 의식수준에 대한 설명으로 틀린 것은?

① 의식의 저하 : 귀찮은 생각에 해야 할 과정을 빠뜨리고 행동하는 상태
② 의식의 과잉 : 순간적으로 의식이 긴장되고 한 방향으로만 집중되는 상태
③ 의식의 단절 : 외부의 정보를 받아들일 수도 없고 의사결정도 할 수 없는 상태
④ 의식의 우회 : 습관적으로 작업을 하지만 머릿속엔 고민이나 공상으로 가득 차 있는 상태

44 신뢰도가 0.85인 작업자가 혼자서 검사하는 공정에 동일한 신뢰도를 가진 요원을 중복으로 지원하여 2인 1조로 검사를 한다면 이 공정에서의 신뢰도는 얼마가 되겠는가? (단, 전체 작업기간 동안 요원은 지원된다.)

① 0.7225   ② 0.8500
③ 0.9775   ④ 0.9801

45 인간의 본질에 대한 기본 가정을 부정적인 시각과 긍정적인 시각으로 구분하여 주장한 동기이론은?

① XY이론   ② 역할이론
③ 기대이론   ④ ERG이론

46 인간오류(human error)의 분류에서 필요한 행위를 실행하지 않은 오류는 무엇인가?

① 시간오류(timing error)
② 순서오류(sequence error)
③ 작위오류(commission error)
④ 부작위오류(omission error)

47 어느 사업장의 도수율은 40이고 강도율은 4일 때 이 사업장의 재해 1건당 근로손실일수는?

① 1   ② 10
③ 50   ④ 100

48 다음 중 제조물책임법상 손해배상책임을 지는 자(제조업자)의 면책사유에 해당하지 않는 경우는?

① 제조업자가 당해 제조물을 공급하지 아니한 사실을 입증하는 경우
② 제조업자가 당해 제조물을 공급한 때의 과학·기술 수준으로는 결함의 존재를 발견할 수 없었다는 사실을 입증하는 경우
③ 제조물의 결함이 제조업자가 당해 제조물을 공급할 당시의 법령이 정하는 기준을 준수함으로써 발생한 사실을 입증하는 경우
④ 제조물을 공급한 후에 당해 제조물에 결함이 존재한다는 사실을 알거나 알 수 없었다는 사실을 입증하는 경우

49 다음 중 비통제적 집단행동에 해당하는 것은?

① 모브(mob)
② 관습(custom)
③ 유행(fashion)
④ 제도적 행동(institutional behavior)

중요도 ★★☆

50 다음에서 설명하는 것은?

> 집단을 이루는 구성원들이 서로에게 매력적으로 끌리어 그 집단 목표를 달성하는 정도를 나타내며, 소시오메트리 연구에서는 실제 상호선호관계의 수를 가능한 상호선호관계의 총 수로 나누어 지수(index)로 표현한다.

① 집단 협력성   ② 집단 단결성
③ 집단 응집성   ④ 집단 목표성

중요도 ★☆☆

51 다음 표는 동기부여와 관련된 이론의 상호 관련성을 서로 비교해 놓은 것이다. A~E에 해당하는 용어가 맞는 것은?

위생요인과 동기요인 (Herzberg)	ERG이론 (Alderfer)	X이론과 Y이론 (McGregor)
위생요인	A	D
	B	
동기요인	C	E

① A : 존재욕구, B : 관계욕구, D : X이론
② A : 관계욕구, C : 성장욕구, D : Y이론
③ A : 존재욕구, C : 관계욕구, E : Y이론
④ B : 성장욕구, C : 존재욕구, E : X이론

중요도 ★☆☆

52 전술적(tactical) 에러, 전략적(operational) 에러, 그리고 관리구조(organizational) 결함 등의 용어를 사용하여 사고연쇄반응에 대한 이론을 제안한 사람은?

① 버드(Bird)
② 아담스(Adams)
③ 웨버(Weaver)
④ 하인리히(Heinrich)

중요도 ★★☆

53 인간과오를 방지하기 위하여 기계설비를 설계하는 원칙에 해당되지 않는 것은?

① 안전설계(fail-safe design)
② 배타설계(exclusion design)
③ 조절설계(adjustable design)
④ 보호설계(prevention design)

54 근력(strength)과 지구력(endurance)에 대한 설명으로 옳지 않은 것은?

① 동적근력(dynamic strength)을 등속력(isokinetic strength)이라 한다.
② 지구력(endurance)이란 등척적으로 근육이 낼 수 있는 최대 힘을 말한다.
③ 정적근력(static strength)을 등척력(isometric strength)이라 한다.
④ 근육이 발휘하는 힘은 근육의 최대자율수축(MVC ; maximum voluntary contraction)에 대한 백분율로 나타낸다.

중요도 ★★★

55 다음 중 과도로 긴장하거나 감정 흥분 시의 의식수준단계로 대외의 활동력은 높지만 냉정함이 결여되어 판단이 둔화되는 의식수준단계는?

① phase Ⅰ   ② phase Ⅱ
③ phase Ⅲ   ④ phase Ⅳ

56 동기이론 중 직무 환경요인을 중시하는 것은?

① 기대이론
② 자기조절이론
③ 목표설정이론
④ 작업설계이론

57 재해의 발생 원인을 분석하는 방법에 관한 설명으로 틀린 것은?

① 특성요인도 : 재해와 원인의 관계를 도표화하여 재해 발생 원인을 분석한다.
② 파레토도 : flow-chart에 의한 분석방법으로, 원인 분석 중 원점으로 돌아가 재검토하면서 원인을 찾는다.
③ 관리도 : 재해 발생건수 등의 추이를 파악하고 목표관리를 행하는 데 필요한 발생건수를 그래프화하여 관리한계를 설정한다.
④ 크로스도 : 2개 이상의 문제관계를 분석하는 데 사용하는 것으로, 데이터를 집계하고 표로 표시하여 요인별 결과 내역을 교차시켜 분석한다.

중요도 ★★☆

58 하인리히의 도미노 이론을 순서대로 나열한 것은?

A. 유전적 요인과 사회적 환경
B. 개인의 결함
C. 불안전한 행동과 불안전한 상태
D. 사고
E. 재해

① A → B → D → C → E
② A → B → C → D → E
③ B → A → C → D → E
④ B → A → D → C → E

59 산업안전보건법령상 근로자 안전·보건교육의 기준으로 틀린 것은?
① 사무직 종사 근로자의 정기교육 : 매반기 6시간 이상
② 일용근로자의 작업내용 변경 시의 교육 : 1시간 이상
③ 관리감독자의 지위에 있는 사람의 정기교육 : 연간 16시간 이상
④ 건설 일용근로자의 건설업 기초안전·보건교육 : 2시간 이상

60 어떤 사업장의 생산라인에서 완제품을 검사하는데, 어느 날 5000개의 제품을 검사하여 200개를 부적합품으로 처리하였으나 이 로트에 실제로 1000개의 부적합품이 있었을 때, 로트당 휴먼에러를 범하지 않을 확률은 약 얼마인가?
① 0.16 ② 0.20
③ 0.80 ④ 0.84

4과목 근골격계질환 예방을 위한 작업관리

61 실측시간의 평균이 120분이고, 여유율이 9%이며, 레이팅계수가 110%일 때 내경법에 의한 표준시간은 약 얼마인가?
① 170.57분 ② 150.09분
③ 166.78분 ④ 145.05분

62 작업개선을 위한 개선의 ECRS에 해당하지 않는 것은?
① Eliminate ② Combine
③ Redesign ④ Simplify

63 동작경제의 원칙에 해당되지 않는 것은?
① 신체 사용에 관한 원칙
② 작업장의 배치에 관한 원칙
③ 제품과 공정별 배치에 관한 원칙
④ 공구 및 설비 디자인에 관한 원칙

64 동작분석을 할 때 스패너에 손을 뻗치는 동작의 적절한 서블릭(Therblig) 기호는?
① H ② P
③ TE ④ SH

65 어깨(견관절) 부위에서 발생할 수 있는 근골격계질환은?
① 외상 과염
② 회내근 증후군
③ 극상근 건염
④ 수완진동 증후군

66 3시간 동안 작업 수행과정을 촬영하여 워크샘플링 방법으로 200회를 샘플링한 결과 30번의 손목꺾임이 확인되었다. 이 작업의 시간당 손목꺾임 시간은?
① 6분 ② 9분
③ 18분 ④ 30분

67 다음 중 NIOSH의 들기작업 지침에서 들기지수(LI)를 올바르게 나타낸 것은? (단, HM은 수평계수, VM은 수직계수, DM은 거리계수, AM은 비대칭계수, FM은 비틀림계수, CM은 클램프계수를 의미한다.)

① $LI = \dfrac{25 \times HM \times VM \times DM \times AM \times FM \times CM}{중량물\ 무게}$

② $LI = \dfrac{중량물\ 무게}{25 \times HM \times VM \times DM \times AM \times FM \times CM}$

③ $LI = \dfrac{중량물\ 무게}{23 \times HM \times VM \times DM \times AM \times FM \times CM}$

④ $LI = \dfrac{23 \times HM \times VM \times DM \times AM \times FM \times CM}{중량물\ 무게}$

68 NIOSH Lifting Equation의 변수와 결과에 대한 설명으로 옳지 않은 것은?

① 수평거리 요인이 변수로 작용한다.
② 권장무게한계(RWL)의 최대치는 23kg이다.
③ LI(들기지수) 값이 1 이상이 나오면 안전하다.
④ 빈도 계수의 들기 빈도는 평균적으로 분당 들어 올리는 횟수(회/분)를 나타낸다.

69 다음 중 근골격계질환의 정의로 가장 적절한 것은?

① 작업장의 불안전 요소로 인한 사고성 재해를 말한다.
② 과도한 직무스트레스에 의한 뇌심혈관계의 이상증상을 말한다.
③ 부적절한 작업환경과 과도한 작업부하가 원인이 된 작업관련성 질환이다.
④ 직업병, 안전사고를 모두 포함하는 포괄적 개념의 산업재해를 말한다.

70 동작경제(Motion Economy)의 원칙에 해당하지 않는 것은?

① 가능한 기본동작의 수를 많이 늘린다.
② 공구의 기능을 결합하여 사용하도록 한다.
③ 두 손의 동작은 같이 시작하고 같이 끝나도록 한다.
④ 공구, 재료 및 제어 장치는 사용 위치에 가까이 두도록 한다.

중요도 ★☆☆

71 요소작업의 분할원칙에 관한 설명으로 적합하지 않은 것은?

① 불변 요소작업과 가변 요소작업으로 구분한다.
② 외적 요소작업과 내적 요소작업으로 구분한다.
③ 규칙적 요소작업과 불규칙적 요소작업으로 구분한다.
④ 숙련공 요소작업과 비숙련공 요소작업으로 구분한다.

72 보다 많은 아이디어를 창출하기 위하여 가능한 모든 의견을 비판 없이 받아들이고 수정 발언을 허용하며 대량 발언을 유도하는 방법은?

① Brainstorming
② ECRS 원칙
③ Mind Mapping
④ SEARCH

73 다음 중 근골격계질환 예방·관리 추진팀의 역할이 아닌 것은?

① 교육 및 훈련에 관한 사항을 결정하고 실행한다.
② 유해요인 평가 및 개선계획의 수립과 시행에 관한 사항을 결정하고 실행한다.
③ 예방·관리 프로그램의 수립 및 수정에 관한 사항을 결정한다.
④ 근로자에게 예방·관리 프로그램의 개발·수행·평가에 참여 기회를 부여한다.

중요도 ★★☆

74 다음 중 입식작업보다는 좌식작업이 더 적절한 경우는?

① 큰 힘을 요하는 경우
② 작업반경이 큰 경우
③ 정밀작업을 해야 하는 경우
④ 작업 시 이동이 많은 경우

75 영상표시단말기 취급근로자 작업관리지침에서 지정한 작업자세로 적절하지 않은 것은?

① 작업 화면상의 시야 범위는 수평선상으로 할 것
② 화면과 근로자의 눈과의 거리는 적어도 40cm 이상을 유지할 것
③ 무릎의 내각은 90° 전후가 되도록 할 것
④ 팔꿈치의 내각은 90° 이상이 되도록 할 것

76 작업관리에 관한 내용으로 옳지 않은 것은?

① 작업연구에는 시간연구, 동작연구, 방법연구가 있다.
② 방법연구는 테일러에 의해 시작, 길브레스에 의해 더욱 발전되었다.
③ 작업관리는 생산과정에서 인간이 관여하는 작업을 주 연구대상으로 한다.
④ 작업관리는 생산 활동의 여러 과정 중 작업 요소를 조사, 연구하여 합리적인 작업 방법을 설정하는 것이다.

중요도 ★☆☆

77 작업분석의 문제분석 도구 중에서 "원인결과도"라고도 불리며 결과를 일으킨 원인을 5~6개의 주요 원인에서 시작하여 세부원인으로 점진적으로 찾아가는 기법은?

① 간트 차트   ② 특성요인도
③ PERT 차트   ④ 파레토분석 차트

중요도 ★★☆

78 어느 회사의 컨베이어 라인에서 작업순서가 다음 표의 번호와 같이 구성되어 있을 때, 다음 설명 중 옳은 것은?

작업	1. 조립	2. 납땜	3. 검사	4. 포장
시간(초)	10초	9초	8초	7초

① 공정 손실은 15%이다.
② 애로작업은 검사작업이다.
③ 라인의 주기시간은 7초이다.
④ 라인의 시간당 생산량은 6개이다.

중요도 ★★☆

79 근골격계질환의 예방원리에 관한 설명으로 옳은 것은?

① 예방보다는 신속한 사후조치가 더 효과적이다.
② 작업자의 신체적 특성 등을 고려하여 작업장을 설계한다.
③ 공학적 개선을 통해 해결하기 어려운 경우에는 그 공정을 중단해야 한다.
④ 사업장 근골격계 예방정책에 노사가 협의하면 작업자의 참여는 중요치 않다.

80 워크샘플링 방법 중 관측을 등간격 시점마다 행하는 것은?

① 랜덤 샘플링
② 층별 비례 샘플링
③ 체계적 워크샘플링
④ 퍼포먼스 워크샘플링

2025 1회 기출복원문제

1과목 인간공학개론

01 시각적 부호의 3가지 유형과 거리가 먼 것은?

① 임의적 부호
② 묘사적 부호
③ 사실적 부호
④ 추상적 부호

02 4가지 대안이 일어날 확률이 다음과 같을 때 얻을 수 있는 정보량(Bit)은 약 얼마인가?

| 0.5 | 0.25 | 0.125 | 0.0625 |

① 1.450
② 1.625
③ 2.351
④ 3.251

03 음의 한 성분이 다른 성분의 청각 감지를 방해하는 현상은?

① 은폐효과
② 소멸효과
③ 도플러효과
④ 밀폐효과

04 손잡이의 설계에 있어 촉각정보를 통하여 분별, 확인할 수 있는 코딩(coding) 방법이 아닌 것은?

① 형상에 의한 코딩
② 색에 의한 코딩
③ 표면의 거칠기에 의한 코딩
④ 크기에 의한 코딩

05 신호 검출 이론(signal detection theory)에서 판정기준을 나타내는 우도비(likelihood ratio) β와 민감도(sensitivity) d에 대한 설명으로 옳은 것은?

① β가 클수록 보수적이고, d가 클수록 민감함을 나타낸다.
② β가 클수록 보수적이고, d가 클수록 둔감함을 나타낸다.
③ β가 작을수록 보수적이고, d가 클수록 민감함을 나타낸다.
④ β가 작을수록 보수적이고, d가 클수록 둔감함을 나타낸다.

06 암조응(Dark Adaptation)에 대한 설명으로 옳은 것은?

① 적색 안경은 암조응을 촉진한다.
② 어두운 곳에서는 주로 원추세포에 의하여 보게 된다.
③ 완전한 암조응을 위해 보통 1~2분 정도의 시간이 요구된다.
④ 어두운 곳에 들어가면 눈으로 들어오는 빛을 조절하기 위하여 동공이 축소된다.

07 인간의 눈에 관한 설명으로 맞는 것은?

① 망막의 간상세포(rod)는 색의 식별에 사용된다.
② 시각(視角)은 물체와 눈 사이의 거리에 반비례한다.
③ 간상세포는 황반(fovea) 중심에 밀집되어 있다.
④ 원시는 수정체가 두꺼워져 먼 물체의 상이 망막 앞에 맺히는 현상을 말한다.

08 다음 중 반응시간이 가장 빠른 감각은?

① 청각   ② 미각
③ 시각   ④ 후각

09 인간과 기계의 역할분담에 있어 인간은 시스템 설치와 보수, 유지 및 감시 등의 역할만 담당하게 되는 시스템은?

① 수동시스템   ② 기계시스템
③ 자동시스템   ④ 반자동시스템

10 인체 측정치의 적용 절차가 다음과 같을 때 순서를 가장 올바르게 나열한 것은?

> ㄱ. 인체측정자료의 선택
> ㄴ. 설계치수 결정
> ㄷ. 설계에 필요한 인체 치수의 결정
> ㄹ. 적절한 여유치 고려
> ㅁ. 모형에 의한 모의실험
> ㅂ. 인체자료 적용원리 결정
> ㅅ. 설비를 사용할 집단 정의

① ㄱ → ㅂ → ㅅ → ㄹ → ㄷ → ㅁ → ㄴ
② ㄱ → ㅅ → ㄷ → ㅂ → ㄹ → ㄴ → ㅁ
③ ㄷ → ㅅ → ㅂ → ㄱ → ㄹ → ㄴ → ㅁ
④ ㄷ → ㅂ → ㅅ → ㄱ → ㄹ → ㅁ → ㄴ

11 회전운동을 하는 조종장치의 레버를 30° 움직였을 때 표시장치의 커서는 4cm 이동하였다. 레버의 길이가 20cm 일 때, 이 조종장치의 C/R비는 약 얼마인가?

① 2.62   ② 5.24
③ 8.33   ④ 10.48

12 Fitts의 법칙에 관한 설명으로 맞는 것은?

① 표적과 이동거리는 작업의 난이도와 소요 이동시간과 무관하다.
② 표적이 클수록, 이동거리가 짧을수록 작업의 난이도와 소요이동시간이 감소한다.
③ 표적이 클수록, 이동거리가 길수록 작업의 난이도와 소요시간이 증가한다.
④ 표적이 작을수록 이동거리가 짧을수록 작업의 난이도와 소요시간이 증가한다.

13 정보이론과 관련된 내용 중 옳지 않은 것은?

① 두 대안의 실현 확률이 동일할 때 총 정보량이 가장 작다.
② 실현 가능성이 같은 N개의 대안이 있을 때, 총 정보량 H는 $\log_2 N$이다.
③ 정보의 측정 단위는 bit를 사용한다.
④ 1bit란 실현 가능성이 같은 2개의 대안 중 결정에 필요한 정보량이다.

14 시각적 표시장치와 청각적 표시장치 중 청각적 표시장치를 사용하는 것이 더 유리한 경우는?

① 수신 장소가 너무 시끄러운 경우
② 직무상 수신자가 한 곳에 머무르는 경우
③ 수신자의 청각 계통이 과부하 상태일 경우
④ 수신 장소가 너무 밝거나 암조응이 요구될 경우

15 다음 중 최적의 C/R비 설계 시 고려사항으로 틀린 것은?

① 계기의 조절시간이 가장 짧게 소요되는 크기를 선택한다.
② 짧은 주행시간 내에서 공차의 안전범위를 초과하지 않는 계기를 마련한다.
③ 작업자의 눈과 표시장치의 거리는 주행과 조절에 크게 관계된다.
④ 조종장치의 조작시간 지연은 직접적으로 C/R비와 관계없다.

16 1000Hz, 60dB인 음은 몇 sone인가?

① 4   ② 8
③ 1   ④ 12

17 경계 및 경보신호에 사용되는 청각적 표시장치가 가져야 할 특징으로 옳은 것은?

① 경계신호는 가급적 통일해서 사용자에게 혼란을 야기하지 말아야 한다.
② 장애물이나 칸막이를 넘어가야 하는 신호는 1000Hz 이상의 주파수를 사용한다.
③ 300m 이상의 장거리용 신호에서는 4kHz 이상의 주파수를 사용한다.
④ 주의를 끄는 목적으로 신호를 사용할 때에는 변조신호를 사용한다.

18 양립성에 적합하게 조종장치와 표시장치를 설계할 때 얻을 수 있는 결과로 옳지 않은 것은?

① 인간실수 증가
② 반응시간의 감소
③ 학습시간의 단축
④ 사용자 만족도 향상

19 다음에서 설명하고 있는 것은?

> 모든 암호 표시는 다른 암호 표시와 구별될 수 있어야 한다. 인접한 자극들 간에 적당한 차이가 있어 전부 구별 가능하더라도, 인접 자극의 상이도는 암호 체계의 효율성에 영향을 끼친다.

① 암호의 검출성(Detectability)
② 암호의 양립성(Compatibility)
③ 암호의 표준화(Standardization)
④ 암호의 변별성(Discriminability)

20 일반적으로 연구 조사에 사용되는 기준(criterion)의 요건으로 볼 수 없는 것은?

① 적절성 ② 사용성
③ 신뢰성 ④ 무오염성

2과목 작업생리학

21 남성근로자의 육체작업에 대한 에너지대사량을 측정한 결과 분당 작업 시 산소소비량이 1.2L/min, 안정 시 산소소비량이 0.5L/min, 기초대사량이 1.5kcal/min이었다면 이 작업에 대한 에너지대사율(RMR)은 약 얼마인가? (단, 권장 평균 에너지소비량은 5kcal/min이다.)

① 0.47 ② 0.80
③ 1.25 ④ 2.33

22 다음 중 유산소 대사의 하나인 크렙스 사이클(Kreb's cycle)에서 일어나는 반응이 아닌 것은?

① 산화가 발생한다.
② 젖산이 생성된다.
③ 이산화탄소가 생성된다.
④ 구아노신 3인산(GTP)의 전환을 통하여 ATP가 생성된다.

23 사무실 공기관리 지침상 공기정화시설을 갖춘 사무실의 시간당 환기 횟수 기준은?

① 1회 이상 ② 2회 이상
③ 3회 이상 ④ 4회 이상

24 전신진동의 영향에 대한 설명으로 틀린 것은?

① 10~25Hz에서 시성능이 가장 저하된다.
② 5Hz 이하의 낮은 진동수에서 운동성능이 가장 저하된다.
③ 머리와 어깨 부위의 공명주파수는 20~30Hz이다.
④ 등이나 허리뼈에 가장 위험한 주파수는 60~90Hz이다.

25 물체가 정적 평형상태(Static Equilibrium)를 유지하기 위한 조건으로 작용하는 모든 힘의 총합과 외부 모멘트의 총합이 옳은 것은?

① 힘의 총합 : 0, 모멘트의 총합 : 0
② 힘의 총합 : 1, 모멘트의 총합 : 0
③ 힘의 총합 : 0, 모멘트의 총합 : 1
④ 힘의 총합 : 1, 모멘트의 총합 : 1

26 허리 부위의 요추는 몇 개의 뼈로 구성되어 있는 있는가?

① 4개 ② 5개
③ 6개 ④ 7개

27 다음 중 젖산의 축적 및 근육의 피로에 관한 설명으로 옳지 않은 것은?

① 젖산이 누적되면 결국 근육은 반응을 하지 않게 된다.
② 무기성 환원과정은 산소가 충분히 공급될 때 일어난다.
③ 축적된 젖산은 산소와 결합하여 피루브산으로 전환된다.
④ 계속적인 활동 시 혈액으로부터 양분과 산소를 공급받아야 하며 이때 충분한 산소 공급이 되지 않을 경우 젖산은 축적된다.

28 다음 중 오른손과 전완(forearm)을 이용하여 드라이버를 반시계방향으로 회전시켜 나사를 풀 때의 동작유형에 해당하는 것은?

① 외전(abduction)
② 내전(adduction)
③ 회외(supination)
④ 회내(pronation)

29 작업자 A가 작업할 때 측정한 평균 흡기량과 배기량이 각각 50L/min과 40L/min이며 평균 배기량 중 산소의 함량이 17%였다면 이때 분당 산소소비량은 약 얼마인가? (단, 공기 중 산소의 함량 21%이다.)

① 2.5L/min   ② 3.7L/min
③ 4.0L/min   ④ 4.5L/min

30 다음 중 육체적 활동 또는 정신적 활동에 따른 생체의 반응을 설명한 것으로 틀린 것은?

① 부정맥(sinus arrhythmia)이란 심장 활동의 불규칙성의 척도로 일반적으로 정신부하가 증가하면 부정맥점수가 감소한다.
② 점멸융합주파수는 중추신경계의 피로, 즉 정신피로의 척도로 사용될 수 있으며 피곤함에 따라 빈도가 올라간다.
③ 근전도는 근육이 피로하기 시작하면 저주파수 범위의 활성이 증가하고 고주파수 범위의 활성이 감소한다.
④ 산소소비량(oxygen consumption)을 측정하여 에너지소비량(energy expenditure)을 평가할 수 있는데 육체적 작업 특히 큰 근육의 움직임을 요구하는 동적작업(dynamic work)을 많이 하면 산소소비량이 증가한다.

31 실내 추천반사율이 낮은 것에서 높은 순으로 올바르게 나열한 것은? (단, IES 추천 반사율 기준이다.)

① 천장 → 벽 → 바닥 → 가구
② 바닥 → 벽 → 천장 → 가구
③ 바닥 → 가구 → 벽 → 천장
④ 천장 → 벽 → 가구 → 바닥

32 교대작업의 주의사항에 관한 설명으로 옳지 않은 것은?

① 12시간 교대제가 적정하다.
② 야간근무는 2~3일 이상 연속하지 않는다.
③ 야간근무의 교대는 심야에 하지 않도록 한다.
④ 야간근무 종료 후에는 48시간 이상의 휴식을 갖도록 한다.

33 산업안전보건법령상 영상표시 단말기(VDT) 취급 근로자의 건강장해를 예방하기 위한 방법으로 옳지 않은 것은?

① 작업물을 보기 쉽도록 주위 조명 수준을 1000lux 이상으로 높인다.
② 저휘도형 조명기구를 사용한다.
③ 빛이 작업화면에 도달하는 각도는 화면으로부터 45° 이내로 한다.
④ 화면상의 문자와 배경과의 휘도비를 낮춘다.

34 다음 중 조도가 균일하고, 눈부심이 적지만 기구 효율이 나쁘며 설치비용이 많이 소요되는 조명방식은?

① 직접조명 ② 국소조명
③ 반직접조명 ④ 간접조명

35 산소소비량에 관한 설명으로 옳지 않은 것은?

① 산소소비량과 심박수 사이에는 밀접한 관련이 있다.
② 산소소비량은 에너지 소비와 직접적인 관련이 있다.
③ 산소소비량은 단위 시간당 흡기량만 측정한 것이다.
④ 심박수와 산소소비량 사이의 관계는 개인에 따라 차이가 있다.

36 산업안전보건법령상 "소음작업"이란 1일 8시간 작업을 기준으로 얼마 이상의 소음이 발생하는 작업을 뜻하는가?

① 80데시벨 ② 85데시벨
③ 90데시벨 ④ 95데시벨

37 다음 생체신호를 측정할 때 이용되는 측정방법이 잘못 연결된 것은?

① 뇌의 활동 측정 - EOG
② 심장근의 활동 측정 - EKG
③ 피부의 전기 전도 측정 - GSR
④ 국부 골격근의 활동 측정 - EMG

38 전체 환기가 필요한 경우로 볼 수 없는 것은?

① 유해물질의 독성이 적을 때
② 실내에 오염물 발생이 많지 않을 때
③ 실내 오염 배출원이 분산되어 있을 때
④ 실내에 확산된 오염물의 농도가 전체적으로 일정하지 않을 때

39 다음의 산업안전보건법령상 "강렬한 소음작업" 정의에서 ( )에 적합한 수치는?

( ) 데시벨 이상의 소음이 1일 30분 이상 발생하는 작업

① 80 ② 90
③ 100 ④ 110

40 근 수축 활동에 관한 설명으로 옳지 않은 것은?

① 근 수축은 액틴과 미오신 필라멘트의 미끄러짐 작용에 의해 이루어진다.
② 액틴과 미오신 필라멘트는 미끄러짐 작용을 통해 길이 자체가 짧아진다.
③ ATP의 분해 시 유리된 에너지가 근육에 이용된다.
④ 운동 시 부족했던 산소를 운동이 끝나고 휴식시간에 보충하는 것을 산소부채라 한다.

3과목 산업심리학 및 관계법규

41 근로자가 400명이 작업하는 사업장에서 1일 8시간씩 연간 300일 근무하는 동안 10건의 재해가 발생하였다. 도수율(빈도율)은 얼마인가? (단, 결근율은 10%이다.)

① 2.50　　② 10.42
③ 11.57　　④ 12.54

중요도 ★★★

42 인간의 불안전 행동을 예방하기 위해 Harvey에 의해 제안된 안전대책의 3E에 해당하지 않는 것은?

① Education　　② Enforcement
③ Engineering　　④ Environment

중요도 ★☆☆

43 다음 중 실수(slip)와 착오(mistake)에 관한 설명으로 옳은 것은?

① 실수와 착오는 의식적인 행동에서 발생하는 오류이다.
② 실수와 착오는 불안전 행동으로 인한 오류이다.
③ 실수는 의도는 올바른 것이지만 반응의 실행이 올바른 것이 아닌 경우이고, 착오는 부적합한 의도를 가지고 행동으로 옮긴 경우를 말한다.
④ 착오와 위반은 불안전 행동으로 인한 오류이다.

중요도 ★★☆

44 맥그리거(McGregor)의 X-Y이론 중 Y이론에 대한 관리처방으로 볼 수 없는 것은?

① 분권화와 권한의 위임
② 비공식적 조직의 활용
③ 경제적 보상체계의 강화
④ 자체 평가제도의 활성화

중요도 ★★☆

45 FTA(Fault Tree Analysis)에 대한 설명으로 옳지 않은 것은?

① 정성적 결함나무(FT ; Fault Tree)를 작성하기 전에 정상사상이 발생할 확률을 계산한다.
② 고장이나 재해요인의 정성적 분석뿐만 아니라 정량적 분석이 가능하다.
③ "사건이 발생하려면 어떤 조건이 만족되어야 하는가?"에 근거한 연역적 접근방법을 이용한다.
④ 해석하고자 하는 정상사상(top event)과 기본사상(basic event)과의 인과관계를 도식화하여 나타낸다.

중요도 ★☆☆

46 재해 원인을 불안전한 행동과 불안전한 상태로 구분할 때 불안전한 상태에 해당하는 것은?

① 안전장치 결함
② 규칙의 무시
③ 보호구 미착용
④ 불안전한 조작

47 리더십의 이론 중 경로-목표이론(path-goal theory)에서 리더 행동에 따른 4가지 범주의 설명으로 옳은 것은?

① 후원적 리더는 부하들의 욕구, 복지문제 및 안정, 온정에 관심을 기울이고, 친밀한 집단 분위기를 조성한다.
② 성취지향적 리더는 부하들과 정보자료를 많이 활용하여 부하들의 의견을 존중하여 의사결정에 반영한다.
③ 주도적 리더는 도전적 목표를 설정하고, 높은 수준의 수행을 강조하여 부하들이 그러한 목표를 달성할 수 있다는 자신감을 갖게 한다.
④ 참여적 리더는 부하들의 작업을 계획하고 조정하며 그들에게 기대하는 바가 무엇인지 알려주고 구체적인 작업지시를 하며 규칙과 절차를 따르도록 요구한다.

48 헤드십(headship)과 리더십(leadership)을 상대적으로 비교, 설명한 것으로 헤드십의 특징에 해당되는 것은?

① 민주주의적 지휘형태이다.
② 구성원과의 사회적 간격이 넓다.
③ 권한의 근거는 개인의 능력에 따른다.
④ 집단의 구성원들에 의해 선출된 지도자이다.

49 다음 중 과도로 긴장하거나 감정 흥분 시의 의식수준단계로 대외의 활동력은 높지만 냉정함이 결여되어 판단이 둔화되는 의식수준 단계는?

① phase Ⅰ ② phase Ⅱ
③ phase Ⅲ ④ phase Ⅳ

50 인간오류(human error)의 분류에서 필요한 행위를 실행하지 않은 오류는 무엇인가?

① 시간 오류(timing error)
② 순서 오류(sequence error)
③ 작위 오류(commission error)
④ 부작위 오류(omission error)

51 레빈(Lewin. K)이 주장한 인간의 행동에 대한 함수식 $[B=f(P·E)]$에서 개체(Person)에 포함되지 않는 변수는?

① 연령 ② 성격
③ 심신 상태 ④ 인간관계

52 작업자 한 사람의 성능 신뢰도가 0.95일 때, 요원을 중복하여 2인 1조로 작업을 할 경우 이 조의 인간 신뢰도는 얼마인가? (단, 작업 중에는 항상 요원지원이 되며, 두 작업자의 신뢰도는 동일하다고 가정한다.)

① 0.9025 ② 0.9500
③ 0.9975 ④ 1.0000

53 제조물 책임법에서 정의한 결함의 종류에 해당하지 않는 것은?

① 제조상의 결함
② 기능상의 결함
③ 설계상의 결함
④ 표시상의 결함

54 선택반응시간(Hick의 법칙)과 동작시간(Fitts의 법칙)의 공식에 대한 설명으로 옳은 것은?

- 선택반응시간 $= a + b \log_2 N$
- 동작시간 $= a + b \log_2 \left(\dfrac{2A}{W}\right)$

① N은 자극과 반응의 수, A는 목표물의 너비, W는 움직인 거리를 나타낸다.
② N은 감각기관의 수, A는 목표물의 너비, W는 움직인 거리를 나타낸다.
③ N은 자극과 반응의 수, A는 움직인 거리, W는 목표물의 너비를 나타낸다.
④ N은 감각기관의 수, A는 움직인 거리, W는 목표물의 너비를 나타낸다.

55 버드의 신연쇄성이론에서 불안전한 상태와 불안전한 행동의 근원적 원인은?

① 작업(Media)
② 작업자(Man)
③ 기계(Machine)
④ 관리(Management)

56 최고 상위에서부터 최하위의 단계에 이르는 모든 직위가 단일 명령권한의 라인으로 연결된 조직형태는?

① 직능식 조직　② 프로젝트 조직
③ 직계식 조직　④ 직계 참모 조직

57 허즈버그(Herzberg)의 동기요인에 해당되지 않는 것은?

① 성장　② 성취감
③ 책임감　④ 작업조건

58 다음 중 휴먼에러(human error)를 예방하기 위한 시스템 분석 기법의 설명으로 옳지 않은 것은?

① 예비위험분석(PHA) : 모든 시스템 안전프로그램의 최초 단계의 분석으로서 시스템 내의 위험요소가 얼마나 위험상태에 있는가를 정성적으로 평가하는 것이다.
② 고장형태와 영향분석(FMEA) : 시스템에 영향을 미치는 모든 요소의 고장을 형태별로 분석하여 그 영향을 검토하는 것이다.
③ 작업자공정도 : 위급직무의 순서에 초점을 맞추어 조작자 행동나무를 구성하고, 이를 사용하여 사건의 위급경로에서의 조작자의 역할을 분석하는 기법이다.
④ 결함나무분석(FTA) : 기계 설비 또는 인간-기계시스템의 고장이나 재해발생요인을 Fault Tree 도표에 의하여 분석하는 방법이다.

59 스트레스에 대한 설명으로 옳지 않은 것은?

① 위협적인 환경 특성에 대한 개인의 반응이라 볼 수 있다.
② 스트레스 수준이 낮을수록 성과수준이 높아지는데 이를 순기능 스트레스라 한다.
③ 스트레스는 양면성을 가지고 있다.
④ 지속적인 스트레스 상황에서는 인체자기 조절능력을 상실하고 체내 항상성이 상실된다.

60 다음 중 하인리히(Heinrich) 재해코스트 평가방식에서 "1:4"의 원칙에 관한 설명으로 옳은 것은?

① 인적비용의 정확한 산출이 어려운 경우에는 물적비용의 4배를 인적비용으로 추산한다.
② 직접비용의 정확한 산출이 어려운 경우에는 간접비용의 4배를 직접비용으로 추산한다.
③ 간접비용의 정확한 산출이 어려운 경우에는 직접비용의 4배를 간접비용으로 추산한다.
④ 물적비용의 정확한 산출이 어려운 경우에는 인적비용의 4배를 물적비용으로 추산한다.

4과목 근골격계질환 예방을 위한 작업관리

61 공정도(process chart)에 사용되는 기호와 명칭이 잘못 연결된 것은?

① D : 저장 ② ⇨ : 운반
③ □ : 검사 ④ ○ : 작업

62 어깨(견관절) 부위에서 발생할 수 있는 근골격계질환은?

① 외상 과염   ② 회내근 증후군
③ 극상근 건염 ④ 수완진동 증후군

63 동작경제의 원칙에 해당되지 않는 것은?

① 신체 사용에 관한 원칙
② 작업장의 배치에 관한 원칙
③ 제품과 공정별 배치에 관한 원칙
④ 공구 및 설비 디자인에 관한 원칙

64 다음 중 수공구를 이용한 작업의 개선 원리에 관한 설명으로 틀린 것은?

① 양손잡이를 모두 고려한 수공구를 선택한다.
② 동력공구는 그 무게를 지탱할 수 있도록 매달아서 사용한다.
③ 손바닥 전체에 골고루 부하를 분포시키는 손잡이를 가진 것이 바람직하다.
④ 손가락으로 잡는 power grip보다 손바닥으로 감싸 안아 잡는 pinch grip을 이용한다.

65 일반적인 시간연구방법과 비교한 워크샘플링 방법의 장점이 아닌 것은?

① 분석자에 의해 소비되는 총 작업시간이 훨씬 적은 편이다.
② 특별한 시간 측정 장비가 별도로 필요하지 않는 간단한 방법이다.
③ 관측항목의 분류가 자유로워 작업현황을 세밀히 관찰할 수 있다.
④ 한 사람의 평가자가 동시에 여러 작업을 측정할 수 있다.

66 산업안전보건법령상 근골격계 부담작업의 유해요인조사에 대한 내용으로 옳지 않은 것은? (단, 해당 사업장은 근로자가 근골격계 부담작업을 하는 경우이다.)

① 정기 유해요인 조사는 2년마다 유해요인 조사를 하여야 한다.
② 신설되는 사업장의 경우에는 신설일로부터 1년 이내 최초의 유해요인 조사를 하여야 한다.
③ 조사항목으로는 작업량, 작업속도 등의 작업장의 상황과 작업자세, 작업방법 등의 작업조건이 있다.
④ 근골격계 부담작업에 해당하는 새로운 작업·설비를 도입한 경우 1개월 이내 유해요인 조사를 해야 한다.

67 작업관리의 문제해결 방법으로 전문가 집단의 의견과 판단을 추출하고 종합하여 집단적으로 판단하는 방법은?

① SEARCH의 원칙
② 브레인스토밍(Brainstorming)
③ 마인드 맵핑(Mind Mapping)
④ 델파이 기법(Delphi Technique)

68 작업대의 개선방법으로 맞는 것은?

① 좌식작업대의 높이는 동작이 큰 작업에는 팔꿈치의 높이보다 약간 높게 설계한다.
② 입식작업대의 높이는 경작업의 경우 팔꿈치의 높이보다 5~10cm 정도 높게 설계한다.
③ 입식작업대의 높이는 중작업의 경우 팔꿈치의 높이보다 10~30cm 정도 낮게 설계한다.
④ 입식작업대의 높이는 정밀작업의 경우 팔꿈치의 높이보다 5~10cm 정도 낮게 설계한다.

69 다음 표준시간 산정 방법 중 간접측정 방법에 해당하는 것은?

① 스톱워치법
② PTS법
③ VTR 촬영법
④ 워크 샘플링법

70 산업안전보건법령상 근골격계 부담 작업에 해당하는 작업은?

① 하루에 25kg의 물건을 5회 들어 올리는 작업
② 하루에 총 2시간 이상 쪼그리고 앉거나 무릎을 굽힌 자세에서 이루어지는 작업
③ 하루에 2시간씩 집중적으로 키보드를 이용하여 자료를 입력하는 작업
④ 하루에 4시간씩 기계의 상태를 모니터링하는 작업

71 개선의 ECRS에 대한 내용으로 맞는 것은?

① Economic : 경제성
② Combine : 결합
③ Reduce : 절감
④ Specification : 규격

72 작업관리의 주목적과 가장 거리가 먼 것은?

① 생산성 향상
② 무결점 달성
③ 최선의 작업방법 개발
④ 재료, 설비, 공구 등의 표준화

73 근골격계질환 예방관리 프로그램상 예방·관리 추진팀의 구성원이 아닌 것은?

① 관리자 ② 근로자대표
③ 사용자대표 ④ 보건담당자

74 동작분석의 종류 중 미세동작분석에 관한 설명으로 옳지 않은 것은?

① 복잡하고 세밀한 작업 분석이 가능하다.
② 직접 관측자가 옆에 없어도 측정이 가능하다.
③ 작업 내용과 작업 시간을 동시에 측정할 수 있다.
④ 타 분석법에 비하여 적은 시간과 비용으로 연구가 가능하다.

75 근골격계질환 예방·관리 추진팀 내 보건관리자의 역할로 옳지 않은 것은?

① 근골격계질환 예방·관리 프로그램의 기본정책을 수립하여 근로자에게 알린다.
② 주기적으로 작업장을 순회하여 근골격계질환을 유발하는 작업공정 및 작업 유해요인을 파악한다.
③ 7일 이상 지속되는 증상을 가진 근로자가 있을 경우 지속적인 관찰, 전문의 진단의뢰 등의 필요한 조치를 한다.
④ 주기적인 근로자 면담 등을 통하여 근골격계질환 증상 호소자를 조기에 발견하는 일을 한다.

76 근골격계질환의 유형에 대한 설명으로 옳지 않은 것은?

① 외상과염은 팔꿈치 부위의 인대에 염증이 생김으로써 발생하는 증상이다.
② 수근관증후군은 손목이 꺾인 상태나 과도한 힘을 준 상태에서 반복적 손 운동을 할 때 발생한다.
③ 회내근증후군은 과도한 망치질, 노젓기 동작 등으로 손가락이 저리고 손가락 굴곡이 약화되는 증상이다.
④ 결절종은 반복, 구부림, 진동 등에 의하여 건의 섬유질이 손상되거나 찢어지는 등의 건에 염증이 생기는 질환이다.

77 다음 중 어깨, 팔목, 손목, 목 등 상지에 초점을 맞추어 작업자세로 인한 작업 부하를 빠르고 상세하게 분석할 수 있는 근골격계질환의 위험평가기법으로 가장 적절한 것은?

① OWAS ② WAC
③ RULA ④ NLE

78 중량물 취급 시 작업자세에 관한 내용으로 옳지 않은 것은?

① 무릎을 곧게 펼 것
② 중량물은 몸에 가깝게 할 것
③ 발을 어깨넓이 정도로 벌릴 것
④ 목과 등이 거의 일직선이 되도록 할 것

79 3시간 동안 작업 수행과정을 촬영하여 워크샘플링 방법으로 200회를 샘플링한 결과 30번의 손목꺾임이 확인되었다. 이 작업의 시간당 손목꺾임 시간은?

① 6분 ② 9분
③ 18분 ④ 30분

80 어떤 한 작업의 25회 시험관측치가 평균 0.35, 표준편차가 0.08일 때, 오차확률 5%에서 필요한 최소 관측횟수는 얼마인가? (단, $t_{25,\,0.05}=2.069$, $t_{24,\,0.05}=2.064$, $t_{26,\,0.05}=2.056$이다.)

① 89 ② 90
③ 91 ④ 92

2025년 2회 기출복원문제

1과목 인간공학개론

01 조종장치에 대한 설명으로 옳은 것은?
① C/R비가 크면 민감한 장치이다.
② C/R비가 작은 경우에는 조종장치의 조종시간이 적게 필요하다.
③ C/R비가 감소함에 따라 이동시간은 감소하고, 조종시간은 증가한다.
④ C/R비는 반응장치의 움직인 거리를 조종장치의 움직인 거리로 나눈 값이다.

02 시스템의 평가척도 유형으로 볼 수 없는 것은?
① 인간 기준(Human criteria)
② 관리 기준(Management criteria)
③ 시스템 기준(System-descriptive criteria)
④ 작업성능 기준(Task performance criteria)

03 인간의 후각 특성에 대한 설명으로 틀린 것은?
① 후각은 청각에 비해 반응속도가 더 빠르다.
② 훈련을 통하면 식별 능력을 향상시킬 수 있다.
③ 특정한 냄새에 대한 절대적 식별 능력은 떨어진다.
④ 후각은 특정 물질이나 개인에 따라 민감도에 차이가 있다.

04 다음에서 설명하고 있는 것은?

> 모든 암호 표시는 다른 암호 표시와 구별될 수 있어야 한다. 인접한 자극들 간에 적당한 차이가 있어 전부 구별 가능하더라도, 인접 자극의 상이도는 암호 체계의 효율성에 영향을 끼친다.

① 암호의 검출성(Detectability)
② 암호의 양립성(Compatibility)
③ 암호의 표준화(Standardization)
④ 암호의 변별성(Discriminability)

05 4가지 대안이 일어날 확률이 다음과 같을 때 얻을 수 있는 정보량(Bit)은 약 얼마인가?

| 0.5 | 0.25 | 0.125 | 0.0625 |

① 1.450
② 1.625
③ 2.351
④ 3.251

06 다음 눈의 구조 중 빛이 도달하여 초점이 가장 선명하게 맺히는 부위는?
① 동공
② 홍채
③ 황반
④ 수정체

07 다음 중 상완을 자연스럽게 수직으로 늘어뜨린 상태에서 전완을 뻗어 파악할 수 있는 영역을 무엇이라 하는가?

① 파악 한계역 ② 정상 작업역
③ 작업 한계역 ④ 공간 한계역

중요도 ★★☆

08 다음 그림은 Sanders와 McCormick이 제시한 인간-기계 통합 체계의 인간 또는 기계에 의해서 수행되는 기본 기능의 유형이다. 그림의 A부분에 가장 적합한 것은?

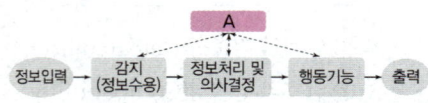

① 통신 ② 정보수용
③ 정보보관 ④ 신체제어

09 Wickens의 인간의 정보처리체계(human information processing) 모형에 의하면 외부자극으로 인한 정보가 처리될 때, 인간의 주의집중(attention resources)이 관여하지 않는 것은?

① 인식(perception)
② 감각저장(sensory storage)
③ 작업기억(working memory)
④ 장기기억(long-term memory)

10 인간과 기계의 역할분담에 있어 인간은 시스템 설치와 보수, 유지 및 감시 등의 역할만 담당하게 되는 시스템은?

① 수동시스템 ② 기계시스템
③ 자동시스템 ④ 반자동시스템

중요도 ★★☆

11 정량적 표시장치에 대한 설명으로 옳은 것은?

① 표시장치 설계 시 끝이 둥근 지침이 권장된다.
② 동침형 표시장치는 동목형에 비해 지침의 위치가 인식적인 암시신호(cue)를 더해 준다는 장점이 있다.
③ 계수형 표시장치의 기본형태는 지침이 고정되고 눈금이 움직이는 형이다.
④ 눈금이 고정되고 지침이 움직이는 표시장치를 동목형 표시장치라 한다.

중요도 ★★★

12 인간의 눈에 관한 설명으로 맞는 것은?

① 망막의 간상세포(rod)는 색의 식별에 사용된다.
② 시각(視角)은 물체와 눈 사이의 거리에 반비례한다.
③ 간상세포는 황반(fovea) 중심에 밀집되어 있다.
④ 원시는 수정체가 두꺼워져 먼 물체의 상이 망막 앞에 맺히는 현상을 말한다.

13 각각의 신뢰도가 0.85인 기계 3대가 병렬로 되어 있을 경우 이 시스템의 신뢰도는 약 얼마인가?

① 0.614 ② 0.850
③ 0.992 ④ 0.997

14 신호검출이론을 적용하기에 가장 적합하지 않은 것은?

① 의료진단 ② 정보량 측정
③ 음파탐지 ④ 품질 검사과업

15 다음 인간의 감각기관 중 신체 반응시간이 빠른 것부터 느린 순서대로 나열된 것은?

① 청각 → 시각 → 미각 → 통각
② 청각 → 미각 → 시각 → 통각
③ 시각 → 청각 → 미각 → 통각
④ 시각 → 미각 → 청각 → 통각

중요도 ★★☆

16 인간-기계 시스템의 설계원칙으로 가장 거리가 먼 것은?

① 계기반이나 제어장치의 중요성, 사용빈도, 사용순서, 기능에 따라 배치가 이루어져야 한다.
② 시스템은 인간의 예상과 양립하여야 한다.
③ 인간의 신체적 특성에 적합하여야 한다.
④ 기계의 효율과 같은 경제적 원칙을 우선시한다.

17 다음 중 변화감지역(JND)과 웨버(Weber)의 법칙에 관한 설명으로 틀린 것은?

① 물리적 자극을 상대적으로 판단하는데 있어 특정감각의 변화감지역으로 사용되는 표준 자극에 비례한다.
② 동일한 양의 인식(감각)의 증가를 얻기 위해서는 자극을 지수적으로 증가해야 한다.
③ 웨버(Weber)비는 분별의 질을 나타내며, 비가 작을수록 분별력이 떨어진다.
④ 변화감지역은 동기, 적응, 연습, 피로 등의 요소에 의해서도 좌우된다.

중요도 ★☆☆

18 사람이 일정한 시간에 두 가지 이상의 작업을 처리할 수 있도록 하는 것을 무엇이라 하는가?

① 시배분(time sharing)
② 변화감지(variety sense)
③ 절대식별(absolute judgment)
④ 비교식별(comparative judgment)

중요도 ★★☆

19 어떤 물체 또는 표면에 도달하는 빛의 밀도는?

① 조도   ② 광도
③ 반사율   ④ 점광원

20 인체측정 자료의 최대 집단 값에 의한 설계원칙에 관한 내용으로 옳은 것은?

① 통상 1, 5, 10%의 하위 백분위수를 기준으로 정한다.
② 통상 70, 75, 80%의 상위 백분위수를 기준으로 정한다.
③ 문, 탈출구, 통로 등과 같은 공간의 여유를 정할 때 사용한다.
④ 선반의 높이, 조종장치까지의 거리 등을 정할 때 사용한다.

2과목 작업생리학

중요도 ★☆☆

21 물체가 정적 평형상태(Static Equilibrium)를 유지하기 위한 조건으로 작용하는 모든 힘의 총합과 외부 모멘트의 총합이 옳은 것은?

① 힘의 총합 : 0, 모멘트의 총합 : 0
② 힘의 총합 : 1, 모멘트의 총합 : 0
③ 힘의 총합 : 0, 모멘트의 총합 : 1
④ 힘의 총합 : 1, 모멘트의 총합 : 1

중요도 ★☆☆

22 소음 측정의 기준에 있어서 단위 작업장에서 소음 발생시간이 6시간 이내인 경우 발생시간 동안 등간격으로 나누어 몇 회 이상 측정하여야 하는가?

① 2회   ② 3회
③ 4회   ④ 6회

중요도 ★★★

23 다음 중 육체적 강도가 높은 작업에 있어 혈액의 분포비율이 가장 높은 것은?

① 소화기관   ② 골격
③ 피부   ④ 근육

24 다음 중 관절의 연결형태가 안장관절(saddle joint)에 해당하는 것은?

①

②

③

④

중요도 ★★☆

25 작업자 A가 작업할 때 측정한 평균 흡기량과 배기량이 각각 50L/min과 40L/min이며 평균 배기량 중 산소의 함량이 17%였다면 이때 분당 산소소비량은 약 얼마인가? (단, 공기 중 산소의 함량 21%이다.)

① 2.5L/min   ② 3.7L/min
③ 4.0L/min   ④ 4.5L/min

중요도 ★★★

26 국소진동을 일으키는 진동원은 무엇인가?

① 크레인   ② 버스
③ 지게차   ④ 자동식 톱

중요도 ★☆☆

27 음식물을 섭취하여 기계적인 일과 열로 전환하는 화학적인 과정을 무엇이라 하는가?

① 신진대사   ② 에너지가
③ 산소 부채   ④ 에너지 소비량

28 국부적인 근육활동의 전위차를 측정하여 작업의 신체부담 정도를 평가하는 방법은?

① 근전도   ② 산소소비율
③ 점멸융합주파수   ④ 심전도

29 어떤 작업의 평균 에너지값이 6kcal/min이라고 할 때 60분간 총 작업시간 내에 포함되어야 하는 휴식시간은 약 몇 분인가? (단, Murrell의 방법을 적용하여, 기초대사를 포함한 작업에 대한 권장 평균 에너지값의 상한은 4kcal/min이다.)

① 6.7 ② 13.3
③ 26.7 ④ 53.3

30 일반적으로 최대근력이 50% 정도의 힘으로 유지할 수 있는 시간은?

① 1분 정도 ② 5분 정도
③ 10분 정도 ④ 15분 정도

31 다음 중 육체적 작업에 필요한 산소와 포도당이 근육에 원활히 공급되기 위해 나타나는 순환기 계통의 생리적 반응이 아닌 것은?

① 심박출량 증가 ② 심박수의 증가
③ 혈압 감소 ④ 혈류의 재분배

32 다음 중 실내의 면에서 추천 반사율(IES)이 가장 낮은 곳은?

① 벽 ② 천장
③ 가구 ④ 바닥

33 다음 중 신경계에 대한 설명으로 틀린 것은?

① 체신경계는 평활근, 심장근에 분포한다.
② 기능적으로는 체신경계와 자율신경계로 나눌 수 있다.
③ 자율신경계는 교감신경계와 부교감신경계로 세분된다.
④ 신경계는 구조적으로 중추신경계와 말초신경계로 나눌 수 있다.

34 신체 부위의 동작 중 전완의 회전운동에 쓰이며, 손바닥을 위로 향하도록 하는 회전을 무엇이라 하는가?

① 굴곡(flexion)
② 회내(pronation)
③ 외전(abduction)
④ 회외(supination)

35 동일한 관절운동을 일으키는 주동근(agonists)과 반대되는 작용을 하는 근육은?

① 박근(gracilis)
② 장요근(iliopsoas)
③ 길항근(antagonists)
④ 대퇴직근(rectus femoris)

36 다음 중 힘과 모멘트에 대한 설명으로 옳은 것은?

① 힘의 3요소는 크기, 방향, 작용선이다.
② 스칼라(scalar)량은 크기는 없으며 방향만 존재한다.
③ 벡터(vector)량은 방향은 없으며 크기만 존재한다.
④ 모멘트란 회전시킬 수 있는 물체에 가해지는 힘이다.

중요도 ★★☆

37 육체적으로 격렬한 작업 시 충분한 양의 산소가 근육활동에 공급되지 못해 근육에 축적되는 것은?

① 피루브산　　② 젖산
③ 초성포도산　④ 글리코겐

중요도 ★★☆

38 한랭대책으로서 개인위생에 해당되지 않는 사항은?

① 과음을 피할 것
② 식염을 많이 섭취할 것
③ 따뜻한 물과 음식을 섭취할 것
④ 얼음 위에서 오랫동안 작업하지 말 것

중요도 ★★☆

39 교대작업의 주의사항에 관한 설명으로 틀린 것은?

① 12시간 교대제가 적정하다.
② 야간근무는 2~3일 이상 연속하지 않는다.
③ 야간근무의 교대는 심야에 하지 않도록 한다.
④ 야간근무 종료 후에는 48시간 이상의 휴식을 갖도록 한다.

중요도 ★☆☆

40 최대산소소비능력(MAP ; Maximum Aerobic Power)에 대한 설명으로 옳은 것은?

① MAP는 개인의 운동역량을 평가하는 데 널리 활용된다.
② 젊은 여성의 MAP는 남성의 40~50% 정도이다.
③ MAP는 실제 작업현장에서 작업 시 측정한다.
④ MAP 수준에서 에너지대사는 호기성으로 일어난다.

3과목 산업심리학 및 관계법규

41 근로자가 작업 중에 소비한 에너지가 5kcal/min이고, 휴식 중에는 1.5kcal/min의 에너지를 소비하였다면 이 작업의 에너지 대사율(RMR)은 얼마인가? (단, 근로자의 기초 대사량은 분당 1kcal라고 한다.)

① 2.5　　② 2.8
③ 3.2　　④ 3.5

42 산업안전보건법령상 근로자 안전·보건교육의 기준으로 틀린 것은?

① 사무직 종사 근로자의 정기교육 : 매반기 6시간 이상
② 일용근로자의 작업내용 변경 시의 교육 : 1시간 이상
③ 관리감독자의 지위에 있는 사람의 정기교육 : 연간 16시간 이상
④ 건설 일용근로자의 건설업 기초안전·보건교육 : 2시간 이상

중요도 ★☆☆

43 시스템 안전 분석기법 중 정량적 분석 방법이 아닌 것은?

① 결함나무 분석(FTA)
② 사상나무 분석(ETA)
③ 고장모드 및 영향분석(FMEA)
④ 휴먼 에러율 예측기법(THERP)

중요도 ★★★

44 인간의 불안전 행동을 예방하기 위해 Harvey에 의해 제안된 안전대책의 3E에 해당하지 않는 것은?

① Education　　② Enforcement
③ Engineering　④ Environment

45 선택반응시간(Hick의 법칙)과 동작시간(Fitts의 법칙)의 공식에 대한 설명으로 옳은 것은?

- 선택반응시간 $= a + b \log_2 N$
- 동작시간 $= a + b \log_2 \left(\dfrac{2A}{W}\right)$

① N은 자극과 반응의 수, A는 목표물의 너비, W는 움직인 거리를 나타낸다.
② N은 감각기관의 수, A는 목표물의 너비, W는 움직인 거리를 나타낸다.
③ N은 자극과 반응의 수, A는 움직인 거리, W는 목표물의 너비를 나타낸다.
④ N은 감각기관의 수, A는 움직인 거리, W는 목표물의 너비를 나타낸다.

46 집단 내에서 역할갈등이 나타나는 원인과 가장 거리가 먼 것은?

① 역할모호성 ② 상호의존성
③ 역할무능력 ④ 역할부적합

47 근력(strength)과 지구력(endurance)에 대한 설명으로 옳지 않은 것은?

① 동적근력(dynamic strength)을 등속력(isokinetic strength)이라 한다.
② 지구력(endurance)이란 등척적으로 근육이 낼 수 있는 최대 힘을 말한다.
③ 정적근력(static strength)을 등척력(isometric strength)이라 한다.
④ 근육이 발휘하는 힘은 근육의 최대자율수축(MVC ; Maximum Voluntary Contraction)에 대한 백분율로 나타낸다.

48 제조물 책임법령상 제조업자가 제조물에 대해 충분한 설명, 지시, 경고 등 정보를 제공하지 않아 피해가 발생하였다면 이것은 어떤 결함 때문인가?

① 표시상의 결함 ② 제조상의 결함
③ 설계상의 결함 ④ 고지의무의 결함

49 작업자가 제어반의 압력계를 계속적으로 모니터링하는 작업에서 압력계를 잘못 읽어 에러를 범할 확률이 100시간에 1회로 일정한 것으로 조사되었다. 작업을 시작한 후 200시간 시점에서의 인간신뢰도는 약 얼마로 추정되는가?

① 0.02 ② 0.98
③ 0.135 ④ 0.865

50 인간오류확률 추정 기법 중 초기 사건을 이원적(binary) 의사결정(성공 또는 실패) 가지들로 모형화하고, 이 이후의 사건들의 확률은 모두 선행 사건에 대한 조건부 확률을 부여하여 이원적 의사결정 가지들로 분지해 나가는 방법은?

① 결함 나무 분석(Fault Tree Analysis)
② 조작자 행동 나무(Operator Action Tree)
③ 인간오류 시뮬레이터(Human Error Simulator)
④ 인간실수율 예측기법(Technique for Human Error Rate Prediction)

중요도 ★★★

51 헤드십(headship)과 리더십(leadership)을 상대적으로 비교, 설명한 것으로 헤드십의 특징에 해당되는 것은?

① 민주주의적 지휘형태이다.
② 구성원과의 사회적 간격이 넓다.
③ 권한의 근거는 개인의 능력에 따른다.
④ 집단의 구성원들에 의해 선출된 지도자이다.

중요도 ★☆☆

52 다음 조직에 의한 스트레스 요인은?

> 급속한 기술의 변화에 대한 적응이 요구되는 직무나 직무의 난이도나 속도를 요구하는 특성을 가진 업무와 관련하여 역할이 과부하 되어 받게 되는 스트레스

① 역할 갈등　　② 과업 요구
③ 집단 압력　　④ 역할 모호성

중요도 ★☆☆

53 다음 (　) 안에 들어갈 알맞은 것은?

> 산업안전보건법령상 사업주는 근로자가 근골격계부담작업을 하는 경우에 (　)마다 유해요인조사를 하여야 한다. 다만, 신설되는 사업장의 경우에는 1년 이내에 최초의 유해요인 조사를 하여야 한다.

① 1년　　② 2년
③ 3년　　④ 4년

54 휴먼에러와 기계의 고장과의 차이점을 설명한 것으로 틀린 것은?

① 기계와 설비의 고장조건은 저절로 복구되지 않는다.
② 인간의 실수는 우발적으로 재발하는 유형이다.
③ 인간은 기계와는 달리 학습에 의해 계속적으로 성능을 향상시킨다.
④ 인간 성능과 압박(stress)은 선형관계를 가져 압박이 중간 정도일 때 성능수준이 가장 높다.

55 다음 중 민주적 리더십에 관한 설명과 가장 거리가 먼 것은?

① 생산성과 사기가 높게 나타난다.
② 맥그리거의 Y 이론에 근거를 둔다.
③ 구성원에게 최대의 자유를 허용한다.
④ 모든 정책이 집단 토의나 결정에 의해서 이루어진다.

56 인간의 오류모형에 있어 상황이나 목표해석은 제대로 하였으나 의도와는 다른 행동을 하는 경우에 발생하는 오류는?

① 실수(slip)
② 착오(mistake)
③ 위반(violation)
④ 건망증(forgetfulness)

중요도 ★★★

57 호손(Hawthorne)의 실험 결과로서 생산성에 영향을 주는 요인으로 분석된 것은?

① 조명의 밝기　　② 규약의 강도
③ 인간관계　　　④ 설비 수준

58 A사업장의 도수율이 2로 산출되었을 때, 그 결과에 대한 해석으로 옳은 것은?

① 근로자 1000명당 1년 동안 발생한 재해자 수가 2명이다.
② 연근로시간 1000시간당 발생한 근로손실 일수가 2일이다.
③ 근로자 10000명당 1년간 발생한 사망자 수가 2명이다.
④ 연근로시간 1000000시간당 발생한 재해 건수가 2건이다.

59 허즈버그(Herzberg)의 동기요인에 해당되지 않는 것은?

① 성장 ② 성취감
③ 책임감 ④ 작업조건

60 NIOSH의 직무 스트레스 모형에서 같은 직무 스트레스 요인에서도 개인들이 지각하고 상황에 반응하는 방식에 차이가 있는데 이를 무엇이라 하는가?

① 환경 요인 ② 작업 요인
③ 조직 요인 ④ 중재 요인

4과목 근골격계질환 예방을 위한 작업관리

61 개선의 ECRS에 대한 내용으로 맞는 것은?

① Economic : 경제성
② Combine : 결합
③ Reduce : 절감
④ Specification : 규격

62 4개의 작업으로 구성된 조립공정의 주기시간(Cycle Time)이 40초일 때 공정효율은 얼마인가?

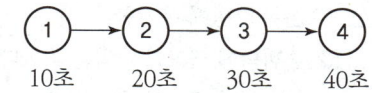

① 40.0% ② 57.5%
③ 62.5% ④ 72.5%

63 산업안전보건법령상 근골격계부담작업에 해당하지 않는 것은? (단, 단기간작업 또는 간헐적인 작업은 제외한다.)

① 하루에 10회 이상 25kg 이상의 물체를 드는 작업
② 하루에 총 2시간 이상, 분당 2회 이상 4.5kg 이상의 물체를 드는 작업
③ 하루에 총 1시간 이상 쪼그리고 앉거나 무릎을 굽힌 자세에서 이루어지는 작업
④ 하루에 4시간 이상 집중적으로 자료입력 등을 위해 키보드 또는 마우스를 조작하는 작업

64 근골격계질환의 유형에 대한 설명으로 틀린 것은?

① 외상 과염은 팔꿈치 부위의 인대에 염증이 생김으로써 발생하는 증상이다.
② 백색수지증은 손가락에 혈액의 원활한 공급이 이루어지지 않을 경우에 발생하는 증상이다.
③ 수근관 증후군은 손목이 꺾인 상태나 과도한 힘을 준 상태에서 반복적 손 운동을 할 때 발생한다.
④ 결정종은 반복, 구부림, 진동 등에 의하여 건의 섬유질이 손상되거나 찢어지는 등의 건에 염증이 생기는 질환이다.

65 다음 중 근골격계질환 예방을 위한 수공구(hand tool)의 인간공학적 설계원칙으로 적합하지 않은 것은?

① 손목을 곧게 유지한다.
② 손바닥에 과도한 압박은 피한다.
③ 반복적인 손가락 운동을 활용한다.
④ 사용자의 손 크기에 적합하게 디자인한다.

66 작업관리의 문제해결 방법으로 전문가 집단의 의견과 판단을 추출하고 종합하여 집단적으로 판단하는 방법은?

① SEARCH의 원칙
② 브레인스토밍(Brainstorming)
③ 마인드 맵핑(Mind Mapping)
④ 델파이 기법(Delphi Technique)

67 사람이 행하는 작업을 기본 동작으로 분류하고, 각 기본 동작들은 동작의 성질과 조건에 따라 이미 정해진 기준 시간을 적용하여 전체 작업의 정미시간을 구하는 방법은?

① PTS 법
② Rating 법
③ Therblig 법
④ Work Sampling 법

68 NIOSH의 들기작업지침에 따른 중량물 취급작업에서 권장무게한계를 산정하는 데 고려해야 할 변수로 옳지 않은 것은?

① 상체의 비틀림 각도
② 작업자의 평균보폭거리
③ 물체를 이동시킨 수직이동거리
④ 작업자의 손과 물체 사이의 수직거리

69 유통선도(flow diagram)의 기능으로 옳지 않은 것은?

① 자재흐름의 혼잡지역 파악
② 시설물의 위치나 배치 관계 파악
③ 공정과정의 역류현상 발생 유무 점검
④ 운반과정에서 물품의 보관 내용 파악

70 다음 중 RULA에서 사용하는 그룹 A의 평가 대상으로 옳은 것은?

① 목, 손목, 발목
② 목, 몸통, 다리
③ 목, 팔, 다리
④ 위팔, 아래팔, 손목

71 1TMU(Time Measurement Unit)를 초 단위로 환산한 것은?

① 0.0036초
② 0.036초
③ 0.36초
④ 1.667초

72 워크샘플링 조사에서 초기 idle rate가 0.05라면, 99% 신뢰도를 위한 워크샘플링 회수는 약 몇 회인가? (단, $u_{0.995}$는 2.58이다.)

① 1232
② 2557
③ 3060
④ 3162

73 동작분석을 할 때 스패너에 손을 뻗치는 동작의 적합한 서블릭(Therblig) 문자기호는?

① H
② P
③ TE
④ SH

74 설비의 배치 방법 중 공정별 배치의 특성에 대한 설명으로 틀린 것은?

① 작업 할당에 융통성이 있다.
② 운반거리가 직선적이며 짧아진다.
③ 작업자가 다루는 품목의 종류가 다양하다.
④ 설비의 보전이 용이하고 가동률이 높이 때문에 자본투자가 적다.

75 어느 조립작업의 부품 1개 조립당 관측평균시간이 1.5분, rating 계수가 110%, 외경법에 의한 일반 여유율이 20%라고 할 때, 외경법에 의한 개당 표준시간(A)과 8시간 작업에 따른 총 일반여유시간(B)은 얼마인가?

① A : 1.98분, B : 80분
② A : 1.65분, B : 400분
③ A : 1.65분, B : 80분
④ A : 1.98분, B : 400분

76 3시간 동안 작업 수행과정을 촬영하여 워크샘플링 방법으로 200회를 샘플링한 결과 30번의 손목꺾임이 확인되었다. 이 작업의 시간당 손목꺾임 시간은?

① 6분
② 9분
③ 18분
④ 30분

77 근골격계질환의 직접적인 원인과 거리가 먼 것은?

① 힘이 요구되는 반복 동작
② 불규칙한 수면시간
③ 부적절한 작업자세
④ 부족한 휴식시간

78 동작경제의 원칙 중 작업장 배치에 관한 원칙으로 볼 수 없는 것은?

① 모든 공구나 재료는 지정된 위치에 있도록 한다.
② 공구의 기능을 결합하여 사용하도록 한다.
③ 가능하다면 낙하식 운반 방법을 이용한다.
④ 작업이 용이하도록 적절한 조명을 비추어 준다.

79 팔꿈치 부위에 발생하는 근골격계질환 유형은?

① 결절종(ganglion)
② 방아쇠 손가락(trigger finger)
③ 외상 과염(lateral epicondylitis)
④ 수근관 증후군(carpal tunnel syndrome)

80 사업장 근골격계질환 예방관리 프로그램에 있어 예방·관리 추진팀의 역할이 아닌 것은?

① 교육 및 훈련에 관한 사항을 결정하고 실행한다.
② 예방·관리 프로그램의 수립 및 수정에 관한 사항을 결정한다.
③ 근골격계질환의 증상·유해요인 보고 및 대응체계를 구축한다.
④ 유해요인 평가 및 개선계획의 수립과 시행에 관한 사항을 결정하고 실행한다.

2025년 3회 기출복원문제

1과목 인간공학개론

01 다음 중 fitts의 법칙에 관한 설명으로 틀린 것은?

① 반응시간에 대한 법칙이다.
② 거리에 비례하고, 타켓의 폭에 반비례한다.
③ 조작 장치의 설계에 광범위하게 이용한다.
④ 동작시간을 동작에 관련된 정보와 연관시킬 수 있다.

02 신호 및 경보등의 경우 빛의 검출성에 따라서 신호, 경보 효과가 달라지는데, 빛의 검출성에 영향을 주는 인자에 해당되지 않는 것은?

① 색광   ② 배경광
③ 점멸속도   ④ 신호등 유리의 재질

03 다음의 한 성분이 다른 성분의 청각 감지를 방해하는 현상은?

① 은폐효과   ② 소멸효과
③ 도플러효과   ④ 밀폐효과

04 1000Hz, 40dB을 기준으로 음의 상대적인 주관적 크기를 나타내는 단위는?

① sone   ② siemens
③ bell   ④ phon

05 회전운동을 하는 조종장치의 레버를 20° 움직였을 때 표시장치의 커서는 2cm 이동하였다. 레버의 길이가 15cm 일 때 이 조종장치의 C/R비는 약 얼마인가?

① 2.62   ② 5.24
③ 8.33   ④ 10.48

06 인간과 기계의 역할분담에 있어 인간은 시스템 설치와 보수, 유지 및 감시 등의 역할만 담당하게 되는 시스템은?

① 수동시스템   ② 기계시스템
③ 자동시스템   ④ 반자동시스템

07 조도(Illuminance)의 단위는?

① nit   ② lumen
③ lux   ④ candela

08 정량적 표시장치의 지침을 설계할 경우 고려하여야 할 사항으로 옳지 않은 것은?

① 끝이 뾰족한 지침을 사용할 것
② 지침의 끝이 작은 눈금과 겹치게 할 것
③ 지침의 색은 선단에서 눈금의 중심까지 칠할 것
④ 지침을 눈금 면과 밀착시킬 것

09 비행기에서 20m 떨어진 거리에서 측정한 엔진의 소음 수준이 130dB(A)이었다면, 100m 떨어진 위치에서의 소음 수준은 약 얼마인가?

① 113.5dB(A) ② 116.0dB(A)
③ 121.8dB(A) ④ 130.0dB(A)

10 다음 중 신호검출이론(SDT)에서 반응기준을 구하는 식으로 옳은 것은?

① (소음 분포의 높이)×(신호 분포의 높이)
② (소음 분포의 높이)÷(신호 분포의 높이)
③ (신호 분포의 높이)÷(소음 분포의 높이)
④ (신호 분포의 높이)÷(소음 분포의 높이)^2

11 다음 중 시각적 표시장치보다 청각적 표시장치를 사용해야 유리한 경우는?

① 정보의 내용이 긴 경우
② 정보의 내용이 복잡한 경우
③ 정보의 내용이 후에 재참조되는 경우
④ 정보의 내용이 시간적 사상을 다루는 경우

12 다음 중 조종-반응 비율(Control-Response ratio)에 대한 설명으로 옳은 것은?

① 조종-반응 비율이 낮을수록 둔감하다.
② 조종-반응 비율이 높을수록 조정시간은 증가한다.
③ 표시장치의 이동거리를 조종장치의 이동거리로 나눈 비율을 말한다.
④ 회전 꼭지(knob)의 경우 조정-반응 비율은 손잡이 1회전에 상당하는 표시장치 이동거리의 역수이다.

13 다음 중 눈의 구조와 관련된 시각기능에 대한 설명으로 올바르지 않은 것은?

① 빛에 대한 감도 변화를 '조응'이라 한다.
② 디옵터(diopter)는 '1/초점거리(m)'로 정의된다.
③ 정상인에게 정상 시각에서의 원점은 거의 무한하다.
④ 암순응은 명순응보다 빨리 진행되어 1분 정도에 끝난다.

14 인간공학 연구에 사용되는 기준(criterion, 종속변수) 중 인적 기준(human criterion)에 해당하지 않는 것은?

① 보전도   ② 사고 빈도
③ 주관적 반응 ④ 인간 성능

15 음 세기(sound intensity)에 관한 설명으로 옳은 것은?

① 음 세기의 단위는 Hz이다.
② 음 세기는 소리의 고저와 관련이 있다.
③ 음 세기는 단위 시간에 단위 면적을 통과하는 음의 에너지를 말한다.
④ 음압 수준(sound pressure level) 측정 시 주로 2000Hz 순음을 기준 음압으로 사용한다.

16 인간과 기계의 역할분담에 있어 인간은 시스템 설치와 보수, 유지 및 감시 등의 역할만 담당하게 되는 시스템은?

① 수동시스템   ② 기계시스템
③ 자동시스템   ④ 반자동시스템

17 정량적 표시장치(Quantitative display)에 대한 설명으로 옳지 않은 것은?

① 시력이 나쁜 사람이나 조명이 낮은 환경에서 계기를 사용할 때는 눈금 단위(Scale unit) 길이를 크게 하는 편이 좋다.
② 기계식 표시장치에는 원형, 수평형, 수직형 등의 아날로그 표시장치와 디지털 표시장치로 구분된다.
③ 아날로그 표시장치의 눈금 단위(Scale unit) 길이는 정상 가시거리를 기준으로 정상 조명 환경에서는 1.3mm 이상이 권장된다.
④ 아날로그 표시장치는 눈금이 고정되고 지침이 움직이는 동목(Moving scale)형과 지침이 고정되고 눈금이 움직이는 동침(Moving pointer)형으로 구분된다.

18 작업자 한 사람의 성능 신뢰도가 0.95일 때, 요원을 중복하여 2인 1조로 작업을 할 경우 이 조의 인간신뢰도는 얼마인가? (단, 작업 중에는 항상 요원지원이 되며, 두 작업자의 신뢰도는 동일하다고 가정한다.)

① 0.9025 ② 0.9500
③ 0.9975 ④ 1.0000

19 인체측정을 구조적 치수와 기능적 치수로 구분할 때 기능적 치수 측정에 대한 설명으로 옳은 것은?

① 형태학적 측정을 의미한다.
② 나체 측정을 원칙으로 한다.
③ 마틴식 인체측정 장치를 사용한다.
④ 상지나 하지의 운동범위를 측정한다.

20 인간의 후각 특성에 대한 설명으로 옳지 않은 것은?

① 훈련을 통하면 식별 능력을 향상시킬 수 있다.
② 특정한 냄새에 대한 절대적 식별 능력은 떨어진다.
③ 후각은 특정 물질이나 개인에 따라 민감도의 차이가 있다.
④ 후각은 훈련을 통하여 구별할 수 있는 일상적인 냄새의 수는 최대 7가지 종류이다.

2과목 작업생리학

21 어떤 작업자의 5분 작업에 대한 전체 심박수는 400회, 일박출량은 65mL/회로 측정되었다면 이 작업자의 분당 심박출량(L/min)은?

① 4.5L/min ② 4.8L/min
③ 5.0L/min ④ 5.2L/min

22 정신피로의 척도로 사용되는 시각적 점멸융합주파수(VFF)에 영향을 주는 변수에 관한 내용으로 옳지 않은 것은?

① 암조응시는 VFF가 증가한다.
② 휘도만 같으면 색은 VFF에 영향을 주지 않는다.
③ 조명 강도의 대수치(불꽃돌)에 선형적으로 비례한다.
④ 사람들 간에는 큰 차이가 있으나, 개인의 경우 일관성이 있다.

23 신체의 작업부하에 대하여 작업자들이 주관적으로 지각한 신체적 노력의 정도를 6~20의 값으로 평가한 척도는 무엇인가?

① 부정맥지수
② 점멸융합주파수(VFF)
③ 운동자각도(Borg's RPE)
④ 최대산소소비능력(Maximum Aerobic Power)

24 소음방지대책 중 다음과 같은 기법을 무엇이라 하는가?

> 감쇠대상의 음파와 동위상인 신호를 보내어 음파간에 간섭현상을 일으키면서 소음이 저감되도록 하는 기법

① 음원 대책
② 능동제어 대책
③ 수음자 대책
④ 전파경로 대책

25 어떤 물체 또는 표면에 도달하는 빛의 밀도는?

① 조도
② 광도
③ 반사율
④ 점광원

26 물체가 정적 평형상태(Static Equilibrium)를 유지하기 위한 조건으로 작용하는 모든 힘의 총합과 외부 모멘트의 총합이 옳은 것은?

① 힘의 총합 : 0, 모멘트의 총합 : 0
② 힘의 총합 : 1, 모멘트의 총합 : 0
③ 힘의 총합 : 0, 모멘트의 총합 : 1
④ 힘의 총합 : 1, 모멘트의 총합 : 1

27 해부학적 자세를 기준으로 신체를 좌우로 나누는 면(Plane)은?

① 횡단면
② 시상면
③ 관상면
④ 전두면

28 다음 중 진동 공구(power hand tool)의 사용으로 인한 부하를 줄이기 위한 방법으로 적절하지 않은 것은?

① 진동 공구를 정기적으로 보수한다.
② 진동을 흡수할 수 있는 재질의 손잡이를 사용한다.
③ 진동에 접촉되는 신체 부위의 면적을 감소시킨다.
④ 신체에 전달되는 진동의 크기를 줄이도록 큰 힘을 사용한다.

29 정신적 부하 측정치로 가장 거리가 먼 것은?

① 뇌전도
② 부정맥지수
③ 근전도
④ 점멸융합주파수

30 광원으로부터의 직사 휘광 처리가 틀린 것은?

① 가리개, 갓, 차양을 사용한다.
② 광원을 시선에서 멀리 위치시킨다.
③ 광원의 휘도를 높이고 수를 줄인다.
④ 휘광원 주위를 밝게 하여 광도비를 줄인다.

31 진동과 관련된 단위가 아닌 것은?

① nm
② gal
③ cm/s
④ sone

중요도 ★★☆

32 산소소비량에 관한 설명으로 옳지 않은 것은?

① 산소소비량과 심박수 사이에는 밀접한 관련이 있다.
② 산소소비량은 에너지 소비와 직접적인 관련이 있다.
③ 산소소비량은 단위 시간당 흡기량만 측정한 것이다.
④ 심박수와 산소소비량 사이의 관계는 개인에 따라 차이가 있다.

33 척추동물의 골격근에서 1개의 운동신경이 지배하는 근섬유군을 무엇이라 하는가?

① 신경섬유   ② 운동단위
③ 연결조직   ④ 근원섬유

중요도 ★★☆

34 인간과 주위와의 열교환 과정을 올바르게 나타낸 열균형 방정식은? (단, S는 열축적, M은 대사, E는 증발, R은 복사, C는 대류, W는 한 일이다.)

① S = M - E±R - C + W
② S = M - E - R±C + W
③ S = M - E±R±C - W
④ S = M±E - R±C - W

중요도 ★★☆

35 어떤 작업의 평균 에너지값이 6kcal/min이라고 할 때 60분간 총 작업시간 내에 포함되어야 하는 휴식시간은 약 몇 분인가? (단, Murrell의 방법을 적용하여, 기초대사를 포함한 작업에 대한 권장 평균 에너지값의 상한은 4kcal/min이다.)

① 6.7   ② 13.3
③ 26.7   ④ 53.3

중요도 ★☆☆

36 전신 진동에 있어 안구에 공명이 발생하는 진동수의 범위로 가장 적합한 것은?

① 8~12Hz   ② 10~20Hz
③ 20~30Hz ④ 60~90Hz

중요도 ★☆☆

37 근력과 지구력에 관한 설명으로 옳지 않은 것은?

① 근력에 영향을 미치는 대표적 개인적 인자로는 성(姓)과 연령이 있다.
② 정적(static) 조건에서의 근력이란 자의적 노력에 의해 등척적으로(isometrically) 낼 수 있는 최대 힘이다.
③ 근육이 발휘할 수 있는 최대 근력의 50% 정도의 힘으로는 상당히 오래 유지할 수 있다.
④ 동적(dynamic) 근력은 측정이 어려우며, 이는 가속과 관절 각도의 변화가 힘의 발휘와 측정에 영향을 주기 때문이다.

38 어떤 작업자에 대해서 미국 직업안전위생관리국(OSHA)에서 정한 허용소음노출의 소음 수준이 130%로 계산되었다면 이때 8시간 시간가중평균(TWA) 값은 약 얼마인가?

① 89.3dB(A)   ② 90.7dB(A)
③ 91.9dB(A)   ④ 92.5dB(A)

39 근(筋)섬유에 관한 설명으로 틀린 것은?

① 적근섬유(slow twitch fiber)는 주로 작은 근육 그룹에서 볼 수 있다.
② 백근섬유(fast twitch fiber)는 무산소 운동에 좋아 단거리 달리기 등에 사용된다.
③ 근섬유는 백근섬유(fast twitch fiber)와 적근섬유(slow twitch fiber)로 나눌 수 있다.
④ 운동이 격렬하여 근육에 산소공급이 원활하지 않은 경우에는 엽산이 생성되어 피곤함을 느낀다.

40 휴식을 취할 때나 힘든 작업을 수행할 때 혈류량의 변화가 없는 기관은?

① 뼈   ② 근육
③ 소화기계   ④ 심장

3과목 산업심리학 및 관계법규

41 근로자 1000명이 근무하는 사업장에서 재해가 30건 발생하여 총 근로손실 일수가 1500일이 되었다. 또한 사망사고가 발생하여 동시에 2명이 목숨을 잃었다고 한다. 주 40시간 근무를 기준으로 50주를 근무한다고 할 때 이 사업장의 강도율(SR)은 얼마인가?

① 8.25   ② 0.75
③ 82.5   ④ 4.5

42 전술적(tactical) 에러, 전략적(operational) 에러, 그리고 관리구조(organizational) 결함 등의 용어를 사용하여 사고연쇄반응에 대한 이론을 제안한 사람은?

① 버드(Bird)
② 아담스(Adams)
③ 웨버(Weaver)
④ 하인리히(Heinrich)

43 심리적 측면에서 분류한 휴먼에러의 분류에 속하는 것은?

① 입력오류   ② 정보처리오류
③ 의사결정오류   ④ 생략오류

44 재해예방의 4원칙에 해당되지 않는 것은?

① 예방 가능의 원칙
② 보상 분배의 원칙
③ 손실 우연의 원칙
④ 대책 선정의 원칙

45 Swain에 의한 휴먼에러 분류와 그 예가 적절하지 않은 것은?

① time error : 자동차로 학교에 도착은 하였으나 수업시간을 넘겨 도착해 지각으로 처리되는 경우
② omission error : 자동차에서 하차 시 전조등을 끄는 것을 잊고 내려 방전이 되는 경우
③ extraneous error : 자동차 운전 중 손을 창문 밖으로 내어 놓다가 다치는 경우
④ commission error : 자동차의 사이드 브레이크를 해제하지 않은 상태에서 가속 페달을 밟는 경우

46 반응시간(reaction time)에 관한 설명으로 옳은 것은?

① 자극이 요구하는 반응을 행하는 데 걸리는 시간을 의미한다.
② 반응해야 할 신호가 발생한 때부터 반응이 종료될 때까지의 시간을 의미한다.
③ 단순반응시간에 영향을 미치는 변수로는 자극 양식, 자극의 특성, 자극 위치, 연령 등이 있다.
④ 여러 개의 자극을 제시하고, 각각에 대한 서로 다른 반응을 할 과제를 준 후에 자극이 제시되어 반응할 때까지의 시간을 단순반응시간이라 한다.

47 교육 프로그램에 대한 평가준거 중 교육 프로그램이 회사에 주는 경제적 가치와 가장 밀접한 관련이 있는 것은?

① 반응준거　② 학습준거
③ 행동준거　④ 결과준거

48 NIOSH의 직무 스트레스 모형에서 같은 직무 스트레스 요인에서도 개인들이 지각하고 상황에 반응하는 방식에 차이가 있는데 이를 무엇이라 하는가?

① 환경 요인　② 작업 요인
③ 조직 요인　④ 중재 요인

49 게스탈트 지각원리에 해당하지 않은 것은?

① 근접성의 원리　② 유사성의 원리
③ 부분 우세의 원리　④ 대칭성 원리

50 인간의 동기부여에 관한 McGregor의 X이론이 아닌 것은?

① 인간은 명령받는 것을 좋아하며 책임 회피를 좋아한다.
② 동기는 저차원적 욕구(물질욕구)에서 나타난다.
③ 인간은 스스로 자기목표에 대하여 자기 통제를 한다.
④ 인간은 본래 일을 싫어하며 피하려고 한다.

51 레빈(Lewin. K)이 주장한 인간의 행동에 대한 함수식[B = f(P·E)]에서 개체(Person)에 포함되지 않는 변수는?

① 연령　② 성격
③ 심신 상태　④ 인간관계

52 리더십은 교육 훈련에 의해서 향상되므로, 좋은 리더는 육성될 수 있다는 가정을 하는 리더십 이론은?

① 특성접근법　② 상황접근법
③ 행동접근법　④ 제한적 특질접근법

53 헤드십(headship)과 리더십(leadership)을 상대적으로 비교, 설명한 것으로 헤드십의 특징에 해당되는 것은?

① 민주주의적 지휘형태이다.
② 구성원과의 사회적 간격이 넓다.
③ 권한의 근거는 개인의 능력에 따른다.
④ 집단의 구성원들에 의해 선출된 지도자이다.

54 어느 공장에서 사용 중인 자동검사기의 신뢰도는 0.9이다. 이 검사기 다음 단계로 2명의 검사원이 병렬로 육안 검사를 실시하고 있으며, 이들의 신뢰도는 각각 0.8, 0.7이다. 이 인간-기계 시스템의 신뢰도는 얼마인가?

① 0.396　　② 0.504
③ 0.846　　④ 0.916

55 다음 중 논리적으로 필연적인 원리에 따라 혹은 진리 보존적 추리 규칙에 따라 주어진 전제로부터 결론을 이끌어내는 방법을 사용하는 시스템 분석기법은?

① 의사결정나무(Decision Trees)
② 결함나무분석(FTA)
③ 사상나무분석(ETA)
④ 고장모드 및 영향분석(FMEA)

56 재해 발생에 관한 하인리히(H.W. Heinrich)의 도미노 이론에서 제시된 5가지 요인에 해당하지 않는 것은?

① 제어의 부족
② 개인적 결함
③ 불안전한 행동 및 상태
④ 유전 및 사회 환경적 요인

57 10명으로 구성된 집단에서 소시오메트리(sociometry) 연구를 사용하여 조사한 결과 실제 긍정적인 상호작용을 맺고 있는 관계의 수가 16일 때 이 집단의 응집성 지수는 약 얼마인가?

① 0.222　　② 0.356
③ 0.401　　④ 0.504

58 직무 행동의 결정요인이 아닌 것은?

① 능력　　② 수행
③ 성격　　④ 상황적 제약

59 원자력발전소 주제어실의 직무는 4명의 운전원으로 구성된 근무조에 의해 수행되고, 이들의 직무 간에는 서로 영향을 끼치게 된다. 근무조원 중 1차 계통의 운전원 A와 2차 계통의 운전원 B 간의 직무는 중간 정도의 의존성(15%)이 있다. 그리고 운전원 A의 기초 인간실수확률 HEP Prob{A}=0.001일 때, 운전원 B의 직무실패를 조건으로 한 운전원 A의 직무실패확률은 약 얼마인가? (단, THERP 분석법을 사용한다.)

① 0.151　　② 0.161
③ 0.171　　④ 0.181

60 조직에 의한 스트레스 요인 중 역할 요구(role demands)에 대한 스트레스 요인은?

① 집단 압력　　② 역할 모호성
③ 역할 과부하　　④ 사회적 밀도

4과목 근골격계질환 예방을 위한 작업관리

61 어느 회사가 외경법을 기준으로 10%의 여유율을 제공한다. 8시간 동안 한 작업자를 워크샘플링한 결과가 다음 표와 같다. 이 작업자의 수행도 평가 결과 110%였다. 청소작업의 표준시간은 약 얼마인가?

요소작업	관측 횟수
적재	15
이동	15
청소	5
유휴	15
합계	50

① 7분 ② 58분
③ 74분 ④ 81분

62 작업방법 설계 시 고려해야 할 사항으로 옳지 않은 것은?

① 눈동자의 움직임을 최소화한다.
② 동작을 천천히 하여 최대 근력을 얻도록 한다.
③ 최대한 발휘할 수 있는 힘의 30% 이하로 유지한다.
④ 가능하다면 중력 방향으로 작업을 수행하도록 한다.

63 공정도(process chart)에 사용되는 기호와 명칭이 잘못 연결된 것은?

① D : 저장 ② ⇨ : 운반
③ □ : 검사 ④ ○ : 작업

64 ECRS의 4원칙에 해당되지 않는 것은?

① Eliminate : 꼭 필요한가?
② Simplify : 단순화할 수 있는가?
③ Control : 작업을 통제할 수 있는가?
④ Rearrange : 작업순서를 바꾸면 효율적인가?

65 공정 중 발생하는 모든 작업, 검사, 운반, 저장, 정체 등을 자재나 작업자의 관점에서 흘러가는 순서에 따라 표현한 분석방법은?

① Man - Machine Chart
② Operation Process Chart
③ Assembly Chart
④ Flow Process Chart

66 동작경제의 원칙에 해당되지 않는 것은?

① 신체 사용에 관한 원칙
② 작업장의 배치에 관한 원칙
③ 제품과 공정별 배치에 관한 원칙
④ 공구 및 설비 디자인에 관한 원칙

67 근골격계질환의 예방원리에 관한 설명으로 옳은 것은?

① 예방보다는 신속한 사후조치가 더 효과적이다.
② 작업자의 신체적 특성 등을 고려하여 작업장을 설계한다.
③ 공학적 개선을 통해 해결하기 어려운 경우에는 그 공정을 중단해야 한다.
④ 사업장 근골격계 예방정책에 노사가 협의하면 작업자의 참여는 중요치 않다.

68 A 공장의 한 컨베이어 라인에는 5개의 작업공정으로 이루어져 있다. 각 작업공정의 작업시간이 다음과 같을 때 이 공정의 균형효율은 약 얼마인가? (단, 작업은 작업자 1명이 맡고 있다.)

㉠ → ㉡ → ㉢ → ㉣ → ㉤
5분 7분 6분 6분 3분

① 21.86% ② 22.86%
③ 78.14% ④ 77.14%

69 문제분석 도구 중 빈도수가 큰 항목부터 차례대로 나열하는 방법으로 불량이나 사고의 원인이 되는 항목을 찾아내는 기법은?

① 간트 차트 ② 특성요인도
③ PERT 차트 ④ 파레토 차트

70 제조과정에서 발생하는 작업, 운반, 정체, 검사, 보관 등의 사항이 생산 현장의 어느 위치에서 발생하는가를 알 수 있도록 부품의 이동 경로를 배치도상에 선으로 표시하는 도표는?

① 흐름공정도표(Flow Diagram)
② 작업자-기계 작업분석표(Man-Machine Chart)
③ 간트 차트(Gantt Chart)
④ 작업공정도(Operation Process Chart)

71 다음 중 작업측정 방법의 성격이 다른 하나는?

① PTS법
② 표준자료법
③ 실적기록법 및 통계적 표준
④ 워크 샘플링

72 요소작업이 여러 개인 경우의 관측횟수를 결정하고자 한다. 표본의 표준편차는 0.6이고, 신뢰도 계수는 2인 추정의 오차범위 ±5%를 만족시키는 관측횟수(N)는 몇 번인가?

① 24번 ② 66번
③ 144번 ④ 576번

73 수공구의 설계 원리로 적절하지 않은 것은?

① 손목을 곧게 펼 수 있도록 한다.
② 지속적인 정적 근육부하를 피하도록 한다.
③ 특정 손가락의 반복적인 동작을 피하도록 한다.
④ 가능하면 손바닥으로 잡는 power grip보다는 손가락으로 잡는 pinch grip을 이용하도록 한다.

74 실측시간의 평균이 120분이고, 여유율이 9%이며, 레이팅계수가 110%일 때 내경법에 의한 표준시간은 약 얼마인가?

① 170.57분
② 150.09분
③ 166.78분
④ 145.05분

75. 산업안전보건 법령상 근골격계질환 예방관리 프로그램을 수립·시행하여야 하는 경우로 모두 옳은 것은?

> ㄱ. 근골격계질환으로 관련 법령에 따라 업무상 질병으로 인정받은 근로자가 연간 10명 이상 발생한 사업장
> ㄴ. 근골격계질환으로 관련 법령에 따라 업무상 질병으로 인정받은 근로자가 5명 이상 발생한 사업장으로서 발생 비율이 사업장 근로자 수의 10% 이상인 경우
> ㄷ. 근골격계질환 예방과 관련하여 노사간 이견이 지속되는 사업장으로서 고용노동부장관이 필요하다고 인정하여 근골격계질환 예방관리 프로그램을 수립하여 시행할 것을 명령한 경우

① ㄷ
② ㄱ, ㄴ
③ ㄱ, ㄴ, ㄷ
④ ㄴ, ㄷ

76. 근골격계질환 예방을 위한 작업개선 방법으로 옳지 않은 것은?

① 자세의 변경을 최소화하여 고정적인 자세를 취한다.
② 신체 부위의 압박을 피한다.
③ 반복 동작을 줄이거나 제거한다.
④ 표시장치와 조종장치를 사용자 중심으로 조정한다.

중요도 ★★☆

77. PTS법의 특징이 아닌 것은?

① 직접 작업자를 대상으로 작업시간을 측정하지 않아도 된다.
② 표준시간의 설정에 논란이 되는 rating의 필요가 없어 표준시간의 일관성이 증대된다.
③ 실제 생산현장을 보지 않고도 작업대의 배치와 작업방법을 알면 표준시간의 산출이 가능하다.
④ 표준자료 작성의 초기비용이 적기 때문에 생산량이 적거나 제품이 큰 경우에 적합하다.

중요도 ★☆☆

78. 다음 중 방법 연구(method engineering)와 관련이 가장 적은 것은?

① 신체 활동 분석
② 작업 및 공정 연구
③ 작업시간의 측정 및 응용
④ 재료, 공구설비 및 작업조건 분석

중요도 ★☆☆

79. 다음 중 집단 응집력의 영향요인에 대한 설명으로 틀린 것은?

① 목표달성 시 성공체험을 공유함으로써 집단의 응집력이 높아진다.
② 다른 모든 조건이 동일하다면 규모가 작은 집단에 비해 큰 집단의 응집력이 강하다.
③ 집단 구성원 간에 공유된 태도와 가치관은 응집력을 높인다.
④ 집단에의 참가의 난이도가 높을수록 응집력은 커진다.

80. NIOSH 들기작업 지침상 권장무게한계(RWL)를 구할 때 사용되는 계수의 기호와 정의가 올바르게 짝지어지지 않은 것은?

① HM - 수평계수
② DM - 비대칭계수
③ FM - 빈도계수
④ VM - 수직계수

내가 뽑은 원픽! 최신 출제경향에 맞춘 최고의 수험서

2026 인간공학 기사 필기

10개년 기출문제 [정답 및 해설]

2016년 기출문제	2	2021년 기출문제	68
2017년 기출문제	14	2022년 기출문제	82
2018년 기출문제	27	2023년 기출복원문제	96
2019년 기출문제	41	2024년 기출복원문제	116
2020년 기출문제	54	2025년 기출복원문제	136

2016년 1회 기출문제 정답 및 해설

1	2	3	4	5	6	7	8	9	10
③	①	①	④	③	①	③	①	②	④
11	12	13	14	15	16	17	18	19	20
④	④	①	①	②	③	④	①	②	②
21	22	23	24	25	26	27	28	29	30
④	②	③	②	④	③	③	④	②	③
31	32	33	34	35	36	37	38	39	40
①	④	④	③	①	③	③	①	①	①
41	42	43	44	45	46	47	48	49	50
②	④	①	③	②	④	③	②	①	③
51	52	53	54	55	56	57	58	59	60
④	①	②	①	④	③	③	④	③	②
61	62	63	64	65	66	67	68	69	70
④	④	①	③	①	③	②	②	②	②
71	72	73	74	75	76	77	78	79	80
④	③	②	③	③	①	①	④	④	②

1과목 인간공학개론

01
정답 ③
해설 사용성 평가는 전문가에 의한 분석적 평가와 사용자 기반 평가 방법으로 분류하였으나 최근에는 이를 혼용해서 사용한다.

02
정답 ①
해설 정보이론의 응용으로는 Hick-Hyman법칙, Magic number, 자극의 수에 따른 반응시간 설정 등이 있다.

03
정답 ①
해설 단위 시간당 영구 보관(기억)할 수 있는 정보량은 0.7bit/sec이다.

04
정답 ④
해설
- 정보소음량 Noise
  $= H(Y) - T(X, Y) = H(X, Y) - H(X)$
- 정보손실량 Equivocation
  $= H(X) - T(X, Y) = H(X, Y) - H(Y)$

05
정답 ③
해설 교육훈련, 결과의 피드백, 신호와 비신호의 구별성 증가를 통해 민감도를 늘릴 수 있다.

06
정답 ①
해설 병렬시스템에서는 요소의 중복도가 늘수록 시스템의 수명은 길어진다.

07
정답 ③
해설 완전 암순응에는 30~40분이 소요된다.

08
정답 ①
해설
$$C/R비 = \frac{조종장치의 이동거리}{표시장치의 이동거리}$$
$$= \frac{\left(\frac{a}{360}\right) \times 2\pi L}{표시장치의 이동거리}$$
$$= \frac{\left(\frac{20}{360}\right) \times 2 \times \pi \times 15}{20} = 2.62$$

09
정답 ②
해설 피험자 내 설계는 피험자 간 설계보다 실험조건들 사이의 통계적 유의미한 차이를 더 쉽고 더 민감하게 찾을 수 있다.

10
정답 ④
해설
- 1,000Hz, 80dB인 음 : 80phon
- $sone = 2^{(phon-40)/10} = 2^{(80-40)/10} = 16sone$

11
정답 ④
해설
① 서서 하는 작업에서 작업대의 높이는 조절식으로 설계한다.
② 정상(표준) 작업역은 상완(위팔)을 수직으로 늘어뜨린 채, 전완(아래팔)만으로 파악할 수 있는 구역을 말한다.
③ 서서 하는 힘든 작업을 위한 작업대는 세밀한 작업보다 낮게 설계한다.

12
정답 ④
해설 통화 이해도 측정을 위한 척도는 명료도 지수, 이해도 점수, 통화 간섭 수준이다.

13
정답 ①
해설 둥근 수평자는 측정 기준점 사이의 거리뿐 아니라 신체 부위의 너비와 두께를 측정할 때 사용한다. 신체의 둘레를 측정할 때는 줄자를 사용한다.

14
정답 ①
해설 인간의 특성에 관한 정보를 연구하고 이들 정보를 제품 및 환경설계에 이용한다.

15
정답 ②
해설 피부의 감각기 중 감수성이 제일 높은 것은 통각이다.

16
정답 ③
해설 인간 - 기계 통합체계의 유형은 수동 시스템, 기계화 시스템, 자동화 시스템이다.

17
정답 ④
해설 대비(%) = $\dfrac{\text{배경의 광도} - \text{표적의 광도}}{\text{배경의 광도}} \times 100$
= $\dfrac{(70-15)}{70} \times 100 = 79\%$

18
정답 ①
해설 분산 주의(Divided Attention)는 다중정보를 병렬 처리하는 것이다.

19
정답 ②
해설 정량적 표시장치
- 동침형 : 눈금이 고정되고 지침이 움직이는 형
- 동목형 : 지침이 고정되고 눈금이 움직이는 형
- 계수형(디지털) : 택시요금 미터기, 전력계와 같이 정확한 수치를 필요로 하는 경우

20
정답 ②
해설 최소치 설계는 선반의 높이, 제어버튼(비상버튼)까지의 거리, 지하철이나 버스의 손잡이 높이, 의자의 좌판 깊이 등을 정할 때 사용된다.

2과목 작업생리학

21
정답 ④
해설 근섬유가 수축할 경우 I대, H대, Z선과 Z선 사이의 거리가 짧아진다.

22
정답 ②
해설 $F = 8 \times 9.8 + 12 = 90.4\text{N}$

23
정답 ③
해설 WD = $0.85 \times 43 + 0.15 \times 32 = 41.35$℃

24
정답 ②
해설 소음작업이란 1일 8시간 작업을 기준으로 85dB 이상의 소음이 발생하는 작업이다.

25
정답 ④
해설 sone은 서로 다른 음의 상대적인 주관적 크기를 나타낸다.

26
정답 ③
해설 조도의 단위는 lux이다. 니트는 휘도의 단위, 루멘은 광량의 단위, 칸델라는 광도의 단위이다.

27
정답 ③
해설 힘든 작업을 수행할 때 혈액은 근육으로 많이 분포되어 간, 신장, 소화기계 같은 비활동 부위의 혈류량은 감소하고, 뇌 혈류량은 증가한다.

28
정답 ④
해설 알파(α)파가 안정되게 나타나는 것은 눈을 감고 안정상태로 있을 때이며, 눈을 뜨고 물체를 주시하거나 정신적으로 흥분하면 알파(α)파의 출현율은 작아진다.

29
정답 ②
해설 신체 활동이 아주 큰 작업의 경우 충분한 산소 공급이 되지 않아 젖산이 축적된다.

30
정답 ③
해설 신체 활동의 부하를 측정하는 생리적 반응은 산소소비량의 증가, 심박출량의 증가, 심박수의 증가, 혈류의 재분배 등이다.

31
정답 ①
해설 P파는 심방 탈분극이며, 심방수축 직전에 발생한다.

32
정답 ④
해설 '천장>벽>가구>바닥'의 순으로 추천반사율이 높다.

33
정답 ④
해설 회외(supination)는 손바닥을 위로 향하도록 하는 회전이다.

34
정답 ③
해설 나이를 먹거나 현대 문명의 정상적인 압박이나 비직업적 소음으로부터의 영향은 4,000Hz에서 가장 크다.

35
정답 ①
해설 일반적으로 최대 근력이 50% 정도의 힘으로 유지할 수 있는 시간은 1분 정도이다.

36
정답 ③
해설 주동근(agonists)은 운동 시 주역을 하는 근육이며, 길항근(antagonist)은 주동근과 반대되는 작용을 하는 근육이다.

37
정답 ②
해설 ① 교대작업은 '주간 → 저녁 → 야간' 순으로 하는 것이 좋다.
③ 연속 야간근무일이 2~3일을 넘지 않도록 한다.
④ 야간 교대시간은 자정 이전에 하고, 아침 교대시간은 7시 이후에 하는 것이 좋다.

38
정답 ①
해설 $RMR = \dfrac{작업대사량}{기초대사량}$
$= \dfrac{작업 시 소비에너지 - 안정 시 소비에너지}{기초대사량}$

39
정답 ①
해설 최대산소소비능력(MAP)은 산소섭취량이 일정하게 되는 수준을 말한다.

40
정답 ①
해설 절구관절(구상관절)은 운동이 가장 자유롭고 다축성으로 이루어진 관절이다. 견관절(어깨관절), 대퇴관절에 해당한다.

3과목 산업심리학 및 관계법규

41
정답 ②
해설 하인리히의 재해예방의 원리 5단계
안전관리조직 → 사실의 발견 → 분석평가 → 시정책의 선정 → 시정책의 적용

42
정답 ④
해설 집단이란 공동의 목표를 달성하기 위해 상호 작용하는 둘 혹은 그 이상의 사람으로 구성된다.

43
정답 ①
해설 데이비스(K. Davis)의 동기부여 이론
• 인간의 성과×물질의 성과 = 경영의 성과
• 능력×동기 = 인간의 성과(human performance)
• 지식(knowledge)×기능(skill) = 능력(ability)
• 상황(situation)×태도(attitude)
 = 동기(motivation)

44
정답 ③
해설 ① 도수율은 연간 총 근로시간 합계에 100만 시간당 재해 발생 건수이다.
② 강도율은 연간 총 근로시간에 1,000시간당 재해 발생에 의해 잃어버린 근로손실일수를 말한다.
④ 연천인율은 근로자 1,000명당 1년 동안에 발생하는 재해자 수(사상자 수)를 나타낸다.

45
정답 ②
해설 피해자 측이 가해자 측의 과실을 입증하지 않더라도 어느 정도의 손해배상을 받을 수 있다.

46
정답 ④
해설 이산적 직무
- 인간 실수의 수 = 200 - 100 = 100
- 전체 실수 발생 기회의 수 = 1,000
- HEP = 인간의 실수 수/전체 실수 발생 기회의 수
  = 100/1,000 = 0.1
- 이산적 직무에서 인간신뢰도(R) = 1 - HEP = 0.9
- 로트 2개에서 휴먼에러를 범하지 않을 확률(신뢰도)
  = 0.9 × 0.9 = 0.81

47
정답 ③
해설 작업의 수반되는 피로를 줄이기 위해서는 동적인 작업을 늘리고, 정적 근작업을 배제한다.

48
정답 ②
해설 하인리히의 도미노 이론(사고 연쇄성)
- 1단계(유전적 요인과 사회적 환경) : 간접 원인
- 2단계(개인적 결함, 선천적·후천적인 인적 결함) : 간접 원인
- 3단계(불안전 행동 및 불안전 상태) : 직접 원인
- 4단계 : 사고
- 5단계 : 재해

49
정답 ①
해설 관리격자(관리그리드, management grid mode) 이론
- (1, 1)형 : 과업과 인간관계 유지 모두에 관심을 갖지 않는 무관심형
- (9, 1)형 : 과업에 대한 관심은 높으나 인간에 대한 관심은 낮은 과업형
- (1, 9)형 : 인간에 대한 관심은 높으나 과업에 대한 관심은 낮은 인기형
- (5, 5)형 : 과업과 인간관계 유지 모두에 적당한 정도의 관심을 갖는 중도형
- (9, 9)형 : 과업과 인간관계 유지 모두에 관심이 높은 이상형으로서 팀형

50
정답 ③
해설
① 재해조사의 목적은 재해 원인과 결함을 규명하고 예방 자료를 수집하여 동종 재해 및 유사재해의 재발 방지 대책을 강구하는 데 있다.
② 재해 발생 시, 가장 먼저 조치할 사항은 긴급처리이다.
④ 사업주는 사망자가 발생했을 때에는 재해가 발생한 날로부터 1개월 이내에 산업재해 조사표를 작성하여 관할 지방노동관서의 장에게 제출해야 한다.

51
정답 ④
해설 심리적 측면에서의 휴먼에러 분류(Swain)
- 생략(누락, 부작위) 오류(omission error) : 필요한 행위 또는 절차를 실행하지 않아 발생한 에러
- 작위(실행) 오류(commission error) : 필요한 작업 또는 절차의 불확실한 수행으로 인한 에러
- 순서 오류(sequential error) : 필요한 작업 또는 절차의 순서 착오로 인한 에러
- 시간(지연) 오류(time error) : 필요한 작업 또는 절차의 수행 지연으로 인한 에러
- 과잉 행동(불필요한 행동) 오류(extraneous error) : 불필요한 작업 또는 절차를 수행함으로써 기인한 에러

52
정답 ①
해설 레빈(Lewin. K)의 행동 법칙

$$B = f(P \cdot E)$$

- B : Behavior(인간의 행동)
- f : function(함수관계)
- P : Person(개체, 개인적 특성) : 연령, 경험, 기질, 심신 상태, 성격, 지능 등
- E : Environmen[심리적환경(주어진 환경)] : 인간관계(인적환경), 작업환경, 설비적 결함 등

53
정답 ②
해설
- 총인원 n = 10
- 가능한 상호작용의 수 $_nC_2 = _{10}C_2 = 45$
- 응집성 지수 = $\dfrac{\text{실제 상호선호관계의 수}}{\text{가능한 상호작용의 수}}$

  $= \dfrac{16}{45} = 0.356$

54
정답 ①
해설 코티졸은 스트레스를 받을 때 몸에서 생성되는 호르몬으로 스트레스 정도를 파악하는 데 사용된다.

55
정답 ④
해설 리더십 권한

조직이 리더에게 부여한 권한	보상적 권한	부하직원들을 승진시킬 수 있고 봉급을 인상해 주는 등의 능력
	강압적 권한	구성원을 징계 또는 처벌할 수 있는 권한
	합법적 권한	조직 내의 공식적인 지위에서 비롯된 권한
리더 자신이 자신에게 부여한 권한	전문성의 권한	리더가 전문적이고 깊이 있는 지식과 재능을 가질 때 발생하는 권한
	위임된 권한	부하직원들이 상사를 존경하여 스스로 따른다고 할 때 상사에게 부여되는 권한

56
정답 ③
해설 인적 요인에 대한 대책
- 작업에 관한 교육훈련과 작업 전 회의
- 작업의 모의훈련으로 시나리오에 따른 리허설
- 소집단 활동
- 적재적소에 숙달된 전문인력의 배치 등
※ 안전 분위기 조성은 관리요인에 대한 대책이다.

57
정답 ④
해설
- OR Gate : 입력사상 중 어느 하나라도 발생하면 출력사상이 발생한다.
- AND Gate : 모든 입력이 동시에 발생해야만 출력사상이 발생한다.

58
정답 ③
해설 동시에 시각적 자극과 청각적 자극에 주의를 집중할 수 있다.

59
정답 ③
해설 반응시간(reaction time)
- 반응시간은 자극이 있은 후 동작을 개시하기까지 걸리는 시간을 의미한다.
- 단순반응시간에 영향을 미치는 변수로는 자극 양식, 자극의 특성(강도, 지속시간 등), 자극 위치, 연령, 개인차 등이 있다.
- 선택반응시간은 여러 개의 자극을 제시하고, 각각에 대한 서로 다른 반응을 할 과제를 준 후에 자극이 제시되어 반응할 때까지의 시간이다.

60
정답 ②
해설 중재 요인에는 개인적 요인, 조직 외 요인(비직업적 요소), 완충 요인이 있다.

4과목 근골격계질환 예방을 위한 작업관리

61
정답 ④
해설 작업자세를 허리, 팔, 다리로 구분하여 각 부위의 자세를 코드로 표현한다.

62
정답 ④
해설
$$n = \frac{Z_{\alpha/2}^2 \times p(1-p)}{e^2}$$
$$= \frac{2.58^2 \times 0.06(1-0.06)}{0.01^2} = 3,754.2(3,755회)$$

63
정답 ④
해설 건염은 반복, 구부림, 진동 등에 의하여 건의 섬유질이 손상되거나 찢어지는 등의 근육과 뼈를 연결하는 건에 염증이 생기는 질환이다.

64
정답 ①
해설 허리를 곧게 유지하고 무릎을 구부려서 들도록 한다.

65
정답 ③
해설 ① 좌식작업대의 높이는 동작이 큰 작업에는 팔꿈치의 높이보다 약간 낮게 설계한다.
② 입식작업대의 높이는 경작업의 경우 팔꿈치의 높이보다 5~10cm 정도 낮게 설계한다.
④ 입식작업대의 높이는 정밀작업의 경우 팔꿈치의 높이보다 5~10cm 정도 높게 설계한다.

66
정답 ①
해설 '공정>단위작업>요소작업>동작요소>서어블릭'의 순서이다.

67
정답 ③
해설 여러 개의 스패너 중 1개를 선택하여 고르는 것은 고르기(ST)이다.

68
정답 ②

해설 ① 외준비 작업을 먼저 개선하고 표준화한다.
③ 기계를 멈추어야만 할 수 있는 작업이 내준비 작업이다.
④ 작업이 개선되면 표준작업조합표도 변경한다.

69
정답 ②

해설 WF(Work Factor)법의 표준 요소
- 이동(T ; Transport)
- 쥐기(Gr ; Grasp)
- 미리 놓기(PP ; Pre - position)
- 조립(Asy ; Assemble)
- 사용(U ; Use)
- 분해(Dsy ; Disassemble)
- 내려놓기(Rl ; Release)
- 정신과정(MP ; Mental Process)

70
정답 ②

해설 사업주는 근로자가 근골격계 부담작업을 하는 경우에 다음 각 호의 사항을 근로자에게 알려야 한다.
- 근골격계 부담작업의 유해요인
- 근골격계질환의 징후와 증상
- 근골격계질환 발생 시의 대처 요령
- 올바른 작업자세와 작업 도구, 작업 시설의 올바른 사용 방법
- 그 밖에 근골격계질환 예방에 필요한 사항

71
정답 ④

해설 근골격계질환 예방관리 프로그램의 기본원칙
- 인식의 원칙
- 노·사 공동참여의 원칙
- 전사적 지원의 원칙
- 사업장 내 자율적 해결의 원칙
- 시스템 접근의 원칙
- 지속성 및 사후 평가의 원칙
- 문서화의 원칙

72
정답 ③

해설 근골격계질환의 사회심리적 요인은 교대근무, 의사소통, 성과급제도, 조직문화, 업무재량도, 직무 스트레스, 작업통제, 대인관계, 작업만족도 등이다. 작업습관은 개인 특성 요인이며, 접촉스트레스와 부적절한 자세는 작업 특성 요인이다.

73
정답 ②

해설 다중활동분석표의 사용 목적
- 한 명의 작업자가 담당할 수 있는 기계대수의 산정
- 기계 혹은 작업자의 유휴시간 단축
- 조작업의 작업현황을 분석하여 효율화
- 조작업을 재편성 또는 개선하여 조작업 효율 향상

74
정답 ③

해설 중립자세란 관절의 각도가 0°나 180°인 상태를 말한다.

75
정답 ③

해설 PERT 차트는 비반복적이고 프로젝트의 규모가 큰 경우, 일정계획 수립에 가장 적합하게 이용될 수 있는 네트워크기법이다.

76
정답 ①

해설 $\dfrac{\text{소요작업시간}}{\text{생산된 수량}} = \dfrac{6+10+4}{60+100+40} = 0.1$ 시간/개

77
정답 ①

해설 동작경제의 원칙은 신체 사용에 관한 원칙, 작업장의 배치에 관한 원칙, 공구 및 설비 디자인에 관한 원칙이다.

78
정답 ④

해설 유통선도(흐름공정도표, Flow Diagram)는 정체, 저장, 대기, Material Handling 등의 사항이 생산현장의 어느 위치에서 발생하는지 한 눈에 알아볼 수 있도록 표시된 도표이다. 시설물의 위치나 배치관계 파악(설비배치), 자재흐름의 혼잡지역 파악, 공정과정의 역류현상 발생 유무 점검에 사용된다.

79
정답 ④

해설 대안의 도출방법은 ECRS 원칙, SEARCH 원칙, 브레인스토밍, 마인드 멜딩, 델파이법, 5W1H 등이 있다.

80
정답 ②

해설
- 손목꺾임율 = 30/200 = 0.15
- 시간당 손목꺾임 시간 = 0.15 × 60분 = 9분

2016년 3회 기출문제 정답 및 해설

01	02	03	04	05	06	07	08	09	10
②	④	②	③	①	①	②	③	②	④
11	12	13	14	15	16	17	18	19	20
④	③	③	④	①	④	②	①	①	②
21	22	23	24	25	26	27	28	29	30
③	④	②	②	④	②	③	①	①	④
31	32	33	34	35	36	37	38	39	40
②	③	③	③	②	①	④	②	①	①
41	42	43	44	45	46	47	48	49	50
③	②	①	③	④	④	③	④	②	①
51	52	53	54	55	56	57	58	59	60
④	③	④	②	①	①	①	③	②	②
61	62	63	64	65	66	67	68	69	70
③	③	②	④	③	①	②	②	②	③
71	72	73	74	75	76	77	78	79	80
④	④	②	④	④	④	②	①	②	①

1과목 인간공학개론

01
정답 ②
해설 Fitts의 법칙
- 동작시간 $MT = a + b\log_2 \dfrac{2A}{W}$
- 표적의 폭이 작을수록, 표적 중심선까지의 이동거리가 멀수록 작업의 난이도와 소요 이동(동작)시간이 증가

02
정답 ④
해설 기능적 인체치수는 상지나 하지의 운동, 체위의 움직임에 따른 상태에서 측정한다.

03
정답 ②
해설 ① 청각 신호의 지속시간은 0.5초 이상이어야 한다.
③ 즉각적인 행동이 요구될 때에는 청각적 표시장치가 좋다.
④ 신호의 검출도 향상과 주파수는 관련이 없다.

04
정답 ③
해설 단독의 기계에 대하여 수행해야 할 배치는 인간의 심리 및 가능에 부합되도록 해야 한다.

05
정답 ①
해설 의자 높이를 조절식으로 설계할 경우 여자 5%~남자 95% 사이로 설계한다.
- 여자 5% : 평균-표준편차×1.645
  =38-1.7×1.645
- 남자 95% : 평균+표준편차×1.645
  =41.3+1.9×1.645

06
정답 ①
해설 인간 - 기계 시스템의 설계과정
목표 및 성능명세 결정 → 체계(시스템)의 정의 → 기본설계 → 계면설계 → 촉진물 설계 → 시험 및 평가

07
정답 ②
해설 제어장치에 의해 피제어 요소가 동작하지 않는 0점(null point) 주위에서의 제어동작 공간을 사공간이라고 한다.

08
정답 ③
해설 직렬결합모델의 신뢰도
$R_S = R_1 \cdot R_2 = 0.7 \times 0.9 = 0.63(63\%)$

09
정답 ②
해설 ① 상대적 크기(relative size) : 작은 것이 멀리 있다고 판단한다.
③ 직선 조망(linear perspective) : 마주보는 사이가 짧을수록 멀다고 판단한다.
④ 빛과 그림자(light and shadowing) : 가까운 물체는 밝고 또렷하게 보이고 멀수록 어둡고 흐리게 보인다.

10
정답 ④

해설 부품(작업대 공간)배치의 원칙
- 중요성의 원칙 : 시스템 목표 달성에 중요한 구성요소를 편리한 위치에 두어야 한다.
- 사용빈도의 원칙 : 자주 사용되는 구성요소를 편리한 위치에 두어야 한다.
- 기능별 배치의 원칙 : 기능적으로 관련된(표시장치, 조종장치 등) 부품들을 모아서 배치한다.
- 사용순서의 원칙 : 구성요소 간의 관련 순서나 사용 패턴에 따라 배치해야 한다.

오답체크 작업방법의 원리, 오류방지의 원리, 검출성의 원칙, 부품 신뢰성의 원칙, 크기별 배치, 치수별 배치, 설비금액, 비용절감

11
정답 ④

해설 은폐효과(차폐, Masking Effect)는 하나의 소리가 다른 소리의 청각 감지를 방해하는 현상 즉, 음에 의한 회화 방해현상과 같이 한 음의 가청 역치가 다른 음 때문에 높아지는 현상이다.

12
정답 ③

해설 sone은 40dB의 1,000Hz 순음을 기준으로 하여 다른 음의 상대적인 크기를 설정하는 척도의 단위이다.

13
정답 ③

해설 ① 감각저장은 자극이 사라진 후에도 잠시 감각이 지속된다.
② 장기기억 내에 정보를 저장하기 위해서는 정보의 의미적 코드화가 선행되어야 한다.
④ 인간의 기억체계는 3개의 하부체계 혹은 과정(감각저장, 작업기억, 장기기억)으로 개념화되어 왔다.

14
정답 ④

해설 안구의 수정체는 망막에 정확한 이미지가 맺히도록 모양체근으로 두께를 조절한다.

15
정답 ①

해설 청크(Chunk) 수가 많은 것은 암기에 좋지 않다.

16
정답 ④

해설 광삼현상(irradiation)이란 검은 바탕에 흰 글씨는 흰색이 주위의 검은 배경으로 번져 보이는 현상이다. 따라서 검은 바탕에 흰 글자의 획폭은 흰 바탕의 검은 글자보다 가늘게 할 수 있다.

17
정답 ②

해설 웨버의 비$(k) = \dfrac{\text{JND(변화감지역)}}{\text{기준자극의 크기}} = \dfrac{5}{100} = 0.05$

18
정답 ①

해설 인간공학은 인간의 육체적, 생리적, 심리적 특성과 한계를 연구하고, 이를 도구, 기계, 장비, 제품, 직무, 작업장의 환경 그리고 시스템 등의 설계에 응용함으로써 사용의 편리성과 안전성, 효율성을 제고하고자 하는 학문이다. 기계와 작업환경을 인간에게 맞추는 학문이다.

19
정답 ①

해설 사용성 평가에 흔히 사용되는 평가척도는 배우는 데 걸리는 시간, 과제의 수행시간, 에러의 빈도, 사용자의 주관적인 만족도 등이다.

20
정답 ②

해설 두 가지 동일 확률하의 독립사건에 대한 정보량은 1bit이다.
$H = \log_2 n = \log_2 2 = 1$

2과목 작업생리학

21
정답 ③

해설 몸통의 지주를 이루는 척추는 26개의 뼈로 구성되며, 경추(7개), 흉추(12개), 요추(5개), 천골, 미골로 되어 있다.

22
정답 ④

해설 과도 적응 문제와 눈의 불편을 줄이기 위해서는 보다 낮은 광도비(光度比)가 필요하다.

23
정답 ②

해설 혈액의 기능은 운반 작용, 조절 작용, 출혈 방지, 면역 기능 등이다.

24
정답 ②

해설 간접조명은 조도가 균일하고, 눈부심이 적지만 기구 효율이 나쁘며 설치비용이 많이 든다.

25
정답 ④
해설 생체역학은 작업조건에 따른 역학적 부하를 추정하여 직무설계자들이 위험한 직무상황을 확인하고, 또한 이러한 상황이 되지 않도록 직무를 설계하기 위한 분석도구이다.

26
정답 ④
해설 실내에 확산된 오염물의 농도가 전체적으로 일정하지 않을 때는 국소배기가 필요하다.

27
정답 ③
해설 A 특성치란 40phon의 등음량 곡선과 비슷하게 보정하여 측정한 음압 수준을 말하며, B 특성치는 70phon, C 특성치는 100phon이다.

28
정답 ①
해설 수근중수 관절은 안장 관절이다.

29
정답 ①
해설 열교환에 영향을 미치는 요소는 기온, 습도, 공기의 유동, 복사온도(복사열)이다.

30
정답 ④
해설 근섬유분절(sarcomere)은 근육의 실질적인 수축성 단위(contractility unit)이다.

31
정답 ②
해설
- 분당배기량 = 100L/10분 = 10L/min
- 흡기량 × 79% = 배기량 × (100 − O_2% − CO_2%)
  → 흡기량 × 79 = 10 × (100 − 15 − 6)
  → 흡기량 = 10L/min
- 산소소비량 = (21% × 흡기량) − (O_2% × 배기량)
  = (10 × 0.21) − (10 × 0.15) = 0.6L/min

32
정답 ③
해설 심박출량 = 분당 심박수 × 1회 박출량 = 90 × 70
= 6,300mL/min(6.3L/min)

33
정답 ③
해설 자극 발생 시 세포막은 Na^+ 이온은 투과시키고 그 후에 K^+ 이온을 투과시켜 평형전위차를 맞춘다.

34
정답 ③
해설 쉬고 있을 때 점멸융합주파수는 대략 80Hz이다.

35
정답 ②
해설 골격근(가로무늬근)은 수의근으로 중추신경계의 지배를 받아 내 의지대로 움직일 수 있는, 의식적으로 통제가 가능한 근육이다.

36
정답 ①
해설 휴식은 심박출량을 감소시킨다.

37
정답 ④
해설 근전도(EMG)는 육체적인 작업을 할 경우 신체의 국소적인(특정 부위) 근육활동의 전위차를 측정하며, 육체적 활동의 정적 부하에 대한 스트레인(strain)을 측정하는 데 가장 적합하다.

38
정답 ②
해설 강렬한 소음작업

90dB 이상	8시간 이상/일
95dB 이상	4시간 이상/일
100dB 이상	2시간 이상/일
105dB 이상	1시간 이상/일
110dB 이상	30분/일
115dB 이상	15분/일

39
정답 ①
해설 심박수가 증가한다.

40
정답 ①
해설 정적근력(static strength)을 등척력(isometric strength)이라 한다.

3과목 산업심리학 및 관계법규

41
정답 ③
해설 Harvey 안전대책의 3E
- Engineering(기술, 공학적 대책)
- Education(교육, 교육적 대책)
- Enforcement(규제, 관리적 대책)

오답체크 Environment, Economy

42
정답 ②
해설 관리격자(관리그리드. management grid mode) 이론
- (1, 1)형 : 과업과 인간관계 유지 모두에 관심을 갖지 않는 무관심형
- (9, 1)형 : 과업에 대한 관심은 높으나 인간에 대한 관심은 낮은 과업형
- (1, 9)형 : 인간에 대한 관심은 높으나 과업에 대한 관심은 낮은 인기형
- (5, 5)형 : 과업과 인간관계 유지 모두에 적당한 정도의 관심을 갖는 중도형
- (9, 9)형 : 과업과 인간관계 유지 모두에 관심이 높은 이상형으로서 팀형

43
정답 ①
해설
- OR Gate : 입력사상 중 어느 하나라도 발생하면 출력사상이 발생한다.
- AND Gate : 모든 입력이 동시에 발생해야만 출력사상이 발생한다.

44
정답 ③
해설 경제적 보상체계의 강화는 X이론이다.

45
정답 ④
해설 변별역치 측정은 심리학적 측정방법이다.

46
정답 ④
해설 휴먼에러의 배후요인 4M은 인간(Man), 기계(Machine), 매체(Media), 관리(Management)이며, 작업지휘 및 감독은 Management에 해당한다.

오답체크 Material, Motive, Movement

47
정답 ④
해설 중재 요인은 간접적 요인으로 개인적 요인, 조직 외 요인(비직업적 요소), 완충 요인 등이 있고, 물리적 환경 요인은 직무 스트레스 요인에 해당한다.

48
정답 ③
해설
- $RT = a + b\log_2 N \rightarrow 1 = 0.2 + b\log_2 2 \rightarrow b = 0.8$초
- $RT = 0.2 + 0.8\log_2 4 = 1.8$초

49
정답 ②
해설 파레토도는 사고의 유형, 기인물 등 분류항목을 큰 순서대로 분류하여 도표화한 것이다.

50
정답 ①
해설
- 재해 발생 형태에 따른 분류 : 협착, 비래, 추락, 충돌, 감전, 폭발, 유해위험물질노출, 이상기압노출 등
- 상해의 종류별 분류 : 화상, 진폐, 골절, 중독, 질식, 부종 등

51
정답 ④
해설 인간 성능과 압박(stress)의 일반적 관계는 뒤집힌 U형이다.

52
정답 ④
해설 스트레스 상황에서 동공이 확대되고 혈압이 증가한다.
※ ①도 틀린 답이나 정답은 ④으로 발표되었다. 따라서 답을 ④으로 체크해야 한다.

53
정답 ③
해설 조직을 둘러싸고 있는 환경상태가 불확실할 때는 참여적 리더십이 촉구된다.

54
정답 ②
해설 도수율 = $\dfrac{재해발생건수}{연근로시간수} \times 1,000,000$
$= \dfrac{3}{200 \times 9 \times 300} \times 1,000,000 = 5.56$

55
정답 ①
해설 습관화는 반복적으로 제시되는 자극에 익숙해져서 주의를 덜 기울이고 반응이 감소하는 현상이다.

56
정답 ①
해설 집단 응집성은 상대적인 것이며, 절대적인 것은 아니다.

57
정답 ①
해설 제조물 책임법에서 정의한 결함의 종류는 설계상의 결함, 제조상의 결함, 표시상의 결함이다.

58
정답 ③

해설 병렬결합모델의 신뢰도
$$R_s = 1 - [(1-R_1)(1-R_2)]$$
$$= 1 - (1-0.95)(1-0.95) = 0.9975$$

59
정답 ②

해설 작업자의 작업능률은 물리적인 작업조건보다는 작업자의 인간관계에 영향을 더 많이 받는다.

60
정답 ②

해설 집단 내에서 역할 갈등이 나타나는 원인은 역할 모호성, 역할 무능력, 역할 부적합이다.

4과목 근골격계질환 예방을 위한 작업관리

61
정답 ③

해설 표준시간(내경법)

- 여유율 $A = \dfrac{여유시간}{표준시간} = \dfrac{24}{8 \times 60} = 0.05$
- $ST = 정미시간 \times \dfrac{1}{(1-여유율)}$
  $= (0.6 \times 1.2) \times \dfrac{1}{(1-0.05)} = 0.76분$

※ 최근 동일한 문제보다는 숫자를 변경하여 출제하고 있으므로 공식에 대입하여 풀 수 있도록 연습할 것

62
정답 ③

해설 작업개선의 4원칙(ECRS 원칙)
- Eliminate(제거) : 이 작업은 꼭 필요한가?, 제거할 수는 없는가? 가장 우선적 고려대상이다.
- Combine(결합) : 이 작업을 다른 작업과 결합시키면 더 나은 결과가 생길 것인가?
- Rearrange(재배열) : 작업순서를 바꾸면 효율적인가?
- Simplify(단순화) : 단순화할 수 있는가?

오답체크 Redesign, Control, Element, Repair, Collect

63
정답 ②

해설 17가지 서어블릭을 이용하여 좀 더 상세하게 작업내용을 분석하고 시간까지 함께 표시한 도표를 시모차트(SIMO chart)라고 부른다.

64
정답 ④

해설 수직계수의 범위는 175~0cm이다.

65
정답 ③

해설 작업자의 손목을 지지해 줄 수 있도록 작업대 끝 면과 키보드의 사이는 15cm 이상을 확보하고 손목의 부담을 경감할 수 있도록 적절한 받침대(패드)를 이용할 수 있을 것

66
정답 ①

해설 사무작업의 흐름을 전체적으로 분석하기 위해서는 시스템 차트(system chart 혹은 procedure flow chart)가 사용된다.

67
정답 ③

해설 관리적 개선은 작업의 다양성 제공(업무교대, 업무확대), 작업일정 및 작업속도 조절, 회복시간 제공, 직장체조 활성화, 작업일정 및 작업속도 조절, 작업습관 변화, 작업자 적정배치, 작업자 훈련, 공구 및 장비의 정기적인 청소 및 유지관리 등이다.

68
정답 ②

해설
- 작업자와 기계의 동시작업시간 $a = 5분$
- 작업자의 활동시간 $b = 10분$
- 기계가공시간 $t = 25분$
- 이론적 기계대수 $n = \dfrac{(a+t)}{(a+b)} = \dfrac{(5+25)}{(5+10)} = 2대$

69
정답 ③

해설 워크샘플링은 작업주기가 길고 비반복적인 작업에 이용된다.

70
정답 ③

해설 신규 입사자가 근골격계 부담작업에 배치되는 경우는 유해요인조사 대상이 아니다.

71
정답 ④

해설 가능하면 손가락으로 잡는 pinch grip보다는 손바닥으로 잡는 power grip을 이용하도록 한다.

72
정답 ④

해설 구속되거나 제한된 동작보다는 탄도동작(ballistic movements)이 더 신속하고, 용이하며 정확하다.

73
정답 ②

해설 근골격계 부담작업의 범위
- 근골격계 부담작업 제1호 : 하루에 4시간 이상 집중적으로 자료입력 등을 위해 키보드 또는 마우스를 조작하는 작업
- 근골격계 부담작업 제2호 : 하루에 총 2시간 이상 목, 어깨, 팔꿈치, 손목 또는 손을 사용하여 같은 동작을 반복하는 작업
- 근골격계 부담작업 제3호 : 하루에 총 2시간 이상 머리위에 손이 있거나, 팔꿈치가 어깨 위에 있거나 팔꿈치를 몸통으로부터 들거나, 팔꿈치를 몸통 뒤쪽에 위치하도록 하는 상태에서 이루어지는 작업
- 근골격계 부담작업 제4호 : 지지되지 않은 상태이거나 임의로 자세를 바꿀 수 없는 조건에서 하루에 총 2시간 이상 목이나 허리를 구부리거나 트는 상태에서 이루어지는 작업
- 근골격계 부담작업 제5호 : 하루에 총 2시간 이상 쪼그리고 앉거나 무릎을 굽힌 자세에서 이루어지는 작업
- 근골격계 부담작업 제6호 : 하루에 총 2시간 이상 지지되지 않은 상태에서 1kg 이상의 물건을 한 손의 손가락으로 집어 옮기거나, 2kg 이상에 상응하는 힘을 가하여 한 손의 손가락으로 물건을 쥐는 작업
- 근골격계 부담작업 제7호 : 하루에 총 2시간 이상 지지되지 않은 상태에서 4.5kg 이상의 물건을 한 손으로 들거나 동일한 힘으로 쥐는 작업
- 근골격계 부담작업 제8호 : 하루에 10회 이상 25kg 이상의 물체를 드는 작업
- 근골격계 부담작업 제9호 : 하루에 25회 이상 10kg 이상의 물체를 무릎 아래에서 들거나, 어깨 위에서 들거나, 팔을 뻗은 상태에서 드는 작업
- 근골격계 부담작업 제10호 : 하루에 총 2시간 이상, 분당 2회 이상 4.5kg 이상의 물체를 드는 작업
- 근골격계 부담작업 제11호 : 하루에 총 2시간 이상 시간당 10회 이상 손 또는 무릎을 사용하여 반복적으로 충격을 가하는 작업

74
정답 ④

해설 건염은 반복, 구부림, 진동 등에 의하여 건의 섬유질이 손상되거나 찢어지는 등의 건에 염증이 생기는 질환이다.

75
정답 ④

해설 요소작업을 잘게 분할함으로써 작업내용을 보다 정확하게 파악할 수 있고, 여유율을 각각 달리 산정해 줌으로써 여유시간을 보다 정확하게 구할 수 있다.
- 측정 범위 내에서 가능하면 요소작업을 잘게 분할한다.
- 규칙적인 요소작업과 불규칙적인 요소작업으로 구분한다.
- 작업자 요소작업과 기계 요소작업으로 분할한다. 또한 작업자 요소작업은 외적 요소작업과 내적 요소작업으로 다시 구분한다.
- 상수(불변) 요소작업과 변수(가변) 요소작업으로 구분한다.
- 요소작업의 시점과 종점이 명확하게 밝혀질 수 있도록 한다.
- 작업순서와 작업내용을 습득하여 작업진행 순서에 따라 분할한다.

76
정답 ④

해설 작업속도와 작업강도를 적절하게 조절한다.

77
정답 ②

해설 1TMU = 0.036초 → 7TMU = 0.252초

78
정답 ①

해설 품질 향상, 무결점 달성, 작업시간 단축, 재고량 관리, 경제적 로트 크기 등은 작업관리와 관련이 없다.

79
정답 ①

해설 근골격계질환 예방·관리 추진팀 구성

중·소규모 사업장	대규모 사업장
• 근로자대표 또는 명예산업안전감독관을 포함하여 그가 위임하는 자 • 관리자(예산결정권자) • 정비·보수담당자 • 보건·안전담당자 • 구매담당자	• 중·소규모 사업장 추진팀원 이외 다음의 인력을 추가함 - 기술자(생산, 설계, 보수기술자) - 노무담당자 등

80
정답 ①

해설 파레토 차트(Pareto Chart)
- 가로축에 항목, 세로축에 항목별 점유비율과 누적비율로 막대 - 꺾은선 혼합 그래프를 사용한다.
- 빈도수가 큰 항목부터 차례대로 나열하는 방법이며, 소수 중점 원인을 찾기 위한 도구로써 사용된다.
- 20%의 항목이 전체의 80%를 차지한다.
- 재고관리에서는 ABC 곡선으로 부르기도 한다.

2017년 1회 기출문제 정답 및 해설

01	02	03	04	05	06	07	08	09	10
④	①	①	③	③	④	④	①	①	②
11	12	13	14	15	16	17	18	19	20
①	②	②	④	②	③	③	④	①	③
21	22	23	24	25	26	27	28	29	30
②	①	①	③	④	④	③	①	②	④
31	32	33	34	35	36	37	38	39	40
②	④	③	③	②	①	③	④	②	①
41	42	43	44	45	46	47	48	49	50
④	②	④	①	③	①	③	①	①	④
51	52	53	54	55	56	57	58	59	60
②	④	③	③	④	③	②	②	①	②
61	62	63	64	65	66	67	68	69	70
①	②	②	④	④	③	②	②	③	③
71	72	73	74	75	76	77	78	79	80
④	①	④	①	③	②	①	④	②	③

1과목 인간공학개론

01
정답 ④
해설 고령자를 위한 표시장치는 가능한 간략한 묘사와 간략한 정보를 제공한다.

02
정답 ①
해설 C/R비 = $\dfrac{조종장치의 이동거리}{표시장치의 이동거리}$ 이므로, C/R비가 증가하면 이동시간이 증가하고 제어시간은 감소한다.

03
정답 ①
해설 양립성의 종류는 운동적 양립성, 공간적 양립성, 개념적 양립성이다.
오답체크 사회적 양립성, 주의 양립성

04
정답 ③
해설
- 시각적 표시장치가 유리한 경우
  - 전언이 길고, 복잡한 경우
  - 전하려는 정보를 다시 확인해야 하는 경우
  - 전언이 공간적인 위치를 다루는 경우
  - 전언이 즉각적인 행동을 요구하지 않는 경우
  - 수신자의 청각계통이 과부하 상태일 경우
  - 수신장소가 소음이 많은 경우
  - 직무상 수신자가 한 곳에 머무르는 경우
- 청각적 표시장치가 유리한 경우
  - 전언이 짧고, 간단한 경우
  - 전언이 후에 재참조되지 않는 경우
  - 전언이 시간적인 사상을 다루는 경우
  - 전언이 즉각적인 행동을 요구하는 경우
  - 수신자의 시각계통이 과부하 상태일 경우
  - 수신장소가 너무 밝거나 암조응이 요구될 경우
  - 직무상 수신자가 자주 움직이는 경우

05
정답 ③
해설
- 총평균 정보량은 각 대안으로부터 얻은 정보량에 각 대안의 발생확률을 곱하여 모두 더한다.
- 평균정보량 = $0.4 \times 1.32 + 0.6 \times 0.67 = 0.93$ bit

06
정답 ④
해설 부품(작업대 공간) 배치의 원칙
- 1순위 : 중요성의 원칙 - 시스템 목표 달성에 중요한 구성요소를 편리한 위치에 두어야 한다.
- 2순위 : 사용 빈도의 원칙 - 자주 사용되는 구성요소를 편리한 위치에 두어야 한다.
- 3순위 : 기능별 배치의 원칙 - 기능적으로 관련된(표시장치, 조종장치 등) 부품들을 모아서 배치한다.
- 4순위 : 사용 순서의 원칙 - 구성요소들 간의 관련 순서나 사용 패턴에 따라 배치해야 한다.

오답체크 작업방법의 원리, 오류방지의 원리, 검출성의 원칙, 부품 신뢰성의 원칙, 크기별 배치, 치수별 배치, 설비금액, 비용 절감

07
정답 ④
해설 폐회로(closed - loop) 시스템은 자동차 운전, 팩시밀리 등과 같이 연속적인 제어가 필요하며, 성공적으로 작동되려면 시스템이 의도한 바와 출력 사이의 오차에 관한 정보가 연속적으로 피드백되어야 한다.

08
정답 ①

해설 감각기관별 반응시간

감각기관	청각	촉각	시각	미각	통각
반응시간	0.17초	0.18초	0.2초	0.29초	0.70초

09
정답 ①

해설 고주파 대역(3,000Hz 이상) 음원의 방향을 결정하는 암시(cue) 신호는 양이간 강도차, 양이간 시간차, 양이간 위상차이다.

10
정답 ②

해설
$$dB_2 = dB_1 - 20\log\left(\frac{d_2}{d_1}\right)$$
$$= 130 - 20\log\left(\frac{100}{20}\right) = 116dB$$

11
정답 ①

해설 닐슨(Nielsen)은 사용성을 학습 용이성(learnability), 효율성(efficiency), 기억 용이성(memorability), 에러의 빈도 및 정도(error frequency and severity), 사용자의 주관적 만족도(subjective satisfaction)로 정의하였다.

오답체크 경제성, 가격 대비 성능

12
정답 ②

해설 Fitts의 법칙

- 동작(이동)시간 $MT = a + b\log_2\frac{2A}{W}$
- 표적의 폭이 작을수록, 표적 중심선까지의 이동거리가 멀수록 작업의 난이도와 소요 이동(동작)시간이 증가

13
정답 ②

해설 2가지 이상의 암호 차원을 조합하여 사용하면 정보전달이 촉진되므로 다차원 암호를 사용하여야 한다.

14
정답 ④

해설 기능적 인체치수는 상지나 하지의 운동, 체위의 움직임에 따른 상태에서 측정한 것이다.

15
정답 ②

해설 인간 - 기계 시스템에서의 기본적인 기능은 정보의 수용, 정보의 보관, 정보의 처리 및 의사결정, 행동의 4가지이다.

16
정답 ③

해설
① 원추세포는 황반(fovea) 중심에 밀집되어 있다.
② 망막의 원추세포(cone)는 색의 식별에 사용된다.
④ 근시는 수정체가 두꺼워져 먼 물체의 상이 망막 앞에 맺히는 현상을 말한다.

17
정답 ③

해설 안구의 수정체는 모양체근으로 긴장을 하면 두꺼워져 가까운 물체만 볼 수 있다.

18
정답 ④

해설 인지 특성을 고려한 설계란 인간의 정보처리능력을 고려한 설계이다.

19
정답 ①

해설 인체측정의 응용원칙은 극단치 설계, 조절식 설계, 평균치 설계이다.

오답체크 기능적 치수, 기계식 설계, 기계중심 설계, 고정치 설계, 설비기준에 의한 설계

20
정답 ②

해설 인간공학은 인간의 육체적, 생리적, 심리적 특성과 한계를 연구하고, 이를 도구, 기계, 장비, 제품, 직무, 작업장의 환경 그리고 시스템 등의 설계에 응용함으로써 사용의 편리성과 안전성, 효율성을 제고하고자 하는 학문이다. 즉, 기계와 작업환경을 인간에게 맞추는 학문이다.

2과목 작업생리학

21
정답 ②
해설 적혈구나 백혈구의 감소는 작업강도의 증가에 따른 순환기 반응과 관련이 없다.

22
정답 ①
해설 연골관절은 연골을 사이에 두고 두 뼈가 연결되는 관절로서 약간의 운동이 가능하다.

23
정답 ①
해설 무산소 대사(anaerobic)에서 충분한 산소 공급이 되지 않아 젖산이 축적된다.

24
정답 ③
해설 광도비란 주된 장소와 주변 광도의 비이다. 사무실 및 산업 상황에서의 일반적인 추천 광도비는 3:1이다.

25
정답 ④
해설 휘광원 주위를 밝게 하여 광도비를 줄이는 것은 광원으로부터의 직사휘광 처리방법이다.

26
정답 ④
해설 심박출량 = 분당 심박수 × 1회 박출량
= 70 × 70 = 4,900mL/min

27
정답 ③
해설
- 총 작업시간(분) $T = 5 \times 60 = 300$분
- 작업 중 평균 에너지소비량(kcal/min) $E = 7$kcal/min
- 권장 평균 에너지소비량 S = 남성 : 5kcal/min, 여성 : 3.5kcal/min
- 휴식시간 중의 에너지소비량 = 1.5kcal/min
- 휴식시간(분) $R = \dfrac{T(E-S)}{E-1.5}$
$= \dfrac{(5 \times 60)(7-5)}{7-1.5} = 109$분

28
정답 ①
해설 중추신경계는 반사(reflex)와 통합(integration)의 기능적 특징을 통해서 신체 활동을 조절한다.

29
정답 ②
해설 에너지대사율(RMR ; Relative Metabolic Rate)

경(輕)작업	중(中)작업	중(重)작업	초중작업
가볍다	보통이다	무겁다	아주 무겁다
0~2 RMR	2~4 RMR	4~7 RMR	7 RMR 이상

30
정답 ④
해설 뉴턴의 운동법칙 제2법칙[가속도의 법칙($F=ma$)]
힘(F)은 질량(m)과 가속도(a)에 비례한다.

31
정답 ②
해설 청력보존 프로그램 시행
㉠ 근로자가 소음작업(85dB 이상), 강렬한 소음작업 또는 충격소음작업에 종사하는 사업장
㉡ 소음으로 인하여 근로자에게 건강장해가 발생한 사업장

32
정답 ④
해설 휴대용 연삭기(그라인더), 자동식 톱은 국소진동을 일으킨다.

33
정답 ②
해설 소음에 대한 대책 중 소음원의 제거는 가장 효과적이고 적극적인 방법이다.

34
정답 ③
해설 중량물을 운반하는 작업에서 발생하는 생리적 반응은 혈압 증가, 심박수 증가, 산소소비량 증가, 혈류량의 재분배이다.

35
정답 ②
해설 수축이나 이완 시 actin이나 myosin의 길이는 변하지 않는다. 즉, A대(band)의 길이는 변하지 않는다.

36
정답 ①
해설 ② 작업시간이 경과할수록 점멸융합주파수는 낮아진다.
③ 쉬고 있을 때 점멸융합주파수는 대략 80Hz이다.
④ 마음이 긴장되었을 때나 머리가 맑을 때의 점멸융합주파수는 높아진다.

37
정답 ③

해설
- 산소소비량은 흡기량과 배기량을 측정하여 구한 것이다.
- O_2 소비량 = (흡기량 × 21%) − (배기량 × O_2%)

38
정답 ④

해설 신체와 환경 사이의 열교환 방법은 증발, 복사, 대류, 전도의 4가지이다.

39
정답 ②

해설 컴퓨터단말기(VDT) 작업의 사무환경을 위한 추천 조명은 300~500Lux이다.

40
정답 ①

해설 등척성 수축이란 근육의 길이가 일정한 상태에서 힘을 발휘한다.

3과목 산업심리학 및 관계법규

41
정답 ④

해설 신뢰성이 높은 순서
Phase Ⅲ > Phase Ⅱ > Phase Ⅰ > Phase Ⅳ > Phase 0

42
정답 ②

해설 피해자 측이 가해자 측의 과실을 입증하지 않더라도 어느 정도의 손해배상을 받을 수 있다.

43
정답 ④

해설 특성이론(Traits Theory)에서는 성공적인 리더가 높은 지능, 강한 의지, 기회 포착 능력, 추진력, 협동성 등에서 탁월해야 한다고 본다. 상사에 대한 강한 동일 의식은 해당되지 않는다.

44
정답 ①

해설 직무속도는 스트레스를 증가시키고 피로를 유발한다.

45
정답 ③

해설 휴먼에러의 배후요인 4M은 인간(Man), 기계(Machine), 매체(Media), 관리(Management)이다.

오답체크 Material, Motive, Movement

46
정답 ①

해설 작업동기 이론들의 상호 관련성 비교

매슬로우의 욕구 5단계	알더퍼 ERG이론	허즈버그 2요인이론	맥그리거 X, Y이론	맥클랜드의 성취동기이론
1단계 : 생리적 욕구	존재욕구	위생요인	X이론	−
2단계 : 안전의 욕구	존재욕구	위생요인	X이론	
3단계 : 사회적 욕구	관계욕구	동기요인	Y이론	친화욕구
4단계 : 존경의 욕구	성장욕구	동기요인	Y이론	권력욕구
5단계 : 자아실현의 욕구	성장욕구	동기요인	Y이론	성취욕구

47
정답 ③

해설 라인 − 스탭형(line − staff형, 직계 참모형 조직)
- 안전보건 업무를 전담하는 스태프를 별도로 두고 또 생산라인에는 그 부서의 장으로 하여금 계획된 생산라인의 안전관리조직을 통하여 실시하도록 한 조직 형태이다.
- 안전에 대한 책임과 권한이 라인 관리감독자에게도 부여되며, 1,000명 이상의 대규모 사업장에 적합한 조직 형태이다.

48
정답 ①

해설
- 통제있는 집단행동[규칙이나 규율과 같은 룰(rule)이 존재]
  - 관습(Custom) : 풍습(folkways), 도덕규범, 예의, 금기(taboo) 등
  - 제도적 행동(Institutional Behavior) : 합리적으로 집단 구성원의 행동을 통제하고 표준화함으로써 집단의 안정을 지키려는 것
  - 유행(Fashion) : 집단 내의 공통적인 행동 양식이나 태도 등
- 비통제의 집단행동(구성원 간의 정서, 감정에 좌우되고 연속성이 희박)
  - 군중(Crowd) : 구성원 사이의 지위나 역할의 분화가 없고, 구성원 각자는 책임감을 가지지 않으며, 비판력도 가지지 않음
  - 모브(mob) : 폭동과 같은 것을 말하며 군중보다 한층 합의성이 없고, 이성적 판단보다는 감정에 의해 좌우되며 공격적임
  - 패닉(panic) : 이상적인 상황하에서 모브(mob)가 공격적인 데 비하여, 패닉(panic)은 방어적인 것이 특정
  - 심리적 전염 : 어떤 사상이 상당한 기간에 걸쳐서 광범위하게 논리적, 사고적 근거 없이 무비판적으로 받아들여짐

49
정답 ①
해설 재해 발생 형태는 낙하이다.

50
정답 ④
해설 선택반응시간은 여러 개의 자극을 제시하고, 각각에 대한 서로 다른 반응을 할 과제를 준 후에 자극이 제시되어 반응할 때까지의 시간이다.

51
정답 ②
해설 하인리히의 도미노 이론(사고연쇄성)
- 1단계(유전적 요인과 사회적 환경) : 간접 원인
- 2단계(개인적 결함, 선천적·후천적 인적 결함) : 간접 원인
- 3단계(불안전 행동 및 불안전 상태) : 직접 원인
- 4단계 : 사고
- 5단계 : 재해

※ 제어의 부족이나 기본 원인은 버드의 최신 도미노 이론(신연쇄성이론)이다.

52
정답 ④
해설
- 평균강도율은 재해 1건당 근로손실일수를 말한다.
- 평균강도율 = $\dfrac{\text{환산강도율}(S)}{\text{환산도수율}(F)} = \dfrac{\text{강도율}}{\text{도수율}} \times 1,000$
  $= \dfrac{4}{40} \times 1,000 = 100$

53
정답 ③
해설 스트레스가 너무 낮거나 너무 높아질 경우에는 부정적 스트레스(역기능)로 작용하여 업무성과가 낮아진다.

54
정답 ③
해설 FMEA(Failure Mode & Effect Analysis)는 정성적, 귀납적 분석방법이다.

55
정답 ④
해설 리더십 권한

	보상적 권한	부하직원들을 승진시킬 수 있고 봉급을 인상해 주는 등의 능력
조직이 리더에게 부여한 권한	강압적 권한	구성원을 징계 또는 처벌할 수 있는 권한
	합법적 권한	조직 내의 공식적인 지위에서 비롯된 권한
리더 자신이 자신에게 부여한 권한	전문성의 권한	리더가 전문적이고 깊이 있는 지식과 재능을 가질 때 발생하는 권한
	위임된 권한	부하직원들이 상사를 존경하여 스스로 따른다고 할 때 상사에게 부여되는 권한

56
정답 ③
해설 작업자의 작업능률은 물리적인 작업조건보다는 작업자의 인간관계에 영향을 더 많이 받는다.

57
정답 ②
해설 인간행동 분류에 기초한 인간오류는 지식기반 에러(knowledge-based error), 규칙기반 에러(rule-based error), 숙련(기능)기반 에러(skill-based error)이다.

58
정답 ②
해설 억측 판단은 보행 신호등이 막 바뀌어도 자동차가 움직이기까지는 아직 시간이 있다고 스스로 판단하여 건널목을 건너는 것과 같은 부주의 행위이다.

59
정답 ①
해설 사고발생의 처리과정 중 긴급조치
㉠ 피재기계의 정지
㉡ 피재자의 구조
㉢ 피재자의 응급처치
㉣ 관계자에게 통보
㉤ 2차 재해 방지
㉥ 현장 보존

60
정답 ②
해설 부분적 요원 중복을 고려하는 경우 가중평균을 사용한다.
- 혼자 있는 기간 40%(0.4)
- 중복기간 60%(0.6)
- 혼자 있는 기간의 신뢰도 = 0.8
- 중복기간의 신뢰도 = 1 - (1 - 0.8)(1 - 0.8) = 0.96
- 조의 인간신뢰도 = 0.8 × 0.4 + 0.96 × 0.6 = 0.896

4과목 근골격계질환 예방을 위한 작업관리

61
정답 ①
해설 사업주는 유해요인조사에 근로자대표 또는 해당 작업 근로자를 참여시켜야 한다.

62
정답 ②
해설 RULA는 어깨, 팔목, 손목, 목 등 상지(upper limb)에 초점을 맞추어서 자동차 공장의 작업자에 대한 근골격계질환 유해요인 평가에 적절하다.

63
정답 ②
해설
- $t = t_{n-1, \alpha/2} = 2$
- $I = $ 평균 × 상대허용오차 $= 0.5 \times 0.05$
- $N = \dfrac{t^2 \times s^2}{I^2} = \left(\dfrac{2.06 \times 0.09}{0.5 \times 0.05}\right)^2 = 54.997(55회)$

64
정답 ④
해설 미리놓기(PP)는 효율적 서블릭이다.

65
정답 ④
해설
- 공학적 개선은 설비나 작업방법, 작업도구 등을 개선하는 방법이다.
  - 작업자의 신체에 맞는 작업장 개선
  - 중량물 작업개선을 위하여 호이스트를 도입
  - 로봇을 도입하여 수작업을 자동화
  - 작업피로감소를 위하여 바닥을 부드러운 재질로 교체
- 관리적 개선은 회사 조직차원의 관리적 측면에서 개선하는 방법이다.
  - 적절한 작업자의 선발
  - 작업자의 교육 및 훈련
  - 작업자의 작업속도 조절(컨베이어의 속도를 재설정)
  - 위험표지 부착
  - 작업의 다양성 제공(작업순환, 작업확대), 작업자 교대

66
정답 ③
해설
① 좌식작업대의 높이는 동작이 큰 작업에는 팔꿈치의 높이보다 약간 낮게 설계한다.
② 입식작업대의 높이는 경작업의 경우 팔꿈치의 높이보다 5~10cm 정도 낮게 설계한다.
④ 입식작업대의 높이는 정밀작업의 경우 팔꿈치의 높이보다 5~10cm 정도 높게 설계한다.

67
정답 ②
해설
① 사후조치보다는 예방이 최선의 정책이다.
③ 관리적 개선도 고려한다.
④ 사업장 근골격계 예방정책에 전사적 참여가 중요하다.

68
정답 ②
해설 파레토 차트(Pareto Chart)
- 가로축에 항목, 세로축에 항목별 점유비율과 누적비율로 막대 - 꺾은선 혼합 그래프를 사용한다.
- 빈도수가 큰 항목부터 차례대로 나열하는 방법이며, 소수 중점 원인을 찾기 위한 도구로써 사용된다.
- 20%의 항목이 전체의 80%를 차지한다.
- 재고관리에서는 ABC 곡선으로 부르기도 한다.

69
정답 ③
해설
① 시간연구법보다 정확성이 떨어진다.
② 자료수집이나 분석에 필요한 순수시간이 다른 시간 연구방법에 비하여 짧다.
④ 작업주기가 길고 비반복적인 작업에 이용된다.

70
정답 ③
해설 외상과염(테니스엘보)은 팔꿈치부위와 관련된 질환이다.

71
정답 ④
해설
- 100개에 대한 총 작업시간 $= (3 \times 100) + 60 = 360$분
- 개당 작업시간 $= 360$분$/100$개 $= 3.6$분

72
정답 ①
해설 근골격계질환의 발생에 기여하는 작업적 유해요인은 반복적인 동작, 부적절한 작업자세, 과도한 힘의 사용, 날카로운 면과의 접촉, 전신 또는 국소진동, 휴식시간의 부족, 온도·조명 등 기타요인이다.

오답체크 개인보호장구의 미착용, 고온의 작업환경, 불규칙한 수면시간, 야간 교대작업, 넘어짐

73
정답 ④
해설 Network Diagram은 문제분석도구이다.

74
정답 ①
해설 동작경제의 원칙은 신체사용에 관한 원칙, 작업장의 배치에 관한 원칙, 공구 및 설비 디자인에 관한 원칙이다.

75
정답 ③
해설 R(Reach)는 손뻗침을 의미한다.
① P(Position) : 정치
② M(Move) : 운반
④ AP(Apply Pressure) : 누름

76
정답 ②
해설
- 총작업시간 $\sum t_i = 10+20+30+40 = 100$
- 공정수 $m = 4$
- 주기시간(공정 중 가장 긴 작업시간) $t_{max} = 40$
- 공정효율 $= \dfrac{\text{총작업시간}}{\text{공정수} \times \text{주기시간}}$
  $= \dfrac{100}{4 \times 40} = 0.625 (62.5\%)$

77
정답 ①
해설 허리를 곧게 유지하고 무릎을 구부려서 들도록 한다.

78
정답 ④
해설 근골격계질환 예방관리 프로그램 수립·시행
  ㉠ 근골격계질환으로 관련 법령에 따라 업무상 질병으로 인정받은 근로자가 연간 10명 이상 발생한 사업장
  ㉡ 근골격계질환으로 관련 법령에 따라 업무상 질병으로 인정받은 근로자가 5명 이상 발생한 사업장으로서 발생 비율이 사업장 근로자 수의 10% 이상인 경우
  ㉢ 근골격계질환 예방과 관련하여 노사 간 이견(異見)이 지속되는 사업장으로서 고용노동부장관이 필요하다고 인정하여 근골격계질환 예방관리 프로그램을 수립하여 시행할 것을 명령한 경우

79
정답 ①
해설 작업개선의 4원칙(ECRS 원칙)
- Eliminate(제거) : 이 작업은 꼭 필요한가?, 제거할 수는 없는가? 가장 우선적 고려대상이다.
- Combine(결합) : 이 작업을 다른 작업과 결합시키면 더 나은 결과가 생길 것인가?
- Rearrange(재배열) : 작업순서를 바꾸면 효율적인가?
- Simplify(단순화) : 단순화할 수 있는가?

80
정답 ③
해설 유통공정도(흐름공정도, Flow Process Chart)는 공정 중에 발생하는 모든 작업·검사·운반·저장·정체 등이 도식화된 것이다. 모든 사건을 기록함으로써 생산이나 작업과정의 순서를 설명하고, 소요시간과 운반거리도 함께 표현한다. 생산공정에서 발생하는 잠복비용(hidden cost)을 감소시키고, 사고의 원인을 파악하는 데 사용된다.

2017년 3회 기출문제 정답 및 해설

01	02	03	04	05	06	07	08	09	10
②	④	④	②	②	②	④	③	④	①
11	12	13	14	15	16	17	18	19	20
①	①	③	①	①	①	①	②	③	④
21	22	23	24	25	26	27	28	29	30
④	③	①	③	③	②	①	②	④	②
31	32	33	34	35	36	37	38	39	40
②	②	①	②	③	③	①	④	②	①
41	42	43	44	45	46	47	48	49	50
②	②	③	②	③	①	③	②	③	②
51	52	53	54	55	56	57	58	59	60
②	③	④	①	③	②	④	①	③	①
61	62	63	64	65	66	67	68	69	70
④	①	①	②	②	④	④	④	①	②
71	72	73	74	75	76	77	78	79	80
③	③	④	③	①	③	④	③	②	②

1과목 인간공학개론

01
정답 ②
해설 은폐효과(차폐, Masking Effect)는 하나의 소리가 다른 소리의 청각 감지를 방해하는 현상으로 즉, 음에 의한 회화 방해현상과 같이 한 음의 가청 역치가 다른 음 때문에 높아지는 현상이다.

02
정답 ④
해설 시식별에 영향을 주는 조건은 조도, 대비, 휘도비, 반사율, 노출시간, 물체의 크기, 과녁의 이동, 광도비, 개인차(시력) 등이다.
오답체크 온·습도, 최소분간시력, 표적의 형태 등

03
정답 ④
해설 암호화(코딩)의 원칙
- 암호의 검출성 : 사람이 감지(검출이 가능)할 수 있는 종류의 것이어야 한다.
- 다차원 암호 사용 : 두 가지 이상의 암호 차원을 조합하여 사용하면 정보전달이 촉진된다(음성+시각+촉각).
- 암호의 양립성 : 자극과 반응 간의 관계가 인간의 기대와 모순되지 않아야 한다.
- 암호의 변별성 : 모든 암호 표시는 감지장치에 의하여 다른 암호 표시와 구별될 수 있어야 한다.
- 암호의 표준화 : 암호는 일관성이 있어야 한다.
- 부호의 의미 : 사용자가 그 뜻을 알 수 있어야 한다.

04
정답 ②
해설 시각과 청각 입력이 시배분될 경우에는 청각경로가 시각경로보다 우월하다.

05
정답 ②
해설 인체측정의 응용원칙은 극단치 설계, 조절식 설계, 평균치 설계이다.
오답체크 기능적 치수, 기계식 설계, 기계 중심 설계, 고정치 설계, 설비기준에 의한 설계

06
정답 ②
해설 대안의 수가 N개이고 그 발생확률이 모두 동일한 경우 정보량 $H = \log_2 N = \log_2 \left(\dfrac{1}{p}\right)$

07
정답 ④
해설 부품(작업대 공간) 배치의 원칙
- 1순위 : 중요성의 원칙 - 시스템 목표 달성에 중요한 구성요소를 편리한 위치에 두어야 한다.
- 2순위 : 사용 빈도의 원칙 - 자주 사용되는 구성요소를 편리한 위치에 두어야 한다.
- 3순위 : 기능별 배치의 원칙 - 기능적으로 관련된(표시장치, 조종장치 등) 부품들을 모아서 배치한다.
- 4순위 : 사용 순서의 원칙 - 구성요소들 간의 관련 순서나 사용 패턴에 따라 배치해야 한다.

오답체크 작업방법의 원리, 오류 방지의 원리, 검출성의 원칙, 부품 신뢰성의 원칙, 크기별 배치, 치수별 배치, 설비금액, 비용 절감

08
정답 ③
해설 기계의 효율과 같은 경제적 원칙보다 인간의 심리와 기능을 우선적으로 고려하여야 한다.

09
정답 ④
해설 신체측정치는 나이, 성, 인종에 따라 다르게 나타난다.

10
정답 ①
해설 실수는 상황이나 목표의 해석은 제대로 하였으나 의도와는 다른 행동을 하는 경우이다.

11
정답 ①
해설 청각이 후각보다 반응속도가 더 빠르다.

12
정답 ①
해설 $1 - \beta$를 검출력(power)이라고 한다.

13
정답 ③
해설 점광원에서 어떤 물체나 표면에 도달하는 빛의 양을 의미한다. 즉, 어떤 물체나 표면에 도달하는 빛의 단위 면적당 밀도를 조도라 한다.

14
정답 ③
해설 인간공학과 병리학은 관련이 없다.

15
정답 ①
해설 눈금 단위의 길이는 정상조명하에서 71cm를 기준으로 1.3mm이다. 따라서 비례식에 의해 5m(500cm)의 경우는
$71 : 1.3 = 500 : x \rightarrow x = 9.15\text{mm}$

16
정답 ①
해설 작업장 설계 시 고려사항
- 1순위 : 주된 시각적 임무
- 2순위 : 주 시각 임무와 상호작용하는 주 제어장치
- 3순위 : 제어장치와 표시장치와의 관계
- 4순위 : 순서적으로 사용되는 부품의 배치
- 5순위 : 자주 사용되는 부품을 편리한 위치에 배치
- 6순위 : 체계 내 혹은 다른 체계의 여타 배치와 일관성 있게 배치

17
정답 ①
해설 $sone = 2^{(phon-40)/10} = 2^{(20-40)/10} = 2^{-2} = 0.25$

18
정답 ②
해설 신호의 유무를 판정함에 있어 4가지의 반응 대안

판정 \ 자극	소음(N)	신호(S)
신호없음(N)	잡음을 제대로 판정 (Correct Rejection)	신호검출실패(Miss) (제2종오류)
신호발생(S)	허위경보(False Alarm) (제1종오류)	긍정(Hit)

19
정답 ③
해설 C/R비 = $\dfrac{\text{조종장치의 이동거리}}{\text{표시장치의 이동거리}} = \dfrac{20}{5} = 4$

20
정답 ④
해설 노먼(Norman)의 설계원칙은 가시성(visibility)의 원칙, 양립성(compatibility)의 원칙, 행동유도성(affordance), 피드백(feedback)의 원칙이다.

2과목 작업생리학

21
정답 ④
해설 ㉠ 힘의 평형
$W_E = W_1 + W_2 = 98 + 15.7 = 113.7 N$
㉡ 모멘트 평형
$35.5\text{cm} = 0.355\text{m}, \ 17.2\text{cm} = 0.172\text{m}$이므로
$M_E = (98 \times 0.355) + (15.7 \times 0.172) = 37.5 N \cdot m$

22
정답 ③
해설 광원의 휘도를 줄이고 수를 늘린다.

23
정답 ①
해설 2조 2교대보다 4조 3교대가 바람직하며, 8시간 교대제가 적당하다.

24
정답 ③
해설 소음작업이란 1일 8시간 작업을 기준으로 85dB 이상의 소음이 발생하는 작업이다.

25
정답 ③
해설 골격근의 기본구조는 근섬유(muscle fiber)이다.

26
정답 ②
해설 나이를 먹거나 현대 문명의 정상적인 압박이나 비직업적 소음으로부터의 영향은 4,000Hz에서 가장 크다.

27
정답 ②
해설 NASA-TLX는 6가지 척도에 대해 0에서 100점 사이의 점수를 임의로 할당한다. 그러나 운동 자각도(Borg's RPE Scale)는 작업자들이 주관적으로 지각한 신체적 노력의 정도를 6~20 사이의 척도로 평정한다.

28
정답 ④
해설 동심성(구심성) 수축은 장력이 활발하게 생기는 동안 근육이 가시적으로 단축되는 수축이다.

29
정답 ②
해설 고온 환경에 노출되면 땀을 분비해서 증발시킴으로써 체온이 내려가는 발한이 시작된다.

30
정답 ①
해설 산소 빚(산소 부채)은 인체 활동이나 작업종료 후에도 체내에 쌓인 젖산을 제거하기 위해 추가적으로 산소가 더 필요하게 되는 것을 말한다.

31
정답 ②
해설 경첩관절은 한쪽 방향으로만 움직일 수 있으며, 팔굽관절(주관절), 슬관절(무릎관절), 손가락 뼈 사이 관절 등이다.

32
정답 ②
해설 40세가 지나면 서서히 근력이 감소하기 시작한다.

33
정답 ①
해설 에너지소비량에 영향을 미치는 인자는 작업속도, 작업자세, 작업방법, 작업도구이며, 이 중에서 쪼그려 앉아 들기와 등을 굽혀 들기는 작업자세와 관련이 있다.

34
정답 ③
해설 1리터의 산소소비는 5kcal의 에너지소비와 같다.

35
정답 ④
해설 휴대용 연삭기(그라인더), 자동식 톱은 국소진동을 일으킨다.

36
정답 ③
해설 오른손의 위치동작은 우상-좌하(↙)방향의 시간이 짧고 정확도가 높다.

37
정답 ①
해설 조도 = $\dfrac{광량}{(거리)^2} = \dfrac{200}{2^2} = 50$

38
정답 ④
해설 의식수준

단계	의식상태	행동상태	뇌파형태
Phase 0 (제0단계)	무의식, 실신	숙면상태, 뇌발작	δ파 4Hz 미만
Phase I (제I단계)	정상 이하, 의식흐림	피로, 단조로움, 의식이 멍하고 졸음	θ파 4~8Hz
Phase II (제II단계)	정상, 이완상태, 느긋한 기분	안정파, 휴식, 정상작업	α파 8~14Hz
Phase III (제III단계)	정상, 상쾌한 상태, 분명한 의식	판단을 동반한 행동, 적극적 활동	β파 14~30Hz
Phase IV (제IV단계)	과긴장, 흥분상태	과도로 긴장, 긴급방위반응, 감정 흥분시 당황한 상태	γ파 30Hz 이상

39
정답 ②
해설 호흡기의 기능은 가스교환(산소 공급, 이산화탄소 제거), 영양물질 운반, 흡입된 이물질 제거 등이다.

40
정답 ①
해설 육체 활동에 따른 에너지소비량은 ① 10.2kcal/min, ② 8.0kcal/min, ③ 6.8kcal/min, ④ 4kcal/min이다.

3과목 산업심리학 및 관계법규

41
정답 ②
해설 사고의 특성은 사고의 시간성, 우연성 중의 법칙성, 필연성 중의 우연성, 사고의 재현 불가능성이다.

42
정답 ②
해설 일반적으로 외적 통제자들은 내적 통제자들보다 스트레스를 많이 받는다.

43
정답 ③
해설 관료주의는 규모가 크고 복잡한 계층구조를 갖는다.

44
정답 ③
해설 인간성능은 각성수준(arousal level)이 낮을수록 저하된다.

45
정답 ①
해설
- OR Gate : 입력사상 중 어느 하나라도 발생하면 출력사상이 발생한다.
- AND Gate : 모든 입력이 동시에 발생해야만 출력사상이 발생한다.

46
정답 ②
해설 관리격자(관리그리드, management grid mode) 이론
- (1, 1)형 : 과업과 인간관계 유지 모두에 관심을 갖지 않는 무관심형
- (9, 1)형 : 과업에 대한 관심은 높으나 인간에 대한 관심은 낮은 과업형
- (1, 9)형 : 인간에 대한 관심은 높으나 과업에 대한 관심은 낮은 인기형
- (5, 5)형 : 과업과 인간관계 유지 모두에 적당한 정도의 관심을 갖는 중도형(타협형)
- (9, 9)형 : 과업과 인간관계 유지 모두에 관심이 높은 이상형으로서 팀형

47
정답 ④
해설 '생리적 욕구 → 안전 욕구 → 사회적 욕구 → 존경의 욕구 → 자아실현의 욕구'로 진행된다.

48
정답 ④
해설 회피는 자신의 이익이나 상대방의 이익에 모두 무관심함으로써 갈등상황을 회피하는 방법이다.

49
정답 ③
해설 각 작업에는 그에 적정한 지능수준이 존재한다.

50
정답 ④
해설 불안전한 행동 및 상태는 사고 및 재해의 직접 원인으로 작용한다.

51
정답 ②
해설 리더십과 헤드십의 구분

구분	리더십	헤드십
권한행사 및 부여	구성원의 동의에 의해 선출된 지도자	외부로부터 임명된 헤드
권한근거	개인능력	법적 또는 공식적
상관과 부하와의 관계	개인적인 경향	지배적
책임귀속	상사와 부하	상사
부하와의 사회적 간격	좁음	넓음
지위형태	민주주의적	권위주의적
권한귀속	집단목표에 기여한 공로 인정	공식화된 규정에 의함

52
정답 ③
해설
- 강도율 = $\dfrac{근로손실일수}{연근로시간수} \times 1,000$
- $\dfrac{근로손실일수}{1,000 \times 2,400} \times 1,000 = 6$
- 근로손실일수 = 1,440일

53
정답 ④
해설 뇌전도(EEG)는 대뇌피질의 활성 정도를 측정하는 방법이다.

54
정답 ①
해설 사고는 근무연수에 따른 변화가 크지 않다.

55
정답 ②
해설 똑같은 작업 스트레스에 노출되더라도 개인들은 스트레스에 대한 지각과 반응하는 방식에 차이가 있으며 이를 중재 요인(개인적 요인, 조직 외 요인 및 완충작용 요인)이라고 한다.

56
정답 ④

해설 이산적 직무
- 인간실수의 수 = 1,000 − 200 = 800
- 전체 실수 발생 기회의 수 = 5,000
- 휴먼에러 확률 $HEP = \dfrac{인간의\ 실수\ 수}{전체\ 실수\ 발생\ 기회의\ 수}$
$= \dfrac{800}{5,000} = 0.16$
- 휴먼에러를 범하지 않을 확률(신뢰도)
= 1 − 0.16 = 0.84

57
정답 ①

해설 휴먼에러의 예방대책은 일반적 고려사항 및 대책, 인적 요인에 대한 대책, 설비 및 작업환경적 요인에 대한 대책, 관리 요인에 의한 대책 등이 있다.

58
정답 ①

해설 새로운 작업을 수행할 때 근로자의 실수를 예방하고 정확한 동작을 위해 다양한 조건에서 연습한 결과로 나타나는 것은 상기 스키마이다.

59
정답 ③

해설 작업자의 작업능률은 물리적인 작업조건보다는 작업자의 인간관계에 영향을 더 많이 받는다.

60
정답 ①

해설 사업주는 근로자가 5킬로그램 이상의 중량물을 인력으로 들어올리는 작업을 하는 경우에 다음 각 호의 조치를 해야 한다.
- 주로 취급하는 물품에 대하여 근로자가 쉽게 알 수 있도록 물품의 중량과 무게중심에 대하여 작업장 주변에 안내표시를 할 것
- 취급하기 곤란한 물품은 손잡이를 붙이거나 갈고리, 진공빨판 등 적절한 보조도구를 활용할 것

4과목 근골격계질환 예방을 위한 작업관리

61
정답 ④

해설 REBA는 다양한 작업자세의 신체 전반에 대한 부담 정도를 분석하는 데 적합하다.

62
정답 ①

해설 표준자료 작성의 초기비용이 크므로, 생산량이 적거나 제품의 변동이 클 때는 부적당하다.

63
정답 ①

해설 이론적 기계대수 $n = \dfrac{(a+t)}{(a+b)}$

64
정답 ②

해설 $n = \dfrac{u_{1-\alpha/2}^2 \times p(1-p)}{e^2}$
$= \dfrac{2.58^2 \times 0.06(1-0.06)}{0.01^2} = 3,754.2(3,755회)$

65
정답 ①

해설 공정도 기호
- ○ : 작업(가공)
- ⇨ : 운반
- D : 정체
- ▽ : 저장
- □ : 검사

66
정답 ②

해설 작업개선의 4원칙(ECRS 원칙)
- Eliminate(제거) : 이 작업은 꼭 필요한가?, 제거할 수는 없는가? 가장 우선적 고려대상이다.
- Combine(결합) : 이 작업을 다른 작업과 결합시키면 더 나은 결과가 생길 것인가?
- Rearrange(재배열) : 작업순서를 바꾸면 효율적인가?
- Simplify(단순화) : 단순화할 수 있는가?

67
정답 ④

해설 들기 자세는 HM(수평계수), VM(수직계수), DM(거리계수), AM(비대칭계수, 상체의 비틀림 각도), FM(빈도계수), CM(결합계수)의 6가지 요인으로 계산한다.

68
정답 ④
해설 특성 요인도(cause-and-effect diagram)
- 원인결과도라고도 한다.
- 결과에 영향을 미치는 크고 작은 요인들을 계통적으로 파악하기 위한 작업분석 도구이다.
- 바람직하지 못한 사건이나 문제의 결과를 물고기의 머리로 표현하고 그 결과를 초래하는 원인을 인간, 기계, 방법, 자재, 환경 등의 종류로 구분하여 표시한다.

69
정답 ①
해설 수근관 증후군 및 바를텐베르그 증후군은 손과 손목 부위, 추간판 탈출증은 허리 부위와 관련된 질환이다.

70
정답 ②
해설 표준시간(내경법)
- ST = 정미시간 + 여유시간 = $(1 \times 1.2) + 0.05 = 1.25$
- 여유율 = $\dfrac{여유시간}{표준시간} = \dfrac{0.05}{1.25} = 0.04(4\%)$

71
정답 ③
해설 공정별 배치는 전문적인 작업지도가 용이하다.

72
정답 ③
해설 사업주는 근로자가 근골격계 부담작업을 하는 경우에 3년마다 유해요인조사를 하여야 한다. 다만, 신설되는 사업장의 경우에는 신설일부터 1년 이내에 최초의 유해요인조사를 하여야 한다.

73
정답 ③
해설 평준화법(leveling)은 Westing house system이라고도 하며, 작업속도에 미치는 변동요인으로 숙련도, 노력도, 작업환경, 작업의 일관성의 4가지가 있다.

74
정답 ④
해설 근골격계질환의 원인은 작업 특성 요인, 개인적 특성 요인, 사회 심리적인 요인이다.

75
정답 ①
해설 산업재해보상 보험의 가입은 사후 대책이다.

76
정답 ③
해설 예방·관리 추진팀의 역할
- 예방·관리 프로그램의 수립 및 수정에 관한 사항을 결정한다.
- 예방·관리 프로그램의 실행 및 운영에 관한 사항을 결정한다.
- 교육 및 훈련에 관한 사항을 결정하고 실행한다.
- 유해요인 평가 및 개선계획의 수립과 시행에 관한 사항을 결정하고 실행한다.
- 근골격계질환자에 대한 사후조치 및 근로자 건강보호에 관한 사항 등을 결정하고 실행한다.
※ 근골격계질환의 증상·유해요인 보고 및 대응체계를 구축은 사업주의 역할이다.

77
정답 ④
해설 기본형 5단계의 절차
연구대상의 선정 → 현 작업방법의 분석 → 분석 자료의 검토 → 개선안의 수립 → 개선안의 도입

78
정답 ③
해설 스패너에 손을 뻗치는 동작은 빈손 이동(TE)이다.

79
정답 ②
해설 단순반복동작을 줄이거나 제거한다.

80
정답 ②
해설 ① 공구 및 설비의 디자인에 관한 원칙
③, ④ 신체의 사용에 관한 원칙

2018년 1회 기출문제 정답 및 해설

01	02	03	04	05	06	07	08	09	10
④	④	②	①	④	③	③	③	①	④
11	12	13	14	15	16	17	18	19	20
②	②	①	④	②	③	①	②	②	③
21	22	23	24	25	26	27	28	29	30
④	①	②	①	②	①	②	①	②	④
31	32	33	34	35	36	37	38	39	40
①	②	③	④	②	④	③	③	③	③
41	42	43	44	45	46	47	48	49	50
①	③	④	①	①	③	②	④	①	④
51	52	53	54	55	56	57	58	59	60
③	②	②	④	④	②	④	③	①	②
61	62	63	64	65	66	67	68	69	70
④	②	④	②	④	①	①	②	②	④
71	72	73	74	75	76	77	78	79	80
②	②	①	③	①	③	①	③	③	③

1과목 인간공학개론

01
정답 ④
해설 청각의 특성 중 2개음 사이의 진동수 차이가 33Hz 이상이 되면 울림(beat)이 들리지 않고 각각 다른 두 개의 음으로 들린다.

02
정답 ④
해설 부품(작업대 공간)배치의 원칙
- 1순위 : 중요성의 원칙 - 시스템 목표 달성에 중요한 구성요소를 편리한 위치에 두어야 한다.
- 2순위 : 사용 빈도의 원칙 - 자주 사용되는 구성요소를 편리한 위치에 두어야 한다.
- 3순위 : 기능별 배치의 원칙 - 기능적으로 관련된(표시장치, 조종장치 등) 부품들을 모아서 배치한다.
- 4순위 : 사용 순서의 원칙 - 구성요소들 간의 관련 순서나 사용 패턴에 따라 배치해야 한다.

오답체크 작업방법의 원리, 오류 방지의 원리, 검출성의 원칙, 부품 신뢰성의 원칙, 크기별 배치, 치수별 배치, 설비 금액, 비용 절감

03
정답 ②
해설
① 잔상은 감각저장의 일종이다.
③ 단기기억을 작업기억이라고도 한다.
④ 정보를 수 초 동안 기억하는 것은 감각저장이다.

04
정답 ①
해설 평가척도(기준)의 요건
- 실제성 : 현실성을 가지며, 실질적으로 이용하기 쉽다.
- 타당성(적절성) : 측정하고자 하는 평가척도가 시스템의 목표를 반영하는 정도로, 측정하고자 하는 바를 얼마나 정확하게 측정하였는가를 평가하는 척도이다.
- 무오염성(순수성) : 기준 척도는 측정하고자 하는 변수 이외에 다른 변수의 영향을 받아서는 안 된다.
- 신뢰성 : 반복 실험 시 재현성(반복성)이 있어야 한다.
- 민감도 : 실험 변수 수준 변화에 따라 척도의 값의 차이가 존재하는 정도로, 차이에 비례하는 단위로 측정이 가능해야 한다.

05
정답 ④
해설 문의 높이, 안전대의 하중강도, 비상탈출구의 크기는 최대치로 설계해야 한다.

06
정답 ③
해설 인간 - 기계 시스템에서의 기본 기능

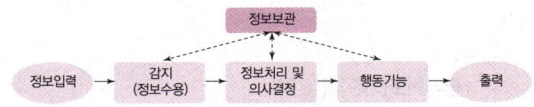

07
정답 ③
해설
- 정적 표시장치 : 도표, 지도, 표지판 등과 같이 시간에 따라 변하지 않는 것
- 동적 표시장치 : 속도계, 고도계, 온도계, 레이다 등과 같이 시간에 따라 변하는 것

08
정답 ③
해설
① C/R비가 작으면 민감한 장치이다.
② C/R비가 작은 경우에는 조종장치의 조종시간이 많이 필요하다.

④ C/R비는 조종장치의 움직인 거리를 반응장치의 움직인 거리로 나눈 값이다.

09
정답 ①
해설 휘도(Brightness)는 단위 면적당 표면에 반사 또는 방출되는 빛의 양을 의미한다.

10
정답 ④
해설 최대치 설계는 출입문, 탈출구, 통로의 공간, 침대 길이, 버스의 승객 의자 앞뒤 간격, 줄사다리의 강도 등을 정할 때 사용한다.

11
정답 ②
해설
- 1,000Hz, 100dB은 100phon이다.
- $sone = 2^{(phon-40)/10} = 2^{(100-40)/10} = 64$

12
정답 ②
해설 Just In Time(적시생산시스템)은 생산방식과 관련된 용어이다.

13
정답 ①
해설 직무에 알맞은 자극과 응답방식에 대한 것을 양식 양립성이라고 한다.

14
정답 ④
해설 감각기관별 반응시간

감각기관	청각	촉각	시각	미각	통각
반응시간	0.17초	0.18초	0.2초	0.29초	0.70초

15
정답 ②
해설 평가척도(기준)의 유형
- 체계(시스템) 기준
  - 시스템이 원래 의도한 바를 얼마나 달성하는가를 나타내는 척도
  - 생산량, 수익률, 기계 신뢰도, 보전도 등
- 작업 성능 기준
  - 작업의 결과에 관한 효율
  - 출력의 양, 출력의 질, 작업시간 등
- 인간 기준
  - 인간 성능 척도(퍼포먼스 척도) : 빈도 척도, 강도 척도, 지속성 척도, 지연성 척도 등
  - 생리학적 지표 : 심장활동 지표(심박수, 혈압 등), 호흡 지표(호흡률, 산소소비량 등), 신경 지표(뇌전위, 근육 활동 등), 감각 지표(시력, 눈 깜박이는 속도, 청력 등)
  - 주관적 반응 : 의자의 안락도 평점, 개인 성능의 평점, 체계 설계면의 대안들의 평점, 체계에 사용되는 여러 가지 다른 유형의 정보의 판단된 중요도 평점 등
  - 사고 빈도 : 주행 거리당 사상자 수

16
정답 ③
해설 청각적 표시장치가 유리한 경우
- 전언이 짧고, 간단함
- 전언이 후에 재참조되지 않음
- 전언이 시간적인 사상을 다룸
- 전언이 즉각적인 행동을 요구하는 경우
- 수신자의 시각계통이 과부하 상태일 경우
- 수신장소가 너무 밝거나 암조응이 요구될 경우
- 직무상 수신자가 자주 움직이는 경우

17
정답 ①
해설 암호화(코딩)의 원칙
- 암호의 검출성 : 주어진 상황하의 감지장치나 사람이 감지(검출)할 수 있어야 한다.
- 다차원 암호 사용 : 두 가지 이상의 암호 차원을 조합하여 사용하면 정보전달이 촉진된다(음성+시각+촉각).
- 암호의 양립성 : 자극과 반응 간의 관계가 인간의 기대와 모순되지 않아야 한다.
- 암호의 변별성 : 모든 암호 표시는 감지장치에 의하여 다른 암호 표시와 구별될 수 있어야 한다.
- 암호의 표준화 : 암호는 일관성이 있어야 한다.
- 부호의 의미 : 사용자가 그 뜻을 알 수 있어야 한다.

18
정답 ②
해설 ① 암순응 때에 원추세포는 색에 대한 감수성을 잃게 된다.
③ 밝은 곳에서 어두운 곳으로 들어갈 때 발생한다.
④ 완전 암순응에는 30~40분이 소요된다.

19
정답 ②
해설 신호 유무 판정의 4가지 반응 대안
㉠ 잡음을 제대로 판정(부정, Correct Rejection) : 신호가 없을 때 신호가 없다고 판정 P(N/N)
㉡ 허위경보(허위, False Alarm) : 신호가 없을 때 신호가 있다고 판정 P(S/N)
㉢ 신호검출 실패(누락, Miss) : 신호가 있을 때 신호가 없다고 판정 P(N/S)
㉣ 신호의 정확한 판정(긍정, Hit) : 신호가 있을 때 신호가 있다고 판정 P(S/S)

20
정답 ③

해설 ㉠ 발생 확률이 0.1과 0.9일 때 :
$$H = \sum P_i \log_2\left(\frac{1}{P_i}\right)$$
$$= 0.9 \times \log_2\left(\frac{1}{0.9}\right) + 0.1 \times \log_2\left(\frac{1}{0.1}\right) = 0.47$$

㉡ 발생 확률이 0.5로 같을 때 :
$$H = \sum P_i \log_2\left(\frac{1}{P_i}\right)$$
$$= 0.5 \times \log_2\left(\frac{1}{0.5}\right) + 0.5 \times \log_2\left(\frac{1}{0.5}\right) = 1$$

따라서 1 → 0.47 즉, 53%가 감소된다.

2과목 작업생리학

21
정답 ④

해설 초저주파 소음은 가청영역 밑의 주파수를 가진 소음이며, 일반적으로 20Hz 이하이다.

22
정답 ②

해설 식염을 많이 섭취하는 것은 고열대책이다.

23
정답 ①

해설 MAP 수준에서는 주로 무기성(혐기성) 에너지대사가 일어나며, 젖산이 축적된다.

24
정답 ②

해설 근전도(EMG)는 육체적인 작업을 할 경우 신체의 국소적인(특정 부위) 근육활동의 전위차를 측정하며, 육체적 활동의 정적 부하에 대한 스트레인(strain)을 측정하는 데 가장 적합하다.

25
정답 ①

해설 무중력 상태에 있거나 오랜 기간 침상 생활을 하던 환자가 뼈량의 감소로 쉽게 골절이 일어나는 이유는 뼈의 재형성 기능과 관계된다.

26
정답 ①

해설 연축이 일어나는 과정은 '근섬유의 자극 → 활동전압 → 흥분수축 연결 → 근원섬유의 수축'이다.

27
정답 ②

해설 몸통의 지주를 이루는 척추는 26개의 뼈로 구성되며, 경추(7개), 흉추(12개), 요추(5개), 천골, 미골로 되어 있다.

28
정답 ①

해설 근력이란 한 번의 수의적인 노력에 의하여 근육이 등척적으로 낼 수 있는 힘의 최댓값이다.

29
정답 ④

해설 능동적 힘은 안정길이보다 짧아진 상태에서 발생하며, 수동적인 힘은 안정길이보다 길어진 상태에서 발생한다.

30
정답 ④

해설 전신진동의 진동수가 4~10Hz일 때 흉부와 복부의 고통을 호소하며, 60~90Hz에서 안구에 공명이 발생한다.

31
정답 ①

해설 자율신경계의 길항작용

구분	심박수	심수축력	동공	방광	소화운동	침분비
교감신경	증가	증가	확장	이완	억제	억제
부교감신경	감소	감소	축소	수축	촉진	촉진

32
정답 ②

해설
- 총 작업시간(분) $T = 4 \times 60 = 240$분
- 작업 중 에너지소비량 $= 1.5\text{L/min} \times 5\text{kcal/L}$
  $= 7.5\text{kcal/min}$
- 권장 평균 에너지소비량 $S =$ 남성 : 5kcal/min,
  여성 : 3.5kcal/min
- 휴식시간 중의 에너지소비량 $= 1.5\text{kcal/min}$
- 휴식시간(분) $R = \dfrac{T(E-S)}{E-1.5}$
  $= \dfrac{(4 \times 60) \times (7.5-5)}{7.5-1.5} = 100$분

33
정답 ③

해설 근육수축 시 에너지원은 ATP, CP, glycogen이다.

34
정답 ④

해설 안정 시 신체 부위에 공급하는 혈액 분배 비율은 '소화기관>신장>근육>뇌>심장근육>피부>뼈'이다.

35
정답 ②

해설 A 특성치란 40phon의 등음량 곡선과 비슷하게 보정하여 측정한 음압 수준을 말하며, B 특성치는 70phon, C 특성치는 100phon이다.

36
정답 ③

해설 공기정화시설을 갖춘 사무실에서 근로자 1인당 필요한 최소 외기량은 분당 $0.57m^3$ 이상이며, 환기 횟수는 시간당 4회 이상으로 한다.

37
정답 ④

해설 '천장 > 벽 > 가구 > 바닥'의 순으로 추천반사율이 높다.

38
정답 ③

해설 산소 1L당 5kcal를 소비한다. 따라서 에너지소비량 = 2.5L/min × 5kcal/L = 12.5kcal/min이다.

39
정답 ③

해설 1cd의 광원이 발하는 광량은 4π(12.57lumen)이다 [1candela(cd) = 12.57lumen].

40
정답 ③

해설 운동자각도(Borg's RPE Scale)는 작업자들이 주관적으로 지각한 신체적 노력의 정도를 6~20 사이의 척도로 평정한다.

3과목 산업심리학 및 관계법규

41
정답 ①

해설 제조상의 결함은 제조업자가 제조물에 대하여 제조상·가공상의 주의의무를 이행하였는지에 관계없이 제조물이 원래 의도한 설계와 다르게 제조·가공됨으로 인하여 안전하지 못하게 된 경우이다.

42
정답 ③

해설 파레토도는 사고의 유형, 기인물 등 분류항목을 큰 순서대로 분류하여 도표화한 것이다.

43
정답 ④

해설 관리격자(관리그리드, management grid mode) 이론
- (1, 1)형 : 과업과 인간관계 유지 모두에 관심을 갖지 않는 무관심형
- (9, 1)형 : 과업에 대한 관심은 높으나 인간에 대한 관심은 낮은 과업형
- (1, 9)형 : 인간에 대한 관심은 높으나 과업에 대한 관심은 낮은 인기형
- (5, 5)형 : 과업과 인간관계 유지 모두에 적당한 정도의 관심을 갖는 중도형
- (9, 9)형 : 과업과 인간관계 유지 모두에 관심이 높은 이상형으로서 팀형

44
정답 ①

해설 알더퍼(C. P. Alderfer)의 ERG 이론
㉠ 존재(생존)욕구(E)는 매슬로우의 생리적 욕구와 일부의 안전의 욕구에 해당된다.
㉡ 관계욕구(R)는 매슬로우의 일부의 안전의 욕구, 사회적 욕구와 일부의 존경의 욕구에 해당된다.
㉢ 성장욕구(G)는 매슬로우의 자아실현의 욕구와 일부의 존경의 욕구에 해당된다.

45
정답 ①

해설 레빈(Lewin. K)의 행동 법칙

$$B = f(P \cdot E)$$

- B : Behavior(인간의 행동)
- f : function(함수관계)
- P : Person(개체, 개인적 특성) : 연령, 경험, 기질, 심신 상태, 성격, 지능 등
- E : Environment[심리적 환경(주어진 환경)] : 인간관계(인적 환경), 작업 환경, 설비적 결함 등

46
정답 ③

해설 관료주의 4가지 기본원칙은 노동의 분업, 권한의 위임, 통제의 범위, 구조이다.

47
정답 ②

해설 소시오메트리는 집단역학에 있어 구성원 상호 간의 선호도를 기초로 집단 내부에서 발생하는 상호관계를 분석하는 기법을 말한다.

48
정답 ④

해설 Harvey 안전대책의 3E
- Engineering(기술, 공학적 대책)
- Education(교육, 교육적 대책)
- Enforcement(규제, 관리적 대책)

오답체크 Environment, Economy

49
정답 ①

해설 하인리히의 도미노 이론(사고연쇄성)
- 1단계(유전적 요인과 사회적 환경) : 간접 원인
- 2단계(개인적 결함, 선천적·후천적인 인적 결함) : 간접 원인
- 3단계(불안전 행동 및 불안전 상태) : 직접 원인
- 4단계 : 사고
- 5단계 : 재해

※ 제어의 부족이나 기본 원인은 버드의 최신 도미노 이론(신연쇄성 이론)이다.

50
정답 ④

해설 휴먼에러의 배후요인 4M은 인간(Man), 기계(Machine), 매체(Media), 관리(Management)이다.

51
정답 ③

해설 N은 자극과 반응의 수, A는 움직인 거리, W는 목표물의 너비를 나타낸다.

52
정답 ②

해설 연천인율 = $\dfrac{\text{연간 재해자 수}}{\text{연평균 근로자 수}} \times 1{,}000$

$= \dfrac{2}{2{,}000} \times 1{,}000 = 1$

53
정답 ②

해설 정적작업보다 동적작업을 늘린다.

54
정답 ④

해설 리더십 유형에 따른 특징

유형	개념
권위적 (독재적) 리더십 (X이론)	• 리더에 의한 모든 정책의 결정(리더 중심) • 리더의 과업 및 과업 수행 구성원을 지정해 줌 • 각 구성원의 업적을 평가할 때 주관적이기 쉬움 • 부하직원의 정책 결정에 참여 거부 • 일 중심형으로 업적에 대한 관심은 높지만 인간관계에 무관심
민주적 리더십 (Y이론)	• 리더의 지원에 의한 집단 토론식 정책 결정(집단 중심) • 추종자(부하직원)에게 참여와 자유 인정 • 추종자(부하직원)의 적극적 자기실현 기회의 확보 • 리더의 통제와 조정, 자유폭 제한
자유 방임형 (개방적) 리더십	• 리더의 최소 개입 또는 개인적인 결정의 완전한 자유 • 구성원에게 최대한의 자유를 허용하고 리더의 권한 행사는 없음 • 집단 구성원 간의 합의가 안 될 경우 혼란 야기(종업원 중심)

55
정답 ④

해설 인간실수율 예측기법(THERP)은 인간오류확률 추정 기법 중 초기 사건을 이원적(binary) 의사결정(성공 또는 실패) 가지들로 모형화하고, 이 이후의 사건들의 확률은 모두 선행 사건에 대한 조건부 확률을 부여하여 이원적 의사결정 가지들로 분지해 나가는 방법이다.

56
정답 ③

해설 휴먼에러 방지의 3가지 설계기법
- 배타 설계(exclusive design) : 인간실수의 요소를 근원적으로 제거하여 오류를 범할 수 없도록 사물을 설계하는 것
- 보호(예방) 설계(prevention design) : 보호 설계 혹은 fool proof 설계라고도 하며, 사람의 부주의로 인한 실수를 미연에 방지하도록 설계하는 것
- 안전 설계(fail-safe design) : 기계나 그 부품에 고장이나 기능불량이 생겨도 항상 안전하게 작동하도록 설계하는 것

57
정답 ②

해설
① 반복되는 이산적 직무에서 인간실수확률은 사건당 실패수로 표현된다.
③ THERP는 완전 독립에서 완전 정(正)종속까지의 연속을 종속정도에 따라 5수준으로 분류하여 직무의 종속성을 고려한다.
④ 연속적 직무에서 인간의 실수율이 불변(stationary)이고, 실수과정이 과거와 무관(independent)하다면 실수과정은 푸아송과정으로 묘사된다.

58
정답 ③

해설 주의의 특성
- 선택성(중복집중의 곤란) : 여러 종류의 자극을 지각할 때 소수의 특정한 것에 한하여 선택한다. 한 번에 여러 종류의 자극을 지각하는 것은 어렵다.
- 방향성 : 주의를 기울여 시선을 집중하는 곳의 정보는 잘 받아들여지지만 다른 곳의 주의는 약해진다. 주의력을 집중하는 것이 항상 최상인 것은 아니다.
- 변동성(단속성) : 장시간 주의를 집중할 수 없다. 주기적으로 부주의의 리듬이 존재한다.

59
정답 ①
해설 NIOSH(미국 산업안전보건연구원)의 직무 스트레스 요인은 크게 작업 요인, 조직 요인 및 물리적 환경 요인으로 구분된다.

60
정답 ②
해설 스트레스 수준과 수행(성능) 사이의 일반적 관계는 뒤집힌 U형이다. 즉, 스트레스 수준은 작업 성과와 정비례하지 않으며, 스트레스가 너무 높거나 낮아질수록 업무성과는 낮아진다.

4과목 근골격계질환 예방을 위한 작업관리

61
정답 ④
해설 작성 방법은 빈도수가 큰 항목부터 차례대로 나열하고, 항목별 점유비율과 누적비율을 구한다.

62
정답 ②
해설 상지질환에 대한 정량적 평가기법으로 힘을 발휘하는 강도, 힘을 발휘하는 지속시간, 분당 힘의 빈도, 손/손목의 자세, 작업속도, 1일 작업시간 등 6개의 위험요소로 구성되어 있으며 이를 곱한 값으로 상지질환의 위험성을 평가한다.

63
정답 ④
해설 관리적 개선은 작업의 다양성 제공(업무교대, 업무확대), 작업일정 및 작업속도 조절, 회복시간 제공, 직장체조 활성화, 작업습관 변화, 작업자 적정배치, 작업자 훈련, 공구 및 장비의 정기적인 청소 및 유지관리 등이다. 중량물 운반작업에 적합한 작업자는 존재하지 않는다.

64
정답 ②
해설 ① 일반적으로 팔꿈치 높이를 기준으로 한다.
③ 미세부품 조립과 같은 섬세한 작업일수록 작업대의 높이는 높아야 한다.
④ 일반적인 조립라인이나 기계 작업과 같은 경작업은 팔꿈치 높이보다 5~10cm 낮아야 한다.

65
정답 ④
해설 서블릭(Therbling)은 손동작(manual operation)을 목적에 따라 효율적인 기본동작과 비효율적인 기본동작으로 구분한다.

66
정답 ①
해설 개선의 SEARCH 원칙
- Simplify operations : 작업의 단순화
- Eliminate unnecessary work and material : 불필요한 작업이나 자재의 제거
- Alter sequence : 순서의 변경
- Requirements : 요구조건
- Combine operations : 작업의 결합
- How often : 얼마나 자주?, 몇 번?

67
정답 ①
해설 동작경제의 원칙은 신체 사용에 관한 원칙, 작업장의 배치에 관한 원칙, 공구 및 설비 디자인에 관한 원칙이다.

68
정답 ②
해설 방법연구는 길브레스(Gilbreth)에 의해 만들어진 동작연구가 바탕이 되어 발전되었으며, 그의 벽돌쌓기 작업의 연구는 최선의 방법을 탐구하는 출발이 되었다.

69
정답 ④
해설
$$n = \frac{u_{1-\alpha/2}^2 \times p(1-p)}{e^2}$$
$$= \frac{2.58^2 \times 0.05(1-0.05)}{0.01^2} = 3,161.8(3,162회)$$

70
정답 ④
해설
- 총작업시간 $\sum t_i = 5+7+6+6+3 = 27$
- 공정수 $m = 5$
- 주기시간(공정 중 가장 긴 작업시간) $t_{\max} = 7$
- 공정효율 $= \dfrac{\text{총작업시간}}{\text{공정수} \times \text{주기시간}}$
$$= \frac{27}{5 \times 7} = 0.7714(77.14\%)$$

71
정답 ②
해설 표준시간(내경법)
- $ST = $ 정미시간 + 여유시간 $= (5 \times 1.2) + 0.4 = 6.4$분
- 여유율 $A = \dfrac{\text{여유시간}}{\text{표준시간}} = \dfrac{0.4}{6.4} = 0.0625(6.25\%)$

※ 최근 동일한 문제보다는 숫자를 변경하여 출제하고 있으므로 공식에 대입하여 풀 수 있도록 연습할 것

72
정답 ②

해설
① 작업 대상물을 다른 장소로 옮길 때 : 운반(⇨)
③ 작업 대상물을 지정된 장소에 보관할 때 : 저장(▽)
④ 작업 대상물이 올바르게 시행되었는지를 확인할 때 : 검사(□)

73
정답 ①

해설 PTS(Predetermined Time Standards)법은 사람이 행하는 작업을 기본동작으로 분류하고, 각 기본동작들은 동작의 성질과 조건에 따라 이미 정해진 기준 시간을 적용하여 전체 작업의 정미시간을 구하는 방법이다.

74
정답 ③

해설 근골격계질환 예방관리 프로그램의 기본원칙
- 인식의 원칙
- 노·사 공동참여의 원칙
- 전사적 지원의 원칙
- 사업장 내 자율적 해결의 원칙
- 시스템 접근의 원칙
- 지속성 및 사후 평가의 원칙
- 문서화의 원칙

75
정답 ①

해설 RULA는 위팔(상완), 아래팔(전완), 손목을 그룹 A로 목, 몸통(상체), 다리를 그룹 B로 나누어 미리 주어진 코드 체계를 이용하여 자세점수를 부여한다.

76
정답 ③

해설 LI = 실제 작업 무게/RWL = 23/20 = 1.15으로, LI가 1보다 크므로 요통의 발생위험이 높다.

77
정답 ①

해설 외상과염(테니스엘보)은 팔꿈치 부위와 관련된 질환이다.

78
정답 ③

해설 근골격계질환 예방관리 프로그램의 도입은 장기적 관리 방안이다.

79
정답 ③

해설 합성평가법(Synthetic Rating)은 관측된 작업 중에서 요소작업에 대한 대표치를 PTS법으로 분석하고, PTS에 의한 시간치와 관측 시간치의 비율을 구하여 레이팅계수를 산정 다른 요소작업에 적용시키는 Rating 기법이다.

80
정답 ③

해설 근골격계 부담작업의 범위
- 근골격계 부담작업 제1호 : 하루에 4시간 이상 집중적으로 자료입력 등을 위해 키보드 또는 마우스를 조작하는 작업
- 근골격계 부담작업 제2호 : 하루에 총 2시간 이상 목, 어깨, 팔꿈치, 손목 또는 손을 사용하여 같은 동작을 반복하는 작업
- 근골격계 부담작업 제3호 : 하루에 총 2시간 이상 머리 위에 손이 있거나, 팔꿈치가 어깨 위에 있거나 팔꿈치를 몸통으로부터 들거나, 팔꿈치를 몸통 뒤쪽에 위치하도록 하는 상태에서 이루어지는 작업
- 근골격계 부담작업 제4호 : 지지되지 않은 상태이거나 임의로 자세를 바꿀 수 없는 조건에서 하루에 총 2시간 이상 목이나 허리를 구부리거나 트는 상태에서 이루어지는 작업
- 근골격계 부담작업 제5호 : 하루에 총 2시간 이상 쪼그리고 앉거나 무릎을 굽힌 자세에서 이루어지는 작업
- 근골격계 부담작업 제6호 : 하루에 총 2시간 이상 지지되지 않은 상태에서 1kg 이상의 물건을 한 손의 손가락으로 집어 옮기거나, 2kg 이상에 상응하는 힘을 가하여 한 손의 손가락으로 물건을 쥐는 작업
- 근골격계 부담작업 제7호 : 하루에 총 2시간 이상 지지되지 않은 상태에서 4.5kg 이상의 물건을 한 손으로 들거나 동일한 힘으로 쥐는 작업
- 근골격계 부담작업 제8호 : 하루에 10회 이상 25kg 이상의 물체를 드는 작업
- 근골격계 부담작업 제9호 : 하루에 25회 이상 10kg 이상의 물체를 무릎 아래에서 들거나, 어깨 위에서 들거나, 팔을 뻗은 상태에서 드는 작업
- 근골격계 부담작업 제10호 : 하루에 총 2시간 이상, 분당 2회 이상 4.5kg 이상의 물체를 드는 작업
- 근골격계 부담작업 제11호 : 하루에 총 2시간 이상 시간당 10회 이상 손 또는 무릎을 사용하여 반복적으로 충격을 가하는 작업

2018년 3회 기출문제 정답 및 해설

01	02	03	04	05	06	07	08	09	10
④	②	①	②	②	①	④	②	③	③
11	12	13	14	15	16	17	18	19	20
①	②	①	③	③	②	③	④	④	④
21	22	23	24	25	26	27	28	29	30
②	①	④	①	①	①	③	①	②	②
31	32	33	34	35	36	37	38	39	40
④	①	③	③	②	④	②	④	③	②
41	42	43	44	45	46	47	48	49	50
③	①	③	①	①	③	③	③	④	①
51	52	53	54	55	56	57	58	59	60
②	④	④	①	③	②	②	②	④	③
61	62	63	64	65	66	67	68	69	70
①	④	②	①	③	①	②	②	③	④
71	72	73	74	75	76	77	78	79	80
③	④	④	④	①	③	①	③	②	②

1과목 인간공학개론

01
정답 ④
해설 평가척도(기준)의 요건
- 실제성 : 현실성을 가지며, 실질적으로 이용하기 쉽다.
- 타당성(적절성) : 측정하고자 하는 평가척도가 시스템의 목표를 반영하는 정도로, 측정하고자 하는 바를 얼마나 정확하게 측정하였는가를 평가하는 척도이다.
- 무오염성(순수성) : 기준 척도는 측정하고자 하는 변수 이외에 다른 변수의 영향을 받아서는 안 된다.
- 신뢰성 : 반복 실험 시 재현성(반복성)이 있어야 한다.
- 민감도 : 실험 변수 수준 변화에 따라 척도의 값의 차이가 존재하는 정도로, 차이에 비례하는 단위로 측정이 가능해야 한다.

02
정답 ②
해설 광도는 단위 면적당 표면에서 반사되는 광량을 말하며, 단위는 candela를 사용한다.

03
정답 ①
해설 산소소비량, 심박수는 육체적 작업부하를 측정하는 생리적 측정치에 해당한다.

04
정답 ②
해설 이상하거나 예기치 못한 사건들을 감지하는 것은 인간의 장점이다.

05
정답 ②
해설 집단의 최대치에 의한 설계로 체격이 큰 사람을 수용할 수 있다면, 이보다 작은 사람은 모두 사용 가능하게 된다. 출입문, 탈출구, 통로의 공간, 침대 길이, 버스의 승객 의자 앞뒤 간격, 줄사다리의 강도 등을 정할 때 사용한다.

06
정답 ①
해설
- 정량적 표시장치는 기계식과 전자식으로 구분되며, 기계식 표시장치에는 원형, 수평형, 수직형 등의 아날로그 표시장치와 계수형(디지털) 표시장치로 구분된다.
- 아날로그 표시장치는 눈금이 고정되고 지침이 움직이는 동침형과 지침이 고정되고 눈금이 움직이는 동목형으로 구분된다.

07
정답 ④
해설
① 시각 및 청각 표시장치를 대체하는 장치로 사용할 수 있다.
② 2점 문턱값(Three - Point Threshold)을 촉감의 일반적 척도로 사용한다.
③ 세밀한 식별이 필요한 경우 손바닥보다 손가락 사용을 유도해야 한다.

08
정답 ②
해설 은폐(차폐, masking)효과는 하나의 소리가 다른 소리의 청각 감지를 방해하는 현상, 즉 음의 한 성분이 다른 성분에 대한 귀의 감수성을 감소시키는 상황이다.

09
정답 ③

해설 눈금 단위의 길이는 정상조명하에서 71cm를 기준으로 1.3mm이다. 따라서 비례식에 의해 100m(10,000cm)의 경우는

$71 : 1.3 = 10,000 : x \rightarrow x = 183.099$mm이다.

원형시계의 원주는 $183.099\text{mm} \times 60분 = 10,985.94$mm이다.

원주의 공식에 의하면 원주=지름(문자판의 직경)×π 이므로 $10,985.94 = $문자판의 직경×π이다.

따라서 문자판의 직경 $= \dfrac{10,985.94\text{mm}}{3.14}$
$= 3,498.707\text{mm}(350\text{cm})$이다.

10
정답 ③

해설 근시인 사람은 수정체가 두꺼워져 먼 물체를 제대로 볼 수 없다.

11
정답 ①

해설 작업환경 측정법이나 소음 규제법에서 사용되는 음의 강도의 척도는 dB(A)이다.

12
정답 ②

해설 **부품(작업대 공간)배치의 원칙**
- 1순위 : 중요성의 원칙 – 시스템 목표 달성에 중요한 구성요소를 편리한 위치에 두어야 한다.
- 2순위 : 사용 빈도의 원칙 – 자주 사용되는 구성요소를 편리한 위치에 두어야 한다.
- 3순위 : 기능별 배치의 원칙 – 기능적으로 관련된(표시장치, 조종장치 등) 부품들을 모아서 배치한다.
- 4순위 : 사용 순서의 원칙 – 구성요소 간의 관련 순서나 사용 패턴에 따라 배치해야 한다.

13
정답 ①

해설 Hick-Hyman의 법칙에 의하면 선택반응시간 $(RT = a + b\log_2 N)$은 자극 정보량의 선형함수임을 나타낸다. 즉, 가능한 자극과 반응 수(N)가 증가함에 따라 반응시간이 대수적으로 증가한다.

14
정답 ③

해설 C/R비 $= \dfrac{조종장치의 이동거리}{표시장치의 이동거리}$

$= \dfrac{\left(\dfrac{a}{360}\right) \times 2\pi L}{표시장치의 이동거리}$

$= \dfrac{(25/360) \times 2 \times \pi \times 15}{1.5} = 4.36$

15
정답 ③

해설 인간-기계 시스템의 설계에서는 구조적 치수 및 기능적 치수를 모두 활용하여야 한다.

16
정답 ②

해설 감각보관(감각저장, sensory storage)은 인간의 주의 집중이 관여하지 않는다.

17
정답 ③

해설 1bit란 실현 가능성이 같은 2개의 대안 중 하나가 명시되었을 때 얻는 정보량이다.

18
정답 ④

해설 단독의 기계를 배치하는 경우 인간의 심리와 기능을 우선적으로 고려하여야 한다.

19
정답 ④

해설 **빛의 검출성에 영향을 주는 인자**
- 광원크기, 광도, 노출시간
- 색광(적>녹>황>백)
- 점멸속도
- 배경광

오답체크 유리의 재질, 반응시간

20
정답 ④

해설 인간공학의 목적은 인간이 물건, 기구, 환경을 사용함에 있어 잘 사용할 수 있도록 실용적 효율을 향상시키고, 건강, 안전, 만족 등과 같은 인간의 가치(human value)를 향상시키는 데 있다.

오답체크 인간기능 향상, 제품판매 비용 절감

2과목　작업생리학

21
정답 ②
해설 등척성 근력은 물체를 들고 있을 때처럼 신체를 움직이지 않으면서 자발적으로 가할 수 있는 힘의 최댓값이다.

22
정답 ①
해설
- 분당배기량 = 60L/3분 = 20L/min
- 흡기량 × 79% = 배기량 × (100 - O_2% - CO_2%)
  → 흡기량 × 79 = 20 × (100 - 16 - 4)
  → 흡기량 = 20.253L/min
- 산소소비량 = (흡기량 × 21%) - (배기량 × O_2%)
  = (20.253 × 0.21) - (20 × 0.16) = 1.053L/min
- 에너지소비량 = 1.053L/min × 5kcal/L
  = 5.265kcal/min

23
정답 ④
해설 심장은 휴식을 취할 때나 힘든 작업을 수행할 때 혈류량의 변화가 없다.

24
정답 ①
해설 근육이 피로해질수록 저주파 영역이 증가하고 진폭도 커진다.

25
정답 ①
해설 몸통의 지주를 이루는 척추는 26개의 뼈로 구성되며, 경추(7개), 흉추(12개), 요추(5개), 천골, 미골로 되어 있다.

26
정답 ①
해설 진동의 강도를 줄인다.

27
정답 ③
해설 근전도(EMG)는 육체적인 작업을 할 경우 신체의 국소적인(특정 부위) 근육활동의 전위차를 측정하며, 육체적 활동의 정적 부하에 대한 스트레인(strain)을 측정하는 데 가장 적합하다.

28
정답 ①
해설 습건지수(oxford index), 열압박지수(heat stress index), 유효온도(effective temperature)는 열과 관련된 것이며, 긴장지수(Strain Index)는 스트레스로 인해 우리 몸에 나타나는 현상을 말한다.

29
정답 ②
해설 정적인 작업의 부하가 커지면 심박출량과 심박수가 증가한다.

30
정답 ②
해설 기초대사량은 생명을 유지하기 위하여 필요로 하는 단위 시간당 에너지양이다.

31
정답 ④
해설 골격의 기능
- 인체의 지주 역할을 한다.
- 신체에 중요한 부분을 보호하는 역할을 한다.
- 혈구세포를 만드는 조혈기능을 한다.
- 칼슘과 인 등의 무기질을 저장하여 몸이 필요할 때 공급해 주는 역할을 한다.
- 가동성 연결, 즉 관절을 만들고, 골격근의 수축에 의해 운동기로써 작용한다.

32
정답 ①
해설 심박수가 증가한다.

33
정답 ③
해설 '천장 > 벽 > 가구 > 바닥'의 순으로 추천반사율이 높다.

34
정답 ④
해설 에너지대사율(RMR ; Relative Metabolic Rate)은 육체적 작업을 위하여 휴식시간을 산정할 때 사용한다.

35
정답 ③
해설 신진대사는 음식물을 섭취하여 기계적인 일과 열로 전환하는 화학적인 과정이다.

36
정답 ②
해설
- 소음작업 노출기준은 90dB(A)로 8시간, 95dB(A)로 4시간이다.
- 소음노출지수 $D = \left(\dfrac{3}{8} + \dfrac{3}{4}\right) = 1.125$

37
정답 ④
해설 근육이 수축하면 액틴 필라멘트(가는 근세사)가 미오신 필라멘트(굵은 근세사) 사이로 미끄러져 들어간다.

38
정답 ③
해설 교대작업 주기를 자주 바꾸는 것은 근무자의 건강에 좋지 않다.

39
정답 ③
해설 스칼라(scalar)는 질량, 일, 에너지 등과 같이 크기만 있고 방향은 없다.

40
정답 ②
해설 눈으로 볼 수 있는 빛의 파장 범위(가시광선)는 380~780nm이다.

3과목 산업심리학 및 관계법규

41
정답 ③
해설 재해예방의 4원칙
- 손실 우연의 원칙 : 사고에 의해 생기는 상해의 종류 및 정도는 우연적이다.
- 예방 가능의 원칙 : 천재지변을 제외한 모든 인재는 예방이 가능하다.
- 대책 선정의 원칙 : 사고의 원인이나 불안전요소가 발견되면 반드시 대책을 선정하여 실시하여야 한다.
- 원인 연계의 원칙 : 사고에는 반드시 원인이 있고 원인은 대부분 복합적 연계 원인이 있다.

42
정답 ①
해설 P(E) = P(N/N − 1) = %dep × 1 + (1 − %dep)P(N)
= 0.15 × 1 + (1 − 0.15) × 0.001 = 0.151

43
정답 ③
해설 PHECA는 인지과정을 고려한 방법이 아니라 작업수행 단계에서의 휴먼에러 분석방법이다.

44
정답 ①
해설 Fitts의 법칙
- 동작시간 $MT = a + b \log_2 \dfrac{2A}{W}$
- 표적의 폭이 작을수록, 표적 중심선까지의 이동거리가 멀수록 동작(이동)시간이 증가한다.

45
정답 ①
해설 안전 수단을 생략하는 원인은 의식 과잉, 조명·소음 등 주변의 영향, 피로 및 과오, 작업규율이 느슨할 때, 부적합한 업무에 배치될 때 등이다.

46
정답 ②
해설 자극이 있은 후 동작을 개시하기까지 걸리는 시간을 반응시간(RT ; Reaction Times)이라고 하며, 반응시간은 감각기관의 종류에 따라 달라진다.

47
정답 ④
해설 변별역치 측정은 심리학적 측정방법이다.

48
정답 ③
해설
- 통제적 집단행동[규칙이나 규율과 같은 룰(rule)이 존재]
  - 관습(Custom) : 풍습(folkways), 도덕규범, 예의, 금기(taboo) 등
  - 제도적 행동(Institutional Behavior) : 합리적으로 집단 구성원의 행동을 통제하고 표준화함으로써 집단의 안정을 지키려는 것
  - 유행(Fashion) : 집단 내의 공통적인 행동 양식이나 태도 등
- 비통제적 집단행동(구성원 간의 정서, 감정에 좌우되고 연속성이 희박)
  - 군중(Crowd) : 구성원 사이의 지위나 역할의 분화가 없고, 구성원 각자는 책임감을 가지지 않으며, 비판력도 가지지 않음
  - 모브(mob) : 폭동과 같은 것을 말하며 군중보다 한 층 합의성이 없고, 이성적 판단보다는 감정에 의해 좌우되며 공격적임
  - 패닉(panic) : 이상적인 상황하에서 모브(mob)가 공격적인 데 비해, 패닉(panic)은 방어적인 것이 특징
  - 심리적 전염 : 어떤 사상이 상당한 기간에 걸쳐서 광범위하게 논리적, 사고적 근거 없이 무비판적으로 받아들여짐

49
정답 ④
해설 도수율 2는 연 근로시간 1,000,000시간당 발생한 재해 건수가 2건이라는 의미이다.

50
정답 ①
해설 동일한 손해에 대하여 배상할 책임이 있는 자가 2인 이상인 경우에는 연대하여 그 손해를 배상할 책임이 있다.

51
정답 ②
해설 동기부여를 위해 경쟁을 촉진시킨다.

52
정답 ④
해설 정서노동은 자신이 느끼는 원래 정서와는 다른 정서를 고객에게 의무적으로 표현해야 하는 노동을 말한다.

53
정답 ④
해설 작위(실행) 오류(commission error)란 필요한 작업이나 절차를 수행하였으나 잘못 수행한 에러이다.

54
정답 ①
해설 재해 발생의 원인

직접 원인	물적 원인 (불안전한 상태)	• 안전장치 결함 • 보호구의 결함 • 결함이 있는 기계설비 및 장치 • 작업환경, 생산공정의 결함 • 경계표시 및 설비의 결함
	인적 원인 (불안전한 행동)	• 위험장소 접근, 규칙의 무시 • 안전장치 기능의 제거 • 보호구의 미착용 • 불안전한 속도 조작 • 불안전한 자세 및 위치
간접 원인		• 기술적 원인 • 교육적 원인 • 신체적 원인 • 정신적 원인

55
정답 ③
해설 작업자의 작업능률은 물리적인 작업조건보다는 작업자의 인간관계에 영향을 더 많이 받는다.

56
정답 ②
해설 아담스(Adams)의 연쇄이론
관리구조 → 작전적 에러 → 전술적 에러 → 사고 → 상해

57
정답 ②
해설 스트레스 수준과 수행(성능) 사이의 일반적 관계는 뒤집힌 U형이다.

58
정답 ②
해설 관리격자(관리그리드, management grid mode) 이론
- (1, 1)형 : 과업과 인간관계 유지 모두에 관심을 갖지 않는 무관심형
- (9, 1)형 : 과업에 대한 관심은 높으나 인간에 대한 관심은 낮은 과업형
- (1, 9)형 : 인간에 대한 관심은 높으나 과업에 대한 관심은 낮은 인기형
- (5, 5)형 : 과업과 인간관계 유지 모두에 적당한 정도의 관심을 갖는 중도형(타협형)
- (9, 9)형 : 과업과 인간관계 유지 모두에 관심이 높은 이상형으로서 팀형

59
정답 ④
해설 단위 시간당 에러 확률 $\lambda = 0.01$
인간신뢰도 $R(t) = e^{-\lambda t} = e^{-0.01 \times (5-2)} = 0.9704$

60
정답 ③
해설 게슈탈트의 지각원리는 근접성의 원리, 유사성의 원리, 연속성의 원리, 폐쇄성의 원리, 단순성의 원리, 공통성의 원리, 대칭성의 원리 등이 있다.

4과목 근골격계질환 예방을 위한 작업관리

61
정답 ①
해설
- 총작업시간 $\sum t_i = 10 + 9 + 8 + 7 = 34$
- 공정수 $m = 4$
- 주기시간(공정 중 가장 긴 작업시간) $t_{\max} = 10$

① 공정손실 = 1 - 공정효율
$$= 1 - \frac{총작업시간}{공정수 \times 주기시간}$$
$$= 1 - \frac{34}{10 \times 4} = 0.15(15\%)$$

② 애로작업(작업시간이 가장 긴 공정)은 조립작업이다.

③ 라인의 주기시간은 10초이다.

④ 라인의 분당 생산량 = $\dfrac{60초}{주기시간} = \dfrac{60초}{10초} = 6$개이다.

62
정답 ④
해설 1TMU = 0.00001시간 → 1시간 = 100,000TMU

63
정답 ②
해설 들기작업의 안전 작업 범위
- 최적 안전 작업 범위 : 팔을 몸체에 붙이고 손목만 위, 아래로 움직일 수 있는 범위
- 안전 작업 범위 : 몸으로부터 약간 떨어진 구역으로 그 범위는 팔꿈치를 몸의 측면에 붙이고 손을 어깨 높이에서 허벅지 부위까지 오르내릴 수 있는 범위
- 주의 작업 범위 : 몸으로부터 조금 떨어진 구역으로 그 범위는 팔을 완전히 뻗어서 손을 어깨까지 들어 올리고 허벅지까지 내리는 범위
- 위험 작업 범위 : 몸의 안전 작업 범위에서 완전히 벗어난 구역으로 중량물을 놓치기 쉬울 뿐만 아니라 허리가 안전하게 그 무게를 지탱할 수 없는 범위

64
정답 ①
해설
② 작업자의 신체적 특징 등을 고려하여 작업장을 설계한다.
③ 관리적 개선도 고려한다.
④ 사업장 근골격계 예방정책에 전사적 참여가 중요하다.

65
정답 ④
해설 생산성이란 투입에 대한 산출의 비율로 정의된다. 원자재, 노동력, 기계, 설비, 에너지 등의 각종 투입량에 대해 측정되고, 용도에 따라서 각종 생산성의 지표가 사용된다.

66
정답 ③
해설 각 계수가 1일 때 대상 중량물의 무게가 23kg이면 들기지수 값이 1이 된다.

67
정답 ①
해설 작업연구는 보통 동작연구와 시간연구로 구성된다. 동작연구는 경제적인 작업방법을 검토하여 표준화된 작업방법을 개발하는 분야이며, 시간연구는 표준화된 작업방법에 의하여 작업을 수행할 경우에 소요되는 표준시간을 측정하는 것이다. 품질 향상, 무결점 달성, 작업시간 단축, 재고량 관리, 경제적 로트 크기 등은 작업연구와 관련이 없다.

68
정답 ②
해설 유통선도(흐름공정도표, Flow Diagram)는 정체, 저장, 대기, Material Handling 등의 사항이 생산현장의 어느 위치에서 발생하는지 한 눈에 알아볼 수 있도록 표시된 도표이다. 시설물의 위치나 배치관계 파악(설비배치), 자재흐름의 혼잡지역 파악, 공정과정의 역류현상 발생유무 점검에 사용된다.

69
정답 ②
해설 검사(□)는 작업 대상물의 품질 확인이나 수량의 조사, 검사 등에 사용된다.

70
정답 ④
해설 대안 탐색 시에는 질보다 양에 우선순위를 둔다.

71
정답 ③
해설 회전근개 증후군(Rotator Cuff Syndrome)은 어깨 부위에 관련된 질환이다.

72
정답 ④
해설 근골격계질환의 발생에 기여하는 작업적 유해요인은 반복적인 동작, 부적절한 작업자세, 과도한 힘의 사용, 날카로운 면과의 접촉, 전신 또는 국소 진동, 휴식시간의 부족, 온도·조명 등 기타요인이다.

73
정답 ④
해설 보건관리자의 역할
- 주기적으로 작업장을 순회하여 근골격계질환을 유발하는 작업공정 및 작업 유해요인을 파악한다.
- 주기적인 근로자 면담 등을 통하여 근골격계질환 증상 호소자를 조기에 발견하는 일을 한다.
- 7일 이상 지속되는 증상을 가진 근로자가 있을 경우 지속적인 관찰, 전문의 진단의뢰 등의 필요한 조치를 한다.
- 근골격계질환자를 주기적으로 면담하여 가능한 한 조기에 작업장에 복귀할 수 있도록 도움을 준다.
- 예방·관리 프로그램의 운영을 위한 정책 결정에 참여한다.

74
정답 ③
해설
- 공학적 개선 : 설비나 작업방법, 작업도구 등을 개선하는 방법
  - 작업자의 신체에 맞게 작업장 개선
  - 중량물 작업개선을 위하여 호이스트를 도입
  - 로봇을 도입하여 수작업을 자동화
  - 작업피로 감소를 위하여 바닥을 부드러운 재질로 교체
- 관리적 개선 : 회사 조직차원의 관리적 측면에서 개선하는 방법
  - 적절한 작업자의 선발
  - 작업자의 교육 및 훈련
  - 작업자의 작업속도 조절(컨베이어의 속도를 재설정)
  - 위험표지 부착
  - 작업의 다양성 제공(작업순환, 작업확대), 작업자 교대

75
정답 ①
해설 두 손의 동작은 같이 시작하고 같이 끝나도록 한다.

76
정답 ③
해설 내경법

- $ST = 정미시간 \times \dfrac{1}{(1-여유율)}$

  $= 0.177 \times \dfrac{1}{(1-0.1)} = 0.1967분$

- 여유시간 = 표준시간 − 정미시간 = $0.1967 - 0.177$
  $= 0.0197분$

- 총 여유시간 = $(8 \times 60) \times \dfrac{0.0197}{0.1967} = 48분$

77
정답 ①
해설 정미시간은 정상적인 작업수행에 필요한 시간이며, 여유시간은 포함하지 않는다.

78
정답 ③
해설 체계적 워크샘플링(Systematic Work Sampling)은 관측을 등간격 시점마다 행한다. 따라서 관측간격이 주기와 같거나 정수배이면 적용할 수 없다.

79
정답 ②
해설 신체 부위의 자세뿐만 아니라 중량물의 사용도 고려하여 평가한다.

80
정답 ②
해설 마인드 맵핑(Mind Mapping)은 원과 직선을 이용하여 아이디어, 문제, 개념 등을 개괄적으로 빠르게 설정할 수 있도록 도와주는 연역적 추론 기법이다.

2019년 1회 기출문제 정답 및 해설

01	02	03	04	05	06	07	08	09	10
④	④	②	③	②	②	②	①	②	①
11	12	13	14	15	16	17	18	19	20
③	③	③	①	①	④	①	②	③	④
21	22	23	24	25	26	27	28	29	30
④	③	②	③	④	④	①	②	①	③
31	32	33	34	35	36	37	38	39	40
②	①	②	③	③	④	①	④	①	②
41	42	43	44	45	46	47	48	49	50
①	①	④	③	②	③	①	①	③	④
51	52	53	54	55	56	57	58	59	60
②	①	④	③	③	④	②	②	④	②
61	62	63	64	65	66	67	68	69	70
③	①	③	④	③	④	③	③	②	④
71	72	73	74	75	76	77	78	79	80
②	④	④	②	①	①	②	②	②	①

1과목 인간공학개론

01
정답 ④
해설 피부가 느끼는 3종류의 감각은 압력 수용 감각(압각), 고통 감각(통각), 온도 변화 감각(냉·온각)이다.

오답체크 진동, 미각

02
정답 ④
해설
① 실현 가능성이 같은 n개의 대안이 주어진 경우 정보량이다.
② 대안의 실현확률이 p일 때 정보량이다.
③ 여러 개의 실현가능한 대안이 있을 경우에 평균정보량이다.

03
정답 ②
해설 부품(작업대 공간)배치의 원칙
- 1순위 : 중요성의 원칙 – 시스템 목표 달성에 중요한 구성요소를 편리한 위치에 두어야 한다.
- 2순위 : 사용 빈도의 원칙 – 자주 사용되는 구성요소를 편리한 위치에 두어야 한다.
- 3순위 : 기능별 배치의 원칙 – 기능적으로 관련된(표시장치, 조종장치 등) 부품들을 모아서 배치한다.
- 4순위 : 사용 순서의 원칙 – 구성요소들 간의 관련 순서나 사용 패턴에 따라 배치해야 한다.

04
정답 ③
해설 닐슨(Nielsen)은 사용성을 학습 용이성(learnability), 효율성(efficiency), 기억 용이성(memorability), 에러의 빈도 및 정도(error frequency and severity), 사용자의 주관적 만족도(subjective satisfaction)로 정의하였다.

오답체크 경제성, 가격 대비 성능

05
정답 ②
해설 Fitts의 법칙
- 동작시간 $MT = a + b \log_2 \dfrac{2A}{W}$
- 표적이 작을수록, 표적 중심선까지의 이동거리가 멀수록 작업의 난이도와 소요 이동(동작)시간이 증가한다.

06
정답 ②
해설 귀의 청각 과정은 '공기전도 → 액체전도 → 신경전도'이다.

07
정답 ②
해설 신호검출이론은 음파 탐지, 의료 진단, 품질 검사 과업, 증인증언, 항공교통 통제 등 광범위한 실제상황에 적용된다.

08
정답 ①
해설 C/R비 = $\dfrac{조종장치의\ 이동거리}{표시장치의\ 이동거리}$

$= \dfrac{\left(\dfrac{a}{360}\right) \times 2\pi L}{표시장치의\ 이동거리}$

$= \dfrac{\left(\dfrac{30}{360}\right) \times 2 \times \pi \times 20}{4} = 2.62$

09
정답 ②

해설 작업기억(단기기억)에 저장될 수 있는 정보량의 한계는 7±2chunk이며, 작업기억 내에 정보의 의미 있는 단위(chunk)로 저장이 가능하다(Miller의 Magic Number).

10
정답 ①

해설 평가척도(기준)의 유형
- 체계(시스템) 기준
  - 시스템이 원래 의도한 바를 얼마나 달성하는가를 나타내는 척도
  - 생산량, 수익률, 기계 신뢰도, 보전도 등
- 작업 성능 기준
  - 작업의 결과에 관한 효율
  - 출력의 양, 출력의 질, 작업시간 등
- 인간 기준
  - 인간 성능 척도(퍼포먼스 척도) : 빈도 척도, 강도 척도, 지속성 척도, 지연성 척도 등
  - 생리학적 지표 : 심장활동 지표(심박수, 혈압 등), 호흡 지표(호흡률, 산소소비량 등), 신경 지표(뇌전위, 근육 활동 등), 감각 지표(시력, 눈 깜박이는 속도, 청력 등)
  - 주관적 반응 : 의자의 안락도 평점, 개인 성능의 평점, 체계 설계면의 대안들의 평점, 체계에 사용되는 여러 가지 다른 유형의 정보의 판단된 중요도 평점 등
  - 사고 빈도 : 주행 거리당 사상자 수

11
정답 ③

해설
- 시각(visual angle)은 표적두께를 표적까지의 거리로 나누어 계산한다.
- 시각(′) = $\dfrac{57.3 \times 60 \times L}{D}$

12
정답 ③

해설 나이가 들면서 수정체의 투명도가 떨어지고 유연성이 감소하기 때문에 근시력이 나빠진다.

13
정답 ③

해설
① 음의 세기 단위는 dB이다.
② 음의 세기는 진폭과 관련이 있다.
④ 음압 수준 측정 시에는 1,000Hz의 순음을 기준 음압으로 사용한다.

14
정답 ①

해설 진동수가 적을수록 좋으며 충분한 간격을 두어야 한다.

15
정답 ①

해설 기능적 인체치수는 상지나 하지의 운동, 체위의 움직임에 따른 상태에서 측정한 것이다.

16
정답 ④

해설 일반적으로 0, 1, 2, 3, …와 같이 1씩 증가하는 수열이 가장 사용하기 쉬우며, 눈금에 큰 수치가 사용될 때에는 10, 100, 1,000 등을 곱하여도 판독성은 동일하다.

17
정답 ①

해설 Ergonomics, Human factors, Human factors engineering은 인간공학을 지칭하는 용어이다. Biology는 생물학이다.

18
정답 ④

해설 시각적 이미지가 많이 제공되면 인지과정의 혼란을 가져온다.

19
정답 ③

해설 직렬결합모델의 신뢰도
$R_S = R_1 \times R_2 = 0.9 \times 0.9 = 0.81$

20
정답 ④

해설 인체측정의 응용원칙은 극단치 설계, 조절식 설계, 평균치 설계이다.

오답체크 기능적 치수, 기계식 설계, 기계중심 설계, 고정치 설계, 설비기준에 의한 설계

2과목 작업생리학

21
정답 ④

해설 조도는 점광원에서 어떤 물체나 표면에 도달하는 빛의 양을 의미한다. 즉, 어떤 물체나 표면에 도달하는 빛의 단위 면적당 밀도를 말한다(lumen/m^2).

22
정답 ③

해설 젊은 여성의 평균 MAP는 젊은 남성의 평균 MAP의 65~75% 정도이다.

23
정답 ②

해설 ① 손이 심장 높이에 있을 때가 손 떨림이 적다.
③ 작업 대상물에 기계적인 마찰이 있을 때 감소한다.
④ 시각적인 기준(reference)을 정한다.

24
정답 ③

해설 중추신경계는 뇌와 척수로 구성된다.

25
정답 ④

해설
- 분당심박수 = $\dfrac{400회}{5분}$ = 80회/분
- 심박출량 = $80 \times 65 = 5,200 \text{mL/min} (5.2\text{L/min})$

26
정답 ④

해설 산소소비량의 증가는 호흡기의 반응에 해당한다.

27
정답 ①

해설 인체의 면을 나타내는 용어
㉠ 시상면(sagittal plane) : 해부학적 자세를 기준으로 신체를 좌우로 나누는 면이다. 팔꿈치 관절의 굴곡과 신전 동작이 일어나는 면이다. 정중면(median plane)은 인체를 좌우대칭으로 나누는 면이다.
㉡ 관상면(frontal 또는 coronal plane) : 몸을 전·후로 나누는 면이다.
㉢ 횡단면, 수평면(transverse 또는 horizontal plane) : 인체를 상하로 나누는 면이다.

28
정답 ②

해설 소음방지 대책 중 능동제어 대책은 감쇠 대상의 음파와 동위상인 신호를 보내어 음파 간에 간섭현상을 일으키면서 소음이 저감되도록 하는 기법이다.

29
정답 ①

해설 기초대사량은 공복상태로 쾌적한 온도에서 신체적 휴식을 취하는 엄격한 조건에서 측정한다(누운 자세).

30
정답 ③

해설 진동수별 청력손실은 개인차가 있으나, 4,000Hz에서 가장 심하다.

31
정답 ②

해설
- 총 작업시간(분) $T = 35$분
- 작업 중 평균 에너지소비량(kcal/min) $E = 7\text{kcal/min}$
- 권장 평균 에너지소비량 $S =$ 남성 : 5kcal/min
- 휴식시간 중의 에너지소비량 $= 1.5\text{kcal/min}$
- 휴식시간(분) $R = \dfrac{T(E-S)}{E-1.5} = \dfrac{35(7-5)}{7-1.5} = 13$분

32
정답 ①

해설 모멘트는 거리에 비례하여 발생한다.

33
정답 ②

해설 암조응시는 VFF가 감소한다.

34
정답 ③

해설 가로세관(transverse tubules)은 근세포막에 전달된 흥분을 근세포 내부로 전달하는 통로역할을 한다.

35
정답 ③

해설 무기성(혐기성) 환원 과정
신체 활동이 아주 큰 작업의 경우 충분한 산소 공급이 되지 않아 젖산이 축적되며, 젖산은 글루코오스가 분해되어 생성된다.

36
정답 ④

해설 운동이 격렬하여 근육에 산소 공급이 원활하지 않은 경우에는 젖산이 생성되어 피곤함을 느낀다.

37
정답 ①

해설 야간근무를 하는 동안 근무시간이 길어질 때 졸음이 증가하고 작업능력이 저하되는 현상은 자동적으로 조절되는 항상성 유지기능이다.

38
정답 ④

해설 수술실과 같이 대비가 아주 낮고, 크기가 작은 아주 특수한 시각적 작업의 실행은 10,000lux 이상이어야 한다.

39
정답 ①

해설 정적인 근력 측정치로부터 동적작업에서 발휘할 수 있는 최대 힘을 정확히 추정할 수 없다.

40
정답 ②
해설 체지방이 많은 여자가 남자보다 고온에 적응하는 것이 어렵다.

3과목 산업심리학 및 관계법규

41
정답 ①
해설 이산적 직무
- 인간실수의 수 = 10 − 6 = 4
- 전체 실수 발생 기회의 수 = 100
- 휴먼에러 확률 $HEP = \dfrac{인간의\ 실수\ 수}{전체\ 실수\ 발생\ 기회의\ 수}$
  $= \dfrac{4}{100} = 0.04$

42
정답 ①
해설 안전의 3요소는 Engineering, Education, Enforcement 이다.

43
정답 ④
해설 신뢰성이 높은 순서
Phase Ⅲ > Phase Ⅱ > Phase Ⅰ > Phase Ⅳ > Phase 0

44
정답 ③
해설 도수율 $= \dfrac{재해발생건수}{연근로시간수} \times 1{,}000{,}000$
$= \dfrac{10}{(400 \times 8 \times 300)(1-0.1)} \times 1{,}000{,}000$
$= 11.57$

45
정답 ②
해설 재해 발생의 기본원인 4M
- Man(사람) : 인간적 인자, 인간관계
- Machine(기계) : 방호설비, 인간공학적 설계
- Media(매체) : 작업방법, 작업환경
- Management(관리) : 안전기준 정비, 교육훈련, 안전법규 철저

46
정답 ③
해설 휴먼에러 방지의 3가지 설계기법
- 배타설계(exclusive design) : 인간실수의 요소를 근원적으로 제거하여 오류를 범할 수 없도록 사물을 설계하는 것
- 보호(예방)설계(prevention design) : 보호설계 혹은 fool proof 설계라고도 하며, 사람의 부주의로 인한 실수를 미연에 방지하도록 설계하는 것
- 안전설계(fail - safe design) : 기계나 그 부품에 고장이나 기능불량이 생겨도 항상 안전하게 작동하도록 설계하는 것

47
정답 ①
해설 의식수준의 저하는 뚜렷하지 않은 의식의 상태로 심신이 피로하거나 단조로운 작업 시 발생한다.

48
정답 ①
해설 할로효과(후광효과, halo effect)
- 어떤 사람에 관한 평가자의 개인적 인상이 피평가자 개개인의 특징에 관한 평가에 영향을 미치는 것이다.
- 평가대상자의 수행에 대하여 제한된 지식을 가지고 있음에도 불구하고 다양한 수행차원 모두에서 획일적으로 줄거나 또는 나쁜 수행을 나타낸다고 평가하는 것이다.

49
정답 ③
해설 불균형 상태가 갈등원인인 경우 승진에 대한 동기를 부여하기 위하여 직급 간 처우에 차이를 작게 둔다.

50
정답 ④
해설 설계상의 결함은 제조업자가 합리적인 대체설계를 채용하였더라면 피해나 위험을 줄이거나 피할 수 있었음에도 대체설계를 채용하지 아니하여 해당 제조물이 안전하지 못하게 된 경우를 말한다.

51
정답 ②
해설 직능식 조직(기능식 조직, functional organization)은 테일러에 의해 주장된 조직형태로서 관리자가 일정한 관리기능을 담당하도록 기능별 전문화가 이루어진 조직이다.

52
정답 ①

해설 A형 성격유형은 항상 분주하고, 시간에 대한 강박관념을 가지며, 동시에 많은 일을 하려하고, 공격적이고 경쟁적이다.

53
정답 ④

해설 NIOSH(미국 산업안전보건연구원)의 직무 스트레스 요인은 크게 작업 요인, 조직 요인 및 물리적 환경 요인으로 구분된다.

54
정답 ③

해설 심리적 측면에서의 휴먼에러 분류(Swain)
- 생략(누락, 부작위) 오류(omission error) : 필요한 행위 또는 절차를 실행하지 않아 발생한 에러
- 작위(실행) 오류(commission error) : 필요한 작업이나 절차를 수행하였으나 잘못 수행한 에러
- 순서 오류(sequential error) : 필요한 작업 또는 절차의 순서 착오로 인한 에러
- 시간(지연) 오류(time error) : 필요한 작업 또는 절차의 수행 지연으로 인한 에러
- 과잉 행동(불필요한 행동) 오류(extraneous error) : 불필요한 작업 또는 절차를 수행함으로써 기인한 에러

55
정답 ③

해설 스트레스는 정확한 수행보다는 빠른 수행으로 편파시키는 경향이 있다.

56
정답 ④

해설 선택반응시간은 여러 개의 자극을 제시하고, 각각에 대한 서로 다른 반응을 할 과제를 준 후에 자극이 제시되어 반응할 때까지의 시간이다.

57
정답 ②

해설 손실 우연의 원칙에 따르면 사고에 의해 생기는 상해의 종류 및 정도는 우연적이다.

58
정답 ②

해설 인간실수율 예측기법(THERP)은 휴먼에러확률에 대한 추정기법 중 Tree 구조와 비슷한 그림을 이용하며, 사건들을 일련의 2지(binary) 의사결정 분지(分枝)들로 모형화하여 직무의 올바른 수행 여부를 확률적으로 부여함으로써 에러율을 추정하는 기법이다.

59
정답 ④

해설 작업설계이론은 직무 환경 요인을 중시한다.

60
정답 ②

해설 리더가 구성원에 영향력을 행사하기 위한 9가지 영향 방략은 합리적 설득, 제휴, 자문, 합법적 권위, 압력, 교환, 칭찬, 고무적 호소, 개인적 호소이다.

4과목 근골격계질환 예방을 위한 작업관리

61
정답 ③

해설 근골격계질환 예방·관리 추진팀 구성

중·소규모 사업장	대규모 사업장
• 근로자대표 또는 명예산업안전감독관을 포함하여 그가 위임하는 자 • 관리자(예산결정권자) • 정비·보수담당자 • 보건·안전담당자 • 구매담당자	• 중·소규모 사업장 추진팀원 이외 다음의 인력을 추가함 – 기술자(생산, 설계, 보수기술자) – 노무담당자 등

62
정답 ①

해설 파레토 차트(Pareto Chart)
- 가로축에 항목, 세로축에 항목별 점유비율과 누적비율로 막대 – 꺾은선 혼합 그래프를 사용한다.
- 빈도수가 큰 항목부터 차례대로 나열하는 방법이며, 소수 중점 원인을 찾기 위한 도구로써 사용된다.
- 20%의 항목이 전체의 80%를 차지한다.
- 재고관리에서는 ABC 곡선으로 부르기도 한다.

63
정답 ③

해설 간접노동은 생산활동에 필요하기는 하지만 작업에 소요되는 시간이나 비용을 제품별로 정확하게 배분하기 어려운 작업이나 지원활동을 말한다.

64
정답 ④

해설 작업속도와 작업강도를 적절하게 조절한다.

65
정답 ④

해설
- $t = 2$
- $I = 0.05 = 0.5 \times 0.05$
- $N = \dfrac{t^2 \times s^2}{I^2} = \left(\dfrac{2 \times 0.6}{0.05}\right)^2 = 576$번

66
정답 ③

해설 RWL이 최적이 되는 조건은 모든 계수값이 1이 되는 경우이다. VM(수직계수) = 1 - (0.003 × |V - 75|)이므로, V = 75일 때 VM은 1이 된다.

67
정답 ④

해설 셀(Cell) 생산방식은 Compaq사에서 컴퓨터 생산에 도입하여 PC 시장을 장악하였다.

68
정답 ③

해설 관리적 개선은 작업의 다양성 제공(업무교대, 업무확대), 작업일정 및 작업속도 조절, 회복시간 제공, 직장체조 활성화, 작업일정 및 작업속도 조절, 작업습관 변화, 작업자 적정배치, 작업자 훈련, 공구 및 장비의 정기적인 청소 및 유지관리 등이다. 작업도구나 설비의 개선은 공학적 개선이다.

69
정답 ③

해설 근골격계질환의 발생에 기여하는 작업적 유해요인은 반복적인 동작, 부적절한 작업자세, 과도한 힘의 사용, 날카로운 면과의 접촉, 전신 또는 국소진동, 휴식시간의 부족, 온도·조명 등 기타요인이다. 직장경력은 개인적 요인이며, 작업만족도나 작업의 자율적 조절은 사회심리적인 요인이다.

70
정답 ②

해설 Work Sampling법은 작업주기가 길거나 활동내용이 일정하지 않은 비반복적인 작업을 간헐적으로 랜덤한 시점에 연구대상을 순간적으로 관측하여 관측기간 동안 나타난 항목별로 차지하는 비율을 추정하는 통계적 작업측정 기법이다.

71
정답 ②

해설 1TMU = 0.00001시간 = 0.0006분 = 0.036초

72
정답 ④

해설 ④는 공구 및 설비의 디자인에 관한 원칙이다.

73
정답 ④

해설 설비의 보전이 용이하고 가동률이 높기 때문에 자본투자가 적은 것은 공정별 배치의 장점이다.

74
정답 ②

해설 서블릭 분석법은 주기기간이 길고 생산량이 적은 수작업의 동작분석에 이용한다.

75
정답 ①

해설 정미시간 = 관측평균치 × 속도평가계수(1차 평가계수) × (1 + 2차 조정계수) = (25 × 0.6) × 1.2 × (1 + 0.1) = 19.8

76
정답 ①

해설 브레인스토밍(Brainstorming)은 보다 많은 아이디어를 창출하기 위하여 가능한 모든 의견을 비판 없이 받아들이고 수정 발언을 허용하며 대량 발언을 유도하는 방법이다.

77
정답 ②

해설 작업의 효율성을 높여 생산성을 향상한다.

78
정답 ②

해설 RULA 최종점수에 따른 조치

조치 단계	최종 점수	평가
1	1~2점	수용 가능한 안전한 작업이다.
2	3~4점	계속적 추적관찰을 요구한다.
3	5~6점	계속적 관찰과 빠른 작업개선이 요구된다.
4	7점 이상	작업위험요인의 정밀조사와 즉각적인 개선이 요구된다.

79
정답 ②

해설 완전 예방이 불가능하고 발생을 최소화하는 것이 중요하다.

80
정답 ①

해설
- 한 단위작업에 10개 이하의 근골격계 부담작업이 동일 작업으로 이루어지는 경우에는 작업강도가 가장 높은 2개 이상의 작업을 표본으로 선정한다.
- 한 단위작업 내에 동일 근골격계 부담작업의 수가 10개를 초과하는 경우에는 5개의 작업당 1개의 작업을 표본으로 추가한다.

2019년 3회 기출문제 정답 및 해설

01	02	03	04	05	06	07	08	09	10
①	④	①	④	③	④	①	①	③	②
11	12	13	14	15	16	17	18	19	20
④	④	②	③	②	③	②	②	④	①
21	22	23	24	25	26	27	28	29	30
③	①	①	③	③	①	①	①	④	④
31	32	33	34	35	36	37	38	39	40
②	②	③	②	①	②	②	②	③	④
41	42	43	44	45	46	47	48	49	50
②	②	①	③	③	②	③	②	④	④
51	52	53	54	55	56	57	58	59	60
②	①	④	④	③	④	②	②	③	①
61	62	63	64	65	66	67	68	69	70
④	④	②	④	③	①	③	③	④	②
71	72	73	74	75	76	77	78	79	80
④	②	①	③	④	②	③	④	②	①

1과목 인간공학개론

01
[정답] ①
[해설] 물리적 소리 강도는 지각되는 음의 강도와 비례하지 않는다. 즉, 80dB의 세기를 갖는 소리는 40dB의 세기를 갖는 소리에 비해 두 배만큼 더 크게 들리지 않는다. 마찬가지로 40dB에서 50dB로의 소리의 크기를 증가시키는 것은 70dB에서 80dB로 증가시키는 것과 동일한 증가로 지각되지 않는다.

02
[정답] ④
[해설] **부품(작업대 공간)배치의 원칙**
- 1순위 : 중요성의 원칙 - 시스템 목표 달성에 중요한 구성요소를 편리한 위치에 두어야 한다.
- 2순위 : 사용 빈도의 원칙 - 자주 사용되는 구성요소를 편리한 위치에 두어야 한다.
- 3순위 : 기능별 배치의 원칙 - 기능적으로 관련된(표시장치, 조종장치 등) 부품들을 모아서 배치한다.
- 4순위 : 사용 순서의 원칙 - 구성요소들 간의 관련 순서나 사용 패턴에 따라 배치해야 한다.

[오답체크] 작업방법의 원리, 오류방지의 원리, 검출성의 원칙, 부품 신뢰성의 원칙, 크기별 배치, 치수별 배치, 설비금액, 비용 절감

03
[정답] ①
[해설] 기능적 인체치수는 상지나 하지의 운동, 체위의 움직임에 따른 상태에서 신체 부위의 동작범위를 측정한다.

04
[정답] ④
[해설] 주변 소음은 주로 저주파이므로 은폐효과를 막기 위해 500~1,000Hz의 신호음을 사용하는 것이 좋다.

05
[정답] ③
[해설] 자동화 시스템에서 인간은 시스템 설치와 보수, 유지 및 감시 등의 역할만 담당한다. 무인공장, 자동교환대가 대표적 예이다.

06
[정답] ④
[해설] **평가척도(기준)의 요건**
- 실제성 : 현실성을 가지며, 실질적으로 이용하기 쉽다.
- 타당성(적절성) : 측정하고자 하는 평가척도가 시스템의 목표를 반영하는 정도로, 측정하고자 하는 바를 얼마나 정확하게 측정하였는가를 평가하는 척도이다.
- 무오염성(순수성) : 기준 척도는 측정하고자 하는 변수 이외에 다른 변수의 영향을 받아서는 안 된다.
- 신뢰성 : 반복 실험 시 재현성(반복성)이 있어야 한다.
- 민감도 : 실험 변수 수준 변화에 따라 척도의 값의 차이가 존재하는 정도로, 차이에 비례하는 단위로 측정이 가능해야 한다.

07
[정답] ①
[해설] 인간은 입력정보의 약 80%를 시각적 경로를 통해 입수한다.

08
정답 ①

해설 시각적 암호화(Coding) 설계 시 고려사항
- 코딩 방법의 표준화
- 사용될 정보의 종류
- 수행될 과제의 성격과 수행조건
- 코딩의 중복 또는 결합에 대한 필요성
- 이미 사용된 코딩의 종류
- 사용 가능한 코딩 단계나 범주

09
정답 ③

해설
① 휘도의 단위는 Lambert 또는 $nit(cd/m^2)$를 사용한다.
② 어떤 물체나 표면에 도달하는 광의 밀도를 조도라고 한다.
④ 조도가 큰 조건에서는 노출시간이 길수록 식별력이 커진다.

10
정답 ②

해설
① 침대의 길이는 95퍼센타일 치수를 적용한다.
③ 의자의 좌판깊이는 5퍼센타일 치수를 적용한다.
④ 지하철의 손잡이 높이는 5퍼센타일 치수를 적용한다.

11
정답 ④

해설 Chapanis는 인간공학은 기계와 그 기계조작 및 환경조건을 인간의 특성 및 능력과 한계에 잘 조화되도록 설계하기 위한 수단을 연구하는 학문이라고 했다.

12
정답 ④

해설 잡음이 많고, 신호가 약하거나 분명하지 않을수록 d값은 작아진다.

13
정답 ②

해설 사물에 행동 제약을 가하도록 설계함으로써 특정한 행동만이 가능하도록 유도한다.

14
정답 ③

해설 광원으로부터 나오는 빛 에너지의 양을 광량이라 하며, 단위는 lumen(lm)을 이용한다.

15
정답 ②

해설 피츠의 법칙(Fitts's law)
- 동작시간 $MT = a + b\log_2 \frac{2A}{W}$
- 표적의 폭이 작을수록, 표적 중심선까지의 이동거리가 멀수록 동작(이동)시간이 증가

오답체크 표적의 개수, 이동의 궤도

16
정답 ③

해설 신호의 유무를 판정함에 있어 4가지의 반응 대안
㉠ 잡음을 제대로 판정(Correct Rejection) : 신호가 없을 때 신호가 없다고 판정 P(N/N)
㉡ 허위경보(False Alarm) : 신호가 없을 때 신호가 있다고 판정 P(S/N)
㉢ 신호검출 실패(Miss) : 신호가 있을 때 신호가 없다고 판정 P(N/S)
㉣ 신호의 정확한 판정(Hit) : 신호가 있을 때 신호가 있다고 판정 P(S/S)

17
정답 ②

해설 은폐효과(Masking Effect)는 하나의 소리가 다른 소리의 청각 감지를 방해하는 현상, 즉 음에 의한 회화 방해 현상과 같이 한 음의 가청 역치가 다른 음 때문에 높아지는 현상이다.

18
정답 ②

해설
$$C/R비 = \frac{조종장치의\ 이동거리}{표시장치의\ 이동거리}$$
$$= \frac{\left(\frac{a}{360}\right) \times 2\pi L}{표시장치의\ 이동거리}$$
$$= \frac{\left(\frac{30}{360}\right) \times 2 \times \pi \times 15}{2} = 3.93$$

19
정답 ④

해설 무인공장은 자동화 시스템의 대표적 예이다.

20
정답 ①

해설 정보량(H) = $\log_2 n$ = $\log_2 4$ = 2bit

2과목 작업생리학

21
정답 ③
해설 습구흑구온도지수(WBGT)는 작업환경 측정에 사용되는 단위로서 고열환경을 종합적으로 평가할 수 있는 지수이다.

22
정답 ①
해설
- 굴곡(굽힘, flexion) : 관절의 각도가 감소하는 동작 (부위 간 각도가 감소)
- 신전(폄, extension) : 관절에서의 각도가 증가하는 동작(부위 간 각도가 증가)

23
정답 ①
해설 2조 2교대보다 4조 3교대가 바람직하며, 8시간 교대제가 적당하다.

24
정답 ③
해설 손을 지면에 지지하면서 무릎을 구부린 자세가 에너지소비량(kcal/min)이 가장 낮다.

25
정답 ③
해설 운동자각도(Borg's RPE Scale)는 주관적 평가방법이다.

26
정답 ①
해설 컴퓨터단말기(VDT) 작업의 사무환경을 위한 추천 조명은 300~500Lux이다.

27
정답 ①
해설 동맥은 심장으로부터 말초로 혈액을 운반하는 혈관이며, 맥관계에서 가장 높은 압력을 유지한다.

28
정답 ①
해설 대사과정에 있어 산소의 공급이 충분하지 않은 경우 젖산이 축적된다.

29
정답 ④
해설 모멘트의 방향은 시계 방향이나 반시계 방향으로 표시된다.

30
정답 ④
해설 백근은 체표면 가까이에 존재하며 주로 급속한 동작을 하기 때문에 쉽게 피로해진다.

31
정답 ②
해설 영구 청력손실은 회복할 수 없는 청력손실로서 소음의 영향이다. 초기에는 3,000~6,000Hz 사이에서 발생하며, 4,000Hz 부근의 음에 대한 청력저하가 가장 심하게 생기게 되는데 이를 C5 - dip 현상이라고 한다.

32
정답 ②
해설 소음노출지수 $D = \left(\dfrac{3}{64} + \dfrac{4}{8} + \dfrac{1}{2}\right) = 1.05$

33
정답 ③
해설 인체의 면을 나타내는 용어
- ㉠ 시상면(sagittal plane) : 해부학적 자세를 기준으로 신체를 좌우로 나누는 면이다. 팔꿈치 관절의 굴곡과 신전 동작이 일어나는 면이다. 정중면(median plane)은 인체를 좌우대칭으로 나누는 면이다.
- ㉡ 관상면(frontal 또는 coronal plane) : 몸을 전·후로 나누는 면이다.
- ㉢ 횡단면, 수평면(transverse 또는 horizontal plane) : 인체를 상하로 나누는 면이다.

34
정답 ②
해설 수축이나 이완 시 actin이나 myosin의 길이는 변하지 않는다.

35
정답 ①
해설 의식수준

단계	의식상태	행동상태	뇌파형태
Phase 0 (제0단계)	무의식, 실신	숙면상태, 뇌발작	δ파 4Hz 미만
Phase Ⅰ (제Ⅰ단계)	정상 이하, 의식흐림	피로, 단조로움, 의식이 멍하고 졸음	θ파 4~8Hz
Phase Ⅱ (제Ⅱ단계)	정상, 이완상태, 느긋한 기분	안정파, 휴식, 장상작업	α파 8~14Hz
Phase Ⅲ (제Ⅲ단계)	정상, 상쾌한 상태, 분명한 의식	판단을 동반한 행동, 적극적 활동	β파 14~30Hz
Phase Ⅳ (제Ⅳ단계)	과긴장, 흥분상태	과도로 긴장, 긴급방위반응, 감정 흥분시 당황한 상태	γ파 30Hz 이상

36
정답 ②

해설 O_2 소비량 = (흡기량×21%) - (배기량× O_2%)
= $(50 \times 0.21) - (40 \times 0.17) = 3.7$ L/min

37
정답 ④

해설
① 작업부하는 작업자 개인의 능력에 따라 산출된다.
② 정신적인 권태감은 휴식시간 산정 시 고려할 필요가 있다.
③ 작업방법이나 설비를 재설계하는 공학적 대책으로 작업부하를 감소시킬 수 있다.

38
정답 ④

해설 강렬한 소음작업

90dB 이상	8시간 이상/일
95dB 이상	4시간 이상/일
100dB 이상	2시간 이상/일
105dB 이상	1시간 이상/일
110dB 이상	30분/일
115dB 이상	15분/일

39
정답 ③

해설 조도의 단위는 lux이다. 루멘은 광량의 단위, 칸델라는 광도의 단위이다.

40
정답 ④

해설 정적근력(static strength)을 등척력(isometric strength)이라 한다.

3과목 산업심리학 및 관계법규

41
정답 ②

해설 사업주는 다음 각 호의 어느 하나에 해당하는 사유가 발생하였을 경우에 1개월 이내에 조사대상 및 조사방법 등을 검토하여 유해요인 조사를 해야 한다. 다만, 제1호에 해당하는 경우로서 해당 근골격계질환에 대하여 최근 1년 이내에 유해요인 조사를 하고 그 결과를 반영하여 작업환경 개선에 필요한 조치를 한 경우는 제외한다.
- 법에 따른 임시건강진단 등에서 근골격계질환자가 발생하였거나 근로자가 근골격계질환으로 업무상 질병으로 인정받은 경우(근골격계 부담작업이 아닌 작업에서 근골격계질환자가 발생하였거나 근골격계 부담작업이 아닌 작업에서 발생한 근골격계질환에 대해 업무상 질병으로 인정 받은 경우를 포함한다)
- 근골격계 부담작업에 해당하는 새로운 작업·설비를 도입한 경우
- 근골격계 부담작업에 해당하는 업무의 양과 작업공정 등 작업환경을 변경한 경우

42
정답 ②

해설 긴장 완화 훈련은 개인 수준의 관리방안이다.

43
정답 ①

해설 A형 성격유형은 항상 분주하고, 시간에 대한 강박관념을 가지며, 동시에 많은 일을 하려 하고, 공격적이고 경쟁적이다.

44
정답 ③

해설
① 재해 조사의 목적은 재해 원인과 결함을 규명하고 예방 자료를 수집하여 동종 재해 및 유사재해의 재발 방지 대책을 강구하는 데 있다.
② 재해 발생 시, 가장 먼저 조치할 사항은 긴급처리이다.
④ 사업주는 사망자가 발생했을 때에는 재해가 발생한 날로부터 1개월 이내에 산업재해 조사표를 작성하여 관할 지방노동관서의 장에게 제출해야 한다.

45
정답 ③

해설 인적 요인에 대한 대책
- 작업에 관한 교육훈련과 작업 전 회의
- 작업의 모의훈련으로 시나리오에 따른 리허설
- 소집단 활동
- 적재적소에 숙달된 전문인력의 배치 등

46
정답 ②

해설 연속적 직무
- 단위 시간당 에러 확률 $\lambda = 0.05$
- $t = 8$
- 인간신뢰도 $R(t) = e^{-\lambda t} = e^{-0.05 \times 8} = 0.67$

47
정답 ③

해설 반응시간(reaction time)
- 반응시간은 자극이 있은 후 동작을 개시하기까지 걸리는 시간을 의미한다.
- 단순반응시간에 영향을 미치는 변수로는 자극 양식, 자극의 특성(강도, 지속시간 등), 자극 위치, 연령, 개인차 등이 있다.
- 선택반응시간은 여러 개의 자극을 제시하고, 각각에 대한 서로 다른 반응을 할 과제를 준 후에 자극이 제시되어 반응할 때까지의 시간이다.

48
정답 ②

해설 리더십 유형에 따른 특징

유형	개념
권위적 (독재적) 리더십 (X이론)	• 리더에 의한 모든 정책의 결정(리더 중심) • 리더의 과업 및 과업 수행 구성원을 지정해 줌 • 각 구성원의 업적을 평가할 때 주관적이기 쉬움 • 부하직원의 정책 결정에 참여 거부 • 일 중심형으로 업적에 대한 관심은 높지만 인간관계에 무관심
민주적 리더십 (Y이론)	• 리더의 지원에 의한 집단 토론식 정책결정(집단 중심) • 추종자(부하직원)에게 참여와 자유 인정 • 추종자(부하직원)의 적극적 자기실현 기회의 확보 • 리더의 통제와 조정, 자유폭 제한
자유 방임형 (개방적) 리더십	• 리더의 최소 개입 또는 개인적인 결정의 완전한 자유 • 구성원에게 최대한의 자유를 허용하고 리더의 권한 행사는 없음 • 집단 구성원 간의 합의가 안 될 경우 혼란 야기(종업원 중심)

49
정답 ④

해설
- 평균강도율은 재해 1건당 근로손실일수를 말한다.
- 평균강도율 $= \dfrac{\text{환산강도율}(S)}{\text{환산도수율}(F)} = \dfrac{\text{강도율}}{\text{도수율}} \times 1,000$
  $= \dfrac{4}{40} \times 1,000 = 100$

50
정답 ④

해설 교육프로그램에 대한 평가준거
- 반응준거 : 프로그램에 대해 받은 인상, 만족, 프로그램은 유용했는지와 같은 반응을 알아보는 것
- 학습준거 : 훈련받은 내용이나 지식을 얼마나 습득하고 이해하고 있는지를 알아보는 것
- 행동준거 : 훈련을 받고 난 후 실제 직무행동에서 변화가 있었는지를 알아보는 것
- 결과준거 : 교육프로그램이 회사에 주는 경제적 가치(생산량, 불량, 이직률)를 알아보는 것

51
정답 ②

해설 정신적 측면에 대한 대책
㉠ 주의력 집중 훈련
㉡ 안전의식의 제고
㉢ 작업의욕의 고취
㉣ 스트레스 해소 방안 마련

52
정답 ①

해설 산업재해 감소를 위하여 안전관리체계를 강화하고 안전관리자의 직무권한을 확대하여야 한다.

53
정답 ④

해설 작업자의 작업능률은 물리적인 작업조건보다는 작업자의 인간관계에 영향을 더 많이 받는다.

54
정답 ④

해설 작위(실행) 오류(commission error)는 필요한 작업이나 절차를 수행하였으나 잘못 수행한 에러이다.

55
정답 ③

해설 신뢰성이 높은 순서
Phase Ⅲ > Phase Ⅱ > Phase Ⅰ > Phase Ⅳ > Phase 0

56
정답 ①

해설 결함나무 분석(FTA ; Fault Tree Analysis)
- 기계 설비 또는 인간-기계시스템의 고장이나 재해 발생요인을 Fault Tree 도표에 의하여 분석하는 방법이다.
- 논리적으로 필연적인 원리에 따라 혹은 진리 보존적 추리 규칙에 따라 주어진 전제로부터 결론을 이끌어내는 방법(연역법)을 사용한다.
- 하향식(top-down) 방식의 접근방법에 해당하는 시스템 안전 분석기법이다.

- 해석하고자 하는 정상사상(top event)과 기본사상(basic event)의 인과관계를 도식화하여 나타낸다.
- 정성적 결함나무를 작성한 후에 정상사상(top event)이 발생할 확률을 계산한다.
- 고장이나 재해요인의 정성적 분석분만 아니라 정량적 분석이 가능하다(컴퓨터 처리 가능).

57
정답 ②
해설 역할 과부하뿐만 아니라 역할 과소부하도 스트레스 요인으로 작용한다.

58
정답 ③
해설 Harvey 안전대책의 3E
- Engineering(기술, 공학적 대책)
- Education(교육, 교육적 대책)
- Enforcement(규제, 관리적 대책)

오답체크 Environment, Economy

59
정답 ①
해설 매슬로우의 인간욕구 5단계
생리적 욕구 → 안전 욕구 → 사회적 욕구 → 존경의 욕구 → 자아실현의 욕구

60
정답 ①
해설 ② 참여적 리더
③ 성취지향적 리더
④ 주도적 리더

4과목 근골격계질환 예방을 위한 작업관리

61
정답 ④
해설
- 공학적 개선 : 설비나 작업방법, 작업도구 등을 개선하는 방법
  - 작업자의 신체에 맞게 작업장 개선
  - 중량물 작업개선을 위하여 호이스트를 도입
  - 로봇을 도입하여 수작업을 자동화
  - 작업 피로 감소를 위하여 바닥을 부드러운 재질로 교체
- 관리적 개선 : 회사 조직차원의 관리적 측면에서 개선하는 방법
  - 적절한 작업자의 선발
  - 작업자의 교육 및 훈련
  - 작업자의 작업속도 조절(컨베이어의 속도를 재설정)
  - 위험표지 부착

- 작업의 다양성 제공(작업순환, 작업확대), 작업자 교대

62
정답 ④
해설 특성 요인도(cause - and - effect diagram)
- 원인결과도라고도 한다.
- 결과에 영향을 미치는 크고 작은 요인들을 계통적으로 파악하기 위한 작업분석 도구이다.
- 바람직하지 못한 사건이나 문제의 결과를 물고기의 머리로 표현하고 그 결과를 초래하는 원인을 인간, 기계, 방법, 자재, 환경 등의 종류로 구분하여 표시한다.

63
정답 ②
해설
- $RWL(kg) = LC \times HM \times VM \times DM \times AM \times FM \times CM$
- LC(부하상수), HM(수평계수), VM(수직계수), DM(거리계수), AM(비대칭계수, 상체의 비틀림 각도), FM(빈도계수), CM(결합계수)

오답체크 평균보폭거리, 목자세, 표면계수

64
정답 ④
해설 근골격계질환의 증상 단계
- 1단계 : 작업 중 통증을 호소, 하룻밤 지나면 증상 없음, 작업능력 감소 없음, 며칠 동안 지속
- 2단계 : 작업시간 초기부터 통증 발생, 하룻밤 지나도 통증 지속, 화끈거려 잠을 설침, 작업능력 감소
- 3단계 : 휴식시간에도 통증, 하루 종일 통증, 통증으로 불면, 작업수행 불가능, 다른 일도 어려움과 통증 동반

65
정답 ③
해설 방아쇠 수지는 손가락을 구부릴 때 힘줄의 굴곡운동에 장애를 주는 근골격계질환이다.

66
정답 ①
해설 시간연구법보다 정확성이 떨어진다.

67
정답 ②
해설
- 손목꺾임율 = 30/200 = 0.15
- 시간당 손목꺾임 시간 = 0.15 × 60분 = 9분

68
정답 ③
해설 동작경제의 원칙은 신체 사용에 관한 원칙, 작업장의 배치에 관한 원칙, 공구 및 설비 디자인에 관한 원칙이다.

69
정답 ④
해설 작업속도와 작업강도를 적절하게 조절한다.

70
정답 ②
해설 결합동작은 가장 시간이 많이 소요되는 기본동작의 시간치(주머니로 운반 : 15.2)로 한다. 따라서 왼손작업 정미시간은 볼펜 잡기(5.6)+결합동작(15.2)+주머니에 넣기(5.6)=26.4이다.

71
정답 ④
해설 표준시간(외경법) $ST = $ 정미시간$(1+$여유율$)$
$= (1.2 \times 1.1)(1+0.25)$
$= 1.65$분

72
정답 ②
해설 공정별 배치는 운반거리가 길어진다.

73
정답 ①
해설 공정＞단위작업＞요소작업＞동작요소＞서블릭

74
정답 ③
해설 입식작업대에서 정밀작업을 수행하려고 할 때 작업대의 높이는 팔꿈치 높이보다 5~15cm 높게 한다.

75
정답 ④
해설 OWAS는 작업자세를 허리, 팔, 다리로 구분하여 각 부위의 자세를 코드로 표현한다.

76
정답 ④
해설 사업주는 근로자가 근골격계 부담작업을 하는 경우에 3년마다 유해요인조사를 하여야 한다. 다만, 신설되는 사업장의 경우에는 신설일부터 1년 이내에 최초의 유해요인조사를 하여야 한다.

77
정답 ③
해설 미리 놓기(PP)는 다음을 위하여 대상물을 정해진 장소에 미리 놓는 동작이다.

78
정답 ④
해설 표준시간의 측정방법
- 시간연구법 : 스톱워치, 전자식 자료 집적기, 동작사진 촬영기, VTR시스템, 테이프/디스크에 의한 기록장치
- PTS법 : MTM법, WF법
- 워크샘플링법 : 직접관찰/기록
- 실적자료법 : 과거 경험이나 자료에 의한 방법

79
정답 ②
해설 파레토 차트(Pareto Chart)
- 가로축에 항목, 세로축에 항목별 점유비율과 누적비율로 막대-꺾은선 혼합 그래프를 사용한다.
- 빈도수가 큰 항목부터 차례대로 나열하는 방법이며, 소수 중점 원인을 찾기 위한 도구로써 사용된다.
- 20%의 항목이 전체의 80%를 차지한다.
- 재고관리에서는 ABC 곡선으로 부르기도 한다.
※ 파레토는 상세한 작업분석도구가 아니다.

80
정답 ①
해설 작업을 기본적인 동작요소로 나누는 것은 동작분석이다.

2020년 1회 기출문제 정답 및 해설

01	02	03	04	05	06	07	08	09	10
①	③	②	①	②	②	④	③	③	③
11	12	13	14	15	16	17	18	19	20
④	④	③	①	①	①	④	③	①	②
21	22	23	24	25	26	27	28	29	30
②	①	③	②	④	①	②	②	④	④
31	32	33	34	35	36	37	38	39	40
④	②	①	①	②	④	③	③	②	③
41	42	43	44	45	46	47	48	49	50
②	①	①	④	①	②	②	④	③	③
51	52	53	54	55	56	57	58	59	60
④	②	④	③	②	③	①	①	②	④
61	62	63	64	65	66	67	68	69	70
②	①	②	③	①	④	③	②	②	②
71	72	73	74	75	76	77	78	79	80
④	④	①	③	④	②	③	①	③	③

1과목 인간공학개론

01
정답 ①

해설 C/R비 = $\dfrac{\text{조종장치의 이동거리}}{\text{표시장치의 이동거리}}$

$= \dfrac{\left(\dfrac{a}{360}\right) \times 2\pi L}{\text{표시장치의 이동거리}}$

$= \dfrac{\left(\dfrac{20}{360}\right) \times 2 \times \pi \times 15}{2} = 2.62$

02
정답 ③

해설
① 대안의 수가 늘어나면 정보량은 증가한다.
② 선택반응시간은 선택대안 개수의 로그에 비례하여 증가한다.
④ 실현 가능성이 동일한 대안이 2가지일 경우 정보량은 1bit이다.

03
정답 ②

해설 인간 - 기계 시스템에서의 기본기능

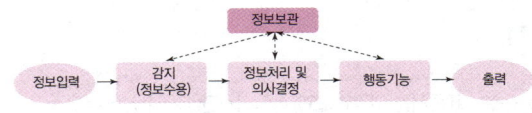

오답체크 정보의 제어, 정보의 생성, 정보변환

04
정답 ①

해설 반응기준 β가 클수록 보수적이고, 민감도 d가 클수록 민감함을 나타낸다.

05
정답 ②

해설 피부의 감각기 중 감수성이 제일 높은 것은 통각이다.

06
정답 ②

해설 인간공학은 인간의 육체적, 생리적, 심리적 특성과 한계를 연구하고 이를 도구, 기계, 장비, 제품, 직무, 작업장의 환경 그리고 시스템 등의 설계에 응용함으로써 사용의 편리성과 안전성, 효율성을 제고하고자 하는 학문이다.

07
정답 ④

해설 조절식 설계에는 일반적으로 집단 특성치의 5~95%까지의 범위가 사용된다.

08
정답 ③

해설
① 선각이 약 20° 되는 끝이 뾰족한 지침을 사용할 것
② 동목형 표시장치는 지침이 고정되고 눈금이 움직이는 형이다.
④ 눈금이 고정되고 지침이 움직이는 표시장치를 동침형 표시장치라 한다.

09
정답 ③

해설 $sone = 2^{(phon-40)/10} = 2^{(80-40)/10} = 16$

10
정답 ③
해설 황반은 빛이 도달하여 초점이 가장 선명하게 맺히는 부위이다.

11
정답 ④
해설 안구의 수정체는 망막에 정확한 이미지가 맺히도록 모양체근으로 두께를 조절한다.

12
정답 ④
해설 전방 및 측방 팔길이는 상체의 움직임을 편안하게 하면 30% 줄고, 어깨와 몸통을 심하게 돌리면 20% 늘어난다.

13
정답 ③
해설 신호가 장애물이나 칸막이를 통과해야 할 때는 500Hz 이하의 진동수를 사용한다.

14
정답 ①
해설 시배분은 사람이 일정한 시간에 두 가지 이상의 작업을 처리할 수 있도록 하는 것이다.

15
정답 ①
해설 사용성 평가에 흔히 사용되는 평가척도는 배우는 데 걸리는 시간, 과제의 수행시간, 에러의 빈도, 사용자의 주관적인 만족도 등이다.

16
정답 ①
해설 타당성은 측정하고자 하는 평가척도가 시스템의 목표를 반영하는 정도로, 측정하고자 하는 바를 얼마나 정확하게 측정하였는가를 평가하는 척도이다.

17
정답 ④
해설 암호의 검출성이란 주어진 상황하의 감지장치나 사람이 감지(검출) 할 수 있어야 한다는 것이다.

18
정답 ③
해설 $H = \sum P_i \log_2\left(\frac{1}{P_i}\right)$
$= 0.4 \times \log_2\left(\frac{1}{0.4}\right) + 0.6 \times \log_2\left(\frac{1}{0.6}\right)$
$= 0.4 \times \frac{\log\left(\frac{1}{0.4}\right)}{\log 2} + 0.6 \times \frac{\log\left(\frac{1}{0.6}\right)}{\log 2} = 0.97$

19
정답 ①
해설 손잡이 설계에 있어 촉각적 암호화
- 크기에 의한 코딩
- 형상에 의한 코딩
- 표면 거칠기에 의한 코딩(매끄러운 면, 세로홈, 깔쭉면)

20
정답 ②
해설 공간적(spatial) 양립성은 특정 사물들, 특히 표시장치(display)나 조종장치(control)에서 물리적 형태나 공간적인 배치의 양립성을 나타낸 것(button의 위치와 관련된 display의 위치)이다.

2과목 작업생리학

21
정답 ②
해설 작업장 주변환경의 조도를 화면의 바탕 색상이 검정색 계통일 때 300~500Lux, 화면의 바탕색상이 흰색 계통일 때 500~700Lux를 유지하도록 하여야 한다.

22
정답 ①
해설 산소 빚(산소 부채)은 인체 활동이나 작업종료 후에도 체내에 쌓인 젖산을 제거하기 위해 추가적으로 산소가 더 필요하게 되는 것을 말한다.

23
정답 ③
해설 골격근(가로무늬근)은 수의근으로 중추신경계의 지배를 받아 내 의지대로 움직일 수 있는, 의식적으로 통제가 가능한 근육이다.

24
정답 ②
해설 $35 \times 1.2 = x \times 1.5 \rightarrow x = 28\text{kg}$

25
정답 ②
해설 적혈구나 백혈구의 감소는 작업강도의 증가에 따른 순환기 반응과 관련이 없다.

26
정답 ①
해설 점광원에서 어떤 물체나 표면에 도달하는 빛의 양을 의미한다. 즉, 어떤 물체나 표면에 도달하는 빛의 단위 면적당 밀도를 조도라 한다.

27
정답 ①
해설 암조응시는 VFF가 감소한다.

28
정답 ②
해설 몸통의 지주를 이루는 척추는 26개의 뼈로 구성되며, 경추(7개), 흉추(12개), 요추(5개), 천골, 미골로 되어 있다.

29
정답 ④
해설 동심성 수축(구심성 수축)은 근육 운동에 있어 장력이 활발하게 생기는 동안 근육이 가시적으로 단축되는 수축이다.

30
정답 ④
해설 나이를 먹거나 현대 문명의 정상적인 압박이나 비직업적 소음으로부터의 영향은 4,000Hz에서 가장 크다.

31
정답 ④
해설 O_2소비량 $= (21\% \times 흡기량) - (O_2\% \times 배기량)$
$= (0.21 \times 40) - (0.15 \times 30) = 3.9\text{L/min}$

32
정답 ②
해설 NASA - TLX는 6가지 척도에 대해 0에서 100점 사이의 점수를 임의로 할당한다. 그러나 운동자각도(Borg's RPE Scale)는 작업자들이 주관적으로 지각한 신체적 노력의 정도를 6~20 사이의 척도로 평정한다.

33
정답 ①
해설 중추신경계는 반사(reflex)와 통합(integration)의 기능적 특징을 통해서 신체 활동을 조절한다.

34
정답 ①
해설 정적근력을 등척력이라 하며, 물체를 들고 있을 때처럼 신체를 움직이지 않으면서 자발적으로 가할 수 있는 힘의 최댓값이다.

35
정답 ②
해설 '천장>벽>가구>바닥'의 순으로 추천반사율이 높다.

36
정답 ④
해설 사업장에서 발생하는 소음의 노출기준을 정할 때는 소음의 크기(dB), 소음의 높낮이(Hz), 소음의 지속시간, 소음 작업의 근무연수, 개인의 감수성 등을 고려하여야 한다.

37
정답 ③
해설 에너지소비량에 영향을 미치는 인자는 작업속도, 작업자세, 작업방법, 작업도구이다.

오답체크 작업순서, 작업장소, 최대산소섭취능력

38
정답 ③
해설 전신진동은 진폭에 비례하여 추적 능력을 손상시키며 5Hz 이하의 낮은 진동수에서 가장 심하다.

39
정답 ②
해설 열사병은 고온 작업장에서의 작업 시 신체 내부의 체온 조절 계통의 기능이 상실되어 발생하며, 체온이 과도하게 오를 경우 사망에 이를 수 있는 고열장해이다.

40
정답 ③
해설 신체 활동의 부하를 측정하는 생리적 반응은 산소소비량의 증가, 심박출량의 증가, 심박수의 증가, 혈류의 재분배 등이다.

3과목 산업심리학 및 관계법규

41
정답 ②
해설 산업재해의 발생 형태
- 단순 자극형(집중형) : 상호 자극에 의하여 순간적(일시적)으로 재해가 발생하는 유형이다.
- 연쇄형 : 어느 하나의 사고 요인이 또 다른 사고 요인을 발생시키면서 재해를 발생시키는 유형이다(단순 연쇄형과 복합 연쇄형).
- 복합형 : 단순 자극형과 연쇄형의 복합적인 형태이며, 대부분의 재해 발생 형태이다.

42
정답 ①
해설 Fitts의 법칙 동작시간
- $MT = a + b \log_2 \dfrac{2A}{W}$
- 표적이 작을수록, 이동거리가 멀수록 작업의 난이도와 소요 동작시간이 증가한다.

43
정답 ①
해설 억측판단은 보행 신호등이 바뀌었지만 자동차가 움직이기까지는 아직 시간이 있다고 스스로 판단하여 건널목을 건너는 것과 같은 부주의 행위이다.

44
정답 ④
해설 회피는 자신의 이익이나 상대방의 이익에 모두 무관심함으로써 갈등상황을 회피하는 방법이다.

45
정답 ①
해설 스트레스 수준과 수행(성능) 사이의 일반적 관계는 뒤집힌 U형이다. 즉, 스트레스 수준은 작업 성과와 정비례하지 않으며, 스트레스가 너무 높거나 낮아질수록 업무성과는 낮아진다.

46
정답 ②
해설 재해예방의 4원칙
- 손실 우연의 원칙 : 사고에 의해 생기는 상해의 종류 및 정도는 우연적이다.
- 예방 가능의 원칙 : 천재지변을 제외한 모든 인재는 예방이 가능하다.
- 대책 선정의 원칙 : 사고의 원인이나 불안전요소가 발견되면 반드시 대책을 선정하여 실시하여야 한다.
- 원인 연계의 원칙 : 사고에는 반드시 원인이 있고 원인은 대부분 복합적 연계 원인이다.

47
정답 ④
해설 제조업자가 제조물의 결함을 알면서도 그 결함에 대하여 필요한 조치를 취하지 아니한 결과로 생명 또는 신체에 중대한 손해를 입은 자가 있는 경우에는 그 자에게 발생한 손해의 3배를 넘지 아니하는 범위에서 배상책임을 진다.

48
정답 ③
해설 리더십과 헤드십의 구분

구분	리더십	헤드십
권한행사 및 부여	구성원의 동의에 의해 선출된 지도자	외부로부터 임명된 헤드
권한근거	개인능력	법적 또는 공식적
상관과 부하와의 관계	개인적인 경향	지배적
책임귀속	상사와 부하	상사
부하와의 사회적 간격	좁음	넓음
지위형태	민주주의적	권위주의적
권한귀속	집단목표에 기여한 공로 인정	공식화된 규정에 의함

49
정답 ④
해설 직접 원인으로 작용하는 불안전 행동 및 불안전 상태는 사고를 예방하기 위한 가장 효과적 단계이다.

50
정답 ③
해설 B의 선호 신분지수 = $\dfrac{\text{선호 총계(선호-거부)}}{\text{구성원}-1}$

$= \dfrac{3-0}{6-1} = \dfrac{3}{5}$

51
정답 ④
해설 정성적 결함 나무(FT ; Fault Tree)를 작성한 후에 정상사상이 발생할 확률을 계산한다.

52
정답 ②
해설 리더십 유형에 따른 특징

유형	개념
권위적 (독재적) 리더십 (X이론)	• 리더에 의한 모든 정책의 결정(리더 중심) • 리더의 과업 및 과업 수행 구성원을 지정해 줌 • 각 구성원의 업적을 평가할 때 주관적이기 쉬움 • 부하직원의 정책 결정에 참여 거부 • 일 중심형으로 업적에 대한 관심은 높지만 인간관계에 무관심
민주적 리더십 (Y이론)	• 리더의 지원에 의한 집단 토론식 정책결정(집단 중심) • 추종자(부하직원)에게 참여와 자유 인정 • 추종자(부하직원)의 적극적 자기실현 기회의 확보 • 리더의 통제와 조정, 자유폭 제한
자유 방임형 (개방적) 리더십	• 리더의 최소 개입 또는 개인적인 결정의 완전한 자유 • 구성원에게 최대한의 자유를 허용하고 리더의 권한 행사는 없음 • 집단 구성원 간의 합의가 안 될 경우 혼란 야기(종업원 중심)

53
정답 ④
해설 변별역치 측정은 심리학적 측정방법이다.

54
정답 ③

해설 이산적 직무
- 인간실수의 수 = 15 − 5 = 10
- 전체 실수 발생 기회의 수 = 100
- 휴먼에러 확률 $HEP = \dfrac{\text{인간의 실수 수}}{\text{전체 실수 발생 기회의 수}}$
  $= \dfrac{10}{100} = 0.1$
- 이산적 직무에서 인간신뢰도 = 1 − HEP = 0.9
- 2개의 로트 모두에서 휴먼에러를 범하지 않을 확률(신뢰도) = 0.9×0.9 = 0.81

55
정답 ③

해설
- 강도율 = $\dfrac{\text{근로손실일수}}{\text{연근로시간수}} \times 1,000$
- $\dfrac{\text{근로손실일수}}{1,000 \times 2,400} \times 1,000 = 0.6$
- 근로손실일수 = 1,440일

56
정답 ②

해설 인간행동 분류에 기초한 인간오류는 지식기반 에러(knowledge-based error), 규칙기반 에러(rule-based error), 숙련(기능)기반 에러(skill-based error) 이다.

57
정답 ③

해설 인적 요인에 대한 대책
- 작업에 관한 교육훈련과 작업 전 회의
- 작업의 모의훈련으로 시나리오에 따른 리허설
- 소집단 활동
- 적재적소에 숙달된 전문인력의 배치 등
※ 인체측정치의 적합화는 설비 및 작업 환경적 요인에 대한 대책이다.

58
정답 ①

해설 관리격자(관리그리드, management grid mode)이론
- (1, 1)형은 과업과 인간관계 유지 모두에 관심을 갖지 않는 무관심형이다.
- (9, 1)형은 과업에 대한 관심은 높으나 인간에 대한 관심은 낮은 과업형이다.
- (1, 9)형은 인간에 대한 관심은 높으나 과업에 대한 관심은 낮은 인기형이다.
- (5, 5)형은 과업과 인간관계 유지 모두에 적당한 정도의 관심을 갖는 중도형(타협형)이다.
- (9, 9)형은 과업과 인간관계 유지 모두에 관심이 높은 이상형으로서 팀형이다.

59
정답 ②

해설 NIOSH(미국 산업안전보건연구원)의 직무 스트레스 요인에는 크게 작업 요인, 조직 요인 및 물리적 환경 요인으로 구분된다.

60
정답 ④

해설 동기요인(만족요인)이 잘 갖추어지게 되면 구성원들에게 열심히 일하도록 동기를 자극하게 된다.

4과목 근골격계질환 예방을 위한 작업관리

61
정답 ②

해설
- $t = t_{n-1,\,\alpha/2} = t_{24,\,0.05} = 2.064$
- I = 평균 × 허용오차 = 0.35 × 0.05
- $N = \dfrac{t^2 \times s^2}{I^2} = \left(\dfrac{2.064 \times 0.08}{0.35 \times 0.05}\right)^2 = 89.027(90회)$

62
정답 ①

해설 작업장의 배치에 관한 원칙은 중력 이송원리를 이용한 부품상자나 용기를 이용하여 부품을 사용 장소에 가까이 보낼 수 있도록 하는 것이다.

63
정답 ②

해설 유통선도(흐름공정도표, Flow Diagram)는 정체, 저장, 대기, Material Handling 등의 사항이 생산현장의 어느 위치에서 발생하는지 한 눈에 알아볼 수 있도록 표시된 도표이다. 시설물의 위치나 배치관계 파악(설비배치), 자재흐름의 혼잡지역 파악, 공정과정의 역류현상 발생유무 점검에 사용된다.

64
정답 ③

해설 신규 입사자가 근골격계 부담작업에 배치되는 경우는 유해요인조사 대상이 아니다.

65
정답 ①

해설 Work Sampling법은 표본의 크기가 충분히 크다면 모집단의 분포와 일치한다는 통계적 이론에 근거하여 인간 활동이나 기계의 가동상황 등을 무작위로 관측하여 측정한다.

66
정답 ④

해설 파레토 차트(Pareto Chart)
- 가로축에 항목, 세로축에 항목별 점유비율과 누적비율로 막대 - 꺾은선 혼합 그래프를 사용한다.
- 빈도수가 큰 항목부터 차례대로 나열하는 방법이며, 소수 중점 원인을 찾기 위한 도구로써 사용된다.
- 20%의 항목이 전체의 80%를 차지한다.
- 재고관리에서는 ABC 곡선으로 부르기도 한다.

67
정답 ③

해설 기본교육(대상 : 모든 근로자 및 관리감독자)
- 근골격계 부담작업에서의 유해요인
- 작업도구와 장비 등 작업시설의 올바른 사용방법
- 근골격계질환의 증상과 징후 식별 및 보고방법
- 근골격계질환 발생 시 대처요령
- 기타 근골격계질환 예방에 필요한 사항
※ 예방·관리 프로그램의 수립 및 운영 방법은 예방관리 추진팀 교육내용이다.

68
정답 ③

해설 개인 특성 요인(작업자 특성요인)은 과거 병력, 나이, 성별, 생활습관 및 취미, 작업습관, 작업경력, 작업방법 및 기술수준, 흡연, 음주 등이다.

69
정답 ②

해설 ① 사후조치보다는 예방이 최선의 정책이다.
③ 관리적 개선도 고려한다.
④ 사업장 근골격계 예방정책에 전사적 참여가 중요하다.

70
정답 ②

해설 방법연구는 길브레스(Gilbreth)에 의해 만들어진 동작연구가 바탕이 되어 발전되었다.

71
정답 ④

해설 입식작업대에서 무거운 물건을 다루는 작업(중작업)을 할 때는 작업자의 팔꿈치 높이보다 10~30cm 정도 낮게 한다.

72
정답 ④

해설 델파이법(Delphi Technique)은 전문가를 한자리에 모으지 않고 질의 - 응답의 피드백 과정을 개별적으로 수차례 반복하여 전문가 집단의 의견과 판단을 추출하고 종합하여 집단적으로 판단하는 방법이다.

73
정답 ①

해설 시간변동요인 4가지는 사용 신체 부위, 동작 거리, 중량이나 저항, 인위적 조절(동작의 곤란성)이다.

오답체크 수행도, 동작타임

74
정답 ③

해설 화면상의 시야 범위는 수평선상에서 10~15° 아래에 오도록 한다.

75
정답 ④

해설
- 총작업시간 $\sum t_i = 3+5+4 = 12$
- 공정수 $m = 3$
- 주기시간(공정 중 가장 긴 작업시간) $t_{max} = 5$
- 공정효율 = $\dfrac{총작업시간}{공정수 \times 주기시간}$
  $= \dfrac{12}{3 \times 5} = 0.8(80\%)$

76
정답 ②

해설 청소작업은 전체 50번 중 5번이다.
- 청소작업의 평균시간 = (5/50) × 480분 = 48분
- 정미시간 = 관측 시간의 평균치 × Rating
  = 48분 × 1.1 = 52.8분
- 표준시간 = 정미시간 × (1 + 여유율) = 52.8(1 + 0.1)
  = 58.08분

77
정답 ③

해설 LI가 1보다 크면 요통의 발생위험이 높다.

78
정답 ①

해설 비효율적 서블릭은 찾기(Sh), 고르기(St), 바로놓기(P), 검사(I), 계획(Pn), 불가피한 지연(UD), 피할 수 있는 지연(AD), 휴식(R), 잡고있기(H)이다.

79
정답 ③

해설 최대한 발휘할 수 있는 힘의 15% 이하로 유지한다.

80

정답 ③

해설 근골격계 부담작업의 범위

- 근골격계 부담작업 제1호 : 하루에 4시간 이상 집중적으로 자료입력 등을 위해 키보드 또는 마우스를 조작하는 작업이다.
- 근골격계 부담작업 제2호 : 하루에 총 2시간 이상 목, 어깨, 팔꿈치, 손목 또는 손을 사용하여 같은 동작을 반복하는 작업이다.
- 근골격계 부담작업 제3호 : 하루에 총 2시간 이상 머리 위에 손이 있거나, 팔꿈치가 어깨 위에 있거나 팔꿈치를 몸통으로부터 들거나, 팔꿈치를 몸통 뒤쪽에 위치하도록 하는 상태에서 이루어지는 작업이다.
- 근골격계 부담작업 제4호 : 지지되지 않은 상태이거나 임의로 자세를 바꿀 수 없는 조건에서 하루에 총 2시간 이상 목이나 허리를 구부리거나 트는 상태에서 이루어지는 작업이다.
- 근골격계 부담작업 제5호 : 하루에 총 2시간 이상 쪼그리고 앉거나 무릎을 굽힌 자세에서 이루어지는 작업이다.
- 근골격계 부담작업 제6호 : 하루에 총 2시간 이상 지지되지 않은 상태에서 1kg 이상의 물건을 한 손의 손가락으로 집어 옮기거나, 2kg 이상에 상응하는 힘을 가하여 한 손의 손가락으로 물건을 쥐는 작업이다.
- 근골격계 부담작업 제7호 : 하루에 총 2시간 이상 지지되지 않은 상태에서 4.5kg 이상의 물건을 한 손으로 들거나 동일한 힘으로 쥐는 작업이다.
- 근골격계 부담작업 제8호 : 하루에 10회 이상 25kg 이상의 물체를 드는 작업이다.
- 근골격계 부담작업 제9호 : 하루에 25회 이상 10kg 이상의 물체를 무릎 아래에서 들거나, 어깨 위에서 들거나, 팔을 뻗은 상태에서 드는 작업이다.
- 근골격계 부담작업 제10호 : 하루에 총 2시간 이상, 분당 2회 이상 4.5kg 이상의 물체를 드는 작업이다.
- 근골격계 부담작업 제11호 : 하루에 총 2시간 이상 시간당 10회 이상 손 또는 무릎을 사용하여 반복적으로 충격을 가하는 작업이다.

2020년 3회 기출문제 정답 및 해설

01	02	03	04	05	06	07	08	09	10
②	②	④	③	③	①	③	③	④	③
11	12	13	14	15	16	17	18	19	20
①	④	③	①	②	②	②	④	③	④
21	22	23	24	25	26	27	28	29	30
①	②	④	③	④	④	②	①	④	④
31	32	33	34	35	36	37	38	39	40
③	②	①	②	④	④	②	①	③	③
41	42	43	44	45	46	47	48	49	50
②	②	②	④	③	③	④	③	①	④
51	52	53	54	55	56	57	58	59	60
③	②	④	①	②	④	①	③	①	②
61	62	63	64	65	66	67	68	69	70
②	①	③	④	③	②	①	③	④	①
71	72	73	74	75	76	77	78	79	80
②	③	②	④	①	①	④	①	②	③

1과목 인간공학개론

01
정답 ②

해설 C/R비 = 조종장치의 이동거리 / 표시장치의 이동거리

$$= \frac{\left(\frac{a}{360}\right) \times 2\pi L}{\text{표시장치의 이동거리}}$$

$$= \frac{\left(\frac{40}{360}\right) \times 2 \times \pi \times 15}{3} = 3.49$$

02
정답 ②

해설
① 잔상은 감각저장의 일종이다.
③ 단기기억을 작업기억이라고도 한다.
④ 정보를 수초 동안 기억하는 것은 감각저장이다.

03
정답 ④

해설
• 정량적 표시장치는 기계식과 전자식으로 구분되며, 기계식 표시장치에는 원형, 수평형, 수직형 등의 아날로그 표시장치와 계수형(디지털) 표시장치로 구분된다.
• 아날로그 표시장치는 눈금이 고정되고 지침이 움직이는 동침형과 지침이 고정되고 눈금이 움직이는 동목형으로 구분된다.

04
정답 ③

해설 인간공학을 적용함으로써 노·사 간의 신뢰성이 증가한다.

05
정답 ③

해설 기능적 인체치수는 상지나 하지의 운동, 체위의 움직임에 따른 상태에서 신체 부위의 동작범위를 측정한다.

06
정답 ①

해설 은폐효과(Masking Effect)는 하나의 소리가 다른 소리의 청각 감지를 방해하는 현상 즉, 음에 의한 회화 방해 현상과 같이 한 음의 가청 역치가 다른 음 때문에 높아지는 현상이다.

07
정답 ③

해설
① C/R비가 작으면 민감한 장치이다.
② C/R비가 작은 경우에는 조종장치의 조종시간이 많이 필요하다.
④ C/R비는 조종장치의 움직인 거리를 반응장치의 움직인 거리로 나눈 값이다.

08
정답 ③

해설 상관계수의 크기는 +1.0(완전한 정의 상관관계)에서부터 -1.0(완전한 부의 상관관계)사이의 값을 가지며, 0의 값이면 무상관이다.

09
정답 ④

해설 청각적 표시장치가 유리한 경우
• 전언이 시간적인 사상을 다루는 경우
• 전언이 즉각적인 행동을 요구하는 경우
• 수신장소가 너무 밝거나 암조응이 요구될 경우

10
정답 ③

해설 신호의 유무를 판정함에 있어 4가지의 반응 대안

판정 \ 자극	소음(N)	신호(S)
신호없음(N)	잡음을 제대로 판정 (Correct Rejection)	신호검출실패(Miss) (제2종오류)
신호발생(S)	허위경보(False Alarm) (제1종오류)	긍정(Hit)

11
정답 ①

해설
② 어두운 곳에서는 주로 간상세포에 의하여 보게 된다.
③ 완전한 암조응을 위해 보통 30~40분 정도의 시간이 요구된다.
④ 어두운 곳에 들어가면 눈으로 들어오는 빛을 조절하기 위하여 동공이 확대된다.

12
정답 ④

해설 암호화(코딩)의 원칙
- 암호의 검출성 : 사람이 감지(검출이 가능)할 수 있는 종류의 것이어야 한다.
- 다차원 암호 사용 : 두 가지 이상의 암호 차원을 조합하여 사용하면 정보전달이 촉진된다(음성+시각+촉각).
- 암호의 양립성 : 자극과 반응 간의 관계가 인간의 기대와 모순되지 않아야 한다.
- 암호의 변별성 : 모든 암호 표시는 감지장치에 의하여 다른 암호 표시와 구별될 수 있어야 한다.
- 암호의 표준화 : 암호는 일관성이 있어야 한다.
- 부호의 의미 : 사용자가 그 뜻을 알 수 있어야 한다.

13
정답 ③

해설 인간 - 기계 시스템에서의 기본기능

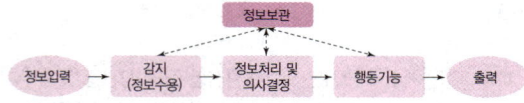

14
정답 ①

해설 개념적(conceptual) 양립성은 인간이 사용한 코드와 기호가 얼마나 의미를 가진 것인지 즉, 코드와 기호를 인간들의 사고에 일치시키는 것(빨강 - 온수, 파랑 - 냉수)을 말한다.

15
정답 ②

해설 최소치 설계는 선반의 높이, 제어버튼(비상버튼)까지의 거리, 지하철이나 버스의 손잡이 높이, 의자의 좌판 깊이 등을 정할 때 사용된다.

16
정답 ②

해설 평가척도(기준)의 유형
- 체계(시스템)기준 : 시스템이 원래 의도한 바를 얼마나 달성하는가를 나타내는 척도
  예 생산량, 수익률, 기계 신뢰도, 보전도 등
- 작업성능기준 : 작업의 결과에 관한 효율을 나타낸다.
  예 출력의 양, 출력의 질, 작업시간 등
- 인간기준
  - 인간 성능 척도(퍼포먼스 척도) : 빈도 척도, 강도 척도, 지속성 척도, 지연성 척도 등
  - 생리학적 지표 : 심장활동 지표(심박수, 혈압 등), 호흡 지표(호흡률, 산소소비량 등), 신경 지표(뇌전위, 근육활동 등), 감각 지표(시력, 눈 깜박이는 속도, 청력 등)
  - 주관적 반응 : 의자의 안락도 평점, 개인성능의 평점, 체계 설계면의 대안들의 평점, 체계에 사용되는 여러 가지 다른 유형의 정보의 판단된 중요도 평점 등
  - 사고 빈도 : 주행 거리당 사상자 수

17
정답 ②

해설 대안의 수가 N개이고 그 발생확률이 모두 동일한 경우
정보량 $H = \log_2 N = \log_2 \left(\dfrac{1}{p}\right)$

18
정답 ④

해설 후각은 훈련을 통하면 식별 능력을 향상시킬 수 있으며 60종류까지도 식별이 가능하다.

19
정답 ③

해설
$$dB_2 = dB_1 - 20\log\left(\dfrac{d_2}{d_1}\right)$$
$$= 100 - 20\log\left(\dfrac{100}{50}\right) = 94\,dB$$

20
정답 ④

해설 대비(%) = $\dfrac{\text{배경의 광도} - \text{표적의 광도}}{\text{배경의 광도}} \times 100$
$= \dfrac{(70-15)}{70} \times 100 = 79\%$

2과목 작업생리학

21
정답 ①
해설 정적 평형상태
- 물체나 신체가 움직이지 않는 상태이다.
- 작용하는 모든 힘의 총합이 0인 상태이다.
  ($\sum Fx = 0$, $\sum Fy = 0$, $\sum Fz = 0$)
- 작용하는 모든 모멘트의 총합이 0인 상태이다.
  ($\sum Mx = 0$, $\sum My = 0$, $\sum Mz = 0$)

22
정답 ②
해설 전신의 생리적 부담을 측정하는 척도로는 산소소비량이 적절하다.

23
정답 ④
해설
① MAP의 직접측정은 피실험자에게 극도의 피로를 유발하며 상해의 위험이 있다.
② 젊은 여성의 MAP는 남성의 65~75% 정도이다.
③ MAP란 부하가 증가하더라도 더 이상 산소섭취량이 증가하지 않고 일정하게 유지되는 수준을 말한다.

24
정답 ③
해설 교대작업은 '주간 → 저녁 → 야간' 순으로 정방향 순환이 되게 한다.

25
정답 ④
해설 Borg - RPE Scale은 생리적 측정을 주관적 평점등급으로 대체하기 위하여 개발된 평가척도이다.

26
정답 ④
해설 점멸융합주파수는 시각연구에 오랫동안 사용되어 왔으며 망막의 함수로 정신피로의 척도에 사용된다.

27
정답 ②
해설
- 조도는 광도에 비례하고, 광원으로부터의 거리의 제곱에 반비례한다.
- 조도 = $\dfrac{광량}{(거리)^2}$

28
정답 ①
해설 운동이 격렬하여 근육에 산소 공급이 원활하지 않은 경우에는 젖산이 생성되어 피곤함을 느낀다.

29
정답 ④
해설 소음노출지수 $D = \left(\dfrac{6}{8} + \dfrac{2}{4}\right) = 1.25(125\%)$

30
정답 ④
해설 광도는 단위 면적당 표면에서 반사되는 광량을 말하며, 단위는 candela를 사용한다.

31
정답 ③
해설
- $D = 130\%$
- $TWA[\text{dB(A)}] = 16.61 \log\left(\dfrac{D}{100}\right) + 90$
  $= 16.61 \times \log\left(\dfrac{130}{100}\right) + 90 = 91.9 \text{dB(A)}$

32
정답 ②
해설 운동단위는 1개의 운동신경이 지배하는 근육섬유(muscle fiber)군을 총칭한다.

33
정답 ①
해설 내전(모음, adduction)은 정중면 가까이로 끌어 들이는 동작(몸의 중심선으로 향하는 이동 동작)이다.

34
정답 ②
해설 힘든 작업 시 혈류분포는 '근육>심장근육>소화기관>뇌>신장>뼈>피부'이다.

35
정답 ④
해설 전신진동의 진동수가 4~10Hz일 때 흉부와 복부의 고통을 호소하며, 60~90Hz에서 안구에 공명이 발생한다.

36
정답 ④
해설 근육 전체가 내는 힘은 활성화된 근섬유 수에 의해 결정된다.

37
정답 ②

해설 인체의 면을 나타내는 용어
   ㉠ 시상면(sagittal plane) : 해부학적 자세를 기준으로 신체를 좌우로 나누는 면이다. 팔꿈치 관절의 굴곡과 신전 동작이 일어나는 면이다. 정중면(median plane)은 인체를 좌우대칭으로 나누는 면이다.
   ㉡ 관상면(frontal 또는 coronal plane) : 몸을 전·후로 나누는 면이다.
   ㉢ 횡단면, 수평면(transverse 또는 horizontal plane) : 인체를 상하로 나누는 면이다.

38
정답 ①

해설 일반적으로 최대 근력이 50% 정도의 힘으로 유지할 수 있는 시간은 1분 정도, 근육이 발휘할 수 있는 최대 근력의 15% 정도의 힘으로는 상당히 오래 유지할 수 있으며, 10% 미만인 경우 정적수축이 거의 무한하게 유지될 수 있다.

39
정답 ③

해설 열균형방정식
S(열축적) = M(신진대사) - E(증발) ± R(복사) ± C(대류) - W(한 일)

40
정답 ③

해설 기초대사량은 생명을 유지하기 위하여 필요로 하는 단위시간당 에너지양이다.

3과목 산업심리학 및 관계법규

41
정답 ②

해설 안전 욕구는 허즈버그의 위생요인에 해당된다.

42
정답 ②

해설 직무행동의 결정요인
능력, 성격, 상황적 제약

43
정답 ②

해설 정성적 결함 나무(FT ; Fault Tree)를 작성한 후에 정상사상이 발생할 확률을 계산한다.

44
정답 ④

해설 버드의 최신 도미노 이론(신연쇄성이론)
관리(Management)는 불안전한 상태와 불안전한 행동의 근원적 원인이다.

45
정답 ③

해설 안전의식 제고는 정신적 원인의 대책이다.

46
정답 ③

해설 병렬결합모델의 신뢰도
$R_S = 1 - [(1-R) \times (1-R)] \to 0.99 = 1 - (1-R)^2$
$\to R = 0.90$

47
정답 ③

해설 역할 모호성은 자신의 직무에 대한 책임 영역과 직무 목표를 명확하게 인식하지 못할 때, 직무 기술서의 내용이 분명하지 않거나 직무내용이 명확히 전달되지 않음으로 인해 발생될 수 있는 역할 갈등의 원인이다.

48
정답 ③

해설 라인 조직(직계식 조직)은 최고 상위에서부터 최하위의 단계에 이르는 모든 직위가 단일 명령권한의 라인으로 연결된 조직형태이다.

49
정답 ①

해설 • 재해 발생 형태에 따른 분류 : 협착, 비래, 추락, 충돌, 감전, 폭발, 유해위험물질노출, 이상기압노출 등
• 상해의 종류별 분류 : 화상, 진폐, 골절, 중독, 질식, 부종 등

50
정답 ④

해설 주의의 특성
• 선택성(중복집중의 곤란) : 여러 종류의 자극을 지각할 때 소수의 특정한 것에 한하여 선택한다. 한 번에 여러 종류의 자극을 지각하는 것은 어렵다.
• 방향성 : 주의를 기울여 시선을 집중하는 곳의 정보는 잘 받아들여지지만 다른 곳의 주의는 약해진다. 주의력을 집중하는 것이 항상 최상인 것은 아니다.
• 변동성(단속성) : 장시간 주의를 집중할 수 없다. 주기적으로 부주의의 리듬이 존재한다.

51
정답 ③

해설 인간행동 수준의 3단계는 지식기반 행동(Knowledge-based behavior), 규칙기반 행동(Rule-based behavior), 숙련기반 행동(Skill-based behavior)이다.

52
정답 ②

해설 연천인율 $= \dfrac{\text{연간 재해자 수}}{\text{연평균 근로자 수}} \times 1,000$
$= \dfrac{2}{2,000} \times 1,000 = 1$

53
정답 ④

해설 중재 요인은 간접적 요인으로 개인적 요인, 조직 외 요인(비직업적 요소), 완충 요인 등이 있고, 물리적 환경 요인은 직무 스트레스 요인에 해당한다.

54
정답 ①

해설 리더 행동에 따른 4가지 범주
- 후원적 리더는 부하들의 욕구, 복지문제 및 안정, 온정에 관심을 기울이고, 친밀한 집단 분위기를 조성한다.
- 참여적 리더는 부하들과 정보자료를 많이 활용하여 부하들의 의견을 존중하여 의사결정에 반영한다.
- 성취지향적 리더는 도전적 목표를 설정하고, 높은 수준의 수행을 강조하여 부하들이 그러한 목표를 달성할 수 있다는 자신감을 갖게 한다.
- 주도적(지시적) 리더는 부하들의 작업을 계획하고 조정하며 그들에게 기대하는 바가 무엇인지 알려주고 구체적인 작업지시를 하며 규칙과 절차를 따르도록 요구한다.

55
정답 ②

해설 하인리히의 사고예방의 대책 5단계
안전관리조직 → 사실의 발견 → 분석평가 → 시정책의 선정 → 시정책의 적용

56
정답 ④

해설 리더십과 헤드십의 구분

구분	리더십	헤드십
권한행사 및 부여	구성원의 동의에 의해 선출된 지도자	외부로부터 임명된 헤드
권한근거	개인능력	법적 또는 공식적
상관과 부하와의 관계	개인적인 경향	지배적
책임귀속	상사와 부하	상사
부하와의 사회적 간격	좁음	넓음
지위형태	민주주의적	권위주의적
권한귀속	집단목표에 기여한 공로 인정	공식화된 규정에 의함

57
정답 ①

해설 표시상의 결함은 제조업자가 합리적인 설명·지시·경고 또는 그 밖의 표시를 하였더라면 해당 제조물에 의하여 발생할 수 있는 피해나 위험을 줄이거나 피할 수 있었음에도 이를 하지 아니한 경우이다.

58
정답 ④

해설 인간의 정보처리 과정 측면에서 분류한 휴먼에러(Human error)는 입력 오류, 의사결정 오류, 출력 오류이다.

59
정답 ①

해설 감각기관별 반응시간

감각기관	청각	촉각	시각	미각	통각
반응시간(초)	0.17	0.18	0.2	0.29	0.70

60
정답 ②

해설 집단 간 갈등의 원인은 집단 간의 목표 차이, 제한된 자원, 견해와 행동 경향 차이, 역할 모호성, 집단 간의 인식 차이, 작업유동의 상호의존성 등이다. 조직구조의 개편은 갈등 해결방법이다.

4과목 근골격계질환 예방을 위한 작업관리

61
정답 ②

해설 ① 일반적으로 팔꿈치 높이를 기준으로 한다.
③ 미세부품 조립과 같은 섬세한 작업일수록 작업대의 높이는 높아야 한다.
④ 일반적인 조립라인이나 기계 작업과 같은 경작업은 팔꿈치 높이보다 5~10cm 낮아야 한다.

62
정답 ①

해설 LI = 중량물 무게 / RWL

= 중량물 무게 / (23×HM×VM×DM×AM×FM×CM)

여기서, HM(수평계수), VM(수직계수), DM(거리계수), AM(비대칭계수, 상체의 비틀림 각도), FM(빈도계수), CM(결합계수)이다.

오답체크 평균보폭거리, 목자세, 표면계수

63
정답 ①

해설 PTS(Predetermined Time Standards)법
사람이 행하는 작업을 기본동작으로 분류하고, 각 기본동작들은 동작의 성질과 조건에 따라 이미 정해진 기준시간을 적용하여 전체 작업의 정미시간을 구하는 방법이다.

64
정답 ④

해설 공정도 기호
○ : 작업(가공), ⇨ : 운반, D : 정체, ▽ : 저장, □ : 검사

65
정답 ③

해설 근골격계질환의 발생에 기여하는 작업적 유해요인은 반복적인 동작, 부적절한 작업자세, 과도한 힘의 사용, 날카로운 면과의 접촉, 전신 또는 국소진동, 휴식시간의 부족, 온도·조명 등 기타요인이다. 직무만족도는 사회심리적인 요인이다.

66
정답 ②

해설 사업주는 다음 각 호의 어느 하나에 해당하는 사유가 발생하였을 경우 1개월 이내에 조사대상 및 조사방법 등을 검토하여 유해요인 조사를 해야 한다. 다만, 제1호에 해당하는 경우로서 해당 근골격계질환에 대하여 최근 1년 이내에 유해요인 조사를 하고 그 결과를 반영하여 작업환경 개선에 필요한 조치를 한 경우는 제외한다.

- 법에 따른 임시건강진단 등에서 근골격계질환자가 발생하였거나 근로자가 근골격계질환으로 업무상 질병으로 인정받은 경우(근골격계 부담작업이 아닌 작업에서 근골격계질환자가 발생하였거나 근골격계 부담작업이 아닌 작업에서 발생한 근골격계질환에 대해 업무상 질병으로 인정 받은 경우를 포함한다)
- 근골격계 부담작업에 해당하는 새로운 작업·설비를 도입한 경우
- 근골격계 부담작업에 해당하는 업무의 양과 작업공정 등 작업환경을 변경한 경우

67
정답 ①

해설 사업주는 효율적이고 성공적인 근골격계질환의 예방·관리를 추진하기 위하여 사업장 특성에 맞게 근골격계질환 예방·관리 추진팀을 구성하되 예방·관리 추진팀에는 예산 등에 대한 결정권한이 있는 자가 반드시 참여하도록 한다.

68
정답 ③

해설
- 작업자와 기계의 동시작업시간 $a = 1.8$분
- 작업자의 활동시간 $b = 2.5$분
- 기계가공시간 $t = 4$분
- 이론적 기계대수 $n = \dfrac{(a+t)}{(a+b)} = \dfrac{(1.8+4)}{(1.8+2.5)} = 1.35$

69
정답 ④

해설 개선 분석 시 5W1H의 What은 작업 자체의 제거, Where, When, Who는 작업 순서의 변경, How는 작업의 단순화를 의미한다.

70
정답 ①

해설 가능한 기본동작의 수를 줄인다.

71
정답 ②

해설 사업주는 근로자가 근골격계 부담작업을 하는 경우에 다음 각 호의 사항을 근로자에게 알려야 한다.
- 근골격계 부담작업의 유해요인
- 근골격계질환의 징후와 증상
- 근골격계질환 발생 시의 대처요령
- 올바른 작업자세와 작업도구, 작업시설의 올바른 사용방법
- 그 밖에 근골격계질환 예방에 필요한 사항

72
정답 ③

해설 표준시간(내경법)

- 여유율 $A = \dfrac{여유시간}{표준시간} = \dfrac{28}{8 \times 60} = 0.0583$

- $ST = 정미시간 \times \dfrac{1}{(1-여유율)}$

  $= (0.9 \times 1.2) \times \dfrac{1}{(1-0.0583)} = 1.147$분

※ 최근 동일한 문제보다는 숫자를 변경하여 출제하고 있으므로 공식에 대입하여 풀 수 있도록 연습할 것

73
정답 ②
해설 외상과염(테니스엘보)은 팔꿈치부위와 관련된 질환이다.

74
정답 ④
해설 관리적 개선은 작업의 다양성 제공(업무교대, 업무확대), 작업일정 및 작업속도 조절, 회복시간 제공, 직장체조 활성화, 작업일정 및 작업속도 조절, 작업습관 변화, 작업자 적정배치, 작업자 훈련, 공구 및 장비의 정기적인 청소 및 유지관리 등이다. 중량물 운반작업에 적합한 작업자는 존재하지 않는다.

75
정답 ①
해설 RULA는 윗팔(상완), 아래팔(전완), 손목을 그룹 A로 목, 몸통(상체), 다리를 그룹 B로 나누어 미리 주어진 코드체계를 이용하여 자세점수를 부여한다.

76
정답 ①
해설 ⟶는 고르기(St)이다.

77
정답 ④
해설 수행도 평가방법에는 속도 평가법, 객관적 평가법, 평준화법(Westing house system), 합성 평가법이 있다.

78
정답 ①
해설 파레토 차트(Pareto Chart)
- 가로축에 항목, 세로축에 항목별 점유비율과 누적비율로 막대–꺾은선 혼합 그래프를 사용한다.
- 빈도수가 큰 항목부터 차례대로 나열하는 방법이며, 소수 중점 원인을 찾기 위한 도구로써 사용된다.
- 20%의 항목이 전체의 80%를 차지한다.
- 재고관리에서는 ABC 곡선으로 부르기도 한다.

79
정답 ②
해설 Work Sampling법은 작업주기가 길거나 활동내용이 일정하지 않은 비반복적인 작업을 간헐적으로 랜덤한 시점에 연구대상을 순간적으로 관측하여 관측기간 동안 나타난 항목별로 차지하는 비율을 추정하는 통계적 작업측정 기법이다.

80
정답 ③
해설 작업개선의 4원칙(ECRS 원칙)
- Eliminate(제거) : 이 작업은 꼭 필요한가? 제거할 수는 없는가? 가장 우선적 고려대상이다.
- Combine(결합) : 이 작업을 다른 작업과 결합시키면 더 나은 결과가 생길 것인가?
- Rearrange(재배열) : 작업순서를 바꾸면 효율적인가?
- Simplify(단순화) : 단순화할 수 있는가?

2021년 1회 기출문제 정답 및 해설

01	02	03	04	05	06	07	08	09	10
①	①	①	④	③	④	③	①	④	④
11	12	13	14	15	16	17	18	19	20
②	①	③	②	④	③	④	③	④	②
21	22	23	24	25	26	27	28	29	30
②	②	②	④	③	②	④	④	②	①
31	32	33	34	35	36	37	38	39	40
①	③	③	②	④	③	①	③	④	①
41	42	43	44	45	46	47	48	49	50
②	④	④	③	④	②	④	②	①	①
51	52	53	54	55	56	57	58	59	60
①	③	①	①	③	④	④	④	④	③
61	62	63	64	65	66	67	68	69	70
③	②	④	②	①	③	④	①	①	③
71	72	73	74	75	76	77	78	79	80
②	④	③	①	④	①	④	④	③	①

1과목 인간공학개론

01
정답 ①
해설 작업장을 설계할 때 고려해야 할 사항
- 1순위 : 주된 시각적 임무
- 2순위 : 주 시각 임무와 상호작용하는 주 제어장치
- 3순위 : 제어장치와 표시장치와의 관계
- 4순위 : 순서적으로 사용되는 부품의 배치
- 5순위 : 자주 사용되는 부품을 편리한 위치에 배치
- 6순위 : 체계 내 혹은 다른 체계의 여타 배치와 일관성 있게 배치

02
정답 ①
해설 주의의 종류에는 분할(분산) 주의, 초점 주의, 선택적 주의가 있다.

03
정답 ①
해설 닐슨(Nielsen)은 사용성을 학습 용이성(learnability), 효율성(efficiency), 기억 용이성(memorability), 에러의 빈도 및 정도(error frequency and severity), 사용자의 주관적 만족도(subjective satisfaction)로 정의하였다.

오답체크 경제성, 가격 대비 성능

04
정답 ④
해설 기능적 인체치수는 상지나 하지의 운동, 체위의 움직임에 따른 상태에서 신체 부위의 동작범위를 측정한다.

05
정답 ③
해설 최대치 설계
- 통상 상위 백분위수를 기준으로 한다.
- 90, 95 혹은 99%값이 사용된다.
- 출입문, 탈출구, 통로의 공간, 침대 길이, 버스의 승객 의자 앞뒤 간격, 줄사다리의 강도 등을 정할 때 사용한다.

06
정답 ④
해설 제어장치가 가지는 저항의 종류는 탄성 저항(elastic resistance), 관성 저항(inertia resistance), 점성 저항(viscous resistance), 정지 및 미끄럼 마찰이 있다.

07
정답 ③
해설 a는 조종장치가 움직인 각도이다.

08
정답 ①
해설 반응기준 β가 클수록 보수적이고, 민감도 d가 클수록 민감함을 나타낸다.

09
정답 ④
해설
① 후각에 대한 순응은 빠른 편이다.
② 훈련을 통하면 식별 능력을 향상시킬 수 있으며 60종류까지도 식별이 가능하다.
③ 후각은 특정 자극에 대한 식별보다는 냄새 존재 여부를 식별하는 데 효과적이다.

10
정답 ④

해설 직렬결합모델의 신뢰도
$$R_S = R_H \times R_E \rightarrow 0.85 = 0.9 \times R_E \rightarrow R_E = 0.944$$

11
정답 ②

해설 인간공학은 인간의 육체적, 생리적, 심리적 특성과 한계를 연구하고, 이를 도구, 기계, 장비, 제품, 직무, 작업장의 환경 그리고 시스템 등의 설계에 응용함으로써 사용의 편리성과 안전성, 효율성을 제고하고자 하는 학문이다. 기계와 작업환경을 인간에게 맞추는 학문이다.

12
정답 ①

해설 단위 시간당 영구 보관(기억)할 수 있는 정보량은 0.7bit/sec이다.

13
정답 ③

해설 ① 음의 세기 단위는 dB이다.
② 음의 세기는 진폭과 관련이 있다.
④ 음압 수준 측정 시에는 1,000Hz의 순음을 기준 음압으로 사용한다.

14
정답 ②

해설 수정체의 조절작용은 망막 위에 물체의 초점을 맞추는 과정으로, 멀리 있는 물체를 선명하게 보기 위해서는 수정체가 얇아지고 가까이 있는 물체를 볼 때에는 수정체가 두꺼워진다.

15
정답 ④

해설 시식별에 영향을 주는 조건은 조도, 대비, 휘도비, 반사율, 노출시간, 물체의 크기, 과녁의 이동, 광도비, 개인차(시력) 등이다.

오답체크 온·습도, 최소분간시력, 표적의 형태 등이다.

16
정답 ④

해설 관찰 에쓰노그라피(observation ethnography)는 실제 사용자들의 행동 분석을 위해 사용자가 생활하는 자연스러운 생활환경에서 비디오, 오디오에 녹화하여 시험하는 사용성 평가 방법이다.

17
정답 ③

해설 • 평균정보량
$$= \sum P_i \log_2\left(\frac{1}{P_i}\right) = \sum [P_i \times (-\log P_i)]$$
$$= 0.1 \times 3.32 + 0.3 \times 1.74 + 0.4 \times 1.32 + 0.2 \times 2.32$$
$$= 1.846$$

• 최대정보량 $= \log_2 N = \log_2 4 = 2$

• 중복률 $= \left(1 - \dfrac{평균정보량}{최대정보량}\right) \times 100$
$$= \left(1 - \frac{1.846}{2}\right) \times 100 = 7.7$$

18
정답 ③

해설 지침의 끝은 작은 눈금과 맞닿되 겹치지는 않게 한다.

19
정답 ④

해설 암호화(코딩)의 일반적 지침
• 암호의 검출성 : 사람이 감지(검출이 가능)할 수 있는 종류의 것이어야 한다.
• 다차원 암호 사용 : 두 가지 이상의 암호 차원을 조합하여 사용하면 정보전달이 촉진된다(음성+시각+촉각).
• 암호의 양립성 : 자극과 반응 간의 관계가 인간의 기대와 모순되지 않아야 한다.
• 암호의 변별성 : 모든 암호 표시는 감지장치에 의하여 다른 암호 표시와 구별될 수 있어야 한다.
• 암호의 표준화 : 암호는 일관성이 있어야 한다.
• 부호의 의미 : 사용자가 그 뜻을 알 수 있어야 한다.

20
정답 ②

해설 통화 이해도 측정을 위한 척도는 명료도 지수, 이해도 점수, 통화 간섭 수준이다.

2과목 작업생리학

21
정답 ②

해설 • 분당배기량 = 100L/10분 = 10L/min
• 흡기량 × 79% = 배기량 × (100 - O_2% - CO_2%)
  → 흡기량 × 79 = 10 × (100 - 15 - 6)
  → 흡기량 = 10L/min
• 산소소비량 = (흡기량 × 21%) - (배기량 × O_2%)
  = (10 × 0.21) - (10 × 0.15) = 0.6L/min
• 에너지소비량 = 0.6L/min × 5kcal/L
  = 3kcal/min

22
정답 ②

해설
- 총 작업시간(분) $T=60$분
- 작업 중 평균 에너지소비량(kcal/min) $E=8$kcal/min
- 권장 평균 에너지소비량 $S=5$kcal/min,
- 휴식시간 중의 에너지소비량 $=1.5$kcal/min
- 휴식시간(분) $R=\dfrac{T(E-S)}{E-1.5}=\dfrac{60(8-5)}{8-1.5}=28$분

23
정답 ②

해설 소음작업이란 1일 8시간 작업을 기준으로 85dB 이상의 소음이 발생하는 작업이다.

24
정답 ④

해설 휴대용 연삭기(그라인더), 자동식 톱은 국소진동을 일으킨다.

25
정답 ④

해설
① 수의근은 가로무늬근이다.
② 수의근은 골격근이다.
③ 심장근은 불수의근이다.

26
정답 ③

해설 안정 시 신체 부위에 공급하는 혈액 분배 비율은 '소화기관>신장>근육>뇌>심장근육>피부>뼈'이다.

27
정답 ②

해설
- 신전(폄, extension) : 관절에서의 각도가 증가하는 동작(부위 간 각도가 증가)이다.
- 굴곡(굽힘, flexion) : 관절의 각도가 감소하는 동작(부위 간 각도가 감소)이다.

28
정답 ④

해설 능동적 힘과 수동적 힘의 합은 근절의 안정길이 이상에서 발생한다.

29
정답 ④

해설 산소 빚(산소 부채)은 인체 활동이나 작업종료 후에도 체내에 쌓인 젖산을 제거하기 위해 추가적으로 산소가 더 필요하게 되는 것을 말한다. 산소 빚을 갚기 위해 운동종료 후에도 맥박과 호흡수가 작업개시 이전 수준으로 즉시 돌아오지 않고 서서히 감소한다.

30
정답 ①

해설 뇌의 활동 측정은 EEG이며, EOG는 안전도이다.

31
정답 ①

해설 열교환에 영향을 미치는 요소는 기온, 습도, 공기의 유동, 복사온도(복사열)이다.

32
정답 ③

해설 은폐효과(Masking Effect)는 하나의 소리가 다른 소리의 청각 감지를 방해하는 현상 즉, 음에 의한 회화 방해 현상과 같이 한 음의 가청 역치가 다른 음 때문에 높아지는 현상이다.

33
정답 ③

해설 일반적으로 최대 근력이 50% 정도의 힘으로 유지할 수 있는 시간은 1분 정도, 근육이 발휘할 수 있는 최대 근력의 15% 정도의 힘으로는 상당히 오래 유지할 수 있으며, 10% 미만인 경우 정적수축이 거의 무한하게 유지될 수 있다.

34
정답 ②

해설 중추신경계는 뇌와 척수로 구성된다.

35
정답 ④

해설 점멸융합주파수는 중추신경계의 피로, 즉 정신피로의 척도로 사용된다.

36
정답 ③

해설 광도비란 주된 장소와 주변 광도의 비이다. 사무실 및 산업 상황에서의 일반적인 추천 광도비는 3 : 1이다.

37
정답 ①

해설 산소 빚(산소 부채)은 인체 활동이나 작업종료 후에도 체내에 쌓인 젖산을 제거하기 위해 추가적으로 산소가 더 필요하게 되는 것을 말한다.

38
정답 ③

해설 중량물을 운반하는 작업에서 발생하는 생리적 반응은 혈압 증가, 심박수 증가, 산소소비량 증가, 혈류량의 재분배이다.

39
정답 ④
해설 실내에 확산된 오염물의 농도가 전체적으로 일정하지 않을 때는 국소배기가 필요하다.

40
정답 ①
해설 '천장>벽>가구>바닥'의 순으로 추천반사율이 높다.

3과목 산업심리학 및 관계법규

41
정답 ②
해설 인간행동 분류에 기초한 인간오류는 지식기반 에러(knowledge-based error), 규칙기반 에러(rule-based error), 숙련(기능)기반 에러(skill-based error)이다.

42
정답 ④
해설 관리격자(관리그리드, management grid mode)이론
- (1, 1)형은 과업과 인간관계 유지 모두에 관심을 갖지 않는 무관심형이다.
- (9, 1)형은 과업에 대한 관심은 높으나 인간에 대한 관심은 낮은 과업형이다.
- (1, 9)형은 인간에 대한 관심은 높으나 과업에 대한 관심은 낮은 인기형이다.
- (5, 5)형은 과업과 인간관계 유지 모두에 적당한 정도의 관심을 갖는 중도형(타협형)이다.
- (9, 9)형은 과업과 인간관계 유지 모두에 관심이 높은 이상형으로서 팀형이다.

43
정답 ④
해설 신뢰성이 높은 순서는 'Phase Ⅲ → Phase Ⅱ → Phase Ⅰ → Phase Ⅳ → Phase 0'이다.

44
정답 ③
해설 병렬결합모델의 신뢰도이므로
$R_s = 1 - [(1-R_1)(1-R_2)]$
$= 1 - (1-0.95)(1-0.95) = 0.9975$

45
정답 ③
해설 FMEA(Failure Mode&Effect Analysis)는 정성적 분석방법, 귀납적 분석방법이다.

46
정답 ②
해설 리더십 권한

조직이 리더에게 부여한 권한	보상적 권한	부하직원들을 승진시킬 수 있고 봉급을 인상해 주는 등의 능력
	강압적 권한	구성원을 징계 또는 처벌할 수 있는 권한
	합법적 권한	조직 내의 공식적인 지위에서 비롯된 권한
리더 자신이 자신에게 부여한 권한	전문성의 권한	리더가 전문적이고 깊이 있는 지식과 재능을 가질 때 발생하는 권한
	위임된 권한	부하직원들이 상사를 존경하여 스스로 따른다고 할 때 상사에게 부여되는 권한

47
정답 ④
해설 Harvey 안전대책의 3E
- Engineering(기술, 공학적 대책)
- Education(교육, 교육적 대책)
- Enforcement(규제, 관리적 대책)

오답체크 Environment, Economy

48
정답 ②
해설 재해 발생의 원인

직접 원인	물적 원인 (불안전한 상태)	• 안전장치 결함 • 보호구의 결함 • 결함이 있는 기계설비 및 장치 • 작업환경, 생산공정의 결함 • 경계표시 및 설비의 결함
	인적 원인 (불안전한 행동)	• 위험장소 접근, 규칙의 무시 • 안전장치 기능의 제거 • 보호구의 미착용 • 불안전한 속도조작 • 불안전한 자세 및 위치
간접 원인	• 기술적 원인 • 신체적 원인	• 교육적 원인 • 정신적 원인

49
정답 ①
해설 하인리히의 도미노 이론(사고연쇄성)
- 1단계(유전적 요인과 사회적 환경) : 간접 원인
- 2단계(개인적 결함, 선천적·후천적인 인적 결함) : 간접 원인
- 3단계(불안전행동 및 불안전 상태) : 직접 원인
- 4단계 : 사고
- 5단계 : 재해
※ 제어의 부족이나 기본 원인은 버드의 최신 도미노 이론(신연쇄성이론)이다.

50
정답 ①
해설 직무 재설계는 개인의 기술과 능력에 맞게 직무를 할당하고 작업환경 개선을 통하여 안심하고 작업할 수 있도록 하는 것이다.

51
정답 ①
해설 집단의 구성원이 적을수록 응집력이 높다.

52
정답 ③
해설 N은 자극과 반응의 수, A는 움직인 거리, W는 목표물의 너비를 나타낸다.

53
정답 ①
해설 제조물 책임법에서 정의한 결함의 종류는 설계상의 결함, 제조상의 결함, 표시상의 결함이다.

54
정답 ①
해설
② 도수율은 연간 총 근로시간 합계에 100만 시간당 재해 발생 건수이다.
③ 강도율은 연간 총 근로시간에 1,000시간당 재해 발생에 의해 잃어버린 근로손실일수를 말한다.
④ 연천인율은 근로자 1,000명당 1년 동안에 발생하는 재해자 수(사상자 수)를 나타낸다.

55
정답 ③
해설 휴먼에러의 배후요인 4M은 인간(Man), 기계(Machine), 매체(Media), 관리(Management)이다.

오답체크 Material, Motive, Movement

56
정답 ④
해설 똑같은 작업 스트레스에 노출되더라도 개인들은 스트레스에 대한 지각과 반응하는 방식에 차이가 있는데 이를 중재요인(개인적 요인, 조직 외 요인 및 완충작용 요인)이라고 한다.

57
정답 ④
해설 동기요인과 위생요인

동기요인 (만족요인)	• 만족요인은 직무내용과 관련됨 • 성장과 발전, 성취감, 책임감, 일 그 자체
위생요인 (불만족요인)	• 불만족요인은 직무환경과 관련됨 • 임금, 작업조건, 관리감독, 지위, 회사정책

58
정답 ④
해설 부주의 현상의 원인은 의식수준의 저하이다.

59
정답 ④
해설 레빈(Lewin. K)의 행동 법칙

$$B = f(P \cdot E)$$

• B : Behavior(인간의 행동)
• f : function(함수관계)
• P : Person(개체, 개인적 특성) : 연령, 경험, 기질, 심신 상태, 성격, 지능 등
• E : Environment[심리적 환경(주어진 환경)] : 인간관계(인적환경), 작업환경, 설비적 결함 등

60
정답 ③
해설 관료주의는 규모가 크고 복잡한 계층구조를 갖는다.

4과목 근골격계질환 예방을 위한 작업관리

61
정답 ③
해설 결절종(ganglion), 방아쇠 손가락(trigger finger), 수근관 증후군(carpal tunnel syndrome)은 손과 손목 부위에 관련된 질환이다.

62
정답 ④
해설 근골격계 부담작업의 범위
• 근골격계 부담작업 제1호 : 하루에 4시간 이상 집중적으로 자료입력 등을 위해 키보드 또는 마우스를 조작하는 작업이다.
• 근골격계 부담작업 제2호 : 하루에 총 2시간 이상 목, 어깨, 팔꿈치, 손목 또는 손을 사용하여 같은 동작을 반복하는 작업이다.
• 근골격계 부담작업 제3호 : 하루에 총 2시간 이상 머리 위에 손이 있거나, 팔꿈치가 어깨 위에 있거나 팔꿈치를 몸통으로부터 들거나, 팔꿈치를 몸통 뒤쪽에 위치하도록 하는 상태에서 이루어지는 작업이다.
• 근골격계 부담작업 제4호 : 지지되지 않은 상태이거나 임의로 자세를 바꿀 수 없는 조건에서 하루에 총 2시간 이상 목이나 허리를 구부리거나 트는 상태에서 이루어지는 작업이다.
• 근골격계 부담작업 제5호 : 하루에 총 2시간 이상 쪼그리고 앉거나 무릎을 굽힌 자세에서 이루어지는 작업이다.

- 근골격계 부담작업 제6호 : 하루에 총 2시간 이상 지지되지 않은 상태에서 1kg 이상의 물건을 한 손의 손가락으로 집어 옮기거나, 2kg 이상에 상응하는 힘을 가하여 한 손의 손가락으로 물건을 쥐는 작업이다.
- 근골격계 부담작업 제7호 : 하루에 총 2시간 이상 지지되지 않은 상태에서 4.5kg 이상의 물건을 한 손으로 들거나 동일한 힘으로 쥐는 작업이다.
- 근골격계 부담작업 제8호 : 하루에 10회 이상 25kg 이상의 물체를 드는 작업이다.
- 근골격계 부담작업 제9호 : 하루에 25회 이상 10kg 이상의 물체를 무릎 아래에서 들거나, 어깨 위에서 들거나, 팔을 뻗은 상태에서 드는 작업이다.
- 근골격계 부담작업 제10호 : 하루에 총 2시간 이상, 분당 2회 이상 4.5kg 이상의 물체를 드는 작업이다.
- 근골격계 부담작업 제11호 : 하루에 총 2시간 이상 시간당 10회 이상 손 또는 무릎을 사용하여 반복적으로 충격을 가하는 작업이다.

63
정답 ②

해설
$$LI = \frac{중량물\ 무게}{RWL}$$
$$= \frac{중량물\ 무게}{23 \times HM \times VM \times DM \times AM \times FM \times CM}$$

여기서, HM(수평계수), VM(수직계수), DM(거리계수), AM(비대칭계수, 상체의 비틀림 각도), FM(빈도계수), CM(결합계수)이다.

오답체크 평균보폭거리, 목자세, 표면계수

64
정답 ②

해설 효율적 서블릭은 빈손이동(TE), 운반(TL), 쥐기(G), 내려놓기(RL), 미리놓기(PP), 사용(U), 조립(A), 분해(DA)이다.

65
정답 ①

해설 워크샘플링은 작업주기가 길고 비반복적인 작업에 이용된다.

66
정답 ③

해설 예방관리 추진팀의 역할
- 예방·관리 프로그램의 수립 및 수정에 관한 사항을 결정한다.
- 예방·관리 프로그램의 실행 및 운영에 관한 사항을 결정한다.
- 교육 및 훈련에 관한 사항을 결정하고 실행한다.
- 유해요인 평가 및 개선계획의 수립과 시행에 관한 사항을 결정하고 실행한다.
- 근골격계질환자에 대한 사후조치 및 근로자 건강보호에 관한 사항 등을 결정하고 실행한다.

※ 근골격계질환의 증상·유해요인 보고 및 대응체계 구축은 사업주의 역할이다.

67
정답 ③

해설 표준시간(외경법)
ST = 정미시간(1 + 여유율)
= $(0.8 \times 1.2)(1 + 0.15) = 1.104$분

68
정답 ①

해설 정미시간은 정상적인 작업수행에 필요한 시간이며, 여유시간은 포함하지 않는다.

69
정답 ①

해설 작업개선의 4원칙(ECRS 원칙)
- Eliminate(제거) : 이 작업은 꼭 필요한가? 제거할 수는 없는가? 가장 우선적 고려대상이다.
- Combine(결합) : 이 작업을 다른 작업과 결합시키면 더 나은 결과가 생길 것인가?
- Rearrange(재배열) : 작업순서를 바꾸면 효율적인가?
- Simplify(단순화) : 단순화할 수 있는가?

오답체크 Redesign, Control, Element, Repair, Collect

70
정답 ③

해설 반복정도가 심할수록 근육은 쉽게 피로하게 되며 회복에 더 긴 시간을 요구한다.

71
정답 ②

해설 작업관리의 목적
- 생산성 향상
- 최선의 작업방법 개발, 생산 작업을 합리적이고 효율적으로 개선
- 재료, 설비, 공구 등의 표준화
- 표준시간 설정을 통한 작업효율 관리
- 안전향상

72
정답 ④

해설 적합한 모양의 손잡이를 사용하되, 가능하면 손바닥과 접촉면을 넓게 한다.

73
정답 ③
해설 미세동작분석은 시간과 비용이 많이 소요되기 때문에 작업의 사이클 시간이 짧고 반복성이 커서 분석에 의한 경제적 측면의 효과가 클 것으로 기대되는 경우에 주로 행한다.

74
정답 ①
해설 시간변동요인 4가지는 사용 신체 부위, 동작 거리, 중량이나 저항, 인위적 조절(동작의 곤란성)이다.

오답체크 수행도, 동작타임

75
정답 ④
해설
- 공학적 개선은 설비나 작업방법, 작업도구 등을 개선하는 방법이다.
  - 작업자의 신체에 맞는 작업장 개선
  - 중량물 작업개선을 위하여 호이스트를 도입
  - 로봇을 도입하여 수작업을 자동화
  - 작업피로 감소를 위하여 바닥을 부드러운 재질로 교체
- 관리적 개선은 회사 조직차원의 관리적 측면에서 개선하는 방법이다.
  - 적절한 작업자의 선발
  - 작업자의 교육 및 훈련
  - 작업자의 작업속도 조절(컨베이어의 속도를 재설정)
  - 위험표지 부착
  - 작업의 다양성 제공(작업순환, 작업확대), 작업자 교대

76
정답 ①
해설
- 총작업시간 $\sum t_i = 10+9+8+7 = 34$
- 공정수 $m = 4$
- 주기시간(공정 중 가장 긴 작업시간) $t_{max} = 10$

① 공정손실 = 1 - 공정효율
$$= 1 - \frac{총작업시간}{공정수 \times 주기시간}$$
$$= 1 - \frac{34}{10 \times 4} = 0.15(15\%)$$

② 애로작업(작업시간이 가장 긴 공정)은 조립작업이다.
③ 라인의 주기시간은 10초이다.
④ 라인의 분당 생산량은 $\frac{60초}{주기시간} = \frac{60초}{10초} = 6개$ 이다.

77
정답 ④
해설 유통선도(흐름공정도표, Flow Diagram)는 정체, 저장, 대기, Material Handling 등의 사항이 생산현장의 어느 위치에서 발생하는지 한 눈에 알아볼 수 있도록 표시된 도표이다. 시설물의 위치나 배치관계 파악(설비배치), 자재흐름의 혼잡지역 파악, 공정과정의 역류현상 발생유무 점검에 사용된다.

78
정답 ③
해설 키보드의 경사는 5도 이상 15도 이하, 두께는 3cm 이하로 한다.

79
정답 ②
해설 ① 공구 및 설비의 디자인에 관한 원칙
③ 신체의 사용에 관한 원칙
④ 신체의 사용에 관한 원칙

80
정답 ①
해설 사업주는 근로자가 근골격계 부담작업을 하는 경우에 3년마다 유해요인조사를 하여야 한다. 다만, 신설되는 사업장의 경우에는 신설일부터 1년 이내에 최초의 유해요인조사를 하여야 한다.

2021년 3회 기출문제 정답 및 해설

01	02	03	04	05	06	07	08	09	10
①	③	④	①	④	②	②	④	③	③
11	12	13	14	15	16	17	18	19	20
①	③	②	④	①	③	①	③	④	②
21	22	23	24	25	26	27	28	29	30
②	④	④	①	②	③	②	③	②	②
31	32	33	34	35	36	37	38	39	40
②	①	①	②	④	③	④	②	①	③
41	42	43	44	45	46	47	48	49	50
③	②	④	③	①	④	④	④	①	①
51	52	53	54	55	56	57	58	59	60
②	①	②	③	②	③	②	③	①	②
61	62	63	64	65	66	67	68	69	70
②	②	①	③	④	③	③	③	①	③
71	72	73	74	75	76	77	78	79	80
①	②	④	①	②	③	④	④	④	④

1과목 인간공학개론

01
[정답] ①
[해설] 판정기준이 오른쪽으로 이동할 경우($\beta > 1$) 판정자는 신호라고 판정하는 기회가 줄어들게 되므로 신호가 나타났을 때 신호의 정확한 판정은 적어지나 허위경보가 줄어들며, 보수적인 판단자라고 한다.

02
[정답] ③
[해설] 인간공학은 인간의 육체적, 생리적, 심리적 특성과 한계를 연구하고, 이를 도구, 기계, 장비, 제품, 직무, 작업장의 환경 그리고 시스템 등의 설계에 응용함으로써 인간이 보다 편리하고, 안전하며, 쾌적하게 이용할 수 있도록 연구하는 학문이다. 병리학은 관련이 없다.

03
[정답] ④
[해설] C/R비 = $\dfrac{\text{조종장치의 이동거리}}{\text{표시장치의 이동거리}}$ 이다.
C/R비가 감소함에 따라 이동시간은 감소하고, 조종시간은 증가한다.

04
[정답] ①
[해설] 사람의 단기기억 용량은 유한하며, 저장될 수 있는 정보량의 한계는 7±2chunk이다.

05
[정답] ④
[해설] ① 정확한 수치를 필요로 하는 경우에는 아날로그 표시장치보다 디지털 표시장치가 우수하다.
② 온도, 압력과 같이 연속적으로 변하는 변수의 변화 경향, 변화율 등을 알고자 할 때는 정성적 표시장치를 사용하는 것이 좋다.
③ 정량적 표시장치는 동침형(moving pointer), 동목형(moving scale) 등의 형태로 구분할 수 있다.

06
[정답] ②
[해설] 은폐(차폐, masking)효과는 하나의 소리가 다른 소리의 청각 감지를 방해하는 현상 즉, 음의 한 성분이 다른 성분에 대한 귀의 감수성을 감소시키는 상황이다.

07
[정답] ②
[해설] 수정체의 조절작용은 망막 위에 물체의 초점을 맞추는 과정으로 멀리 있는 물체를 선명하게 보기 위해서는 수정체가 얇아지고 가까이 있는 물체를 볼 때에는 수정체가 두꺼워진다.

08
[정답] ④
[해설] 기능적 인체치수는 상지나 하지의 운동, 체위의 움직임에 따른 상태에서 측정한다.

09
[정답] ③
[해설] 난이도 지수 $ID(bits) = \log_2 \dfrac{2A}{W} = \log_2 \dfrac{2 \times 30}{5} = 3.6$

10
[정답] ③
[해설] 직렬결합모델 신뢰도
$R_S = R_1 \cdot R_2 = 0.7 \times 0.9 = 0.63(63\%)$

11
정답 ①
해설 sone은 서로 다른 음의 상대적인 주관적 크기를 나타내며, 40dB의 1,000Hz 순음의 크기(40phon)를 1sone이라 한다.

12
정답 ③
해설
① 직렬시스템에서 요소의 개수가 증가하면 시스템의 신뢰도는 감소한다.
② 병렬시스템에서 요소의 개수가 증가하면 시스템의 신뢰도는 증가한다.
④ 일반적으로 병렬시스템으로 구성된 시스템은 직렬시스템으로 구성된 시스템보다 비용이 증가한다.

13
정답 ②
해설 안구의 수정체는 모양체근으로 긴장을 하면 두꺼워져 가까운 물체만 볼 수 있다.

14
정답 ④
해설 은행이나 관공서의 접수창구는 불특정 다수의 사람들이 이용하므로 평균치 설계를 한다.

15
정답 ①
해설
② 정보의 기본 단위는 bit(Binary Digit)이다.
③ 불확실한 사건의 출현에는 많은 정보가 담겨있다.
④ 정보란 불확실성의 감소이다.

16
정답 ③
해설
• 시각적 표시장치가 유리한 경우
  - 전언이 길고, 복잡한 경우
  - 전하려는 정보를 다시 확인해야 하는 경우
  - 전언이 공간적인 위치를 다루는 경우
  - 전언이 즉각적인 행동을 요구하지 않는 경우
  - 수신자의 청각계통이 과부하 상태일 경우
  - 수신장소가 소음이 많은 경우
  - 직무상 수신자가 한 곳에 머무르는 경우
• 청각적 표시장치가 유리한 경우
  - 전언이 짧고, 간단한 경우
  - 전언이 후에 재참조되지 않는 경우
  - 전언이 시간적인 사상을 다루는 경우
  - 전언이 즉각적인 행동을 요구하는 경우
  - 수신자의 시각계통이 과부하 상태일 경우
  - 수신장소가 너무 밝거나 암조응이 요구될 경우
  - 직무상 수신자가 자주 움직이는 경우

17
정답 ①
해설 감각기관별 반응시간

감각기관	청각	촉각	시각	미각	통각
반응시간(초)	0.17	0.18	0.2	0.29	0.70

18
정답 ③
해설 Fool - proof란 인간 - 기계 시스템에서 인간의 과오나 동작상의 실패가 있어도 안전사고를 발생시키지 않도록 하는 설계 시스템이다.

19
정답 ④
해설
㉠ 발생 확률이 0.1과 0.9일 때 :
$$H = \sum P_i \log_2\left(\frac{1}{P_i}\right)$$
$$= 0.9 \times \log_2\left(\frac{1}{0.9}\right) + 0.1 \times \log_2\left(\frac{1}{0.1}\right) = 0.47$$

㉡ 발생 확률이 0.5로 같을 때 :
$$H = \sum P_i \log_2\left(\frac{1}{P_i}\right)$$
$$= 0.5 \times \log_2\left(\frac{1}{0.5}\right) + 0.5 \times \log_2\left(\frac{1}{0.5}\right) = 1$$

따라서 1 → 0.47 즉, 53%가 감소된다.

20
정답 ②
해설 평가척도(기준)의 요건
• 실제성 : 현실성을 가지며, 실질적으로 이용하기 쉽다.
• 타당성(적절성) : 측정하고자 하는 평가척도가 시스템의 목표를 반영하는 정도 즉, 측정하고자 하는 바를 얼마나 정확하게 측정하였는가를 평가하는 척도이다.
• 무오염성(순수성) : 기준 척도는 측정하고자 하는 변수 이외에 다른 변수의 영향을 받아서는 안 된다.
• 신뢰성 : 반복 실험 시 재현성(반복성)이 있어야 한다.
• 민감도 : 실험 변수 수준 변화에 따라 척도의 값의 차이가 존재하는 정도

2과목 작업생리학

21
정답 ②
해설 무산소 대사에서 충분한 산소 공급이 되지 않아 젖산이 축적된다.

22
정답 ④
해설
㉠ 힘의 평형
$W_E = W_1 + W_2 = 98 + 15.7 = 113.7N$
㉡ 모멘트 평형
$35.5cm = 0.355m$, $17.2cm = 0.172m$이므로
$M_E = (98 \times 0.355) + (15.7 \times 0.172) = 37.5N \cdot m$

23
정답 ④
해설 '천장 > 벽 > 가구 > 바닥'의 순으로 추천반사율이 높다.

24
정답 ①
해설 2조 2교대보다 4조 3교대가 바람직하며, 8시간 교대제가 적당하다.

25
정답 ②
해설 식염을 많이 섭취하는 것은 고열대책이다.

26
정답 ③
해설 주동근(agonists)은 운동 시 주역을 하는 근육이며, 길항근(antagonist)은 주동근과 반대되는 작용을 하는 근육이다.

27
정답 ②
해설 경첩관절은 한 쪽 방향으로만 움직일 수 있으며, 팔굽관절(주관절), 슬관절(무릎관절), 손가락 뼈 사이 관절 등이다.

28
정답 ③
해설 심장근은 불수의근이면서도 가로줄 무늬의 원통형 근섬유 구조를 가지고 있다.

29
정답 ②
해설 근전도(EMG ; electromyogram)는 근육이 움직일 때 나오는 미세한 전기신호를 측정하여 근육의 활동 정도를 나타낸다.

30
정답 ②
해설
• 총 작업시간(분) $T = 4 \times 60 = 240$분
• 작업 중 에너지소비량 = 1.5L/min × 5kcal/L
  = 7.5kcal/min
• 권장 평균 에너지소비량 S = 남성 : 5kcal/min,
  여성 : 3.5kcal/min
• 휴식시간 중의 에너지소비량 = 1.5kcal/min
• 휴식시간(분) $R = \dfrac{T(E-S)}{E-1.5}$
  $= \dfrac{(4 \times 60) \times (7.5-5)}{7.5-1.5} = 100$분

31
정답 ②
해설 지구력이란 사람이 근육을 사용하여 특정한 힘을 유지할 수 있는 능력이다. 정적근력이란 등척적으로 근육이 낼 수 있는 최대 힘을 말한다.

32
정답 ①
해설 암조응시는 VFF가 감소한다.

33
정답 ①
해설 에너지소비량에 영향을 미치는 인자는 작업속도, 작업자세, 작업방법, 작업도구이며, 이 중에서 쪼그려 앉아 들기와 등을 굽혀 들기는 작업자세와 관련이 있다.

34
정답 ②
해설 소음작업이란 1일 8시간 작업을 기준으로 85dB 이상의 소음이 발생하는 작업이다.

35
정답 ④
해설 간접조명은 조도가 균일하고, 눈부심이 적지만 기구 효율이 나쁘며 설치비용이 많이 든다.

36
정답 ③
해설 산소소비량은 흡기량과 배기량을 측정하여 구한 것이다.
O_2 소비량 = (흡기량 × 21%) - (배기량 × O_2%)

37
정답 ④
해설 내번(inversion)과 외번(eversion)은 발목에서 일어나는 움직임이다.

38
정답 ②
해설 적혈구나 백혈구의 감소는 작업강도의 증가에 따른 순환기 반응과 관련이 없다.

39
정답 ①
해설 심박수는 증가한다.

40
정답 ③
해설 신체에 전달되는 진동의 크기를 줄이도록 연장을 잡거나 조절하는 악력을 줄인다.

3과목 산업심리학 및 관계법규

41
정답 ③
해설 파레토도는 사고의 유형, 기인물 등 분류항목을 큰 순서대로 분류하여 도표화한 것이다.

42
정답 ③
해설 사업주는 근로자가 근골격계 부담작업을 하는 경우에 3년마다 유해요인조사를 하여야 한다. 다만, 신설되는 사업장의 경우에는 신설일부터 1년 이내에 최초의 유해요인조사를 하여야 한다.

43
정답 ④
해설 심리적 측면에서의 휴먼에러 분류(Swain)
- 생략(누락, 부작위) 오류(omission error) : 필요한 행위 또는 절차를 실행하지 않아 발생한 에러이다.
- 작위(실행) 오류(commission error) : 필요한 작업이나 절차를 수행하였으나 잘못 수행한 에러이다.
- 순서 오류(sequential error) : 필요한 작업 또는 절차의 순서 착오로 인한 에러이다.
- 시간(지연) 오류(time error) : 필요한 작업 또는 절차의 수행 지연으로 인한 에러이다.
- 과잉 행동(불필요한 행동) 오류(extraneous error) : 불필요한 작업 또는 절차를 수행함으로써 기인한 에러이다.

44
정답 ③
해설 스트레스 상황에서 동공이 확대되고 혈압이 증가한다.
※ ①도 틀린 답이나 정답은 ③으로 발표되었다. 답을 ③으로 체크해야 한다.

45
정답 ①
해설 $RT = a + b\log_2 N$에서 a, b가 상수이므로 자극정보의 수만으로 계산한다. 따라서 자극 정보의 개수가 2개일 경우 $\log_2 2 = 1$, 8개일 경우 $\log_2 8 = 3$이므로 3배 증가한다.

46
정답 ④
해설
- 평균강도율은 재해 1건당 근로손실일수를 말한다.
- 평균강도율 = $\dfrac{\text{환산강도율}(S)}{\text{환산도수율}(F)} = \dfrac{\text{강도율}}{\text{도수율}} \times 1{,}000$
  $= \dfrac{4}{40} \times 1{,}000 = 100$

47
정답 ④
해설 인간실수율 예측기법(THERP)은 인간오류확률 추정 기법 중 초기 사건을 이원적(binary) 의사결정(성공 또는 실패) 가지들로 모형화하고, 이 이후의 사건들의 확률은 모두 선행 사건에 대한 조건부 확률을 부여하여 이원적 의사결정 가지들로 분지해 나가는 방법이다.

48
정답 ④
해설 NIOSH(미국 산업안전보건연구원)의 직무 스트레스 요인에는 크게 작업 요인, 조직 요인 및 물리적 환경 요인으로 구분된다.

49
정답 ①
해설 억측판단은 보행 신호등이 막 바뀌어도 자동차가 움직이기까지는 아직 시간이 있다고 스스로 판단하여 건널목을 건너는 것과 같은 부주의 행위이다.

50
정답 ①
해설
- 통제있는 집단행동[규칙이나 규율과 같은 룰(rule)이 존재]
  - 관습(Custom) : 풍습(folkways), 도덕규범, 예의, 금기(taboo) 등
  - 제도적 행동(Institutional Behavior) : 합리적으로 집단 구성원의 행동을 통제하고 표준화함으로써 집단의 안정을 지키려는 것
  - 유행(Fashion) : 집단 내의 공통적인 행동 양식이나 태도 등을 의미
- 비통제의 집단행동(구성원 간의 정서, 감정에 좌우되고 연속성이 희박)
  - 군중(Crowd) : 구성원 사이의 지위나 역할의 분화가 없고, 구성원 각자는 책임감을 가지지 않으며, 비판력도 가지지 않음

- 모브(mob) : 폭동과 같은 것을 말하며 군중보다 한층 합의성이 없고, 이성적 판단보다는 감정에 의해 좌우되며 공격적임
- 패닉(panic) : 이상적인 상황하에서 모브(mob)가 공격적인 데 비하여, 패닉(panic)은 방어적인 것이 특징
- 심리적 전염 : 어떤 사상이 상당한 기간에 걸쳐서 광범위하게 논리적, 사고적 근거 없이 무비판적으로 받아들여짐

51
정답 ②
해설 관료주의 4가지 기본원칙은 노동의 분업, 권한의 위임, 통제의 범위, 구조이다.

52
정답 ①
해설 할로효과(후광효과, halo effect)
- 어떤 사람에 관한 평가자의 개인적 인상이 피평가자 개개인의 특징에 관한 평가에 영향을 미치는 것이다.
- 평가대상자의 수행에 대하여 제한된 지식을 가지고 있음에도 불구하고 다양한 수행차원 모두에서 획일적으로 좋거나 또는 나쁜 수행을 나타낸다고 평가하는 것이다.

53
정답 ②
해설 ① 반복되는 이산적 직무에서 인간실수확률은 사건당 실패수로 표현된다.
③ THERP는 완전 독립에서 완전 정(正)종속까지의 연속을 종속 정도에 따라 5수준으로 분류하여 직무의 종속성을 고려한다.
④ 연속적 직무에서 인간의 실수율이 불변(stationary)이고, 실수과정이 과거와 무관(independent)하다면 실수과정은 푸아송 과정으로 묘사된다.

54
정답 ③
해설 작업에 수반되는 피로를 줄이기 위해서는 동적인 작업을 늘리고, 정적 근작업을 배제한다.

55
정답 ②
해설
- 총인원 n = 10
- 가능한 상호작용의 수 $_nC_2 = {_{10}C_2} = 45$
- 응집성 지수 = $\dfrac{\text{실제 상호선호관계의 수}}{\text{가능한 상호작용의 수}} = \dfrac{16}{45} = 0.356$

56
정답 ③
해설 조작자 행동 나무(OAT)는 위급직무의 순서에 초점을 맞추어 조작자 행동 나무를 구성하고, 이를 사용하여 사건의 위급경로에서 조작자의 역할을 분석하는 기법이다.

57
정답 ②
해설 리더십과 헤드십의 구분

구분	리더십	헤드십
권한행사 및 부여	구성원의 동의에 의해 선출된 지도자	외부로부터 임명된 헤드
권한근거	개인능력	법적 또는 공식적
상관과 부하와의 관계	개인적인 경향	지배적
책임귀속	상사와 부하	상사
부하와의 사회적 간격	좁음	넓음
지위형태	민주주의적	권위주의적
권한귀속	집단목표에 기여한 공로 인정	공식화된 규정에 의함

58
정답 ③
해설 중대재해란 산업재해 중 사망 등 재해 정도가 심하거나 다수의 재해자가 발생한 경우로서 고용노동부령으로 정하는 재해를 말한다.
- 사망자가 1명 이상 발생한 재해
- 3개월 이상의 요양이 필요한 부상자가 동시에 2명 이상 발생한 재해
- 부상자 또는 직업성 질병자가 동시에 10명 이상 발생한 재해

59
정답 ①
해설 맥그리거(McGregor)는 인간의 본질에 대한 기본 가정을 부정적인 시각과 긍정적인 시각으로 구분하였다.

X이론	Y이론
인간 불신감	상호 신뢰감
성악설	성선설
인간은 본래 게으르고 태만, 수동적, 남의 지배받기를 즐김	인간은 본래 부지런하고 근면, 적극적, 스스로 일을 자기 책임하에 자주적
저차적 욕구(물질 욕구)	고차적 욕구(정신 욕구)
금전적 보상	정신적 보상
명령, 통제에 의한 관리	목표통합과 자기 통제에 의한 자율관리
저개발국형	선진국형
권위주의적 리더십, 수직적 리더십	민주적 리더십, 수평적 리더십

60
[정답] ②
[해설] 재해예방의 4원칙
- 손실 우연의 원칙 : 사고에 의해 생기는 상해의 종류 및 정도는 우연적이다.
- 예방 가능의 원칙 : 천재지변을 제외한 모든 인재는 예방이 가능하다.
- 대책 선정의 원칙 : 사고의 원인이나 불안전요소가 발견되면 반드시 대책을 선정하여 실시하여야 한다.
- 원인 연계의 원칙 : 사고에는 반드시 원인이 있고 원인은 대부분 복합적 연계 원인이 있다.

4과목 근골격계질환 예방을 위한 작업관리

61
[정답] ②
[해설] 단순반복동작을 줄이거나 제거한다.

62
[정답] ②
[해설] 상지질환에 대한 정량적 평가기법으로 힘을 발휘하는 강도, 힘을 발휘하는 지속시간, 분당 힘의 빈도, 손/손목의 자세, 작업속도, 1일 작업시간 등 6개의 위험요소로 구성되어 있으며 이를 곱한 값으로 상지질환의 위험성을 평가한다.

63
[정답] ①
[해설] 근골격계 부담작업의 범위
- 근골격계 부담작업 제1호 : 하루에 4시간 이상 집중적으로 자료입력 등을 위해 키보드 또는 마우스를 조작하는 작업이다.
- 근골격계 부담작업 제2호 : 하루에 총 2시간 이상 목, 어깨, 팔꿈치, 손목 또는 손을 사용하여 같은 동작을 반복하는 작업이다.
- 근골격계 부담작업 제3호 : 하루에 총 2시간 이상 머리 위에 손이 있거나, 팔꿈치가 어깨 위에 있거나 팔꿈치를 몸통으로부터 들거나, 팔꿈치를 몸통 뒤쪽에 위치하도록 하는 상태에서 이루어지는 작업이다.
- 근골격계 부담작업 제4호 : 지지되지 않은 상태이거나 임의로 자세를 바꿀 수 없는 조건에서 하루에 총 2시간 이상 목이나 허리를 구부리거나 트는 상태에서 이루어지는 작업이다.
- 근골격계 부담작업 제5호 : 하루에 총 2시간 이상 쪼그리고 앉거나 무릎을 굽힌 자세에서 이루어지는 작업이다.
- 근골격계 부담작업 제6호 : 하루에 총 2시간 이상 지지되지 않은 상태에서 1kg 이상의 물건을 한 손의 손가락으로 집어 옮기거나, 2kg 이상에 상응하는 힘을 가하여 한 손의 손가락으로 물건을 쥐는 작업이다.
- 근골격계 부담작업 제7호 : 하루에 총 2시간 이상 지지되지 않은 상태에서 4.5kg 이상의 물건을 한 손으로 들거나 동일한 힘으로 쥐는 작업이다.
- 근골격계 부담작업 제8호 : 하루에 10회 이상 25kg 이상의 물체를 드는 작업이다.
- 근골격계 부담작업 제9호 : 하루에 25회 이상 10kg 이상의 물체를 무릎 아래에서 들거나, 어깨 위에서 들거나, 팔을 뻗은 상태에서 드는 작업이다.
- 근골격계 부담작업 제10호 : 하루에 총 2시간 이상, 분당 2회 이상 4.5kg 이상의 물체를 드는 작업이다.
- 근골격계 부담작업 제11호 : 하루에 총 2시간 이상 시간당 10회 이상 손 또는 무릎을 사용하여 반복적으로 충격을 가하는 작업이다.

64
[정답] ③
[해설] 외상과염 및 회내근 증후군은 팔꿈치, 수완진동 증후군은 손과 손목 부위에 관련된 질환이다.

65
[정답] ③
[해설] 근골격계질환 예방·관리 추진팀 구성

중·소규모 사업장	대규모 사업장
• 근로자대표 또는 명예산업안전감독관을 포함하여 그가 위임하는 자 • 관리자(예산결정권자) • 정비·보수담당자 • 보건·안전담당자 • 구매담당자	• 중·소규모 사업장 추진팀원 이외 다음의 인력을 추가함 – 기술자(생산, 설계, 보수기술자) – 노무담당자 등

66
[정답] ④
[해설] 두 팔의 동작은 동시에 서로 반대 방향으로 대칭적으로 움직이도록 한다.

67
[정답] ③
[해설]
- 총작업시간 $\sum t_i = 10+20+30+40 = 100$
- 공정수 $m = 4$
- 주기시간(공정 중 가장 긴 작업시간) $t_{max} = 40$
- 공정효율 = $\dfrac{\text{총작업시간}}{\text{공정수} \times \text{주기시간}}$
  $= \dfrac{100}{4 \times 40} = 0.625(62.5\%)$

68
[정답] ③
[해설] 산업재해보상 보험의 가입은 사후대책이다.

69
정답 ①
해설 각 과제 간의 상호 연관사항을 파악하기가 어렵다.

70
정답 ③
해설 작업개선의 4원칙(ECRS 원칙)
- Eliminate(제거) : 이 작업은 꼭 필요한가? 제거할 수는 없는가? 가장 우선적 고려대상이다.
- Combine(결합) : 이 작업을 다른 작업과 결합시키면 더 나은 결과가 생길 것인가?
- Rearrange(재배열) : 작업순서를 바꾸면 효율적인가?
- Simplify(단순화) : 단순화할 수 있는가?

71
정답 ①
해설 작업측정기법의 종류
- 시간연구법(스톱워치법, 촬영법, VTR 분석법, 컴퓨터분석법)과 워크샘플링은 직접측정법이다.
- 간접측정 방법에는 PTS법, 표준자료법, 실적기록표 등이 있다.

72
정답 ②
해설
- $RWL(kg) = LC \times HM \times VM \times DM \times AM \times FM \times CM$
- 여기서, LC(부하상수), HM(수평계수), VM(수직계수), DM(거리계수), AM(비대칭계수, 상체의 비틀림 각도), FM(빈도계수), CM(결합계수)이다.

73
정답 ④
해설 유통공정도(흐름공정도, Flow Process Chart)는 공정 중에 발생하는 모든 작업·검사·운반·저장·정체 등이 도식화된 것이며, 또한 모든 사건을 기록함으로써 생산이나 작업과정의 순서를 설명하고, 소요시간과 운반거리도 함께 표현하며, 생산공정에서 발생하는 잠복비용(hidden cost)을 감소시키고, 사고의 원인을 파악하는 데 사용된다.

74
정답 ①
해설 외경법
- ST = 정미시간(1 + 여유율)
  $= (1.5 \times 1.1)(1+0.2) = 1.98$분
- 여유시간 = 표준시간 - 정미시간
  $= 1.98 - (1.15 \times 1.1) = 0.33$분
- 8시간에 대한 여유시간 $= (8 \times 60) \times \dfrac{0.33}{1.98} = 80$분

75
정답 ②
해설 RULA 최종점수에 따른 조치

조치 단계	최종 점수	평가
1	1~2점	수용 가능한 안전한 작업이다.
2	3~4점	계속적 추적관찰을 요구한다.
3	5~6점	계속적 관찰과 빠른 작업개선이 요구된다.
4	7점 이상	작업위험요인의 정밀조사와 즉각적인 개선이 요구된다.

76
정답 ③
해설 워크샘플링은 작업을 요소별로 분할할 수 없기 때문에 작업현황을 세밀히 측정할 수 없다.

77
정답 ④
해설 동작연구는 방법연구, 시간연구는 작업측정에 해당한다.

78
정답 ④
해설 미세동작분석은 비용이 많이 소요되기 때문에 작업의 사이클 시간이 짧고 반복성이 커서 분석에 의한 경제적 측면의 효과가 클 것으로 기대되는 경우에 주로 행한다.

79
정답 ④
해설 PTS의 단점은 시스템 활용을 위한 교육 및 훈련비용이 상당하다.

80
정답 ④
해설 정확성이 요구되는 작업은 핀치그립(pinch grip)을 사용하도록 한다.

2022년 1회 기출문제 정답 및 해설

01	02	03	04	05	06	07	08	09	10
③	④	②	④	②	④	④	②	①	①
11	12	13	14	15	16	17	18	19	20
①	②	②	①	③	③	④	②	③	①
21	22	23	24	25	26	27	28	29	30
②	③	③	②	④	④	③	②	②	①
31	32	33	34	35	36	37	38	39	40
①	②	③	②	④	③	①	③	④	①
41	42	43	44	45	46	47	48	49	50
③	①	③	②	②	③	①	③	①	②
51	52	53	54	55	56	57	58	59	60
③	④	③	④	①	①	④	②	④	④
61	62	63	64	65	66	67	68	69	70
④	③	②	④	③	①	①	①	②	②
71	72	73	74	75	76	77	78	79	80
④	③	④	②	③	①	①	③	③	④

1과목 인간공학개론

01
정답 ③

해설
$$H = \sum P_i \log_2\left(\frac{1}{P_i}\right)$$
$$= 0.8 \times \log_2\left(\frac{1}{0.8}\right) + 0.2 \times \log_2\left(\frac{1}{0.2}\right)$$
$$= 0.8 \times \frac{\log\left(\frac{1}{0.8}\right)}{\log 2} + 0.2 \times \frac{\log\left(\frac{1}{0.2}\right)}{\log 2} = 0.72 \text{ bit}$$

02
정답 ④

해설 시식별에 영향을 주는 조건은 조도, 대비, 휘도비, 반사율, 노출시간, 물체의 크기, 과녁의 이동, 광도비, 개인차(시력) 등이다.

오답체크 온·습도, 최소분간시력, 표적의 형태 등이다.

03
정답 ②

해설 두 대안의 실현 확률이 동일할 때 총 정보량이 가장 크다. 따라서 실현 확률의 차이가 커질수록 총 정보량 H는 줄어든다.

04
정답 ④

해설 여러 유형의 시력은 주로 망막 위에 초점이 맞추어지도록 수정체의 근육(모양체)에 의한 눈의 조절능력에 달려 있다.

05
정답 ②

해설 정적측정(구조적 인체치수)을 측정하기 위하여 마틴식 인체측정 장치를 사용한다.

06
정답 ④

해설 인간-기계 시스템의 분류에서 인간에 의한 제어정도에 따른 분류는 수동 시스템, 기계화 시스템, 자동화 시스템이다.

오답체크 보조 시스템, 감시제어 시스템, 정보화 시스템

07
정답 ④

해설 일반적으로 단기기억(작업기억)의 정보는 시각(visual), 음성(phonetic), 의미(semantic) 코드의 3가지로 코드화된다.

08
정답 ②

해설 피부가 느끼는 3종류의 감각은 압력 수용 감각(압각), 고통 감각(통각), 온도 변화 감각(냉·온각)이다.

오답체크 진동, 미각

09
정답 ①

해설 최소치 설계는 선반의 높이, 제어버튼(비상버튼)까지의 거리, 지하철이나 버스의 손잡이 높이, 의자의 좌판 깊이, 기구조작에 필요한 힘 등을 정할 때 사용된다.

10
정답 ①
해설 조종장치의 조작시간 지연은 직접적으로 C/R비와 관계있다.

11
정답 ①
해설 피츠의 법칙(Fitts's law) 동작시간
- $MT = a + b \log_2 \dfrac{2A}{W}$
- 표적의 폭이 작을수록, 표적 중심선까지의 이동거리가 멀수록 동작(이동)시간이 증가한다.

12
정답 ②
해설
$$dB_2 = dB_1 - 20\log\left(\dfrac{d_2}{d_1}\right)$$
$$= 130 - 20\log\left(\dfrac{100}{20}\right) = 116\,dB$$

13
정답 ②
해설 외이와 중이의 경계는 고막이다.

14
정답 ①
해설 인간실수가 감소한다.

15
정답 ③
해설 시각적 부호의 3가지 유형
- 묘사적 부호 : 사물이나 행동을 단순하고 정확하게 묘사(위험 : 해골과 뼈)
- 추상적 부호 : 전언의 기본 요소를 도식적으로 압축한 부호(별자리)
- 임의적 부호 : 부호가 이미 고안되어 있으므로 배워야 하는 부호(교통표지판의 삼각형 - 주의, 원형 - 규제, 사각형 - 안내표지)

16
정답 ③
해설 인간 - 기계 시스템에서의 기본기능

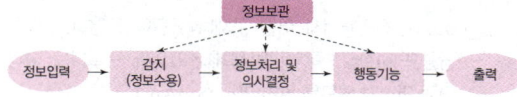

17
정답 ④
해설 인간에게 질병, 건강장해, 심각한 불쾌감 및 능률저하 등을 초래하는 작업환경 요인과 스트레스를 예측, 인식(측정), 평가, 관리(대책)하는 것은 산업위생에 대한 정의이다.

18
정답 ②
해설 지침의 끝은 작은 눈금과 맞닿되 겹치지는 않게 한다.

19
정답 ③
해설
① 잡음에 실린 신호의 분포는 잡음만의 분포와 구분되어야 한다.
② 신호의 유무를 판정함에 있어 반응대안은 4가지이다.
④ 신호검출의 민감도에서 신호와 잡음 간의 두 분포가 가까울수록 판정자는 신호와 잡음을 정확하게 판별하기 어렵다.

20
정답 ①
해설 $1 - \beta$를 검출력(power)이라고 한다.

2과목 작업생리학

21
정답 ②
해설 $sone = 2^{(phon - 40)/10} \rightarrow 8 = 2^{(phon - 40)/10}$
$\rightarrow phon = 70$

22
정답 ③
해설 산소소비량의 증가는 호흡기의 반응에 해당한다.

23
정답 ③
해설
- 총 작업시간(분) $T = 60$분
- 작업 중 평균 에너지소비량(kcal/min) $E = 6\,kcal/min$
- 권장 평균 에너지소비량 $S = 4\,kcal/min$,
- 휴식시간 중의 에너지소비량 $= 1.5\,kcal/min$
- 휴식시간(분) $R = \dfrac{T(E-S)}{E-1.5} = \dfrac{60(6-4)}{6-1.5} = 26.7$분

24
정답 ②
해설 정적근력(static strength)은 등척력(isometric strength)이라고도 하며, 물체를 들고 있을 때처럼 신체를 움직이지 않으면서 자발적으로 가할 수 있는 힘의 최댓값이다.

25
정답 ④
해설 1L의 산소(O_2)는 5kcal의 에너지를 생성한다.

$$RMR = \frac{작업대사량}{기초대사량}$$

$$= \frac{작업 시 소비에너지 - 안정 시 소비에너지}{기초대사량}$$

$$= \frac{(1.2 \times 5) - (0.5 \times 5)}{1.5} = 2.33$$

26
정답 ④
해설 공기정화시설을 갖춘 사무실에서 근로자 1인당 필요한 최소 외기량은 분당 $0.57m^3$ 이상이며, 환기 횟수는 시간당 4회 이상으로 한다.

27
정답 ③
해설 **힘의 평형**
$F = 98 + 12.74 = 110.74N$
($10kg = 10 \times 9.8 = 98N$, $1.3kg = 1.3 \times 9.8 = 12.74N$)

28
정답 ②
해설 전반조명은 작업면에 균등한 조도를 얻기 위한 조명방식으로 공장 등에서 많이 사용된다.

29
정답 ②
해설 A 특성치란 40phon의 등음량 곡선과 비슷하게 보정하여 측정한 음압 수준을 말하며, B 특성치는 70phon, C 특성치는 100phon이다.

30
정답 ①
해설 뇌간(뇌줄기)은 중뇌, 뇌교, 연수의 세 부분으로 나뉘어진다.

31
정답 ①
해설 신진대사는 음식물을 섭취하여 기계적인 일과 열로 전환하는 화학적인 과정이다.

32
정답 ②
해설 산소소비량, 근전도, 심전도는 육체적 작업부하를 측정하는 생리적 측정치에 해당한다.

33
정답 ③
해설 젊은 여성의 평균 MAP는 젊은 남성의 평균 MAP의 65~75% 정도이다.

34
정답 ②
해설 **골격의 기능**
- 인체의 지주 역할을 한다.
- 신체에 중요한 부분을 보호하는 역할을 한다.
- 혈구세포를 만드는 조혈기능을 한다.
- 칼슘과 인 등의 무기질을 저장하여 몸이 필요할 때 공급해 주는 역할을 한다.
- 가동성 연결, 즉 관절을 만들고, 골격근의 수축에 의해 운동기로써 작용한다.
※ 소화, 순환, 분비, 배설 등 신체 내부 환경의 조절에 중요한 역할을 하는 것은 내분비계이다.

35
정답 ④
해설 ① 허리 부위의 요추는 체중의 60% 정도를 지탱하는 역할을 담당한다.
② 건은 근육과 뼈에 연결되어 있는 것으로 보통 힘줄이라고 한다.
③ 인대는 뼈와 뼈를 연결하여 관절의 운동을 제한한다.

36
정답 ③
해설 저온 환경에서는 체내 온도를 유지하기 위해 근육의 대사율이 감소한다.

37
정답 ①
해설 운동이 격렬하여 근육에 산소 공급이 원활하지 않은 경우에는 젖산이 생성되어 피곤함을 느낀다.

38
정답 ③
해설 에너지가의 계산에는 5kcal의 에너지 생성에 1리터의 산소가 소모되는 관계를 이용한다.

39
정답 ④
해설 조도는 점광원에서 어떤 물체나 표면에 도달하는 빛의 양을 의미한다. 즉, 어떤 물체나 표면에 도달하는 빛의 단위 면적당 밀도를 말한다($lumen/m^3$).

40
정답 ①
해설 심박수는 증가한다.

3과목 산업심리학 및 관계법규

41
정답 ③
해설 리더십 행동이론은 리더의 기질은 타고나는 것이 아니라 교육훈련에 의해서 향상되므로, 좋은 리더는 육성될 수 있다고 가정한다.

42
정답 ①
해설 리더 행동에 따른 4가지 범주
- 후원적 리더는 부하들의 욕구, 복지문제 및 안정, 온정에 관심을 기울이고, 친밀한 집단 분위기를 조성한다.
- 참여적 리더는 부하들과 정보자료를 많이 활용하여 부하들의 의견을 존중하여 의사결정에 반영한다.
- 성취지향적 리더는 도전적 목표를 설정하고, 높은 수준의 수행을 강조하여 부하들이 그러한 목표를 달성할 수 있다는 자신감을 갖게 한다.
- 주도적(지시적) 리더는 부하들의 작업을 계획하고 조정하며 그들에게 기대하는 바가 무엇인지 알려주고 구체적인 작업지시를 하며 규칙과 절차를 따르도록 요구한다.

43
정답 ③
해설 정신적 측면에 대한 대책
㉠ 주의력 집중 훈련
㉡ 안전의식의 제고
㉢ 작업의욕의 고취
㉣ 스트레스 해소 방안 마련

44
정답 ②
해설
- 통제있는 집단행동[규칙이나 규율과 같은 룰(rule)이 존재]
  - 관습(custom) : 풍습(folkways), 도덕규범, 예의, 금기(taboo) 등
  - 제도적 행동(institutional Behavior) : 합리적으로 집단 구성원의 행동을 통제하고 표준화함으로써 집단의 안정을 지키려는 것
  - 유행(fashion) : 집단 내의 공통적인 행동 양식이나 태도 등을 의미
- 비통제의 집단행동(구성원 간의 정서, 감정에 좌우되고 연속성이 희박)
  - 군중(crowd) : 구성원 사이의 지위나 역할의 분화가 없고, 구성원 각자는 책임감을 가지지 않으며, 비판력도 가지지 않음
  - 모브(mob) : 폭동과 같은 것을 말하며 군중보다 한층 합의성이 없고, 이성적 판단보다는 감정에 의해 좌우되며 공격적임
  - 패닉(panic) : 이상적인 상황하에서 모브(mob)가 공격적인 데 비하여, 패닉(panic)은 방어적인 것이 특징
  - 심리적 전염 : 어떤 사상이 상당한 기간에 걸쳐서 광범위하게 논리적, 사고적 근거 없이 무비판적으로 받아들여짐

45
정답 ②
해설 제조물 책임법에서 정의한 결함의 종류는 설계상의 결함, 제조상의 결함, 표시상의 결함이다.

46
정답 ③
해설 휴먼에러 방지의 3가지 설계기법
- 배타설계(exclusive design) : 인간실수의 요소를 근원적으로 제거하여 오류를 범할 수 없도록 사물을 설계하는 것이다.
- 보호(예방)설계(prevention design) : 보호설계 혹은 fool proof 설계라고도 하며, 사람의 부주의로 인한 실수를 미연에 방지하도록 설계하는 것이다.
- 안전설계(fail - safe design) : 기계나 그 부품에 고장이나 기능 불량이 생겨도 항상 안전하게 작동하도록 설계하는 것이다.

47
정답 ①
해설 비공식집단은 규모가 작다.

48
정답 ③
해설
- 단위 시간당 에러 확률 $\lambda = \dfrac{r}{T} = \dfrac{1}{100} = 0.01$
- 인간신뢰도 $R(t) = e^{-\lambda t} = e^{-0.01 \times 200} = 0.135$

49
정답 ①
해설 NIOSH(미국 산업안전보건연구원)의 직무 스트레스 요인에는 크게 작업 요인, 조직 요인 및 물리적 환경 요인으로 구분된다.

50
정답 ②
해설 급속한 기술의 변화에 대한 적응이 요구되는 직무나 직무의 난이도나 속도를 요구하는 특성을 가진 업무는 과업과 관련된다.

51
정답 ③
해설 반응시간(reaction time)
- 반응시간은 자극이 있은 후 동작을 개시하기까지에 걸리는 시간을 의미한다.
- 단순반응시간에 영향을 미치는 변수로는 자극 양식, 자극의 특성(강도, 지속시간 등), 자극 위치, 연령, 개인차 등이 있다.
- 선택반응시간은 여러 개의 자극을 제시하고, 각각에 대한 서로 다른 반응을 할 과제를 준 후에 자극이 제시되어 반응할 때까지의 시간이다.

52
정답 ④
해설 재해 발생의 직접 원인은 물적 원인(불안전한 상태), 인적 원인(불안전한 행동)이다.

53
정답 ③
해설 집단 응집성은 집단을 이루는 구성원들이 서로에게 매력적으로 끌리어 그 집단 목표를 달성하는 정도를 나타낸다.

54
정답 ④
해설 도수율이 2란 의미는 연근로시간 1,000,000시간당 발생한 재해 건수가 2건이라는 의미이다.

55
정답 ①
해설 $P(E) = P(N/N-1) = \%dep \times 1 + (1 - \%dep)P(N)$
$= 0.15 \times 1 + (1 - 0.15) \times 0.001 = 0.151$

56
정답 ①
해설
- 재해 발생 형태에 따른 분류 : 협착, 비래, 추락, 충돌, 감전, 폭발, 유해위험물질노출, 이상기압노출 등
- 상해의 종류별 분류 : 화상, 진폐, 골절, 중독, 질식, 부종 등

57
정답 ④
해설 무의식 수면상태는 신뢰성이 0(zero)이다.

58
정답 ②
해설 하인리히의 도미노 이론(사고연쇄성)
- 1단계(유전적 요인과 사회적 환경) : 간접 원인
- 2단계(개인적 결함, 선천적·후천적인 인적 결함) : 간접 원인
- 3단계(불안전 행동 및 불안전 상태) : 직접 원인
- 4단계 : 사고
- 5단계 : 재해

59
정답 ④
해설 작위(실행) 오류(commission error)는 필요한 작업이나 절차를 수행하였으나 잘못 수행한 에러이다.

60
정답 ④
해설 매슬로우의 인간욕구 5단계
생리적 욕구 → 안전 욕구 → 사회적 욕구 → 존경의 욕구 → 자아실현의 욕구

4과목 근골격계질환 예방을 위한 작업관리

61
정답 ④
해설 델파이법(Delphi Technique)은 전문가를 한자리에 모으지 않고 질의-응답의 피드백 과정을 개별적으로 수차례 반복하여 전문가 집단의 의견과 판단을 추출하고 종합하여 집단적으로 판단하는 방법이다.

62
정답 ③
해설 공정별 배치는 전문적인 작업지도가 용이하다.

63
정답 ②
해설 ②는 공구 및 설비의 디자인에 관한 원칙이다.

64
정답 ④
해설 NIOSH Lifting Equation(NLE)
들기작업에 대한 권장무게한계(RWL)를 쉽게 산출하도록 하여 작업의 위험성을 예측하고 개선을 통해 작업자의 직업성 요통을 사전에 예방함을 목적으로 한다.

65
정답 ③
해설
- LI = 실제 작업 무게/RWL = 23/20 = 1.15
- LI가 1보다 크므로 요통의 발생위험이 높다.

66
정답 ①
해설 다중활동분석표의 사용목적
- 한 명의 작업자가 담당할 수 있는 기계대수의 산정
- 기계 혹은 작업자의 유휴시간 단축
- 조작업의 작업현황을 분석하여 효율화
- 조작업을 재편성 또는 개선하여 조작업 효율 향상

67
정답 ①
해설 ▽는 저장을 의미한다.

68
정답 ①
해설 기본형 5단계의 절차
연구대상의 선정 → 현 작업방법의 분석 → 분석 자료의 검토 → 개선안의 수립 → 개선안의 도입

69
정답 ②
해설 시간연구법은 스톱워치/전자식타이머, 전자식 자료집적기, 동작사진 촬영기, VTR 시스템 등이 사용된다.

70
정답 ②
해설 마인드 맵핑(Mind Mapping)은 원과 직선을 이용하여 아이디어, 문제, 개념 등을 개괄적으로 빠르게 설정할 수 있도록 도와주는 연역적 추론 기법이다.

71
정답 ④
해설 작업연구는 보통 동작연구와 시간연구로 구성된다. 동작연구는 경제적인 작업방법을 검토하여 표준화된 작업방법을 개발하는 분야이며, 시간연구는 표준화된 작업방법에 의하여 작업을 수행할 경우에 소요되는 표준시간을 측정하는 것이다. 품질 향상, 무결점 달성, 작업시간 단축, 재고량 관리, 경제적 로트 크기 등은 작업연구와 관련이 없다.

72
정답 ③
해설
$$n = \frac{u_{1-\alpha/2}^2 \times p(1-p)}{e^2}$$
$$= \frac{2.58^2 \times 0.06(1-0.06)}{0.01^2} = 3,754.2 (3,755회)$$

73
정답 ④
해설 건염은 반복, 구부림, 진동 등에 의하여 건의 섬유질이 손상되거나 찢어지는 등의 근육과 뼈를 연결하는 건에 염증이 생기는 질환이다.

74
정답 ②
해설
- 손목꺾임율 = 30/200 = 0.15
- 시간당 손목꺾임 시간 = 0.15 × 60분 = 9분

75
정답 ③
해설 스패너에 손을 뻗치는 동작은 빈손이동(TE)이다.

76
정답 ①
해설 관측 시간치의 평균값을 레이팅계수로 보정하여 보통속도로 변환시켜준 개념을 정미시간이라 한다.

77
정답 ①
해설 근골격계질환 예방·관리 프로그램의 기본정책을 수립하여 근로자에게 알리는 것은 사업주의 역할이다.

78
정답 ③
해설
① 레이팅이 필요 없다.
② 변동요인을 모두 고려하기 곤란하므로 표준시간의 정도가 떨어진다.
④ 작업방법의 변경 시 표준시간을 설정할 수 없다.

79
정답 ③
해설 근골격계 부담작업의 범위
- 근골격계 부담작업 제1호 : 하루에 4시간 이상 집중적으로 자료입력 등을 위해 키보드 또는 마우스를 조작하는 작업이다.
- 근골격계 부담작업 제2호 : 하루에 총 2시간 이상 목, 어깨, 팔꿈치, 손목 또는 손을 사용하여 같은 동작을 반복하는 작업이다.
- 근골격계 부담작업 제3호 : 하루에 총 2시간 이상 머리 위에 손이 있거나, 팔꿈치가 어깨 위에 있거나 팔꿈치를 몸통으로부터 들거나, 팔꿈치를 몸통 뒤쪽에 위치하도록 하는 상태에서 이루어지는 작업이다.
- 근골격계 부담작업 제4호 : 지지되지 않은 상태이거나 임의로 자세를 바꿀 수 없는 조건에서 하루에 총 2시간 이상 목이나 허리를 구부리거나 트는 상태에서 이루어지는 작업이다.
- 근골격계 부담작업 제5호 : 하루에 총 2시간 이상 쪼그리고 앉거나 무릎을 굽힌 자세에서 이루어지는 작업이다.
- 근골격계 부담작업 제6호 : 하루에 총 2시간 이상 지지되지 않은 상태에서 1kg 이상의 물건을 한 손의 손가락으로 집어 옮기거나, 2kg 이상에 상응하는 힘을 가하여 한 손의 손가락으로 물건을 쥐는 작업이다.
- 근골격계 부담작업 제7호 : 하루에 총 2시간 이상 지지되지 않은 상태에서 4.5kg 이상의 물건을 한 손으로 들거나 동일한 힘으로 쥐는 작업이다.
- 근골격계 부담작업 제8호 : 하루에 10회 이상 25kg 이상의 물체를 드는 작업이다.
- 근골격계 부담작업 제9호 : 하루에 25회 이상 10kg 이상의 물체를 무릎 아래에서 들거나, 어깨 위에서 들거나, 팔을 뻗은 상태에서 드는 작업이다.
- 근골격계 부담작업 제10호 : 하루에 총 2시간 이상, 분당 2회 이상 4.5kg 이상의 물체를 드는 작업이다.

- 근골격계 부담작업 제11호 : 하루에 총 2시간 이상 시간당 10회 이상 손 또는 무릎을 사용하여 반복적으로 충격을 가하는 작업이다.

80

정답 ④

해설 작업속도와 작업강도를 적절하게 조절한다.

2022년 3회 기출복원문제 정답 및 해설

01	02	03	04	05	06	07	08	09	10
④	①	①	②	①	①	①	④	②	②
11	12	13	14	15	16	17	18	19	20
④	③	③	④	②	②	①	①	④	①
21	22	23	24	25	26	27	28	29	30
④	④	②	③	④	④	①	③	③	①
31	32	33	34	35	36	37	38	39	40
③	②	③	④	①	②	③	④	③	②
41	42	43	44	45	46	47	48	49	50
④	②	①	④	③	③	①	①	④	②
51	52	53	54	55	56	57	58	59	60
④	②	③	①	②	③	④	①	④	②
61	62	63	64	65	66	67	68	69	70
③	④	④	④	③	②	①	③	②	①
71	72	73	74	75	76	77	78	79	80
②	②	①	③	③	①	③	②	②	②

1과목 인간공학개론

01
정답 ④
해설 ① 시각 및 청각 표시장치를 대체하는 장치로 사용할 수 있다.
② 세밀한 식별이 필요한 경우 손바닥보다 손가락 사용을 유도해야 한다.
③ 2점 문턱값(Three-Point Threshold)을 촉감의 일반적 척도로 사용한다.

02
정답 ①
해설 1,000Hz, 60dB은 60phon이다.
$sone = 2^{(phon-40)/10} = 2^{(60-40)/10} = 4$

03
정답 ①
해설 개별적인 정보는 효과적인 청크(chunk)로 조직하는 것이 좋다.
② 여러 자극 차원을 조합하여 설계하도록 한다.
③ 시배분이 필요한 경우 인간의 작업능률은 떨어진다.
④ 절대식별보다 상대식별을 이용한다.

04
정답 ②
해설 ① 선각이 약 20°가 되는 끝이 뾰족한 지침을 사용한다.
③ 동목형표시장치는 지침이 고정되고 눈금이 움직이는 형이다.
④ 눈금이 고정되고 지침이 움직이는 표시장치를 동침형 표시장치라 한다.

05
정답 ①
해설 출입문의 높이, 의자의 폭, 그네의 최소 지지중량은 최대집단치를 적용하여야 한다.

06
정답 ①
해설 은폐효과(Masking Effect)는 하나의 소리가 다른 소리의 청각 감지를 방해하는 현상 즉, 음에 의한 회화 방해 현상과 같이 한 음의 가청 역치가 다른 음 때문에 높아지는 현상이다.

07
정답 ①
해설 인간-기계 시스템 개발 단계에 있어 기본설계과정에서 수행되는 활동은 기능 할당, 인간성능요건 명세, 직무분석, 작업설계이다.

오답체크 하드웨어구현, 표준시간 측정

08
정답 ④
해설 ① 다른 용도에 쓰이지 않는 확성기, 경적 등과 같은 별도의 통신계통을 사용한다.
② 장애물이나 칸막이를 넘어가야 하는 신호는 500Hz 이하의 주파수를 사용한다.
③ 300m 이상의 장거리용 신호에서는 1kHz 이하의 주파수를 사용한다.

09
정답 ②
해설 시각과 청각 입력이 시배분 될 경우에는 청각경로가 시각경로보다 우월하다.

10
정답 ②
해설 ① 원추세포(추상세포)는 색의 식별에 사용된다.
③ 원추세포는 황반(fovea) 중심에 밀집되어 있다.
④ 근시는 수정체가 두꺼워져 먼 물체의 상이 망막 앞에 맺히는 현상을 말한다.

11
정답 ④
해설 기계의 효율과 같은 경제적 원칙보다 인간의 심리와 기능을 우선적으로 고려하여야 한다.

12
정답 ③
해설
$$H = \sum P_i \log_2\left(\frac{1}{P_i}\right)$$
$$= 0.9 \times \log_2\left(\frac{1}{0.9}\right) + 0.1 \times \log_2\left(\frac{1}{0.1}\right)$$
$$= 0.9 \times \frac{\log\left(\frac{1}{0.9}\right)}{\log 2} + 0.1 \times \frac{\log\left(\frac{1}{0.1}\right)}{\log 2} = 0.47$$

13
정답 ③
해설 인체측정치의 적용 절차
설계에 필요한 인체치수의 결정 → 설비를 사용할 집단 정의 → 인체자료 적용원리 결정 → 인체측정자료의 선택 → 적절한 여유치 고려 → 설계치수 결정 → 모형에 의한 모의실험

14
정답 ④
해설 C/R비는 제어장치의 움직임과 시스템의 반응 사이의 관계를 나타낸 것으로 조종장치의 이동거리를 표시장치의 반응거리로 나눈 값이다.

15
정답 ②
해설 손잡이 설계에 있어 촉각적 암호화
- 크기에 의한 코딩
- 형상에 의한 코딩
- 표면 거칠기에 의한 코딩(매끄러운 면, 세로홈, 깔쭉면)

16
정답 ②
해설 인간공학은 인간의 육체적, 생리적, 심리적 특성과 한계를 연구하고, 이를 도구, 기계, 장비, 제품, 직무, 작업장의 환경 그리고 시스템 등의 설계에 응용함으로써 사용의 편리성과 안전성, 효율성을 제고하고자 하는 학문이다. 기계와 작업환경을 인간에게 맞추는 학문이다.

17
정답 ①
해설 두 대안의 실현 확률이 동일할 때 총 정보량이 가장 크다. 따라서 실현 확률의 차이가 커질수록 총 정보량 H는 줄어든다.

18
정답 ①
해설 사용성 평가에 흔히 사용되는 평가척도는 배우는 데 걸리는 시간, 과제의 수행시간, 에러의 빈도, 사용자의 주관적인 만족도 등이다.

19
정답 ④
해설 안구의 수정체는 모양체근으로 긴장을 하면 두꺼워져 가까운 물체만 볼 수 있다.

20
정답 ①
해설 잡음이 많을수록, 신호가 약하거나 분명하지 않을수록 d 값은 작아진다.

2과목 작업생리학

21
정답 ④
해설 EOG(안전도)는 안구를 사이에 두고 수평과 수직 방향으로 붙인 전극 간의 전위차를 증폭시켜 여러 방향에서 안구 운동을 기록한다.

22
정답 ④
해설 간접조명은 조도가 균일하고, 눈부심이 적지만 기구 효율이 나쁘며 설치비용이 많이 든다.

23
정답 ②
해설 식염을 많이 섭취하는 것은 고열대책이다.

24
정답 ③
해설 등척력(isometric strength)은 물체를 들고 있을 때처럼 신체를 움직이지 않으면서 자발적으로 가할 수 있는 힘의 최댓값이다.

25
정답 ④
해설 나이를 먹거나 현대 문명의 정상적인 압박이나 비직업적 소음으로부터의 영향은 4,000Hz에서 가장 크다.

26
정답 ④
해설 강렬한 소음작업

90dB 이상	8시간 이상/일
95dB 이상	4시간 이상/일
100dB 이상	2시간 이상/일
105dB 이상	1시간 이상/일
110dB 이상	30분/일
115dB 이상	15분/일

27
정답 ①
해설
② 젊은 여성의 MAP는 남성의 65~75% 정도이다.
③ MAP의 직접측정은 피실험자에게 극도의 피로를 유발하며 상해의 위험이 있다.
④ MAP 수준에서 에너지대사는 무기성으로 일어난다.

28
정답 ③
해설 신체 활동의 부하를 측정하는 생리적 반응은 산소소비량의 증가, 심박출량의 증가, 심박수의 증가, 혈류의 재분배 등이다.

29
정답 ③
해설 중추신경계는 뇌와 척수로 구성된다.

30
정답 ①
해설 항상성 유지기능은 생체의 각 기관이 그 기능을 발휘하면서 동시에 상호 연락하여 서로 조화를 이루는 평형상태를 유지하기 위한 기능이다.

31
정답 ③
해설 '천장 > 벽 > 가구 > 바닥'의 순으로 추천반사율이 높다.

32
정답 ②
해설 연축(twitch)은 단일자극에 의해 발생하는 1회의 수축과 이완 과정이다.

33
정답 ③
해설 운동자각도(Borg's RPE Scale)는 작업자들이 주관적으로 지각한 신체적 노력의 정도를 6~20 사이의 척도로 평정한다.

34
정답 ④
해설 에너지대사율(RMR ; Relative Metabolic Rate)

경(輕)작업	중(中)작업	중(重)작업	초중작업
가볍다	보통이다	무겁다	아주 무겁다
0~2RMR	2~4RMR	4~7RMR	7RMR 이상

35
정답 ①
해설 내전(모음, adduction)은 정중면 가까이로 끌어 들이는 동작(몸의 중심선으로 향하는 이동 동작)이다.

36
정답 ②
해설 인체의 구성요소
- 세포 : 인체의 구성과 기능을 수행하는 구조적, 기능적 기본단위이다.
- 조직 : 서로 유사한 형태 및 기능을 가진 세포들의 모임이다.
- 기관 : 몇 가지의 조직이 모여 일정한 기능을 수행한다.
- 계통 : 몇 개의 기관이 모여서 기능적 단위를 이루는 골격계, 근육계, 신경계, 순환계, 소화기계, 호흡계 등이다.

37
정답 ③
해설 전신진동은 진폭에 비례하여 추적 능력을 손상시키며 5Hz 이하의 낮은 진동수에서 가장 심하다.

38
정답 ④
해설 30cm = 0.3m, 3cm = 0.03m이므로
$0.3 \times 70 = 0.03 \times F_m \rightarrow F_m = 700\text{N}$

39
정답 ③
해설 심장근은 불수의근이면서도 가로줄무늬의 원통형 근섬유 구조를 가지고 있다.

40
정답 ②
해설 무기성 환원과정은 산소가 충분히 공급되지 않을 때 일어난다.

3과목 산업심리학 및 관계법규

41
정답 ④
해설 신뢰성이 높은 순서는 'Phase Ⅲ → Phase Ⅱ → Phase Ⅰ → Phase Ⅳ → Phase 0'이다.

42
정답 ②
해설 휴먼에러의 배후요인 4M은 인간(Man), 기계(Machine), 매체(Media), 관리(Management)이다.

오답체크 Material, Motive, Movement

43
정답 ①
해설 사망1인당 근로손실일수는 7,500일이다.
$$강도율 = \frac{근로손실일수}{연근로시간수} \times 1,000$$
$$= \frac{1,500 + 7,500 \times 2}{1,000 \times 40 \times 50} \times 1,000 = 8.25$$

44
정답 ④
해설 버드의 최신 도미노 이론(신연쇄성이론)
관리(Management)는 불안전한 상태와 불안전한 행동의 근원적 원인이다.

45
정답 ③
해설 Y이론에서 인간은 스스로 자기목표에 대하여 자기 통제를 한다.

46
정답 ③
해설 사업주는 근로자가 근골격계 부담작업을 하는 경우에 3년마다 유해요인조사를 하여야 한다. 다만, 신설되는 사업장의 경우에는 신설일부터 1년 이내에 최초의 유해요인조사를 하여야 한다.

47
정답 ①
해설 Fitts의 법칙 동작(이동)시간
- $MT = a + b \log_2 \frac{2A}{W}$
- 표적이 작을수록, 표적 중심선까지의 이동거리가 멀수록 작업의 난이도와 소요 이동(동작)시간이 증가한다.

48
정답 ①
해설 • 재해 발생 형태에 따른 분류 : 협착, 비래, 추락, 충돌, 감전, 폭발, 유해위험물질노출, 이상기압노출 등
• 상해의 종류별 분류 : 화상, 진폐, 골절, 중독, 질식, 부종 등

49
정답 ④
해설 자동차의 사이드 브레이크를 해제하지 않은 상태에서 가속 페달을 밟는 경우는 순서에러(sequential error)이다.

50
정답 ②
해설 결함 나무 분석(FTA)은 논리적으로 필연적인 원리에 따라 혹은 진리 보존적 추리 규칙에 따라 주어진 전제로부터 결론을 이끌어 내는 방법(연역법)을 사용한다.

51
정답 ④
해설 억측판단의 배경
• 희망적 관측이 강할 때
• 과거의 경험적 선입관이 있을 때
• 정보가 불확실할 때
• 강한 바람이나 급한 마음이 있을 때

52
정답 ②
해설 리더가 구성원에 영향력을 행사하기 위한 9가지 영향 방략은 합리적 설득, 제휴, 자문, 합법적 권위, 압력, 교환, 칭찬, 고무적 호소, 개인적 호소이다.

53
정답 ③
해설 작업자의 작업능률은 물리적인 작업조건보다는 작업자의 인간관계에 영향을 더 많이 받는다.

54
정답 ①
해설 Fitts의 법칙
동작(이동)시간 $MT = a + b \log_2 \frac{2A}{W}$

55
정답 ②
해설 급속한 기술의 변화에 대한 적응이 요구되는 직무나 직무의 난이도나 속도를 요구하는 특성을 가진 업무는 과업과 관련된다.

56
정답 ③

해설
- 단위 시간당 에러 확률 $\lambda = \dfrac{r}{T} = \dfrac{1}{100} = 0.01$
- 인간신뢰도 $R(t) = e^{-\lambda t} = e^{-0.01 \times 200} = 0.135$

57
정답 ④

해설 직무불만족, 수면장애는 직무 스트레스 반응이다.

58
정답 ①

해설 사고발생의 처리과정 중 긴급조치
㉠ 피재기계의 정지
㉡ 피재자의 구조
㉢ 피재자의 응급처치
㉣ 관계자에게 통보
㉤ 2차 재해 방지
㉥ 현장 보존

59
정답 ④

해설 레빈(Lewin. K)의 행동 법칙

B=f(P·E)

- B : Behavior(인간의 행동)
- f : function(함수관계)
- P : Person(개체, 개인적 특성) : 연령, 경험, 기질, 심신 상태, 성격, 지능 등
- E : Environment[심리적 환경(주어진 환경)] : 인간관계(인적환경), 작업환경, 설비적 결함 등

60
정답 ②

해설 관리격자(관리그리드 ; management grid mode) 이론
- (1, 1)형은 과업과 인간관계 유지 모두에 관심을 갖지 않는 무관심형이다.
- (9, 1)형은 과업에 대한 관심은 높으나 인간에 대한 관심은 낮은 과업형이다.
- (1, 9)형은 인간에 대한 관심은 높으나 과업에 대한 관심은 낮은 인기형이다.
- (5, 5)형은 과업과 인간관계 유지 모두에 적당한 정도의 관심을 갖는 중도형(타협형)이다.
- (9, 9)형은 과업과 인간관계 유지 모두에 관심이 높은 이상형으로서 팀형이다.

4과목 근골격계질환 예방을 위한 작업관리

61
정답 ③

해설 예방관리 추진팀의 역할
- 예방·관리 프로그램의 수립 및 수정에 관한 사항을 결정한다.
- 예방·관리 프로그램의 실행 및 운영에 관한 사항을 결정한다.
- 교육 및 훈련에 관한 사항을 결정하고 실행한다.
- 유해요인 평가 및 개선계획의 수립과 시행에 관한 사항을 결정하고 실행한다.
- 근골격계질환자에 대한 사후조치 및 근로자 건강보호에 관한 사항 등을 결정하고 실행한다.
※ 근골격계질환의 증상·유해요인 보고 및 대응체계를 구축은 사업주의 역할이다.

62
정답 ④

해설 ①~③은 신체의 사용에 관한 원칙이다.

63
정답 ④

해설 PTS의 단점은 시스템 활용을 위한 교육 및 훈련비용이 상당하다.

64
정답 ④

해설 간트 차트(Gantt Chart)
- 시간 축 위에 수행할 활동에 대한 필요한 시간과 일정을 표시한 문제의 분석 도구이다.
- 기계의 사용에 대한 필요시간과 일정을 표시할 때 이용되기도 한다.
- 계획 활동의 예측완료시간은 막대 모양으로 표시된다.
- 예정사항과 실제 성과를 기록 비교하여 작업을 관리하는 계획도표이다.
- 작업의 전후관계 및 각 과제 간의 상호 연관사항을 파악하기가 어렵다.

65
정답 ④

해설
- 총작업시간 $\sum t_i = 5+7+6+6+3 = 27$
- 공정수 $m = 5$
- 주기시간(공정 중 가장 긴 작업시간) $t_{max} = 7$
- 공정효율 $= \dfrac{총작업시간}{공정수 \times 주기시간}$
  $= \dfrac{27}{5 \times 7} = 0.7714(77.14\%)$

66
정답 ③

해설 키보드의 경사는 5도 이상 15도 이하, 두께는 3cm 이하로 한다.

67
정답 ②

해설 단순반복동작을 줄이거나 제거한다.

68
정답 ①

해설 허리를 곧게 유지하고 무릎을 구부려서 들도록 한다.

69
정답 ②

해설 완전 예방이 불가능하고 발생을 최소화하는 것이 중요하다.

70
정답 ①

해설 공정도 기호
○ : 작업(가공), ⇨ : 운반, D : 정체, ▽ : 저장, □ : 검사

71
정답 ②

해설
- 손목꺾임율 = 30/200 = 0.15
- 시간당 손목꺾임 시간 = 0.15 × 60분 = 9분

72
정답 ②

해설 근골격계 부담작업의 범위
- 근골격계 부담작업 제1호 : 하루에 4시간 이상 집중적으로 자료입력 등을 위해 키보드 또는 마우스를 조작하는 작업이다.
- 근골격계 부담작업 제2호 : 하루에 총 2시간 이상 목, 어깨, 팔꿈치, 손목 또는 손을 사용하여 같은 동작을 반복하는 작업이다.
- 근골격계 부담작업 제3호 : 하루에 총 2시간 이상 머리 위에 손이 있거나, 팔꿈치가 어깨 위에 있거나 팔꿈치를 몸통으로부터 들거나, 팔꿈치를 몸통 뒤쪽에 위치하도록 하는 상태에서 이루어지는 작업이다.
- 근골격계 부담작업 제4호 : 지지되지 않은 상태이거나 임의로 자세를 바꿀 수 없는 조건에서 하루에 총 2시간 이상 목이나 허리를 구부리거나 트는 상태에서 이루어지는 작업이다.
- 근골격계 부담작업 제5호 : 하루에 총 2시간 이상 쪼그리고 앉거나 무릎을 굽힌 자세에서 이루어지는 작업이다.
- 근골격계 부담작업 제6호 : 하루에 총 2시간 이상 지지되지 않은 상태에서 1kg 이상의 물건을 한 손의 손가락으로 집어 옮기거나, 2kg 이상에 상응하는 힘을 가하여 한 손의 손가락으로 물건을 쥐는 작업이다.
- 근골격계 부담작업 제7호 : 하루에 총 2시간 이상 지지되지 않은 상태에서 4.5kg 이상의 물건을 한 손으로 들거나 동일한 힘으로 쥐는 작업이다.
- 근골격계 부담작업 제8호 : 하루에 10회 이상 25kg 이상의 물체를 드는 작업이다.
- 근골격계 부담작업 제9호 : 하루에 25회 이상 10kg 이상의 물체를 무릎 아래에서 들거나, 어깨 위에서 들거나, 팔을 뻗은 상태에서 드는 작업이다.
- 근골격계 부담작업 제10호 : 하루에 총 2시간 이상, 분당 2회 이상 4.5kg 이상의 물체를 드는 작업이다.
- 근골격계 부담작업 제11호 : 하루에 총 2시간 이상 시간당 10회 이상 손 또는 무릎을 사용하여 반복적으로 충격을 가하는 작업이다.

73
정답 ①

해설 유통선도(흐름공정도표, Flow Diagram)는 정체, 저장, 대기, Material Handling 등의 사항이 생산현장의 어느 위치에서 발생하는지 한 눈에 알아볼 수 있도록 표시된 도표이다. 시설물의 위치나 배치관계 파악(설비배치), 자재흐름의 혼잡지역 파악, 공정과정의 역류현상 발생유무 점검에 사용된다.

74
정답 ③

해설 표준시간(내경법)
- 여유율 $A = \dfrac{여유시간}{표준시간} = \dfrac{28}{8 \times 60} = 0.0583$
- $ST = 정미시간 \times \dfrac{1}{(1-여유율)}$
  $= (0.9 \times 1.2) \times \dfrac{1}{(1-0.0583)} = 1.147분$

※ 최근 동일한 문제보다는 숫자를 변경하여 출제하고 있으므로 공식에 대입하여 풀 수 있도록 연습할 것.

75
정답 ③

해설 합성평가법(Synthetic Rating)은 관측된 작업 중에서 요소작업에 대한 대표치를 PTS법으로 분석하고, PTS에 의한 시간치와 관측 시간치의 비율을 구하여 레이팅계수를 산정 다른 요소작업에 적용시키는 Rating 기법이다.

76
정답 ①

해설 고정적인 자세는 근육, 관절 그리고 혈액순환에 문제를 일으키며 신체효율을 떨어뜨린다.

77
정답 ③

해설
$$n = \frac{u_{1-\alpha/2}^2 \times p(1-p)}{e^2}$$
$$= \frac{2.58^2 \times 0.06(1-0.06)}{0.01^2} = 3,754.2(3,755회)$$

78
정답 ②

해설 작업개선의 4원칙(ECRS 원칙)
- Eliminate(제거) : 이 작업은 꼭 필요한가? 제거할 수는 없는가? 가장 우선적 고려대상이다.
- Combine(결합) : 이 작업을 다른 작업과 결합시키면 더 나은 결과가 생길 것인가?
- Rearrange(재배열) : 작업순서를 바꾸면 효율적인가?
- Simplify(단순화) : 단순화할 수 있는가?

79
정답 ③

해설 서블릭 분석은 동작분석에 해당한다.

80
정답 ②

해설 근골격계질환의 발생에 기여하는 직접적인 유해요인은 반복적인 동작, 부적절한 작업자세, 과도한 힘의 사용, 날카로운 면과의 접촉, 전신 또는 국소진동, 휴식시간의 부족, 온도·조명 등 기타요인이다.

2023년 1회 기출복원문제 정답 및 해설

01	02	03	04	05	06	07	08	09	10
③	①	④	②	④	③	④	②	②	①
11	12	13	14	15	16	17	18	19	20
③	④	③	①	④	①	④	②	③	③
21	22	23	24	25	26	27	28	29	30
③	②	②	④	③	②	③	③	①	④
31	32	33	34	35	36	37	38	39	40
①	③	①	①	①	③	④	①	②	③
41	42	43	44	45	46	47	48	49	50
①	①	④	②	②	④	③	②	①	①
51	52	53	54	55	56	57	58	59	60
③	②	④	③	③	③	③	③	③	②
61	62	63	64	65	66	67	68	69	70
③	④	③	③	③	④	④	③	③	③
71	72	73	74	75	76	77	78	79	80
③	③	④	②	③	③	②	④	②	①

1과목 인간공학개론

01
정답 ③
해설 동침형은 지침(pointer)의 위치가 인식적인 암시신호(cue)를 더해주며 원하는 값으로부터의 대략적인 편차나 고도를 읽을 때 그 변화 방향과 변화율 등을 쉽게 알아볼 수 있다.

02
정답 ①
해설 인간이 한 자극 차원 내의 자극을 절대적으로 식별할 수 있는 능력은 대부분의 자극 차원의 경우 크지 못하다. 따라서 가급적이면 상대식별을 늘리는 방향으로 설계하도록 한다.

03
정답 ④
해설 ① 후각에 대한 순응은 빠른 편이다.
② 훈련을 통하면 식별 능력을 향상시킬 수 있으며 60종류까지도 식별이 가능하다.
③ 후각은 특정 자극에 대한 식별보다는 냄새 존재 여부를 식별하는데 효과적이다.

04
정답 ②
해설
$$C/R비 = \frac{조종장치의 이동거리}{표시장치의 이동거리}$$
$$= \frac{\left(\frac{a}{360}\right) \times 2\pi L}{표시장치의 이동거리}$$
$$= \frac{\left(\frac{180}{360}\right) \times 2 \times \pi \times 1.5}{3} = 1.57$$

05
정답 ④
해설 인간 – 기계 시스템의 분류에서 인간에 의한 제어정도에 따른 분류는 수동 시스템, 기계화 시스템, 자동화 시스템이다.

오답체크 보조 시스템, 감시제어 시스템, 정보화 시스템

06
정답 ③
해설 sone은 40dB의 1000Hz순음을 기준으로 하여 다른 음의 상대적인 크기를 설정하는 척도의 단위이다.

07
정답 ④
해설 시식별에 영향을 주는 조건은 조도, 대비, 휘도비, 반사율, 노출시간, 물체의 크기, 과녁의 이동, 광도비, 개인차(시력) 등이다.

오답체크 온·습도, 최소분간시력, 표적의 형태 등이다.

08
정답 ②
해설 사물에 행동 제약을 가하도록 설계함으로써 특정 행동만이 가능하도록 유도한다.

09
정답 ②
해설 ① 구조적 인체치수는 마틴식 인체측정 장치, 기능적 인체치수는 사진 및 3차원(공간) 해석 장치를 사용한다.
③ 특정된 고정 자세에서 측정하는 것을 구조적 인체치수라 한다.
④ 특정 동작을 행하면서 측정하는 것을 기능적 인체치수라 한다.

10
정답 ①

해설 시배분은 사람이 일정한 시간에 두 가지 이상의 작업을 처리할 수 있도록 하는 것이다.

11
정답 ③

해설 평가척도(기준)의 유형
- 체계(시스템)기준 : 시스템이 원래 의도한 바를 얼마나 달성하는가를 나타내는 척도
  예) 생산량, 수익률, 기계 신뢰도 등
- 작업성능기준 : 작업의 결과에 관한 효율을 나타낸다.
  예) 출력의 양, 출력의 질, 작업시간 등
- 인간기준
  - 인간 성능 척도(퍼포먼스척도) : 빈도척도, 강도척도, 지속성척도, 지연성척도 등
  - 생리학적 지표 : 심장활동지표(심박수, 혈압 등), 호흡지표(호흡률, 산소소비량 등), 신경지표(뇌전위, 근육활동 등), 감각지표(시력, 눈 깜박이는 속도, 청력 등)
  - 주관적 반응 : 의자의 안락도 평점, 개인성능의 평점, 체계 설계면의 대안들의 평점, 체계에 사용되는 여러 가지 다른 유형의 정보의 판단된 중요도 평점 등
  - 사고 빈도 : 주행 거리당 사상자 수

12
정답 ④

해설 청각의 특성 중 2개음 사이의 진동수 차이가 33Hz 이상이 되면 울림(beat)이 들리지 않고 각각 다른 두 개의 음으로 들린다.

13
정답 ③

해설 신호의 유무를 판정함에 있어 4가지의 반응 대안

자극 판정	소음(N)	신호(S)
신호없음(N)	잡음을 제대로 판정 (Correct Rejection)	신호검출실패(Miss) (제2종오류)
신호발생(S)	허위경보(False Alarm) (제1종오류)	긍정(Hit)

14
정답 ①

해설 ② 정보의 기본 단위는 bit(Binary Digit)이다.
③ 불확실한 사건의 출현에는 많은 정보가 담겨있다.
④ 정보란 불확실성의 감소이다.

15
정답 ④

해설 인간-기계시스템에서 정보전달과 조정이 실질적으로 행하여지는 인간과 기계의 접합면으로 인간이 감지하고 기계를 제어하는 부분을 인간-기계 인터페이스라 한다.

16
정답 ①

해설 작업장을 설계할 때 고려해야 할 사항
- 1순위 : 주된 시각적 임무
- 2순위 : 주 시각 임무와 상호작용하는 주 제어장치
- 3순위 : 제어장치와 표시장치와의 관계
- 4순위 : 순서적으로 사용되는 부품의 배치
- 5순위 : 자주 사용되는 부품을 편리한 위치에 배치
- 6순위 : 체계 내 혹은 다른 체계의 여타 배치와 일관성 있게 배치

17
정답 ④

해설 인간공학의 목표는 인간이 물건, 기구, 환경을 사용함에 있어 잘 사용할 수 있도록 실용적 효능을 향상시키고, 건강, 안전, 만족 등과 같은 인간의 가치(human value)를 향상시키는데 있다.

18
정답 ②

해설
$$H = \sum P_i \log_2\left(\frac{1}{P_i}\right)$$
$$= 0.5 \times \log_2\left(\frac{1}{0.5}\right) + 0.25 \times \log_2\left(\frac{1}{0.25}\right)$$
$$+ 0.125 \times \log_2\left(\frac{1}{0.125}\right) + 0.0625 \times \log_2\left(\frac{1}{0.0625}\right)$$
$$= 1.625$$

19
정답 ③

해설 황반은 빛이 도달하여 초점이 가장 선명하게 맺히는 부위이다.

20
정답 ③

해설 최소치 설계는 선반의 높이, 조종장치까지의 거리, 지하철이나 버스의 손잡이 높이, 의자의 좌판깊이 등을 정할 때 사용된다.

2과목 작업생리학

21
정답 ③
해설 **골격의 기능**
- 인체의 지주 역할을 한다.
- 신체에 중요한 부분을 보호하는 역할을 한다.
- 혈구세포를 만드는 조혈기능을 한다.
- 칼슘과 인 등의 무기질을 저장하여 몸이 필요할 때 공급해 주는 역할을 한다.
- 가동성 연결, 즉 관절을 만들고, 골격근의 수축에 의해 운동기로써 작용한다.
※ 영양소 운반은 호흡계의 기능에 해당한다.

22
정답 ②
해설 ① 교대작업은 '주간 → 저녁 → 야간' 순으로 하는 것이 좋다.
③ 연속 야간근무일이 2~3일이 넘지 않도록 한다.
④ 야간 교대시간은 자정 이전에 하고, 아침 교대시간은 7시 이후에 하는 것이 좋다.

23
정답 ②
해설 은폐효과(차폐, Masking Effect)는 하나의 소리가 다른 소리의 청각 감지를 방해하는 현상 즉, 음에 의한 회화 방해현상과 같이 한 음의 가청 역치가 다른 음 때문에 높아지는 현상이다.

24
정답 ④
해설 육체적 강도가 높은 작업에 있어 혈액의 분포비율은 '근육>심장근육>소화기관>뇌>신장>뼈>피부'이다.

25
정답 ③
해설 정적근력(static strength)을 등척력(isometric strength)이라 하며, 물체를 들고 있을 때처럼 신체를 움직이지 않으면서 자발적으로 가할 수 있는 힘의 최댓값이다.

26
정답 ②
해설 눈으로 볼 수 있는 빛의 파장 범위(가시광선)는 380~780nm이다.

27
정답 ③
해설 위팔과 아래팔 간의 관절 각도가 100°일 때 최대 염력(torque)을 발휘하여 작업자 부하를 최소화 할 수 있다.

28
정답 ③
해설 전신진동은 진폭에 비례하여 추적 능력을 손상시키며 5Hz 이하의 낮은 진동수에서 가장 심하다.

29
정답 ①
해설 풍냉지수(wind chill index)는 저온 환경에 통용되는 지수로서 기온과 풍속이 주관적 불쾌감에 미치는 영향을 나타낸다.

30
정답 ④
해설 근육에 표면 전극을 부착하여 근수축 시 발생하는 전기적 활성도를 기록하는 방법은 EMG(electromyogram)이다.

31
정답 ①
해설 감마파(γ)는 30Hz 이상의 진동수를 가지는 뇌파이며, 극도로 긴장하거나 흥분 상태에서 나오는 고진동수의 뇌파이다.

32
정답 ③
해설
- 총 작업시간(분) $T = 5 \times 60 = 300$분
- 작업 중 평균 에너지소비량(kcal/min)
  $E = 7$kcal/min
- 권장 평균 에너지소비량 $S =$ 남성 : 5kcal/min,
  　　　　　　　　　　　　여성 : 3.5kcal/min
- 휴식시간 중에 에너지소비량 $= 1.5$kcal/min
- 휴식시간(분) $R = \dfrac{T(E-S)}{E-1.5}$
  $= \dfrac{(5 \times 60)(7-5)}{7-1.5} = 109$분

33
정답 ①
해설 '천장>벽>가구>바닥'의 순으로 추천반사율이 높다.

34
정답 ①
해설 몸통의 지주를 이루는 척추는 26개의 뼈로 구성되며, 경추(7개), 흉추(12개), 요추(5개), 천골, 미골로 되어 있다.

35
정답 ①
해설 수축이나 이완 시 actin이나 myosin의 길이는 변하지 않는다. 즉, A대(band)의 길이는 변하지 않는다.

36
정답 ③

해설 영구 청력손실은 회복할 수 없는 청력손실로서 영구성 난청 또는 소음성 난청이라고 한다. 초기에는 3,000~6,000Hz 사이에서 발생하며, 4,000Hz 부근의 음에 대한 청력 저하가 가장 심하게 생기게 되는데 이를 C5-dip현상이라고 한다.

37
정답 ④

해설 에너지대사율(RMR ; Relative Metabolic Rate)

경(輕)작업	중(中)작업	중(重)작업	초중작업
가볍다	보통이다	무겁다	아주 무겁다
0~2RMR	2~4RMR	4~7RMR	7RMR 이상

38
정답 ①

해설 자율신경계의 길항작용

구분	심박수	심수축력	동공	방광	소화운동	침분비
교감신경	증가	증가	확장	이완	억제	억제
부교감신경	감소	감소	축소	수축	촉진	촉진

39
정답 ②

해설 O_2소비량 = (21% × 흡기량) - (O_2% × 배기량)
= (0.21 × 50) - (0.17 × 40) = 3.7L/min

40
정답 ③

해설 무기성(혐기성)환원과정
신체 활동이 아주 큰 작업의 경우 충분한 산소 공급이 되지 않아 젖산이 축적되며, 젖산은 글루코오스가 분해되어 생성된다.

3과목 산업심리학 및 관계법규

41
정답 ①

해설 재해 발생의 원인

직접원인	물적 원인 (불안전한 상태)	• 안전장치 결함 • 보호구의 결함 • 결함이 있는 기계설비 및 장치 • 작업환경, 생산공정의 결함 • 경계표시 및 설비의 결함
직접원인	인적 원인 (불안전한 행동)	• 위험장소 접근, 규칙의 무시 • 안전장치 기능의 제거 • 보호구의 미착용 • 불안전한 속도조작 • 불안전한 자세 및 위치
간접원인		• 기술적 원인 • 교육적 원인 • 신체적 원인 • 정신적 원인

42
정답 ①

해설 정성적 결함나무(FT ; Fault Tree)를 작성한 후에 정상사상이 발생할 확률을 계산한다.

43
정답 ④

해설 리더십 권한

	보상적 권한	부하직원들을 승진시킬 수 있고 봉급을 인상해 주는 등의 능력
조직이 리더에게 부여한 권한	강압적 권한	구성원을 징계 또는 처벌할 수 있는 권한
	합법적 권한	조직 내의 공식적인 지위에서 비롯된 권한
리더 자신이 자신에게 부여한 권한	전문성의 권한	리더가 전문적이고 깊이 있는 지식과 재능을 가질 때 발생하는 권한
	위임된 권한	부하직원들이 상사를 존경하여 스스로 따른다고 할 때 상사에게 부여되는 권한

44
정답 ②

해설 리더십과 헤드십의 구분

구분	리더십	헤드십
권한행사 및 부여	구성원의 동의에 의해 선출된 지도자	외부로부터 임명된 헤드
권한근거	개인능력	법적 또는 공식적
상관과 부하와의 관계	개인적인 경향	지배적
책임귀속	상사와 부하	상사
부하와의 사회적 간격	좁음	넓음
지위형태	민주주의적	권위주의적
권한귀속	집단목표에 기여한 공로 인정	공식화된 규정에 의함

45
정답 ②

해설 재해예방의 4원칙
- 손실 우연의 원칙 : 사고에 의해 생기는 상해의 종류 및 정도는 우연적이다.
- 예방 가능의 원칙 : 천재지변을 제외한 모든 인재는 예방이 가능하다.
- 대책 선정의 원칙 : 사고의 원인이나 불안전요소가 발견되면 반드시 대책을 선정하여 실시하여야 한다.
- 원인 연계의 원칙 : 사고에는 반드시 원인이 있고 원인은 대부분 복합적 연계 원인이 있다.

46
정답 ④

해설 제조상의 결함은 제조업자가 제조물에 대하여 제조상·가공상의 주의의무를 이행하였는지에 관계 없이 제조물이 원래 의도한 설계와 다르게 제조·가공됨으로 인하여 안전하지 못하게 된 경우이다.

47
정답 ③

해설 주의의 특성
- 선택성(중복집중의 곤란) : 여러 종류의 자극을 지각할 때 소수의 특정한 것에 한하여 선택한다. 한 번에 여러 종류의 자극을 지각하는 것은 어렵다.
- 방향성 : 주의를 기울여 시선을 집중하는 곳의 정보는 잘 받아들여지지만 다른 곳의 주의는 약해진다. 주의력을 집중하는 것이 항상 최상인 것은 아니다.
- 변동성(단속성) : 장시간 주의를 집중할 수 없다. 주기적으로 부주의의 리듬이 존재한다.

48
정답 ②

해설 레빈(Lewin. K)의 행동 법칙

$$B = f(P \cdot E)$$

- B : Behavior(인간의 행동)
- f : function(함수관계)
- P : Person(개체, 개인적 특성) : 연령, 경험, 기질, 심신 상태, 성격, 지능 등
- E : Environment(심리적 환경, 주어진 환경) : 인간관계(인적환경), 작업환경, 설비적 결함 등

49
정답 ①

해설 Harvey 안전대책의 3E
- Engineering(기술, 공학적 대책)
- Education(교육, 교육적 대책)
- Enforcement(규제, 관리적 대책)

50
정답 ①

해설 관료주의는 규모가 크고 복잡한 계층구조를 갖는다.

51
정답 ③

해설 직접비 : 간접비 = 1 : 4
※ 간접비용의 정확한 산출이 어려운 경우에는 직접비용의 4배를 간접비용으로 추산한다.

52
정답 ②

해설 역할 모호성은 역할 요구(role demands)와 관련이 있으며, 역할 과부하는 과업 요구(task demands)와 관련된다.

53
정답 ④

해설 매슬로우의 인간욕구 5단계
생리적 욕구 → 안전 욕구 → 사회적 욕구 → 존경의 욕구 → 자아 실현의 욕구로 진행된다.

54
정답 ③

해설 N은 자극과 반응의 수, A는 움직인 거리, W는 목표물의 너비를 나타낸다.

55
정답 ②

해설 셀리에(Selye)는 스트레스가 아주 없거나 너무 많을 경우에는 부정적 스트레스(역기능)로, 적정수준의 스트레스는 작업성과에 긍정적 스트레스(순기능)로 작용한다고 하였다.

56
정답 ③

해설 인적 요인에 대한 대책
- 작업에 관한 교육훈련과 작업 전 회의
- 작업의 모의훈련으로 시나리오에 따른 리허설
- 소집단 활동
- 적재적소에 숙달된 전문인력의 배치 등
※ 안전분위기 조성은 관리요인에 대한 대책이다.

57
정답 ③

해설 직·병렬 혼합모델의 신뢰도

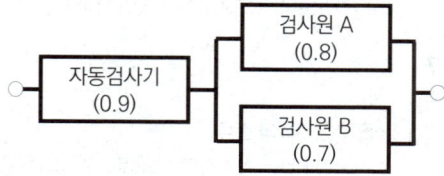

인간-기계 시스템의 신뢰도
$= 0.9 \times [1-(1-0.8)(1-0.7)] = 0.846$

58
정답 ③

해설 의식수준

단계	의식상태	행동상태	뇌파형태
Phase 0 (제0단계)	무의식, 실신	숙면상태, 뇌발작	δ파 4Hz 미만
Phase Ⅰ (제Ⅰ단계)	정상 이하, 의식흐림	피로, 단조로움, 의식이 멍하고 졸음	θ파 4~8Hz
Phase Ⅱ (제Ⅱ단계)	정상, 이완상태, 느긋한 기분	안정파, 휴식, 정상작업	α파 8~14Hz
Phase Ⅲ (제Ⅲ단계)	정상, 상쾌한 상태, 분명한 의식	판단을 동반한 행동, 적극적 활동	β파 14~30Hz
Phase Ⅳ (제Ⅳ단계)	과긴장, 흥분상태	과도로 긴장, 긴급방위반응, 감정 흥분시 당황한 상태	γ파 30Hz 이상

59
정답 ③

해설 실수는 의도는 올바른 것이지만 반응의 실행이 올바른 것이 아닌 경우이고, 착오는 부적합한 의도를 가지고 행동으로 옮긴 경우를 말한다.

60
정답 ②

해설 다른 모든 조건이 동일하다면 규모가 큰 집단에 비해 작은 집단의 응집력이 강하다.

4과목 근골격계질환 예방을 위한 작업관리

61
정답 ③

해설 작업시간의 측정은 작업측정(시간연구)에 해당한다.

62
정답 ④

해설 설비의 보전이 용이하고 가동률이 높기 때문에 자본투자가 적은 것은 공정별 배치의 장점이다.

63
정답 ③

해설 근막통증후군(Myofascial Pain Syndrome)은 목, 어깨, 허리 부위와 관련된 질환이다.

64
정답 ③

해설 작업개선의 4원칙(ECRS 원칙)
- Eliminate(제거) : 이 작업은 꼭 필요한가? 제거할 수는 없는가? 가장 우선적 고려대상이다.
- Combine(결합) : 이 작업을 다른 작업과 결합시키면 더 나은 결과가 생길 것인가?
- Rearrange(재배열) : 작업순서를 바꾸면 효율적인가?
- Simplify(단순화) : 단순화할 수 있는가?

오답체크 Redesign, Control, Element, Repair, Collect

65
정답 ③

해설 사회심리적 요인은 교대근무, 의사소통, 성과급제도, 조직문화, 업무재량도, 직무 스트레스, 작업통제, 대인관계, 작업만족도 등이다. 작업습관은 개인특성요인이며, 접촉스트레스와 부적절한 자세는 작업특성요인이다.

66
정답 ④

해설 정확성이 요구되는 작업은 핀치그립(pinch grip)을 사용하도록 한다.

67
정답 ④

해설 PTS의 단점은 시스템 활용을 위한 교육 및 훈련비용이 상당하다.

68
정답 ③

해설 표준시간(내경법)

- 여유율 $A = \dfrac{여유시간}{표준시간} = \dfrac{24}{8 \times 60} = 0.05$

- $ST = 정미시간 \times \dfrac{1}{(1 - 여유율)}$
  $= (0.6 \times 1.2) \times \dfrac{1}{(1-0.05)} = 0.76분$

※ 최근 동일한 문제보다는 숫자를 변경하여 출제하고 있으므로 공식에 대입하여 풀 수 있도록 연습한다.

69
정답 ③

해설 동작경제의 원칙은 신체사용에 관한 원칙, 작업장의 배치에 관한 원칙, 공구 및 설비 디자인에 관한 원칙이다.

70
정답 ③

해설 반복정도가 심할수록 근육은 쉽게 피로하게 되며 회복에 더 긴 시간을 요구한다.

71
정답 ③

해설 유통공정도(흐름공정도, Flow Process Chart)는 공정 중에 발생하는 모든 작업·검사·운반·저장·정체 등이 도식화된 것이다. 또한 모든 사건을 기록함으로써 생산이나 작업과정의 순서를 설명하고, 소요시간과 운반거리도 함께 표현하며, 생산공정에서 발생하는 잠복비용(hidden cost)을 감소시키고, 사고의 원인을 파악하는 데 사용된다.

72
정답 ③

해설 키보드의 경사는 5도 이상 15도 이하, 두께는 3센티미터 이하로 한다.

73
정답 ④

해설
$$n = \frac{u_{1-\alpha/2}^2 \times p(1-p)}{e^2}$$
$$= \frac{2.58^2 \times 0.05(1-0.05)}{0.01^2} = 3,161.8(3,162회)$$

74
정답 ②

해설 미리놓기(PP)는 다음을 위하여 대상물을 정해진 장소에 미리 놓는 동작이다.

75
정답 ③

해설 근골격계질환 예방관리 프로그램 수립시행
ㄱ. 근골격계질환으로 관련 법령에 따라 업무상 질병으로 인정받은 근로자가 연간 10명 이상 발생한 사업장
ㄴ. 근골격계질환으로 관련 법령에 따라 업무상 질병으로 인정받은 근로자가 5명 이상 발생한 사업장으로서 발생 비율이 사업장 근로자 수의 10% 이상인 경우
ㄷ. 근골격계질환 예방과 관련하여 노사 간 이견(異見)이 지속되는 사업장으로서 고용노동부장관이 필요하다고 인정하여 근골격계질환 예방관리 프로그램을 수립하여 시행할 것을 명령한 경우

76
정답 ③

해설
- LI = 실제 작업 무게/RWL = 23/20 = 1.15
- LI가 1보다 크므로 요통의 발생위험이 높다.

77
정답 ②

해설 작업측정기법의 종류
- 시간연구법(스톱워치법, 촬영법, VTR 분석법, 컴퓨터분석법)과 워크샘플링은 직접측정법이다.
- 간접측정 방법에는 PTS법, 표준자료법, 실적기록표 등이 있다.

78
정답 ④

해설 개선 분석 시 5W1H의 What은 작업 자체의 제거, Where, When, Who는 작업 순서의 변경, How는 작업의 단순화를 의미한다.

79
정답 ②

해설
- 손목꺾임율 = 30/200 = 0.15
- 시간당 손목꺾임 시간 = 0.15 × 60분 = 9분

80
정답 ①

해설 미세동작분석은 시간과 비용이 많이 소요되기 때문에 작업의 사이클 시간이 짧고, 반복성이 커서 분석에 의한 경제적 측면의 효과가 클 것으로 기대되는 경우에 주로 행한다.

2023년 2회 기출복원문제 정답 및 해설

01	02	03	04	05	06	07	08	09	10
②	①	③	①	③	④	③	②	③	②
11	12	13	14	15	16	17	18	19	20
③	①	③	④	①	①	②	④	②	④
21	22	23	24	25	26	27	28	29	30
③	①	①	③	②	①	②	③	③	③
31	32	33	34	35	36	37	38	39	40
①	③	④	④	②	①	③	④	③	③
41	42	43	44	45	46	47	48	49	50
②	②	④	③	①	④	④	①	④	③
51	52	53	54	55	56	57	58	59	60
③	②	④	①	③	①	②	①	①	④
61	62	63	64	65	66	67	68	69	70
①	①	③	④	①	④	①	①	②	②
71	72	73	74	75	76	77	78	79	80
③	③	③	②	②	④	③	④	③	③

1과목 인간공학개론

01
정답 ②
해설 손잡이 설계에 있어 촉각적 암호화
- 크기에 의한 코딩
- 형상에 의한 코딩
- 표면거칠기에 의한 코딩(매끄러운면, 세로홈, 깔쭉면)

02
정답 ①
해설 사용성 평가에 흔히 사용되는 평가척도는 배우는 데 걸리는 시간, 과제의 수행시간, 에러의 빈도, 사용자의 주관적인 만족도 등이다.

03
정답 ③
해설
$$H = \sum P_i \log_2\left(\frac{1}{P_i}\right)$$
$$= 0.4 \times \log_2\left(\frac{1}{0.4}\right) + 0.6 \times \log_2\left(\frac{1}{0.6}\right)$$
$$= 0.4 \times \frac{\log\left(\frac{1}{0.4}\right)}{\log 2} + 0.6 \times \frac{\log\left(\frac{1}{0.6}\right)}{\log 2} = 0.97$$

04
정답 ①
해설 출입문의 높이, 의자의 폭, 그네의 최소 지지중량은 최대집단치를 적용하여야 한다.

05
정답 ③
해설 인체측정치의 적용 절차
설계에 필요한 인체치수의 결정 → 설비를 사용할 집단 정의 → 인체자료 적용원리 결정 → 인체측정자료의 선택 → 적절한 여유치 고려 → 설계치수 결정 → 모형에 의한 모의실험

06
정답 ④
해설 인간에게 질병, 건강장해, 심각한 불쾌감 및 능률저하 등을 초래하는 작업환경 요인과 스트레스를 예측, 인식(측정), 평가, 관리(대책)하는 것은 산업위생에 대한 정의이다.

07
정답 ③
해설 ① 직렬시스템에서 요소의 개수가 증가하면 시스템의 신뢰도는 감소한다.
② 병렬시스템에서 요소의 개수가 증가하면 시스템의 신뢰도는 증가한다.
④ 일반적으로 병렬시스템으로 구성된 시스템은 직렬시스템으로 구성된 시스템보다 비용이 증가한다.

08
정답 ②
해설 ① 원추세포(추상세포)는 색의 식별에 사용된다.
③ 원추세포는 황반(fovea) 중심에 밀집되어 있다.
④ 근시는 수정체가 두꺼워져 먼 물체의 상이 망막 앞에 맺히는 현상을 말한다.

09
정답 ③
해설 시각(visual angle)은 표적두께를 표적까지의 거리로 나누어 계산한다.
$$시각(') = \frac{(180/\pi) \times 60 \times L}{D} = \frac{57.3 \times 60 \times L}{D}$$

10
정답 ②

해설 눈으로 볼 수 있는 빛의 파장 범위(가시광선)는 380~780nm이다.

11
정답 ③

해설 $sone = 2^{(phon-40)/10} = 2^{(80-40)/10} = 16$

12
정답 ①

해설 개별적인 정보는 효과적인 청크(chunk)로 조직되게 한다.
② 여러 자극 차원을 조합하여 설계하도록 한다.
③ 시배분이 필요한 경우 인간의 작업능률은 떨어진다.
④ 절대식별보다 상대식별을 이용한다.

13
정답 ③

해설 반응시간(reaction time)
- 반응시간은 자극이 있은 후 동작을 개시하기까지에 걸리는 시간을 의미한다.
- 단순반응시간에 영향을 미치는 변수로는 자극 양식, 자극의 특성(강도, 지속시간 등), 자극 위치, 연령, 개인차 등이 있다.
- 선택반응시간은 여러 개의 자극을 제시하고, 각각에 대한 서로 다른 반응을 할 과제를 준 후에 자극이 제시되어 반응할 때까지의 시간이다.

14
정답 ④

해설 인간 - 기계 시스템에서의 기본적인 기능은 정보의 수용, 정보의 보관, 정보의 처리 및 의사결정, 행동의 4가지이다.

15
정답 ①

해설 두 대안의 실현 확률이 동일할 때 총 정보량이 가장 크다. 따라서 실현 확률의 차이가 커질수록 총 정보량 H는 줄어든다.

16
정답 ①

해설 잡음이 많을수록, 신호가 약하거나 분명하지 않을수록 d 값은 작아진다.

17
정답 ②

해설 ① 선각이 약 20°가 되는 끝이 뾰족한 지침을 사용한다.
③ 동목형표시장치는 지침이 고정되고 눈금이 움직이는 형이다.
④ 눈금이 고정되고 지침이 움직이는 표시장치를 동침형 표시장치라 한다.

18
정답 ④

해설 ① 다른 용도에 쓰이지 않는 확성기, 경적 등과 같은 별도의 통신계통을 사용한다.
② 장애물이나 칸막이를 넘어가야 하는 신호는 500Hz 이하의 주파수를 사용한다.
③ 300m 이상의 장거리용 신호에서는 1kHz 이하의 주파수를 사용한다.

19
정답 ②

해설 은폐(masking) 현상은 음의 한 성분이 다른 성분에 대한 귀의 감수성을 감소시키는 상황이다.

20
정답 ④

해설 C/R비는 제어장치의 움직임과 시스템의 반응 사이의 관계를 나타낸 것으로 조종장치의 이동거리를 표시장치의 반응거리로 나눈 값이다.

2과목 작업생리학

21
정답 ③

해설 영양소 운반은 순환계의 기능에 해당한다.

골격의 기능
- 인체의 지주 역할을 한다.
- 신체에 중요한 부분을 보호하는 역할을 한다.
- 혈구세포를 만드는 조혈기능을 한다.
- 칼슘과 인 등의 무기질을 저장하여 몸이 필요할 때 공급해 주는 역할을 한다.
- 가동성 연결, 즉 관절을 만들고, 골격근의 수축에 의해 운동기로서 작용한다.

22
정답 ①

해설 몸통의 지주를 이루는 척추는 26개의 뼈로 구성되며, 경추(7개), 흉추(12개), 요추(5개), 천골, 미골로 되어 있다.

23
정답 ①

해설 자율신경계의 길항작용

구분	심박수	심수축력	동공	방광	소화운동	침분비
교감신경	증가	증가	확장	이완	억제	억제
부교감신경	감소	감소	축소	수축	촉진	촉진

24
정답 ③

해설 ① 혈압은 좌심실에서 멀어질수록 낮아진다.
② 동맥, 정맥, 모세혈관 중 혈관의 단면적은 모세혈관이 가장 크다.
④ 체순환(systemic circulation)은 좌심실, 대동맥, 모세혈관, 대정맥, 우심방 순의 경로로 혈액이 흐르는 것을 말한다.

25
정답 ②

해설 O_2 소비량 $= 21\% \times$ 흡기량 $- O_2\% \times$ 배기량
$= 0.21 \times 50 - 0.17 \times 40 = 3.7 L/min$

26
정답 ①

해설 ② 젊은 여성의 MAP는 남성의 65~75% 정도이다.
③ MAP의 직접측정은 피실험자에게 극도의 피로를 유발하며 상해의 위험이 있다.
④ MAP 수준에서 에너지대사는 무기성으로 일어난다.

27
정답 ②

해설 산소소비량, 근전도, 심전도는 육체적 작업부하를 측정하는 생리적 측정치에 해당한다.

28
정답 ③

해설 등척성 근력은 물체를 들고 있을 때처럼 신체를 움직이지 않으면서 자발적으로 가할 수 있는 힘의 최댓값이다.

29
정답 ③

해설 위팔과 아래팔 간의 관절 각도가 100°일 때 최대 염력(torque)을 발휘하여 작업자 부하를 최소화 할 수 있다.

30
정답 ①

해설 인체의 면을 나타내는 용어
㉠ 시상면(sagittal plane) : 해부학적 자세를 기준으로 신체를 좌우로 나누는 면이다. 팔꿈치 관절의 굴곡과 신전 동작이 일어나는 면이다. 정중면(median plane)은 인체를 좌우대칭으로 나누는 면이다.
㉡ 관상면(frontal 또는 coronal plane) : 몸을 전·후로 나누는 면이다.
㉢ 횡단면, 수평면(transverse 또는 horizontal plane) : 인체를 상하로 나누는 면이다.

31
정답 ①

해설 수축이나 이완 시 actin이나 myosin의 길이는 변하지 않는다. 즉, A대(band)의 길이는 변하지 않는다.

32
정답 ③

해설 무기성(혐기성) 환원과정
신체 활동이 아주 큰 작업의 경우 충분한 산소 공급이 되지 않아 젖산이 축적되며, 젖산은 글루코오스가 분해되어 생성된다.

33
정답 ④

해설 에너지대사율(RMR ; Relative Metabolic Rate)

경(輕)작업	중(中)작업	중(重)작업	초중작업
가볍다	보통이다	무겁다	아주 무겁다
0~2RMR	2~4RMR	4~7RMR	7RMR 이상

34
정답 ④

해설 육체적 강도가 높은 작업에 있어 혈액의 분포비율은 '근육>심장근육>소화기관>뇌>신장>뼈>피부'이다.

35
정답 ②

해설
- 총 작업시간(분) $T = 4 \times 60 = 240$분
- 작업 중 에너지소비량 $= 1.5 L/min \times 5 kcal/L$
  $= 7.5 kcal/min$
- 권장 평균 에너지소비량 $S =$ 남성 : 5kcal/min, 여성 : 3.5kcal/min
- 휴식시간 중에 에너지소비량 $= 1.5 kcal/min$
- 휴식시간(분) $R = \dfrac{T(E-S)}{E-1.5}$
  $= \dfrac{(4 \times 60) \times (7.5-5)}{7.5-1.5} = 100$분

36
정답 ①

해설 '천장>벽>가구>바닥'의 순으로 추천반사율이 높다.

37
정답 ③
해설 영구 청력손실은 회복할 수 없는 청력손실로서 영구성 난청 또는 소음성 난청이라고 한다. 초기에는 3,000~6,000Hz 사이에서 발생하며, 4,000Hz 부근의 음에 대한 청력저하가 가장 심하게 생기게 되는데 이를 C5-dip현상이라고 한다.

38
정답 ④
해설 전신진동의 진동수가 4~10Hz일 때 흉부와 복부의 고통을 호소하며, 60~90Hz에서 안구에 공명이 발생한다.

39
정답 ③
해설 습구흑구온도지수(WBGT)는 작업환경 측정에 사용되는 단위로서 고열환경을 종합적으로 평가할 수 있는 지수이다.

40
정답 ③
해설 교대작업은 '주간 → 저녁 → 야간' 순으로 정방향 순환이 되게 한다.

3과목 산업심리학 및 관계법규

41
정답 ②
해설 아담스(Adams)의 연쇄이론
관리구조 → 작전적 에러 → 전술적 에러 → 사고 → 상해

42
정답 ②
해설 하인리히의 재해예방의 원리 5단계
안전관리조직 → 사실의 발견 → 분석평가 → 시정책의 선정 → 시정책의 적용

43
정답 ④
해설 도수율이 2란 의미는 연근로시간 1,000,000시간당 발생한 재해건수가 2건이라는 의미이다.

44
정답 ③
해설 인간행동 수준의 3단계는 지식기반 행동(Knowledge-based behavior), 규칙기반 행동(Rule-based behavior), 숙련기반 행동(Skill-based behavior)이다.

45
정답 ①
해설 의식수준의 저하는 뚜렷하지 않은 의식의 상태로 심신이 피로하거나 단조로운 작업 시 발생한다.

46
정답 ④
해설 알파(α)파가 안정되게 나타나는 것은 눈을 감고 안정상태로 있을 때이며, 눈을 뜨고 물체를 주시하거나 정신적으로 흥분하면 알파(α)파의 출현율은 작아진다.

47
정답 ④
해설 생리적 욕구 → 안전 욕구 → 사회적 욕구 → 존경의 욕구 → 자아실현의 욕구로 진행된다.

48
정답 ①
해설 이산적 직무
- 인간실수의 수 = 10 - 6 = 4
- 전체 실수 발생 기회의 수 = 100
- 휴먼에러 확률 $HEP = \dfrac{\text{인간의 실수 수}}{\text{전체 실수 발생 기회의 수}}$
  $= \dfrac{4}{100} = 0.04$

49
정답 ④
해설 경제적 보상체계의 강화는 X이론이다.

50
정답 ③
해설 작업자의 작업능률은 물리적인 작업조건보다는 작업자의 인간관계에 영향을 더 많이 받는다.

51
정답 ③
해설 집단 응집성은 집단을 이루는 구성원들이 서로에게 매력적으로 끌리어 그 집단 목표를 달성하는 정도를 나타낸다.

52
정답 ②
해설 헤드십은 구성원과의 사회적 간격이 넓다.

53
정답 ③
해설 리더십 행동이론은 리더의 기질은 타고나는 것이 아니라 교육훈련에 의해서 향상되므로, 좋은 리더는 육성될 수 있다고 가정한다.

54
정답 ④

해설 심리적 측면에서의 휴먼에러 분류(Swain)는 생략(누락, 부작위) 오류(omission error), 작위(실행) 오류(commission error), 순서 오류(sequential error), 시간(지연) 오류(time error), 과잉 행동(불필요한 행동) 오류(extraneous error)이다.

55
정답 ①

해설 $P(E) = P(N/N-1) = \%dep \times 1 + (1 - \%dep)P(N)$
$= 0.15 \times 1 + (1 - 0.15) \times 0.001 = 0.151$

56
정답 ③

해설 조작자 행동 나무(OAT)는 위급직무의 순서에 초점을 맞추어 조작자 행동 나무를 구성하고, 이를 사용하여 사건의 위급경로에서 조작자의 역할을 분석하는 기법이다.

57
정답 ①

해설 코티졸은 스트레스를 받을 때 몸에서 생성되는 호르몬으로 스트레스 정도를 파악하는데 사용된다.

58
정답 ②

해설 NIOSH(미국 산업안전보건연구원)의 직무 스트레스 요인에는 크게 작업요인, 조직요인 및 물리적 환경 요인으로 구분된다.

59
정답 ①

해설 제조상의 결함은 제조업자가 제조물에 대하여 제조·가공상의 주의의무를 이행하였는지에 관계없이 제조물이 원래 의도한 설계와 다르게 제조·가공됨으로 인하여 안전하지 못하게 된 경우이다.

60
정답 ④

해설 강도율은 연간 근로시간 1,000시간당 재해에 의해 잃어버린 근로손실일수를 말한다.

4과목 근골격계질환 예방을 위한 작업관리

61
정답 ①

해설 RULA 최종점수에 따른 조치

조치 단계	최종 점수	평가
1	1~2점	수용 가능한 안전한 작업이다.
2	3~4점	계속적 추적관찰을 요구한다.
3	5~6점	계속적 관찰과 빠른 작업개선이 요구된다.
4	7점 이상	작업위험요인의 정밀조사와 즉각적인 개선이 요구된다.

62
정답 ①

해설 하루에 10회 이상 25kg 이상의 물체를 드는 작업이다.

63
정답 ③

해설 근막통증후군(Myofascial Pain Syndrome)은 목, 어깨, 허리 부위와 관련된 질환이다.

64
정답 ④

해설 공학적 개선
- 공구·장비, 작업장, 포장, 부품, 제품 등에 대한 재배열, 재설계, 교체 등
- 작업도구나 설비의 개선, 작업공구의 개선
- 작업대 높이의 조절
- 자재 운반 시 동력기계장치의 사용, 인양 시 보조기구 사용

65
정답 ①

해설 비효율적 서블릭은 찾기(Sh), 고르기(St), 바로놓기(P), 검사(I), 계획(Pn), 불가피한 지연(UD), 피할 수 있는 지연(AD), 휴식(R), 잡고있기(H)이다.

66
정답 ④

해설 작업측정(Work Measurement) 혹은 시간연구(Time Study)는 표준시간의 산정기법과 그 이론적인 근거를 제시하며, 표준시간은 정미시간, 여유율과 관련되어 있다.

67
정답 ①

해설
- $RWL(kg) = LC \times HM \times VM \times DM \times AM \times FM \times CM$
- 시점 $RWL = 23 \times 1 \times 0.955 \times 0.87 \times 1 \times 0.88 \times 0.95$
  $= 15.98kg$
- 종점 $RWL = 23 \times 0.5 \times 0.775 \times 0.87 \times 1 \times 0.88 \times 1$
  $= 6.82kg$

68
정답 ①
해설 **기본형 5단계의 절차**
연구대상의 선정 → 현 작업방법의 분석 → 분석 자료의 검토 → 개선안의 수립 → 개선안의 도입

69
정답 ②
해설 마인드 맵핑(Mind Mapping)은 원과 직선을 이용하여 아이디어, 문제, 개념 등을 개괄적으로 빠르게 설정할 수 있도록 도와주는 연역적 추론 기법이다.

70
정답 ②
해설 **파레토 차트(Pareto Chart)**
- 가로축에 항목, 세로축에 항목별 점유비율과 누적비율로 막대 - 꺾은선 혼합 그래프를 사용한다.
- 빈도수가 큰 항목부터 차례대로 나열하는 방법이며, 소수 중점 원인을 찾기 위한 도구로써 사용된다.
- 20%의 항목이 전체의 80%를 차지한다.
- 재고관리에서는 ABC 곡선으로 부르기도 한다.

71
정답 ③
해설
$$N = \frac{u_{1-\alpha/2}^2 \times P(1-P)}{e^2}$$
$$= \frac{2.58^2 \times 0.06(1-0.06)}{0.01^2} = 3,754.2(3,755회)$$

72
정답 ③
해설 사업주는 근로자가 근골격계 부담작업을 하는 경우에 3년마다 유해요인조사를 하여야 한다. 다만, 신설되는 사업장의 경우에는 신설일부터 1년 이내에 최초의 유해요인조사를 하여야 한다.

73
정답 ③
해설 공정별 배치는 전문적인 작업지도가 용이하다.

74
정답 ②
해설 검사(□)는 작업 대상물의 품질 확인이나 수량의 조사, 검사 등에 사용된다.

75
정답 ④
해설 입식작업대에서 무거운 물건을 다루는 작업(중작업)을 할 때는 작업자의 팔꿈치 높이보다 10~30cm 정도 낮게 한다.

76
정답 ④
해설 빛이 작업화면에 도달하는 각도는 화면으로부터 45° 이내로 한다.

77
정답 ③
해설 반복정도가 심할수록 근육은 쉽게 피로하게 되며 회복에 더 긴 시간을 요구한다.

78
정답 ④
해설 적합한 모양의 손잡이를 사용하되, 가능하면 손바닥과 접촉면을 넓게 한다.

79
정답 ③
해설 **근골격계질환 예방·관리 추진팀 구성**

중·소규모 사업장	대규모 사업장
• 근로자대표 또는 명예산업안전감독관을 포함하여 그가 위임하는 자 • 관리자(예산결정권자) • 정비·보수담당자 • 보건·안전담당자 • 구매담당자	• 중·소규모 사업장 추진팀원 이외 다음의 인력을 추가함 – 기술자(생산, 설계, 보수기술자) – 노무담당자 등

80
정답 ③
해설
- 총작업시간 $\sum t_i = 10+20+30+40 = 100$
- 공정수 $m = 4$
- 주기시간(공정 중 가장 긴 작업시간) $t_{max} = 40$
- 공정효율 $= \dfrac{총작업시간}{공정수 \times 주기시간}$
  $= \dfrac{100}{4 \times 40} = 0.625(62.5\%)$

2023년 3회 기출복원문제 정답 및 해설

01	02	03	04	05	06	07	08	09	10
④	④	①	④	④	②	④	③	④	③
11	12	13	14	15	16	17	18	19	20
④	④	③	④	③	③	②	③	①	③
21	22	23	24	25	26	27	28	29	30
③	①	③	③	②	④	④	④	④	③
31	32	33	34	35	36	37	38	39	40
①	③	②	①	①	④	④	①	④	②
41	42	43	44	45	46	47	48	49	50
④	②	②	①	④	①	①	④	②	②
51	52	53	54	55	56	57	58	59	60
④	①	④	②	①	③	③	④	①	③
61	62	63	64	65	66	67	68	69	70
③	③	③	④	③	③	①	④	②	③
71	72	73	74	75	76	77	78	79	80
④	③	③	④	③	③	③	④	④	①

1과목 인간공학개론

01
정답 ④
해설 감각보관은 비교적 자동적으로 이루어진다.

02
정답 ④
해설
$$C/R비 = \frac{조종장치의\ 이동거리}{표시장치의\ 이동거리}$$
$$= \frac{\left(\frac{a}{360}\right) \times 2\pi L}{표시장치의\ 이동거리}$$
$$= \frac{\left(\frac{30}{360}\right) \times 2 \times \pi \times 5}{2} = 1.31$$

03
정답 ①
해설 부품(작업대 공간)배치의 원칙
- 1순위 : 중요성의 원칙 - 시스템 목표 달성에 중요한 구성요소를 편리한 위치에 두어야 한다.
- 2순위 : 사용 빈도의 원칙 - 자주 사용되는 구성요소를 편리한 위치에 두어야 한다.
- 3순위 : 기능별 배치의 원칙 - 기능적으로 관련된(표시장치, 조종장치 등) 부품들을 모아서 배치한다.
- 4순위 : 사용 순서의 원칙 - 구성요소들 간의 관련 순서나 사용 패턴에 따라 배치해야 한다.

오답체크 작업방법의 원리, 오류방지의 원리, 검출성의 원칙, 부품 신뢰성의 원칙, 크기별 배치, 치수별 배치, 설비금액, 비용 절감

04
정답 ④
해설 시각적 부호의 3가지 유형
- 묘사적 부호 : 사물이나 행동을 단순하고 정확하게 묘사(위험 : 해골과 뼈)
- 추상적 부호 : 전언의 기본 요소를 도식적으로 압축한 부호(별자리)
- 임의적 부호 : 부호가 이미 고안되어 있으므로 배워야 하는 부호(교통표지판의 삼각형-주의, 원형-규제, 사각형-안내표지)

05
정답 ④
해설 인간-기계 시스템의 분류에서 인간에 의한 제어 정도에 따른 분류는 수동 시스템, 기계화 시스템, 자동화 시스템이다.

오답체크 보조시스템, 감시제어시스템, 정보화시스템

06
정답 ②
해설
$$dB_2 = dB_1 - 20\log\left(\frac{d_2}{d_1}\right)$$
$$= 130 - 20\log\left(\frac{100}{20}\right) = 116.0$$
$$= 116.0 dB(A)$$

07
정답 ④
해설 $C/R비 = \frac{조종장치의\ 이동거리}{표시장치의\ 이동거리}$ 이다. C/R 비가 낮으면 제어장치의 조종시간은 증가하고 표시장치의 이동시간은 단축된다.

08
정답 ③

해설 상대식별은 두 가지 이상의 신호가 인접하여 제시되었을 때 이를 구별하는 것이다.

09
정답 ④

해설 빛의 검출성에 영향을 주는 요인
- 광원의 크기, 광도, 노출시간
- 색광(적>녹>황>백)
- 점멸속도
- 배경광

오답체크 유리의 재질, 반응시간

10
정답 ③

해설 ① 음의 세기 단위는 dB이다.
② 음의 세기는 진폭과 관련이 있다.
④ 음압 수준 측정 시에는 1,000Hz의 순음을 기준음 압으로 사용한다.

11
정답 ④

해설 전방 및 측방 팔길이는 상체의 움직임을 편안하게 하면 30% 줄고, 어깨와 몸통을 심하게 돌리면 20% 늘어난다.

12
정답 ④

해설 시식별에 영향을 주는 조건은 조도, 대비, 휘도비, 반사율, 노출시간, 물체의 크기, 과녁의 이동, 광도비, 개인차(시력) 등이다.

오답체크 온·습도, 최소분간시력, 표적의 형태

13
정답 ③

해설 지침의 끝은 작은 눈금과 맞닿되 겹치지는 않게 한다.

14
정답 ④

해설 재생된 자극이란 현미경, 보청기, TV, 라디오 같은 것에 의하여 감지되는 자극을 말한다.

15
정답 ③

해설 웨버의 비$(k) = \frac{\text{JND(변화감지역)}}{\text{기준자극의 크기}} = \frac{R_1 - R_2}{R_1}$

웨버(Weber) 비는 분별의 질을 나타내며, 비가 작을수록 분별력이 높아진다.

16
정답 ③

해설 신호가 장애물이나 칸막이를 통과해야 할 때는 500Hz 이하의 진동수를 사용한다.

17
정답 ②

해설 안경은 눈의 수정체를 보조하기 위하여 사용된다.

18
정답 ③

해설
$$H = \sum P_i \log_2\left(\frac{1}{P_i}\right)$$
$$= 0.9 \times \log_2\left(\frac{1}{0.9}\right) + 0.1 \times \log_2\left(\frac{1}{0.1}\right)$$
$$= 0.9 \times \frac{\log\left(\frac{1}{0.9}\right)}{\log 2} + 0.1 \times \frac{\log\left(\frac{1}{0.1}\right)}{\log 2} = 0.47$$

19
정답 ①

해설 최소치 설계는 선반의 높이, 제어버튼(비상버튼)까지의 거리, 지하철이나 버스의 손잡이 높이, 의자의 좌판 깊이 등을 정할 때 사용된다.

20
정답 ③

해설 신호의 유무를 판정함에 있어 4가지의 반응 대안

판정\자극	소음(N)	신호(S)
신호없음(N)	잡음을 제대로 판정(Correct Rejection)	신호검출실패(Miss)(제2종오류)
신호발생(S)	허위경보(False Alarm)(제1종오류)	긍정(Hit)

2과목 작업생리학

21
정답 ③

해설 주동근(agonists)은 운동 시 주역을 하는 근육이며, 길항근(antagonist)은 주동근과 반대되는 작용을 하는 근육이다.

22
정답 ①

해설 기계가 계속적으로 작동하는 방직 공정 작업자의 청력 손실은 연속적 소음으로 인한 청력 손실이다.

23
정답 ③
해설 교대작업은 '주간 → 저녁 → 야간' 순으로 정방향 순환이 되게 한다.

24
정답 ③
해설 lux는 조도의 단위, lumen(lm)은 광량의 단위, candela(cd)는 광도의 단위, foot-lambert(fL)는 휘도의 단위이다.

25
정답 ②
해설 정신적 작업부하 척도의 기준은 감도(sensitivity), 신뢰성(reliability), 수용성(acceptability), 간섭성(interference), 선택성(selectivity)이다.

26
정답 ④
해설
- 총 작업시간(분) $T = 8 \times 60 = 480$분
- 작업 중 에너지소비량 = 1.5L/min × 5kcal/L = 7.5kcal/min
- 권장 평균 에너지소비량 S = 5kcal/min,
- 휴식시간 중의 에너지소비량 = 1.5kcal/min
- 휴식시간(분) $R = \dfrac{T(E-S)}{E-1.5}$
  $= \dfrac{(8 \times 60) \times (7.5-5)}{7.5-1.5} = 200$분

27
정답 ④
해설

소음수준[dB(A)]	노출시간(h)	허용시간(h)
85	5	16
90	–	8
95	3	4
100	0.5	2

소음노출지수 $= \left(\dfrac{3}{4} + \dfrac{0.5}{2} + \dfrac{5}{16}\right) = 1.3125(131.25\%)$

28
정답 ①
해설 운동이 격렬하여 근육에 산소 공급이 원활하지 않은 경우에는 젖산이 생성되어 피곤함을 느낀다.

29
정답 ④
해설 휘광원 주위를 밝게 하여 광도비를 줄이는 것은 광원으로부터의 직사휘광 처리방법이다.

30
정답 ③
해설 골격근(가로무늬근)은 수의근으로 중추신경계의 지배를 받아 내 의지대로 움직일 수 있는, 의식적으로 통제가 가능한 근육이다.

31
정답 ①
해설 자율신경계의 길항작용

구분	심박수	심수축력	동공	방광	소화운동	침분비
교감신경	증가	증가	확장	이완	억제	억제
부교감신경	감소	감소	축소	수축	촉진	촉진

32
정답 ③
해설 육체적 작업에서 발생하는 생리적 반응은 혈압 증가, 심박수 증가, 심박출량 증가, 산소소비량 증가, 혈류의 재분배이다.

33
정답 ②
해설 내전(모음, adduction)은 정중면 가까이로 끌어들이는 동작으로 팔을 수평으로 편 위치에서 수직 위치로 내릴 때처럼 신체 중심선을 향한 신체 부위의 동작이다.

34
정답 ①
해설 컴퓨터 단말기(VDT) 작업의 사무환경을 위한 추천 조명은 300~500Lux이다.

35
정답 ①
해설 에너지소비량에 영향을 미치는 인자는 작업속도, 작업자세, 작업방법, 작업도구이며, 이 중에서 쪼그려 앉아 들기와 등을 굽혀 들기는 작업자세와 관련이 있다.

36
정답 ④
해설 회외(supination)는 손바닥을 위로 향하도록 하는 회전이다.

37
정답 ④
해설 정적근력(static strength)을 등척력(isometric strength)이라 한다.

38
정답 ①
해설 '천장>벽>가구>바닥'의 순으로 추천반사율이 높다.

39
정답 ④
해설 공기정화시설을 갖춘 사무실에서 근로자 1인당 필요한 최소 외기량은 분당 0.57세제곱미터 이상이며, 환기횟수는 시간당 4회 이상으로 한다.

40
정답 ②
해설 암조응시는 VFF가 감소한다.

3과목 산업심리학 및 관계법규

41
정답 ④
해설 의식수준

단계	의식상태	행동상태	뇌파형태
Phase 0 (제0단계)	무의식, 실신	숙면상태, 뇌발작	δ파 4Hz 미만
Phase I (제I단계)	정상 이하, 의식흐림	피로, 단조로움, 의식이 멍하고 졸음	θ파 4~8Hz
Phase II (제II단계)	정상, 이완상태, 느긋한 기분	안정파, 휴식, 정상작업	α파 8~14Hz
Phase III (제III단계)	정상, 상쾌한 상태, 분명한 의식	판단을 동반한 행동, 적극적 활동	β파 14~30Hz
Phase IV (제IV단계)	과긴장, 흥분상태	과도로 긴장, 긴급방위반응, 감정흥분시 당황한 상태	γ파 30Hz 이상

42
정답 ②
해설 제조물 책임법에서 정의한 결함의 종류는 설계상의 결함, 제조상의 결함, 표시상의 결함이다.

43
정답 ②
해설 휴먼에러 방지의 3가지 설계기법
- 배타설계(exclusive design) : 인간실수의 요소를 근원적으로 제거하여 오류를 범할 수 없도록 사물을 설계하는 것이다.
- 보호(예방)설계(prevention design) : 보호설계 혹은 fool proof 설계라고도 하며, 사람의 부주의로 인한 실수를 미연에 방지하도록 설계하는 것이다.
- 안전설계(fail-safe design) : 기계나 그 부품에 고장이나 기능불량이 생겨도 항상 안전하게 작동하도록 설계하는 것이다.

44
정답 ①
해설 매슬로우의 인간욕구 5단계
생리적 욕구 → 안전 욕구 → 사회적 욕구 → 존경의 욕구 → 자아실현의 욕구로 진행된다.

45
정답 ④
해설 주의의 특성
- 선택성(중복집중의 곤란) : 여러 종류의 자극을 지각할 때 소수의 특정한 것에 한하여 선택한다. 한 번에 여러 종류의 자극을 지각하는 것은 어렵다.
- 방향성 : 주의를 기울여 시선을 집중하는 곳의 정보는 잘 받아들여지지만 다른 곳의 주의는 약해진다. 주의력을 집중하는 것이 항상 최상인 것은 아니다.
- 변동성(단속성) : 장시간 주의를 집중할 수 없다. 주기적으로 부주의의 리듬이 존재한다.

46
정답 ①
해설 작업동기 이론들의 상호 관련성 비교

매슬로우의 욕구 5단계	알더퍼 ERG이론	허즈버그 2요인이론	맥그리거 X, Y이론	맥클랜드의 성취동기이론
1단계 : 생리적 욕구	존재욕구	위생요인	X이론	–
2단계 : 안전의 욕구				
3단계 : 사회적 욕구	관계욕구	동기요인	Y이론	친화욕구
4단계 : 존경의 욕구	성장욕구			권력욕구
5단계 : 자아실현의 욕구				성취욕구

47
정답 ①
해설 리더 행동에 따른 4가지 범주
- 후원적 리더 : 부하들의 욕구, 복지문제 및 안정, 온정에 관심을 기울이고, 친밀한 집단 분위기를 조성한다.
- 참여적 리더 : 부하들과 정보자료를 많이 활용하여 부하들의 의견을 존중하여 의사결정에 반영한다.
- 성취지향적 리더 : 도전적 목표를 설정하고, 높은 수준의 수행을 강조하여 부하들이 그러한 목표를 달성할 수 있다는 자신감을 갖게 한다.
- 주도적(지시적) 리더 : 부하들의 작업을 계획하고 조정하며 그들에게 기대하는 바가 무엇인지 알려주고 구체적인 작업지시를 하며 규칙과 절차를 따르도록 요구한다.

48
정답 ④
해설
- 평균강도율은 재해 1건당 근로손실일수를 말한다.
- 평균강도율 = $\dfrac{\text{환산강도율}(S)}{\text{환산도수율}(F)} = \dfrac{\text{강도율}}{\text{도수율}} \times 1,000$

  $= \dfrac{4}{40} \times 1,000 = 100$

49
정답 ④
해설 인간실수율 예측기법(THERP)은 인간오류확률 추정 기법 중 초기 사건을 이원적(binary) 의사결정(성공 또는 실패) 가지들로 모형화하고, 이 이후의 사건들의 확률은 모두 선행 사건에 대한 조건부 확률을 부여하여 이원적 의사결정 가지들로 분지해 나가는 방법이다.

50
정답 ②
해설 리더십과 헤드십의 구분

구분	리더십	헤드십
권한행사 및 부여	구성원의 동의에 의해 선출된 지도자	외부로부터 임명된 헤드
권한근거	개인능력	법적 또는 공식적
상관과 부하와의 관계	개인적인 경향	지배적
책임귀속	상사와 부하	상사
부하와의 사회적 간격	좁음	넓음
지위형태	민주주의적	권위주의적
권한귀속	집단목표에 기여한 공로 인정	공식화된 규정에 의함

51
정답 ④
해설 이산적 직무
- 인간실수의 수 = 1,000 − 200 = 800
- 전체 실수 발생 기회의 수 = 5,000
- 휴먼에러 확률 $HEP = \dfrac{\text{인간의 실수 수}}{\text{전체 실수 발생 기회의 수}}$

  $= \dfrac{800}{5,000} = 0.16$
- 휴먼에러를 범하지 않을 확률(신뢰도)
  $= 1 - 0.16 = 0.84$

52
정답 ①
해설 새로운 작업을 수행할 때 근로자의 실수를 예방하고 정확한 동작을 위해 다양한 조건에서 연습한 결과로 나타나는 것은 상기 스키마이다.

53
정답 ④
해설 리더십 권한

	보상적 권한	부하직원들을 승진시킬 수 있고 봉급을 인상해 주는 등의 능력
조직이 리더에게 부여한 권한	강압적 권한	구성원을 징계 또는 처벌할 수 있는 권한
	합법적 권한	조직 내의 공식적인 지위에서 비롯된 권한
리더 자신이 자신에게 부여한 권한	전문성의 권한	리더가 전문적이고 깊이 있는 지식과 재능을 가질 때 발생하는 권한
	위임된 권한	부하직원들이 상사를 존경하여 스스로 따른다고 할 때 상사에게 부여되는 권한

54
정답 ②
해설 하인리히의 사고예방의 대책 5단계
안전관리조직 → 사실의 발견 → 분석평가 → 시정책의 선정 → 시정책의 적용

55
정답 ①
해설 관리감독자의 지위에 있는 사람(정기교육) : 연간 16시간 이상

56
정답 ③
해설
- 단위 시간당 에러 확률 $\lambda = \dfrac{r}{T} = \dfrac{1}{100} = 0.01$
- 인간신뢰도 $R(t) = e^{-\lambda t} = e^{-0.01 \times 200} = 0.135$

57
정답 ②
해설 급속한 기술의 변화에 대한 적응이 요구되는 직무나 직무의 난이도나 속도를 요구하는 특성을 가진 업무는 과업과 관련된다.

58
정답 ③
해설 사업주는 근로자가 근골격계 부담작업을 하는 경우에 3년마다 유해요인조사를 하여야 한다. 다만, 신설되는 사업장의 경우에는 신설일부터 1년 이내에 최초의 유해요인조사를 하여야 한다.

59
정답 ①
해설 Fitts의 법칙
동작(이동)시간 $MT = a + b \log_2 \dfrac{2A}{W}$

60
정답 ③

해설 작업자의 작업능률은 물리적인 작업조건보다는 작업자의 인간관계에 영향을 더 많이 받는다.

4과목 근골격계질환 예방을 위한 작업관리

61
정답 ③

해설
- $LI = \dfrac{\text{실제 작업 무게}}{RWL} = \dfrac{23}{20} = 1.15$
- LI가 1보다 크므로 요통의 발생위험이 높다.

62
정답 ③

해설 시스템을 도입하는 초기에는 PTS 전문가의 자문이 반드시 필요하다.

63
정답 ③

해설
① 작업주기가 길고 비반복적인 작업에 이용된다.
② 표준시간 설정에 이용할 경우 레이팅이 필요하다.
④ 작업을 요소별로 분할할 수 없기 때문에 작업현황을 세밀히 측정할 수 없다.

64
정답 ④

해설 힘이 요구되는 작업에는 Power Grip을 사용한다.

65
정답 ③

해설 작업개선의 4원칙(ECRS 원칙)
- Eliminate(제거) : 이 작업은 꼭 필요한가?, 제거할 수는 없는가?(가장 우선적 고려대상)
- Combine(결합) : 이 작업을 다른 작업과 결합시키면 더 나은 결과가 생길 것인가?
- Rearrange(재배열) : 작업순서를 바꾸면 효율적인가?
- Simplify(단순화) : 단순화할 수 있는가?

66
정답 ③

해설
① 좌식작업대의 높이는 동작이 큰 작업에는 팔꿈치의 높이보다 약간 낮게 설계한다.
② 입식작업대의 높이는 경작업의 경우 팔꿈치의 높이보다 5~10cm 정도 낮게 설계한다.
④ 입식작업대의 높이는 정밀작업의 경우 팔꿈치의 높이보다 5~10cm 정도 높게 설계한다.

67
정답 ①

해설 화면 상단과 눈높이가 일치하여야 한다.

68
정답 ④

해설
- $t = 2$
- $I = 0.05 = 0.5 \times 0.05$
- $N = \dfrac{t^2 \times s^2}{I^2} = \left(\dfrac{2 \times 0.6}{0.05}\right)^2 = 576$번

69
정답 ②

해설
- 손목꺾임율 $= \dfrac{30}{200} = 0.15$
- 작업시간당 꺾임시간 $= 0.15 \times 60분 = 9분$

70
정답 ③

해설 적절한 자세는 신체 부위들이 중립적인 위치를 취하는 자세이다.

71
정답 ④

해설 개선 분석 시 5W1H의 What은 작업 자체의 제거, Where, When, Who는 작업순서의 변경, How는 작업의 단순화를 의미한다.

72
정답 ③

해설 미리 놓기(PP)는 다음을 위하여 대상물을 정해진 장소에 미리 놓는 동작이다.

73
정답 ③

해설 동작경제의 원칙은 신체 사용에 관한 원칙, 작업장의 배치에 관한 원칙, 공구 및 설비 디자인에 관한 원칙이다.

74
정답 ④

해설 정확성이 요구되는 작업은 핀치그립(pinch grip)을 사용하도록 한다.

75
정답 ③

해설 표준시간(내경법)

- 여유율 $A = \dfrac{\text{여유시간}}{\text{표준시간}} = \dfrac{28}{8 \times 60} = 0.0583$

- ST = 정미시간 × $\dfrac{1}{(1-\text{여유율})}$

  $= (0.9 \times 1.2) \times \dfrac{1}{(1-0.0583)} = 1.147$분

※ 최근 동일한 문제보다는 숫자를 변경하여 출제하고 있으므로 공식에 대입하여 풀 수 있도록 연습할 것

76
정답 ③

해설 근막통 증후군(Myofascial Pain Syndrome)은 목, 어깨, 허리 부위와 관련된 질환이다.

77
정답 ④

해설 $n = \dfrac{u_{1-\alpha/2}^2 \times p(1-p)}{e^2}$

$= \dfrac{2.58^2 \times 0.05(1-0.05)}{0.01^2} = 3,161.8(3,162회)$

78
정답 ③

해설 유통공정도(흐름공정도 : Flow Process Chart)는 공정 중에 발생하는 모든 작업·검사·운반·저장·정체 등이 도식화된 것이며, 또한 모든 사건을 기록함으로써 생산이나 작업과정의 순서를 설명하고, 소요시간과 운반 거리도 함께 표현하며, 생산공정에서 발생하는 잠복비용(hidden cost)을 감소시키고, 사고의 원인을 파악하는 데 사용된다.

79
정답 ④

해설 델파이법(Delphi Technique)은 전문가를 한자리에 모으지 않고 질의-응답의 피드백 과정을 개별적으로 수차례 반복을 통하여 전문가 집단의 의견과 판단을 추출하고 종합하여 집단적으로 판단하는 방법이다.

80
정답 ①

해설 다중활동분석표의 사용목적
- 한 명의 작업자가 담당할 수 있는 기계대수의 산정
- 기계 혹은 작업자의 유휴시간 단축
- 조작업의 작업현황을 분석하여 효율화
- 조작업을 재편성 또는 개선하여 조작업 효율 향상

2024년 1회 기출복원문제 정답 및 해설

01	02	03	04	05	06	07	08	09	10
④	④	③	④	①	③	②	④	②	③
11	12	13	14	15	16	17	18	19	20
③	④	④	①	④	④	①	①	①	①
21	22	23	24	25	26	27	28	29	30
①	①	②	①	②	④	①	④	①	②
31	32	33	34	35	36	37	38	39	40
④	①	②	②	③	③	②	③	④	③
41	42	43	44	45	46	47	48	49	50
③	②	③	③	②	③	④	①	②	④
51	52	53	54	55	56	57	58	59	60
④	③	②	③	④	③	③	①	③	③
61	62	63	64	65	66	67	68	69	70
②	④	②	③	③	①	②	②	②	④
71	72	73	74	75	76	77	78	79	80
④	②	①	②	③	②	①	②	④	③

1과목 인간공학개론

01
정답 ④
해설 조종장치의 조작시간 지연은 직접적으로 C/R비와 관계 있다.

02
정답 ④
해설 ① 후각에 대한 순응은 빠른 편이다.
② 훈련을 통하면 식별 능력을 향상시킬 수 있으며 60종류까지도 식별이 가능하다.
③ 후각은 특정 자극에 대한 식별보다는 냄새 존재 여부를 식별하는 데 효과적이다.

03
정답 ③
해설 ① 음의 세기 단위는 dB이다.
② 음의 세기는 진폭과 관련이 있다.
④ 음압 수준 측정 시에는 1,000Hz의 순음을 기준음압으로 사용한다.

04
정답 ④
해설 완전 암조응은 보통 30~40분이 소요된다.

05
정답 ①
해설 작업장을 설계할 때 고려해야 할 사항
- 1순위 : 주된 시각적 임무
- 2순위 : 주 시각 임무와 상호작용하는 주 제어장치
- 3순위 : 제어장치와 표시장치와의 관계
- 4순위 : 순서적으로 사용되는 부품의 배치
- 5순위 : 자주 사용되는 부품을 편리한 위치에 배치
- 6순위 : 체계 내 혹은 다른 체계의 여타 배치와 일관성 있게 배치

06
정답 ③
해설 일반적으로 단기기억(작업기억)의 정보는 시각(visual), 음성(phonetic), 의미(semantic) 코드의 3가지로 코드화된다.

07
정답 ②
해설 물리적 소리 강도는 지각되는 음의 강도와 비례하지 않는다. 즉, 80dB의 세기를 갖는 소리는 40dB의 세기를 갖는 소리에 비해 두 배만큼 더 크게 들리지 않는다. 마찬가지로 40dB에서 50dB로의 소리의 크기를 증가시키는 것은 70dB에서 80dB로 증가시키는 것과 동일한 증가로 지각되지 않는다.

08
정답 ④
해설 시식별에 영향을 주는 조건은 조도, 대비, 휘도비, 반사율, 노출시간, 물체의 크기, 과녁의 이동, 광도비, 개인차(시력) 등이다.

오답체크 온·습도, 최소분간시력, 표적의 형태

09
정답 ②
해설 ①, ③, ④는 기계의 장점이다.

10
정답 ③

해설 C/R비 = $\dfrac{\text{조종장치의 이동거리}}{\text{표시장치의 이동거리}} = \dfrac{20}{5} = 4$

11
정답 ③

해설 신호의 유무를 판정함에 있어 4가지의 반응 대안
- 잡음을 제대로 판정(Correct Rejection) : 신호가 없을 때 신호가 없다고 판정 P(N/N)
- 허위경보(False Alarm) : 신호가 없을 때 신호가 있다고 판정 P(S/N)
- 신호검출 실패(Miss) : 신호가 있을 때 신호가 없다고 판정 P(N/S)
- 신호의 정확한 판정(Hit) : 신호가 있을 때 신호가 있다고 판정 P(S/S)

12
정답 ④

해설 최대치 설계는 출입문, 탈출구, 통로의 공간, 침대 길이, 버스의 승객 의자 앞뒤 간격, 줄사다리의 강도 등을 정할 때 사용한다.

13
정답 ④

해설
① 300m 이상의 장거리용 신호에서는 1kHz 이하의 주파수를 사용한다.
② 다른 용도에 쓰이지 않는 확성기, 경적 등과 같은 별도의 통신계통을 사용한다.
③ 장애물이나 칸막이를 넘어가야 하는 신호는 500Hz 이하의 주파수를 사용한다.

14
정답 ①

해설 인간이 한 자극 차원 내의 자극을 절대적으로 식별할 수 있는 능력은 대부분의 자극 차원의 경우 크지 못하다. 따라서 가급적이면 상대식별을 늘리는 방향으로 설계하도록 한다.

15
정답 ④

해설 통화 이해도 측정을 위한 척도는 명료도 지수, 이해도 점수, 통화 간섭 수준이다.

16
정답 ④

해설 은폐효과(차폐, Masking Effect)는 하나의 소리가 다른 소리의 청각 감지를 방해하는 현상, 즉 음에 의한 회화 방해현상과 같이 한 음의 가청 역치가 다른 음 때문에 높아지는 현상이다.

17
정답 ①

해설 인간공학은 인간의 육체적, 생리적, 심리적 특성과 한계를 연구하고, 이를 도구, 기계, 장비, 제품, 직무, 작업장의 환경 그리고 시스템 등의 설계에 응용함으로써 사용의 편리성과 안전성, 효율성을 제고하고자 하는 학문이다. 기계와 작업환경을 인간에게 맞추는 학문이다.

18
정답 ①

해설 눈금 단위의 길이는 정상조명에서 71cm를 기준으로 1.3mm이다. 따라서 비례식에 의해 5m(500cm)의 경우는
$71 : 1.3 = 500 : x \rightarrow x = 9.15\text{mm}$

19
정답 ①

해설 암호화(코딩)의 원칙
- 암호의 검출성 : 주어진 상황하의 감지장치나 사람이 감지(검출)할 수 있어야 한다.
- 다차원 암호 사용 : 두 가지 이상의 암호 차원을 조합하여 사용하면 정보전달이 촉진된다(음성+시각+촉각).
- 암호의 양립성 : 자극과 반응 간의 관계가 인간의 기대와 모순되지 않아야 한다.
- 암호의 변별성 : 모든 암호표시는 감지장치에 의하여 다른 암호표시와 구별될 수 있어야 한다.
- 암호의 표준화 : 암호는 일관성이 있어야 한다.
- 부호의 의미 : 사용자가 그 뜻을 알 수 있어야 한다.

20
정답 ①

해설 산소소비량, 심박수는 육체적 작업부하를 측정하는 생리적 측정치에 해당한다.

2과목 작업생리학

21
정답 ①

해설 '천장>벽>가구>바닥'의 순으로 추천반사율이 높다.

22
정답 ①

해설 육체 활동에 따른 에너지소비량은 ① 10.2kcal/min, ② 8.0kcal/min, ③ 6.8kcal/min, ④ 4kcal/min 이다.

23
정답 ②
해설 인체의 면을 나타내는 용어
- 시상면(sagittal plane) : 해부학적 자세를 기준으로 신체를 좌우로 나누는 면이다. 팔꿈치 관절의 굴곡과 신전 동작이 일어나는 면이다. 정중면(median plane)은 인체를 좌우대칭으로 나누는 면이다.
- 관상면(frontal 또는 coronal plane) : 몸을 전·후로 나누는 면이다.
- 횡단면, 수평면(transverse 또는 horizontal plane) : 인체를 상하로 나누는 면이다.

24
정답 ①
해설 암조응시 VFF가 감소한다.

25
정답 ②
해설 몸통의 지주를 이루는 척추는 26개의 뼈로 구성되며, 경추(7개), 흉추(12개), 요추(5개), 천골, 미골로 되어 있다.

26
정답 ④
해설 ① 힘의 3요소는 크기, 방향, 작용점이다.
② 스칼라(scalar)양은 크기만 있고 방향은 없다.
③ 벡터(vector)량 크기와 방향을 갖는 양이다.

27
정답 ①
해설 산소 빚(산소 부채)은 인체 활동이나 작업종료 후에도 체내에 쌓인 젖산을 제거하기 위해 추가적으로 산소가 더 필요하게 되는 것을 말한다.

28
정답 ④
해설

소음수준 [dB(A)]	노출시간(h)	허용시간(h)
85	5	16
90	–	8
95	3	4
100	0.5	2

소음노출지수 = $\left(\dfrac{3}{4} + \dfrac{0.5}{2} + \dfrac{5}{16}\right) = 1.3125 (131.25\%)$

29
정답 ①
해설 운동이 격렬하여 근육에 산소 공급이 원활하지 않은 경우에는 젖산이 생성되어 피곤함을 느낀다.

30
정답 ②
해설
- 분당배기량 = 75L/5분 = 15L/min
- 흡기량 × 79% = 배기량 × (100 − O_2% − CO_2%)
  → 흡기량 × 79 = 15 × (100 − 16 − 4)
  → 흡기량 = 15.19L/min
- 산소소비량 = (흡기량 × 21%) − (배기량 × O_2%)
  = (15.19 × 0.21) − (15 × 0.16) = 0.7899L/min
- 에너지소비량 = 0.7899L/min × 5kcal/L
  = 3.95kcal/min

31
정답 ④
해설 신체에 전달되는 진동의 크기를 줄이도록 작은 힘을 사용한다.

32
정답 ①
해설 열교환에 영향을 미치는 요소는 기온, 습도, 공기의 유동, 복사온도(복사열)이다.

33
정답 ②
해설 소음작업이란 1일 8시간 작업을 기준으로 85dB 이상의 소음이 발생하는 작업이다.

34
정답 ②
해설
- 총 작업시간(분) $T = 60$분
- 작업 중 평균 에너지소비량(kcal/min) $E = 8$kcal/min
- 권장 평균 에너지소비량 $S = 5$kcal/min
- 휴식시간 중의 에너지소비량 = 1.5kcal/min
- 휴식시간(분) $R = \dfrac{T(E-S)}{E-1.5} = \dfrac{60(8-5)}{8-1.5} = 28$분

35
정답 ③
해설 조도의 단위는 lux이다. 니트는 휘도의 단위, 루멘은 광량의 단위, 칸델라는 광도의 단위이다.

36
정답 ③
해설 심박출량 = 분당 심박수 × 1회 박출량 = 90 × 70
= 6,300mL/min(6.3L/min)

37
정답 ②
해설 적혈구나 백혈구의 감소는 작업강도의 증가에 따른 순환기 반응과 관련이 없다.

38
정답 ③

해설 광도비란 주된 장소와 주변 광도의 비이다. 사무실 및 산업 상황에서의 일반적인 추천 광도비는 3:1이다.

39
정답 ④

해설 휴대용 연삭기(그라인더), 자동식 톱은 국소진동을 일으킨다.

40
정답 ③

해설 안장관절은 두 관절면이 말안장처럼 생긴 것으로 서로 직각 방향으로 움직이는 2축성 관절이다.

3과목 산업심리학 및 관계법규

41
정답 ③

해설 리더십 행동이론은 리더의 기질은 타고나는 것이 아니라 교육훈련에 의해서 향상되므로 좋은 리더는 육성될 수 있다고 가정한다.

42
정답 ②

해설 연속적 직무
- 단위 시간당 에러 확률 $\lambda = 0.05$
- $t = 8$
- 인간신뢰도 $R(t) = e^{-\lambda t} = e^{-0.05 \times 8} = 0.67$

43
정답 ③

해설 신뢰성이 높은 순서
Phase Ⅲ > Phase Ⅱ > Phase Ⅰ > Phase Ⅳ > Phase 0

44
정답 ②

해설 관리격자(관리그리드, management grid mode) 이론
- (1, 1)형은 과업과 인간관계 유지 모두에 관심을 갖지 않는 무관심형이다.
- (9, 1)형은 과업에 대한 관심은 높으나 인간에 대한 관심은 낮은 과업형이다.
- (1, 9)형은 인간에 대한 관심은 높으나 과업에 대한 관심은 낮은 인기형이다.
- (5, 5)형은 과업과 인간관계 유지 모두에 적당한 정도의 관심을 갖는 중도형(타협형)이다.
- (9, 9)형은 과업과 인간관계 유지 모두에 관심이 높은 이상형으로서 팀형이다.

45
정답 ④

해설 NIOSH(미국 산업안전보건연구원)의 직무 스트레스 요인에는 크게 작업 요인, 조직 요인 및 물리적 환경 요인으로 구분된다.

46
정답 ③

해설 역할 모호성은 자신의 직무에 대한 책임 영역과 직무 목표를 명확하게 인식하지 못할 때, 직무 기술서의 내용이 분명하지 않거나 직무 내용이 명확히 전달되지 않음으로 인해 발생될 수 있는 역할 갈등의 원인이다.

47
정답 ④

해설 직접 원인으로 작용하는 불안전 행동 및 불안전 상태는 사고를 예방하기 위한 가장 효과적 단계이다.

48
정답 ①

해설 집단의 구성원이 적을수록 응집력이 높다.

49
정답 ②

해설 주의의 특성
- 선택성(중복집중의 곤란) : 여러 종류의 자극을 지각할 때 소수의 특정한 것에 한하여 선택한다. 한 번에 여러 종류의 자극을 지각하는 것은 어렵다.
- 방향성 : 주의를 기울여 시선을 집중하는 곳의 정보는 잘 받아들여지지만 다른 곳의 주의는 약해진다. 주의력을 집중하는 것이 항상 최상인 것은 아니다.
- 변동성(단속성) : 장시간 주의를 집중할 수 없다. 주기적으로 부주의의 리듬이 존재한다.

오답체크 경향성, 정숙성, 대칭성

50
정답 ②

해설 제조물 책임법에서 정의한 결함의 종류는 설계상의 결함, 제조상의 결함, 표시상의 결함이다.

51
정답 ④

해설 기인물은 지게차이다.

52
정답 ③

해설 조작자 행동 나무(OAT)는 위급직무의 순서에 초점을 맞추어 조작자 행동 나무를 구성하고, 이를 사용하여 사건의 위급경로에서 조작자의 역할을 분석하는 기법이다.

53
정답 ②

해설 Fool-proof란 인간-기계 시스템에서 인간의 과오나 동작상의 실패가 있어도 안전사고를 발생시키지 않도록 하는 설계 시스템이다. 위험성을 모르는 아이들이 세제나 약병의 마개를 열지 못하도록 안전마개를 부착하는 것처럼 신체적 조건이나 정신적 능력이 낮은 사용자라 하더라도 사고를 낼 확률을 낮게 설계해 주는 것이다.

54
정답 ③

해설 작업의 수반되는 피로를 줄이기 위해서는 동적인 작업을 늘리고, 정적 근작업을 배제한다.

55
정답 ④

해설 리더십 권한

조직이 리더에게 부여한 권한	보상적 권한	부하직원들을 승진시킬 수 있고 봉급을 인상해 주는 등의 능력
	강압적 권한	구성원을 징계 또는 처벌할 수 있는 권한
	합법적 권한	조직 내의 공식적인 지위에서 비롯된 권한
리더 자신이 자신에게 부여한 권한	전문성의 권한	리더가 전문적이고 깊이 있는 지식과 재능을 가질 때 발생하는 권한
	위임된 권한	부하직원들이 상사를 존경하여 스스로 따른다고 할 때 상사에게 부여되는 권한

56
정답 ③

해설 도수율 = $\frac{\text{재해 발생건수}}{\text{연근로시간수}} \times 1,000,000$

$= \frac{10}{(400 \times 8 \times 300)(1-0.1)} \times 1,000,000$

$= 11.57$

57
정답 ③

해설 작업자의 작업능률은 물리적인 작업조건보다는 작업자의 인간관계에 영향을 더 많이 받는다.

58
정답 ①

해설 리더 행동에 따른 4가지 범주
- 후원적 리더 : 부하들의 욕구, 복지문제 및 안정, 온정에 관심을 기울이고, 친밀한 집단 분위기를 조성한다.
- 참여적 리더 : 부하들과 정보자료를 많이 활용하여 부하들의 의견을 존중하여 의사결정에 반영한다.
- 성취지향적 리더 : 도전적 목표를 설정하고, 높은 수준의 수행을 강조하여 부하들이 그러한 목표를 달성할 수 있다는 자신감을 갖게 한다.
- 주도적(지시적) 리더 : 부하들의 작업을 계획하고 조정하며 그들에게 기대하는 바가 무엇인지 알려주고 구체적인 작업지시를 하며 규칙과 절차를 따르도록 요구한다.

59
정답 ③

해설 B의 선호 신분지수 = $\frac{\text{선호 총계(선호 - 거부)}}{\text{구성원 - 1}}$

$= \frac{3-0}{6-1} = \frac{3}{5}$

60
정답 ③

해설 허즈버그(f. Herzberg)의 2요인이론
직무만족(동기요인)과 직무불만족(위생요인)은 서로 다른 독립된 차원이며, 직무만족을 높이기 위해서는 동기요인을 강화해야 한다.

4과목 근골격계질환 예방을 위한 작업관리

61
정답 ②

해설 외상과염(테니스엘보)은 팔꿈치 부위와 관련된 질환이다.

62
정답 ④

해설 NIOSH Lifting Equation(NLE)
들기작업에 대한 권장무게한계(RWL)를 쉽게 산출하도록 하여 작업의 위험성을 예측하고 개선을 통해 작업자의 직업성 요통을 사전에 예방함을 목적으로 한다.

63
정답 ②

해설 근골격계질환의 발생에 기여하는 작업적 유해요인은 반복적인 동작, 부적절한 작업자세, 과도한 힘의 사용, 날카로운 면과의 접촉, 전신 또는 국소진동, 휴식시간의 부족, 온도·조명 등 기타요인이다.

64
정답 ③

해설 ① 작업주기가 길고 비반복적인 작업에 이용된다.
② 표준시간 설정에 이용할 경우 레이팅이 필요하다.
④ 작업을 요소별로 분할할 수 없기 때문에 작업현황을 세밀히 측정할 수 없다.

65 정답 ②
해설 효율적 서블릭은 빈손이동(TE), 운반(TL), 쥐기(G), 내려놓기(RL), 미리놓기(PP), 사용(U), 조립(A), 분해(DA)이다.

66 정답 ①
해설 사업주는 근로자가 근골격계 부담작업을 하는 경우에 3년마다 유해요인조사를 하여야 한다. 다만, 신설되는 사업장의 경우에는 신설일부터 1년 이내에 최초의 유해요인조사를 하여야 한다.

67 정답 ②
해설 RWL(kg) = LC×HM×VM×DM×AM×FM×CM
여기서, LC(부하상수), HM(수평계수), VM(수직계수), DM(거리계수), AM(비대칭계수, 상체의 비틀림 각도), FM(빈도계수), CM(결합계수)이다.

68 정답 ②
해설 작업 개선의 4원칙(ECRS 원칙)
- Eliminate(제거) : 이 작업은 꼭 필요한가? 제거할 수는 없는가? 가장 우선적 고려대상이다.
- Combine(결합) : 이 작업을 다른 작업과 결합시키면 더 나은 결과가 생길 것인가?
- Rearrange(재배열) : 작업순서를 바꾸면 효율적인가?
- Simplify(단순화) : 단순화할 수 있는가?

69 정답 ②
해설 다중활동분석표의 사용목적
- 한 명의 작업자가 담당할 수 있는 기계대수의 산정
- 기계 혹은 작업자의 유휴시간 단축
- 조작업의 작업현황을 분석하여 효율화
- 조작업을 재편성 또는 개선하여 조작업 효율 향상

70 정답 ④
해설 적합한 모양의 손잡이를 사용하되, 가능하면 손바닥과 접촉면을 넓게 한다.

71 정답 ④
해설 표준시간(외경법)
- 여유율 $A = \dfrac{여유시간}{실동시간 - 여유시간} = \dfrac{24}{480-24} = 0.05$
- ST = 정미시간(1+여유율)
 $= (1\times 1.1)(1+0.05) = 1.155$분

72 정답 ②
해설 단순반복동작을 줄이거나 제거한다.

73 정답 ①
해설 두 손의 동작은 같이 시작하고 같이 끝나도록 한다.

74 정답 ②
해설 마인드 맵핑(Mind Mapping)은 원과 직선을 이용하여 아이디어, 문제, 개념 등을 개괄적으로 빠르게 설정할 수 있도록 도와주는 연역적 추론 기법이다.

75 정답 ③
해설 근골격계질환 예방 · 관리 추진팀 구성

중 · 소규모 사업장	대규모 사업장
• 근로자대표 또는 명예산업안전감독관을 포함하여 그가 위임하는 자 • 관리자(예산결정권자) • 정비 · 보수담당자 • 보건 · 안전담당자 • 구매담당자	• 중 · 소규모 사업장 추진팀원 이외 다음의 인력을 추가함 – 기술자(생산, 설계, 보수기술자) – 노무담당자 등

76 정답 ②
해설 작업의 효율성을 높여 생산성을 향상한다.

77 정답 ①
해설 작업을 기본적인 동작요소로 나누는 것은 동작분석이다.

78 정답 ②
해설 ① 사후조치보다는 예방이 최선의 정책이다.
③ 관리적 개선도 고려한다.
④ 사업장 근골격계 예방정책에 전사적 참여가 중요하다.

79 정답 ④
해설 델파이법(Delphi Technique)은 전문가를 한자리에 모으지 않고 질의-응답의 피드백 과정을 개별적으로 수차례 반복을 통하여 전문가 집단의 의견과 판단을 추출하고 종합하여 집단적으로 판단하는 방법이다.

80 정답 ③
해설 공정별 배치는 전문적인 작업지도가 용이하다.

2024년 2회 기출복원문제 정답 및 해설

01	02	03	04	05	06	07	08	09	10
①	①	④	①	④	②	③	③	②	①
11	12	13	14	15	16	17	18	19	20
④	④	③	②	①	②	④	③	③	④
21	22	23	24	25	26	27	28	29	30
②	③	④	④	④	③	④	①	③	④
31	32	33	34	35	36	37	38	39	40
①	①	①	②	②	④	③	①	①	①
41	42	43	44	45	46	47	48	49	50
②	②	③	③	④	②	①	①	②	④
51	52	53	54	55	56	57	58	59	60
①	②	③	②	③	③	①	②	②	④
61	62	63	64	65	66	67	68	69	70
③	③	②	②	②	①	②	②	②	④
71	72	73	74	75	76	77	78	79	80
②	①	②	②	②	④	①	④	③	④

1과목 인간공학개론

01
정답 ①
해설 1,000Hz, 60dB은 60phon이다.
$sone = 2^{(phon-40)/10} = 2^{(60-40)/10} = 4$

02
정답 ①
해설 은폐효과(Masking Effect)는 하나의 소리가 다른 소리의 청각 감지를 방해하는 현상 즉, 음에 의한 회화 방해 현상과 같이 한 음의 가청 역치가 다른 음 때문에 높아지는 현상이다.

03
정답 ④
해설 청각적 표시장치가 유리한 경우
- 전언이 시간적인 사상을 다루는 경우
- 전언이 즉각적인 행동을 요구하는 경우
- 수신 장소가 너무 밝거나 암조응이 요구될 경우

04
정답 ①
해설 두 대안의 실현 확률이 동일할 때 총 정보량이 가장 크다. 따라서 실현 확률의 차이가 커질수록 총 정보량 H는 줄어든다.

05
정답 ④
해설 인간에게 질병, 건강장해, 심한 불쾌감 및 능률저하 등을 초래하는 작업환경 요인과 스트레스를 예측, 인식(측정), 평가, 관리(대책)하는 것은 산업위생에 대한 정의이다.

06
정답 ②
해설 $C/R비 = \dfrac{\text{조종장치의 이동거리}}{\text{표시장치의 이동거리}}$

$= \dfrac{\left(\dfrac{a}{360}\right) \times 2\pi L}{\text{표시장치의 이동거리}}$

$= \dfrac{\left(\dfrac{40}{360}\right) \times 2 \times \pi \times 15}{3} = 3.49$

07
정답 ③
해설 신호가 장애물이나 칸막이를 통과해야 할 때는 500Hz 이하의 진동수를 사용한다.

08
정답 ③
해설 $H = \sum P_i \log_2\left(\dfrac{1}{P_i}\right)$

$= 0.4 \times \log_2\left(\dfrac{1}{0.4}\right) + 0.6 \times \log_2\left(\dfrac{1}{0.6}\right)$

$= 0.4 \times \dfrac{\log\left(\dfrac{1}{0.4}\right)}{\log 2} + 0.6 \times \dfrac{\log\left(\dfrac{1}{0.6}\right)}{\log 2} = 0.97$

09
정답 ②
해설 손잡이 설계에 있어 촉각적 암호화
- 크기에 의한 코딩
- 형상에 의한 코딩
- 표면 거칠기에 의한 코딩(매끄러운 면, 세로 홈, 깔쭉 면)

10
정답 ①

해설
② 어두운 곳에서는 주로 간상세포에 의하여 보게 된다.
③ 완전한 암조응을 위해 보통 30~40분 정도의 시간이 요구된다.
④ 어두운 곳에 들어가면 눈으로 들어오는 빛을 조절하기 위하여 동공이 확대된다.

11
정답 ④

해설 무인공장은 자동화 시스템의 대표적 예이다.

12
정답 ④

해설 개별적인 정보는 효과적인 청크(chunk)로 조직되게 한다.
① 시배분이 필요한 경우 인간의 작업능률은 떨어진다.
② 여러 자극 차원을 조합하여 설계하도록 한다.
③ 절대식별보다 상대식별을 이용한다.

13
정답 ③

해설 인체측정치의 적용 절차
설계에 필요한 인체 치수의 결정 → 설비를 사용할 집단 정의 → 인체자료 적용원리 결정 → 인체측정자료의 선택 → 적절한 여유치 고려 → 설계치수 결정 → 모형에 의한 모의실험

14
정답 ②

해설 표적의 높이에 있어서는 하단에 있는 경우가 상단에 있는 경우보다 더 정확하다.

15
정답 ①

해설 고주파 대역(3,000Hz 이상) 음원의 방향을 결정하는 암시(cue)신호는 양이 간 강도차, 양이 간 시간차, 양이 간 위상차이다.

16
정답 ④

해설 고령자를 위한 표시장치는 가능한 간략한 묘사와 간략한 정보를 제공한다.

17
정답 ②

해설 Fitts의 법칙

동작시간 $MT = a + b\log_2 \dfrac{2A}{W}$

표적의 폭이 작을수록, 표적 중심선까지의 이동거리가 멀수록 작업의 난이도와 소요 이동(동작)시간이 증가한다.

18
정답 ③

해설 웨버의 비 $(k) = \dfrac{\text{JND(변화감지역)}}{\text{기준자극의 크기}}$

$= \dfrac{R_1 - R_2}{R_1}$

웨버(Weber) 비는 분별의 질을 나타내며, 비가 작을수록 분별력이 높아진다.

19
정답 ③

해설 일반적으로 단기기억(작업기억)의 정보는 시각(visual), 음성(phonetic), 의미(semantic) 코드의 3가지로 코드화 된다.

20
정답 ④

해설 평가척도(기준)의 요건
- 실제성 : 현실성을 가지며, 실질적으로 이용하기 쉽다.
- 타당성(적절성) : 측정하고자 하는 평가 척도가 시스템의 목표를 반영하는 정도. 즉, 측정하고자 하는 바를 얼마나 정확하게 측정하였는가를 평가하는 척도이다.
- 무오염성(순수성) : 기준 척도는 측정하고자 하는 변수 이외에 다른 변수의 영향을 받아서는 안 된다.
- 신뢰성 : 반복 실험 시 재현성(반복성)이 있어야 한다.
- 민감도 : 실험 변수 수준 변화에 따라 척도의 값의 차이가 존재하는 정도. 즉, 차이에 비례하는 단위로 측정이 가능해야 한다.

2과목 작업생리학

21
정답 ②

해설 2교대 근무는 최소화하고, 1일 2교대 근무가 불가피한 경우에는 연속 야간근무일이 2~3일이 넘지 않도록 한다.

22
정답 ③

해설 방열복의 착용은 복사열을 차단하기 위한 것이다.

23
정답 ④

해설 근섬유분절(sarcomere)은 근육의 실질적인 수축성 단위(contractility unit)이다.

24
정답 ④
해설 나이를 먹거나 현대 문명의 정상적인 압박이나 비직업적 소음으로부터의 영향은 4,000Hz에서 가장 크다.

25
정답 ④
해설 점멸융합주파수는 중추신경계의 피로, 즉 정신피로의 척도로 사용된다.

26
정답 ③
해설 일반적으로 최대 근력이 50% 정도의 힘으로 유지할 수 있는 시간은 1분 정도, 근육이 발휘할 수 있는 최대 근력의 15% 정도의 힘으로는 상당히 오래 유지할 수 있으며, 10% 미만인 경우 정적수축이 거의 무한하게 유지될 수 있다.

27
정답 ④
해설 근전도(EMG)는 육체적인 작업을 할 경우 신체의 국소적인(특정 부위) 근육활동의 전위차를 측정하며, 육체적 활동의 정적 부하에 대한 스트레인(strain)을 측정하는 데 가장 적합하다.

28
정답 ①
해설 열교환에 영향을 미치는 요소는 기온, 습도, 공기의 유동, 복사온도(복사열)이다.

29
정답 ③
해설 안정 시 신체 부위에 공급하는 혈액 분배 비율은 '소화기관>신장>근육>뇌>심장근육>피부>뼈'이다.

30
정답 ④
해설 공기정화시설을 갖춘 사무실에서 근로자 1인당 필요한 최소 외기량은 분당 0.57세제곱미터 이상이며, 환기 횟수는 시간당 4회 이상으로 한다.

31
정답 ①
해설 '천장>벽>가구>바닥'의 순으로 추천 반사율이 높다.

32
정답 ①
② 1J이란 1N의 힘으로 물체를 1m 움직이는 데 소요한 에너지이다.
③ 1kcal이란 물 1kg을 1℃ 올리는데 필요한 열이다.
④ 동력이란 단위 시간당의 일로서 단위는 W가 사용된다.

33
정답 ①
해설 절구관절(구상관절)은 운동이 가장 자유롭고 다축성으로 이루어진 관절이다. 견관절(어깨관절), 대퇴관절에 해당한다.

34
정답 ②
해설 O_2소비량=(흡기량×21%) - (배기량× O_2%)
$= (50 \times 0.21) - (40 \times 0.17) = 3.7 L/min$

35
정답 ②
해설
- 총 작업시간(분) $T = 60$분
- 작업 중 평균 에너지 소비량(kcal/min) $E = 8 kcal/min$
- 권장평균 에너지 소비량 $S = 5 kcal/min$
- 휴식시간 중의 에너지 소비량= 1.5kcal/min
- 휴식시간(분) $R = \dfrac{T(E-S)}{E-1.5} = \dfrac{60(8-5)}{8-1.5} = 28$분

36
정답 ②
해설 적혈구나 백혈구의 감소는 작업강도의 증가에 따른 순환기 반응과 관련이 없다.

37
정답 ④
해설 휴대용 연삭기(그라인더), 자동식 톱은 국소진동을 일으킨다.

38
정답 ③
해설 근육수축 시 에너지원은 ATP, CP, glycogen이다.

39
정답 ①
해설 정적 평형상태
- 물체나 신체가 움직이지 않는 상태이다.
- 작용하는 모든 힘의 총합이 0인 상태이다.
  ($\sum Fx = 0, \sum Fy = 0, \sum Fz = 0$)
- 작용하는 모든 모멘트의 총합이 0인 상태이다.
  ($\sum Mx = 0, \sum My = 0, \sum Mz = 0$)

40
정답 ①
해설 $WD = 0.85 \times 25 + 0.15 \times 30 = 25.75$℃

3과목 산업심리학 및 관계법규

41
정답 ②

해설 리더십 권한

조직이 리더에게 부여한 권한	보상적 권한	부하직원들을 승진시킬 수 있고 봉급을 인상해 주는 등의 능력
	강압적 권한	구성원을 징계 또는 처벌할 수 있는 권한
	합법적 권한	조직 내의 공식적인 지위에서 비롯된 권한
리더 자신이 자신에게 부여한 권한	전문성의 권한	리더가 전문적이고 깊이 있는 지식과 재능을 가질 때 발생하는 권한
	위임된 권한	부하직원들이 상사를 존경하여 스스로 따른다고 할 때 상사에게 부여되는 권한

42
정답 ②

해설 인간행동 분류에 기초한 인간 오류는 지식기반 에러(knowledge-based error), 규칙기반 에러(rule-based error), 숙련(기능)기반 에러(skill-based error)이다.

43
정답 ③

해설 신체에 전달되는 진동의 크기를 줄이도록 연장을 잡거나 조절하는 악력을 줄인다.

44
정답 ③

해설 B의 선호 신분지수 $= \dfrac{\text{선호총계(선호-거부)}}{\text{구성원}-1}$

$= \dfrac{3-0}{6-1} = \dfrac{3}{5}$

45
정답 ④

해설 선택반응시간은 여러 개의 자극을 제시하고, 각각에 대한 서로 다른 반응을 할 과제를 준 후에 자극이 제시되어 반응할 때까지의 시간이다.

46
정답 ④

해설 Harvey 안전대책의 3E
- Engineering(기술, 공학적 대책)
- Education(교육, 교육적 대책)
- Enforcement(규제, 관리적 대책)

오답체크 Environment, Economy

47
정답 ①

해설
- 통제 있는 집단행동[규칙이나 규율과 같은 룰(rule)이 존재]
  - 관습(Custom) : 풍습(folkways), 도덕규범, 예의, 금기(taboo) 등을 말한다.
  - 제도적 행동(Institutional Behavior) : 합리적으로 집단 구성원의 행동을 통제하고 표준화함으로써 집단의 안정을 지키려는 것이다.
  - 유행(Fashion) : 집단 내의 공통적인 행동 양식이나 태도 등을 의미한다.
- 비통제의 집단행동(구성원 간의 정서, 감정에 좌우되고 연속성이 희박)
  - 군중(Crowd) : 구성원 사이의 지위나 역할의 분화가 없고, 구성원 각자는 책임감을 가지지 않으며, 비판력도 가지지 않는다.
  - 모브(mob) : 폭풍과 같은 것을 말하며 군중보다 한층 합의성이 없고, 이성적 판단보다는 감정에 의해 좌우되며 공격적이다.
  - 패닉(panic) : 이상적인 상황하에서 모브(mob)가 공격적인 데 비하여, 패닉(panic)은 방어적인 것이 특징이다.
  - 심리적 전염 : 어떤 사상이 상당한 기간에 걸쳐서 광범위하게 논리적, 사고적 근거 없이 무비판적으로 받아들여진다.

48
정답 ①

해설 NIOSH의 직무 스트레스 모형에서 환경요인은 조명, 소음, 진동 등이다.

49
정답 ②

해설 사건트리분석(ETA)은 초기사항을 기준으로 파생되는 결과를 귀납적으로 분석하는 방법이다.

50
정답 ④

해설 강도율은 연간 근로시간 1,000시간당 재해에 의해 잃어버린 근로손실일수를 말한다.

51
정답 ①

해설 하인리히의 도미노 이론(사고연쇄성)
- 1단계(유전적 요인과 사회적 환경) : 간접원인
- 2단계(개인적 결함, 선천적·후천적인 인적결함) : 간접원인
- 3단계(불안전 행동 및 불안전 상태) : 직접원인
- 4단계 : 사고
- 5단계 : 재해

※ 제어의 부족이나 기본원인은 버드의 최신 도미노 이론(신연쇄성이론)이다.

52
정답 ②

해설 주의의 넓이와 깊이

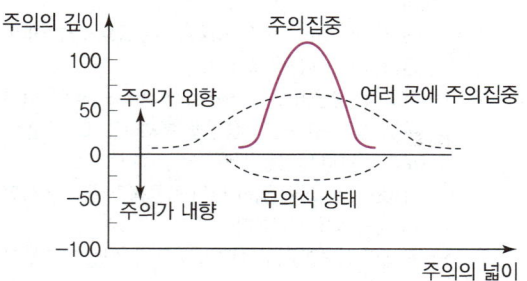

53
정답 ③

해설 병렬결합모델의 신뢰도이므로
$R_s = 1 - [(1-R_1)(1-R_2)]$
$= 1 - (1-0.95)(1-0.95) = 0.9975$

54
정답 ②

해설 리더십과 헤드십의 구분

구분	리더십	헤드십
권한행사 및 부여	구성원의 동의에 의해 선출된 지도자	외부로부터 임명된 헤드
권한근거	개인능력	법적 또는 공식적
상관과 부하와의 관계	개인적인 경향	지배적
책임귀속	상사와 부하	상사
부하와의 사회적 간격	좁음	넓음
지위형태	민주주의적	권위주의적
권한귀속	집단목표에 기여한 공로 인정	공식화된 규정에 의함

55
정답 ④

해설 작위(실행) 오류(commission error)는 필요한 작업이나 절차를 수행하였으나 잘못 수행한 에러이다.

56
정답 ④

해설 스트레스에 정면으로 도전하는 마음가짐이 있어야 하며, 가슴속에 쌓인 한을 털어내야 한다.

57
정답 ③

해설 경제적 보상체계의 강화는 X이론이다.

58
정답 ②

해설 상황이론은 리더와 부하들 간의 역동적인 상호작용이 리더십 형태에 매우 중요하다고 본다.

59
정답 ②

해설 연속적 직무
- 단위 시간당 에러 확률 $\lambda = 0.05$
- $t = 8$
- 인간신뢰도 $R(t) = e^{-\lambda t} = e^{-0.05 \times 8} = 0.67$

60
정답 ④

해설 신뢰성이 높은 순서
Phase Ⅲ > Phase Ⅱ > Phase Ⅰ > Phase Ⅳ > Phase 0

4과목 근골격계질환 예방을 위한 작업관리

61
정답 ③

해설 RULA는 어깨, 팔목, 손목, 목 등 상지(upper limb)에 초점을 맞추어서 작업자세로 인한 작업부하를 빠르고 상세하게 분석할 수 있는 근골격계질환의 위험평가기법이다.

62
정답 ③

해설
- 총작업시간 $\sum t_i = 2+3+4 = 9$
- 공정수 $m = 3$
- 주기시간(공정 중 가장 긴 작업시간) $t_{\max} = 4$
- 공정효율 = $\dfrac{\text{총작업시간}}{\text{공정수} \times \text{주기시간}}$
  $= \dfrac{9}{3 \times 4} = 0.75(75\%)$

63
정답 ②

해설 근골격계 부담작업의 범위
- 근골격계 부담작업 제1호 : 하루에 4시간 이상 집중적으로 자료입력 등을 위해 키보드 또는 마우스를 조작하는 작업이다.
- 근골격계 부담작업 제2호 : 하루에 총 2시간 이상 목, 어깨, 팔꿈치, 손목 또는 손을 사용하여 같은 동작을 반복하는 작업이다.
- 근골격계 부담작업 제3호 : 하루에 총 2시간 이상 머리 위에 손이 있거나, 팔꿈치가 어깨 위에 있거나 팔

꿈치를 몸통으로부터 들거나, 팔꿈치를 몸통 뒤쪽에 위치하도록 하는 상태에서 이루어지는 작업이다.
- 근골격계 부담작업 제4호 : 지지되지 않은 상태이거나 임의로 자세를 바꿀 수 없는 조건에서 하루에 총 2시간 이상 목이나 허리를 구부리거나 트는 상태에서 이루어지는 작업이다.
- 근골격계 부담작업 제5호 : 하루에 총 2시간 이상 쪼그리고 앉거나 무릎을 굽힌 자세에서 이루어지는 작업이다.
- 근골격계 부담작업 제6호 : 하루에 총 2시간 이상 지지되지 않은 상태에서 1kg 이상의 물건을 한 손의 손가락으로 집어 옮기거나, 2kg 이상에 상응하는 힘을 가하여 한 손의 손가락으로 물건을 쥐는 작업이다.
- 근골격계 부담작업 제7호 : 하루에 총 2시간 이상 지지되지 않은 상태에서 4.5kg 이상의 물건을 한 손으로 들거나 동일한 힘으로 쥐는 작업이다.
- 근골격계 부담작업 제8호 : 하루에 10회 이상 25kg 이상의 물체를 드는 작업이다.
- 근골격계 부담작업 제9호 : 하루에 25회 이상 10kg 이상의 물체를 무릎 아래에서 들거나, 어깨 위에서 들거나, 팔을 뻗은 상태에서 드는 작업이다.
- 근골격계 부담작업 제10호 : 하루에 총 2시간 이상, 분당 2회 이상 4.5kg 이상의 물체를 드는 작업이다.
- 근골격계 부담작업 제11호 : 하루에 총 2시간 이상 시간당 10회 이상 손 또는 무릎을 사용하여 반복적으로 충격을 가하는 작업이다.

64
정답 ②
해설 RWL(kg) = LC×HM×VM×DM×AM×FM×CM
여기서, LC(부하상수), HM(수평계수), VM(수직계수), DM(거리계수), AM(비대칭계수, 상체의 비틀림 각도), FM(빈도계수), CM(결합계수)이다.

65
정답 ②
해설 외상과염(테니스엘보)은 팔꿈치 부위와 관련된 질환이다.

66
정답 ②
해설 ① 일반적으로 팔꿈치 높이를 기준으로 한다.
③ 미세부품 조립과 같은 섬세한 작업일수록 작업대의 높이는 높아야 한다.
④ 일반적인 조립라인이나 기계 작업과 같은 경작업은 팔꿈치 높이보다 5~10cm 낮아야 한다.

67
정답 ①
해설 파레토 차트(Pareto Chart)
- 가로축에 항목, 세로축에 항목별 점유비율과 누적비율로 막대-꺾은선 혼합 그래프를 사용한다.
- 빈도수가 큰 항목부터 차례대로 나열하는 방법이며, 소수 중점 원인을 찾기 위한 도구로써 사용된다.
- 20%의 항목이 전체의 80%를 차지한다.
- 재고관리에서는 ABC 곡선으로 부르기도 한다.

68
정답 ②
해설 ① 공구 및 설비의 디자인에 관한 원칙
③ 신체의 사용에 관한 원칙
④ 신체의 사용에 관한 원칙

69
정답 ②
해설 방법연구는 길브레스(Gilbreth)에 의해 만들어진 동작연구가 바탕이 되어 발전되었으며, 그의 벽돌쌓기 작업의 연구는 최선의 방법을 탐구하는 출발이 되었다.

70
정답 ④
해설 작업속도와 작업강도를 적절하게 조절한다.

71
정답 ②
해설 사업주는 근로자가 근골격계 부담작업을 하는 경우에 다음 각 호의 사항을 근로자에게 알려야 한다.
- 근골격계 부담작업의 유해요인
- 근골격계질환의 징후와 증상
- 근골격계질환 발생 시의 대처요령
- 올바른 작업자세와 작업도구, 작업시설의 올바른 사용방법
- 그 밖에 근골격계질환 예방에 필요한 사항

72
정답 ①
해설 외경법
- ST = 정미시간(1 + 여유율)
  $= (1.5 \times 1.1)(1+0.2) = 1.98$분
- 여유시간 = 표준시간 − 정미시간
  $= 1.98 - (1.5 \times 1.1) = 0.33$분
- 8시간에 대한 여유시간 = $(8 \times 60) \times \dfrac{0.33}{1.98} = 80$분

73
정답 ②
해설
- 손목꺾임율 = 30/200 = 0.15
- 시간당 손목꺾임 시간 = 0.15×60분 = 9분

74
정답 ②
해설 1TMU = 0.00001시간 = 0.0006분 = 0.036초

75
정답 ②
해설 마인드 맵핑(Mind Mapping)은 원과 직선을 이용하여 아이디어, 문제, 개념 등을 개괄적으로 빠르게 설정할 수 있도록 도와주는 연역적 추론 기법이다.

76
정답 ②
해설 효율적 서블릭은 빈손이동(TE), 운반(TL), 쥐기(G), 내려놓기(RL), 미리놓기(PP), 사용(U), 조립(A), 분해(DA)이다.

77
정답 ④
해설 SIMO 차트를 이용하여 이상적 작업동작을 단시간에 습득할 수 있다.

78
정답 ①
해설 **표준시간의 정의**
부과된 작업을 올바르게 수행하는데 필요한 숙련도를 지닌 작업자가 주어진 작업조건하에서 보통의 작업 페이스로 작업을 하고, 정상적인 피로와 지연을 수반하면서 규정된 질과 양의 작업을 규정된 작업방법에 따라 행하는데 필요한 시간이다.

79
정답 ③
해설 워크샘플링은 작업을 요소별로 분할할 수 없기 때문에 작업현황을 세밀히 측정할 수 없다.

80
정답 ④
해설 **보건관리자의 역할**
- 주기적으로 작업장을 순회하여 근골격계질환을 유발하는 작업공정 및 작업 유해요인을 파악한다.
- 주기적인 근로자 면담 등을 통하여 근골격계질환 증상 호소자를 조기에 발견하는 일을 한다.
- 7일 이상 지속되는 증상을 가진 근로자가 있을 경우 지속적인 관찰, 전문의 진단의뢰 등의 필요한 조치를 한다.
- 근골격계질환자를 주기적으로 면담하여 가능한 한 조기에 작업장에 복귀할 수 있도록 도움을 준다.
- 예방·관리 프로그램의 운영을 위한 정책 결정에 참여한다.

2024년 3회 기출복원문제 정답 및 해설

01	02	03	04	05	06	07	08	09	10
①	①	①	③	③	④	③	④	③	②
11	12	13	14	15	16	17	18	19	20
③	②	①	①	②	④	②	②	③	④
21	22	23	24	25	26	27	28	29	30
②	③	①	①	③	①	①	②	②	②
31	32	33	34	35	36	37	38	39	40
①	①	①	③	②	③	②	③	④	②
41	42	43	44	45	46	47	48	49	50
②	④	①	③	①	④	④	④	①	③
51	52	53	54	55	56	57	58	59	60
①	②	③	②	④	④	②	④	②	④
61	62	63	64	65	66	67	68	69	70
④	③	③	③	②	④	③	③	③	①
71	72	73	74	75	76	77	78	79	80
④	①	④	③	①	②	④	②	④	③

1과목 인간공학개론

01
정답 ①
해설
② 완전히 새로운 해결책을 찾아내는 데에는 인간이 기계보다 우수하다.
③ 반복적인 작업을 신뢰성 있게 수행하는 데에는 기계가 인간보다 우수하다.
④ 입력에 대하여 빠르고 일관되게 반응하는 데에는 기계가 인간보다 우수하다.

02
정답 ①
해설
② 정보의 기본 단위는 bit(Binary Digit)이다.
③ 불확실한 사건의 출현에는 많은 정보가 담겨있다.
④ 정보란 불확실성의 감소이다.

03
정답 ①
해설 인간은 입력정보의 약 80%를 시각적 경로를 통해 입수한다.

04
정답 ③
① 직렬시스템에서 요소의 개수가 증가하면 시스템의 신뢰도는 감소한다.
② 병렬시스템에서 요소의 개수가 증가하면 시스템의 신뢰도는 증가한다.
④ 일반적으로 병렬시스템으로 구성된 시스템은 직렬시스템으로 구성된 시스템보다 비용이 증가한다.

05
정답 ③
해설 책상 높이는 앉은 자세의 팔꿈치 높이를 기준으로 한다.

06
정답 ④
해설
① 정확한 수치를 필요로 하는 경우에는 아날로그 표시장치보다 디지털 표시장치가 우수하다.
② 온도, 압력과 같이 연속적으로 변하는 변수의 변화 경향, 변화율 등을 알고자 할 때는 정성적 표시장치를 사용하는 것이 좋다.
③ 정량적 표시장치는 동침형(moving pointer), 동목형(moving scale) 등의 형태로 구분할 수 있다.

07
정답 ③
해설 기계 및 설비 활용이 증가한다.

08
정답 ④
해설 빛의 검출성에 영향을 주는 인자
- 광원크기, 광도, 노출시간
- 색광(적>녹>황>백)
- 점멸속도
- 배경광

오답체크 유리의 재질, 반응시간

09
정답 ③

해설 눈금 단위의 길이는 정상조명하에서 71cm를 기준으로 1.3mm이다. 따라서 비례식에 의해 100m(10,000cm)의 경우는
$71 : 1.3 = 10,000 : x \rightarrow x = 183.099$mm이다.
원형시계의 원주는 183.099mm$\times 60$분$= 10985.94$mm이다.
원주의 공식에 의하면 원주=지름(문자판의 직경)$\times \pi$이므로
$10,985.94 =$문자판의 직경$\times \pi$이다.
따라서 문자판의 직경$= \dfrac{10985.94\text{mm}}{3.14} = 3498.707$mm (350cm)이다.

10
정답 ②

해설 눈으로 볼 수 있는 빛의 파장 범위(가시광선)는 380~780nm이다.

11
정답 ③

해설
$$dB_2 = dB_1 - 20\log\left(\dfrac{d_2}{d_1}\right)$$
$$= 100 - 20\log\left(\dfrac{100}{50}\right) = 94\text{dB}$$

12
정답 ②

해설 안경은 눈의 수정체를 보조하기 위하여 사용된다.

13
정답 ①

해설 C/R비$= \dfrac{\text{조종장치의 이동거리}}{\text{표시장치의 이동거리}}$
$= \dfrac{\left(\dfrac{a}{360}\right)\times 2\pi L}{\text{표시장치의 이동거리}}$
$= \dfrac{\left(\dfrac{30}{360}\right)\times 2 \times \pi \times 20}{4} = 2.62$

14
정답 ①

해설 평가척도(기준)의 유형
- 체계(시스템)기준 : 시스템이 원래 의도한 바를 얼마나 달성하는가를 나타내는 척도
  예 생산량, 수익률, 기계 신뢰도, 보전도 등
- 작업성능기준 : 작업의 결과에 관한 효율을 나타낸다.
  예 출력의 양, 출력의 질, 작업시간 등
- 인간기준
  - 인간 성능 척도(퍼포먼스 척도) : 빈도척도, 강도척도, 지속성척도, 지연성척도 등
  - 생리학적 지표 : 심장활동지표(심박수, 혈압 등), 호흡지표(호흡률, 산소소비량 등), 신경지표(뇌전위, 근육활동 등), 감각지표(시력, 눈 깜박이는 속도, 청력 등)
  - 주관적 반응 : 의자의 안락도 평점, 개인성능의 평점, 체계 설계면의 대안들의 평점, 체계에 사용되는 여러 가지 다른 유형의 정보의 판단된 중요도 평점 등
  - 사고빈도 : 주행 거리당 사상자 수

15
정답 ②

해설 1,000Hz, 100dB은 100phon이다.
$sone = 2^{(phon-40)/10} = 2^{(100-40)/10} = 64$

16
정답 ④

해설 감각보관은 비교적 자동적으로 이루어지며, 정보가 짧은 시간 동안 보관된다.

17
정답 ③

해설
$$H = \sum P_i \log_2\left(\dfrac{1}{P_i}\right)$$
$$= 0.9 \times \log_2\left(\dfrac{1}{0.9}\right) + 0.1 \times \log_2\left(\dfrac{1}{0.1}\right)$$
$$= 0.9 \times \dfrac{\log\left(\dfrac{1}{0.9}\right)}{\log 2} + 0.1 \times \dfrac{\log\left(\dfrac{1}{0.1}\right)}{\log 2} = 0.47$$

18
정답 ②

해설 인간-기계 시스템에서의 기본적인 기능은 정보의 수용, 정보의 보관, 정보의 처리 및 의사결정, 행동의 4가지이다.

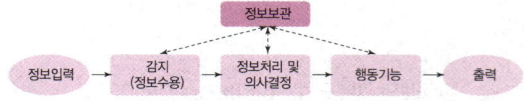

19
정답 ③

해설 점멸등의 경우 점멸속도는 깜박이는 불빛이 계속 켜진 것처럼 보이게 되는 점멸융합주파수보다 훨씬 작아야 한다.

20
정답 ④

해설
① 인간이 사용할 코드와 기호가 얼마나 의미를 가진 것인가를 다루는 것을 개념적 양립성이다.
② 표시장치와 제어장치의 움직임, 사용 시스템의 반응 등과 관련된 것을 운동 양립성이라 한다.
③ 제어장치와 표시장치의 공간적 배열에 관한 것을 공간적 양립성이라 한다.

2과목 작업생리학

21
정답 ②

해설 중추신경계는 뇌와 척수로 구성된다.

22
정답 ③

해설 안장관절(saddle joint)은 두 관절면이 말안장처럼 생긴 것으로 서로 직각방향으로 움직이는 2축성 관절이다.

23
정답 ①

해설 열교환에 영향을 미치는 요소는 기온, 습도, 공기의 유동, 복사온도(복사열)이다.

24
정답 ①

해설 연골관절은 연골을 사이에 두고 두 뼈가 연결되는 관절로서 약간의 운동이 가능하다.

25
정답 ③

해설 '천장>벽>가구>바닥'의 순으로 추천반사율이 높다.

26
정답 ①

해설 점광원에서 어떤 물체나 표면에 도달하는 빛의 양을 의미한다. 즉, 어떤 물체나 표면에 도달하는 빛의 단위면적당 밀도를 조도라 한다.

27
정답 ①

해설 수축이나 이완 시 actin이나 myosin의 길이는 변하지 않는다. 즉, A대(band)의 길이는 변하지 않는다.

28
정답 ②

해설 힘든 작업 시 혈류분포는 '근육>심장근육>소화기관>뇌>신장>뼈>피부'이다.

29
정답 ②

해설
- 총 작업시간(분) $T = 4 \times 60 = 240$분
- 작업 중 에너지소비량 = 1.5L/min × 5kcal/L
  = 7.5kcal/min
- 권장 평균 에너지소비량 S = 남성 : 5kcal/min,
  여성 : 3.5kcal/min
- 휴식시간 중의 에너지소비량 = 1.5kcal/min
- 휴식시간(분) $R = \dfrac{T(E-S)}{E-1.5}$
  $= \dfrac{(4 \times 60) \times (7.5-5)}{7.5-1.5} = 100$분

30
정답 ②

해설 인체의 면을 나타내는 용어
- 시상면(sagittal plane) : 해부학적 자세를 기준으로 신체를 좌우로 나누는 면이다. 팔꿈치 관절의 굴곡과 신전 동작이 일어나는 면이다. 정중면(median plane)은 인체를 좌우대칭으로 나누는 면이다.
- 관상면(frontal 또는 coronal plane) : 몸을 전·후로 나누는 면이다.
- 횡단면, 수평면(transverse 또는 horizontal plane) : 인체를 상하로 나누는 면이다.

31
정답 ①

해설 육체 활동에 따른 에너지소비량은 ① 10.2kcal/min, ② 8.0kcal/min, ③ 6.8kcal/min, ④ 4kcal/min이다.

32
정답 ①

해설 내전(모음, adduction)은 정중면 가까이로 끌어들이는 동작(몸의 중심선으로 향하는 이동 동작)이다.

33
정답 ①

해설 $M = F \times r \times \cos\theta$이므로
$M_E = (98 \times 0.35 \times \cos 30°) + (16 \times 0.17 \times \cos 30°)$
$= 32.06$Nm

34
정답 ①

해설 산소 빚(산소부채)은 인체 활동이나 작업종료 후에도 체내에 쌓인 젖산을 제거하기 위해 추가적으로 산소가 더 필요하게 되는 것을 말한다.

35
정답 ②
해설 MAP 수준에서는 주로 무기성(혐기성) 에너지대사가 일어나며, 젖산이 축적된다.

36
정답 ③
해설 등척력(isometric strength)은 물체를 들고 있을 때처럼 신체를 움직이지 않으면서 자발적으로 가할 수 있는 힘의 최댓값이다.

37
정답 ③
해설 전신진동은 진폭에 비례하여 추적능력을 손상시키며 5Hz 이하의 낮은 진동수에서 가장 심하다.

38
정답 ②
해설 소음방지대책 중 능동제어 대책은 감쇠대상의 음파와 동위상인 신호를 보내어 음파 간에 간섭현상을 일으키면서 소음이 저감되도록 하는 기법이다.

39
정답 ③
해설 소음작업이란 1일 8시간 작업을 기준으로 85dB이상의 소음이 발생하는 작업이다.

40
정답 ④
해설 휴대용 연삭기(그라인더), 자동식 톱은 국소진동을 일으킨다.

3과목 산업심리학 및 관계법규

41
정답 ②
해설 필요한 행위 또는 절차를 실행하지 않아 발생한 생략(누락, 부작위) 오류(omission error)이며, 기계나 그 부품에 고장이나 기능불량이 생겨도 항상 안전하게 작동하도록 하는 fail-safe이다.

42
정답 ④
해설 레빈(Lewin. K)의 행동 법칙

$$B = f(P \cdot E)$$

- B : Behavior(인간의 행동)
- f : function(함수관계)
- P : Person(개체, 개인적 특성) : 연령, 경험, 기질, 심신 상태, 성격, 지능 등
- E : Environment[심리적환경(주어진 환경)] : 인간관계(인적환경), 작업환경, 설비적 결함 등

43
정답 ①
해설 의식 수준의 저하는 뚜렷하지 않은 의식의 상태로 심신이 피로하거나 단조로운 작업 시 발생한다.

44
정답 ③
해설 병렬결합모델의 신뢰도
$$R_s = 1 - [(1-R_1)(1-R_2)]$$
$$= 1 - (1-0.85)(1-0.85) = 0.9775$$

45
정답 ①
해설 맥그리거(McGregor)는 인간의 본질에 대한 기본 가정을 부정적인 시각과 긍정적인 시각으로 구분하였다.

X 이론	Y 이론
인간 불신감	상호 신뢰감
성악설	성선설
인간은 본래 게으르고 태만, 수동적, 남의 지배받기를 즐긴다.	인간은 본래 부지런하고 근면, 적극적, 스스로 일을 자기 책임하에 자주적
저차적 욕구(물질 욕구)	고차적 욕구(정신 욕구)
금전적 보상	정신적 보상
명령, 통제에 의한 관리	목표통합과 자기 통제에 의한 자율관리
저개발국형	선진국형
권위주의적 리더십, 수직적 리더십	민주적 리더십, 수평적 리더십

46
정답 ④
해설 심리적 측면에서의 휴먼에러 분류(Swain)
- 생략(누락, 부작위) 오류(omission error) : 필요한 행위 또는 절차를 실행하지 않아 발생한 에러이다.
- 작위(실행) 오류(commission error) : 필요한 작업 또는 절차의 불확실한 수행으로 인한 에러이다.
- 순서 오류(sequential error) : 필요한 작업 또는 절차의 순서 착오로 인한 에러이다.
- 시간(지연) 오류(time error) : 필요한 작업 또는 절차의 수행 지연으로 인한 에러이다.
- 과잉 행동(불필요한 행동) 오류(extraneous error) : 불필요한 작업 또는 절차를 수행함으로써 기인한 에러이다.

47
정답 ④

해설
- 평균강도율은 재해 1건당 근로손실일수를 말한다.
- 평균강도율 = $\dfrac{\text{환산강도율}(S)}{\text{환산도수율}(F)} = \dfrac{\text{강도율}}{\text{도수율}} \times 1{,}000$
  $= \dfrac{4}{40} \times 1{,}000 = 100$

48
정답 ④

해설
- 손해배상책임을 지는 자가 다음 각 호의 어느 하나에 해당하는 사실을 입증한 경우에는 이 법에 따른 손해배상책임을 면(免)한다.
  - 제조업자가 해당 제조물을 공급하지 아니하였다는 사실
  - 제조업자가 해당 제조물을 공급한 당시의 과학·기술 수준으로는 결함의 존재를 발견할 수 없었다는 사실
  - 제조물의 결함이 제조업자가 해당 제조물을 공급한 당시의 법령에서 정하는 기준을 준수함으로써 발생하였다는 사실
  - 원재료나 부품의 경우에는 그 원재료나 부품을 사용한 제조물 제조업자의 설계 또는 제작에 관한 지시로 인하여 결함이 발생하였다는 사실
- 손해배상책임을 지는 자가 제조물을 공급한 후에 그 제조물에 결함이 존재한다는 사실을 알거나 알 수 있었음에도 그 결함으로 인한 손해의 발생을 방지하기 위한 적절한 조치를 하지 아니한 경우에는 면책을 주장할 수 없다.

49
정답 ①

해설
- 통제 있는 집단행동[규칙이나 규율과 같은 룰(rule)이 존재]
  - 관습(Custom) : 풍습(folkways), 도덕규범, 예의, 금기(taboo) 등을 말한다.
  - 제도적 행동(Institutional Behavior) : 합리적으로 집단 구성원의 행동을 통제하고 표준화함으로써 집단의 안정을 지키려는 것이다.
  - 유행(Fashion) : 집단 내의 공통적인 행동 양식이나 태도 등을 의미한다.
- 비통제의 집단행동(구성원 간의 정서, 감정에 좌우되고 연속성이 희박)
  - 군중(Crowd) : 구성원 사이의 지위나 역할의 분화가 없고, 구성원 각자는 책임감을 가지지 않으며, 비판력도 가지지 않는다.
  - 모브(mob) : 폭동과 같은 것을 말하며 군중보다 한층 합의성이 없고, 이성적 판단보다는 감정에 의해 좌우되며 공격적이다.
  - 패닉(panic) : 이상적인 상황하에서 모브(mob)가 공격적인 데 비하여, 패닉(panic)은 방어적인 것이 특징이다.
  - 심리적 전염 : 어떤 사상이 상당한 기간에 걸쳐서 광범위하게 논리적, 사고적 근거 없이 무비판적으로 받아들여진다.

50
정답 ③

해설 집단 응집성은 집단을 이루는 구성원들이 서로에게 매력적으로 끌리어 그 집단 목표를 달성하는 정도를 나타낸다.

51
정답 ①

해설 작업동기 이론들의 상호 관련성 비교

매슬로우의 욕구 5단계	알더퍼 ERG 이론	허즈버그 2요인 이론	맥그리거 X, Y 이론	맥클랜드의 성취동기 이론
1단계 : 생리적 욕구	존재욕구	위생요인	X이론	–
2단계 : 안전의 욕구	관계욕구			
3단계 : 사회적 욕구		동기요인	Y이론	친화욕구
4단계 : 존경의 욕구	성장욕구			권력욕구
5단계 : 자아실현의 욕구				성취욕구

52
정답 ②

해설 아담스(Adams)의 연쇄이론
관리구조 → 작전적 에러 → 전술적 에러 → 사고 → 상해

53
정답 ③

해설 휴먼에러 방지의 3가지 설계기법
- 배타설계(exclusive design) : 인간실수의 요소를 근원적으로 제거하여 오류를 범할 수 없도록 사물을 설계하는 것이다.
- 보호(예방)설계(prevention design) : 보호설계 혹은 fool proof 설계라고도 하며, 사람의 부주의로 인한 실수를 미연에 방지하도록 설계하는 것이다.
- 안전설계(fail-safe design) : 기계나 그 부품에 고장이나 기능불량이 생겨도 항상 안전하게 작동하도록 설계하는 것이다.

54
정답 ②

해설 지구력이란 사람이 근육을 사용하여 특정한 힘을 유지할 수 있는 능력이다. 정적근력이란 등척적으로 근육이 낼 수 있는 최대 힘을 말한다.

55

정답 ④

해설 의식수준

단계	의식상태	행동상태	뇌파형태
Phase 0 (제0단계)	무의식, 실신	숙면상태, 뇌발작	δ파 4Hz 미만
Phase I (제I단계)	정상이하, 의식흐림	피로, 단조로움, 의식이 멍하고 졸음	θ파 4~8Hz
Phase II (제II단계)	정상, 이완상태, 느긋한 기분	안정파, 휴식, 장상작업	α파 8~14Hz
Phase III (제III단계)	정상, 상쾌한 상태, 분명한 의식	판단을 동반한 행동, 적극적 활동	β파 14~30Hz
Phase IV (제IV단계)	과긴장, 흥분상태	과도로 긴장, 긴급방위반응, 감정 흥분 시 당황한 상태	γ파 30Hz 이상

56

정답 ④

해설 작업설계이론은 직무 환경요인을 중시한다.

57

정답 ②

해설 파레토도는 사고의 유형, 기인물 등 분류항목을 큰 순서 대로 분류하여 도표화한 것이다.

58

정답 ②

해설 하인리히의 도미노 이론(사고연쇄성)
- 1단계(유전적 요인과 사회적 환경) : 간접원인
- 2단계(개인적 결함, 선천적·후천적 인적결함) : 간접원인
- 3단계(불안전 행동 및 불안전 상태) : 직접원인
- 4단계 : 사고
- 5단계 : 재해

59

정답 ④

해설 건설 일용근로자의 건설업 기초안전·보건교육은 4시간 이상이다.

60

정답 ④

해설 이산적 직무
- 인간실수의 수 = 1,000 − 200 = 800
- 전체 실수 발생 기회의 수 = 5,000
- 휴먼에러 확률 $HEP = \dfrac{\text{인간의 실수 수}}{\text{전체 실수 발생 기회의 수}}$
  $= \dfrac{800}{5,000} = 0.16$
- 휴먼에러를 범하지 않을 확률(신뢰도)
  $= 1 − 0.16 = 0.84$

4과목 근골격계질환 예방을 위한 작업관리

61

정답 ④

해설 표준시간(내경법)

$$ST = \text{정미시간} \times \dfrac{1}{(1 - \text{여유율})}$$

$$= (120 \times 1.1) \times \dfrac{1}{(1-0.09)} = 145.05\text{분}$$

62

정답 ③

해설 작업 개선의 4원칙(ECRS 원칙)
- Eliminate(제거) : 이 작업은 꼭 필요한가? 제거할 수는 없는가? 가장 우선적 고려대상이다.
- Combine(결합) : 이 작업을 다른 작업과 결합시키면 더 나은 결과가 생길 것인가?
- Rearrange(재배열) : 작업순서를 바꾸면 효율적인가?
- Simplify(단순화) : 단순화할 수 있는가?

63

정답 ③

해설 동작경제의 원칙은 신체사용에 관한 원칙, 작업장의 배치에 관한 원칙, 공구 및 설비 디자인에 관한 원칙이다.

64

정답 ③

해설 스패너에 손을 뻗치는 동작은 빈손이동(TE)이다.

65

정답 ③

해설 외상 과염 및 회내근 증후군은 팔꿈치, 수완진동 증후군은 손과 손목 부위에 관련된 질환이다.

66

정답 ②

해설
- 손목꺾임율 = 30/200 = 0.15
- 시간당 손목꺾임 시간 = 0.15 × 60분 = 9분

67

정답 ③

해설 $LI = \dfrac{\text{중량물 무게}}{RWL}$

$= \dfrac{\text{중량물 무게}}{23 \times HM \times VM \times DM \times AM \times FM \times CM}$

68
정답 ③
해설 LI가 1보다 크면 요통의 발생위험이 높다.

69
정답 ③
해설 근골격계질환은 부적절한 작업환경과 과도한 작업부하가 원인이 된 작업관련성 질환이다.

70
정답 ①
해설 가능한 기본동작의 수를 줄인다.

71
정답 ④
해설 요소작업을 잘게 분할함으로써 작업내용을 보다 정확하게 파악할 수 있고, 여유율을 각각 달리 산정해 줌으로써 여유시간을 보다 정확하게 구할 수 있다.
- 측정 범위 내에서 가능하면 요소 작업을 잘게 분할한다.
- 규칙적인 요소 작업과 불규칙적인 요소 작업으로 구분한다.
- 작업자 요소작업과 기계 요소작업으로 분할한다. 또한 작업자 요소작업은 외적 요소작업과 내적 요소작업으로 다시 구분한다.
- 상수(불변) 요소작업과 변수(가변) 요소작업으로 구분한다.
- 요소작업의 시점과 종점이 명확하게 밝혀질 수 있도록 한다.
- 작업순서와 작업내용을 습득하여 작업진행 순서에 따라 분할한다.

72
정답 ①
해설 브레인스토밍(Brainstorming)은 보다 많은 아이디어를 창출하기 위하여 가능한 모든 의견을 비판 없이 받아들이고 수정 발언을 허용하며 대량 발언을 유도하는 방법이다.

73
정답 ④
해설 근로자에게 예방·관리 프로그램의 개발·수행·평가에 참여 기회를 부여하는 것은 사업주의 역할이다.

74
정답 ③
해설 정밀 작업을 해야 하는 경우는 입식작업보다는 좌식작업이 더 적절하다.

75
정답 ①
해설 화면상의 시야 범위는 수평선상에서 10~15° 아래에 오도록 한다.

76
정답 ②
해설 방법연구는 길브레스(Gilbreth)에 의해 시작되었다.

77
정답 ②
해설 특성요인도(cause-and-effect diagram)는 원인결과도라고도 한다.

78
정답 ①
해설
- 총작업시간 $\sum t_i = 10+9+8+7 = 34$
- 공정수 $m = 4$
- 주기시간(공정 중 가장 긴 작업시간) $t_{max} = 10$

① 공정손실 = 1 − 공정효율
$$= 1 - \frac{총작업시간}{공정수 \times 주기시간}$$
$$= 1 - \frac{34}{10 \times 4} = 0.15(15\%)$$

② 애로작업(작업시간이 가장 긴 공정)은 조립작업이다.
③ 라인의 주기시간은 10초이다.
④ 라인의 분당 생산량은 $\dfrac{60초}{주기시간} = \dfrac{60초}{10초} = 6$개 이다.

79
정답 ②
해설 ① 사후조치보다는 예방이 최선의 정책이다.
③ 관리적 개선도 고려한다.
④ 사업장 근골격계 예방정책에 전사적 참여가 중요하다.

80
정답 ③
해설 체계적 워크샘플링(Systematic Work Sampling)은 관측을 등간격 시점마다 행한다. 따라서 관측간격이 주기와 같거나 정수배이면 적용할 수 없다.

2025년 1회 기출복원문제 정답 및 해설

01	02	03	04	05	06	07	08	09	10
③	②	①	②	①	①	②	①	③	③
11	12	13	14	15	16	17	18	19	20
①	②	①	④	④	①	④	①	④	②
21	22	23	24	25	26	27	28	29	30
④	②	④	④	①	②	②	④	②	②
31	32	33	34	35	36	37	38	39	40
③	①	①	④	③	②	①	④	②	④
41	42	43	44	45	46	47	48	49	50
③	④	③	③	①	①	①	③	②	④
51	52	53	54	55	56	57	58	59	60
④	③	②	③	④	③	④	③	②	③
61	62	63	64	65	66	67	68	69	70
①	③	④	③	①	④	③	④	②	②
71	72	73	74	75	76	77	78	79	80
②	①	③	④	①	④	③	①	③	②

1과목 인간공학개론

01
정답 ③

해설 시각적 부호의 3가지 유형
- 묘사적 부호 : 사물이나 행동을 단순하고 정확하게 묘사(위험 : 해골과 뼈)
- 추상적 부호 : 전언의 기본 요소를 도식적으로 압축한 부호(별자리)
- 임의적 부호 : 부호가 이미 고안되어 있으므로 배워야 하는 부호(교통표지판의 삼각형-주의, 원형-규제, 사각형-안내표지)

02
정답 ②

해설
$$H = \sum P_i \log_2\left(\frac{1}{P_i}\right)$$
$$= 0.5 \times \log_2\left(\frac{1}{0.5}\right) + 0.25 \times \log_2\left(\frac{1}{0.25}\right)$$
$$+ 0.125 \times \log_2\left(\frac{1}{0.125}\right) + 0.0625 \times \log_2\left(\frac{1}{0.0625}\right)$$
$$= 1.625$$

03
정답 ①

해설 은폐효과(Masking Effect)는 하나의 소리가 다른 소리의 청각 감지를 방해하는 현상 즉, 음에 의한 회화 방해 현상과 같이 한 음의 가청 역치가 다른 음 때문에 높아지는 현상이다.

04
정답 ②

해설 손잡이 설계에 있어 촉각적 암호화
- 크기에 의한 코딩
- 형상에 의한 코딩
- 표면거칠기에 의한 코딩(매끄러운면, 세로홈, 깔쭉면)

05
정답 ①

해설 반응기준 β가 클수록 보수적이고, 민감도 d가 클수록 민감함을 나타낸다.

06
정답 ①

해설 ② 어두운 곳에서는 주로 간상세포에 의하여 보게 된다.
③ 완전한 암조응을 위해 보통 30~40분 정도의 시간이 요구된다.
④ 어두운 곳에 들어가면 눈으로 들어오는 빛을 조절하기 위하여 동공이 확대된다.

07
정답 ②

해설 ① 원추세포(추상세포)는 색의 식별에 사용된다.
③ 원추세포는 황반(fovea) 중심부에 밀집되어 있다.
④ 근시는 수정체가 두꺼워져 먼 물체의 상이 망막 앞에 맺히는 현상을 말한다.

08
정답 ①

해설 감각기관별 반응시간

감각기관	청각	촉각	시각	미각	통각
반응시간(초)	0.17	0.18	0.2	0.29	0.70

09
정답 ③

해설 자동화 시스템에서 인간은 시스템 설치와 보수, 유지 및 감시 등의 역할만 담당한다. 무인공장, 자동교환대가 대표적 예이다.

10
정답 ③

해설 **인체 측정치의 적용 절차**
설계에 필요한 인체 치수의 결정 → 설비를 사용할 집단 정의 → 인체자료 적용원리 결정 → 인체측정자료의 선택 → 적절한 여유치 고려 → 설계치수 결정 → 모형에 의한 모의실험

11
정답 ①

해설
$$C/R비 = \frac{조종장치의 이동거리}{표시장치의 이동거리}$$
$$= \frac{\left(\frac{a}{360}\right) \times 2\pi L}{표시장치의 이동거리}$$
$$= \frac{\left(\frac{30}{360}\right) \times 2 \times \pi \times 20}{4}$$
$$= 2.62$$

12
정답 ②

해설 **Fitts의 법칙**
- 동작시간 $MT = a + b \log_2 \frac{2A}{W}$
- 표적의 폭이 작을수록, 표적 중심선까지의 이동거리가 멀수록 작업의 난이도와 소요 이동(동작)시간이 증가한다.

13
정답 ①

해설 두 대안의 실현 확률이 동일할 때 총 정보량이 가장 크다. 따라서 실현확률의 차이가 커질수록 총 정보량 H는 줄어든다.

14
정답 ④

해설 **청각적 표시장치가 유리한 경우**
- 전언이 시간적인 사상을 다루는 경우
- 전언이 즉각적인 행동을 요구하는 경우
- 수신 장소가 너무 밝거나 암조응이 요구될 경우

15
정답 ④

해설 조종장치의 조작시간 지연은 직접적으로 C/R비와 관계 있다.

16
정답 ①

해설
- 1,000Hz, 60dB은 60phon이다.
- $sone = 2^{(phon-40)/10} = 2^{(60-40)/10} = 4$

17
정답 ④

해설 ① 다른 용도에 쓰이지 않는 확성기, 경적 등과 같은 별도의 통신계통을 사용한다.
② 장애물이나 칸막이를 넘어가야 하는 신호는 500Hz 이하의 주파수를 사용한다.
③ 300m 이상의 장거리용 신호에서는 1kHz 이하의 주파수를 사용한다.

18
정답 ①

해설 인간실수가 감소한다.

19
정답 ④

해설 **암호화(코딩)의 원칙**
- 암호의 검출성 : 사람이 감지(검출이 가능)할 수 있는 종류의 것이어야 한다.
- 다차원 암호 사용 : 두 가지 이상의 암호 차원을 조합하여 사용하면 정보전달이 촉진된다(음성+시각+촉각).
- 암호의 양립성 : 자극과 반응 간의 관계가 인간의 기대와 모순되지 않아야 한다.
- 암호의 변별성 : 모든 암호표시는 감지장치에 의하여 다른 암호 표시와 구별될 수 있어야 한다.
- 암호의 표준화 : 암호는 일관성이 있어야 한다.
- 부호의 의미 : 사용자가 그 뜻을 알 수 있어야 한다.

20
정답 ②

해설 **평가척도(기준)의 요건**
- 실제성 : 현실성을 가지며, 실질적으로 이용하기 쉽다.
- 타당성(적절성) : 측정하고자 하는 평가 척도가 시스템의 목표를 반영하는 정도 즉, 측정하고자 하는 바를 얼마나 정확하게 측정하였는가를 평가하는 척도이다.
- 무오염성(순수성) : 기준 척도는 측정하고자 하는 변수 이외에 다른 변수의 영향을 받아서는 안 된다.
- 신뢰성 : 반복 실험 시 재현성(반복성)이 있어야 한다.
- 민감도 : 실험 변수 수준 변화에 따라 척도의 값의 차이가 존재하는 정도

2과목 작업생리학

21
정답 ④
해설 1L의 산소(O_2)는 5kcal의 에너지를 생성한다.

$$RMR = \frac{작업대사량}{기초대사량}$$

$$= \frac{작업 시 소비에너지 - 안정 시 소비에너지}{기초대사량}$$

$$= \frac{(1.2 \times 5) - (0.5 \times 5)}{1.5} = 2.33$$

22
정답 ②
해설 무산소대사에서 충분한 산소 공급이 되지 않아 젖산이 축적된다.

23
정답 ④
해설 공기정화시설을 갖춘 사무실에서 근로자 1인당 필요한 최소 외기량은 분당 0.57세제곱미터 이상이며, 환기 횟수는 시간당 4회 이상으로 한다.

24
정답 ④
해설 전신 진동의 진동수가 4~10Hz일 때 흉부와 복부의 고통을 호소하며, 60~90Hz에서 안구에 공명이 발생한다.

25
정답 ①
해설 정적 평형상태
- 물체나 신체가 움직이지 않는 상태이다.
- 작용하는 모든 힘의 총합이 0인 상태이다.
  ($\sum Fx = 0, \sum Fy = 0, \sum Fz = 0$)
- 작용하는 모든 모멘트의 총합이 0인 상태이다.
  ($\sum Mx = 0, \sum My = 0, \sum Mz = 0$)

26
정답 ②
해설 몸통의 지주를 이루는 척추는 26개의 뼈로 구성되며, 경추(7개), 흉추(12개), 요추(5개), 천골, 미골로 되어 있다.

27
정답 ②
해설 무기성 환원과정은 산소가 충분히 공급되지 않을 때 일어난다.

28
정답 ④
해설 회내(하향, pronation)는 손바닥이 아래로 향하도록 하는 회전으로 오른손과 전완(forearm)을 이용하여 드라이버를 반시계방향으로 회전시켜 나사를 풀 때의 동작유형이다.

29
정답 ②
해설 O_2 소비량 = (흡기량 × 21%) − (배기량 × O_2%)
$= (50 \times 0.21) - (40 \times 0.17)$
$= 3.7 \text{L/min}$

30
정답 ②
해설 점멸융합주파수는 중추신경계의 피로, 즉 정신피로의 척도로 사용될 수 있으며 피곤함에 따라 빈도가 내려간다.

31
정답 ③
해설 천장>벽>가구>바닥의 순으로 추천반사율이 높다.

32
정답 ①
해설 2조 2교대보다 4조 3교대가 바람직하며, 8시간 교대제가 적당하다.

33
정답 ①
해설 컴퓨터 단말기(VDT) 작업의 사무환경을 위한 추천 조명은 300~500lux이다.

34
정답 ④
해설 간접조명은 조도가 균일하고, 눈부심이 적지만 기구 효율이 나쁘며 설치비용이 많이 소요된다.

35
정답 ③
해설
- 산소소비량은 흡기량과 배기량을 측정하여 구한 것이다.
- O_2 소비량 = (흡기량 × 21%) − (배기량 × O_2%)

36
정답 ②
해설 소음작업이란 1일 8시간 작업을 기준으로 85dB 이상의 소음이 발생하는 작업이다.

37
정답 ①
해설 뇌의 활동 측정은 EEG이며, EOG는 안전도이다.

38
[정답] ④
[해설] 실내에 확산된 오염물의 농도가 전체적으로 일정하지 않을 때는 국소배기가 필요하다.

39
[정답] ④
[해설] 강렬한 소음작업

90dB 이상	8시간 이상/일
95dB 이상	4시간 이상/일
100dB 이상	2시간 이상/일
105dB 이상	1시간 이상/일
110dB 이상	30분/일
115dB 이상	15분/일

40
[정답] ②
[해설] 수축이나 이완 시 actin이나 myosin의 길이는 변하지 않는다.

3과목 산업심리학 및 관계법규

41
[정답] ③
[해설] 도수율 = $\frac{\text{재해발생건수}}{\text{연근로시간수}} \times 1,000,000$
$= \frac{10}{(400 \times 8 \times 300)(1-0.1)} \times 1,000,000$
$= 11.57$

42
[정답] ④
[해설] Harvey 안전대책의 3E
- Engineering(기술, 공학적 대책)
- Education(교육, 교육적 대책)
- Enforcement(규제, 관리적 대책)

[오답체크] Environment, Economy

43
[정답] ③
[해설] 실수는 의도는 올바른 것이지만 반응의 실행이 올바른 것이 아닌 경우이고, 착오는 부적합한 의도를 가지고 행동으로 옮긴 경우를 말한다.

44
[정답] ③
[해설] 경제적 보상체계의 강화는 X이론이다.

45
[정답] ①
[해설] 정성적 결함나무(FT ; Fault Tree)를 작성한 후에 정상 사상이 발생할 확률을 계산한다.

46
[정답] ①
[해설] 재해 발생의 원인

직접 원인	물적 원인 (불안전한 상태)	• 안전장치 결함 • 보호구의 결함 • 결함이 있는 기계설비 및 장치 • 작업환경, 생산공정의 결함 • 경계표시 및 설비의 결함
	인적 원인 (불안전한 행동)	• 위험장소 접근, 규칙의 무시 • 안전장치 기능의 제거 • 보호구의 미착용 • 불안전한 속도조작 • 불안전한 자세 및 위치
간접 원인	• 기술적 원인 • 신체적 원인	• 교육적 원인 • 정신적 원인

47
[정답] ①
[해설] ② 참여적 리더에 대한 설명이다.
③ 성취지향적 리더에 대한 설명이다.
④ 주도적 리더에 대한 설명이다.

48
[정답] ②
[해설] 리더십과 헤드십의 구분

구분	리더십	헤드십
권한행사 및 부여	구성원의 동의에 의해 선출된 지도자	외부로부터 임명된 헤드
권한근거	개인능력	법적 또는 공식적
상관과 부하와의 관계	개인적인 경향	지배적
책임귀속	상사와 부하	상사
부하와의 사회적 간격	좁음	넓음
지위형태	민주주의적	권위주의적
권한귀속	집단목표에 기여한 공로 인정	공식화된 규정에 의함

49
정답 ④

해설 의식수준

단계	의식상태	행동상태	뇌파형태
Phase 0 (제0단계)	무의식, 실신	숙면상태, 뇌발작	δ파 4Hz 미만
Phase I (제I단계)	정상이하, 의식흐림	피로, 단조로움, 의식이 멍하고 졸음	θ파 4~8Hz
Phase II (제II단계)	정상, 이완상태, 느긋한 기분	안정파, 휴식, 정상작업	α파 8~14Hz
Phase III (제III단계)	정상, 상쾌한 상태, 분명한 의식	판단을 동반한 행동, 적극적 활동	β파 14~30Hz
Phase IV (제IV단계)	과긴장, 흥분상태	과도로 긴장, 긴급방위반응, 감정 흥분 시 당황한 상태	γ파 30Hz 이상

50
정답 ④

해설 심리적 측면에서의 휴먼에러 분류(Swain)
- 생략(누락, 부작위) 오류(omission error) : 필요한 행위 또는 절차를 실행하지 않아 발생한 에러이다.
- 작위(실행) 오류(commission error) : 필요한 작업 또는 절차의 불확실한 수행으로 인한 에러이다.
- 순서 오류(sequential error) : 필요한 작업 또는 절차의 순서 착오로 인한 에러이다.
- 시간(지연) 오류(time error) : 필요한 작업 또는 절차의 수행 지연으로 인한 에러이다.
- 과잉 행동(불필요한 행동) 오류(extraneous error) : 불필요한 작업 또는 절차를 수행함으로써 기인한 에러이다.

51
정답 ④

해설 레빈(Lewin. K)의 행동 법칙

$$B = f(P \cdot E)$$

- B : Behavior(인간의 행동)
- f : function(함수관계)
- P : Person(개체, 개인적 특성) : 연령, 경험, 기질, 심신 상태, 성격, 지능 등
- E : Environment[심리적환경(주어진 환경)] : 인간관계(인적환경), 작업환경, 설비적 결함 등

52
정답 ③

해설 병렬결합모델의 신뢰도이므로
$R_S = 1 - [(1-R_1)(1-R_2)]$
$= 1 - (1-0.95)(1-0.95)$
$= 0.9975$

53
정답 ②

해설 제조물 책임법에서 정의한 결함의 종류는 설계상의 결함, 제조상의 결함, 표시상의 결함이다.

54
정답 ③

해설 N은 자극과 반응의 수, A는 움직인 거리, W는 목표물의 너비를 나타낸다.

55
정답 ④

해설 버드의 최신 도미노 이론(신연쇄성이론)
관리(Management)는 불안전한 상태와 불안전한 행동의 근원적 원인이다.

56
정답 ③

해설 라인 조직(직계식 조직)은 최고 상위에서부터 최하위의 단계에 이르는 모든 직위가 단일 명령권한의 라인으로 연결된 조직형태이다.

57
정답 ④

해설 동기요인과 위생요인

동기요인 (만족요인)	• 만족요인은 직무내용과 관련됨 • 성장과 발전, 성취감, 책임감, 일 그 자체
위생요인 (불만족요인)	• 불만족요인은 직무환경과 관련됨 • 임금, 작업조건, 관리감독, 지위, 회사정책

58
정답 ③

해설 조작자 행동 나무(OAT)는 위급직무의 순서에 초점을 맞추어 조작자 행동나무를 구성하고, 이를 사용하여 사건의 위급경로에서 조작자의 역할을 분석하는 기법이다.

59
정답 ②

해설 셀리에(Selye)는 스트레스가 아주 없거나 너무 많을 경우에는 부정적 스트레스(역기능)로, 적정수준의 스트레스는 작업성과에 긍정적 스트레스(순기능)로 작용한다고 하였다.

60
정답 ③

해설 직접비 : 간접비 = 1 : 4
※ 간접비용의 정확한 산출이 어려운 경우에는 직접비용의 4배를 간접비용으로 추산한다.

4과목 근골격계질환 예방을 위한 작업관리

61
정답 ①
해설 공정도 기호
○ : 작업(가공), ⇨ : 운반, D : 정체, ▽ : 저장, □ : 검사

62
정답 ③
해설 외상 과염 및 회내근 증후군은 팔꿈치, 수완진동 증후군은 손과 손목 부위에 관련된 질환이다.

63
정답 ③
해설 동작경제의 원칙은 신체 사용에 관한 원칙, 작업장의 배치에 관한 원칙, 공구 및 설비 디자인에 관한 원칙이다.

64
정답 ④
해설 가능하면 손가락으로 잡는 pinch grip보다는 손바닥으로 잡는 power grip을 이용하도록 한다.

65
정답 ③
해설 워크샘플링은 작업을 요소별로 분할할 수 없기 때문에 작업현황을 세밀히 측정할 수 없다.

66
정답 ①
해설 사업주는 근로자가 근골격계 부담작업을 하는 경우에 3년마다 유해요인조사를 하여야 한다. 다만, 신설되는 사업장의 경우에는 신설일부터 1년 이내에 최초의 유해요인 조사를 하여야 한다.

67
정답 ④
해설 델파이법(Delphi Technique)은 전문가를 한자리에 모으지 않고 질의-응답의 피드백 과정을 개별적으로 수차례 반복을 통하여 전문가 집단의 의견과 판단을 추출하고 종합하여 집단적으로 판단하는 방법이다.

68
정답 ③
해설 ① 좌식작업대의 높이는 동작이 큰 작업에는 팔꿈치의 높이보다 약간 낮게 설계한다.
② 입식작업대의 높이는 경작업의 경우 팔꿈치의 높이보다 5~10cm 정도 낮게 설계한다.
④ 입식작업대의 높이는 정밀작업의 경우 팔꿈치의 높이보다 5~10cm 정도 높게 설계한다.

69
정답 ②
해설 작업측정기법의 종류
- 시간연구법(스톱워치법, 촬영법, VTR 분석법, 컴퓨터분석법)과 워크샘플링은 직접측정법이다.
- 간접측정 방법에는 PTS법, 표준자료법, 실적기록표 등이 있다.

70
정답 ②
해설 근골격계 부담작업의 범위
- 근골격계 부담작업 제1호 : 하루에 4시간 이상 집중적으로 자료입력 등을 위해 키보드 또는 마우스를 조작하는 작업이다.
- 근골격계 부담작업 제2호 : 하루에 총 2시간 이상 목, 어깨, 팔꿈치, 손목 또는 손을 사용하여 같은 동작을 반복하는 작업이다.
- 근골격계 부담작업 제3호 : 하루에 총 2시간 이상 머리 위에 손이 있거나, 팔꿈치가 어깨 위에 있거나 팔꿈치를 몸통으로부터 들거나, 팔꿈치를 몸통 뒤쪽에 위치하도록 하는 상태에서 이루어지는 작업이다.
- 근골격계 부담작업 제4호 : 지지되지 않은 상태이거나 임의로 자세를 바꿀 수 없는 조건에서 하루에 총 2시간 이상 목이나 허리를 구부리거나 트는 상태에서 이루어지는 작업이다.
- 근골격계 부담작업 제5호 : 하루에 총 2시간 이상 쪼그리고 앉거나 무릎을 굽힌 자세에서 이루어지는 작업이다.
- 근골격계 부담작업 제6호 : 하루에 총 2시간 이상 지지되지 않은 상태에서 1kg 이상의 물건을 한 손의 손가락으로 집어 옮기거나, 2kg 이상에 상응하는 힘을 가하여 한 손의 손가락으로 물건을 쥐는 작업이다.
- 근골격계 부담작업 제7호 : 하루에 총 2시간 이상 지지되지 않은 상태에서 4.5kg 이상의 물건을 한 손으로 들거나 동일한 힘으로 쥐는 작업이다.
- 근골격계 부담작업 제8호 : 하루에 10회 이상 25kg 이상의 물체를 드는 작업이다.
- 근골격계 부담작업 제9호 : 하루에 25회 이상 10kg 이상의 물체를 무릎 아래에서 들거나, 어깨 위에서 들거나, 팔을 뻗은 상태에서 드는 작업이다.
- 근골격계 부담작업 제10호 : 하루에 총 2시간 이상, 분당 2회 이상 4.5kg 이상의 물체를 드는 작업이다.
- 근골격계 부담작업 제11호 : 하루에 총 2시간 이상 시간당 10회 이상 손 또는 무릎을 사용하여 반복적으로 충격을 가하는 작업이다.

71
정답 ②

해설 작업 개선의 4원칙(ECRS 원칙)
- Eliminate(제거) : 이 작업은 꼭 필요한가? 제거할 수는 없는가? 가장 우선적 고려대상이다.
- Combine(결합) : 이 작업을 다른 작업과 결합시키면 더 나은 결과가 생길 것인가?
- Rearrange(재배열) : 작업순서를 바꾸면 효율적인가?
- Simplify(단순화) : 단순화할 수 있는가?

72
정답 ②

해설 작업관리의 목적
- 생산성 향상
- 최선의 작업방법 개발, 생산 작업을 합리적이고 효율적으로 개선
- 재료, 설비, 공구 등의 표준화
- 표준시간 설정을 통한 작업효율 관리
- 안전향상

73
정답 ③

해설 근골격계질환 예방·관리 추진팀 구성

중·소규모 사업장	대규모 사업장
• 근로자대표 또는 명예산업안전감독관을 포함하여 그가 위임하는 자 • 관리자(예산결정권자) • 정비·보수담당자 • 보건·안전담당자 • 구매담당자	• 중·소규모 사업장 추진팀원 이외 다음의 인력을 추가함 – 기술자(생산, 설계, 보수기술자) – 노무담당자 등

74
정답 ④

해설 미세동작분석은 비용이 많이 소요되기 때문에 작업의 사이클 시간이 짧고 반복성이 커서 분석에 의한 경제적 측면의 효과가 클 것으로 기대되는 경우에 주로 행한다.

75
정답 ①

해설 근골격계질환 예방·관리프로그램의 기본정책을 수립하여 근로자에게 알리는 것은 사업주의 역할이다.

76
정답 ④

해설 건염은 반복, 구부림, 진동 등에 의하여 건의 섬유질이 손상되거나 찢어지는 등의 근육과 뼈를 연결하는 건에 염증이 생기는 질환이다.

77
정답 ③

해설 RULA는 어깨, 팔목, 손목, 목 등 상지(upper limb)에 초점을 맞추어서 작업자세로 인한 작업부하를 빠르고 상세하게 분석할 수 있는 근골격계질환의 위험평가기법이다.

78
정답 ①

해설 허리를 곧게 유지하고 무릎을 구부려서 들도록 한다.

79
정답 ②

해설
- 손목꺾임율 = 30/200 = 0.15
- 시간당 손목꺾임 시간 = 0.15 × 60분 = 9분

80
정답 ②

해설
- $t = t_{n-1,\ \alpha/2} = t_{24,\ 0.05} = 2.064$
- $I =$ 평균 × 허용오차 $= 0.35 \times 0.05$
- $N = \dfrac{t^2 \times s^2}{I^2} = \left(\dfrac{2.064 \times 0.08}{0.35 \times 0.05}\right)^2 = 89.027(90$회$)$

2025년 2회 기출복원문제 정답 및 해설

01	02	03	04	05	06	07	08	09	10
③	②	①	④	②	③	②	③	②	③
11	12	13	14	15	16	17	18	19	20
②	②	④	②	①	④	③	①	①	③
21	22	23	24	25	26	27	28	29	30
①	③	④	③	②	④	①	①	③	①
31	32	33	34	35	36	37	38	39	40
③	④	①	④	③	④	②	②	①	①
41	42	43	44	45	46	47	48	49	50
④	④	③	④	③	②	②	①	③	④
51	52	53	54	55	56	57	58	59	60
②	②	③	④	①	③	②	④	④	④
61	62	63	64	65	66	67	68	69	70
②	③	③	③	④	①	②	④	②	④
71	72	73	74	75	76	77	78	79	80
②	④	③	②	①	②	②	②	②	③

1과목 인간공학개론

01
정답 ③

해설
① C/R비가 작으면 민감한 장치이다.
② C/R비가 작은 경우에는 조종장치의 조종시간이 많이 필요하다.
④ C/R비는 조종장치의 움직인 거리를 반응장치의 움직인 거리로 나눈 값이다.

02
정답 ②

해설 평가척도(기준)의 유형
- 체계(시스템) 기준 : 시스템이 원래 의도한 바를 얼마나 달성하는가를 나타내는 척도
  - 예 생산량, 수익률, 기계 신뢰도, 보전도 등
- 작업성능 기준 : 작업의 결과에 관한 효율을 나타낸다.
  - 예 출력의 양, 출력의 질, 작업시간등
- 인간 기준
  - 인간 성능 척도(퍼포먼스척도) : 빈도척도, 강도척도, 지속성척도, 지연성척도 등
  - 생리학적 지표 : 심장활동지표(심박수, 혈압 등), 호흡지표(호흡률, 산소소비량 등), 신경지표(뇌전위, 근육활동 등), 감각지표(시력, 눈 깜박이는 속도, 청력 등)
  - 주관적 반응 : 의자의 안락도 평점, 개인성능의 평점, 체계 설계면의 대안들의 평점, 체계에 사용되는 여러 가지 다른 유형의 정보의 판단된 중요도 평점 등
  - 사고빈도 : 주행 거리당 사상자 수

03
정답 ①

해설 청각이 후각보다 반응속도가 더 빠르다.

04
정답 ④

해설 암호화(코딩)의 원칙
- 암호의 검출성 : 사람이 감지(검출이 가능)할 수 있는 종류의 것이어야 한다.
- 다차원 암호 사용 : 두 가지 이상의 암호 차원을 조합하여 사용하면 정보전달이 촉진된다(음성+시각+촉각).
- 암호의 양립성 : 자극과 반응 간의 관계가 인간의 기대와 모순되지 않아야 한다.
- 암호의 변별성 : 모든 암호표시는 감지장치에 의하여 다른 암호 표시와 구별될 수 있어야 한다.
- 암호의 표준화 : 암호는 일관성이 있어야 한다.
- 부호의 의미 : 사용자가 그 뜻을 알 수 있어야 한다.

05
정답 ②

해설
$$H = \sum P_i \log_2\left(\frac{1}{P_i}\right)$$
$$= 0.5 \times \log_2\left(\frac{1}{0.5}\right) + 0.25 \times \log_2\left(\frac{1}{0.25}\right)$$
$$+ 0.125 \times \log_2\left(\frac{1}{0.125}\right) + 0.0625 \times \log_2\left(\frac{1}{0.0625}\right)$$
$$= 1.625$$

06
정답 ③

해설 황반은 빛이 도달하여 초점이 가장 선명하게 맺히는 부위이다.

07
정답 ②
해설
- 정상 작업영역 : 상완(윗팔)을 수직으로 늘어뜨린 채, 전완(아랫팔)만으로 파악할 수 있는 구역을 말한다.
- 최대작업영역 : 상완과 전완을 곧게 펴서 파악할 수 있는 구역을 말한다.

08
정답 ③
해설 인간 – 기계 시스템에서의 기본기능

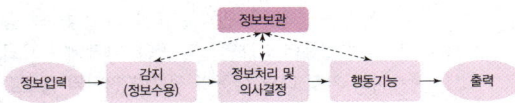

09
정답 ②
해설 감각보관(감각저장, sensory storage)은 인간의 주의집중이 관여하지 않는다.

10
정답 ③
해설 자동화 시스템에서 인간은 시스템 설치와 보수, 유지 및 감시 등의 역할만 담당한다. 무인공장, 자동교환대가 대표적 예이다.

11
정답 ②
해설
① 선각이 약 20°가 되는 끝이 뾰족한 지침을 사용한다.
③ 동목형 표시장치는 지침이 고정되고 눈금이 움직이는 형이다.
④ 눈금이 고정되고 지침이 움직이는 표시장치를 동침형 표시장치라 한다.

12
정답 ②
해설
① 원추세포(추상세포)는 색의 식별에 사용된다.
③ 원추세포는 황반(fovea) 중심에 밀집되어 있다.
④ 근시는 수정체가 두꺼워져 먼 물체의 상이 망막 앞에 맺히는 현상을 말한다.

13
정답 ④
해설 병렬결합모델의 신뢰도
$R_S = 1 - (1 - 0.85)(1 - 0.85)(1 - 0.85) = 0.997$

14
정답 ②
해설 신호검출이론은 음파탐지, 의료진단, 품질 검사과업, 증인증언, 항공교통제 등 광범위한 실제상황에 적용된다.

15
정답 ①
해설 감각기관별 반응시간

감각기관	청각	촉각	시각	미각	통각
반응시간	0.17초	0.18초	0.2초	0.29초	0.70초

16
정답 ④
해설 기계의 효율과 같은 경제적 원칙보다 인간의 심리와 기능을 우선적으로 고려하여야 한다.

17
정답 ③
해설 웨버(Weber)의 비
- 웨버의 비$(k) = \dfrac{\text{JND(변화감지역)}}{\text{기준자극의 크기}} = \dfrac{R_1 - R_2}{R_1}$
- 웨버(Weber)비는 분별의 질을 나타내며, 비가 작을수록 분별력이 높아진다.

18
정답 ①
해설 시배분은 사람이 일정한 시간에 두 가지 이상의 작업을 처리할 수 있도록 하는 것이다.

19
정답 ①
해설 점광원에서 어떤 물체나 표면에 도달하는 빛의 양을 의미한다. 즉, 어떤 물체나 표면에 도달하는 빛의 단위면적당 밀도를 조도라 한다.

20
정답 ③
해설 최대치설계
- 통상 상위 백분위수를 기준으로 한다.
- 90, 95 혹은 99%값이 사용된다.
- 출입문, 탈출구, 통로의 공간, 침대 길이, 버스의 승객 의자 앞뒤 간격, 줄사다리의 강도 등을 정할 때 사용한다.

2과목 작업생리학

21
정답 ①
해설 정적 평형상태
- 물체나 신체가 움직이지 않는 상태이다.
- 작용하는 모든 힘의 총합이 0인 상태이다
 ($\sum Fx = 0, \sum Fy = 0, \sum Fz = 0$).

• 작용하는 모든 모멘트의 총합이 0인 상태이다 ($\sum Mx = 0$, $\sum My = 0$, $\sum Mz = 0$).

22
정답 ③
해설 단위작업 장소에서의 소음발생시간이 6시간 이내인 경우나 소음발생원에서의 발생시간이 간헐적인 경우에는 발생시간 동안 연속 측정하거나 등간격으로 나누어 4회 이상 측정하여야 한다.

23
정답 ④
해설 육체적 강도가 높은 작업에 있어 혈액의 분포비율은 '근육>심장근육>소화기관>뇌>신장>뼈>피부'이다.

24
정답 ③
해설 안장관절은 두 관절면이 말안장처럼 생긴 것으로 서로 직각 방향으로 움직이는 2축성 관절이다.

25
정답 ②
해설 O_2 소비량 = (흡기량 × 21%) - (배기량 × O_2%)
= (50 × 0.21) - (40 × 0.17) = 3.7L/min

26
정답 ④
해설 휴대용 연삭기(그라인더), 자동식 톱은 국소진동을 일으킨다.

27
정답 ①
해설 신진대사는 음식물을 섭취하여 기계적인 일과 열로 전환하는 화학적인 과정이다.

28
정답 ①
해설 근전도는 육체적인 작업을 할 경우 신체의 국부적인(특정 부위) 근육활동의 전위차를 측정하며, 육체적 활동의 정적 부하에 대한 스트레인(strain)을 측정하는 데 가장 적합하다.

29
정답 ③
해설
• 총 작업시간(분) $T = 60$분
• 작업 중 평균 에너지 소비량(kcal/min) $E = 6$kcal/min
• 권장평균 에너지 소비량 $S = 4$kcal/min
• 휴식시간 중의 에너지 소비량 = 1.5kcal/min
• 휴식시간(분) $R = \dfrac{T(E-S)}{E-1.5} = \dfrac{60(6-4)}{6-1.5} = 26.7$분

30
정답 ①
해설 일반적으로 최대근력이 50% 정도의 힘으로 유지할 수 있는 시간은 1분 정도이다.

31
정답 ③
해설 혈압이 증가한다.

32
정답 ④
해설 '천장>벽>가구>바닥'의 순으로 추천반사율이 높다.

33
정답 ①
해설 체신경계는 피부, 골격근, 뼈 등에 분포한다.

34
정답 ④
해설 회외(supination)는 손바닥을 위로 향하도록 하는 회전이다.

35
정답 ③
해설 주동근(agonists)은 운동 시 주역을 하는 근육이며, 길항근(antagonist)은 주동근과 반대되는 작용을 하는 근육이다.

36
정답 ④
해설 ① 힘의 3요소는 크기, 방향, 작용점이다.
② 스칼라(scalar)량은 크기만 있고 방향은 없다.
③ 벡터(vector)량 크기와 방향을 갖는 양이다.

37
정답 ②
해설 운동이 격렬하여 근육에 산소공급이 원활하지 않은 경우에는 젖산이 생성되어 피곤함을 느낀다.

38
정답 ②
해설 식염을 많이 섭취하는 것은 고열대책이다.

39
정답 ①
해설 2조 2교대보다 4조 3교대가 바람직하며, 8시간 교대제가 적당하다.

40
정답 ①
해설 ② 젊은 여성의 MAP는 남성의 65~75% 정도이다.
③ MAP의 직접측정은 피실험자에게 극도의 피로를 유발하며 상해의 위험이 있다.
④ MAP 수준에서 에너지대사는 무기성으로 일어난다.

3과목 산업심리학 및 관계법규

41
정답 ④
해설 $RMR = \dfrac{\text{작업대사량}}{\text{기초대사량}}$
$= \dfrac{\text{작업 시 소비에너지} - \text{안정 시 소비에너지}}{\text{기초대사량}}$
$= \dfrac{5 - 1.5}{1} = 3.5$

42
정답 ④
해설 건설 일용근로자의 건설업 기초안전·보건교육은 4시간 이상이다.

43
정답 ③
해설 FMEA(Failure Mode&Effect Analysis)는 정성적 분석방법, 귀납적 분석방법이다.

44
정답 ④
해설 Harvey 안전대책의 3E
- Engineering(기술, 공학적 대책)
- Education(교육, 교육적 대책)
- Enforcement(규제, 관리적 대책)

오답체크 Environment, Economy

45
정답 ③
해설 N은 자극과 반응의 수, A는 움직인 거리, W는 목표물의 너비를 나타낸다.

46
정답 ②
해설 집단 내에서 역할갈등이 나타나는 원인은 역할모호성, 역할무능력, 역할부적합이다.

47
정답 ②
해설 지구력이란 사람이 근육을 사용하여 특정한 힘을 유지할 수 있는 능력이다. 정적근력이란 등척적으로 근육이 낼 수 있는 최대 힘을 말한다.

48
정답 ①
해설 표시상의 결함은 제조업자가 합리적인 설명·지시·경고 또는 그 밖의 표시를 하였더라면 해당 제조물에 의하여 발생할 수 있는 피해나 위험을 줄이거나 피할 수 있었음에도 이를 하지 아니한 경우이다.

49
정답 ③
해설
- 단위 시간당 에러 확률 $\lambda = \dfrac{r}{T} = \dfrac{1}{100} = 0.01$
- 인간신뢰도 $R(t) = e^{-\lambda t} = e^{-0.01 \times 200} = 0.135$

50
정답 ④
해설 인간실수율 예측기법(THERP)은 인간오류확률 추정 기법 중 초기 사건을 이원적(binary) 의사결정(성공 또는 실패) 가지들로 모형화하고, 이 이후의 사건들의 확률은 모두 선행 사건에 대한 조건부 확률을 부여하여 이원적 의사결정 가지들로 분지해 나가는 방법이다.

51
정답 ②
해설 리더십과 헤드십의 구분

구분	리더십	헤드십
권한행사 및 부여	구성원의 동의에 의해 선출된 지도자	외부로부터 임명된 헤드
권한근거	개인능력	법적 또는 공식적
상관과 부하와의 관계	개인적인 경향	지배적
책임귀속	상사와 부하	상사
부하와의 사회적 간격	좁음	넓음
지위형태	민주주의적	권위주의적
권한귀속	집단목표에 기여한 공로 인정	공식화된 규정에 의함

52
정답 ②
해설 급속한 기술의 변화에 대한 적응이 요구되는 직무나 직무의 난이도나 속도를 요구하는 특성을 가진 업무는 과업과 관련된다.

53
정답 ③

해설 사업주는 근로자가 근골격계 부담작업을 하는 경우에 3년마다 유해요인조사를 하여야 한다. 다만, 신설되는 사업장의 경우에는 신설일부터 1년 이내에 최초의 유해요인 조사를 하여야 한다.

54
정답 ④

해설 인간 성능과 압박(stress)은 일반적 관계는 뒤집힌 U형이다.

55
정답 ③

해설 리더십 유형에 따른 특징

유형	개념
권위적 (독재적) 리더십 (X이론)	• 리더에 의한 모든 정책의 결정(리더 중심) • 리더의 과업 및 과업 수행 구성원 지정해 줌 • 각 구성원의 업적을 평가할 때 주관적이기 쉬움 • 부하직원의 정책 결정에 참여 거부 • 일 중심형으로 업적에 대한 관심은 높지만 인간관계에 무관심
민주적 리더십 (Y이론)	• 리더의 지원에 의한 집단 토론식 정책결정(집단 중심) • 추종자(부하직원)에게 참여와 자유 인정 • 추종자(부하직원)의 적극적 자기실현 기회의 확보 • 리더의 통제와 조정, 자유폭 제한
자유방임형 (개방적) 리더십	• 리더의 최소 개입 또는 개인적인 결정의 완전한 자유 • 구성원에게 최대한의 자유를 허용하고 리더의 권한 행사는 없음 • 집단 성원간의 합의가 안 될 경우 혼란야기(종업원 중심)

56
정답 ①

해설 실수는 상황이나 목표의 해석은 제대로 하였으나 의도와는 다른 행동을 하는 경우이다.

57
정답 ③

해설 작업자의 작업능률은 물리적인 작업조건보다는 작업자의 인간관계에 영향을 더 많이 받는다.

58
정답 ④

해설 도수율이 2란 의미는 연근로시간 1,000,000시간당 발생한 재해건수가 2건이라는 의미이다.

59
정답 ④

해설 동기요인과 위생요인

동기요인 (만족요인)	• 만족요인은 직무내용과 관련됨 • 성장과 발전, 성취감, 책임감, 일 그 자체
위생요인 (불만족요인)	• 불만족요인은 직무환경과 관련됨 • 임금, 작업조건, 관리감독, 지위, 회사정책

60
정답 ④

해설 똑같은 작업스트레스에 노출되더라도 개인들은 스트레스에 대한 지각과 반응하는 방식에 차이가 있는데 이를 중재요인(개인적 요인, 조직 외 요인 및 완충작용 요인)이라고 한다.

4과목 근골격계질환 예방을 위한 작업관리

61
정답 ②

해설 작업 개선의 4원칙(ECRS 원칙)
- Eliminate(제거) : 이 작업은 꼭 필요한가? 제거할 수는 없는가? 가장 우선적 고려대상이다.
- Combine(결합) : 이 작업을 다른 작업과 결합시키면 더 나은 결과가 생길 것인가?
- Rearrange(재배열) : 작업순서를 바꾸면 효율적인가?
- Simplify(단순화) : 단순화할 수 있는가?

62
정답 ③

해설
- 총작업시간 $\sum t_i = 10+20+30+40 = 100$
- 공정수 $m = 4$
- 주기시간(공정 중 가장 긴 작업시간) $t_{max} = 40$
- 공정효율 = $\dfrac{총작업시간}{공정수 \times 주기시간} = \dfrac{100}{4 \times 40}$
  $= 0.625(62.5\%)$

63
정답 ③

해설 근골격 부담작업 제5호는 하루에 총 2시간 이상 쪼그리고 앉거나 무릎을 굽힌 자세에서 이루어지는 작업이다.

64
정답 ④

해설 건염은 반복, 구부림, 진동 등에 의하여 건의 섬유질이 손상되거나 찢어지는 등의 근육과 뼈를 연결하는 건에 염증이 생기는 질환이다.

65
정답 ③
해설 반복적인 손가락 동작을 방지하도록 한다.

66
정답 ④
해설 델파이법(Delphi Technique)은 전문가를 한자리에 모으지 않고 질의-응답의 피드백 과정을 개별적으로 수 차례 반복을 통하여 전문가 집단의 의견과 판단을 추출하고 종합하여 집단적으로 판단하는 방법이다.

67
정답 ①
해설 PTS(Predetermined Time Standards)법
사람이 행하는 작업을 기본 동작으로 분류하고, 각 기본 동작들은 동작의 성질과 조건에 따라 이미 정해진 기준 시간을 적용하여 전체 작업의 정미시간을 구하는 방법이다.

68
정답 ②
해설
- RWL(kg) = LC × HM × VM × DM × AM × FM × CM
- 여기서, LC(부하상수), HM(수평계수), VM(수직계수), DM(거리계수), AM(비대칭계수, 상체의 비틀림 각도), FM(빈도계수), CM(결합계수)이다.

69
정답 ④
해설 유통선도(흐름공정도표, Flow Diagram)는 정체, 저장, 대기, Material Handling 등의 사항이 생산현장의 어느 위치에서 발생하는지 한 눈에 알아볼 수 있도록 표시된 도표이다. 시설물의 위치나 배치관계 파악(설비배치), 자재흐름의 혼잡지역 파악, 공정과정의 역류현상 발생 유무 점검에 사용된다.

70
정답 ④
해설 RULA는 윗팔(상완), 아래팔(전완), 손목을 그룹 A로 목, 몸통(상체), 다리를 그룹 B로 나누어 미리 주어진 코드 체계를 이용하여 자세점수를 부여한다.

71
정답 ②
해설 1TMU = 0.00001시간 = 0.0006분 = 0.036초

72
정답 ④
해설 $n = \dfrac{u_{1-\alpha/2}^2 \times p(1-p)}{e^2} = \dfrac{2.58^2 \times 0.05(1-0.05)}{0.01^2}$
$= 3,161.8(3,162$회$)$

73
정답 ③
해설 스패너에 손을 뻗치는 동작은 빈손이동(TE) 이다.

74
정답 ②
해설 공정별 배치는 운반거리가 길어진다.

75
정답 ①
해설 외경법
- ST = 정미시간(1 + 여유율)
  = (1.5 × 1.1)(1 + 0.2) = 1.98분
- 여유시간 = 표준시간 - 정미시간
  = 1.98 - (1.5 × 1.1) = 0.33분
- 8시간에 대한 여유시간 = $(8 \times 60) \times \dfrac{0.33}{1.98}$ = 80분

76
정답 ②
해설
- 손목꺾임율 = 30/200 = 0.15
- 시간당 손목꺾임 시간 = 0.15 × 60분 = 9분

77
정답 ②
해설 근골격계질환의 발생에 기여하는 직접적인 유해요인은 반복적인 동작, 부적절한 작업자세, 과도한 힘의 사용, 날카로운 면과의 접촉, 전신 또는 국소진동, 휴식시간의 부족, 온도·조명 등 기타요인이다.

78
정답 ②
해설 ②는 공구 및 설비의 디자인에 관한 원칙이다.

79
정답 ③
해설 방아쇠 손가락(trigger finger), 외상 과염(lateral epicondylitis), 수근관 증후군(carpal tunnel syndrome)은 손과 손목 부위에 관련된 질환이다.

80
정답 ③
해설 근골격계질환의 증상·유해요인 보고 및 대응체계를 구축은 사업주의 역할이다.

2025년 3회 기출복원문제 정답 및 해설

01	02	03	04	05	06	07	08	09	10
①	④	①	①	①	③	③	②	②	③
11	12	13	14	15	16	17	18	19	20
④	④	④	①	③	③	④	③	④	④
21	22	23	24	25	26	27	28	29	30
④	①	③	②	①	①	②	④	③	③
31	32	33	34	35	36	37	38	39	40
④	③	②	③	③	④	③	③	④	④
41	42	43	44	45	46	47	48	49	50
①	②	④	②	③	④	④	④	③	③
51	52	53	54	55	56	57	58	59	60
④	③	②	③	④	①	②	②	①	②
61	62	63	64	65	66	67	68	69	70
②	③	①	③	④	③	②	④	④	①
71	72	73	74	75	76	77	78	79	80
④	④	④	④	③	①	④	③	②	②

1과목 인간공학개론

01
정답 ①

해설
- Fitts의 법칙 동작(이동)시간 $MT = a + b\log_2 \dfrac{2A}{W}$
- 표적의 폭이 작을수록, 표적 중심선까지의 이동거리가 멀수록 작업의 난이도와 소요 이동(동작)시간이 증가한다.

※ 반응시간은 Hick-Hyman의 법칙이다.

02
정답 ④

해설 빛의 검출성에 영향을 주는 인자
- 광원크기, 광도, 노출시간
- 색광(적>녹>황>백)
- 점멸속도
- 배경광

오답체크 유리의 재질, 반응시간

03
정답 ①

해설 은폐효과(Masking Effect)는 하나의 소리가 다른 소리의 청각 감지를 방해하는 현상 즉, 음에 의한 회화 방해 현상과 같이 한음의 가청 역치가 다른 음 때문에 높아지는 현상이다.

04
정답 ①

해설 sone은 서로 다른 음의 상대적인 주관적 크기를 나타내며, 40dB의 1,000Hz 순음의 크기(40phon)를 1sone이라 한다.

05
정답 ①

해설
$$C/R\text{비} = \dfrac{\text{조종장치의 이동거리}}{\text{표시장치의 이동거리}}$$

$$= \dfrac{\left(\dfrac{a}{360}\right) \times 2\pi L}{\text{표시장치의 이동거리}}$$

$$= \dfrac{\left(\dfrac{20}{360}\right) \times 2 \times \pi \times 15}{2} = 2.62$$

06
정답 ③

해설 자동화 시스템에서 인간은 시스템 설치와 보수, 유지 및 감시 등의 역할만 담당한다. 무인공장, 자동교환대가 대표적 예이다.

07
정답 ③

해설 조도의 단위는 lux이다. 니트는 휘도의 단위, 루멘은 광량의 단위, 칸델라는 광도의 단위이다.

08
정답 ②

해설 지침의 끝은 작은 눈금과 맞닿되 겹치지는 않게 한다.

09
정답 ②

해설
$$dB_2 = dB_1 - 20\log\left(\dfrac{d_2}{d_1}\right) = 130 - 20\log\left(\dfrac{100}{20}\right)$$
$$= 116\text{dB}$$

10
정답 ③
해설 반응기준 $\beta = b/a$(단, a : 소음 분포의 높이, b : 신호 분포의 높이)

11
정답 ④
해설 정보의 내용이 시간적 사상을 다루는 경우는 시각적 표시장치가 유리하다.

12
정답 ④
해설 ① 조종 - 반응 비율이 낮을수록 민감하다.
② 조종 - 반응 비율이 높을수록 조정시간은 감소한다.
③ 조종장치의 이동거리를 표시장치의 이동거리로 나눈 비율을 말한다.

13
정답 ④
해설 완전 암조응은 보통 30~40분이 소요된다.

14
정답 ①
해설 평가척도(기준)의 유형
- 체계(시스템)기준 : 시스템이 원래 의도한 바를 얼마나 달성하는가를 나타내는 척도
  예) 생산량, 수익률, 기계 신뢰도, 보전도 등
- 작업성능기준 : 작업의 결과에 관한 효율을 나타낸다.
  예) 출력의 양, 출력의 질, 작업시간 등
- 인간기준
  - 인간 성능 척도(퍼포먼스척도) : 빈도척도, 강도척도, 지속성척도, 지연성척도 등
  - 생리학적 지표 : 심장활동지표(심박수, 혈압 등), 호흡지표(호흡률, 산소소비량 등), 신경지표(뇌전위, 근육활동 등), 감각지표(시력, 눈 깜박이는 속도, 청력 등)
  - 주관적 반응 : 의자의 안락도 평점, 개인성능의 평점, 체계 설계면의 대안들의 평점, 체계에 사용되는 여러 가지 다른 유형의 정보의 판단된 중요도 평점 등
  - 사고빈도 : 주행 거리당 사상자 수

15
정답 ③
해설 ① 음의 세기 단위는 dB이다.
② 음의 세기는 진폭과 관련이 있다.
④ 음압 수준 측정 시에는 1,000Hz의 순음을 기준음압으로 사용한다.

16
정답 ③
해설 자동화 시스템에서 인간은 시스템 설치와 보수, 유지 및 감시 등의 역할만 담당한다. 무인공장, 자동교환대가 대표적 예이다.

17
정답 ④
해설
- 정량적 표시장치는 기계식과 전자식으로 구분되며, 기계식 표시장치에는 원형, 수평형, 수직형 등의 아날로그 표시장치와 계수형(디지털) 표시장치로 구분된다.
- 아날로그 표시장치는 눈금이 고정되고 지침이 움직이는 동침형과 지침이 고정되고 눈금이 움직이는 동목형으로 구분된다.

18
정답 ③
해설 병렬결합모델의 신뢰도
$$R_S = 1 - [(1-R_1)(1-R_2)]$$
$$= 1 - (1-0.95)(1-0.95) = 0.9975$$

19
정답 ④
해설 기능적 인체치수는 상지나 하지의 운동, 체위의 움직임에 따른 상태에서 측정한다.

20
정답 ④
해설 후각은 훈련을 통하면 식별 능력을 향상시킬 수 있으며 60종류까지도 식별이 가능하다.

2과목 작업생리학

21
정답 ④
해설
- 분당심박수 = $\dfrac{400회}{5분}$ = 80회/분
- 심박출량 = 80×65 = 5,200mL/min = 5.2L/min

22
정답 ①
해설 암조응시는 VFF가 감소한다.

23
정답 ③
해설 운동자각도(Borg's RPE Scale)은 작업자들이 주관적으로 지각한 신체적 노력의 정도를 6~20 사이의 척도로 평정한다.

24
정답 ②

해설 소음방지대책 중 능동제어 대책은 감쇠대상의 음파와 동위상인 신호를 보내어 음파 간에 간섭현상을 일으키면서 소음이 저감되도록 하는 기법이다.

25
정답 ①

해설 점광원에서 어떤 물체나 표면에 도달하는 빛의 양을 의미한다. 즉, 어떤 물체나 표면에 도달하는 빛의 단위면적당 밀도를 조도라 한다.

26
정답 ①

해설 정적 평형상태
㉠ 물체나 신체가 움직이지 않는 상태이다.
㉡ 작용하는 모든 힘의 총합이 0인 상태이다
($\sum Fx = 0, \sum Fy = 0, \sum Fz = 0$).
㉢ 작용하는 모든 모멘트의 총합이 0인 상태이다
($\sum Mx = 0, \sum My = 0, \sum Mz = 0$).

27
정답 ②

해설 인체의 면을 나타내는 용어
- 시상면(sagittal plane) : 해부학적 자세를 기준으로 신체를 좌우로 나누는 면이다. 팔꿈치 관절의 굴곡과 신전 동작이 일어나는 면이다. 정중면(median plane)은 인체를 좌우대칭으로 나누는 면이다.
- 관상면(frontal 또는 coronal plane) : 몸을 전·후로 나누는 면이다.
- 횡단면, 수평면(transverse 또는 horizontal plane) : 인체를 상하로 나누는 면이다.

28
정답 ④

해설 신체에 전달되는 진동의 크기를 줄이도록 작은 힘을 사용한다.

29
정답 ③

해설 근전도(EMG)는 육체적인 작업을 할 경우 신체의 국소적인(특정 부위) 근육활동의 전위차를 측정하며, 육체적 활동의 정적 부하에 대한 스트레인(strain)을 측정하는데 가장 적합하다.

30
정답 ③

해설 광원의 휘도를 줄이고 수를 늘린다.

31
정답 ④

해설 sone은 서로 다른 음의 상대적인 주관적 크기를 나타낸다.

32
정답 ③

해설
- 산소소비량은 흡기량과 배기량을 측정하여 구한 것이다.
- O_2 소비량 = (흡기량 × 21%) - (배기량 O_2%)

33
정답 ②

해설 운동단위는 1개의 운동신경이 지배하는 근육섬유(muscle fiber)군을 총칭한다.

34
정답 ③

해설 열균형방정식
S(열축적) = M(신진대사) - E(증발) ± R(복사) ± C(대류) - W(한 일)

35
정답 ③

해설
- 총 작업시간(분) $T = 60$분
- 작업 중 평균 에너지 소비량(kcal/min) $E = 6$ kcal/min
- 권장평균 에너지 소비량 $S = 4$ kcal/min
- 휴식시간 중의 에너지 소비량 = 1.5 kcal/min
- 휴식시간(분) $R = \dfrac{T(E-S)}{E-1.5} = 26.7$분

36
정답 ④

해설 전신 진동의 진동수가 4~10Hz일 때 흉부와 복부의 고통을 호소하며, 60~90Hz에서 안구에 공명이 발생한다.

37
정답 ③

해설 일반적으로 최대근력이 50% 정도의 힘으로 유지할 수 있는 시간은 1분 정도, 근육이 발휘할 수 있는 최대근력의 15% 정도의 힘으로는 상당히 오래 유지할 수 있으며, 10% 미만인 경우 정적수축이 거의 무한하게 유지될 수 있다.

38
정답 ③

해설
- $D = 130\%$
- $TWA[dB(A)] = 16.61 \ \log\left(\dfrac{D}{100}\right) + 90$
$= 16.61 \times \log\left(\dfrac{130}{100}\right) + 90 = 91.9$ dB(A)

39
정답 ④
해설 운동이 격렬하여 근육에 산소공급이 원활하지 않은 경우에는 젖산이 생성되어 피곤함을 느낀다.

40
정답 ④
해설 심장은 휴식을 취할 때나 힘든 작업을 수행할 때 혈류량의 변화가 없다.

3과목 산업심리학 및 관계법규

41
정답 ①
해설
- 사망 1인당 근로손실일수는 7,500일이다.
- 강도율 = $\dfrac{\text{근로손실일수}}{\text{연근로시간수}} \times 1{,}000$

  $= \dfrac{1{,}500 + 7{,}500 \times 2}{1{,}000 \times 40 \times 50} \times 1{,}000 = 8.25$

42
정답 ②
해설 아담스(Adams)의 연쇄이론
관리구조 → 작전적 에러 → 전술적 에러 → 사고 → 상해

43
정답 ④
해설 심리적 측면에서의 휴먼에러 분류(Swain)
- 생략(누락, 부작위) 오류(omission error) : 필요한 행위 또는 절차를 실행하지 않아 발생한 에러이다.
- 작위(실행) 오류(commission error) : 필요한 작업이나 절차를 수행하였으나 잘못 수행한 에러이다.
- 순서 오류(sequential error) : 필요한 작업 또는 절차의 순서 착오로 인한 에러이다.
- 시간(지연) 오류(time error) : 필요한 작업 또는 절차의 수행 지연으로 인한 에러이다.
- 과잉 행동(불필요한 행동) 오류(extraneous error) : 불필요한 작업 또는 절차를 수행함으로써 기인한 에러이다.

44
정답 ②
해설 재해예방의 4원칙
- 손실 우연의 원칙 : 사고에 의해 생기는 상해의 종류 및 정도는 우연적이다.
- 예방 가능의 원칙 : 천재지변을 제외한 모든 인재는 예방이 가능하다.
- 대책 선정의 원칙 : 사고의 원인이나 불안전요소가 발견되면 반드시 대책을 선정하여 실시하여야 한다.
- 원인 연계의 원칙 : 사고에는 반드시 원인이 있고 원인은 대부분 복합적 연계 원인이 있다.

45
정답 ④
해설 자동차의 사이드 브레이크를 해제하지 않은 상태에서 가속페달을 밟는 경우는 순서에러(sequential error)이다.

46
정답 ③
해설 반응시간(reaction time)
- 반응시간은 자극이 있은 후 동작을 개시하기 까지에 걸리는 시간을 의미한다.
- 단순반응시간에 영향을 미치는 변수로는 자극 양식, 자극의 특성(강도, 지속시간 등), 자극 위치, 연령, 개인차 등이 있다.
- 선택반응시간은 여러 개의 자극을 제시하고, 각각에 대한 서로 다른 반응을 할 과제를 준 후에 자극이 제시되어 반응할 때까지의 시간이다.

47
정답 ④
해설 교육프로그램에 대한 평가준거
- 반응준거 : 프로그램에 대해 받은 인상, 만족, 프로그램은 유용했는지와 같은 반응을 알아보는 것
- 학습준거 : 훈련받은 내용이나 지식을 얼마나 습득하고 이해하고 있는지를 알아보는 것
- 행동준거 : 훈련을 받고 난 후 실제 직무행동에서 변화가 있었는지를 알아보는 것
- 결과준거 : 교육 프로그램이 회사에 주는 경제적 가치(생산량, 불량, 이직률)를 알아보는 것

48
정답 ④
해설 똑같은 작업스트레스에 노출되더라도 개인들은 스트레스에 대한 지각과 반응하는 방식에 차이가 있는데 이를 중재요인(개인적 요인, 조직 외 요인 및 완충작용 요인)이라고 한다.

49
정답 ③
해설 게슈탈트의 지각원리는 근접성의 원리, 유사성의 원리, 연속성의 원리, 폐쇄성의 원리, 단순성의 원리, 공통성의 원리, 대칭성의 원리 등이 있다.

50
정답 ③
해설 Y이론에 따르면 인간은 스스로 자기목표에 대하여 자기통제를 한다.

51
정답 ④
해설 레빈(Lewin. K)의 행동 법칙

$$B = f(P \cdot E)$$

- B : behavior(인간의 행동)
- f : function(함수관계)
- P : Person(개체, 개인적 특성) : 연령, 경험, 기질, 심신 상태, 성격, 지능 등
- E : Environment[심리적 환경(주어진 환경)] : 인간관계(인적환경), 작업환경, 설비적 결함 등

52
정답 ③
해설 리더십 행동이론은 리더의 기질은 타고나는 것이 아니라 교육 훈련에 의해서 향상되므로, 좋은 리더는 육성될 수 있다고 가정한다.

53
정답 ②
해설 리더십과 헤드십의 구분

구분	리더십	헤드십
권한행사 및 부여	구성원의 동의에 의해 선출된 지도자	외부로부터 임명된 헤드
권한근거	개인능력	법적 또는 공식적
상관과 부하와의 관계	개인적인 경향	지배적
책임귀속	상사와 부하	상사
부하와의 사회적 간격	좁음	넓음
지위형태	민주주의적	권위주의적
권한귀속	집단목표에 기여한 공로 인정	공식화된 규정에 의함

54
정답 ③
해설 직·병렬 혼합모델의 신뢰도

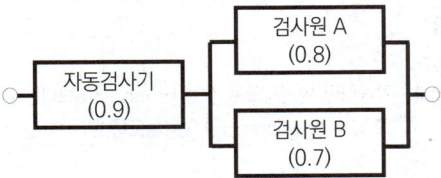

인간 - 기계 시스템의 신뢰도
= 0.9 × [1 - (1 - 0.8)(1 - 0.7)] = 0.846

55
정답 ②
해설 결함나무분석(FTA)은 논리적으로 필연적인 원리에 따라 혹은 진리 보존적 추리 규칙에 따라 주어진 전제로부터 결론을 이끌어내는 방법(연역법)을 사용한다.

56
정답 ①
해설 하인리히의 도미노 이론(사고연쇄성)
- 1단계(유전적 요인과 사회적 환경) : 간접원인
- 2단계(개인적 결함, 선천적·후천적인 인적결함) : 간접원인
- 3단계(불안전 행동 및 불안전 상태) : 직접원인
- 4단계 : 사고
- 5단계 : 재해

※ 제어의 부족이나 기본원인은 버드의 최신 도미노 이론(신연쇄성이론)이다.

57
정답 ②
해설
- 총인원 n = 10
- 가능한 상호작용의 수 $_nC_2 = {}_{10}C_2 = 45$
- 응집성 지수 = $\dfrac{\text{실제 상호선호관계의 수}}{\text{가능한 상호작용의 수}}$

$= \dfrac{16}{45} = 0.356$

58
정답 ②
해설 직무행동의 결정요인으로는 능력, 성격, 상황적 제약이 있다.

59
정답 ①
해설 P(E) = P(N/N - 1) = %dep × 1 + (1 - %dep)P(N)
= 0.15 × 1 + (1 - 0.15) × 0.001 = 0.151

60
정답 ②
해설 역할모호성은 역할요구(role demands)와 관련이 있으며, 역할과부하는 과업요구(task demands)와 관련된다.

4과목 근골격계질환 예방을 위한 작업관리

61
정답 ②
해설
- 청소작업은 전체 50번 중 5번이다.
- 청소작업의 평균시간 = (5/50) × 480분 = 48분

- 정미시간 = 관측시간의 평균치 × Rating
  = 48분 × 1.1 = 52.8분
- 표준시간 = 정미시간 × (1+여유율)
  = 52.8(1+0.1) = 58.08분

62
정답 ③
해설 최대한 발휘할 수 있는 힘의 15% 이하로 유지한다.

63
정답 ①
해설 공정도 기호
- ○ : 작업(가공)
- ⇨ : 운반
- D : 정체
- ▽ : 저장
- □ : 검사

64
정답 ③
해설 작업 개선의 4원칙(ECRS 원칙)
- Eliminate(제거) : 이 작업은 꼭 필요한가? 제거할 수는 없는가? 가장 우선적 고려대상이다.
- Combine(결합) : 이 작업을 다른 작업과 결합시키면 더 나은 결과가 생길 것인가?
- Rearrange(재배열) : 작업순서를 바꾸면 효율적인가?
- Simplify(단순화) : 단순화할 수 있는가?

65
정답 ④
해설 유통공정도(흐름공정도, Flow Process Chart)는 공정 중에 발생하는 모든 작업·검사·운반·저장·정체 등이 도식화된 것이며, 또한 모든 사건을 기록함으로써 생산이나 작업과정의 순서를 설명하고, 소요시간과 운반거리도 함께 표현하며, 생산공정에서 발생하는 잠복비용(hidden cost)을 감소시키고, 사고의 원인을 파악하는 데 사용된다.

66
정답 ③
해설 동작경제의 원칙은 신체 사용에 관한 원칙, 작업장의 배치에 관한 원칙, 공구 및 설비 디자인에 관한 원칙이다.

67
정답 ②
해설 ① 사후조치보다는 예방이 최선의 정책이다.
③ 관리적 개선도 고려한다.
④ 사업장 근골격계 예방정책에 전사적 참여가 중요하다.

68
정답 ④
해설
- 총작업시간 $\sum t_i = 5+7+6+6+3 = 27$
- 공정수 $m = 5$
- 주기시간(공정 중 가장 긴 작업시간) $t_{max} = 7$
- 공정효율 = $\dfrac{\text{총작업시간}}{\text{공정수} \times \text{주기시간}}$
  = $\dfrac{27}{5 \times 7} = 0.7714(77.14\%)$

69
정답 ④
해설 파레토 차트(Pareto Chart)
- 가로축에 항목, 세로축에 항목별 점유비율과 누적비율로 막대-꺾은선 혼합 그래프를 사용한다.
- 빈도수가 큰 항목부터 차례대로 나열하는 방법이며, 소수 중점 원인을 찾기 위한 도구로서 사용된다.
- 20%의 항목이 전체의 80%를 차지한다.
- 재고관리에서는 ABC 곡선으로 부르기도 한다.

70
정답 ①
해설 유통선도(흐름공정도표, Flow Diagram)는 정체, 저장, 대기, Material Handling 등의 사항이 생산현장의 어느 위치에서 발생하는지 한 눈에 알아볼 수 있도록 표시된 도표이다. 시설물의 위치나 배치관계 파악(설비배치), 자재흐름의 혼잡지역 파악, 공정과정의 역류현상 발생 유무 점검에 사용된다.

71
정답 ④
해설 작업측정기법의 종류
- 시간연구법(스톱워치법, 촬영법, VTR 분석법, 컴퓨터분석법)과 워크샘플링은 직접측정법이다.
- 간접측정 방법에는 PTS법, 표준자료법, 실적기록표 등이 있다.

72
정답 ④
해설
- $t = 2$
- $I = 0.05$
- $N = \dfrac{t^2 \times s^2}{I^2} = \left(\dfrac{2 \times 0.6}{0.05}\right)^2 = 576$번

73
정답 ④
해설 가능하면 손가락으로 잡는 pinch grip보다는 손바닥으로 잡는 power grip을 이용하도록 한다.

74
정답 ④
해설 표준시간(내경법)
$$ST = 정미시간 \times \dfrac{1}{(1-\text{여유율})}$$
$$= (120 \times 1.1) \times \dfrac{1}{(1-0.09)} = 145.05분$$

75
정답 ③
해설 근골격계질환 예방관리 프로그램 수립시행
- 근골격계질환으로 관련 법령에 따라 업무상 질병으로 인정받은 근로자가 연간 10명 이상 발생한 사업장
- 근골격계질환으로 관련 법령에 따라 업무상 질병으로 인정받은 근로자가 5명 이상 발생한 사업장으로서 발생 비율이 사업장 근로자 수의 10% 이상인 경우
- 근골격계질환 예방과 관련하여 노사 간 이견(異見)이 지속되는 사업장으로서 고용노동부장관이 필요하다고 인정하여 근골격계질환 예방관리 프로그램을 수립하여 시행할 것을 명령한 경우

76
정답 ①
해설 고정적인 자세는 근육, 관절 그리고 혈액순환에 문제를 일으키며 신체효율을 떨어뜨린다.

77
정답 ④
해설 PTS의 단점은 시스템 활용을 위한 교육 및 훈련비용이 상당하다.

78
정답 ③
해설 작업시간의 측정은 작업측정(시간연구)에 해당한다.

79
정답 ②
해설 다른 모든 조건이 동일하다면 규모가 큰 집단에 비해 작은 집단의 응집력이 강하다.

80
정답 ②
해설
- $RWL(kg) = LC \times HM \times VM \times DM \times AM \times FM \times CM$
- 여기서 LC(부하상수), HM(수평계수), VM(수직계수), DM(거리계수), AM(비대칭계수, 상체의 비틀림 각도), FM(빈도계수), CM(결합계수)이다.

내가 뽑은 원피!

2026 인간공학기사 필기 한권완성

초 판 발 행	2024년 01월 10일
개정4판1쇄	2026년 01월 20일

저 자	정현석
발 행 인	정용수
발 행 처	㈜예문아카이브
주 소	경기도 파주시 광인사길 79 4층(문발동)
T E L	031) 955-0550
F A X	031) 955-0660
등 록 번 호	제2016-000240호
정 가	38,000원

- 이 책의 어느 부분도 저작권자나 발행인의 승인 없이 무단 복제하여 이용할 수 없습니다.
- 파본 및 낙장은 구입하신 서점에서 교환하여 드립니다.

홈페이지 http://www.yeamoonedu.com

ISBN   979-11-6386-514-8   [13530]